家禽营养

第3版

邴于明　主编

中国农业大学出版社
·北京·

内容简介

《家禽营养》(第3版)在第2版(2004年9月出版)内容的基础上,全面更新和补充在过去10年里家禽营养学领域所取得的新理论、新知识和新技术,构建了家禽营养学更完善的理论知识体系,同时更突出强化了应用技术进展。新增的内容包括家禽采食量调节、消化道结构功能及营养调节、蛋鸭营养与饲料利用特点、饲料安全(霉菌毒素、转基因饲料)、饲料及饲料添加剂有效性和安全性评价技术规范、《中国鸡的饲养标准》(2004)以及《饲料原料目录》(2013)等。更新和补充的内容包括氨基酸代谢和小肽营养、微量元素与分子营养、营养代谢病机理、应激生理与营养调节、营养与免疫、营养需要与饲料效价评定方法及组学技术、非营养性饲料添加剂(植物提取物和酶制剂)等。本书是国内最新的也是唯一的系统介绍家禽营养学理论知识与技术体系的书籍,反映了国内外关于家禽营养学学科领域发展现状和趋势,内容的系统性、新颖性和实用性突出,可供从事与养禽业相关的科研人员、教师、学生和生产技术人员使用。

图书在版编目(CIP)数据

家禽营养/呙于明主编.—3版.—北京:中国农业大学出版社,2015.12
ISBN 978-7-5655-1439-5

Ⅰ.①家… Ⅱ.①呙… Ⅲ.①家禽-营养学②家禽-饲料-配制 Ⅳ.①S831.5

中国版本图书馆CIP数据核字(2015)第269357号

书　名 家禽营养 第3版
作　者 呙于明 主编

策划编辑 张秀环　　**责任编辑** 田树君
封面设计 郑　川　　**责任校对** 王晓凤
出版发行 中国农业大学出版社
社　址 北京市海淀区圆明园西路2号　　**邮政编码** 100193
电　话 发行部 010-62818525,8625　　读者服务部 010-62732336
编辑部 010-62732617,2618　　出　版　部 010-62733440
网　址 http://www.cau.edu.cn/caup　　**E-mail** cbsszs@cau.edu.cn
经　销 新华书店
印　刷 涿州市星河印刷有限公司
版　次 2016年4月第3版　2016年4月第1次印刷
规　格 787×1 092　16开本　32.75印张　820千字
定　价 68.00元

第3版编写人员

主　编　呙于明（中国农业大学）

副主编　张克英（四川农业大学）
　　　　杨　鹰（中国农业大学）
　　　　袁建敏（中国农业大学）

参　编　（按姓氏拼音排序）
　　　　耿爱莲（中国农业大学）
　　　　贺　喜（湖南农业大学）
　　　　黄艳玲（西南民族大学）
　　　　贾　刚（四川农业大学）
　　　　林　海（山东农业大学）
　　　　刘　丹（中国农业大学）
　　　　刘国华（中国农业科学院饲料研究所）
　　　　罗绪刚（中国农业科学院北京畜牧兽医研究所）
　　　　马得莹（东北农业大学）
　　　　宋志刚（山东农业大学）
　　　　武书庚（中国农业科学院饲料研究所）
　　　　杨小军（西北农林科技大学）
　　　　张炳坤（中国农业大学）

前　言

《家禽营养》第 2 版距今已 10 年，10 年期间学科理论和应用技术的进展显著。营养研究不仅限于家禽生产性能，更多地注重了营养与家禽的免疫机能、肠道健康和产品品质；对饲料营养作用的认识不仅局限于动物机体本身，更多地扩展到了饲料营养对动物肠道内微生物菌群结构和功能的影响；有关营养素功能的研究不仅限于生长和繁殖性能水平，更多地深入到了细胞发育和细胞信号传导、功能基因和蛋白质表达等微观层次。集成过去近 10 年来国内外在家禽营养领域的理论与应用技术研究成果，修订形成了第 3 版《家禽营养》。家禽营养与饲料科学研究对营养免疫学、分子营养学等交叉学科的形成做出了显著的贡献，这些新兴交叉学科的理论与应用技术在本书中也有充分的体现。本书注重内容的系统性、新颖性和实用性，可供从事与养禽业相关的科研人员、教师、学生和生产技术人员使用。由于编写时间仓促，书中难免错误与遗漏之处，敬请读者见谅并斧正。

作　者

2015 年 10 月 19 日于北京

目 录

第一章　家禽对饲料的摄食与消化

第一节　消化系统解剖学特点

禽类的消化系统简单，由喙、口腔、咽、食道、嗉囊、腺胃、砂囊(肌胃)、十二指肠、空肠、回肠、盲肠、结直肠、泄殖腔、肝脏和胰腺等组成。

家禽靠喙采食饲料。鸭、鹅的喙长而扁，末端圆形，被覆有角质板；其余大部分则被覆较厚而柔软的皮肤，称为蜡膜。上、下喙的边缘形成锯齿状横褶，鸭、鹅在水中采食时可以很快通过横褶将水滤出而将食物阻留于口腔中。在横褶的蜡膜以及舌的边缘上，分布有丰富的触觉感受器。鸭的上喙尖端有一坚硬的豆状突起，称喙豆。硬腭上的乳头大而钝且分散，在腭隙缝中有筛状的细孔，在水中采食时有排水的作用。

口腔内无牙齿，口腔底为舌所在，舌黏膜上典型的味蕾细胞数较少，但能经验性地感觉味道。口腔的顶壁为硬腭，因无软腭而向后与咽的顶壁直接相连，所以二者又合称口咽腔。

家禽的唾液腺不发达，口腔内唾液腺分泌唾液以湿润食物。唾液内含有少量淀粉酶。鹅口腔和咽的黏膜里分布有小而丰富的唾液腺，主要包括上颌腺、舌腺、口角腺、腭腺等，腺导管直接开口于口腔或咽黏膜表面，分泌黏液，以润滑口腔黏膜便于吞咽。

饲料经与口腔内分泌的黏液混合后吞咽经食道进入嗉囊作短暂贮存，排入胃内消化。食道是一条从咽到胃的细长而富有伸张力的管道，食管壁从外向内由外膜、肌膜和黏膜构成。在黏膜下分布有食管腺，分泌黏液。食管通过肌膜产生蠕动，将食物逐渐向后推移。

鸭、鹅和平胸鸟的食管不形成嗉囊。当贮存食物时，颈部食管呈纺锤形膨大。可贮存食物和软化食物。鸭的食道长而富有弹性，能一次采食大量纤维性饲料，从而使鸭、鹅具有很强的耐粗饲和觅食能力。平胸鸟食道很长，起始于喉头后部，位于气管的右侧和右颈静脉之间，经过胸廓口、通过心脏和肝脏血管之间后，终止于胸腔内腺胃起始部。平胸鸟食道起始部的黏膜形成的皱折具有良好的伸缩性，采食中抬头咽下食物之前，皱折伸展形成袋状，能暂时贮存食物。把头举高后，食物进入腺胃。

鸡和鸽食道下部膨大的一段称为嗉囊，嗉囊不分泌消化液，仅分泌黏液软化饲料，其中一些细菌和淀粉酶使饲料变成可溶状态。鸽的嗉囊分为两个大的侧囊。囊壁薄，外膜紧贴胸肌前方和皮肤上。嗉囊位于躯干部前方、双翼之下，使鸽子饱食后，身体重心仍在两翼之下而适于飞翔。在哺育乳鸽期间，亲鸽的嗉囊受脑下垂体激素的作用，分泌出鸽乳可哺育雏鸽。嗉囊内分布有一些微生物，其中主要是乳酸菌，可以对食物进行初步发酵，如将糖类发酵降解成乳酸和挥发性脂肪酸。与其他家禽相比，鸽子的嗉囊较大，能够积存大量的食物，并且在孵化、哺育后代时，公、母鸽子的嗉囊都能够分泌嗉囊液（也叫鸽乳）来哺喂乳鸽。鸟类中只有鸽子、火烈鸟、企鹅3种鸟的嗉囊具有泌乳的特别功能。

胃分腺胃和肌胃。腺胃呈纺锤形，壁薄，富有发达的腺体，开口于黏膜表面的一些乳头上，分泌盐酸和黏蛋白、蛋白酶等，可初步消化食物。

没有嗉囊的禽类采食的饲料直接进入腺胃，在这里与分泌的胃液和胃蛋白酶混合，进而进入肌胃。腺胃具有强大的伸缩力和贮存饲料的功能，便于饲料与消化酶的混合及消化。

与鸡的腺胃存留饲料时间很短的特点相比，平胸鸟的腺胃可以用来贮存饲料，同时通过蠕动来混合胃液进行消化。因此，腺胃容积的大小又与饲料的纤维含量有密切关系，在月龄和体重相同的条件下，当把饲料中的纤维含量由8%提高到14%时，鸵鸟的腺胃容积可增加40%。

肌胃与腺胃相通，肌胃内有厚的肌肉壁。角质膜坚硬，对蛋白酶、稀酸、稀碱等有抗性，并具有磨损脱落和不断修补更新的特点。肌胃内一般有石砂，是觅食时啄入的，当肌胃进行收缩运动时，石砂便和食物混合，将食物磨碎，同时也提高了食物与胃液的接触表面积，使之更容易消化。

鹅的肌胃比较发达，占胃肠道重量的一半以上。肌胃收缩力量很大，压力达到265～280 mmHg，比母鸡收缩力100～150 mmHg、鸭收缩力180 mmHg大得多，而且鹅的肌胃具有强大的旋转运动能力、肌胃腔内壁有一层坚韧的三角质膜，借助沙砾帮助研磨食物。鹅2周龄时肌胃食糜出现沙砾，而且肌胃中食糜量大，9周龄肌胃食糜含量为总食糜量的60%左右。肌胃主要在前期发育，8周前占体重的比例一直上升，达到8.9%；8周龄以后逐步下降，成年鹅肌胃的重量占屠体重的5.5%～6.5%。鹅消化道发育与饲料类型有关，粗放的饲养方式刺激消化道发育，其中肌胃和盲肠尤其明显，但胰腺相反，舍饲鹅的胰腺重量超过放牧鹅。鹅消化道各段食糜量受饲养方式影响，舍饲高于放牧，而肌胃食糜与消化道食糜比例却以放牧高，表明肌胃在放牧条件下尤为重要。

禽类消化道短，体长与消化道的长度比约为1∶4。一般鸡在采食饲料后4 h可排出，24 h内可排泄不能消化的部分。鹅消化道排空快，饲料在胃肠道内一般仅存留2 h左右。鸭、鸡、鹅小肠长度见表1-1。

表1-1　鸭、鸡、鹅小肠长度比较

	鸡	鸭	鹅
肠总长/cm	165～170	155～233	250～365
肠长/体长	(5～6)∶1	(4～5)∶1	(4～5)∶1
十二指肠/cm	30	22～38	45
空肠/cm	85～120	105	165
回肠/cm	16	15	25

季培元，1984，《家禽解剖生理学》。

小肠与肌胃相连接，是蛋白质、碳水化合物、脂肪、维生素以及微量元素进行消化和吸收的主要场所。小肠包括十二指肠、空肠和回肠，十二指肠内有胰腺，终端有胰管和胆管的开口。空肠有很多弯曲，壁较厚且富含血管。回肠是小肠的最后一部分，上接空肠，下连直肠。

小肠内壁黏膜有许多小肠腺，能分泌麦芽糖酶、蔗糖酶等，这些酶对各种食物进行全面的消化。鸽的小肠平均长度为 95 cm。

鸭、鹅小肠较长，空肠发达。小肠可明显分为十二指肠和空肠，回肠则与空肠无明显区别，因此又常合称为空回肠。十二指肠在鸡长约 20 cm，北京鸭长 36～42 cm。空回肠在鸡约为 120 cm，北京鸭约为 160 cm。鸭的空肠管径前后不同，可明显区分为前后两个肠襻袢，前袢管径较细，后袢管径较粗。

饲料在平胸鸟小肠内的消化与其他禽类相同。但幽门括约肌缺乏弹性，1 cm 以上的饲料碎片难于通过幽门到达十二指肠，这是鸵鸟因采食大粒异物和过量采食 4 cm 以上的粗饲料引发肠阻塞的原因。

小肠的长度在成年鸵鸟约为 6 m，在鸸鹋约为 3.5 m。十二指肠的长度在鸵鸟约为1 m，在鸸鹋约为 0.6 m。鸸鹋有膨大的回肠，肠壁上血管发达，是进行发酵、吸收的主要场所。鸸鹋的消化道解剖学结构虽然与草食家畜以及鸵鸟和鸡等家禽不同，但由于其回肠具有通过微生物消化纤维质饲料的能力，属于草食性禽，Herd 和 Dawson(1984)证明，鸸鹋在旱季可以凭借发达的回肠消化低质草叶和果实而生存。鸵鸟、鸸鹋和鸡的消化道各段长度的比例见表 1-2。

表 1-2　鸵鸟、鸸鹋和鸡消化道各段长度的比例

项目	鸵鸟[1]		鸸鹋[2]		鸡[3]	
	cm	%	cm	%	cm	%
小肠	512	36	351	90	61	90
盲肠	94	6	7	2	5	7
结直肠	800	57	28	7	2	3

1) Fowler(1991)；2) Herd 等(1984)；3) Calhoun (1954)。

大肠包括直肠和两条盲肠。直肠很短，鸡的直肠仅 3～4 cm。小肠和直肠交界处有一对中空的小突起是盲肠，鸡的盲肠长 3～5 cm，鸽的盲肠长度为 0.5～0.6 cm，鸭的盲肠较发达，约 20 cm 长，肠黏膜下层较鸡发达。盲肠内有细菌和微生物，可分解食糜中的蛋白质和氨基酸，产生氨、胺类和有机酸，并能利用非蛋白氮物质合成菌体蛋白质，以及 B 族维生素和维生素 K 等。

鸽的直肠一般 3～5 cm，不能积存食物残渣，只能吸收水分和一部分盐类，形成粪便排入泄殖腔。因此，鸽子总是排尿频繁，以减轻体重适应飞行。

鸵鸟和鸸鹋的结直肠及盲肠的长度和位置有明显的不同，结直肠长度在鸵鸟为 8～11 m，在鸸鹋约 0.2 m；盲肠直径在鸵鸟为 5～6 cm，长 60～80 cm，在鸸鹋直径为 3～5 cm，长 11～14 cm。鸵鸟的盲肠容积大、结直肠长，具有草食家畜消化道的特征。鸵鸟借助于由盲肠、结直肠以及回肠构成的发酵槽，通过槽内的微生物来利用高纤维质饲料，这也是把鸵鸟看作草食性禽的根据。鸸鹋的盲肠容积比鸵鸟小得多，与鸡接近，结直肠也比较短，消化道不具备草食畜禽的特征。

鹅盲肠较为发达，长 23～38 cm。盲肠发育较迟，1～14 日龄占胃肠道长度的 1.6%，以后发育加快。2 周龄时盲肠即出现微生物的消化活动，食糜总脱氢酶活力高达 1 395 U/100 g，挥发性脂肪酸(VFA)含量达5.63 mmol/100 g。鹅盲肠食糜蛋白酶活力40.8 IU/g,与小肠接近,淀粉酶活力低,而纤维素酶活力平均为1 135.5 U/100 g湿重,约超过瘤胃的1.5倍;总脱氢酶活力高达362.66 U/100 g湿重,约为瘤胃的1倍;VFA含量平均为7.00 mmol/100 mL,与瘤胃水平接近,表明盲肠中进行极强的微生物发酵作用。但盲肠容积小,远比鸡低,食糜只占消化道食糜量很小一部分,有时甚至难以采集食糜。在圈养配合饲料条件下,每天食糜量仅0.13 g;而放牧时盲肠内食糜量增多,每天可达0.22 g。

鹅后肠发酵的模式类似兔,虽然盲肠并不分泌消化酶,通过来自小肠的剩余消化酶或微生物发酵来进行消化。盲肠发酵主要基质是未消化的淀粉和非淀粉性多糖,盲肠内容物的淀粉酶、纤维素酶活性很高,盲肠碳水化合物经微生物分解产物是挥发性脂肪酸。其含量受饲料来源的影响,青饲料增加总挥发性脂肪酸,放牧鹅挥发性脂肪酸更高。鹅能很好地利用主要由戊聚糖组成的半纤维素,其表观消化率高达40%以上,而对纤维素尤其是木质素的消化能力有限。

盲肠食糜各种VFA的摩尔数比例为:乙酸61%,丙酸27%,丁酸11%,长链脂肪酸1%。乙酸、丙酸的摩尔浓度与饲料粗纤维成分有关,补饲青饲料后乙酸摩尔百分含量增加,而丙酸下降,发酵由丙酸型过度为乙酸型,说明禽类与反刍动物类似,其日粮组成是决定盲肠发酵类型的重要因素。

禽类粪尿与产蛋共用一个排泄口——泄殖腔;泄殖腔是消化、泌尿和生殖的共同通道,内有输尿管和生殖导管的开口;由于粪尿不能分开,所以消化试验不易进行。幼禽泄殖腔背壁有一盲囊突起叫法氏囊,它随着家禽年龄的增长而缩小。法氏囊与家禽的免疫能力有关。鸵鸟的粪尿排泄不同时进行,先排尿后排粪。鸸鹋与鸡一样,粪尿同时排泄。

家禽胃蛋白酶的产量较哺乳动物的高。

鸡的小肠淀粉酶及胰蛋白酶在5日龄后方达到较高水平;胰脂肪酶和糜蛋白酶分别在7日龄和15日龄后才达到较高水平。鸡的消化道无纤维素酶,故鸡不能消化利用纤维素。

雏鹅孵出时腺胃主细胞已充分发育,1日龄时腺胃和肌胃食糜的蛋白酶活力分别为48.8和42.6 U/g,6周龄和8周龄时,腺胃蛋白酶活力最高,分别达57.24和67.32 U/g。鹅胚胎期肠内蔗糖酶为19胚龄最大,20日龄减少,孵出后空肠及回肠内蔗糖酶升高,十二指肠内蔗糖酶下降。十二指肠食糜的淀粉酶从1日龄不断升高,4周龄达到最高。1日龄胰腺具有很高的蛋白酶活力和淀粉酶活力,蛋白酶活性在6周以后下降,而淀粉酶活性随年龄增长直线上升,直至达到成年水平。鹅消化道内各种消化酶见表1-3。

表1-3 鹅消化道内各种消化酶 U/g

部位	胰蛋白酶	胰凝乳蛋白酶	淀粉酶
胰脏	165.0	1 680.0	368
十二指肠	8.08	12.0	5.98
空肠	11.8	16.7	5.84
回肠	13.3	24.3	5.28
盲肠	10.2	10.05	0.42

季培元,1984,《家禽解剖生理学》。

家禽消化道的酸分泌能力很强，家禽单位体重胃的最大 H^+ 分泌量可达 3.24 mEq/(kg·h)，人的为 0.48，鼠的为 0.75，猫的为 1.40，犬的为 1.82 毫当量。家禽各段消化道和胆汁的 pH 见表 1-4。

表 1-4　几种家禽各段消化道和胆汁的 pH

品种	嗉囊	腺胃	肌胃	十二指肠	空肠	回肠	直肠	盲肠	胆汁
鸡	4.5	4.4	2.6	5.8～6.0	5.85	6.35	6.25	5.7	5.9
火鸡	6.1	4.7	2.2	5.8～6.5	6.8	6.85	6.45	5.9	6.0
鸭	4.9	3.4	2.3	6.0～6.2	6.1～6.7	6.85	6.75	5.9	6.1
野鸡	5.8	4.7	2.1	5.6～6.0	6.2～6.8	6.75	6.6	5.4	6.2
鸽	4.3	4.8	2.0	5.2～5.4	5.3～5.9	5.6	5.45		

家禽的嗅觉和味觉远没有哺乳动物的发达，但喙端内有丰富而敏感的物理感受器。因此，饲料的物理特性，如颗粒的大小和硬度，对家禽的摄食及消化影响很大。家禽对不同直径粒度大小的选择与喙的口径大小有关。肉仔鸡能区分饲料粒度的细微差别。适度的颗粒大小及硬度都有助于提高肉仔鸡生产性能，另外颗粒大小变异越小，生产性能越佳。如饲用颗粒料的肉仔鸡就比饲用粉料的有较快的生长速度，以及较好的饲料转化率；用辊压式粉碎机粉碎玉米的颗粒大于用锤片式粉碎机粉碎的玉米颗粒，用前者配制的日粮的饲喂效果就优于用后者配制的日粮。粒度的效果与制粒的效果还具有可加性。

制粒使饲料质地结实，单位时间内采食的营养素增大，采食时间缩短，采食活动耗能减少，生产净能增加(可比粉料增加 30%，Reddy 等，1961)，而且总的采食量或营养摄入量增加。

粉化率高的饲料容易糊嘴，不利于采食及生长，且增加饮水量。因此，在水槽等地方的饲料损耗量增加。

饲料结构影响饲料通过胃肠道的速率。粉料比制粒料，粉料中细颗粒比中等或偏粗颗粒的粉料较快通过肌胃到小肠，导致肌胃萎缩，胃内 pH 上升，而小肠轻微肥大，肠内 pH 下降，小肠食糜 pH 下降可能是过度的细菌发酵产生挥发性脂肪酸较多的结果。颗粒料在嗉囊里很快裂解，而大原料颗粒在上消化道消化的速度要比小原料细粉的消化速度慢些，因此加强胃肠蠕动和消化液分泌，促进采食和饲料消化吸收，从而改善生产性能。

不同品种的鸽子具有不同的食性，有些吃小虫、菜叶，有些吃浆果；而大多数的鸽子尤其是肉鸽品种，均喜食颗粒性的植物性蛋白质饲料，如豆类、谷物类等，尤其是对豌豆、玉米、红豆、麦等特别爱吃，其他还有荞籽、稻谷、菜籽、糙米、麻仁、各种野生草籽等。鸽子对食物的选择性很强，很容易挑食、偏食，一般不吃粉末状的饲料，但经过长期的训练和适应后，也能接受。野生的鸽子尤其是岩鸽，曾在海边生活，常饮海水，因此形成了嗜盐的习性。经过数千年的驯养，鸽子仍保留了这一习性，每只成鸽每天需要食盐约 0.2 g。

由于鹅消化道中无 β-葡聚糖酶，鹅饲喂含有 β-葡聚糖的大麦以后，大麦中 β-葡聚糖释放和溶出的量不断增多，使食糜的黏度由胃到小肠逐渐升高，β-葡聚糖的黏性和持水性使食糜在胃肠道中的运动减慢，滞留时间延长，影响消化酶产生。饲喂大麦基础日粮时，雏鹅小肠的蛋白酶活性依十二指肠、空肠和回肠顺序递增，而脂肪酶活性则递减。淀粉酶以十二指肠活性最高,空肠、回肠分别较之低 28.84%和 26.98%。其次,可溶性非淀粉多糖使消化器官增大,食糜通过速度减慢,不动水层加厚,内源氮排出增加,致使短肽、氨基酸、寡糖、单糖等从肠道中心扩散到肠壁变得困难。此外,β-葡聚糖还能吸附 H^+,使 pH 升高,从而促使胰液分泌减少,而抑制胃肽释放增加,减慢胃的排空。大麦日粮导致鹅消化道食糜黏度和 pH、小肠消化酶活性随肌胃、十二指肠、空肠和回肠依次增加,大麦日粮还可使胰腺肿大,肝脏、胃、十二指肠、回肠的重量增加。

第二节 消化道结构功能及营养调节

肠道既是消化和吸收营养物质的重要脏器,又是保护机体免受食物抗原、病原微生物及其产生的有害代谢产物的损害,保持机体内环境稳定的先天性屏障。肠道屏障是指肠道能防止肠腔内的有害物质如细菌和内毒素穿过肠黏膜进入体内其他组织器官和血液循环的结构和功能的总和。当肠道屏障损伤时,肠道中的微生物和内毒素等便可突破肠黏膜屏障进入血液,引起细菌和内毒素移位,促进肠原性感染的发生,甚至发展为全身性炎症反应综合征或多器官功能衰竭(Gosain 和 Gamelli,2005)。家禽生长(尤其是早期生长)由于受环境和营养应激等因素的影响,肠道屏障很容易受到损伤,造成肠道菌群失衡紊乱引发各种疾病,进而降低其生产性能,甚至导致死亡。

一、家禽肠道屏障的组成及其作用

肠道屏障由机械屏障、化学屏障、微生物屏障以及免疫屏障组成(图 1-1),各自具有不同的分子调控机制和生物学功能,通过各自的信号通路有机地结合在一起,共同防御外来抗原物质对机体的侵袭。

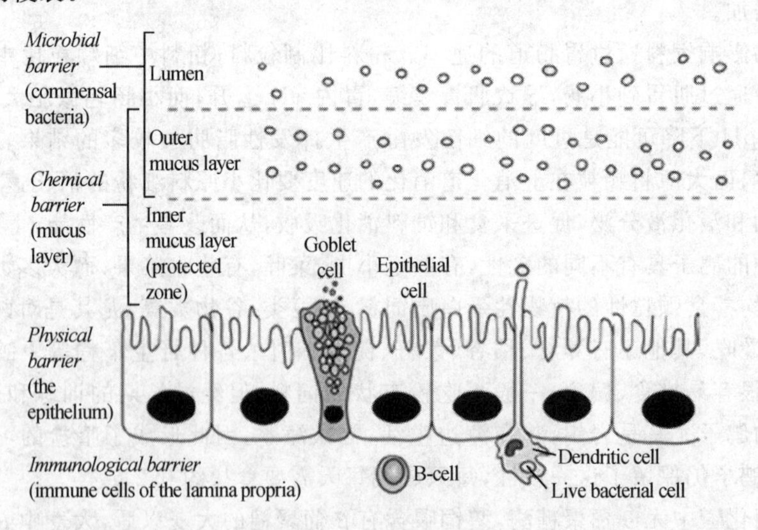

图 1-1 肠道屏障的组成

(Anderson 等,2012)

(一)肠道黏膜机械屏障

机械屏障又称物理屏障,是指完整的彼此紧密连接的肠道上皮结构,主要由肠上皮细胞及其紧密连接、黏膜下固有层等组成。肠道黏膜屏障以机械屏障最为重要,其结构基础为完整的肠黏膜上皮细胞以及上皮细胞间的紧密连接(Vicente 等, 2001)。

家禽的肠道上皮为单层柱状上皮,包括吸收细胞、杯状细胞和未分化细胞。吸收细胞含量最多,呈高柱状,相邻细胞之间有由紧密连接(tight junction)、黏着连接(adhesion junction)和桥粒(desmosome)等构成的连接复合体(图 1-2),起着主要的机械屏障作用。紧密连接位于上皮细胞膜外侧的顶部,是由上皮细胞膜中的蛋白质颗粒融合形成的分支及吻合构成,为一狭窄的带状结构(焊接线或嵴线),可以封闭细胞之间的间隙,防止肠腔内有毒物质渗透到周围组织中,还可起到调节肠上皮细胞旁路的流量速度及将细胞顶部与基侧膜分开的作用(Gonzalez-Mariscal 等,2008)。细胞间紧密连接的通透性决定着整个肠上皮细胞的屏障功能(Turner,2006)。黏着连接位于紧密连接下方,起着细胞与细胞之间的黏附和细胞内信号传递的作用(Perez-Moreno 和 Fuchs,2006)。黏着连接和紧密连接(合称为顶端连接复合体)与肌动蛋白细胞骨架相连(Anderson,2001;Madara,1987;Perez-Moreno 和 Fuchs,2006)。桥粒起到铆接相邻细胞的作用(Garrod 和 Chidgey,2008)。

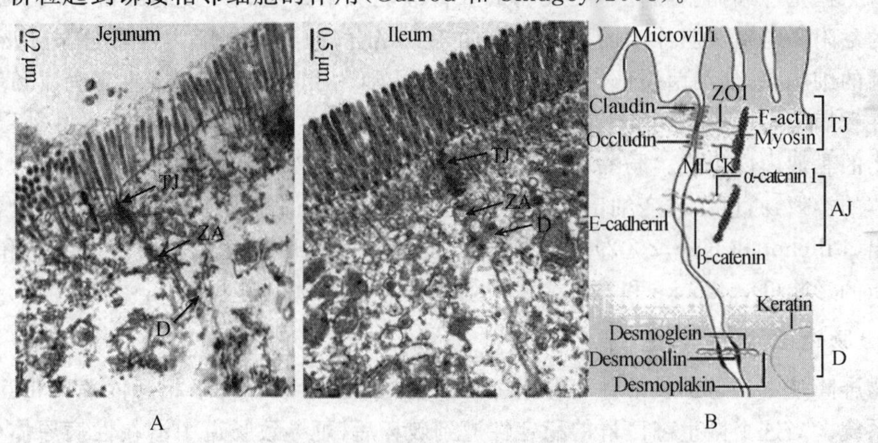

图 1-2 肉鸡肠上皮连接复合体

A. 肉鸡空肠和回肠组织的透射电镜图(Rajput 等,2013);

B. 肉鸡肠上皮连接复合体示意图(Turner,2009)

[两个上皮细胞间的紧密连接、黏着连接和细胞桥粒。TJ:紧密连接(tight junction),AJ:黏着连接(adhesion junction), ZA:黏着小带(zonula adherens,黏着连接的存在形式) 和 D:细胞桥粒(desmosome)]

大约有 50 种蛋白质参与紧密连接的形成,主要为闭锁蛋白(occludin)、闭合蛋白(claudins)和连接黏附分子(junctional adhesion molecule,JAM)3 种完整的跨膜蛋白和闭合小环蛋白(zonula occludens,ZO)等外周胞浆蛋白。这些跨膜蛋白(occludin、claudins 和 JAM)的胞外域与相邻细胞构成选择性屏障,参与调节细胞间黏附、移动及细胞的通透性,而胞内域则与细胞质内的 ZO(ZO-1、ZO-2 和 ZO-3)相连(Gonzalez-Mariscal 等,2003)。ZO 是紧密连接支持结构的基础,起到连接跨膜蛋白与细胞骨架及传递信号分子的作用,参与调节细胞物质转运、维持上皮极性等重要过程(Berkes 等,2003)。Claudins 蛋白为紧密连接的结构骨架，目前在哺乳动物的claudin家族中已经发现24个成员，其中claudin-1、-3、-4、-5、-8、-9、-11和-14可使紧密连接变紧，从而减小细胞旁通透性；claudin-2、-7、-12和-15则与细胞旁孔道形成相关，会使细胞旁通透性增加（Suzuki，2013）。而在家禽中，仅见关于claudin-1、-2、-3、-5和-16，ZO-1和-2以及occludin等紧密连接蛋白的研究报道（Kawasaki等，1998；Osselaere等，2013；Ozden等，2010；Simard等，2005）。此外，紧密连接与肌动蛋白细胞骨架的交互作用对紧密连接结构和功能的维护也是极其重要的。

紧密连接蛋白分子具有高度动态的结构，其密闭程度会因外界刺激、生理和病理条件而发生改变（Gonzalez-Mariscal等，2008）。为保持高度动态状态，紧密连接持续地受细胞内外信号的监控和调节。细胞内外信号通过磷酸化和脱磷酸化作用来控制紧密连接的装配和拆卸，参与信号分子包括（myosin light chain kinase，mLCK）、Rho家族鸟苷三磷酸酶（Rho GTPases）、蛋白激酶C（protein kinase C，PKC）和丝裂原活化蛋白激酶（mitogen activated protein kinases，MAPK）（Ulluwishewa等，2011）。

（二）肠道化学屏障

化学屏障由覆盖在肠上皮细胞上的黏液层、肠道分泌的胃酸、胆汁、各种消化酶、溶菌酶、黏多糖、糖蛋白和糖脂等化学物质构成。胃酸能够杀灭经口入侵的细菌，抑制细菌在肠道上皮的黏附和定殖。胆汁中的胆盐可与内毒素结合，胆酸可降解内毒素分子。溶菌酶能破坏细菌的细胞壁，使细菌裂解。肠道分泌的大量消化液可稀释毒素，冲洗清洁肠腔，使潜在的条件致病菌难以黏附到肠上皮上。黏液层由含一定数量微生物的疏松黏液外层和含少量微生物的黏液内层组成。肠黏膜中杯状细胞分泌的黏液中所含的糖蛋白和糖脂，是细菌黏附受体的类似物，可以改变细菌的进攻位点，使细菌与分泌物中糖蛋白、糖脂结合，然后随粪便排出（Lillehoj和Kim，2002）。黏液的分泌、组成和基因表达会受肠道微生物和宿主的炎症介质的影响（Deplancke和Gaskins，2001）。

（三）肠道生物屏障

生物屏障是由肠道黏膜常驻菌与宿主的微空间结构形成了一个相互依赖又相互作用的微生态系统。当这个微生态菌群的稳定性遭到破坏后，可导致肠道中潜在性病原体（包括条件致病菌）的定植和入侵。对肠道屏障起重要作用的微生物主要是一些专性厌氧菌，包括乳酸杆菌、双歧杆菌。这些专性厌氧菌通过黏附作用与肠上皮紧密结合，形成菌膜屏障，可以竞争抑制肠道中致病菌与肠上皮结合，抑制它们的定殖和生长；也可分泌醋酸、乳酸、短链脂肪酸等，降低肠道pH与氧化还原电势及与致病菌竞争利用营养物质，从而抑制致病菌的生长。

（四）肠道免疫屏障

肠道是机体接触外界抗原物质最广泛的部位，也是机体中最大的免疫器官。肠道的免疫防御系统主要由肠道相关淋巴组织（gut-associated lymphatic tissue，GALT）构成，是机体最大的淋巴器官和重要的黏膜相关淋巴组织，是饲养过程中防御病原体侵入机体的第一道防线。鸡发达的GALT弥补了其缺乏淋巴结的不足。鸡GALT主要由分布于肠道黏膜固有层和黏膜下层的淋巴细胞组成（Fagarasan等，2010）。高度完整和调节完善的肠道免疫屏障，可对大量无害抗原下调免疫反应或产生免疫耐受，而对有害抗原和病原体产生体液和细胞免疫，进行有效免疫排斥或清除。肠道免疫系统中起核心作用的是分泌性IgA（secretory

IgA,sIgA),主要由淋巴细胞和浆细胞产生,分布于肠黏膜表面,是肠道分泌物中含量最丰富的免疫球蛋白,是阻止病原体入侵的主要免疫防御因子。肠道中 sIgA 减少,可使肠黏膜抗感染免疫屏障功能下降,增加了肠道细菌和内毒素与黏膜上皮细胞相互作用的机会,促进了细菌移位和内毒素吸收。

二、家禽肠道屏障功能的评价

目前检测动物肠黏膜屏障功能的手段主要有测定肠黏膜通透性、血浆内毒素、细菌移位、肠道黏膜组织学观察等方法。

(一)肠道通透性

肠道通透性(intestinal permeability)是指肠黏膜上皮容易被某些物质分子以非载体或通道介导的被动扩散方式通过的特性。肠黏膜通透性改变可准确反映肠黏膜的损伤程度,是监测肠道屏障功能的重要指标。肠道通透性是反映机械屏障最主要的指标,被广泛应用于人体和动物的研究中。

目前常用于肠道通透性的测定方法有分子探针法、血浆二胺氧化酶(diamine oxidase,DAO)活性法和体外 Ussing chamber(尤斯灌流室)系统法等。目前,在人体临床和动物研究中用来检测肠道通透性改变的分子探针,主要有无毒性的非代谢性糖类(如乳果糖、三氯蔗糖、鼠李糖、甘露醇等)(Bjarnason 等,1995;Meddings 和 Gibbons,1998)和同位素类(如^{51}Cr-EDTA)(Prosser 等,2004)等。但这两种方法需通过检测尿中的分子探针含量,而家禽粪尿无法分离,因而此法不适用于家禽研究中。此外,荧光标记的分子探针(如异硫氰酸荧光素-葡聚糖)(Lambert 等,2002)和辣根过氧化物酶(Cameron 和 Perdue,2005)等方法通过注入动物特定肠后,测定血液中的标记物来检测该肠段的通透性,但在家禽研究中鲜有运用。DAO 是人和所有哺乳动物肠黏膜上皮绒毛中具有高度活性的细胞内酶。当肠黏膜屏障结构破坏时,肠上皮释放 DAO 大量入血,或随坏死脱落的肠黏膜细胞进入肠腔内,导致血浆和肠腔 DAO 活性增高而肠黏膜中 DAO 活性降低。因此,通过测定血和黏膜组织中 DAO 活性变化可反映肠道的黏膜屏障。而家禽肠黏膜中 DAO 活性低。因而,此法也不能用来评测家禽肠道屏障功能。

1951 年,Ussing 和 Zehran 等首次将 Ussing chamber 介绍于世,其主要功能是通过微电极检测整个细胞膜离子通道变化的电流信号来反映肠道药物吸收、通透性和分泌情况的变化。目前,Ussing chamber 这一技术已被广泛应用于动物的上皮组织研究,其研究热点之一是胃肠道屏障功能的研究,被许多学者誉为胃肠道屏障功能研究的金标准。它既可以应用于研究胃肠道上皮通透性、内毒素及细菌移位的途径和机制,亦可用于研究各种添加剂保护肠道屏障功能的机制。利用 Ussing chamber 系统,检测肠上皮细胞跨膜电阻抗和同位素或荧光素标记的大分子物质通过胃肠道上皮的比例已成为研究胃肠道通透性的主要途径。目前,这一技术在家禽营养吸收和肠道屏障功能研究上的应用已越来越多。

(二)肠道细菌移位

肠道细菌移位是指原存在于肠腔内的细菌,通过某种途径越过肠黏膜屏障,进入肠系膜淋巴结、门静脉系统,继而进入体循环以及肝、脾、肺等器官的过程,其结果可触发全身炎性反应乃至多器官功能衰竭。动物试验及临床观察表明,肠黏膜通透性增高,细菌和内毒素能穿越损伤的肠黏膜进入血液，可导致细菌移位和内毒素血症。而侵入血液循环的细菌和内毒素再作用于肠黏膜，进一步加重肠黏膜屏障受损，导致肠黏膜通透性持续增高，如此形成恶性循环。可见，肠道细菌移位是肠道黏膜功能障碍的突出表现，检测肠道细菌移位可以间接反映肠黏膜的整体屏障功能(Magnotti 和 Deitch, 2005)。常用的检测细菌移位的方法有细菌培养法、标记细菌示踪法、聚合酶链式反应法等。

(三)血浆内毒素

内毒素是革兰氏阴性菌细胞壁中的脂多糖，在细菌代谢过程中或死亡后分解释放，主要来源于肠道菌群代谢，正常情况下，生理功能完整的肠黏膜对细菌和内毒素构成屏障作用，内毒素难于进入血液循环。当肠屏障受损导致黏膜通透性增加时，内毒素通过肠黏膜进入机体循环系统，可引起机体一系列生理病理改变(Hall 等,2001)。血浆内毒素含量的升高是肠道通透性发生改变和肠黏膜屏障功能障碍的突出表现(Magnotti 和 Deitch,2005;Singleton 和 Wischmeyer,2006)。

(四)肠道黏膜组织形态

肠黏膜组织学观察是一种公认的评价肠黏膜屏障功能最常用和最直接的方法，包括光学显微镜、扫描电镜、透视电镜等，可直接观察肠道上皮细胞形态、绒毛结构、排列及上皮细胞连接复合体的变化情况，这些指标的变化在一定程度上可反映肠道黏膜机械屏障的损伤，适用于各种动物试验研究。

三、肠道屏障功能的发育

家禽胚胎期小肠的发育速度随着孵化时间的推进而增加，其肠道形态学、生物化学和分子生物学等方面的变化主要在出壳后 1～14 d(Geyra 等,2001)，那么家禽肠道屏障功能从胚胎期至出壳后也可能存在一定的发育过程和规律。早期的研究发现，鸡蛋孵化 4 d 后，occludin 蛋白在胃肠道中出现微弱的表达，随后逐渐增强。至孵化第 11 天，仅在肠上皮细胞的顶端(比如连接复合体内)可发现很强的 occludin 蛋白分布，而上皮细胞的其他区域只能显示其微弱的表达(Kawasaki 等,1998)。

对于 claudin 蛋白的研究，在鸡胚胎期 5～8 d 时就在肠上皮上发现有 claudin-1 和-3 的表达(Haworth 等,2005;Simard 等,2005,2006)。近年，对从胚胎期至出壳后早期 claudin-3、-5 和-16 蛋白在鸡肠上皮发育模式的研究发现，这些蛋白在鸡出壳阶段要么改变了其在细胞内的分布，要么第一次被检测到(Ozden 等, 2010)。出壳后，claudin-3 主要分布在整根肠绒毛的基底侧区域，隐窝部不见其分布；claudin-5 主要分布在隐窝和绒毛底部的连接复合体内，而 claudin-16 分布于绒毛上部的杯状细胞内；claudin-3、-5 和-16 mRNA 的表达水平均在孵化 18～20 d 升高，出壳 2 d 后下降，这些 claudin 蛋白在出壳前后呈现它们稳定的分布，暗示这些蛋白除了它们在紧密连接中的屏障功能外，可能在鸡肠道的分化和生理机能方面也扮演着重要角色，如 claudin-16 分布在相对较成熟的绒毛上部的杯状细胞内提示其对杯状细胞的成熟和黏液的分泌可能起到重要作用；而 ZO-2 在胚胎期 18 d 时 mRNA 表达水平最高，然后开始下降，直至出壳后 2 d 降至稳定值。ZO-2 表达规律与 claudin 存在很大的不同，ZO-2 先于 claudin-3 和-5 蛋白的转录，其转录水平在 claudin 转录增加前 2 d 就达到高水平(Ozden 等,2010)。这可能是由于 ZO-2 是负责连接紧密连接和细胞骨架的衔接蛋白

(Gonzalez-Mariscal 等,2003),并启动 claudins 的分布和接紧密连接结构的形成(Umeda 等,2006)。

不同肠段的屏障功能均需在出壳后持续发育一段时间,且不同肠段的屏障功能及其紧密连接蛋白的发育速度并不一致(Roberts 等,2005)。空肠的跨上皮电阻在鸡出壳后 2 d 开始增加,到出壳后 11 d 达到平台值,而回肠的跨上皮电阻在鸡出壳后 2 d 开始线性增加,到出壳后 14 d 时还未达到平台值;空肠的 occludin mRNA 表达随着日龄增长而呈线性增加,到出壳后 14 d 时还未达到平台值,但回肠 occludin 和 ZO-2 mRNA 表达并未受出壳后日龄增长的影响(Roberts 等, 2005)。

四、家禽肠道屏障的营养调控

(一)微量元素锌

锌(Zn)已被证实在维护动物胃肠道上皮屏障的完整及其功能上起到非常重要的作用。在日粮中添加 Zn 可降低疾病、营养不良、应激和肠道病菌感染等状态下人体和动物的肠道通透性(Roy 等,1992; Sturniolo 等,2002;Tran 等,2003;Zhang 和 Guo,2009)。而 Zn 的缺乏可导致 Caco-2 细胞跨上皮电阻降低和紧密连接及黏着连接的发生改变(Finamore 等,2008)。对家禽的研究显示,日粮中添加锌元素(以硫酸锌形式)可以增加感染鼠伤寒沙门氏菌肉仔鸡回肠的绒毛高度与隐窝比、occludin 和 claudin-1 mRNA 的表达,降低血浆内毒素水平,从而减缓沙门氏菌感染造成的肠道屏障功能的损伤(Zhang 等,2012)。而 Hu 等(2013)却认为,氧化锌和蒙脱石均没有改善肠道形态、微生物数量和屏障功能的作用。与对照、蒙脱石、氧化锌和硫酸锌相比,以氧化锌蒙脱石复合物的形式添加 60 mg/kg Zn 可降低鸡肠道中梭菌数量,提高直肠跨上皮电阻抗值,降低直肠对甘露醇的通透性及回肠和直肠对菊粉的通透性(Hu 等,2013)。

(二)益生菌和益生元

大量的人体和动物试验已证实益生菌和益生元可起到保护和改善肠道屏障功能的作用。近几年,益生菌和益生元对家禽肠道屏障功能影响的研究也开始增多。在肉仔鸡日粮中添加鲍氏酵母菌(*Saccharomyces boulardii*)和枯草芽孢杆菌(*Bacillus subtilis B*10)可增加 occludin、claudin-2 和 claudin-3 的 mRNA 表达,并增加了小肠绒毛高度、宽度、杯状细胞数量、空肠 IgA 阳性细胞,改善了肠道的 IL-6、TNF-α、IL-10、TGF-β 和 sIgA 含量,从而来综合改善肠道的屏障功能(Rajput 等,2013)。由唾液乳杆菌(*Lactobacillus salivarius*)和罗伊氏乳杆菌(*Lactobacillus reuteri*)组成的混合益生菌制剂增加了十二指肠绒毛/隐窝深度值、降低了回肠隐窝深度,从而改善了肠绒毛组织形态;通过 Ussing chamber 技术测定了肠黏膜转运葡萄糖能力和组织导电性,认为混合益生菌制剂可增加空肠和大肠对葡萄糖的转运,对肠组织导电性无影响,说明混合益生菌制剂在维持肠上皮屏障结构的同时提高了其功能(Awad 等,2010)。乳酸杆菌(*Lactobacillus fermentum* 1. 2029)处理可降低感染坏死性肠炎肉仔鸡的肠道损伤程度,改善回肠上皮微绒毛,增加 claudin-1 和 occludin 的 mRNA 表达,显示其具有保护肠道屏障功能的作用(Cao 等,2014)。

热应激在家禽生产业中经常发生,对动物健康、生产性能以及肠黏膜结构和微生物菌群都存在很大的负面影响(Burkholder 等,2008;Quinteiro-Filho 等,2010)。在对肠道屏障功能的影响方面，热应激可引发肉仔鸡十二指肠、空肠和回肠轻微的多灶性淋巴浆细胞性肠炎，并使感染肠炎沙门氏菌肉仔鸡的肠道屏障遭到破坏，导致沙门氏菌通过肠黏膜迁移到脾脏和小肠壁炎性浸润加重，使3个肠段发展成中度多灶性淋巴浆细胞性肠炎(Quinteiro等，2012)。热应激还可使肉鸡肠道内乳酸杆菌和双歧杆菌数量减少，大肠杆菌和梭菌数量增加，空肠绒毛高度降低，隐窝深度增加，空肠绒毛高度/隐窝深度值降低，空肠跨上皮电阻降低，异硫氰酸荧光素葡聚糖的细胞旁通透性增加，occludin和ZO-1的蛋白表达下调(Song等，2014)。而日粮中添加地衣芽孢杆菌、枯草芽孢杆菌和植物乳杆菌的混合益生菌制剂可使无论是正常温度下还是热应激状态下饲养的肉鸡的肠道内乳酸杆菌和双歧杆菌数量、空肠绒毛高度和occludin蛋白表达增加，大肠杆菌数量降低，从而改善肠道屏障功能(Song等，2014)。添加纤维寡糖可通过增加肉鸡空肠绒毛高度和空肠绒毛高度/隐窝深度值，降低异硫氰酸荧光素葡聚糖的细胞旁通透性，从而减轻热应激给肉仔鸡肠道屏障造成的负面影响(Song等，2013)。

(三)多糖

β-1,3/1,6-葡聚糖是一种结构复杂的葡萄糖多聚复合物，可增强宿主先天性免疫和获得性免疫功能，增强抗病原细菌、病毒和寄生虫感染的能力。通过在日粮中添加β-1,3/1,6-葡聚糖增加了感染鼠伤寒沙门氏菌肉仔鸡的空肠绒毛高度、空肠绒毛高度/隐窝深度值、杯状细胞数量、sIgA阳性细胞数和sIgA含量，降低盲肠沙门氏菌数量和肝脏中沙门氏菌的数量，上调claudin-1和occludin的mRNA表达，从而减缓由感染鼠伤寒沙门氏菌引起的肉仔鸡肠道屏障功能的损失(Shao等，2013)。车前草非淀粉多糖已在体外和离体试验中证实可阻止多种病原菌黏附和侵袭入上皮细胞。在肉鸡日粮中添加车前草非淀粉多糖50 mg/d可减少沙门氏菌对肉仔鸡脾脏的侵袭；体外试验的结果显示，车前草非淀粉多糖可抑制沙门氏菌对猪肠上皮细胞和鸡盲肠隐窝上皮的黏附，经回肠黏膜Ussing chamber离体试验证实这种作用与增加的黏膜短路电流而跨上皮电阻不变相关。车前草非淀粉多糖的这种抑制活性主要是其酸性的果胶成分在起作用(Parsons等，2014)。

(四)谷氨酰胺

谷氨酰胺(glutamine,Gln)是肠上皮细胞的主要能量来源，对肠上皮细胞的生长和分化是必需的。已有研究报道Gln在人危急病症和啮齿动物的各种肠炎模型中起到维持、促进和保护肠道的屏障功能。在Caco-2肠细胞中，细胞培养液缺乏Gln或抑制Gln合酶会降低跨上皮电阻抗值，增加甘露醇的渗透性，而减少紧密连接蛋白(ZO-1、occludin和claudin-1)表达及扰乱occludin和claudin-1分布会引起屏障功能的损伤(Li等，2004)。这说明Caco-2肠细胞中紧密连接蛋的表达和细胞内的分布依赖于Gln。Gln缺乏导致的跨上皮电阻抗值降低通过PI3K抑制或敲除恢复，说明Gln是通过PI3K/Akt信号通路来调控细胞内紧密连接的完整性和紧密连接蛋白(Li等，2009)。Gln可阻止由乙醛(乙醇的氧化代谢产物)诱发的Caco-2细胞单层旁通路通透性增加和紧密连接的破坏，并认为Gln的这个作用涉及EGF受体依赖机制(Seth等，2004)。最近的研究认为，通过ERK和$NF_{-\kappa B}$信号通路调控occludin和claudin-1可阻止甲氨蝶呤诱导的肠道屏障的破坏(Ren等，2014)。关于Gln对家禽肠道屏障影响的研究尚未见报道，值得关注和探讨。

(五)苏氨酸

苏氨酸是猪或家禽的第二或第三限制性氨基酸。研究证实，苏氨酸在维持动物肠道形态、黏液分泌、刷状缘酶活性和生长性能中重要作用。在家禽的研究中，添加苏氨酸可提高肉仔鸡和唾液酸分泌，提高肉鸭的肠道黏液分泌量和 MUC2 mRNA 表达，对肉鸡杯状细胞密度和 MUC2 mRNA 表达无影响(Horn 等，2009)。苏氨酸的缺乏可降低鸡十二指肠和回肠的黏液层厚度，添加苏氨酸可增加黏液的分泌且不依赖 MUC2 的基因表达(Chee 等，2010)。然而，有研究认为苏氨酸添加对蛋鸡杯状细胞数量、绒毛高度和黏膜厚度等肠道形态指标无影响(Azzam 等，2012)。在肠道屏障研究中，中等程度的苏氨酸缺乏(苏氨酸 6.5 g/kg日粮)会增加仔猪回肠黏膜旁细胞通透性，改变调控旁细胞通透性的相关基因的表达，如紧密连接蛋白 ZO-1、扣带蛋白、mLCK 等；而添加苏氨酸 0.93 g/kg 日粮可增加仔猪回肠旁细胞通路通透性和 MUC1 和 ZO-1 的基因表达(Hamard 等，2010)。关于苏氨酸对家禽肠道屏障影响的研究尚未见报道。

(六)脱毒剂

脱氧雪腐镰刀菌烯醇(deoxynivalenol，DON)是谷物中最为常见的一种真菌。给肉仔鸡饲喂 DON 会影响肉仔鸡十二指肠和空肠肠壁形态，上调空肠 claudin-5 的 mRNA 表达，但对 claudin-1、ZO-1 和 ZO-2 的 mRNA 表达无影响。日粮中添加黏土类霉菌毒素吸附剂使回肠 claudin-1、claudin-5、ZO-1 和 ZO-2 的 mRNA 表达均上调了。饲喂 DON 的肉仔鸡在空肠检测到高浓度 toll 样受体 4 和氧化应激的两个标记物亚铁血红素和黄嘌呤氧化还原酶，而在回肠浓度较低，但添加黏土类霉菌毒素吸附剂后却在回肠中浓度较高。这些结果说明黏土类霉菌毒素吸附剂导致 DON 在小肠较远端聚集，使影响肠道形态和屏障功能(Osselaere 等，2013)。

(七)表皮生长因子

表皮生长因子(epidermal growth factor，EGF)是一种小肽，对肠上皮具有很广泛的生物学作用。饲养试验显示，EGF 可减少肉鸡空肠弯曲杆菌在空肠的定殖及移位到肝脏和脾脏的数量；体外研究表明，空肠弯曲杆菌可黏附并入侵到犬肠上皮细胞中，破坏紧密连接蛋白 claudin-4，增加肠上皮通透性和非致病的非侵入性菌大肠杆菌 C25 的移位；而用 EGF 对犬肠上皮细胞进行预处理可消除空肠弯曲杆菌对肠上皮细胞的负作用，并认为 EGF 改善肠道屏障功能的作用依赖于上皮细胞上 EGF 受体的激活(Lamb-Rosteski 等，2008)。

(八)饲用酶制剂

在小麦—豆粕基础日粮中添加木聚糖酶可通过减轻产气荚膜梭菌感染引起的肉鸡肠道组织损伤，增加回肠和空肠绒毛和隐窝比值，优化回肠肠道菌群组成，增加回肠 Occludin mRNA 和 MUC2 mRNA 表达，降低回肠细胞凋亡率等来缓解气荚膜梭菌感染对肠道屏障功能造成的损伤，使血浆内毒素降低(Liu 等，2012)。最近的试验采用小麦—豆粕型基础日粮，研究了植物精油、复合酶制剂、产气荚膜梭菌感染及其交互作用对肉鸡肠道屏障的影响。结果发现，当植物精油或复合酶制剂与细菌感染存在交互效应时，产气荚膜梭菌感染可提高采食基础日粮的仔鸡血浆内毒素浓度，提高肠道吸收方向的跨细胞被动扩散的渗透率，提高回肠黏膜 sIgA 浓度，以及回肠食糜中大肠杆菌的数量，而植物精油及复合酶制剂的添加均改善产气荚膜梭菌感染所引起的变化，说明添加复合酶制剂和植物精油均可改善产气荚膜梭菌感染导致的肠道屏障功能的破坏，其中复合酶制剂的效果较好(未公开)。

五、理论研究和应用技术展望

目前，关于家禽肠道屏障各方面的研究还相当少，尤其是对组成家禽肠道屏障的蛋白的分布和功能、影响肠道通透性的信号转导途径等理论基础方面均有待大力研究。研究中检测肠道通透性的方法较多，对各种方法的灵敏性和特异性及在不同动物和细胞模型中适用性的研究较少，多种方法的联合使用是否可提高灵敏性和特异性从而来正确有效地监测仍值得探讨。此外，通过营养措施来调控肠道屏障功能的研究还主要集中于人类医学和哺乳动物上，在家禽上的应用技术及其调控机制研究还很有限，尚待全面、深入、持续地进行探索。

第三节　营养素的消化与吸收

一、消化

消化作用主要是将蛋白质、脂肪、碳水化合物等营养物质转变为能够被肠黏膜上皮所吸收的物质。

（一）机械降解

胃借助胃部肌肉的运动力量将食物研磨碎成更小的颗粒或片段。磨碎后的食物颗粒或片段的表面积增加，有助于以后的化学降解。

禽类食入砂粒可增加肌胃的活动、帮助消化食物。肌胃内壁衬有坚硬的角质层。由于鹅具有强大有力的肌胃的机械作用，在小肠、空肠、盲肠协同作用下，能有效地分解植物纤维结构。当鹅以粗饲料为主时，由于粗纤维促进胃肠道活动，消化道排空快。因此，粗纤维水平越高，排空速度越快，粗纤维消化率越低。

（二）化学降解

经过化学降解，食物转变成其相应的化学组成物质，如单糖、氨基酸和脂肪酸等。化学降解也包括无机化学反应（如酸水解）和消化酶的酶促反应。

各种各样的消化酶由消化道的腺体结构及与消化道有关的分泌器官分泌。唾液腺除分泌黏液润滑食物外，还分泌 α-淀粉酶。

肝脏分泌胆汁，在未经胆管分泌入小肠前胆汁贮存在胆囊内。胆汁含有胆酸盐和排出的胆色素等代谢产物。鹅胆管胆汁分泌呈间歇性，有时 3 h 无胆汁排出，而有时高达 960 μL/10 min，平均为 145 μL/10 min，对胆汁成分的测定表明，鹅胆管胆汁中 HCO_3^- 浓度为47.3 mmol/L，鸡为 36.2 mmol/L，三羟胆酸浓度为 5.9 mg/mL，而鸡为 7.48 mg/mL。胆汁可降低脂肪滴的表面张力乳化脂肪。胆酸盐是胰脂肪酶的辅助因子，增强脂肪酶活力；胆酸盐与脂肪酸及甘油一酯结合成水溶性复合物促进脂肪酸吸收；胆汁中的碱性无机盐可中和由胃进入小肠的食糜酸度。肝脏还贮存和分配吸收的代谢产物、代谢产物在肝脏进行转化脱毒。

胰腺分泌的胰液含有大量的水解酶原（胰蛋白酶原、糜蛋白酶原、羧肽酶）、淀粉酶、

DNA 酶、RNA 酶、胆固醇酯酶、脂肪酶、磷脂酶以及碳酸氢钠等。碳酸氢钠中和从胃中下来的食糜酸度。

腺胃分泌盐酸,对食物进行化学消化,还激活一些消化酶原。胃还分泌胃蛋白酶、少量淀粉酶及脂肪酶等。

小肠分泌肽酶、二糖酶以及脂肪酶。哺乳动物的大肠可发酵纤维素并合成水溶性维生素,但禽类的大肠很短,在这方面作用不大。

消化酶包括蛋白酶、碳水化合物酶和酯酶等几大类,但每一类都包括许多特异性的酶(表 1-5)。

表 1-5 消化酶种类

类别	酶	具体酶
蛋白酶		
	内肽酶(蛋白质→多肽)	
		胃蛋白酶(最适 pH 1.5~2.5)
		胰蛋白酶(最适 pH>7)
	外肽酶(多肽→肽、氨基酸)	
		多肽酶
		三肽酶
		二肽酶
碳水化合物酶		
	多糖酶(高分子碳水化合物→寡糖、二糖和单糖)	
		淀粉酶
		纤维素酶
		几丁质酶
	寡糖酶(三糖和二糖→单糖)	
		葡糖苷酶(麦芽糖、蔗糖、葡糖苷、纤维二糖)
		半乳糖苷酶(蜜二糖、半乳糖苷、乳糖)
	果糖苷酶(蔗糖)	
脂酶		
	脂肪酶(甘油三酯→脂肪酶、甘油、甘油一酯)	
		酯酶(简单酯、复合磷脂、胆固醇酯及蜡质→羧酸乙醇、胆固醇、脂肪酸等)

消化酶通过导管系统由外分泌腺分泌入肠道。

肠及其他各有关器官还分泌激素,虽然激素不直接参与化学消化,但却是消化过程中的重要调节物质。

所有的消化酶均是水解酶;通过水的加入而将化学键断裂,分子 R—R′的水解反应式如下:

$$R{-}R' + H_2O \rightarrow R{-}OH + H{-}R'$$

依此类推，

蛋白质肽键的水解反应式为：

$\cdots\text{—CO—NH—}\cdots + H_2O \rightarrow \cdots\text{—COOH} + H_2N\text{—}\cdots$

多糖糖苷键的水解反应式为：

$\cdots\text{C—O—C}\cdots + H_2O \rightarrow \cdots\text{COH} + \text{HOC}$

脂肪酯键的水解反应式为：

$\cdots\text{—COO—C—}\cdots + H_2O \rightarrow \cdots\text{—COOH} + \text{HOC—}\cdots$

细胞代谢途径中的酶都具有针对某一特定化学反应的作用特异性，其中消化酶没有绝对的作用特异性，但具有物质种类特异性，亦即蛋白酶只水解蛋白质，对多糖及脂肪没有作用，但可以水解许多不同氨基酸间的肽键。但不管怎样，蛋白酶、碳水化合物酶及脂肪酶也有分类。如外肽酶只从蛋白质分子的末端切掉氨基酸；而内肽酶是在蛋白质分子中切断肽键形成短的多肽。

1. 蛋白酶

蛋白酶水解氨基酸间的肽键。蛋白酶分内肽酶和外肽酶二类。内肽酶切断蛋白质分子内的肽键，外肽酶切断具有游离氨基的末端氨基酸(氨基肽酶)、具有游离羧基的末端氨基酸(羧基肽酶)或二肽(二肽酶)。内肽酶对能水解肽键两侧的化学基团具有较强的选择性，例如胃蛋白酶和糜蛋白酶在连接二羧酸的芳香族氨基酸处水解蛋白质，胃蛋白酶在氨基酸的游离氨基酸端切断肽键而糜蛋白酶在氨基酸的游离羧基端切断肽键。胰蛋白酶作用于精氨酸和赖氨酸的羧基侧肽键。角蛋白酶水解相邻角蛋白分子单体间的二硫键。

分泌的蛋白酶都是无活性的酶原状态，因为以活性状态存在细胞内会产生破坏作用。这些无活性的酶原由无机离子或特定的酶激活，例如 H^+ 激活胃蛋白酶原，肠激酶激活胰蛋白酶原，胰蛋白酶激活糜蛋白酶原，胃蛋白酶和胰蛋白酶还能分别激活胃蛋白酶原和糜蛋白酶原。

2. 碳水化合物分解酶

碳水化合物的消化就是高分子聚合物的逐步水解，直到基本的单糖单位产生为止。碳水化合物分解酶有二类，包括多糖酶和寡糖酶。

淀粉酶是多糖酶，分解植物淀粉(直链淀粉和支链淀粉)以及动物糖原，这些均是通过 α-糖苷键组成的多糖。α-1,4 和 α-1,6-淀粉酶水解除末端葡糖苷键以外的所有糖苷键，产生二糖和单糖(葡萄糖)。淀粉酶一般需要 Cl^-。

寡糖酶水解三糖如棉籽糖、二糖如麦芽糖、蔗糖和乳糖等。如葡萄糖以 α-糖苷键与另一单糖连接，则需 α-葡糖苷酶如麦芽糖酶、蔗糖酶水解，如葡萄糖以 β-糖苷键与另一单糖连接，则需 β-葡糖苷酶如乳糖酶或 β-半乳糖苷酶水解。

许多植物的多糖和所有动物的多糖均是由单糖通过 α-糖苷键链联结起来的，这些 α-键可被动物的淀粉酶(α-淀粉酶)水解，但动物淀粉酶不能分解 β-糖苷键。纤维素分子中含有 β-糖苷键。半纤维素是木聚糖，阿拉伯糖、半乳糖，甘露糖和其他碳水化合物的复合聚合物，与木质素以二价键相结合后很难溶于水。木质素不是碳水化合物而是含有不定量角质、单宁、蛋白质和硅酸盐的苯基丙烷聚合物。草食动物(如鹿)的唾液中含有大量的脯氨酸，脯氨酸与单宁结合可以减轻单宁对细胞壁纤维素及半纤维素消化的抑制作用。

纤维素可被纤维素酶水解，其中必需 3 类碳水化合物酶：内-β-葡糖酶分解多糖内的 β-键；外-β-葡糖酶切掉多糖分子末端的葡萄糖或纤维二糖；β-葡糖苷酶将纤维二糖分解为葡萄糖。

无氮浸出物是易消化的细胞碳水化合物部分，“粗纤维”是难消化的部分，但后者未包括所有的纤维素、半纤维素和木质素，而前者却包括一些纤维素、半纤维素、木质素及果胶。酸性洗涤纤维（ADF）是细胞壁的纤维素—木质素部分，而中性洗涤剂纤维（NDF）是细胞壁部分，即包括木质素、纤维素及半纤维素。

未被消化的碳水化合物吸收水分，增大肠道食糜的容积，于是增强了蠕动，增强了肠道的机械消化，减轻了便秘。

3. 脂肪酶和酯酶

脂肪酶分解甘油三酯，降解成为甘油二酯和甘油一酯及脂肪酸。甘油一酯也可能继续裂解成甘油及脂肪酸。脂肪酶也能催化脂肪的合成反应。因此，要彻底降解脂肪就需要转移水解产物（甘油、甘油一酯或脂肪酸），打破合成与降解的平衡。

酯酶水解简单酯（如丁酸乙酯）和复合酯（磷脂、胆固醇脂、蜡）。脂肪酶也是一种酯酶，因为甘油三酯是由甘油及脂肪酸形成的酯；磷酸酯酶分解磷脂。

二、吸收

消化酶催化生成的氨基酸、单糖、甘油一脂、甘油和脂肪酸，以及离子、维生素及水，在它们进入体液前，首先要穿越肠上皮层而被肠细胞吸收。

吸收过程包括 4 个基本方面：①营养素分子从肠腔到肠壁的物理运动；②肠上皮细胞表面积的最大化；③营养素穿越上皮细胞膜进入细胞质的机制；④营养素从肠上皮细胞移出转运到细胞外体液（血液或淋巴）。

营养素分子的物理运动主要包括肠蠕动（混合运动），上皮细胞吸收与分泌造成的液体流动引起的肠内容物的对流混合，以及上皮细胞界面层的扩散交换。扩散与在细胞表面与肠腔间的溶质浓度差异及交换表面积成正比，与界面层的厚度成反比。主动转运与扩散一样，与交换表面积及界面层厚度有关。肠道长度及卷曲度的增加扩大了吸收的表面积。小肠黏膜下层的皱褶将小肠的表面积增大 3 倍左右，黏膜和黏膜下层上的指状突起——绒毛又将表面积增大了近 10 倍。上皮细胞顶端细胞膜高度褶叠形成的微绒毛或刷状缘将表面积扩大近 20 倍。

肠绒毛内有平滑肌细胞，绒毛的运动可促进混合及减小界面层的厚度。每个绒毛含有一个乳糜管，乳糜管是淋巴系统的末梢，是吸收脂肪和水的重要途径。绒毛内有血管，可以吸收转运营养素。微绒毛表面覆盖黏多糖和蛋白片段形成的网状膜。该膜不被水解酶和黏液分解酶破坏，故有保护作用。许多重要的消化酶，如胰淀粉酶、二糖酶和二肽酶就吸附在这一蛋白多糖网膜上。

肠道对营养物质的吸收方式有 4 种，分别是：①被动扩散；②易化扩散；③主动转运；④胞饮作用，其中主动转运是最普遍的。

（一）氨基酸的吸收

氨基酸的吸收是主动转运过程、常同时伴随 Na^+ 的转运。肠上皮吸收氨基酸需要消耗能量，但此部分能量并非由位于上皮细胞顶端表面的氨基酸载体所消耗，而是由上皮细胞嗜碱侧面的 Na^+-K^+-ATP 酶所消耗，Na^+-K^+-ATP 酶主要维持细胞膜两侧的 Na^+、K^+ 浓度梯度。细胞内的低 Na^+ 浓度使 Na^+ 从肠腔通过转运氨基酸的载体被动扩散到细胞内。实际上有 4 种氨基酸/Na^+ 载体，每一种只转运一种特定的氨基酸：中性氨基酸、酸性氨基酸、碱性氨基酸以及甘氨酸、脯氨酸、羟脯氨酸类。载体也可将二肽和三肽转运到细胞内。在细胞质内，二肽和三肽水解成氨基酸。大的多肽甚至完整的蛋白只能通过胞饮作用吸收。吸收的氨基酸不在上皮细胞内代谢，而要首先进入循环系统。吸收的蛋白能进入淋巴系统而后进入循环系统。

(二)碳水化合物的吸收

碳水化合物的吸收与氨基酸的吸收很相似，至少葡萄糖和乳糖是如此，也是需要载体并消耗 ATP 的与 Na^+ 转运相关联的主动过程。葡萄糖、半乳糖及其他主动转运的单糖均竞争同一载体分子，而果糖通过易化扩散进入细胞内。易化扩散有载体参与，但不需消耗 ATP，也不与 Na^+ 转运相关联。上皮细胞内的单糖经过嗜碱侧面而转运出上皮细胞时不依赖 Na^+ 或能量，与易化扩散系统相似。

鸽子的肝脏能够迅速有效地代谢果糖，即使在大量葡萄糖存在的条件下也不受影响，这一点与哺乳动物不同。此外，鸽子对果糖的代谢和果糖转化为脂肪具有优先选择性，由果糖代谢产生的脂肪量远远超过其他碳水化合物代谢产生的量。因此，对于即将参加比赛的赛鸽或者是即将上市的肉鸽，在饲料中添加果糖可以使鸽体迅速积累脂肪。

(三)脂类的吸收

脂肪不溶于水，在水中凝结成大脂肪滴。若脂肪滴的面积：体积比很小，则不利于脂肪酶催化脂肪的有效消化。因此，乳化对脂肪消化来讲就极为重要。肝脏分泌的胆汁的组成中有胆色素、胆酸、胆固醇、磷脂和矿物质。胆酸是胆固醇与氨基酸(甘氨酸和牛磺酸)结合形成的。它们具有中度的乳化作用，若与极性脂肪(如卵磷脂、溶血卵磷脂、甘油一酯)配合，其乳化作用会增强很多。若摄入的脂肪在正常体温下是固体则脂肪很难乳化和消化，但若将这些高熔点的脂肪与低熔点的脂肪混合，则可使其易于乳化和消化。

脂肪酶接触乳化的脂肪滴而将甘油三酯水解为甘油一酯、甘油和脂肪酸。甘油一酯与胆盐形成 4～6 nm 的微粒，微粒也含有其他脂溶性成分，如胆固醇、溶血卵磷脂及脂溶性维生素。微粒在上皮细胞膜的脂质双层结构中可溶性很好，可以直接穿过细胞膜进入细胞内，而不需要载体，也不需消耗能量。胆盐可重循环回到肠腔继续形成微粒。

在上皮细胞内，经过酰基转移酶的催化，游离脂肪酸与甘油一酯重新合成甘油三酯。脂肪酸转变成脂酰基辅酶 A 酯，这一反应需要消耗能量。如果微粒中只有脂肪酸而无甘油一酯，机体就要重新合成甘油。在上皮细胞内溶血卵磷脂重新转变成卵磷脂，胆固醇主要与油酸形成酯。磷脂(日粮磷脂和内源磷脂)以及脂蛋白将这些重新合成的复合脂类稳定化，形成乳糜微粒。乳糜微粒(0.1～4 nm)中 80%～95%是甘油三酯，其外由含有少量蛋白、胆固醇的磷脂层包被。乳糜微粒由上皮细胞释放进入乳糜管。短链脂肪酸是水溶性的，可以直接扩散进入毛细血管。

(四)离子和水的吸收

单价离子很易通过主动转运从肠道吸收。钠离子可以逆着电化学梯度通过主动转运吸收到上皮细胞内；如果电化学梯度合适，钠离子也可通过被动扩散到上皮细胞内。从肠腔主动吸收钠，形成一个自肠腔到上皮细胞内的从负到正的化学梯度，这有利于Cl^-的被动吸收。

泄殖腔主要是输卵管尿的贮存场所，相当于膀胱的功能，而结肠能主动调节尿和食糜中水和电解质的含量。结肠—泄殖腔段能吸收输尿管尿中10％～15％的水和65％的氯化钠。对氯化钠的吸收受日粮氯化钠水平及吸收情况的调节，低钠日粮促进对钠离子的吸收。空肠吸收钠、钾离子的速度最快；在回肠，吸收钠却分泌钾。低钠日粮加强回肠对钠的吸收和对钾的分泌。

二价离子很难被吸收。例如，对铁就存在一个特别的主动摄取机制。Fe^{2+}比Fe^{3+}的可溶性好，所以前者比后者更易吸收。磷酸根和草酸根很易形成不溶铁盐，干扰铁的吸收，而一些可溶配位剂（如果糖、维生素C等）促进铁的吸收。小肠主动摄取铁包括两个步骤，即黏膜吸收和向血浆的转移。通过调控铁向血浆的转移而不是黏膜的摄取可防止机体吸收过多的铁。上皮细胞内的铁有3种形式，即溶液中的Fe^{2+}、Fe^{3+}和铁传递蛋白。铁向血的转移主要是通过调控铁传递蛋白来实现。过量的铁将留在上皮细胞内，直到上皮细胞死亡脱落后排出体外。

Ca^{2+}主要靠位于微绒毛上的Ca^{2+}结合蛋白主动转运，这一摄取机制受维生素D和甲状旁腺素的调控。Mg^{2+}通过被动扩散吸收。

肠道对水的吸收间接与溶质如Na^+、Cl^-、氨基酸、单糖等的转运相关联，而无特别的转运机制，吸收或分泌依赖于渗透压梯度。

第四节 采食量调节

家禽的体重增长及上市日龄通常与采食量有着密切关联，因此家禽的采食量问题已成为人们关注的焦点。认识采食量的调控因子和机制，能够更有效地调节家禽的采食量，为生产实践提供指导。而采食量的生理调节机制是一个高度复杂的过程，体内能量保持平衡是通过复杂的激素及神经信号通路实现的。

一、禽类下丘脑的结构和功能

家禽食欲的调节，是通过感知机体内外周和中枢营养物质（氨基酸、葡萄糖、脂肪酸等）、激素（胰岛素、瘦素等）以及生长因子的变化来实现的。有的可直接调控食欲，有的间接通过影响相关的一些食欲信号通路来调节家禽食欲。在家禽中，中枢调控的核心以及调节中枢是下丘脑。

（一）禽类下丘脑的结构

下丘脑（hypothalamus）又称丘脑下部，位于垂体上方，背侧丘脑内侧前下方，中脑前面，属于间脑的一部分，是维持个体生存及机体内环境的整合中心。下丘脑在脑内占的范围很小（下丘脑仅占脑重的3‰），但结构复杂，联系广泛。下丘脑内部的神经核团之间存在着丰富而广泛的纤维联系，且核团内部也有各种形式的突触存在。中枢神经的其他部位也和下丘脑之间存在着广泛的双向联系。此外，下丘脑还可通过神经—体液途径与很多外周器官之间进行信息交流。

1. 下丘脑的位置

禽类下丘脑在胚胎时期由间脑泡腹侧部分的神经管壁发生上皮演化、迁移而来。发育完全的下丘脑与(背侧)丘脑构成第三脑室下半部的下壁和外侧壁。下丘脑的上界是下丘脑沟,此沟将下丘脑与其背侧的丘脑分开。下丘脑的尾端与中脑的中央灰质和被盖连在一起,无明显的界限,习惯上以乳头体的后缘和后连合的连平面为下丘脑的后界。下丘脑的前端与视前区相连,以视交叉为界。它的后外侧与大脑脚底端及内囊相毗邻。下丘脑的腹面为游离底面,自前向后可看到视交叉(chiasmaopticum,CO)、灰结节(tuber cinerum)、正中隆起(median eminene,ME)、漏斗柄(infundibular stalk)和乳头体(mamillary body)等结构。

2. 下丘脑的分区和主要核团

禽类的下丘脑从前到后可大致分为 4 个区,即视前区、下丘脑前区、下丘脑中区(结节区)和下丘脑后区(乳头区)。

视前区(preopticarea,POA)较小,为视交叉前方背侧的三角形区域,后方接视上区,正中为第三脑室前端。视上部位于下丘脑的视束背侧,由于视束较宽,视上部的前后也较长,该部所含核团周界明显,主要包括视前内侧核(medial preoptic nucleus,POM)、视前室周核(preoptic periventricular nucleus,POP)、皮质连合核(nucleuse ommissurae pallii)等。

下丘脑前区前连视前区,后抵正中隆起的前缘,前区的前端为视前核(preoptic nucleus),稍后为视上核(supraoptic nucleus,SON)、视交叉上核(suprachiasmatic nucleus,SCN)、室旁核(paraventricular nucleus,PVN)。外侧区有分散的下丘脑外侧区(lateral hypothalamicarea,LHA/LHy),其间穿插有内侧前脑束。

下丘脑中区(结节区)吻端起于下丘脑前区的视交叉后区,后止于垂体柄上方的漏斗部,背侧为第三脑室,端部接神经垂体。下丘脑中区含有漏斗核(infundibular nucleus,IN)、正中隆起(ME)、腹内侧核(ventromedial nucleus,VMN)、背内侧核(dorsomedial nucleus,DMN)和弯隆周区(perifomieal area,PFA)等。禽类的漏斗核即类似于哺乳动物的弓状核(arcuate nucleus,ARC)。

下丘脑后区(乳头区)较小,其范围大致以乳头体为前界,以中脑为后界。在此区,第三脑室的尾端向后延续、变细,移行于中脑水管;第三脑室的后下部形成乳头体下隐窝。此部主要有乳头体前核、结节乳头体核、乳头体上核和下丘脑后核。

(二)禽类下丘脑的功能

禽类下丘脑体积虽小,但结构复杂、联系广泛,与脑垂体直接连接,并和边缘系统的各种结构毗邻,这些特点说明下丘脑的功能十分广泛而重要。下丘脑的中心机能是维持机体内环境的稳定以维持个体生存,并参与调控生殖过程以维持种族延续。下丘脑参与调控机体的能量代谢、采食、水盐平衡、生殖、生长、发育、应激反应、睡眠与觉醒体温、免疫等生理功能或过程。下丘脑作为一个整合中枢,其主要功能有以下几点:①下丘脑通过直接或者间接信息传入感受机体内部环境条件的变化,并以反馈形式使内环境稳定于预设的调定点水平;②下丘脑能调节内分泌系统的活动,一方面通过下丘脑—垂体—内分泌腺轴控制和协调内分泌腺的活动,另一方面通过控制交感和副交感神经的兴奋性直接调节某些腺体的活动;下丘脑也能调节体温的正常;下丘脑还能调节水盐平衡;③下丘脑的神经分泌细胞具有分泌激素的功能，其分泌的激素包括促甲状腺激素释放素(thyrotropin-releasing hormone，TRH)、促肾上腺皮质激素释放激素(cortieotropin-releasing hormone，CRH)、生长激素释放激素(gowthhormone-releasing hormone，GHRH)、生长抑制素(somatostatin，SS)等。

二、禽类下丘脑对摄食的调控

摄食(采食)是所有动物赖以生存的基本活动，动物摄取食物对于维持新陈代谢和生长发育是必需的。在动物生产中，提高动物采食量一直是科学工作者非常关心的问题。除了合理的饲粮配制外，保持最大采食量是决定生长速度和养分利用率最为重要的因素之一。具有最大平均日增重的鸡群往往表现出最大采食量。禽类的随意采食量是体内和体外两大因素综合作用的结果。体内因素指禽类本身的生理调节因素，涉及神经和体液两方面，起决定性作用。体外因素主要指饲粮和环境等外界因素，需要通过生理调节系统来发挥作用。

(一)摄食的中枢假说

中枢神经系统(CNS)能够感应机体的营养状况，并做出适当的摄食调节行为和代谢反应，以维持机体的能量稳态。能量自我平衡机制的损坏将会导致食欲和代谢异常，从而引发厌食症或肥胖症等，损害机体健康。食欲的形成机制非常复杂，其中，下丘脑是各种食欲调节信号的主要整合中枢。在过去的几十年中，一些假说的提出促进了人们对食欲调节的认识，其中最为重要的包括：双中枢假说(dual center hypothesis)、头期假说(cephalic phase hypothesis)及自主神经和内分泌假说(autonomic and endocrine hypothesis)。

1. 双中枢假说

Stellar(1954)基于 Hetherington 和 Anand 的研究提出“双中枢假说”，着重阐释了摄食的神经调节。该假说指出：下丘脑是食欲调节的基本中枢，动物的摄食行为由“摄食中枢”和“饱食中枢”控制。动物下丘脑外侧区的损伤导致动物不食、不饮状态；电刺激 LHA 区域可使饱食动物进食，并发生代谢机能的相应改变，合成代谢加强，出现暴食、引起肥胖发生；而破坏该区域可使动物停止采食，出现厌食症。因此，下丘脑外侧区(LHA)视为“摄食中枢”。在发现摄食中枢的同时，也注意到下丘脑腹内侧核的电刺激能使摄食中的动物停止进食；损毁此区则导致动物过度饮食与肥胖。所以又将下丘脑腹内侧区(ventromedial hypothalamus，VMH)视为“饱食中枢”。由于这两个区域在功能和解剖上的密切联系，而合称为“食欲中枢”。饱食中枢的一系列神经元可投射到摄食中枢，以抑制摄食中枢的活动。但是，该假说也引起一些科学家的质疑，问题主要集中于引起下丘脑腹内侧核损伤性肥胖的中枢解剖学结构的确切定位。例如，当大鼠的腹内侧核(VMN)发生损伤时，限饲大鼠仍然表现为肥胖。进一步的研究发现 VMN 和 LHA 之间的神经通路并不是直接相连的。此外，还有其他的神经位点参与摄食的调节。

2. 头期假说

Powlcy(1977)在总结前人研究基础上，对“双中枢假说”进一步拓展和补充，提出了“头期假说”。该假说的提出解决了一些双中枢假说无法解释的问题。

该假说指出：摄食行为是一种动物对食物的巴甫洛夫条件反射(Pavlovian response)，损坏 VMN 引起的大鼠暴食行为是消化头期反射的扩大结果。换句话说，下丘脑腹内侧综合征是下丘脑内侧基底部损伤引起的一系列与摄食相关的行为和生理反应。该假说还补充了其他参与摄食调节的神经结构,特别是孤束核(nucleus tractus solitarius,NTS)。NTS 位于后脑,是中枢神经系统与部分自主神经系统间的联系枢纽。

3. 自主神经和内分泌假说

继"头期假说"后,人们又提出更为全面的"自主神经和内分泌假说"。该假说认为:交感和副交感神经系统共同参与食欲的调控。当 VMN 损伤后,副交感神经系统活动增加,交感神经系统活动减弱,二者具有协同作用。此外,该假说还指出了自主神经系统与代谢相关的内分泌系统之间的联系及其相互作用的必然性和必要性。随着分子生物学和内分泌学的不断发展,该假说已发展成为被普遍接受的神经—内分泌调节理论。

(二)中枢参与食欲调控因子

禽类的下丘脑中存在一系列的与食欲调节相关的神经肽,它们与短期能量平衡调节有密切关系,根据其功能可分为促进食欲的神经肽(促食欲肽)和抑制食欲的神经肽(抑食欲肽),其中促食欲肽主要包括神经肽 Y(neuropeptide Y,NPY)、刺鼠相关蛋白(agouti-related protein,AGRP)、增食因子(orexin),抑食欲肽主要包括阿黑皮素原(proopiommelenocortin,POMC)、促肾上腺皮质激素释放激素(corticotrophin releasing factor,CRF)、促黑素(α-melanocyte stimulating hormone,α-MSH)、可卡因—苯丙胺调节转录肽(cocaine-and amphetamine-regulated transcript,CART)等(Ahima 和 Osei, 2001)。

1. 促食欲肽

(1)NPY。NPY 是 1982 年首次从猪脑中提取的一种含 36 个氨基酸的单链多肽,属胰多肽家族。NPY 广泛分布于中枢及外周神经组织的神经元中(Wang 等,2001)。NPY 分子的 N 端和 C 端各有一个酪氨酸和酪氨酰胺残基。C 端的酰基化对 NPY 的生物活性至关重要。N 端的酪氨酸残基参与稳定 NPY 三级结构和 NPY 与受体的结合,删除 N 端的酪氨酸残基将使 NPY 与受体的亲和力大大降低。研究发现,NPY 序列具有非常高的保守性,鸡 NPY 只有一个氨基酸(ser7)与人和大鼠的不同(Larhammar 等,1992)。编码成熟 NPY 的核苷酸序列在大鼠、金鱼和鸡之间有 74%~90%的同源性。

NPY 在动物的摄食活动中发挥了十分重要的食欲促进作用。哺乳动物中研究发现,在饥饿、禁食、泌乳等能量需求增加的状态下,下丘脑 ARC-PVN 路径的 NPY 信号增强,并随着进食活动的持续逐渐降低,如果此时撤除食物,NPY 则保持在高分泌状态,这表明 NPY 参与摄食的启动与维持。NPY 注射到 CNS 中或者直接进入 PVN 或者 LHA 促进采食并推迟饱感产生,导致采食量和采食时间增加进而产生过度采食。NPY 促食欲作用由 NPY 特异的受体亚型介导。到目前为止,已发现在 NPY 的 6 种受体亚型:Y1、Y2、Y3、Y4、Y5、Y6,其中 Y1 和 Y5 受体被认为参与对食欲的促进作用(Mashiko 等,2009)。在采食量控制方面,Y1 受体起决定性作用。Y1 剔除的小鼠夜间采食量和禁食后的食欲均减弱。在小鼠的生命早期,Y5 剔除仍有正常的食欲和生长,但就特定 NPY 受体亚型调节 NPY 刺激采食量的异议仍然存在的。在 Y5 剔除小鼠中观察到正常 NPY 诱导的采食,相反,另一个研究小组报道其会显著地减少采食。在营养不良情况下,NPY 有抑制促性腺激素分泌和抑制繁殖性能的作用,且被认为主要由 Y5 受体亚型调节。

禽类的漏斗核(IN)也具备类似于哺乳动物 ARC 的作用,其下丘脑中可能存在 IN-PVN 和 IN-LHA 连接。研究发现鸡下丘脑的 IN 富含 NPY 免疫活性细胞和 NPY mRNA,而且密集的 NPY 免疫活性纤维从 IN 投射到 PVN 和 LHA。采用原位杂交技术的发现 NPY mRNA 广泛表达于鸡的脑部，主要是海马、皮质连合核、漏斗核（IN）、顶部腹核和圆形核周围的神经元；其次是外侧间隔器（lateral septal organ，LSO）、室周核（PHN）和室旁核（PVN）；大脑皮层（pallium）的表达量极少。现已发现，表达 NPY mRNA 的细胞分布情况与 NPY 免疫活性细胞的分布情况相一致，且与鸡脑部 NPY 受体的分布情况相一致。

下丘脑中高含量的 NPY 在食欲调控过程中发挥着重要作用。在饥饿或限饲能量负平衡状态下，肉鸡下丘脑中 *NPY* 基因表达量显著提高，神经元的活性也提高。脑室注射（intracerbroventdcular，ICV）NPY 能显著提高肉鸡采食量。此外在应激初期，肉仔鸡可能通过上调下丘脑 NPY 的表达量导致短期内的采食量升高。现有研究表明，NPY 只在中枢神经系统水平上特异性刺激家禽对碳水化合物的采食，因为外周皮下注射相同计量的 NPY 其采食量不受影响。NPY 只在下丘脑室旁核、下丘脑中区和侧区起作用等特定区域起作用。

（2）AgRP。AgRP 由 Shutter 和 Olleman 等研究人员于 1997 年发现。AgRP 是一个由 132 个氨基酸组成的多肽，是黑皮质素受体（melanocortin receptor，MCR）3 和 4 的颉颃基因，与 NPY 共定位，调控动物采食和体重，能增加食欲，减少新陈代谢和能量的消耗。应用 RT-PCR 和 Northern 杂交方法证实 AgRP mRNA 主要在肾上腺及下丘脑表达，其他部位如肾脏、肝脏、胰腺、心脏、肺、肌肉、子宫、垂体和卵巢等的表达很少或者没有。

有研究表明，AgRP 通过阻断黑皮信号参与能量平衡和采食的调节。脑室内给予 AgRP 和 AgRP（83～132）能够导致过食，这种作用可持续 1 周时间。Katsuki 等（2001）研究发现肥胖者血浆中 AgRP 的浓度显著地高于正常人血浆中 AgRP 的含量，找到了一个 AgRP 在血浆中的含量和肥胖的变化参数关系。此外，重组的 AgRP 增加细胞内的钙离子浓度，刺激脂肪生成，而进一步研究表明 AgRP 肽具有抗脂肪分解作用，这种作用是通过竞争性阻断 ACTH 受体而实现的。

在家禽中，Takeuchi 等（2000）证实 AgRP 序列的存在，与哺乳动物类似，AgRP 在家禽体内同样也是黑素肾上腺皮质激素的天然颉颃剂，并且广泛分布于中枢及外周中。脑室注射（ICV）AgRP 可以促进大鼠摄食，降低 α-MSH 对采食的抑制作用。说明 α-MSH 的食欲抑制作用可以被 AgRP 削弱。这一点在禽类上也得到了证明，并且在自由采食的状态下，AgRP 提高了蛋鸡的采食量。

（3）Orexin。Orexin 由 Sakurai 于 1998 年发现于大鼠下丘脑腹外侧核，中文译为食欲素、增食因子等。Orexin 有 2 个 C-末端乙酰化的单体 Orexin A 和 Orexin B，它们均是前 Orexin 原基因转录的产物。Orexin A 为 33 个氨基酸的多肽，N-端是焦谷氨酰残基，C-端酰胺化，链内有 4 个半胱氨酸残基，分别由 Cys6-Cys12、Cys7-Cys14 构成两套链内二硫键；Orexin B 为 28 个氨基酸的多肽，其中 13 个氨基酸与 Orexin A 一致，且活性相同。鸡的 Orexin cDNA 长 658 bp，编码 148 个氨基酸，和哺乳动物 Orexin 大约有 55％的同源性。鸡 Orexin A 和 Orexin B 和哺乳动物在氨基酸水平上有 85％和 65％的同源性。鸡脑中 prepro-orexin mRNA 和 orexin 神经元细胞的分布和其他脊椎动物报道相似，Orexin 神经元胞体只在下丘脑检测到，而其他脑区未检测到。Orexin 神经元胞体分布于 PHN 和 LHA，而 Orexin B 样神经元胞体在下丘脑室周和背外侧区间分布。

Orexin 的分布和其功能密切相关。哺乳动物中 Orexin 的生理作用有调节采食、饮水、体温、睡眠醒觉周期、心血管循环系统、自主神经系统、性行为等方面。研究显示，Orexin 参与了摄食调控，向大鼠脑室内快速灌注 Orexin 可促进采食，且在 1 h 内存在剂量依赖性关系；3 nmol Orexin A 使大鼠进食量增加 6 倍，而 30 nmol Orexin A 使进食量增加 10 倍，这种效应持续可达 4 h 之久。但禽类的一些研究发现，下丘脑 *Orexin* 基因的表达并没有随采食量的变化而变化，且注射哺乳动物 Orexin 没有影响鸡的采食量。

2. 抑食欲肽

(1)POMC。POMC 又称阿片黑素促皮质激素原，是一个 267 氨基酸前体蛋白，在 ARC 和垂体前叶分泌，是垂体 β-内啡肽(β-endorphin)、促黑激素(melanocyte stimulaing hormone，MSH)和促肾上腺皮质激素(adrenocorticotropic hormone，ACTH)等多种激素的前体。在中枢 POMC 主要分布于垂体和下丘脑、杏仁核、大脑皮质、脑干孤束核，在外周分布于胃肠道、脾脏、肺脏、肾上腺以及卵巢、睾丸、胸腺、巨噬细胞、外周血细胞、皮肤细胞等。通过原位杂交技术发现 POMC mRNA 在大脑皮质、海马、丘脑及下丘脑等广泛分布。此外，有研究认为 POMC 衍生肽与神经免疫调节有密切关系。中枢 POMC 通过神经纤维与上游和下游靶部位相连。多种细胞因子可直接或间接调控垂体 POMC 的表达。黑皮质素系统与 NPY 神经回路有密切关系。POMC 和 NPY 神经元都集中在 ARC 投射到下丘脑相似核团，且 NPY 轴突投射到 ARC 中 POMC 细胞并通过释放 GABA 抑制其神经元活性。内源性 NPY、AgRP 表达水平与 POMC 相反。黑皮质素颉颃剂 AgRP、NPY 定位相同，发挥调节采食并促进体脂增长作用。大量药理学研究证明，注射黑皮质激动剂可抑制 NPY 促食效应。这些证据显示，黑皮质素和 NPY 系统在能量平衡的控制上的颉颃作用。

POMC 具有种属和组织细胞特异性，通过特异性调节发挥其生理作用。鸡的 POMC 编码基因是一个编码 256 个氨基酸的单拷贝基因，广泛表达于脑、肾上腺、性腺、肾脏、尾脂腺和脂肪组织中，且脑部 POMC mRNA 主要表达于下丘脑，垂体 POMC mRNA 主要表达于前叶，与哺乳动物的报道一致。在家禽中，POMC 编码的前体蛋白物质参与采食调节。α-黑素细胞刺激激素(α-MSH)是 POMC 衍生的厌食肽，作用于家禽中枢抑制采食；其受体在中枢与外周中广泛的表达。Tachibana 等(2001)研究表明 MC4R(α-MSH 的受体之一)在家禽采食及能量支出调控中可能有一定功能。由于哺乳动物与家禽的中枢黑素肾上腺皮质激素系统具有高度的保守性，MC4R 备受关注。

(2)CRF。CRF 是由 41 个氨基酸组成的多肽，在中枢神经系统主要由下丘脑室旁核分泌，外周组织也有广泛分布(如睾丸、胰腺、胃、小肠)。CRF 能激活下丘脑—垂体—肾上腺轴(HPA)引起应激，并作用于垂体前叶促皮质激素细胞的 CRFR1 促进 ACTH 的释放，ACTH 进入血液后与肾上腺皮质的受体结合激活糖皮质激素合成与释放，负反馈调节抑制 CRF 从下丘脑进一步产生和释放。此外，CRF 具有大量新的内源性功能，CRF 在包括采食和饱腹感、胃肠蠕动、血管紧张度和舒张度、听力、心脏功能等方面显示广泛的重要性。

CRF 受体已知的两个亚型为 CRFR1 和 CRFR2。CRFR1 受体广泛分布于大脑，其中管理下丘脑促垂体区分泌和脑干抑制的交感神经流出的皮质和边缘区域具有较高密度。CRFR2 受体聚集于皮质下区域，比如嗅球、侧间隔、腹内侧下丘脑。

CRF 系统通过中枢参与能量平衡调控并独立于 HPA 轴，如果 CRF 系统发生功能性障碍则会引起病理性肥胖和进食障碍(Tsigos 等，2002)。大量临床数据表明 CRF 系统调节能量平衡，过程中急性给药 CRF 和 Ucns 的获得剂量依赖性地抑制食物摄入量。中枢注射 CRF 刺激自主神经系统反应，CRF 还可通过交感副交感神经，刺激心肺功能，增加棕色脂肪组织的产热，抑制消化活动。在家禽中，CRF 系统在内平衡受到威胁时会对食欲及能量平衡进行调控。脑室注射 CRF 显著降低了雏鸡的采食量，表明 CRF 在中枢神经系统中抑制食欲。此外，CRF 能降低 NPY 的促食作用。不同的研究表明，CRF 是一种下丘脑调节受体，其抑食作用受 NPY 抑制。脑室注射 CRF 受体抑制剂增强了 NPY 诱导的采食，这表明大脑中 CRF 系统降低该条件诱发的采食。

(3)α-MSH。MSH 主要由下丘脑前体阿黑皮素原(proopiomel-anocortin，POMC)神经元分泌，在胃肠道、皮肤、性腺等外周部位也有产生。MSH 为黑皮质系统一员，根据其结构不同可分为 α、β、γ、δ 4 种亚型，均通过与黑素细胞受体(MCR)结合发挥生物效应。黑皮素受体(MCR)分别为：MC1R、MC2R、MC3R、MC4R、MC5R，其中 MC3R 和 MC4R 主要位于中枢神经系统，对食欲控制和能量平衡具有重要的生理作用。

哺乳动物中 α-MSH 具诱导促进骨骼肌细胞脂肪酸氧化、调节葡萄糖和胃扩张敏感神经元、抑制食欲和降低体重、黑素细胞增殖、黑素形成、治疗胰腺炎及相关肺损伤、调节年龄相关肥胖、介导疾病相关恶病质等多种生物学效应。饥饿 3 h 的雏鸡 ICV 注射人 α-MSH，采食量显著降低，并可抑制 NPY 对采食的促进作用。α-MSH 的采食抑制作用主要通过 MC4R 来实现。鸡 MC4R 由 331 个氨基酸残基组成，与哺乳动物的序列同源性达86.4%～88.1%。

(4)CART。将蛋鸡 CART mRNA 序列与牛、人和猪 CART mRNA 序列比对，发现蛋鸡与牛、人和猪的相似性分别为 98.7%、91.74%和 95.22%，在 230 个碱基中蛋鸡与牛仅有 3 个碱基差异，与人有 19 个碱基差异，与猪有 11 个碱基差异。

CART 肽为内源性的饱感因子，在肥胖动物中 CART 的表达量很低或者没有，对消瘦动物进行限饲会降低 ARC 中 CART 的表达。注射 CART 抑制 NPY 诱导采食，当注射瘦素时增加 ARC 中的 CART mRNA 表达。在啮齿动物上，中枢注射 CART 减少采食量，当中枢注射抗-CART 抗体时增加采食。Tachibana(2003)首次以家禽为实验对象，研究 CART 肽与家禽采食量之间的关系，发现 CART 肽能够显著降低肉鸡和蛋鸡因绝食或 NPY 诱导的摄食增加，这与 CART 肽在其他动物上的研究结果一致，表明 CART 肽是一种能普遍抑制动物摄食的厌食调节因子。

三、家禽食欲的外周调节激素

家禽能量食欲除了受中枢食欲调节神经肽的调控外，机体外周产生的许多循环肽类和类固醇类激素都能作用于下丘脑、脑干或自主神经，从而对食欲行为产生重要的影响。这些激素主要来自 3 个部位：脂肪组织、胃肠道和内分泌腺。

(一)脂肪组织分泌的激素

1. 瘦素(leptin)

瘦素(leptin)是由肥胖基因(obese，ob)基因编码分泌的一种蛋白激素。leptin 由 167 个氨基酸残基组成，分子质量为 16 ku。对于哺乳动物 leptin 的主要合成部位是脂肪组织。禽类除了脂肪组织，肝脏也是 leptin 的主要合成部位。循环 leptin 水平能够反映机体的能量储备和采食状况，是生物肥胖的标志。瘦素通过受体介导的机制通过血脑屏障(BBB)和血一脑脊液屏障进入脑循环。外源性 leptin 替代物能够快速降低肉公鸡和蛋公鸡采食量。肉鸡限饲 1 d 导致外周血液中 leptin 水平降低，重新饲喂后又逐渐恢复到原水平。Leptin 受体(LEPR)在下丘脑中高度表达,与受体结合后作用于促进食欲的 NPY/AgRP 神经元和抑制食欲的 POMC/CART 神经元(Sahu 等,2003)。NPY/AgRP 神经元能够被 leptin 所抑制,因此,当外周循环 leptin 浓度较低时,NPY/AgRP 神经元(家禽中主要分布在漏斗核)被激活,然后与室旁核中的受体结合,发挥增加采食量的作用。反之亦然。leptin 对于体重平衡有着重要的调节作用,但是对肥胖动物给予高浓度的 leptin 时作用不明显。因此,leptin 调节食欲的方式还需进一步的研究。

2. 脂联素

脂联素主要由脂肪细胞产生,分子质量为 30 ku,在能量稳态上起着重要作用。Yuan 等通过 RT-PCR 得知鸡脂联素 mRNA 在脂肪、心脏、胃、皮肤中高度表达,在肌肉中低度表达。脂联素受体(adipoR 1)mRNA 在家禽骨骼肌、脂肪组织和脑中表达量最高,其次为肾脏、卵巢、肝脏、脑下垂体前叶和脾脏。禁食会导致鸡脑垂体中 adipoR 1 的 mRNA 的表达量显著下降,而脂肪组织中 adipoR 1 的 mRNA 的表达量显著增加。脂联素能够调控机体的能量稳态、葡萄糖代谢和脂肪代谢,和 leptin 形成鲜明对比,血浆脂联素水平与体脂肪呈负相关。此外,脂联素通过调节 AMPK-ACC-CPT1 途径增加线粒体脂肪酸的 β-氧化(Long 等,2006)。在食欲调控中脂联素也有一定的促进作用。

3. 白细胞介素(IL)

IL-6 是脂肪组织中分泌的一种细胞因子,特别是内脏中的脂肪。IL-6 是一个由 184 个氨基酸组成的糖蛋白,分子质量 26 ku。它不仅在免疫调节和免疫应答中有重要的作用。而且,IL-6 与肥胖、2 型糖尿病、血脂异常、动脉粥样硬化等紧密相关。正常生理浓度范围内 IL-6 能引起人体脂肪组织的脂解,同时内脏组织也有明显的代谢和血液动力。像 leptin 一样,IL-6 与总体脂肪量具有相关性,缺少 IL-6 的大鼠因破坏了能量平衡,虽没有食欲过剩但在中年时期变得轻微肥胖。有研究发现缺失 IL-6、IL-1 和 IL-18 的肉鸭表现出了食欲过剩和显著的肥胖,据研究是 IL-18 通过中枢神经系统调节采食量造成的。

(二)胃肠道分泌的激素

1. 胆囊收缩素(CCK)

大量研究表明,在哺乳动物中 CCK 是一种终止采食(饱食)的激素,可能是早期阶段的饱腹感。当近端肠道检测到脂肪和蛋白后,内源性 CCK 由 I 细胞分泌释放到血液中去。对小鼠、大鼠、猴子直接注射 CCK 能呈剂量依赖性关系的降低其采食量,但有趣的是 CCK 对采食量有影响,但是不影响体重。

最近的研究已经确定在迷走神经传入神经中,由于 CCK 的作用,其他的食欲调节因子的基因表达发生变化。向禁食的大鼠体内注射 CCK,增加 CART(Delartigue 等,2007)和 NPY Y2 受体(Burdyga 等,2008)表达,抑制大麻素受体(Burdyga 等,2004)、MCH 和受体表达(Burdyga 等,2006)。另外,静脉注射 CCK 降低采食,通过迷走神经切断术只有部分被衰减,暗示出循环 CCK 水平可能不完全依赖这一途径来发挥其抑制食欲的效果(Zhang 等,2012)。

CCK 具有两个已知的受体:CCK-1 及 CCK-2。CCK-1 主要是负责调节食欲相关的行为(Gutzwiller 等,2000)。CCK-1 受体也在下丘脑内表达,CCK 也可以直接作用于下丘脑,不需要迷走神经的调节。CCK-1 活性添加剂抑制食欲的效果和外周 CB1 抑制的作用已被确定。此外在迷走神经传入神经中，CCK-1 的缺乏常与 Ghrelin 升高联系在一起，依赖于 CART 介导的采食。

家禽 CCK 前体为一条含 130 个氨基酸残基的多肽，由 676 个核苷酸的 RNA 编码。外源注射 CCK 可降低鸡采食量。家禽体内有两种 CCK 受体，分别是 CCK-A 和 CCK-B。CCK-A 受体主要分布在外周组织，如胰腺、盲肠和胆囊；CCK-B 受体主要分布于中枢神经系统，如下丘脑。CCK 与受体结合后通过次要的迷走神经传输到终端设备，激活孤束核中 POMC 神经元，通过其受体(MC4R)发出饱感信号，产生了抑制食欲的作用。

2. 肽 YY(PYY)

PYY 是由 36 个氨基酸组成的肽类，属胰多肽折叠家族，由肠道内 L 细胞分泌。禁食状态下，血液中 PYY 水平非常低，食后迅速增加，主要以 PYY1-36 和 PYY3-36 两种形式进入循环系统。外周给予全长的 PYY 能提高回肠液体和电解质的吸收、提高胃酸分泌、胆囊收缩和胃排空。长期外周给予 PYY3-36 能降低啮齿动物的采食和体重，但是脑室注射 PYY 或 PYY3-36 反而能提高鼠的采食量，外周 PYY3-36 对食欲的影响作用可能是通过直接作用于弓状核 Y2 受体(一个 NPY 神经元突触前抑制性受体)介导的这种对 NPY 神经元的抑制降低了 NPY 的表达和分泌，进一步导致了 POMC 神经元活性增强。与哺乳动物相类似，在家禽的脑脊髓液注射 PYY 时能增加采食量，相反，外周 PYY 处理能降低采食量。

3. 生长素(ghrelin)

生长素是 1999 年首次从大鼠胃提取物中分离纯化的含 28 个氨基酸残基的活性肽，其结构特征为第 3 位丝氨酸残基被辛酰化。大量的研究表明，哺乳动物的 ghrelin 不仅能够促进垂体生长激素的释放，而且具有促进动物采食的作用，因而被认为是研发新型诱食剂的候选对象。Kaiyi 等(2002)首次从肉鸡腺胃中提取了鸡 ghrelin。鸡 ghrelin 不仅在结构上与哺乳动物的 ghrelin 不同，而且对采食的调控作用也与哺乳动物截然不同。Furue 等(2001)给雏鸡脑室注射大鼠的 ghrelin 或生长激素(GH)释放因子(GRF)，结果发现 2 h 内两者都强烈地抑制雏鸡的采食量；当雏鸡禁食 3 h 后，脑室注射 ghrelin 仍可引起剂量依赖性的采食下降。其原因可能是 Ghrelin 促进了雏鸡 GH 的释放，而 GH、GRF 及其受体等共同作用降低了鸡的采食量。

4. 肥胖抑制素(obestatin)

obestatin 由 23 个氨基酸残基组成，其在胃、空肠、回肠、下丘脑、垂体具有高表达。obestatin 和 ghrelin 来自同一个基因，这种基因在翻译后的不同修饰导致产生的肽产物。2005 年，Zhang 等发现 ghrelin 前肽原基因由于剪切方式不同，可表达出一种新型生长素相关肽，这种新肽具有与生长素不同、甚至相反的生理和药理学作用，具有抑制摄食和降低体重，减慢胃排空速度和抑制肠道收缩等效果。obestatin 的体内试验显示它能抑制采食量，抑制空肠收缩，降低体重和扭转 ghrelin 促进食欲的作用，但是在家禽上的报道还没有。

5. 胰高血糖素样肽-1(GLP-1)

GLP-1 是胰高血糖素样基因的转录产物，由小肠 L 细胞感应食物的摄入而释放。哺乳动物的胰高血糖素原可裂解为 GLP-1 和 GLP-2，而鸡胰高血糖素原不含 GLP-2。GLP-1 的释放主要响应于碳水化合物，也响应脂肪的消化。餐后 GLP-1 水平升高，禁食时 GLP-1 水平下降。GLP-1 在调节食欲的作用原理是释放胰岛素、抑制胰高血糖素、延缓胃排空、抑制采食，并有助于新陈代谢和特殊常量营养素的吸收。GLP-1 在 GLP-1 受体上发挥其活性，刺激循环中 AMP 的生产(Holst,2007)。GLP-1 受体在整个中枢神经系统和外周组织都存在。涉及食欲调控的 ARC 包含 GLP-1 受体。在高级皮质中枢中，GLP-1 可以穿过 BBB 直接作用于受体(Kastin 等,2002)。GLP-1 可能是家禽体内固有的采食量调节因子之一，因为低剂量的 GLP-1(0.03 μg)就可抑制肉仔鸡采食。GLP-1 对体重的影响主要是通过抑制胃排空产生饱感，但是也有证据表明 GLP-1 是作用于脑干中孤束神经元和下丘脑中室旁核神经元来影响采食行为的。

6. 胃泌酸调节素(OXM)

OXM 是由小肠黏膜的 L 细胞分泌的含有 37 个氨基酸残基的肽类激素，可抑制胃酸分泌，抑制食欲并增加能量消耗，动员脂肪分解。OXM 能显著降低能量摄入，增加能量消耗。动物体内的 OXM 能抑制食欲，在鸡脑室内注射 OXM 剂量依赖性地降低采食量和饮水量，而且饮水量的降低仅次于采食量。家禽中枢注射 OXM 后，采食量的降低与胃肠道蠕动时间的降低有关。外周注射 OXM 能激活弓状核中神经元，破坏弓状核后阻止了 OXM 的抑制食欲效果，这说明外周 OXM 可能通过弓状核降低食欲。

(三)胰腺分泌的激素

1. 胰岛素

胰岛素是一种重要的代谢激素，由胰脏产生，被称为第一脂肪信号。外周胰岛素的水平与机体的总脂肪含量和脂肪分布有关系。与 Leptin 不同，摄食后胰岛素分泌迅速增加。当机体胰岛素的敏感性降低时，机体将发生肥胖或糖尿病。

胰岛素在 CNS 中也作为厌食信号。胰岛素通过饱和受体介导的运输过程进入 CNS 中(Baura 等,1993)。胰岛素与胰岛素受体结合在 ARC 神经元上，通过胰岛素受体底物-2、磷脂酰肌醇 3-激酶-Akt 蛋白 FoxO1 的信号转导通路，导致 POMC 神经元的激活和 NPY/AgRP 神经元的抑制(Taniguchi 等,2006)。下丘脑内 PVN 注射胰岛素导致采食下降。虽然胰岛素介导的厌食机制尚未完全阐明，但是下丘脑 NPY 似乎参与其中。大鼠脑室注射胰岛素可以抑制由于禁食所诱导的 PVN 和 ARC 中 NPY mRNA 表达增加(Schwartz 等,1992)。

在家禽中，已有研究证明下丘脑存在胰岛素受体，并且与哺乳动物一样，对家禽进行胰岛素中枢处理抑制采食(Honda 等,2007)。另外通过研究发现，神经元特异性胰岛素受体和 IRS-2 的敲除导致小鼠肥胖，这一结果验证了胰岛素在能量平衡调节中的作用(Bruning 等,2000)。

2. 胰多肽(PP)

PP 由胰脏外周小岛上的细胞释放，含有 36 个氨基酸残基，与 PYY 同属胰多肽折叠家族，其释放量与能量摄入量成正比，是抑制食欲的肠源激素，它能抑制胃排空。PP 不能通过血脑屏障，但脑室注射可引起采食量的降低，且中枢的作用机理仍未确定。

四、中枢能量食欲调控的主要信号通路

哺乳动物中下丘脑食欲调控的主要信号通路有两条：一条是由哺乳动物雷帕霉素靶蛋白(mTOR)调控的信号通路；另一条是由 AMPK 调控的信号通路。mTOR 与 AMPK 之间

存在联系，而且它们都是细胞的能量感受器，可以感知氨基酸、葡萄糖等能量物质的变化，并且受激素和生长因子等影响。

（一）mTOR 信号通路

在哺乳动物中，雷帕霉素靶位点信号通路即 mTOR 通路被普遍的研究。Cota(2006)研究指出 mTOR 是进化上保守的丝氨酸/苏氨酸蛋白激酶，调控细胞的生长和代谢，为磷脂酰肌醇激酶相关激酶蛋白质家族成员(Howell 和 Manning，2011)。

1. mTOR 信号通路的上、下游调控

mTOR 主要由 PI3K/Akt/mTOR 和 LKB1/AMPK/mTOR 2 条信号通路调控。mTOR 通过上游信号通路被磷酸化后被激活，调节 2 条不同的下游通路，包括 4EBP1 和 40S 核糖体 S6 蛋白激酶(p70S6K)通路，分别抑制 NPY/AgRP、促进 POMC 的表达。

2. mTOR 信号通路的上游调控

在哺乳动物中，调控 mTOR 活性的上游刺激因子主要有 4 类，即生长因子与胰岛素、营养因子、能量及应激。生长因子和胰岛素能调控 PI3K/Akt/mTOR 通路；营养因子尤其是氨基酸进入细胞直接作用于 mTOR 通路中的效应因子，或通过间接途径对 mTOR 通路起作用；能量及应激可通过多种调控 mTOR 通路。

PI3K/Akt/mTOR 信号通路与细胞生长、增殖密切相关。胰岛素及胰岛素样生长因子与其受体结合激活 PI3K/Akt/mTOR，其他生长因子通过 Eras 激活 PI3K/Akt/mTOR 通路。生长因子与其受体结合激活细胞内的突变胰岛素受体酶解物(IRS1)，进而活化磷脂酰肌醇激酶(PI3K)，从而进一步激活蛋白激酶(Akt)，活化的 Akt 可以直接磷酸化 mTOR。PI3K 可催化细胞膜磷脂产生磷脂酰肌醇三磷酸(PIP3)，从而招募激活更多的 Akt。此外，研究发现 Akt 还可能间接通过 TSC1/TSC2(tuberous sclerosis complex，TSC)复合物激活其下游分子 mTOR。TSC1/TSC2 异二聚体复合物是 mTOR 上游的负性调控因子，与 mTOR 结合后起到抑制其活性的作用(Tee 等，2002)。磷酸化的 Akt 可使 TSC2 的 Ser 939 和 Thr 1462 磷酸化，抑制了 TSC2 的活性，加速 TSC1/TSC2 复合物的降解，导致 mTOR 不再受 TSC1/TSC2 复合物抑制而激活。Rheb(Rashomolog enriched in brain)是一个具有 GTPase 活性的蛋白，能直接作用 mTOR，是 mTOR 的上游正向调控因子。TSC2 具有 GAP 活性，TSC2 通过调控 Rheb 与 GTP 集合激活 mTOR 活性，与 GDP 结合则使 mTOR 失活(Li 等，2004)。PTEN 是该通路的负调节剂，它通过抑制 PI3K 和 Akt 实现负调节作用，PTEN 的缺失或失活会导致 Akt 的激活。

LKB1/AMPK/mTOR 信号通路是调节 mTOR 活性的另一条信号通路。LKB1 能磷酸化激活 AMP 激酶(AMPK)相关激酶家族蛋白，AMPK 能抑制 mTOR 活性。

3. mTOR 信号通路下游调控靶点

激活后的 mTOR 可调控 2 条不同的下游通路：真核细胞翻译启始因子 4E 结合蛋白 1(the eIF4E-binding protein 1，4E-BP1)和核糖体蛋白 S6 激酶(ribosomal protein S6 kinases，S6Ks)，形成了 2 条平行的调节 mRNA 转译的信号通路。4EBP1 和 S6K1 作为 mTOR 底物是蛋白翻译的关键调节因子。S6Ks 蛋白是一个属于 AGC 激酶家族的 Ser/Thr 激酶，包括 S6K1、S6K2 两种蛋白。核糖体 S6 蛋白经 S6K 作用磷酸化，这样便增强了含嘧啶基因 mRNA 的翻译功能，这些 mRNA 经常编码一些核糖体蛋白和其他翻译调节蛋白。4E 结合

蛋白1(the eIF4E-binding protein 1,4E-BP1)是mTOR的另外一个靶点,mTOR磷酸化4E-BP1使其失活,引起eIF-4E解离,游离的eIF-4E能与eIF-4G、eIF-4B、eIF-4A结合形成eIF-4F起始复合物,结合到mRNAs 5′末端的帽结构上,促进帽结构依赖的翻译起始。由于elF-4E的表达增高,这样便增加了一组促进细胞生长的关键蛋白的翻译。

家禽mTOR信号通路目前还不是很明确,但已有报道证明在鸡中胰岛素及禁食后再饲喂能激活肌肉中Akt/TOR/p70S6K通路,并且这一通路在mRNA转录及蛋白合成的营养调控中具有一定的作用。

(二)AMPK信号通路

1. AMPK的结构和分布

AMPK是一个进化上保守的Ser/Thr激酶,在调节能量平衡中起着至关重要的作用,被认为是能量"感受器",响应各种刺激,在整体水平上促进节能并促进能量平衡,同时也影响细胞的生存和行为。

AMPK是一个异源三聚体蛋白,由α、β和γ 3个亚基组成。哺乳动物AMPK α亚基分子质量为63 ku,β亚基分子质量为30 ku。3种γ亚基分子量分别为37 ku、63 ku和55 ku。α亚基起催化作用,而β和γ亚基起调节作用。每个亚基都存在由2~3种基因所编码的异构体(α1、α2、β1、β2、γ1、γ2、γ3),理论上来讲,α、β、γ的不同异构体可形成多达12种组合。

α亚基是AMPK的主要催化部位,含有一个典型的Ser/Thr激酶的催化区域,N末端是催化核心部位,C末端主要负责活性调节及与β和γ亚单位的联系。α亚单位中的Thr-172、Thr-258及Ser-485等数个位点均可被磷酸化,其中Thr-172位点及其磷酸化对AMPK活性的调节起重要作用。β亚基包含一个碳水化合物结合模块,它的存在把AMPK和糖原颗粒连接在一起。不同物种来源的AMPK的β亚基都有2个相同的保守区域,分别为ASC和KIS区域。研究表明,哺乳动物的ASC区域参与同α和γ亚基的接合,为形成稳定有活性的α、β、γ复合物所必需;KIS区域可能是一个糖原接合区(glycogen-binding domain,GBD),主要参与糖原的接合,并不与激酶的其他亚基相互作用,其功能可能与糖原对AMPK的调节有关。γ亚基含有4个串联重复序列称为CBS重复(CBS1-4)。这些串联重复序列发生在少数的其他蛋白质,通常只有2个重复组装,形成贝Bateman区,与配体结合位点在重复之间的间隙(Ignoul等,2005)。Jin等(2007)研究发现,γ亚基的Bateman区是AMPK复合体接合ATP或AMP的部位。γ亚基C端和N端的Bateman区可以以相互排斥的方式各接合一分子的ATP或AMP,但是当它们都接合ATP或AMP分子时,则表现出强烈的相互协同效应。

各亚基在组织中表达情况是:大部分细胞中主要以α1、β1、γ1异构体为主。α1亚基广泛表达于各种组织中,α2亚基主要表达于骨骼肌、肝脏和心肌。β1广泛表达于各组织,β2主要表达于骨骼肌和心肌。γ1和γ2的mRNA在多种组织中均能被检测到,但是γ3的mRNA仅能在骨骼肌中被检测到。

2. AMPK的激活

AMPK的激活由许多因素控制,但是主要是整合细胞内AMP水平和上游激酶的信号传导,通过激活控制其他激酶、线粒体生物合成、囊泡运输、基因表达起作用。除了代谢酶的直接磷酸化作用外,AMPK通过调节转录发挥长期的作用(Li等,2011)。Hardie等(1998)

研究发现，激活的 AMPK 在基因水平参与细胞内转录调节，影响细胞分裂周期。激活后，AMPK 磷酸化靶点，敏锐地刺激分解代谢途径，同时抑制合成代谢途径来恢复能量平衡，并且长期改变基因的转录和控制细胞的命运。从生理学角度来说，AMPK 的作用具有多效性和组织依赖性。

3. AMPK 信号通路组成

(1)AMPK-ACC-CPT1。乙酰辅酶 A 羧化酶(ACC)和 3-羟基-3-甲基戊二酰辅酶 A 还原酶(HMG-COA)是最早发现的 2 个 AMPK 靶蛋白，分别是脂肪酸和胆固醇合成过程中的限速酶。ACC 是丙二酸单酰辅酶 A 合成过程中的限速酶，而丙二酸单酰辅酶 A(Malonyl-CoA)既是脂肪酸合成的前体，又可抑制肉碱棕榈酰转移酶-1(CPT-1)的活性，从而干扰长链脂酰辅酶 A 进入线粒体，最终抑制线粒体脂肪酸氧化。正常生理状况下，胞液中较高水平的丙二酰辅酶 A 变构抑制 CPT-1，CPT-1 活性处于较低水平，脂肪酸氧化水平较低。AMPK 激活后能引起 ACC 的磷酸化，降低其活性，使细胞内丙二酰辅酶 A 水平降低，进而解除丙二酰辅酶 A 对 CPT-1 的抑制，脂肪酸氧化增加(Andersson 等，2004)。在休息中的下丘脑细胞，ATP 需要量非常低，AMPK 处于失活状态，ACC 有活性，一些乙酰辅酶 A 转化为丙二酰辅酶 A，脂肪酸氧化被抑制；相反，当体内 ATP 减少，激活 AMPK，ACC 失活，丙二酰辅酶 A 水平下降，促进脂肪酸氧化，以产生更多的 ATP，供细胞利用。

此外，丙二酸单酰辅酶 A 脱羧酶(MCD)在调节丙二酸单酰辅酶 A 循环过程中发挥重要作用，它在能量缺乏的情况下被 AMPK 激活，细胞内丙二酸单酰辅酶 A 水平降低，其对 CPT-1 的抑制减弱，刺激脂肪酸 β 氧化(Saha 等，2000)。Velasco 等(1998)提出 AMPK 调节 CPT-1 活性的另一种模式：AMPK 通过直接磷酸化细胞支架成分(细胞角蛋白 8 和 18)刺激 CPT-1，提高脂肪酸 β-氧化。

(2)UCP2-FOXO1-pCREB。同源转录因子(BSX)在下丘脑，特别是 NPY/AgRP 神经元中高度表达。BSX 与叉头框 O1(FOXO1)和磷酸化 cAMP 相应元件绑定蛋白(pCREB)集合后，能促进 AgRP、NPY 的 mRNA 表达(Kola 等，2008)。AMPK 被激活时，通过 ACC-Malonyl-CoA-CPT1 途径使脂肪酸的分解增加，线粒体活性氧增多。解偶联蛋白 2(UCP2)能缓冲和介导线粒体中活性氧，升高的活性氧使 UCP2 表达增加。UCP2 能使 FOXO1、CREB 磷酸化，这导致 FOXO1-pCREB 与 BSX 的结合能力增强，使得 NPY/AgRP 转录增加(de Morentin 等，2011)。

在家禽，AMPK 通路也被广泛地关注，已确认了 AMPK 7 个亚单位在不同组织中表达，并且 2 个上游激酶(LKB1 和钙/钙调蛋白依赖性蛋白激酶)的基因也已确认。Proszkowiec 等(2006)在家禽下丘脑采食中枢中检测到磷酸化的 AMPK，并且该下丘脑区域是表达促采食及抑制采食缩氨酸的区域，这提示功能性的 AMPK 通路在家禽中可能与哺乳动物中有相似的特性。但家禽 AMPK 通路对采食及能量支出的调控及其独特的信号机制依然需要更多的研究。

4. AMPK 信号通路与 mTOR 信号通路之间的联系

AMPK 和 mTOR 都是细胞的能量感受器。值得关注的是，mTOR 和 AMPK 位于相同的神经细胞亚群，并在改变采食行为上呈负相关。AMPK 直接磷酸化 mTORC1 通路的多个组件，抑制 mTORC1 活性(Ling 等，2011)。激活的 AMPK 通过磷酸化结节性硬化复合体 2 间接抑制 mTOR 的活性(Jefferies 等，1997)。AMPK 抑制 mTOR 的活性，促进采食(图 1-3)。

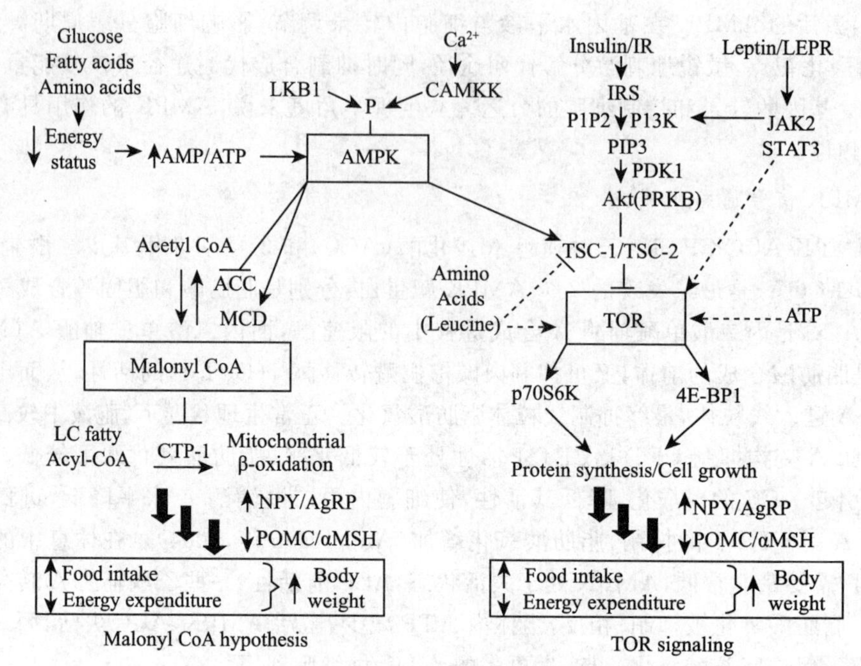

图 1-3　AMPK 信号通路与 mTOR 信号通路之间的联系

(Richards 等,2007)

参考文献

Anderson J M. MolecuLar structure of tight junctions and their role in epithelial transport. News in physiological sciences: An international journal of physiology produced jointly by the International Union of Physiological Sciences and the American Physiological Society,2001,16: 126-130.

Anderson R C, Dalziel J E, Gopal P K, Bassett S, Ellis A, Roy N C. The role of intestinal barrier function in early life in the development of colitis: In Tech,2012 doi:10. 5772/25753.

Awad W A, Ghareeb K, Bohm J. Effect of addition of a probiotic micro-organism to broiler diet on intestinal mucosal architecture and electrophysiological parameters. Journal of Animal Physiology and Animal Nutrition,2010,94(4): 486-494.

Azzam M M, Dong X Y, Xie P, Zou X T. Influence of L-threonine supplementation on goblet cell numbers, histological structure and antioxidant enzyme activities of laying hens reared in a hot and humid climate. British Poultry Science,2012,53(5): 640-645.

Berkes J, Viswanathan V K, Savkovic SD, Hecht G. Intestinal epithelial responses to enteric pathogens: effects on the tight junction barrier, ion transport, and inflammation. Gut,2003,52(3): 439-451.

Bjarnason I, MacPherson A, Hollander D. Intestinal permeability: an overview. Gastroenterology, 1995,108(5): 1566-1581.

Burkholder K, Thompson K, Einstein M, Applegate T, Patterson J. Influence of stressors on normal intestinal microbiota, intestinal morphology, and susceptibility to Salmonella enteritidis colonization in broilers. Poultry Science,2008,87(9): 1734-1741.

Cameron H L, Perdue M H. Stress impairs murine intestinal barrier function: Improvement by glucagon-like peptide-2. The Journal of Pharmacology and Experimental Therapeutics,2005,314(1): 214-220.

Cao L, Yang X, Liu N, Li Z, Sun F, Wu X, Yao J. Effect of L. fermentum 1. 2029 on expression of tight junction protein in necrotic enteritis of chickens. Chinese Journal of Veterinary Science, 2014, 34(1): 127-130.

Chee SH, Iji PA, Choct M, Mikkelsen LL, Kocher A. Functional interactions of manno-oligosaccharides with dietary threonine in chicken gastrointestinal tract. I. Growth performance and mucin dynamics. British Poultry Science, 2010, 51(5): 658-666.

Deplancke B, Gaskins HR. Microbial moduLation of innate defense: goblet cells and the intestinal mucus layer. The American Journal of Clinical Nutrition, 2001, 73(6): 1131S-1141S.

Fagarasan S, Kawamoto S, Kanagawa O, Suzuki K. Adaptive immune regulation in the gut: T cell-dependent and T cell-independent IgA synthesis. Annual Review of Immunology, 2010, 28: 243-273.

Finamore A, Massimi M, Conti Devirgiliis L, Mengheri E. Zinc deficiency induces membrane barrier damage and increases neutrophil transmigration in Caco-2 cells. The Journal of Nutrition, 2008, 138(9): 1664-1670.

Garrod D, Chidgey M. Desmosome structure, composition and function. Biochimica et Biophysica Acta, 2008, 1778(3): 572-587.

Geyra A, Uni Z, Sklan D. Enterocyte dynamics and mucosal development in the posthatch chick. Poultry Science, 2001, 80(6): 776-782.

Gonzalez-Mariscal L, Betanzos A, Nava P, Jaramillo BE. Tight junction proteins. Progress in Biophysics and Molecular Biology, 2003, 81(1): 1-44.

Gonzalez-Mariscal L, Tapia R, Chamorro D. Crosstalk of tight junction components with signaling pathways. Biochimica et Biophysica Acta, 2008, 1778(3): 729-756.

Gosain A, Gamelli RL. Role of the gastrointestinal tract in burn sepsis. The Journal of Burn Care & Rehabilitation, 2005, 26(1): 85-91.

Hall DM, Buettner GR, Oberley LW, Xu L, Matthes RD, Gisolfi CV. Mechanisms of circulatory and intestinal barrier dysfunction during whole body hyperthermia. American Journal of Physiology. Heart and Circulatory Physiology, 2001, 280(2): H509-H521.

Hamard A, Mazurais D, Boudry G, Le Huerou-Luron I, Seve B, Le Floc'h N. A moderate threonine deficiency affects gene expression profile, paracellular permeability and glucose absorption capacity in the ileum of piglets. The Journal of Nutritional Biochemistry, 2010, 21(10): 914-921.

Haworth KE, El-Hanfy A, Prayag S, Healy C, Dietrich S, Sharpe P. Expression of Claudin-3 during chick development. Gene Expression Patterns, 2005, 6(1): 40-44.

Horn NL, Donkin SS, Applegate TJ, Adeola O. Intestinal mucin dynamics: Response of broiler chicks and White Pekin ducklings to dietary threonine. Poultry Science, 2009, 88(9): 1906-1914.

Hu CH, Qian ZC, Song J, Luan ZS, Zuo AY. Effects of zinc oxide-montmorillonite hybrid on growth performance, intestinal structure, and function of broiler chicken. Poultry Science, 2013, 92(1): 143-150.

Kawasaki K, Hayashi Y, Nishida Y, Miki A, Itoh H. Developmental expression of the tight junction protein, occludin, in the gastrointestinal tract of the chick embryo. Histochemistry and Cell Biology, 1998, 109(1): 19-24.

Lamb-Rosteski JM, Kalischuk LD, Inglis GD, Buret AG. Epidermal growth factor inhibits Campylobacter jejuni-induced claudin-4 disruption, loss of epithelial barrier function, and *Escherichia coli* translocation. Infection and Immunity, 2008, 76(8): 3390-3398.

Lambert GP, Gisolfi CV, Berg DJ, Moseley PL, Oberley LW, Kregel KC. Selected contribution: Hyperthermia-induced intestinal permeability and the role of oxidative and nitrosative stress. Journal of Applied Physiology, 2002, 92(4): 1750-1761; discussion 1749.

Li N, Lewis P, Samuelson D, Liboni K, Neu J. Glutamine reguLates Caco-2 cell tight junction proteins. American Journal of Physiology. Gastrointestinal and Liver Physiology, 2004, 287(3): G726-733.

Li N, Neu J. Glutamine deprivation alters intestinal tight junctions via a PI3-K/Akt mediated pathway in Caco-2 cells. The Journal of Nutrition, 2009, 139(4): 710-714.

Lillehoj ER, Kim KC. Airway mucus: Its components and function. Archives of Pharmacal Research, 2002, 25(6): 770-780.

Liu D, Guo S, Guo Y. Xylanase supplementation to a wheat-based diet alleviated the intestinal mucosal barrier impairment of broiler chickens challenged by Clostridium perfringens. Avian Pathology: Journal of the W. V. P. A, 2012, 41(3): 291-298.

Madara JL. Intestinal absorptive cell tight junctions are linked to cytoskeleton. The American Journal of Physiology, 1987, 253(1 Pt 1): C171-C175.

Magnotti LJ, Deitch EA. Burns, bacterial translocation, gut barrier function, and failure. The Journal of Burn Care & Rehabilitation, 2005, 26(5): 383-391.

Meddings JB, Gibbons I. Discrimination of site-specific alterations in gastrointestinal Permeability in the rat. Gastroenterology, 1998, 114(1): 83-92.

Osselaere A, Santos R, Hautekiet V, De Backer P, Chiers K, Ducatelle R, Croubels S. Deoxynivalenol impairs hepatic and intestinal gene expression of selected oxidative stress, tight junction and inflammation proteins in broiler chickens, but addition of an adsorbing agent shifts the effects to the distal parts of the small intestine. PLoS One, 2013, 8(7): e69014.

Ozden O, Black BL, Ashwell CM, Tipsmark CK, Borski RJ, Grubb BJ. Developmental profile of Claudin-3, -5, and-16 proteins in the epithelium of chick intestine. Anatomical Record-Advances in Integrative Anatomy and Evolutionary Biology, 2010, 293(7): 1175-1183.

Parsons BN, Wigley P, Simpson HL, Williams JM, Humphrey S, Salisbury AM, Watson AJM, Fry SC, O'Brien D, Roberts CL, O'Kennedy N, Keita AV, Soderholm JD, Rhodes JM, Campbell BJ. Dietary supplementation with soluble plantain non-starch polysaccharides inhibits intestinal invasion of salmonella typhimurium in the chicken. PLoS One, 2014, 9(2).

Perez-Moreno M, Fuchs E. Catenins: Keeping cells from getting their signals crossed. Developmental Cell, 2006, 11(5): 601-612.

Prosser C, Stelwagen K, Cummins R, Guerin P, Gill N, Milne C. Reduction in heat-induced gastrointestinal hyperpermeability in rats by bovine colostrum and goat milk powders. Journal of Applied Physiology, 2004, 96(2): 650-654.

Quinteiro-Filho W, Ribeiro A, Ferraz-de-Paula V, Pinheiro M, Sakai M, Sá L, Ferreira A, Palermo-Neto J. Heat stress impairs performance parameters, induces intestinal injury, and decreases macrophage activity in broiler chickens. Poultry Science, 2010, 89(9): 1905-1914.

Quinteiro WM, Gomes AVS, Pinheiro ML, Ribeiro A, Ferraz-de-Paula V, Astolfi-Ferreira CS, Ferreira AJP, Palermo-Neto J. Heat stress impairs performance and induces intestinal inflammation in broiler chickens infected with Salmonella Enteritidis. Avian Pathology, 2012, 41(5): 421-427.

Rajput IR, Li LY, Xin X, Wu BB, Juan ZL, Cui ZW, Yu DY, Li WF. Effect of *Saccharomyces boulardii* and *Bacillus subtilis* B10 on intestinal ultrastructure modulation and mucosal immunity development mechanism in broiler chickens. Poultry Science, 2013, 92(4): 956-965.

Ren W, Yin J, Wu M, Liu G, Yang G, Xion Y, Su D, Wu L, Li T, Chen S, Duan J, Yin Y, Wu G. Serum amino acids profile and the beneficial effects of L-arginine or L-glutamine supplementation in dextran sulfate sodium colitis. PLoS One, 2014, 9(2): e88335.

Roberts S, Perez-Garcia M, Neal M, Bregendahl K. Development of the small intestinal epithelial barrier function in broiler chicks. Poultry Science, 2005, 84: 74-75.

Roy SK, Behrens RH, Haider R, Akramuzzaman SM, Mahalanabis D, Wahed MA, Tomkins AM. Impact of zinc supplementation on intestinal permeability in Bangladeshi children with acute diarrhoea and persistent diarrhoea syndrome. Journal of Pediatric Gastroenterology and Nutrition, 1992, 15(3): 289-296.

Seth A, Basuroy S, Sheth P, Rao RK. L-Glutamine ameliorates acetaldehyde-induced increase in paracellular permeability in Caco-2 cell monolayer. American Journal of Physiology. Gastrointestinal and Liver Physiology, 2004, 287(3): G510-G517.

Shao YJ, Guo YM, Wang Z. beta-1,3/1,6-Glucan alleviated intestinal mucosal barrier impairment of broiler chickens challenged with Salmonella enterica serovar Typhimurium. Poultry Science, 2013, 92(7): 1764-1773.

Simard A, Di Pietro E, Ryan AK. Gene expression pattern of Claudin-1 during chick embryogenesis. Gene Expression Patterns, 2005, 5(4): 553-560.

Simard A, Di Pietro E, Young CR, Plaza S, Ryan AK. Alterations in heart looping induced by overexpression of the tight junction protein Claudin-1 are dependent on its C-terminal cytoplasmic tail. Mechanisms of Development, 2006, 123(3): 210-227.

Singleton KD, Wischmeyer PE. Oral glutamine enhances heat shock protein expression and improves survival following hyperthermia. Shock, 2006, 25(3): 295-299.

Song J, Jiao LF, Xiao K, Luan ZS, Hu CH, Shi B, Zhan XA. Cello-oligosaccharide ameliorates heat stress-induced impairment of intestinal microflora, morphology and barrier integrity in broilers. Animal Feed Science and Technology, 2013, 185(3-4): 175-181.

Song J, Xiao K, Ke YL, Jiao LF, Hu CH, Diao QY, Shi B, Zou XT. Effect of a probiotic mixture on intestinal microflora, morphology, and barrier integrity of broilers subjected to heat stress. Poultry Science, 2014, 93(3): 581-588.

Sturniolo GC, Fries W, Mazzon E, Di Leo V, Barollo M, D'Inca R. Effect of zinc supplementation on intestinal permeability in experimental colitis. The Journal of Laboratory and Clinical medicine, 2002, 139(5): 311-315.

Suzuki T. ReguLation of intestinal epithelial permeability by tight junctions. Cellular and Molecular Life Sciences : CmlS, 2013, 70(4): 631-659.

Tran CD, Howarth GS, Coyle P, Philcox JC, Rofe AM, Butler RN. Dietary supplementation with zinc and a growth factor extract derived from bovine cheese whey improves methotrexate-damaged rat intestine. The American Journal of Clinical Nutrition, 2003, 77(5): 1296-1303.

Turner JR. MolecuLar basis of epithelial barrier regulation: from basic mechanisms to clinical application. The American Journal of Pathology, 2006, 169(6): 1901-1909.

Turner JR. Intestinal mucosal barrier function in health and disease. Nature reviews. Immunology, 2009, 9(11): 799-809.

Ulluwishewa D, Anderson RC, McNabb WC, Moughan PJ, Wells JM, Roy NC. Regulation of tight junction permeability by intestinal bacteria and dietary components. The Journal of Nutrition, 2011, 141(5): 769-776.

Umeda K, Ikenouchi J, Katahira-Tayama S, Furuse K, Sasaki H, Nakayama M, Matsui T, Tsukita S, Furuse M, Tsukita S. ZO-1 and ZO-2 independently determine where claudins are polymerized in tight-junction strand formation. Cell, 2006, 126(4): 741-754.

Vicente Y, Da Rocha C, Yu J, Hernandez-Peredo G, Martinez L, Perez-Mies B, Tovar JA. Architecture and function of the gastroesophageal barrier in the piglet. Digestive Diseases and Sciences,2001,46(9): 1899-1908.

Zhang B, Guo Y. Supplemental zinc reduced intestinal permeability by enhancing occludin and zonuLa occludens protein-1 (ZO-1) expression in weaning piglets. The British Journal of Nutrition,2009,102(5): 687-693.

Zhang B, Shao Y, Liu D, Yin P, Guo Y, Yuan J. Zinc prevents Salmonella enterica serovar Typhimurium-induced loss of intestinal mucosal barrier function in broiler chickens. Avian Pathology: Journal of the W. V. P. A,2012,41(4): 361-367.

Ahima RS, Osei SY. MolecuLar regulation of eating behavior: new insights and prospects for therapeutic strategies. Trends Mol Med, 2001, 7: 205-213.

Andersson U, Filipsson K, Abbott C R, et al. AMP-activated protein kinase plays a role in the control of food intake[J]. Journal of Biological Chemistry, 2004, 279(13): 12005-12008.

Baura GD, Foster DM, Porte D Jr, Kahn SE, Bergman RN, Cobelli C, Schwartz MW. Saturable transport of insulin from plasma into the central nervous system of dogs *in vivo*. A mechanism for regulated insulin delivery to the brain. J Clin Invest,1993, 92(4): 1824-1830.

Bruning JC, Gautam D, Burks DJ, Gillette J, Schubert M, Orban PC, Klein R, Krone W, MuLler-Wieland D, Kahn CR. Role of brain insulin receptor in control of body weight and reproduction. Science, 2000, 289: 2122-2125.

Burdyga G, de Lartigue G, Raybould HE, Morris R, Dimaline R, Varro A, Thompson DG, Dockray GJ. Cholecystokinin regulates expression of Y2 receptors in vagal afferent neurons serving the stomach. J Neurosci, 2008, 28: 11583-11592.

Burdyga G, Lal S, Varro A, Dimaline R, Thompson DG, Dockray GJ. Expression of cannabinoid CB1 receptors by vagal afferent neurons is inhibited by cholecystokinin. J Neurosci,2004, 24: 2708-2715.

Burdyga G, Varro A, Dimaline R, Thompson DG, Dockray GJ. Feeding-dependent depression of melanin-concentrating hormone and melanin-concentrating hormone receptor-1 expression in vagal afferent neurones. Neuroscience,2006, 137: 1405-1415.

Cota D, ProuLx K, Smith K A B, et al. Hypothalamic mTOR signaling regulates food intake[J]. Science, 2006, 312(5775): 927-930.

de Lartigue G, Dimaline R, Varro A, Dockray GJ. Cocaine-and amphetamine-regulated transcript: stimulation of expression in rat vagal afferent neurons by cholecystokinin and suppression by ghrelin. J Neurosci, 2007, 27: 2876-2882.

de Morentin P B M, González C R, Saha A K, et al. Hypothalamic AMP-activated protein kinase as a mediator of whole body energy balance. Reviews in Endocrine and Metabolic Disorders, 2011, 12(3): 127-140.

Furuse M, Tachibana T, Ohgushi A, Ando R, Yoshimatsu T, Denbow DM. Intracerebroventricular injection of ghrelin and growth hormone releasing factor inhibits food intake in neonatal chicks. Neurosci Lett,2001,301(2):123-126.

Gutzwiller JP, Drewe J, Ketterer S, Hildebrand P, Krautheim A, Beglinger C. Interaction between CCK and a preload on reduction of food intake is mediated by CCK-A receptors in humans. Am J Physiol Regul Integr Comp Physiol, 2000, 279(1): R189-R195.

Hardie DG,Carling D,Carlson M. The AMP-activated/SNF1 protein kinase subfamily: Metabolic sensors of the eukaryotic cell. Annual Review of Biochemistry, 1998, 67(1): 821-855.

Hardie DG. AMP-activated/SNF1 protein kinases: Conserved guardians of cellular energy. Nat Rev

Mol Cell Biol, 2007, 8: 774-785.

Hardie DG, Ross FA, Hawley SA. AMPK: A nutrient and energy sensor thatmaintains energy homeostasis. Nature Reviews Molecular Cell Biology, 2012, 13(4): 251-262.

Harris GC, Aston-jones G. Arousal and reward: A dichotomy in orexin function. Trends. Neurosci, 2006, 29(10): 571-577.

Howell J J, Manning B D. mTOR couples cellular nutrient sensing to organismal metabolic homeostasis [J]. Trends in Endocrinology & Metabolism, 2011, 22(3): 94-102.

Holst JJ. The physiology of glucagon-like peptide 1. Physiol. Rev, 2007, 87: 1409-1439.

Honda K, Kamisoyama H, Saneyasu T, Sugahara K, Hasegawa S. Central administration of insulin suppresses food intake in chicks. Neuroscience Letters, 2007, 423: 153-157.

IgnouL S, Eggermont J. CBS domains: structure, function, and pathology in human proteins. Am J Physiol Cell Physiol, 2005, 289(6): C1369-C1378.

Jefferies H B J, Fumagalli S, Dennis P B, et al. Rapamycin suppresses 5′ TOP mRNA translation through inhibition of p70s6k[J]. The EMBO Journal, 1997, 16(12): 3693-3704.

Jin X, Townley R, Shapiro L. Structural insight into AMPK regulation: ADP comes into play[J]. Structure, 2007, 15(10): 1285-1295.

Kaiya H, Van Der Geyten S, Kojima M, Hosoda H, Kitajima Y, Matsumoto M, Geelissen S, Darras VM, Kangawa K. Chicken ghrelin: Purification, cDNA cloning, and biological activity. Endocrinology, 2002, 143(9): 3454-3463.

Kastin AJ. Akerstrom V, Pan W. Interactions of glucagon-like peptide-1 (GLP-1) with the blood-brain barrier. J. Mol. Neurosci, 2002, 18: 7-14.

Katsuki A, Sumida Y, Gabazza E C, et al. Plasma levels of agouti-related protein are increased in obese men. The Journal of Clinical Endocrinology & Metabolism, 2001, 86(5): 1921-1924.

Kola B, Farkas I, Christ-Crain M, et al. The orexigenic effect of ghrelin is mediated through central activation of the endogenous cannabinoid system[J]. PLoS One, 2008, 3(3): e1797.

Larhammar D, Blomqvist AG, Yee F, Jazin E, Yoo H, Wahlested C. Cloning and functional expression of a human neuropeptide Y/peptide YY receptor of the Y1 type. J Biol Chem, 1992, 267(16): 10935-10938.

Li Y, Corradetti M N, Inoki K, et al. TSC2: Filling the GAP in the mTOR signaling pathway[J]. Trends in Biochemical Sciences, 2004, 29(1): 32-38.

Li Y, Xu S, Mihaylova MM, Zheng B, Hou X, Jiang B, Park O, Luo Z, Lefai E, Shyy JY, Gao B, Wierzbicki M, Verbeuren TJ, Shaw RJ, Cohen RA, Zang M. AMPK phosphorylates and inhibits SREBP activity to attenuate hepatic steatosis and atherosclerosis in diet-induced insulin-resistant mice. Cell Metab, 2011, 13(4): 376-388.

Ling Y H, Aracil M, Zou Y, et al. PM02734 (elisidepsin) induces caspase-independent cell death associated with features of autophagy, inhibition of the Akt/mTOR signaling pathway, and activation of death-associated protein kinase. Clinical Cancer Research, 2011, 17(16): 5353-5366.

Long YC, Zierath JR. AMP-activated protein kinase signaling in metabolicregulation. J Clin Invest, 2006, 116(7): 1776-1783.

Mashiko S, Moriya R, Ishihara A, Gomori A, Matsushita H, Egashira S, Iwaasa H, Takahashi T, Haga Y, Fukami T, Kanatani A. Synergistic interaction between neuropeptide Y1 and Y5 receptor pathways in regulation of energy homeostasis. Eur J Pharmacol, 2009, 615: 113-117.

Powley TL. The ventromedial hypothalamic syndrome, satiety, and a cephalic phase hypothesis. Psychol

Rev, 1977,84(1):89-126.

Proszkowiec-Weglarz M, Richards MP, McMurtry JP. Molecular cloning, genomic organization, and expression of three chicken 5′-AMP-activated protein kinase gamma subunit genes. Poult Sci, 2006,85(11): 2031-2041.

Saha A K, Schwarsin A J, Roduit R, et al. Activation of malonyl-CoA decarboxylase in rat skeletal muscle by contraction and the AMP-activated protein kinase activator 5-aminoimidazole-4-carboxamide-1-β-D-ribofuranoside. Journal of Biological Chemistry, 2000, 275(32): 24279-24283.

Sahu A. Leptin signaling in the hypothalamus: Emphasis on energy homeostasis and leptin resistance. Front Neuroendocrinol, 2003, 24: 225-253.

Schwartz MW, Sipols AJ, Marks JL, Sanacora G, White JD, Scheurink A, Kahn SE, Baskin DG, Woods SC, Figlewicz DP, et al. Inhibition of hypothalamic neuropeptide Y gene expression by insulin. Endocrinology, 1992, 130(6): 3608-3616.

Stellar E. The physiology of motivation. Psychol Rev,1994 ,101(2):301-311.

Tachibana T, Sugahara K, Ohgushi A. Intracerebroventricular injection of agouti-related protein attenuates the anorexigenic effect of alpha-melanocyte stimulating hormone in neonatal chicks. Neuroscience Letters,2001, 8,305(2):131-134.

Tachibana T. Central administration of cocaine and amphetamine-regulated transcript inhibits food intake in chicks. Neurosci Lett, 2003,13,337(3):131-134.

Takeuchi S, Teshigawara K, Takahashi S. Widespread expression of Agouti-related protein (AGRP) in the chicken: A possible involvement of AGRP in regulating peripheral melanocortin systems in the chicken. Biochim Biophys Acta, 2000,17,1496(2-3):261-269.

TaniguchiCM, Emanuelli B, Kahn CR. Critical nodes in signalling pathways: Insights into insulin action. Nat Rev Mol Cell Biol, 2006, 7: 85-96.

Tee A R, Fingar D C, Manning B D, et al. Tuberous sclerosis complex-1 and-2 gene products function together to inhibit mammalian target of rapamycin (mTOR)-mediated downstream signaling[J]. Proceedings of the National Academy of Sciences, 2002, 99(21): 13571-13576.

Tsigos C,Chrousos G P. Hypothalamic-pituitary-adrenal axis, neuroendocrine factors and stress. J Psychosom Res,2002,53(4):865-871.

Velasco G, del PuLgar T G, Carling D, et al. Evidence that the AMP-activated protein kinase stimulates rat liver carnitine palmitoyltransferase I by phosphorylating cytoskeletal components[J]. FEBS Letters, 1998, 439(3): 317-320.

Wang X, Day JR, Vasilatos-Younken R. The distribution of neuropeptide Y gene expression in the chicken brain. Mol Cell Endocrinol, 2001, 174(1-2): 129-136.

Zhang J, Ritter RC. CircuLating GLP-1 and CCK-8 reduce food intake by capsaicin-insensitive, nonvagal mechanisms. Am J Physiol Regul Integr Comp Physiol, 2012, 302(2): 264-273.

第二章　营养原理与鸡的营养特点

第一节　能量代谢及能量需要

能量存在于营养物质分子的化学键中，提供能量是有机营养物质的一种功能。从简单营养物质合成复杂的化合物需要吸收能量；而营养物质的分解则释放能量。

碳水化合物、脂肪和蛋白质是家禽维持生命和生产所需的主要能量来源。

被家禽消化吸收的脂肪及碳水化合物的能量价值与它们在测热器中燃烧后被测得的热值大致相等，而蛋白质的能量价值却远低于燃烧值，那是因为有一部分能量以尿酸的形式从尿中排出；1 g 蛋白质 23.8 kJ 总能中要损失 6.5 kJ，即其有效能值为 17.2 kJ 左右。碳水化合物和脂肪的能值分别为 16.7 kJ 和 37.7 kJ。

一、能量代谢

评定家禽能量需要及饲料能量价值的体系是代谢能体系。家禽的粪尿均从泄殖腔排出，要测定消化能则必须做人工肛门将粪尿分开，而采用代谢能评定体系则较简易方便。从准确度与精确度来看，测定代谢能值的重复试验的变异要比测定生产净能的变异要小得多，变异来源于测定工作误差和各种饲料及日粮的热增耗的差异。

代谢能可剖分为热增耗和净能。热增耗又称为特殊动力作用，是指绝食动物在食用日粮后的短时间内体内产热高于绝食代谢产热的那部分热能，可看作饲料热能的一种损失，事实上，在冷应激环境中动物可用热增耗来维持体温。热增耗产生的主要原因是：①消化道在消化吸收过程中运动产热；②参与代谢的各种器官组织的产热；③营养素代谢产热，如葡萄糖产热生成 ATP 的能量转移效率只有近 44%，其余的部分以热的形式散失；④肾脏排泄代谢产物过程产热。在三大有机营养素中，热增耗占代谢能的比率按蛋白质、碳水化合物及脂肪依次降低。净能又分生产或产品净能和维持净能。维持净能主要用于维持生命活动的基础代谢、随意活动以及在适宜环境温度区外的体温调节 3 方面。饲料代谢能的 75%～80% 可在家禽体内转化为净能。

1. 基础代谢

基础代谢指健康正常的家禽在适宜温度的环境条件下、处于空腹、绝对安静及放松状态时，维持自身生存所必要的最低限度的能量代谢。此时能量用于维持生命的最基本活动（呼吸、循环、泌尿、细胞活动等）。基础代谢指基础代谢是维持能量需要中比较稳定的部分。在实际测定时，由于理想的基础代谢条件难达到，只能测到绝食代谢（饥饿代谢或空腹代谢），即动物绝食到一定时间，达到空腹条件时所测得的能量代谢，其值一般比基础代谢略高。

绝食代谢有3个基本条件：

第一，动物处于适温环境条件，健康正常，营养状况良好。

第二，动物处于饥饿和空腹状态。可根据以下指标判断动物是否处于饥饿和空腹状态。

（1）测定动物的呼吸熵（RQ），以脂肪代谢的呼吸熵RQ值（0.707）作为空腹状态的判据。其机理在于，动物体内营养素代谢的RQ值不同，绝食条件下以体脂肪氧化供能为主。动物在采食后一定时间内，由于大量碳水化合物进入体内，RQ值接近于1；当营养素达平衡后，RQ值很快接近0.707，这一RQ值反映体内开始动用脂肪供能，说明动物已处于绝食空腹状态。

（2）根据不同种类家禽的消化特点，规定采食后达到空腹状态的时间。家禽采食后达到空腹状态的时间为48 h。

第三，动物处于安静和放松状态。处于饥饿状态的动物总是千方百计寻食，无安静可言，建议测定时间选在晚上不采食而又安静躺卧的时间进行，可以排除站立、活动、情绪的影响。在这种条件下测定的代谢率（又叫休眠代谢率），与真正最低代谢相比，仍包括一定量的饲料热增耗。

2. 随意活动

随意活动是禽类在维持生命的过程中所进行的一切有意识的活动，是为了维持生存所必须进行的活动，如行走、觅食等。站立增加热产生量20%～30%。采食活动的能量消耗占总热损耗量的30%。禽类的随意活动千变万化，消耗的能量难以测定。一般是按基础代谢的一定比例来计算。如舍饲禽按基础代谢的20%，放牧禽按50%～100%来计算。一般将平养蛋鸡在基础代谢之上增加50%，笼养蛋鸡增加37%。

3. 体温调节

适宜温度区外的体温调节的能量需要指环境温度高于或低于临界温度时，禽类维持体温恒定所需要的能量。外界环境诸因素中，除饲料因素外，温热环境与动物营养关系最为密切。温热环境不仅直接影响动物的采食量、代谢和产热，而且可导致饲料能量在动物体内分配和利用效率的改变，最终导致动物对各种营养物质的需求量及其与能量比率的改变。家禽在正常代谢过程中，不断地产热和散热，作为恒温动物的家禽，必须使散热量和产热量达到平衡，才能维持体温的相对恒定，保证机体各器官组织执行正常的生理机能。

温度、相对湿度、空气流动、辐射及热传递等因素构成家禽所处的温热环境，共同作用于家禽，使家禽产生冷或热、舒适与否的感觉。温热环境常用综合指标来评定，如有效环境温度（effective ambient temperature，EAT）。EAT不同于一般环境温度，后者仅仅是用温度计对环境温度的简单测定值；而EAT是动物在环境中实际感受的温度。EAT不仅取决于环境因素，同时也取决于家禽的体重、羽毛生长状况、生长速度、体组成、采食量和饲粮营养水平等。在一定的温度范围内，家禽的体温保持相对恒定，若无其他应激（如疾病）存在，家禽的代谢强度和产热量正常，此温度区称为热适中区，其下限有效环境温度称为下限（最低）临界温度（LCT），上限有效环境温度称为上限临界温度（UCT）。在等热区中温度偏低方向有一段区域最适合家禽生产和健康，称为最适生产区，在此区域，家禽的代谢强度和产热量保持生理最低水平，依靠维持和生产过程所释放的热量就可以补偿向环境散失的热量，不需要增加代谢产热速度就能维持体温恒定。当环境温度高于上限临界温度时，家禽会表现喘气；而当环境温度低于下限临界温度时，家禽会表现寒战。寒战和喘气均需要额外的能量消耗。热适中区温度范围在家禽并非固定，因为家禽对温度的“适应”起着关键的作用。

在适宜环境温度区内，家禽的营养需要量最低，而在热应激区或冷应激区，家禽的营养需要均会增加。外界环境温度每变化1℃，蛋鸡的维持 ME 需要改变约每天每千克代谢体重 8 kJ。在天热时，产蛋家禽消耗的能量很少；天冷时的能量消耗比在适宜温度时提高 20%～30%。环境温度对羽毛生长不良家禽的影响大于对羽毛丰满的家禽。

二、能量需要

1. 生长鸡的能量需要

由于随年龄增大，体脂含量上升，故生长鸡日粮中代谢能浓度亦随年龄增大而增加。鸡的饲料转化效率、生长速度及其胴体脂肪含量与日粮能量水平呈现正相关关系。

肉用仔鸡的生长与日粮营养素浓度密切相关，只要提高日粮营养素浓度，就能提高生长速度及饲料转化效率；每千克日粮的代谢能值提高 230 kJ 可使饲料转化效率提高 0.04 单位。要使肉用仔鸡有较快的生长及较高的饲料利用率，通常需要使用油脂配制高能日粮，但高能高蛋白日粮容易导致较高的腹水症、猝死症和腿病发生率、死亡率。腹脂和胴体脂肪与日粮能量水平呈现高度正相关。在 30℃以上的热应激情况下，采食低能饲料的肉仔鸡表现出体重随日粮蛋白水平上升而直线下降，而提高日粮能量水平可将热应激的不良影响降至最低。

蛋生长鸡的能量需要量也可用析因法测定。例如，印度 Patle 等(1996)发现 0～8 周龄白来航鸡的能量平衡值(EB)与 ME 进食量间存在以下关系：$EB=-112.27+0.8433ME$ ($r^2=0.66$)，从而得出白来航生长鸡每日的维持需要为 556 kJ 代谢能，其中基础代谢需要为 380 kJ/($W^{0.75}$kg·d)。0～8 周龄阶段平均体重按($W_0+2W_4+W_8$)/4 计算，约为194.5 g，其中 W_0、W_4 和 W_8 分别表示出壳重，4 和 8 周龄重，那么每只鸡每日的维持 *ME* 需要为 163 kJ。能量平衡(*EB*)与增重的关系为 $EB=-10.79+2.63WG$ ($r^2=0.9$)，由此可看出每克增重需净能 11 kJ，用于增重的效率为 74%，则需 *ME* 14.86 kJ/g。每日增重 7 g 共需 *ME* 103.86 kJ。以上两项合计 *ME* 值为 267 kJ/只，平均采食量约为 22.5 g/d，则日粮代谢能浓度宜为 11.9 kJ/kg。

2. 产蛋鸡及种公鸡的能量需要

产蛋鸡的能量需要可分为以下几项：

(1)增重的需要。在体成熟前，小母鸡还有增重。以每单位增重含蛋白质 18%、脂肪 15%计，沉积在蛋白质中的能量为 $0.18\times16.7=3.0$ kJ，脂肪中的能量为 $0.15\times37.7=5.66$ kJ，两项合计 8.66 kJ，代谢能用于增重的效率为 70%，则每日增重 1 g 需代谢能 12.4 kJ。

(2)维持需要。每日的基础代谢需要为每千克代谢体重需 0.36 MJ，如果体重为 2 kg，则每日需要 0.60 MJ；如果代谢能利用率按 80%计，则每日用于基础代谢的代谢能需要为 0.75 MJ。由于家禽的活动量不同，其维持需要不同，一般按笼养、平养的不同饲养方式，在基础代谢需要的基础上增加37%、50%。那么每日维持需要为1.03 MJ或1.13 MJ。

(3)产蛋的需要。一枚50～60 g的蛋包括蛋壳在内，按每克蛋重含能6.7 kJ计，代谢能用于产蛋的效率为65%，则产一枚蛋需代谢能515～620 kJ。

如果体重2 kg的笼养产蛋母鸡无体重变化，则每日的代谢能需要为515＋1 030＝1 545 kJ。考虑环境温度的影响，也可按下面公式推算蛋鸡的能量需要，式中ME表示代谢能需要(kcal/d)，W为体重(kg)，ΔW为每日体重变化(g)，E_w为蛋重(g)，ΔT为实际环境温度与25℃的差值：

$$ME = 130W^{0.75}(1.015)\Delta T + 5.50\Delta W + 2.07E_w$$

轻型蛋鸡的代谢能需要为1 255 kJ/d，中等体型蛋鸡为1 506 kJ/d，肉用种母鸡为1 670～1 880 kJ/d。公鸡的能量需要一般与产蛋母鸡的相近。在生长阶段，虽然公鸡的生长速度较快，但沉积脂肪少；成年公鸡的维持需要较母鸡的维持需要高，但大多与母鸡的产蛋需要相近。

在自由采食条件下，家禽有一定的调节饲料进食量而保持能量摄入量的能力，即日粮能量浓度影响家禽的采食量。高脂日粮由于其特殊动力作用小、给动物的饱感小从而减弱采食量的调节能力，提高能量摄入量。

一般地，在10.0～14.2 MJ/kg的日粮代谢能范围内，蛋鸡、蛋鸭及肉鸭的能量的进食量相对恒定，以至于不影响产蛋或生长速度。但饲料进食量是变化较大的，因此其他营养素的供给水平不应以日粮的百分率表示而应以代谢能为基础，或者说在日粮代谢能一定的情况下再确定日粮其他营养素的含量。肉仔鸡调节代谢能进食量的能力比蛋用鸡的差，低能量日粮会导致生长速度及饲料转化效率降低。

但在有些情况下，日粮能量浓度的提高与家禽采食量的下降也不成比例，尤其在重型体重鸡。产蛋鸡日粮中代谢能浓度通常在10～12 MJ/kg，当能量浓度超过上限或低于下限1%，中和重型鸡的能量进食量至少会增加或下降0.5%，轻型鸡变动0.2%～0.3%，导致体脂肪沉积或产蛋量减小。在热应激时能量浓度的提高实质上导致总的能量进食量提高了，也可能是能量需要提高的反映。依此，在产蛋量高峰期及热应激时，适当提高日粮能量浓度是有益的；但也有观察到在高温(36℃)下能量进食量下降的现象，可能是采食量过低的缘故。

三、有效能(EE)体系

在代谢能体系中，只考虑了动物摄入的总能中从粪、尿和酵气排出的部分，而未考虑剩余的部分能量(代谢能)是如何在动物体内利用及其可利用的程度，有效能体系则对能量代谢作了更深入的剖析。有效能体系由Emmans于1984年首次提出，在1994年他发表了该能量体系应用于各畜禽品种的详细内容。有效能量是指动物用于食物消化及吸收其终产物并转化用于维持和生长(蛋白质和脂肪沉积)的各种生化代谢过程的可利用能量。

有效能体系中，考虑了动物维持需要的变化以及影响这些变化的因素，考虑了获得动物增重的饲料组成以及动物增重中脂肪与蛋白的比例对生长热增耗的影响。因此，用于生长或维持的热增耗就不是单一的固定值，这是与其他能量体系最大的区别。

1. 饲料原料或日粮的有效能(EE_f)

$$EE_f(kJ/g)=AME_n-W_dFOM-0.16W_uDCP+12ZDCF$$

其中，AME_n：氮校正表观代谢能。

$W_d FOM$：FOM 为未消化的饲料有机物或粪有机物，要测定 FOM，不仅要测干物质消化率，而用还要测饲料和排泄物的灰分。W_d 为处理 1 g 未消化有机物所需能量，在家禽，W_d＝3.27 kJ/kg。饲料消化率越高，FOM 越小，消化吸收单位重量饲料的能量消耗越小。

$0.16W_u DCP$：DCP 为可消化粗蛋白，测定 EE_f 同 ME 一样，动物处于维持状态，因此假设消化的粗蛋白质只用作能源且所有的氮从尿排出。当然，在生长家禽并不是如此。W_u 为每排出 1 g 尿氮的热增耗，等于 29.2 kJ，0.16 是蛋白质的平均含氮量。在此也可看出，将粪氮和尿氮分开是必要的。

$12ZDCF$：DCF 为可消化粗脂肪。可消化脂肪不但没有热增耗，而且根据可直接沉积为体脂的多少还有增加 AME_n 的价值。饲料中蛋白质、碳水化合物也可沉积为体脂，但耗能不同，脂肪只耗能 4.4 kJ/g，而后两者需耗能 16.4 kJ/g，差值达 12 kJ，Z 为饲料中脂肪直接沉积为体脂的比例。Z 不是常数，而是依赖于家禽的生长阶段和日粮的脂肪含量。Z 值在 0～1。对于肉仔鸡，Z 一般为 1/3。从这方面也反映了日粮中添加脂肪的额外代谢能量效应。

2. 家禽的有效能需要(EER)

有效能需要包括 3 部分：一是维持需要(E_m)；二是以蛋白质和脂肪形式的组织能量沉积($E_r=23.8PR+39.6FR$)；三是与能量相关的热增耗(H)，H 和 $0.16W_uPC$，W_dFOM，E_pPR 和 E_fFR 有关。PC 为代谢蛋白量，PR 和 FR 为蛋白质和脂肪的沉积数量。

$$EER(kJ/d)=E_m+50PR+56FR$$

$MH=1.53uBP_m0.75$，E_m 代表维持能量需要，其中 1.53 为每千克体蛋白的维持需要(MJ)，BP_m 为某一品种肉仔鸡体成熟时去羽体蛋白含量，u 为肉仔鸡任一体重时去羽体蛋白含量相对于 BP_m 的比例。测体蛋白需要做屠宰测定。

$50=(hp-a)+(W_p-0.16W_u)$，其中 h_p 为蛋白质的燃烧热(23.8 kJ/g)，a 为尿氮的能量(5.63 kJ/g)，W_p 为沉积 1 g 蛋白质所需要的能量(36.5 kJ/g)，W_u 为排出 1 g 尿氮所需能量(29.2 kJ/g)，0.16 是蛋白质的平均含氮量。以上 4 项合计，沉积 1 g 蛋白质的能量消耗(包括产品能及热增耗)为 50 kJ/g，亦即沉积 1 g 蛋白质的代价是 26.2 kJ。沉积蛋白质的有效能效率约为 40％。

$56=H_f+E_f$，其中 H_f 为脂肪的燃烧热(39.6 kJ/g)，E_f 为由非脂类物质沉积 1 g 脂肪消耗 16.4 kJ 能量，那么两项之和为 56 kJ/g，非脂类物质用于脂肪沉积的有效能效率为 71％。饲料或日粮中只有 1/3 的脂肪直接沉积到体脂中。饲料中脂肪直接沉积为体脂的能量效率为 39.6/(39.6＋4.4)＝90％。

肉鸡的有效能需要(kJ/d)计算示例如表 2-1 所示。

表 2-1　肉鸡的有效能需要

体重/g	沉积/(g/d)		维持/kJ	蛋白/kJ	脂肪/kJ	合计/kJ
	蛋白	脂肪				
0.8	9.1	3.4	195	455	190	840
2.0	13.3	7.8	456	665	477	1 558

到目前为止，有效能体系仍不成熟。譬如，没有考虑环境温度和羽毛生长，无论从有效能量还是氨基酸需要角度考虑，羽毛生长部分的蛋白沉积都是很重要的。在肉鸡成熟时，公鸡和母鸡羽毛占体重的5%和6%，而且随周龄增大，尽管羽毛蛋白质含量恒定(87.5%)，但水分含量下降。因此，现有的有效能体系还有待进一步完善。

第二节　脂肪营养

一、脂类的概念

脂类是不溶于水而溶于有机溶剂(如乙醚和苯)的一类有机物。不同脂类的化学构成不同，其生物学功能也有所不同。脂类可分为两类：可皂化脂类和非皂化脂类。可皂化脂类包括简单脂及复合脂类，非皂化脂类包括固醇类、类胡萝卜素及脂溶性维生素类。脂类的主要结构单元分子包括甘油、油酸、软脂酸和胆碱。

(一)简单脂

简单脂，即甘油三酯，是动物体内储存能量的主要形式，主要参与能量代谢。1 g 脂肪可以产生约 39.6 kJ 热能，而 1 g 典型碳水化合物完全燃烧产热为 17.2 kJ。1 kg 甘油三酯中平均含有 30～40 MJ 代谢能，比通常的饲料多 1～2 倍。假设饲用脂肪的代谢能水平为 100%，则其他饲料的能量价值为(%)：玉米 42；小麦 38；高粱和鱼粉 34；大麦 33；燕麦 32；油籽粕 28～30；肉粉 25；草粉 14。以上数字表明了脂肪的能量优势。

中性脂肪由不同长度和结构的脂肪酸及一个甘油分子组成。根据其脂肪酸分子的个数分别命名为甘油一酯、甘油二酯、甘油三酯。脂肪酸碳链的碳原子数从 2～24 个或更多，其碳链末端有一个羧基基团。如果每个碳原子都由氢原子饱和，则该脂肪酸称为饱和脂肪酸，如果碳链中含有一个或多个双键，则该脂肪酸称为不饱和脂肪酸。

甘油三酯所含脂肪酸链的长短与饱和度决定其物理和化学的性质。含有 10 个以上碳原子的饱和脂肪酸在常温下是固态，反之则是液体。油中的不饱和长链脂肪酸所占比率大于饱和长链脂肪酸。甘油三酯中的常见脂肪酸主要是棕榈酸(软脂酸)、硬脂肪及油酸。

动物体组织中的脂肪酸大多为直链，含有偶数个碳原子(表 2-2)。微生物合成支链的以及带奇数个碳原子的脂肪酸，因此反刍动物体组织含有部分这样的脂肪酸。植物籽实中的脂肪一般是甘油三酯，但在青饲料中有一部分甘油二酯，并连接有一个半乳糖分子(表 2-3)。

表 2-2　动物脂肪的脂肪酸组成

项目	饱和脂肪酸		不饱和脂肪酸		状态
	C14 以下	C16＋C18	油酸	亚油酸＋C20 以上亚麻油酸	
鱼油		11～15	20	50	液态
鸡脂		25	40	25～30	软
猪脂		35	50	5～7	软
黄油	15	30～40	35	0.5	软
牛脂		50	35	0.5	固态

表 2-3　植物籽实油的脂肪酸组成

项目	饱和脂肪酸		不饱和脂肪酸			状态
	C14 以下	C16＋C18	油酸	亚油酸	亚麻油酸	
亚麻油		6～16	13～36	10～25	30～50	液态
豆油		7～10	23～30	50～60	5～9	液态
葵花籽油		6～15	20～50	30～60		液态
棕榈油	80	11	5～7			固态
棉籽油		24～29	15～20	49～57		液态

(二)复合脂

复合可皂化脂是含有除脂肪酸残基和醇等疏水基团以外还含有亲水极性基团的脂肪酸的酯化物。这类脂也称极性脂,包括磷脂、鞘脂、糖脂和脂蛋白。磷脂和糖脂分子中分别含有磷和碳水化合物。糖脂存在于植物中,鞘脂存在于动物中。复合脂共同构成动植物细胞成分(核、线粒体等)的生物膜。这些膜对有机物质(葡萄糖、柠檬酸盐、氨基酸等)及无机物质具有选择性通透能力,以保证它们在细胞与细胞间隙之间的代谢。参加复杂的生物合成和分解代谢过程的各种酶,通常集中在生物膜的表面。在动物机体内,由胆固醇合成一些对生命活动十分重要的化合物——肾上腺皮质激素、雌激素、雄激素、胆汁酸和维生素 D。复合脂类平均占细胞膜干物质的一半甚至更多,动物肌肉组织中脂类物质的 60%～70% 是磷脂类。

1. 磷脂

磷脂是一种甘油酯,其中 2 个羟基由长链脂肪酸酯化,第 3 个由磷酸酯化。在动植物中常见的磷脂是卵磷脂,其中的磷酸又被胆碱酯化。

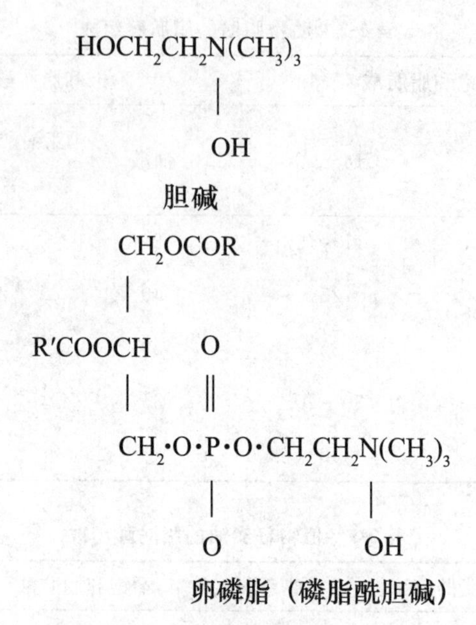

磷脂分子中既存在亲水的磷酸基，又存在疏水的脂肪酸链，磷脂具有乳化作用，在血液的脂类转运中起重要作用，同时它还是动物细胞膜的成分。大豆脂肪中含有丰富的磷脂，从大豆中分离的磷脂可作犊牛代乳品的乳化剂。

2. 脂蛋白

脂蛋白是与蛋白结合的脂肪，主要存在于动物的血浆中。在把脂肪从小肠经血液转运到组织的过程中起最基本的作用。血浆中脂蛋白根据密度分类，同时也是其中脂肪含量的反映，分为极低密度脂蛋白（VLDL）、低密度脂蛋白（LDL）和高密度脂蛋白（HDL），在机体内起着代谢转运脂类的作用。VLDL 将甘油三酯从肝脏运送到外周组织，LDL 是 VLDL 降解过程中生成的。HDL 的蛋白质和磷脂含量很高，可将组织中多余的胆固醇转运到肝脏，再由胆汁途径排出体外，防止多余的胆固醇沉积于组织形成粥样硬块，阻止动脉粥样硬化。

二、脂肪的消化与吸收

十二指肠是脂肪消化与吸收的主要部位，脂肪与其他养分的机械分离在胃中就开始，初步的乳化在胃及十二指肠中就已开始，进一步的乳化是在与胆盐接触之后，因为胆汁中的胆酸、牛磺胆酸和糖胆酸都具洗涤剂的特性。乳化后的小颗粒脂肪便具有更大的与胰脂酶接触的表面积。胰脏脂肪水解酶只在油—水界面起作用，这就是为什么脂肪的消化需要乳化的原因。在胰脂肪酶作用下，脂肪的脂肪酸从甘油三酯分子上水解下来。磷脂由磷脂酶水解成溶血磷脂，胆固醇脂由胆固醇脂水解酶水解成胆固醇和脂肪酸。吸收的主要形式是甘油一酯和脂肪酸，少量甘油二酯可被吸收。

甘油一酯、脂肪酸和胆酸都有极性的和非极性的基团，因此可以聚集在一起形成便于吸收的微粒。尽管微粒的形成对脂肪的吸收是必需的，但在脂肪的降解产物吸收前，微粒必须打破，这发生在微粒与微绒毛膜接触时。微粒中的胆盐并不同时被吸收，而其是在回肠被吸收后经门脉至肝脏，然后到胆囊，再又分泌到十二指肠。在微粒中同时还含有很多非极性的化合物，诸如固醇、脂溶性维生素、类胡萝卜素等。

约 30％的游离脂肪酸直接被吸收入血液，其余的脂肪酸和甘油一酯被吸收后在肠道黏膜上皮细胞内重新合成甘油三酯，并重新形成脂蛋白后进入毛细血管，汇入肝门静脉，转运往全身各组织。在肝脏中，用以合成机体需要的各类物质，或在脂肪组织中储存起来，或用以供能，产生能量、二氧化碳和水。禽类淋巴系统发育不健全，所有脂类基本上都经门脉血转运。

一般来说，饲料中甘油三酯的吸收率较高，而游离脂肪酸吸收率降低；长链脂肪酸的吸收率比低熔点短链脂肪酸吸收率低；幼龄动物对饱和脂肪酸的吸收能力较差，随年龄增加而提高(表 2-4)。不饱和脂肪酸含量高的植物油吸收率高于动物油，动物油中猪油吸收率高于牛油，不同来源的油混合后，由于脂肪酸的协同作用，可提高各自的吸收利用率。对家禽和单胃动物的许多试验证明，饱和脂肪酸，特别是硬脂酸，不能很好地被肠道吸收(仅 2％～4％)。富含硬脂酸的脂肪，即固态脂肪，不能很好地被家禽消化。家禽较易吸收禽脂或脂肪酸组成与其相似的脂肪。

表 2-4　鸡对各种脂肪酸、单甘油酸、甘油三酯及其水解物的吸收率

脂肪或脂肪酸种类		碳数	吸收率/％	
			3～4 周龄	8 周龄以上
脂肪酸	月桂酸	12：0	65	—
	豆蔻酸	14：0	25	29
	棕榈酸	16：0	2	12
	硬脂酸	18：0	0	4
	油酸	18：1	88	94
	亚油酸	18：2	91	95
单甘油酸	单辛酸	8：0		100
	单月桂酸	12：0		89
	单豆蔻酸	14：0		67
	单棕榈酸	16：0		55
	单硬脂酸	18：0		41
	单油酸	18：1		98
	单亚油酸	18：2		96
甘油三酯	大豆油		96	96
	玉米油		94	95
	猪油		92	93
	牛油		70	76
	鲱鱼鱼油		88	—
甘油三酯水解物	大豆油脂肪酸		88	93
	玉米油脂肪酸		90	92
	猪油脂肪酸		82	83

在生长鸡和蛋鸡体内，空肠是主要的脂肪吸收场所，也有部分是在回肠被吸收。93%的胆酸可被小肠吸收。雏鸡在出壳后的头 1 周对日粮玉米油和牛脂的吸收比在出壳后第8～15 天内的吸收能力弱。

肌胃和十二指肠间有食糜往返回流。肌胃中胆盐和脂肪酶的浓度是十二指肠的 10%～20%。30%的日粮甘油三酯是在肌胃中水解的。

脂肪的消化率会因其脂肪酸组成的不同而呈现较大的差异。

脂肪消化过程产生的脂肪酸有不同的形成乳糜微粒的能力。长链饱和脂肪酸，如硬脂酸和棕榈酸不如短链不饱和脂肪酸容易，一个双键的存在就会有很大的差别。油酸、亚油酸、亚麻油酸在这方面的性质接近。这些不饱和脂肪酸的一个重要特点是它们能与饱和脂肪酸结合形成混合微粒。因此，少量的不饱和脂肪酸就能提高以含饱和脂肪酸为主的脂肪的可消化程度。如表 2-5 所示。

表 2-5　脂肪混合物的表观代谢能(*AME*)值　MJ/kg，DM

项目	预期	实测	协同效应
50% CPO+50% PFFA	21.07	23.55	+2.48
50% Ta+50% SBFFA	30.29	31.89	+1.60
50% SBFFA+50% PFFA	25.09	29.49	+4.40

CPO，粗棕榈油；Ta，牛油；PFFA，棕榈游离脂肪酸，含棕榈酸 45%；SBFFA，大豆游离脂肪酸。

Scheele 等，1996。

血液中脂肪除了来源于日粮中脂肪外，还有由肝脏合成的部分及从脂肪组织中动用的部分。血中脂肪能被脂肪组织、肝脏和其他组织迅速摄取，随后便是水解，水解过程由位于组织内毛细血管壁的脂蛋白脂肪水解酶催化。水解生成的游离脂肪酸有以下 3 种去向：①彻底氧化供能；②重新酯化生成甘油三酯，参与血液循环或沉积在组织中；③少部分与血中清蛋白形成复合物。

三、脂肪的生物合成

(一)脂肪酸与脂肪的合成

在禽类，脂肪酸和甘油三酯的合成主要在肝脏。脂肪合成过量则沉积于肝中，产生脂肪肝。脂肪组织起贮存脂肪的作用。合成脂肪酸的原料是来源于葡萄糖、降解的脂肪及某些氨基酸的降解产物，如乙酰辅酶 A。

葡萄糖→乙酰辅酶 A→脂酰辅酶 A→甘油三酯

乙酰辅酶 A 是在线粒体内经氧化脱羧作用由丙酮酸生成。脂酰辅酶 A 是在细胞质中合成的，但乙酰辅酶 A 不能直接透过线粒体膜，只能通过柠檬酸循环来转运。柠檬酸循环还提供脂肪酸合成所需的至少 50%的 NADPH，其余的 50%由经戊糖磷酸途径的葡萄糖氧化过程提供。

用蔗糖和果糖代替淀粉和葡萄糖加强脂肪合成；分顿(采食)饲喂与连续饲喂(采食)相比，加强脂肪合成。

脂肪酸合成反应在鸟类和哺乳动物是相同的，其中包括有两个最主要的反应。第一个是由生物素依赖酶——乙酰辅酶(ACC)催化的乙酰辅酶A转化为丙二酰单酰辅酶A。另一个是由脂肪酸合成酶(FAS)(一个多酶复合体)催化的由乙酰辅酶A和丙二酰单酰辅酶A合成棕榈酸。这两个反应以及延长脂肪酸链并使之去饱和的酶系统决定了组织中所有脂肪酸的合成。

Donaldson(1979)研究发现，饲喂脂肪导致动物肝脏提取物中的ACC活性降低，但FAS活性不变。因此，一般认为脂肪生成过程中的限速酶是ACC。不过在脂肪合成代谢水平很低时，FAS也有限速作用。变构因子(如柠檬酸)的调控作用也支持了这一观点。两种脂肪合成酶的活性与日粮脂肪含量呈负相关，但与不饱和程度无关。Hillard等(1980)表明其根本的原因是高脂肪日粮中碳水化合物的减少。

胰岛素和甲状腺激素是最重要的两种调节脂类合成代谢的激素。胰高血糖素可提高细胞内cAMP浓度。胰高血糖素和cAMP通过提高血液中胰岛素的浓度而起作用。甲状腺抑制物质PTU能降低新出壳雏鸡肝脏ACC活性。胰高血糖素和cAMP会降低细胞质中柠檬酸的浓度，脂肪酸合成速率与柠檬酸浓度间存在密切相关，从而抑制脂肪酸合成。cAMP触发果糖-6-磷酸转变为果糖-1，6-二磷酸，从而抑制葡萄糖与柠檬酸间的代谢。

雌激素可增加肝脏VLDL合成，从而提高血浆VLDL水平。

(二)必需脂肪酸

必需脂肪酸是前列腺素、前列环素、凝血恶烷和白三烯等类二十烷的前体物质。前列腺素主要通过调控细胞内的cAMP浓度而起作用。类二十烷在家禽胚胎发育、繁殖、免疫反应和骨骼发育中起重要作用。亚油酸(18:2，ω-6)和亚麻油酸(18:3，ω-3)是代谢性必需脂肪酸，在家禽体内不能合成。必需脂肪酸经过去饱和和碳链延长形成二十碳和二十二碳的多不饱和脂肪酸。由多不饱和脂肪酸合成类二十烷。组织中ω-3和ω-6多不饱和脂肪酸的比例会影响类二十烷合成的种类和数量。因此，日粮中ω-3和ω-6多不饱和脂肪酸应有合适的比例。日粮中添加富含ω-3脂肪酸的油脂，鸡蛋中胆固醇的含量会下降；由富含ω-3脂肪酸的种蛋孵出的雏鸡脑组织中DHA含量高，大脑神经突出体膜含有丰富的DHA。豆油中以ω-6脂肪酸为主，鱼油中以ω-3脂肪酸为主。

ω-3脂肪酸可抑制亚油酸(18:2，ω-6)向花生四烯酸的转化，前列腺素、凝血恶烷的生成减少，后两种物质参与许多生理病理过程，如内稳恒、血栓形成、炎症反应及其他。前列环素具有抑制血小板凝集而血栓素具有很强的促血小板凝集作用。

(三)脂肪代谢病——脂肪肝综合征

两种鸡代谢病中都会出现脂肪肝，其一是产蛋鸡的脂肪肝出血综合征(FLHS)；其二是青年(未成熟)鸡的脂肪肝肾综合征(FLKS)。营养不平衡或缺乏是主要病因。Jensen(1979)报道日粮中使用鱼粉和啤酒酵母可防止FLHS出现，但不知是何种因子在起作用。日粮中可利用生物素的缺乏是FLKS的主要病因。肝脏脂肪聚集继发于肝脏葡萄糖异生受阻，从而导致的代谢缺陷是葡萄糖供不应求，家禽因低血糖而死亡。

四、脂肪的降解

在绝食期间或在能量需要过多的情况下，肝脏及脂肪组织的脂肪得到动用被氧化供能。脂肪降解成甘油及脂肪酸的过程需细胞内的激素敏感脂肪酶(与脂蛋白脂肪酶不同，后者位于毛细血管，水解循环的甘油三酯)催化。在肾上腺素或胰高血糖素的作用下，产生 cAMP，其活化蛋白激酶，后者又使那种激素敏感脂肪酶活化。在碳水化合物摄入量过多的情况下，胰岛素分泌增多，抑制游离脂肪酸的动用，促进脂肪酸酯化合成脂肪。

甘油和脂肪酸扩散入血液，脂肪酸与清蛋白结合被运载到其他组织被利用。脂肪酸的主要作用还是氧化供能。大多数组织可进行需氧氧化(如肌肉、肝脏、心脏、大脑等)，它们均有一定的能力利用脂肪酸作为能源。

血液中脂肪周转速度快，由于其是能量代谢的中间产物，故其在血浆中的水平可用作衡量能量供应的生化指标。

脂肪酸彻底氧化供能的途径是 β-氧化。

$$\text{RCOOH}+\text{CoA}+\text{ATP}\xrightarrow{\text{乙酰辅酶 A 合成酶}}\text{脂酰 CoA}+\text{AMP}+\text{PP}$$

1 mol 脂酰 CoA 每经过一步 β-氧化，从脂肪酸链去掉 2 个碳原子，生成 1 mol 乙酰 CoA，并生成 5 mol ATP。循环往复直至完全变成二碳化合物为止。乙酰 CoA 进入三羧循环，1 mol 乙酰 CoA 氧化可生成 12 mol ATP。

十六碳棕榈酸酯氧化产生能量的情况如下：

$$\text{棕榈酸}+2\text{ATP}\longrightarrow\text{棕榈酰 CoA}\longrightarrow 8\text{ 乙酰 CoA}+35\text{ATP}(7\times5)$$

$$8\text{ 乙酰 CoA}\xrightarrow{\text{TCA}}16H_2O+16CO_2+96\text{ATP}(8\times12)$$

每摩尔棕榈酸酯氧化净生成 ATP(96＋35－2)129 个，129 个高能键所含能量为 4 275 kJ (129×33)，而每摩尔棕榈酸酯的总能为 9 586 kJ，因而氧化棕榈酸酯生成 ATP 的能量捕获效率为：4 275/9 586＝44%，这与葡萄糖的氧化供能效率接近，剩余的 56%以热的形式丢失。

乙酰辅 A 之间聚合生成乙酰乙酸，乙酰乙酸还可被还原生成 β-羟基丁酸，或脱羧生成丙酮。这 3 种产物统称为酮体。少量的酮体可被外周组织(尤其是骨骼肌)用作能量。

五、脂肪的变质

油脂的降解有两种形式：一是水解生成甘油和脂肪酸，其主要在高温和高湿环境下由霉菌和细菌的脂肪酶作用，水解型酸败后产生的某些脂肪酸具有特殊异味，可影响动物的食欲，令人不愿接受，但不影响它对动物的营养价值；二是氧化酸败，包括在有 O_2、水和光、热并经微量矿物元素的催化而形成过氧化物的自动氧化及微生物产生的脂肪氧化酶导致的不饱和脂肪酸的氧化两种类型。氧化酸败不仅降低脂肪的能量价值、产生异常的气味和味道，还导致必需脂肪酸及其他重要的生化物质受破坏，而且增加畜禽对维生素 E 的需要量。多不饱和脂肪酸过氧化生成醛，醛能结合赖氨酸，导致氨基酸利用率下降和日粮氨基酸不平衡。

氧夺走亚甲基的氢便产生自由基,分子氧的作用可使游离自由基变成脂肪酸过氧化物,进而变成脂肪酸氢过氧化物自由基。如 ROO·、RO·、OH·游离自由基可夺走分子中的氢或参与氧化反应,破坏酶、结构膜及其他脂类物质(如维生素 A,维生素 E)等。脂肪氧化首先导致维生素及多不饱和脂肪酸变质,致使动物出现这些营养素的缺乏症;其次,氧化脂肪及自动氧化的次级产物会破坏细胞膜结构和功能以及膜上结合的酶的活性,最后导致相继的系统性的不良结果,如免疫功能下降、生长迟缓和饲料转化率下降等。

肉鸡食用氧化的脂肪,氧化的脂肪进入红细胞膜中导致细胞脆性增大和血细胞比容下降,致使红细胞生活周期缩短。胃肠道最早承受着氧化物的损伤。胃肠道结构改变、细胞增殖以及微生物菌群的改变会导致胃肠道功能(包括营养素吸收)、维持需要以及对外源致病微生物的抵抗力的改变。有研究表明,氧化的脂肪组入到细胞膜及亚细胞膜中,导致膜的通透性增大(例如血红蛋白从红细胞逸出)。体外试验表明,食用氧化的脂肪,肉小鸡吸收葡萄糖加强,这说明肉鸡有较高的生理能量需求,也许是对氧化脂肪低代谢能的一种反应;另外,对葡萄糖的吸收增加与在热应激下的情况很相似,在热应激下血液中葡萄糖含量也较正常的高,说明这也是一种应激反应。食用氧化脂肪的肉鸡小肠及盲肠中乳酸杆菌在 11 日龄时减少而大肠杆菌增加;18 日龄后,小肠微生物已无差异。乳酸杆菌没有过氧化酶系统对氧化逆境做出应答反应。乳酸杆菌减少和大肠杆菌增加说明被其他病原感染的危险性增大。体外组织培养结果表明,食用氧化脂肪的肉鸡的肝细胞分裂增殖明显增强,这反映出由于饲料中自动氧化的次生产物如醛和酮而致使肝细胞死亡增加,替补无功能的或死亡的肝细胞会增加鸡的维持需要,导致饲料转化率下降。自动氧化的次级产物并不是自由基,而是过氧化物分解产生的毒素。因此,抗氧化剂对它们无作用,唯一的方法是在氧化发生之前向饲料中加入抗氧化剂。对胃肠道内微生物的免疫保护反应是由浆细胞分泌 IgA 到后肠道的组织及肠腔中。对食用氧化脂肪鸡的大肠的研究表明氧化脂肪减少 IgA 的分泌以及 IgA 在上皮细胞膜的稳定性。这提示动物对微生物感染的自我保护能力将下降。

抗氧化剂多是苯酚类(BHA、BHT)和芳香胺类(乙氧喹),其可贡献出氢与自由基反应,生成氢过氧化物,而使自身带自由基,形成的抗氧剂自由基不与氧反应或反应速度很慢。

六、脂肪的营养生理作用

(一)氧化供能

脂类是含能最高的营养素,脂类的生理能值是蛋白质和碳水化合物生理能值的 2.25 倍,且日粮脂类的热增耗比蛋白质和碳水化合物的低(表 2-6)。

表 2-6　各种油脂的鸡代谢能值

油脂	代谢能值/(MJ/kg)
牛油	31.60～33.56
猪油	33.83～37.91
鸡油	37.13～38.18
棕榈油	36.61～37.24
大豆油	38.74
花生油	29.81

家禽饲料中加入油脂比加入等能值的蛋白质和碳水化合物能增加更多的热量,因家禽在消化过程中消耗的能量极少,"特殊动力作用"减少,其结果是增加了饲料的净能量。油脂加入量、油脂的加工方法尤其是其聚合氧化和酸败程度、家禽品种与周龄都会对饲料代谢能值的增加产生不同程度的影响。植物油和软膏状脂肪不仅自身能很好地消化,而且能促进饱和脂肪酸的吸收。正由于此,当动物性脂肪和植物性脂肪混合应用时,其实际能值往往超过计算的数值。根据这些观点,为了提高固态脂肪的利用效果,建议将它们和植物油按不同比例[通常为 1∶(0.5~1)]一起应用。日粮中不饱和脂肪酸与饱和脂肪酸的比值在(0~2.5)∶1 的范围内,幼鸡对脂肪的消化率及脂肪的 AME_n 值几乎呈直线大幅度上升。脂肪中饱和脂肪酸和不饱和脂肪酸的最佳比例,幼禽为 1∶(2~2.2),产蛋禽为 1∶(1.4~1.5)。在这样的情况下,不仅脂肪的能量价值提高,而且给家禽提供的亚油酸也增加。

(二)脂肪的协同动力作用、额外能量效应或额外代谢效应

有 4 种主要的机制可解释额外能量效应,其中有两个影响饲料的表观代谢能,而另外两个影响饲料的生产净能。

①不饱和脂肪酸含量高的脂肪能更好地被吸收,饱和与不饱和脂肪间存在协同作用。

②脂肪能适当延长食物在消化道内的时间,有助于其中的营养素更好地被消化吸收,有研究表明加油脂使肉骨粉的氨基酸消化率提高 5%;另外,消化道的"充盈感"使鸡更安静,俯卧时间更长,故用于活动的维持需要减少,用于生产的净能增加。

③脂肪可直接沉积在体脂内,减少由日粮碳水化合物合成体脂的能量消耗。例如,合成 1 mol 棕榈酸(10.0 MJ)需要 4 mol 葡萄糖(11.5 MJ),这表明由碳水化合物转变成脂肪酸的能量效率只有 87%。

④添加脂肪提高日粮适口性,因此有更高的能量进食量,动物的生产性能得到改善。

(三)提供必需脂肪酸(EFA)

凡是体内不能合成,必须由日粮供给,或能通过体内特定前体物形成,但数量仍不能满足需要,对机体正常机能和健康具有重要保护作用的脂肪酸都叫必需脂肪酸(EFA)。

脂肪,特别是植物性脂肪,是多不饱和脂肪酸——亚油酸、亚麻酸(α-亚麻酸)、花生四烯酸等的最丰富的来源。其中亚油酸和亚麻酸在家禽机体不能合成,是必需脂肪酸,在家禽机体的代谢过程中起着特殊作用。花生四烯酸可由亚油酸合成。亚油酸和亚麻酸在植物和动物机体中存在,花生四烯酸仅仅存在于动物机体中。家禽对亚油酸需要量为日粮的 1%。

根据其第一个双键是位于从碳链甲基端数起的第 3 个或第 6 个碳原子上而将多不饱和脂肪酸分为 ω-3 族和 ω-6 族两类。α-亚麻酸是 ω-3 族脂肪酸的前体物,亚油酸是 ω-6 族脂肪酸的前体物。亚油酸和其他多不饱和脂肪酸最重要的功能之一是参与构成磷脂分子。EFA 缺乏,影响磷脂代谢,降低磷脂含量,造成膜结构异常,通透性改变,使得动物在临床上表现为:皮肤出现角质鳞片,皮肤受损从而使水分从皮肤损失增加;毛细管脆弱,动物免疫力下降;生长发育受阻;繁殖性能下降。EFA 缺乏严重时导致动物死亡。亚油酸还是合成前列腺素的前体物。前列腺素是对雌畜禽生殖器官的运动机能起调节作用的激素。α-亚麻酸在动物体内转变成一系列长链 ω-3 不饱和脂肪酸,其中最重要的是 EPA 和 DHA,其可形成强的抗凝集因子,因此有显著的抗血栓形成和抗动脉粥样化作用。ω-3 脂肪酸有降甘油三酯及降胆固醇的作用。爱斯基摩人及日本人的食物以鱼和海洋动物为主,他们很少发生心

血管疾病和癌症，这很可能与 ω-3 脂肪酸有关。ω-6 脂肪酸与 ω-3 脂肪酸的比例可能比 ω-3 脂肪酸更重要。有限的研究表明适宜的比值在 14 或(10～6)：1，玉米油中的比值是 60：1，豆油中的比值为 7：1。禽肉含有较丰富的 ω-3 脂肪酸，因此禽肉不失为健康的食品。在以植物油为主的家禽日粮中，家禽胴体中的 ω-6 脂肪酸与 ω-3 脂肪酸的比值在(8～15)：1。

（四）促进脂溶性维生素的吸收

鸡日粮中含 0.07%脂类时，胡萝卜素吸收率仅 20%，日粮脂类增加到 4%时，吸收率提高到 60%。

（五）多不饱和脂肪酸营养对免疫系统功能的调节

多不饱和脂肪酸可以作为结构成分参与机体内生物膜的组成，也可以代谢生成一系列生物活性物质，譬如类二十烷酸和白三烯等。这两方面的营养作用也就决定了多不饱和脂肪酸营养状况对免疫系统功能存在必然的影响。生物膜中多不饱和脂肪酸赋予膜脂质有较高的流动性，也使得膜结构和功能易于遭受过氧化损伤；类二十烷酸物质中的前列腺素 E_2 水平与动物免疫机能强弱存在负相关。前列腺素 E_2 在大量 ω-6 族多不饱和脂肪酸代谢后产生较多，ω-3 族多不饱和脂肪酸和共轭亚油酸可竞争性抑制前列腺素 E_2 的生成代谢途径。因此，日粮中多不饱和脂肪酸对免疫系统功能的影响不仅决定于各种多不饱和脂肪酸的剂量而且与其间的比例或平衡有关。

免疫机能与多不饱和脂肪酸间的剂量反应关系一般呈二次曲线型，过低或过高的多不饱和脂肪酸水平都不利于免疫系统功能维持最佳的结构和功能状态。Fritsche 等(1990)报道在肉仔鸡日粮中添加鱼油 7%与添加相同剂量的玉米油和动物油脂相比，前者提高血液中抗绵羊红细胞的抗体滴度；夏兆刚和呙于明(2003)年报道，在鸡的玉米豆粕日粮中添加 1.0%～6.0%的鱼油或胡麻油，均能提高鸡的体液免疫机能。Kirk(1997)报道，在鸡的日粮中添加 0.5%～2.0%的鱼油或玉米油，发现添加 2.0%鱼油能比玉米油更高的提高鸡的非特异性和特异性免疫机能；Friedman(1995)报道随日粮中亚油酸水平提高，鸡的抗体生成能力降低。陈士勇和呙于明(2003)报道，食用 1.0%～6.0%的鱼油或胡麻油组鸡的外周血淋巴细胞 PGE_2 的生成量低于食用玉米油组，玉米油组鸡的血清溶菌酶含量也低于鱼油、胡麻油组和空白对照组。还有研究表明，ω-3 族多不饱和脂肪酸对细胞因子 IL-1、IL-6 和 TNF 的分泌具有抑制作用。

七、家禽对脂肪的需要与利用

家禽对脂肪和必需脂肪酸的生理需要量取决于很多内在和外在的因素，在其研究上存在一定的方法上的困难。研究主要集中在制定饲粮脂肪的添加量和亚油酸的适宜含量(表 2-7)。上述标准是在日粮中以小麦和大麦为主，并有少量玉米的条件下制定出来的。当脂肪提供的能量达到仔鸡饲料代谢能的 20%～30%及产蛋鸡饲料代谢能的 15%～20%时，能够获得最高的生产力和饲料利用率。按上述推荐标准，仔鸡日粮含 5%～8%，产蛋鸡日粮含 3%～5%的饲用脂肪即可。有的试验表明 2 周龄左右肉小鸡的胆酸及脂酶的分泌能力有限，因此对有些脂肪的消化力较弱，日粮中最佳的脂肪添加比例为 2.5%，高于 5%则其消化率明显降低。

表 2-7　各种家禽饲粮中脂肪及亚油酸的供给量　　%

家禽种类与年龄	饲用脂肪	亚油酸	
肉用幼禽			
鸡雏	8	1.2～1.4	
火鸡雏	5	1.5～2.0	
鸭雏	3	1.5～1.8	
鹅雏	5	1.4～1.6	
种用幼禽		培育前期	培育后期
鸡雏	3	1.1～1.3	1.4～1.6
火鸡雏	5	1.5～1.7	1.8～2.0
鸭雏	3	1.4～1.6	1.7～2.0
鹅雏	3	1.3～1.5	1.6～2.0
产蛋鸡		产蛋前期	产蛋后期
生产鸡	5	1.3～1.5	1.1～1.2
种用鸡	5	1.5～1.8	1.3～1.5
火鸡	5	1.7～2.0	1.5～1.7
鸭	3	1.5～1.8	
鹅	3	1.5～1.8	
鹌	5	1.5～2.0	

日粮中最适宜的脂肪水平对家禽体内进行的所有代谢过程有着良好的影响。饲料中的氨基酸可最大限度地被直接用来合成蛋白质，而最低程度地被氧化。

日粮中亚油酸的水平是家禽全价营养的最重要的检验指标之一。为了获得最高的产蛋率、蛋的受精率和孵化率，日粮中亚油酸的含量应为饲料量的1%～1.5%，为了使蛋禽获得最大的蛋重，日粮中亚油酸含量应为饲料量的1.5%～2%。

种蛋中亚油酸的含量能影响出壳雏禽的生长和生活力。只要种蛋中亚油酸含量足够，即使日粮中的亚油酸缺乏，仔鸡也能正常生长到2～3周龄。幼禽日粮中亚油酸的含量通常应维持在1.2%～2%的水平。

当公、母禽分开饲养时，在出壳后最初几个月，公禽日粮中亚油酸的含量(1.2%～1.4%)需要比母禽(0.6%～0.8%)多1倍。多不饱和脂肪酸容易被氧化，因此，随着饲料中多不饱和脂肪酸含量的增加，应当增加维生素E和抗氧化剂的含量。家禽日粮中每0.6 g亚油酸需要1 mg维生素E。只有如此才有可能不发生维生素E缺乏症。

要使日粮中添加脂肪的效果最佳，必须考虑下列数量化指标：

①不同品种、年龄动物对不同饲料中脂肪的利用率；

②保证最大的脂肪吸收和最高的AME值，日粮中适宜的不饱和脂肪酸与饱和脂肪酸的比值，以及游离脂肪酸(FFA)含量(表2-8)；

③在不同脂肪及不饱和脂肪酸:饱和脂肪酸的比值下，禽体内脂肪及能量的沉积；

④脂肪的能值大小。

表 2-8 不同种类脂肪的脂肪酸构成 %

产品	主要脂肪酸含量(占干物质的百分比)					
	饱和脂肪酸*		不饱和脂肪酸**			
	16∶0	18∶0	16∶1	18∶1	18∶2	18∶3
脂肪						
牛脂	27.4	22.6	4.8	32.8	2.1	0.5
羊脂	29.7	31.3	5.1	23.0	5.0	0.5
猪脂	22.2	13.3	3.5	44.4	11.3	0.5
马脂	25.0	7.0	—	55.0	7.0	—
鸡脂	21.4	5.9	6.8	39.4	23.5	1.1
骨脂	24.6	9.7	4.5	41.8	6.7	0.5
动物性饲用脂肪	24.5	16.1	4.4	42.9	4.5	0.5
油脂						
向日葵油	7.7	4.5	0.1	28.4	58.7	0.2
大豆油	11.5	4.3	—	27.3	49.7	6.9
玉米油	12.0	0.6	0.2	28.9	55.3	0.9
棉籽油	19.2	2.8	0.5	19.4	58.9	0.6
亚麻油	5.6	5.8	—	21.5	12.5	54.5
花生油	11.0	4.1	0.5	39.6	37.9	0.8
磷脂						
向日葵磷脂	10.4	4.3	—	16.7	68.0	0.8
棉籽磷脂	22.0	5.1	0.9	18.7	50.6	—
大豆磷脂	15.0	3.8	—	18.7	47.5	5.0
花生磷脂	16.2	3.0	—	47.1	22.7	—

注:* 饱和脂肪酸:16∶0—软脂酸,18∶0—硬脂酸。

** 不饱和脂肪酸:16∶1—棕榈油酸,18∶1—油酸,18∶2—亚油酸,18∶3—亚麻酸。

在应用脂肪时,还必须考虑家禽的品种和年龄。肉用仔鸡对添加脂肪的利用效果比产蛋鸡稳定。根据资料,在日粮中加入大豆油,肉用仔鸡的增重增加 1.32%;加入猪体脂,增加 0.96%;加入玉米油,增加 0.61%;加入软膏状脂肪,增加 0.36%;加入固态脂肪,增加 0.29%。在产蛋鸡则很少见到上述规律,但它们和肉仔鸡一样,添加脂肪能使单位产品的饲料消耗降低。产蛋鸡能有效地利用所供给的亚油酸,表现为蛋重增加及蛋的品质提高。产蛋鸡对日粮中脂肪酸的组成要求较严格。在雏鸡,饱和脂肪酸和不饱和脂肪酸之比宜为 1∶(2～2.2),而在母鸡的比例应当较窄,宜为 1∶(1.4～1.5)。

日粮中原有脂类的脂肪酸组成对添加脂肪的利用效率有重要影响。例如,以玉米—大豆为基础的日粮,其脂类富含不饱和脂肪酸,添加的固态脂肪能很好地被消化,而以小麦或大麦为基础的日粮,则只有添加的植物油和软膏状脂肪才能有效地被利用。

脂肪的营养价值与脂肪的质量有关。含有过多的游离脂肪酸和过氧化物的脂肪,不能给饲家禽,特别是幼禽。因为脂肪氧化分解的产物毒性很大,可抑制家禽的生长,引起腹泻、肝脏中毒性变性、脑软化,使产蛋鸡的蛋的孵化率降低。为了使脂肪稳定,可应用一些抗氧化剂,如乙氧喹啉、丁基羟基甲苯和丁基羟基苯甲醚,使用量为 150～200 g/t。游离脂肪酸(FFA)含量是油脂质量以及油脂保存措施是否有效的衡量指标之一。当油籽破碎,油被提取出来的同时会产生 FFA 达 0.5%～5%,FFA 对人类的口味有明显的影响,因此在油的提炼过程中,必须去掉 FFA。油脂中 FFA 含量达到 40%～60%会导致可被小鸡利用的 AME 降低 2.0～2.7 MJ/kg,在大鸡可下降 1.0～1.2 MJ/kg。因此应尽量将 FFA 含量控制在低水平,尤其在应用到小鸡时。牛油一般含有 15%游离脂肪酸。棕榈油与其他植物油不同,因为它只含有 10%亚油酸、40%棕榈酸,在 28℃是半流动状态,单纯的脂肪酸的熔点比在与甘油结合后的甘油三酯状态的熔点高。

植物性脂肪是油料作物种子的加工产物。包括植物油(向日葵油、大豆油、玉米油等)以及它们精炼时的副产品——磷脂、植物油加工残渣和油沉淀产物。与动物性脂肪不同,它们是亚油酸及某些生物活性物质——维生素 E、类胡萝卜素和磷脂的丰富来源,这些物质具有天然的抗氧化特性。向日葵和大豆磷脂中,其磷脂成分本身占 10%～12%,还含有 35%～40%的油,其余为蛋白质,它们呈油膏状。植物油加工残渣是植物油精炼时的产物,含有约 20%的油、肪酸盐(肥皂)、磷脂、维生素 E 和类胡萝卜素。此产品在一般贮存条件下不稳定,应在生产后 1～2 d 内使用。

在家禽日粮中较少应用鱼的脂肪和海洋哺乳动物的脂肪,因为它们含有带 4、5、6 个双键的多不饱和脂肪酸,这些脂肪酸的氧化产物具有可以转移给禽蛋及禽肉而令人不愉快的气味。鱼油的腐败腥味也影响家禽的采食量。

第三节　蛋白质、肽与氨基酸营养

一、蛋白质的组成和作用

蛋白质是一切生命的物质基础,是细胞的重要组成部分,占细胞干质量的 50%以上,蛋白质是机体内功能物质的主要成分,是组织更新和修补的主要原料;蛋白质还可供能和转化为糖和脂。蛋白质是一类数量庞大的由氨基酸组成的物质的总称。蛋白质的主要组成元素是碳、氢、氧、氮。大多数的蛋白质还含有硫,少数含有磷、铁、锌、铜、锰和碘等元素。各种蛋白质的含氮量差异不大,蛋白质的平均含氮量为 16%。

组成蛋白质的氨基酸有 22 种,天门冬氨酸和谷氨酸为酸性氨基酸(pH＜3.5),赖氨酸、精氨酸和组氨酸为碱性氨基酸(pH＞7.0),精氨酸侧链上的胍基是已知最强的生物碱,呈强碱性;其余为中性氨基酸,其中胱氨酸、半胱氨酸和蛋氨酸(甲硫氨酸)为含硫氨基酸;天门冬酰胺和谷氨酰胺为酰胺型氨基酸,苯丙氨酸和酪氨酸为芳香族氨基酸,色氨酸、组氨酸、羟脯氨酸和脯氨酸为杂环氨基酸,羟脯氨酸和脯氨酸是 22 种氨基酸中氨基位于环状结构的氨基酸,它们具有特别的刚性结构;甘氨酸、丙氨酸、缬氨酸、亮氨酸、异亮氨酸、丝氨酸和苏氨酸为中性脂肪族氨基酸。蛋白质中的氨基酸均是 *L* 型的。氨基酸数量、种类和排列顺序的变化组成各种不同的蛋白质。畜禽生长发育及生产所需要的氨基酸中有些必须由饲料提供，有些可以在机体内合成；必须由饲料提供的氨基酸被称为必需氨基酸，否则为非必需氨基酸。

对于家禽，必需氨基酸有 11 种，即甘氨酸、精氨酸、组氨酸、亮氨酸、异亮氨酸、赖氨酸、蛋氨酸、苯丙氨酸、苏氨酸、色氨酸和缬氨酸；还有丝氨酸、酪氨酸和胱氨酸等半必需氨基酸，它们分别可由甘氨酸、苯丙氨酸和蛋氨酸转化生成。虽然从饲料角度讲，氨基酸有必需和非必需之分，但从营养角度讲二者皆为动物所必需。动物之所以不能合成必需氨基酸是因为不能合成氨基酸的碳架；只要给动物提供碳架如酮基或羟基类似物，细胞便能利用非特异性氨氮源（谷氨酸、柠檬酸氨）合成必需氨基酸，如蛋氨酸羟基类似物可转化生成蛋氨酸，不过赖氨酸和苏氨酸不能由其酮基类似物与氨氮合成。

蛋白质按照其组成结构、形态和物理特性一般可分为 3 类，即：纤维蛋白、球形蛋白和结合蛋白。纤维蛋白包括胶原蛋白——骨骼和结缔组织的主要蛋白质，弹性蛋白——弹性组织如腱和动脉的蛋白质，角蛋白——羽毛、爪、喙以及脑灰质、脊髓和视网膜神经的蛋白质。结合蛋白有色蛋白（血红蛋白、肌红蛋白和细胞色素）、脂蛋白、金属蛋白、糖蛋白及核蛋白等。球形蛋白包括清蛋白、球蛋白、谷蛋白、醇溶蛋白、组蛋白、精蛋白等。

二、蛋白质的消化及其产物吸收

蛋白质的消化起始于腺胃和肌胃，首先盐酸使之变性，三维结构的蛋白质分解成单股，肽键暴露，在胃蛋白酶、十二指肠胰蛋白酶和糜蛋白酶等内切酶的作用下，蛋白质分子降解为含氨基酸数量不等的各种多肽。完整肽被小肠细胞吸收后以肽或氨基酸形式释放入血液。Kushak 等（1973）发现以肽形式存在的氨基酸的吸收比游离氨基酸的吸收速度要快。特别对于小鸡，小分子肽比大分子肽有更高的营养价值。一些中等分子质量的多肽能促进小肠黏膜分泌激素，如胰酶分泌素，促进胰腺分泌胰酶。在小肠中，多肽经胰腺分泌的羧基肽酶和氨基肽酶等外切酶的作用变为游离氨基酸和寡肽（2～6 个氨基酸）。寡肽能被吸收入肠黏膜，经二肽酶水解为氨基酸。氨基酸的吸收主要在小肠上 2/3 的部位进行。被吸收的氨基酸主要是经门脉到肝脏，只少量的氨基酸经淋巴转运。吸收入门脉的氨基酸的数量取决于小肠氨基酸的数量及组成比例。

大部分游离氨基酸的吸收是主动转运过程，需要消耗能量将氨基酸逆着浓度梯度进行运输。吸收机制对于 *L*-氨基酸表现专一性，绝大多数 *D*-氨基酸是不能吸收或吸收很慢，只有 *D*-蛋氨酸是例外。现已知在肠黏膜中至少存在 4 种不同的运输机制，分别专一的吸收中性氨基酸、碱性氨基酸以及酸性氨基酸；甘氨酸、脯氨酸和羟脯氨酸是通过第 4 种载体转运的。由于同类氨基酸的多个氨基酸共享相同的吸收转运机制，其间便存在竞争。在肾小管内存在的氨基酸重吸收过程中也同样存在竞争。

生的大豆及其饼粕中含有胰蛋白酶抑制因子，能降低胰蛋白酶及胰凝乳蛋白酶的活性，并引起胰腺的肥大，导致饲料蛋白质和能量的利用率降低。热处理能灭活胰蛋白酶抑制因子，但温度过高或时间过长，一些氨基酸的游离氨基特别是赖氨酸的 ε-氨基易与糖的醛基反应形成棕色的氨基糖复合物，而胰蛋白酶不能使其裂解，从而致使氨基酸的消化吸收率下降。

三、蛋白质、氨基酸的代谢及利用

经肠道吸收的氨基酸在体内用于组织蛋白的合成，氨基酸分解提供能量或转化生成糖和脂肪。在禽类，线粒体内缺乏氨甲酰磷酸合成酶，不能获得氨甲酰磷酸与鸟氨酸合成瓜氨酸，尿素循环不能形成，家禽体内氨基酸的最终降解产物是尿酸。尿酸合成的最后一步是由黄嘌呤氧化为尿酸，由含钼的黄嘌呤氧化酶催化；肝脏中黄嘌呤氧化酶受日粮蛋白质水平和氨基酸平衡程度调控。

尿酸从肾小管排泄，从血液中排除尿酸的效率在正常情况下很高，血液中尿酸一般不超过 5～10 mg/100 mL；成年鸡每日可排泄 4～5 g。尿酸的及时排泄是很重要的，因为尿酸及其盐很难溶解。血中尿酸水平过高时，尿酸可能沉积在皮下、关节、肾脏等部位，产生严重的痛风。甘氨酸是尿酸分子的组成部分，每排出一分子尿酸就损失一分子甘氨酸。因此，家禽对甘氨酸的需要量较高。虽然家禽能合成甘氨酸，但合成能力可能不能满足快速生长期的氮排出的需要。因此，在某种程度上讲，甘氨酸也是必需氨基酸。

在机体内由氨基酸合成蛋白质和蛋白质降解生成氨基酸的两过程是同时进行的。生长发育期体内蛋白质的合成占主导地位，成年期两个过程同样重要。在合成机体新的组织蛋白质的同时，老的组织蛋白质在不断降解。被更新的组织蛋白降解成氨基酸进入机体代谢库，其中相当一部分氨基酸又可重新合成蛋白质，只少部分脱氨基后氧化供能。体内氨基酸代谢库的氨基酸有 3 个来源：①饲料蛋白质被消化降解生成的氨基酸；②体组织蛋白降解生成的氨基酸；③体内合成的非必需氨基酸。氨基酸库中的氨基酸有 3 个去路：①合成体组织或产品蛋白质；②合成酶、激素或其他重要的含氮化合物；③已完成其生物功能的氨基酸或超过需要量部分脱氨降解。在氨基酸的代谢中，主要有转氨基反应、脱氨基反应和脱羧基反应。参与转氨反应的主要酶有谷氨酸转氨酶、α-酮戊二酸转氨酶、谷氨酸草酰乙酸转氨酶等，*L*-谷氨酸脱氨酶主要是脱氨基反应的主要酶，参与脱羧反应的有多种。体内游离氨基酸只占体内总氨基酸的 0.2%～2%，不能反映蛋白质合成前体的储备，当氨基酸库的氨基酸补充突然停止（如当日粮蛋白水平降低）时，游离氨基酸会减少。组织蛋白质新陈代谢过程也称为蛋白质的周转代谢。蛋白质周转的数量很大，可达蛋白质进食量的 5～10 倍，参与合成蛋白质的氨基酸有 80%来源于体组织蛋白的降解，而只有 20%来源于饲料。

合成非必需氨基酸的碳骨架来自碳水化合物代谢的中间产物，其所需的氨基依靠转氨作用获得。家禽对非必需氨基的需要占总必需氨基酸量的 55%左右。

化学合成的氨基酸是 *DL* 混合型，生物发酵生产的氨基酸是 *L* 型。有些动物可利用 *D* 型氨基酸，其利用能力与动物品种及代谢转变 *D* 型为 *L* 型的能力有关，例如鸡仅可利用 *D* 型色氨酸 20%，而猪的利用率可达 80%。动物利用 *D* 型氨基酸的第一步是将 *D* 型氨基酸经氨基酸氧化酶脱氨生成 α-酮酸，然后又经转氨基作用生成 *L* 型氨基酸。

四、氨基酸之间以及氨基酸与其他营养素间的互作

（一）具有相同吸收途径的氨基酸间的互作

赖氨酸与精氨酸均属于碱性氨基酸，在肠道二者与胱氨酸具有相同的吸收途径，若日粮

赖氨酸过高，则妨碍精氨酸和胱氨酸在肠道的吸收；肾小管可重吸收尿中的氨基酸，赖氨酸与精氨酸的重吸收途径相同，若日粮赖氨酸含量过高，肾小管尿中赖氨酸也会过高，肾小管重吸收精氨酸受阻，尿中排出的精氨酸量增加。血浆和体液中精氨酸不能积累到赖氨酸的那种程度，原因是赖氨酸的代谢较慢，而精氨酸能很快降解。因此，精氨酸过量对赖氨酸的影响要小得多。

（二）代谢过程中氨基酸间的互作

(1)肾脏线粒体中存在降解精氨酸的精氨酸酶，日粮中过量的赖氨酸和精氨酸能导致此酶的活性上升，加快精氨酸的降解，这就是赖氨酸与精氨酸间的颉颃。为了避免因赖氨酸含量过高导致精氨酸降解，进而造成精氨酸缺乏进而影响家禽生产性能，要求日粮赖氨酸含量与精氨酸含量的比值不超过 1.2。组氨酸、异亮氨酸、酪氨酸和鸟氨酸也与赖氨酸一样影响精氨酸酶活性，只是作用强度小些或所需要的剂量大些。

(2)α-氨基异丁酸、苏氨酸和甘氨酸含量高会导致肾脏精氨酸酶活性降低，因此日粮中这 3 种氨基酸能减少精氨酸的代谢损失。

(3)过量丝氨酸使苏氨酸脱氢酶和苏氨酸醛缩酶活性提高，因此在日粮苏氨酸处于临界水平时，过量丝氨酸导致鸡的生长受到抑制；鸡采食量的下降也可能是这种典型的氨基酸不平衡的结果。

（三）与代谢产物有关的互作

氨基酸代谢产生一些为动物机体所需的重要的化合物，例如蛋氨酸代谢产生半胱氨酸、胱氨酸和甲基化合物如肌酸、甜菜碱、胆碱和肉毒碱；半胱氨酸产生谷胱甘肽、牛磺酸以及在硫酸软骨素和其他一些黏多糖中的硫酸盐；精氨酸代谢产生鸟氨酸、肌酸和尿素；组氨酸产生组胺；赖氨酸与蛋氨酸代谢产生肉毒碱；苯丙氨酸和酪氨酸产生四碘甲腺原氨酸、肾上腺素、去甲肾上腺素、多巴胺和黑色素。因此，饲喂某种氨基酸的代谢产物能节省日粮中此种氨基酸的用量。

(1)当日粮中蛋氨酸处于临界缺乏水平时，添加过量的精氨酸能抑制生长；不难理解的原因是精氨酸导致肌酸合成加强，因此就需要蛋氨酸降解提供更多的甲基。

(2)硫酸盐硫能节省用于合成牛磺酸和硫酸黏多糖的胱氨酸用量，但不能直接用于合成胱氨酸。

（四）结构相似的氨基酸间的互作

日粮中过量的亮氨酸会严重抑制家禽的采食和生长，额外添加异亮氨酸和缬氨酸可以缓解；反之，过量异亮氨酸和缬氨酸的生长抑制作用能通过添加更多的亮氨酸缓解。其机制是亮氨酸增强了后两种氨基酸的氧化分解代谢过程。

过高水平的蛋氨酸、苏氨酸、苯丙氨酸、色氨酸和组氨酸具有抑制家禽生长的毒性。即使日粮氨基酸平衡，过高的蛋白质水平对家禽也是一种应激，肾上腺皮质激素分泌增加，生长减慢，血中尿酸水平上升。

五、家禽对蛋白质及氨基酸的需要

畜禽对蛋白质的需要实际上是对构成蛋白质的多种氨基酸的数量和相对比例的需要。经过近 30 年的研究，氨基酸营养领域的研究已取得深入进展，其主要归纳为 3 个飞跃。一是在配制畜禽日粮时，已从单纯满足畜禽对蛋白质总量的需求，发展到满足畜禽对氨基酸尤其是限制性氨基酸和必需氨基酸的需求；二是由于研究发现不同饲料原料中不仅所含各氨基酸总量不同，而且在动物体内的消化率和利用率也不相同，因此开始以可消化氨基酸为基础配制畜禽日粮；第三个飞跃即研究发现，只有当日粮中可消化氨基酸保持合理比例的前提下，各种氨基酸才能被机体充分有效地利用，任何一种氨基酸含量发生变化都可能会降低日粮总体氨基酸的利用效率，因此提出了理想氨基酸模式。

理想氨基酸模式（IAAP）是一种氨基酸平衡的模型，所谓氨基酸平衡是指模型中的氨基酸比例接近机体合成每一种特定蛋白质所需的氨基酸比例。其中，氨基酸比例的确定需要以一种氨基酸为参考，现多以赖氨酸为参考氨基酸，因为它是家禽的第二限制性氨基酸，且饲粮中赖氨酸含量较易测定。理想氨基酸模式的研究基于以下假设：畜禽理想氨基酸模式相对恒定，受品种、性别、年龄等因素的影响很小；随日粮、环境及遗传因素的改变，但改变的只是各种氨基酸的绝对需要量，而其相对比例基本保持不变。相关研究结果证明该假设基本成立（Baker，1993；尹清强等，1995；Edwards，1999）。

（一）理想氨基酸模型的建立方法

理想氨基酸模型的建立方法可以分为两类：析因法和剂量反应法。

1. 析因法

析因法是根据组织氨基酸组成与需要量高度相关来确定氨基酸的需要量。析因法把家禽的氨基酸需要剖分为维持需要和生产需要两大部分（产蛋家禽则分为维持、增重和产蛋3部分）。通常通过饲喂成年家禽无氮日粮测定其内源氨基酸的排出量及模式，用低氮日粮测定成年家禽在维持状态下的皮屑氮损失，测定排泄物中的肌酸肌酐总量推测甘氨酸、精氨酸和蛋氨酸的损失（形成1 mol肌酸肌酐需消耗甘氨酸、精氨酸、蛋氨酸各1 mol），此3项之和即为氨基酸的维持需要。通过屠宰试验分析胴体及羽毛的含氮量及氨基酸组成（产蛋鸡还包括鸡蛋蛋白含量及氨基酸组成）估测家禽用于生产的氨基酸需要量。维持需要量和生产需要量之和即为家禽的总氨基酸需要量，再根据饲料采食量，得出日粮氨基酸的需要水平。贺建华等（1996）和计成等（1999）用析因法分别制定了天府肉鸭和产蛋鸡的理想氨基酸模型，其中贺建华预测的肉鸭氨基酸需要量结果与北京鸭前期的氨基酸需要量十分接近（$r=0.94$）。尹清强等（1996）采用析因法对罗曼蛋鸡必需氨基酸需要量进行测定，以此建立了蛋鸡产蛋前期的理想氨基酸模型，并指出在不同的生产条件下利用该模型可以准确地预测产蛋鸡氨基酸的需要量。

析因法可直观地反映氨基酸的需要量，且用该法建立的数学模型有一定的生物学意义，并适用于不同年龄和体重的动物，并可对模型的各部分进行修正。但由于回归系数受日粮中氨基酸浓度影响较大，而实际生产中又很难做到使日粮中氨基酸含量与配比较为理想，特别是对日粮中含量较高的亮氨酸、苯丙氨酸和组氨酸估测的偏差较大。因为这3种氨基酸在正常的日粮配比中很难降低到正常值，故这种偏差的克服也只能借助于其他方法。

2. 剂量反应法

剂量反应法又称梯度氨基酸日粮法，此法是根据日粮中氨基酸水平与生长性能的关系确定氨基酸的需要量，是应用最广的一种方法。在满足其他氨基酸需要的前提下，对待测氨基酸从不足开始按梯度添加至过量，根据反应指标与饲粮中氨基酸含量（%）或氨基酸采食量的关系得出反应曲线，反应曲线在的平衡点对应的剂量即为最适需要量。Baker 等(2002)利用此法得到了 2～3 周雏鸡的色氨酸、苏氨酸、异亮氨酸及缬氨酸相对于赖氨酸的理想比例。Sklan 和 Noy(2003)利用此法估计了 1 周龄 Ross 肉公鸡必需氨基酸的需要量。

剂量反应法的优点是在一定条件下能较为准确地估计动物的需要量，缺点是比较繁琐，涉及多种氨基酸需要量测定的多次重复性试验，且对一些需要量大的氨基酸如亮氨酸、苯丙氨酸、赖氨酸估计值的差异较大；其次是对氨基酸间的互作(特别是 Met 与 Cys 和 Phe 与 Tyr 间)无法解释，因此该模型只能对 Met＋Cys 和 Phe＋Tyr 的需要量作较为准确的估测，而对单独 Met 和 Phe 的需要量无法做出准确的估测。

(二)家禽理想氨基酸模型

许多学者和机构都推荐了鸡的理想氨基酸模型，这些模型中不同氨基酸的比例并不完全一致，原因在于各模型建立的基础不同。NRC(1994)和 Austic(1994)是以总氨基酸需要为基础的，而 IICP(1994)、Pack(1996)和 CVB(1996)是以可消化氨基酸为基础的，并且模式建立时的基础日粮组成不同、赖氨酸的水平也不相同。Baker 和 Han(BAHA，1994)比较了 NRC(1984)、NRC(1994)和 IICP 的 0～3 周龄肉仔鸡的理想氨基酸模型，指出 NRC(1994)绝大多数必需氨基酸的需要量相对于赖氨酸的比例关系都较高，原因是 NRC 的赖氨酸推荐量太低。Garcia 等(2006)和 Dozier 等(2008)研究表明，公鸡 Lys 需要量高于母鸡，最高饲料转化率的需要量高于最大体增重。由此产生的疑问是，理想氨基酸模型中，其他必需氨基酸需要量是否受 Lys 需要量变化的影响？Baker 等(2002)预测了 8～21 日龄肉用公雏最大体增重和最佳饲料效率可消化赖氨酸需要量分别为 0.95％和 1.03％，可消化色氨酸需要量均为 0.18％，可消化苏氨酸需要量分别为 0.59％和 0.60％，可消化异亮氨酸需要量均为 0.68％，可消化缬氨酸需要量分别为 0.81％和 0.82％。Shan 等(2003)研究报道，无论是达到最高饲料转化率还是达到最大体增重，肉仔鸡对 Thr 和 Trp 的需要量都相同。Rosa 等(2001)报道，公鸡和母鸡对于 Thr 和 Trp 的需要量也基本一致。基于以上研究，性别只影响 Lys 的需要量，母鸡对于 Lys 的需要量比公鸡低 10％，故对母鸡而言，其他必需氨基酸相对 Lys 的比率应上调 10％(表 2-9)。

表 2-9　肉仔鸡的理想氨基酸模型[3]

日龄	资料来源	Lys	Met＋Cys	Met	Cys	Arg	Val	Thr	Trp	Ile	His	Phe＋Tyr	Leu
0～21	NRC，1994	100	82	46	36	113	82	73	18	73	32	122	109
	RPAN，1994	100	79	51		117	84	65	19	78			150
	IICP，1994[1]	100	72	36	36	105	77	67	16	67	32	105	109
	BAHA，1994	100	72	36		105	77	67	16	67	32		109
	Austic，1994	100	72	38		96	69	62	18	65	24		65
22～42	NRC，1994	100	72	38	34	110	82	74	18	73	32	122	109
	RPAN，1994	100	81	48		108	85	67	19	75			144
	IICP，1994	100	75	36	39	108	80	70	17	69	32	105	109
	BAHA，1994	100	75	37		105	77	70	17	67	32	105	109
0～14	Pack，1996[2]	100	74	41	33	105	76	66	16	66			107

续表 2-9

日龄	资料来源	Lys	Met+Cys	Met	Cys	Arg	Val	Thr	Trp	Ile	His	Phe+Tyr	Leu
15～35	Pack,1996	100	78	43	35	107	77	68	17	67			109
>35	Pack,1996	100	82	45	37	109	78	70	18	68			111
	Schutte,1998	100	75			110	80	65	18	70	32	105	109
20～40	Mack,1999	100	75			112	81	63	19	71			
8～21	Baker,2002	100					77.5	55.7	16.6	61.4			

注:1. 美国 Illinois 大学的 Baker 博士提出的伊利偌斯肉仔鸡的理想蛋白质模式(1994)。

2. 最早从事肉鸡理想蛋白质构成研究的美国诺丁大学的 Boorman 博士的模型(1996)。

3. 表中数值 NRC 以总氨基酸为基础,其他以可消化氨基酸为基础。

Zhang 等(1994)报道,产蛋鸡的营养模型比肉鸡复杂。将产蛋鸡每日的营养需要划分为维持、体增重和产蛋。但是准确评估蛋鸡的能量采食量是非常困难的,定量研究影响蛋鸡生产的因素,例如基因型、日粮成分、营养物质的代谢效率、环境条件、动物的健康状况以及这些因素的交叉作用,需要对产蛋鸡的营养模型不断更新。尹清强等(1997)用析因法测定了产蛋鸡必需氨基酸需要量及理想蛋白质模式。计成(1999)通过分析北京红鸡的屠体、鸡蛋氨基酸组成及羽毛组成来估计维持的氨基酸组成,采用数学模型的方法,通过对不同组分的加权,在可消化氨基酸的基础上建立了几个不同的氨基酸理想比例模式。经过与 NRC 模式比较,对北京红鸡理想蛋白模式进行了初步探索(表 2-10 和表 2-11)。

表 2-10　产蛋鸡的理想氨基酸模型

周龄	资料来源	Lys	Met+Cys	Met	Cys	Arg	Val	Thr	Try	Ile	His	Phe+Tyr	Leu
0～6 周	蔡辉益	100	70.6			117.6	72.9	80.0	20.0	70.6	30.6	117.6	117.6
6～14 周	蔡辉益	100	83.3			138.3	86.7	95.0	23.3	83.3	36.7	138.3	138.3
14～20 周	蔡辉益	100	88.9			148.9	91.1	82.2	24.4	88.9	37.8	148.9	148.9
产蛋期	蔡辉益	100	85.9			106.3	85.9	70.3	21.9	78.1	25.0	125.3	114.1
产蛋期	计成	100	56.0	33	23	100		53	14	59			93
>23 周	尹清强等	100		44	24	119	97	72	15	73	53	101+64	196
>39 周	尹清强等	100	82	54		124	105	75	14	73	58	178	215
产蛋期	Schutte	100	84				81	64	18	74			
产蛋期	Dequssa	100	78	43		107	77	68	17				109
产蛋期	Fisher	100	75	38		103	71	65	15		35	115	110
产蛋期	刘庚等	100		46				73	24				

注:计成对北京红鸡在可消化氨基酸基础上采用数学模型方法建立的。

估测氨基酸需要量的条件是:日产蛋 55.32 g,日采食量 125.94 g,体重 1 889.4 g,日增重接近零。

以标准回肠可消化氨基酸为基础在产蛋高峰期(30～38 周龄)建立。

表 2-11　其他生长禽类的理想氨基酸模式(占赖氨酸的百分比)

AA	肉鸭		火鸡				种用雏鸡 NRC(1994) AA需要量/%	日本鹌鹑(需要量占日粮的最低百分比)c/%
	NRC(1994)		Farrel 1 (1990)	NRC(1984)				
	0～2周	3～7周		0～4周	5～8周	9～42周		
Lys	100	100	100	100	100	100	—	1.27
Arg	122	154	118	100	100	96.2	15	1.37
His	—	—	33	36.3	36	35.4	0.68	0.40
Met	—	—	45	—	—	—	—	0.49
Met+Cys	78	85	75	65.6	60.6	57.7	—	0.81
	—	—	141	112.5	110	107.7	—	1.97
Phe+Tyr	—	—	73	62.5	62	60.8	—	1.12
	140	140	131	118.8	116.7	115.4	0.60	1.86
Thr	70	71	77	68.8	67.7	65.4	0.30	1.08
Leu	87	86	86	75.0	73.3	72.3	—	1.05
Ile	26	26	—	16.3	16.0	15.4	—	0.24
Val								
Trp								

NRC(1984)火鸡、NRC(1994)肉鸭是以总氨基酸为基础表示的；

C:摘自《饲料手册》下册；

NRC(1994)中种用雏鸡氨基酸需要,以干物质为90%。

(三)家禽蛋白质和氨基酸需要量

受各种因素的影响,各国推荐的家禽蛋白质和氨基酸需要量也不尽相同,如表2-12和表2-13所示。

表 2-12　各国标准推荐的肉鸡蛋白质和氨基酸需要量

项目	粗蛋白质/%
中国GB,2004	0～3周21.5;4～6周20;7周以上18
美国NRC,1994	0～3周23;4～6周20;6～8周18
法国AEC,1992	
日本,1993	0～3周21;3周以上17
澳大利亚,1993	
巴西,2011	公鸡:1～7 d 22.20;8～21 d 20.8;22～33 d 19.00;34～42 d 18;43～46 d 17.3 母鸡:1～7 d 21.80;8～21 d 20.40;22～33 d 19.00;34～42 d 17.5;43～46 d 17

续表 2-12

	赖氨酸/%
中国 GB,2004	0～3 周 1.15;4～6 周 1;7 周以上 0.87
美国 NRC,1994	0～3 周 1.10;4～6 周 1.00;6～8 周 0.85
法国 AEC,1992	1～4 周 1.08～1.20;5～8 周 0.91～1.0
日本,1993	0～3 周 1.16;3 周以上 0.97
澳大利亚,1993	0～4 周 1.13;4～8 周 0.90
巴西,2011	公鸡:1～7 d 1.444;8～21 d 1.294;22～33 d 1.189;34～42 d 1.114;43～46 d 1.032
	母鸡:1～7 d 1.462;8～21 d 1.284;22～33 d 1.108;34～42 d 0.983;43～46 d 0.906
	蛋氨酸/%
中国 GB,2004	0～3 周 0.50;4～6 周 0.40;7 周以上 0.34
美国 NRC,1994	0～3 周 0.50;4～6 周 0.38;6～8 周 0.32
法国 AEC,1992	1～4 周 0.50～0.55;5～8 周 0.38～0.42
日本,1993	0～3 周 0.46;3 周以上 0.37
澳大利亚,1993	0～4 周 0.45;4～8 周 0.36
巴西,2011	公鸡:1～7 d 0.549;8～21 d 0.492;22～33 d 0.464;34～42 d 0.434;43～46 d 0.402
	母鸡:1～7 d 0.556;8～21 d 0.488;22～33 d 0.432;34～42 d 0.383;43～46 d 0.353
	蛋氨酸+胱氨酸/%
中国 GB,2004	0～3 周 0.91;4～6 周 0.76;7 周以上 0.65
美国 NRC,1994	0～3 周 0.90;4～6 周 0.72;6～8 周 0.60
法国 AEC,1992	1～4 周 0.83～0.92;5～8 周 0.72～0.79
日本,1993	0～3 周 0.90;3 周以上 0.70
澳大利亚,1993	0～4 周 0.85;4～8 周 0.68
巴西,2011	公鸡:1～7 d 1.040;8～21 d 0.932;22～33 d 0.868;34～42 d 0.813;43～46 d 0.753
	母鸡:1～7 d 1.053;8～21 d 0.924;22～33 d 0.809;34～42 d 0.718;43～46 d 0.661
	苏氨酸/%
中国 GB,2004	0～3 周 0.81;4～6 周 0.72;7 周以上 0.68
美国 NRC,1994	0～3 周 0.80;4～6 周 0.74;6～8 周 0.68
法国 AEC,1992	1～4 周 0.70～0.78;5～8 周 0.61～0.68
日本,1993	0～3 周 0.77;3 周以上 0.65

续表 2-12

	苏氨酸/%
澳大利亚,1993	0～4 周 0.68;4～8 周 0.54
巴西,2011	公鸡:1～7 d 0.982;8～21 d 0.880;22～33 d 0.809;34～42 d 0.758;43～46 d 0.702 母鸡:1～7 d 0.994;8～21 d 0.873;22～33 d 0.753;34～42 d 0.668;43～46 d 0.616
	色氨酸/%
中国 GB,2004	0～3 周 0.21;4～6 周 0.18;7 周以上 0.17
美国 NRC,1994	0～3 周 0.20;4～6 周 0.18;6～8 周 0.16
法国 AEC,1992	1～4 周 0.20～0.23;5～8 周 0.18～0.20
日本,1993	0～3 周 0.22;3 周以上 0.17
澳大利亚,1993	0～4 周 0.22;4～8 周 0.17
巴西,2011	公鸡:1～7 d 0.245;8～21 d 0.220;22～33 d 0.214;34～42 d 0.201;43～46 d 0.186 母鸡:1～7 d 0.249;8～21 d 0.218;22～33 d 0.199;34～42 d 0.177;43～46 d 0.163
	精氨酸/%
中国 GB,2004	0～3 周 1.20;4～6 周 1.12;7 周以上 1.01
美国 NRC,1994	0～3 周 1.25;4～6 周 1.10;6～8 周 1.00
法国 AEC,1992	1～4 周 1.19～1.31;5～8 周 0.93～1.03
日本,1993	0～3 周 1.40;3 周以上 1.17
澳大利亚,1993	0～4 周 1.02;4～8 周 0.81
巴西,2011	公鸡:1～7 d 1.516;8～21 d 1.359;22～33 d 1.248;34～42 d 1.170;43～46 d 1.084 母鸡:1～7 d 1.535;8～21 d 1.348;22～33 d 1.163;34～42 d 1.032;43～46 d 0.951
	组氨酸/%
中国 GB,2004	0～3 周 0.35;4～6 周 0.32;7 周以上 0.27
美国 NRC,1994	0～3 周 0.35;4～6 周 0.32;6～8 周 0.27
法国 AEC,1992	1～4 周 0.44～0.48;5～8 周 0.38～42
日本,1993	0～3 周 0.34;3 周以上 0.29
澳大利亚,1993	0～4 周 0.40;4～8 周 0.35
巴西,2011	公鸡:1～7 d 0.534;8～21 d 0.479;22～33 d 0.440;34～42 d 0.412;43～46 d 0.382 母鸡:1～7 d 0.541;8～21 d 0.475;22～33 d 0.410;34～42 d 0.364;43～46 d 0.335

续表 2-12

	异亮氨酸/%
中国 GB,2004	0～3 周 0.81;4～6 周 0.75;7 周以上 0.63
美国 NRC,1994	0～3 周 0.80;4～6 周 0.73;6～8 周 0.62
法国 AEC,1992	1～4 周 0.81～0.90;5～8 周 0.67～0.74
日本,1993	0～3 周 0.78;3 周以上 0.68
澳大利亚,1993	0～4 周 0.57～0.86;4～8 周 0.45～0.68
巴西,2011	公鸡:1～7 d 0.967;8～21 d 0.867;22～33 d 0.809;34～42 0.758;43～46 d 0.702
	母鸡:1～7 d 0.980;8～21 d 0.860;22～33 d 0.753;34～42 d 0.668;43～46 d 0.616
	亮氨酸/%
中国 GB,2004	0～3 周 1.26;4～6 周 1.05;7 周以上 0.94
美国 NRC,1994	0～3 周 1.20;4～6 周 1.09;6～8 周 0.93
法国 AEC,1992	1～4 周 1.51～1.66;5～8 周 1.25～1.38
日本,1993	0～3 周 1.31;3 周以上 1.14
澳大利亚,1993	0～4 周 1.16～1.94;4～8 周 0.93～1.55
巴西,2011	公鸡:1～7 d 1.545;8～21 d 1.385;22～33 d 1.284;34～42 1.203;43～46 d 1.115
	母鸡:1～7 d 1.564;8～21 d 1.374;22～33 d 1.197;34～42 d 1.062;43～46 d 0.978
	苯丙氨酸/%
中国 GB,2004	0～3 周 1.71;4～6 周 0.66;7 周以上 0.58
美国 NRC,1994	0～3 周 0.72;4～6 周 0.65;6～8 周 0.56
法国 AEC,1992	1～4 周 0.75～0.83;5～8 周 0.64～0.70
日本,1993	0～3 周 0.70;3 周以上 0.61
澳大利亚,1993	0～4 周 0.79;4～8 周 0.63
巴西,2011	公鸡:1～7 d 0.910;8～21 d 0.815;22～33 d 0.749;34～42 0.702;43～46 d 0.650
	母鸡:1～7 d 0.921;8～21 d 0.809;22～33 d 0.698;34～42 d 0.619;43～46 d 0.571
	苯丙氨酸+酪氨酸/%
中国 GB,2004	0～3 周 1.27;4～6 周 1.15;7 周以上 1.00
美国 NRC,1994	0～3 周 1.34;4～6 周 1.22;6～8 周 1.04
法国 AEC,1992	1～4 周 1.39～1.54;5～8 周 1.18～1.31
日本,1993	0～3 周 1.30;3 周以上 1.13

续表 2-12

	苯丙氨酸＋酪氨酸/％
澳大利亚,1993	0～4 周 1.36;4～8 周 1.08
巴西,2011	公鸡:1～7 d 1.661;8～21 d 1.488;22～33 d 1.367;34～42 1.281;43～46 d 1.187 母鸡:1～7 d 1.681;8～21 d 1.477;22～33 d 1.274;34～42 d 1.130;43～46 d 1.042
	缬氨酸/％
中国 GB,2004	0～3 周 0.85;4～6 周 0.74;7 周以上 0.64
美国 NRC,1994	0～3 周 0.90;4～6 周 0.82;6～8 周 0.70
法国 AEC,1992	1～4 周 0.90～0.99;5～8 周 0.78～0.85
日本,1993	0～3 周 0.79;3 周以上 0.70
澳大利亚,1993	0～4 周 0.77～1.06;4～8 周 0.61～0.85
巴西,2011	公鸡:1～7 d 1.414;8～21 d 1.022;22～33 d 0.951;34～42 0.891;43～46 d 0.826 母鸡:1～7 d 1.155;8～21 d 1.014;22～33 d 0.886;34～42 d 0.786;43～46 d 0.725

表 2-13 各国标准推荐的蛋鸡蛋白质和氨基酸需要量

	粗蛋白质/％
中国 GB,2004	0～8 周 19;9～18 周 15.5;19 周至开产 17
美国 NRC,1994	0～6 周 18;6～12 周 16;12～18 周 15;18 周至开产 17;产蛋鸡 12.5～18.8
法国 AEC,1992	0～6 周 18;7～20 周 15;产蛋鸡 14.5～15
日本,1993	0～4 周 19;4～10 周 16;10～20 周 13;产蛋鸡 15
澳大利亚,1993	产蛋鸡 18
	赖氨酸/％
中国 GB,2004	0～8 周 1.00;9～18 周 0.68;19 周至开产 0.70
美国 NRC,1994	0～6 周 0.85;6～12 周 0.60;12～18 周 0.45;18 周至开产 0.52;产蛋鸡 0.58～0.86
法国 AEC,1992	0～6 周 0.98;7～20 周 0.68;产蛋鸡 0.71～0.74
日本,1993	0～4 周 0.85;4～10 周 0.57;10～20 周 0.42;产蛋鸡 0.65
澳大利亚,1993	产蛋鸡 0.83
	蛋氨酸/％
中国 GB,2004	0～8 周 0.37;9～18 周 0.27;19 周至开产 0.34
美国 NRC,1994	0～6 周 0.30; 6～12 周 0.25;12～18 周 0.20;18 周至开产 0.22;产蛋鸡 0.25～0.38

续表 2-13

	蛋氨酸/%
法国 AEC,1992	0～6 周 0.42;7～20 周 0.30;产蛋鸡 0.35～0.36
日本,1993	0～4 周 0.30;4～10 周 0.26;10～20 周 0.19;产蛋鸡 0.31
澳大利亚,1993	产蛋鸡 0.39
	蛋氨酸+胱氨酸/%
中国 GB,2004	0～8 周 0.74;9～18 周 0.55;19 周至开产 0.64
美国 NRC,1994	0～6 周 0.62;6～12 周 0.52;12～18 周 0.42;18 周至开产 0.42;产蛋鸡 0.48～0.73
法国 AEC,1992	0～6 周 0.72;7～20 周 0.54;产蛋鸡 0.61～0.64
日本,1993	0～4 周 0.60;4～10 周 0.48;10～20 周 0.37;产蛋鸡 0.54
澳大利亚,1993	产蛋鸡 0.52
	苏氨酸/%
中国 GB,2004	0～8 周 0.66;9～18 周 0.55;19 周至开产 0.62
美国 NRC,1994	0～6 周 0.68;6～12 周 0.57; 12～18 周 0.37;18 周至开产 0.47;产蛋鸡 0.39～0.69
法国 AEC,1992	0～6 周 0.68;7～20 周 0.65;产蛋鸡 0.47～0.50
日本,1993	0～4 周 0.68;4～10 周 0.55;10～20 周 0.35;产蛋鸡 0.45
澳大利亚,1993	产蛋鸡 0.40
	色氨酸/%
中国 GB,2004	0～8 周 0.20;9～18 周 0.18;19 周至开产 0.19
美国 NRC,1994	0～6 周 0.17;6～12 周 0.14;12～18 周 0.11;18 周至开产 0.12;产蛋鸡 0.13～0.20
法国 AEC,1992	0～6 周 0.20;7～20 周 0.17;产蛋鸡 0.15～0.16
日本,1993	0～4 周 0.17;4～10 周 0.13;10～20 周 0.10;产蛋鸡 0.17
澳大利亚,1993	产蛋鸡 0.19
	精氨酸/%
中国 GB,2004	0～8 周 1.18;9～18 周 0.98;19 周至开产 1.02
美国 NRC,1994	0～6 周 1.00;6～12 周 0.83;12～18 周 0.67;18 周至开产 0.75;产蛋鸡 0.58～0.88
法国 AEC,1992	
日本,1993	0～4 周 1.00; 4～10 周 0.80;10～20 周 0.62;产蛋鸡 0.68
澳大利亚,1993	产蛋鸡 0.57
	组氨酸/%
中国 GB,2004	0～8 周 0.31;9～18 周 0.26;19 周至开产 0.27

续表 2-13

	组氨酸/%
美国 NRC,1994	0～6 周 0.26;6～12 周 0.22;12～18 周 0.17;18 周至开产 0.20;产蛋鸡 0.14～0.21
法国 AEC,1992	
日本,1993	0～4 周 0.26;4～10 周 0.21;10～20 周 0.16;产蛋鸡 0.16
澳大利亚,1993	产蛋鸡 0.19
	异亮氨酸/%
中国 GB,2004	0～8 周 0.71;9～18 周 0.59;19 周至开产 0.60
美国 NRC,1994	0～6 周 0.60;6～12 周 0.50;12～18 周 0.40;18 周至开产 0.45;产蛋鸡 0.54～0.81
法国 AEC,1992	
日本,1993	0～4 周 0.60;4～10 周 0.48;10～20 周 0.37;产蛋鸡 0.50
澳大利亚,1993	产蛋鸡 0.61
	亮氨酸/%
中国 GB,2004	0～8 周 1.27;9～18 周 1.01;19 周至开产 1.07
美国 NRC,1994	0～6 周 1.10;6～12 周 0.85;12～18 周 0.70;18 周至开产 0.80;产蛋鸡 0.68～1.03
法国 AEC,1992	
日本,1993	0～4 周 1.00;4～10 周 0.80;10～20 周 0.62;产蛋鸡 0.73
澳大利亚,1993	产蛋鸡 0.76
	苯丙氨酸/%
中国 GB,2004	0～8 周 0.64;9～18 周 0.53;19 周至开产 0.54
美国 NRC,1994	0～6 周 0.54;6～12 周 0.45;12～18 周 0.36;18 周至开产 0.40;产蛋鸡 0.39～0.59
法国 AEC,1992	
日本,1993	0～4 周 0.54;4～10 周 0.43;10～20 周 0.33;产蛋鸡 0.40
澳大利亚,1993	产蛋鸡 0.44
	苯丙氨酸＋酪氨酸/%
中国 GB,2004	0～8 周 1.18;9～18 周 0.98;19 周至开产 1.00
美国 NRC,1994	0～6 周 1.00;6～12 周 0.83; 12～18 周 0.67;18 周至开产 0.75;产蛋鸡 0.69～1.04
法国 AEC,1992	
日本,1993	0～4 周 1.00;4～10 周 0.80;10～20 周 0.62;产蛋鸡 0.80
澳大利亚,1993	产蛋鸡 0.83

续表 2-13

	缬氨酸/%
中国 GB,2004	0～8 周 0.73;9～18 周 0.60;19 周至开产 0.62
美国 NRC,1994	0～6 周 0.62;6～12 周 0.52;12～18 周 0.41;18 周至开产 0.46;产蛋鸡 0.58～0.88
法国 AEC,1992	
日本,1993	0～4 周 0.62;4～10 周 0.50;10～20 周 0.38;产蛋鸡 0.55
澳大利亚,1993	产蛋鸡 0.61

经典的家禽氨基酸需要量都是根据不同生长或生产阶段给出的平均值,是静态的参数。随着计算机技术在动物营养中的应用日益广泛,近年来基于计算技术和数学模型的家禽动态营养需要量估测研究成为一个新的方向。氨基酸动态需要的估测有两种方法:一种是基于生长曲线和营养剖分原理的估测方法,另一种是基于大数据的"软计算"估测方法。田亚东(2007)采用前者建立氨基酸动态营养需要预测模型的程序包括以下几个步骤:①建立充分生长条件下肉鸡胴体和羽毛蛋白质沉积模型;②测定胴体和羽毛蛋白质的氨基酸组成模式;③建立肉鸡蛋白质维持需要模型;④测定蛋白质维持需要的氨基酸组成模式;⑤整合建立肉鸡可消化氨基酸需要模型。但这种机制性动态营养模型的依据是充分饲养条件下特定品系的最优生长曲线或生产水平,其营养供应是以满足最大生产性能为目标的,本质上是一种"理想化"的模型,反映的是最优氨基酸营养需要量。后者则是针对"理想化"营养需要模型的缺陷而开发的,其特点是引入"大数据"研究方法分析"过去的"生产记录数据估测氨基酸需要量。Ahmadi 等(2007; 2008; 2009)尝试采用人工神经网络方法估测了肉鸡对日粮氨基酸水平的生长反应。

(四)理想氨基酸模型的应用

1. 更有效地评定饲料蛋白质的营养价值

蛋白质饲料营养价值评定在畜禽营养和生产中占重要地位,国内外学者运用化学法、微生物法及体外模拟试验对其营养价值进行了大量的研究。为消除后肠段微生物发酵对测定结果的影响,鸡去盲肠法也广泛为研究者所运用。但这些方法测得的饲料可消化氨基酸值均不能真正反映氨基酸在动物体内吸收后的利用情况,而且没有充分考虑到氨基酸间的互作效应。利用理想氨基酸模式则综合考虑了各种氨基酸的互作平衡,在更深层次上评定了饲料蛋白质中的可利用氨基酸。

2. 估测家禽的氨基酸需要量

根据理想氨基酸模型及其回归方程能够预测家禽各种氨基酸的需要量并制定出合理的日粮配方。尤其对于无明确的氨基酸需要量的新品种,利用理想氨基酸模型配制日粮更有价值。其次,利用理想氨基酸模型可以有针对性地确定家禽各种生产目的的氨基酸需要量,例如针对生长率、躯体瘦肉率、采食量或其他性能指标为每一个鸡种进行有效的日粮配合(William,2001)。

3. 配制氨基酸平衡的低蛋白日粮

尹清强等(1995)对 23 周龄罗曼蛋鸡的饲养试验结果表明,同一氨基酸模式下的不同蛋白质水平(13.5%、15%、16.5%)对产蛋率和日产蛋量无显著影响,但从群体趋势来看,产蛋率和日产蛋量在蛋白质水平为13.5%～15%时呈上升趋势,而在15%～16.5%时下降,说明并不是蛋白质水平越高产蛋率越高。日粮可利用氨基酸含量与机体氨基酸需要量处于平衡时,才能最大限度地提高饲料利用率。Lopez等(1995)和Meluzzi等(2001)研究报道,当日粮氨基酸平衡时可适当降低家禽日粮中蛋白质含量。Novak等(2006)研究饲粮粗蛋白质及总含硫氨基酸(TSAA)与Lys的比例对98周海兰褐蛋鸡产蛋性能和日产蛋量的影响,结果显示当氨基酸平衡时,适当降低饲粮蛋白质水平可改善蛋鸡的饲料转化效率,对胴体品质也有积极影响。任冰(2012)将20周龄海兰灰蛋鸡日粮蛋白质水平从17%降至15%,结果显示可显著提高饲料转化效率,而对蛋鸡的产蛋率和蛋重无负面影响。Baker(1995)和Robert(2000)指出,生产性能与粗蛋白质水平中氨基酸的最小浓度相关,当日粮中添加合成氨基酸使日粮中的氨基酸水平保持高于最小浓度的基础上,就可降低粗蛋白质水平。

畜禽集约化养殖带来巨大经济效益的同时也带来了严重的环境污染,其中氮和磷是环境污染的重要因素。利用理想氨基酸模式配制日粮,使家禽对饲料蛋白质的利用率提高,从而减少由排泄物导致的环境污染。有研究表明,添加晶体氨基酸降低饲粮蛋白质水平可使产蛋鸡氮排泄量降低40%(Cromwell和Coffey,1995;Creswell和Swick,2001),甚至50%(Meluzgi等,2001)。任冰(2012)研究显示,产蛋鸡粪氮排泄量随饲粮粗蛋白水平的降低显著降低,日粮粗蛋白质水平由17%降至15%,氮排泄降低27%;血浆尿酸含量、CO_2和CH_4等温室气体的排放量也呈递减趋势。Milan Hruby(2001)指出,利用理想氨基酸模型配制日粮时,较多的代谢能用于动物体增重,而较少用于产生氮代谢废物。此外,过多的氮以尿酸的形式排出,而排泄尿酸增加肾脏做功产热,所以理想氨基酸平衡可以缓解家禽应激,对笼养鸡的应激缓解尤为重要。

4. 有效地利用非常规蛋白质饲料

当使用杂饼(粕)类蛋白质饲料制作饲料配方时,将可消化氨基酸用于饲料配方,可在较大程度上弥补因为杂饼(粕)类饲料氨基酸消化率较低而引起的日粮氨基酸不平衡问题,并获得较高的生长性能。Rostagno(1995)的研究中,设计3种日粮,日粮A为玉米—豆粕型;日粮B总氨基酸水平同日粮A,但包含一些低消化性的蛋白饲料(如米麸、肉骨粉、羽毛粉);日粮C原料组成与日粮B相似,但添加一部分合成氨基酸——蛋氨酸和赖氨酸,使其可消化氨基酸含量同日粮A(表2-14)。家禽生产性能与日粮粗蛋白质水平中氨基酸的最小浓度相关(Robert,2000),Baker(1995)报道指出,如在日粮中添加合成氨基酸使日粮的氨基酸水平高于最低浓度,就可适当降低日粮粗蛋白质水平,而对家禽生产性能不产生负面影响。因此,利用理想氨基酸模型配制日粮,能更客观地选择和评估饲料成分,更广泛地利用饲料资源,提高家禽生产效益的同时,节约成本。动物会将非用于组织生长(产蛋)的氨基酸代谢掉,而这部分氨基酸代谢需要消耗本来可用于组织生长的能量和其他养分,故理想蛋白质体系对动物生产性能的提高归因于养分利用率的提高(段素云,2009)。1～42日龄雄性肉仔鸡饲喂3种在总氨基酸和可消化氨基酸含量不同日粮时的生产性能见表2-15。

表 2-14 日粮配比 %

项目	日粮 A		日粮 B		日粮 C	
	初始	生长	初始	生长	初始	生长
粗蛋白质	22.8	20.7	22.1	20.2	22.1	20.2
总赖氨酸	1.12	1.00	1.12	1.00	1.17	1.05
总可消化赖氨酸	1.02	0.90	0.97	0.85	1.02	0.90
总蛋氨酸＋胱氨酸	0.90	0.80	0.90	0.80	0.94	0.84
可消化蛋氨酸＋胱氨酸	0.81	0.71	0.77	0.67	0.81	0.71

表 2-15 1～42 日龄生产性能

项目	日粮 A	日粮 B	日粮 C
增重/g	2 333[a]	2 241[b]	2 330[c]
料重比	1.79[a]	1.85[b]	1.80[a]
胴体比例/%	72.4[a]	72.4[a]	72.6[a]
胸肉比例/%	30.1[a]	29.0[c]	29.6[b]

右肩字母表示统计结果差异显著性，含有相同字母间表示差异不显著。

（五）分周饲喂与理想氨基酸模型的应用

分周饲喂（week-phase feeding，WF）即以每周（7 d）为一阶段，更改日粮配方，从而较快改变饲料中可消化氨基酸水平，在降低饲料中各氨基酸水平的同时维持最佳生产性能。根据理想氨基酸模型及其回归方程能够预测各阶段氨基酸的需要量并制定合理的饲料营养配方，有利于对新选育的品种制定饲料配方；有利于精确饲料的养分供给，使之与需要达到平衡，并有利于降低家禽含氮废物的排泄量。

氨基酸分周饲喂的实施基于肉仔鸡理想氨基酸模型（BAHA，1994）及可消化赖氨酸需要量计算公式（Baker 和 Han，1994）的确定。随着肉仔鸡理想氨基酸模型研究的日益深入，许多学者和机构均建立了各自的理想氨基酸模型，其中 Baker 和 Han（1994）制定的 BAHA 模型较为系统，并同时提供了各个阶段及不同能量水平下的可消化赖氨酸的需要量计算公式，由此使得各周龄肉仔鸡对各种可消化氨基酸的需要量均可通过氨基酸模型计算得出。

分周饲喂主要是调整饲料中氨基酸需要量，以满足氨基酸的需要为前提制定饲料配方，研究表明，满足氨基酸需要量是日粮中蛋白质的一个作用，降低蛋白质水平可以有效消除日粮中过量的氨基酸（Nahm 和 Carlson，1998）；周龄饲喂情况下，0～21 日龄雄性肉仔鸡在低氨基酸-蛋白质水平下，日粮蛋白质水平为 18.25%时，对生产性能无不利影响，蛋白质水平低至 17.32%时，28 日龄肉鸡的体重和饲料转化率仍然较好（张洁，2004）；William（2001）用小公鸡做试验结果表明，通过分周饲喂，氨基酸的效力显著提高，饲料成本显著降低，经济优越性明显。

因氨基酸的需要量随生长而降低，因此使用理想氨基酸模型的分周饲喂会消除日粮中过量氨基酸的供应、降低日粮蛋白质水平、节约蛋白质饲料、提高饲料利用效率和养殖效益（Pope 和 Emmert，2002；Boisen，1991）；从经济节约性上分析，日粮粗蛋白质水平降低 1%，相当于减少 23 kg/t 的豆粕用量，按常规价格计，直接成本降低 50.6 元/t。以单体赖氨酸、蛋氨酸和苏氨酸为原料，补充降低1%粗蛋白质带来的上述3种必需氨基酸的不足，按常规价格计需要28.9元/t。因此计算，日粮蛋白质水平降低1%，饲料原料成本可降低21.7元/t（=50.6−28.9）（霍启光，2004）。针对不同的生产目标，分周饲喂具有不同的价值，当肉仔鸡采食量较高，分周饲喂的价值与肉仔鸡生产的规模呈正相关；在考虑育成后期促胸肉生产时，分周饲喂的价值主要在于降低饲料的花费；如考虑对生产的环保高效，分周饲喂的价值则集中在肉仔鸡生长期的含氮废物排放问题。因此，在实际生产中，分周饲喂具有推广应用的价值。

六、饲料中蛋白质品质与理想蛋白

饲料中蛋白质是不能被动物完全消化和代谢利用的。Thomas 和 Mitchell（1909）最初提出用饲料蛋白质生物学价值（BV）来衡量蛋白质品质。生物学价值是指存留在体内而未从尿中排出的氮占已消化被吸收氮的百分数。生物学价值反映某特定的饲料蛋白质中氨基酸的组成模式在生物学上满足生长动物生长需要的程度，由于测定方法学的原因其还取决于日粮中蛋白质的含量，当蛋白质含量达到动物的需要量以后，测定的生物学价值下降。生物学价值评定只适合于评定用于生长的蛋白质的效价，适合评定和比较单一饲料的蛋白质营养价值以及加工对蛋白质营养价值的影响。生物学价值（BV）越高，说明饲料的蛋白质品质越好。动植物体蛋白质是由氨基酸组成的，组成蛋白质的氨基酸有18种和2种酰胺。蛋白质的品质主要取决于可利用（可消化吸收）的氨基酸的含量及其间的比例，特别是各种必需氨基酸的含量和比例。一定饲料或日粮的某一种或几种必需氨基酸的含量低于动物的需要量，而且由于它们的不足限制动物对其他必需和非必需氨基酸的利用的氨基酸被称为限性氨基酸，其中缺乏最严重的称第一限制性氨基酸，其余按相对缺乏的严重程度相应为第二、第三、第四……限制性氨基酸。在玉米—豆粕型生长家禽日粮中，氨基酸的限制性次序一般为蛋氨酸、赖氨酸、苏氨酸、精氨酸、缬氨酸和色氨酸。为了合成蛋白质，构成该蛋白质的所有氨基酸都必须按适当的数量和比例存在；可消化蛋白质所含可利用氨基酸的比例与家禽生长、产蛋等所需要的氨基酸比例一致的蛋白质，称为“理想蛋白质”。一种蛋白质或饲料的蛋白质的氨基酸组成越接近“理想蛋白质”的氨基酸组成模式，则说明该种蛋白质或饲料蛋白质的氨基酸平衡越好。家禽采食氨基酸不平衡的日粮后，到达门脉循环的那些“过量”氨基酸刺激肝脏蛋白质的合成代谢或抑制蛋白质的分解代谢，导致限制性氨基酸的更多存留，供给外周组织（如肌肉）合成蛋白质的限制性氨基酸因此减少，肌肉和血浆的游离氨基酸模式发生改变，从而刺激受氨基酸调节的大脑的食欲调节中心，抑制采食，家禽的生产性能和饲料转化率均因此而降低。

（一）理想蛋白模式的概念

理想蛋白质（ideal protein，IP）是指饲料蛋白质中各种氨基酸的比例与家禽在某一生理阶段所需要的氨基酸的比例恰好一致，家禽对饲料蛋白质利用达到最佳水平。早期的研究，通过化学比分将氨基酸组成与蛋白质的营养价值联系起来，以寻求内在的规律（Mitchell 和 Block，1946），似乎接近理想蛋白模式的概念。理想蛋白质的概念是 Howard 等（1958）提出的，当时称“完全蛋白质”，解释为：当日粮中各种必需氨基酸的组成和比例与动物必需氨基酸需要相吻合时，动物可最大限度地利用该日粮蛋白质。随着科学技术的发展，这一概念在不断地完善,"用氨基酸的混合物或可以被完全消化和代谢的蛋白质来表述,这一氨基酸混合物与动物维持和生产的氨基酸需要相比,其组成应完全一致"(Mitchell,1964)。"一种蛋白质,其营养价值不可能通过改变氨基酸组分间的相互比例而再得到提高"(FuLler,1978)。"蛋白质作为一个整体取得最大利用率时的最小必需氨基酸用量"(ARC,1981)。家禽在出生后的发育过程中,机体蛋白的 AA 模式只发生很小变化(Simon,1989)。Wang 和 Fuller(1989)总结归纳理想蛋白质的概念,将其定义为:"日粮理想蛋白质中每一种必需氨基酸都成为限制性,所有非必需氨基酸的总和也具限制性"。

(二)家禽理想蛋白模式建立

理想蛋白质体系是完全按照动物维持,生产(生长、产蛋等)的需要提供相适应的各种氨基酸。实际上,理想蛋白模式应包含两个方面的内容:一是各种必需氨基酸之间具有最佳平衡的比例关系,一般将某一种氨基酸作为基准,定为 100,研究出其他氨基酸与该氨基酸的比例关系。例如:经常以赖氨酸作为基准氨基酸,各种氨基酸与之相比所得的比值数或百分数表示;二是必需氨基酸与非必需氨基酸之间最佳的比例关系,通常用必需氨基酸与非必需氨基酸的比值表示。此时,各种必需氨基酸及非必需氨基酸的氮对家禽具有相同的限制性,对此,家禽可最大限度地利用饲料蛋白质。理想蛋白质体系不仅可完全反映动物整个生命周期中体组织氨基酸的动态变化,而且还可以反映不同品种、年龄、环境及其他许多因素对体组织氨基酸组成的影响。在该体系中,所有的氨基酸都摆在同样重要的位置来考虑,都可能成为第一限制性氨基酸,无论增加或减少任何一种氨基酸,都会使平衡遭到破坏,造成饲料蛋白质利用的下降或不能满足需要。

赖氨酸在家禽日粮中是第二限制性氨基酸,将赖氨酸用作理想蛋白质氨基酸配比中的基准氨基酸,其原因有以下几点:赖氨酸的测定分析较含硫氨基酸容易,同时测定结果也比较准确;赖氨酸几乎是唯一仅被用于体蛋白质沉积的氨基酸,因而极少受维持或羽毛生长等代谢途径的影响;赖氨酸是目前研究最多的氨基酸,也是研究较为深入的氨基酸;赖氨酸通常是各种饲料的主要限制性氨基酸。

理想蛋白质(或氨基酸平衡模式)一定要考虑实际日粮中氨基酸的消化率,也就是说氨基酸平衡模式应以可消化氨基酸为基础,而不能以总氨基酸为基础,因为不同的饲料其所含的氨基酸消化性不一样,但可消化氨基酸是相等的。理想蛋白质中氨基酸模式通常以赖氨酸为基础,因而确定可消化赖氨酸的需要量就显得尤为重要。

家禽氨基酸需要由维持、生产(生长、产蛋)、增重需要 3 部分构成。在某一品种类,不同性别或体重的家禽躯体氨基酸比例相对恒定。禽类维持需要占总需要量的比例在 8.5%~25.6%(马秋刚,1999)。选用的维持需要模式正确与否直接影响到家禽理想蛋白模式的准确性。Leveile 等(1960)建议应用蛋鸡羽毛氨基酸模式作为维持氨基酸模式,但是由于羽毛中胱氨酸比例太高,效果不理想。氨基酸梯度日粮外推法被公认为是测定氨基酸维持需要的最合理的方法。

(三)影响理想蛋白质模式的因素

家禽对氨基酸需要量受日粮因素,如代谢能和粗蛋白质的水平,以及家禽日龄、遗传和性别等多种因素的影响。因此,不可能应用"剂量—反应"的方法,确定各种生理状态和环境条件下氨基酸的需要量。但就某阶段来说,必需氨基酸的理想比率是相对稳定的,各种氨基酸需要量相对于某一氨基酸(赖氨酸)的比例具有一定规律性,因为蛋白质沉积对氨基酸构成的要求是相对恒定的。Fisher(1973)、McDonald 和 Morris(1985) 提出对早期采用成年公鸡测定的维持需要及其模式应慎用,因为公、母鸡的基础代谢存在较大差异,蛋鸡品系改良也会导致维持需要模式的改变。

不同品种对饲料中的氨基酸利用率不同。不同种的家禽在胴体的氨基酸组成模式和蛋的氨基酸组成模式上有差异,导致增重、产蛋模式的不同。不同品种蛋鸡在体重、日增重、生产性能等方面存在的较大差异,同样导致维持、产蛋、增重 3 部分氨基酸需要及比例的不同。即使在生长阶段,蛋鸡和肉仔鸡对氨基酸的需要量也是有差别的。各种理想蛋白质模式都是特定品种的试验结果,产蛋率高或生长快的品种氨基酸的需求量较高,需要更高的蛋白质和蛋氨酸水平,其所需的氨基酸之间的比例也有变化。

随着日龄和体重的增加,赖氨酸的比例由低到高变化,氨基酸的需要量随年龄的变化而变化。理论上认为,对于动物的维持、生长、繁殖等各种功能,都应存在一个相应的理论氨基酸模式。随着家禽年龄和体重的增加,氨基酸用于维持和生长或产蛋两部分的比重在变化。在蛋鸡的氨基酸总需要量中,蛋白质沉积的部分大约占氨基酸需要量的 80%,维持用蛋白质大约 20%。但随着体重的增加,维持需要在氨基酸总需要量中的比例也越大。在家禽维持状态下,含硫氨基酸的需要量都超出对赖氨酸的需要量。因此,维持占的比重增加,含硫氨基酸与赖氨酸的比例一定要增加。由于维持对赖氨酸的需要占总氨基酸需要量的比例也在变化,各个氨基酸的适宜比例也在变化,因此,幼龄家禽理想氨基酸比例不宜应用到成年家禽。

随着日粮能量浓度的改变,会导致理想蛋白质中平衡模式的改变。蛋白质沉积量与摄入量高度相关,随着摄入量增加,沉积量提高,氨基酸用于维持的比例相对降低,这可能将影响整体理想蛋白质氨基酸模式。同时,不同饲料其消化率是不同的,在配制日粮时会影响理想蛋白质氨基酸平衡模式的使用效果。由于我国饲料资源丰富,饲料原料随品种和产地的不同,受气候土壤等条件的限制,其必需氨基酸的含量与利用率也不尽相同。因此,如果对饲料氨基酸消化率未做校正,日粮类型对理想蛋白质氨基酸平衡模式的影响会很大。

(四)理想蛋白质氨基酸模式目前存在的问题

理想蛋白质氨基酸模式有利于进行对复杂的氨基酸营养代谢规律的深入研究。但现有的理想氨基酸模式在理论和实践上仍存在一些问题:动物体内存在蛋白质周转现象,已降解的体蛋白并不完全随排泄物或分泌物排出,而是大部分被动物重新利用合成体蛋白。这部分氨基酸如何与饲粮氨基酸相平衡,有待于深入研究;氨基酸的吸收受体内离子平衡状况和代谢调节的影响。目前尚不清楚氨基酸以小肽形式吸收和转运的营养作用对理想氨基酸模式的影响;饲料中蛋白质结合态氨基酸与合成氨基酸间存在差异,研究理想蛋白质是利用基础日粮中添加合成氨基酸的方式进行的,而结合态氨基酸与合成氨基酸的吸收速度和利用率是不同的;胃肠激素及许多中枢神经递质(多巴胺、儿茶酚胺、5-羟色胺、组胺)都与饲粮中相应氨基酸水平有关,但理想氨基酸模式与它们的关系仍有待于进一步深入研究。

七、蛋白质与氨基酸的可消化利用性

影响蛋白质、氨基酸消化吸收利用的因素有:天然的消化酶抑制因子,如抗胰蛋白酶因子导致蛋白质的消化降解不充分;加工过程中形成的不易消化的化合物,如游离氨基与碳水化合物间发生褐变反应(maillard 反应);高温导致氨基酸结构改变或被破坏,这些氨基酸能被吸收但不能被利用;酸性洗涤纤维(ADF)、植酸和单宁结合的蛋白不易被消化酶消化;氨基酸比例失衡或氨基酸之间的颉颃抗作用亦能造成蛋白质解离生成的氨基酸从小肠到门静脉的吸收转移率下降;氨基酸比例失衡会导致已吸收的氨基酸不能被有效地利用合成蛋白质;随周龄增大,对饲料氨基酸的消化能力有变异;日粮蛋白质水平及抗生素的使用。

(一)氨基酸的可消化率、可利用率

氨基酸的可消化率、可利用率是指饲料中可被家禽消化吸收的氨基酸所占总氨基酸的百分数。由于测定方法的不同,便有可消化率和可利用率之称。

1. 生物试验法

①消化试验测定可消化氨基酸的含量或氨基酸的可消化率,包括真消化率和表观消化率。

②通过生长试验,用标准曲线法和斜率比法测得。氨基酸有效率或可利用率。

2. 体外化学法

体外化学法是对饲料中氨基酸可利用率的相对评估,而不是绝对可利用率或含量的测定。例如 Carpenter(1973)提出的 FDNB 结合完整蛋白质的游离氨基可测定赖氨酸游离氨基的染料结合法,酶水解释放氨基酸法以及近红外反射光谱法等。

(二)禽类盲肠的生理作用及去盲肠鸡在测定氨基酸消化率中的使用

大多数鸟纲动物都有左右两条相对称的盲肠。充盈盲肠的是液体或小颗粒状食糜,食糜不能直接由回肠进入盲肠,它必须先进入结肠后借助结肠的逆蠕动而充盈盲肠。

盲肠内有大量的厌氧细菌,但无酵母菌,霉菌和原生动物。盲肠内微生物的作用主要是发酵。盲肠还具有吸收大量水,电解质以维持体液平衡的作用。乳糖发酵是盲肠内微生物利用糖类的主要特征。食糜中有相当数量的未被消化的氨基酸进入盲肠被微生物利用。盲肠上皮对糖、氨基酸的吸收主要局限于盲肠颈部,而食糜只有在充盈和排空时可能接触到盲肠颈部有吸收作用的上皮绒毛。与小肠相比,其上皮绒毛的表面积要小得多,因而事实上能经盲肠吸收的糖和氨基酸极其有限。

禽类后肠道中微生物的发酵作用影响氨基酸的测定值,如喂饲无氮日粮时,去盲肠鸡较未去盲肠鸡内源氨基酸的排泄量要大,因此去盲肠后可以减少微生物的影响。

由于微生物的作用导致未经消化的氨基酸残余的脱氨和大肠吸收氨基酸,所以回肠末端食糜的氨基酸组成与粪中的氨基酸组成是不一定相同的。为了获得回肠末端的氨基酸组成情况,必须通过外科手术把盲肠去掉。

Green 和 Kiener 研究表明去盲肠的作用受饲料原料可消化程度的影响。他们发现豆粕和葵花粕的氮及赖氨酸消化率不受是否去盲肠的影响,而肉骨粉的消化率则在两种鸡间有显著差异;豆粕和葵花粕比肉骨粉的消化率高。对于谷物和优质饼粕类的氨基酸消化率用常规鸡与用去盲肠鸡的差异不大。用未去盲肠鸡对消化率低的原料有过高估测的趋势。这类原料在日粮中的使用效果有很高的不确定性。因此,有必要使用去盲肠公鸡。去盲肠鸡的干物质消化率测值一般要降低 2%～4%。

回肠末端对水没有净吸收,但盲肠内存在明显的净吸收。尽管盲肠有如此重要的吸收

水的作用,但研究表明,一般情况下,去盲肠手术对荷术鸡的水代谢的影响是暂时性的,手术后 2～3 周内,其饮水量、采食量和体重都可恢复正常。

(三)饲料原料中的可消化氨基酸测定

现在最常用的测定可利用氨基酸的办法是做消化试验,一个消化试验便可提供所有氨基酸的可利用信息。理论上,某一氨基酸的表观消化率随饲料进食量增加而呈指数上升,逐渐趋近真消化率,因为内源排出量占总排出量的比例下降。内源排出量决定于酶的分泌和肠壁细胞的脱落。因此,当饲料进食量很低时,计算的表观消化率低估了真实的消化率;相反,真消化率不受饲料进食量的影响。采用校正的真消化率或保证足够大的饲料进食量可消除或减小内源氨基酸对消化率计算的影响,这个饲料进食水平的要求对各种饲料是不同的。

以 Sibbald 的 TME 测定方法为基础,测试系统里每组包括 6 只成年去盲肠的小公鸡,使每组鸡在每次试验后有 7 d 的休歇期。在饲喂试验饲料以前饥饿 48 h,在饥饿期间,通过饮水给 50 g 葡萄糖,在饥饿之后,准确饲喂 50 g 试验饲料。高蛋白饲料原料在与玉米淀粉、矿物质和维生素混合后配成含粗蛋白质 18%的完全饲料。谷物不必稀释,直接与矿物质和维生素混合饲喂。内源氨基酸排出量用无氮日粮饲喂测定。如果同时比较多种(个)原料,宜采用拉丁方设计。

(四)以可消化氨基酸进行日粮配制

目前家禽日粮配方是依据蛋白质、总氨基酸以及可利用氨基酸相结合的指标而配合的,在未来则是仅以可利用氨基酸为基础进行配方。以可利用氨基酸为基础进行配方可使原料得到合理的利用,也可改善家禽的生产性能,减轻排泄物氮对环境的污染。

根据现有饲料原料可利用氨基酸含量数据的可靠性及全面性,可采用以下 3 种方法配制日粮。

①蛋白质加合成氨基酸。在家禽日粮中,蛋氨酸和赖氨酸往往是第一和第二限制性氨基酸。在配方时设定最低的日粮蛋白质、蛋氨酸及赖氨酸标准,在需要时加入合成的蛋氨酸和赖氨酸。随着色氨酸、苏氨酸商品价格降低到在经济上可能利用时,也可考虑这两种氨基酸。

②氨基酸可利用率已调整的蛋白质加合成氨基酸。以优质豆粕或鱼粉为标准,将欲用饲料的蛋白质的氨基酸可利用率进行调整,折算出相对可利用率。

③可利用氨基酸。发表的有关氨基酸利用率的资料只能供参考,在决定使用某些数据前,还必须了解所用的研究方法。更重要的是现有资料可能不适用于特定的欲用饲料。对于原料和加工条件都不够标准化的地区,植物蛋白饲料的质量更应该加以注意。

八、功能性氨基酸

在动物营养研究领域,一般将氨基酸分为必需氨基酸和非必需氨基酸。营养学中对氨基酸的研究,通常只关注必需氨基酸。随着氨基酸营养研究的推进,人们也开始关注条件性必需氨基酸,条件性必需氨基酸是指那些在正常情况下动物合成的量能够满足自身需要,但是在机体对其利用率相对于合成率增加时必须由日粮供给的氨基酸。而近年来的研究结果表明,某些氨基酸除了是组成机体组织细胞蛋白质所必需的外,还具有其他方面的功能,如参与调节细胞内蛋白质的周转、合成某些动物生存和生产必需的生物活性物质(NO、多氨、谷胱甘肽、核酸、激素和神经递质等)等。因此,研究者们提出了功能性氨基酸的新概念。

功能性氨基酸是指除了合成蛋白质外还具有其他特殊功能的氨基酸,其不仅对动物的正常生长和维持是必需的,而且对很多生物活性物质的合成也是必需的。作为这一概念最早的提出者,德州农工大学伍国耀博士指出,功能性氨基酸可以是必需氨基酸,也可以是非必需氨基酸。具体包括精氨酸、谷氨酰胺、谷氨酸、支链氨基酸、色氨酸、甘氨酸、天门冬氨酸、天冬酰胺、鸟氨酸、瓜氨酸、脯氨酸、组氨酸、含硫氨基酸和牛磺酸等(Kim 等,2007;Wu 等,2007)。因为在大多数哺乳动物体内,精氨酸、谷胺酰胺、谷氨酸、脯氨酸、天冬氨酸、天冬酰胺、鸟氨酸和瓜氨酸之间可通过器官间的代谢途径相互转化,又被称为精氨酸家族氨基酸(AFAA)。

(一)精氨酸家族(AFAA)

1. 精氨酸(Arg)

精氨酸是目前发现的动物细胞内功能最多的氨基酸。对禽类而言,精氨酸是必需氨基酸,主要原因在于家禽机体缺乏如氨甲酰磷酸酶等关键酶,因而不能通过生化途径(如鸟氨酸循环途径)来合成精氨酸,只能由日粮来提供。精氨酸不仅是蛋白质合成的重要原料,同时也是机体内肌酸、脯氨酸、谷氨酸/谷氨酰胺、多胺和一氧化氮(NO)等物质的合成前体,并可影响机体内多种内分泌激素的释放,在动物体营养代谢与调控过程中发挥着重要作用。

(1)精氨酸与家禽生长。Kim 等(2005)报道,精氨酸和谷氨酰胺对哺乳动物的繁殖和早期生长具有重要作用。研究表明,精氨酸对家禽的早期生长同样有着重要的促进作用。Heesun Kwak (2001)在健康鸡的饲料中分别添加 0.53%和 1.53%的精氨酸,结果表明添加 1.53%精氨酸组的鸡体重显著高于 0.53%组。孟德连(2010)在 AA 肉仔鸡基础饲粮中添加 1%精氨酸,结果同样显示精氨酸组肉仔鸡日增重显著升高,采食量和料重比显著降低。

精氨酸提高动物生产性能可能机制有以下几点:

①精氨酸是动物体蛋白合成的直接原材料,其对体组织更新、蛋白质周转代谢、分解供能和转化起重要作用。

②精氨酸会在翻译水平上直接影响蛋白质合成。

③精氨酸可以刺激胰腺、肾上腺、丘脑等部位产生激素,被诱导的激素能够增加蛋白质的合成和饲料的消耗。同时,精氨酸对催乳素和生长激素的调节很关键,动物通过生长激素和类胰岛素生长因子Ⅰ轴(IGF-Ⅰ)调节蛋白质和氨基酸代谢。

④精氨酸代谢产物的调节作用。精氨酸在脑中可代谢成鸟氨酸,进而生成谷氨酸(鸟氨酸转氨酶催化),这两种氨基酸均可促进生长激素释放。这是目前认为精氨酸提高动物日增重和饲料转化率的作用原理。精氨酸是 NO 的唯一前体物质,NO 对生长激素的释放也有促进作用。

(2)精氨酸与物质代谢调节。精氨酸直接参与机体蛋白质合成,对体组织更新、蛋白质周转代谢、分解供能起重要作用,并可转化为脯氨酸、谷氨酸和谷氨酰胺等,后者是很多重要蛋白质的组成部分。精氨酸在机体脂肪代谢中同样扮演了重要的角色(Garcia 等,2003),其代谢产物 NO 可以刺激脂肪细胞中的能量基板的氧化(包括游离脂肪酸和葡萄糖)。

精氨酸可促进尿素循环,在维持体内氮平衡和预防氨中毒中起重要作用。对于家禽,精氨酸经尿素循环分解为氨后，合成嘌呤，最后被降解为尿酸。研究表明，即使在精氨酸供给水平高于正常生理需要量的情况下，肝脏对精氨酸的吸收率也明显高于鸟氨酸和瓜氨酸，证明精氨酸是尿素循环过程中最关键的一种氨基酸。Kim 等(1999)研究表明，在日粮中添加一定量的精氨酸可降低血浆中的尿素含量。

(3)精氨酸与肠道功能。小肠不仅是营养物质吸收和消化的主要场所，也是机体抵御外界有害病原的第一道防线。幼龄动物胃肠道发育不完善、内源消化酶分泌不足，受损肠黏膜上皮细胞更新所需的时间是成年动物的两倍，这些都成为动物早期生长发育的限制性因素。因此，运用营养学手段促进肠道发育、减少肠黏膜损伤、维持肠道结构完整性对于保障肉仔鸡生长发育是非常必要的。

精氨酸具有维护肠道健康与屏障功能的作用。精氨酸可在肠道细胞精氨酸酶的作用下生成鸟氨酸和尿素，鸟氨酸在鸟氨酸脱羧酶的催化下转化成多胺，增加肠道黏膜总厚度及小肠绒毛数量，为肠道正常菌群提供营养，维护肠黏膜微生物屏障；精氨酸作为前体物质合成的 NO 在调控肠道分泌及完整性方面也起重要作用；此外精氨酸还可促进下丘脑释放生长激素，生长激素对肠黏膜有营养作用，能减少肠黏膜萎缩，加速受损肠黏膜的修复，维护肠黏膜的结构与功能(谭碧娥等，2008；Liu 等，2008)。组织病理学观察也证实，精氨酸可显著促进肠黏膜上皮细胞增殖(任建安等，2001)。谭建庄(2014)研究表明，精氨酸可通过抑制 TLR4 通路缓解肉鸡因球虫攻毒引起的肠道炎症，并通过激活 mTORCl 通路促进肉鸡肠道的损伤修复。

(4)精氨酸与机体免疫。精氨酸主要通过调控体内 NO 和内分泌两种途径影响动物的免疫功能，精氨酸是巨噬细胞生成 NO 的唯一前体。研究表明，精氨酸能够显著增强巨噬细胞、自然杀伤细胞以及细胞毒 T 淋巴细胞的活性(陈亚军等，2007)。精氨酸-NO 途径被认为是杀死细胞内微生物的主要机制，也是巨噬细胞对靶细胞毒性的主要机制。精氨酸调节免疫功能的内分泌机制是精氨酸能促进胰岛素、催乳素、生长激素等多种内分泌激素的释放，这些激素均能直接或间接影响免疫机能。

Kwak 等(1999)报道，在雏鸡饲粮中添加 0.73% *L*-精氨酸，饲喂 2 周后，与 0.53% *L*-精氨酸添加组相比，肉仔鸡胸腺、脾脏和法氏囊的重量均显著增加。Tsuchiya 等(2000)研究表明，日粮精氨酸缺乏会使肉仔鸡各项免疫指标下降，对淋巴器官影响的结果与 Kwak 等一致。

2. 谷氨酰胺(Gln)

谷氨酰胺是动物血液和体组织中最丰富的一种游离氨基酸，能在机体许多细胞和组织中合成，但当动物在病理或应激状态下，内源合成的谷氨酰胺不能满足机体需要，需要从外源获取，这时谷氨酰胺即成为条件性必需氨基酸。谷氨酰胺是核苷酸和其他氨基酸合成的前体物质，也是快速分裂细胞的主要能源物质(Wu 和 Knable，1994)。Weldourne 等(2005)首次提出谷氨酰胺不仅是各器官间氮流动的载体，而且具有重要的代谢功能。

(1)谷氨酰胺与家禽生长。戴四发等(2003)在 AA 肉鸡基础日粮中分别添加 0.4%Gln 和 0.8% Gln，研究谷氨酰胺对肉仔鸡早期生长发育的影响，结果显示，谷氨酰胺添加组肉仔鸡日增重、日采食量和饲料转化效率均高于对照组。唐胜球等(2011)在岭南黄肉鸡日粮中添加 Gln，结果显示，肉仔鸡采食量、日增重和饲料转化效率与对照组相比均显著提高，且前期(14～28 日龄)以 0.4%为最佳，而后期(29～42 日龄)以 0.6%为宜。

Gln 促进家禽生长的机制尚未完全揭示，可能与其对某些激素如甲状腺素和类胰岛素生长因子(IGF-I)的调节作用有关。黄冠庆等(2004)试验证实，Gln 可提高游离三碘甲腺原氨酸(FT3)和游离甲状腺素(FT4)含量。而甲状腺素能够促进机体大多数组织的物质与能量代谢，促进小肠吸收和肝糖原分解，促进脂肪组织与骨骼组织吸收和氧化葡萄糖，增强肾上腺素对糖的代谢作用，并通过刺激 mRNA 的形成，促进蛋白质和各种酶的生成。T3 能增加胰岛素 RNA 含量及胰岛素水平，促进肌肉蛋白质的合成与周转，能和生长激素协同调控动物机体的正常生长发育，促进生产性能的发挥(谢建新等，2004)。

(2)谷氨酰胺与肉品质。近年来有研究报道，谷氨酰胺与动物肌肉品质有密切相关。吴蓉蓉等(2008)在日粮中添加 0.2% Gln 显著提高肉鸡全净膛率、胸肌率和腿肌率。黄冠庆等(2011)在日粮中添加 0.4%、0.7%和 1.0% Gln，结果均不同程度降低了肉仔鸡的腹脂率。以上研究表明，谷氨酰胺外源添加增加了肌肉蛋白质的合成，减少了肌肉脂肪沉积。

黄冠庆等(2010，2011)研究显示，日粮中添加谷氨酰胺有提高宰后肌肉 pH，降低腿肌和胸肌滴水损失的作用。Gln 可降低血清中乳酸脱氢酶的活性(黄耀凌和邹思湘，2001)，Gln 被肾脏远端小管还原成氨和谷氨酸，氨结合 H^+ 成为 NH_4^+，与阴离子(如 Cl^-)一起被排出体外，从而起到抗酸作用。

肌肉组织中的蛋白质含有大量的氨基酸，它们不仅决定着鸡肉的营养价值，也是产生肉香味的主要因素，被称为“鲜味氨基酸”，主要包括谷氨酸、天门冬氨酸、苏氨酸、丝氨酸、脯氨酸、甘氨酸、丙氨酸等。肌苷酸(IMP)是宰后肉品鲜味的主要成分，研究表明添加谷氨酰胺可促进 cAMP 向 AMP 转化，大量 AMP 进入线粒体，推动氧化磷酸化反应，使得降解产生的 IMP 量增加。

(3)谷氨酰胺与肠道功能。谷氨酰胺(Gln)代谢产生的鸟氨酸是多胺合成的重要前体，多胺在肠道细胞的增殖分化、受损肠道上皮的修复中有重要作用，Ko 等(1993)报道，小肠上皮吸收细胞增殖需要约 1 mmol/L 的 Gln 来激活表皮生长因子的产生(Papaconstantinou 等，2000)；由 Gln 代谢产生的精氨酸是合成 NO 的前体物质，NO 在调控肠道分泌及完整性方面起重要作用；以 Gln 代谢产物为前体物质而合成的谷胱甘肽(GSH)是小肠中含量最多的一种小分子抗氧化剂，在保护肠道免受细菌毒素的侵害时起着积极作用。研究表明，注入外源 Gln 酶，诱导血浆中 Gln 耗竭，可导致小肠黏膜水肿、溃疡和部分坏死。口服 Gln 能提高肠绒毛刷状缘 Gln 的转运速度，增加 Gln 的净吸收，并刺激 Gln 酶活性，维持黏膜生长。在艾维茵肉仔鸡早期基础日粮中添加 Gln 发现，可显著提高肉仔鸡小肠的长度、重量、小肠绒毛的高度和密度，降低绒毛的宽度和隐窝深度，小肠的主动吸收功能(以 *D*-木糖吸收率为指标)亦显著提高(戴四发等，2005；黄晓亮等，2009；唐胜球等，2011)。黄冠庆等(2006)在热应激黄羽肉鸡日粮中添加 Gln，与对照组相比，血清总蛋白含量显著提高，血清尿素氮含量明显降低，说明添加外源谷氨酰胺维持了高温下肉鸡肠道的正常功能，抑制了高温引起的蛋白质分解。

(4)谷氨酰胺与机体免疫。大量研究表明谷氨酰胺是各种免疫细胞的重要能源，淋巴细胞和巨噬细胞可大量利用 Gln 产生细胞间的介质，为随后的生物合成提供前体。当淋巴细胞受到抗原刺激而增殖时，会大量利用 Gln 合成的供分泌蛋白转运时使用的 mRNA，协助巨噬细胞发挥其分解细菌的功能。Yaqoob 等(1997)在对脾脏淋巴细胞培养中发现，随着培养液中的谷氨酰胺浓度的增加，T 淋巴细胞的体外增殖率亦成倍递增。戴四发等(2003)在

1～4周肉仔鸡日粮中添加0.8%谷氨酰胺，同样发现肉仔鸡法氏囊、胸腺和脾脏的绝对重及各器官指数显著提高，且各周肉仔鸡的HI抗体效价和成活率也有所提高。张敏等(2009)发现在肉仔鸡日粮中添加谷氨酰胺可显著提高1～3周龄肉仔鸡胸腺、脾脏指数；血清中IgA、IgM含量；胸腺、法氏囊中IL-2和IL-6的水平，肉仔鸡补体3(C3)和IgG水平在1周龄也有显著提高。以上研究均表明，在肉仔鸡生长早期适量添加外源谷氨酰胺对免疫功能的完善具有重要意义。

作为谷胱甘肽合成的前体，谷氨酰胺在清除氧自由基、抗氧化损伤和维持细胞结构方面也有重要作用(Wu等，2004)。黄冠庆等(2010)研究结果亦显示谷氨酰胺添加提高了黄羽肉鸡血清、肝脏、胸肌和腿肌中GSH-Px活力，降低了MDA含量。另外，谷氨酰胺能上调(120%～124%)小肠与细胞生长发育、免疫和抗氧化有关的基因表达，下调(34%～75%)小肠与细胞凋亡和促进氧化应激生成有关的基因表达(Wang等，2008)。

3. 天冬氨酸(Asp)

目前对天冬氨酸作为功能性氨基酸的研究主要集中在其对于神经系统的作用方面，特别是对其衍生物*N*-甲基-*DL*-天门冬氨酸(NMA)的研究较多。NMA是神经兴奋性氨基酸递质，参与神经内分泌，适量的NMA能显著促进腺垂体合成和释放GH(许梓荣等，2001)。GH是动物生长代谢调节的重要激素，它可通过抑制脂肪合成与促进脂肪分解两条途径共同实现降脂效应(Sørensen等，1996)。孟德连等(2010)在AA肉仔鸡日粮中添加1%天冬氨酸，肉仔鸡腹脂率和血液中甘油三酯含量显著降低，利用RT-PCR法测定调脂基因mRNA转录水平，结果显示与脂肪合成相关的基因表达量显著下调，与脂肪分解相关的基因表达量显著上调。血液SOD、CAT和GSH-Px酶活性显著升高，肌肉MDA含量显著下降，表明日粮中添加天冬氨酸后，机体的抗氧化能力也有所增强。

(二)支链氨基酸(BCAAs)

支链氨基酸是指分子结构中侧链具有分支结构的氨基酸，包括亮氨酸(Leu)、异亮氨酸(Ile)与缬氨酸(Val)等，是畜禽体内不能合成而必须从饲粮中获得的必需氨基酸。近年来的研究表明，支链氨基酸除是合成机体蛋白质的原料外，对动物还具有其他特殊的营养生理作用，如影响蛋白质周转代谢、增强机体免疫防护作用、调节母畜泌乳等(Harris等，2005)。

1. BCAAs对家禽生产性能的影响

支链氨基酸缺乏对家禽影响较大，不仅采食量和体增重明显降低，产蛋高峰期缩短，产蛋率下降，机体对病毒和细菌的抵抗力减弱，而且羽毛和腿部发生病变，骨骼和羽毛的蛋白质含量降低，骨胶原降解加速。在玉米—豆粕型日粮中，异亮氨酸和缬氨酸被称为蛋鸡的第三限制性氨基酸(袁森泉，1990)。Farran和Thomas(1992)报道，饲喂缬氨酸缺乏日粮，肉仔鸡增重、蛋白质沉积量与缬氨酸沉积量均下降，骨中的矿物质沉积量显著下降，在补充缬氨酸后生产性能得到提高。由于支链氨基酸之间化学结构的相似性，支链氨基酸之间存在着典型的颉颃作用。当某种支链氨基酸过量时，会破坏支链氨基酸间的平衡，严重阻碍其他氨基酸的有效吸收，使动物的采食量和生长速度下降，影响其健康生长(许宏伟等，2007)。Austic(1978)发现，亮氨酸过量可降低仔鸡采食量、日增重和饲料利用率，使肌肉中支链氨基酸转氨酶活性升高，血浆异亮氨酸和缬氨酸浓度下降。Farran和Thomas(1992)对3周龄肉仔鸡的研究表明，在含亮氨酸0.96%、异亮氨酸0.52%、缬氨酸0.65%的低水平支链氨基酸日粮中单独添加任一种支链氨基酸均不能提高肉仔鸡生长性能，而同时添加 3 种支链氨基酸则可提高肉仔鸡增重及饲料转化率。代腊等(2012)给 40 周龄的海兰褐壳蛋鸡分别饲喂缬氨酸水平为 0.6%、0.7%、0.8%、0.9%、1.0% 的饲粮，结果显示缬氨酸水平为 0.8% 时，产蛋率、料蛋比和蛋品质最优，偏离 0.8%时，蛋鸡的产蛋性能和蛋品质均降低。其中与 0.8%水平相比，1.0%缬氨酸组蛋鸡血清缬氨酸含量显著升高，而血清亮氨酸和异亮氨酸含量显著降低，说明当日粮缬氨酸水平偏离 0.8%时，氨基酸之间的平衡模式被破坏，导致蛋鸡不能有效地利用其他氨基酸。

2. BCAAs 与物质代谢

对氨基酸与蛋白质代谢具有调节作用的 BCAAs 主要是亮氨酸(Goldberg 等，1980)，亮氨酸主要通过促进肌肉蛋白质多肽链合成的起始来促进蛋白质的合成。雷帕霉素靶蛋白(TOR)是一种调节动物组织和细胞中蛋白质合成的蛋白激酶，它能够激活下游信号传导通路，通过真核细胞转录起始因子(eIF)4E 结合蛋白(4E-BP1)和 p70-S6 激酶(S6K) 等翻译调节因子的磷酸化作用来传递外界营养状况、生长因子等信号，从而调节细胞内核糖体的发生、蛋白质的合成等生理过程，进而综合调控细胞的生长、增殖、凋亡和自噬(Avruch 等，2006)。Leu 作为一种重要的营养因子通过 TOR 信号传导通路可在转录和翻译两个水平上调节基因的表达，从而影响机体蛋白质合成效率。Deng 等(2014)在 0～14 日龄 AA 肉仔鸡日粮中添加不同水平亮氨酸(1.46%、1.76%和 2.06%)发现，血浆亮氨酸浓度，胸肌 TOR、S6K1 和 4E-BP1 mRNA 表达量，胸肌 TOR 和 S6K1 磷酸化水平随日粮亮氨酸含量的增加显著提高。以上研究说明高亮氨酸水平可促进肉仔鸡肌肉组织和细胞中的蛋白质合成。代腊等(2012)研究亦表明，日粮中添加适量缬氨酸，可显著提高蛋鸡血清中总蛋白和白蛋白含量，血清尿素氮和尿酸含量相对降低。

机体蛋白质合成和通过细胞自我吞噬作用而降解的信号同时存在，才能保证细胞和组织内的蛋白质平衡。研究表明，动物体蛋白质降解也受到某些氨基酸的影响。其中研究较多的是亮氨酸，以鼠为试验动物的研究中发现，亮氨酸对于骨骼肌和细胞中蛋白质沉积的影响不仅是其可以提高蛋白质的合成，还在于其可以通过多种途径抑制蛋白质的降解(Nagasawa 等，2002；Sugawara 等，2002)。在以鸡胚骨骼肌细胞为体外模型的研究中，Nakashima 等(2005)也得到了类似的结果，即培养基中添加亮氨酸显著降低了鸡胚骨骼肌细胞内的蛋白质分解。此外，一些学者还发现除亮氨酸本身外，其代谢产物 α-酮异己酸(α-KIC)和 β-羟基-β-甲基丁酸(HMB) 也可以降低骨骼肌和肌细胞内的蛋白质分解(Layman，2003；Mitchell 等，2004)。研究发现，在仔鸡的离体骨骼肌培养液中添加 α-KIC，可使仔鸡趾长肌与胫骨前肌的蛋白质合成增强，蛋白质降解受到抑制(Ostaszewski 等，2000)。α-KIC 通过促进胰岛素的分泌，抑制胰高血糖素分泌，从而抑制糖原异生，进而减缓肌肉蛋白的分解。

赵稳兴等(1998)对运动大鼠的研究表明，添加支链氨基酸促进了糖异生，使肌肉中的糖原升高，从而节约了肌糖原。支链氨基酸经脱氨基作用合成丙氨酸，丙氨酸再由肌肉释放入血液运往肝脏作为主要原料进行糖异生。支链氨基酸可同时影响丙氨酸的生成和在肌肉中的释放。代腊等(2012)研究显示，给蛋鸡饲喂 0.8%缬氨酸日粮可显著提高其血液中葡萄糖浓度，说明一定量的缬氨酸可影响机体的糖代谢。机体每天摄入的支链氨基酸 20%被氧化分解，支链氨基酸氧化产生 ATP 的效率高于其他氨基酸。在一些特殊生理时期(如饥饿、泌乳和运动) 时，支链氨基酸可能是体内重要的能量来源。

3. BCAAs与机体免疫

动物缺乏BCAAs会导致其免疫球蛋白水平降低，胸腺和脾脏萎缩，淋巴组织受损，特别是缬氨酸缺乏会显著阻碍胸腺和外周淋巴细胞的生长发育，抑制嗜中性和酸性白细胞的增生，甚至可出现淋巴细胞严重耗竭的现象。缬氨酸缺乏还可使补体C3和转铁蛋白水平降低。此外，缬氨酸可促进骨骼T细胞转化为成熟T细胞（徐琪寿，1996）。缬氨酸是构成鸡γ-球蛋白的主要成分，日粮缬氨酸不足或缺乏时，鸡体内合成抗体的能力降低。添加缬氨酸可使雏鸡感染新城疫病毒后血凝集素滴度升高（Edmonds 和 Baker，1987）。肉鸡日粮中添加0.5%～1.5%缬氨酸后，接种NDV疫苗，其致死率由40%降到0，而抗体效价升高，且随着日粮缬氨酸水平的提高，生长速度加快（雷风等，2000）。代腊等（2012）研究显示，在蛋鸡日粮中添加适量缬氨酸，可显著提高血清和肝脏中T-SOD含量、血清IgA和补体C4水平及肠道IgG含量。

此外，BCAAs可作为氮源和碳骨架的供应者来合成其他氨基酸如谷氨酸，因而对免疫细胞的功能也有重要的作用（Calder 和 Yaqoob，1999；New-sholme，2001）。

（三）含硫氨基酸

1. 蛋氨酸

蛋氨酸是禽类第一限制性必需氨基酸，是必需氨基酸中唯一的含硫氨基酸，与生物体内各种含硫化合物的代谢密切相关。据统计，动物体内有80种以上的生物化学反应都需要蛋氨酸参与，动物体内许多重要物质如胱氨酸、精氨酸、甘氨酸、色氨酸、谷胱甘肽、含硒蛋白、胆碱、维生素B_{12}、叶酸、磷脂、肌酸、肾上腺素、嘌呤、嘧啶等的合成都与蛋氨酸密切相关，所以又把蛋氨酸称作“生命性氨基酸”。

（1）蛋氨酸的供甲基作用及解毒作用。机体多种生命过程的顺利进行均需要甲基的参与，如DNA和RNA的合成与修饰，肾上腺素、胆碱、胆酸等生物活性物质的合成，肌酸、胆碱、甜菜碱等营养物质的合成等，而动物自身不能合成甲基，只能从外源供给。蛋氨酸是最有效的供甲基氨基酸，其在三磷酸腺苷转移酶的作用下生成S-腺苷蛋氨酸（SMA），后者是一个活泼的甲基供体。研究显示，蛋氨酸提供活性甲基，有降低脂肪沉积、预防脂肪肝的作用；而且可使有毒物或药物进行甲基化从而起到解毒的作用。此外，蛋氨酸脱甲基后变成同型半胱氨酸，后者与丝氨酸作用生成胱硫醚，在内酶（T-hionase）作用下成为半胱氨酸进而合成胱氨酸，同样具有保肝解毒的作用。乔德堂（2007）研究指出对铅中毒的大鼠或雏鸡添加蛋氨酸，可使中毒缓解。

有研究显示蛋氨酸可以和饲料中的霉菌毒素相结合，使其毒性大大降低，饲料添加蛋氨酸或保持蛋氨酸适度的过量，可预防黄曲霉毒素中毒。刘玫珊等（1994）和胡兰等（2001）为肉仔鸡灌服黄曲霉毒素2 mg/kg后，肉仔鸡出现白细胞和异嗜性粒细胞数目显著增加，血清谷丙转氨酶（GPT）水平显著升高，红细胞及肝脏肝糖原、谷胱甘肽（GSH）水平及肝脏DNA合成量减少等肝损伤症状，日粮中补加蛋氨酸或半胱氨酸后明显减轻霉菌毒素对雏鸡肝脏的损伤，使上述指标均与正常日粮组无显著差异或高于正常日粮组。GSH能与黄曲霉毒素代谢产物结合而起到解毒作用，有研究者认为，半胱氨酸在促进GSH合成方面效果更明显，可能是肝脏先利用蛋氨酸中的S原子形成半胱氨酸，然后再以半胱氨酸作为合成GSH的成分。

(2)蛋氨酸与机体免疫。研究显示,日粮中添加高于维持最大生长所需的蛋氨酸水平有益于畜禽机体免疫功能的提高。Deng 等(2006)持续 4 周饲喂雏鸡超过 NRC 推荐水平的蛋氨酸,胸腺和法氏囊相对重量显著高于 NRC 水平组,且这种促进作用在停止饲喂后 4 周仍然有效,蛋氨酸水平对雏鸡体液免疫和细胞免疫水平无影响。Zhang 等(2008)研究指出蛋氨酸量为 120%会显著提高雏鸡法氏囊和脾脏的重量,但对胸腺的相对重量影响较小;雏鸡血清总抗体和 IgG 水平随蛋氨酸供应剂量的提高而显著增加,表明蛋氨酸是抗体反应所需的组分,可能是胸腺衍生的 T 淋巴细胞辅助功能所必需的。张立彬等(2008)研究指出随日粮液体蛋氨酸羟基类似物(LMA)添加水平的提高,肉仔鸡脾脏相对重量、NDV 和 BSA 抗体效价、外周血淋巴细胞吞噬活性、血清球蛋白、LPS 刺激的 B 淋巴细胞转化率均显著提高。日粮蛋氨酸缺乏可导致肉仔鸡免疫器官发育不良、血清免疫球蛋白含量降低、外周血淋巴细胞非特异性免疫功能和植物凝集素(PHA)的迟发型过敏反应降低等(王冉等,1999;Konashis 等,2000;Rama 等,2003;Zhang 等,2008;张立斌等,2008;吴邦元等,2011)。

2. 半胱氨酸(Cys)

半胱氨酸(Cys)是一种半必需氨基酸,目前,研究者将半胱氨酸作为功能性氨基酸研究的焦点,主要在其增强机体免疫与抗氧化功能方面,而半胱氨酸在机体中免疫和抗氧化功能的作用主要是通过 GSH 实现的。Cys 是 GSH 合成的前体物质,Cys 的利用率是影响 GSH 合成的主要限制因素。研究显示,细胞外 Cys 或细胞内 GSH 缺乏可减少 CD 细胞的数量,降低干扰素的产生,抑制丝裂原刺激引起的淋巴细胞增殖,降低细胞毒 T 淋巴细胞活性(Li 等,2007)。

与蛋氨酸相同,日粮中添加适量 Cys 对机体免疫机能是有益的。而添加过高剂量的 Cys 对动物生长和免疫反应是有害的,因为此时 Cys 会转化为高半胱氨酸、胱氨酸和硫酸盐,这些物质产生过多,对机体是有高毒性的(Grimble 等,2006)。因此,常通过静脉注射或饮用 *N*-乙酰半胱氨酸(NAC)来补充 Cys,以增加细胞中内源 GSH 的合成(Dröge 等,2000)。*N*-乙酰半胱氨酸是一种含巯基的化合物,是天然 *L*-半胱氨酸的前体,具有很强的抗氧化作用。NAC 不仅能够通过转化为谷胱甘肽而发挥抗氧化作用,还能通过清除自由基而增强机体抗氧化能力。目前,关于 *N*-乙酰半胱氨酸研究的试验动物多为仔猪,在家禽方面的研究鲜有报道。

3. 牛磺酸

牛磺酸也是一种条件性必需氨基酸,是蛋氨酸和半胱氨酸在动物体内分解代谢的一种终产物。近年来研究表明,牛磺酸能促进蛋白质、脂肪、糖类和矿物元素等代谢,而且参与维护机体的免疫功能和抗氧化机能,对神经、消化、生殖、心血管、免疫和内分泌等生理功能的正常发挥具有重要的调节作用。郭鹏飞等(2004)在肉鸭日粮中添加牛磺酸,显著改善了肉鸭的生产性能和养分利用率,显著降低肉鸭腹脂率,提高瘦肉率和屠宰率,且牛磺酸的添加还降低血清胆固醇含量,升高血清总蛋白和白蛋白含量,显著提高血清 T_3 和 IgG 含量,综合各项指标,以 0.1%的添加水平为宜。肉鸡上的研究结果与之相似,日粮中添加 0.10%～0.15%牛磺酸,能够显著提高肉仔鸡平均日增重和饲料转化率,显著提高肉仔鸡脾脏指数、胸腺指数和法式囊指数,显著提高肉仔鸡血清和肝脏谷胱甘肽过氧化物酶(GSH-Px)、超氧化物歧化酶(SOD)、总抗氧化能力(T-AOC)活性,并显著降低血清和肝脏丙二醛(MDA)含量(刘玉芝等,2008;曾得寿等,2009;李丽娟等,2010)。

(四)色氨酸

色氨酸是动物维持和生长的必需氨基酸,在动物体内不能合成。色氨酸分别是肉骨粉、玉米和豆粕的第一、第二和第三限制性氨基酸。近年来,由于蛋氨酸和赖氨酸在畜禽配合饲料中的大量使用,使得色氨酸成为饲粮中主要的限制性氨基酸。研究显示,色氨酸不仅是蛋白质的主要组成成分之一,其在动物体内还有其他重要的营养代谢生理功能。

1. 色氨酸调节家禽采食量与繁殖性能

研究表明,色氨酸能显著影响动物采食量,而且对自由采食动物的影响大于禁食动物(Weinberger 等,1978;Lacy,1986)。许多学者认为色氨酸的这种作用是通过5-羟色胺浓度的改变来实现的,动物大脑中5-羟色胺是以色氨酸为前体物质而合成的。色氨酸严重缺乏,造成5-羟色胺耗竭时,导致动物采食量急剧下降,而当5-羟色胺合成过多时,可增加动物的饱感,也会抑制动物采食(Blunder,1977)。有学者认为当日粮色氨酸水平接近需要量时,其水平变化不足以改变大脑中5-羟色胺的浓度,此时色氨酸可能直接作用于氨基酸受体或通过改变外周5-羟色胺浓度调节动物采食(Friedman 等,1984)。马玉娥等(2011)在28周黄羽肉种鸡日粮中添加0.02%色氨酸(基础日粮色氨酸水平为0.16%),结果显示,色氨酸添加组日均采食量、种蛋受精率、孵化率、出雏率和初生苗鸡重均显著提高。还有研究指出,5-羟色胺是促进促性腺激素释放和提高繁殖性能的重要因子(崔芹,2003)。

2. 色氨酸与物质代谢

色氨酸在肝脏蛋白质和脂质合成中起重要调节作用。Sidransky 等(1980)和 Garrett 等(1984)均报道指出,*L*-色氨酸能增加肝脏细胞核糖体和 RNA 的聚合。Cortamira 等(1991)认为色氨酸通过刺激胰岛素分泌而增加肌肉和肝脏蛋白质的合成。周斌等(2011)报道,在产蛋鸡日粮中添加适量色氨酸,可显著提高肝脏中谷丙转氨酶(GPT)活性,加速肝脏蛋白质的合成。色氨酸对蛋白质合成的促进作用受色氨酸水平影响,饶巍等(2011)研究显示,与对照组相比(日粮色氨酸为0.16%),给产蛋鸡供给含0.2%色氨酸日粮,血清中总蛋白和白蛋白含量显著增加,血清尿素氮含量显著降低,而当日粮色氨酸水平升至0.24%和0.28%时,血清尿素氮水平显著低于对照组,而血清总蛋白和白蛋白含量无显著提高,表明适量添加色氨酸可促进蛋白质合成,而过量色氨酸添加可能破坏了氨基酸平衡,从而使蛋白质合成减弱。马玉娥等(2011)在蛋鸡上的研究结果与饶巍等(2011)相同。

有研究者报道,日粮中添加色氨酸可降低肝脏脂肪含量(Takahashi 等,1991;Akiba 等,1992;Roger 等,1992)。而 Corzo 等(2005)研究发现,随日粮色氨酸水平的增加,肉仔鸡腹脂含量增加。刘锁珠(2007)研究显示,肉仔鸡前期日粮(0~3周)可消化色氨酸从0.17%增加至0.19%,血清中甘油三酯显著增加;肉仔鸡后期日粮(6周)可消化色氨酸从0.11%增加至0.13%,血清中甘油三酯无显著变化。周斌等(2011)研究色氨酸对产蛋鸡脂肪代谢的影响时发现,日粮中添加适量色氨酸后,蛋鸡肝脂率、腹脂率、血清总胆固醇和甘油三酯含量显著降低,血清极低密度脂蛋白(VLDL)、腹脂中环腺苷酸含量(cAMP)和激素敏感脂肪酶(HSL)活性显著提高,说明色氨酸添加在抑制脂肪合成、促进脂肪分解的同时,也通过促进肝脏载脂蛋白的合成而加速脂肪的迁移。色氨酸对脂肪代谢影响的研究结果存在差异的原因可能与家禽日龄、饲粮蛋白质水平、氨基酸平衡情况有关。

3. 色氨酸与机体免疫机能及抗应激能力

色氨酸在相关酶的催化下，分解代谢产生5-羟色胺、*N*-乙酰血清素、褪黑激素和维生素-L。5-羟色胺、*N*-乙酰血清素和褪黑激素可通过抑制超氧化物和TNF-α的产生及清除自由基而增强机体免疫功能(Bowman，1989；张鏸予等，2011)。维生素-L可抑制促炎性反应Th1细胞因子的产生，防治机体免疫神经细胞营养不良。白玉娥等(2011)研究显示，日粮中添加色氨酸有提高蛋鸡血清总抗氧化能力(T-AOC)、超氧化物歧化酶活性(SOD)及还原性谷胱甘肽(GSH)含量，降低血清丙二醛(MDA)含量的趋势。刘肖挺等(2012)在蛋雏鸭基础日粮(含色氨酸0.24%)中添加0.04%色氨酸，蛋鸭脾脏指数及肝脏中谷胱甘肽过氧化物酶(GSH-Px)活性、超氧化物歧化酶(SOD)活性与总抗氧化能力(T-AOC)显著提高，血清丙二醛(MDA)含量显著降低。添加色氨酸可降低鸡的攻击性，减少啄羽、啄肛现象(Savory等，1999；Shea等，1990)。Markus等(2000)指出，日粮富含色氨酸时，血清色氨酸与LNAA(大分子中性氨基酸)比值升高，可提高应激敏感群体的抗应激能力。

(五)组氨酸

组氨酸是动物的一种必需氨基酸，其不仅是机体蛋白质的构成氨基酸，也是一些功能蛋白质(如组蛋白)的主要组成氨基酸。组氨酸残基及其所含异吡唑环是一些酶蛋白(如二氢叶酸还原酶、细胞色素C氧化酶、过氧化物歧化酶、碱性磷酸酶)和金属蛋白(如血红蛋白、羧基肽酶)的功能部位或功能基团。自由组氨酸、由组氨酸构成的小肽(如肌肽)以及组氨酸脱羧生成的组胺等都具有特殊的生理功能。

组氨酸对畜禽采食具有一定的调控作用，Kasaoka等(2005)和Goto等(2007)均报道指出，日粮中添加过高水平的组氨酸，可显著抑制大鼠的采食量。外周及中枢注射组氨酸同样能够抑制哺乳动物的采食。现有研究表明，组胺能通过激活位于动物下丘脑的组胺能神经元而抑制动物采食，故推测组氨酸可能通过合成组胺而发挥其采食调控作用。组氨酸是唯一的一种能诱发试验动物(猴、家兔、大白鼠)高胆固醇血症的氨基酸，试验显示，细胞内高浓度的组氨酸使脂肪合成与脂蛋白代谢受阻，从而使血液中胆固醇合成增多。

组氨酸在增强机体抗氧化方面有重要作用。组氨酸残基是自由基造成蛋白质氧化损伤的主要氧化破坏位点，但动物日粮中组氨酸水平变化是否对蛋白质氧化损伤程度有影响，鲜有报道。组氨酸能够有效清除氧自由基和抑制羟基自由基的产生；*L*-组氨酸与*β*-丙氨酸生成的肌肽及另外两种His衍生二肽：鹅肌肽(*β*-丙氨酰-3-甲基-*L*-组氨酸)和高肌肽(*γ*-氨基丁酰-*L*-组氨酸)亦有显著的抗氧化功能，它们能够直接清除氧自由基、羟基自由基和H_2O_2等自由基，保护动物肌肉和脑组织免受自由基造成的氧化损伤，还能够抑制不饱和脂肪和蛋白质的氧化，减少氧化产物的积累(Begum等，2005)。研究认为，组氨酸衍生肽的抗氧化能力主要归功于它们所含的咪唑基团。组氨酸作为功能性氨基酸在家禽生产中的应用鲜有报道。

(六)甘氨酸

与哺乳动物不同，甘氨酸在禽体内不能被充分合成以满足其代谢需要，因此属于禽类的必需氨基酸。甘氨酸是自然界中最简单的一种氨基酸，除作为许多蛋白质的组成成分外，甘氨酸还参与嘌呤类、卟啉类、肌酸、乙醛酸、谷胱甘肽(GSH)和亚铁血红素等多种物质的合成和一碳基团的代谢。另外，甘氨酸是一种有效的抗氧化剂，在清除自由基方面起重要作用。

在巨噬细胞和粒细胞中存在甘氨酸门控的氯通道，该通道被激活可抑制促效剂诱导的 *L* 型电位依赖性钙通道的开放，从而降低细胞内 Ca^{2+} 的浓度，预防钙超载造成的细胞损伤，阻止超氧化物、IL-2 和 TNF-α 等的产生（Wheeler 等，1999），降低炎性反应。李晓娟等（2004）在心肌缺氧/复氧（H/R）模型大鼠心肌细胞培养液中添加甘氨酸，结果显示，添加甘氨酸能有效抑制心肌细胞产生 TNF-α，避免心肌 H/R 损伤的加重，增加心肌细胞的存活率。李海军等（2006）研究显示，给急性坏死性胰腺炎（ANP）大鼠静脉注射甘氨酸，可显著减少促炎性细胞因子 TNF-α、IL-1β、IL-6 和 IL-8 的产生，增加抗炎性细胞因子 IL-10 的产生，有助于减轻 ANP 时炎性细胞因子瀑布样级联反应，降低大鼠病死率及延长大鼠平均生存时间。

综上所述，传统的氨基酸分类方法（必需氨基酸或非必需氨基酸）在蛋白质营养中具有局限性。越来越多的研究表明，许多氨基酸（尤其是非必需氨基酸）不仅是机体蛋白质的组成成分，而且在物质代谢和机体调节方面也存在多功能性，如在细胞内蛋白质周转、营养代谢、基因表达调控、免疫应答和氧化防护等方面。它们亦作为动物体内各种重要功能分子的必需前体物质，对动物健康、生长、发育、繁殖和功能完整性起着至关重要的作用。从一定意义上说，这些氨基酸都是动物体正常生长发育所必需的。随着技术手段的不断提高和研究的不断深入，人们对功能性氨基酸营养生理功能的认识将日益深化。

九、小肽营养

肽是分子结构介于氨基酸和蛋白质之间的一类化合物，氨基酸是构成肽的基本基团。含氨基酸残基 50 个以上的通常称为蛋白质，低于 50 个氨基酸残基的称为肽。其中，氨基酸残基低于 10 个的肽称为寡肽，含 2 或 3 个氨基酸残基的肽为小肽。

传统蛋白质营养理论认为，饲料完整蛋白质首先在胃酸的作用下变性，暴露肽键，然后在胃蛋白酶、胰蛋白酶和糜蛋白酶等内切酶的作用下降解为长短不等的多肽链。在小肠中，多肽经羧肽酶和氨肽酶等外切酶的作用生成游离氨基酸而被吸收利用。在此过程中，肽仅仅是蛋白质消化过程中的中间体，并无任何营养意义。

直到 20 世纪五六十年代首次提出肽完整吸收的证据后，人们才开始注意到肽潜在的营养意义。1957—1962 年所进行的研究发现，在蛋白质消化过程中，除了生成游离氨基酸外，还有大量的小肽生成，而且肽可完整进入肠黏膜细胞，并在黏膜细胞中进一步水解成氨基酸，而后进入血液循环（Newey 和 Smyth，1962）。随后 Adibi 等（1968）进一步证实小肠可大量摄取肽。Hara 等（1984）首次在小肠黏膜上发现了小肽载体，Fei 等（1994）则成功地克隆了Ⅰ型小肽载体（PepT1）。至此，小肽能被小肠吸收的观点才被广泛接受，小肽营养成为蛋白质营养研究的新领域。

（一）小肽的吸收和转运特点

大量的研究表明，进入小肠的日粮蛋白被胃蛋白酶和胰蛋白酶消化，生成氨基酸和小肽的混合物，小肠中蛋白质消化产物的吸收主要以小肽形式而非氨基酸的形式进行（Ganapathy 等，1984）。而动物对肽的吸收有其完全不同于氨基酸吸收的机制。

已知氨基酸逆浓度梯度的主动转运因中性、碱性、酸性氨基酸和亚氨基酸 4 类氨基酸而存在 4 种转运系统，其转运是通过不同的 Na^+ 泵或非 Na^+ 泵转运系统进行的，其中以依赖 Na^+ 泵的耗能转运方式为主（Matthews 等，1980，1991）。

与氨基酸转运系统相比，由于肽转运系统具有耗能低而不易饱和的特点，哺乳动物对肽中氨基酸残基的吸收速度大于对游离氨基酸的吸收速度（Hara 等，1984；Rerat 和 Nunes，1988，1992），吸收效率也更高。Steinhardt（1984）报道，来源于小肽的氨基酸吸收速率较游离氨基酸更快更稳定，表明肽转运系统的容量大于氨基酸转运系统，不易饱和。Silk 等（1980）采用肠道灌注技术研究表明，人对水解酪蛋白和乳清蛋白水解物中 α-氨基的吸收多于等摩尔组成的游离氨基酸混合物，各种氨基酸之间的吸收差异也较小，即氨基酸的吸收更为均匀或平衡。Hara 等（1984）试验结果也表明，大鼠对鸡蛋白蛋白酶解产物的氨基酸利用效率比相应游离氨基酸高，因而具有更高的营养价值。Rerat 等（1988）报道，对饥饿 8 h 的猪在十二指肠灌注乳水解产物，发现其中氨基酸的吸收量比等摩尔相同氨基酸组成的游离氨基酸混合物更多，吸收速度也更快。乐国伟等（1997）研究麻醉条件下公鸡十二指肠灌注酪蛋白水解寡肽与游离氨基酸对门静脉血液中氨基酸和肽的影响也发现，鸡对寡肽中氨基酸的吸收速度显著快于游离氨基酸。赵昕红（1998）从仔猪十二指肠灌注二肽（Gly-Lys）和等量氨基酸混合物，观测肝门静脉中氨基酸含量的变化。试验发现，仔猪肝门静脉对二肽中来的赖氨酸的摄取速度及吸收量要远大于对游离氨基酸混合物中赖氨酸的摄取；来源于肽的甘氨酸吸收总量也高于游离氨基酸混合物。

另一方面，氨基酸以小肽形式吸收可避免某些游离氨基酸在吸收时对转运系统的竞争，从而提高转运效率。赵昕红（1998）发现，灌注二肽（Gly-Lys）后，仔猪对其他大部分氨基酸的吸收量也高于灌注等量的两种游离氨基酸。小肽促进氨基酸吸收的机制在于以小肽为底物可使肠腔氨基酸载体的活性与数目有所增加（Bamba，1993），肽载体的存在减少了单个氨基酸在吸收上的竞争，从而降低了氨基酸之间的颉颃作用。Daniel 等（1994）则认为，肽载体转运能力可能高于各种氨基酸载体转运能力的总和，并且在蛋白质消化过程中，以肽形式存在的氨基酸浓度远比游离氨基酸存在的浓度大，而且肽的吸收速度也快。Koeln 等（1993）报道，小牛经消化道的肽结合氨基酸流量比游离氨基酸流量高 2.5～7.2 倍。

还有研究表明，肽形式存在的氨基酸可降低高浓度时某些氨基酸的毒性作用。在饥饿、限饲、胃肠疾病、手术后的伤口愈合期、动物的快速增长与高产期及某些氨基酸吸收障碍的先天性疾病中，以小肽形式补充氨基酸，可改善动物或人的氨基酸吸收，满足机体对氨基酸和氮的需求。如胱氨酸尿症患者不能吸收游离精氨酸，但可以正常吸收 Arg-Leu（Silk 等，1975）。而患有 Hartnup 氏病（遗传性氨基酸代谢病）的患者不能吸收游离的中性氨基酸，但可以吸收肽结合的中性氨基酸（Leonard 等，1976）。感染隐孢子虫对大鼠肠道的损伤导致氨基酸营养吸收障碍，但对二肽的吸收能力代偿性增强（Barbot 等，2003）。此外小肽（特别是二肽、三肽）的低抗原性，也使得食后不会引起过敏反应；小肽较氨基酸更低的渗透压，也有利于减少腹泻等不良反应。

基于氨基酸以小肽形式转运的诸多优点，预示着小肽可能在人和动物蛋白质营养方面发挥着重要作用。

（二）小肽的吸收和转运机制

研究证明，小肠肽的转运是有转运载体蛋白参与的二肽和三肽的跨膜转运。已知肽的跨膜转运是生物的共同特征。肽跨膜转运的显著特点主要表现在生物进化过程中转运蛋白及其肽转运机制的保守性。有机物质的跨膜转运往往与跨膜的离子梯度相耦联。对于微生物，氨基酸、糖和肽转运的主要驱动力是跨膜质子梯度，而动物界氨基酸和糖的跨膜转运的

驱动力进化为 Na^+ 梯度，但小肽转运机制则在进化过程中被保留下来，成为一种完全有别于其他物质的独特转运机制。生物同时具备肽转运的质子驱动力和氨基酸转运的 Na^+ 驱动力对于维持最佳的蛋白质营养具有重要作用，这样就可以防止氨基酸和肽转运中对能量的竞争，从而保证两种转运系统能够同时发挥作用。小肽可能还存在第 3 种转运机制，即谷胱甘肽(GSH)转运系统，GSH 的跨膜转运与 Na^+、K^+、Ca^{2+}、Mn^{2+} 的浓度梯度有关，而与 H^+ 无关。由于 GSH 在细胞膜内具有抗氧化作用，因此 GSH 转运系统可能具有特殊的生理作用。

1. 小肽转运载体

目前已发现的高等动物体内的肽转运载体蛋白有 5 种，包括 PepT1、PepT2、PTR3、大鼠的肽/组氨酸转运载体(PHT1)和人的肽/组氨酸转运载体(hPHT)(韩飞等，2003)，其中研究最多的是 PepT1 和 PepT2。PepT1 的表达部位主要在消化道，在肾脏中也有微弱的表达，对小肽的吸收起关键作用，能转运 2～5 个氨基酸残基的肽，但以转运二肽的速度最快；PepT2 的表达部位则主要在肾脏，对小肽起重吸收作用。小肠对小肽(主要是二肽和三肽)的吸收是通过位于小肠上皮细胞刷状缘膜的 H^+ 耦合的肽转运载体(PepT1)进行的(Leibach 和 Ganapathy，1996)，而质子是作为肽转运的驱动力发挥作用的(Ganapathy 和 Leibach，1985)。

迄今为止，PepT1 是唯一被克隆的小肠肽转运载体。目前已经从人(Liang 等，1995)、大鼠(Saito 等，1995)、小鼠(Fei 等，2000)、家兔(Boll 等，1994；Fei 等，1994)、绵羊(Pan 等，2001)、鸡(Chen 等，2002)、猪(Klang 等，2005)和人结肠癌细胞 Caco-2(Walker 等，1998)中克隆出该载体蛋白。此外也在猪、牛、鸡、羊和鳗鲡(Chen 等，1999；Winckler 等，1999；Verri 等，2000)小肠以及人胰腺癌细胞 AsPc-1 和 Capan-2(Gonzalez 等，1998)和其他人类癌细胞(Nakanishi 等，1997，2000)中测得 PepT1 mRNA。功能性研究发现，PepT1 肽转运系统还存在于人类肠细胞 HT-29(Dantzig 和 Bergin，1988)，以及猴(Radhakrishnan 等，1977)、仓鼠(Addison 等，1975)、天竺鼠(Himukai 和 Hoshi，1980)、蟾蜍(Abe 等，1987)、豹蛙(Cheeseman 和 Parsons，1974)、斑泥螈(Boyd 和 Ward，1982)的小肠中。由此可见，PepT1 转运系统是脊椎动物蛋白质代谢的共同特征。

肽的转运是一个复杂的生理过程。大量研究表明，PepT1 是 H^+/肽耦联的转运载体(Ganapathy 和 Leibach，1991)。该载体利用从肠腔(pH 5.5～6.0，Lucas 等，1975)到肠细胞(pH 7，Kurtin 和 Charney，1984)的质子梯度转运二肽、三肽(Addison 等，1972；Dantzig 和 Bergin，1990；Klang 等，2005)。PepT1 活性仅与质子梯度有关，与 Na^+、K^+、Cl^- 和 Ca^{2+} 无关(Fei 等，1994；Pan 等，2001；Chen 等，2002)，而该质子梯度是由肠细胞腔面膜的 Na^+/H^+ 泵所建立和维持的(Thwaites 等，1999)。根据研究结果推测，PepT1 对肽的转运过程是：H^+ 和肽分子一起穿过上皮细胞腔面膜被 PepT1 转运入细胞浆，结合于腔面膜的 Na^+/H^+ 交换系统再将 H^+ 泵出细胞，同时将 Na^+ 置换入细胞，以维持跨细胞膜的质子梯度驱动力，同时结合于基底膜的 Na^+/K^+-ATP 酶交换系统将 Na^+ 泵出细胞，以维持胞外到胞内的 Na^+ 梯度(Ganapathy，1985)。因此从总体来看，肽的转运也是一个耗能的过程。

也有不同于上述假说的一些观点。Amasheh 等(1997)认为，Na^+/H^+ 泵产生的 pH 梯度不足以驱动肽的转运，可能还有碱性载体(如 Na^+/HCO_3^- 泵)参与这一过程。也有学者认为肽的转运不是单向的。Kottra 等(2002)采用膜片钳研究 PepT1 转运肽发现，一些二肽如 Lys-Gly 和 Gly-Asp 在胞浆中也能与 PepT1 结合，并向细胞外转运，并且可能通过影响周转速率增强内向电流。Thwaites 等(1993)和 Hsu 等(1999)也观察到小肽分子经基底膜的反向转运现象。

对肽转运过程详细机制的了解仍然不多。目前仅仅知道质子耦联的肽转运是一个有序而同步的转运模型,其中先与 PepT1 结合的是质子(Mackenzie 等,1996)。

对 PepT1 分子结构的研究表明,来自不同物种的 PepT1 尽管氨基酸序列长度存在种间差别,其中鸡的序列最长,为 714 个残基(Chen 等,2002),兔和牛的最短,为 707 个残基(Fei 等,1994;Pan 等,2001),但其分子质量均为 79 ku,而且分子结构也大体相同。据预测,不同物种的 PepT1 蛋白都有 12 个跨膜区(Fei 等,1994,2000;Liang 等,1995;Saito 等,1995;Pan 等,2001;Chen 等,2002),在第 9 和第 10 个跨膜区之间存在 1 个大的亲水环。氨基酸序列分析表明,在大的胞外环上有 3(兔 PepT1,Fei 等,1994)~7 个(hPepT1,Liang 等,1995)潜在的 N-端糖基化位点。大部分物种的 PepT1 有 1 个蛋白激酶 C 和 1 个蛋白激酶 A 磷酸化位点,而人的 PepT1 有 2 个 PKC 磷酸化位点,没有 PKA 磷酸化位点,牛则有 4 个 PKC 和 3 个 PKA 磷酸化位点。不同物种的 PepT1 蛋白也具有高度的同源性。大鼠 PepT1 的氨基酸序列与兔和人的 PepT1 氨基酸序列分别有 77%和 88%的同源性(Saito 等,1995)。兔和人的 PepT1 有 81%的同源性(Liang 等,1995)。鸡 PepT1 与兔、人、小鼠、大鼠和绵羊的 PepT1 分别有 62.4%、62.5%、63.8%、64.8%和 65.1%的同源性,绵羊 PepT1 与人、大鼠和兔的 PepT1 分别有 83%、81%和 78%的同源性(Gene Bank,2005)。

不同动物 PepT1 的组织分布各异。但所研究的所有动物小肠都有 PepT1 表达,而在肌肉、心脏未检出 PepT1 mRNA 存在,其他部位的表达情况则因动物而异。鸡的全部小肠、肾脏和盲肠中都有 PepT1 分布,嗉囊、腺胃和肝脏没有(Chen 等,1999)。兔除了小肠,还有肾脏、肝脏都有少量表达,大脑有微量表达,但胃和盲肠没有表达(Fei 等,1994)。大鼠的肝脏中也无表达,肾脏有微量表达。人的肝脏、肾脏、胰脏有表达,大脑未见表达(Liang 等,1995)。绵羊和泌乳奶牛的 PepT1 能够在小肠、瓣胃和瘤胃中表达,而真胃、肝脏、肾脏、盲肠和结肠以及奶牛的乳腺中未检测到 PepT1 的表达(Chen 等,1999)。其在肠黏膜主要表达在吸收细胞的刷状缘膜,肠绒毛的底部没有表达。测定 PepT1 蛋白表达量发现,PepT1 专一地表达于人小肠肠细胞刷状缘膜(Ogihara 等,1996;Walker 等,1998)和 Caco-2 细胞腔面膜上(Walker 等,1998)。有报道则认为,PepT1 同时表达于 Caco-2 细胞的腔面膜和基底膜上(Hsu 等,1999;Thwaites 等,1993)。这些报道之间的差异可能与细胞分化程度有关(Hsu 等,1999)。从其在肠道的表达强度来看,不同动物也存在差异。鸡以十二指肠为主,猪以空肠为主,而反刍动物以空肠和回肠为主(Chen 等,1999)。这种种属间的差异可以反映出蛋白质消化部位和对小肽的利用程度(孙建义,2002)。

2. 影响小肽吸收和转运的因素

已知肠道对肽的吸收转运是一个复杂的生理过程,激素、生长因子、肠道损伤、小肽底物分子结构、饲粮类型、营养水平可能都在肽的转运中起着调控干预作用。

(1)底物。肽载体 PepT1 对底物分子具有广泛的适应性,能够转运几乎所有的二肽和三肽(Pan 等,2001)。除此之外,PepT1 可转运多种肽类衍生物,其中包括 β-内酰胺抗生素(如青霉素、先锋霉素等)(Bretschneider 等,1999)、血管紧张素转化酶抑制剂(Friedman 和 Amidon,1989;Moore 等,2000)、肾素抑制剂(Kramer 等,1990)、凝血酶抑制剂(Walter 等,1995)和类二肽抗癌药物 bestatin(百士欣)(Inui 等,1992)等,以及多种药物前体物,如伐西洛韦、缬更昔洛韦和 *L*-多巴(Hu 等,1989;Balimane 等,1998;Sugawara 等,2000)等。肽转运载体的这些特点不但在营养上具有重要意义,而且在医学和药学领域都有巨大的应用前景。

但体外细胞培养试验发现,肽载体如 PepT1 对底物也有一定的选择性,它可选择转运不同分子结构的底物。首先,肽的转运具有立体构型特异性。据 Wenzel 等(1995)和 Tamura 等(1996)的报道,中性氨基酸和 *L*-构型的氨基酸组成的肽对肽转运蛋白亲和力更高,*L*-构型的先锋霉素和罗拉头孢与肽转运系统的亲和力也强于 *D*-构型。Hidalgo 等(1995)研究发现,*D*-Val-*D*-Val 对肽转运系统完全没有亲和力,而 *L*-Val-*D*-Val 和 *D*-Val-*L*-Val 则保留了与 *L*-Val-*L*-Val 相当的亲和力。Tamura 等(1996)则认为,底物分子对 Caco-2 细胞系 hPepT1 的亲和力顺序为 *L*-Val-*L*-Val＞ *D*-Val-*L*-Val＞*L*-Val-*D*-Val＞*D*-Val-*D*-Val,而且尽管 *D*-Val-*D*-Val 与转运系统有亲和力,但它既不能被 Caco-2 细胞摄取,也不能穿过培养的单层 Caco-2 细胞,也就是说没有发生该肽的转运。对 *D*-型肽分子进行侧链修饰则能显著提高其亲和力和转运速率(Taub 等,1997;Knütter 等,2001)。

末端基团是影响肽分子是否能被转运的另一个重要因素。最早认为,最适于转运的二肽或三肽应当具有游离的氨基端和羧基端(Matthews,1987)。一般而言,N 端 α-氨基极其重要,替换该基团会降低转运效率。但也有研究证实,缺乏 α-氨基或修饰该基团也未影响其亲和力和转运。Hu 和 Amidon(1988)发现,巯基替代 N-端氨基的巯甲脯氨酸也可被转运蛋白转运。Chen 等(2002)报道,表达于仓鼠卵母细胞的绵羊 PepT1 对 C-端为赖氨酸的二肽和三肽亲和力较低。

估计肽载体对底物分子结构的选择性可能与其转运活性中心有关,但至今对肽载体蛋白的三维结构及其活性中心尚不了解。

研究还发现,PepT1 底物之间存在竞争抑制关系。Ganapathy 等(1997)报道,达到一定剂量的阴离子头孢菌素 cefixime、ceftibuten 和 cefdinir 都抑制了 Gly-Ser 的吸收。Chen 等(2002)也发现,全部 8 种二肽和 6 种三肽都能抑制表达了绵羊 PepT1 基因的中国仓鼠卵母细胞对 Gly-Ser 的吸收,3 种四肽也有较弱的抑制作用。

此外,小肽的转运与底物浓度也有关系,底物浓度高时转运量也较大(Gardner,1982)。

(2)动物年龄。动物肠道对肽的转运能力因发育程度而变化。研究发现,动物出生前肠道就存在肽转运载体。Shen 等(2001)从 20 日胎龄的大鼠肠组织中就发现了 PepT1 mRNA 和载体蛋白。Chen 等(2001)从 18 日龄鸡胚中也检测到低丰度的 PepT1。兔空肠和回肠 Gly-Pro 摄取量从早期胚胎期增加到出生后 6 日龄,随后持续下降,成年(3 月龄)后降到最低。其 25～30 日龄胚胎期、新生期(1～6 日龄)、哺乳期或断奶期(10～50 日龄)Gly-Gly 的摄入量也显著高于甘氨酸(Guandalini 等,1982)。Himukai 等(1980)也观察到哺乳期(3～4 d)豚鼠离体外翻肠囊对 Gly-Gly 和 Gly-Leu 的吸收量也显著高于断奶期(10～14 日龄),成年期则降低。Miyamoto 等(1996)测得 4 日龄大鼠小肠 PepT1 mRNA 丰度最高,28 日龄后降低到成年水平。Shen 等(2001)的试验也肯定了这一结果,并且发现出生后 3～5 d 十二指肠、空肠、回肠 PepT1 mRNA 和转运蛋白表达水平达到最高,然后迅速下降。值得注意的是,Shen 等(2001)在第 1 周内结肠中也明显观察到有 PepT1 表达,但在其后迅速消失。

肉仔鸡小肠 PepT1 mRNA 丰度从 18 日鸡胚到出壳(0 日龄)期间迅速增加,PepT1 表达量也在出壳后的前 2 周内呈增加趋势(Chen 等,2001)。

(3)日粮和营养状况。大部分营养物质的吸收都受肠道底物水平的调控。Ferraris 等(1989)提供了一个营养转运调节的一般性模型。他们认为,可代谢的无毒营养物质如糖、非必需氨基酸、短链脂肪酸都应该因日粮底物水平提高而上调,而对于有毒的必需营养物质如水溶性维生素、矿物质,其转运则因底物水平提高而下调。研究发现,小肠体外和体内对二肽的吸收随日粮蛋白水平和肽水平的提高而增加。给小鼠饲喂高蛋白(72%)日粮,其空肠肌肽的吸收比低蛋白日粮(18%)组提高了 30%(Ferraris 等,1988)。Erickson 等(1995)用含明胶 50%的日粮替换含酪蛋白 4%的日粮,使大鼠小肠 PepT1 mRNA 表达水平增高了 1.5～2 倍。采食粗蛋白质水平为 12%的日粮的肉仔鸡,其 PepT1 mRNA 丰度从出孵到 35 日龄逐渐降低,并且在 7～35 日龄期间保持较低水平。但当给予 18%或 24%粗蛋白质水平的日粮时,PepT1 mRNA 丰度随日龄而提高,而且 24%粗蛋白质水平时反应更明显(Chen,2001)。体外培养试验也得出相同的结果。Thamotharan 等(1998)将 Caco-2 细胞株在含有 Gly-Sar 的培养液中培养 24 h,提高了其转运 Gly-Gln 的 V_{max}(最大速度)值、PepT1 mRNA 丰度和转运蛋白数量。Walker 等(1998)报道,富含二肽(Gly-Gln)的培养液中培养的 Caco-2 细胞,其对 Gly-Ser 的最大吸收速率是 Gln 培养的 1.64 倍,PepT1 mRNA 丰度提高了将近 1 倍,PepT1 mRNA 半寿期延长了 3.6 h,PepT1 蛋白也增加了 72%。Shirage 等(1999)发现,酪蛋白和 Gly-Phe 刺激大鼠 Gly-Ser 转运活性,提高了 rPepT1 mRNA 丰度和转运蛋白表达量,但 Gly-Gln 无此作用。

此外,肽的转运也可能被某些氨基酸诱导。Shiraga 等(1999)发现 Phe 可刺激大鼠二肽转运活性,提高 rPepT1 mRNA 丰度和转运蛋白表达量。

日粮底物对肽转运的调控机制可能与机体在分子水平上对日粮肽水平的适应有关,这种适应是肽水平对 PepT1 的直接作用,不需要激素或神经的变化来解释(Walker 等,1998)。刘国华(2005)研究表明,日粮粗蛋白质的供给形式能影响小肠摄取小肽的能力,其中采食酪蛋白日粮的鸡小肠对二肽的吸收能力最强。

研究发现,饥饿也能通过增加 PepT1 mRNA 和蛋白表达水平促进小肽的摄入。Thamotaran 等(1999)发现绝食 1 d 的小鼠空肠对 Gly-Gln 的最大吸收速度提高了 2 倍,小肠刷状缘膜的 PepT1 蛋白和小肠黏膜 PepT1 mRNA 丰度增加了 3 倍。Ihara 等(2000)发现饥饿和 TPN(全肠外营养)处理能显著提高小鼠 PepT1 mRNA 的表达,与对照组相比,饥饿、半饥饿、TPN 组表达量分别提高 179%、161%和 164%,PepT1 蛋白表达量也相应增加。Ogihara 等(1999)发现大鼠小肠 PepT1 在短期饥饿后通过基因表达增加而上调,转运活性也提高。这种机制显然有利于机体在不良营养条件下提高氮的摄取能力,这种效应可能与肽或氨基酸缺乏刺激了转录,或者某些因子如血液激素水平的变化,比如胰高血糖素水平的变化有关。

(4)激素和活性因子。研究表明,激素等生物活性因子参与调控肠道对肽的转运。

Nielsen 等(2003)报道,胰岛素短期刺激能增加 Caco-2 细胞摄取 Gly-Ser 的能力,但其上调作用与 *PepT1* 基因表达和质子驱动力无关。Thamotharan 等(1999)发现胰岛素能大幅度提高 Caco-2 细胞株对二肽 Gly-Ser 摄取的速率,但对 PepT1 mRNA 水平无影响,提示胰岛素促进 PepT1 对二肽的转运是动员了胞浆池中贮存的 PepT1,并使之定位于膜上,从而增加 PepT1 的数量,也就增加其对二肽的转运。Meredith 和 Boyd(2000)关于胰岛素调控肽转运的报道表明,胰岛素通过增加肽载体的数量刺激肽的吸收,这种数量的增加是胞浆池中转运蛋白的转移造成的。

Nielsen 等(2001)发现，表皮生长因子(EGF)长期培养(26～28 d)Caco-2 细胞降低其 Gly-Ser 转运量 50%左右，转运最大速率降低 90%，同时 hPepT1 mRNA 表达水平和细胞膜 PepT1 蛋白表达量都明显降低，表明 EGF 是通过下调 PepT1 基因表达降低细胞二肽转运能力的。而 Nielsen 等(2003)的另一次研究发现，表皮生长因子(EGF)刺激 5 min 即能增加 Caco-2 细胞摄取 Gly-Ser 的能力，并于 10～20 min 后达到平台期，转运最大速率(V_{max})提高了 50%左右，但并未影响 PepT1 mRNA 丰度和 H^+ 浓度，同时其促转运作用未受蛋白转运抑制剂 brefeldin A 的影响，表明 EGF 处理不会影响 PepT1 蛋白的合成。

Sun(2003)研究表明，注射重组人生长激素显著提高大鼠肠上皮细胞对二肽的摄入量，并显著提高严重烧伤大鼠对二肽的摄取量和转运量。孙炳伟等(2003)证实缺氧复氧损伤在基因水平下调了肠上皮细胞刷状缘 PepT1 对二肽的转运和摄取能力，而重组人生长激素对正常的和缺氧复氧损伤的 Caco-2 细胞二肽载体转运和摄取功能均有上调作用。刘国华(2005)发现，给肉仔鸡注射胰高血糖素和口服甲状腺素(T_4)均显著提高了小肠 PepT1 mRNA 丰度，表明二者对小肠 PepT1 基因表达有上调作用，其中以 T_4 的上调作用更为明显，表皮生长因子则有下调 PepT1 基因表达的作用趋势。Berlioz 等(2000)则发现，肾上腺素受体激动剂 clonidine 处理 Caco-2-3B 和小鼠空肠提高 β-内酰胺类药物头孢拉啶的转运量。

随着瘦素(Leptin)的发现，对瘦素在肽吸收方面的调控作用也有了一些研究报道。Buyse 等(2001)以 Gly-Ser 和先锋霉素(CFX)作为底物，离体和在体研究了瘦素对 PepT1 转运肽的影响。采用表达了 PepT1 和瘦素受体的 Caco-2 细胞所做的体外试验表明，腔面瘦素处理使 Caco-2 细胞短期内 Gly-Ser 和先锋霉素的转运增加了 2～4 倍，其 V_{max} 提高而 K_m 保持不变，同时还增加了细胞膜 PepT1 含量，降低胞内 PepT1 含量，但未改变 PepT1 mRNA 水平。在大鼠空肠内给予瘦素也导致血浆 CFX 迅速提高了 2 倍。而瘦素并未影响葡萄糖、水和电解质的转运，因此可以认为其对肽转运的调节是特异性的。瘦素对肽转运的刺激作用可被秋水仙素抑制，而秋水仙素能阻止蛋白质在细胞膜的定位，这就说明瘦素是通过增加胞浆池中 PepT1 向腔面膜的移位而增强肽转运的(Buyse 等，2001)。可以认为，瘦素在肠腔的分泌可以加速日粮蛋白的吸收，这与瘦素减少脂肪沉积的观点相吻合(Buyse 等，2001)。

T_3 处理 Caco-2 细胞抑制了对[^{14}C]-Gly-Ser 的吸收，抑制程度与处理时间和处理剂量有关，同时 PepT1 mRNA 的丰度和转运蛋白表达量都显著降低(分别为对照组的 25%和 70%)，表明 T_3 降低转录水平或 PepT1 mRNA 稳定性(Ashida 等，2001)。

Berlioz 等(2000)和 Fujita 等(1999)的研究还提示，复杂的神经网络可能参与调节 PepT1 的功能。σ-受体配体(+)戊唑辛(pentazocine)导致 mRNA 和 hPepT1 活性增加(Fujita 等，1999)，α_2-受体配体氯压定(clonidine)能增加表达了 α_2-受体的 Caco-2 细胞对肽的摄取(Berlioz 等，2000)。

关于上述调控因子对 PepT1 蛋白在细胞膜的表达调控信号传导途径仍不了解，但一些研究结果支持 cAMP-蛋白激酶途径假说。Brandsch 等(1994)用佛波醇酯处理 Caco-2 激活蛋白激酶 C(PKC)明显抑制二肽转运，该抑制作用是特异性的，可被蛋白激酶抑制剂 staurosporine 阻断，其抑制作用与载体最大转运速率降低，并不改变其亲和力(K_m)和质子驱动力，而蛋白合成抑制剂放线菌酮对该效应无影响。Chen 等(2002)用 staurosporine 抑制

PKC(蛋白激酶 C)活性则明显增加绵羊 PepT1 肽载体对[^{3}H]-Gly-Ser 的转运,这种增加效应可被 PKC 激活剂 PMA(豆蔻酰佛波醇乙酸酯)阻断,蛋白合成抑制剂放线菌酮对该效应也无影响。Muller 等(1996)对 Caco-2 细胞系 PepT1 转运的研究表明,用霍乱毒素、forskolin(腺苷酸环化酶激活剂)、大肠杆菌内毒素、磷酸二酯酶抑制剂 3-异丁基-1-甲基黄嘌呤(IBMX)处理细胞,提高了 Caco-2 细胞内 cAMP 水平,抑制了细胞对 Gly-Ser 的吸收,而霍乱毒素的抑制作用也可被蛋白激酶抑制剂 staurosporine、PKA 抑制剂 H-89 和 PKC 抑制剂 Chelerythrine(白屈菜赤碱)所阻断。这一结果表明依赖 cAMP 的肽转运抑制与 PKC 激活有关。

但由于 hPepT1 蛋白本身并不具有 PKA(蛋白激酶 A)磷酸化位点(Liang 等,1995),因此这种信号传导机制仍未能证实。

(5)其他。还有其他零星的证据证明了细胞损伤和昼夜变化也影响肽的转运。Barbot 等(2003)用隐孢子虫人工感染哺乳小鼠显著上调 *PepT1* 基因表达,而且随着肠道损伤程度增加基因表达量也相应增加。有趣的是,大鼠小肠 PepT1 能够抵抗 5-氟尿嘧啶诱发的组织损伤,而蔗糖酶活性,葡萄糖和甘氨酸摄入均降低(Tanaka 等,1998)。这说明 PepT1 的表达改变也可能是动物机体对不良刺激的适应性反应之一。

Pan 等(2002)的研究结果表明,小肠 PepT1 mRNA 丰度和转运蛋白含量在 16:00～24:00 更高,小肠 24:00 对[^{14}C]Gly-Ser 的吸收速率显著快于 12:00。这种变化规律显然也与神经内分泌有关。

(三)小肽转运的营养意义

1. 在蛋白质营养中的作用

肽对动物蛋白质代谢的影响可能与小肽吸收迅速的特点有关。Oddy 和 Lindsay(1986)发现,肌肉蛋白质的合成率与其氨基酸动静脉差有关,氨基酸动静脉差越大,蛋白质合成率越高。由于小肽吸收速率较氨基酸高,因此产生的氨基酸动静脉差也较大,从而提高蛋白质的合成率。一些报道也证明摄入小肽能提高蛋白质的合成率。Poullain 等(1989)试验发现,采食乳清蛋白水解肽日粮的大鼠体增重、体蛋白沉积都显著高于采食等氨基酸比例的乳清蛋白和游离氨基酸日粮组,同时其尿氮排泄也显著低于后两者。乐国伟等(1997)通过十二指肠灌注由小肽组成的酶解酪蛋白(CSP)和相应游离氨基酸混合物及[^{3}H]-Tyr 的同位素标记试验,研究了氨基酸不同供给形式对雏鸡氨基酸的吸收、循环中肽含量、种类及其对雏鸡组织蛋白质合成代谢的影响。结果发现 CSP 组雏鸡肠道、肝脏和胸肌组织蛋白质合成率分别显著高于游离氨基酸混合物组,说明小肽吸收促进了雏鸡组织蛋白质合成。施用晖等(1998)用含有不同比例完整蛋白质的日粮饲喂肉雏鸡,发现血浆寡肽总量随完整蛋白质比例的增加而增加,而饲喂游离氨基酸日粮的肉仔鸡整体和胸肌蛋白质生长率显著低于饲喂含有完整蛋白质(蛋清蛋白)日粮的肉仔鸡。Boza 等(1995)报道,当以寡肽(乳清蛋白水解物和酪蛋白水解物)作为氮源时,大鼠的氮沉积高于相应完整蛋白质日粮,尿氮排泄低于后者。陈宝江(2005)采用同位素大剂量法研究寡肽对蛋白质周转的影响发现,与游离氨基酸相比,寡肽通过降低肉仔鸡胸肌蛋白降解率,从而提高胸肌生长速度;同时通过提高腿肌蛋白合成率提高了腿肌生长速度。汤伟桐等(2008)在黄羽肉鸡日粮中用少量的小肽制品取代一定量的鱼粉,结果发现,降低日粮蛋白质含量后还能提高黄羽肉鸡的生产性能,并显著提高肉仔鸡血清总蛋白和白蛋白的含量。另外，小肽可直接被胃肠道吸收进入血液循环，刺激胰岛素分泌，将血液中的葡萄糖迅速转移至肝脏，参与肽链的延长，从而提高蛋白质的合成。此外，小肽对游离氨基酸吸收也有一定的促进作用。Wenzel 等(2001)报道，将 Caco-2 细胞用二肽培养液培养增加其对 L-Arg 的吸收。

不同的肽之间在作用方式上可能存在差异。Nielsen(1994)的研究显示，相同氨基酸组成的情况下，水解酪蛋白和水解大豆蛋白对大鼠整体蛋白质合成和降解有不同的影响，酪蛋白水解物提高了蛋白质合成率，降低了降解率，而大豆蛋白水解物则仅仅能降低蛋白质降解率。

早先的假说认为，日粮氮源进入血液后形成氨基酸池，以满足各种组织的代谢需要。但研究发现，从单细胞生物到高等动植物普遍存在利用肽结合氨基酸的现象(Higgins 和 Payne 等，1978；Matthews，1991)。目前已知日粮供应的氮主要是以小肽的形式进入血液的，其中反刍动物血液中肽结合氨基酸占总氨基酸的 52%～78%(DiRienzo，1990；Koeln 等，1993；Seal 等，1991)，人为 10%(Christensen 等，1947)，大鼠为 9%～51%(Asatoor 等，1978；Seal 等，1991)，天竺鼠为 11%～14%(Gardner 等，1983)，鸡为 30%左右(乐国伟等，1997)。循环中大量存在的肽可能具有重要的营养和生理作用。直接和间接的证据已经证明，循环中的小肽能被组织细胞利用合成蛋白质。Emmerson 和 Phang(1993)发现脯氨酸营养缺乏型仓鼠卵母细胞系可利用二肽中的脯氨酸。Grahl-Nielsen 等(1974)报道了仓鼠小肠上皮细胞系能利用含赖氨酸的肽作为其赖氨酸的唯一来源，而且该细胞能完整摄入二肽分子。Pociu 等(1981)发现，牛乳腺可利用来自谷胱甘肽中的氨基酸合成乳蛋白。Brand 等(1987)发现大鼠胸腺细胞能利用含谷氨酸的二肽。Lochs 等(1988)则发现，犬的肝脏、肾脏、肌肉、肠道都可以代谢二肽，但对不同二肽的代谢程度有所不同。Backwell 等(1994)用双标记同位素技术证实，泌乳期乳腺组织能利用肽结合氨基酸合成乳蛋白。Pan 等(1996)用 22 种含蛋氨酸的 2～8 肽研究了培养的 C_2C_{12} 肌母细胞系和 MAC-T 牛乳腺上皮细胞系对氨基酸的利用，结果表明，两种细胞均能选择性利用肽结合蛋氨酸，其中 4 种二肽用于蛋白合成的效率高于游离蛋氨酸，表明细胞可能完整摄入小肽进行蛋白质合成。Pan 等(1998)后来又研究了羊肌源性卫星细胞对肽结合蛋氨酸的利用，也得到了类似的结果。Groneberg 等(2002)发现表达了大鼠乳腺提取的 PepT2 的爪蟾卵母细胞能够吸收二肽和三肽，表明乳腺导管上皮细胞可摄取循环小肽作为合成乳蛋白的氨基酸来源。

尽管至今仍不清楚细胞是如何利用小肽的，但一般认为小肽先由细胞膜或细胞质中的肽酶水解释放出氨基酸，而后被细胞利用的。目前已知的肽酶有 13 种之多(Alpers，1986)，但具体由哪种酶起主要作用尚不清楚。Lochs 等(1988)研究认为，体外培养的大鼠肝细胞膜上的肽酶是清除培养液中二肽的主力。Raghunath 等(1990)则认为，肽的水解可能是由存在于肌细胞膜或肌浆的肽酶共同作用的结果。

2. 提高矿物元素的吸收

某些小肽的氨基酸残基可与金属离子螯合，避免肠腔中颉颃因子及其他影响因子(肠道 pH)对矿物元素的沉淀或吸附作用，直接到达小肠刷状缘，并在吸收位点处发生水解，从而增加矿物元素的吸收。研究证明，在生物体消化过程中形成的酪蛋白磷酸肽(CPPS)可促进钙、铁、锌、锰、铜、镁、硒等的吸收。这是因为钙、铁等金属离子只有处于溶解状态时才能被小肠黏膜吸收，但小肠的偏碱性环境，使得钙、铁易与磷酸形成不溶性盐，从而大大降低了钙、铁的吸收率。CPPS 可与钙、铁等金属离子形成可溶性复合物，使小肠中可溶性钙、铁浓度提高，从而增强肠道对钙、铁的吸收。Ferraretto 等(2001)在细胞水平上就酪蛋白磷酸肽对钙吸收的影响研究中发现，酪蛋白磷酸肽作为钙离子载体或转运载体起着穿膜转运的作用，从而促进了动物对钙的吸收，提高了钙的生物利用率。施用晖等(1996) 在蛋鸡日粮中添加寡肽制品后，发现血浆中铁、锌的含量显著高于对照组，蛋壳强度也有所提高，说明肽添加促进了金属元素的吸收和在蛋壳中的沉积。

3. 提高机体的免疫能力

小肽在动物肠道中能够被迅速吸收，加强动物消化道内有益菌群(特别是乳酸菌族)的繁殖，提高菌体蛋白的合成，而相同氨基酸组成的蛋白质和氨基酸没有此种功能(曲永洵，1996)。另外，小肽可以直接提高动物自身免疫力，增强抗病力。蛋白质水解产生的某些肽具有提高机体免疫活性，其中对乳蛋白生物活性肽的研究最为深入。目前已从乳蛋白酶解产物中检测到了具有阿片肽活性、免疫调节活性、抗高血压活性、金属离子生物转化活性、抗凝血和舒张血管活性及抗细菌活性等多种生物活性肽，而且其中许多活性肽已从不同动物的乳蛋白中得到了分离纯化。Jolle 等(1981)研究表明，β-酪蛋白的水解产物中的三肽或六肽可以促进腹膜内巨噬细胞的体外吞噬作用。Coste 等报道，β-酪蛋白的胃蛋白酶—糜蛋白酶消化产物中的多肽可促进大鼠成熟的淋巴细胞和未成熟的脾细胞增殖。除酪蛋白外，乳铁蛋白和大豆蛋白酶水解产生的某些小肽也同样具有免疫活性作用。例如，Exorphines 可促使幼小动物的小肠提早成熟，并刺激消化酶的分泌，提高机体的免疫能力；缓激肽能促进吞噬细胞的生长，促进淋巴细胞的转运和淋巴因子的分泌。从鸡蛋白中提取的肽能促进细胞的生长和 DNA 的合成(Azuma 等，1989)。蔡元丽(2002)在早期断奶仔猪日粮中添加含肽水解物，结果显示仔猪免疫器官指数和血液中淋巴细胞数量显著提高，说明小肽可增进仔猪的免疫功能和免疫细胞的活性。这些小肽发挥免疫活性的机制可能是小肽能够自由通过小肠壁并能直接参与外周淋巴细胞的反应。此外，研究表明，小肽能有效刺激和诱导小肠绒毛膜刷状缘的细胞膜结合酶(乳糖酶)的活性上升，并促进动物的营养性康复(吕芳，1998)。

4. 提高动物的生产性能

某些蛋白质在消化酶的作用下降解，产生许多具有一定肽链结构和氨基酸残基序列的小肽，这些小肽能被机体直接吸收，参与机体生理活动和代谢调节，从而提高其生产性能。许多试验证明，必需氨基酸(EAA)平衡的低蛋白或游离氨基酸(FAA)混合物日粮并不能使动物达到适宜蛋白水平或高蛋白水平日粮的生产性能。据 Colngo(1991)对肉鸡的研究认为，当完整蛋白质来自玉米、大豆饼粉和玉米粉渣与游离蛋白质(来自合成氨基酸)之比降到 15∶1 时，生长受到损害。而在日粮中添加含肽物质的试验则证明，增加饲料中肽的含量能够改善动物生产性能。Parisini 等(1989)在猪日粮中添加少量肽类物质的试验表明，小肽可显著提高猪的生产性能和饲料利用率。

5. 促进肠道黏膜结构和功能发育，刺激消化酶的分泌和活性提高

小肽可优先作为肠道黏膜上皮细胞发育的能源物质，有效促进黏膜组织的发育，维护肠上皮细胞的结构与功能。小肽能被肠上皮细胞完整有效地吸收，降低了进入后肠段的蛋白质量，减少了后肠发酵产生氨气和有毒胺类的量，从而对消化道起到积极的保护作用。另外，一些生理活性小肽是神经系统的重要活性物质。研究发现，β-酪蛋白在胃肠道消化酶作

用下降解产生的酪啡肽，具有与阿片肽相似的氨基酸排列，可以完整地吸收进入循环系统，作为神经递质发挥生理调节作用，促进小肠发育。蒋建文等(1999)研究表明，补充 Gly-Gln 可缓解应激时 Gln 水平的下降，促进蛋白质的合成，防止猪肠黏膜萎缩和维持肠黏膜的正常结构和功能。王恬等(2003)研究显示，断奶仔猪日粮中添加小肽营养素，十二指肠、空肠、回肠的绒毛长度增加，隐窝深度减少，并且这种促进作用随着小肽营养素添加量的增加而提高。

小肽蛋白不仅是诱导消化酶分泌的最适底物，同时又能给机体消化酶的快速合成提供完整的氮架。冯秀燕等(2001)研究表明，在饲料中添加小肽类物质能显著提高胃蛋白酶、脂肪酶和淀粉酶的活性。王恬等(2003)报道，小肽能刺激断奶仔猪十二指肠食糜乳糖酶、淀粉酶、脂肪酶和胰蛋白酶的活性。

6. 其他营养功能

据报道，小肽能阻碍脂肪的吸收，并能促进脂类代谢，因此在保证摄入足够量的肽的基础上，将其他能量组分减至最低，可达到抑制脂肪沉积的作用。另外，小肽可促进葡萄糖的转运而不增加肠组织的耗氧量。此外，一些活性小肽还具有一些自身的生理作用，如改善饲料风味、提高饲料适口性等，可以作为调味剂在饲料中添加。

综上所述，关于小肽吸收的一些基本事实已经澄清，即日粮氮(氨基酸)主要以小肽的形式吸收；小肽的吸收是依质子梯度的主动转运过程；小肽经肠吸收需要转运载体 PepT1；小肠是转运载体 PepT1 表达的主要部位；PepT1 的作用底物主要是二肽和三肽及其衍生物。所有这些事实基本上奠定了小肽营养研究的理论基础。可以预见，未来对小肽营养理论的继续充实和发展，必将对传统蛋白质营养理论产生深远的影响。

第四节　碳水化合物营养

一、碳水化合物及其种类

在日粮中碳水化合物占大部分，在 Weende 的常规分析体系中，包括无氮浸出物及粗纤维。无氮浸出物是易消化的细胞壁碳水化合物部分，粗纤维是难消化的部分，但后者未包括所有的纤维素、半纤维素和木质素，而前者却包括一些纤维素、半纤维素、木质素及果胶。酸性洗涤纤维(ADF)是细胞壁的纤维素-木质素部分，而中性洗涤剂纤维(NDF)是细胞壁部分，即包括木质素、纤维素及半纤维素。可消化碳水化合物是家禽的重要能量来源，还是合成脂肪及非必需氨基酸的原料。碳水化合物的基本结构单元是 CH_2O，各不同碳水化合物分子的组成结构可用$(CH_2O)_n$ 这一通式描述。少量碳水化合物不符合这一结构规律，甚至还含有氮、硫等其他元素。在营养方面较重要的碳水化合物的分类见表 2-16。

多糖可分为营养性多糖和结构多糖。营养性多糖主要是淀粉与糖原，而结构多糖主要是植物细胞壁的构成物质，包括纤维素、半纤维素、果胶及木质素。不同种类不同生长期的植物的细胞壁组成物质的种类和含量不同，纤维素占 20%～60%，半纤维素占 10%～40%，果胶占 1%～10%。

表 2-16 碳水化合物分类表

1. 单糖

戊糖($C_5H_{10}O_5$):木糖 阿拉伯糖 核糖

己糖($C_6H_{12}O_6$):葡萄糖 果糖 半乳糖 甘露糖

2. 低聚糖

二糖:纤维二糖(葡萄糖+葡萄糖,由 β-1,4-糖苷键组成)

蔗糖(由果糖和葡萄糖组成)

乳糖(由半乳糖和葡萄糖组成)

麦芽糖(由 2 分子葡萄糖组成)

三糖:棉籽糖(半乳糖+葡萄糖+果糖)

四糖:水苏糖(2 半乳糖+葡萄糖+果糖)

3. 多糖(10 个糖单元以上)

同型多糖(只有一种类型的构建单元,通常是葡萄糖):

戊聚糖$(C_5H_8O_4)_n$:阿拉伯聚糖 木聚糖

葡聚糖$(C_6H_{10}O_5)_n$:淀粉 糖原 纤维素 葡聚糖

异型多糖(有几个不同类型的构建单元,如单糖及其衍生物):

半纤维素(葡萄糖、果糖、甘露糖、半乳糖、阿拉伯糖、木糖、鼠李糖、糖醛酸),

果胶(半乳糖醛酸的聚合物),硫酸多糖和氨基多糖等。

麦芽糖和纤维二糖分别是淀粉和纤维素的基本结构单元。麦芽糖由两分子 α-*D*-葡萄糖以 α-1,4-糖苷键连接组成,纤维二糖由两分子 α-*D*-葡萄糖以 β-1,4-糖苷键连接组成。

大多数淀粉是直链淀粉和支链淀粉的混合物,直链淀粉完全由葡萄糖以 α-1,4-糖苷键形成,而支链淀粉通常在直链上有由 α-1,6-糖苷键产生的分支,在每一支链内葡萄糖仍以 α-1,4-糖苷键相连接。在植物中,淀粉呈颗粒状。块根(茎)中的淀粉颗粒表现不溶性,难被动物消化,只有在熟化后才能被猪、禽利用。动物胰腺分泌的 α-淀粉酶只能水解 α-1,4-糖苷键,其产物包括麦芽糖和支链的寡聚糖;在寡聚-1,6-糖苷酶的催化下才裂解产生麦芽糖和葡萄糖。

纤维素、果胶及大部分半纤维素只能被微生物消化利用。木质素不是碳水化合物,而是含有不定量角质、单宁、蛋白质和硅酸盐的苯基丙烷衍生聚合物,但由于常与纤维素及半纤维素紧密结合在一起,故常与碳水化合物一起讨论。木质素加强纤维的硬度,是植物强有力的支撑结构物质。只在植物生长成熟后才出现在细胞壁中,含量为 5%~10%。

禾谷籽实(如玉米、高粱籽实、小麦和大麦)是家禽碳水化合物的主要来源,其碳水化合物主要是淀粉,还有其他碳水化合物,包括多糖类(如纤维素、半纤维素、戊聚糖)和含有 2~8 个单糖单位的寡糖(如水苏四糖和蜜三糖),这些糖类难被家禽消化,代谢能量价值很低,有的成分对消化还有不良的影响。

豆科饲料中的非淀粉多糖主要是果胶、α-半乳聚糖和纤维素。豆类种子中棉籽糖、水苏糖含量较高。

二、碳水化合物的消化吸收

碳水化合物的消化就是高分子聚合物的逐步水解,直到基本的单糖单位产生为止。碳水化合物分解酶有两类，包括多糖酶和寡糖酶。

淀粉酶是多糖酶，分解植物淀粉（直链淀粉和支链淀粉）以及动物糖原，这些均是通过 α-糖苷键组成的多糖。α-1，4-和 α-1，6-淀粉酶水解除末端葡萄糖苷键以外的所有糖苷键，产生二糖和单糖（葡萄糖）。淀粉酶一般需要 Cl^-。

寡糖酶水解三糖如棉籽糖，二糖如麦芽糖、蔗糖和乳糖等。如葡萄糖以 α-糖苷键与另一单糖连接，则需 α-葡萄糖苷酶如麦芽糖酶、蔗糖酶水解，如葡萄糖以 β-糖苷键与另一单糖连接，则需 β-葡萄糖苷酶如乳糖酶或 β-半乳糖苷酶水解。

但动物淀粉酶不能分解 β-糖苷键。纤维素分子中含有 β-糖苷键。半纤维素是木糖、阿拉伯糖、半乳糖、甘露糖和其他碳水化合物的复合聚合物，与木质素以二价键相结合后很难溶于水。草食动物（如鹿）的唾液中含有大量的脯氨酸，脯氨酸与单宁结合可以减轻单宁对细胞壁纤维素及半纤维素消化的抑制作用。

纤维素可被纤维素酶水解，其中必需 3 类碳水化合物酶：内-β-葡萄糖酶分解多糖的内 β-键，外-β-葡萄糖酶切掉多糖分子末端的葡萄糖或纤维二糖，β-葡萄糖苷酶将纤维二糖分解为葡萄糖。

非淀粉多糖大量存在于麦类饲料中，按溶解特性分，包括水溶性及碱溶性两大部分，主要是水溶性部分具有抗营养特性，增加食糜黏滞度，干扰营养素的利用（表 2-17 和表 2-18）。

表 2-17　禾谷籽实的细胞壁、淀粉、脂肪和代谢能（TME_n）含量

种类	细胞壁/(g/kg)	淀粉/(g/kg)	脂肪/(g/kg)	TME_n/(MJ/kg)
大麦	201	562	26	13.6～14.5*
玉米	117	700	42	16.1
燕麦	315	469	51	12.3～14.8*
裸燕麦	114	590	101	16.7
黑麦	357	—	29	13.9*
小麦	124	674	21	15.5
黑小麦	119	517	22	14.4

A. Chesson，1993；＊：NRC，1994。

以有机干物质为基础。

表 2-18　禾谷籽实中阿拉伯木聚糖和 β-葡聚糖的总量及可溶部分的含量，糊粉层中阿拉伯木聚糖和 β-葡聚糖所占百分率

种类	阿拉伯木聚糖			β-葡聚糖		
	总量/(g/kg)	可溶量/(g/kg)	糊粉层中/%	总量/(g/kg)	可溶量/(g/kg)	糊粉层中/%
大麦	56.9	4.8	22	43.6	28.9	99
燕麦	76.5	5.0	12	33.7	21.3	47
黑麦	84.9	26.0	44	18.9	6.8	71
小麦	66.3	11.8	35	6.5	5.2	48

由于β-葡聚糖使食糜胶样化,家禽的排泄物过黏、垫草的持水力加大。这样易造成腿关节和胸部疾病,黏粪也易污染禽蛋,降低产品商品合格率。黑麦、小麦和杂交黑小麦的糊粉层中阿拉伯木聚糖(戊聚糖)高而β-葡聚糖低。用含黑麦的日粮喂鸡,鸡的生产性能差、排泄物黏滞性强,也可能正如大麦和燕麦中的葡聚糖一样,是可溶性的阿拉伯木聚糖(戊聚糖)增强了食糜的黏性。尽管玉米、杂交黑小麦和小麦的糊粉层中也含有阿拉伯木聚糖和葡聚糖,但它们的可溶性比黑麦中的阿拉伯木聚糖的差,因此用它们喂家禽一般不会降低生产性能和导致排泄物过黏。Annison (1991)发现小麦 AME 与其中可溶性非淀粉多糖(主要是阿拉伯木聚糖) 的含量呈显著的负相关。大量研究已确证向大麦含量高的日粮中添加β-葡聚糖酶,提高日粮代谢能水平、增加肉仔鸡采食量,提高生长速度。

所有禾谷籽实的糊粉层中的β-葡聚糖和阿拉伯木聚糖限制了消化酶接触胚乳中的营养素以及动物对营养素的吸收。因此,加酶一般可提高脂肪、淀粉及氮的消化率。现仍不清楚的是,可溶非淀粉多糖的限制作用究竟是源于未被加工和咀嚼破坏的完整糊粉层的保护作用,还是由于糊粉层释放的可溶性非淀粉多糖形成胶体从而妨碍营养素吸收的结果。大量的研究表明可溶非淀粉多糖含量与排泄物的黏滞度存在密切相关,且可溶非淀粉多糖的抗营养特性在使用酶后减弱甚至消失,这均表明是由于酶破坏了可溶非淀粉多糖的胶体形成能力。然而,如果酶能破坏胶体,它应该也能大大增加糊粉层的可溶性。Petersson 和 Aman(1988,1989)发现向以黑麦为基础的肉仔鸡日粮中添加戊聚糖酶可提高肉仔鸡活重,但食糜的黏性未明显下降。这就提示,尽管戊聚糖酶破坏了可溶阿拉伯木聚糖的胶体形成能力,但同时也从糊粉层释放出了额外一些阿拉伯木聚糖,要不然就是不溶的聚合物,从而保持前肠道食糜的黏滞性没有太大变化。那么,外源酶提高营养价值的机理可能是打破完整的糊粉层,并释放被其中多糖束缚的营养素。如果日粮中添加戊聚糖酶过多,有可能从糊粉层释放的可溶性非淀粉多糖的量过多,导致食糜黏度更大。

可溶性非淀粉多糖的胶体形成能力及对食糜和排泄物黏度的影响主要与可溶性非淀粉多糖碳架的长短有关。要衡量酶制剂功效,破坏细胞壁及释放其中束缚的营养素比降低排泄物黏性更重要,达到前一目的所需酶量比达到后一目的所需的酶活性更大。细胞壁比糊粉层更难降解。破坏细胞壁让动物消化酶随时可接触细胞内养分所要酶解的键数要比彻底降解细胞壁聚合体所要酶解的键数少得多,不但需要多糖酶和聚糖水解酶释放出寡糖,还要一套糖苷酶将寡糖降解为单糖。但一些单糖很难被动物吸收和利用。在猪方面,让含单糖的寡糖直接到后肠道发酵后所能提供给动物的能量要比让单糖在前肠道吸收及利用后提供的能量要多得多。吸收利用外源糖的能力在动物品种间存在差异,猪能吸收利用日粮中 75%的游离半乳糖醛酸,但只能吸收代谢 66%的木糖和 34%的阿拉伯糖(Yule 和 Fuller,1992),在鸡方面却相反,半乳糖醛酸的营养价值极低微(Longstaff 等,1988)。

肉仔鸡日粮中添加淀粉酶的效果很难预见,因为没有证据表明刚出壳雏鸡缺乏此酶。

饲料中添加的酶要发挥作用必须在饲料加工过程中及在动物胃肠内保持活力。Chesson (1993)的实验室检测结果表明肉仔鸡饲料中酶经过嗉囊和腺胃后仍有 75%的活力,到回肠末端只有 20%以下。一般来讲,糖苷酶比多糖酶要脆弱(表 2-19)。

表 2-19　加酶肉仔鸡日粮中酶的回收率　U/g

样　本	β-葡聚糖	木聚糖	多聚半乳糖醛酸酶
加酶总量	104	130	1 395
家禽饲料中回收量	83	83	1 500
家禽回肠回收量	8	25	160

A. Chesson，1993。

谷物饲料中可溶性非淀粉多糖降低饲料营养价值的机理可归纳为：

①可溶性非淀粉多糖增大食糜黏滞度，减慢流通速度，降低家禽采食量。

②减少消化酶与底物结合的概率，甚至可与消化酶结合从而降低其活力，因此妨碍了饲料的充分消化。

③改变肠道形态，增加肠道黏膜厚度，减弱营养素的扩散吸收。

④增加肠道有害微生物繁殖，与宿主竞争性利用饲料中的营养素；还可能产生毒素，影响宿主健康；微生物分解胆汁酸盐，妨碍脂肪消化吸收。

碳水化合物的吸收与氨基酸的吸收相似，至少葡萄糖和乳糖是如此，也是需要载体的消耗 ATP 与 Na^+ 转运相联的主动过程。葡萄糖、半乳糖及其他主动转运的单糖均竞争同一载体分子，而果糖通过易化扩散进入细胞内经过嗜碱侧面而转运出上皮细胞时不依赖 Na^+ 或能量，与易化扩散系统相似。

三、碳水化合物的代谢利用

体内循环的碳水化合物主要是葡萄糖，但还有来自植物饲料的果糖、半乳糖、甘露糖、木糖和核糖等。所有的单糖都以磷酸化的形式进入代谢（图 2-1），如糖酵解、三羧循环及磷酸戊糖循环等途径。糖代谢途径受肝脏中 NAD 和 NADP 浓度的调节，NAD 浓度高有利于前两条途径的代谢，NADP 浓度高有利于第三条途径的代谢。

葡萄糖是动物体内主要的能源，其转运媒介是血液。血中葡萄糖的浓度通常维持在较窄的范围内：单胃哺乳动物及人血液中含 70～100 mg/100 mL，反刍动物的稍低，为 40～70 mg/100 mL，而家禽的稍高，在 130～260 mg/100 mL 的范围内。

（一）血液中葡萄糖的来源

（1）饲料中寡糖和多糖消化降解产生的葡萄糖被动物吸收入体内。

（2）由氨基酸、乳酸、丙酸和甘油等非碳水化合物经肝脏的糖异生作用而合成的葡萄糖（图 2-2）。在生糖物质转变成葡萄糖的过程中，最重要的物质是丙酮酸。在丙酮酸激酶的作用下生成草酰乙酸，磷酸烯醇式丙酮酸羧激酶将其转变为磷酸烯醇丙酮酸。2 mol 的这种三碳化合物产生 1 mol 已糖。磷酸烯醇式丙酮酸羧激酶存在于细胞质中，其活性受碳水化合物营养状况的调节。

（3）肝脏糖原是葡萄糖的储备库。在机体需要葡萄糖时，糖原分解产生葡萄糖。

（二）血液中葡萄糖的清除

1. 合成糖原

在采食过多的碳水化合物后，不能被当作能量利用的多余的葡萄糖便用于合成糖原，贮存在肝脏。

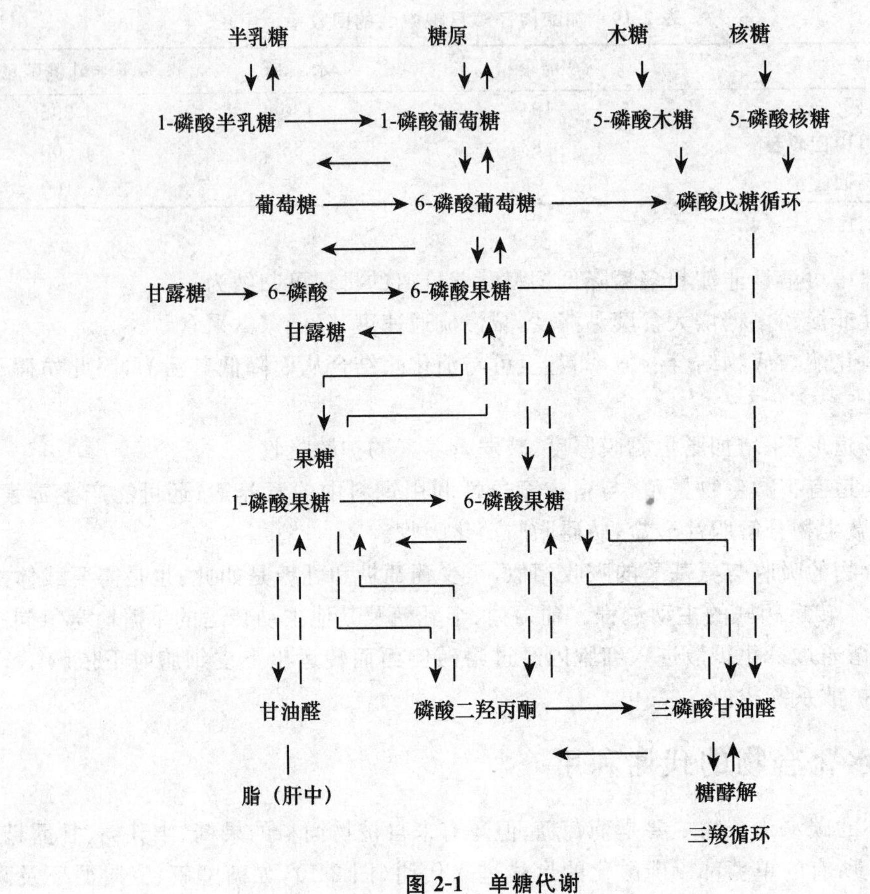

图 2-1　单糖代谢

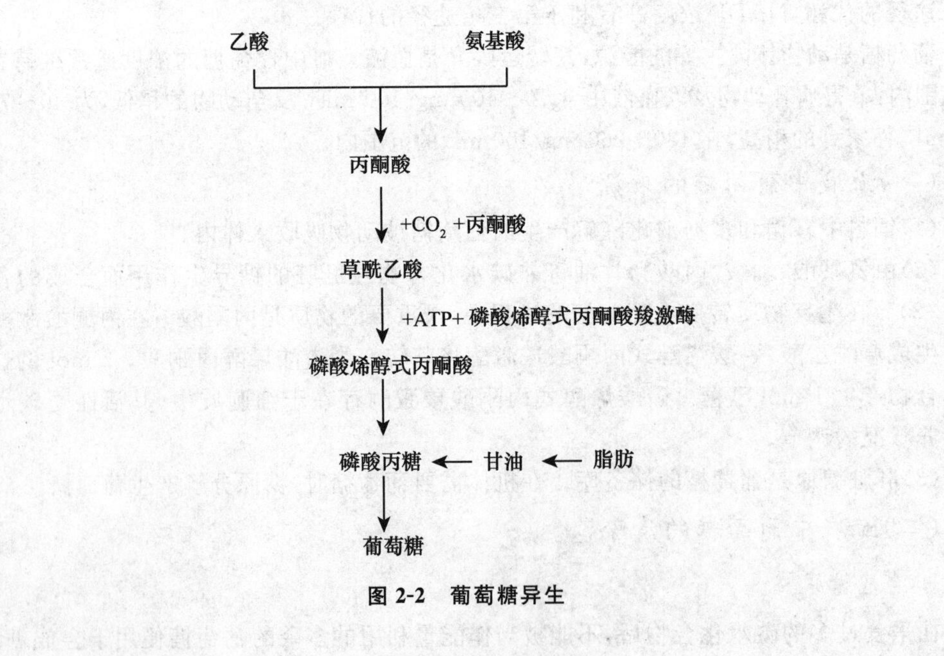

图 2-2　葡萄糖异生

2. 合成脂肪

以糖原形式贮存的葡萄糖是有限的，如果摄入葡萄糖的量超过了能量生成和合成糖原的量，则转变成脂肪。动物体内脂肪合成场所是肝脏和脂肪组织，在家禽主要是在肝脏。脂肪的生物合成过程如图 2-3 所示。

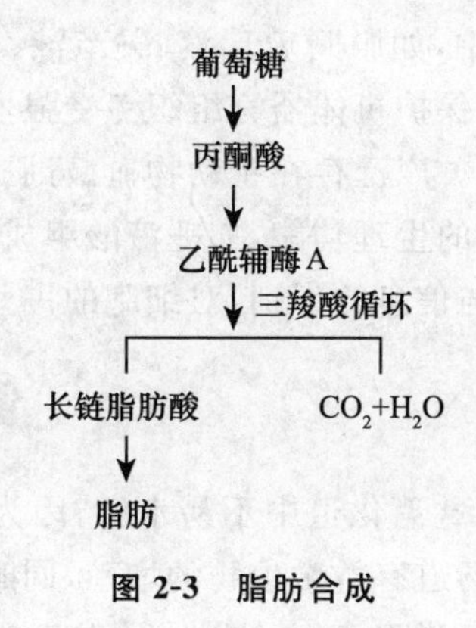

图 2-3　脂肪合成

3. 合成非必需氨基酸

葡萄糖降解的中间产物用作合成非必需氨基酸的碳架(图 2-4)。

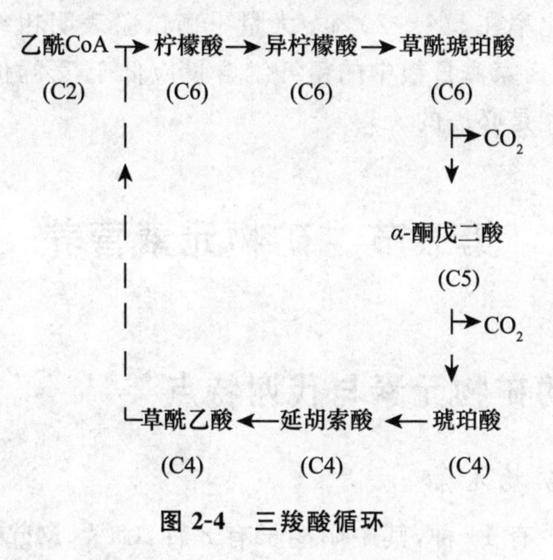

图 2-4　三羧酸循环

4. 彻底氧化生成 ATP，供给能量

1 mol 葡萄糖氧化可产生 38 mol ATP，1 mol 高能键含 33 kJ 能量，共产生 1 254 kJ。每摩尔葡萄糖的燃烧值为 2 870 kJ，则生物氧化的能量捕获效率为 44%。

四、碳水化合物营养生理作用

(一)供能贮能作用

碳水化合物中的葡萄糖是动物代谢活动最有效的能源。葡萄糖是大脑神经系统、肌肉组织等代谢活动的唯一能源。碳水化合物除了直接氧化供能外，也可以转变成糖原和(或)

脂肪贮存。

(二)组织结构物质及其他营养生理作用

由五碳糖组成的核糖及脱氧核糖是遗传物质的组成成分。果糖存在于大多数动物精子中,浓度达0.5%。葡萄糖醛酸是细胞膜和分泌物中多糖的基本组成成分。黏多糖大量存在于动物体胶原、结缔组织和黏液中,如眼睛玻璃液、关节液、软骨、骨、皮、弹性组织中。透明质酸具有高度黏性,对润滑关节、保护机体器官组织免受强烈震颤对生理功能的影响。硫酸软骨素在软骨中起结构支持作用。广泛存在于动物血、肾脏、黏液、骨黏膜、激素、酶、胶原和结缔组织中的糖蛋白有多种复杂的生理功能,如唾液酸组成的糖蛋白具有黏性,对消化道起润滑和保护作用,有些糖蛋白参与信息的识别,对细胞的一些活动如分裂及特异免疫反应至关重要。

(三)调整肠道微生态

一些寡糖类碳水化合物在畜禽消化道中不易水解,因为肠道消化酶系中没有相应的分解酶,但它们可以作为能源刺激肠道有益微生物的增殖,同时还由于阻断有害菌通过植物凝血素对肠黏膜细胞的黏附,改善肠道乃至整个机体的健康,促进生长,提高饲料利用率。在后肠道,这些寡糖的浓度在其他营养素被消化吸收后得到提高,其作用因此比单糖更有效。

(四)维持肠道的正常结构和功能

粗纤维在家禽的消化率在5%~20%。大量平衡试验表明粗纤维对于蛋白质和矿物质的利用有负作用,一般认为家禽日粮中的粗纤维含量应低于7%,但少量的粗纤维对于家禽肠道具有正常结构和功能是必需的。

第五节　矿物元素营养

一、家禽必需的矿物元素与代谢特点

(一)家禽必需的矿物元素

必需的矿物元素至少有14种,其中阳离子有8种:Ca^{2+}、Mg^{2+}、K^{+}、Na^{+}、Mn^{2+}、Zn^{2+}、Fe^{2+}、Cu^{2+}、Co^{2+},另5种是阴离子或通常见于阴离子根中,如Cl^{-}、I^{-}、PO_4^{3-}、SO_4^{2-}、SeO_3^{2-}。在饲料原料中Se的自然状态是SeMet有机态,但补加Se源一般是SeO_3^{2-},两者效果相近。Co^{2+}是维生素B_{12}的组成成分。另外还需要Mo、Cr、F、Si、Ni、Sn、V 7种元素。还有锶、铈、钪和镧元素等稀土元素也有一定的有益作用。

矿物元素的基本营养功能在以下3方面。一是动物机体组织的生长和维持所必需;钙、磷、镁与骨骼及蛋壳的形成与硬度有关,磷、硫、锌、镁是软组织的重要成分;锌、氟及硅在蛋白质及脂肪的形成过程中发挥重要作用。矿物元素Na、K、Cl和磷酸盐、碳酸盐还通过维持细胞内外渗透压及酸碱平衡,保护细胞的完整性及膜的通透性。二是调节许多生理生化代谢过程。钙就是神经传导、血液凝固、心脏收缩等生理过程所必需,还可调节细胞膜的通透性。钒调节胆固醇及磷脂的合成;铜、铁与血红蛋白形成有关。矿物元素作为酶的特异成分或非特异激活剂而调节酶的活性。三是矿物元素作为酶的辅助因子催化生成能量的酶促反应，如钙、镁、磷、锰和钒在ATP等分子中的高能键形成过程中发挥作用。

（二）家禽矿物质元素代谢特点

家禽生长强度大，代谢速率高。在出壳后的头10周内，蛋用型鸡的体重增长18～20倍；而肉用鸡的体重在7周内就增长了40～50倍。蛋禽的生殖系统功能高度发达。这些均是其他动物无法相比的。在家禽的生长发育过程中，这些生理特点也从矿物质代谢方面反映出来。从表2-20可以看出在繁殖期间，家禽对钙的利用要比哺乳动物快20倍以上，血钙的清除速率要快5倍。

表2-20　哺乳动物和家禽钙代谢的比较

品种	钙沉积/(mg/h)	机体钙总量/mg	体重/kg	血钙清除速率/(%/h)	每日的钙利用/(mg/kg体重)
妊娠牛	1 300	2 000	600	65	52
妊娠大鼠	0.5	0.6	0.25	83	48
产蛋母鸡	100	25	2	400	1 200

家禽在胚胎发育和出壳后各生长发育阶段的矿物元素代谢重要特点如下：

(1)禽受精卵经3～4周后，在没有母源营养的情况下，形成了一个脊椎动物，这种子宫外的胚胎发育完全依赖于卵内平衡的营养贮备，其中就包括矿物质。卵的各个组织(卵白、卵黄和蛋壳)都是胚胎发育所必需的矿物元素来源。卵壳提供胚胎所需钙的80%。

(2)幼禽的矿物元素代谢强度大，随周龄增大而逐渐减小。出壳后，幼禽体内大部分矿物元素的百分含量提高了；骨骼矿化度逐渐增加，而骨组织内的代谢速率降低。在蛋用鸡的第1月龄以内，矿物质的代谢变化很大，只是在3～4月龄时鸡骨骼的生长和矿化接近结束，至性成熟时才逐渐稳定下来。因此要特别注意出壳后头4周的矿物质营养。

(3)在后备母鸡存在一个为期2周左右的开产前期，在此阶段有许多生理的和生化的各种变化发生，会影响到矿物质代谢的各个方面。例如性激素使得几乎所有常量和微量元素在体内沉积增加，血液中各种元素浓度上升，骨骼中钙、磷等各种元素的代谢库形成。这些变化在成年家禽是没有的。后备母鸡在开产前的10 d内由于雌激素的作用使血钙含量从每10 mg/100 mol上升到25 mg/100 mol左右，因此后备母鸡的矿物质需要量标准应有其特殊性。表2-21中数据表明，随着周龄增大和性成熟，血液中钙水平明显提高，无机磷含量下降。血浆游离钙升高幅度小，表明血钙以蛋白结合钙部分的升高为主。说明性成熟时母鸡已具有代谢较高钙水平的能力。

表2-21　正常后备来航母鸡血浆钙、磷水平　mg/100 mL

周龄/周	血浆总钙	血浆离子钙	血浆无机磷
2	8.62	4.00	5.44
18	9.72	4.87	4.51
25	27.50	6.60	1.91

(4)蛋禽对常量元素的吸收率较高,但对微量元素的吸收率较低。高产蛋鸡对钙的吸收率可达60%,但对锰的吸收率只有2%~5%,Zn的约为20%,Fe的约为15%,Cu的约为40%。性成熟公鸡的矿物元素代谢速度慢,对矿物元素的利用率低。

(5)骨骼在矿物质代谢中的特殊作用。禽特别是产蛋禽的骨骼不只是起一个内稳恒的作用,而且直接参与卵壳的形成。这种功能是如此的强烈,以至于骨骼的强度有时受到损坏。

(6)输卵管内存在特殊的机制从血液中摄取矿物质元素,并使其沉积在卵内。特别是壳腺摄取和分泌钙对蛋壳形成的作用尤其突出。

(7)精细且高度协调的内分泌系统调节矿物质代谢。这一系统包括甲状腺、甲状旁腺、垂体、后腮体(位于颈部,含C细胞,分泌降钙素)、性腺和肾上腺。腺体间以及与如维生素D等其他因子间的协作在各个水平上调控矿物质代谢的,如在消化道、细胞外液以及内分泌组织和器官中等。

(三)家禽的矿物质营养需要研究方法

满足家禽对矿物质的需要就是保证家禽最高效利用饲粮中所有营养素、最佳地发挥遗传品质所赋予的生产潜力。当然其前提是饲粮中其他营养素营养已得到适当平衡。影响家禽矿物质需要量的因素包括品种、生产类型(目的)、年龄、性别、生理状况(生长期、性成熟期、繁殖期等)、营养状况、气候环境等。

1. 需要量研究方法

(1)析因法。

①生长期动物在不同时期的元素沉积(R)。屠宰并分析整个机体组织的元素含量可获得这些数据。

②排泄器官排出的某元素的量,即所谓的内源排出量(E)。通过分析肾脏排出的尿和消化道排出的粪可获得这些数据。粪、尿中内源损失在正常情况下比较难区分,因为家禽的粪、尿是一起从泄殖腔排出的。用直肠分离术获得了一些Ca、P、Mg的内源排出量的数据资料,但对于其他元素却还没有可靠的数据。

③母禽生殖器官和卵的元素沉积量(B)。

④动物对饲料中某元素的利用率(Y)(%)。

根据以上4部分可计算家禽对某元素的需要量为$(R+E+B)/Y$。

(2)饲养试验。常用于确定矿物元素需要量的方法是根据动物的生产性能、繁殖性能和健康状况,这就需要进行饲养试验。动物食用元素含量不同的一系列饲粮,基础饲粮可以是纯合成或半纯合成天然饲粮,其中被研究元素的含量很低。在其基础上再加入一定量的元素形成饲粮系列。饲养试验中动物的数量较大。评价的指标可以是:生产性能(增重、产蛋量等),健康状况、单位产量所消耗的饲料量,组织器官中元素的浓度,骨骼的生长及矿化程度等。

饲养试验法简便、不需昂贵仪器设备、适应的条件较广(一般的生产农场和试验农场均可操作),花费低。但所需动物数量大、饲料消耗大、试验期长。饲料质量的变异和季节变化会影响数据的准确性和精确度。

(3)屠宰试验。对动物组织器官甚至整个机体中元素沉积量的分析,此种方法的原则是：

①在试验开始前，要对动物器官、组织和整个机体中元素的起始浓度进行分析。这就要对一定数量的品种、性别和周龄相近的动物进行屠宰。

②试验动物分成规模相同的几组，食用相同的饲粮，只是各组饲粮中被研究的元素的含量不同。

③试验结束后，屠宰动物，并对动物器官、组织和整体进行元素含量分析。

④根据元素的沉积量反映需要量满足的程度，来确定需要量。

本方法的优点是可以确定靶器官或靶组织中某元素的实际沉积，不需收集粪、尿，减少了许多分析工作量。但对大动物的整体做元素分析比较难，且费用较昂贵；要使数据可靠，试验期必须足够长；成年动物机体内元素的沉积量较大，可能对试验水平的变化不够敏感。

(4)生理生化学指标法。一般通过检测组织器官中与被研究元素有关的激素、酶的含量或活力来确定家禽对某元素的生理需要量。

2. 矿物质元素的利用率

(1)净吸收率。测定元素的净吸收率必须了解动物的内源排出量。测定矿物元素的内源排出量一般需用同位素示踪法，即在给饲动物含待测元素饲粮的同时向动物血中注入该元素的同位素。待饲喂的饲料未达到小肠前和血中的同位素达到平衡后，测定血、尿、粪中的放射活性。通过下式可计算粪中内源排出量(%)及元素的净吸收率(%)。该方法用于常量元素较准确。

$$\text{粪中内源矿物元素}=\frac{\text{粪中单位待测元素的放射活性}}{\text{血或尿中单位待测元素的放射活性}}\times 100\%$$

$$\text{元素净吸收率}=\frac{\text{元素摄入量}-\text{粪中元素量}+\text{粪内源元素量}}{\text{元素摄入量}}\times 100\%$$

(2)可通过代谢平衡试验测定利用率。动物单独饲养在特制的代谢笼内，以便准确地测定采食量、饮水量、尿和粪排出量。一般要经过预试期和正试期。在正试期定量某元素的摄入量(饲料、饮水)和排出量(蛋、尿、粪等途径)。由摄入量和排出量可确定某元素在动物体内是有沉积(正平衡)还是有耗竭(负平衡)。

矿物质平衡反映的是元素代谢的结果，无论正平衡、零平衡或负平衡都不能准确地反映动物对某元素的需要量。矿物质的平衡由元素沉积的可能性(由供给量和机体内元素浓度共同决定)、动物的生理状况、饲料中各元素的比例以及维生素的供给量等因素决定。

①净利用率。矿物元素的利用效率受摄入量的影响。为了消除这一影响，可根据两组平衡试验的结果计算净利用率，公式如下：

$$\text{净利用率}=\frac{R_2-R_1}{I_2-I_1}\times 100\%$$

式中，$R_1(2)$、$I_1(2)$分别为第1(或2)组动物体内的待评定元素的沉积量及摄入量。

②相对利用率。可根据平衡试验获得的某元素沉积量或与该元素有关的生物活性物质的水平或动物的生产性能等指标，比较含该元素的待测物质与所选含该元素标准物在元素含量相同条件下的效应，便得出相对利用率。

二、钙、磷、镁营养及需要量

(一)钙

1. 钙的生物功能

钙是动物机体内含量最多的矿物元素,钙为骨骼生长所必需。一般来航鸡含钙 35 g,机体内 90%的钙在骨骼里,10%在软组织。骨灰含钙约 36%,含磷 18%和镁 0.5%。钙以各种形式存在于骨骼中,一般是结晶型的化合物,主要成分是 $Ca_{10}(PO_4)_6(OH)_2$,另一种是非结晶性化合物,含 $Ca_3(PO_4)_2$、$CaCO_3$ 和 $Mg_3(PO_4)_2$。

坚硬的禽蛋壳主要由 $CaCO_3$ 组成。一个鸡蛋含钙 2.0~2.2 g。

钙还参与神经传导、肌肉收缩、血液凝固等生理过程。

2. 钙的吸收与转运

十二指肠中钙结合蛋白(CaBP)浓度最高,以后各段的 CaBP 浓度逐渐降低。维生素 D_3 的活性形式 1,25-二羟维生素 D_3 启动 CaBP 合成,肠细胞内 CaBP 的量与饲粮中钙、磷含量呈正相关。CaBP 位于刷状缘上吸收和转运 Ca。

体内钙的转运形式有 3 种:①游离钙离子,为保持离子平衡、酸碱平衡、此部分 Ca 不能太高,约占总钙的 50%;②蛋白结合钙,钙结合蛋白由维生素 D_3 促进合成,此部分 Ca 为贮运形式,占总钙的 40%~45%;③钙盐,如草酸钙及螯合钙等,此部分钙很少,占 5%~10%。

钙源中钙的吸收受钙源的溶解度,肠道中磷、镁、铁、铝及维生素 D_3 水平等因素的影响。钙的排泄途经主要是粪。

3. 钙的代谢及调控

禽的钙代谢主要受 1,25-二羟胆钙化醇、甲状旁腺激素(PTH)、降钙素(CT) 3 种激素的调节。不过,前列腺素、生殖类固醇激素和其他一些激素也起重要的作用。另外,饲粮中钙本身和维生素 D 的含量对钙元素代谢的影响是巨大的。

(1)甲状旁腺激素。甲状旁腺激素(PTH)是一个含有 84 个氨基酸的多肽。细胞外液中钙离子的浓度对 PTH 分泌的调节能力最强,低钙促进甲状旁腺激素分泌。但其他一些元素,包括镁、儿茶酚胺和前列腺素也有调节作用。cAMP 是钙调节 PTH 分泌的第二信使,在低血钙及肾上腺素、多巴胺和前列腺素 E_2 的作用下,PTH 分泌速率与细胞内 cAMP 浓度同步变化。另外,抑制 PTH 释放的 α-肾上腺素能兴奋剂和前列腺素 E_2 会降低细胞内 cAMP 浓度。

PTH 作用的靶组织是肾脏和骨骼。PTH 对维生素 D 的代谢也有调节作用。

蛋壳形成过程中血钙浓度下降便促进 PTH 的分泌,循环 PTH 浓度上升便刺激髓骨的溶解吸收。

(2)降钙素(CT)。基本的分子单元是含有 32 个氨基酸的肽。

当饲粮钙含量增加,血浆 CT 和总钙浓度上升,血浆无机磷浓度下降。血浆高钙促进 CT 分泌,但当仔鸡饲粮含钙量很高到一定程度时,CT 可能无法再将血浆钙恢复到正常水平,因为调节能力也有限度。

降钙素的作用主要抵抗高血钙,而不是诱发低血钙。

在哺乳动物,CT 的主要作用是防止在“钙应激”例如在妊娠和泌乳时溶骨过度,有保护骨骼的作用。在产蛋鸡可能有类似的作用。

(3)维生素 D。维生素 D_3 实质上是通过 1,25-$(OH)_2D_3$ 发挥作用,对后者的需求与钙的需求相关。在因饲粮 Ca 或维生素 D 缺乏而造成低血钙的情况下,1,25-$(OH)_2D_3$ 的产量会大幅度增加。Ca^{2+} 对 1,25-$(OH)_2D_3$ 的调节是通过 PTH 间接作用的。Fraser 和 Kodicek (1973) 的试验表明,0～27 日龄雏鸡食用维生素 D 缺乏饲粮 6～9 d 后肾脏 1-羟化酶活性大幅度提高,然而血钙在 12 d 后才下降,有的可维持到 18 d。

维生素 D 及其活性代谢产物主要是激活钙、磷离子通过肠上皮细胞的主动转运,增加小肠对钙、磷的吸收,提高血浆钙、磷水平,保证骨骼的正常钙化。另外,当血钙下降时 1,25-$(OH)_2D_3$ 与 PTH 联合作用动用骨骼中的钙、磷。1,25-$(OH)_2D_3$ 诱导溶骨作用的机制不清。与 PTH 和 CT 不同,维生素 D_3 的代谢产物似乎不影响骨中 cAMP 浓度。24,25-$(OH)_2D_3$ 在溶骨方面无作用。1,25-$(OH)_2D_3$ 也促进肾小管对钙的重吸收。

肠组织细胞质中钙结合蛋白(CaBP)浓度与钙转运速率呈正相关。细胞质中 CaBP 也可能不直接参与转运钙通过细胞膜,而只是对进行入细胞内的钙离子起缓冲作用,从而确保无论通过肠细胞的钙流动有多大变化也使细胞内钙离子浓度稳定在生理极限以内。

产蛋母鸡的循环 1,25-$(OH)_2D_3$ 浓度很高。在未成熟后备鸡,其浓度为 30～50 pg/mL,而在产蛋鸡的浓度可达 120～130 pg/mL。排卵后 10～24 h 循环 1,25-$(OH)_2D_3$ 浓度可达最高,有时可达 300 pg/mL。在禽有生殖能力后,肾脏 25-$(OH)D_3$-1-羟化酶活力会成倍增强。25-$(OH)D_3$-1-羟化酶活力在排卵周期也表现出生理节律。

雌激素增强 25-$(OH)D_3$-1-羟化酶活力,降低 24-羟化酶的活力。

钙、磷两元素的代谢紧密相关。维生素 D_3 对磷的代谢有不依赖钙的直接作用,1,25-$(OH)_2D_3$ 也能促进肠道对磷的吸收。当雏鸡食用低磷饲粮(>0.3%)时,肾脏 25-$(OH)D_3$-1-羟化酶活性提高,肠黏膜 1,25-$(OH)_2D_3$ 富集,小肠对钙的吸收增加。

PTH 对肾小管重吸收磷酸盐有抑制作用,低钙饲粮促进 PTH 分泌;低磷饲粮导致血浆离子钙浓度升高,从而抑制 PTH 分泌,肾小管重吸收磷酸盐加强从而保存磷,而且还使在低磷条件下肠道吸收的多余额外钙从尿中排出。

在哺乳动物,当低血磷出现时肾小管对磷酸盐的重吸收会大幅度增加,且这一过程不受 PTH 和维生素 D 的调节。还不知这一机制在禽类是否也有作用。

(4)前列腺素。前列腺素影响 Ca 和骨代谢。前列腺素与 PTH 作用的机制相似,减少细胞外钙库中 Ca^{2+} 排出,增强原始破骨细胞的活力,加速骨溶解,从而导致血钙升高。

因此,前列腺素在溶骨以及壳腺的钙分泌过程中都有作用。

4. 钙缺乏与过量

家禽缺钙时采食量下降,基础代谢率提高,生长受阻;软骨病,鸡肋骨增粗变软、弯曲呈 V 形,鸭肋骨变软易弯且骨干内表面出现佝偻串珠,鸡、鸭长骨骺生长板之增生带明显增宽,类骨组织及结缔组织增生,成骨及破骨细胞增多,故分泌到血液的碱性磷酸酶增多;产蛋鸡骨质疏松,姿势异常,内脏出血,蛋壳变薄、软壳或无壳,产蛋量下降;痉挛、抽搐。血清钙和其他组织钙、镁浓度下降,骨骼脱矿质,骨骼灰分及钙含量降低。

产蛋鸡性成熟前血清钙浓度约为 10 mg/100 mL,但进入产蛋期则上升到 20～30 mg/100 mL。山本(1983)试验表明,饲喂低钙(0.8%和 0.08%)饲料,试验鸡从第 2 天开始产软壳蛋,含钙 0.8%和 0.08%的两组鸡群分别于 9～15 d 和 5～9 d 内停产。两组鸡血浆中的钙水平均从第 5 天开始剧降,髓骨的钙含量也同时剧减,但骨密质中的钙含量几乎没有变化。

如果钙源纯度高并且形式不是粉末状,那么产蛋母鸡能耐受钙 8～9 g/(只·d)。虽然产蛋鸡代谢高钙的能力强,但试验研究表明食入钙过量是无必要且是有害的;虽然对蛋壳质量无影响,但会抑制一些微量元素(Mn、Zn、Fe 和 Cu)的吸收,也不利于有机磷的利用,还会抑制鸡的采食量,影响产蛋率。钙食入量不宜超过 4.5 g/d,饲料中钙含量不宜超过 4.0%。饲粮中钙含量过高会导致肾脏病变、内脏痛风、输尿管结石,生长受阻,性成熟推迟,甚至导致死亡。

5. 钙需要量与供给

(1)产蛋鸡。应用析因法可将产蛋鸡的钙需要分为以下几部分。

①维持需要。尿和粪中的内源损失,产蛋鸡 0.10～0.28 g/(d·只)。体型越大,维持需要越多。

②一枚鸡蛋含钙量 2.0～2.2 g。

鸡蛋壳占蛋重 10%,壳中钙含量 36%左右,对于 1 枚 50～60 g 的蛋,蛋壳含 Ca 1.80～2.16 g,蛋白与蛋黄中含 Ca 30～40 mg,那么,1 枚蛋含 Ca 1.85～2.2 g,蛋重越大,含钙量越多。

③饲料钙的利用率。取决于饲粮中钙含量及产蛋鸡的产蛋率(表 2-22)。

表 2-22 不同饲粮钙浓度下产蛋鸡的钙存留率

指 标	饲粮钙浓度/%[钙摄入量/(g/d)]							
	2.27 (2.5)	2.56 (2.68)	2.69 (2.99)	2.83 (3.36)	2.93 (3.18)	3.18 (3.47)	3.54 (4.12)	(X)
Ca 存留率/%	56.0	53.4	51.8	50.3	48.8	44.7	38.1	
Ca 存留量/g	1.40	1.43	1.55	1.69	1.55	1.55	1.57	(Y)

Grimiger P.,1961。

$$Y=83.45-10.87X; \quad r=-0.985$$

如果饲粮钙浓度 $X=3.75\%$,则钙存留率 $Y=42.7\%$

产蛋的头 6 个月,钙的利用率为 45%～50%,平均 47.5%;后 6 个月为 35%～45%,平均 40%。

产蛋鸡钙的需要量可用公式表示为:

$$\mathrm{Ca(g)}=\frac{A+B}{C}\cdot D^{*}$$

式中,D 为产蛋率(%),产蛋的鸡比休歇的鸡采食量大,故应考虑产蛋率。Clunies 等(1992)的研究表明在蛋壳形成的日子里比在无蛋壳形成的日子里的饲料进食量、钙磷进食量要高。根据公式,若产蛋率以 100%计,则产蛋鸡每日钙进食量应为 4～5 g,若采食量为 110～130 g,则饲料钙含量应达 3.6%～3.8%。

还有一个经验公式:

$$Ca(\%)=\frac{D^{*}}{0.22E}$$

式中，D 为产蛋率，E 为每日每只鸡的饲料进食量(g)，0.22 为经验系数。

如果产蛋率为 80%，每日采食量为 100 g，那么饲粮 Ca 含量应为 3.65%。

Ca 需要量的推荐值总是在变化，NRC 的推荐量自 1944 年的 2.27 g/(只・d)到 1984 年的 3.75 g/(只・d)升高了 65%。一些研究结果比 NRC 的要高很多，20 世纪 40 年代、60 年代、70 年代和 80 年代的平均值分别为 3.44、4.14、4.44 和 4.96 g/(只・d)。其原因可能是蛋鸡产蛋量增加，从而增大了对钙的需求。

一般来讲，为确保最高的产蛋量，认为当产蛋鸡到达高峰期，鸡每日应至少食入 3.75 g 钙；并且随鸡周龄的增大，蛋壳质量下降，钙食入量应提高，如表 2-23 所示。

表 2-23 商品蛋鸡的钙需要量推荐值

Ca	周龄
3.75%	19～28
3.75 g/(只・d)	29～36
4.00 g/(只・d)	37～52
4.25 g/(只・d)	53 以后

对于一个鸡群来说，其对钙的平均需要量在产蛋高峰期是最高的；但随年龄的增长，蛋壳中的钙沉积量是增加的，因此钙需要量对于某一个特定的鸡，产一个蛋和某一特定的日子来说是随年龄增大而增加的，所以钙的需要量应随周龄增大而增加，尽管群体平均每日沉积的蛋壳钙在高峰期后是随周龄增大而减小(表 2-24)。

表 2-24 产蛋阶段对钙沉积的影响

指标	蛋序数			产蛋月					
	1 和 2	5 和 6	9 和 10	1	2	3	6	9	12
蛋重/g	41	45	47	50	54	56	57	59	64
鸡日产蛋率/%	—	—	58	70	90	86	81	70	
壳重/g	4.2	4.57	4.70	4.96	5.13	5.23	5.27	5.34	5.38
壳中钙/g[a]	1.68	1.83	1.88	1.98	2.05	2.09	2.11	2.14	2.15
平均钙沉积/(g/d)[b]	—	—	—	1.15	1.14	1.88	1.81	1.73	1.51

a:蛋壳含钙约 40%。

b:每日的平均钙沉积＝产蛋率×壳中钙含量。

鸡在开产过程中采食量会发生变化。在后备母鸡开产时，它们的平均采食量可能只有每日每只 80 g，这就意味着饲粮钙水平应提高至 4.69%，才能保证母鸡平均每日每只食入 3.75 g 钙。不过调整是没有必要的，因为此时大多数后备鸡还未开始产蛋，而那些产蛋率很高的鸡的采食量会较高。所以，尽管平均的钙摄入量不高(低于 3.75 g)，但那些产蛋的鸡可能会食入足够的钙。不过，在高峰期，如果采食量有变化，饲粮钙含量必需调整。

育成鸡不能喂高钙饲粮，否则食欲减弱，体重和饲料报酬降低，延迟性成熟，肾脏病变，内脏痛风、输尿管尿酸沉积，死亡率提高。Cornell 大学试验研究表明生长鸡(8～18 周)饲粮含钙在 2.5%以上可导致 10%～20%的死亡率，1～2 周后便出现血钙升高，血磷降低。建议育成期饲粮钙水平不能高于 1.2%。育成期末，当幼母鸡骨骼沉积大量髓骨时，每日钙沉积量约为 0.5 g，内源钙排出量也增加。增加饲粮钙，有利于骨钙化和蛋壳质量的提高。18 周龄至 5%产蛋率阶段，鸡的采食量在 70～100 g，钙存留率以 50%计，可将饲粮 Ca 提高到 2%，如在育成料中加入 2.5%牡蛎砾。性成熟时幼母鸡已具有代谢较高水平饲粮钙的能力。

贝壳和石灰石是用于产蛋鸡饲粮中的两种主要的钙源。就贝壳和石灰石两种原料而言，它们的含钙量较接近(38%～39%)，在理论上它们对蛋壳质量的影响无优劣之分。大量的试验也证明了这一点。

蛋鸡对钙的存留率为 50%，如从饲料摄入 3.6 g 钙，那么可存留 1.8 g；一般的饲养制度下，母鸡的肠道中有 18 h 可吸收到钙，即 100 mg/h。由于随钙的日摄入量提高，钙的存留率下降，母鸡的钙摄入能力也只有 1.8 g/d。正常鸡含钙 2.0～2.2 g。蛋壳在子宫中进行钙化的时间长达 20 h，夜间正是蛋壳的钙化阶段，可是粉料在胃肠道存留的时间短，在夜间不能提供钙，所以必须从骨骼中吸取钙(2.0～2.2)－1.8＝0.2～0.4 g。如果供给颗粒较大的钙源，可能在肠道停留达 24 h 之久，大颗粒钙源可存留于肌胃中供母鸡夜间沉积蛋壳时使用。如果母鸡昼夜可得到钙，那么应能存留钙 100×24＝2.4 g，这就足够形成一个良好的蛋壳。为了保证最佳蛋壳质量，蛋鸡至少每日应食入 3.75 g 钙，对于老龄鸡，或者是蛋壳质量有问题的鸡，钙的食入量应有提高，可依蛋壳质量问题类型和严重程度提高 1 g 左右。大颗粒钙源的有益作用也只是在母鸡的钙食入量不足或有些妨碍钙利用的因素存在的情况下才表现。然而因有许多因素，如饲料在加工过程中分离、温度、饲粮本身的钙水平、营养平衡和疾病等，会影响钙的摄入量及其利用，所以也认为在大多数商业性禽蛋生产实践中饲喂大颗粒钙源是有益处的，可占总钙量的 1/3～2/3。鸡蛋在高产鸡子宫内存留的时间比在低产鸡子宫内的停留时间短，钙沉积量不足的可能性大。前者从贝壳钙源受益要比后者大。由于不同种群以及同一种群在不同的产蛋期对饲粮中贝壳的反应不同，因此很难确定一个最适的贝壳使用水平。

产蛋母鸡饲粮的钙、磷水平还应根据环境温度进行调整。环境温度高于 28℃以上，鸡蛋变小，蛋壳质量变差，不过产蛋量(率)和蛋白部分的质量(哈夫单位)未见有变化。原因可能是采食量下降及甲状腺功能被抑制的结果。在高温环境中，饲料磷、钙含量应提高 10%～15%(表 2-25)。

表 2-25　环境温度对蛋鸡产蛋和蛋壳质量的影响

指　标	18℃		29℃	
	高能量	低能量	高能量	低能量
产蛋率/%	80.0	75.2	80.9	76.0
蛋重/g	55.8	55.6	52.5	51.5
壳重/g	5.76	5.48	5.08	4.76
壳密度/(mg/cm^2)	83.4	80.6	77.6	74.0
哈夫单位	82.5	80.7	82.1	82.9

衡量产蛋鸡钙营养充足与否的指标有产蛋量、饲料转化率、蛋重、蛋壳质量、骨骼钙储备状况。

以上各指标的重要性不是一一等同的，如维持较高产蛋量的钙需要量就比获得优良的蛋壳质量所需的钙量要低。

骨骼钙和灰分百分率并不总是都能真正反映骨骼中的钙储备情况，因为矿物质储备可由于骨吸收而不是骨组织的脱矿质而耗竭；在前一种情况下干物质、灰分、钙和磷的百分浓度并不变。因此，必须考虑骨骼对体重的比例，或者灰分、Ca 和 P 的含量不是以单位重量计，而是以单位体积的骨骼计。在骨脱矿质过程中，骨组织中 Ca：N 比例或干的脱脂骨中钙含量是较好的衡量矿物质元素缺乏的指标。

骨骼中 Ca：P 比很稳定，一般为 2：1，即使骨骼脱矿质时，其比例不变，故不宜用灰分中 Ca、P 的百分含量或 Ca：P 比值作为营养指标。

X 线研究可以确定髓质骨组织的储备和在不同时期骨骼的大概情况。不过高产蛋率母鸡髓质骨的耗竭是一个自然的过程，不应该作为矿物质储备耗竭的症状。饲粮钙水平对髓骨钙储备有显著影响，当饲粮钙水平低时，髓骨钙储备下降。

(2)生长鸡。生长鸡对钙的需要量可由以下 3 部分确定。

①内源损失。早期发育阶段的内源钙损失量仍不清楚，由产蛋鸡的 280 mg/d 估计约为 25 mg/(只·d)。

②钙存留。钙存留随体重呈线性变化。平均来讲，1～30 日龄阶段，每 100 g 活重存留 1.26 g 钙；31～90 日龄为 1.15 g；91～150 日龄为 1.20 g。各阶段的差异不是太大，全期平均以 1.20 g/100 g 活重计。蛋鸡生长期在头 1～150 日龄的日增重平均为 10 g，则每日钙沉积为 0.12 g。

③钙吸收利用率。在很小的日龄阶段，钙利用率很高(50%～60%)，以后下降。对于蛋用鸡的合适取值是 50%。

$$\mathrm{Ca(g/d)}=\frac{A+B}{C}\times 100=\frac{0.025+0.120}{50}\times 100=0.28\mathrm{(g/d)}$$

150 d 的总耗料量平均为 4.3 kg 或者说每日 30 g 料，那么饲粮钙含量应为不超过 0.28/30×100%=0.93%。

衡量青年生长鸡钙营养充足与否的主要指标是增重、饲料利用效率、骨骼体重比和干脱脂骨中灰分的含量，还有血液和骨组织中碱性磷酸酶活性，骨骼的断裂强度等。洪平等(2012)报道，以生长性能和胫骨性能为评价指标，22～42 日龄黄羽肉鸡钙的需要量分别为 0.60%和 0.90%。

(二)磷

1. 磷的生物功能

磷是骨骼的结构物质，机体内 80%的磷存在于骨骼，以羟基磷灰石的复合物形式与钙结合在一起。骨骼除了作为一个支撑系统，同时也是磷的储备库。磷几乎对体内各种代谢过程都起着重要作用，如磷酸盐缓冲体系维持生理生化反应所需要的稳定环境；磷是核酸(脱氧核糖核酸及核糖核酸)的重要组成成分，参与遗传信息的传递。磷在能量的供应中起着重要作用，含高能磷酸键的 ATP 是能量传递物质。磷还是生物膜及体液的成分，如磷脂。

每100 mL血液含磷35～45 mg，其中10％为无机磷。一般血浆中可扩散的钙和血浆无机磷呈负相关。

一个鸡蛋壳含磷仅20 mg，卵黄中含有磷130～140 mg，即每枚蛋的总含量约160 mg。产蛋提高磷的分解代谢，产蛋时从机体损失的磷比鸡蛋的含磷量高。因此必须注意供给足够的可利用磷以维持磷的正平衡。

2. 磷的吸收及排泄

大多数磷是在小肠后段被吸收的。其吸收的形式虽然有少量磷脂，但以无机磷酸根为主。小肠细胞的刷状缘上的碱性磷酸酶能解离一些有机化合物结合的磷，如磷糖、磷酸化氨基酸及核苷酸等。

磷的吸收与磷源磷的溶解度，肠道钙、镁、铁、铝等元素的水平有关，因为它们可与磷形成不溶磷酸盐而降低磷的利用率。磷的排泄途径主要是尿。

3. 磷的缺乏与过量

缺磷的最初影响是血磷下降，随后便是骨骼的钙、磷减少。磷缺乏提高尿钙水平，对肾脏产生应激。在通常情况下，饲料转化效率降低是第一个受影响的生产性能指标，随后就是明显的食欲下降甚至废绝、增重减慢，饲料利用率下降，在严重的情况下出现异食癖。生长鸡胫骨发育不良或出现佝偻症，在10～12 d内变瘦弱并死亡。产蛋鸡表现产蛋量下降、蛋重变小、孵化率降低、蛋壳变薄以及出现骨质疏松。无论怎么缺乏，骨骼的分解代谢能释放出足够的磷供应机体内有机磷化合物生成的需要，如高能磷酸盐（磷酸肌酸、三磷酸腺苷）、核酸及酶所需要的磷等。

磷过多由于磷酸钙盐的形成与排出，实际上会造成钙不足，造成继发性营养性甲状旁腺机能亢进，引起骨重吸收。容易出现骨折、跛行和腹泻。肋骨软化，影响正常呼吸，严重时导致窒息死亡。

4. 磷需要量

家禽磷的需要量仅次于钙，在饲粮中添加量较高，其成本在饲料能量和蛋白质氨基酸成本之后居第3位。但是，全球磷资源不可再生，且我国磷矿资源十分匮乏，这将成为制约养殖业进一步发展的关键因素之一。家禽饲料添加植酸酶虽然可提高植酸磷的消化与释放，但却不能有效改善磷的吸收和利用。有40％～60％的饲料磷随粪尿排出，是家禽排泄物第一污染源，可造成严重的环境磷污染。精确满足家禽磷需要，对于降低饲料成本，确保其健康及高效生产，同时解决磷资源缺乏以及磷排放污染，具有重大意义。大量研究表明，0.30％～0.35％可利用磷配合3.5％钙对产蛋率和蛋壳质量效果最佳。在肉仔鸡，以可利用磷0.45％～0.50％和钙0.9％～1.0％的效果最好。刘松柏（2012）和江勇（2013）研究表明，0～3和4～6周龄阶段AA肉鸡玉米—豆粕型饲粮中的非植酸磷需要量分别为0.39％和0.31％，分别比美国NRC（1994）家禽营养需要量中推荐的相应阶段肉鸡饲粮非植酸磷水平0.45％和0.35％降低了0.04～0.06个百分点，比我国鸡的饲养标准（2004）中推荐的相应值0.45％和0.40％降低了0.06～0.09个百分点；北京红中型褐壳蛋鸡产蛋高峰期玉米—豆粕型饲粮中非植酸磷需要量为0.23％，分别比美国NRC（1994）家禽营养需要和我国鸡的饲养标准（2004）中对产蛋鸡的相应推荐值0.25％和0.32％降低了0.02和0.09个百分点（罗绪刚等，2002）。配制家禽饲粮时还应当考虑钙/磷比，一般生长鸡饲粮的钙/磷比值在1∶1和2.2∶1之间较好，2.5∶1可能是最宽的比例了，超过3∶1会有不利的影响，如使鸡出现佝偻症和腿病。产蛋鸡饲粮的钙/磷比值在(5.0～6.5)∶1为宜。

钙/磷比值没有绝对的重要性，两个钙/磷比值相同的不同饲粮，一个可能导致佝偻病，一个可能不会；两个钙/磷比值不同的饲粮，它们可能具有相同的效果。各元素的绝对含量，维生素D的含量以及元素的利用率都不能忽视。

当代家禽饲粮有用全植物蛋白饲料配合蛋氨酸、赖氨酸和维生素 B_{12} 取代动物性蛋白饲料的趋势，这同时也就降低了可利用磷的摄入量。假定饲粮总磷的可利用率以60%计，那么家禽的总磷需要量为：肉鸡0.65%，雏鸡0.70%，后备鸡0.50%，产蛋鸡0.60%。

衡量磷充足与否的指标包括生长速度、饲料利用效率、骨骼的矿化程度和骨骼的相对重量等。最灵敏的磷缺乏指标是干脱脂骨中的灰分含量和骨骼的相对重。其他指标还有：血液无机磷浓度和碱性磷酸酶活性。

5. 植物性饲料中植酸磷的利用

植物中的磷大多为植酸磷，家禽对其消化能力很低。植物性饲料中只有30%～40%的磷为非植酸磷可被家禽利用。在小麦和玉米中有10%的植酸磷可被家禽消化。所有单胃动物均不能较好地利用植酸磷，因为消化道中缺乏水解植酸磷的植酸酶，而反刍动物的瘤胃微生物可产生大量植酸酶消化植酸磷。向家禽饲料中添加微生物植酸酶能帮助家禽利用植酸磷(表2-26、表2-27)，将植酸磷降解率提高30～50个百分点，如表2-28所示，减少无机磷的用量。这样不但降低饲料成本，还可减轻环境污染。

表2-26 饲粮中添加微生物植酸酶对植酸磷的利用及肉鸡生产性能的影响

饲粮无机磷/%	植酸酶/(U/kg)	体增重*/g	耗料/增重	存活率/%	趾灰/%	表观磷有效率**/%
0.14	0	361	1.59[d]	64[a]	7.9[a]	67[bc]
0.26	0	566	1.38[ab]	97[c]	10.5[b]	61[b]
0.38	0	671	1.35[a]	100[c]	11.3[bc]	54[a]
0.50	0	686	1.36[a]	100[c]	12.4[c]	50[a]
0.14	90	433	1.47[c]	79[b]	8.1[a]	65[bc]
0.14	180	447	1.48[c]	92[c]	8.2[a]	64[bc]
0.14	450	528	1.41[b]	96[c]	8.8[a]	69[c]

表中不同字母表示差异显著。

* 0～21日龄肉仔鸡，饲粮为玉米—豆粕型；

** 14～21日龄。

Swick和Ivey,1990。

表2-27 饲粮中添加植酸酶对小鸡生产性能及磷有效率的影响

饲粮无机磷/%	植酸酶/(U/kg)	体增重/g	表观磷有效率*/%
试验Ⅰ**			
0.15	0	338[a]	50[a]
0.30	0	592[b]	46[b]
0.45	0	683[d]	45[b]

续表 2-27

饲粮无机磷/%	植酸酶/(U/kg)	体增重/g	表观磷有效率*/%
		试验Ⅰ**	
0.15	250	566[b]	57[c]
0.15	500	623[c]	60[cd]
0.15	750	675[d]	60[cd]
0.15	1 000	690[d]	63[de]
0.15	1 500	733[e]	65[e]
		试验Ⅱ***	
0.15	0	788[a]	52[c]
0.30	0	1 066[b]	46[b]
0.45	0	1 081[b]	41[a]
0.15	375	1 101[b]	60[d]
0.15	750	1 087[b]	62[d]
0.15	1 000	1 139[b]	62[d]
0.15	2 000	1 125[b]	63[d]

表中不同字母表示差异显著。

* 收集 3 d 粪尿法，玉米—豆粕—高粱—葵花粕饲粮；

** 0～24 日龄海布罗小公鸡；

*** 0～28 日龄海布罗小公鸡。

Simons 等，1990。

表 2-28　产蛋鸡对磷的吸收及植酸盐的降解

磷/(g/kg)	植酸酶 FTU/kg	磷吸收/%	植酸降解/%
3.5	—	22.5[a]	21.7[a]
3.5	250	49.7[b]	59.0[b]
3.5	500	51.8[b]	71.7[c]

表中不同字母表示差异显著。

Van der Klis 和 Versteegh，1991。

饲用植酸酶对生产性能的改善除了从植酸盐复合物释放矿物质外，还可能由于增加了肌醇、淀粉和蛋白质的可利用率。

6. 饲料中磷的生物学利用率评定

测定饲料中磷利用率的方法有以下几种：

(1)应用平衡试验法测定绝对的吸收或沉积量。Liu 等(2012，2013)报道，无磷玉米—豆粕饲粮可用于测定肉仔鸡的基础内源磷损失量(basal endogenous P loss，BEPL)和估测肉仔鸡对饲料原料的标准磷利用率(standardized phosphorus retention，SPR)；且 24 h 饥饿—4 h采食—52 h(含 4 h 采食)粪便收集新方法，适于评价肉仔鸡对饲料原料的 SPR。采用这种方法估测的常用的无机磷源(MCP 和 DCP)的 SPR 值大约为 70%，玉米和豆粕的 SPR 值分别为 40.2%和 52.9%。

(2)相对生物学效价的测定。利用参比磷源(如磷酸氢钠)和待测磷源配制系列不同磷水平的饲粮饲喂家禽,在饲养试验结束后,测定对饲粮磷含量变化敏感的生产性能和生理生化指标,评定待测磷源中磷相对于参比磷源中磷的有效率。有标准曲线法和斜率比法两种。骨骼是磷的主要贮存组织,其强度、灰分和磷含量与饲粮磷含量呈直接相关。血液磷含量及碱性磷酸酶活力对饲粮磷含量的相关不强,因为受日节律和应激的影响。

(3)体外溶解度试验。用磷源在 2.0%柠檬酸溶液中的溶解度来预测水不溶饲用磷酸盐的生物学价值。具体方法是在 200 mL 溶液中放入 1 g 样品搅拌 2 h。用这一方法可定性的区别质量的好、中、差。若溶解度达到 90%以上,则可认为优质产品(表 2-29)。

表 2-29　一些磷源中磷的相对生物学效价

磷源	禽	猪	反刍动物
磷酸	115～125	124	
磷酸二氢钠(钾)	100	100～140	107
磷酸一钙	100～116	120	
磷酸二钙($2H_2O$)	100	100	100
脱水磷酸二钙	65～80	80	
磷酸三钙	90～100		
蒸骨粉	87～92	95	92
肉骨粉	100	100	
脱氟磷酸盐	82～100	92	71～95
低氟磷矿石	25～91		
软质磷矿石	35～65	34～62	17～88
植酸钙	30～50	18～60	66
玉米	30	9～16	
玉米面筋粉	35		
大麦		16～41	
高粱		2～5	
大豆饼粉	25	18～27	
棉籽饼粉	10～70		

(三)镁

机体总镁量的 60%～70%存在于骨骼中,骨灰含镁 0.5%～0.7%。骨镁中 1/3 以磷酸盐形式存在。软组织中的镁主要存在于细胞内的亚细胞器中,细胞外液中镁含量甚少,约占总镁量的 1%。

鸡蛋含镁 25 mg,其中蛋黄含镁 2 mg,蛋白含镁 4.3 mg,蛋壳与壳膜中含镁 18.7 mg,可见蛋中镁主要集中于蛋壳。镁除了参与骨骼和蛋壳的组成外,还是一些酶的活化因子或组成成分,如磷酸酶、氧化酶、激酶、精氨酸酶等。镁还参与遗传物 DNA、RNA 和蛋白质的合成。

动物缺镁，生长受阻，采食量下降，过度兴奋，痉挛抽搐。

饲粮含镁500～600 mg/kg能满足各龄家禽生长、生产和繁殖的需要。一般家禽饲料含镁量足够，如玉米1 100 mg/kg、豆饼2 600 mg/kg、肉骨粉11 300 mg/kg，因此家禽饲粮一般不用添加镁。提高饲粮钙、磷水平的同时也提高了小鸡对镁的需要量。

高镁饲粮不利于家禽生产。母鸡饲粮镁超过0.7%时排粪极稀，高于1%时影响产蛋。高镁也抑制育成鸡的生长，骨骼中骨灰含量下降。

谷物及精饲料中镁的利用率为50%～60%。

三、钠、钾、氯及饲粮电解质平衡

钠(Na)、钾(K)、氯(Cl)均是电解质。它们的主要功能是维持体内的酸碱平衡，渗透压平衡，参与水代谢。Na主要分布细胞外液，大量存在于体液中，对神经冲动的传导及营养物质的吸收起重要作用。K主要分布于细胞内液，丙酮酸激酶的活化、肌酸磷酸化作用也需要钾，K还能促进细胞对中性氨基酸的吸收，促进组织合成蛋白质。Cl在细胞内外均有，为肌胃分泌的盐酸的组成部分，盐酸使胃蛋白酶原活化，并保持胃液呈酸性，为消化提供合适的环境；Cl还具有杀菌作用。

3种元素能通过简单扩散吸收，十二指肠是主要的吸收部位，胃和后肠道也能吸收。其排泄途径主要是尿。

这几种元素中任一种的缺乏都能导致食欲差，饲料利用率低，生长迟缓或脱水失重(细胞内外脱水)，严重时引起死亡。

缺Na时，家禽产生厌食，易形成啄癖，生长迟缓或产蛋率下降，蛋重减轻。缺K时肌肉软弱无力。缺Cl时小鸡因突然光照或喧闹时出现神经症状，严重时导致瘫痪和死亡率增加。

植物组织Na含量很低，动物性饲料Na含量稍高；植物性饲料中K含量相当高，家禽的主要K源为草粉、豆科及饼粕饲料。

在正常情况下，畜禽可通过肾脏调节Na、K、Cl的排出量，所以这3种元素的中毒现象很少发生。但当饲粮中食盐过多，饮水受到限制或肾脏功能异常时，就会出现中毒症，腹水及心包积水发生率增加。雏鸡饲粮中食盐达2%时可能造成死亡，成鸡或鸭饲粮中食盐达4%时可导致中毒死亡。

(一)酸碱平衡与电解质平衡

电解质是指哪些在代谢过程中稳定不变的阴阳离子。生理体液中的电解质与渗透压，酸碱平衡紧密相关。动物体内酸碱平衡状态由摄入的阴阳离子、内源酸与排出的阴阳离子决定。当前2项与第3项的差为零时，动物即处于酸碱平衡状态。此时血液pH为7.4，碳酸氢根(HCO_3^- 浓度为25 mEq/L，碱超值(base excess)为零。如果碱超值增大，动物会发生碱中毒；反之，则发生酸中毒。动物体液的酸碱状态能很好地反映电解质平衡。内源酸产量主要与食入的蛋白质、氨基酸有关。比如当饲粮含硫氨基酸的供应量超过动物的利用量时，过量的含硫氨基酸便氧化降解生成SO_4^{2-}；蛋白与脂肪中的有机磷也增加H^+产量，如大豆磷脂产生13.8 mEq H^+/g N。

体液中的酸或来源于饲粮或来源于细胞代谢。酸可以分为挥发性的碳酸、非挥发性的硫酸、磷酸或有机酸(乙酰乙酸、3-羟基丁酸、乳酸、丙酮酸、柠檬酸)。与挥发酸相比,非挥发酸及有机酸的生成量是很少的。

CO_2由有机物彻底氧化后生成,CO_2进入血液后,经过细胞膜到细胞内,在碳酸酐酶的催化下生成碳酸,解离生成碳酸氢根的同时产生氢离子(H^+)。CO_2通常被认为是废气,然而它却是一种酸,因为它能产生氢离子。如果允许 CO_2累积,那么它对 pH 的影响是很大的,也是致命的。一般是一旦 CO_2产生就从肺呼出,不会在身体内积累,因此对动物也不会产生威胁。

有机酸是碳水化合物和脂类氧化不彻底的产物。在一般情况下,有机酸的产量很低,但其浓度在一些特殊的情况下也会大幅度上升。例如在肌肉疲劳时乳酸积累,在脂类作为主要的能源时,乙酰乙酸和 3-羟基丁酸也会积累。

在饲粮营养比较平衡时,排泄的非挥发酸主要是硫酸,硫酸是由蛋白质中的含硫氨基酸中的硫氧化生成。核酸、磷脂以及磷蛋白的氧化可生成磷酸。这些酸通常从尿中排出,在某些情况下尿中这些酸的含量也会很高。当饲粮中动物性蛋白质含量很高,来满足畜禽蛋白质需要的大部分时,磷酸盐的排出量会很大。

体液中存在缓冲物质以防止 pH 的变化。在动物体内,主要有 4 个缓冲系统,分布在 3 个房室内(表 2-30)。除了尿液中的氨和血液中的血红蛋白外,各房室内的缓冲物质均相似。

表 2-30　体液中的缓冲系统

血液	二氧化碳/碳酸氢根 血红蛋白 蛋白质 磷酸盐
脑脊髓液和细胞外液	二氧化碳/碳酸氢根 蛋白质 磷酸盐
细胞内液	蛋白质 磷酸盐 二氧化碳/碳酸氢根
尿	磷酸盐、氨

CO_2/HCO_3^-是细胞外液、血浆及红细胞内的最主要的缓冲系统,CO_2是一种挥发酸,其浓度可由动物的呼吸频率调控。如果呼吸减慢,CO_2蓄积,$[H^+]$升高,体液 pH 下降,造成呼吸性酸中毒。如果呼吸比正常的快,则会导致呼吸性碱中毒,家禽在热应激时喘气就会出现这种情况。

红细胞内血红蛋白富含组氨酸,组氨酸有一个特殊的侧链可吸附质子和把质子供给体液,以维持红细胞内 pH 接近 7.4。

动物体内所有的磷酸盐均来源于饲粮。在 pH＝7.4 时,体液中磷酸盐主要是 $H_2PO_4^-$

和 HPO_4^{2-}，两种形式的互变可稳定 pH。$HPO_4^{2-}/H_2PO_4^-$ 是尿液中最重要的缓冲系统，从尿中排出的质子大多是 $H_2PO_4^-$ 形式。长时间酸中毒，磷酸盐缓冲系统就变得很重要了。骨骼是一个很好的碱贮库，骨骼中的磷酸钙以羟基磷灰石形式存在，相对不溶。但在酸中毒的情况下，可溶性增大，产蛋鸡动用钙形成钙化蛋壳时，磷酸钙会离解成为 Ca^{2+} 和 PO_4^{3-}。PO_4^{3-} 接收质子后变成 HPO_4^{2-}，或进而变成 $H_2PO_4^-$。

肺脏与肾脏在维持酸碱平衡方面起关键的作用。肺脏在碱中毒时可驻留挥发酸，在酸中毒情况下可排出挥发酸。肾脏可排出过多的非挥发酸和碳酸氢根。尿液 pH 可根据体液对酸或碱的需求而变化。肾脏调节酸碱平衡主要是通过合成碳酸氢根、碳酸氢根的重吸收和分泌酸等方式。

（二）电解质平衡(dEB)的度量

动物体内的酸碱平衡状态和动物所摄入的矿物质组成是很容易监测和控制的，因此，可通过改变饲粮的矿物质组成，调节动物摄入的电解质，然后检测动物的酸碱平衡便可以确定动物体内碱超值为零的酸碱平衡条件。不过，各元素、离子的供应量必须满足动物的最低需要，且不超过动物的耐受剂量，否则，酸碱平衡的益处会被过量或缺乏的不利影响抵消。

动物摄入的几种主要的电解质的平衡值可表示为各离子毫摩尔数与其化学价（电荷数）乘积的总和，即 $dEB = mEq(Na^+ + K^+ + Ca^{2+} + Mg^{2+}) - mEq(Cl^- + SO_4^{2-} + H_2PO_4^- + HPO_4^{2-})$。Patience 等(1987)称以上阴阳离子平衡为饲粮中未确定离子（dUA）。由于饲粮中 Ca、P 主要用于家禽骨骼的发育或产蛋的需要，而不是主要用于调节阴阳离子平衡；SO_4^{2-} 是作为一些微量矿物元素的阴离子加入或用于防止蛋氨酸的破坏；饲粮中镁的含量一般也很高，因此 Mongin(1981)认为决定酸碱平衡，实际上似乎只有 Na^+、K^+、Cl^- 3 种元素最重要。大量试验也证明饲粮中 Na＋K-Cl 在－200～400 mEq/kg 范围内与家禽酸碱平衡（血液碱超、HCO^{3-} 浓度）有良好的线性相关。因此，建议用 $dEB = mEq(Na^+ + K^+ - Cl^-)$ 作为饲粮中电解质平衡的表示方法。此种方法在电解质平衡研究中被广泛采用。还有其他一些表示法如 Na/Cl，Cl/(Na＋K)，(K＋Cl)/Na 等。

阴阳离子是根据它们的电荷或化学价来起作用，而不是重量。计算 DEB 是计算电荷的摩尔数而不是原子的摩尔数。要把饲粮中某一元素的百分含量转变成毫克当量。例如，

假设一个肉仔鸡饲粮含 Na 0.18%、K 0.65%和 Cl 0.20%计算每千克饲粮中钠的 mEq：

①将饲粮中 Na 的百分含量乘以 10 000 转变成每千克饲粮中的毫克数。

②然后乘以 Na 的化学价，再以原子量除得。

钠的毫克当量数为：

$$0.18 \times 10\,000 \times 1 \div 23 = 78.3 \text{ mEq}$$

钾为：$0.65 \times 10\,000 \times 1 \div 39.1 = 166.2$ mEq

氯为：$0.20 \times 10\,000 \times (-1) \div 35.5 = -56.3$ mEq

$$DEB = 78.3 + 166.2 - 56.3 = 188 \text{ mEq/kg 饲粮}$$

表 2-31 中给出了计算 dEB 的转换系数，用转换系数计算例子中的 dEB 如下：

$$0.18 \times 435 + 0.65 \times 256 + 0.20 \times (-282) = 188 \text{ mEq/kg}$$

表 2-31　计算饲粮中电解质平衡值(mEq/kg)需用的原子量、化学价和转换系数

元素		原子量	化学价	转换系数
生成碱				
	Ca	40.1	+2	+499
	Mg	24.1	+2	+823
	Na	23.0	+1	+435
	K	39.0	+1	+256
酸生成				
	Cl	35.5	−1	−282
	S	32.1	−2	−623
	P	31.0	−1.8	−581

在过酸或过碱的环境中，大多数代谢过程不是用于生长发育，而是用于酸碱平衡的调节。因此，要使动物有正常的生长发育和最佳的生产性能，必须要保证饲粮有较佳的电解质平衡。

(三)电解质平衡与生长

Melliere 等(1966)研究表明饲粮阳离子、阴离子比为(1.2～1.8)∶1，仔鸡增重和饲料转化率最高。他们还指出阳离子间平衡的重要性，因为当提高仔鸡饲粮中钠或钾的碳酸盐含量时，仔鸡采食量和生长均下降，但如果 Na、K 接近等量的混入，则可获得正常生长。大量试验结果肯定了当饲粮中 Na＋K-Cl 含量高于或低于 250 mEq/kg 时，鸡生长会受到抑制。Johnson 等(1985)的试验中 dEB 在－29～553 mEq/kg，结果表明鸡饲粮中过低(＜180 mEq/kg)或过高(＞300 mEq/kg)的 dEB 都会导致 42 日龄仔鸡活重降低，对生长最适宜的 dEB 在 250～300 mEq/kg 之间，Na∶K 比为 0.5～1.8 时对生长最有利。Karunajeewa 等(1986，1988)试验表明在饲粮 Na^+、K^+、Cl^- 满足动物最低需要的情况下，Na＋K-Cl 在 150～300 mEq/kg 范围内不明显影响 1～21 日龄肉鸡的生长。Hulan 等(1987)的试验也表明肉鸡饲粮 Na＋K-Cl 在 155～300 mEq/kg 范围内，肉鸡体重和饲料转化率均无较大差异；并发现获得最大体增重所需 dEB 似乎还受钙供应量影响：饲粮含 Ca 0.95%时，获得最大体增重所需 Na＋K-Cl 量为 215 mEq/kg；而当饲粮含钙 1.38%时，174 mEq/kg Na＋K-Cl 就可使体重达到最大。Austic(1988)总结研究结果提出：生长肉鸡在早期(0～3 周龄)、中期(3～6 周龄)和后期(6 周龄后) 所需的最适宜 dEB 分别 204 mEq/kg、176 mEq/kg 和 137 mEq/kg。饲粮 Na/Cl 比在 0.9～1.5 范围内较合适。刘春海等(1992)的研究发现在玉米—豆粕—鱼粉型饲粮，前期以 150 mEq/kg 为宜。Borges 等(2003)研究了常规和热应激环境下肉鸡适宜的 dEB 值，设置了 4 个 dEB 值(0、140、240 和 340 mEq Na ＋ K-Cl/kg)，结果表明，常规饲养条件下，相对于 dEB 值为 40 组，dEB 值为 240 组增加了 42 饲粮肉鸡的体重和 44 日龄的淋巴细胞百分比，降低了异嗜白细胞百分比及异嗜白细胞和淋巴细胞的比率；而在热应激环境下，各 dEB 组没有差异。

(四)电解质平衡与赖—精氨酸颉颃

赖氨酸—精氨酸颉颃表现为饲粮中赖氨酸水平过高会提高鸡对精氨酸的需要量。其机制为：一方面赖—精氨酸有共同的吸收与转运部位；另一方面过高的赖氨酸水平会增强肾脏中精氨酸酶的活性，导致精氨酸分解加强。O. Dell 和 Savge(1966)试验表明向鸡饲粮中添加 0.6%精氨酸、2.7%乙酸钾可获得与向饲粮中添加 2%精氨酸、2.0%赖氨酸所获得的同样的鸡体重。说明有机酸钾盐可缓和赖—精氨酸颉颃。Scott 和 Austic(1982)报道乙酸钾增加赖氨酸降解途径中的 *L*-赖氨酸-*α*-酮戊二酸还原酶的活性，这样使过量的赖氨酸得到部分降解，使得生理体液中的赖—精氨酸更趋于平衡。饲粮离子平衡还影响氨基酸的吸收。Riley Jr. W,W. 等(1989)报道赖氨酸、精氨酸在小肠被吸收的最适 pH 为 6.0；饲粮高氯(0.89%)比高钾(1.81%)更能提高小肠对赖氨酸的吸收(对照饲粮含 Na^+ 0.381%、K^+ 0.398%、Cl^- 0.484%)，饲粮单价离子平衡对精氨酸吸收率影响不明显。高氯提高小肠对赖氨酸的吸收可能就是高水平氯会加剧赖—精氨酸颉颃的原因。

(五)电解质平衡与腿病

饲粮中矿物质平衡影响骨骼钙化。鸡在缺钾时发生骨钙化不全可能由于低钾导致酸碱平衡失常所致细胞内酸中毒所引起的。饲粮中以氨基酸盐酸盐和氯化钙形式存在的氯化物含量过高会降低鸡骨中灰分含量(Edwards,1984)。Hulan 等(1987)表明饲粮 Na、K 供应量影响肉鸡胫骨发育不良(TD)的发生率，但还与饲粮 Ca、Cl 水平相关。饲粮 Ca、Na 或钾含量升高，TD 发生率下降；在饲粮 Na 水平较低时，只有饲粮 K 与 Cl 含量均高时才有降低 TD 的作用。当饲粮 Cl 含量高(0.36%)时饲粮中高水平可利用磷(0.65%)会导致肉仔鸡 TD 发生率显著提高(Lilburn 等,1989)。Halley 等(1987)的研究表明饲粮阴离子含量升高，肉仔鸡血液 pH 趋于下降；磷添加水平过高会降低血液 HCO_3^- 和碱超值；血液碱超值与 TD 发生率呈现显著负相关。当饲粮中 dEB 在－200～400 mEq/kg 之间时，最高的 TD 发生率(＞20%)在 dEB＝－200 mEq/kg 组，而最低的 TD 发生率(＜3%)在 dEB 为 400 mEq/kg 组，表现出随 dEB 上升，TD 下降的趋势(Austic 等 1988)。

(六)电解质平衡与蛋壳质量

蛋壳形成过程是一个产酸的过程。产蛋鸡在 18～20 h 内产一个蛋大概要分泌 5 g $CaCO_3$，含 100 mEqCO_3^-。而子宫黏膜细胞分泌 HCO_3^- 和 Ca^{2+} 到壳腺管腔形成蛋壳时，H^+ 转入血浆，使 pH 下降 0.03～0.08，pCO_2 与 HCO_3^- 下降；血液酸碱平衡发生变化。就能否通过调整饲粮(Na＋K- Cl) 来改善蛋鸡的产蛋能力和蛋壳质量有大量研究。Stevenson (1983)发现 dEB 在 137～245 mEq/kg 范围内不影响产蛋性能。Vogt 等(1983)发现 dEB 为 68 或 296，即过低或过高水平时，蛋壳变薄。Sauveur 和 Mongin(1978)的研究表明 dEB＝160～360 mEq/kg 对蛋壳的重量、面积无影响，Hughes(1988)观察到 dEB 过低(8 和 33 mEq/kg)或过高(319 和 418 mEq/kg)都会降低蛋鸡的进食量和产蛋水平；当 dEB 在 150 mEq 以上时，随 dEB 上升，血 pH 和 HCO_3^- 浓度上升，蛋壳厚度也上升。饲粮含 Cl 过多[2.13%(Hamilton 等,1980)、0.75%～0.90%(Austic,1984)] 会严重降低饲料进食量，产蛋性能和蛋壳品质。食入高 Na(0.52%)低 Cl(0.12%)的饲粮时，鸡采食量减少，产蛋率降低，但蛋的比重和壳厚增大；提高饲粮 K 含量(由 0.66%提高到 0.88%)可改善蛋壳品质。饲粮含 Cl 过高不利于蛋壳钙化(Austic,1984)。饲粮高 P 也降低母鸡血中 HCO_3^- 与碱超值，降低蛋壳矿物质含量(Jugueira 等,1984)。

(七)电解质平衡与家禽粪便含水量

禽的饮水量依赖于盐的摄入量。饲粮 Ca、K 含量升高会增大禽的饮水量和粪便的含水量。HuLan 等(1987)报道 Cl 供给量高也使鸡粪便含水量增大，不过依赖于饲粮钙的含量，高 Cl 可缓和高钙导致的湿便或拉稀。

电解质及其间的平衡影响动物机体内的酸碱平衡，进而影响动物健康及生产性能。最佳的生理状况和最佳的生产性能需要有适宜的饲粮电解质平衡。虽然 dEB ＝Na＋K-Cl 因它的简易与使用方便而得到较广泛应用，但还必须考虑 Ca、P、S、Mg 等元素。在确定最佳的饲粮电解质或参考应用已有研究结果时，必须同时考虑以下影响因素：其一，要避免单个元素的缺乏或过量及其造成的不利的元素间互作；其二，动物除了从饲粮中摄取所需矿物元素外，还从饮水中摄入一部分，在确定饲粮中电解质平衡值时，还需要考虑饮水中的元素含量；其三，动物对各矿物元素的吸收率变异较大，特别是对于多价离子，确定饲粮中电解质平衡值时也不应忽视元素(离子)的吸收率；其四，影响矿物元素代谢的因素较多，如年龄、遗传、品质、生理状态(阶段)以及环境因素(如环境温度等)。

四、微量矿物元素营养

必需微量元素在动物体内的含量低于 0.01%：①存在于动物的健康组织中；②相同种类的不同动物个体内的浓度是较恒定的；③动物机体内某元素的耗竭导致生理和组织结构的异常；④补加该元素可防治那些异常；⑤某元素缺乏导致的那些异常常常伴随特定的生化变化；⑥这些生化变化能通过补加该元素而得到防治。

(一)参与生物抗氧化的必需微量元素

铜、锌、锰、铁及硒的共同功能之一就是起着生物抗氧化剂的作用。

有氧代谢是动物最基本的生命代谢特点，但有氧代谢产生对生物有害的甚至致命的氧衍生物，包括活性很强的自由基。这些氧的代谢产物是在分子状态氧还原成水的过程中产生的，有过氧化氢、氧自由基和羟自由基，含有 Cu、Zn、Mn、Fe 和 Se 的酶能在这些代谢产物的产生部位或其附近将其清除。

在亚铁离子存在时，氧自由基与过氧化氢反应产生很活跃的羟自由基，也可能还有单线态氧($^1O_2$)，后者也可在多不饱和脂肪酸过氧化过程中产生：

$$\cdot O^{-2} + H_2O_2 \rightarrow \cdot OH + OH^- + O_2$$

超氧化物歧化酶(SOD)催化氧自由基的歧化反应生成不活泼的过氧化物及分子氧。超氧化物歧化酶有两种，即含铜锌的 SOD 和含锰的 SOD。

$$2O^{-2} + 2H^+ \rightarrow H_2O_2 + O_2$$

两种含铁血红素酶(过氧化氢酶和过氧化物酶)和含硒的谷胱甘肽过氧化物酶可催化过氧化氢生成 H_2O，后者还可分解对生物膜有害的多不饱和脂肪酸过氧化物，从而保护组织细胞及细胞内的亚细胞器。

生物膜上不饱和脂肪酸的过氧化会导致严重的损伤。维生素 E 在诸如亚细胞膜和细胞膜处打断自由基链式反应，从而加强上述防卫系统。β-胡萝卜素的作用要更特定一些，主要清除单线态氧。

血浆内还有功能强大的对氧代谢产物的另一防线，其抗氧化功能主要依赖于血浆铜蓝蛋白和铁传递蛋白。两种蛋白都促使亚铁离子氧化为三价铁，因此减少了可催化羟自由基产生的亚铁离子数量。

(二)各种微量元素的生物功能及营养需要

1. 铜(Cu)

动物的肝脏、肌肉、脑、脾、骨骼、皮肤、肾脏、心脏和胰脏的含铜量较高。体内铜代谢排泄的主要途径是胆汁。

铜是血浆铜蓝蛋白的组成成分,血浆铜蓝蛋白是一种亚铁氧化酶,催化 $Fe^{2+} \rightarrow Fe^{3+}$,与红细胞成熟和合成血红蛋白有关,因此铜缺乏导致小型或红细胞减少性贫血。

鸡肝细胞质超氧化物歧化酶(SOD)相对分子质量为 31 000,含两个相同的亚单位,每个均含一个铜原子和一个 Zn 原子,与哺乳动物的相同。铜锌 SOD、肝脏细胞色素 C 氧化酶(另一种含铜酶)活力与红细胞比容有高度的相关性。

赖氨酰氧化酶也是一种含铜酶,铜缺乏降低此酶的活力。有研究表明用缺铜饲粮喂鸡 23 d 后,其肺组织中赖氨酰氧化酶活力严重下降。此酶对骨以及血管(动脉)和肺组织中胶原和弹性蛋白肽链上的赖氨酸与羟脯氨酸残基形成交联至关重要,从影响血管的弹性及骨质机械性能,严重缺铜引起主动脉破裂,火鸡尤为严重。饲喂雏鸡缺铜饲粮 4~5 d 后食欲降低,精神抑郁,在 2~4 周龄出现跛行症状,骨骼变脆易折。缺铜导致中枢神经脱髓鞘,鸡表现运动失调和痉挛性瘫痪。

铜是酪氨酸氧化酶的成分,酪氨酸氧化酶催化酪氨酸生成黑色素,缺铜可导致羽毛褪色;在角蛋白形成过程中硫氢基(—SH)氧化成二硫基(—S—S—)需要铜,含二硫基多的毛具有较好的弹性。

饲粮中粮中适量的铜可以促进母鸡促黄体素、雌激素和孕酮的分泌,从而提高产蛋鸡的生产性能。母鸡食用低铜(0.7~0.9 mg/kg)饲料,产蛋率下降,蛋的孵化率降低;缺铜 14 周后,孵化率接近于零。胚胎缺铜则在血胚阶段(72~96 h)死亡,但无畸形。

即使家禽饲粮中铜含量表面上是足够的,但在下列情况下也会患铜缺乏症,即饲粮中钙、钼、铁、硫含量过高或有强氧化剂存在时。

Bremner 等(1981)报道在家禽严重缺铜时,其肝中铜储备每 25~30 d 就下降 50%。肝和骨中 Cu,红细胞和血红蛋白中的 Cu 含量、血细胞比容以及羽毛的状况和颜色、血浆铜蓝蛋白,主动脉、肝、腱及骨中赖氨酰氧化酶活力,红细胞超氧化物歧化酶活力等均可作为衡量 Cu 营养充足与否的指标。

家禽对 Cu 的最低需要量不超过 3~5 mg/kg 饲粮。铜对于植物也是一个必需的元素,因此植物性饲料中 Cu 的含量比较高。在一般的家禽混合饲料中的铜含量为 10~20 mg/kg。因此,在大多数情况下,没有必要往家禽饲料中添加 Cu;在实际生产中也很少有 Cu 缺乏的报道。

铜为重金属,对蛋白质有较强的凝固作用。高剂量 Cu 可以用于饲料防霉变,用于消化道杀菌,当然也易引起动物消化道正常菌群的失衡,造成泻痢和 B 族维生素缺乏。一定高剂量的 Cu 有抗菌促进生长作用,但长期饲喂可能造成在成年动物肝中的沉积,Cu 在肝脏中累积到一定程度时就会释放入血液,使红细胞溶解,造成黄疸、组织坏死等,从而导致生长抑制和死亡现象。

高达 250 mg/kg 的高剂量 Cu 对生长的促进作用,首先是在 1955 年从猪身上发现的,其后也在生长鸡和蛋鸡上观察到。长时间饲喂高铜饲料(>250 mg/kg)是有毒的，抑制生长，损伤肾脏，严重时畜禽会死亡。如果饲粮中 Fe、Zn 不足会加重 Cu 的毒性作用，因为二者与 Cu 是相互颉颃的。有研究表明，猪食用含 Cu 250 mg/kg 的饲粮慢性中毒后，可通过在饲粮中添加锌 150 mg/kg 和铁 150 mg/kg 缓解；如果饲料中添加高 Cu，那么 Fe 和 Zn 的添加量要提高。畜禽 Cu 中毒的饲粮 Cu 剂量是 300 mg/kg 左右。高铜导致家禽精神抑郁、羽毛蓬乱，肌胃腺胃糜烂，呕吐、腹泻、肠道弥漫性出血性炎症、便血；厌食、黏膜黄疸；生产性能下降、死亡。还可引起锌缺乏、铁缺乏症。目前家禽和猪饲粮中常见的铜添加形式为无机硫酸铜($CuSO_4$)和碱式氯化铜(TBCC)，两者在化学特性上有明显的差异。硫酸铜易吸潮，在水中和酸中的溶解度很高，而 TBCC 不吸潮，在水中的溶解度很低但在酸性环境下有较高的溶解度。离子态的铜可以在饲粮和动物机体中能够充当促氧化剂。铜离子能够被可逆的氧化和还原，这个过程中可能会催化能够引起脂质过氧化的羟基自由基的产生。家禽饲粮中添加高水平的铜(250 mg/kg)时，$CuSO_4$ 比 TBCC 具有更强的促氧化剂作用(Luo 等，2005)。Lu 等(2010)研究表明，地面平养肉鸡的环境下，高剂量 TBCC(铜添加剂量分别为 0、100、150 和 200 mg/kg)在改善肉鸡生长方面比 $CuSO_4$ 更有效，且与 $CuSO_4$ 相比较，饲粮中维生素 E 被氧化的程度降低。

2. 锰(Mn)

动物组织中要数骨骼、肝、肾脏、胰腺、心脏和肌肉中锰含量较高。

鸡肝脏线粒体中的超氧化物歧化酶(MnSOD)，每分子含 2 个以上锰原子，参与抗氧化作用。在动物 Mn 缺乏时此酶的活力降低，但诱导细胞质中含铜锌的 SOD 活力提高。

肝脏线粒体中丙酮酸羧化酶是含有 4 个锰原子和 4 个生物素分子的金属酶，催化丙酮酸生成草酰乙酸，草酰乙酸或进入三羧酸循环或进行糖异生。因此锰促进体内脂肪的利用，防止肝脏脂肪化。Mn^{2+} 与 Mg^{2+} 的配位体化学特性相似，镁可部分取代锰作为酶的激活剂。

黏多糖合成过程中的糖基转移酶也与 Mn 有关。Mn 缺乏，黏多糖合成受阻，表现在骨骼及蛋壳中的黏多糖含量减小，钙化基质形成受阻，影响骨骼及蛋壳强度。

在体外 Mn^{2+}、Fe^{2+}、Cu^{2+}、Ni^{2+} 均激活精氨酸酶，因此可能参与精氨酸代谢。

Lu 等(2006，2007)报道，锰可通过在转录水平上增强肉仔鸡腿肌细胞线粒体中 MnSOD 基因表达而提高其活性，进而降低腿肉丙二醛(MDA)含量，改善肉品质，饲粮添加锰可显著降低腹脂中脂蛋白脂酶(LPL)的活性，提示饲粮锰可能通过降低腹脂中 LPL 活性来减少肉鸡腹部脂肪沉积。

锰营养缺乏导致家禽生长受到抑制、饲料利用效率下降、被毛粗乱、死亡率升高。生长家禽锰缺乏的典型症状是滑腱症，表现胫跖关节畸形与肿大，胫骨远端和跗跖骨末端弯曲，腿骨短粗，腓肠肌腱从骨髁里滑脱，严重时不能站立、走动，直至死亡。雏鸡锰缺乏还产生神经症状(共济失调)——与维生素 B_1 缺乏类似的望星姿势。产蛋鸡锰缺乏时，产蛋量下降，薄壳和无壳蛋增加。饲粮缺锰时公鸡组织中琥珀酸脱氢酶活力下降、睾丸发育受阻、睾酮分泌减少，曲细精管变细、精子数减少；种蛋胚胎易突然死亡，孵出的小鸡易患“胫骨软骨发育不良症”，腿和翅变短，鹦鹉嘴，头畸形。

饲粮高钙高磷在肠道形成磷酸钙沉淀，沉淀吸附锰并一起被排出消化道，从而加剧锰缺乏。

肉鸡锰的主要吸收部位是空肠(Ji 等，2006b；Bai 等，2008)。家禽对锰的最低需要量为饲粮中含 50～60 mg/kg,对锰的耐受量可达 2 000 mg/kg。家禽对锰的需要量比哺乳动物的高,主要原因是吸收率很低,随胆汁排出量大,存留率也很低,在 1～150 日龄生长蛋鸡的锰存留率在 0.5%～2.5%。常用的家禽饲料原料的锰含量不能满足需要,每千克饲料 20～25 mg,因此,一般要向家禽饲料中补充锰。Li 等(2004,2005)报道,锰显著影响肉鸡心肌细胞线粒体 MnSOD 基因表达,且心肌细胞线粒体 MnSOD mRNA 水平是评价肉仔鸡实用饲粮中锰营养需要量和不同形态锰生物学利用率最快、最敏感和最恒定的新指标。以心肌细胞线粒体 MnSOD mRNA 表达为评价指标估测的 1～21 日龄肉仔鸡锰的需要量为 130 mg/kg,比美国 NRC(1994)建议的锰需要量 60 mg/kg 高 2 倍多(Li 等,2011)。此外,研究家禽锰需要量时还应注意各种锰源的锰利用率可能不同。不同形态(有机与无机形态)锰对鸡等家禽的生物学利用率及其代谢利用机理,是近年来家禽锰营养研究的热点。近期大量研究发现,并非所有的有机锰都优于无机锰,关键取决于有机锰的螯(络)合强度。中等络合强度的有机锰才能真正有利于肉鸡对其中锰的利用(李素芬等,2001;Li 等,2004,2005)。

3. 硒(Se)

硒在体内不同部位的分配比例大致为:肌肉占 50%左右,皮毛占 14%～15%,骨骼占 10%,肝占 8%,其他占 15%～18%。肝肾中浓度最高,脂肪组织中浓度最低,心肌中含量比骨骼肌的高。一枚常规鸡蛋含硒 10～15 μg。鸡蛋的硒含量因饲料中硒含量不同而异。例如将母鸡饲粮中硒含量从 2.5 mg/kg 升高至 10 mg/kg 时,以干物质计,蛋黄硒从 3.6 mg/kg升高至 8.4 mg/kg,蛋白硒从 11.3 mg/kg 升高至 41.3 mg/kg。

硒是谷胱甘肽过氧化物酶的组成成分,以硒半胱氨酸的形式存在于其中。没有硒的存在,谷胱甘肽过氧化物酶便没有活性。组织中硒含量和谷胱甘肽过氧化物酶活力与饲粮可利用硒含量有很强的正相关。

硒与维生素 E 间存在协同作用。硒至少在 3 方面有节省维生素 E 的作用:①硒为胰腺的正常功能所必需,胰腺分泌的胰蛋白酶,胰脂肪酶有助于脂肪的消化吸收,因此也有助于维生素 E 的吸收。②硒为谷胱甘肽过氧化物酶的组成成分,谷胱甘肽过氧化物酶通过催化还原型谷胱甘肽向氧化型谷胱甘肽转变的同时消除过氧化物,使其变成醇或水,因此减少了过氧化物损坏细胞脂质膜上多不饱和脂肪酸的可能性,也就减少了保护脂质膜所需要的维生素 E 的数量。维生素 E 至少在两方面节省硒需要量:①维持机体内硒以活性形式存在,或避免机体内硒的损失。②维生素 E 是脂质膜的组成成分,防止脂质的氧化和相应过氧化物的产生,因此消除过氧化物所需的谷胱甘肽过氧化物酶量减少,对硒的需要量也下降。

硒还是动物组织中甲腺原氨酸脱碘酶的组成成分(Arthur 等,1990;Behne 等,1990;Berry 等,1991),在其中的存在形式与谷胱甘肽过氧化物酶的相同,硒半胱氨酸位于活性中心。Ⅰ型脱碘酶分布在肝脏、肾脏、肌肉、甲状腺等组织中,主要催化 5′-脱碘(外环脱碘)反应,是甲状腺激素源四碘甲腺原氨酸(T_4)转化生成三碘甲腺原氨酸(T_3)所必需的催化酶。血液循环系统中的 T_3 主要依靠甲状腺外周组织中 T_4 脱碘生成。Ⅲ型脱碘酶主要分布在成年动物的脑和皮肤组织,以及哺乳动物胎盘,胎儿的肝脏、肌肉、脑和中枢神经系统组织。据推测Ⅲ型脱碘酶的主要功能是防止有关组织内 T_4、T_3 的浓度过高,分别将其降解为反式 T_3 和二碘甲腺原氨酸。当硒缺乏时,动物有关组织中 5′-脱碘酶活力下降,四碘甲腺原氨酸向三碘甲腺原氨酸的转化受阻,血中四碘甲腺原氨酸浓度升高,而三碘甲腺原氨酸浓度下降,从而引起一系列生理生化代谢过程异常。由此可知,硒营养不良恶化碘营养缺乏。

硫氧化还原蛋白还原酶也是含硒酶，为维持转录子的正常结构和功能所必需。

硒是一种具有免疫刺激特性的微量元素。Zhang 等（2012）报道，硒缺乏导致肉鸡氧化应激和免疫器官病变，最后损伤免疫功能。饲粮添加适量硒能提高家禽免疫力，也体现在增强家禽抵抗霉菌毒素能力上。Guo 等（2012）研究结果表明，黄曲霉毒素 B_1（AFB_1）显著抑制了雏鸭的生长和免疫器官发育，而硒可克服 AFB_1 引起的负面作用。硒的有效作用浓度较窄，硒过量同样有害。Peng 等（2012）报道，饲粮中过量硒（亚硒酸钠形式）造成脾脏氧化应激，进而引起脾细胞凋亡数增加。

鸡的硒缺乏症表现精神抑郁、食欲减退、生长迟缓、渗出性素质、肌肉营养不良或白肌病及胰腺变性、纤维化、坏死。渗出性素质主要表现为毛细血管破裂，体液渗出积于皮下，尤其是腹部及翅下可见蓝绿色液体蓄积。肌肉营养不良或白肌病的实质是横纹肌变性，肌肉表面表现明显的白色条纹。但胰脏纤维化不像渗出性素质那样与谷胱甘肽过氧化物酶活力低有关，而似乎与另一种需要硒蛋氨酸才能合成的因子有关。缺硒鸭不表现胰脏纤维化。高剂量维生素 E 也能防治缺硒而导致的胰脏纤维化。硒缺乏还导致胸腺、脾脏和腔上囊等免疫器官的淋巴细胞减少，从而影响免疫功能。硒营养缺乏时，鸡、鸭、鹅的肌胃变性、坏死和钙化。硒对动物的繁殖机能具有重要意义，缺硒导致产蛋率下降，受精率降低；胚胎缺硒则导致孵化过程中早期胚胎死亡率较高。

家禽硒缺乏 1～2 周后就可出现缺乏症。硒缺乏症发生的临界饲粮水平为 0.05 mg/kg。各种动物的最低需要量很接近，即饲粮中含硒 0.10 mg/kg。不过生长速度快的肉禽饲粮中硒含量以 0.30 mg/kg 为宜。

在美国、加拿大、中国、芬兰、新西兰等国家存在一些缺硒的生物地球化学区域，很多饲料的硒含量及其利用率也很低，故一般要在家禽饲料中补加硒。

硒也是毒性很强的一种元素，且家禽的最低需要量与中毒剂量间的差距很小，中毒剂量一般只有最低需要量的 10～20 倍。家禽的硒中毒症状表现为精神萎靡、神经功能紊乱、消瘦、生产性能下降、皮肤粗糙、羽毛脱落，长骨关节腐烂造成四肢跛行，心脏萎缩，肝硬化和贫血，种蛋孵化率降低，胚胎畸形。

常见饲粮中硒一般不能满足动物生产的全部需要，生产中常以无机亚硒酸钠、酵母硒、蛋氨酸硒的形式予以补充。很多研究表明，酵母硒的使用效果优于亚硒酸钠，饲粮中 0.20 mg/kg的酵母硒可替代 0.30 mg/kg 亚硒酸钠形式的硒。

4. 锌（Zn）

骨骼肌含体内总锌量的 50%～60%，骨骼占 30%左右。组织中的含量按毛、骨、雄性生殖器官、心、肾等依次降低。

锌是多种金属酶的组分，包括 DNA 和 RNA 合成酶和转移酶，以及多种消化酶。体内近 300 种酶的活性与锌有关，其中有的酶类以锌作为其结构成分，有的以锌作为辅助因子，锌调节和控制这些酶的结构和功能，影响机体的许多代谢功程。

Zn 是铜锌超氧化物酶具备正常活力所必需的成分。胶原酶是含锌酶；缺锌时，鸡骨骼中胶原合成与周转强度降低。DNA 聚合酶和 RNA 聚合酶也是含锌酶，因此，缺锌导致 RNA 合成受阻，一些蛋白质合成也受到抑制。

碳酸酐酶含 0.33%的锌。此酶对机体内酸碱平衡和肺中 CO_2 释放有重要作用。此酶也参与骨骼钙化和蛋壳形成，产蛋鸡壳腺组织中此酶的浓度很高。

含锌或必需锌的存在才具有活力的酶还有羧肽酶、乙醇脱氢酶和碱性磷酸酶等。

锌与胰岛素或胰岛素原形成可溶性复合物,有利于胰岛素发挥作用。胰岛素的作用在于调节体内糖类蛋白质和脂肪的代谢。因此,锌元素在蛋白,碳水化合物和脂类代谢过程中发挥着重要的作用。此外,锌还以锌指蛋白的形式参与转录以及细胞内和细胞间到细胞核的信号传导。

金属硫蛋白(MT),是一种可由 Zu、Cu 诱导生成的细胞质蛋白,对锌和铜等有极高的亲和力,在吸收及转运分布铜、锌方面有调节作用。组织中金属硫蛋白的含量也是反映锌营养状况的灵敏指标。

锌是机体维持正常免疫功能、骨骼发育等机能所必需的营养物质。锌具有抗氧化作用,参与机体抗氧化系统的组成。研究表明,锌对鸡生长、胴体性能和肉品质也有一定的影响(Liu 等,2011)。

锌缺乏动物的皮肤和角膜病变在很多方面与维生素 A、维生素 B_2、生物素、泛酸、维生素 B_6 或必需脂肪酸缺乏的情况相似,因此锌或许参与这些营养素的某些代谢过程。在维护生物膜的完整性方面,维生素 A 与锌之间存在协同作用;锌对肝中维生素 A 的代谢利用是必需的。

家禽锌营养缺乏症表现为食欲不振,采食量下降;种鸡缺锌时,常出现胚胎畸形,因股部发育不全孵出小鸡不能站立,呼吸困难,在胚胎发育过种中和出壳后易突然死亡;产蛋母鸡卵巢、输卵管发育不良,产蛋量和蛋壳品质下降,孵化率降低;公鸡睾丸发育不良。生长鸡锌缺乏时生长迟缓,腿骨短粗,跗关节或飞节肿大,皮炎,尤其是脚上出现鳞片、鸭的脚蹼干裂,羽被发育不良、羽枝脱落,饲料利用率低,食欲减退,有时表现啄羽、啄肛的怪癖;胸腺、脾脏及腔上囊等淋巴器官萎缩,免疫抗病力下降;缺锌严重时死亡。一般用低锌饲粮喂鸡,1~2 周内就出现锌缺乏症。

锌缺乏症可能是原发性的,如锌摄入量不足;也可能是继发性的,如由于钙和植酸、铜、硫葡萄糖苷等对锌吸收或代谢的妨碍。鸡对饲粮锌的最低需要量为 40 mg/kg。一般基础饲粮中含锌较低,在 25~30 mg/kg,不能满足家禽的需要,必须补加。家禽饲粮中许多因素影响锌的需要量。这些因素包括饲粮植酸或植物植酸酶、钙、铜、镉、钴、EDTA、组氨酸的含量以及饲粮蛋白的水平和来源。饲喂常规玉米豆粕型饲粮(含有植酸)的 0~21 日龄肉鸡的饲粮适宜锌添加量为 60 mg/kg(Huang 等,2007),22~42 日龄饲粮锌的适宜添加量为 65 mg/kg(Liao 等,2013)。

锌过量甚至中毒导致鸡精神沉郁,羽毛蓬乱,肝、肾、脾脏肿大,肌胃角质层变脆甚至糜烂,生长减慢,渗出性素质和白肌病;母鸡卵巢及输卵管萎缩,产蛋率下降,饲料转化率降低。家禽对常规饲粮中锌的耐受剂量在 1 000~2 000 mg/kg。

给产蛋鸡饲喂高锌饲粮可诱发换羽,在强制换羽时可实施此措施。

动物营养学家为了避免饲料异质性引起的锌边缘性缺乏,往往加大在饲料中的添加量。然而,添加到饲料中的锌可引起土壤的植物毒性,因为土壤中的锌含量与鸡粪中锌浓度直接相关。解决这些问题的关键,是选择高生物学利用率的锌源,以降低饲料锌添加量。锌源的生物学利用率受到饲粮成分的影响。研究表明,氧化锌来源的锌的利用率较低(50%~80%),硫化锌来源的锌很难被利用。特定有机锌来源的锌的生物学利用率高于硫酸锌中锌的生物学利用率。谷物和植物蛋白所含锌的利用率很低,但饲粮微生物源植酸酶的添加可提高其生物学利用率。Huang 等(2009)研究表明,胰脏 MT mRNA 表达水平是评定肉鸡对锌源相对生物学利用率的敏感指标,且以中等螯合强度有机锌的生物学利用率最高。

5. 钼(Mo)

肝脏黄嘌呤氧化或脱氢酶含有 2 个钼原子、8 个铁原子和 2 个 FAD 基团。家禽体内氮代谢形成尿酸必需黄嘌呤氧化酶。

钼也是亚硫酸盐氧化酶活性中心的组成成分,此酶将含硫氨基酸等降解生成的亚硫酸盐转变为硫酸盐:

$$SO_3^{2-} + O_2 + H_2O \rightarrow SO_4^{2-} + H_2O_2$$

钼缺乏症的主要症状是抑制生长,羽毛呈带结节状,红细胞溶血较严重,鸡的死亡率高。当肉种鸡饲粮中缺 Mo 时胚胎后期和出壳后的死亡率和下颌变形发生率上升,腿异常以及羽毛发育不良增加。

肉雏鸡饲粮中添加 5 mg/kg 钼合适,50 mg/kg 以上引起雏鸡中毒。蛋鸡饲粮钼含量高于 300 mg/kg 导致生产性能下降,种蛋孵化率降低。

家禽对钼的最低需要量为 0.2 mg/kg。

6. 铁(Fe)

机体中的铁有 60%～70%在血红素中,有 20%左右的铁与蛋白质结合形成铁蛋白,存在于肝、脾和骨髓中;其余在细胞色素 C 和多种亚铁血红素氧化酶(细胞色素氧化酶、过氧化物酶、过氧化氢酶)中,与细胞内生物氧化过程有着密切的关系。Fe 是血红素的组成成分,血红素中的铁为 Fe^{2+},血红蛋白是体内运载氧及二氧化碳最主要的载体。含亚铁血红素的化合物还有骨骼肌的肌红蛋白。

黄嘌呤氧化酶和亚硫酸盐氧化酶是两种 Fe-Mo 酶。不含亚铁血红素的化合物还有琥珀酸脱氢酶、铁传递蛋白、NADH 脱氢酶、铁蛋白和伴白蛋白。

髓质过氧化物酶含有铁,因此铁与细胞免疫反应和巨噬细胞活性有关。

鸡缺铁出现贫血,继发症还有高血脂,血中甘油三酯浓度升高明显。当饲粮中补充铁,贫血消失以后,血脂浓度也回落。原因可能是缺铁导致脂蛋白脂酶活性降低,于是脂肪在脂肪组织沉积减少。

铁也是红羽品种鸡的羽毛色素所必需,缺铁时不仅产生低血色素小红细胞性贫血症,而且还使红羽和黑羽的颜色褪去。饲喂低铁饲粮时红羽色在 3～4 周后开始褪色,9 周后几乎全部变白。

铁在动物十二指肠以 Fe^{2+} 的形式吸收,氧化为 Fe^{3+} 以铁蛋白形式存在于机体。植物中的铁以可利用形式存在,但家禽对铁的利用并不是由含铁化合物的溶解或吸收特性决定,而是由黏膜的铁蛋白决定的,当铁蛋白由 Fe^{3+} 饱和时,吸收便停止。铁蛋白含铁 20%。在黏膜、血液和肝脏中的含铁化合物间存在铁的动力学平衡。铁蛋白释放铁时,Fe^{3+} 转变为 Fe^{2+} 进入血浆,由铜蓝蛋白氧化为 Fe^{3+} 后结合入铁传递蛋白转运。

天然饲料中铁含量能满足生长鸡和产蛋鸡的需要。鸡的铁需要量在 50～80 mg/kg,常规基础饲粮中平均含铁 60～80 mg/kg,在成年蛋鸡的存留率是 5%～10%,那么鸡从每千克饲料中可获得铁 3～4 mg,1～1.5 mg 从蛋中排出,维持生命的铁量为 400～500 μg。因此在正常情况下,铁处于正平衡状态。

家禽只有饲料中铁含量低于 15 mg/kg 以下时才会出现铁缺乏症。

衡量铁营养状态的指标有肝中铁含量、血浆中铁传递蛋白的 Fe^{3+} 饱和度、血液中红细胞和血红蛋白的含量、血细胞比容等。

饲粮铁过量，磷和铜的利用率降低，维生素 A 在肝中沉积下降，甚至采食量和增重都会减少，导致后 3 种营养素的缺乏症。产蛋鸡饲粮中铁过量时，煮熟的鸡蛋黄外层呈现墨绿色。

铁盐在家禽饲粮中的另一作用是去除棉籽饼中棉酚毒。Fe^{2+} 与游离棉酚以 1：1 的分子比例形成铁-棉酚复合物，可显著降低棉酚对小鸡的毒性，同时也可预防由棉籽的环丙烯脂肪酸所引起的蛋清呈粉红色的变化。

铁过量导致腹泻、腹痛、死亡；生产性能下降；饲粮铁达到 450 mg/kg 以上，磷酸盐的排出量上升，降低可利用磷的吸收，导致佝偻病。家禽对饲粮中铁的耐受剂量为 1 000～1 500 mg/kg。

7. 碘(I)

动物体内 70%～80%的碘存在于甲状腺中。

碘唯一的生理功能是甲状腺合成甲状腺激素所必需的原料，甲状腺激素是碘本身及其功能的载体。碘在被消化道吸收后集聚在甲状腺中，经氧化结合到甲状腺球蛋白的酪氨酸残基上生成一碘和二碘酪氨酸后进一步缩合为三碘甲腺原氨酸(T_3)和四碘甲腺原氨酸(T_4)。甲状腺分泌的甲状腺激素以 T_4 为主，T_3 极少；其分泌过程受垂体分泌的糖蛋白——促甲状腺素(TSH)的调控，而 TSH 又受 T_3 的反馈抑制。T_3 是甲状腺激素中生物活性最强的，可在甲状腺(少量)和在外周组织中由 T_4 脱碘生成。T_4 脱碘包括外环脱碘和内环脱碘两种途径，脱碘反应由脱碘酶催化。脱碘酶有Ⅰ型(D_1)、Ⅱ型(D_2)和Ⅲ型(D)之分，D_1 分布在肝脏、肾脏、肌肉、甲状腺等组织中，主要催化 5′-脱碘(外环脱碘)反应，如 T_4 脱碘生成 T_3、rT_3 脱碘生成 3,3′-T_2、T_3 脱碘生成 3,5- T_2 等。催化 5′-脱碘(内环脱碘)反应的酶主要是 D_3，其主要分布在成年动物的脑和皮肤组织，以及哺乳动物胎盘，胎儿的肝脏、肌肉、脑和中枢神经系统组织。据推测Ⅲ型脱碘酶的主要功能是防止有关组织内 T_4、T_3 的浓度过高，分别将其降解为 rT_3、3,3′-T_2。D_2 分布在动物的脑、垂体和褐色脂肪组织，D_2 不催化外环脱碘，主要是在以上组织内催化 T_4 脱碘生成 T_3 以满足组织局部的需要，这些组织细胞内的 T_3 的 50%～80%是在组织内产生的。脱碘酶的催化中心都含有硒半胱氨酸，硒缺乏将导致其丧失活性。另外，甲状腺激素的合成需要很强的氧化环境，但过强的氧化环境对甲状腺组织细胞产生损伤，因此需要含硒的谷胱甘肽过氧化物的抗氧化功能进行中和。因此，甲状腺激素的合成对正常的硒营养有很强的依赖性。

众所周知，甲状腺激素的功能是提高基础代谢率，增加组织细胞耗氧量。T_3 影响脂肪酸合成、去饱和、链的延长及氧化，因此影响线粒体膜的化学组成和结构。如 T_3 生成少时，膜磷脂的脂肪酸饱和度提高，18：2 增加而 20：4 减少。膜脂质饱和度提高，膜结构更紧，流动性差，含水量减少，质子通透性降低。心脏线粒体中双磷脂酰甘油(心磷脂)水平在甲状腺功能低下时下降。膜脂质结构和组成也影响膜蛋白的活性，如细胞色素 C 氧化酶和腺嘌呤核苷酸移位酶就是受膜脂质组成和心磷脂含量影响很大的两种酶。

甲状腺激素在家禽生长发育及繁殖等众多生理生化代谢过程中起调节作用。母鸡血中 T_4 含量在 10～15 ng/mL，T_3 浓度在 1 ng/mL 左右。血液中 T_4 及 T_3 的浓度表现很强的昼夜节律变化和受环境温度及应激的影响。高温时，T_3 浓度降低，产热量减少；低温时，血中碘离子浓度升高，T_4 及 T_3 浓度均上升，T_4 向 T_3 的代谢转变加快。应激抑制甲状腺激素的合成与分泌，而血浆皮质酮水平上升。缺碘导致甲状腺激素合成不足时，基础代谢率降低，对低温的适应能力降低；种蛋孵化率降低；鸡体内脂肪沉积加强；严重时甲状腺细胞代偿性增生肿大、生长受阻、繁殖力下降。胚胎缺碘时，孵化时间延长；雏鸡腹部愈合不全。缺碘抑制一些蛋白质合成，组织硒沉积量及与此有的含硒酶活力下降，加重硒缺乏病。家禽的碘需要量一般为 0.30～0.70 mg/kg。

生长鸡能耐受较宽范围的饲粮碘水平变异，Newcomer(1978)向半纯合饲粮中添加 0～100 mg/kg 碘，未观察到生长异常。碘在体内存留的时间很长，至少约需 20 周以上才能将产蛋母鸡体内的碘耗竭尽。

植物性饲料中碘含量变化很大，这与植物类型、土壤类型、气候以及微肥的使用等因素有关。在非缺碘地区谷物饲料碘含量为 0.05～0.25 mg/kg；油籽饼粉中碘含量为 0.4～0.8 mg/kg；鱼粉与骨粉里的含量较高，分别含 2.8～5.0 mg/kg 和 0.70～0.80 mg/kg。由于饲料以为谷物籽实为主，因此家禽的碘需要量常得不到满足。在低碘地区，就更加需要往家禽饲料中补加碘了。

如果饲料热加工不足(如豆粉、芝麻、豌豆等)，对致甲状腺肿物质未灭活，或由于饲料中钙、氟、砷和食盐含量过高，那么家禽对碘的需要量提高。

维持甲状腺组织结构正常的需要量比维持正常生长和产蛋量对碘的需要量要大。

碘的主要供给形式是 NaI、KI 及碘酸钙。在含铁、铜和锰盐的预混料中极不稳定，易于氧化后挥发(I_2)。添加(8%)硬脂酸钙可提高稳定性 100%。碘化钾和碘酸钙是有效的、稳定的碘源。

碘摄入过量(600 mg/kg)时，产蛋量、蛋重和孵化率降低。

8. 钴(Co)

动物不需要无机态的钴，只需含 Co 的维生素 B_{12}，Co 的营养作用实质上是维生素 B_{12} 的作用。维生素 B_{12} 在最初也称“动物蛋白因子”或“因子 X”。维生素 B_{12} 的吸收要靠腺胃和肠黏膜内结合并转移维生素 B_{12} 的“内部因子”。此因子由肝脏合成，如果合成障碍则维生素 B_{12} 不能吸收，导致维生素 B_{12} 缺乏，严重时导致恶性贫血。维生素 B_{12} 在动物肝脏、鱼粉和牛粪中含量极丰富。

维生素 B_{12} 是一种螯合物，也叫“氰钴胺素”。维生素 B_{12} 只能由微生物合成，许多细菌和放线菌可合成，但酵母和真菌不能合成。大肠内的微生物合成维生素 B_{12}，由于无活性的类似物占的比例大，微生物也固定一部分维生素 B_{12}，所以维生素 B_{12} 的吸收率很低，那部分合成量远不能满足动物的需要，故饲料中需要添加一些维生素 B_{12}。

维生素 B_{12} 是甲基丙二酰辅酶 A 变位酶和同型半胱氨酸转甲基酶的辅助因子，为合成甲基所必需。在生物功能方面，与叶酸、泛酸、胆碱和蛋氨酸等密切相关。

家禽的维生素 B_{12} 缺乏症表现为生长迟缓，饲料利用率降低，死亡率提高，种蛋孵化率降低，在孵化 20 d 左右发生死亡，腿萎缩，器官脂化水肿出血；头和腹部异常。饲粮中缺乏胆碱、蛋氨酸或甜菜碱等甲基供体时，维生素 B_{12} 缺乏的鸡会出现滑腱症和恶性贫血。

维生素 B_{12} 在肝脏中存留的时间很长，用缺维生素 B_{12} 饲粮喂鸡需 2～4 个月的时间才能耗竭尽鸡肝脏中的维生素 B_{12}。

Co及维生素B_{12}营养状况的诊断指标有血中维生素B_{12}浓度、甲基丙二酸排出量等。

9. 钒(V)

钒是鸡的必需微量元素。当饲粮中V浓度低到35 μg/kg时，生长受阻，尾部和翅膀羽毛发育受阻，血细胞压积增大，骨骼异常率升高，脂类代谢也发生紊乱，血中甘油三酯浓度上升，肝中磷脂含量下降。但目前对V的确切功能仍不是很了解。

10. 硅(Si)

Si主要在成骨细胞和钙化活跃区域的含量高；胶原和黏多糖也有较多的结合硅，可能通过与氧的结合键维持胶原结构的完整性。因此，Si可能与早期胶原合成和钙化过程有关。

11. 氟(F)

摄入氟的60%～80%存在于骨骼中。骨骼中的氟存在于羟基磷灰石的晶体中。

氟的吸收率一般较高，可达80%～90%，但因化学形式不同而异，如骨粉中氟的吸收率仅有45%左右。

氟促进骨骼的钙化，提高骨骼的硬度。但如果家禽摄入并吸收的氟过多，组织中的氟与血浆中的钙离子结合，形成不溶的氟化钙，使血钙降低，生长家禽的骨骼钙化不足；另一方面，低血钙引起甲状旁腺分泌加强，破骨细胞活动增强，溶骨过度，骨骼疏松易折。氟还可与镁、铜、铁、锰、锌等金属离子形成氟化物，影响这些离子的正常代谢及其营养功能。家禽氟中毒的临床表现主要为“腿软”，两脚叉开、无力站立、喜伏于地面，部分关节肿大，行走困难；精神沉郁，采食量下降；蛋禽的蛋壳质量下降。严重氟中毒会导致家禽死亡。饲料中氟的中毒剂量与氟的存在形式(一般有F^-、SiF_{2-6}和AlF_{3-6})或化合物有关，因此变动在150～400 mg/kg 。为减轻饲料中氟的毒性，可添加乳酸钙、硫酸钙或葡萄糖酸钙等钙制剂，或氧化铝、氯化铝或硫酸铝等铝盐，因为钙离子、铝离子能与氟离子结合成难溶的氟化物，从而降低氟的吸收。

12. 铬(Cr)

铬参与了碳水化合物、脂类、蛋白以及核酸的代谢。铬的营养生理作用之一是与尼克酸、甘氨酸、谷氨酸、胱氨酸形成葡萄糖耐量因子，具有类似胰岛素的生物活性，调节碳水化合物、脂类及蛋白质的代谢。其生理作用之二是增强抵抗应激的能力，如缓解高温应激对肉鸡生长发育、矿物质代谢及骨骼发育的不良影响。一般认为在正常的饲喂条件下家禽和家畜实用饲粮中的铬可以满足其需要。因此，NRC并没有提供家禽和家畜铬的需要量。然而，在过去15年的研究中已经充分证明家禽和家畜饲粮中添加微量元素铬可以影响动物的代谢和生产(Spears等，2012)。饲粮添加铬对动物生长、繁殖、免疫和胴体品质等方面都有影响。饲粮添加三价有机铬与无机铬均能显著降低热应激的负面效应，改进肉仔鸡的胴体品质，降低腹脂率(罗绪刚等，2002b；王刚等，2003)。饲粮添加三价无机和有机铬都具有抗应激和提高家禽的免疫力的作用(李素芬等，2001；罗绪刚等，2002a，2002b；王刚等，2003)。无机三氯化铬和有机吡啶羧酸铬均可提高热应激蛋鸡的免疫功能，且三氯化铬在提高细胞免疫功能上比吡啶羧酸铬更为有效(李素芬等，2001)。罗绪刚等(2002)报道，三氯化铬和吡啶羧酸铬对所观测热应激蛋鸡的多数指标的作用效果相似，但三氯化铬在提高蛋壳品质和细胞免疫功能方面的作用效果优于吡啶羧酸铬。

三价铬和六价铬是铬的两种常见存在形式，其中六价铬的毒性比三价铬高得多。三价铬被认为是必需矿物元素。动物对铬的吸收因不同化合价而异，六价铬比三价铬易吸收，有机铬比无机铬易吸收。无机铬的吸收率只有0.4%～3%，而有机的自然铬化合物中铬的吸收率可达10%～25%。饲料级的磷酸氢钙含有高达65～538 μg/kg 的铬，玉米—豆粕型饲粮中铬的含量范围为750～3 000 μg/kg，但其中大部分的铬是不能利用的。目前家禽对铬的需要量并没有确定。在大多数国家，家禽和家畜饲粮中铬的添加形式以及添加剂量是被严格控制的。目前丙酸铬(CrPro)已被美国FDA认证为可以在猪和牛上添加的唯一铬源，但丙酸铬在家禽上的研究还很欠缺。

（三）氨基酸金属螯合物

评价作为矿物质来源的饲料或补充料时，不仅要分析其含有哪些元素及其含量，还要检测有多少能被动物肠道吸收以及有多少能被动物细胞和组织利用。

矿物质元素的吸收受许多因素的影响：元素的进食量、动物的年龄、肠道pH、动物所处的该元素的缺乏或充足等营养状况，营养素颉颃物的存在与否等。

矿物质缺乏可因下列原因造成：①饲料中某元素的含量不足。②另外一个矿物质元素或营养素(包括维生素、氨基酸和脂肪)会减少某元素的吸收，饲粮脂肪水平过高，脂肪酸与钙会形成不溶皂化物，钙的吸收率下降。饲粮中不被消化的纤维会因为与金属离子进行物理性吸附或化学性结合导致Ca、Mg、Zn、P等元素的吸收利用率下降，一些高纤维饲粮含过高水平植酸、草酸，它们与金属离子形成沉淀，使金属元素的吸收率进一步下降。胃肠的化学环境影响矿物质元素的吸收。除了碱土金属离子(Na、K、Ca、Mg)外，当胃肠pH上升时金属离子都趋于形成不溶沉淀。一些饲粮成分会使胃肠pH上升到高于正常生理水平，这样便会抑制必需矿物元素的吸收。③导致元素通过小肠加快的因素，如腹泻等。④代谢颉颃剂的存在会增加动物对某元素的需要量。

一些矿物元素间的互作会影响各自的吸收及代谢。一种元素参与的代谢过程愈多，它与其他元素互作的可能性愈大。

互作关系可分为下列几大类：第一类互作是产生不溶性沉淀产物，当两种以上元素在肠道竞争同一个阴离子配位体时会出现这类互作。配位体可能是有机物，如植酸、草酸；也可能是无机物，如磷酸根。Ca、Mg、Zn、Fe都能与PO_4^{3-}反应形成不溶性沉淀。可溶性矿物盐在胃的酸性环境中会离子化，但在肠道中随pH上升，其可溶性减小，金属离子趋向于与阴离子或配位体结合。在空肠和回肠时形成的这类物质很稳定，难溶解，导致矿物质元素不被吸收利用。磷酸铁沉淀能导致铁的吸收率大幅度下降，严重时会导致动物出现缺铁性贫血。第二类互作是元素间竞争性结合肠黏膜细胞膜上的转运载体(由小分子蛋白组成)。每种必需元素对载体蛋白的亲和力与其电子构象及在元素周期表中的位置有关。Fe与Cu的转运载体分子(铁传递蛋白)相同，不过Cu对铁传递蛋白的亲和力比Fe的更强，因此Fe与Cu两元素间表现颉颃，当饲粮Cu进食水平过高时，动物易出现缺铁性贫血。第三类互作是一些非必需重金属的干扰，导致动物机体细胞合成金属结合蛋白的能力下降。如Pb中毒会导致血红蛋白产量下降，动物表现贫血。第四类互作是当金属酶中的元素被其他元素取代后，金属酶的活性发生改变。如Zn是羧肽酶的组成成分，当Mn或Ni取代Zn后，羧肽酶的活性下降，从而会影响动物的蛋白质营养。但Co与Zn可互换，不影响酶的活性。

不仅矿物质元素间的互作干扰阳离子的吸收，维生素也对矿物质元素的吸收有或正或负的影响。众所周知，维生素D和维生素C分别影响Ca和Fe的吸收，当前两者缺乏时，后两种元素的吸收会明显减少。另外，其他维生素（如烟酸）的过量会使维生素 D 灭活。因此即使饲粮 Ca 和维生素 D 含量似乎足够，当烟酸过量时会导致低血钙。

金属螯合物是一种环状结构，由于某一阳离子的正电荷和配位体化合物的 2 个或 2 个以上负电性部位间的吸引以共价键结合形成。

如果螯合元素的配位体能将结合的元素以完整的螯合物形式带进黏膜细胞内，则这种螯合物确能促进元素的吸收。能吸收的螯合物，应能防止元素在胃及肠道内与其他物质形成不溶化合物，也可防止元素被小肠内的胶体吸附，从而避免被排出肠道。有益的螯合物应能在必要的时候及时被释放出元素，游离的配位体也能被代谢利用。

所有的氨基酸均是特别有效的金属螯合剂。对于将元素从肠道转移到黏膜细胞内，和作为机体内的矿物质元素贮存载体都有特殊的重要作用。作为螯合物分子的一部分，氨基酸配位体的作用不再是作为氨基酸，而是作为独特的转移分子。

金属氨基酸螯合物是可溶金属盐的金属离子与氨基酸以 1∶(1～3)的摩尔比共价化合的产品。水解氨基酸的平均相对分子质量必须接近 150，螯合物的相对分子质量不能超过 800。如果相对分子质量大于 800，则其在肠道不经水解不能直接穿越细胞膜。氨基酸螯合物不同于金属蛋白盐。后者不能明确螯合物的稳定性和螯合的摩尔比以及分子质量，而这些特性对矿物元素生物利用率的影响是很大的，因此金属蛋白盐使用效果的可预见性及可重复性没有金属氨基酸螯合物的强。

氨基酸螯合物中的金属离子由于与氨基酸配位体配位共价和离子键合而呈现惰性，不活泼。因此，它不像可溶无机盐中的离子一样被许多阴离子沉淀；脂肪和纤维不干扰其吸收；氨基酸螯合物的吸收不需要维生素的参与；也不催化引起饲料成分的氧化反应，对维生素的破坏很小甚至没有。

所有的小肠黏膜细胞均能吸收氨基酸或二肽。氨基酸螯合物主要在空肠被吸收，仿佛就是一个二肽，它们二者的吸收途径相同。不但金属氨基酸螯合物的元素利用率高，而且，这种受保护的结合状态的元素的毒性也弱。

氨基酸螯合物增加小肠二糖酶的活力。二糖酶包括葡萄糖苷酶和乳糖苷酶两种，这些酶不仅将二糖消化为单糖，而且还将单糖转运入细胞内，它们也是碳水化合物吸收所必需的一部分。

金属氨基酸螯合物与金属无机盐相比，提高畜禽饲料氨基酸和能量的可利用率，从而提高饲料的营养价值。其机制可能是这些螯合物元素对元素依赖型消化酶的可利用率较高。这些螯合物的使用也在细胞水平上提高了细胞对氨基酸的利用率，蛋白质合成量加大。

首次使用螯合物是在 1920 年，1952 年才正式提出螯合物是改善金属元素吸收利用的一门技术。

要使种蛋胚胎及孵出的雏鸡有高的存活率，种鸡饲粮中的各种营养素在蛋壳形成前必须充分向胚胎转移。种鸡饲粮中使用金属螯合物，一方面由于元素对母鸡的利用率高，另一方面由于金属螯合物在母体内有效的向胚胎的转移，结果使种蛋孵化率高及雏鸡死亡率低，尤其应激存在的情况下更明显。

在肉鸡生产方面的应用表明 Cu、Mn、Fe、Zn 和 Co 的氨基酸螯合物的使用可促进生长和提高饲料转化效率 6%～7%，提高产肉量 8%左右，改善胴体品质(脂肪含量下降)。

在产蛋鸡使用微量元素氨基酸螯合物，可节省 5%饲料，提高产蛋量 6%左右，增加蛋重

1%～2%。

在鸡发现一种因肠道吸收营养素的功能障碍导致的综合征。这种消化障碍有许多名称和习惯表达法，常用的有“吸收障碍综合征”、“鸡苍白综合征”、“股骨头坏死”、“脆骨病”、“骨质疏松症”、“传染性发育障碍综合征”等。有的兽医称为“传染性腺胃病”。吸收障碍综合征一般对肉用仔鸡的影响最大。在出壳后的第1周内最敏感，以后敏感下降。环境卫生不良、饲养密度过大，饲粮营养不平衡及中间介入的传染病都会加速发病或使病恶化。出壳4～6 d后20%～30% 雏鸡开始发病，在第2周内表现出生长受阻，肠炎程度因鸡而异。在第3周，骨骼开始病变，如跗关节肿大、长骨钙化不全、跛行，表现佝偻症和骨质疏松。皮肤颜色苍白。羽毛发育不良，粗糙翻卷，鸡如“直升机”状。到第4周股骨向内弯曲，胫骨旋转滑脱。肠道症和羽被缺陷进一步恶化，尽管腹泻减少，但大肠杆菌感染加深，有时产生骨髓炎。病理剖检病鸡发现肠道炎症，胰腺萎缩和/或纤维化，淋巴器官萎缩。吸收障碍综合征的直接病因复杂，营养是不可忽视的一面。向雏鸡饲粮或向种鸡饲粮（产蛋前或产蛋过程中）应用微量元素氨基酸螯合盐可减少仔鸡吸收功能障碍综合征（malabsorption syndrome）的发生率和死亡率。特定微量元素吸收障碍（无论是吸收不良综合征的病因，还是结果），可能会导致仔鸡的免疫系统发育障碍。氨基酸螯合物可改善元素的吸收或许能改良免疫系统发育。

目前在家禽上已开展了大量有机矿物元素方面的研究，关于有机微量元素的生物学利用率是否优于无机矿物元素，关键取决于有机络（螯）合物的螯（络）合强度，并非所有的有机微量元素都优于其无机形态。Liu 等（2012）在肉鸡上的研究表明，蛋白铜螯合物与无机硫酸铜的生物学利用率没有差异。Ma 等（2014）报道，蛋白铁螯合物在提高肉鸡血红蛋白含量及总机体血红蛋白铁浓度上比无机硫酸铁更有效。有机锰比无机锰的吸收更有效，中等和强螯合强度有机锰比弱络合强度有机锰和无机锰的吸收更多（Ji 等，2006a）。中等螯合强度的有机锰才能真正有利于肉鸡对其中锰元素的利用；弱络合强度的有机锰因其络合键太弱而易在胃肠道中解离，其利用率无无机矿物元素类似；强螯合强度的有机锰虽然因其过强的螯合键能更好地抵抗肉鸡胃肠道钙等许多因素的干扰而有好的吸收，但吸收后不能被体靶组织很好代谢利用而使其利用率不如中等螯合强度有机锰（李素芬等，2001；Li 等，2004，2005）。肉鸡锌上的研究结果与锰类似，以中等螯合强度有机锌的生物学利用率最高，弱络合强度有机锌的生物学利用率与无机硫酸锌类似，而偏极强螯合强度的有机锌虽然可以有效抵抗肉鸡胃肠道植酸的干扰而更好地吸收，但吸收后不能很好地被体靶组织利用，其生物学利用效率最差，且比无机硫酸锌显著低约 30%（Huang 等，2009，2013；Yu 等，2010）。以上近期研究新成果，对于鸡等家禽生产中研制和应用高效吸收利用的适宜螯合强度新型有机微量元素添加剂，都具有十分重要的理论和现实指导意义。

第六节 维生素营养

维生素是存在于天然食物或饲料中，不同于蛋白质、碳水化合物、脂肪、矿物质和水，既不能供给能量，也不能形成动物体的结构物质；含量少但为正常组织的健康发育、生长和维持所必需，主要以辅酶和催化剂的形式参与代谢过程中的生化反应，保证细胞结构和功能的正常。动物机体不能自身合成维生素（除烟酸、胆碱和维生素 C 外），需由日粮提供。大多数动物肠道微生物能合成多种维生素，但家禽消化道短，合成量极有限。当日粮中缺乏或吸收利用不良时，会导致特定的缺乏症。维生素及其功能很多是通过治疗缺乏症发现的。维生素缺乏引起的代谢障碍，往往不限于机体的某一器官，其影响扩展到与生命活动有关的一系列组织中。在一般的生产条件下维生素缺乏症的表现程度，很少像书上所描述的缺乏症那样典型，因此在生产中很易被忽视。

维生素分为脂溶性维生素和水溶性维生素两大类。前者包括维生素 A、维生素 D、维生素 E 和维生素 K，后者包括维生素 C 和 B 族维生素（硫胺素、核黄素、维生素 B_6、钴胺素、尼克酸、泛酸、生物素、叶酸和胆碱）。脂溶性维生素由碳、氢、氧 3 种元素组成，而某些水溶性维生素分子中还含有氮、硫或钴。在动物体内，脂溶性维生素与脂肪一起消化吸收，妨碍脂肪吸收的因素或条件也不利于脂溶性维生素的消化、吸收。脂溶性维生素在体内可贮存和积累，因此脂溶性维生素（维生素 A 和维生素 D）的供给量过多会导致蓄积中毒；除钴胺素以外的其他水溶性维生素并不在体内贮存，过量的维生素可从尿中排出，因此其毒性较小。

一、维生素的代谢作用、缺乏症及中毒症

（一）维生素 A

维生素 A 是一组生物活性物质的总称，也就是说维生素 A 具有多种形式，包括视黄醇、视黄醛、视黄酸、脱氢视黄醇。脱氢视黄醇也叫维生素 A_2，其余的叫维生素 A_1。维生素 A_2 的生物活性只有维生素 A_1 的 40%。维生素 A 的结晶为浅黄色，在光和空气中易氧化。维生素 A 只存在于动物体中，植物中不含维生素 A，但含维生素 A 原、胡萝卜素。

植物中多种类胡萝卜素在动物体内可不同程度地转变为维生素 A，其中 β-胡萝卜素的生物活性最高。在家禽，β-胡萝卜素只相当于 1/2 的维生素 A 活性，其他类胡萝卜素相当于 1/4 的维生素 A 活性。植物中的类胡萝卜素的可吸收部分只占 1/3，故总的 β-胡萝卜素只有 1/6 的维生素 A 活性，其他类胡萝卜素只有 1/12 的维生素 A 活性。家禽转化 β-胡萝卜素为维生素 A 的能力为猪、牛、羊、马的 3 倍。

1 国际单位（IU）的维生素 A 相当于 0.30 μg 视黄醇、0.344 μg 维生素 A 醋酸酯、0.549 μg 维生素 A 棕榈酸酯、0.6 μg β-胡萝卜素。

维生素 A 以酯的形式从小肠吸收，棕榈酸是酯化作用的主要脂肪酸。维生素 A 酯与维生素 A 结合蛋白结合，经肠淋巴系统转运至肝脏贮存。当外周组织需要时，其水解为游离的维生素 A 醇并与视黄醇结合蛋白（RBP）结合，再与血浆中的前清蛋白结合形成蛋白复合物，随血液到达靶器官组织。

T 淋巴细胞和 B 淋巴细胞是分别在家禽的胸腺和法氏囊中形成的，当维生素 A 缺乏时，胸腺严重萎缩，法氏囊过早消失，家禽的免疫能力会下降。给小鸡补充维生素 A 或维生素 E 增强体液免疫力和巨噬细胞吞噬能力，从而提高小鸡抵抗病原大肠杆菌感染的能力。但同时补充维生素 A 和维生素 E 无作用，说明维生素 A 与维生素 E 之间有颉颃。锡林（1988）和黄俊纯（1989）报道，日粮添加高水平维生素 A，可减少维生素 E 在肠道前段的吸收，增加其在肠道后段的排出，导致血浆及肝脏中维生素 E 水平下降。高水平维生素 A 在肠道可部分降解产生视黄醇和视黄酸，促进 α-生育酚氧化生成生育醌，并在体内通过提高葡萄糖醛酸的生成促进 α-生育酚从血浆排出。王建霞（1989）报道，在相同维生素 A 水平的母

鸡日粮条件下，雏鸡卵黄囊内维生素 A 的含量随母鸡日粮中维生素 E 水平的提高而上升，表明维生素 E 对维生素 A 的保护作用。

维生素 A 在视觉功能方面的作用是众所周知的，维生素缺乏导致对弱光敏感的视紫红质的丧失，导致夜盲症或全盲。有时维生素 A 缺乏影响骨骼发育，造成颅骨异常而压迫视神经，引起视力障碍，运动不协调、痉挛。但维持这一功能所需的维生素 A 的量只占总需要量的小部分。维生素 A 还与再生组织上皮细胞的分裂及增殖有关，维生素 A 是维持一切上皮组织健全所必需的物质。维生素 A 缺乏会影响上皮组织如眼角膜、呼吸道、消化道和泌尿生殖道上皮等的完整性，上皮细胞发生鳞状角质化变化等；临床上动物表现眼角膜软化、浑浊、干眼、流泪和脓样分泌物，腹泻、感冒、肺炎等。

维生素 A 具有某些与类固醇激素相同的功能，视黄酸与细胞核内的受体结合，促进 DNA 转录，调节新陈代谢和胚胎发育。维生素 A 可调控分泌生长激素的基因的活性，促进组织细胞分化，机体生长。因此，维生素 A 缺乏抑制家禽生长。

当成年鸡喂以完全缺乏维生素 A 的日粮，只依靠肝和其他组织中维生素 A 储备，通常在 2～5 周内出现缺乏症。当 1 日龄雏鸡喂以无维生素 A 日粮，如果雏鸡是食用低水平维生素 A 日粮母鸡的后代，则缺乏症可能在第 1 周末出现，如果雏鸡是接受高水平维生素 A 日粮母鸡的后代，则可能到 6 或 7 周龄仍不出现缺乏症。

维生素缺乏导致家禽产蛋量下降、种蛋受精力降低；胚胎血液循环系统发育障碍，孵化 48 h 后发生胚胎死亡，肾、眼及骨骼异常，孵化率下降。

家禽维生素 A 的需要量一般为 1 000～5 000 IU。维生素 A 过量易引起中毒。

视黄醇的用量达到最低需要量的 500 倍时会产生毒性，而视黄酸在其用量达到最低需要量的 50～100 倍时就会产生毒性，维生素 A 中毒表现食欲减退，采食量下降，生长减慢，眼水肿，眼睑结痂，嘴及鼻腔黏膜发生炎症；骨骼强度降低，变形。

(二)维生素 E

维生素 E 是具有 *D*-α-生育酚活性的所有生育酚和生育三烯酚的总称。生育三烯酚不同于生育酚之所在是 16 碳原子的侧链上有 3 个不饱和键。两类酚因其分子的甲基的数目和位置的不同又分为 α-、β-、γ-和 δ-4 种酚。*D*-α-生育酚的活性最强，其余 4 种的相对活性依次下降，在 30%～1%。*D*-α-生育酚极易氧化，在维生素 E 的商品生产过程中，常用醋酸将其酯化。产品常包括 *D*-和 *L*-两种化合物，故叫 *DL*-生育酚醋酸酯。1 IU 维生素 E 相当于1 mg *DL*-生育酚醋酸酯，*D*-型的活性要比 *DL*-型的活性高 36%，生育酚比生育酚醋酸酯的活性高 10%。*DL*-生育酚醋酸酯在小肠被动物消化时，水解分成维生素 E 和醋酸，按各自的吸收途径被吸收，在血中以低密度脂蛋白运送，以 *D*-α-生育酚参与代谢。维生素 E 的吸收依赖于脂肪和胆汁酸盐的存在。

动物组织中维生素 E 的沉积量与组织脂肪含量呈正相关。

维生素 E 与其他营养素之间也存在互作：不论是多不饱和脂肪酸还是其氧化产物均干扰消化道中脂肪微粒的形成，降低维生素 E 的吸收。维生素 A 与维生素 E 存在吸收竞争，因此使用大剂量维生素 A 时要加大维生素 E 的供给量；由于维生素 E 的抗氧化作用，维生素 E 可保护维生素 A。维生素 E 可促进维生素 C 在动物体内的合成，维生素 C 可使被氧化的维生素 E 还原再生。硒是谷胱甘肽过氧化物酶的活性成分；含硒的谷胱甘肽过氧化物酶可以催化被氧化的维生素 E 变成还原形式，供给适度高水平的硒可以提高血浆维生素 E 的浓度,因此两者在功能方面存在协同。

维生素E作为生物抗氧化剂维护生物膜的完整性。维生素E缺乏对生物膜完整性的影响主要在膜的脂肪部分而不在蛋白部分。在细胞内的氧化还原反应过程中产生大量的具有氧化破坏作用的有毒产物,如过氧化氢、羟自由基和磷脂过氧化物等。维生素E发挥抗氧化作用与它的酚环上的羟基有关。给自由基提供一个氢,与游离电子发生作用,抑制自由基产生,制止过氧化反应。在耗用维生素C的情况下,生育酚又被再生。

$$\begin{array}{ccccc} LOO^{+} & & \alpha\text{-}ROH & & 维生素\ C^{+} \\ LOOH & & \alpha\text{-}RO^{+} & & 维生素\ C \end{array}$$

维生素E增强免疫机能,提高应激能力。当发生应激时,机体内糖皮质激素、肾上腺素和前列腺素的释放量增加。这些激素使成熟的和已经分化了的淋巴器官中的环—磷酸腺苷的含量升高,淋巴细胞的免疫功能下降。维生素C及维生素E能降低血液中糖皮质激素的含量,维生素E可抑制前列腺素的形成,从而抑制了淋巴器官中的环—磷酸腺苷的含量升高,增强免疫功能。

维生素E促进肝脏及其他器官内泛醌的合成,而泛醌在组织呼吸中起重要作用。当维生素E缺乏时,线粒体内膜的氧化磷酸化反应异常,ATP的合成减少,从而降低了可收缩蛋白的合成,导致肌肉营养不良(白肌病),肌肉强直或无力,进而丧失行走和站立的能力;如果心肌受损则引起心力衰竭,导致突然死亡;如果隔膜或肋间肌营养不良则引起呼吸困难。维生素E缺乏时肌酸磷酸激酶量增加及周转加快,黄素氧化酶的合成及活力提高。

家禽维生素E缺乏症在生长鸡表现脑软化症,渗出性素质,肌肉营养障碍,免疫抗病力下降;在成鸡,繁殖性能下降;在胚胎,由于血液循环障碍及出血,在孵化的84～96 h出现早期死亡现象。火鸡雏易患肌胃糜烂。

家禽对日粮中维生素E水平的需要随日粮中不饱和和脂肪酸、氧化剂、维生素A、类胡萝卜素和微量元素的增加而增加,如每千克日粮含1%脂肪就需充维生素E 5 IU;随脂溶性抗氧化剂、含硫氨基酸和硒水平的提高而减少。家禽对维生素E的需要一般在每千克日粮5～30 mg;为避免微血管病(渗出性素质)维生素E含量以30 mg/kg为宜;PGE_2是T淋巴细胞的抑制剂,维生素E通过降低法氏囊内PGE_2浓度的方式来促进抗体的产生,日粮含维生素E 100 mg/kg可增进免疫功能;为了增进抗应激能力,延长肉品货架期,日粮维生素E含量需达到200 mg/kg。耐受剂量为需要量的100倍。

(三)维生素K

维生素K,又叫"凝血维生素"、"抗出血维生素",由此可知其对动物凝血系统的功能是必不可少的。

维生素K以多种形式存在,但它们都是在位置3上有支链的2-甲基-1,4-萘醌的衍生物。来源于植物的维生素K为维生素K_1(叶绿醌),微生物合成的为维生素K_2,人工合成的维生素K_3为甲萘醌的衍生物。在维生素K_1的支链中只有一个双键,而在维生素K_2的支链中双键则规律的重复出现。天然维生素K是脂溶性的,并对热稳定,但在强酸、碱及光照辐射及氧化等环境中易被破坏。维生素K的合成产品如甲萘醌的盐类—亚硫酸氢钠甲萘醌(维生素K_3)和萘氢醌磷酸氢钠等则是水溶性的。在生物活性方面,维生素K_3∶维生素K_1∶维生素K_2=4∶2∶1。

维生素 K 的吸收依其化学结构和形式不同而异。脂溶性维生素 K 的吸收依赖脂肪，而水溶性维生素 K 的吸收则不依赖脂肪。维生素 K_1 主要贮存于肝脏，但贮留时间不太长；维生素 K_3 几乎分布于全身，且很快排泄。

维生素 K 为谷氨酰残基的羟化作用所必需。凝血酶原含有 γ-羟基谷氨酸，因此维生素 K 与血凝有关。骨骼里的一种非胶原蛋白以及鸡蛋的绒毛膜尿囊膜的一种蛋白也含有 γ-羟基谷氨酸，因此维生素 K 在这些组织也有作用。

维生素 K 缺乏的主要临床症状是，血中凝血酶原含量下降，血液凝固机能受破坏。新生雏鸡血液中凝血酶原含量仅有成年鸡的 44%左右，因而很易受维生素 K 缺乏的威胁。鸡在开始采食缺乏维生素 K 的日粮 2～3 周后常出现维生素 K 缺乏综合征。严重缺乏维生素 K 导致凝血时间延长，可从正常的 12 s 延长到 5～6 min 或更长，鸡可能由于轻微擦伤或其他损伤而流血致死。临界缺乏状态常引起小的出血瘢疤，部位可能是胸部、腿部、翅、腹部以及肠的表面，或为原发性，或为受伤引起。

种鸡维生素 K 营养不良，种蛋维生素 K 贮备不足时，胚胎在孵化 18 d 至出雏期间因各种不明出血而导致死亡。

在患球虫病的情况下，因家禽的采食量下降，其维生素 K 的摄入量也减少；食用大量抗生素与磺胺药物后抑制肠道微生物，减少了微生物合成的维生素 K；球虫破坏肠道组织导致维生素 K 的吸收受阻，另外家禽患球虫时其肠道易出血，需要正常的凝血机制维持健康。由于以上原因，鸡在患球虫病时对维生素 K 的需要量增加。

各种鸡日粮中都需补充维生素 K_3。结肠是微生物活动的主要场所，但禽类的肠道短，结肠长度不到整个肠道长度的 7%，食糜在肠道停留的时间也很短，因此微生物合成维生素 K 的数量极少。水溶性维生素 K_3 是饲料中常用的添加剂，由于稳定性原因，多用其与亚硫酸氢钠的复合物及其衍生物。亚硫酸氢钠甲萘醌、亚硫酸氢钠甲萘醌复合物及亚硫酸氢钠二甲基嘧啶酚甲萘醌对甲萘醌的相对活性分别为 50%、33%和 45.4%。家禽对维生素 K 的需要量一般为每千克饲料 0.5～1 mg。

维生素 K_3 若以非肠途径投给，可产生致死性溶血、高胆红素血症、黄疸，不过其阈值至少是动物需要量的 1 000 倍。对肉鸡来讲，最大的安全剂量是每千克日粮 500 mg。

（四）维生素 D

天然的维生素 D 主要为维生素 D_2（麦角钙化醇）和维生素 D_3（胆钙化醇）。维生素 D_2 仅存在于植物性饲料中，维生素 D_3 存在于动物组织中，在哺乳动物，7-脱氢胆固醇经 275～313 nm 紫外线的作用转化成胆钙化醇——维生素 D_3。在禽类也类似，尾脂腺油含有 7-脱氢胆固醇，分泌到羽毛上受到紫外线的照射，随后被摄入口中。维生素 D_2 与维生素 D_3 在哺乳动物中的效能相同，但前者在鸡的抗佝偻病活力只有后者的 1/40～1/10。禽类分辨维生素 D_2 和维生素 D_3 的确切机制还不清楚，但至少维生素 D_2 在鸡体内的代谢、排出速度要比维生素 D_3 快得多，这也无疑会影响其生物效能。

1 IU 维生素 D 相当于 0.025 μg 胆钙化醇的活性。

1. 维生素 D 的吸收、代谢及功能

小肠是日粮中维生素 D 的主要吸收部位，在胆盐和脂肪存在的条件下被动扩散进入肠细胞。维生素 D 及代谢产物在血浆中以与清蛋白或球蛋白结合的形式进行转运。维生素 D

及其代谢产物主要从粪中排出。

维生素 D 碳链的 25 位羟化便生成 25(OH)D_3，这羟化反应主要在肝细胞微粒体部分进行，不过鸡的肾脏及小肠细胞内也发生这类羟化反应。

产蛋禽肝中 25-羟化酶活性较强，雌激素不仅促进维生素 D_3 的 25-羟化，而且保护 D_3 和 25(OH)D_3 免受酶降解，因此保证 D_3 向 25(OH)D_3 的有效转化。

维生素 D_3 的进一步活化是在肾皮质细胞的线粒体中将 25(OH)D_3 转变成 1,25(OH)$_2$$D_3$。1,25-二羟胆钙化醇是关键的钙调节激素，它的生成量受许多离子和激素机制的调节。在血钙正常或过高时，1,25(OH)D_3 生成量也低，这时 25(OH)D_3 的主要羟化产物是 24,25(OH)$_2$$D_3$。肾脏 1-羟化酶与 24-羟化酶之间有此消彼长的变化关系，即在维生素 D 缺乏会激活 1-羟化酶但抑制 24-羟化酶的产生，反之则激活 24-羟化酶而抑制 1-羟化酶的产生。维生素 D_3 的代谢产物还有 25,26(OH)2D_3 和 1,24,24(OH)$_3$$D_3$，但它们的生理功能还不明确，有证据表明 24,25(OH)$_2$$D_3$ 抑制哺乳动物的甲状旁腺素分泌。

维生素 D_3 实质上是通过 1,25(OH)$_2$$D_3$ 发挥作用，对后者的需求与钙的需求相关。在因日粮 Ca 或维生素 D 缺乏而造成低血钙的情况下，1,25(OH)$_2$$D_3$ 的产量会大幅度增加。

其他一些激素也参与调节 1,25(OH)$_2$$D_3$ 的生成，它们是催乳素、生长激素、胰岛素、糖皮质激素、降钙素、生殖类固醇和 1,25(OH)$_2$$D_3$ 本身。

皮质酮对肠上皮钙转运有抑制作用，但糖皮质激素对肾脏羟化酶的直接作用还不明确。

维生素 D 的活性代谢产物主要是激活钙、磷离子通过肠上皮细胞的主动转运，增加通过小肠对钙、磷的吸收，提高血浆钙、磷水平，保证骨骼的正常钙化。另外，当血钙下降时，1,25(OH)$_2$$D_3$ 与甲状旁腺素联合作用动用骨骼中的钙、磷。1,25(OH)$_2$$D_3$ 也促进肾小管对钙的重吸收。

1,25(OH)$_2$$D_3$ 促进钙结合蛋白的合成。肠组织细胞质中钙结合蛋白(CaBP)浓度与钙转运速率呈正相关。细胞质中 CaBP 也可能不直接参与转运钙通过细胞膜，而只是对进行入细胞内的钙离子起缓冲作用，从而确保无论通过肠细胞的钙流动有多大变化也使细胞内钙离子浓度稳定在生理极限以内。

在鸡和大鼠小肠细胞膜上有参与钙转移的依赖维生素 D 的膜结合蛋白。在大鼠，这些膜蛋白是钙依赖 ATP 酶，碱性磷酸酶和具高亲和力的钙结合蛋白组成的复合体。在鸡肠刷状缘膜上的维生素 D 依赖蛋白与大鼠的不同，一个成分是肌动蛋白(actin)，另一个是能在 1,25(OH)$_2$$D_3$ 作用下可被 ATP 磷酸化的蛋白，由这两部分组成“钙泵”。

1,25(OH)$_2$$D_3$ 诱导溶骨作用的机制尚不清楚。与甲状旁腺素和降钙素不同，维生素 D_3 的代谢产物似乎不影响骨中 cAMP 浓度。24,25(OH)$_2$$D_3$ 在溶骨方面无作用。

1,25(OH)$_2$$D_3$ 也促进肠道对磷的吸收。当雏鸡食用低磷日粮(>0.3%)时，肾脏 25(OH)D_3-1-羟化酶活性提高，肠黏膜 1,25(OH)$_2$$D_3$ 富集，小肠对钙的吸收增加。Baxter 和 De Luca(1976)的研究表明在体外，缺钙鸡与缺磷鸡肾脏的 1,25(OH)$_2$$D_3$ 产量均比正常鸡的增加 8 倍，但骨中 1,25(OH)$_2$$D_3$ 累积在低钙鸡增加了 3 倍，而在低磷鸡无变化。

低钙日粮促进甲状旁腺素分泌；低磷日粮导致血浆离子钙浓度升高，从而抑制甲状旁腺素分泌，甲状旁腺素浓度降低对肾小管重吸收磷酸盐的抑制作用减弱，从而保存磷，而且还使在低磷条件下肠道吸收的多余额外钙从尿中排出。

在哺乳动物，当低血磷出现时肾小管对磷酸盐的重吸收会大幅度增加，且这一过程不受甲状旁腺素和维生素D的调节。还不知这一机制在禽类是否也有作用。

2. 维生素D缺乏症与中毒症

在集约化生产条件下，家禽根本接触不到或很少接触日光，其日粮中必须补充维生素D_3。维生素D_3供给不足会导致家禽出现维生素D缺乏症。

维生素D缺乏，生长鸡生长受阻，羽被不良，生长鸡严重缺乏维生素D则发生佝偻症，在这种情况下血浆钙和无机磷浓度均下降导致骨骼不能钙化，出现软骨症，龙骨变形。产蛋鸡的产蛋量下降，孵化率降低(在孵化的18～19 d时死亡)，骨骼脆弱，蛋壳质量差，壳薄而脆。维生素D易于被氧化破坏。维生素D缺乏病的严重程度还受日粮维生素A及脂肪水平的影响，因为两种脂溶性维生素间存在颉颃作用。如表2-32所示。

表2-32　日粮维生素A及脂肪水平对维生素D缺乏病的严重程度的影响

维生素A补加剂量/(IU/kg)	脂肪水平2.5%佝偻病评分		脂肪水平7.0%佝偻病评分		平　均	
	平均分数	发病率/%	平均分数	发病率/%	平均分数	发病率/%
4 000	0.05	5	0.26	19	0.15	12
16 000	0.15	15	0.24	18	0.20	16
44 000	0.34	28	0.44	32	0.40	30
平均值	0.18	16	0.32	23±4		
±标准差	±0.03	±5	±0.04			

Long等(1984)用不添加维生素D的日粮喂生长鸡(对照组日粮含维生素D_3 400 IU/kg)，2周龄时正常；3周龄时表现腿弱，鸡站立不稳或不愿站立，但腿的大小及外形与正常的无明显区别；4周龄时，鸡站立困难，胫骨向后侧偏离，小腿逐渐弯曲，弯曲90°时仍不断；喙变软，5周龄后部分鸡由于严重瘫痪而不能采食，最后死亡。

家禽对维生素D的需要量受日粮钙、磷营养水平的影响，Waldroup等(1965)指出，当日粮中钙、磷含量分别为1.0%和0.7%时，小鸡需要维生素D_3 200 IU/kg；而当钙、磷含量为0.5%和0.7%时，小鸡需要维生素D_3 800 IU/kg；当日粮钙、磷含量分别为0.5%和0.5%时，小鸡对维生素D_3的需要量高达1 700 IU/kg。

有试验表明，给产蛋母鸡饲喂不含维生素D_3的日粮，母鸡的产蛋量及蛋壳质量迅速下降，而且4周龄后产蛋量只有30%，并且大部分为薄壳蛋或无壳蛋。当重新喂含维生素D_3 500 IU/kg的日粮后，产蛋鸡的产蛋量和蛋壳质量很快恢复正常。

马少华(1987)给不同日龄的鸡鸭饲喂维生素D_3失效的日粮，发现雏鸭在7日龄发病，雏鸡于21日龄发病，7～25日龄雏鸭和11～35日龄的雏鸡发病率最高，约70%，死亡率也最高，约为发病的15%。25日龄鸭和35日龄肉仔鸡虽表现不同程度的缺乏症，但都较轻微，除生长受影响外，很少死亡。

雏鸡日粮维生素D_3含量增加，鸡体重、骨组织灰分含量，血清钙、磷水平和肠黏膜钙结合蛋白水平上升，甲状旁腺的相对重量及血清碱性磷酸酶活性明显下降。日粮维生素D_3含量在0～500 IU/kg的范围内，以上指标与维生素D_3浓度呈高度相关(表2-33)。

表 2-33　1 月龄雏鸡增重、生理生化指标与日粮维生素 D_3 剂量的关系

维生素 D_3 剂量 /(IU/kg)	增重 /g	胫骨灰分 /%	钙结合蛋白 /(μg/mL)	甲状旁腺相对重量 /(mg/100 g)	血清		
					AKP 活性单位	Ca/ (mg/100 mL)	P/ (mg/100 mL)
0	80.1±8.3	24.4±0.87	无	5.24±0.95	35.10±0.70	8.33±0.12	5.94±0.38
50	105.8±8.0	27.8±0.57	11.1±0.7	3.73±0.37	28.64±1.09	9.02±0.05	6.30±0.41
100	135.3±11	34.6±0.61	26.6±3.4	2.61±0.37	24.63±1.33	9.32±0.10	6.48±0.39
250	166.8±10.8	37.8±0.38	47.6±7.2	1.03±0.15	13.09±1.06	10.03±0.12	6.98±0.20
500	198.5±7.9	40.0±0.93	55.9±4.8	0.53±0.10	10.54±0.98	10.86±0.11	7.17±0.31
1 000	200.8±4.5	40.7±0.62	58.1±5.0	0.47±0.02	10.81±0.72	11.09±0.11	7.15±0.42
1 500	200.7±8.7	40.9±0.81	59.0±4.1	0.40±0.04	11.01±0.85	11.50±0.30	7.10±0.43

维生素 D 摄入量过多会强烈促进肠道的钙吸收，使过多的钙沉积在心脏、血管、关节、心包及肠壁等部位，导致组织和器官普遍退化和钙化，致使心力衰竭、关节强直或肠道疾患。动物食欲下降甚至废绝，生长停滞。

短期(60 d 以内)饲喂时，鸡日粮中维生素 D_3 的安全上限为 40 000 IU/kg；长期(60 d 以上)饲喂时的安全上限为 2 800 IU/kg。

Morrissey 等(1977)对维生素 D_3 的中毒剂量做了研究。日粮含钙 1.2%、磷 0.65%。维生素 D_3 含量为 800 IU/kg(0.02 mg/kg)，分别添加维生素 D_3 和 25-(OH)D_3 0、0.01、0.1、1.0、10 和 100 mg/kg，其结果表明，维生素 D_3 过量时表现肌肉萎缩、消瘦，甚至死亡。食用日粮含维生素 D_3 100 mg/kg 的小组，在 14 d 后死亡 1 只。维生素 D_3 过量时，鸡的骨骼易折，但胫骨、肝脏和主动脉在组织学方面无异常。另外，肾远曲小管钙化，皮质坏死。最大的安全供给量分别为维生素 D_3 40 000 IU/kg(1.0 mg/kg)，25(OH)D_3 0.01 mg/kg。

（五）硫胺素

硫胺素，也叫维生素 B_1，是一种白色粉末，易溶于水，微溶于乙醇，不溶于醚和氯仿，它是由一分子嘧啶和一分子噻唑构成。硫胺素对碱特别敏感，当 pH 在 7 以上时，噻唑环在室温下就被打开。

禾谷籽实含硫胺素丰富，主要存在于胚和种皮中。动物性饲料中硫胺素的含量也较丰富，尤其是在神经组织中，存在的形式主要是焦磷酸硫胺素。

硫胺素经小肠吸收，到肝脏在 ATP 存在时经酶催化形成具有代谢活性的焦磷酸硫胺素，以这种形式发挥其主要的生理功能。

抗球虫药氨丙啉可抑制硫胺素的吸收。

硫胺素是能量代谢过程中重要的辅酶(羧化辅酶)。参与 α- 酮酸氧化脱羧生成乙酰辅酶 A 而进入三羧酸循环，氧化功能。动物机体内有 2 个氧化脱羧作用以焦磷酸硫辛酰硫胺素形式发生于三羧酸循环中：

$$\alpha\text{-酮酸}+\text{二磷酸吡啶核苷(DPN)}\xrightarrow{\text{焦磷酸硫辛酰硫胺素}}\text{酰基辅酶 A}+\text{DPNH}+CO_2+H^+$$

硫胺素也是转酮酶的辅酶。磷酸戊糖途径中有两步反应需要转酮酶的催化，其对组织

(尤其是脑组织)的氧化供能、合成戊糖(核糖)和 $NADPH_2$ 有重要意义，脑组织中的葡萄糖有 50%经过磷酸戊糖途径代谢。

硫胺素参与脂肪酸、胆固醇和神经介质—乙酰胆碱的合成，抑制胆碱酯酶的活性，减少乙酰胆碱水解，影响神经节细胞膜 Na^+ 的转移。脂肪酸和胆固醇是细胞膜的组成成分。由于硫胺素可减少乙酰胆碱的水解，因此又具有促进胃肠道蠕动和腺体分泌，保护胃肠的功能。硫胺素缺乏降低磷酸戊糖途径中转酮酶的活性而影响神经系统能量代谢和脂肪合成。在 Lofland(1963) 用鸽子做的试验结果表明硫胺素缺乏时，鸽子脑和肝脏中硫胺素的含量在 14 d 后显著降低；当缺乏症出现时，血液中转酮酶的活性均明显降低；随着饲喂缺乏日粮的时间延长，血液中丙酮酸水平则不断升高(表 2-34)，这说明当家禽缺乏硫胺素时组织氧化丙酮酸的效率降低。

表 2-34　硫胺素缺乏时，两种鸽子血液中丙酮酸水平的变化

品种	只数	出现症状平均天数	血液中丙酮酸水平/(mg/100 mL)			
			耗竭前	耗竭 4 d	耗竭 12 d	缺乏症出现日
WC	5	13.2	2.6±0.2	4.3±0.3	4.8±0.9	8.8±0.4
SR	5	18.0	2.8±0.3	3.8±0.2	3.9±0.6	7.0±0.4

在正常情况下，神经组织所需能量靠糖氧化供给，当硫胺素缺乏时丙酮酸不能氧化，造成神经组织中丙酮酸和乳酸的积累，同时能量供应减少，以致影响神经组织、心肌的代谢和机能，出现多发性神经炎。硫胺素缺乏时，最初表现为嗜睡，头部震颤，厌食。雏鸡症状发生较突然，成鸡则较缓慢。在饲喂缺硫胺素日粮时，幼雏可在 2 周以内发病，成鸡则在 3 周后出现。病初食欲下降，生长不良，体温下降，继而体重减轻，羽毛松乱无光泽，腿无力，步态不稳，贫血，下痢，成鸡冠髯呈蓝色。当缺乏症进一步加剧时，肌肉明显麻痹，开始发生于趾和屈肌，然后向上漫延到腿、翅、颈的伸肌发生痉挛，头颈向背后极度弯曲，表现"观星"姿势，失去直立的能力而瘫痪，倒地不起。病鸡组织发生水肿，睾丸或卵巢明显萎缩。糖代谢和水调节失去平衡，能量转化率降低。

Remus, J. C. 和 Ferman, J. D. (1990)把 13 只和 14 只(共 27 只) 1 周龄的火鸡分别喂以两种日粮——缺乏硫胺素日粮和对照日粮，基础日粮(缺硫胺素)的硫胺素水平按 NRC 推荐量的 11%配制，也就是每千克每日粮中含有 0.22mg 硫胺素，而对照日粮则按 NRC 推荐的每千克日粮中含硫胺素 2 mg，其他营养素水平等于或超过 NRC(1984) 的推荐水平，实验开始后每日检查饲料消耗和体重变化，结果列于表 2-35，表明缺乏硫胺素日粮组的采食量在第 4 天开始明显降低，体增重也明显减慢。

硫胺素的利用还可因日粮中存在颉颃物质而降低，如吡啶胺类及大部分鱼、蛤及虾类机体中含有的一种酶——硫胺素酶。饲喂含有这类物质的饲料可引起家禽发生与硫胺素缺乏相似的症状。家禽缺乏症发生的时间因家禽种类的不同而异，即使是同一种家禽，也会因品系的差异而不同。

家禽对硫胺素的需要一般为每千克日粮 1～2 mg。

表 2-35 维生素 B_1 与火鸡的采食及生长

天数/d	采食量/(mg/g 体重)		体重/g	
	对照日粮	缺维生素 B_1 日粮	对照日粮	缺维生素 B_1 日粮
1	172.7±12.7	174.7±13.2	128.1±6.0	122.6±6.2
2	151.8± 9.0	167.1±9.4	138.6±6.1	134.6±6.3
3	181.4±13.8	167.1±14.3	148.0±6.5	145.1±6.7
4	148.2± 5.2	128.0±5.4*	161.8±7.0	153.6±7.3
5	147.8± 9.9	97.3±10.3*	174.3±7.4	157.4±7.6

(六)核黄素

核黄素也叫维生素 B_2,为橙黄色晶体,可溶于水和醇,不溶于乙醚、氯仿和丙酮等有机溶剂,易溶于稀酸和强碱。对热稳定,遇光易分解成荧光色素。绿色植物的叶片富含核黄素,动物性饲料中含量较高,油籽饼(粕)中含量丰富,禾谷籽实及其加工附产物中含量较低。核黄素存在的形式有 3 种,即游离核黄素、黄素单核苷酸(FMN)和黄素腺嘌呤二核苷酸(FAD)。与黄素蛋白结合的核黄素在胃酸及蛋白水解酶的作用下游离出 FMN 和 FAD,后者在焦磷酸酶的作用下生成 FMN;FMN 在碱性磷酸酶的作用下生成核黄素而被吸收,吸收过程是依赖钠离子的主动转运吸收,与氨基酸和糖的吸收方式类似。动物体内的核黄素以 FAD 为主,肝脏中的贮存较多,占体贮的 1/3。从体内的排出途径主要是尿,形式是游离核黄素。

FAD 及 FMN 是多种酶的辅基(酶),与酶蛋白一起形成黄素酶,参与氧化还原反应,产生能量(ATP)。现已知的黄素酶有 100 多种。黄素酶为脂肪酸氧化所必需,当核黄素缺乏时,肝线粒体中脂酰 CoA 脱氢酶活性降低,大量二羧酸从尿中排出。

谷胱甘肽还原酶是 FAD 依赖酶。当核黄素缺乏时,谷胱甘肽还原酶活性降低,由氧化型谷胱甘肽(GSSG)生成的还原型谷胱甘肽(GSH)减少,防止脂质过氧化的谷胱甘肽过氧化物酶(GPX)-谷胱甘肽还原酶(GR)系统(图 2-5)的功能丧失,生物膜遭受过氧化破坏,细胞及亚细胞器功能受损。

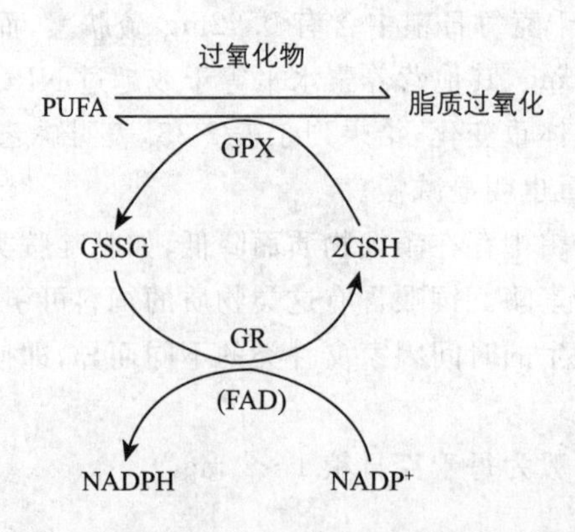

图 2-5 谷胱甘肽还原酶-谷胱甘肽过氧化物酶抗氧化机制

催化将磷酸吡哆胺和磷酸吡哆醇转化成磷酸吡哆醛的磷酸吡哆胺氧化酶也是黄素依赖酶。FAD还是维生素C合成代谢途径中古洛糖酸酯氧化酶的辅基，核黄素缺乏会影响维生素C的合成。

家禽核黄素缺乏症主要是跗关节着地，爪内曲(卷爪麻痹症)，生长鸡生长受阻，腹泻、低头、垂尾、垂翅。

蛋鸡产蛋量下降，种蛋孵化率低，胚胎发育不全，羽毛出现结节状绒毛。入孵第2周死亡率高，胚胎在孵化的60 h、14 d及20 d时死亡严重。

家禽对核黄素的最低需要量一般为每千克日粮2～4 mg。

(七)泛酸

泛酸是泛解酸和β-丙氨酸组成的一种酰胺类似物，是一种淡黄色的油状物，吸湿性很强；易被酸、碱和热破坏。泛酸是一种旋光活性物质，只有*D*-泛酸才有维生素功效，而*L*-泛酸则无；消旋形式(*DL*-泛酸)的活性只有*D*-泛酸的一半。泛酸钙是其商品形式，1 g泛酸钙的活性相当于0.92 g泛酸的活性。

泛酸广泛存在于动植物饲料中，酵母、米糠和麦麸是良好的泛酸来源，米糠和麦麸的泛酸含量比相应谷物的泛酸的含量高2～3倍。玉米—豆粕型日粮容易缺乏泛酸。

饲料中的泛酸有游离态和结合态(辅酶A)两种，只有游离的泛酸能被动物吸收。被吸收的泛酸主要从尿中排出。

泛酸在动物机体内以辅酶A和酰基载体蛋白(ACP)的形式发挥作用，主要功能是酰基转移。以磷酸泛酰巯基乙胺形式存在的泛酸是辅酶A的辅基。辅酶A是脂肪、碳水化合物和氨基酸代谢中最重要的辅酶之一，辅酶A与来自脂肪、碳水化合物及氨基酸的二碳成分形成乙酰辅酶A，使得这些化合物得以进入三羧酸循环。泛酸也是由乙酰辅酶A和丙二酰辅酶A合成长链脂肪酸的脂肪酸合成酶复合体中脂酰基载体蛋白(ACP)的组成成分。在柠檬酸裂合酶和柠檬苹果酸裂合酶的辅基中也有泛酸。

微生物实验法不能检测出饲料中被家禽利用的各种形式的泛酸，这说明微生物并不是都能将所有的维生素释放出来加以利用。

在生长鸡，日粮中高剂量硫酸铜与泛酸间存在颉颃，干扰辅酶A的合成，对脂肪酸合成酶系的合成无影响。

家禽泛酸缺乏症主要是生长速度下降，饲料利用率降低。肝脏肿大，羽被粗糙卷曲，喙、眼及肛门边、爪间及爪底的皮肤裂口发炎；眼睑出现颗粒状的细小结痂；胫骨短粗。泛酸缺乏对产蛋无明显影响，但种蛋孵化率下降，在孵化第14天出现死亡。

家禽对泛酸的需要量一般为每千克日粮10～30 mg。

(八)烟酸(尼克酸)

烟酸，又名尼克酸、维生素PP，是具有生物活性的全部吡啶-3-羧酸及其衍生物的总称。其理化性质稳定，不易被酸、碱、热、光、金属离子及氧化剂的破坏。

烟酸广泛存在于谷物及其副产品和蛋白质饲料中，在动物组织中以烟酰胺形式存在，家禽心脏、肝脏、肾脏及胸肌含量高，血液中的浓度变化大。

谷物及其副产品的尼克酸大部分是以结合状态存在，实际上不能直接被动物利用；适宜的碱处理和热加工都可以使结合态烟酸变为游离烟酸。

烟酸在动物体内主要以辅酶Ⅰ(烟酰胺腺嘌呤二核苷酸 NAD)和辅酶Ⅱ(烟酰胺腺嘌呤二核苷酸磷酸 NADP)的形式参与机体内的氧化还原反应,肉毒碱的生物合成也需要烟酸,因此烟酸在能量利用及脂肪、碳水化合物和蛋白质代谢方面都有重要作用。组织中 NAD 或 NADP 的含量是评价动物烟酸营养状况的较好指标。

色氨酸可转化生成烟酸。在雏鸡,45 mg 色氨酸可转化 1 mg 烟酰胺;种母鸡的转化比为 187∶1。胚胎可由色氨酸合成足够的烟酸,不易患缺乏症。

饲料中烟酸与亮氨酸、精氨酸及甘氨酸存在颉颃关系,任何一种氨基酸的过量都将提高动物对饲料中烟酸的需要量,其机制可能是抑制肠道对烟酸的吸收。

家禽的烟酸缺乏症表现为生长受阻,羽毛不丰满,口腔症状类似犬的"黑舌病",跗关节肿大,溜腱症。

家禽对烟酸的需要量为每千克日粮 10～70 mg。

(九)维生素 B_6

维生素 B_6 包括吡哆醇、吡多胺和吡哆醛,三者的生物活性相同。维生素 B_6 是易溶于水和醇的无色晶体,对热、酸、碱稳定,对光敏感而易被破坏。

动植物饲料中含有较丰富的维生素 B_6,禾谷籽实中的维生素 B_6 主要存在于糠麸中。植物性饲料中的维生素 B_6 主要是磷酸吡哆醇和磷酸吡哆胺,动物性饲料中的维生素 B_6 主要是磷酸吡哆醛。热加工或贮存时间太长会导致维生素 B_6 形成复合物,如磷酸吡哆醛的醛基与蛋白质中赖氨酸的游离氨基形成难于水解的复合物,使维生素 B_6 的利用率降低 10%～50%。亚麻饼中亚麻素的分解产物能与磷酸吡哆醛结合,使其失活。

维生素 B_6 在肠道经碱性磷酸酶的作用变成游离的吡哆醇、吡多胺和吡哆醛后以被动扩散形式被吸收。维生素 B_6 主要以磷酸吡哆醛的形式参与体内蛋白质、脂肪和碳水化合物的多种代谢反应,维生素 B_6 是 100 多种酶的辅酶。肌肉组织是动物机体内维生素 B_6 的主要贮存库。维生素 B_6 的排泄途径是尿。

维生素 B_6 是所有氨基酸转氨酶的辅酶。血清谷氨酸—草酰乙酸转氨酶是动物体内含量最多的一种转氨酶,是衡量维生素 B_6 营养状况的较好指标。维生素 B_6 还是一些脱羧酶,如鸟氨酸脱羧酶和催化谷氨酸与 γ-氨基丁酸之间转移的谷氨酸脱羧酶等的辅酶。胶原蛋白和弹性蛋白合成所必需的赖氨酰氧化酶也依赖维生素 B_6。甘氨酸合成酶以及催化甘氨酸与丝氨酸之间相互转化的转甲基酶都是依赖维生素 B_6 的酶。

肉毒碱为脂肪代谢所必需,参与脂肪酸的转运。肉毒碱的合成需要维生素 B_6。牛磺酸合成过程中的脱羧反应需要维生素 B_6。多巴胺、5-羟色胺、组胺和神经鞘脂的生物合成都需要依赖维生素 B_6 的酶的催化。

Daghir 等(1963)观察到当肉仔鸡采食维生素 B_6 含量为 1.1 mg/kg 的日粮时,1 周龄左右表现出生长缓慢,翅羽毛囊附近皮肤出血;羽毛蓬乱;还可观察到鸡兴奋、食欲下降;体弱,痉挛乃至死亡。维生素 B_6 缺乏时,肌胃糜烂,固有层腺体扩张,细胞群发生鳞片状变化。四周龄后,所有的试验鸡因维生素 B_6 缺乏而死亡。

Blalock 等(1983)发现当日粮维生素 B_6 含量低于 1.0mg/kg 时,雏鸡血液中的血红细胞数明显增多,但每个红细胞的血红蛋白的含量却明显降低,表现小红细胞低血色素贫血症。

成鸡维生素 B_6 缺乏症表现为:体重、产蛋率下降,种蛋在孵化过程中出现胚胎早期死亡,孵化率下降。家禽对维生素 B_6 的需要量,一般为每千克日粮 2～5 mg。

日粮蛋白质水平与类型影响生长鸡对维生素 B_6 的需要量。在日粮蛋白质水平为 22% 时，支持正常生长且无缺乏症出现所需要的日粮维生素 B_6 水平仅为 1.4 mg/kg，但当日粮蛋白质水平达 31% 时，对维生素 B_6 的需要增加 5 倍。这与维生素 B_6 在转氨反应中的作用有关。Kazemi 和 Kratzer(1980)发现生长鸡食用大豆饼（粕）型日粮时对维生素 B_6 的需要量比食用红花籽或棉仁粕型日粮时要高。

(十)叶酸

叶酸是橙黄色结晶粉末，溶于水、稀酸和稀碱，不溶于有机溶剂。对高压敏感，能被酸、碱和氧化还原剂破坏；遇热、光和辐射分解。

叶酸及其盐主要在十二指肠和空肠吸收，其吸收机制是依赖 Na^+ 的主动转运，降低 Na^+ 浓度抑制对叶酸的摄取。叶酸在体内的主要辅酶形式是四氢叶酸，贮存形式是 5′-甲基四氢叶酸。叶酸主要从粪中排出。

在一碳单位的转移中是必不可少的，参与嘌呤、嘧啶、胆碱的合成及某些氨基酸的代谢。叶酸的绝大多数功能都与嘌呤和嘧啶的作用有关，因此影响细胞的分裂增殖；叶酸参与氨基酸互变中一碳单位的转移，故为蛋白质合成所必需。

血细胞和肝脏中叶酸水平是动物机体叶酸营养状况的良好的评价指标。

家禽对叶酸的需要量一般为每千克日粮 0.1～1 mg。

家禽叶酸缺乏症表现为生长受阻，羽被不良，溜腱症，巨红细胞性贫血与白细胞减少；产蛋率与孵化率下降；胚胎在孵化 20 d 左右发生死亡，死胎表现似乎正常，但颈骨弯曲，并趾及下颚骨异常。火鸡还表现神经质，翅下垂，颈僵直；产蛋率正常，但孵化率下降。

(十一)生物素

饲料中绝大多数的生物素以与赖氨酸或蛋白质结合状态存在，不同饲料中生物素的利用率不同(表 2-36)。结合状态的生物素不能被动物直接利用，在肠道中需经酶的作用释放出游离的生物素。生物素主要在小肠被吸收。生物素有多种异构体，只有 *D*-生物素才有活性。被吸收的生物素在体内以与生物素结合蛋白结合的形式进行转运。在产蛋鸡的血浆中分离出相对分子质量为 6 800 的糖蛋白，对生物素有特异亲和力，还发现此种蛋白与在蛋黄中结合生物素的蛋白一样。但在未成熟的鸡中未检测到这种蛋白。

表 2-36　一些饲料中生物素对鸡的有效率　　%

饲料	有效率	饲料	有效率
高粱	20	菜籽饼(粕)	70
玉米	100	大豆饼(粕)	100
大麦	10	红花籽饼(粕)	30
燕麦	35	葵花籽饼(粕)	35
小麦	0	木薯粉	5
麦麸	20	酿酒酵母	100
粗面粉	5	动物蛋白饲料类	100
花生仁饼(粕)	55		

生鸡蛋白中的抗生物素蛋白和变质饲料中存在的链霉菌抗生物素蛋白与生物素结合使

其不可利用。玉米、粟中生物素易被鸡利用,但麦类中的利用率很低。以玉米—豆粕为基础的肉鸡饲料中需添加生物素 50～100 mg/t,而对小麦/大麦为基础的日粮则需提高到 250 mg/t。家禽食用以小麦或大麦为基础的日粮则易缺乏生物素。

碳水化合物、脂肪和蛋白质代谢中的许多生化反应都需要生物素,作为羧化酶的辅酶参与 CO_2 的转移。生物素酶还有乙酰辅酶 A 羧化酶,丙酰辅酶 A 羧化酶和 β-甲基丁烯酰辅酶 A 羧化酶等。生物素是丙酮酸羧化酶的辅酶,参与糖异生。丙酮酸羧化生成草酰乙酸,然后再进一步生成磷酸烯醇式丙酮酸,生物素缺乏,糖异生代谢受阻,丙酮酸和乳酸积累,一些重要功能所需葡萄糖减少。

血浆及肝中生物素浓度及丙酮酸羧化酶活性是衡量生物素营养状况的较好指标。

家禽生物素缺乏时爪底、喙边及眼睑周围裂口变性发炎,溜腱症与胫骨短粗症是家禽生物素的典型缺乏症;孵化率下降,在孵化的 19～21 d 发生胚胎死亡,胚胎鹦鹉嘴,软骨营养阻碍及骨骼异常。

当日粮中生物素含量低于 50 mg/t 时,肉仔鸡于 10～14 日龄出现生长迟缓,羽毛松乱。14 日龄开始出现足部起鳞片,18～25 日龄时足部表皮出现裂纹出血,足部和嘴角结痂;27 日龄时喙顶端出现裂纹,上喙有时过度下弯,形成鹦鹉嘴。3～4 周龄期间,眼睑出现皮炎,严重时上下眼睑粘连,鸡表现畏光。

脂肪肝肾综合征(FLKS)在食用高能量、低蛋白日粮的肉仔鸡中常发生,死亡率高,解剖后发现肝、肾肿大,脂肪化。生物素对 FLKS 有一定的预防作用。

家禽对生物的需要量一般为每千克日粮 100～300 μg。Whitehead(1984)建议生长期肉用鸡的每日生物素需要量可由公式 $B=247(\Delta W)+0.6\,W$ 计算出,式中,B 为每日生物素需要量(μg),W 为体重(kg),ΔW 为每日体重的变化(kg/d)。

肉用仔鸡猝死综合征(SDS)是在良好的饲养管理条件下肉用仔鸡死亡的首要原因,占公鸡死亡总数的 70%～80%,占母鸡死亡总数的 20%～30%。典型的 SDS 患鸡都是生长快速和肥胖的鸡。SDS 的病因和发病机理还不清楚,几个可能的因素包括应激、饲料中的毒素、生物素缺乏以及脂肪生成代谢过快等。SDS 在 1 周龄即可发生,通常在 3 或 4 周龄达到高峰。从出壳至出栏期间的总死亡率可达 4%或更高。垂死鸡表现为扑腾、尖叫,扇动几下翅膀后在几秒钟内而死亡。死亡鸡背着地、脚朝上、颈伸长。尸检可见嗉囊、肌胃和肠道充盈,表明直到临死前的进食仍正常;肝肿大、苍白;胆囊收缩并空虚;大多数死亡鸡心室收缩,使心脏伸长,心室中有血凝块;肺弥漫性充血水肿。据报道,在每千克日粮中添加 300 μg 生物素显著减少肉仔鸡的总死亡率和 SDS 死亡率。FLKS 和 SDS 通常同时发生,这种联系提示 FLKS 导致的异常可能会引起 SDS。

种鸡的生物素营养状况会影响其后代的腿部健康。如果种鸡生物素营养不良,其后代在胚胎期就可能发生腿部病变,在幼雏料和生长期日粮中添加生物素并不能减少腿(弱)病的发生;只要母鸡的生物素营养充足,种蛋和雏鸡体内生物素含量足够,即使日粮中生物素含量处于临界水平,肉仔鸡群中的腿(弱)病发生率也能控制在较低水平。

(十二)维生素 B_{12}

维生素 B_{12} 是含有钴的类咕啉化合物,故也称其为钴胺素、氰钴胺素。维生素 B_{12} 是红色结晶,易溶于水和乙醇,但不溶于丙酮、氯仿和乙醚。在强酸、强碱和有氧化剂、还原剂存在的环境中不稳定、易破坏。

动物蛋白饲料中含有丰富的维生素 B_{12}（表 2-37），而植物性饲料中却没有。

表 2-37　动物饲料中的维生素 B_{12} 含量（NRC，1984）　mg/kg

原料名称	维生素 B_{12}
酵母	1～4
肉骨粉	70
鱼粉	282（90～403）
血粉	44
羽毛粉	78
乳清粉	23
禽内脏头爪粉	310
肝粉	498

维生素 B_{12} 在肠道有主动转运、被动扩散两种吸收方式，在血浆中以与糖蛋白结合的方式转运。肝脏中贮存的维生素 B_{12} 最多。

甲基钴胺素和 5′-脱氧核苷钴胺素在动物体内的代谢过程中具有辅酶的作用，是甲基丙二酰辅酶 A 变位酶和同型半胱氨酸转甲基酶的辅酶。维生素 B_{12} 可作为甲基的载体，在甲基的代谢转移过程中起重要作用，参与蛋白质和核酸的生物合成。维生素 B_{12} 促进红细胞的发育和成熟，因此当维生素 B_{12} 缺乏时，动物会出现小细胞性贫血。家禽的维生素 B_{12} 缺乏症表现为：生长鸡生长停滞，出现溜腱症，死亡率提高；成鸡的肝肾脂肪化；种蛋孵化率降低，在孵化约 20 d 时胚胎发生死亡，腿萎缩、出血，器官脂化；胚胎畸形，头夹于股部。

家禽对维生素 B_{12} 的需要为每千克日粮 3～10 μg。

（十三）胆碱

胆碱是 β-羟乙基三甲基铵的羟化物，碱性和吸湿性极强。饲料中的胆碱主要以卵磷脂的形式存在，在动物细胞中卵磷脂是胆碱的最小存在单位，还有神经鞘磷脂的存在形式。饲料中游离胆碱和神经鞘磷脂的含量不到 10%。

肠道对胆碱的吸收有两种方式：一种是主动转运；另一种是简单扩散。主动转运机制中结合胆碱的载体需要 Na^+，但与氧化磷酸化和 Na^+、K^+-ATP 酶无关。胆碱的主动转运不受氨基酸的影响，但能被胆碱类似物和硫胺素彻底抑制。

胆碱与其他水溶性维生素不同，其在肝脏内可以合成，且其功能的发挥是以结构成分而不是辅酶形式。卵磷脂是动物细胞膜的结构成分。胆碱是软骨组织中磷脂的构成成分。

胆碱可促进肝脏脂肪以卵磷脂形式被输送，或者促进脂肪酸在肝脏内的氧化，防止脂肪肝。

胆碱还是体内的甲基供体之一，其他的甲基供体还有蛋氨酸、甜菜碱等。甲基可用于胍基乙酸生成肌酸，使某些物质甲酯化后以便从尿中排出，或用于一些激素（如肾上腺素等）的合成等。虽然各甲基供体在代谢功能上有协同作用，但在家禽即使有足够数量的甲基供体也不能完全取代胆碱的存在。

胆碱的一个重要作用是以乙酰胆碱的形式参与体内神经活动。胆碱缺乏时，神经不能释放足够的递质引起后膜兴奋，结果在运动方面表现肌肉收缩障碍，迷走神经支配的各种腺体的分泌及肠道蠕动不力，引起消化机能下降。胆碱在胆酸盐的合成中有重要作用，胆碱缺乏，胆汁分泌不足，对脂肪的乳化不充分，乳糜微粒形成减少，不利于脂肪吸收。

动物虽然可合成一定数量的胆碱，但一般不能满足生长发育及生产的需要。生长家禽对日粮中胆碱的需要量一般是随周龄增大而减少。临床缺乏症表现为生长受阻，肝脏和肾脏出现脂肪浸润，胫骨短粗，出现滑腱症，死亡率提高，产蛋率下降。

家禽对胆碱的需要量为每千克饲料 500～2 000 mg。鸡对胆碱的耐受量为其需要量的2倍。

（十四）抗坏血酸

抗坏血酸是一种白色或微黄的粉状结晶，微溶于丙酮和乙醇。在酸性条件下较稳定，在碱性环境和遭遇金属离子易破坏。抗坏血酸的主要来源是水果和蔬菜。抗坏血酸的吸收方式与碳水化合物的相似。

抗坏血酸是如细胞色素氧化酶、赖氨酰氧化酶及脯氨酰氧化酶的辅助因子，后两种酶对胶原合成是必需的，因此抗坏血酸参与骨胶原的生物合成。有研究表明日粮中 250～500 mg/kg 抗坏血酸能减少胫软骨发育不良症的发生。细胞培养试验表明抗坏血酸促进细胞分裂增殖，但未发现抗坏血酸增加肾脏合成 $1,25(OH)_2D_3$。Orban 和 Roland(1992)研究了日粮高浓度维生素 C 对肉鸡和产蛋鸡的影响。3～7 周龄肉仔鸡日粮含维生素 C 0.2%，血浆离子钙浓度升高，胫骨强度增大；产蛋鸡日粮含维生素 C 0.2%～0.3%，蛋重、蛋壳强度和胫骨矿物质含量升高。可见，日粮中高浓度维生素 C 可以增强骨骼和蛋壳的钙化。

由于它可逆的氧化还原特性，抗坏血酸作为抗氧化剂可保护细胞膜和酶的巯基以免被氧化破坏；饲料中添加抗坏血酸可提高机体内干扰素的产量，干扰素是白细胞分泌的一种蛋白质，保护细胞免受病毒的侵入，增强免疫能力。

由于抗坏血酸的还原性及螯合特性，它可促进日粮中矿物质的吸收及在体内的转移分布。例如，抗坏血酸可促进铁的吸收，可在胃中酸性 pH 条件下将三价铁还原。

在高温下补加维生素 C 50 或 100 mg/kg，增加甲状腺对 125 I^- 的摄取。

肉毒碱由赖氨酸和蛋氨酸合成，其依赖于两种含三价铁和 *L*-抗坏血酸的羟化酶。如果抗坏血酸缺乏，肉毒碱的合成减少，将造成甘油三酯在血浆中积累。

白细胞中吞噬细胞和网状内皮系统的功能与血液中抗坏血酸浓度有关，在吞噬过程中血液抗坏血酸含量逐渐下降；血液中抗坏血酸耗尽时，白细胞吞噬能力下降。

鸡在应激时血浆抗坏血酸水平下降，其原因有二：一是传染病或环境应激加大了鸡对抗坏血酸的利用；二是机体内合成抗坏血酸的能力下降。有研究表明，在 4 周龄鸡的饮水中添加 1 000 mg/kg 抗坏血酸，在 4 h 内可使血浆中抗坏血酸含量显著提高，血浆中抗坏血酸含量在 8h 内达到最大值。饮水中停止添加抗坏血酸后，4 h 内血浆抗坏血酸含量迅速下降。饮水中抗坏血酸浓度小于 100 mg/kg 时，鸡血浆中抗坏血酸含量并不显著提高，在 250 mg/kg 以上时才明显上升。

维生素 E 促进维生素 C 在动物体内的合成，两者在抗应激和提高免疫功能方面存在协同作用。

雏禽合成抗坏血酸的能力很弱，且雏禽遇到的应激也特别多，如环境温度、免疫接种及疾病等，因此有必要补充维生素 C。

二、家禽对维生素的需要量与最适供给量

家禽对维生素缺乏特别敏感，它也是用于维生素营养研究的主要试验动物。集约化饲养的家禽易患维生素缺乏，原因如下：

①对维生素的摄入量不足。由于鸟类肠道短、食物流过速度快，肠道内微生物合成的维生素少，故家禽日粮中比其他动物的日粮中更常补加维生素。笼养鸡没机会食粪，故比地面平养鸡需更多的维生素 K 和 B 族维生素。

②家禽本身对维生素的需要量比家畜的高；高密度的饲养给家禽带来很多应激，这会增加维生素的需要量。玉米—豆饼型日粮一般只补充维生素 A、维生素 D_3、维生素 E、维生素 K_3、维生素 B_2、烟酸、泛酸、维生素 B_{12}和胆碱(Scott 等，1982)、维生素 B_1、维生素 B_6、生物素和叶酸的含量比较充足。

③维生素消化与吸收障碍。家禽对脂溶性维生素的吸收取决于家禽消化与吸收脂肪的能力，5 000Å 的脂肪滴不能被顶端直径仅 100Å 的小肠微绒毛所吸收，必须经胰脂酶分解成甘油-酯和脂肪酸并在胆汁存在的情况下形成乳糜微粒(10～20Å)，脂溶性维生素即在其中。不饱和脂肪酸的氧化产物干扰微粒的形成，使脂溶性维生素的吸收减少。

④维生素从机体中损失量增加：维生素 B_2与维生素 B_{12}在体内以与蛋白质结合的形式存在。因此，当蛋白质缺乏时，蛋白质分解代谢大于合成代谢，这些维生素将随同蛋白质一起从肝脏动员并排出体外。

(一)导致维生素摄入量不足的因素

1. 饲料原料收获期

如果收获的月份不是有助于更加成熟，那么玉米中维生素含量会大幅度下降。如果玉米含水量高，又经历霜冻和解冻的交替，玉米内会发生酵解、维生素含量会下降，特别是维生素 E 和玉米黄质。某些豆科植物如苜蓿和大豆内有一种脂肪氧合酶，如果不迅速灭活，它会破坏大部分的胡萝卜素。

2. 加工与贮藏条件

维生素是很娇气的物质。预混料或饲料的加工贮藏的环境不适便会导致维生素活性的损失。这些环境因素包括湿度、压力(制粒)、温度、光、氧化—还原、酸败、微量元素、酸碱度以及与其他维生素、载体、酶和饲料添加剂的互作。

水分使维生素(如维生素 A)基质疏松，O_2便更易渗入，微量元素、酸和碱也遇水活化。湿度是影响维生素稳定性的主要因素。

矿物质的损伤作用主要是擦伤和直接的破坏作用。维生素与矿物质元素混合并贮藏在一起易失去活力，特别是铜，例如维生素 D 与含活性微量元素的矿物质预混剂混合 4 周后，其效价降低 10%～20%。矿物质接触环境中的水分易吸潮，因此精心的包装、妥善的运输和贮藏非常重要。含脂溶性维生素的补充料中不可含食盐太多。

核黄素对加工过程中的许多因素是相当稳定的，但很易被可见光或紫外光破坏。对光敏感的维生素还有维生素 B_6、维生素 C 和叶酸。因此，含这些维生素的预混料在保存过程中应该避光或辐射。对辐射敏感的维生素有维生素 B_1、维生素 B_2、维生素 A、维生素 E 等。

玉米在高温下快速干燥也会导致维生素 E 和其他一些对温度敏感的维生素的损失。玉

米在88℃干燥40 min,维生素E损失达19%,但如在187℃干燥54 min,维生素E损失可达41%(Adams,1973)。不过,用高温加工鱼粉却是必要的,因为可以使分解维生素B_1的硫胺素酶失活。维生素B_1是对高温最敏感的一种维生素。

制粒可改善能量和蛋白质载体(饲料)的价值,但在制粒过程中,热、压力和湿度联合作用破坏很多维生素,如维生素A、维生素D_3、维生素K_3和维生素C等(Gadient,1986)。不过,对烟酸和生物素的有效性可能有益,因为它们常常以结合状态的形式存在。

3. 饲料进食量减少

如果动物的饲料进食量下降,那么要对日粮维生素的供给水平加以调整,保证有充足的维生素供动物发挥最佳的生产潜能的需要。

进食量下降一方面可能是我们限饲实践的需要(如肉用种母鸡、种火鸡母鸡的饲养);另一方面可能缘于应激和疾病,环境温度变化改变动物的进食量。

家禽在一定程度上有根据能量进食量调节采食量的能力,那么日粮中维生素的浓度应以能量浓度为基础来确定。

4. 维生素含量的变异和分析工作的欠缺

饲料成分表中,2%~30%的原料无烟酸、维生素B_2或泛酸的含量数据,89%~97%的饲料无胡萝卜素、维生素B_{12}或维生素K的数值;36%~64%的饲料无其他维生素的含量值。饲料成分表中的维生素含量也只是一个平均值,每种原料的确实含量变异很大,很难定量和预测。饲料的加工、贮藏方法都会引起维生素含量的变异,不同的分析方法也是一个因素。NRC(1982)就饲料成分的含量也指出有机组分的变异可达±15%、无机组分的变异可达±30%、能量值的变异可达±10%。

5. 维生素的生物有效性

饲料中处于结合状态的维生素一般对动物无效。谷物及其副产物中烟酸以结合状态存在,完全不能被猪、鸡利用。玉米—豆粕日粮中维生素B_2对雏鸡的生物有效率仅为40%~60%。胆碱、烟酸和维生素B_{12}的有效含量在某些饲料足够,但在某些饲料很有限或变异很大(表2-38)。

表2-38 饲料中维生素的有效率 %

维生素	玉米	豆饼(粕)	小麦	高粱	大麦	苜蓿粉	棉饼(粕)	鱼粉	玉米蛋白粉
胆碱	100	60~75	—	—	—	—	—	—	—
烟酸	0~30	100	0	0	—	—	—	—	—
维生素B_6	45~56	65	—	—	—	—	—	—	—
生物素	100	100	0~62	20~60	20~50	100	100	30	62

(二)影响维生素需要量和利用的因素

1. 生理特点和生产目的

家禽对维生素的需要量依赖于其生理特点、周龄、健康状况和营养状况及生产水平高低。如在产蛋家禽,蛋作孵化用对维生素的需要量一般比作食品用对维生素的需要量高,所以为了最高的种蛋孵化率和最健康雏鸡，种鸡就应有更高的维生素需要量。种禽所需的维生素 A、维生素 D_3 和维生素 E 比快速生长的肉鸡的都高。现代品系比过去品系的生产性能高，因此对维生素的需要量也大。肉鸡生长速度快，腿病也常发生，其便可通过补加维生素(生物素、叶酸、烟酸和胆碱)得到部分缓解。

2. 饲养方式

笼养、网上或条板上的圈养也使家禽无法直接吃到嫩绿的青草。青草是非常好的维生素资源，青草含丰富的胡萝卜素和维生素 E，且可利用性很好。圈养也使家禽无法接触其粪便，粪便也含大量的维生素。这些饲养管理方式就要求生产者明白家禽需要更高的日粮维生素水平并提供之，尤其是维生素 K 和 B 族维生素。

3. 应激、疫病或恶劣的环境条件

在集约化的生产体系，由于动物圈养的密度大，动物个体间距离近和接触的机会多，这样便增加了应激和亚临床疾病水平提高的机会，为了提高免疫抗病力，对某些维生素的需要量会增加。大量的研究表明，能满足动物有良好的生长及饲料转化效率的维生素营养水平可能不能满足正常的免疫功能和具有最强的抗疫病能力(Cunha，1987)。疾病或消化道寄生虫会降低肠道对饲料或由微生物合成的维生素的吸收。已知黄曲霉毒素会导致消化道紊乱，如呕吐和腹泻以及内脏出血，并干扰日粮维生素 A、维生素 D、维生素 E 和维生素 K 的吸收。因此饲料霉变可能引起维生素缺乏。补加高水平维生素 E 可将大肠杆菌病引起的鸡死亡率从 40%降到 5%(Tengerdy 等，1975)。Scott 等(1982) 指出球虫病可从以下 3 方面影响维生素 K 的需要量：①球虫病降低采食量，从而降低维生素 K 摄入量；②球虫病损伤肠道，从而降低了对维生素 K 的吸收；③抗球虫药物(如磺胺喹啉)的使用增加了鸡对维生素 K 的需求，比正常高 5～10 倍。

4. 维生素颉颃物的存在

维生素颉颃物能降解维生素从而使其失活，如生鱼中硫胺素酶与硫胺素；或与维生素结合，也使其失活，如生鸡蛋白中的抗生物素蛋白结合生物素；或者由于结构的相似性，与维生素产生竞争性结合，如维生素 K 和一些植物中的双香豆素，后者抑制血液凝固。酸败的油脂也使生物素灭活，并破坏维生素 A、维生素 D 和维生素 E 等。日粮亮氨酸、精氨酸或甘氨酸的过量会提高动物的烟酸需要量。

5. 抗微生物药的使用

一些抗微生物药的使用会改变肠道微生物，抑制一些维生素的合成。一些磺胺药会增加动物对生物素、叶酸、维生素 K 的需要量。Tengerdy (1988)指出，离子载体药物和亚硝酸盐会提高动物对维生素 E 的需要量。

6. 日粮中维生素及其他营养素的水平

日粮油脂水平影响脂溶性维生素的吸收。如果油脂的消化吸收受阻、脂溶性维生素也不能被吸收。缺硒时，胰脏纤维化，不能分泌足够的胰脂酶；霉菌毒素能干扰胆汁的形成与分泌，这都影响乳糜微粒的形成，妨碍脂溶性维生素的吸收。饲料中维生素 B_2、生物素和维生素 B_{12} 都是和蛋白质相结合的维生素。因此，只有在蛋白消化正常的情况下才能释放这些维生素。

维生素之间及与其他营养素之间存在广泛的互作，如维生素 E 与维生素 A 之间、维生素 E 与 Se 之间、胆碱与叶酸、钴胺素和蛋氨酸之间等。

7. 体内维生素贮备

动物对某些维生素有一定的贮备能力，因此对这些维生素也就不是每天都需要摄入了。脂溶性维生素和维生素 B_{12} 比其他水溶性维生素更易贮留在体内，特别是维生素 A 或胡萝卜素，易贮留在动物的肝脏和脂肪组织，贮留的时间有的可供长达 6 个月的需要。

（三）家禽对维生素的需要量与最适的供给量

美国 NRC 提出的维生素需要量接近防止临床缺乏症出现的最低需要量，虽然家禽此时表现正常，但生产性能并非最佳。尤其是在商业生产条件下，维生素的供给量应比最低需要量高才能充分发挥家禽的遗传所赋予的生产潜力，表现最佳生产性能。要使动物获得最佳的免疫反应和最强的抗病力，维生素的供给量也要比最低需要量高很多。为了使家禽具最佳健康状况和最高生产性能应提供的最适维生素供给量，依家禽品种（系）、周龄和不同生产目的而变化。

第七节　水

一、水的作用

水是动物机体的主要组成成分，大部分与蛋白质结合成胶体使组织细胞具有一定的形态、硬度和弹性。水是一种溶剂，体内各种营养物质的吸收转运和代谢废物的排泄都必须溶于水后才能进行。水还是化学反应的介质。水的比热大、导热性能好，参与体温调节。动物体关节囊内，体腔内和各器官间的组织液中的水可以减少关节和器官间的摩擦力，起到润滑作用。动物体内的水来源有 3 个：饮水（75%）、饲料水（6%）和代谢水（19%）。有机营养物质的氧化作用产生代谢水。分解 1 kg 脂肪、碳水化合物或蛋白质分别产生 1 190、560 和 450 g代谢水。失水的途径包括排泄物与呼气的蒸发。从表面上看，似乎鸡从排泄物中失去大部分水，可实际上 80%的水通过呼气而丢失。家禽通过呼吸失水量大于皮肤途径的失水量。当环境温度由 10℃上升到 40℃时，家禽总的蒸发水分量显著增加，主要是通过呼吸蒸发水分散热。产蛋是产蛋家禽的另一失水途径，每产 1 g 蛋失水 0.7 g。

二、饮水量

影响家禽需水量的因素较多，如品别、年龄，幼禽比成禽每单位体重的需水量高 1 倍以上；生产力提高，需水量增加（表 2-39）；此外饲料特性或营养成分、气温也影响需水量；动物为排出多余的矿物盐和蛋白质代谢产物需要较多的水来稀释和溶解。产蛋母鸡当气温从 10℃以下升到 30℃以上时，饮水量几乎增加 2 倍。在 35℃时，白来航鸡经呼吸蒸发的水分为 2.6 g/h，而在 20℃时为 0.5 g/h（Van Kampen，1974）。因此，当环境温度升高时，必须增加饮水。在高温应激时，充足的饮水供应可在家禽将头伸入水中饮水的同时，吸收头部热量，减缓体温升高。

表 2-39　肉仔鸡的需水量及来源

周龄/周	环境温度/℃	总需水量/(g/只)	来源部分		
			饲料水	代谢水	饮水
1	31	16	9	19	72
3	25	32	11	23	66
5	22	91	7	14	79
7	20	140	6	16	78
9	20	163	6	16	78
	平 均		8	18	74

Kerstens,1964。

家禽的胃与哺乳动物的不同,其持水能力很有限。为使鸡具有良好的生产性能,必须持续不断地、无限制地供给新鲜的饮水。家禽可失去其全部体脂和50%体蛋白后仍然生存,可当失去体内水分的10%时便会死亡。蛋鸡断水 24 h,产蛋率下降 30%,补水后,仍需 25～30 d 后才能恢复生产。断水 48 h,则造成严重的死亡。肉鸡连续限制饮水 10%,不影响生产性能;但限制饮水 20%～50%,将严重影响饲料报酬。火鸡雏 11 日龄经受 48 h 缺水后再补水,出现 80%以上的死亡率,但集中发生在 30 min 内;18 日龄在同样的情况下,死亡发生的时间晚(2～34 h)一些;8 周龄后,在同样的应激下无死亡率发生。

代谢水与产热量之间呈密切相关。每转化 1 MJ 热量产生 32.27 g 水。母鸡每天消耗 100 g 饲料,按每克热量值为 12.55 kJ 计,大约产生 40 g 代谢水。每克饲料需要饮水 2～3 g。当环境温度上升时,鸡的饮水量增加。在 32℃和 37℃的饮水量分别为在 21℃时的 2 倍和 2.5 倍。环境温度升高导致体温轻度上升,38～39℃的高温引起体温明显上升。

家禽的饮水量的变化是反映饲料营养、管理制度以及疾病方面是否有问题的灵敏指标。在发生疾病或有应激的情况下饮水量的下降往往在饲料采食量下降之前 1～2 d 就发生了。

影响饮水量的因素很多,包括饲料种类与采食量、环境温度、水温、家禽个体的大小、活动程度以及产蛋率等。其中以环境温度和产蛋率的影响最大,产蛋率越高,饮水量越大。产蛋家禽不产蛋时,每只每日约需水 150 g,产蛋率达到 50%时,需水量达到 200 g,此后产蛋率每上升 20%,需水量增加 30～50 g。家禽饮用水的最佳水温为 10～12℃,水温高于 31℃或降至 0℃,鸡的饮水量大减。

采食高能饲料比采食低能饲料对水的需要量低。蛋鸡的饮水量较肉鸡的高,蛋鸡和肉鸡的需水量与耗料量之比分别为 2∶1 和 1.5∶1。

食用高纤维日粮则需饮水量大,因形成粪的需要。粪中含水量约为 75%。

三、水质

总可溶盐分(TDS)的浓度是检查水源品质的主要指标。溶解盐分在 3 000 mg/L 以下的水作为畜禽饮水是允许的,150 mg/L 是理想的饮水。水中盐分含量超过 1 000 mg/L 时适口性较差,低于 5 000 mg/L 对幼年动物无害,超过 7 000 mg/L 可导致腹泻,高于 10 000 mg/L 即不能饮用。水中氯化钠和氯化钾超过 500 mg/L 时有咸味,镁盐超过 1 000 mg/L 时有苦味,这样的水不适于作饮用水。饮水中钙含量不应超过 75 mg/L,镁含量不宜高于 200 mg/L,否则影响食欲和导致腹泻；铁含量不宜高于0.3～0.5 mg/L，否则导致禽肉和禽蛋呈现黑色；硫含量应低于25 mg/L，不然会导致伤口流血量大；饮水中不应含亚硝酸盐。饮水还应有适当的酸碱度，以pH5～8为宜；碱度过高，对饲料中矿物元素吸收不利；酸度过大，有利于寄生虫生存。饮水应避免以下物质的污染：铅、汞、砷等重金属盐，有机农药、氰化物及酸等有毒物质，病原微生物，寄生虫（卵），有机物腐败产物等。氯常被用来处理被细菌污染的饮水，但也能杀死一些疫苗，饮水中氯含量应低于0.1 mg/L。当饮水中含氯达到0.5 mg/L时，95%的活传支疫苗可被杀死；当氯含量达到1.0 mg/L可降低新城疫苗效价20%，达到2.0 mg/L会降低效价85%。水中添加奶粉（4 mg/L）可以避免氯对疫苗的不利影响。

参考文献

Ahmad H A. Poultry growth modeling using neural networks and simuLated data. J Appl Poul Res, 2009, 18:440-446.

Ahmadi H, Mottaghitalab M, Nariman-Zadeh N, Golian A. Predicting performance of broiler chickens from dietary nutrients using group method of data handling-type neural networks. Br Poul Sci, 2008, 49(3): 315-320.

Ahmadi H, Mottaghitalab M, Nariman-zadeh N. Group method of data handling-type neural network prediction of broiler performance based on dietary metabolizable energy, methionine, and lysine. J Appl Poul Res, 2007, 16:494-501.

Akiba Y, Takahashi K, Horiguchi M, et al. L-tryptophan alleviates fatty liver and modifies hepatic microsomal mixed function oxidase in laying hens. Comparative Biochemistry and Physiology, Part A: Physiology. 1992, 102(4): 769-774.

Amasheh S, Wenzel U, Boll M, Dorn D, Weber W, Clauss W, Daniel H. Transport of charged dipeptides by the intestinal H^+/peptide symporter PepT1 expressed in Xenopus laevis oocytes. J Membr Biol, 1997, 155:247-256.

Amasheh S, Wenzel U, Weber W M, Clauss W, Daniel H. Electrophysiological analysis of the function of the mammalian renal peptide transporter expressed in Xenopus laevis oocytes. J Physiol Lond, 1997, 504(1):169-174.

Ashida K, Toshiya K, Hideyuki M, H Saito and K Inui. Thyroid hormone regulates the activity and expression of the peptide transporter PEPT1 in Caco-2 cells. Am J Physiol, Gastr Liver Physiol, 2002, 282:G617-G623.

Avruch J, Hara K, Lin Y, et al. InsuLin and amino-acid regulation of mTOR signaling and kinase activity through the Rheb GTPase. Oncogene, 2006, 25(48): 6361-6372.

Backwell F R C, Peptide utilization by tissues: Current status and application of stable isotope. Proc Nutr Sci, 1994, 53: 457-464.

Bai SP, Lu L, Luo X G, Liu B. Cloning, sequencing, characterization, and expressions of divalent metal transporter one in the small intestine of broilers. Poultry Science, 2008, 87(4):768-776.

Baker D K, Han Y. . The Papers of the 82nd Annual Meeting of the Poultry Science association. 1993, 7:26-29.

Baker D H, Batal A B , ParrT M , Augspurger N R, Parsons C M. Ideal ratio(relative to lysine)of tryptophan, threonine, isolecine, and valine for chicks during the second and third weeks posthatch. Poultry Sci, 2002,81:485-494.

Balimane P V, Tamai I, Guo A, Nakanishi T, Kitada H, Leibach F H, Tsuji A, Sinko P J. Direct evidence for peptide transporter (PepT1)-mediated uptake of a nonpeptide prodrug, valacyclovir. Biochem Biophys Res Commun, 1998, 250:246-251.

Barbot L, Windsor E, Rome S, Tricottet V, Reynes M, Topouchian A, Huneau J F, Gobert G J, Tome D, Kapel N. Intestinal peptide transporter PepT1 is over-expressed during acute cryptosporidiosis in suckling rats as a result of both malnutrition and experimental parasite infection. Parasitol Res, 2003, 89: 364-370.

Begum G, Cunliffe A, Leveritt M. Physiological role of carnosine in contracting muscle. International journal of Sport Nutrition & Exercise Metabolism, 2005, 15(5).

Bennett T, Audrey D, Maria H, David M, Richard F, Albert F, Kevin D C. The effect of high intakes of casein and casein phosphopeptide on calcium absorption in the rat. Brit J Nutr, 2000, 83:673-680.

Berlioz F, Maoret J J, Paris H, Laburthe M, Farinotti R, Roze C. alpha(2)-adrenergic receptors stimulate oligopeptide transport in a human intestinal cell line. J Pharmacol Exp Therap, 2000, 294:466-472.

Bigot K, Taouis M, Picard M, et al. Early post-hatching starvation delays p70 S6 kinase activation in the muscle of neonatal chicks. British Journal of Nutrition, 2003, 90(06): 1023-1029.

Boll M, Markovich D, Weber W M, Korte H, Daniel H, Murer H. Expression cloning of a cDNA from rabbit small intestine related to proton-coupled transport of peptides, beta-lactam antibiotics and ACE-inhibitors. Pflu¨gers Arch, 1994, 429:146-149.

Borges S A, Fischer da Silva A V, Ariki J, Hooge D M, Cummings K R. Dietary electrolyte balance for broiler chickens exposed to thermoneutral or heat-stress environments. Poultry Science, 2003, 82 (3): 428-435.

Boza J J, Martinez-Augustin O, Baro L, Suarz M D. Protein. v. enzymic protein hydrolysates: Nitrogen utilization in starved rats. Brit J Nutr, 1995, 73:65-71.

Brandsch M, Miyamoto Y, Ganapathy Y, Leibach H. Expression and protein kinase C-dependent regulation of peptide/H^+ cotransport system in the Caco-2 human colon carcinoma cell line. Biochem J, 1994, 299:253-260.

Bretschneider B, Brandsch M, Neubert R. Intestinal transport of β-lactam antibiotics: Analysis of the affinity at the H^+/peptide symporter (PEPT1), the uptake into caco-2 cell monolayers and the transepithelial flux. Pharm Res, 1999, 16:55-61.

Buyse M, Berlioz F, Guilmeau S, Tsocas A, Voisin T, Péranzi G, Merlin D, Laburthe M, Lewin M J M, Rozé C, Bado A. PepT1-mediated epithelial transport of dipeptides and cephalexin is enhanced by luminal leptin in the small intestine. J Clin Invest, 2001, 108(10):1483-1494.

Chen C, Sander J E, Dale N M, The effect of dietary lysine deficiency on the immune response to newcastle disease vaccination in chickens. Avian Diseases, 2003, 47(4): 1346-1351.

Chen H, Pan Y X, Wong E A, Bloomquist Jr, Webb K E Jr. Molecular cloning and functional expression of a chicken intestinal peptide transporter (cPepT1) in Xenopus oocytes and Chinese hamster ovary cells. J Nutr, 2002, 132:387-393.

Chen H, Pan Y X, Wong E A, Webb K E Jr. Characterization and regulation of a cloned ovine gastrointestinal peptide transporter (oPepT1) expressed in a mammalian cell line. J Nutr, 2002, 132:38-42.

Chen H, Wong E A, Webb K B Jr. Tissue distribution of peptide transporter mRNA in sheep, dairy cows, pigs, and chickens. J Anim Sci, 1999, 77:1277-1283.

Chen H. Cloning, expression, and developmental and dietary regulations of a chicken intestinal peptide transporter and characterization and regulation of an ovine gastrointestinal peptide transporter expressed in a mammalian cell line. Dissertation for Ph. D. Virginia Polytechnic Institute and State University. 2001.

Blacksburg, Virginia

Collie N L, Zhu Z, Jordan S, Reeve J R Jr. Oxyntomodulin stimuLates intestinal glucose uptake in rats. Gastroenterol, 1997, 112(6):1961-1970.

Colnago G L. Effect of responses of starting broiler chicks to incremental reduction in intact protein on performance during the grower phase. Abstr So Poul Sci, 1991,70:(suppl. 1)

Daniel H, Wenzel U, Boll M. Physiological importance and characteristics of peptide transporter in intestinal epithelial cells. in: 11 th International Symp. on Digestive Physiol. In Pigs, Dummerstorf Pub, 1994, I(80):1-7.

Dantzig A H, Bergin L. Uptake of the cephalosporin, cephalexin, by a dipeptide transport carrier in the human intestinal cell line, caco-2. Biochim Biophys Acta, 1990, 1027(3):211-217.

Debnam E S, Sharp P A. Acute and chronic effects of pancreatic glucagon on sugar transport across the brush-border and basolateral membranes of rat jejunal enterocytes. Expe Physiol, 1993, 78(2): 197-207.

Deng H, Zheng A, Chang W, Zhang S, Cai H, Liu G. Activation of mammalian target of rapamycin signaling in skeletal muscle of neonatal chicks: effects of dietary leucine and age. Poul Sci, 2014, 93(1): 114-121.

Deng K, Wong C W, Nolan J V. Carry-over effects of early-life supplementary methionine on lymphoid organs and immune responses in egg-laying strain chickens. Animal Feed Science and Technology, 2007, 134(1): 66-76.

DiRienzo D B. Free and peptide amino acid fluxes across the mesenteric and non-mesenteric viscera of sheep and calves: [Doctoral thesis]. Blacksburg, VA: Virginia Polytechnic Institute and State University, 1990.

D'Mello J P F. (1994) Amino Acids in Farm Animal Nutrition. CAB International, UK.

Dröge W, Breitkreutz R. Glutathione and immune function. Proceedings of the Nutrition Society, 2000, 59(4): 595-600.

Emmans G C, Effective energy: A cencept of energy utilization across species, Br, J, Nutr,1994, 171: 801

Emmerson K S, Phang J M. Hydrolysis of proline dipeptides completely fulfills the proline requirement in a proline-auxotrophic Chinese hamster ovary cell line. J Nutr, 1993, 123(5):909-914.

Erickson R H, Gum-J R J, Lindstrom M M, McKean D, Kim Y S. Regional expression and dietary regulation of rat small intestinal peptide and amino acid transporter mRNAs. Biochem Biophys Res Commun, 1995, 216:249-257.

Everaert N, Swennen Q, Coustard S M, et al. The effect of the protein level in a pre-starter diet on the post-hatch performance and activation of ribosomal protein S6 kinase in muscle of neonatal broilers. British Journal of Nutrition,2010, 103(2): 206-211.

Farran M T, Thomas O P. Valine deficiency. 1. The effect of feeding a valine-deficient diet during the starter period on performance and feather structure of male broiler chicks. Poultry Science, 1992, 71(11): 1879-1884.

Fei Y J, Ganapathy V, Leibach F H. Molecular and structural features of the proton-coupled oligopeptide transporter superfamily. Prog Nucleic Acid Res Mol Biol, 1998, 58:239-261.

Fei Y J, Kana Y, Nussberger S, Ganapathy V, Leibach F H, Romero M F, Singh S K, Boron W F, Hediger M A. Expression cloning of a mammalian proton-coupled oligopeptide transporter. Nature, 1994, 368:563-566.

Fei Y J, Sugawara M, Liu W, Li H W, Ganapathy V, Ganapathy M E, Leibach F H. cDNA structure, genomic organization, and promoter analysis of the mouse intestinal peptide transporter PEPT1. Biochim Biophys Acta, 2000, 1492:145-154.

Fei Y J, Kanai Y, Nussberger S, et al. Express cloning of a mammalian proton-coupled oligo-peptide transporter. Nature, (6471). 1994, 563-566.

Ferraretto A, Signorile A, Gravaghi C, Fiorilli A, Tettamanti G. Casein phosphopeptides influence calcium uptake by cultured human intestinal HT-29 tumor cells. Journal of Nutrition, 2001, 131: 1655-1661.

Ferraris R P, Diamond J M. Specific regulation of intestinal nutrient transporters by their dietary substrates. Ann Rev Physiol, 1989, 51:125-141.

Friedman D I, Amidon G L. Passive and carrier-mediated intestinal absorption components of two angiotensin converting enzyme (ACE) inhibitor prodrugs in rats: enalapril and fosinopril. Pharm Res, 1989, 6:1043-1047.

Fu W J, Haynes T E, Kohli R, et al. Dietary L-arginine supplementation reduces fat mass in Zucker diabetic fatty rats. The Journal of Nutrition, 2005, 135(4): 714-721.

Fujita T, Majikawa Y, Umehisha S, Okada N, Yamamoto A, Ganapathy V, Laibach F H. Receptor ligand-induced up-regulation of the H^+/peptide transporter PepT1 in the human intestinal cell line Caco-2. Biochem Biophys Res Commun, 1999, 261:242-246.

Ganapathy M E, Prasad P D, Mackenzie B, Ganapathy V, Leibach F H. Interaction of anionic cephalosporins with the intestinal and renal peptide transporters PEPT1 and PEPT2. Biochim Biophys Acta, 1997, 1324:296-308.

Ganapathy V, Leibach F H. Proton-coupled solute transport in the animal cell plasma membrane. Curr Opin Cell Biol, 1991, 3:695-701.

Javier Garcia-Villafrarca, Alberto Guillen, Jose Castro. Castro J. Involvement of nitric oxide/cyclic GMP signaling pathway in the regulation of fatty acid metabolism in rat hepatocytes. Biochemical Pharmacology, 2003, 65(5): 807-812.

Gardner M L G. Entry of peptides of dietary origin into the circulation. Nutri Health, 1983, 2:163.

Gonzalez D E, Covitz K M, Sadee W, Mrsny R J. An oligopeptide transporter is expressed at high levels in the pancreatic carcinoma cell lines AsPc-1 and Capan-2. Cancer Res, 1998, 58:519-525.

Goto K, Kasaoka S, Takizawa M, et al. Bitter taste and blood glucose are not involved in the suppressive effect of dietary histidine on food intake. Neuroscience Letters, 2007, 420(2): 106-109.

Grimble R F. The effects of sulfur amino acid intake on immune function in humans. The Journal of Nutrition, 2006, 136(6): 1660S-1665S.

Guo S, Shi D, Liao S, Su R, Lin Y, Pan J, Tang Z. Influence of selenium on body weights and immune organ indexes in ducklings intoxicated with aflatoxin B-1. Biological Trace Element Research, 2012, 145(3): 325-329.

Guo Yuming, Li Zhiwei, and Zhou Yuping. Selenium, Iodine and Thyroid hormone metabolism. Minerol Problems in Sheep in Northern China and ther Regions of Asia. ACIAR Proceediugs, 1996, 73:52.

Han and Baker. Digestible lysine requirement of male and female broiler chicks during the period three to six-weeks posthatching. Poultry Sci, 1994, 73:1739-1745.

Hansen M, Sandstrom B, Lonnerdal B. The effect of casein phosphopeptides on zinc and calcium absorption from high phytate infant diets assessed in rat pups and Caco-2 cells. Pedi Res, 1996, 40: 547-552.

Hidalgo I J, Bhatnagar P, Lee C P, Miller J, CucuLlino G, Smith P L. Structural requirements for interaction with the oligopeptide transporter in Caco-2 cells. Pharm Res, 1995, 12:317-319.

Hsu C P, Walter E, Merkle H P, Rothen-Rutishauser B, Wunderli-Allenspach H, Hilfinger J M, Amidon G L. Function and immunolocalization of over expressed human intestinal H^+/peptide cotransporter in adenovirus-transduced Caco-2 cells. AAPS Pharm Sci, 1999, 1(3), E12:1-9.

Hu M, Subramanian P, Mosberg H I, Amidon G L. Use of the peptide carrier system to improve the intestinal absorption of L-alpha-methyldopa: Carrier kinetics, intestinal permeabilities, and *in vitro* hydrolysis of dipeptidyl derivatives of L-alphamethyldopa. Pharm Res, 1989, 6:66-70.

Huang Y L, Lu L, Li S F, Luo X G, Liu B. Relative bioavailabilities of organic zinc sources with different chelation strengths for broilers fed a conventional corn-soybean meal diet. Journal of Animal Science, 2009, 87(7):2038-2046.

Huang YL, Lu L, Luo XG, Liu B. An optimal dietary zinc level for broiler chicks fed with a corn-soybean meal diet. Poultry Science, 2007, 86 (12):2582-2589.

Huang YL, Lu L, Xie JJ, Li SF, Li XL, Liu SB, Zhang LY, Xi L, Luo XG. Relative bioavailabilities of organic zinc sources with different chelation strengths for broilers fed diets with low or high phytate content. Animal Feed Science and Technology, 2013, 179 (1):144-148.

Ihara T, Tsujikawa T, FujiyamaY. Regulation of PepT1 trans porter expression in the rat small intestine under malnourished conditions. Digestion, 2000, 61:59-67.

Inui K I, Yamamoto M, Saito H. Trans-epithelial transport of oral cephalosporins by monolayers of intestinal epithelial cell Caco-2 :Specific transport systems in apical and basalteral membranes. J Pharmacol Exper Therap, 1992, 261:195-201.

Jensen L S. Are peptide needed for optimum animal nutrition? Feed Management, 1991, 42: 37-40.

Ji F, Luo XG, Lu L, Liu B, Yu SX. Effects of manganese source and calcium on manganese uptake by in vitro everted gut sacs of broilers' intestinal segments. Poultry Science, 2006a, 85(7):1217-1225.

Ji F, Luo XG, Lu L, Liu B, Yu SX. Effect of manganese source on manganese absorption by the intestine of broilers. Poultry Science, 2006b, 85(11):1947-1952.

Kasaoka S, Kawahara Y, Inoue S, et al. Gender effects in dietary histidine-induced anorexia. Nutrition, 2005, 21(7): 855-858.

Klang J E, Burnworth L A, Pan Y X, Webb K E Jr, Wong E A. Functional characterization of a cloned pig intestinal peptide transporter (pPepT1). 2005, 83(1):172-182.

Klimberg V S, Souba W W, Dolson D J, et al. Prophylactic glutamine protects the intestinal mucosa from radiation injury. Cancer, 1990, 66(1): 62-68.

Knütter I, Theis S, Hartrodt B, Born I, Brandsch M, Daniel H, Neubert K. A novel inhibitor of the mammalian peptide transporter PepT1. Biochem, 2001, 40:4454-4458.

Koeln L L, Schlagheck T G, Webb K E Jr. Amino acid flux across the gastrointestinal tract and liver of calves. J Dair Sci, 1993, 76:2275-2285.

Konashi S, Takahashi K, Akiba Y. Effects of dietary essential amino acid deficiencies on immunological variables in broiler chickens. British Journal of Nutrition, 2000, 83(4): 449-456.

Kottra G, Stamfort A, Daniel H. PEPT1 as a paradigm for membrane carriers that mediate electrogenic bidirectional transport of anionic, cationic, and neutral substrates. J Biol Chem, 2002, 277(36), 32683-32691.

Kramer W, Girbig F, Gutjahr U, Kleemann H W, Leipe I, Urbach H, Wagner A. Interaction of renin inhibitors with the intestinal uptake system for oligopeptides and beta-lactam antibiotics. Biochim Biophys Acta, 1990, 1027:25-30.

Kwak H, Austic R E, Dietert R R. Influence of dietary arginine concentration on lymphoid organ growth in chickens. PouLtry science. 1999，78(11)：1536-1541.

Larsen P R，Berry M J. Nutritional and hormonal regulation of thyroid hormone deiodinases. Annu Rev Nutr,1995,15：323.

Layman D K. The role of leucine in weight loss diets and glucose homeostasis. The Journal of Nutrition，2003，133(1)：261S-267S.

Leibach F H，Ganapathy V. Peptide transporters in the intestine and the kidney. Annu Rev Nutr，1996，16:99-119.

Li P，Yin Y L，Li D，et al. Amino acids and immune function. British Journal of Nutrition，2007，98(02)：237-252.

Li S，Luo X，Liu B，Crenshaw TD，Kuang X，Shao G，Yu S. Use of chemical characteristics to predict the relative bioavailability of supplemental organic manganese sources for broilers. Journal of Animal Science,2004，82(8):2352-2363.

Li SF，Lin YX，Lu L，Xi L，Wang ZY，Hao SF，Zhang LY，Li K，Luo XG. An estimation of the manganese requirement for broilers from 1 to 21 days of age. Biological Trace Element Research，2011,143(2):939-948.

Li SF，Luo XG，Lu L，Crenshaw TD，Bu YQ，Liu B，Kuang X，Shao GZ，Yu SX. Bioavailability of organic manganese sources in broilers fed high dietary calcium. Animal Feed Science and Technology，2005，123-124(12):703-715.

Liang R，Fei Y J，Prasad P D，Ramamoorthy S，Han H，Yang F T，Hediger M A，Ganapathy V，Leibach F H. Human intestinal H^+/peptide cotransporter. Cloning，functional expression，and chromosomal localization. J Biol Chem，1995，270:6456-6463.

Liao XD，Lu L，Liu SB，Li SF，Li A，Zhang LY，Wang GY，Luo XG. An optimal dietary zinc level of broiler chicks fed a corn-soybean meal diet from 22 to 42 days of age. Animal Production Science，2013，53：388-394.

Liu SB，Li SF，Lu L，Xie JJ，Zhang LY，Jiang Y，Luo XG. Development of a procedure to determine standardized mineral availabilities in soybean meal for broiler chicks. Biological Trace Element Research，2012a,148(1):32-37.

Liu SB，Li SF，Lu L，Xie JJ，Zhang LY，Luo XG. Estimation of standardized phosphorus retention for corn，soybean meal and corn-soybean meal diet in broilers. Poultry Science，2012b，91:1879-1885.

Liu SB，Lu L，Li SF，Xie JJ，Zhang LY，Wang RL，Luo XG. Copper in organic proteinate or inorganic suLfate form is equally bioavailable for broiler chicks fed a conventional corn-soybean meal diet. Biological Trace Element Research，2012c,147(1-3):142-148.

Liu SB，Lu L，Xie JJ，Li SF，Zhang LY，Jiang Y，Luo XG. Estimation of standardized phosphorus retention for inorganic phosphate sources in broilers. Journal of Animal Science，2013，91:3766-3771.

Liu Y，Huang J，Hou Y，et al. Dietary arginine supplementation alleviates intestinal mucosal disruption induced by *Escherichia coli* lipopolysaccharide in weaned pigs. British Journal of Nutrition，2008，100(3)：552-560.

Liu ZH，Lu L，Li SF，Zhang LY，Xi L，Zhang KY，Luo XG. Effects of supplemental zinc source and level on growth performance，carcass traits，and meat quality of broilers. Poultry Science，2011，90(8)：1782-1790.

Lu L，Ji C，Luo XG，Liu B，Yu SX. The effect of supplemental manganese in broiler diets on abdominal fat deposition and meat quality. Animal Feed Science and Technology，2006，129(8):49-59.

Lu L，Luo XG，Ji C，Liu B，Yu SX. Effect of manganese supplementation and source on carcass traits, meat quality, and lipid oxidation in broilers. Journal of Animal Science, 2007, 85(3):812-822.

Lu L, Wang RL, Zhang ZJ, Steward FA, Luo XG, Liu B. Effect of dietary supplementation with copper sulfate or tribasic copper chloride on the growth performance, liver copper concentrations of broilers fed in floor pens, and stabilities of vitamin E and phytase in feeds. Biological Trace Element Research, 2010, 138(2):181-189.

Luo XG, Ji F, Lin YX, Steward FA, Lu L, Liu B, Yu SX. Effects of dietary supplementation with copper sulfate or tribasic copper chloride on broiler performance, relative copper bioavailability, and oxidation stability of vitamin E in feed . Poultry Science, 2005, 84(6):888-893.

Lyons T P, Jacques K A. Biotechnology in the Feed Industry. Nottingham University Press, U. K,1995.

Ma XY, Liu SB, Lu L, Li SF, Xie JJ, Zhang LY, Zhang JH, Luo XG. Relative bioavailability of iron proteinate for broilers fed a casein-dextrose diet. 2014, 93: 556-563.

Mackenzie B, Fei Y J, Ganapathy V, Leibach F H. The human intestinal H^+/oligopeptide cotransporter hPEPT1 transports differently- charged dipeptides with identical electrogenic properties. Biochim Biophys Acta, 1996, 1284:125-128.

Maria K, Dennis D. Miller. Iron speciation in intestinal contents of rats fed meals composed of meat and nonmeat sources of protein and fat. Food Chem, 1995, 52(1):47-56.

Matosin-Matekalo M, Mesonero J E, Delezay O, Poiree J C, Ilundain A A, Brot-Laroche E. Thyroid hormone regulation of the Na^+/glucose cotransporter SGLT1 in Caco-2 cells. Biochem J, 1998, 334: 633-640.

Matosin-Matekalo M, Mesonero J E, Laroche T J, Lscasa M, Brot-Laroche E. Glucose and thyroid hormone co-regulate the expression of the intestinal fructose transporter GLUT5. Biochem J, 1999, 339: 233-239.

Matthews D M. Protein absorption: Development and present state of the subject. New York: Wiley-Liss, 1991, 355-357.

McCormack S A, Johnson L R. Role of polyamines in gastrointestinal mucosal growth. Am J Physiol Gastrointest Liver Physiol, 1991, 260: 795-806.

Meluzzi A, Sirri F, Tallarico N, Franchini A. Nitrogen retention and performance of brown laying hens on diets with different protein content and constant concentration of amino acids and energy. British Poultry, Science. 2001,42(2) .

Meredith D, Boyd C A. Structure and function of eukaryotic peptide transporters. Cell Mol Life Sci, 2000, 57:754-778.

Meredith D, Temple C S, Guha N, Sword C J, Boyd C A, Collier I D, Morgan K M, Bailey P D. Modified amino acids and peptides as substrates for the intestinal peptide transporter PepT1. Eur J Biochem, 2000, 267:3723-3728.

Mitchell J C, Evenson A R, Tawa Jr N E. Leucine inhibits proteolysis by the mTOR kinase signaling pathway in skeletal muscle. Journal of Surgical Research, 2004, 121(2): 311.

Miyamoto K, Shiraga T, Morita K, Yamamoto H, Haga H, Taketani Y, Tamai I, Sai Y, Tsuji A, Takeda E. Sequence, tissue distribution and developmental changes in rat intestinal oligopeptide transporter. Biochim Biophys Acta, 1996, 1305:34-38.

Moore V A, Irwin W J, Timmins P, Lambert P A, Chong S, Dando S A, Morrison R A. A rapid screening system to determine drug affinities for the intestinal dipeptide transporter 2: Affinities of ACE inhibitors. Int J Pharm, 2000, 210:29-44.

MuLler U, Brandsch M, Prasad P D, Fei Y J, Ganapathy V, Leibach F H. Inhibition of the H^+/peptide cotransporter in the human intestinal cell line Caco-2 by cyclic AMP. Biochem Biophys Res Commun, 1996, 218:461-465.

Nagasawa T, Kido T, Yoshizawa F, et al. Rapid suppression of protein degradation in skeletal muscle after oral feeding of leucine in rats. The Journal of Nutritional Biochemistry, 2002, 13(2): 121-127.

Nakanishi T, Tamai I, Sai Y, Sasaki T, Tsuji A. Carrier-mediated transport of oligopeptides in the human fibrosarcoma cell line HT1080. Cancer Res, 1997, 57:4118-4122.

Nakanishi T, Tamai I, Takaki A, Tsuji A. Cancer cell-targeted drug delivery utilizing oligopeptide transport activity. Int J Cancer, 2000, 88:274-280.

Nakashima K, Ishida A, Yamazaki M, et al. Leucine suppresses myofibrillar proteolysis by down-regulating ubiquitin-proteasome pathway in chick skeletal muscles. Biochemical and Biophysical Research Communications, 2005, 336(2): 660-666.

National Research Council. Nutrient Requirements of Poultry. 9th ed. National Academy press, Washington, D. C,1994.

Nielsen C U, Amstrup J, Nielsen R, Steffansen B, Frokjaer S, Brodin B. Epidermal growth factor and insulin short term increase hPepT1 mediated glycylsarcosine uptake in Caco2 cells. Acta Physiol Scand, 2003, 178:139-148.

Nielsen C U, Amstrup J, Steffansen B, Frokjaer S, Brodin B. Epidermal growth factor inhibits glycylsarcosine transport and hPepT1 expression in a human intestinal cell line. Am J Physiol, 2001, 281: 191-199.

Nielsen C U, Andersen R, Brodin B, Froekjaer S, Taub M E, Steffansen B. Dipeptide model prodrugs for the intestinal oligopeptide transporter. Affinity to and transport via hPepT1 in the human intestinal Caco-2 cell line. J Control Rel, 2001, 76:129-138.

Nielsen K. Casein and soybean protein have different effects on whole body protein turnover at same nitrogen balance. Br J Nutr, 1994,72:69-81.

Ogihara H, Saito H, Shin B C, Terada Y, Takenoshita S, Nagamachi Y, Inui K I, Takata K. Immunolocalization of H^+/peptide cotransporter in rat digestive tract. Biochem Biophy Res Commun, 1996, 220 (3):848-852.

Ogihara H, Suzuki T, Nagamachi Y, Inui K I, Takata K. Peptide transporter in the rat small intestine: Ultrastructural localization and the effect of starvation and administration of amino acids. Histochem J, 1999, 31:169-174.

Ostaszewski P, Kostiuk S, Balasińska B, et al. The leucine metabolite 3-hydroxy-3-methylbutyrate (HMB) modifies protein turnover in muscles of laboratory rats and domestic chickens *in vitro*. Journal of Animal Physiology and Animal Nutrition, 2000, 84(1-2): 1-8.

Pan X, Terada T, Irie M, Saito H, Inui K. Diurnal rhythm of H^+-peptide cotransporter in rat small intestine. Am J Physiol Gastrointest Liver Physiol, 2002, 283:57-64.

Pan Y, Wong E A, Bloomquist J R, Webb K E Jr. Expression of a cloned ovine gastrointestinal peptide transporter (oPepT1) in Xenopus oocytes induces uptake of oligopeptides *in vitro*. J Nutr,2001, 131:1264-1270.

Parisini P, Scicipioni R, Marchetti S, Mordenti A. Effects of peptide components in a proteolysate in piglet nutrition. Zootech Nutr Anim, 1989, 15:637-644.

Peng X, Cui H, He Y, Cui W, Fang J, Zuo Z, Deng J, Pan K, Zhou Y, Lai W. Excess dietary sodium selenite alters apoptotic population and oxidative stress markers of spleens in broilers. Biological Trace

Element Research, 2012, 145(1): 47-51.

Pope, Emmert. Growth performance of broiler using a week-feeding approach with diets switched every other day from forty-two to sixty-three days of age. Poultry Sci, 2002,81:466-471.

Poullain M G, Cezard J P, Roger L, Mendy F. Effect of whey proteins, their oligopeptide hydrolysates and free amino acid mixtures on growth and nitrogen retention in fed and starved rats. J Parent Enter Nutr, 1989, 13(4):382-386.

Raghunath M, Morse E L, Adibi S A. Mechanism of clearance of dipeptides by perfused hind- quarters: sarcolemmal hydrolysis of peptides. Am J Physiol- Endocrinol Metab, 1990, 259:463-469.

Rama Rao S V, Praharaj N K, Panda A K, et al. Interaction between genotype and dietary concentrations of methionine for immune function in commercial broilers. British Poultry Science, 2003, 44(1): 104-112.

Rerat A, Simones-Nunes C. Splanchnic fluxes of amino acids after duodenal infusion of carbohydrate solutions containing free amino acids or oligopeptides in the non-anaesthetized pig. Br J Nutr, 1992, 68(1): 111-138.

Saito H, Okuda M, Terada T, Sasaki S, Inui K. Cloning and characterization of a rat H^+/peptide cotransporter mediating absorption of beta-lactam antibiotics in the intestine and kidney. J Pharmacol Exp Ther, 1995, 275:1631-1637.

Savoie L, Charbonneau R, Parent G. In vitro amino acid digestibility of food proteins as measured by the digestion cell technique. Plant Foods for Human Nutr, 1989, 39:93-107.

Sawada K, Terada T, Saito H, Hashimoto Y, Inui K. Effects of glibenclamide on glycylsarcosine transport by the rat peptide transporters PEPT1 and PEPT2. Br J Pharmacol, 1999, 128: 1159-1164.

Scott M L, Nesheim M C, Young R J. (1982) Nutrition of the Chicken, 3rd ed. Ithaca, New York.

Seal C J, Parker D S. Isolation and characterization of circuLating low molecuLar weight peptide in steer, sheep, and rat portal and peripheral blood. J Comp Biochem Physiol B, 1991, 99:679-685.

Shen H, Smith D E, Brosius F C. Developmental Expression of PEPT1 and PEPT2 in rat small intestine, colon, and kidney. Pediatr Res, 2001, 49:789-795.

Shiraga T, Miyamoto K, Tanaka H, Yamamoto A, Taketani Y, Morita K, Tamai I, Tsuji A, Takeda E. Cellular and molecular mechanisms of dietary regulation on rat intestinal H^+/peptide transporter PepT1. Gastroenterology, 1999, 116:354-362.

Sklan D Noy, Y. Crude protein and essential amino acid requirements in chicks during the first week posthatch. British Poultry Science, 2003,44:266-274.

Sonoyama K, et al. Effect of dietary protein level on intestinal aminopeptidase activity and mRNA level in rats. J Nutr Biochem, 1994, 5:291-297.

Sørensen M T, Oksbjerg N, Agergaard N, et al. Tissue deposition rates in relation to muscle fibre and fat cell characteristics in lean female pigs (< i> Sus scrofa</i>) following treatment with porcine growth hormone (pGH). Comparative Biochemistry and Physiology Part A: Physiology, 1996, 113(2): 91-96.

Souba WW. Int est inal glutamine metabolism and nutrition . Nutr Biochem, 1993, 4: 2- 9.

Spears JW, Whisnant CS, Huntington GB, Lloyd KE, Fry RS, Krafka K, Lamptey A, Hyda J. Chromium propionate enhances insulin sensitivity in growing cattle. Journal of Dairy Science, 2012, 95(4):2037-2045.

Sugawara M, Huang W, Fei Y J, Leibach F H, Ganapathy V, Ganapathy M E. Transport of valganciclovir, a ganciclovir prodrug, via peptide transporters PEPT1 and PEPT2. J Pharm Sci, 2000, 89:781-789.

Sugawara T, Ito Y, Nishizawa N, et al. ReguLation of muscle protein degradation, not synthesis, by dietary leucine in rats fed a protein-deficient diet. Amino Acids, 2009, 37(4): 609-616.

Sugawara T, Ito Y, Nishizawa N, et al. Supplementation with dietary leucine to a protein-deficient diet suppresses myofibrillar protein degradation in rats. 2008.

Sun B W, Zhao X C, Wang G L, Li N, Li J S. Changes of biological functions of dipeptide transporter (PepT1) and hormonal regulation in severe scald rats. World J Gastroenterol, 2003, 9(12):2782-2785.

Tamura K, Lee C P, Smith P L, Borchardt R T. Metabolism, uptake, and transepithelial transport of the stereoisomers of Val- Val-Val in the human intestinal cell line, Caco-2. Pharm Res, 1996, 113: 1663-1667.

Tanaka H, Miyamoto K I, Morita K, Haga H, Segawa H, Shiraga T, Fujioka A, Kouda T, Taketani Y, Hisano S, Fukui Y, Kitagawa K, Takeda E. ReguLation of the PepT1 peptide transporter in the rat small intestine in response to 5-fluorouracilinduced injury. Gastroenterology, 1998, 114: 714-723.

Taub M E, Larsen B D, Steffansen B, Frokjaer S. Beta-Carboxylic acid esterified D-Asp-Ala retains a high affinity for the oligopeptide transporter in Caco-2 monolayers. Int J Pharm, 1997, 146:205-212.

Thamotharan M, Bawani S Z, Zhou X, Adibi S A. Functional and molecular expression of intestinal oligopeptide transporter (Pept-1) after a brief fast. Metabolism, 1999, 48:681-684.

Thamotharan M, Bawani S Z, Zhou X, Adibi S A. Hormonal regulation of oligopeptide transporter pept-1 in a human intestinal cell line. Am J Physiol, 1999, 276:821-826.

Thamotharan M, Bawani S Z, Zhou X, Adibi S A. Mechanism of dipeptide stimuLation of its own transport in a human intestinal cell line. Proc Assoc Amer Phys, 1998, 110:361-368.

Thwaites D T, Brown C D, Hirst B H, Simmons N L. Transepithelial glycylsarcosine transport in intestinal Caco-2 cells mediated by expression of H^+-coupled carriers at both apical and basal membranes. J Biol Chem, 1993, 268:7640-7642.

Thwaites D T, Ford D, Glanville M, Simmons N L. H^+ solute-induced intracellular acidification leads to selective activation of apical Na^+/H^+ exchange in human intestinal epithelial cells. J Clin Invest, 1999, 104:629-635.

Tsuchiya B, Huang J, Konashi K, et al. Thermal diffusivity measurement of uranium-thorium-zirconium hydride. Journal of Alloys and Compounds, 2000, 312(1): 104-110.

Verri T, Maffia M, Danieli A, Herget M, Wenzel U, Daniel H, Storelli C. Characterisation of the H^+/peptide cotransporter of eel intestinal brush-border membranes. J Exp Biol, 2000, 203(19): 2991-3001.

Vincenzini, M. T., Iantomasi, T. Favilli, F. Glutathione transport across intestinal brush border membranes: Effect of ions, pH, delta psi, and inhibitors. Biochim Biophys Acta, 1989,987(1): 29-37.

Walker D, Thwaites D T, Simmons N L, Gilbert H J, Hirst B H. Substrate upregulation of the human small intestinal peptide transporter, hPepT1. J Physiol Lond, 1998, 507:697-706.

Walter E, Kissel T, Reers M, Dickneite G, Hoffmann D, Stuber W. Transepithelial transport properties of peptidomimetic thrombin inhibitors in monolayers of a human intestinal cell line (Caco-2) and their correlation to *in vivo* data. Pharm Res, 1995, 12:360-365.

Wang J J,Chen L X,Li P,et al. Gene expression is altered in piglet small intestine by weaning and dietary glutamine supplementation. J Nutr, 2008,138:1025-1032.

Wang T C, Fuller M F. The effect of the plane of nutrition on the optimum dietary amino acid pattern for growing pigs. Animal Production, 1990, 50:155-164.

Wang T C,FuLler M F. The optiumum dietary amino acid pattern for growing pigs. 1. Experiments by

Webb K E, Dirienzo D B, Matthews J C. Recent developments in gastrointestinal absorption and tissue utilization of peptides: A review. J Dair Sci, 1993, 76(1): 351-359.

Wenzel U, Meissner B, Doring F, Daniel H. PEPT1-mediated uptake of dipeptides enhances the intestinal absorption of amino acids via transport system b(0,+). J Cell Physiol, 2001, 186 (2) :251-259.

Wenzel U, Thwaites D T, Daniel H D. Stereoselective uptake of beta-lactam antibiotics by the intestinal peptide transporter. Brit J Pharmacol. 1995, 116: 3021-3027.

Wheeler M D, Thurman R G. Production of superoxide and TNF-α from alveolar macrophages is blunted by glycine. American Journal of Physiology-Lung Cellular and Molecular Physiology, 1999, 277(5): 952-959.

Winckler C, Breves G, Boll M, Daniel H. Characteristics of dipeptide transport in pig jejunum *in vitro*. J Comp Physiol, B. 1999, 169: 495-500.

Wu G,Bazer F W,Cudd T A,et al. Maternal nutrition and fetal develop-ment. J Nutr, 2004,134:2169-2172.

Wu G. Intestinal mucosal amino acid catabolism. The Journal of Nutrition, 1998, 128(8): 1249-1252.

Yaqoob P,Calder P C. Glutamine requirement of proliferating T lympho-cyte. Nutrition, 1997,13:646-651.

Yu Y, Lu L, Wang RL, Xi L, Luo XG, Liu B. Effects of zinc source and phytate on zinc absorption by in situ ligated intestinal loops of broilers. Poultry Science, 2010, 89(10):2157-2165.

Zhang L B, Guo Y M. Effects of liquid DL-2-hydroxy-4-methylthio butanoic acid on growth performance and immune responses in broiler chickens. Poultry science, 2008, 87(7): 1370-1376.

Zhang Z, Wang Q, Zhang J, Li S, Wang X, Xu s. Effects of oxidative stress on immunosuppression induced by selenium deficiency in chickens. Biological Trace Element Research, 2012, 149 (3): 352-361.

曾得寿，高振华，赵京辉，等．牛磺酸对肉仔鸡生产性能，免疫器官发育及抗氧化能力的影响．中国兽医学报，2009 (6): 774-778.

陈宝江．寡肽对肉仔鸡消化生理及蛋白质合成调控的影响．中国农业科学院博士学位论文，2005.

陈亚军，齐玉梅．精氨酸免疫营养作用的研究进展．中国临床营养杂志，2007，15(5): 310-314.

崔芹，崔山．色氨酸营养研究进展．中国饲料，2003，15: 20-23.

代腊，顾林英，朱巧明，等．饲粮缬氨酸水平对蛋鸡生产性能，蛋品质及血清生化指标的影响．动物营养学报，2012，24(4): 654-660.

戴四发，金光明，王立克，等．谷氨酰胺对肉用仔鸡免疫器官生长发育和成活率的影响．中国畜牧杂志，2003，39(4): 25-27.

戴四发，金光明．外源性谷氨酰胺对 AA 鸡早期生长性能的影响．粮食与饲料工业，2002 (7): 37-38.

戴四发，王立克，金光明，等．谷氨酰胺对 AA 鸡生长性能及肠道生长发育的影响．中国家禽，2003 (zl): 106-109.

冯秀燕，计成．寡肽在蛋白质营养中的作用．动物营养学报，2001，13(3): 8-13.

呙于明．家禽营养与饲料．北京:中国农业大学出版社，1997.

郭鹏飞．牛磺酸对肉鸭生产性能，血液生化指标，免疫机能和胴体品质影响的研究．河北农业大学博士学位论文，2004.

韩飞，乐国伟，施用晖．肽转运载体的分子特征及其分布．生理科学进展，2003，34(3): 222-226.

韩飞，施用晖，乐国伟，王立宽．肽转运载体的分子特征．世界华人消化杂志，2003，11(9): 1436-1442.

贺高峰，计成，丁丽敏．产蛋鸡理想蛋白模式的研究．中国农业大学学报，1999，4(3):97-101.

贺建华，王康宁，陈可容，杨凤．肉鸭氨基酸需要量的研究．畜牧兽医学报，1996，27(2): 105-123.

洪平．饲料要览．北京:海洋出版社,1990.

胡兰，张喜春．含 S 氨基酸对肉仔鸡解毒作用的研究．沈阳农业大学学报，2001，32(5)：360-362.

黄冠庆，傅伟龙，高萍，等．谷氨酰胺，甘氨酰谷氨酰胺对断奶仔猪生长及内分泌的影响．中国畜牧杂志，2004，40(7)：11-13.

黄冠庆，林红英，黄晓亮．谷氨酰胺对高温下黄羽肉鸡增重及血液生化指标的影响．中国畜牧兽医，2006，33(2)：3-5.

黄冠庆，吴保其，陈思亮，等．谷氨酰胺对 AA 肉鸡屠宰性能及肉品质性状的影响．中国饲料，2011(5)：21-23.

黄晓亮，刘艳芬，廖建财，等．谷氨酰胺对肉鸡肠道发育及小肠消化酶活性的影响．中国饲料，2009(14)：38-41.

黄耀凌，邹思湘．谷氨酰胺的抗疲劳生化机制研究．南京农业大学学报，2001，24(2)：87-89.

计成，贺高峰，丁丽敏．产蛋鸡理想蛋白模式的研究．中国农业大学学报，1999，4(3):97-101.

乐国伟，施用晖，胡祖禹．小肽与游离氨基酸对雏鸡血液循环中肽的影响．畜牧兽医学报，1997，28(6):481-488.

乐国伟，施用晖．灌注寡肽与游离氨基酸对来航公鸡氨基酸吸收及循环中肽的影响．动物营养学报，1997，9(4):14-23.

乐国伟．寡肽在家禽蛋白质营养中的作用．四川农业大学博士学位论文，1996.

雷风，高士争．日粮营养水平对鸡免疫功能的影响．中国家禽，2000，22(7)：36-37.

李海军，彭淑牖，刘颖斌，等．甘氨酸对急性坏死性胰腺炎鼠血和胰腺组织中 TNF-α，IL-1β，IL-6，IL-8 和 IL-10 的影响．中国病理生理杂志，2006，22(2)：239-243.

李丽娟，王安，王鹏．牛磺酸对爱拔益加肉雏鸡生长性能及抗氧化功能的影响．动物营养学报，2010，22(3)：679-701.

李美同，李玲，张子仪．饲料添加剂．北京:北京大学出版社,1991.

李素芬,罗绪刚,刘彬,邵桂芝,郭修泉,余顺祥．有机铬对热应激蛋鸡产蛋和免疫功能的影响．营养学报,2001,23(2):117-121.

李晓娟．甘氨酸对离体缺氧/复氧心肌功能，心肌细胞 [Ca-(2$^+$)] _i 和 TNF-α 释放的影响．暨南大学博士学位论文，2004.

刘庚，武书庚，计峰，张海军，岳洪源，高玉鹏，齐广海．30～38 周龄产蛋鸡理想氨基酸模式的研究．动物营养学报，2012，24(8) ：1447-1458.

刘国华．肉仔鸡对小肽的吸收转运及其调控研究．中国农业科学院博士学位论文．2005.

刘玫珊，柏素霞．含硫氨基酸对黄曲霉毒素 B1 的解毒机理．中国兽医科技，1994，24(11)：6-9.

刘锁珠．低蛋白饲粮中添加色氨酸对肉仔鸡生产及营养代谢的影响．西北农林科技大学博士学位论文，2007.

刘玉芝，刘艳琴．牛磺酸对肉仔鸡生产性能和免疫功能的影响．扬州大学学报：农业与生命科学版，2009，29(4)：45-48.

罗绪刚,李素芬,刘彬,邵桂芝,郭修泉,余顺祥．饲粮铬对热应激产蛋鸡产蛋性能、蛋品质、血清生化特性及免疫功能的影响．畜牧兽医学报,2002a,33(4):313-320.

罗绪刚,王刚,刘彬，梁礼成,李素芬,余顺祥．饲粮铬对热应激肉仔鸡免疫功能的影响．营养学报，2002b，24(3):286-291.

马玉娥，占秀安，朱巧明，等．饲粮色氨酸水平对黄羽肉种鸡生产性能，抗氧化功能及血清生化指标的影响．动物营养学报，2011，23(12)：2177-2182.

孟德连．精氨酸家族对肉鸡生长和脂肪代谢及肉品质相关基因转录表达水平的影响研究．西北农林科技大学博士学位论文，2010.

饶巍，王玥，周斌，等．日粮色氨酸水平对蛋鸡生产性能及蛋白质代谢的影响．中国畜牧杂志，2011，47(15)：38-41.

任冰,武书庚，计峰等．理想氨基酸模式下低粗蛋白质饲粮对蛋鸡生产性能的影响．动物营养学报，2012，24(8)：1459-1468.

阮晖，牛冬．热应激降低肉鸡小肠消化酶活性的研究．中国畜牧杂志，2001，37(3)：16-17.

施用晖，乐国伟，高启平．饲粮完整蛋白质比例对肉雏鸡整体、组织蛋白质周转代谢的影响．无锡轻工大学学报，1998，17(4)：54-58.

施用晖，乐国伟，左绍群．产蛋鸡日粮中添加酪蛋白肽对产蛋性能及血浆肽和铁、锌含量的影响．四川农业大学学报，1996，14(增刊)：46-50,45.

施用晖，乐国伟，杨风．不同比例小肽与游离氨基酸对来航公鸡氨基酸吸收的影响．四川农业大学学报，1996，14(增刊)：37-45.

孙炳伟，赵小辰，王广基，李宁，黎介寿．缺氧复氧损伤后小肠上皮细胞刷状缘二肽转运载体生物学功能的改变及生长激素的调控作用．解放军医学杂志，2003，28(11)：1025-1027.

孙建义，许梓荣，李卫芬，等．小肽转运蛋白（PepT1）基因研究进展．动物营养学报，2002，14(4)：1-6.

孙建义，许梓荣，李卫芬，顾赛红．小肽转运载体基因研究进展．动物营养学报，2002，14(4)：1-6.

谭碧娥，李新国，孔祥峰，等．精氨酸对早期断奶仔猪肠道生长，组织形态及 *IL*-2 基因表达水平的影响．中国农业科学，2008，41(9)：2783-2788.

谭建庄．日粮精氨酸对不同疾病模型肉鸡免疫功能的调节作用与机理研究．中国农业大学博士学位论文，2014.

汤伟桐，李嘉嘉，林旭斌，等．小肽制品对黄羽肉鸡生长性能及血液生化指标的影响．中国畜牧兽医．2008，35(9)：21-23.

汤文杰，涂强，刘志强，等．半胱氨酸的代谢与免疫功能研究进展．Chinese Bulletin of Life Sciences，2010，22(2)：150-154.

田亚东．肉鸡能量和氨基酸需要动态模型的建立．中国农业科学院博士学位论文．2007.

王刚，罗绪刚，刘彬，邵桂芝，李素芬，余顺祥．饲粮铬对热应激肉仔鸡生长性能、血清生化特性和胴体品质的影响．畜牧兽医学报，2003，2：120-127.

王和民，齐广海．维生素营养研究进展．北京：中国科学技术出版社，1993.

王夔．生命科学中的微量元素(上，下卷)．北京：中国计量出版社，1992.

王丽娟．蛋白饲料在鸡胃肠道中的肽类释放规律及其吸收特点研究．北京：中国农业大学博士学位论文，2003.

王丽娟．蛋白饲料在鸡胃肠道中的肽类释放规律及其吸收特点研究．北京：中国农业大学博士学位论文，2003.

王恬，傅永明，吕俊龙，等．小肽营养素对断奶仔猪生产性能及小肠发育的影响．畜牧与兽医，2003，35(6)：4-8.

吴邦元．蛋氨酸缺乏对雏鸡免疫器官及免疫功能影响的研究．四川农业大学博士学位论文，2011.

谢建新，顾岩．联合应用生长激素和谷氨酰胺对短肠大鼠小肠黏膜吸收功能的影响．解剖学杂志，2001，24(3)：231-234.

许梓荣，卢建军．*N*-甲基-*D*，*L*-天冬氨酸（NMA）对育肥猪生长激素基因表达的影响．中国兽医学报，2001，21(6)：631-633.

许梓荣，肖平．*N*-甲基-*D*，*L*-天冬氨酸对肥育猪生长性能和胴体品质的影响．中国畜牧杂志，2001，37(4)：8-10.

尹清强，韩友文，滕冰，等．利用析因法测定产蛋鸡必需氨基酸需要量、模式及模型．动物营养学报，

1997,(10):31-38.

尹清强,韩友文．产蛋前期必需氨基酸需要量的测定及饲粮氨基酸模型的建立．中国兽医学报,1995,15(4)：398-402.

尹清强,韩友文．利用析因法测定产蛋鸡必需氨基酸需要量及建立氨基酸模型．畜牧与兽医,1996,28(5):195-198.

张 敏，邹晓庭，孙亚丽，等．谷氨酰胺对 1-3 周龄肉仔鸡免疫功能的影响．畜牧兽医学报,2009，40(10):1494-1498.

张洁,王晓霞,何欣．不同氨基酸模型及周龄饲喂对肉仔鸡生产性能的影响．北京农学院学报,2004,19(3):16-21.

张立彬，呙于明．液体蛋氨酸羟基类似物对肉仔鸡生产性能和免疫反应的影响．畜牧兽医学报，2008，39(9)：1204-1211.

张铁鹰．植酸酶体外消化评定技术的研究．中国农业科学院博士学位论文，2002.

赵昕红．仔猪小肠对二肽吸收特点的研究．中国农业大学博士学位论文，1998.

周斌，李慧，邹晓庭，等．色氨酸对产蛋鸡脂肪代谢的影响．中国畜牧杂志,2011，47(7)：50-53.

第三章 鸭的营养与饲料利用特点

第一节 肉鸭的营养与饲料利用特点

鸭是世界四大家禽之一，养殖数量仅次于鸡而居第2位。肉鸭主要有普通家鸭和番鸭及其杂交鸭(半番鸭)。普通家鸭起源于野鸭(*Anas platyrhynchos*)；番鸭起源于栖鸭属(*Cairina*)，其形态特征和生物学特点与普通家鸭有很大区别；半番鸭也叫骡鸭，是以番鸭为父本、普通家鸭为母本杂交生产的后代，生长快、体型大，一般无生殖能力。目前，国内养殖的肉鸭品种有我国优良的地方大型肉鸭品种如北京鸭，以及国内外培育的配套系大型杂交肉鸭，如樱桃谷鸭、奥白星鸭、枫叶鸭、番鸭和天府肉鸭等。

一、肉鸭的生长发育特点

1. 肉鸭早期生长发育快，生产周期短

肉鸭是早期生长较快的肉禽，耐粗饲，觅食能力强。肉鸭的嗅觉和味觉不发达，对饲料要求不高，能够大量吞咽各种饲料，饲料利用率高。值得注意的是，Farhat 和 Chavez(2001)指出，北京鸭可能实行公母分群饲养、调整生产周期并给予不同的营养水平更有利于生产性能的发挥。Dean(1997)比较了北京鸭、番鸭和卡基康贝尔鸭的代表性生长速度见表 3-1 和表 3-2。

表 3-1 北京鸭、番鸭和卡基康贝尔鸭的代表性生长速度

周龄	北京鸭			番鸭		卡基康贝尔鸭	
/周	公	母	公母*	公	母	公	母
0	55	55	—	45	45	44	43
1	273	286	211±12	125	119	150	140
2	800	807	663±61	290	272	400	350
3	1 400	1 381	1 369±58	600	536	670	550
4	1 925	1 931	1 886±25	995	833	940	750
5	2 459	2 449	2 460±99	1 500	1 160	1 050	910
6	2 946	2 845	3 000±109	2 060	1 530	1 210	1 080
7	3 279	3 113	3 314±133	2 600	1 900	1 290	1 180

续表 3-1

周龄/周	北京鸭			番鸭		卡基康贝尔鸭	
	公	母	公母*	公	母	公	母
8	—	—	3 452±309	3 130	2 130	1 380	1 210
9	—	—		3 550	2 250	1 420	1 240
10	—	—		3 800	2 350	1 510	1 270
12	—	—		4 300	—	1 740	1 420
16	—	—		—	—	1 750	1 470
18	—	—		—	—	1 770	1 570

* 引自 Murawska 等,2012。

表 3-2　番鸭(Barbary Ducks)的生长和饲料消耗

周龄/周	公			母		
	体重/g	累积采食量/g	累积 F/G	体重/g	累积采食量/g	累积 F/G
0				50		
1	150	160	1.59	147	160	1.65
2	355	500	1.59	325	470	1.71
3	745	1220	1.76	630	1 050	1.81
4	1 250	2 310	1.93	975	1 800	1.95
5	1 850	3 550	1.97	1 390	2 720	2.03
6	2 480	5 000	2.06	1 780	3 675	2.12
7	3 070	6 500	2.15	2 100	4 750	2.32
8	3 610	8 050	2.26	2 355	5 825	2.53
9	4 000	9 250	2.34	2 520	6 580	2.66
10	4 260	10 500	2.49	2 610	7 200	2.81
11	4 460	11 500	2.61	2 700	8 000	3.02
12	4 600	12 250	2.70	—		

Larbier 和 Leclercq,1994。

2. 肉鸭的生长发育在不同品种之间存在很大区别,可能与其消化道发育的差异有关

北京鸭以早期快速生长而著名,在 7 周龄时便能达到成年体重的 90%左右;番鸭的早期生长速度低于北京鸭,以能生产大量胸肉而著名,尤其是公番鸭。吴昊等(2013)研究了枫叶鸭、樱桃谷鸭的消化器官以及肠道形态发育规律之间的差异,发现枫叶鸭 7、14、21、28、35 日龄体重均显著高于樱桃谷鸭,枫叶鸭消化器官相对重量和小肠相对长度均极显著低于樱桃谷鸭,但其十二指肠绒毛高度和绒毛高度与隐窝深度比值均显著高于樱桃谷鸭,表明枫叶鸭具有较高的养分吸收能力。

3. 鸭能够沉积大量脂肪

肉鸭与其他水禽一样，能够沉积大量的皮下脂肪和内脏脂肪，尤其能够在腹部沉积大量的脂肪作为隔热层，以防止体热在冷水中散失，即肉鸭很容易将维持以上的多余能量转换成脂肪。在野生条件下，鸭沉积脂肪是为了给迁飞提供能量。北京鸭体重增加时，胴体肌肉和脂肪都增加，但脂肪增加比例大于肌肉(Dean，1978)。据长岛养鸭研究中心报道，每增加100 g去内脏胴体时，肉鸭皮下脂肪层平均增加49 g，而肌肉总量仅增加31 g。若以胴体重的比例计算，每增加100 g胴体重，皮下脂肪增加0.6%，而肌肉下降0.16%。鸡的胸肉比例从幼龄开始就相当稳定，而鸭的胸肉比例从出孵到7周龄逐渐增加，然后保持稳定。肉鸭和鹅、肉鸡的胴体成分比较见表3-3。7周龄北京鸭去内脏胴体(去颈或肌胃)各分割部位的化学成分见表3-4。

表3-3 肉鸭和鹅、肉鸡的胴体成分比较

项目	北京鸭	番鸭	鹅	肉鸡
屠宰周龄/周	7	10	16	6
体重/kg	3.0	3.3	6.0	1.6
可食烤肉比例/%	48	57	55	60
皮和皮下脂肪/%	29	20	23	14
骨/%	23	23	22	26
胸肉/%	14	18	18	22

Wiederhold and Pingel，1993。

表3-4 北京鸭去内脏胴体各分割部位的化学成分[a]

胴体组织	各部位化学成分							
	数量		脂肪		水分		蛋白质	
	/g	/%	/g	/%	/g	/%	/g	/%
胸肌	257	13.0	16.4	6.4	188	73.3	50.0	19.5
腿肌[b]	257	13.0	16.4	6.4	188	73.3	50.0	19.5
其他肌肉	178	9.0	11.4	6.4	131	73.3	34.7	19.5
皮+皮下脂肪[c]	791	40.0	597	75.5	153	19.2	44.3	5.6
骨[d]	495	25.0	70.3	14.2	287	57.9	97.5	19.7
总计	1 978	100.0	712	—	946	—	277	—
/%	—	—	36	—	48	—	14	—

注：a 不包括胴体矿物质；

b 大腿和小腿的肌肉；

c 皮+皮下脂肪；

d 骨、软骨以及去骨后依附在骨上的组织。

Dean，1997。

二、肉鸭的营养需要特点与研究进展

（一）能量营养需要特点与研究进展

1. 能量营养需要特点

(1)1 饲粮能量水平对肉鸭采食量的影响。同肉鸡相似，肉鸭具有“为能而食”本领，能量浓度是决定采食量的最重要因素，在自由采食的条件下，肉鸭趋向于根据能量需要量来调节采食量。且鸭具有很强的采食能力，尤其在 3 周龄以后，能一次大量采食大容积饲料。

(2)饲粮能量水平对肉鸭增重的影响。Scott(1958)研究了在饲粮蛋白质水平不变时，能量水平变化(7.5～12.2 MJ/kg)对北京鸭生产性能的影响，结果为随着饲粮能量水平下降，肉鸭体重只有轻微下降。Jerson(1974)研究表明，饲粮代谢能在 5.86～11.80 MJ/kg 范围内，对 0～8 周龄的北京鸭增重无显著影响；Wilson(1975)研究证实，饲粮代谢能水平在 10.88～12.55 MJ/kg 范围内，对北京鸭 14 日龄体重无显著影响，而 28 和 56 日龄体重增加约 3%。Dean(1978)研究了能量浓度对北京鸭生产性能的影响，在配合基础饲粮中以递增比例添加纤维素至 40%，对肉鸭增重无显著影响(表 3-5)。Fisher 和 Boorman(1986)报道，饲粮代谢能在 10.40～13.20 MJ/kg 范围内，对 0～2 周龄或 0～4 周龄番鸭的体重无显著影响，且公母间均表现出相似的趋势。Fan 等(2008)发现，维持粗蛋白质水平在 18.0%，随着日粮代谢能水平从 10.88 MJ/kg 升高到 12.97 MJ/kg，北京鸭的日平均采食量逐渐下降，日增重显著增加，饲料利用率提高，腿肉和胸肌的产量没有显著变化，但腹部脂肪的沉积显著增加。很多研究也证实，在自由采食时，饲粮能量水平在一定范围内变化对肉鸭增重无显著影响，对低能量浓度饲粮，肉鸭通过提高采食量以满足能量需要。

表 3-5　用纤维稀释配合日粮对幼鸭增重与饲料利用率的影响

日粮处理	代谢能/(MJ/kg)	48 日龄增重/kg	饲料利用率
基础日粮	12.87	3.07[a]	2.70[a]
基础日粮+5%纤维素	12.23	3.09[a]	2.75[a]
基础日粮+10%纤维素	11.70	3.05[a]	2.90[b]
基础日粮+20%纤维素	10.72	3.05[a]	3.17[c]
基础日粮+40%纤维素	9.20	3.03[a]	3.66[d]

注：纵列标有不同字母表示差异显著($P<0.05$)。

Dean，1978。

但在肉鸭采食量受到限制时，随饲粮能量浓度降低，肉鸭增重下降。Dean(1967)研究表明，在饲粮蛋白质、矿物质和维生素摄入量不变时，将肉鸭的代谢能摄入量限制水平为 0、14.6%、29.3%和 43.9%，肉鸭增重分别下降 0、7.4%、19.8%和 32.6%。Dean(1974)研究发现，将北京鸭对配合饲粮的摄入量限制水平为 0%、3%、6%和 9%时，体重分别下降 0%、2%、5%和 8%。

(3)饲粮能量水平对饲料利用率的影响。饲粮养分在种类齐全、数量适宜和自由采食情况下，饲料利用率随能量水平提高而升高，7 周龄北京鸭的饲料利用率(Y，kg 饲料/kg 增重)与饲粮代谢能水平(X，2 200～3 400 kcal/kg，颗粒料)的关系为 $Y=0.274+7402.2$

(1/X)(Dean,1978,1985)。随饲粮能量浓度下降,北京鸭的增重不受显著影响,但饲料利用率下降(表 3-5),粪便体积明显增加而且颜色变白(Dean,1978)。沈天富(1988)研究表明,土番鸭的饲料利用率随代谢能浓度增加而提高,代谢能每增加 627 J/kg,饲料转化率提高 4%~6%。

在限制采食情况下,随能量摄入量下降,饲料利用率有所提高,Dean(1967)研究表明,在饲粮蛋白质、矿物质和维生素摄入量不变时,将肉鸭的代谢能摄入量限制 0、14.6%、29.3%和 43.9%,每千克增重的饲料消耗分别为 2.83、2.69、2.69 和 2.69 kg,胴体脂肪分别为 28.6%、24.4%、20.9%和 14.0%。Dean(1974)研究发现,将北京鸭对全价饲粮的摄入量限制 0%、3%、6%和 9%时,每千克增重的饲料消耗分别为 2.70、2.67、2.66 和 2.65 kg。这是由于北京鸭增重的减少大部分为脂肪组织,减少能量摄入降低了体内脂肪的沉积,从而提高了饲料利用率。

(4)饲粮能量水平对肉鸭胴体组成的影响。研究表明,在饲粮蛋白质水平不变时,能量水平下降对北京鸭的胴体蛋白质含量无显著影响,而胴体脂肪含量显著下降。

(5)能量需要量。肉鸭饲粮的适宜能量水平一般以最大增重或结合最佳饲料利用率等指标确定。Fan 等(2008)采用折线回归分析发现以最佳的增重、饲料转化率为标识,2~6 周龄北京鸭的代谢能需要量为 12.59 和 12.68 MJ/kg,这高于 NRC(1994)推荐的北京鸭饲粮代谢能 12.13 MJ/kg;在生产条件下,代谢能为 11.70~12.30 MJ/kg 均能满足肉鸭生长需要。Larbier 和 Leclercq(1994)推荐肉鸭和番鸭的能量水平均为 12.97 MJ/kg。苏联的北京鸭饲养标准中,代谢能浓度推荐值为 11.72 MJ/kg。樱桃谷公司推荐樱桃谷肉鸭饲粮代谢能为 12.09 MJ/kg(大雏)。Ferket(1998)推荐 0~8 周龄肉鸭饲粮代谢能为 12.90 MJ/kg。国内对地方和杂交肉鸭的能量需要的研究结果见表 3-6。

表 3-6 我国地方品种肉鸭能量推荐标准(4~7 周龄) MJ/kg

肉鸭	标准
天府肉鸭(最大增重,贺建华,1994)	12.66
天府肉鸭(最大胸腿肌率,贺建华,1994)	11.82
半番鸭(林树茂,2000)	12.12
TD 肉鸭(陈学智,1998)	12.54
芙蓉肉鸭(朱祖明,1992)	11.72
三穗鸭(王珊,1992)	12.68
仙湖 3 号肉鸭(李焕友,2001)	11.74
黑羽公番鸭(张建华等,2012a,2012b)	11.71~12.10
肉用仔鸭配合饲料国家标准	12.13

2. 能量营养需要研究进展

采用析因法研究,肉鸭的能量需要包括维持能量需要和生长需要,公式表示为:

$$ME_{t}=\frac{1}{k_{0}}EM_{m}+\frac{1}{k_{g}}ME_{g}=\frac{1}{k_{0}}ME_{m}+\frac{1}{k_{l}}ME_{l}+\frac{1}{k_{f}}ME_{f}$$

式中，ME_t为肉鸭总的能量需要；ME_m为用于维持的代谢能；ME_g为用于生长的代谢能；ME_p为用于蛋白质沉积的代谢能；ME_l为用于脂肪生长的代谢能；ME_f为用于羽毛生长的代谢能；K_m为 ME 用于维持的效率；k_g为 ME 用于增重的效率；K_p为 ME 用于蛋白质沉积的效率；k_l为 ME 用于脂肪沉积的效率；K_f为 ME 用于羽毛生长的效率。

(1)肉鸭的维持能量需要。系统研究肉鸭维持和生长的能量需要的报道比较少，报道结果相差较大。周中华(1995)用比较屠宰实验法测定了樱桃谷肉鸭的维持能量需要，结果为：1～21 日龄为 925.8 kJ/(kg$W^{0.75}$ · d)，22～49 日龄为 884.5 kJ/(kg$W^{0.75}$ · d)，而且 1～3 周龄公鸭的维持代谢能需要比母鸭高。

吴锡谋(1993)测定了金定鸭、北京鸭、番鸭三元杂交的后代肉用“番北金”雏鸭的能量代谢和利用率，发现维持能量需要随体重增加而增加，但维持能量需要占总代谢能需要的比例在 1、2、3、4、5 和 6 周龄分别为 86.73%、61.03%、46.99%、54.78%、51.71%和 51.24%，表现为在 1～3 周龄阶段，维持能量需要的比例迅速递减，在 4～6 周龄时趋于稳定。汪水平等(2013a，2013b，2013c)研究了不同周龄中畜小型白羽肉鸭公鸭代谢能的需要量，结果表明，2～3 周龄公鸭 ME 日维持需要量为 1 168.44 kJ/kg$W^{0.75}$，4～8 周龄为 796.20 kJ/kg$W^{0.75}$，而 9～10 周龄则为 1 000.97 kJ/kg$W^{0.75}$。

(2)肉鸭增重的能量需要。吴锡谋(1993)用“番北金”研究发现，肉鸭增重的代谢能需要占总的代谢能需要的百分比在 1、2、3、4、5 和 6 周龄分别为 13.27%、38.97%、53.01%、45.22%、48.29%和 48.76%；在 1～3 周龄阶段，能量用于生长的比例呈直线快速增加，4～6 周龄略有降低，趋于稳定。周中华等(1995)用樱桃谷肉鸭研究也发现类似规律，1、2、3、4、5、6 和 7 周龄分别为 25.63%、38.27%、42.23%、41.05%、37.47%、35.35%和 32.15%；代谢能利用率 1～3 周龄为 88.08%，4～7 周龄为 67.95%；每克增重所需代谢能 1～21 日龄为 10.1 kJ，22～49 日龄为 23.9 kJ。Larbier 和 Leclercq(1994)建议用下式来计算家禽的增重能量(E_g，kcal)需要：

$$E_g = 14.1 \times \delta_{prot} + 10.22(\text{或 } 12.77) \times \delta_{lip}$$

式中，δ_{prot}为蛋白质沉积量(g)；δ_{lip}为脂肪沉积量(g)。

按此公式计算，肉鸭增重的能量需要见表 3-7。

表 3-7　肉鸭增重的需要　　kJ/g 增重

日龄/d	北京鸭(公)	番鸭(公)	番鸭(母)
0～14	15.44	15.57	17.11
14～28	21.67	21.34	19.87
28～42	29.37	20.29	20.75
42～56		22.51	27.61
56～72		21.46	16.74

Larbier 和 Leclercq，1994。

(3)肉鸭羽毛生长的能量需要。羽毛中沉积的能量比较少，毛鞘约占羽毛总重的 20%，一般用 26.4 kJ/g DM 代表羽毛和毛鞘中的能量。但 ME 用于沉积羽毛的效率低，只有 2.1%～29.3%。20 种禽类羽毛生长的平均 ME 需要量为 90～1 225 kJ/g。与基础代谢相比，羽毛生长的能量需要较低，即使在换羽高峰，羽毛沉积能量也不到基础代谢的6%。但由于缺乏隔热作用及体蛋白质的动员和合成增加，所以，换羽期间会消耗大量的能量。鸭的羽毛生长量(F，g)占体重的5%～7%，可按公式 $F=0.09\ W^{0.95}$ 计算。公、母番鸭的羽毛生长与体重的关系见表3-8。羽毛生长状况对能量需要影响很大，尤其在环境温度很低时，主要是通过影响体热散失和维持体温恒定的能量需要。羽毛生长不良时，能量损失提高约50%。

表3-8　公、母番鸭的羽毛生长与体重(×100)的关系

日龄/d	公	母
14	1.9	2.0
42	3.4	3.6
70	4.4	6.2

Larbier 和 Leclercq，1994。

Larbier 和 Leclercq(1994)推荐肉鸭的能量需要可按下式计算：

$$AME_{n}=105\times W^{0.75}+14.4\ \delta_{prot}+11\times\delta_{lip}$$

式中，δ_{prot}为蛋白质沉积量(g)；δ_{lip}为脂肪沉积量(g)。

鸭的基础代谢率比鸡高，体重约2 kg的8周龄番鸭及肉鸡，每日损失的内源能分别为64.71 kJ/d和49.28 kJ/d；生长期的肉鸭和肉鸡在禁食状态的产热分别为737.35 kJ ME/kg及455.62 kJ ME/kg体重。Siregar 和 Farrell(1980)通过一系列试验比较了肉用公鸡和北京鸭的能量代谢，结果发现肉鸭的饥饿产热量、能量、脂肪和蛋白质沉积量均高于肉鸡，肉鸭以脂肪沉积的能量为44%，而肉鸡只有37%，表观代谢能用于增重的净效率鸭高于鸡(0.64∶0.50)；1.38～1.79 kg北京鸭的呼吸熵为0.713，显著高于肉鸡，北京鸭的饥饿产热量为804 kJ/($W^{0.70}$kg·d)，而肉鸡的为675 kJ/($W^{0.75}$kg·d)；禁食24 h后，鸭比鸡损失更多的体脂肪、蛋白质及体重。

(二)蛋白质和氨基酸营养需要特点及研究进展

1.蛋白质和氨基酸的营养需要特点

(1)肉鸭生长速度快，对蛋白质的需要量高，肉鸭必需的氨基酸种类与肉鸡相同。表3-9为世界各地推荐的肉鸭的蛋白质和氨基酸需要量。

表3-9　肉鸭的蛋白质、氨基酸需要量

%

营养成分	中国台湾(1993)		日本(1992)		NRC(1994)		AEC(1993)		苏联(1985)	
	0～2周	3～7周	0～4周	4周以上	0～2周	3～7周	0～3周	4～10周	1～3周	4～8周
蛋白质	22.0	16.0	22.0	16.0	22.0	16.0	20.0	18.0	18.0	16.0
蛋氨酸＋胱氨酸	0.80		0.80	0.80	0.70	0.55	0.80	0.69	0.77	0.98
蛋氨酸	0.44	0.32			0.40	0.30	0.41	0.36	0.45	0.40
赖氨酸	1.20	0.80	1.10	0.80	0.90	0.65	0.98	0.80	1.00	0.89

续表 3-9

营养成分	中国台湾(1993)		日本(1992)		NRC(1994)		AEC(1993)		苏联(1985)	
	0～2 周	3～7 周	0～4 周	4 周以上	0～2 周	3～7 周	0～3 周	4～10 周	1～3 周	4～8 周
色氨酸	0.25	0.20			0.23	0.17	0.98	0.80	1.00	0.89
精氨酸	1.20	1.00	1.10	0.90	1.10	1.00			1.00	0.89
缬氨酸	0.88	0.68			0.78	0.56			0.80	0.71
甘氨酸	1.10	0.80							1.00	0.89
苏氨酸	0.80	0.61					0.67	0.54	0.55	0.49
异亮氨酸	0.90	0.75			0.63	0.46			0.50	0.44
组氨酸	0.44	0.34							0.40	0.36
苯丙氨酸＋酪氨酸	1.50	1.30							1.19	1.06
苯丙氨酸	0.81	0.62							0.80	0.71
亮氨酸	1.32	1.00			1.26	0.91			1.50	1.33

注：中国台湾(1993)的标准实际上是引用法国 INRA(1984)推荐的需要量标准。

(2)饲粮蛋白质水平对肉鸭增重和饲料利用率的影响。Dean(1958)研究表明，在饲粮能量水平相同的情况下，饲粮低蛋白质水平对 7.5 周龄北京鸭的增重和饲料利用率影响不大，当蛋白质水平达到 22%以上时，肉鸭的增重下降。Dean(1972)比较了低蛋白质饲粮(16%，ME/CP=19.2)和高蛋白质饲粮(28%，ME/CP=19.2)对北京鸭生长的影响，结果发现，虽然 14 日龄时，低蛋白质组肉鸭的体重比高蛋白质组低 30%，但两组肉鸭 48 日龄体重无显著差异。饲粮蛋白质水平的这种效应可能与肉鸭的补偿生长有关，即肉鸭可通过提高后期采食量而克服幼雏期间营养缺乏对生长的影响。肉鸭的补偿生长常见于大型北京鸭。

(3)饲粮蛋白质水平对肉鸭胴体组成的影响。随饲粮蛋白质水平提高，肉鸭胴体蛋白质含量有提高的趋势，但胴体脂肪含量显著下降。肉鸭早期(0～3 周龄)生长以沉积蛋白质为主；3 周龄后，肉鸭体脂沉积速度加快。获得最大胸腿肌比率所需要的饲粮蛋白质水平远高于获得最大增重需要的蛋白质水平，若仅追求快速育肥，则肉鸭前期饲粮粗蛋白质水平 18%即可，但为获得较好的胴体品质，则以 20%～22%为宜。

(4)饲粮能量蛋白比对肉鸭生产性能和胴体组成的影响。能量蛋白比是影响肉鸭胴体组成的主要因素而不是能量或蛋白质水平本身。Scott(1958)研究了能量水平不同，而能量蛋白比相同的饲粮对 2～7 周龄北京鸭生产性能和胴体组成的影响，结果发现各组肉鸭胴体脂肪含量几乎相同。Dean(1978)比较了蛋白质和能量水平改变而氨基酸模式相同的饲粮对肉鸭生产性能和胴体组成的影响研究，得到了类似的结果，但能蛋比从 548 增加至 819 kJ ME/CP%，胴体脂肪含量提高。Zhao 等(2007)则探讨了能量蛋白比影响肉鸭生产性能的原因，结果表明，北京鸭的主要消化酶活性在一天中存在周期性的变化，但主要受到饲粮蛋白质水平的影响，例如空肠淀粉酶、胰蛋白酶和糜蛋白酶的活性变化，而能量水平的影响相对较小。

(5)饲粮蛋白质和氨基酸水平对肉鸭羽毛发育的影响。羽毛干物质中蛋白质占 90%以上，主要是角蛋白，富含胱氨酸，其次为支链氨基酸。羽毛生长所需的氨基酸来自饲粮和体蛋白质动员。由于羽毛蛋白质与体蛋白质的氨基酸组成差异很大，当体蛋白动员时，胱氨酸和支链氨基酸用于合成羽毛蛋白质，而赖氨酸、精氨酸和组氨酸等则氧化供能或散失，因此体蛋白质用于形成羽毛蛋白质的效率很低。

饲粮蛋白质供给不足，影响羽毛蛋白质沉积数量，随着饲粮蛋白质水平提高，羽毛生长量提高。肉鸭生长早期羽毛生长良好，可减少体热散失、防止被粪便烧伤。羽毛生长不良还会增加鸭群的恐惧感，容易产生啄羽和发展为啄癖，皮肤易受伤和死亡率增加。饲粮氨基酸缺乏，可引起肉鸭羽毛覆盖不良和生长异常。非必需氨基酸缺乏导致羽鞘（约占羽杆的前50%）生长不良而使主翼羽呈勺状。而必需氨基酸缺乏可使羽毛生长异常和/或覆盖不良（如向外卷曲、易碎易断、羽毛粗乱）。限制羽毛生长的氨基酸主要为含硫氨基酸和支链氨基酸，其中含硫氨基酸最重要，临界缺乏即可引起羽毛生长不良。亮氨酸过量可干扰缬氨酸和异亮氨酸的利用而使羽毛生长不良。

2. 肉鸭蛋白质营养研究进展

（1）蛋白质需要量。有关肉鸭的蛋白质需要量的研究报道很多，但差异较大。例如，肉雏鸭饲粮粗蛋白质16%（Scott等，1959）～22%（Wilson，1975）；育肥期（2～7周）的蛋白质需要量变异范围为12%～18%（Dean，1985）。美国NRC（1994年）推荐的北京鸭蛋白质需要为：0～2周为22%；2～7周为16%；种鸭为15%。

造成这种差异的主要原因有：①肉鸭的品种很多，如北京鸭、土番鸭或其他杂交鸭等，且饲养管理和环境条件也不同。如肉鸭早期生长（0～2或3周龄）获得最大前期增重的蛋白质需要，北京鸭为20%～22%（Dean，1965，1967，1972，1986；NRC，1984，1994等），公番鸭为21%（Schubert等，1981）或17.64%～19.31%（张建华等，2012），天府肉鸭为17.70%（贺建华等，1994），绍鸭为20～22%（Lon，1988；陈雪君等，2000），樱桃谷鸭为20%～22%（郑诚，1991；周中华，1995）。北京鸭2～7周龄的蛋白质需要为16%（NRC，1994），樱桃谷鸭的2～4周龄、4～7周龄的蛋白质水平分别为19%和15%（刘毅等，1996），天府肉鸭4～7周龄为16.97%（贺建华等，1994）。②肉鸭饲粮类型和饲粮蛋白质质量不同。③受肉鸭补偿生长的影响。考察整个生长期的生产成绩和只考察前期的生产成绩评定前期的蛋白质需要时，所得结果也不一样（赖宗文，1991）。④评定需要量的指标不同，一般以增重和饲料利用率为指标所得需要量低于以胴体性状为指标的值。⑤结果的表示方法不同。以饲粮百分比表示时，需要量差异较大；采用蛋能比来表示蛋白质需要量则满足最大增重的蛋白质需要研究结果的差异就较小。周中华等（1995）对樱桃谷肉鸭的每日蛋白质需要量（YCP）与日增重之间的关系进行了研究，并建立了回归模型：

1～21日龄：$YCP=10.20W^{0.75}+0.20\Delta W$；

22～49日龄：$YCP=8.23W^{0.75}+0.29\Delta W$；$W^{0.75}$，代谢体重（kg）；$\Delta W$，日增重（g/d）

胡晓春等（2009）的结果表明，随蛋白质水平的降低，丽佳肉鸭的生产性能随之下降，18.0%的蛋白质水平，肉鸭的生产性能最佳。汪水平等（2013a，2013b，2013c）的研究表明2～3、4～8和9～10周龄中畜小型白羽肉鸭公鸭粗蛋白质日维持需要量分别为17.49、10.67和13.28 g/kg$W^{0.75}$。

（2）肉鸭氨基酸需要量。对肉鸭氨基酸需要的研究主要集中在实际养鸭配方中比较容易缺乏的几种氨基酸，如蛋氨酸、精氨酸和赖氨酸、色氨酸、亮氨酸、异亮氨酸和缬氨酸等。

①蛋氨酸和胱氨酸。蛋氨酸常为第一限制性氨基酸。Elkin 等(1986)报道北京鸭的蛋氨酸需要量在 0.38%～0.42%之间（总含硫氨基酸为 0.67%～0.71%）。陈立祥(1991)研究天建杂交鸭的蛋氨酸需要量，以体增重为主，综合考虑血浆尿酸、游离氨基酸和后期屠宰性能指标，蛋氨酸需要量为：前期(0～3 周龄)为 0.39%～0.44%(基础日粮中代谢能 12.16 MJ/kg，粗蛋白质 18.92%，半胱氨酸 0.37%)；后期(4～7 周龄)为 0.22%～0.25%(基础日粮中代谢能 12.23 MJ/kg，粗蛋白质 16.06%，半胱氨酸 0.33%)。卢永红等(1998)报道 4～7 周龄肉鸭的饲粮可消化蛋氨酸含量达到 0.22%时可获得最佳增重，即可满足肉鸭后期生长需要，而肉鸭获得最大肌肉沉积所需蛋氨酸比最快生长时所需的蛋氨酸高。罗清尧和高振川(2002) 根据血清尿酸氮和尿素氮含量作为标识确定的北京肉仔鸭 0～2 周龄蛋氨酸最低需要量为 0.40%，2～5 周龄为 0.35%。

那么，饲粮中蛋氨酸的利用效率如何呢？Adeola(2007)报道，对于孵出 22～42 d 的肉鸭，日粮中可消化的蛋氨酸含量在 2.4～3.9 g/kg 饲粮时(添加水平分别为 0、0.5、1.0 和 1.5g/kg 日粮)，蛋氨酸的沉积效率比较稳定(31%)。

②赖氨酸。Jeroch 和 Hennig(1965)报道，北京鸭育肥期需要 0.6%赖氨酸。Leclercq 等(1979)研究了 3～6 周龄和 6～10 周龄公番鸭的赖氨酸需要量分别为 0.60%(相当于每 4 184 kJ 代谢能含 2.2 g 赖氨酸)和 0.56%或 0.68%，在 6～10 周龄每 4 184 kJ 代谢能含 1.96 g 赖氨酸，相当于 4 周食入赖氨酸绝对量为 30～35 g。Chen 和 Shen(1979)报道，为使骡鸭获得最佳的 9～21 日龄增重和饲料转化率，分别至少需要总赖氨酸 1.06%和可利用赖氨酸 0.97%，饲粮代谢能为 11.83 MJ/kg。Bons 等(2002)采用生长实验以及平衡实验研究了北京公鸭赖氨酸的需要，1～21 日龄肉鸭饲粮赖氨酸水平设为 7.6、8.6、9.6、10.6、11.6 和 12.6 g/kg 饲粮，而 22～49 日龄则相应为 6.2～12.2 g/kg 饲粮，结果表明，伴随赖氨酸添加水平的提高，肉鸭两阶段的采食量、日增重、饲料转化率和氮利用效率改善，推荐 1～21 日龄肉鸭日粮赖氨酸最好为 0.93 g/MJ 氮校正代谢能(相当于 11.7 g/kg 饲粮)，而 21 日龄后为 0.75 g/MJ AME_N(10.0 g/kg)。罗清尧和高振川(2002) 报道，0～2 周龄赖氨酸需要量为 0.90%，2～5 周龄为 0.65%～0.75% 。张婷等(2009)的结果表明，饲粮的能量蛋白质水平影响肉鸭对赖氨酸的需要量，但日粮能量蛋白质水平分别为(10.91 MJ/kg 和 18%)及(12.12 MJ/kg 和 20%)时，北京鸭 7～21 日龄的适宜赖氨酸水平分别为 0.80% 和 0.90%。

③精氨酸。Chen 和 Shen(1978)报道，9～21 日龄骡鸭获得最佳增重和饲料转化率时，在 CP 18%和 ME 11.76 MJ/kg 饲粮中，精氨酸需要量为 1.03%。贺建华等(1992)测得天府肉鸭精氨酸需要量 0～3 周为 0.96%，4～7 周为 0.57%。Wang 等(2013)采用二次折线回归，以增重、饲料转化率以及胸肌产量为标识确定的北京肉公鸭 1～21 日龄的精氨酸需要量分别为 0.95%、1.16%和 0.99%。

④色氨酸。Wu 等(1984) 研究表明，8～20 日龄骡鸭色氨酸获最佳生长和饲料转化率时，在 CP18%和 ME12.61 MJ/kg 饲粮中，色氨酸至少为 0.23%。

⑤亮氨酸、异亮氨酸和缬氨酸。Yu 和 Shen(1984)报道，在 CP 18%和 ME 11.72 MJ/kg 的玉米—大豆饼粉、小麦麸日粮中添加支链氨基酸并未改善 8～20 日龄骡鸭的增重和饲料转化率。在缺乏异亮氨酸、亮氨酸和缬氨酸的基础日粮中补充这些氨基酸，根据对增重和饲料效率回归分析，亮氨酸、异亮氨酸和缬氨酸的最低需要量分别为 1.26%、0.63%和 0.78%。

Timmler 和 Rodehutscord(2003)在代谢能 12.5 MJ/kg,粗蛋白质 18%的北京鸭日粮中添加 8 个水平的缬氨酸,进行饲养试验和平衡实验来确定缬氨酸的需要,饲养试验的结果表明,随缬氨酸添加水平的提高,肉鸭的日增重,料重比和蛋白质沉积显著增加,达到 95%最大体重和蛋白沉积需要的缬氨酸分别是 8.0 和 7.9 g/kg,而平衡实验的结果低于饲养试验的结果(7.0 g/kg)。

⑥苏氨酸。Bons(2000)在缺乏苏氨酸日粮中添加苏氨酸可明显改善北京鸭 4～7 周龄体增重、饲料转化率和胸肌产量,获得最佳体增重和胸肉产量的苏氨酸需要量分别为 0.62%和 0.66%。Baeza 等(1998)研究指出,番鸭在 8～12 周龄时的苏氨酸需要量不应低于 0.496%。Hou 等(2003)推荐的北京鸭在生长前期(1～14 d)、中期(15～35 d)和后期(36～49 d)Thr 的适宜水平分别为 0.75%、0.60%和 0.45%。

(3)肉鸭可利用氨基酸需要量及理想氨基酸平衡模式。贺建华等(1996)和丁晓明(1996)结合肉鸭氨基酸需要模式及典型饲粮中各种氨基酸的真消化率,推荐了肉鸭的可消化氨基酸需要量(表 3-10)。

表 3-10　肉鸭可消化氨基酸需要量　　%

氨基酸	贺建华等(1996)(天府肉鸭)		丁晓明(1996)	
	0～3 周龄	4～7 周龄	0～2 周龄	2 周龄以上
Arg	1.06	0.60	0.89	0.64
Gly+Ser	1.84	1.08	—	—
His	0.31	0.17	0.25	0.18
Ile	0.56	0.33	0.59	0.43
Leu	1.06	0.61	1.02	0.73
Lys	0.78	0.42	0.85	0.61
Met	0.41	0.22	0.39	0.28
Met+Cys	1.31	0.79	0.65	0.51
Phe	0.60	0.35	0.53	0.38
Phe+Tyr	1.14	0.66	—	—
Thr	0.57	0.33	0.51	0.37
Trp	0.14	0.07	0.17	0.12
Val	0.73	0.44	0.65	0.47

卢永红等(1998)报道 4～7 周肉鸭可消化蛋氨酸需要量为 0.22%,与陈立祥(1991)研究报道的天建鸭的需要量(0.19%～0.22%)基本一致,高于贺建华(1996)用析因法研究的天府肉鸭可消化蛋氨酸需要量(0.18%)。

表 3-11 是总结的几套肉鸭的理想蛋白质氨基酸模式。

表 3-11　肉鸭理想蛋白质氨基酸模式(占赖氨酸的百分比)　%

氨基酸	克拉什尼科夫(1985)*1 (0～8周)	沈添富(1988)*2 (0～8周)	Blair 等(1983) (0～8周)	Farrell (1990)	贺建华(1996)*3		ARC (1985)	NRC(1994)	
					0～3周	4～7周		0～2周	3～7周
赖氨酸	100	100	100	100	100	100	100	100	100
精氨酸	100	102	115	118	136	143	94	122	154
甘氨酸＋丝氨酸	100	111	106	156	236	257	127	—	—
组氨酸	40	39	36	33	40	40	44		—
异亮氨酸	50	60	75	77	72	79	78	70	71
亮氨酸	150	119	137	131	136	145	133	140	140
蛋氨酸	45	—	40	45	53	52	44	44	46
蛋氨酸＋胱氨酸	77	63	75	75	168	188	83	78	85
苯丙氨酸	80	—	68	79	77	83	—		—
苯丙氨酸＋酪氨酸	119	131	137	141	146	157	128	—	—
苏氨酸	55	63	66	73	76	73	66	—	—
色氨酸	20	22	23	—	18	17	19	26	26
缬氨酸	80	73	88	86	94	105	89	87	86

注：*1：北京鸭和杂交鸭；*2：土番鸭；*3：天府肉鸭。

陈正玲等(2001)分别采用氨基酸部分扣除的氮沉积法、机体氨基酸成分分析法和析因法对天府肉鸭(0～3周龄)常用日粮中易缺乏的前7种必需氨基酸之间的理想比例进行了比较研究，结果见表3-12。

表 3-12　天府肉鸭(0～3周龄)玉米—豆粕型日粮中易缺乏的前7种EAA的理想比例

方法	赖氨酸	蛋氨酸	苏氨酸	精氨酸	色氨酸	缬氨酸	异亮氨酸
AA部分扣除的氮沉积法	100	38	70	94	18	72	55
体成分分析法	100	45	109	136	18	80	59
析因法	100	42	106	113	17	80	55

注：AA部分扣除的氮沉积法所得的氨基酸之间的理想比例是以可利用氨基酸为基础。

陈邦云等(2004)比较不同EAAP对肉鸭生产性能、氮沉积的影响，确定肉鸭两个生长阶段适宜的EAAP。在饲粮能量(0～14日龄，2 900 kcal/kg；15～42日龄，2 612 kcal/kg)、CP(0～14日龄，19%；15～42日龄，14.7%～15%)和DLys(0～14日龄，0.89%；15～42日龄，0.66%)条件下，0～14日龄和15～42日龄肉鸭适宜EAAP分别为：

0～14日龄：DLys，100；DMet，48；DMet＋Cys，82；DTrp，27；DThr，66。

15～42日龄：DLys，100；DMet，44；DMet＋Cys，80；DTrp，23；DThr，67。

刘苑青等(2009)研究了樱桃谷肉鸭的可消化蛋氨酸和赖氨酸的需要,当日粮中可消化蛋氨酸:0～14 d为0.413%、15～42 d为0.325%时,即Met∶Lys比值为43∶100时可使肉鸭获得最快生长速度;过量蛋氨酸抑制肉鸭生长,降低饲料转化率和胸肌率。在满足肉鸭蛋氨酸需要量的条件下,适宜可消化赖氨酸水平可显著提高樱桃谷肉鸭生长速度,改善胴体品质,并减少氮的排放,确定了以不同指标确定的可消化赖氨酸需要量:料肉比(0～14 d为0.996%、15～35 d为0.792%);胸肌率(0～14 d为0.961%、15～42 d为0.761%);体重(0～14 d为0.948%、15～35 d为0.756%);最低氮排放量(肉鸭后期15～35 d为0.760%)。

(4)肉鸭的蛋白质周转代谢研究。周安国等(1995)研究了天府肉鸭的体蛋白质周转代谢的规律(表3-13),研究表明:正常营养条件下,肉鸭体蛋白周转强度明显高于比其他禽和哺乳动物,肉鸭体重、日增重、饲料利用效率与FSR(体蛋白合成率)极显著地呈二次曲线相关($P<0.01$);随肉鸭日龄增长,FSR极显著地呈二次曲线规律下降($P<0.01$);肉鸭生长速度与体蛋白质周转代谢速率呈显著负相关($P<0.01$),饲料利用效率与FSR呈显著正相关($P<0.05$)。0～3周龄肉鸭沉积蛋白质占合成蛋白质的比例受年龄的影响不明显,表明正常营养条件下,肉鸭体蛋白质动态代谢速率仅随生理年龄增加而减弱。饲料利用效率降低主要受维持需要增加的影响。蛋白质周转速率降低,单位时间内合成蛋白质的量减少,是蛋白质合成产热占体产热的比例降低的主要因素。生长肉鸭前期日粮粗蛋白质水平低于正常水平,明显降低蛋白质合成的利用效率,但可显著提高体蛋白的反复利用率。

表3-13　0～3周龄天府肉鸭蛋白质动态代谢

项目	1周龄	2周龄	3周龄
体重/g	2.56	689	1 309
ADG/g	47.9	74.9	90.4
饲料/增重	1.3	1.7	2.2
FSR/(%/d)	83.1	51.6	30
FDR/(%/d)	63.2	39.3	22.3
FGR/(%/d)	20	11.9	7.7
FSR/FGR	4.2	4.3	3.9
蛋白合成耗能/%	32.2	22.9	15.1

周安国等,1995。

漆良国等(1996)测定了天府肉公鸭(1～3周龄)在正常营养水平下的FSR和FDR(体蛋白降解率)以及体蛋白合成产热与总产热之间的关系,结果表明,FSR和FDR随肉鸭年龄增长而下降,分别为83.1%～30%/d和63.2%～22.3%/d,蛋白质合成产热占总产热的24%～50%。

刘永前等(1996)研究了在等能不等氮即能氮比不同的条件下,不同饲粮蛋白质水平对天府肉鸭整体蛋白质周转率的影响,结果见表3-14。结果表明,饲粮粗蛋白质水平显著降低,减缓肉鸭生长($P<0.01$),显著降低FSR和FGR,对FDR影响不大,体内降解蛋白再利用率显著提高($P<0.01$)。在没有外源氮摄入的条件下,充足的外源供能使体内蛋白质的

FSR 和 FDR 仍然维持在一个很高的水平，表明体蛋白质动态代谢过程中，内源蛋白质在周转代谢中占比例很高。无氮日粮条件下，体蛋白质的周转代谢即表现为纯内源蛋白质的代谢。分析表明，外源氮供给不足或缺乏，FDR 基本维持不变是机体维持体蛋白动态代谢平衡，是机体代谢保持适宜代谢速率的基本因素。

饲粮粗蛋白质水平不同，体蛋白质降解成氨基酸的再利用率不同（$P<0.01$）。在充足供能，外源氮缺乏条件下，体蛋白质降解成氨基酸后不能完全被再用于合成体蛋白。降解产生的氨基酸不适合蛋白质再合成的需要或因限制性氨基酸存在是产生内源氮的根源，回归分析表明，0～3 周肉鸭体蛋白周转代谢与氮摄入呈显著指数曲线相关。体蛋白周转测定的蛋白质维持需要是 3.3g/$W^{0.75}$。可见饲粮蛋白质水平主要影响生长肉鸭整体蛋白质合成率，随饲粮蛋白水平增加，整体蛋白质合成率和降解率都增加。

表 3-14　饲粮蛋白质水平对天府肉仔鸭蛋白质周转及沉积效率的影响

蛋白水平/%	体重/g	ADG/g	周转率/(%/d)			周转量/(g/d)			沉积效率/%	降解蛋白再利用率/%
			FSR	FDR	FGR	合成量	降解量	沉积量		
0.00	169	−1.4	34.3	37.3	−2.90	9.0	9.8	−0.8	−8.9	78.9
9.51	423	34.8	49.2	38.0	10.3	35.2	27.1	8.1	23.1	89.3
20.41	689	74.9	51.6	39.8	11.9	53.1	40.9	12.2	23.0	92

注：FSR，蛋白质合成分率；FDR，蛋白质降解分率；FGR，蛋白质生长分率；沉积效率＝（沉积蛋白质/合成蛋白质）×100%。

刘永前等，1996。

(5)低蛋白质添加合成氨基酸的饲喂效果。随着当今养殖对环境保护需求的巨大压力，越来越多的研究结果表明，通过添加合成氨基酸适当降低动物饲粮的蛋白水平来达到降低粪氮排泄。李忠荣等(2013)将肉鸭日粮蛋白质水平在 20%、18%的基础上分别降低 1、2 个百分点，并添加合成氨基酸满足肉鸭的氨基酸需要，结果发现平均日采食量、平均日增重及料重比各组间均无显著差异，而粪氮含量分别比对照组下降了 4.60%、15.71%、10.77%、15.82%。

(三)脂肪营养需要特点与研究进展

肉鸭能够在体内沉积大量的脂肪，其中，含量较高的脂肪酸为棕榈酸、油酸和亚油酸。肉鸭胴体脂肪酸组成受饲粮脂肪酸种类和含量的影响。Fesler 和 Peterson(2013)研究表明，共轭亚油酸调节肉鸭脂肪代谢作用强，但这些作用依赖于肉鸭所处的生理阶段，例如在 7、11 周龄的肉鸭日粮中分别添加 5%共轭亚油酸代替大豆油饲喂 3 周后，7 周龄组的肉鸭脂肪沉积下降了 24%，但 11 周龄组则没有变化；6 周之后，7 周龄组肉鸭肝脏重增加了 20%，但对脂肪沉积则没有影响了，而 11 周龄组肉鸭脂肪沉积下降了 42%，这些结果的出现与血清游离脂肪酸、葡糖糖浓度的变化有关，根本原因则涉及肝脏中脂肪生成酶(脂肪酸合成酶、乙酰-CoA 羧化酶等)以及脂肪氧化酶(肉毒碱棕榈酰转移酶-1)等基因的表达变化。

周磊等(2008)则研究了不同油脂对肉鸭肥肝质量的影响。结果表明，填饲 3 周后，鱼油组的平均肝重、料肝比和肝体比、肥肝的粗脂肪含量显著高于玉米组和大豆油组；鱼油组的肝脏脂肪滴最大、最多，表现融合；鱼油组和大豆油组的肥肝的饱和脂肪酸含量下降，不饱和脂肪酸含量增加，大豆油组还显著提高了亚油酸和亚麻酸含量。

（四）碳水化合物营养需要特点及研究进展

Farrell（1997）研究了肉鸭对米糠中非淀粉多糖（NSP）的利用。结果表明，饲喂含大量米糠的饲粮时，肉鸭消化道食糜的黏性很小，推测与其 NSP 结构导致 NSP 可能不溶解有关。据 Annison 等（1995）研究表明，米糠 NSP 中阿拉伯糖与木糖之比为 1.23，而在小麦中则为 0.58，小麦 NSP 可使鸡消化道食糜的黏性提高。Adeola 和 Bedford 等（2004）报道高黏度的小麦极显著降低真代谢能，日粮中添加木聚糖酶极显著提高真代谢能，并且对高黏度的小麦日粮更明显，对低黏度的小麦日粮没有明显效果，低黏度的小麦基础型日粮中回肠养分和能量消化率高于高黏度的小麦基础型日粮，食糜黏度在肉鸭小麦基础型日粮的抗营养效果中起了重要作用。

臧素敏等（2004）报道，日粮中添加 0.1%甘露寡糖可使肉鸭期末体重提高 5.96%，平均日增重提高 6.65%；干物质、粗灰分、粗蛋白质的利用率分别提高 9.21%、22.09% 和 10.64%；盲肠乳酸杆菌数量显著升高，大肠杆菌和 pH 显著降低。

Tangara 等（2010）研究了在肉鸭胚蛋注射葡萄糖和麦芽糖等营养素对种蛋孵化性能的影响，结果表明在北京鸭种胚蛋注射营养素（inovo feeding）能改善孵化期的能量利用，促进肉鸭早期的发育，表现为孵化第 7 天的体重显著增加；注入葡萄糖和麦芽糖能显著升高肝糖原含量，能显著升高孵化 25 d 的肌糖原含量，并降低了葡萄糖-6-磷酸酶的活性。Chen 等（2010）也探讨了在种蛋中注入二糖等营养素对孵化性能以及出生后肠道发育的影响，结果表明注入二糖组，肉鸭空肠蔗糖酶活性在孵化 25 日龄及出壳后 7 d 显著升高；而二糖＋谷氨酰胺组的小肠发育最佳，二糖＋谷氨酰胺组以及二糖＋β-羟基-β-甲基丁酸组的生产性能最佳。

唐琼等（2008）考察了在低能饲料中添加由不同碳水化合物降解酶以及内源性蛋白酶组成的复合酶制剂对肉鸭生长性能以及养分表观消化率的影响，结果表明，在低能饲料中添加这些酶制剂可以改善肉鸭的生产性能以及养分的表观消化率，达到正常营养水平的饲喂效果，但可能针对不同的日粮组合应该调整酶制剂的组合。张旭等（2013，2014）报道在肉鸭的谷物及其副产品中（玉米、玉米糖渣、干酒糟及其可溶物（DDGS）、稻谷（皮）、碎米、米糠、米糠粕、小麦（裸）、次面粉、次粉、小麦麸、大麦（皮）、燕麦麸、白酒糟）添加非淀粉多糖酶可显著提高饲料的 DM、CP、EE 和 CF 的表观利用率和真利用率，并构建了预测这些饲料的肉鸭 AME、TME 的预测方程。

（五）矿物元素营养需要特点及研究进展

1. 肉鸭的矿物元素需要

表 3-15 为肉鸭的矿物质需要推荐量。

表 3-15 肉鸭的矿物质需要推荐量

项目		钙 /%	磷 /%	有效磷[2] /%	钠 /%	氯 /%	锰 /(mg/kg)	锌 /(mg/kg)	碘 /(mg/kg)	硒 /(mg/kg)
Dean[1]	0～2 周	0.70		0.40	0.15	0.16	50	60	0.40	0.15
(1996)	2 周以上	0.65		0.36	0.15	0.14	40	60	0.40	0.15

续表 3-15

项目		钙/%	磷/%	有效磷[2]/%	钠/%	氯/%	锰/(mg/kg)	锌/(mg/kg)	碘/(mg/kg)	硒/(mg/kg)
NRC	种鸭	2.80		0.40	0.15	0.14	40	60	0.40	0.15
(1994)	0～2 周	0.65		0.40	0.15	0.12	50	60		0.2
北京鸭	2～7 周	0.60		0.30	0.15	0.12				
中国台湾(1993)	0～2 周	0.65～1.0	0.65	0.45	0.18	0.14	55	60	0.37	0.20
北京鸭	2～7 周	0.60～1.0	0.60	0.40	0.18	0.14	45	60	0.35	0.15
日本	0～4 周	0.65	0.60	0.40	0.15	0.12	40	60		0.14
(1992)	4 周以上	0.60	0.55	0.35	0.15	0.12	40	60		0.14

注:1.0～7 周饲粮代谢能为:12.91 MJ/kg;种鸭饲粮代谢能为:11.99 MJ/kg。
2. 非植酸磷含量。

2. 钙、磷的营养需要研究进展

崔恒敏(1995)报道,饲喂缺钙饲粮(钙 0.129%,磷 0.65%),雏鸭发生佝偻症,生长缓慢或停滞,耗料增加。Dean(1992)研究认为,雏鸭对磷的需要量与肉鸡相似,但对过量钙的耐受性较肉鸡差,建议在实际饲粮中生长鸭饲粮钙水平为 0.6%～0.8%,较肉鸡低。熊昌学等(1991)研究了天建杂交鸭的钙、非植酸磷的需要,结果为 0～3 周龄和 4～7 周龄阶段,饲粮钙和非植酸磷的适宜供给水平分别为 0.63%、0.35%和 0.63%、0.29%;贺建华(1994)建议肉鸭 0～3 周龄钙和非植酸磷的适宜供给水平为 0.82%和 0.48%,4～7 周龄为 0.75%和 0.45%。Rodehutscord 等(2003)通过饲养试验以及平衡实验研究了在低磷日粮中添加 $Ca(H_2PO_4)_2$ 对北京鸭生产性能以及磷沉积的影响,结果表明,1～21 日龄的肉鸭需要至少 5.1 g P/kg 日粮来达到最大生产性能的 95%,而 21～49 日龄的肉鸭日粮中磷水平达到 3.0 g/kg 以上就不会对采食量以及料重比产生显著影响;以磷的沉积为指标确定的有效磷的需要量,1～21 日龄肉鸭为 3.4 g/kg 日粮,21～49 日龄为 2.3 g/kg 日粮,这个结果比 NRC(1994)的推荐量要低。谢明等(2009)则报道,高钙低磷水平日粮可对 3～6 周龄北京鸭生产性能和胫骨产生不利影响,以日增重和胫骨磷含量为评价指标,北京鸭对钙和非植酸磷的适宜需要量分别是 0.72%和 0.37%、0.66%和 0.37%。Xie 等(2009)又报道,在非植酸磷水平(2.0 g/kg)下,肉鸭体增重、采食量和胫骨灰分随日粮钙添加量从 4.0 g/kg 上升到 12.0 g/kg 而降低,但是这些负面影响可以通过调节日粮非植酸磷水平为 3.0～5.0 g/kg 而得到改善或消除,因此日粮钙和非植酸磷存在显著相互作用;以最大增重和最佳饲料转化率为标识,钙和非植酸磷水平分别为 8.06 和 4.0 g/kg,7.96 和 3.79 g/kg 对肉鸭较为合适。

肉鸭的钙、磷需要量受很多因素影响,如饲粮钙、磷、维生素 D 水平、评定指标、饲粮能量浓度、饲粮植酸酶的应用等。在正常维生素 D 水平下,钙、磷的需要必须同时考虑二者的水平和相应比例。一般肉鸭饲粮中钙、总磷比例以(1.35～1.4)∶1 为宜。Robert(1987)报道,以最佳生长和正常骨骼灰分沉积为指标,北京鸭和杂交鸭饲粮钙水平为 0.6%,有效磷水平为 0.35%;若饲粮钙低于 0.2%,可发生佝偻病;而超过 1.00%,则导致肉鸭生长速度下降;

饲粮磷低于0.14%,肉鸭可发生佝偻病,引起生长速度下降和死亡。饲粮能量水平通过影响采食量而影响钙、磷水平,饲粮钙磷水平应与能量浓度保持一定比例。

Farrell 等(1993)研究了在以豆粕和高粱为主的雏鸭饲粮中添加植酸酶的效果,结果表明,为避免"橡胶喙(rubbery beak)"和腿畸形,雏鸭对无机磷的最低需要量为0.8 g/kg,高于雏鸡的无机磷需要量(0.2 g/kg);若豆粕磷的有效率按58%计,在豆粕—高粱饲粮中添加5 g/kg来源于磷酸氢钙的磷,可满足雏鸭最大生长率、采食量、胫骨灰分和磷的沉积量;在低磷饲粮中添加植酸酶可提高雏鸭的采食量、增重、胫骨灰分和磷沉积量;而在高磷饲粮中添加植酸酶无改善作用。Farrell 和 Martin(1997)研究了用米糠代替高粱后,添加无机磷和/或植酸酶对雏鸭(2～19日龄)生产性能的影响,结果(表3-16)表明,在无机磷添加量为1 g/kg时,不管米糠水平如何,添加植酸酶均可显著提高雏鸭的日增重和采食量,但对饲料利用率无显著影响,甚至在米糠用量达400 g/kg,已添加3 g/kg无机磷的饲粮中添加植酸酶也能改善雏鸭的生产性能,且添加植酸酶均改善了雏鸭胫骨灰分和钙磷沉积量。Farrell等(1997)进一步用19～49日龄肥育鸭试验,在无机磷添加量为5g/kg的米糠—豆粕饲粮中添加植酸酶,可显著改善米糠(300 g/kg、600 g/kg)饲粮的饲喂效果,添加植酸酶后含米糠300 g/kg饲粮的饲喂效果与不含米糠和植酸酶的饲粮相同,植酸酶使饲粮的代谢能从13.17 MJ/kg提高到13.57 MJ/kg。贾振全等(2000,2001)在樱桃谷肉鸭(0～3周龄和3～7周龄)的饲粮中分别添加300 U/kg和500 U/kg的微生物植酸酶,可显著提高肉鸭的日采食量、日增重和钙、磷表观存留率,改善饲料利用率,植酸酶可部分代替饲料中的磷酸氢钙。

表3-16 米糠饲粮中添加无机磷和/或植酸酶对雏鸭生产性能的影响

米糠水平/(g/kg)	无机磷/(g/kg)	植酸酶	有效磷/%	日增重/g	采食量/(g/d)	FCR
0	1	—	2.8	44.2[d]	71.7[f]	1.62[e]
		+	2.8	52.6[a]	88.1[cd]	1.67[de]
200	1	—	3.8	50.2[bc]	84.7[de]	1.69[cd]
		+	3.8	53.1[a]	93.5[a]	1.76[ab]
200	3	—	5.7	53.5[a]	90.1[abc]	1.68[d]
		+	5.7	53.6[b]	90.2[abc]	1.68[d]
400	1	—	4.6	49.0[cd]	88.6[bc]	1.81[a]
		+	4.6	51.6[ab]	91.9[ab]	1.78[ab]
400	3	—	6.7	47.3[d]	83.4[eg]	1.76[ab]
		+	6.7	50.0[bc]	87.0[cdg]	1.74[bc]

注:同列中带有不同肩标者表示差异显著($P<0.05$)。

Farrell 和 Martin,1997。

Rodehutscord 等(2005)报道在北京鸭的日粮中添加6-植酸酶改善了饲料中磷和钙的利用率,并显著升高了血磷的水平。Adeola(2010)研究结果表明,在低磷日粮中添加无机磷或植酸酶都能线性提高肉鸭的生产性能,胫骨灰分以及回肠磷消化率,该研究还计算出了500、

1 000、1 500 U 活性植酸酶相当于在饲粮中添加无机磷的克数。黄学琴等(2013)报道,以植酸酶和非淀粉多糖酶为主的液态复合酶制剂可明显缓解饲粮低营养水平,尤其是有效磷水平降低对肉鸭生长性能及钙、磷代谢造成的不利影响。

植酸酶在提高肉鸭饲料植酸磷的利用率的同时,可能还促进了其他养分的吸收。陈琳和王恬(2009)的结果表明,添加不同水平的植酸酶不同程度地提高了肉鸭的能量、粗蛋白质的表观或真利用率,21 日龄肉鸭的丝氨酸、甘氨酸、半胱氨酸和苯丙氨酸、42 日龄的甘氨酸、丙氨酸、蛋氨酸、异亮氨酸和酪氨酸的表观消化率显著提高;21 日龄空肠蛋白酶和二糖酶活性、42 日龄胰蛋白酶活性、脂肪酶活性也相应提高。

在确定磷的需要量以及饲料有效磷含量时,如何准确地评定内源磷的排出也是一个重要的问题。陈娴等(2011)采用无磷饲粮法、梯度回归法以及差量法测定了肉鸭内源磷的排泄量,结果显示,饲粮磷水平维持在 0.20%～0.55%的水平时,饲粮磷摄入量与粪磷排泄量存在显著的线性关系,内源磷的排泄量基本稳定(分别为 1.20、0.37 和 0.29 g/kg DMI)。梯度回归法以及差量法测定的结果较为可靠,而无磷饲粮法存在较大误差。

3. 食盐

雏鸭对日粮钠的反应有别于肉用仔鸡,对于低钠日粮尤为明显,可引起死亡。Dean(1972)观察到雏鸭饲粮含有维生素和微量元素预混料,仅漏加食盐的玉米—豆粕饲粮引起雏鸭严重缺钠,在 19 日龄时全部死亡。但食盐过多,也会引起中毒,饮水增加、水肿、肌肉无力、站立困难、痉挛甚至死亡。雏鸭仅能耐受 0.4%的盐水。在配制鸭饲粮时,应计算鱼粉与肉骨粉中的盐分。毕红梅等(2000)报道樱桃谷鸭饲料中添加含 Na 10.6%的鱼粉(按 10%添加)引起肉鸭中毒和死亡。胡延巍等(1998)报道了鸭雏食盐中毒的症状,发病多为急性经过,最初表现为精神委顿、食欲废绝、找到水后狂饮、排水样稀便、缩颈或头颈歪斜、双脚无力、死前用力挣扎、蹦跳。剖检可见鸭雏颈部皮下组织水肿,腺胃黏膜脱落,肌胃角质层变性、质软,十二指肠呈弥漫性点状出血,小肠黏膜肥厚,肝脏瘀血,胆囊充盈,肾肿大,腹腔和心包有少量积水,肺瘀血、水肿,心冠脂肪周围有胶冻样的渗出物等症状。

在满足食盐需要的同时,应考虑电解质平衡,防止氯离子过高。快速生长的肉鸭比较容易发生腿病,尽管腿病的真正原因很复杂,但饲料中添加满足钠需要的食盐后,造成饲粮含氯离子过多,也是导致腿病发生的一个重要原因。同时,若饲粮中添加有合成的赖氨酸盐酸盐、氯化胆碱,而又未将其中所含氯离子成分加以考虑,氯离子过量也会加重肉鸭的腿病。为避免饲粮氯离子过高,可由添加氯化钠满足氯的需要后,不足的钠需要由碳酸氢钠或硫酸钠等其他钠盐提供。比较简便的办法是由碳酸氢钠提供钠离子总需要量的 1/3,由食盐提供的钠离子总需要量的 2/3。

4. 其他元素的营养需要研究进展

(1)镁。肉鸭饲粮缺镁可导致肉鸭生长受阻、运动失调、惊厥和死亡。Van Ree 等(1953)的结果表明,北京鸭雏在 0～16 日龄内为获得最大生长,镁需要量为 0.05%。

(2)铁、铜、锌。沈添富(1988)报道常用饲料中的铁和铜含量不能满足肉鸭快速生长的需要,饲粮中的铁、铜的适宜添加量分别为 80～96、10～12 mg/kg。

Attia 等(2012)考察了 4、8、12 和 150 mg/kg 的有机铜、无机铜对 1～49 日龄北京公鸭生产性能、脂质代谢的影响,结果表明添加 8 mg/kg 的无机铜就能满足北京鸭生长的需要,与有机铜相比，无机铜显著降低了采食量，提高了饲料利用率；伴随铜的添加，血铜含量显著升高，而血锌排放量显著下降，在改善肝铜含量、提高铜表观利用率方面有机铜的效果更好；添加 150 mg/kg 的铜显著降低了肝、肉以及血液的脂肪、胆固醇含量，肌肉的嫩度和颜色，在降低血中甘油三酯水平方面，有机铜的效果更好，但血浆胆固醇的降低受无机铜的影响更大，不过有机铜对于肉鸭来说更加安全。因此作者认为，对于北京肉公鸭而言，8 mg/kg 可以定为推荐量，但 150 mg/kg 的铜可以显著改善鸭肉品质，表现为增加肌肉蛋白含量，减少肌肉和血中脂肪、胆固醇含量。

何金明等(1991)报道，肉鸭缺锌生长受阻，日粮添加锌后，日增重显著提高，当饲粮锌水平为 71 mg/kg 时，肉鸭的日增重达最大值。王全溪等(2008) 探讨了日粮锌水平对雏番鸭免疫器官中细胞凋亡及 FAS 表达的影响，研究发现低锌能够诱导雏番鸭免疫器官细胞凋亡，试验早期高锌抑制细胞凋亡，但是较长时间的添加高锌反而会诱导免疫细胞凋亡；考察细胞凋亡的死亡因子 FAS 的表达情况则表明，日粮锌对雏番鸭主要免疫器官中细胞凋亡的影响是通过 FAS/FAS-L 途径来调控的。

(3)锰。乐国伟等(1991)报道，日粮中添加 20 mg/kg 锰时，肉鸭增重提高；添加 40 mg/kg 锰时，增重达最高，继续提高锰的添加量对增重无明显影响。郭荣富等(1995)采用斜率法测定了北京雏鸭锰生物利用率和实用饲料锰适宜水平，结果表明鸭雏对补加无机硫酸锰、碳酸锰、氯化锰生物利用率分别为 100%，85%和 104%；雏鸭实用饲粮锰适宜水平为110 mg/kg；对锰的生物耐受量是 1 000 mg/kg，当补充锰达 3 500 mg/kg 时则产生中毒，降低生长；胫骨是测定雏鸭锰生物利用率的最敏感生物组织，其次为肾脏、肝脏、胰脏、心脏、软组织。蔡红等(1997)研究了肉鸭锰缺乏的临床症状，肉鸭喂以含锰 10.05～11.62 mg/kg 的饲粮，1 周内开始发病，病鸭肝锰浓度显著降低($P<0.01$)，生长明显减缓，多见双腿内弯，站立呈“O”字形，跛行，严重者以跗关节着地行走，剖检多见双侧跟腱内偏，甚至滑脱；胫骨远端骺板增殖区显著增宽，睾丸曲细精管发育障碍等症状。朱泽远等(1999)报道，樱桃谷鸭饲粮中的锰水平(0～150 mg/kg)对增重、采食量和饲料转化率的影响不显著($P>0.05$)，但组织中的锰浓度极显著受到添加量的影响，雏鸭饲粮中的锰适宜添加量是 110 mg/kg，与郭荣富等(1995)的报道一致。

(4)铬。朱泽远等(1999)探讨了吡啶羧酸铬对樱桃谷鸭生长后期的作用效果，结果表明，添加 0.2 mg/kg 吡啶羧酸铬对增重、饲料转化率无显著影响($P>0.05$)，对屠宰率、胸肌率、皮脂率无显著影响($P>0.05$)，但使心脏重、血清总甘油三酯显著降低($P<0.05$)，血清总胆固醇、高密度脂蛋白、胆固醇含量显著增加($P<0.05$)。吴永胜等(2000)研究了不同剂量的铬—烟酸复合物对樱桃谷鸭生产性能、胴体成分及血液生化指标的影响，结果表明，饲粮中添加铬—烟酸复合物显著提高肉鸭体重和日增重($P<0.05$)，显著降低料肉比($P<0.01$)，对日采食量无影响；可显著提高肉鸭瘦肉率和胴体粗蛋白质含量($P<0.05$)，显著降低肉鸭皮脂率和胴体粗脂肪含量($P<0.05$)；可显著降低肉鸭血清总脂、葡萄糖、总胆固醇、三酰甘油和尿素氮含量($P<0.01$)，显著提高血清总蛋白($P<0.01$)。李丽立等(2001)探讨了添加有机铬对肉鸭生产性能和血液生化指标的影响，结果表明，有机铬可提高 0～4 周龄肉鸭增重 10.49%($P<0.05$)，对 5～8 周龄增重效果不明显；提高瘦肉率 8.14%(公、母平均)，对母鸭的效果强于公鸭(提高瘦肉率 14.18%)；提高蛋白质存留率 9.72%，提高血清磷离子浓度 7.97%，血清甘油三酯降低 79.13%($P<0.01$)。刘安芳等(2000)报道樱桃谷鸭饲

粮中添加 0.1～0.4 mg/kg 的铬(以吡啶羧酸铬的形式)可显著降低肉鸭的腹脂率和胸肌率($P<0.01$),显著降低血中胆固醇含量,而对生产性能和屠宰率无显著影响($P<0.05$)。饲粮中添加 200 μg/kg 铬量的铬—烟酸复合物不仅可促进肉鸭生长、降低料肉比,而且可提高屠宰性能,改善胴体品质。王康喜等(2001)用三氯化铬强化鸭饲料(2%～8%),观察不同剂量铬所致的器质性损害的效应关系及各脏器铬的蓄积情况,发现过量铬对肾、肠和肝等有器质性损害,进入体内的铬在骨、肉、脑中的代谢慢,残留大,在肠、肝和肾中的排出快。

(5)钼。郑黎(1996)报道,肉鸭生长前期(0～4 周)饲喂玉米—大豆型日粮,钼的适宜添加量为 4.03～4.28 μg/kg,肉鸭的生产性能随钼添加量的增加而上升,当添加量达 7.5 μg/kg 时,肉鸭发生钼中毒。

(6)硒。Daun 和 Åkesson(2004)报道,肌肉中谷胱甘肽过氧化酶活性以及总、可溶性的硒含量在鸡、鸭、火鸡、鸵鸟和羔羊的变异很大,但鸭肉中的活性及含量相对较高或最高。王浓章等(2003)报道,0.075 g/(只·d)亚硒酸钠对肉鸭具有促生长作用,在提高采食量、降低料肉比和促生长效果较佳;添加 10.0 mg/mL 亚硒酸钠能使肉鸭发生急性中毒,其中毒症状为呼吸急促,运动失调,头肿大,离群闭目呆立,食欲废绝,口、鼻流出砖红色液体,排绿色或白色稀粪;主要病理变化是:肝脏脂肪变性、出血、肝细胞肿胀,局部出现核溶解;肾颗粒变性、出血;心肌水肿、出血、颗粒变性;肺泡出血:脾白髓淋巴细胞萎缩变性、数量减少,网状细胞增生、肿大。

5.重金属元素的中毒研究

(1)镉。镉是 1817 年由德国 Stromeyer F. 从不纯氧化锌样品中发现。镉进入动物体内的途径有消化道、呼吸道和皮肤,然后经血液到组织细胞与金属硫蛋白结合,蓄积于肝、肾中。1972 年 FAO 与 WHO 联合专家委员会在关于食品污染的毒性报告中,认为镉中毒仅次于黄曲霉毒素和砷,联合国环境规划署 1984 年提出的 12 种危险物中,镉被列为首位。

镉能与许多蛋白质和酶的巯基、羧基、羰基等大分子基团紧密结合,取代钙调蛋白(CaM)和其他钙结合蛋白中 Ca^{2+},替换含锌酶和一些转录因子中的 Zn^{2+},使肾、肝组织中酶系统功能受损,且能引起膜流动性下降、膜结合酶活性降低,膜脂质过氧化作用增强及呼吸功能的改变。线粒体是镉损伤的主要细胞器,镉也能阻扰肠道内铁的吸收,使红细胞脆性增大,增加皮脂腺的分泌,直接影响巨噬细胞的抗原递呈和非特异性防御功能,损伤红细胞的免疫功能,细胞免疫比液体免疫更易受损,引起肾性高血压,还可干扰微量元素如 Fe、Cu、Se、Zn 等的代谢,改变多核苷酸的构象和 DNA 的物理性质,具有致癌、致畸、致突变的作用。

家禽镉中毒的主要表现为:贫血、生长受阻、产蛋量下降、蛋壳品质降低、孵化率下降和死亡率增加等。岳秀英等(2000)报道,肉鸭实验性镉中毒的病理学变化:中毒鸭表现为生长缓慢,贫血(Hb、RBC、PCV 显著降低),死前多呈现张口呼吸等呼吸困难症状。尸体剖检和病理组织学变化主要是纤维索性心外膜炎、心肌变性、间质性心肌炎,纤维素性肝周围炎、肝细胞严重脂变、间质性肝炎,纤维索性肺浆膜炎、支气管肺炎、气囊积液、囊壁水肿和钙化,卡他性肠炎以及脑充血、出血等。电镜检查主要是肌纤维、肝细胞和肾曲管上皮细胞内线粒体严重肿胀,嵴断裂、溶解,肝细胞还可见糖元素粒明显减少。岳秀英等(2001)进行了天府肉鸭急性、亚急性镉中毒的病理学研究,结果表明,急性镉中毒的 LD_{50} 为 289 mg/kg 体重,灌服 1/10、1/20、1/30 剂量作亚急性毒性试验(每日服药 1 次,试验期 6 周),其发病率为 100%、100%和 27%,死亡率为 91%、64%和 27%。中毒鸭表现为生长缓慢,HB、RBC 和

PCV 显著降低，死前多呈现呼吸困难。尸体剖检和病理组织学变化主要是纤维素心外膜炎、心肌变性、间质性心肌炎，纤维素性肝周围炎、肝细胞严重脂变、间质性肝炎，纤维素性肺浆膜炎、支气管肺炎，气囊积液、气囊壁水肿和钙化，卡他性肠炎以及脑充血、出血等。田淑琴等(2001)报道，樱桃谷肉鸭氯化镉中毒(镉含量，0.025%)引起严重缺铁性贫血，生长受阻($P<0.01$)，导致肝、胆、胃、甲状腺病变，尤其是甲状腺损害严重，添加 0.04%的氯化镉在实验的第 3 天肉鸭开始死亡，第 7 天全部死亡。

(2)氟。在养鸭生产中，氟中毒的情况多于氟缺乏。陈志望等(1998)在 1 日龄樱桃谷肉用仔鸭的基础日粮中分别添加氟 250、500、750 mg/kg 及氟 750 mg/ kg ＋硫酸铝 7 500 mg/kg，试验期 44 d。结果表明，日粮中添加氟 250 mg/kg 对肉用仔鸭生产性能无明显不良影响；加氟 500、750 mg/kg 可显著影响肉用仔鸭的生产性能和健康。在高氟日粮 (750 mg/kg)中添加硫酸铝可缓解肉用仔鸭氟中毒。骨和血清中氟含量随日粮中氟含量的增加而显著升高，但其钙、磷含量变化不大。

(六)维生素营养需要特点及研究进展

除烟酸外，肉鸭对维生素的需要量与鸡相似。肉鸭尤其是雏鸭对烟酸需要量较高，以防止产生严重的腿病。NRC(1994)和 Dean(1996)推荐的肉鸭维生素需要量见表 3-17。

表 3-17 北京鸭饲粮中的维生素推荐需要量

维生素	NRC(1994)	Dean(1996)	
	0～7 周	育雏期	育成—育肥期
维生素 A/(IU/kg)	2 500	5 000	4 000
维生素 D_3/(IU/kg)	400	600	500
维生素 E/(IU/kg)	10	25	20
维生素 K/(mg/kg)	0.5	2	1
烟酸/(mg/kg)	55	50	40
泛酸/(mg/kg)	11.0	12	10
吡哆醇/(mg/kg)	2.5	3	3
核黄素/(mg/kg)	4.0	4.0	3
硫胺素/(mg/kg)		2	2
叶酸/(mg/kg)		0.5	0.25
生物素/(mg/kg)		0.15	0.10
维生素 B_{12}/(mg/kg)		0.01	0.005
胆碱/(mg/kg)		1 300	1 000

魏立民等(2008,2009)报道，日粮中添加维生素 A 可显著促进肉鸭的生长，2 500 IU/kg 维生素 A 就可以满足北京鸭的基本需要，此时肉鸭的绒毛长度、十二指肠隐窝深度和肠壁厚度均显著或极显著高于对照组，肠道绒毛的发育状况和血清中维生素均可以作为评价肉鸭维生素营养状况指标，推荐 0～2 周龄北京鸭维生素 A 的添加量为 5 000～10 000 IU/ kg。接永泽和王安(2009)报道，正常舍温下，维生素 A 对肉鸭睾丸相对重量和相对长度的影响不显著，但在低温环境下(2±1)℃，15 000 IU/kg 的维生素 A 可调节肉鸭生长激素的分泌，使其回

到正常生理水平，而10 000 IU/kg的维生素A就可以减轻低温对睾丸发育的不利影响。

谢明等(2012)研究了1～14日龄北京鸭烟酸与色氨酸互作关系，结果表明饲粮中单独补充色氨酸可缓解饲粮烟酸缺乏导致的北京鸭生长抑制，而饲粮中单独补充烟酸不能缓解饲粮色氨酸缺乏导致的北京鸭生长抑制；依据折线模型，以平均日增重为评价指标确定的1～14日龄北京鸭烟酸需要量为81 mg/kg；当饲粮烟酸水平分别为35、75、115和155 mg/kg时北京鸭色氨酸需要量分别为0.254%、0.169%、0.170%和0.172%。因此，北京鸭饲粮中烟酸与色氨酸之间的互作关系表现在饲粮烟酸水平对色氨酸需要量产生显著影响。

Selim等(2012)研究了在肉鸭种蛋中添加维生素E和维生素C对孵化性能以及肉鸭生产性能的影响，结果表明，注射维生素E显著提高了孵化率，注射维生素E和维生素C都显著增加了肉鸭的孵出重、最终体重以及饲料转化率，而饲料转化率的改善主要发生在肉鸭生长的早期，同时，注射维生素还引起肉鸭免疫机能改善。

唐静等(2012)报道，饲喂基础饲粮(核黄素水平为1.20 mg/kg)的北京鸭表现为生长极其缓慢、死亡率高、脖子紧缩、部分瘫痪在地、羽毛粗乱、腹泻，这些症状与肉鸡核黄素缺乏症较为相似；分别以平均日增重、平均日采食量、料重比和血浆核黄素水平为评价指标，采用折线模型估测1～21日龄北京鸭公鸭核黄素需要量分别为3.31、3.24、5.20、3.82 mg/kg，母鸭核黄素需要量分别为3.27、3.19、3.33和3.84 mg/kg。唐静等(2013)的进一步研究表明饲粮中核黄素缺乏显著降低了1～21日龄北京鸭生长性能及血浆抗氧化机能，22～33日龄补充核黄素能够显著提高其生长性能，改善血浆抗氧化机能。Tang等(2013)在唐静等(2012)的基础上又报道了采用其他评价指标确定的肉鸭核黄素的需要量，而公鸭可能比母鸭需要更多的核黄素，这可能是因为公鸭有更大的体重以及核黄素在肝脏的更高含量。

朱勇文等(2012)研究了北京鸭生长前期生物素的需要量及其缺乏症之间的关系，结果表明，不同生物素水平对北京鸭的日均采食量以及日增重都有显著影响，但对料重比没有显著影响；而且各处理组都出现了脚裂症，尤其与添加蛋清粉的负对照组最为严重；当生物素的添加水平达到0.15 mg/kg日粮时，脚裂症得到有效缓解；以平均日增重为衡量指标，采用直线折线和二次曲线模型估测生物素适宜需要量分别为0.180和0.202 mg/kg。

(七)水营养需要特点及研究进展

与鸡相比，鸭对水的需要量比鸡多，据Siregar和Farrell(1980)报道，在采食饲粮时，肉鸭的水：饲料比为4.2：1，而肉鸡只有2.3：1，因此保证充足、清洁的饮水有利于肉鸭的生长发育。而且鸭是水禽，对水有自然本能的喜爱，鸭喜欢戏水、游泳，尽管肉鸭可以集约化饲养，不必提供戏水池。但研究表明，提供戏水池对肉鸭有几个好处：一是可改善羽毛的质量；二是肉鸭可通过喙和蹼散失热量，尤其在炎热的夏季；三是鸭将头浸入水中时，实际上是使眼睛得到清洗，如果鸭不能清洗眼睛，则眼睛容易结痂和结壳，严重时候甚至失明。

三、肉鸭常用饲料的营养价值研究进展

肉鸭常用饲料类型与鸡相同，并常借用鸡的饲料营养价值进行肉鸭饲粮配制。鸡、鸭虽然同属禽类，由于其起源各异加之长期生活环境的差异和食物的不同，使这两种禽在消化道结构、消化酶活性以及一系列的生理功能上存在显著的差异，Jamroz等(2002)系统比较了鸡、鸭和鹅1、3、5、7、28、42 d的胰腺、消化酶的活性变化规律以及肠道pH，研究发现，肉鸡

胰腺的 α-淀粉酶的活性在 7 d 前略高于肉鸭，但到 28 日龄以后，肉鸭的酶活极显著高于肉鸡，可达到肉鸡的 3～4 倍；胰脂肪酶在前期两者差异不大，但 28 日龄后肉鸭几乎是肉鸡的 2～3 倍；5 日龄时肉鸭的小肠 α-淀粉酶高于肉鸡，但 42 日龄时比肉鸡的低，肉鸭的肠脂肪酶的活性一直高于肉鸡；蔗糖酶的活性两者差异不大，但肉鸭 5 日龄麦芽糖酶、海藻糖酶的活性显著高于肉鸡，但肉鸭海藻糖酶活在 42 日龄显著下降。此外，肉鸭肠道的 pH 也要略低于肉鸡，这些差异可能是造成肉鸭、肉鸡的饲料利用率存在较大差异的根本原因。近年来，一些研究发现，鸡、鸭在饲料能量，蛋白质和氨基酸的消化利用上有高于鸡的趋势(Siregar 等，1980；Mohamed 等，1984；王康宁等，1996；黄世仪等，1997)。而樊红平等(2006)的研究也充分证明了这一观点，研究结果表明，肉鸭的内源氨基酸的排泄量远远高于肉鸡，肉鸭对豆粕、花生粕、棉粕、玉米、水稻、小麦和麸皮的氨基酸真消化率高于肉鸡，所以，以鸡测定各种饲料氨基酸消化率指导肉鸭生产存在很大的误差。

(一)肉鸭常用饲料的有效能值测定

1. 肉鸭饲料代谢能测定方法研究

饲料代谢能测定方法为目前比较公认的 Sibbald(1976)提出的肉鸡真代谢能(TME)快速测定方法，测定肉鸭饲料代谢能时，以下几点值得注意。

(1)强饲量、消化道排空时间和排泄物收集时间。消化道排空时间和排泄物收集时间是影响代谢能测定的重要因素，必须根据鸭的消化生理特点来确定适宜的排空时间和排泄物收集时间。鸭在肌胃的物理消化，分泌消化液的数量上均明显比鸡具有优势，鸭的肌胃产生的压力是鸡的 1.5 倍以上，而分泌液则是鸡的 2 倍以上(Sturkie 等，1976；Kehoe 等，1985)。韩友文和吴成坤(1984)研究了鸡和水禽的消化道排空和内源能排量，发现不同时间取样时，鸡的排量均高于鸭。周华英等(1991)对肉鸭饲料 TME 的测定条件即不同强饲量(40、60、80 g)和排泄物收集时间(16、24、32、48 h)进行了研究，过高的强饲量使 TME 测值偏低，适宜的强饲量为 40～60 g(表 3-18)。施用辉等(1993)研究了鸭 TME 测定的消化道排空期和排泄物收集期，待测饲料为豆饼、菜籽饼、小麦麸、统糠、牛鞭草粉、玉米、小麦；排空期设 24、32、40 h，收集期设 24、32、40、48 h。结果表明，除牛鞭草粉外，各饲料排空 40 h 组累积排泄物质和各收集段排出的能量均显著低于 24、32 h 排空组，AME、TME 值高于 32、24 h 组。不同收集时间的 TME 值差异不显著，而对 AME 值的影响因饲料不同而异。鸭强饲小麦麸和基础饲粮后消化道残留干物质量在饲后 40 h 低于 24、32 h，48、56 h 最低。综上所述，鸭 TME 测定的消化道排空期以 40 h 为宜，收集期视饲料性质而异，能量蛋白质饲料可在 32～40 h，粗饲料、糠麸类饲料应适当延长。

表 3-18　鸭不同强饲水平饲料能值比较　kcal/g

饲料	强饲量	*TME*	TME_n
玉米	40	3.463	3.365
	60	3.467	3.363
	80	3.362	3.292
豆饼	40	2.670	2.453
	60	2.576	2.407
	80	2.335	2.179

(2)肉鸭内源能排泄。宋代军等(2000)选用 7 周龄健康天府公肉鸭、艾维因公肉鸡,绝食 8 h,预强饲待测饲料,绝食 40 h,以排空肠道内容物,再强饲被测饲料,然后绝食 80 h,前 40 h 收集的排泄物代表待测饲料未被鸭利用部分的能值,后 40 h 收集的排泄物用于测定内源能损失(EEL)。研究结果(表 3-19)表明,鸡的内源能排量大于鸭,其中大麦、小麦、统糠、葵花子饼、花生饼、菜籽饼、豆粕鸡的内源能排量明显大于鸭。同时,鸡随着饲料中 CP 和 CF 的含量的增加,内源能排泄量也增加,而鸭则表现内源能排量的相对稳定,证实了不仅两种禽在能量利用上存在差异,而且内源能损失上也存在较大的差异。

表 3-19　鸡鸭 40 h 内源能损失比较　　kJ/40 h

饲料名称	鸡	鸭	*t*-检验
稻谷	84.965±12.146	102.592±17.234	NS
高粱	102.152±16.498	95.902±17.878	NS
大麦	135.737±44.970	77.559±10.761	*
燕麦	83.237±18.862	112.165±28.518	NS
小麦	108.002±19.719	80.157±11.033	*
玉米	115.893±39.250	108.646±40.183	NS
统糠	144.954±20.673	88.475±14.736	**
米糠	121.650±53.748	106.981±27.079	NS
啤酒糟	80.270±26.514	79.848± 7.849	NS
小麦麸	107.587±35.815	81.350±27.740	NS
曲酒糟	104.412±24.255	129.838±49.183	NS
次粉	106.947±37.079	73.442±13.334	NS
棉籽饼	89.873±29.531	106.165±13.887	NS
葵花子饼	138.700±10.945	92.701±17.619	**
花生饼	131.892±22.794	80.069±10.318	**
菜籽饼	141.411±36.777	77.479± 9.498	**
豆粕	181.812±80.605	77.730±22.698	**
芝麻粕	120.106±47.974	75.852± 4.117	NS

注:NS 处理间无差异不显著;* 处理间差异显著 $P<0.05$;** 处理间差异极显著 $P<0.01$。

宋代军等,2000。

Adeola 等(1997)进行了两次试验测定北京鸭的内源能,采用绝食 86 h,其中前 32 h 为绝食排空期,后 54 h 为排泄物收集期,并在绝食 32、48 和 54 h 时分别给每只鸭灌服 30%葡萄糖溶液 100 mL,内源氮排泄量分别为 292 mg/(只・54 h)、461 mg/(只・54 h);内源能分别为 50.71 kJ/(只・54 h)、93.14 kJ/(只・54 h)。King 等(1997)进行了两次试验,测定鸭的内源能,采用绝食 102 h,其中前 48 h 为排空期,后 54 h 为收集排泄物期,并在绝食 8、32、48 和 54 h 时,分别给每只鸭灌服 30%的葡萄糖溶液 100 mL,内源氮排泄量分别为 290 mg/(只・54 h)、1 090 mg/(只・54 h);内源能分别为 50.63 kJ/(只・54 h)、79.08 kJ/(只・54 h)。

2. 肉鸭常用饲料的代谢能值

Sugden(1974)比较了矮小型鸡和蓝翼狄高鸭对6种饲粮的表观代谢能,结果鸡对4种饲粮表观代谢能值高于鸭,但随饲粮蛋白质增加,鸭从饲料中获得表观代谢能增加。Muztar(1977)比较了北京鸭和白来航公鸡对苜蓿和5种淡水植物的真代谢能,只有3种饲料的真代谢能在鸭和鸡间没有差异,认为用公鸡测出的饲料真代谢能不能用于鸭。但Shen(1982)用北京公鸭测出的玉米、豆饼真代谢能与用白来航公鸡的测定值相近。Ostfrowki-Meissnger(1984)用改进的方法测定了鸭对饲料表观代谢能、真代谢能,发现鸭的表观代谢能高于鸡,而真代谢能相近,认为真代谢能可以在鸡和鸭上互用。施用晖等(1990)也对常用21种饲料的鸭 *AME* 进行了测定,其中7种是在鸭的测值高于鸡,其 *AME* 相差 0.837～1.255 kJ/g DM,余下的14种中也存在不同程度的差异。黄世仪等(1993)用Sibbald(TME)法比较了石歧杂肉鸡(地方品种)和樱桃谷肉鸭对13种常用饲料的表观代谢能和真代谢能,结果有10种饲料表观代谢能和真代谢能鸭都高于鸡;江庆娣等(1998)测定了两种禽对玉米、豆粕、统糠、鱼粉、麦麸、象草粉6种饲料的 *AME* 和 *TME*,也发现除麦麸外,均是鸭的AME和TME大于鸡(表3-20)。宋代军等(2000)测定了天府肉鸭和艾维因肉鸡对3大类18种常用植物饲料的真代谢能,结果为玉米、大麦、燕麦、豆粕、菜籽饼、棉籽饼、花生饼、统糠、麦麸、曲酒糟等12种饲料真代谢能存在明显差异,而其中大部分饲料的真代谢能大于肉鸡(表3-21),对高纤维含量的糠麸类饲料,鸭的能量利用明显高于肉鸡;高纤维含量的统糠,鸡的 *TME* 是负值,而鸭还能消化利用,两者相差达到2 301 J/g;饼粕中,棉籽饼的木质素等成分较高,而鸭对其能量的利用比鸡好;谷物类中,除了稻谷和大麦外,均表现为肉鸭比肉鸡对能量的利用较好,但随着饲料纤维的下降,两种禽的 *TME* 的差异缩小;肉鸭对大麦、豆粕、菜籽饼、花生饼4种饲料的TME比肉鸡的低,原因在于这些饲料的抗营养因子种类有别,两种动物的反应不一致。另外,由两种禽对同一饲料能量利用的差异性可知,鸭个体间消化率变异小,而鸡则较大,说明鸡更易受到饲料因素的影响。

表3-20 肉鸭、肉鸡饲料有效能测定值比较 MJ/kg

饲料名称	黄世仪(1993)		江庆娣(1998)		宋代军(2000)		Ragland(1997)	
	TME		*TME*		*TME*		*TME*	TME_n
	鸭	鸡	鸭	鸡	鸭	鸡	鸭	
玉米	15.39	14.99	16.94	16.02	14.78	13.98	14.33	13.96
大米	15.75	15.13	—	—	—	—	15.10	14.56
小麦	—	—	—	—	12.87	1 284	13.25	12.81
大麦	—	—	—	—	11.89	12.76	12.43	11.97
稻谷	—	—	—	—	11.98	12.18	—	—
高粱	—	—	—	—	12.29	13.87	15.39	14.91
燕麦	—	—	—	—	15.44	13.80	—	—
木薯粉	14.28	13.50	—	—	—	—	—	—
豆粕	13.72	11.17	15.79	13.51	11.57	14.78	—	—
棉籽粕	11.38	10.31	—	—	7.17	5.25	—	—

续表 3-20

饲料名称	黄世仪(1993)		江庆娣(1998)		宋代军(2000)		Ragland(1997)	
	TME		*TME*		*TME*		*TME*	TME_n
	鸭	鸡	鸭	鸡	鸭	鸡	鸭	
菜籽粕	9.97	9.80	—	—	6.44	7.43	—	—
葵花子粕	—	—	—	—	8.07	8.42	—	—
花生饼	—	—	—	—	11.07	11.63	—	—
芝麻饼	—	—	—	—	9.72	9.40	—	—
鱼粉	16.94	14.61	18.21	16.89	—	—	—	—
次粉	14.01	12.72	—	—	13.82	13.79	—	—
麦麸	15.23	11.72	11.85	11.97	8.10	5.55	—	—
砻糠	0.48	4.57	—	—	—	—	—	—
统糠	6.87	7.31	2.56	2.14	0.58	−1.80	—	—
米糠	—	—	—	—	8.30	6.32	—	—
花生麸	14.94	13.06	—	—	—	—	—	—
曲酒糟	—	—	—	—	5.36	4.32	—	—
啤酒糟	—	—	—	—	10.20	8.58	—	—

表 3-21 鸡鸭饲料 TME 比较 kJ/g 干物质

饲料名称	鸡	鸭	*t*-检验
稻谷	14.234±0.749	14.004±0.389	NS
高粱	16.242±0.736	16.728±0.343	NS
大麦	14.619±0.690	13.627±0.234	*
燕麦	15.694±0.473	17.564±0.297	**
小麦	14.661±1.192	14.694±0.406	NS
玉米	16.606±0.352	17.552±0.427	**
统糠	-1.992±0.092	0.640±0.004	**
米糠	7.234±0.393	9.500±0.745	**
啤酒糟	9.540±0.962	11.351±0.088	**
小麦麸	6.305±1.347	9.196±0.837	**
曲酒糟	4.766±0.352	4.992±0.402	**
次粉	16.088±1.075	16.121±0.707	NS
棉籽饼	5.941±0.423	8.113±0.473	**
葵花子饼	9.431±0.259	9.042±0.339	NS
花生饼	12.858±0.414	12.238±0.255	**

续表 3-21

饲料名称	鸡	鸭	t-检验
菜籽饼	8.410±0.272	7.293±0.557	**
豆粕	16.782±0.318	13.142±0.565	**
芝麻粕	10.393±1.075	10.732±1.393	NS

注：NS 处理间无差异不显著；* 处理间差异显著 $P<0.05$；** 处理间差异极显著 $P<0.01$。

宋代军等，2000。

Adeola 等(1997)、Ragland 等(1997)和 King 等(1997)用北京鸭测定了玉米、脱壳燕麦、小麦、高粱、大麦、粟米、黑小麦、黑麦、par boiled rice 的代谢能值，见表 3-22。

表 3-22　北京鸭能量饲料的代谢能值 kcal/g

饲料		AME_n	TME_n
Adeola 等(1997)	玉米(第 1 次)	13.577	14.255
	玉米(第 2 次)	13.431	14.715
	脱壳燕麦	14.493	15.167
	小麦	13.180	13.857
	高粱	14.071	15.355
Ragland 等(1997)	玉米(第 1 次)	13.422	13.970
	玉米(第 2 次)	13.184	14.473
	大麦	11.422	11.979
	粟米	14.016	14.577
	高粱	13.640	14.924
	黑小麦 1	11.535	12.824
King 等(1997)	玉米(第 1 次)	12.970	13.682
	玉米(第 2 次)	13.556	14.226
	小麦	13.138	13.807
	par boiled rice	14.435	15.104
	黑麦	11.255	11.924
平均值	玉米	13.355±0.234	14.221±0.364
	小麦	13.159±0.029	13.832±0.034
	高粱	13.857±0.305	15.142±0.305

赵江涛等(2008)进行了差量法与排空强饲法测定肉鸭 AME_n 和 TME_n 的比较研究，并推荐了差量法的使用条件，差量法可能比排空强饲法更为准确。赵峰等(2009)采用排空强饲法测定了 12 种不同来源豆粕的肉鸭代谢能以及氨基酸消化率，结果表明鸭对不同来源的豆粕在能量及氨基酸的消化率上有差异，其中代谢能值的差异主要与豆皮的含量有关，而某些氨基酸消化率的差异可能与大豆的来源或生产工艺有关。郑卫宽等(2009)报道日粮不同

类型以及肠液储存条件对鸭空肠液组成与特性有不同的影响，进而影响到饲料代谢能的测定值；谢木林等(2011)探讨了鸭空肠液的适宜制备方法及其对体外总消化力的影响，这些研究为仿生消化系统的研制及完善奠定了重要基础；尹玉港等(2011)报道，消化率计算法测定的鸭饲粮脂肪代谢能值比套算法受内源干扰更少，重复性更高，但饲粮的组成成分对脂肪的代谢能值有一定影响；李辉等(2012)进行了肉鸭仿生消化系统测定代谢能的精密性与重现性的研究；严峰等(2012)探讨了模拟鸭肠液中消化酶的批次来源与活性贡献对饲料原料消化能力的影响；张莉等(2013)又进行了鸭空肠液中的消化酶的粗提纯(低温浓缩—透析—冻干—脱脂)，得到了适宜的提纯参数；陈玉洁等(2013)进行了稻谷化学成分与酶水解能值和肉鸭真代谢能的相关关系的研究，得出了它们之间的相关关系，为真代谢能的评定提供了一种新的方法。

国外在进行肉鸭饲料代谢能的评定也有一些研究，如 Adeola(2005)报道，高油玉米的 TME_n(kJ/g)值(16.58)显著高于正常玉米(16.05)，而低植酸玉米与正常玉米相比没有显著差异；低植酸豆粕(12.39 kJ/g)比正常豆粕高约 8%。Hoai 等(2011)使用 275 只樱桃谷肉鸭测定了玉米、碎米、米糠、小麦、木薯粉粕、豆粕以及低蛋白鱼粉(55%)、高蛋白鱼粉(60%)的 AME_n 和 TME_n，8 种饲料的 AME_n 分别为 14.65、14.63、12.33、12.15、13.38、11.25、11.85 和 11.92 MJ/kg 干物质，与之相应的 TME_n 值比 AME_n 高 0.76%～1.47%。

3. 建立预测鸭饲料 ME 模型

王康宁等(2000)研究表明鸡(艾维茵公鸡)和鸭(建昌樱桃公鸭)对饲料纤维成分的消化降解存在一定差异(表 3-23)。并分别按能量、蛋白、糠麸类饲料建立了用 *NDF* 或 *ADF*、*CF*、*CW* 结合其他饲料化学成分预测 *TME* 的模型。除糠麸类饲料单独建立的预测模型的预测效果较饲料不分类建立的预测模型有优势外，谷物和饼粕类在本研究中没有表现出优势，有可能与样本(8 种饲料)不够大有关，值得进一步研究。

表 3-23　鸡和鸭饲料纤维组分的消化率比较　%

饲料种类	木质素		纤维素		半纤维素	
	鸡	鸭	鸡	鸭	鸡	鸭
大麦	−19.81	−8.66	−25.54	−6.57	−20.80	11.14
玉米	−66.07	9.38	−39.65	−23.87	4.55	14.29
高粱	−24.88	−15.42	−36.66	−32.78	−12.26	10.68
豆粕	−56.21	−49.15	−44.05	−17.53	−4.96	−2.12
棉籽饼	−60.07	5.27	−33.44	−14.36	−2.67	9.79
花生饼	−36.20	−6.89	−16.92	−2.43	−8.12	6.89
啤酒糟	−19.33	−11.69	−10.67	−4.27	−8.44	32.82
小麦麸	−10.65	−40.39	−31.99	−17.24	8.12	22.49
细米糠	−61.71	−10.51	−4.56	−2.50	36.16	57.00
平均值	−39.44	−14.23	−27.05	−13.51	−0.94	18.11

王康宁等，2000。

筛选出的可利用的模型如下：

用于鸡：

$TME=4.073-0.055NDF-0.017Ash$

($R^2=0.931, RSD=0.095, P<0.01$)　　各类饲料

$TME=2.314-0.057DNF-0.076EE-0.007Ash+0.503GE$

($R^2=0.951, RSD=0.080, P<0.01$)　　各类饲料

$TME=4.123-0.060NDF$

($R^2=0.938, RSD=0.340, P<0.01$)　　糠麸类

$TME=2.366-0.058NDF+0.425GE$

($R^2=0.960, RSD=0.31, P<0.05$)　　糠麸类

用于鸭：

$TME=3.357-0.047ADF$

($R^2=0.851, RSD=0.140, P<0.01$)　　各类饲料

$TME=3.910-0.035NDF-0.069Ash$

($R^2=0.192, RSD=0.090, P<0.01$)　　各类饲料

$TME=6.388-0.081ADF+0.167EE-0.0557CP-0.151Ash+2.819GE$

($R^2=0.911, RSD=0.117, P<0.01$)　　各类饲料

$TME=4.188-0.053NDF$

($R^2=0.935, RSD=0.311, P<0.01$)　　糠麸类

$TME=2.097-0.051NDF+0.506GE$

($R^2=0.974, RSD=0.228, P<0.01$)　　糠麸类

$TME=-5.007-0.086CF-0.145CP-0.026Ash+2.790GE$

($R^2=1.000, RSD=0.030, P<0.01$)　　糠麸类

Zhao 等(2008)探讨了使用谷物的化学组分预测其代谢能的可行性，研究发现，北京鸭的玉米 AME、AME_n、TME 和 TME_n 与饲料的粗纤维 ($r=-0.905$)、中性洗涤纤维 ADF ($r=-0.915$) 和 NDF($r=-0.95$) 高度相关，而与总能含量中等相关($r=0.55$)，与粗蛋白质、乙醚浸出物和灰分的相关性不显著，而逐步回归分析的结果表明，NDF 和 GE 是预测玉米代谢能的最佳预测因子。他们推荐的预测模型如下：

$AME=2,299.1-41.6\times NDF+0.394\times GE$

($R^2=0.918\,1, RSD=38.6, P<0.0001$)

$AME_n=2,509.8-40.4\times NDF+0.330\times GE$

$$(R^2=0.920\,0 \quad RSD=37.6 \quad P<0.0001)$$

$$TME=2,606.0-41.4\times NDF+0.384\times GE$$

$$(R^2=0.915\,4 \quad RSD=39.2 \quad P<0.0001)$$

$$TME_n=2,708.2-40.3\times NDF+0.325\times GE$$

$$(R^2=0.918\,8 \quad RSD=37.8 \quad P<0.000\,1)$$

陈玉洁等(2013)研究了使用稻谷的化学成分预测肉鸭饲料 *TME* 和酶水解物总能(*EHGE*)的可行性,研究发现,*EHGE* 和鸭 *TME* 之间差异不显著,但也没有显著的相关性,稻谷化学成分可以很好预测 *EHGE*,预测鸭 *TME* 也可以得到较好结果。Garcia 等(2012)也探讨了运用体外消化率测定来预测肉鸭肉骨粉的 *AME* 含量,并建议应该增加粉碎粒度、蛋白酶抗性等预测因子,这会显著提高预测方程的 R^2(0.959~0.996)。

Zhou 等(2010) 探讨玉米支链淀粉(*AP*)和直链淀粉(*AM*)含量、*AP* /*AM* 的比值和鸭真代谢能(*TME*)值的关系,结果发现肉鸭 $TME=1.946\,3AP/AM+10.312\,45$($R^2=0.77$,$P<0.05$),而随着粗灰分和中性洗涤纤维 NDF 的引进可进一步优化预测模型,玉米的 AP、AM 含量以及比值是决定肉鸭 TME 含量的重要因素。

(二)肉鸭常用饲料的可利用氨基酸测定

1. 鸭饲料的氨基酸利用率测定方法学研究

(1)切除鸭的盲肠对于饲料氨基酸消化率的影响。李国富等(1996)采用 TME 方法对盲肠切除与盲肠未切除鸭测定玉米、豆饼、低棉酚棉籽饼和高棉酚棉籽饼的氨基酸表观和真消化率,试验结果表明,盲肠切除与否对这几种饲料氨基酸的表观还是真消化率(除豆饼表观消化率外)均没有显著影响($P>0.05$),只是玉米和豆饼是盲肠切除鸭略低于盲肠未切除鸭,而两种棉籽饼正好相反(表 3-24)。沈涛等(1996)研究发现鸭盲肠切除与否对大多数饲料氨基酸的表观和真消化率没有显著影响($P>0.05$),玉米、豆饼、棉仁粕、肉粉、菜籽饼和菜籽粕是盲肠切除鸭略低于盲肠未切除鸭,而两种棉籽饼正好相反。盲肠切除与否对棉仁粕氨基酸的消化率影响较大,对肉粉、菜籽饼、菜籽粕的影响较小。但一般只相差 2~5 个百分点(表 3-24)。

表 3-24 盲肠切除与否对鸭饲料氨基酸消化率的影响

饲料	氨基酸表观消化率		氨基酸真消化率	
	盲肠未切除	盲肠切除	盲肠未切除	盲肠切除
玉米[1]	84.60±3.9	79.69±3.5	106.40±2.4	100.24±4.4
豆饼[1]	91.56±2.9	86.41±3.9	94.26±2.7	88.91±3.5
低棉酚籽饼[1]	82.88±3.0	84.56±1.5	86.94±4.0	87.78±3.0
高棉酚籽饼[1]	80.03±1.6	84.85±2.4	83.78±1.0	87.51±1.6
棉仁粕	62.3±13.4	56.0±13.2	72.4±8.0	67.4±8.0
肉粉	86.5±5.2	85.0±5.0	92.7±3.2	92.3±2.6
菜籽饼	62.6±11.7	60.6±11.2	72.1±8.7	71.6±8.0

续表 3-24

饲料	氨基酸表观消化率		氨基酸真消化率	
	盲肠未切除	盲肠切除	盲肠未切除	盲肠切除
菜籽粕	65.0±8.4	63.7±7.9	73.8±5.2	73.8±5.7
麦麸	—	62.8±13.0	—	70.4±9.2
裸大麦	—	69.4±7.8	—	84.8±3.7
鱼粉	—	76.5±3.4	—	85.0±2.8
蚕蛹	—	81.2±4.9	—	89.0±6.5

注：表中的数值为氨基酸的平均消化率；氨基酸真消化率为绝食法测得的值。

1. 引自李国富，王康宁(1996)；其余引自沈涛，王康宁(1996)。

(2)内源氨基酸测定方法。沈涛(1996)研究表明，盲肠切除鸭内源氨基酸排泄量高于盲肠未切除鸭，无氮日粮法测定的内源氨基酸(除异亮氨酸外)损失高于绝食法(表 3-25)。段利锋等(1996)研究了鸭无氮日粮补充合成氨基酸对内源氮排泄的影响，结果发现，补充蛋氨酸有蛋白质节约效应，同时补充蛋氨酸和精氨酸，节约效应更大，而补充蛋氨酸和赖氨酸则无节约效应。

表 3-25　鸭 40 h 内氨基酸排泄量　　mg/只

项目	与未切除盲肠比较		无氮日粮法与饥饿法比较	
	盲肠未切除	盲肠切除	无氮日粮	饥饿
氮排泄	272.17±31.97[a]	288.60±44.47[a]	—	—
氨基酸总量	548.65	641.51	921.79	641.51
氨基酸平均排泄量	34.29±14.08[B]	40.09±17.11[A]	61.45±30.42[A]	40.09±17.11[B]

注：表中大写字母不同者差异极显著($P<0.01$)；小写字母不同者差异显著($P<0.05$)。

(3)差量法测定饲料氨基酸真利用率的可行性。王国兴等(1996)证明了用 Ammerman 测定磷真利用率的方法(差量法)可以测定饲料氨基酸的真消化率，并推算出进食含氮日粮时内源氨基酸的排泄量，其值与 NDF 法近似(表 3-26)。进食 CP 为 10%～20%含氮日粮时，内源氨基酸的排泄量相对恒定。为研究进食含氮饲料或日粮对内源氨基酸提供了新的途径。

表 3-26　差量法测定内源氨基酸排泄量与其他方法比较　　g/(只・40 h)

氨基酸	FAS	REG	NFD	差量法					
				5%	10%	15%	20%	25%	平均值
平均值	0.176 8	0.230 0	0.227 7	0.228 9	0.240 5	0.260 0	0.265 6	0.237 8	0.265 0

注：(1)FAS、REG、NFD 分别为饥饿法、回归法和无氮日粮法；

(2)差量法是以 15%～20%和 20%～25%两个梯度下的真消化率平均值，进一步计算的不同蛋白质水平下的内源氨基酸平均排泄量。

2. 鸡、鸭饲料氨基酸可利用率的差异比较研究

王康宁等(1996)、董世仪等(1997)、彭晓龙等(1997)用切除盲肠的鸡、鸭对比测定了玉

米、小麦、裸大麦、次粉、豆饼、豆粕、菜籽饼、菜籽粕、蚕蛹、鱼粉等 17 种饲料的氨基酸消化率，证明鸡、鸭对 75%的饲料氨基酸的利用（消化、吸收）存在差异，一般是鸭比鸡的利用率高，相差 5～15 个百分点（表 3-27）。

表 3-27　鸡、鸭饲料氨基酸的真可利用率的差异

饲料	鸡	鸭	相差
玉米	92.5±5.25	96.4±4.90	−3.90
裸大麦	82.30±7.72	81.56±5.70	−9.26
菜籽饼	76.07±12.81	75.80±10.50	+0.27
菜籽粕	68.99±12.82	77.70±6.00	−8.71
稻谷	75.58±10.75	86.08±4.28	−10.50
燕麦	88.54±3.48	90.20±7.62	−1.66
高粱	90.02±3.67	95.10±1.94	−5.08
曲酒糟	55.82±8.10	57.83±7.21	−2.01
细米糠	83.14±13.30	87.38±11.33	−4.24
统糠	−102.85±17.18	−387.45±49.31	+284.60
大麦	85.92±1.77	90.48±1.13	−4.56
花生饼	89.44±2.04	94.39±1.93	−4.95
芝麻饼	56.62±2.37	56.68±2.44	−0.05
葵瓜子饼	89.47±6.40	86.48±1.91	+2.99
啤酒糟	78.26±1.79	83.98±1.24	−5.72
次粉	97.79±3.87	93.79±3.31	+4.00
小麦麸	70.14±4.01	76.25±3.04	−6.11

彭晓龙等，1997。

Kluth 和 Rodehutscord(2006)也发现肉鸡、火鸡和北京鸭对豆粕、菜粕的消化率存在差异，3 周龄肉鸭的消化率要显著低于肉鸡和火鸡，而肉鸡和火鸡之间的差异不大，作者认为导致这种差异出现的原因不能只用不同品种家禽之间的内源排泄量的不同来解释，但不管如何，最好不用肉鸡的数据来指导肉鸭的生产；Kong 和 Adeola(2013a)进一步使用玉米—酪蛋白—玉米淀粉半纯合日粮研究了肉鸭、肉鸡对豆粕、菜粕的回肠氨基酸标准化消化率的差异，并采用无氮日粮法评定了氮的排泄。结果表明，鸭的基础氮排泄以及内源氨基酸量远高于肉鸡（为 3～4 倍），鸭和肉鸡的表观氨基酸消化率差异不大，但鸭的 Cys、Pro、Met、Lys 和 Trp 的标准消化率高于肉鸡。实际上，关于内源氨基酸排泄量的问题，王国兴等(2008)报道，差量法、无氮日粮法、回归法和饥饿法都可以用于氨基酸真消化率以及内源氨基酸排泄量的测定，这些方法测定的天府肉鸭的磷内源排泄为 0.233、0.228、0.230 和 0.184 g/(只・4 h)，在 10%～20%的日粮蛋白质范围内，差量法测定的内源排泄量比较稳定，饥饿法测定的结果可能误差稍大。郭广涛等(2008)的研究结果也与此相同。

Kong 和 Adeola(2013)还研究了肉鸭饲料氨基酸消化率测定中的可加性问题，研究发现测定的肉鸡混合日粮中 His、Leu、Lys、Met、Phe、Glu、Pro 和 Tyr 的表观消化率高于计算值，而回肠标准化消化率则只有 Cys 的测定值与计算值存在显著差异；而对于肉鸭，表观消化率的测定值与计算值之间，CP、Arg、Ile、Thr、Val、Asp、Gly、Pro 和 Tyr 之间存在显著差异；回肠标准化消化率仍然只有 Cys 的测定值与计算值存在显著差异；因此，使用回肠标准化消化率评定肉鸭氨基酸有效性显得尤其重要。而 Hong 等(2001)也指出，评定肉鸭饲料的有效性时，对于大麦和菜籽粕来说，代谢能的可加性要高于某些氨基酸。

3. 雏鸭与成年鸭对饲料氨基酸利用率的差异

对玉米、豆粕两种有代表性的饲料研究发现，成年鸭比 2 周龄仔鸭的氨基酸真可利用率高 2.24 个百分点($P<0.01$)，见表 3-28。

表 3-28 雏鸭和成年鸭饲料氨基酸真消化率的差异[a] %

AA	饲料			
	玉米		豆粕	
	成年鸭	仔鸭	成年鸭	仔鸭
Aps	88.24±1.14	85.73±1.55*	91.92±1.59	90.33±0.98
Glu	88.93±1.03	89.48±0.80	90.58±1.24	90.57±0.76
Ser	88.80±0.80	88.42±1.45	92.49±2.31	88.81±0.87*
His	88.18±0.99	81.48±0.77**	90.08±2.05	86.31±1.12*
Gly[b]	88.30	86.04	90.35	88.13
Thr	90.21±1.42	83.80±1.18**	91.72±1.85	88.47±1.06*
Arg	88.54±0.66	85.00±3.27	89.11±0.65	89.70±0.87
Ala	91.00±0.98	93.13±1.80	91.38±2.62	92.20±0.80
Tyr	88.84±0.23	84.15±1.66**	92.10±1.99	87.64±0.90**
Val	86.98±1.58	83.96±1.20*	90.50±0.32	84.26±0.26**
Met	87.39±0.73	83.29±0.87**	87.89±0.94	82.97±0.66**
Phe	89.32±0.99	90.60±0.55	92.25±1.74	90.41±0.55
Ile	88.57±1.04	84.53±1.12**	89.65±0.99	87.53±0.60*
Leu	91.99±0.89	92.82±1.84	90.98±0.71	89.45±1.03*
Lys	86.43±1.03	84.47±1.84	89.52±0.79	88.07±0.73
Pro	84.71±1.09	83.17±1.51	87.41±0.90	86.16±1.26*
Trp	84.75±1.60	82.58±1.02	87.97±0.75	87.15±0.59
平均	88.30	86.04**	90.35	88.13**

a. 仔鸭列肩标"*"者表示与成年鸭差异显著($P<0.05$)，标"**"者表示差异极显著($P<0.01$)。

b. Gly 用其他 16 种 AA 的平均值表示，因为尿酸在酸水解过程中可降解成 Gly 而导致排泄物中 Gly 量不准确(Soares 等，1971；Fernandez and Parsons，1996)。

王康宁等，2000。

4.肉鸭常用饲料的氨基酸利用率

卢永红等(1998)测定了4～7周肉鸭基础日粮的氨基酸平均表现消化率和真消化率分别为81.80%和90.08%，精氨酸、组氨酸表观消化率和真消化率较高，分别87.65%、93.36%和90.38%、93.38%；缬氨酸和赖氨酸的较低，分别为76.92%、85.47%和77.60%、85.03%；蛋氨酸消化率居中，为85.14%和90.07%。贺建华等(1994)、卢永红等(1996)、沈涛等(1996)、王康宁等(1996)、宋代军等(2000)和陈正玲等(2001)用去盲肠和未去肠鸭测定了鸭对25种(38种次)饲料氨基酸的真可利用率，平均值见表3-29。

表3-29　鸭对25种饲料氨基酸的真可利用率

项目	EAA									
	His	Arg	Thr	Val	Met	Ile	Leu	Phe	Lys	Ser
玉米 $n=4$	96.1±5.5	93.6±4.4	97.9±13.4	91.7±7.4	99.7±3.1	94.0±1.3	94.0±1.3	93.5±3.5	93.1±10.4	101.7±18.2
大麦	96.4±0.3	94.0±1.1	90.8±0.8	90.6±1.7	97.1±0.5	92.1±1.4	89.3±1.6	92.2±1.1	88.1±1.0	92.2±0.6
裸大麦	87.9±3.4		101.2±5.5	87.8±4.8	91.1±7.0	77.1±7.8	90.8±2.8	91.2±3.1	98.1±4.5	95.5±10.5
燕麦	92.4±6.4	96.12±2.8	88.4±11.6	89.2±9.1		90.7±8.5	93.0±6.5	92.3±6.6	85.9±9.6	90.5±10.1
高粱	94.7±2.8	95.2±0.6	91.4±2.7	92.7±1.6	93.3±1.9	94.3±1.4	97.1±0.1	98.8±2.5	90.9±1.6	95.4±3.1
稻谷	88.4±5.4	93.2±1.9	83.6±7.2	85.7±1.2		85.6±1.3	86.3±1.8	87.7±5.2	84.8±7.1	86.1±5.5
豆饼 $n=4$	97.3±1.6	94.2±4.4	92.4±0.6	90.7±1.1	88.1±7.0	92.2±2.2	93.6±1.9	94.4±1.4	89.8±2.2	92.49
豆粕	90.1±2.1	89.1±0.7	91.7±1.9	90.5±0.3	87.9±0.9	89.7±1.0	91.0±0.7	92.3±1.7	89.5±0.8	92.5±2.3
菜籽饼 $n=3$	86.5±5.2	91.2±1.5	78.3±2.6	67.8±6.0	91.8±6.7	74.9±8.3	82.2±5.8	84.4±1.5	78.9±5.6	76.7
菜籽粕	80.9±7.1		75.8±0.3	69.7±12.7	84.0±7.8	69.3±9.4	82.9±4.3	91.3±1.2	80.2±3.4	74.5±6.6
低酚棉籽粕				86.4±1.5	88.2±4.1	86.5±3.1	89.3±0.6	93.1±0.5	82.5±1.6	
高酚棉籽粕				87.2±1.4	82.7±0.8	86.3±1.1	90.1±0.9	92.1±0.3	85.1±1.9	
棉仁粕	75.3±2.0		71.3±12.5	59.5±10.1	73.4±11.5	59.8±9.7	70.0±8.5	80.7±8.9	76.4±6.3	68.2±10.7

续表 3-29

项目	EAA									
	His	Arg	Thr	Val	Met	Ile	Leu	Phe	Lys	Ser
花生饼	94.9±2.0	98.3±0.6	95.0±1.3	92.2±1.6	97.7±4.3	93.6±1.5	95.4±1.8	95.6±2.2	91.9±3.2	94.8±1.1
芝麻饼	61.2±0.8	75.4±0.5	59.1±2.8	47.8±3.7	63.8±1.4	53.9±3.0	57.5±1.5	64.5±1.4	38.0±1.8	62.4±4.6
葵花籽饼	91.2±0.9	98.4±0.6	95.4±0.6	92.3±0.3	101.1±1.5	91.6±1.5	92.1±1.6	94.3±1.1	84.4±2.0	94.2±0.9
鱼粉	89.0±3.6		92.5±5.9	87.8±3.0	86.1±4.1	83.9±6.1	90.1±5.4	90.1±4.0	94.4±3.0	89.3±3.6
蚕蛹	83.5±3.7		98.1±1.1	92.1±1.2	87.8±10.5	96.3±3.0	95.1±3.7	98.2±1.5	97.2±2.1	90.7±5.7
肉粉	94.3±2.2		96.7±3.0	94.0±4.9	94.0±5.6	87.9±3.6	97.1±4.1	98.5±2.1	100.5±2.6	95.1±1.3
啤酒糟	80.2±0.9	91.0±1.5	84.4±3.1	83.4±1.5	85.5±2.8	82.9±0.5	86.1±0.8	88.2±0.8	80.0±1.2	86.3±1.7
曲酒糟	45.6±13.2	70.5±4.1	59.3±6.2	41.7±8.9		52.4±5.6	57.8±5.0	59.0±4.8	66.8±17.0	66.9±4.2
次粉 $n=3$	91.9±0.8	95.6±2.8	86.6±5.5	87.3±7.4	91.3±1.3	88.4±3.2	91.1±4.4	91.2±5.9	85.5±3.4	96.97
麦麸 $n=4$	82.2±4.7	89.9±2.4	76.7±6.3	70.2±1.9	80.0±7.4	72.6±113.9	80.4±8.2	81.7±3.6	76.1±6.0	75.9±13.1
米糠	76.3±7.9	96.2±5.1	101.0±16.7	87.2±6.6	92.9±32.4	83.4±11.5	90.3±11.3	86.3±11.6	70.6±10.8	103.6±18.1
统糠	−195.0±26.9	−597.6±93.5	−556.1±6.8	−757.2±80.4	−123.7±75.0	401.9±61.0	−357.4±13.3	−299.3±59.7	−117.9±17.9	−661.0±78.3

王康宁等，2002。

Adeola(2005)测定了高油玉米、低植酸玉米以及低植酸豆粕的氨基酸真消化率，结果发现，正常玉米、低植酸玉米和高油玉米的平均氨基酸消化率(0.886、0.890 和 0.900)和蛋氨酸(0.874、0.871 和 0.876)、赖氨酸(0.805、0.816 和 0.813)、色氨酸(0.946、0.959 和 0.960)消化率没有差异；而低植酸豆粕的平均氨基酸消化率，除组氨酸、胱氨酸和色氨酸没有显著差异外，其余氨基酸要高于正常豆粕。

Kong 和 Adeola 等(2010)采用半纯合日粮测定了北京鸭玉米、小麦、玉米 DDGS、菜籽粕、豆粕和肉骨粉的表观回肠氨基酸消化率，结果表明：回肠氮消化率豆粕最高，肉骨粉最低；总氨基酸消化率豆粕最高，赖氨酸消化率豆粕（90.3%）＞菜籽粕（79.0%）＞玉米（78.0%）＞小麦（76.8%）＞肉骨粉（75.6%）＞DDGS（69.2%）；蛋氨酸消化率豆粕最高，肉骨粉最低（78.4%）；苏氨酸消化率豆粕最高（84.0%），玉米最低（61.6%）；色氨酸的变化范围为78.9%～93.0%。

值得指出的是，Adeola等（1998）运用斜率比法，以合成*L*-色氨酸为参比，考察了豆粕中色氨酸的相对效价，以增重和饲料转化率确定的豆粕色氨酸的相对于合成*L*-色氨酸的生物利用率是94%和92%。

（三）肉鸭其他常用饲料/添加剂的有效磷含量评定

Wendt和Rodehutscord（2004）确定了不同磷源的生物利用率，该研究采用平衡试验探讨了不同钙磷比以及磷的添加水平、来源对其利用率的影响，确定了较好的评定磷利用率的方法，结果发现，日粮中钙磷比例为1.2∶1时，磷利用效率最大；以磷酸氢钠的利用率为100%，常用的7种无机磷酸盐的有效性变化在77%～96%范围。陈娴等（2010）在评定饲料有效磷含量的同时，还探讨了可加性的问题，结果表明，肉鸭对玉米、豆粕、棉籽粕、菜籽粕中总磷真利用率分别为32.20%、33.44%、28.84和36.41%，饲料原料真有效磷的可加性优于表观有效磷的可加性，不同饲料原料可加性优劣因原料组合不同而存在一定的差异。陈娴等（2011）又用套算法评定了肉鸭常用饲料的磷利用率，玉米、豆粕、菜籽粕、棉籽粕、花生粕、小麦麸的总磷真利用率分别为65.98%、45.10%、40.44%、20.32%、46.93%和38.59%。齐智利等（2011）也进行了肉鸭常用饲料磷真利用率以及预测模型的研究，采用排空强饲法测定的玉米、小麦加工副产物、豆粕、菜粕、DDGS的平均真利用率为（80.65±3.58）%、（39.01±8.30）%、（53.03±18.90）%、（38.69±8.46）%和（45.55±13.67）%；以总磷和植酸磷为变量可建立预测真可利用磷的预测模型。从结果看，这些实验的结果存在较大差异。原因可能在于方法学的差异以及肉鸭生理状态、饲料不同来源等。

Rodehutscord和Dieckmann（2005）比较研究了磷酸氢钙在鸡、火鸡、肉鸭和鹌鹑上的生物利用率，测定的基础日粮中的磷利用率：肉鸡为58%，鹌鹑为55%，肉鸭为46%，火鸡仅为39%；添加磷酸氢钙线性增加了4种不同动物磷的沉积量，以达到95%最大磷沉积量为标识确定的最佳的磷添加水平，肉鸡、肉鸭和鹌鹑分别为8.4，7.3和4.8 g P/kg日粮干物质，而火鸡对磷的剂量效应曲线没有达到平台期；肉鸭日粮中添加磷的最大边际效应为96%，火鸡为81%，肉鸡为74%，鹌鹑为77%，这些最大边际效应是在不同的磷酸氢钙的添加水平上，这说明不同家禽品种对植物性及矿物性磷源有不同的利用率。

（四）其他

王春林等（2002）研究了日粮亚硝酸盐对肉鸭生产性能和健康状况的影响，结果发现，当日粮中亚硝酸盐（以$NaNO_2$计）（添加水平是0、300、600、900、1 200和1 500 mg/kg）达到900 mg/kg时，肉鸭平均日增重以及平均日采食量显著降低，血液血红蛋白和高铁血红蛋白水平发生显著变化，谷丙转氨酶和谷草转氨酶显著升高，胆碱酯酶、肌酸磷酸激酶和乳酸脱氢酶的活性在900或1 200 mg/kg时显著升高；1 200 mg/kg时的碱性磷酸酶的活性显著下降，结果表明900 mg/kg的亚硝酸盐对肉鸭产生显著危害，而600 mg/kg以下肉鸭能耐受。

Han等（2008）报道黄曲霉毒素处理组的肉鸭血清丙氨酸和天冬氨酸转氨酶的活性显著增强，粗蛋白质的表观消化率显著降低，十二指肠内容物中蛋白酶、胰凝乳蛋白酶、胰蛋白酶和淀粉酶的活性显著改变。

吕武兴等(2010) 研究了黄曲霉毒素 B_1(AFB_1)和吸附剂对肉鸭生长及禽流感疫苗免疫的影响,研究发现,添加 AFB_1 显著降低了肉鸭采食量及日增重,肝脏重量显著增加,添加吸附剂对肝脏损伤有一定的缓解,50 μg/kg 的 AFB_1 不利于肉鸭禽流感疫苗抗体的产生,高于 75 μg/kg 时,能导致肉鸭中毒死亡,此时使用吸附剂无效。吕武兴等(2013) 进一步研究了 $AF B_1$ 对肉鸭生长、肝组织结构及免疫相关基因表达的影响,结果表明,饲粮中添加不同水平 AFB_1 极显著降低了肉鸭的平均日增重和平均日采食量,极显著增加了料重比,显著增加了死亡率。肉鸭肝脏组织病变程度逐渐增加,肝脏结构损伤,肝脏中 *IL*-2 和 *IFN*-γ 基因 mR-NA 表达水平呈现不同程度的降低,初步揭示了 AFB_1 影响肉鸭生产性能以及肝脏病变的作用机理。

King 等(2000)研究了高低单宁含量的高粱对北京鸭饲料利用率的影响,结果发现高单宁饲料的 TME_n 和氮沉积(13.85 MJ/kg,0.24 g)显著低于玉米(14.94 MJ/kg,1.33 g)和低单宁高粱(14.39 MJ/kg,1.31 g),究其原因可能与单宁抑制了肠道黏膜的氨基酸转运载体的活性有关。

四、饲料营养与肉鸭产品品质

鸭肉的品质包括 4 个方面,即感官品质、深加工品质、营养价值和卫生质量。感官品质是鸭肉对人的视觉、嗅觉、味觉和触觉等器官的刺激,即给人的综合感受。深加工品质是指鸭肉是否适合进一步加工的品质。营养价值指鸭肉的养分含量和保健功能。卫生质量指鸭肉的安全特性,即有害微生物和药物的残留情况。

1. 鸭肉胴体脂肪的调控

鸭肉中不饱和脂肪酸的含量较高,是一种健康优良的肉品,鸭肉脂肪酸含量是鸡肉的 2 倍多,其中以软脂酸、硬脂酸、油酸、亚油酸和花生四烯酸为主,占脂肪酸质量的 88%~94%,而且北京鸭和樱桃谷鸭还含有少量的共轭亚油酸。调控肉鸭胴体脂肪的营养措施主要有包括两方面:一是调控饲粮能蛋比或能量与氨基酸之比;二是合理利用添加剂,例如应用甜菜碱、有机铬等。

Sobina 等(1989)研究了限饲对肉鸭胴体品质的影响。试验设 4 个处理:1 组从 0~8 周龄均自由采食;2 组 0~3 周龄限饲 75%,4~8 周龄自由采食;3 组 0~3 周龄自由采食,4~8 周龄限饲 75%;4 组 0~8 周限饲 75%。鸭肉组成为 24.2%~24.8% DM、19.7%~19.9% CP, 1.3%~ 1.5%脂肪和 1.2% 灰分,各组的鸭肉组成、pH 和肉色均无显著差异;全期限饲组的肉持水力略优于其余各组。Osman-AMA(1993)研究限制饲养对北京鸭生产性能的影响,从 2 周龄开始,喂量为自由采食的 100%、85%或 70%,10 或 12 周龄屠宰,结果表明,限饲极显著降低肉鸭 3~10 周龄的增重,但对 11~12 周增重无影响,自由采食组的体重、胴体重、屠宰率均高于限饲组 ($P<0.05$),但各组间的胸肉和腿肉比、肉品质和死亡率无显著差异。与 10 周龄屠宰相比,12 周龄屠宰可提高胸肉、腿肉比例,肉的多汁性更好,表明在8~12 周龄限制北京鸭的采食量为自由采食的 64%可改善肉鸭的生产性能。El-Gendi(1994)比较自由采食和强饲对 56 或 69 日龄北京鸭生产性能和胴体组成的影响,饲粮由 50%黄玉米、45.5%蚕豆(faba beans)和 0.5%食盐组成,试验期 14 d, 结果表明,公鸭的体增重和饲料利

用率显著高于母鸭，母鸭的肝脏和腹脂含量显著高于公鸭；母鸭血液中的总蛋白质(3.55 vs. 3.21 g/100 mL)和球蛋白(globulin，2.25 vs. 1.69 g/100 mL)显著高于公鸭；强饲显著提高增重，但饲料利用率下降；强饲显著提高血液中总蛋白、清蛋白、球蛋白、清/球蛋白比和胆固醇含量；随年龄增加，血液和组织中的尿酸和尿素含量增加。强饲降低血液碱性磷酸酶的活性(291 U/L)，而增加血液转氨酶活性(serum transaminase：GOT 172 U/L，GPT 850 U/L)。自由采食时，血液碱性磷酸酶、GOT 和 GPT 活性分别为 390、152 和 50.1 U/L。Tan 等(2000)研究了早期限饲对北京公鸭后期生产性能、胴体组成和脂肪代谢的影响，试验从 7 日龄开始，从 8～14 日龄限制饲养，试验设 4 个处理：对照组(自由采食，22% CP 和 2 900 kcal ME/kg)、限饲 50%、谷壳稀释饲粮(11% CP，1 430 kcal ME/kg)和隔天饲喂，15～49 日龄饲喂相同的肥育饲粮(18% CP ；3 180 kcal ME/kg)。结果表明，肉鸭在后期存在补偿生长，使生长加快、饲料利用率提高。限饲 50%和谷壳稀释组肉鸭胴体脂肪含量下降，14 日龄时肝脏脂肪酸合成酶(FAS)和乙酰辅酶 A 羧化酶(ACC)的活性下降，且谷壳稀释组的酶活在 49 日龄时进一步下降。限饲 50%或饲喂谷壳稀释组也降低了 14 日龄和 49 日龄血液三酰甘油含量。该研究表明，早期限饲可改善肉鸭生产性能和胴体品质，而饲喂谷壳稀释饲粮更具优势。

Wittmann 等(1996)研究了在骡鸭饲粮中添加 0%和 4.8%的油脂(bone marrow fat)，饲粮亚油酸(g)：AME(MJ)的比例分别为 1.37 和 1.23，结果表明，添加脂肪对骡鸭胴体重、胸肉、翅膀比、腹脂比无显著影响，但腹脂组成略有改变，其中不饱和脂肪酸含量增加，不过若与饲粮亚油酸(g)：AME(MJ)比对应，则改变不大。

Wang(2000)研究了在樱桃谷肉鸭饲粮中添加甜菜碱(1～21 日龄添加 0、500、1 000、1 500 和 2 000 mg/kg ；22～42 日龄添加 0、250、500、750 和 1 000 mg/kg)对肉鸭生产性能的影响，在生长期，添加 500～2 000 mg/kg 可极显著提高日增重($P<0.01$)和采食量(除 2 000 mg/kg组外)，但对饲料利用率无显著影响；在肥育期，日增重和饲料利用率随甜菜碱用量呈线型增加；甜菜碱可极显著提高胸肉和降低腹脂比例($P<0.01$)，添加 1 000 mg/kg 甜菜碱可极显著提高甜菜碱—同型半胱氨酸甲基转移酶总活性和特异性活性、肝脏游离肉毒碱含量和胸肉酸不溶肉毒碱含量($P<0.01$)，表明甜菜碱可通过促进甲基化代谢提高肉毒碱合成，刺激肌肉细胞线粒体内膜中长链脂肪酸的β-氧化。Wang 等(2004)进一步探讨了甜菜碱和 *DL*-Met 对肉鸭生产性能和肌肉品质的影响，结果发现，在两者之间并没有交互效应存在，但甜菜碱和 *DL*-Met 都能改善肉鸭的生产性能，甜菜碱显著降低了腹脂含量，提高了胸肌产量，而蛋氨酸虽然也提高了胸肌产量，但对腹脂含量没有显著影响。

Arslan 等(2003)报道通过饮水对肉鸭给予 *L*-肉碱对生产性能没有显著影响，肉鸭的胴体品质、血清胆固醇、总脂肪、甘油三酯以及葡萄糖水平也没有显著变化，但腹部脂肪的总饱和脂肪酸含量下降，单和多不饱和脂肪酸含量也没有差异。这从一个侧面证实了甜菜碱和肉碱在调节肉鸭腹脂含量方面可能存在较强的交互效应。

于辉等(2009)报道中草药饲料添加剂极显著降低了仙湖肉鸭的皮脂率和腹脂率，而胸肌率显著提高，自 4 周龄起，血清中的甘油三酯含量均显著降低。顾莞婷等(2007)报道添加植物甾醇的肉鸭平均日增重、料重比和平均体重差异不显著，但添加植物甾醇均降低了肉鸭血浆中总胆固醇(TC)和低密度脂蛋白胆固醇(LDL-C)的含量。此外，各试验组肉鸭的肌间脂肪含量均有提高，这提示植物甾醇可能具有重新分配动物体内脂肪、改善肉鸭肌肉品质的效果。

Wu 等(2011)等考察了在北京鸭的玉米—豆粕型日粮中添加 10 g/kg 的 *L*-精氨酸对其体脂沉积的影响,结果表明,*L*-精氨酸能降低胴体的体脂沉积以及减小腹部脂肪细胞的直径和体积,增加肌肉的肌间脂肪的沉积,而降低胴体脂肪沉积的原因可能与降低肝脏脂肪生成酶的活性有关。闻治国等(2012)探讨了不同填饲水平对北京鸭生产性能等的影响,研究发现,血清甘油三酯、总胆固醇浓度和谷丙转氨酶活性随填饲量的提高而逐渐升高,填饲使得北京鸭肝脏细胞肿大,胞浆中充满大量大小不等的脂肪滴。由此可见,填饲能够快速增加北京鸭的脂肪沉积。

2. 营养强化鸭肉

自 20 世纪 80 年代以来,研究生产富含亚油酸、亚麻酸和 ω-3 PUFA 禽肉的研究报道较多。如应用富含 ω-3 PUFA 的饲料如深海鱼油、亚麻籽等来生产富含 EPA 和 DHA 禽肉,这种禽肉可补充人们膳食中 EPA 和 DHA 的不足,具有很高的保健价值(沈洪民译,1995)。在肉鸭方面的报道较少。Schiavone 等(2007)探讨了使用微生态制剂对肉鸭胸肌二十二碳六烯酸(DHA)含量的影响,结果发现,微生态制剂对生产性能及胴体品质没有显著影响,胸肌的化学组成、肉色、pH、抗氧化指标以及其他感官风味指标没有显著变化,但 DHA 在胸肌的沉积量增加。

第二节　蛋鸭的营养与饲料利用特点

蛋鸭主要指我国各地以生产鸭蛋为目标而饲养的地方麻鸭品种,包括绍兴鸭、金定鸭、莆田黑鸭、攸县麻鸭、荆江鸭、三穗鸭、连城白鸭、山麻鸭等;同时也包括目前我国东南沿海和长江流域各地大量饲养的肉蛋兼用型鸭品种,如高邮鸭、临武鸭、大余鸭、巢湖鸭、建昌鸭等。除肉蛋兼用型鸭品种外,其他蛋鸭品种的生长发育、开产日龄、性成熟体重及产蛋性能虽存在一定差异,但在消化生理特点、生产性能和营养需要量方面具有一定的共性,且各品种均具有一定的依据营养物质食入量调节饲料采食量的能力。因此,可以同时考虑制定上述蛋鸭品种的饲养和营养标准,并根据蛋鸭的生长发育特点、开产日龄及产蛋性能等情况,将蛋鸭生长期及产蛋期划分为 5 个阶段:育雏期(0～4 周龄)、生长期(5～8 周龄)、育成期(9～19 周龄)、产蛋初期(20～23 周龄)和产蛋期(24～70 周龄)。其中产蛋期又可根据产蛋性能划分为产蛋前期、产蛋中期和产蛋后期(侯水生等,2009)。

一、蛋鸭的营养需要特点及研究进展

我国是世界上最大的鸭蛋生产国和消费国,蛋鸭相关产业规模巨大。但目前对蛋鸭营养需要等的研究却极少且不成体系,其关于营养标准的数据十分匮乏,导致蛋鸭饲养标准的制定工作严重滞后。而国外包括美国 NRC(1994)、日本农林水产省(1992)、法国 AEC(1993)等出台的鸭营养需要均针对肉鸭(北京鸭),并未建立蛋鸭的饲养标准。由于品种、地域及饲养方式等问题,现有研究结果之间差异较大,无法满足当前蛋鸭精准饲料配制与饲养的要求。

(一)蛋鸭能量营养需要

1. 绍兴鸭

戴贤君等(2001)通过饲养、代谢试验和屠宰试验，得到绍兴蛋鸭在不同产蛋时期的代谢能需要量值。在正常生产情况下，绍兴蛋鸭产蛋前期每天代谢能的需要量(MJ/d)为：

$$MER=845.07\times W^{0.75}+42.67\times \Delta W_g+16.50\times \Delta W_e$$

式中，$W^{0.75}$ 为蛋鸭代谢体重(kg)，ΔW_g 为蛋鸭日增重(g/d)，ΔW_e 为蛋鸭平均日产蛋重(g/d)。

产蛋后期代谢能的需要量为：

$$MER=845.07\times W^{0.75}+12.99\times \Delta W_e$$

绍兴蛋鸭产蛋代谢能转化效率的平均值在产蛋前期、产蛋后期分别为 43.31%和 56.75%。尹兆正等(2000)研究发现在饲喂相同粗蛋白质水平(17.5%)及不同代谢能水平(10.67、10.88、11.09、11.30、11.51 MJ/kg)日粮情况下，绍兴鸭产蛋期适宜的日粮代谢能水平为 11.09 MJ/kg，其相应的蛋能比为 15.78 g/MJ。戴贤君等(1999)通过分别饲喂高、中、低不同能量水平(11.7、11.3、10.8 MJ/kg，CP 18%)试验日粮研究了 20～30 周龄(产蛋前期)和 31～50 周龄(产蛋后期)绍兴鸭的生产性能，表明采食量以中能量水平组最高，在前期中、低能量水平组差异显著($P<0.05$)，产蛋后期各组差异不显著。整个产蛋期高能量水平组产蛋最大，产蛋前期高能量水平组与中、低能组蛋重差异显著($P<0.05$)；产蛋后期蛋重由高能组到低能组依次降低，各组间差异显著($P<0.05$)。整个产蛋期中能量水平组产蛋率最高，并与高、低能量水平组差异显著($P<0.05$)。龚绍明等(2008)选用笼养 126 日龄绍兴鸭分别饲喂 3 种能量水平(10.67、11.30、11.92 MJ/kg)和 3 种粗蛋白质水平(16.5%、18.5%、20.5%)的日粮，结果表明笼养蛋鸭的耗料量和料蛋比主要受日粮代谢能水平的影响，要维持笼养蛋鸭的高产蛋率日粮粗蛋白质水平应在 18.5%以上，代谢能则以 11.30 MJ/kg 为宜。

2. 攸县麻鸭

湖南农业大学动物营养研究所选用休产期的攸县麻鸭，采用代谢试验每组分别强饲不同重量饲料(0、30、60、90 和 120 g)，对攸县麻鸭休产期维持能量需要进行了研究，结果表明蛋鸭休产期维持体重不变的采食量为 105.75 g/d，约合代谢能 1 062.63 kJ/kg $BW^{0.75}$，能量零平衡的代谢能为 1 296.58 kJ/d，约合 1 059.49 kJ/kg $BW^{0.75}$，两者平均为 1 061.06 kJ/kg $BW^{0.75}$，或者 991.98 kJ/kg $BW^{0.75}$，同时证实了当能量采食量与维持需要量接近时，饲料代谢率最高。

3. 莆田黑鸭

檀俊秩等(1988)用 3 种粗蛋白质水平(15%、16.5%、18%)和 3 种能量水平(10.24、10.87、11.50 MJ/kg)组合成 9 种日粮，研究 17～43 周龄莆田黑鸭能量和粗蛋白质需要量，结果表明以 300 日龄试验鸭产蛋数作为衡量指标，16.5%粗蛋白质、10.24 MJ/kg 日粮和 18%粗蛋白质、10.87 MJ/kg 的日粮最佳。

4. 金定鸭

米玉玲等(2001)研究相同粗蛋白质不同能量水平(11.09、11.30、11.51、11.78、

11.92 MJ/kg)日粮对笼养金定蛋鸭产蛋初期生产性能的影响，结果表明日粮代谢能水平为 11.51 MJ/kg 可满足笼养金定蛋鸭的产蛋需要。任延铭(2001)选用 4 周龄金定蛋鸭在笼养条件下研究金定蛋鸭的代谢能需要量，结果显示 5～12 周龄金定蛋鸭适宜能量水平为 10.88 MJ/kg，13～16 周龄金定蛋鸭的适宜能量水平为 11.09～11.30 MJ/kg，同时 5～16 周龄笼养金定蛋鸭的能量水平在 11.30 MJ/kg 时，试验鸭产蛋初期(19～28 周龄)获得了最佳的生产性能。魏立民等(2011，2013)研究了海南地区笼养金定蛋鸭能量水平和能量与粗蛋白质互作对试验鸭生产性能的影响，结果表明日粮能量水平在 11.30～11.80 MJ/kg 时能较好地满足 16～29 周龄试验鸭产蛋期的能量需要，能量与粗蛋白质水平互作的试验结果则进一步表明在海南地区笼养的 16～29 周龄金定蛋鸭日粮能量水平在 11.30 MJ/kg，粗蛋白质水平为 17.0%时效果最佳。米玉玲等(2003)研究了低温高能日粮对笼养金定产蛋鸭生产性能、养分利用率及相关生化指标的影响，结果表明低温下提高日粮代谢能水平可提高产蛋鸭生产性能，使日采食量和料蛋比显著降低($P<0.05$)，使游离脂肪酸、血糖水平有升高的趋势，而使尿酸有降低的趋势，同时低温下提高了日粮代谢能水平使能量利用率、氮利用率、钙利用率、磷利用率($P<0.05$)。

5. 樱桃谷种鸭

王生雨等(2012)研究日粮不同代谢能水平(11.08、11.29、11.50、11.71、11.92 MJ/kg)对 29～47 周龄樱桃谷种鸭产蛋性能的影响时发现，代谢能水平为 11.29 MJ/kg 的试验组种鸭产蛋率、只产蛋数、只产合格蛋数均最佳($P>0.05$)，同时破蛋率及双黄蛋率分别以11.08 和 11.29 MJ/kg 组最低($P>0.05$)，且随着饲料代谢能水平的升高，种蛋受精率呈二次曲线下降($P<0.05$)，种鸭死淘率呈线性上升($P<0.05$)，显示日粮代谢能水平在 11.08～11.29 MJ/kg 间时，樱桃谷种鸭可获得较佳的生产性能。

6. 莱鸭

莱鸭(Tsaiya 鸭)是中国台湾的主要蛋鸭品种，多项研究结果显示 0～4 周龄莱鸭日粮代谢能水平为 12.08 MJ/kg，5～9 周龄日粮代谢能水平为 11.41 MJ/kg，10～14 周龄日粮代谢能水平为 10.87 MJ/kg，15 周龄及以上日粮代谢能水平为 11.41 MJ/kg 时莱鸭的生产性能最佳(Shen，2000)。

(二)蛋鸭的粗蛋白质和氨基酸营养需要

1. 粗蛋白质

日粮粗蛋白质和氨基酸，特别是必需氨基酸缺乏时会导致禽类产蛋量下降，蛋重减轻，严重时则产蛋停止，而日粮中氨基酸过量则不仅导致其他养分的需要增加，还可能使尿酸生成增多，能量利用率降低，故适宜的日粮氨基酸水平对蛋鸭产蛋性能的表现至关重要。蛋鸭的粗蛋白质需要主要取决于体重、产蛋率、蛋重和粗蛋白质的消化利用率等因素。尹兆正等(1996，2000)研究发现在等能条件下(11.29 MJ/kg)5 种不同粗蛋白质水平(15%、17%、19%、21%、23%)日粮对开产后 52 周内绍兴鸭产蛋率无显著影响，试验鸭氮存留率随日粮粗蛋白质水平升高以及试验鸭日龄增长而降低，但提高粗蛋白质水平可提高平均蛋重和饲料产蛋效率，推荐绍兴鸭产蛋期适宜粗蛋白质水平为 17%～19%，其相应的蛋能比为 15～17 g/MJ。龚绍明等(2008)用 3 种能量水平(10.67、11.30、11.92 MJ/kg)和 3 种粗蛋白质水平(16.5%、18.5%、20.5%)的日粮饲喂笼养绍兴鸭，结果表明笼养蛋鸭的产蛋率和产蛋量主要受日粮粗蛋白质水平的影响，要维持笼养蛋鸭的高产蛋率，日粮粗蛋白质水平应在18.5%以上，代谢能则以11.30 MJ/kg为宜。陈雪君(2006)研究表明饲粮粗蛋白水平对17～49周龄产蛋期绍兴蛋鸭体重、采食量及产蛋性能均没有显著影响，但是蛋重与饲粮蛋白质水平呈正相关($R^2=0.685$)，低蛋白组产蛋率较高。林哲敏等(2011)研究表明，在笼养条件下分别饲喂不同粗蛋白质水平日粮(17%、19%、21%)的16～28周龄的金定蛋鸭，当日粮中粗蛋白质水平为17%时，蛋鸭的产蛋率最高，料蛋比最低；进一步增加日粮中粗蛋白质水平（19%和21%)，蛋鸭的产蛋性能指标间差异不显著，蛋白质水平对鸭蛋品质的影响差异也不显著，并且日粮中蛋白质水平过高，蛋白质的利用率降低。魏立民等(2013)研究表明日粮中蛋白质的添加水平对金定蛋鸭生产性能的影响差异均不显著($P>0.05$)，综合认为海南地区笼养的16～29周龄金定蛋鸭日粮粗蛋白质水平为17.0%时效果较佳(ME 11.30 MJ/kg)。刘庆华(2001)通过氮平衡方法研究休产期攸县麻鸭蛋白质维持需要量，结果表明试验鸭的净蛋白维持需要量为2.254 g/kg $BW^{0.75}$。吴艳玲(2005)研究绿头野鸭不同生长阶段适宜粗蛋白质水平时表明试验鸭育雏期适宜粗蛋白质水平为19%，育成期适宜的粗蛋白质水平为17%，而其产蛋期适宜粗蛋白质水平为16%。张罕星等(2010)研究福建龙岩山蛋麻鸭产蛋初期代谢能和蛋白质的需要量结果显示当日粮代谢能为10.88 MJ/kg，粗蛋白质为17%(其中蛋氨酸水平为0.45%，赖氨酸水平为0.85%)时试验鸭产蛋率最高($P=0.60$)，平均蛋重和日产蛋重最高($P<0.05$)，料蛋比最低($P<0.05$)；而在产蛋高峰期，日粮代谢能水平为10.88 MJ/kg，粗蛋白质水平为18%时产蛋率、平均蛋重、料蛋比等达到最佳，但与代谢能10.46 MJ/kg、粗蛋白质水平为16%组无显著差异($P>0.05$)。张巍等(2009)通过选取3因子2水平(粗蛋白质、赖氨酸/粗蛋白质、蛋氨酸/粗蛋白质各设2个水平)研究夏季蛋鸭产蛋高峰期适宜的粗蛋白质及氨基酸水平，结果表明夏季降低日粮粗蛋白质水平可缓解热应激带来的不良影响，而夏季高产蛋鸭饲粮在粗蛋白质15%、赖氨酸/粗蛋白质0.055、蛋氨酸/粗蛋白质0.025水平时获得了较好的生产性能。

2. 蛋氨酸

在蛋鸭日粮中蛋氨酸是第一限制性氨基酸。东北农业大学在等能条件下使用不同粗蛋白质和蛋氨酸水平完全交叉组成的9种日粮饲喂金定鸭，研究结果表明育雏期(0～4周龄)金定鸭日粮适宜粗蛋白质(CP)和蛋氨酸(Met)水平分别为CP 17%和Met/CP 0.030，生长期(5～12周龄)金定蛋鸭生长期适宜粗蛋白质和蛋氨酸水平分别为CP 14%～16%和Met/CP 0.022～0.027，育成期金定蛋鸭适宜的粗蛋白质和蛋氨酸水平分别为CP 13%和Met/CP 0.027。宋春玲(2003)研究报道，饲粮ME 11.55 MJ/kg条件下，17%粗蛋白质(赖氨酸0.86%)和0.36%蛋氨酸水平能够满足产蛋初期(19～28周龄)金定蛋鸭生长和生产需要。阮栋等(2012)探讨不同蛋氨酸水平对开产期龙岩麻鸭产蛋性能、蛋品质及卵巢形态的影响，结果表明以日产蛋重为评价指标，依据二次曲线模型，开产期麻鸭饲粮适宜蛋氨酸水平为0.40%，日摄入量为560 mg/d；同时，蛋氨酸对开产期麻鸭蛋品质及卵巢形态未产生显著影响。吕明斌等(2012)研究饲粮蛋氨酸水平对樱桃谷肉种鸭产蛋性能的影响，发现蛋氨酸水平为0.42%时，樱桃谷肉种鸭在产蛋中后期(44～57周龄)可获得较佳的产蛋性能。

3. 赖氨酸

在蛋鸭日粮中赖氨酸是第二限制性氨基酸(Dean，1986)。陈伟等(2012)研究日粮不同赖氨酸水平对龙岩麻鸭产蛋高峰期血浆激素变化的影响时，发现各处理组血浆中胰岛素含量无显著差异（$P>0.05$），0.75%赖氨酸组血浆中甲状腺素显著低于其他组（$P<0.05$），且日粮赖氨酸水平与血浆甲状腺素含量呈二次曲线关系。林谦等(2014)研究日粮不同赖氨酸水平对临武鸭屠宰性能的影响结果表明，49～70 日龄雌性临武鸭日粮的赖氨酸水平为 0.85%时最佳。同时，研究表明日粮 0.65%赖氨酸水平即可满足 22～28 周龄产蛋初期临武鸭生产需要，而当日粮赖氨酸水平在 0.95%时可获得最佳产蛋性能。叶慧等(2012)研究认为康贝尔麻鸭 0～3、4～6、7～9 周龄日粮赖氨酸推荐总量分别为 1.01%（ME 11.84 MJ/kg；CP 19.57%）、0.87%（ME 11.67 MJ/kg；CP 17.38%）、0.72%（ME 11.72 MJ/kg；CP 16.76%）。

4. 色氨酸

色氨酸是机体合成蛋白质的必需氨基酸，目前亦被认为是家禽的第三限制性氨基酸。动物机体内只有色氨酸这一种以非共价键和血清白蛋白结合的氨基酸，从饲粮中消化吸收获得的色氨酸一部分作为成分参与蛋白质合成，另一部分则分解成其他代谢中间产物发挥多种生理功能，同时适宜的日粮色氨酸水平还被证实具有促进机体蛋白质沉积的作用。刘肖挺等(2012)研究饲粮不同色氨酸水平对金定蛋雏鸭生长性能、营养物质代谢和血液生化指标的影响，结果显示，当日粮色氨酸水平达到 0.28%时试验鸭获得了最佳的生长性能和抗氧化指标，而日粮色氨酸水平在 0.28%～0.30%时获得了较好的免疫性能，综合认为 0～4 周龄金定蛋雏鸭日粮中色氨酸最适水平为 0.28%～0.30%。张括等(2012)对后备金定蛋鸭(12～17 周龄)色氨酸需要量的研究结果表明，玉米—豆粕型基础日粮中不同水平色氨酸对后备蛋鸭平均日增重、平均日采食量和料重比有一定的影响，而以性激素及抗氧化状况作为衡量指标，日粮色氨酸水平分别在 0.242%～0.260%和 0.250%～0.267%时较佳，而综合各项指标认为 12～17 周龄后备期金定蛋鸭日粮色氨酸适宜水平为 0.247%～0.250%。

5. 精氨酸

精氨酸是家禽的必需氨基酸，其不仅参与机体蛋白质合成，还是多种生物活性物质的合成前体。精氨酸可以被甘氨酸转脒基酶和精氨酸分解酶降解为鸟氨酸和尿素，鸟氨酸又是合成多胺类物质的前体，多胺又是调节细胞生长的重要物质，其可以稳定细胞结构，与核酸分子结合，并且增强核酸与蛋白质的合成，是细胞增殖的促进剂（Wu，1997）。谭玲芳等(2013)研究日粮不同精氨酸水平对 5～10 周龄金定蛋鸭生长性能和免疫功能的影响，发现饲粮中适量添加精氨酸能够显著提高笼养生长期蛋鸭的生长性能及免疫能力，通过二次回归模型分析各项指标（表 3-30）可知，在笼养条件下试验鸭饲粮中精氨酸的最适含量为 1.19%～1.21%。

表 3-30　拟合曲线模式估测生长期蛋鸭饲粮精氨酸适宜添加水平

指标	回归方程	R^2	P 值	适宜添加水平/%
ADG	$Y=-78.508X^2+188.42X-91.003$	0.9856	0.014	1.20
ADFI	$Y=-234.29X^2+559.28X-188.45$	0.9619	0.038	1.19
IgM	$Y=-6.4984X^2+15.666X-8.2649$	0.9772	0.023	1.21

谭玲芳等，2013。

(三)蛋鸭的矿物质营养需要

1. 钙和磷

蛋鸭钙的营养需要量主要决定于体重、产蛋率、蛋重和环境温度等因素。王秀艳等(2005)报道,日粮3.18%的钙水平能有效促进休产恢复期笼养金定蛋鸭体内的蛋白质合成和糖类代谢。任海英等(2003)研究了日粮不同磷水平对笼养高产蛋鸭(金定鸭)产蛋性能的影响,结果表明,笼养高产金定鸭产蛋初期日粮的适宜有效磷水平为0.37%。

2. 钠和氯

鲍庆晗等(2009)研究玉米—豆粕型日粮中不同氯水平对生长期笼养蛋鸭生产性能的影响,结果显示饲粮中含氯0.06%会显著降低蛋鸭的生产性能($P<0.05$);氯水平为0.12%~0.60%时对蛋鸭的生产性能无显著影响($P>0.05$),但0.12%氯水平组的日增重、终重、饲料转化率等各项指标都优于0.18%~0.60%氯水平组。结果表明,当饲粮中含氯0.12%时可使笼养生长蛋鸭发挥最佳的生产性能。王安等(2010)在玉米—豆粕型基础日粮中分别添加0、0.16%、0.20%、0.24%、0.28%、0.32%、0.48%和0.96%的氯化钠,研究了不同氯化钠水平对生长期(5~11周龄)金定蛋鸭生长性能和血液生化指标的影响,结果表明,氯化钠添加水平对生长蛋鸭平均日增重、采食量、料重比以及血清尿素氮和葡萄糖含量影响显著($P<0.05$),并建议玉米—豆粕型日粮中添加0.24%氯化钠,使日粮钠和氯的含量分别为0.131%和0.193%,即可满足5~11周龄金定蛋鸭的生长和生理需要。

3. 微量元素

目前有关蛋鸭微量元素需要量的文献较少。部分微量元素需要量的总结见表3-31。

表3-31 蛋鸭微量元素需要量

阶段(周龄)		资料来源	微量元素建议值/(mg/kg)				
			锰	锌	铁	铜	碘
育雏期	0~3	苏联	50	50	25	3.5	1.0
	0~4	中国台湾畜牧学会(1993)	47	62	96	12	0.48
	0~2	印度家鸭中心繁殖场	80	100	60	8	0.6
生长期	4~8	苏联	50	50	25	3.5	1.0
	4~9	中国台湾畜牧学会(1993)	47	62	96	12	0.48
	3~8	印度家鸭中心繁殖场	80	100	60	8	0.6
育成期	9~28	苏联	50	50	25	3.5	1.0
	9~14	中国台湾畜牧学会(1993)	47	62	96	12	0.48
	9~20	印度家鸭中心繁殖场	80	100	60	8	0.6
种鸭	28以上	苏联	50	50	25	3.5	1.0
蛋鸭	14以上	中国台湾畜牧学会(1993)	60	72	72	10	0.48
	20以上	印度家鸭中心繁殖场	80	100	60	8	0.6

(1)锰。锰元素主要与骨骼发育、生长、繁殖、维生素B_1和维生素C合成等机能相关。锰作为酶的活化因子或组成部分在碳水化合物、脂类、蛋白质和胆固醇代谢中扮演重要角色。雏鸭缺锰易发生骨粗短症或脱腱症(骨骼发育不良),导致生长受阻;种鸭缺锰时,产蛋率和蛋壳品质下降,软壳蛋和薄壳蛋增加,孵化率下降;胚胎在18～21胚龄(即后期)易发生死亡。王淑梅等(2006)探讨了日粮锰水平对育成期蛋鸭血液生化指标和MnSOD的影响,并建议育成期蛋鸭日粮中锰的适宜添加量为90 mg/kg。王尚荣(2007)报道,日粮锰水平为100 mg/kg时,樱桃谷蛋鸭产蛋性能最佳。

(2)铁、铜、锌。鸭机体内90%以上的铁与蛋白质结合,充当体内运输氧的载体;同时铁也是机体内多种酶的组成成分,参与细胞内生物氧化过程。蛋白质含铁量丰富,产蛋鸭对铁需要量较大,然而饲喂过量的铁又会使磷成为不溶解磷酸铁,使磷的吸收率降低,引发软骨症。缺铁时,机体内血红蛋白含量降低,会引起贫血。陈婉如等(1996)筛选出蛋氨酸铜、铁、锌、锰络合物在蛋鸭配合饲料中的最佳用量为Cu 3 mg/kg、Fe 20 mg/kg、Zn 60 mg/kg、Mn 55 mg/kg(以络合态的元素含量计)。

铜主要分布于鸭体主要脏器内,参与体内造血过程。同时还与其他微量元素、酶共同参与机体生命活动。饲喂低铜日粮蛋鸭产蛋量稍有下降,然而孵化率显著降低。一般情况下大多数饲料中不缺铜,但饲料中钼过多,会引发铜的缺乏症,因为钼过多会使尿中铜排出量增加。此外,饲料中的硫可与铜在消化道中结合生成不易吸收的硫酸铜,使铜的吸收率下降。

鸭体内所有器官、组织中均含有锌,尤以肝脏、骨骼、皮肤、肌肉、血液、羽毛和蛋黄中含量较多。锌既是多种酶的主要成分,又能影响性腺活动和提高性激素的活性,对繁殖有重要作用。锌缺乏时,表现为生长缓慢,皮肤及羽毛生长不好,踝关节肿大,腿骨粗大,产蛋率降低,孵化率下降,胚胎发育受阻。冯望宝等(2007)报道,玉米—豆粕型日粮中锌添加水平为30～60 mg/kg时,育成期(5～13周龄)笼养蛋鸭生长性能和血清生理生化指标最佳。张巍等(2008)报道,在日粮中添加40 mg/kg纳米氧化锌与氨基酸螯合锌,能提高山麻鸭种鸭生产性能,降低饲料成本。

(3)碘。童中舰等(1989)对饲喂1年左右碘复合物后蛋鸭的肝功能、甲状腺以及高嗜碘组织器官对碘的承受力进行了测定,结果表明,以碘复合物(饲料中含碘量100 mg/kg)连续饲喂蛋鸭1年左右,并不会影响鸭群的甲状腺功能和肝功能,同时鸭群饲喂碘复合物以后,能改善个体精神食欲,提高产蛋率,加强抗病力。

(4)硒。硒是机体抗氧化及甲状腺素功能的必需微量元素,参与多种抗氧化蛋白的结构组成,促进动物机体内抗氧化作用。吴国权等(2008)研究了低温和硒对育成期(12～16周龄)金定笼养蛋鸭性发育及相关激素的影响。硒对T_3、T_4和LH影响显著或极显著($P<0.05$或$P<0.01$),对胰岛素、FSH和输卵管相对重量和相对长度影响均不显著($P>0.05$)。0.45 mg/kg的硒可有效地缓解低温对激素水平的影响,使其与正常生理水平相近,同时能改善低温对鸭性发育造成的不利影响。陈伟等(2012)研究了日粮中不同硒水平对蛋鸭(产蛋高峰期)产蛋性能和抗氧化的影响。结果表明,产蛋初期,日粮中硒水平与产蛋率和料蛋比均呈二次曲线关系:

$$Y_1=-137.26X^2+74.19X+64.56, R^2=0.93$$

$$Y_2=5.36X^2-3.13X+3.53, R^2=0.82$$

Y_1为产蛋率；Y_2为料蛋比；X为硒水平。

式中，蛋鸭日粮最适硒水平为0.27 mg/kg，产蛋高峰日粮最适硒水平为0.20 mg/kg，而高峰期发挥最佳抗氧化能力的日粮中硒水平为0.36 mg/kg。

(四)蛋鸭的维生素营养需要

1. 维生素A

沈洪明等(2004)报道，日粮中维生素A水平为12 000 IU/kg时，绍兴麻鸭产蛋率、总蛋重和饲料转化率最好。原立海等(2008)研究了低温及不同维生素A在日粮中添加量(2 500、5 000和10 000 IU/kg)对育成期笼养蛋鸭生产性能和生化指标的影响，结果表明，随着日粮维生素A水平的增加，日增重和血清中蛋白指标均有升高趋势。此外，增加日粮维生素A水平能显著增加输卵管的长度和重量。张养东等(2009)采用单因子随机试验设计，研究了维生素A(0、2 250、5 500、8 250、12 000和15 000 IU/kg)对育成期(5～12周龄)笼养金定蛋鸭免疫机能和相关激素分泌的影响，结果表明，日粮中添加维生素A能促进笼养育成蛋鸭免疫器官的生长发育，对机体免疫机能和激素的分泌有一定程度的影响，其中以添加5 500～8 250 IU/kg效果较好。

2. 维生素C

维生素C具有抗氧化和促氧化的双向作用，维生素C添加量若不能满足机体的需要量，就达不到最佳的抗氧化能力；而过高又会引起维生素C的促氧化作用，产生过多的自由基，导致机体的抗氧化能力降低，使机体的抵抗力下降，最终会影响到禽的生产能力。谢富等(2008)以生长性能为考察指标研究了笼养蛋雏鸭维生素C营养需要量，建议1～7日龄和8～28日龄笼养蛋雏鸭日粮维生素C适宜添加量分别为800 mg/kg和300～400 mg/kg。

3. 维生素D

维生素D是动物体内不可或缺的一种脂溶性维生素，其与钙磷的吸收、免疫细胞的形成、骨骼发育和肉品质等相关。王丽等(2007)报道，日粮维生素D水平影响育成期金定蛋鸭生长性能，日粮维生素D水平对育成期金定蛋鸭血清中Ca、P、TP、ALB、TG含量和碱性磷酸酶活性影响显著，并建议笼养育成阶段蛋鸭维生素D的适宜添加量为1 500～3 000 IU/kg。王爽等(2013)采用单因子随机试验设计，研究了饲粮维生素D水平(0、800、1 600、2 400、3 200和4 000 IU/kg)对产蛋初期雌性龙岩麻鸭产蛋性能、血液生化及胫骨指标的影响。结果表明，基础日粮中添加维生素D显著降低血浆中甲状旁腺激素的含量($P<0.05$)，且显著影响胫骨钙、磷及灰分含量($P<0.05$)。综合分析，龙岩麻鸭产蛋初期饲粮维生素D适宜添加量为800 IU/kg。

4. 维生素E

李建等(1998)报道，日粮中添加0.2 mg/kg硒和10 mg/kg维生素E能改善建昌鸭种蛋受精率和孵化率，提高幅度分别为1.11%和2.65%，同时还可增加蛋重0.23 g和延长产蛋期。Chen等(2004)报道，在*n*-3多不饱和脂肪酸(PUFAs)丰富的日粮中添加维生素E能显著改善产蛋期菜鸭产蛋量、蛋重和饲料效率($P<0.05$)，且三者与维生素E添加水平呈正相关。庞婧等(2007)研究了低温和日粮维生素E(20、220、420 IU/kg)对笼养蛋雏鸭生长性能、抗氧化能力及血糖血脂的影响，结果表明220和420 IU/kg维生素E组雏鸭生长性能

和机体抗氧化能力显著高于对照组($P<0.05$);在正常育雏温度及低于正常育雏温度下,220 IU/kg 维生素 E 组鸭的生长性能和抗氧化能力均较好。陈鑫等(2008)报道,补充维生素 E 能提高育成期蛋鸭机体的耐寒力,缓解低温对蛋鸭的损伤,提高蛋鸭生产性能。武江利等(2008)研究不同维生素 E 水平(0、10、15、20、40 和 100 IU/kg)对育成期金定蛋鸭生长、免疫与抗氧化指标的影响,结果表明在育成期金定蛋鸭的基础日粮中添加 15~20 IU/ kg 维生素 E 可明显提高其生长性能,同时改善机体的免疫和抗氧化机能。靳峰涛等(2011)研究了玉米—豆粕型饲粮中添加维生素 E 对初产金定蛋鸭性激素分泌和抗氧化指标的影响,结果表明玉米—豆粕型饲粮中添加 142.1 IU/kg 维生素 E 可增加初产蛋鸭促卵泡激素、雌二醇和促黄体素的分泌,增强机体抗氧化能力。

5. 胆碱

胆碱,亦称维生素 B_4,其以游离胆碱、乙酰胆碱和复合磷脂等形式广泛存在于生物机体内,主要参与机体蛋白质的合成。胆碱还能调节脂肪代谢,防止脂肪在肝脏、肾脏中发生组织病变,增强禽的体质和抗病能力,同时也能提高禽生产性能和饲养效益。马维英等(2013)采用单因子随机试验设计,研究了玉米—豆粕型日粮中胆碱添加水平(0、250、500、750 和 1 000 mg/kg)对产蛋期绍兴鸭产蛋性能、蛋品质、生殖器官发育的影响,结果表明,日粮中添加胆碱可显著提高产蛋期绍兴鸭的平均蛋重($P<0.05$),日粮添加胆碱显著影响蛋黄颜色和蛋壳厚度($P<0.05$),其中蛋黄颜色与胆碱添加水平呈负相关。综合考虑产蛋性能和蛋品质指标,在产蛋期绍兴鸭日粮中添加 500 mg/kg 胆碱最为适宜。

6. 核黄素

核黄素,亦称维生素 B_2,参与碳水化合物、蛋白质和脂肪代谢,能提高饲料利用率和蛋白质在机体内的沉积,促进家禽发育。霍思燕等(2013)采用单因子随机试验设计,研究了基础日粮中核黄素添加水平(4、6、10、20 和 50 mg/kg)对生长期(5~11 周龄)笼养金定蛋鸭生产性能、激素分泌及免疫器官发育的影响,结果表明日粮中添加 10 mg/kg 核黄素能明显提高笼养生长期金定蛋鸭的生长性能,调节激素代谢和促进免疫器官的生长发育。

参考文献

BenJie T, Ohtani S. Effect of different early feed restriction regimens on performance, carcass composition, and lipid metabolism in male ducks. Animal Science Journal, 2000 (6): 586-593.

Dean W F. Nutrition of Peking in north America. An update proceeding of cornell nutrition conference. 1986,44-51.

Fan H, Xie M, Wang W, Hou S, Huang W. Effects of dietary energy on growth performance and carcass quality of white growing Pekin ducks from two to six weeks of age. Poultry Science, 2008 (6): 1162-4.

Farhat A, Chavez E. Metabolic studies on lean and fat Pekin ducks selected for breast muscle thickness measured by uLtrasound scanning. Poultry Science, 2001 (5): 585-591.

Fesler JA, Peterson D. Conjugated linoleic acids alter body composition differently according to physiological age in Moulard ducks. Poultry Science, 2013 (10): 2697-2704.

Jamroz D, Wiliczkiewicz A, Orda J, Wertelecki T, Skorupińska J. Aspects of development of digestive activity of intestine in young chickens, ducks and geese. Journal of Animal Physiology and Animal Nutrition, 2002 (11-12): 353-366.

Kong C，Adeola O. Comparative amino acid digestibility for broiler chickens and White Pekin ducks. Poultry Science，2013 (9)：2367-2374.

Murawska D. The effect of age on the growth rate of tissues and organs and the percentage content of edible and nonedible carcass components in Pekin ducks. Poultry Science，2012 (8)：2030-2038.

Ragland D，King D，Adeola O. Determination of metabolizable energy contents of feed ingredients for ducks. Poultry Science，1997 (9)：1287-1291.

Rodehutscord M，Dieckmann A. Comparative studies with three-week-old chickens，turkeys，ducks，and quails on the response in phosphorus utilization to a supplementation of monobasic calcium phosphate. Poultry science，2005 (8)：1252-1260.

Shen T F. Nutrient requirements of egg-laying ducks. Asian-Australian Journal of Animal Science，2000,13:113-120.

Tang J，Xie M，Yang J，Wen Z，Zhu Y，Huang W，et al. Riboflavin requirements of white Pekin ducks from hatch to 21 d of age. British Poultry Science，2013 (3)：407-411.

Timmler R，Rodehutscord M. Dose-response relationships for valine in the growing White Pekin duck. Poultry Science，2003 (11)：1755-1762.

Wang Y，Xu Z，Feng J. The effect of betaine and DL-methionine on growth performance and carcass characteristics in meat ducks. Animal Feed Science and Technology，2004 (1)：151-159.

Wilkiewicz-Wawro E，Bochno R，Szeremeta J. Effect of age and sex on feed utilization and slaughter value of ducks. Natural Sciences，2000 (4)：161-169.

Wu G. Synthesis of citrulline and arginine from proline in neonatal of postnatal pigs. Am J Physiol，1997,272:1382-1390.

Wu L，Fang Y，Guo X. Dietary L-arginine supplementation beneficially regulates body fat deposition of meat-type ducks. British Poultry Science，2011 (2)：221-226.

YiZhen W. Effect of betaine on growth performance and carcass traits of meat ducks. Journal of Zhejiang University (Agriculture and Life Sciences)，2000 (4)：347-352.

Zhou Z，Wan H，Li Y，Chen W，Qi Z，Peng P，et al. The influence of the amylopectin/amylose ratio in samples of corn on the true metabolizable energy value for ducks. Animal Feed Science and Technology，2010 (1)：99-103.

陈琳，王恬．植酸酶对樱桃谷肉鸭能量，蛋白质和氨基酸利用率及消化酶活性的影响．动物营养学报，2009 (6)：938-944.

陈伟,张罕星,王爽,阮栋,王胜林,林映才.蛋鸭产蛋高峰期硒需要量研究,2012(51):136.

陈婉如,冯玉兰,王淡华．蛋氨酸铜、铁、锌、锰络合物在肉鸭、蛋鸭配合饲料中的应用研究．福建省农科院学报，1996,11(4):56-60.

陈鑫,王安,艾涛．低温和维生素 E 对育成期笼养蛋鸭生产性能及血液生化指标的影响．东北农业大学学报，2008,39(1):84-89.

陈雪君．日粮中不同粗蛋白水平对产蛋期绍鸭产蛋性能的影响．浙江农业学报，2006,18(1):24-27.

戴贤君,刘建新,方德罗,吴跃明．不同能量水平对产蛋绍鸭生产性能的影响．浙江农业学报，1999,11(2):88-89.

段利锋，周安国，杨凤，陈可容，端木道，施用晖．肉鸭无氮日粮补充合成氨基酸对增重和内源氮排泄的影响．四川农业大学学报，1996：174-180.

冯望宝,王安,艾涛．不同锌水平对笼养育成蛋鸭生长性能及总抗氧化能力的影响．东北农业大学学报，2007,38(5):654-659.

龚绍明,沈洪民,何大乾,孙国荣,郁怀丹,王惠影．日粮代谢能与粗蛋白质水平对笼养蛋鸭产蛋性能的影响．上海农业学报，2008,24(3):35-38.

贺建华，王康宁，明道绪，杨凤．肉鸭生长期饲粮养分适宜浓度范围的研究．畜牧兽医学报，1994(4):311-316.

侯水生，黄苇．鸭营养需要量标准建议//第三届中国水禽发展大会会刊．武汉：中国畜牧业协会禽业分会，2009:287-293.

黄世仪，周中华．樱桃谷肉鸭饲粮适宜蛋白能量水平与补偿生长的研究．中国畜牧杂志，1995(5):13-15.

霍思远，王安，冯婧．核黄素对笼养生长期蛋鸭生产性能、激素分泌及免疫器官发育的影响．动物营养学报，2013,23(11):1906-1911.

靳峰涛，王安，胡晨晖．低温环境下维生素E水平对初产蛋鸭性激素分泌和抗氧化指标的影响．动物营养学报，2011,23(10):1703-1709.

李国富，王康宁．强饲法测鸭饲料氨基酸消化率的研究．四川农业大学学报，1996.

林谦，张旭，蒋桂韬，戴求仲．饲粮赖氨酸水平对22～28周龄临武鸭生产性能、蛋品质及血清生化和激素指标的影响．动物营养学报，2014,26(8):2101-2109.

刘肖挺，王安，杨小然，张括．色氨酸对蛋雏鸭生长性能．抗氧化功能及免疫器官发育的影响．饲料工业，2012,33(101:58).

吕明斌，王生雨，程好良，刘海军，向华丽，安沙，王正国，燕磊．饲粮蛋氨酸水平对樱桃谷肉种鸭产蛋性能的影响．动物营养学报，2012,24(12):2342-2347.

马维英，王爽，黄江南，沈军达，徐毅虎，陶争荣，田勇，卢立志，林映才．饲粮胆碱添加水平对产蛋期绍兴鸭产蛋性能、蛋品质、生殖器官发育的影响．动物营养学报，2013,25(6):1302-1314.

米玉玲，王安．低温高能饲粮对笼养产蛋鸭生产性能及生化指标的影响．动物营养学报，2003,15(1):21-25.

庞婧，王安．低温与维生素E对笼养蛋雏鸭生长性能、抗氧化能力及血糖血脂的影响．动物营养学报，2007,19(3):289-294.

任海英，王安，宁方勇．笼养重产蛋鸭产蛋初期适宜磷水平的研究．黑龙江畜牧兽医，2003(6):29-30.

阮栋，林映才，张罕星，马现永．蛋氨酸水平对开产期麻鸭产蛋性能、蛋品质及卵巢形态的影响．中国畜牧杂志，2012,48(7):34-38.

谭玲芳，王安，李越，田世勋，刘凯玉．精氨酸对笼养生长期蛋鸭生长性能及免疫功能的影响．中国饲料，2013(7):15-18.

唐静，谢明，闻治国，冯宇隆，黄苇，侯水生．核黄素对北京鸭生长性能和抗氧化机能的影响．动物营养学报，2013(12):2883-2887.

汪水平，彭祥伟，解华东．2～3周龄中畜小型白羽肉鸭公鸭粗蛋白质和代谢能需要量的研究．动物营养学报，2013a,8:1715.

汪水平，彭祥伟，解华东．4～8周龄中畜小型白羽肉鸭公鸭粗蛋白质和代谢能需要量的研究．动物营养学报，2013b,8:1728.

汪水平，彭祥伟，解华东．9～10周龄中畜小型白羽肉鸭公鸭粗蛋白质和代谢能需要量的研究．动物营养学报，2013c,8:1740.

王安，李士平，任延明．5～11周龄金定蛋鸭实用日粮中氯化钠添加量的研究．动物营养学报，2010,22(2):460-465.

王国兴，王康宁，贾刚，陶青燕，李霞．差量法测定鸭饲料氨基酸真消化率和内源氨基酸排泄量的研究．动物营养学报，2008(1):16-22.

王丽，王安，艾涛．维生素D对笼养育成蛋鸭生长及血液指标的影响．东北农业大学学报，2007,38(3):369-373.

王生雨，吕明斌，程好良，殷国斌，吴月明，安沙，燕磊．饲粮代谢能水平对樱桃谷种鸭产蛋性能的影响．动物营养学报，2012,24(2):259-264.

王爽，林映才，张罕星，马现永，陈伟，阮栋．饲粮维生素D水平对产蛋初期蛋鸭产蛋性能、血液生化及胫骨指标的影响．中国畜牧杂志，2013,5(49):22-26.

魏立民，孙瑞萍，林哲敏，谭树义，黄丽丽，王峰，郑心力．日粮能量和蛋白质水平对蛋鸭生产性能的影响．中国畜牧兽医，2013,40(12):81-84.

魏立民，孙瑞萍，林哲敏，谭树义．笼养蛋鸭日粮能量水平对生产性能的影响．黑龙江畜牧兽医，2011(10):63-65.

吴国权，王安．低温和硒对育成期笼养蛋鸭性发育及相关激素的影响．动物营养学报，2008,20(1):29-33.

吴昊，曾秋凤，张克英，丁雪梅，白世平，罗玉衡．不同品种北京鸭消化器官及肠道形态发育规律的比较．动物营养学报，2013 (6)：1207-1218.

武江利，王安，张养东．维生素E对育成金定鸭生长及免疫和抗氧化指标的影响．动物营养学报，2008,20(6):686-691.

叶慧，邬爱姬，邓远帆，杨琳．康贝尔麻鸭赖氨酸需要量的研究．中国家禽，2013,35(8):20-24.

尹兆正，童莲芳，蒋兆江．不同日粮蛋白质水平对绍鸭产蛋期氮存留率的影响．中国家禽，1996(1):23-24.

尹兆正，余东游，祝春雷．绍鸭产蛋期适宜日粮能量水平的研究．浙江大学学报:农业与生命科学版，2000,26(4):451-454.

尹兆正，余东游．绍鸭产蛋期适宜日粮粗蛋白水平的研究．河北农业大学学报，2000,23(2):13-16.

张莉，赵峰，严峰，米宝民，张宏福．鸭空肠液中消化酶粗提纯方法的比较研究．动物营养学报，2013(10)：2363-2370.

张养东，王安，武江利．维生素A对笼养蛋鸭免疫机能和相关激素分泌的影响．动物营养学报，2009,21(1):36-40.

周磊，曾秋凤，张克英，吕刚．填饲能量相同时不同油脂对肉鸭肥肝质量的影响．动物营养学报，2010 (6)：1558-1565.

周中华，黄世仪，王仲，孙小群，郑诚．樱桃谷肉鸭对能量和蛋白质需要的研究．动物营养学报，1995(4)：38-45.

第四章　鹅的营养与饲料利用特点

第一节　鹅的消化生理特点

一、鹅的消化生理特点

(一)卵黄囊吸收

雏鹅出生后至59时龄以内,75%以上的卵黄囊营养被利用,11～59时龄内卵黄囊干物质、能量、粗蛋白质和粗脂肪的利用程度分别为77.07%、80.54%、76.86%和76.07%。此外,11～59时龄蛋氨酸总量的82.04%和赖氨酸总量的73.89%被利用(王志跃等,2003)。卵黄囊基本于3 d耗尽(Shih等,2005)。

(二)消化道发育

鹅的消化道在胚胎发育后期呈现快速生长。出壳前6 d,鹅的肌胃、腺胃、肝脏、胰腺,小肠和大肠绝对重量分别以48、457、94、2 334、89和76倍增长。肌胃、腺胃、肝脏、胰腺,小肠和大肠相对重量分别在3、3、14、14、11和11日龄达到高峰,然后下降。小肠,大肠相对长度在3日龄达到高峰(Shih等,2005)。

鹅出壳后4周内,小肠绒毛高度、宽度,面积和隐窝深度,肌层厚度,绒毛高度/隐窝深度比值显著增加,但不同肠段发育程度不同,十二指肠绒毛宽度于28日龄达到峰值,空肠和回肠绒毛宽度于21日龄达峰值。鹅从出生到28日龄小肠绒毛高度,面积和隐窝深度提高2～3倍。尽管回肠面积远低于空肠,但鹅回肠肌层厚度最大,十二指肠绒毛宽度增加很快,但隐窝和肌层厚度比空肠和回肠薄。不同肠段绒毛形态不同,刚出壳时,十二指肠和空肠绒毛小,呈现手指形状,4周龄时发育成舌状。回肠绒毛在早期生长阶段发育成具有尖顶的手指状。盲肠近端也存在绒毛,呈现手指状,山峰状或舌状,绒毛高度从盲肠近端向远端迅速降低;盲肠中端或远端没有绒毛,说明盲肠近端是营养物质的主要吸收部位。

鹅的消化器官发育受日粮的影响,饲喂整粒玉米可以提高空肠壁厚度,回肠壁厚度和回肠隐窝深度(Lu等,2011)。大麦可使胰腺肿大,使肝脏、胃、十二指肠、回肠的重量增加。日粮纤维素来源也影响消化器官重量和长度(表4-1)。

表 4-1　鹅饲喂含不同日粮纤维对胃肠道各段的相对重量和长度的影响

项目	日粮纤维素来源						
	苜蓿粉	大麦麸	稻谷壳	纤维素	木质素	果胶	标准误
盲肠重/(g/100 g 体重)	0.37[ab]	0.40[a]	0.33[ab]	0.36[ab]	0.34[ab]	0.29[b]	0.035
盲肠长度/cm	23.8[ab]	26.4[a]	24.1[ab]	23.9[ab]	26.1[a]	22.0[b]	0.94
结肠和直肠重量/(g/100 g 体重)	0.26[a]	0.26[a]	0.19[b]	0.27[a]	0.20[b]	0.22[ab]	0.021
长度/cm	11.0	11.7	10.0	10.7	9.9	11.4	0.61

注：同行数据上标不同字母表示差异显著（$P<0.05$）。

资料来源：Yu 等，1998。

（三）消化酶活性

从出壳到 14 日龄胰腺胰蛋白酶和糜蛋白酶活性快速上升，然后缓慢降低直至 21 日龄稳定；胰腺淀粉酶活性和比活从出壳后逐渐升高，于 7～11、21 日龄达到高峰；胰腺脂肪酶活性和比活于 11～28 日龄达到稳定（Shih 等，2005）。

鹅十二指肠黏膜和食糜淀粉酶比活分别于 11～14 日龄、14～41 日龄显著上升，28 日龄后显著下降。空肠和回肠淀粉酶比活分别于 7 日龄，21 日龄达到最高；小肠黏膜和食糜脂肪酶比活最初低，从 14～21、21～28 日龄逐渐升高；十二指肠和空肠胰蛋白酶比活从 7～11，11～14 日龄升高；回肠食糜从 14～21 日龄呈现高活性；十二指肠黏膜糜蛋白酶比活从 3～14 日龄显著升高，并达到峰值；十二指肠或空肠食糜糜蛋白酶比活于 11 日龄达到峰值，回肠食糜则是 7 日龄达峰值；小肠食糜平均淀粉酶和脂肪酶活性于 21 日龄达到高峰，胰蛋白酶和糜蛋白酶于 11 日龄达高峰，纤维素酶活性于 28 日龄达高峰。小肠食糜纤维素酶、淀粉酶、脂肪酶、胰蛋白酶和糜蛋白酶活性分别提高 4、3、5、2 和 3 倍。在小鹅最初 4 周，小肠蛋白酶活性比淀粉酶，脂肪酶和纤维素酶更快达到高峰（Shih 等，2006）。Hsu 等（2000）认为食糜淀粉酶、蔗糖酶、α-葡萄糖苷酶活性随纤维素添加比例上升显著降低。空、回肠蔗糖酶，α-葡萄糖苷酶活性趋势与十二指肠相同，但是盲肠食糜纤维素酶活性显著提高，淀粉酶活性显著降低。

鹅消化道内各种消化酶见表 4-2。

表 4-2　鹅消化道内各种消化酶　　U/mg

部位	胰蛋白酶	胰凝乳蛋白酶	淀粉酶
胰脏	165.0	1 680.0	368
十二指肠	8.08	12.0	5.98
空肠	11.8	16.7	5.84
回肠	13.3	24.3	5.28
盲肠	10.2	10.05	0.42

资料来源：季培元，家禽解剖生理学。

此外，日粮也是影响消化酶活性的重要因素。饲喂大麦基础日粮时，雏鹅小肠的蛋白酶活性依十二指肠、空肠和回肠顺序递增，而脂肪酶活性则递减。淀粉酶以十二指肠活性最高,空肠、回肠分别较之低 28.84%和 26.98%。大麦日粮导致鹅消化道食糜黏度和 pH、小肠消化酶活性随肌胃、十二指肠、空肠和回肠依次增加。

第二节 鹅的营养需要

一、能量需要

能量是鹅生长发育所必需的最重要营养素之一。饲粮中能量含量能否满足需要影响鹅生长发育、饲料效率及胴体组成和繁殖性能。

(一)能量代谢特点

一般肉用鹅比同体重蛋用鹅的基础代谢产热高,用于维持需要的能量也多,公鹅的维持需要也比母鹅高,产蛋母鹅的能量需要也高于非产蛋鹅的能量需要;仔鹅产热量与总能的比值与肉仔鸡相似。食入代谢能(MEI)损失率为 53.20%～55.42%,低于杨嘉实等 1992 年用同样方法测得的肉仔鸡结果(68%～69%),与 Thorbek 用肉仔鸡测得结果(51.3%～57.3%)接近。肉仔鹅能量利用的总效率(RE/MEI)为 45.11%～46.80%,显著高于杨嘉实等测得的肉仔鸡试验结果(32%)。体重为 1 kg 吉林白鹅的代谢能(ME)、维持代谢能(Mem)、生长代谢能(Meg)分别为 1 474 kJ 或 15 54 kJ/($kgW^{0.75}$ · d),499 kJ 或 526 kJ/($kgW^{0.75}$ · d)和 975 kJ 或 1 028 kJ/($kgW^{0.75}$ · d),体重为 3 kg 鹅的 ME、Mem、Meg 分别为 2 448 kJ 或 1 119 kJ/($kgW^{0.75}$ · d),1 029 kJ 或 470 kJ/($kgW^{0.75}$ · d)和 649 kJ/($kgW^{0.75}$ · d),食入总能(GEI)转化为 ME 的效率为 66.3%～68.9%,介于白来航鸡(78.5%)与犊牛(65%)之间,总产热值(HP)为 GEI 的 35.85%～38.19%,低于一般家畜热能损失量,与肉仔鸡相似。

(二)能量需要量

鹅对能量的需要受品种、性别、生长阶段、饲养水平、饲养方式以及环境温度的影响。

多数研究认为能量是影响生长鹅增重的主要因素,低能量饲料(ME=10.87 MJ/kg)显著降低仔鹅增重,使生长鹅发育受阻;由于鹅有调节采食量以满足能量需要的本能,日粮能量水平低时,采食量多;日粮能量水平高时,采食量少。因而,在鹅生长早期,日粮能量水平由 10.87 MJ/kg 提高到 12.12 MJ/kg 以上并未提高鹅的增重速度,表明日粮代谢能水平对增重速度没有显著影响。虽然能量水平对平均日增重、料重比没有显著影响,但能量水平显著影响 0～4 周龄四川白鹅平均日采食量(孙利亚等,2014)。罗曼白鹅 0～3 周龄,4～6 周龄日粮最佳能量水平为 13.80、12.13 MJ/kg,而 7～12 周龄能量需要量可以降低,但高能饲料能提高生长后期饲料转化率和腹脂率。

对于蛋用型鹅,其能量需要一般前期高于后期,后备期和种用鹅的能量需要也低于生长前期。种鹅每日能量需要量为 750～900 kcal/kg,在满足能量需要量情况下,限喂高能日粮(11.29 MJ/kg 或 11.70 MJ/kg)不影响产蛋率,但受精率得到提高,说明自由采食高能日粮对种鹅不利,而高能日粮中添加鲜草可抵消影响。

二、蛋白质营养

(一)蛋白质代谢特点

鹅每小时每千克体重的内源氮排泄量显著高于鸡,Shi 等(2007) 认为扬州鹅的维持氮需要为 240 mg/kg $BW^{0.75}$。

(二)蛋白质需要量

Stevenson(1989)采用析因法对肉鹅日粮粗蛋白质需要量进行估计(表 4-3)。但不同鹅品种,生长潜力和生长规律不同,对饲粮蛋白质需要量有较大差异。章双杰等(2014)认为太湖鹅日粮粗蛋白质水平育雏期以 19%为宜,育成期公鹅以 17.5%为宜,母鹅以 15.5%为宜。孙利亚等(2014)认为日粮适宜能量水平为 12.50 MJ/kg,0～4 周龄四川白鹅粗蛋白质适宜水平为19%～20%。

表 4-3　5～9 周龄仔鹅粗蛋白质需要量　　g

因素	参数
胴体粗蛋白质沉积量(7 d)	120
羽毛粗蛋白质沉积量(7 d)	6
粗蛋白质维持需要量(7 d)	28
粗蛋白质的可利用率/%	70
粗蛋白质的可消化率/%	75
1 周采食量	2 800
日粮粗蛋白质水平	105 g/kg 日粮

资料来源:Stevenson,1989。

肉鹅饲养方式和判定指标也影响鹅对饲粮蛋白质需要量结果,肉鹅在放牧加补精料饲养方式下,精料配方中适宜的蛋白质水平:0～4 周龄为 18%～20%;5～8 周龄为16%～18%。

三、矿物质和微量元素营养

(一)钙和磷营养需要量

对于钙需要量,多数研究认为日粮中含 0.8%Ca、0.6%总磷对于仔鹅是足够的。育肥鹅钙、磷需要量相对低些,Ca 为 0.7%、P 为 0.45%。

(二)微量元素需要量

早期的研究认为仔鹅对铜敏感,添加 50 mg/kg 铜则导致鹅中毒,引起大量死亡。近年来认为,饲料中添加铜可以改善肉鹅的生产性能。在铜含量为 5.87 mg/kg 的基础饲粮中,添加铜 16.25 mg/kg 时可以实现最低料重比;添加铜 21.80 mg/kg 时可以实现肉鹅最大日增重;添加铜 30 mg/kg 可显著提高日粮代谢能、粗蛋白质、粗脂肪、磷、粗纤维和酸性洗涤纤维利用率(徐晨晨等,2013)。鹅基础日粮中添加 15 mg/kg 铜(硫酸铜)还可以显著降低血清总胆固醇、甘油三酯、低密度脂蛋白胆固醇含量，显著增加高密度脂蛋白胆固醇含量，铜锌超氧化物歧化酶、铜蓝蛋白活性和免疫器官指数(王宝维等，2014)。

缺锌会造成鹅的采食量下降，骨骼生长发育不良，抑制肉鹅的生长。缺锌能显著降低鹅铜锌超氧化物歧化酶的活性，抑制免疫球蛋白的生成。缺锌会造成母鹅排卵数降低、卵巢萎缩、种蛋孵化率低、死亡率增加等；缺锌造成公鹅曲细精管上皮细胞结构发生异常，生殖腺的发育和功能受损，精子生成受阻，性欲下降，甚至缺乏配种能力。种鹅日粮中添加锌能够显著提高种鹅血清中的促卵泡素(FSH)、黄体生成素(LH)和雌二醇的含量，并改善种鹅的平均蛋重、产蛋率、受精率和孵化率；种鹅锌需要量为 100 mg/kg。国际上认为鹅矿物质需要量见表 4-4。

表 4-4 美国、苏联、加拿大制订的鹅对矿物质的需要量

项目		食盐/%	钙/%	磷/%	锰/(mg/kg)	锌/(mg/kg)	铁/(mg/kg)	铜/(mg/kg)	钴/(mg/kg)	碘/(mg/kg)	钾/%
0～8周龄	美国	0.375	0.8	0.6	55	50	80	4	—	0.35	0.2
	苏联	0.4	1.6	0.8	50	50	25	3.5	2.5	1.0	—
	加拿大	0.5	0.9	0.43	—	—	—	—	—	—	—
9周至开产	美国	0.375	0.6	0.4	55	50	80	4	—	0.35	0.2
	苏联	0.40	1.6	0.8	50	50	25	3.5	2.5	1.0	—
	加拿大	0.50	0.76	0.42	—	—	—	—	—	—	—
种用期	美国	0.375	2.25	0.6	33	65	—	—	—	0.3	0.16
	苏联	0.40	2.0	0.8	50	50	25	2.5	2.5	1.0	—
	加拿大	0.5	2.25	0.53	—	—	—	—	—	—	—

四、维生素营养

(一)脂溶性维生素

日粮中添加维生素 A 能够显著提高鹅血清和肝脏 SOD、T-AOC、抗超氧阴离子自由基($O^{2-}\cdot$)的活性和抑制羟自由基(·OH)的能力，降低 MDA 含量，并提高血清 GSH-Px、过氧化氢酶活性；能极显著提高胸腺指数及淋巴细胞转化率，能显著提高免疫后 7、14 d 鹅禽流感抗体效价，显著提高鹅的增重和采食量，降低死亡率，但不影响料重比，并能改善鹅屠宰率、全净膛率、半净膛率。1～4 周龄青农灰鹅维生素 A 适宜添加水平为 7 000 IU/kg，5～12 周龄为 6 000 IU/kg。朗德鹅填饲期间维生素 A 的适当添加量为 8 000～15 000 IU/kg。

饲粮添加维生素 D_3有助于提高仔鹅血清钙含量，提高胫骨钙含量和胫骨强度；饲粮中添加 1 000 IU/kg 的维生素 D_3显著提高仔鹅血清免疫球蛋白 IgG 含量，添加 2 000IU/kg 的维生素 D_3显著提高仔鹅血清 IL-4 水平和胸腺指数；但是对法氏囊指数和脾脏指数无显著性影响。日粮中添加维生素 D_3显著提高仔鹅的日采食量和日增重，降低由低钙、低磷饲粮导致的雏鸭死亡发生，并能提高仔鹅的全净膛率，显著降低鹅的腹脂率。

维生素 E 能改善生长鹅日增重和日采食量。日粮添加 40 IU/kg 以上维生素 E 显著降低胸肌的剪切力、滴水损失和失水率，添加 80 IU/kg 维生素 E 可显著提高鹅的半净膛率和胸肌率，胸肌中粗蛋白质和粗脂肪含量。此外，维生素 E 可以改善鹅的免疫功能，日粮中添加 40 IU/kg 维生素 E 可以显著提高鹅胸腺指数和法氏囊指数，显著提高免疫新城疫后 7、14、21 d 的抗体效价，20 IU/kg 以上维生素 E 可极显著提高 4 周龄的外周血 T 淋巴细胞转化率和 12 周龄外周血 T 淋巴细胞转化率。

（二）水溶性维生素

烟酸是鹅最重要的维生素之一，不足则引起腿病，日粮中添加 40 mg/kg 可以防止腿病发生。烟酸含量为 25 mg/kg 的基础日粮中添加 60 mg/kg 烟酸时，干物质、有机物、粗蛋白质、粗脂肪、钙、磷、中性洗涤纤维、酸性洗涤纤维的表观利用率提高，从而改善饲料转化率。1～4、5～8 及 9～16 周龄五龙鹅适宜烟酸需要量分别为 85.54、63.48、63.48 mg/kg（段晨磊等，2014）。

日粮胆碱含量小于 1 530 mg/kg，仔鹅发生脱腱症。日粮中核黄素为 3.4 mg/kg、泛酸为 12.6 mg/kg、烟酸为 31.2 mg/kg、胆碱为 1 530 mg/kg 可防止脱腱症。

饲粮添加维生素 B_6 能显著或者极显著提高 1～4 周龄鹅平均日增重，提高胸肌和腿肌率，有提高 1～4 周龄鹅平均日采食量的趋势。实现 1～4 周龄鹅最大日增重饲粮维生素 B_6 添加水平为 6.16 mg/kg（王超等，2014）。王宝维等（2014）发现饲粮添加叶酸能显著或极显著提高 0～4 周龄鹅平均日增重，显著降低 0～4 周龄鹅饲料增重比，降低死淘率、提高半净膛率，降低腹脂率；还能改善胸腺指数、IgG 含量和 7 d 抗体效价显著增加；叶酸能显著提高动物体内总抗氧化能力（T-AOC）、谷胱甘肽过氧化物酶（GSH-Px）、超氧化物歧化酶（SOD）活性（$P<0.05$）。日粮中叶酸水平在 1.60～4.60 mg/kg，对 0～4 周龄肝用型鹅生长性能、屠宰性能、免疫和机体抗氧化能力有显著影响，叶酸水平在 2.48～3.05 mg/kg 范围内生产性能最佳。

第三节 鹅的常用饲料及其营养价值

一、常用鹅青饲料

由于鹅能放牧，鹅常用青饲料种类有天然野青草（表 4-5）、水生植物、人工种植牧草等。

青绿饲料营养价值高，含丰富的胡萝卜素、核黄素，钙、磷，而且钙磷比例合适可以满足鹅的营养需求，多汁柔软，所含碳水化合物中以无氮浸出物多，粗纤维含量少，适口性强，消化率高，是鹅的主要饲料来源。由于鹅有采食大量饲料的能力，所以能从高纤维饲料，如青草中获得需要的营养。如果有足够数量和良好品质的草，那么鹅可一直在草地饲养。由于青草含有丰富的色素，因而放牧鹅肉色较黄。种鹅喂青绿多汁饲料有提高产蛋量和受精率的良好效果。喂多汁饲料可增加蛋中糖的积累，因而使蛋中糖分含量增多，促进胚胎对糖的利用和胚胎中肝及肌肉里糖原的积累。苏联学者建议在成年鹅日粮中加 20%干草粉，大大提高蛋中类胡萝卜素含量，提高孵化效果。

表 4-5 常用天然野青草营养成分表 %

名称	干物质含量	干物质含量		
		粗蛋白质	粗脂肪	粗纤维
行仪芝	23～24.8	17.78	5.42～5.96	30.57～51.98
鸡脚草	22.9	18.4	—	23.4
马唐	—	8.3	2.8	32.7
狗尾草	10.1	6.7	2.5	—
苦荬菜	10	23.63	15.53	14.53
牛皮菜		19.64	3.6	8.9

水生植物很多，常用作饲料的有：水浮莲、水葫芦、水花生、萍类、小球藻等。这类饲料具有下列共同特点：水分多，一般含水量均在90%以上；干物质中蛋白质含量高，占15%左右；碳水化合物含量丰富，占40%～45%；粗纤维含量少；灰分含量不一，约为10%；维生素丰富。

人工种植牧草包括；黑麦草、紫花苜蓿、籽粒苋等。

(一)黑麦草

黑麦草是一种经济价值很高的牧草，它的茎叶繁茂，幼嫩多汁，营养含量见表 4-6。

表 4-6 黑麦草的主要营养成分及鹅的消化率 %

养分	鲜草	风干样	消化率
水分	83.70	7.05	—
干物质	16.30	92.95	59.82
粗蛋白质	2.10	10.06	51.39
粗纤维	4.00	21.90	14.12
粗脂肪	0.50	1.23	80.49
粗灰分	1.70	11.48	15.77
钙	0.10	0.93	45.77
磷	0.07	0.64	52.01
总能/(MJ/kg)	—	16.40	62.29

尹福泉等(2009)测定多花黑麦草的干物质、粗蛋白质、粗纤维、粗脂肪、粗灰分、钙、磷分别为22.50%、11.80%、21.90%、1.23%、11.48%、0.93%和0.64%，总能为16.40 MJ/kg。2月龄鹅对多花黑麦草粗蛋白质、粗纤维的消化率分别为77.22%和16.45%，表观代谢能为10.66 MJ/kg。

(二)苜蓿

苜蓿富含蛋白质，是牧草中蛋白质之王，为畜禽提供丰富的营养。苜蓿草地放牧对鹅生长性能没有影响，但降低皮下脂肪厚度和腹脂率，提高胸肌滴水损失和肉色 L 值，降低屠宰后 24 h 肌肉 pH。苜蓿地放牧可以提高鹅胸肌亚油酸，二十碳五烯酸含量，降低 n-6/n-3 率

(Liu 等,2013)。

占今舜等(2014)认为,含苜蓿草粉的颗粒料对鹅的生产性能具有一定的促进作用,以添加 2%的效果较好。

(三)籽粒苋

风干籽粒苋风干样粗蛋白质、粗脂肪、粗纤维、NDF、ADF、钙和磷含量分别为 9.36%、1.92%、27.23%、53.87%、31.32%、2.62%和 0.71%。

(四)菊苣(*Cichorium intybus* L.)

俗称欧洲菊苣,原产于欧洲,是菊科菊苣属多年生草本植物。菊苣干物质中粗蛋白质、NDF、ADF、钙和磷分别为 19.85%、19.55%、19.14%、1.01%和 0.52%,GE、AME、TME 分别为 21.658、17.650 和 17.834 MJ/kg。

二、其他饲料

虽然鹅可通过放牧饲养,但放牧生长速度较慢,如果在放牧同时补饲配合饲料则可大大提高生长速度。如全部用配合饲料饲养则生长更快。鹅的能量饲料主要来自具有 75%干物质的植物和谷物。青贮玉米、膨化玉米秸秆、小麦秸秆以及稻秸秆均可以作为鹅的粗饲料来源。

三、鹅对饲料的利用

鹅消化道排空快,饲料在胃肠道内一般仅存留 2 h 左右。当鹅以粗饲料为主时,由于粗纤维促进胃肠道活动,消化道排空快。因此,粗纤维水平越高,排空速度越快,粗纤维消化率越低。鹅对纤维的利用水平决定于纤维的来源和植物的成熟度,同时还取决于多糖成分在胃肠道中的发酵程度。

(一)常用饲料代谢能值

鹅对饲料代谢能的评定一般采用 TME 法,试验鹅尽量选择 20 周龄公鹅,体重 3.5～4.5 kg,每组 6 只,采用“绝食 24 h＋排泄物收集 24 h”的试验模式:强饲量可根据待测饲料类型不同而异,一般以 80～100 g 为宜。填饲器内径 1.8 cm,外径 2.0 cm,长 60 cm (王宝维等,2010)。强饲法测定鹅饲料代谢能时,有效样本数为 3 和 4 导致测定结果可能存在较大偏差,不太恰当,强饲法测定鹅饲料代谢能时有效样本量不能低于 5 个。去盲肠显著提高鹅对玉米、豆粕、苜蓿草粉的 AME,对棉粕 AME 没有显著影响,不影响对玉米、棉粕的 TME。去盲肠显著降低鹅对 DDGS 的 AME 和 TME。饥饿法和无氮日粮法对去盲肠鹅和正常鹅内源物排泄量没有影响。

鹅对玉米、豆粕的表观代谢能(AME)与鸡差异不显著,但鹅对玉米的真代谢能(TME)显著低于鸡,鹅对豆粕的真代谢能极显著低于鸡;鹅对稻谷、麦麸的 AME 高于鸡,鹅对稻谷的 TME 与鸡差异不显著,但鹅对麦麸 TME 明显高于鸡。鹅对玉米、豆粕、麦麸、稻谷、苜蓿粉、棉粕的 AME 值分别为 12.23、8.99、8.03、10.93、4.25、6.67 MJ/kg;TME 值分别为 12.89、9.85、8.93、11.59、5.19、7.60 MJ/kg(盛东峰等,2006)。

(二)饲料氨基酸消化率

Wang 等(2008)认为去盲肠雄鹅,采用绝食法和无氮日粮法测定氨基酸消化率没有差别。采用无氮日粮法测定豆粕、鱼粉和棉粕氨基酸真消化率分别为84.49%～97.09%、89.18%～98.16%、77.09%～98.32%；绝食法测定3种原料氨基酸消化率分别为83.50%～97.77%、88.08%～99.60%和76.09%～98.09%。也有研究认为，去盲肠显著降低鹅对豆粕、DDGS和苜蓿草粉的蛋白质消化率，对玉米和棉籽粕的蛋白质消化率没有显著影响，显著降低鹅对豆粕、DDGS的粗纤维和中性洗涤纤维的消化率，显著降低鹅对豆粕和棉籽粕的酸性洗涤纤维消化率。

四、鹅日粮配制技术

(一)营养需要标准

由于我国目前没有鹅的饲养标准，生产中往往借鉴国外鹅的饲养标准(表4-7、表4-8)。

表4-7　法国的鹅营养标准推荐量　%

项目		0～3周		4～6周		7～12周		种鹅	
代谢能/(MJ/kg)		10.87	11.7	11.29	12.12	11.29	12.12	9.2	10.45
粗蛋白质		15.8	17.0	11.6	12.5	10.2	11.0	13.0	14.8
赖氨酸		0.89	0.95	0.56	0.60	0.47	0.50	0.58	0.66
蛋氨酸		0.40	0.42	0.29	0.31	0.25	0.27	0.23	0.26
蛋+胱		0.79	0.85	0.56	0.60	0.48	0.52	0.42	0.47
色氨酸		0.17	0.18	0.13	0.14	0.12	0.13	0.13	0.13
苏氨酸		0.58	0.62	0.46	0.49	0.43	0.46	0.40	0.45
钙		0.75	0.80	0.75	0.80	0.65	0.70	2.6	3.0
总磷		0.67	0.70	0.62	0.65	0.57	0.60	0.56	0.60
有效磷		0.42	0.45	0.37	0.40	0.32	0.35	0.32	0.36
钠		0.14	0.15	0.14	0.15	0.14	0.15	0.12	0.14
氯		0.13	0.14	0.13	0.14	0.13	0.14	0.12	0.14
饲料采食量	产蛋初期							170	150
/[g/(只·d)]	产蛋末期							350	300

表4-8　苏联鹅的饲养标准　%

项目	1～3周	4～8周	9～26周	种鹅
代谢能/(MJ/kg)	11.72	11.72	10.88	10.46
粗蛋白质	20	18	14	14
粗纤维	5	6	10	10
钙	1.2	1.2	1.2	1.6
钠	0.8	0.8	0.7	0.7
有效磷	0.3	0.3	0.3	0.3
赖氨酸	1.0	0.90	0.70	0.63

续表 4-8

项目	1～3 周	4～8 周	9～26 周	种鹅
蛋氨酸	0.50	0.45	0.35	0.30
蛋氨酸＋胱氨酸	0.78	0.70	0.55	0.55
色氨酸	0.22	0.20	0.16	0.16
精氨酸	1.0	0.90	0.77	0.82
亮氨酸	1.66	1.49	1.15	0.95
异亮氨酸	0.67	0.6	0.47	0.47
苯丙氨酸＋酪氨酸	1.2	1.07	0.83	0.81
苏氨酸	0.61	0.55	0.43	0.46
缬氨酸	1.05	0.94	0.73	0.67
甘氨酸	1.0	0.90	0.77	0.77
组氨酸	0.47	0.42	0.33	0.33

由于鹅品种和生产条件不同，我国学者根据国内养鹅业的实际情况和我国鹅种的特性推荐鹅的营养需要量标准见表 4-9、表 4-10。

表 4-9　肉鹅规模化生产营养需要量　　%

营养需要	1～3 周	4～8 周	9 周至上市
代谢能/(MJ/kg)	11.0～11.5	10.5～11.5	11.0～12.0
粗蛋白质	19～20	16～18	15～17
蛋氨酸	0.35～0.45	0.35～0.40	0.3～0.4
赖氨酸	0.9～1.1	0.8～1.0	0.7～0.9
粗纤维	4～5	6～8	5～6
钙	0.9～1.1	0.8～1.0	0.8～1.0
有效磷	0.35～0.45	0.35～0.40	0.3～0.4

由章双杰提供。

表 4-10　国内提出鹅的饲养标准　　%

项目	雏鹅(0～6 周)	生长鹅(6 周以后)	种鹅
代谢能/(MJ/kg)	11.72～12.13	11.72～12.13	10.88～11.51
粗蛋白质	20～22	15～18	15～16
粗纤维	5	6	8～10
钙	0.8	0.6	3.2～3.5
总磷	0.6	0.4	0.65
赖氨酸	0.9～1.0	0.6～0.8	0.8
蛋氨酸	0.32～0.50	0.21～0.45	0.35
蛋氨酸＋胱氨酸	0.75	0.60	0.63

引自王继文等，鹅标准化规模养殖图册，2012。

(二)日粮纤维素来源和限量

尽管鹅有发达的盲肠,可以发酵纤维素,但鹅的采食量随日粮中纤维含量的增加而增大。通过大量采食饲料能够从粗饲料获取所需养分。因而,鹅可以以低代谢能的粗饲料维持生存及生长。一般建议0～4周龄、5～8周龄和8周龄以后鹅的适宜粗纤维水平分别为3%～5%、6%～7%、8%～9%。但也有研究认为日粮粗纤维由5%增加到7%不影响4周龄前生长鹅增重,粗纤维由7%增加到9%不影响4周龄到8周龄期增重。但是,以苜蓿粉,小麦麸和黑麦草作为纤维来源,添加比例过大将影响扬州鹅采食量,血浆激素水平,消化酶活性,肌胃重量,小肠壁厚度和绒毛高度和表观代谢能,草粉的适合比例为18%(Yang等,2013)。朱晓春等(2014)比较了苜蓿草和稻壳作为纤维源对0～4周龄扬州鹅生长效果的影响,认为稻壳纤维饲粮显著降低了0～4周龄鹅的平均日采食量,极显著降低了血清甘油三酯的含量。但是,对10周龄扬州鹅的生长性能、屠宰性能无显著影响($P>0.05$)。通常情况下,鹅的日粮纤维素含量以5%～8%为宜,不宜高于10%。Yu等(1998)比较了苜蓿粉、大麦麸、稻谷壳、纤维素、木质素、果胶类纤维素对6周龄罗曼鹅生产的影响,见表4-11。

表4-11　鹅饲喂含不同日粮纤维对胃肠道各段的相对重量和长度及生产性能的影响

项目	日粮纤维素来源						
	苜蓿粉	大麦麸	稻谷壳	纤维素	木质素	果胶	标准误
日采食量/g	244.5^{ab}	277.9^{a}	236.2^{b}	251.8^{ab}	258.1^{ab}	238.6^{ab}	12.8
日增重/g	41.74^{b}	47.98^{ab}	47.17^{ab}	47.25^{ab}	51.77^{a}	41.62^{b}	2.81
耗料/增重	5.96^{a}	5.83^{ab}	5.11^{ab}	5.43^{ab}	4.96^{b}	5.82^{ab}	0.29

注:同行数据肩标不同字母表示差异显著($P<0.05$)。资料来源:Yu等,1998。

(三)酶制剂的使用

饲料中的非淀粉多糖同样影响鹅对营养物质的吸收和利用。由于鹅消化道中无β-葡聚糖酶,鹅饲喂含有β-葡聚糖的大麦以后,大麦中β-葡聚糖释放和溶出的量不断增多,使食糜的黏度由胃到小肠逐渐升高,β-葡聚糖的黏性和持水性使食糜在胃肠道中的运动减慢,滞留时间延长,影响消化酶释放。其次,可溶性非淀粉多糖使消化器官增大,食糜通过速度减慢,不动水层加厚,内源氮排出增加,致使短肽、脂肪酶、氨基酸、寡糖、单糖等从肠道中心扩散到肠壁变得困难。此外,β-葡聚糖还能吸附H^+,使pH升高,从而促使胰液素分泌减少,提升抑制胃肽释放激素的分泌,减慢胃的排空。日粮添加含有β-葡聚糖酶的酶制剂,通过降解日粮中β-葡聚糖,使食糜黏性下降,消化酶与食糜中营养物质的作用更为充分有效,同时也有利于小肠绒毛上皮对养分的吸收。同时,酶制剂对内源性酶起到相互补偿的作用,由此加强了机体对饲料的消化与转化,从而有利于雏鹅的快速生长及生产性能的提高。

参考文献

段晨磊,王宝维,葛文华,等．饲粮烟酸添加水平对五龙鹅生长性能、屠宰性能及养分表观利用率的影响．动物营养学报,2014,26(8):2136-2144.

盛东峰,王志跃．鹅对六种常见原料的代谢能值及部分营养成分利用研究．中国家禽,2006,28(24):112-115.

孙利亚,汪 勇,袁鹏程,等．不同能量与蛋白水平对 0～4 周龄四川白鹅生长性能的影响．中国家禽,2014,36(22):50-52.

王宝维,张乐乐．鹅饲料营养价值评定方法研究现状及建议．中国家禽,2010,32(20):40-44.

王宝维,徐晨晨,葛文华,等．铜对 1～4 周龄五龙鹅脂类代谢、抗氧化能力及免疫器官指数的影响．动物营养学报,2014,26(8):2093-2100.

王宝维,孟答凤,葛文华,等．不同水平叶酸对 0～4 周龄肝用型仔鹅生长性能、屠宰性能、免疫性能和抗氧化能力的影响．中国畜牧杂志,2014,50(9):55-61.

王超,王宝维,葛文华,等．维生素 B_6 对 1～4 周龄五龙鹅生长性能、屠宰性能及蛋白质代谢的影响．动物营养学报,2014,26(7):1814-1821.

王志跃,陈伟亮,王健,等．绝食条件下雏鹅卵黄囊营养吸收与利用的研究．扬州大学学报(农业与生命科学版),2003,24(4):19-22.

王志跃,王健,赵万里,等．去盲肠鹅和未去盲肠鹅对含不同草粉日粮粗纤维组分代谢率的比较研究．中国畜牧杂志,2004,40(12):16-18.

徐晨晨,王宝维,葛文华,等．铜对 5～16 周龄五龙鹅生长性能,屠宰性能,营养物质利用率和血清激素含量的影响．动物营养学报,2013,25(9):1989-1997.

尹福泉,贾汝敏,王润莲,等．生长鹅对多花黑麦草营养成分利用率的研究．中国草食动物,2009,29(2):37-39.

占今舜,王锦荣,霍永久,等．含苜蓿的颗粒饲料对鹅生产性能和器官生长的影响,中国草地学报,2014,36(6),84-89.

章双杰,胡 艳,汤青萍,等．日粮不同粗蛋白水平对太湖鹅生产性能的影响．中国家禽,2014,36(5):31-33.

朱晓春,张得才,王志跃,等．不同纤维源饲粮对扬州鹅生长性能、屠宰性能及血清生化指标的影响．中国家禽,2014,36(21):41-44.

Hsu JC, Chen LI, Yu B. Effects of levels of crude fiber on growth performances and intestinal carbohydrates of domestic goslings. Asian Australian Journal of Animal Science, 2000,13(10):1450-1454.

Liu HW, Zhou DW. Influence of pasture intake on meat quality, lipid oxidation, and fatty acid composition of geese. Journal of Animal Science, 2013,91:764-771.

Lu J, Kong XL, Wang ZY, et al. Influence of whole corn feeding on the performance, digestive tract development, and nutrient retention of geese. Poultry Science, 2011,90:587-594.

Shi SR, Wang ZY, Yang HM, et al. Nitrogen requirement for maintenance in Yangzhou goslings. British Poultry Science, 2007,48(2):205-214.

Shih BL, Hsu JC. Development of the activities of pancreatic and caecal enzymes in White Roman goslings. British Poultry Science, 2006,47(1):95-102.

Shih BL, Yu B Hsu JC. The Development of Gastrointestinal Tract and Pancreatic Enzymes in White Roman Geese. Asian Australian Journal of Animal Science, 2005,18(6): 841-847.

Stevenson M H. The Proceedings of the Nutrition Socity, 1989,48(1):103-111.

Wang ZY, Shi SR, Shi YJ, et al. A comparison of methods to determine amino acid availability of feedstuffs in cecectomized ganders. Poultry Science, 2008,87:96-100.

Yang HM, Zhou XL, Wang ZY, et al. Effects of different diets on growth performance, physiological parameters of digestive tract and apparent digestibility in geese. African Journal of Biotechnology, 2013,12(11):1288-1296.

Yu B, Tsai CC, Hsu JC, et al. Effect of different sources of dietary fibre on growth performance, intestinal morphology and caecal carbohydrases of domestic geese. British Poultry Science, 1998, 39(4): 560-567.

第五章　平胸鸟的营养与饲料利用特点

平胸鸟(*Ratites*)的特点是龙骨退化、胸骨发达、不能飞翔、胸肉少、奔跑能力强。目前存在的平胸鸟有鸵鸟(*Ostrich*)、鸸鹋(*Emu*)、美洲驼(*Rheas*)、食火鸡(*Cassowary*)、无翼鸟(*Kiwi*)等等,这些不能飞翔的鸟大都起源于南半球。

在我国,目前具有商业化、产业化前景的是鸵鸟和鸸鹋,因此,这里说的平胸鸟特指鸵鸟和鸸鹋。

鸵鸟和鸸鹋虽然都属于平胸鸟,在分类学上同属鸵鸟目(Struthionoformes),但二者不同科:鸵鸟属鸵鸟科(Struthionidae),长日照繁殖,一般叫非洲鸵鸟;鸸鹋属鸸鹋科(Dromaiidae),短日照繁殖,因其原产于澳大利亚,体形类似鸵鸟,习惯上叫澳洲鸵鸟。在现存鸟类中,鸵鸟是世界上最大的生物,成熟体重高达 150 kg,鸸鹋次之,成熟体重只有鸵鸟的 1/4,两种平胸鸟的特征比较见表 5-1 和表 5-2。

表 5-1　鸵鸟与鸸鹋的特征比较

项目	体高/m	体重/kg	成熟年龄/年	生态环境	脚趾数/个
鸵鸟	2.4	136～150	2	沙漠	2
鸸鹋	1.8	36～40	2	丛林	3

中国家禽,1996。

表 5-2　鸵鸟与鸸鹋的体重比较[1)]　　kg

月龄/月	鸵鸟		鸸鹋	
	平均	潜在体重	平均	潜在体重
0	0.86	0.86	0.41	0.41
1	4.08	4.31	2.55	2.62
3	26.31	28.12	7.98	8.44
5	52.16	56.25	15.97	16.92
7	86.18	99.79	21.95	23.27
9	108.86	127.01	27.44	28.80
11	122.47	140.62	32.43	33.75
13	129.28	147.42	36.42	37.97
15	133.81	149.69	39.92	41.10

衣阿华州立大学资料(1997)。

1)假定管理条件良好、平均遗传潜力良好、环境温度适宜。

有关平胸鸟营养、饲料的研究资料非常少。其原因主要是这些鸟多自然生长于远离耕作农业的沙漠、丛林、草原以及驯化历史短、相对应的消费市场小等，没有引起营养饲料研究领域的重视。但近年来，随着地球资源的减少、资源共享及世界经济一体化、消费形式多样化、饲料营养技术的进步以及平胸鸟产品的商品价值逐步提高，逐渐形成了合理开发、利用平胸鸟产品以弥补常规畜禽产品不具备的性能的趋势。因此，自 19 世纪后半叶，随着"鸵鸟热"的兴起，对平胸鸟，特别是鸵鸟的营养及饲料特性的研究报道逐渐增加。而对于鸸鹋，由于受"鸵鸟热"的影响以及鸸鹋产品的深加工技术尚不成熟，还没有掀起世界性的"鸸鹋热"，因此缺乏对有关营养饲料方面研究的推动。

第一节　平胸鸟的消化生理

由于在口腔和腺胃之间没有嗉囊、口腔内没有牙齿，所以，采食的饲料直接进入腺胃，在这里与分泌的胃液和胃蛋白酶混合、进而进入肌胃。肌胃具有强大的伸缩力和贮存饲料的功能，便于饲料与消化酶的混合及消化。

肌胃内贮存的小石子通过肌胃强大的伸缩力量磨碎饲料。石子虽然不被排泄，但会因为磨耗逐渐变小，需要不断补充。在粗饲料或放牧条件下，需要补充石子，便于提高纤维素的消化率(Leeson 和 Summers，1991)，但还没有证明在配合饲料条件下是否也需要补充石子(唐泽，1997)。

饲料在平胸鸟小肠内的消化与其他禽类相同。但幽门括约肌缺乏弹性，1 cm 以上的饲料碎片难于通过幽门到达十二指肠，这是鸵鸟因采食大粒异物和过量采食 4 cm 以上的粗饲料引发肠阻塞的原因(唐泽，1997)。

小肠是蛋白质、碳水化合物、脂肪、维生素以及微量元素进行消化和吸收的主要场所。饲料主要在十二指肠内被消化、在空肠和回肠内被消化和吸收。一般认为，平胸鸟小肠内的消化吸收机制与家禽相同。

应当特别指出的是鸵鸟的盲肠和结肠对纤维质饲料的消化吸收能力。虽然鸵鸟盲肠＋结直肠的容积与其体容积的比值与鸡基本相同，但对纤维质饲料的消化、吸收能力比鸡强。也就是鸵鸟借助于由盲肠、结直肠以及回肠构成的发酵槽，通过槽内的微生物来利用高纤维质饲料。在这个发酵槽内，栖息着大量的分泌纤维分解酶的微生物和生产维生素、氨基酸等物质的微生物(Salih 等，1998)。

纤维质饲料分解菌分泌分解纤维素所需要的 β-1，4-糖苷酶以及用于分解半纤维素、果胶、木质素等的酶(唐泽，2001)，发酵产物是挥发性脂肪酸。在挥发性脂肪酸中，同鸡(奥村，1985)一样，醋酸产量最高(Swart，1988)。

从 Swart(1988)的数据看，鸵鸟腺胃和肌胃内单位食糜体积内的醋酸含量(140～160 mmol/L)与盲肠(140 mmol/L)没有太大差异，结直肠内最高(180～200 mmol/L)。由此判断，腺胃和肌胃内也同样存在大量的微生物，并且产生的挥发性脂肪酸有相当部分随食糜的移动被运送到了大肠。因为大肠是挥发性脂肪酸的主要生产、吸收场所，所以，盲肠和结直肠内的醋酸实际产量要大于测定值。其实，Swart(1987)曾经证明，鸵鸟大肠的醋酸产量最大，盲肠吸收速度最快，其吸收速度大于微生物的生产速度。

微生物发酵与饲料在肠道内的停留时间有密切关系，饲料通过消化道的速度因年龄、体重、饲料的质量及纤维含量而异。Swart 等(1993)报道，在鸵鸟，饲料通过肠道的时间在体重 5～10 kg 时是 25.5～50.9(平均 39.0)h，体重 15～18 kg 时是 20.9～43.5(平均 31.8)h，体重 42～50 kg 时是 34.7～75.7(平均 47.9)h。综合其他研究结果，饲料通过鸵鸟消化道的速度范围是 21～76 h，平均 40 h，这对于嫌气性微生物分解纤维素、半纤维素等纤维质饲料而言，时间是足够的。

饲料通过鸸鹋消化道的速度比鸵鸟短，这与消化道比鸵鸟短有关。Herd 等(1984)用含 NDF26%～36%的饲料测定饲料通过消化道的速度为 4.1 h，当饲料呈微粒状态时是 5.5 h，但 Davies(1978)的数据显示饲料通过消化道的时间为 3～48 h。鸸鹋肠道挥发性脂肪酸(醋酸)的主要生产部位是回肠末端和盲肠，生产速度为 14～17 mmol/h，比鸵鸟(65～81 mmol/h)产量低，但比鸡 2～3.6 mmol/h(奥村，1985)高。

产生的挥发性脂肪酸主要来自纤维质饲料的消化。鸡的中性洗涤纤维(NDF)消化率只有 5%～6%，这相当于 3 周龄鸵鸟的消化率。鸵鸟的 NDF 消化能力随生长在 10 周龄之前呈直线性增加，最高达到 51%，之后缓慢增加，到成年时高达 60%以上(表 5-3；Angel，1993)，这样的消化率不亚于反刍动物。

表 5-3　鸵鸟中性洗涤纤维(NDF)和脂肪的消化率　　%

周龄	NDF	脂肪
3	6.5	44.1
6	27.9	74.3
10	51.2	85.7
17	58.0	91.1
30 月龄	61.6	92.9

Angel，1993。

至于鸸鹋对纤维的消化能力，Herd 等(1984)的研究证明，当饲料 NDF 含量在 26%～36%时，NDF 消化率是 35%～45%，还能消化相当数量的纤维素和半纤维素。虽然鸸鹋对纤维质饲料的消化能力比鸵鸟差，但 NDF 消化率是鸡的 8 倍，平均为 40%。

这样，平胸鸟通过微生物发酵纤维质饲料以挥发性脂肪酸的形式作为能量来利用。当鸵鸟对细胞壁、半纤维素及纤维素的消化率达到 47%、66%及 38%时，所提供的代谢能相当于饲料代谢能的 12%，这相当于生长期鸵鸟用于维持所需能量的 76%(Swart，1988)。鸸鹋也同样从 NDF 中获得大量的能量，饲喂含 NDF45%的饲料证明，标准代谢能的 63%、维持能量的 50%来自 NDF (Herd 等，1984)。因此，如果按照家禽的营养标准调制鸵鸟或鸸鹋饲料，会低估代谢能值。

另一方面，纤维质饲料对平胸鸟提供这样多的能量，也说明了平胸鸟肠道内微生物的重要作用。由此可以认为，维持平胸鸟消化道内健全的微生态环境，对平胸鸟的健康和提高饲料效率十分重要，因此，在抗生素等药物的使用上需要特别注意。

从表 5-3 看出，纤维及脂肪的消化能力随年(月)龄的增加而增加。一般在 3 周龄以前还没有把纤维充分转化成能量来利用的能力，脂肪消化率也比较低(40%)。唐泽(1997)经过测算认为，开食和育雏期饲料的纤维含量一般以不超过 8%为宜，并且，为了降低体重增加过快对腿造成的压力，还应当尽量降低饲料的脂肪含量。

第二节　平胸鸟的营养需要

目前,还没有弄清楚以最少的饲料获得最大生产性能时的营养需要量。虽然现在对平胸鸟的关心程度越来越大,但是几乎所有的有关营养需要量的数据均来自家禽。因此,要提高平胸鸟的生产性能,就应该参考利用平胸鸟的饲养、代谢实验获得的数据。

一、能量需要量

平胸鸟的能量来源除了饲料中的糖类、脂肪以及蛋白质外,还有鸡几乎不能利用的纤维素和半纤维素等纤维质成分。

同种饲料对于不同的动物种具有不同的代谢能(ME),这是因为异种动物具有不同的消化器官。因此,对于平胸鸟而言,要想获得其代谢能(ME)需要量,首先要对所用饲料原料的ME逐一进行测定,但在平胸鸟这样的数据很少,不得不参考鸡、猪和火鸡的需要量。然而,因为平胸鸟具有从粗纤维获得能量的能力,所以,使用粗纤维含量高的饲料时,应当充分意识到有可能过低评价ME值。

Angel(1993)在对鸡适宜的ME水平下,用粗纤维含量16.6%的饲料饲喂10周龄以上的鸵鸟评价饲料的ME值时,发现过低评价了饲料ME值。Swart(1988)饲喂鸵鸟含苜蓿34%的饲料时,发现纤维素和半纤维素的消化率分别是38%和66%,结肠内有大量的醋酸产生,认为鸵鸟结肠内的纤维发酵最终产物所提供的能量相当于生长期维持ME需要量的76%。

为了弄清各饲料原料在鸵鸟的ME值,Cilliers(1995)用鸵鸟和公鸡比较研究了氮校正真代谢能(TME_n),结果如表5-4所示。

表5-4　鸵鸟和公鸡对饲料原料的TME_n值　MJ/kg

原料	鸵鸟 A	公鸡 B	A-B[1)]
黄玉米	15.22	14.65	0.57
苜蓿干草	8.64	4.03	4.61
大麦	13.92	11.33	2.59
燕麦	12.27	10.63	1.64
裸麦	13.21	11.82	1.39
小麦麸	11.91	8.55	3.36
葵花籽粕	10.79	8.89	1.90
大豆粕	13.44	9.04	4.40
浜黎干草	7.09	4.50	2.59
芦苇	8.67	2.79	5.88
白花扁豆	14.61	8.64	5.97
鸵鸟肉骨粉	12.81	8.34	4.47
鱼粉	15.13	13.95	1.18

1)笔者计算。

Cilliers(1995)。

从表 5-4 中不难看出，鸵鸟的 TME_n 有 3 个特点：①所有原料的能值都比鸡高，特别是这个倾向在苜蓿干草、芦苇等粗纤维含量大的饲料中显著；②鸵鸟同鸡一样能从淀粉质饲料中获得能量，但是从多糖含量高的麦类获得的能量比鸡多；③鸵鸟比鸡更能利用豆科蛋白质源中的能量。对鸡而言，豆类原料中含有一定量的抗营养因子和难消化糖类，但从上述第 3 个特点看，这些抗营养因子似乎对鸵鸟利用能量的影响比鸡小，并且，难消化糖类还有可能为鸵鸟提供了能量。鸵鸟这种对粗饲料利用性高的特点，与前述的消化道的结构以及消化特性有直接关系。

同其他动物一样，年龄也是影响平胸鸟代谢能需要量的因素之一。Angel(1993)使用饲料营养指标为粗蛋白质 24%、脂肪 7%、粗纤维 16.6%、NDF 33.3%、按公鸡计算的 ME 为 8.3 MJ/kg(1983 kcal/kg)的饲料，测定了不同年龄下鸵鸟的 ME 需要量，并与公鸡进行了比较，结果如表 5-5 所示。从这个结果不难看出，鸵鸟的能量需要量在孵化后的 1 个月内比鸡低，在 3 周龄时低近 15%，但在 1～30 月龄之间随月龄的增加急剧增加，1～30 月龄需要的 ME 比鸡多 18%～41%。这项研究的饲料中添加了 7%的植物油，由于 3 周龄鸵鸟对脂肪的消化率低(44%，表 5-3)，所以这时的 ME 值比鸡低，如果降低植物油的配合比例，完全可以提高鸵鸟的能量代谢率。

表 5-5　不同年龄鸵鸟的代谢能需要量　　MJ/kg

周龄	鸵鸟	公鸡
3	7.24[a]	8.30
6	9.78[b]	8.30
10	11.23[c]	8.30
30 月龄	11.72[d]	8.30

异符号间有显著差异($P<0.05$)。
Angel (1993)。

McDonald(1991)归纳了众多的数据后，为了便于推荐商业鸵鸟的能量需要量，人为地把生长阶段划成了 3 个，即育雏(出壳至 14 周龄，至体重 10 kg)、生长(15～34 周龄，体重10～25 kg)及后期(35 周龄至出栏，体重 25 kg 至屠宰)，推荐的代谢能需要量值分别是 11.2、10.2 及 10.2 MJ/kg，同时指出，鸵鸟的代谢能需要量受饲料赖氨酸水平的影响。

Angel(1993)和 MCDonald(1991)展示的鸵鸟代谢能需要量推荐值有一定的差异。前者的数据基本上反映了鸵鸟无生产负荷状态下的能量需要量，表明在 10 周龄之前代谢能需要量是直线上升的，10～30 月龄代谢能基本不变。后者出于商业目的，自鸵鸟出壳就给予较高的能量保持较快的生长速度，而到了后期，由于这时增重速度已经下降，因此降低了能量水平。Angel(1993)和 MCDonald(1991)的数据同时都表明，按照鸡的 ME 需要量调制鸵鸟饲料时，会过低评价 ME 值。

衣阿华州立大学(1997)划分的鸵鸟生长阶段与 MCDonald(1991)不同，把出壳至 9 周龄、10～42 及 43 周龄至出栏分别划为育雏期、生长期及后期，各期的代谢能需要量推荐值是根据家禽制定的，分别是 10.31、10.25、9.62 MJ/kg。同时还推荐了 42 周龄到性成熟及产蛋前 4～5 周到整个产蛋期的代谢能值，分别是 8.28～8.74 MJ/kg 及 9.62 MJ/kg。

衣阿华州立大学(1997)没有明确前 3 个阶段的代谢能推荐值针对的是商品鸟还是种用后备鸟,但与 MCDonald(1991)的推荐值比较,从雏鸟到成鸟的代谢能值都偏低,应该看成是倾向于适合种用后备鸟的推荐值。

澳大利亚昆士兰州禽类研究与发展中心(2002)综合近年来有关鸸鹋和鸵鸟的研究成果,提出了鸸鹋育雏、生长及后期 3 阶段的代谢能推荐值,分别是 11.2、11.0 及 11.0 MJ/kg,并且提醒鸸鹋养殖业者,推荐值适合没有特定的饲养制度和对终端产品没有任何特定要求的商业鸸鹋。有趣的是,这 3 个阶段的代谢能值与 MCDonald(1991)提出的鸵鸟的推荐值很接近。

平胸鸟维持需要的能量(MJ/d)在鸵鸟是 $0.430 \times W^{0.75}$ (Du Preez,1991)或者是 $0.440 \times W^{0.75}$ (Swart, 1993),在鸸鹋是 $0.284 \times W^{0.75}$ (Dawson 等, 1983)。鸵鸟的维持能量需要量比蛋鸡[$0.307 \times W^{0.75}$,W = 体重(kg)]和肉鸡($0.360 \times W^{0.75}$)高,但鸸鹋却比蛋鸡和肉鸡低。

维持需要的能量越大,增重所需要的饲料越多。鸵鸟和鸸鹋在维持能量需要量上的差异,可以在 3 月龄后的饲料增重比上得到反映。90 日龄鸵鸟采食粗蛋白质 22%、粗脂肪 3.2%、粗纤维 6.9%、鸡 ME 2 400 kcal/kg 的饲料时,饲料增重比是 2.26 (Angel, 1993);几乎在同样饲料及日龄条件下,鸸鹋是 1.56(个人资料)。

二、蛋白质和氨基酸的需要量

蛋白质是生长、繁殖、产蛋等生产活动和维持活动所必需的养分。同家禽一样,不同生理条件下(生长、繁殖、维持)的平胸鸟对蛋白质的需要量应当不同,但是,有关平胸鸟对蛋白质和氨基酸需要量的研究很少,目前仍然处于结合其他家禽的数据和实际饲养经验来推测蛋白质和氨基酸需要量的阶段。唐泽(1997)以生长速度、腿部健康状态、产蛋量和受精率以及饲料效率为指标,以饲养种鸟为目的经过一系列实验归纳出了一定饲料采食量下不同生理阶段鸵鸟的粗蛋白质需要量,如表 5-6 所示。衣阿华州立大学(1997)的粗蛋白质需要量推荐值在育雏期(出壳至 9 周龄)比唐泽(1997)的推荐值高 2%,是 22%,生长期(10～42 周龄)是 19%,后期(43 周龄至出栏)是 16%。该大学同时还推荐了 42 周龄到性成熟及产蛋前 4～5 周到整个产蛋期的蛋白质需要量,分别是 16%及 20%～21%。

表 5-6　鸵鸟的粗蛋白质需要量和饲料摄取量

日龄	粗蛋白质/%	饲料摄食量/g
1～30	20	120 以下
31～60	18	121～600
61～120	17	600～800
121～540	15	800～900
休产期	14	1 000
产蛋期	18	1 000

唐泽(1997)。

Blue Mountain Emu Feeds公司(2002)把包括后备鸟在内的种用鸸鹋分成了5个阶段，即，育雏期(0～8周龄)、生长期(9周龄至6月龄)、后期(7～12月龄)、非产蛋期(13月龄至开产前)、产蛋期，推荐的各期蛋白质需要量分别是20%、20%、18%、16%、21%，并且推荐各阶段可施行自由采食制度，但在非产蛋期也可以实行限制饲喂。

限制饲喂的目的只是为了满足鸸鹋的蛋白质维持需要。Dawson(1983)测定2～4岁、体重28～48 kg的鸸鹋维持蛋白质需要量是每天0.9 g×$W(kg)^{0.75}$。如果按照15月龄鸸鹋的平均体重39.92 kg(表5-2)计算，维持需要的蛋白质大约是每天15 g。

但是，决定蛋白质营养价值的除了饲料中蛋白质的量外，还有其氨基酸组成，也就是蛋白质的质由蛋白质的绝对量和必需氨基酸的比例来决定(唐泽，1997)。在平胸鸟中，第一限制必需氨基酸是蛋氨酸，第二限制必需氨基酸是赖氨酸(衣阿华大学，1997)。

反刍动物可以通过瘤胃微生物的作用合成相当量的必需氨基酸并加以利用。与此不同的是，尽管平胸鸟的回肠、盲肠、结肠栖息着大量的微生物，甚至这些微生物有很大的可能也合成了必需氨基酸，但这些氨基酸有相当一部分不能被后部消化道吸收，大部分随粪一起被排泄掉，因此，同家禽一样，在平胸鸟的饲料中，必须保证含有足够的赖氨酸、蛋氨酸、胱氨酸、苏氨酸、色氨酸、异亮氨酸以及精氨酸(唐泽，1997)。

氨基酸有效率也可以定义为正常代谢过程中所利用的饲料中可消化氨基酸的比例。在以最低成本获得最大产量为目的的饲料调制上需要使用有效氨基酸含量的准确数据。然而，在平胸鸟饲料的调制上参考家禽氨基酸有效率的值是目前的主流。但是，因为平胸鸟具有不同于家禽的消化特性，参考甚至沿用家禽的数据是否妥当，一直是营养学者考虑的问题。

Cillicrs(1995)首先进行了比较研究。他用7种饲料原料配合成干物质含量90%、粗蛋白质21%(干物质基础)的饲料，比较了鸵鸟和公鸡的氨基酸有效率，如表5-7所示。鸵鸟除精氨酸以外的所有氨基酸的表观有效率都比公鸡高，特别是苏氨酸、缬氨酸、组氨酸以及酪氨酸这4种比公鸡高出了10%～18%。但是，在净有效率上这4种氨基酸高的优势没有表观有效率的那么明显，而苯丙氨酸和赖氨酸却比公鸡高出10%以上。与公鸡相比，表观消化率低近20%的精氨酸的净有效率反而高出了近6%。

表5-7 用实验饲料测定的鸵鸟与公鸡的表观及净氨基酸的有效率

氨基酸	氨基酸表观有效率			氨基酸净有效率		
	鸵鸟 A	公鸡 B	$(A-B)/B/\%$[1]	鸵鸟 A	公鸡 B	$(A-B)/B/\%$[1]
苏氨酸	0.861	0.774	11.24	0.831	0.804	3.36
丝氨酸	0.874	0.814	7.37	0.849	0.823	3.16
缬氨酸	0.942	0.797	18.19	0.862	0.810	6.42
蛋氨酸	0.837	0.782	7.03	0.816	0.776	5.15
苯丙氨酸	0.815	0.748	8.96	0.809	0.723	11.89
组氨酸	0.875	0.777	12.61	0.854	0.806	5.96
赖氨酸	0.836	0.768	8.85	0.832	0.755	10.20
异亮氨酸	0.842	0.814	3.44	0.829	0.817	1.47

续表 5-7

氨基酸	氨基酸表观有效率			氨基酸净有效率		
	鸵鸟 A	公鸡 B	$(A-B)/B/\%$[1]	鸵鸟 A	公鸡 B	$(A-B)/B/\%$[1]
酪氨酸	0.831	0.753	10.36	0.816	0.764	6.81
精氨酸	0.612	0.756	－19.05	0.780	0.736	5.98
胱氨酸	0.814	0.766	6.27	0.806	0.781	3.20
亮氨酸	0.871	0.836	4.19	0.859	0.825	4.12

1)笔者计算。

Cillicrs(1995)。

由此可以看出,鸵鸟的氨基酸利用性比鸡高。特别是苯丙氨酸、赖氨酸和精氨酸的净有效率高于表观有效率,说明这 3 种氨基酸的沉积除了来自鸵鸟靠自身分泌的酶分解蛋白质后吸收的部分外,作为可能性,还有代谢过程中从其他氨基化合物的转换以及肠道微生物生产的部分。禽类不具有尿素循环系统,所以,不能合成哺乳动物生产尿素时产生的精氨酸,但在肾脏能从瓜氨酸转换成精氨酸。

衣阿华州立大学(1997)推荐了不同生长阶段鸵鸟的总含硫氨基酸、蛋氨酸及赖氨酸的需要量,在育雏期(出壳至 9 周龄)分别是 0.70%、0.37%、0.90%,在生长期(10～42 周龄)分别是 0.68%、0.37%、0.85%,在后期(43 周龄至出栏)和维持期(42 周龄到性成熟)相等,分别是 0.60%、0.35%、0.75%,在产蛋前 4～5 周到产蛋结束分别是 0.70%、0.38%、1.00%。推荐总含硫氨基酸需要量的目的,是为了保证羽毛的生长,因为在鸵鸟生产中,羽毛产品也是一项重要的收入来源。羽毛中的蛋白质主要是角蛋白,角蛋白中约含有 15%的胱氨酸。对于家禽而言,羽毛生长需要的含硫氨基酸量是:胱氨酸 2.2%、半胱氨酸 2.3%、蛋氨酸 3.2%。

弗吉尼亚州家禽科技协会(2002)推荐的鸵鸟蛋氨酸＋胱氨酸和赖氨酸的需要量在育雏期(0～8 周龄)是 0.70%、0.90%,在生长期(9～25 周龄)是 0.78%、0.60%,在维持期(26 周龄以后)是 0.75%、0.55%,在产蛋期是 0.75%、0.60%。

衣阿华州立大学(1997)推荐了总含硫氨基酸的需要量,推荐的蛋氨酸需要量的值比较低。弗吉尼亚州家禽科技协会(2002)只推荐了总含硫氨基酸的需要量,没有推荐蛋氨酸的需要量。二者相比,前者推荐的含硫氨基酸总量比后者要高得多。前者推荐氨基酸需要量主要是针对繁殖和羽毛生产,而后者则主要是针对鸵鸟肉的生产。

虽然衣阿华州立大学(1997)和弗吉尼亚州家禽科技协会(2002)对鸵鸟生长阶段的划分方法不同,但二者对赖氨酸需要量的推荐值在生长期以后的各阶段都有较大的差距,也就是后者的推荐值较低。这与衣阿华州立大学(1997)推荐氨基酸需要量的计算方法有关系,该大学首先根据家禽的净代谢能推算出了鸵鸟的代谢能需要量,然后又根据该推算值计算出了氨基酸的需要量。由于家禽比鸵鸟的氨基酸有效率低(表 5-7),对氨基酸的需要量大,所以造成了较高的鸵鸟氨基酸需要量推荐值。弗吉尼亚州家禽科技协会(2002)似乎考虑到了氨基酸有效率在鸵鸟与家禽之间的差异,推荐的赖氨酸需要量值较低,但是,如果按照笔者根据 Cillicrs(1995)实际测定的鸵鸟与公鸡的赖氨酸有效率的差距计算(表 5-7),衣阿华州立大学(1997)的赖氨酸需要量的推荐值在生长期、后期和维持期以及产蛋期要分别降到

0.76%、0.68%及0.91%，即便如此，还是比弗吉尼亚州家禽科技协会(2002)的赖氨酸需要量推荐值高。

McDonald(1991)根据鸵鸟体组织氨基酸构成归纳出了以产肉为主要目的的赖氨酸需要量，在育雏期(1～14周龄)是0.7%、0.9%，在生长期(15～34周龄)是0.7%、0.8%，在后期(35周龄至出栏)是0.6%、0.7%。各个阶段的蛋氨酸+胱氨酸和赖氨酸推荐值与弗吉尼亚州家禽科技协会(2002)的推荐值比较接近。

因此，对于鸵鸟氨基酸的需要量大致可以归纳为，以生产种蛋和羽毛为主要目的时，采用衣阿华州立大学(1997)的推荐值比较合适；以产肉为主要目的时，弗吉尼亚州家禽科技协会(2002)的推荐值比较适宜。

Mannion等(1995)报道，鸸鹋的采食量受日粮代谢能含量的影响很大，应该在确定最适宜代谢能值的条件下确定氨基酸的需要量。当饲料代谢能为11.2 MJ/kg时，育雏期鸸鹋的日增重最快(126 g/d)，这时的赖氨酸代谢能比是0.81 g/MJ。澳大利亚昆士兰州禽类研究与发展中心(2002)根据Mannion等(1995)的观点，推荐了不同生长阶段鸸鹋的氨基酸需要量(表5-8)。根据推荐值可以计算氨基酸在饲料中的绝对含量，如育雏期鸸鹋饲料中的赖氨酸含量应该是0.90%。这个值与育雏期鸵鸟的赖氨酸需要量推荐值相等。

表5-8　鸸鹋的氨基酸需要量

氨基酸	育雏期(1～14周) ME：11.2 MJ/kg		生长期(15～34周) ME：11.0 MJ/kg		后期(35周～) ME：11.0 MJ/kg	
	(g/MJ)	%※	(g/MJ)	%※	(g/MJ)	%※
赖氨酸	0.80	0.90	0.75	0.83	0.70	0.77
蛋氨酸	0.50	0.56	0.50	0.55	0.50	0.55
蛋+胱氨酸	0.80	0.90	0.80	0.88	0.80	0.88
色氨酸	0.19	0.21	0.19	0.21	0.19	0.21
异亮氨酸	0.65	0.73	0.65	0.72	0.65	0.72
苏氨酸	0.60	0.67	0.60	0.66	0.60	0.66

※ 笔者计算。

昆士兰州禽类研究与发展中心(2002)。

三、矿物质需要量

几乎没有对平胸鸟的矿物质需要量进行研究。有限报道的数据也仅仅是来自对常用饲料中矿物质含量的测定，而常用饲料的矿物质参数大多参考了鸡和火鸡的数据。但是，根据不论家禽还是哺乳动物，去掉脂肪组织后单位重量体组织的常量(钙、磷、镁、钠、钾、氯)和微量元素(铁、铜、锌、硒)的含量几乎相等的研究结果(Widdowson和Dickerson，1964)，平胸鸟体组织的矿物质含量可能与其他动物不会有太大差异。

然而，由于平胸鸟的消化系统、蛋白质和能量需要量及强劲的骨骼系统与其他动物有不同之处，理论上在以最少支出获得最大生产性能的前提下，平胸鸟对矿物质的需要量与其他动物应该有所不同。现在平胸鸟腿部疾病的高发病率及其对生产性能的严重影响，有可能就是其他动物的需要量指标不适合平胸鸟生理需要的旁证。

平胸鸟的腿部病症一般有弓形腿、弯曲腿、关节肿大、滑腱、腿弱、脚趾弯曲等，多在幼龄期发生。

Flieg(1973)和Frolka(1983)报道的青年鸵鸟饲料的矿物质水平中(表5-9)，钙、镁、钠及铁的含量有很大的出入。在钙与磷的比例上，Flieg(1973)报道的钙水平几乎是磷的3倍，而Frolka(1983)报道的则是1.5∶1。如果按照一般动物的钙磷比考量，前者偏高，而后者偏低，但接近正常范围。前者可能是出于防止腿部病症的考虑，提高了钙的含量。

Gandini(1986)推荐的钙磷比是2∶1(表5-9)，并且钙和磷的含量介于Flieg(1973)和Frolka(1983)报道的含量之间，似乎在二者间进行了权衡。

表5-9　生长鸵鸟的矿物质推荐量

元素	推荐量		
	Flieg(1973)	Frolka(1983)	Gandini(1986)
钙/%	1.78	0.9～1.2	1.40
磷/%	0.67	0.6～0.8	0.70
镁/%	0.256	0.1～0.2	0.23
钾/%	—	0.5～1.4	—
钠/%	0.25	0.09～0.17	0.32
铁/(mg/kg)	356.0	220.0～360.0	132.00
铜/(mg/kg)	8～18	12.5～22.5	11.00
锰/(mg/kg)	75～120	81.0～105.0	90.00
锌/(mg/kg)	104.0	84.0～198.0	70.00
碘/(mg/kg)	0.5～2.2	—	3.00
钴/(mg/kg)	0.52	—	—
硒/(mg/kg)	0.2～0.4	—	—

虽然三者的数据在钙的含量上有较大的差异，但有一点是共同的，就是钙和磷的水平都比产蛋期以外的鸡和火鸡高。NRC(1994)推荐的生长鸡的钙及磷的水平不论蛋鸡还是肉鸡都没有超过0.90%及0.45%。

比较Gandini(1986)和NRC(1994)推荐的肉鸡钙磷水平不难发现，生长鸵鸟的钙磷水平正好都是肉鸡的1.56倍。

衣阿华州立大学(1997)参考火鸡的矿物质需要量推荐了不同生长阶段的鸵鸟对钙、有效磷及部分微量元素的需要量。在育雏阶段(1～9周龄)是钙1.5%、非植酸磷0.75%、钠0.2%、铜35.3 mg/kg、锌121.3 mg/kg、锰154.3 mg/kg、碘1.1 mg/kg；在生长阶段(10～42周龄)是钙1.2%、非植酸磷0.60%、钠0.2%、铜35.3 mg/kg、锌121.3 mg/kg、锰154.3 mg/kg、碘1.1 mg/kg；在43周龄以后的后期和达到性成熟体重后的维持期相同钙1.2%、非植酸磷0.60%、钠0.2%、铜35.3 mg/kg、锌88.2 mg/kg、锰154.3 mg/kg、碘0.9 mg/kg；产蛋前4～5周到产蛋结束期间的推荐量是：钙2.4%～3.5%、非植酸磷0.70%、钠0.2%、铜44.1 mg/kg、锌88.2 mg/kg、锰154.3 mg/kg、碘1.1 mg/kg。生长期钙和磷的推荐量比较接近 Frolka(1983)的推荐值(表 5-10)。

表 5-10 鸵鸟和鸸鹋矿物元素需要量推荐值

矿物元素	育雏期 0～8 周	生长期 9～25 周	维持期 26 周～	产蛋期
钙/%	1.25	1.25	1.25	2.50
磷/%	0.90	0.90	0.90	0.75
有效磷/%	0.68	0.65	0.65	0.52
钠/%	0.22	0.22	0.22	0.22
硫酸铜 /(mg/kg)	45.00	45.00	45.00	45.00
氧化锰 /(mg/kg)	80.00	80.00	80.00	80.00
氧化锌/(mg/kg)	80.00	80.00	80.00	80.00
亚硒酸钠/(μg/kg)	272.00	272.00	272.00	272.00
硫酸亚铁/(mg/kg)	45.00	45.00	45.00	45.00
碘酸钙/(mg/kg)	1.00	1.00	1.00	1.00

弗吉尼亚州家禽科技协会(2002)。

弗吉尼亚州家禽科技协会(2002)对鸵鸟和鸸鹋推荐了相同的矿物质需要量(表 5-10)。考虑到实际应用的方便,对于微量元素,推荐的是该元素的无机化合物的添加量。

澳大利亚昆士兰州禽类研究与发展中心(2002)对于育雏期(1～14 周龄)、生长期(15～34 周龄)及后期(35 周龄至出栏)的鸸鹋只推荐了钙(0.60%)、有效磷(0.60%)、钠(0.20%)的需要量,这 3 种元素的推荐值在各阶段相等。

四、维生素需要量

鸵鸟和鸸鹋都属于野生驯化的草食性鸟,在放牧条件下可以从青绿饲料中获得一定量的多种维生素。但在集约化、半放牧围栏饲养条件下,所需要的维生素不论种类还是数量都必须从饲料中补充。

目前还没有发现有关鸵鸟和鸸鹋维生素需要量的科学论文,看到的数据大多是根据实际饲养经验并参考了其他动物需要量的估测值。因此,这些所谓的推荐值虽然具有一定的倾向性,但因地区、作者的不同差异也比较大。

衣阿华州立大学(1997)推荐了不同生长阶段鸵鸟和鸸鹋的维生素需要量,如表 5-11 所示。这些推荐值是按照家禽的需要量推算出来的,具有以下两个特点:第一,各生长阶段所有维生素的推荐值都高于 NRC(1994)所示的鸡和火鸡推荐值;第二,推算这些推荐值时,没有考虑青绿饲料的因素,也就是这些值更适合饲喂配合饲料。

必须在混合饲料中补充的维生素有维生素 A、维生素 D、维生素 E、维生素 K、维生素 B_{12}、泛酸、叶酸、生物素(维生素 H)、维生素 B_6、烟酸、硫胺(维生素 B_1)、核黄素及胆碱。出壳后的雏鸵鸟和雏鸸鹋容易发生维生素 E 不足,需要在饲料中补充更多的维生素 E。因此,育雏期的推荐量是生长期的 2 倍以上(衣阿华州立大学,1997)。

表 5-11　不同生长阶段鸵鸟和鸸鹋的维生素需要量推荐值　　kg

动物	生长阶段	维生素 A /(IU/kg)	维生素 D_3 /(IU/kg)	维生素 E /(IU/kg)	维生素 B_{12} /(μg/kg)	胆碱 /(mg/kg)
鸵鸟	0～9 周	11 023	2 646	121	40	2 205
	10～42 周	8 818	2 205	55	20	2 205
	43 周至出栏	8 818	2 205	55	20	1 896
	43 周至性成熟	8 818	2 205	55	20	1 896
	产蛋前 4～5 周至产蛋结束	11 023	2 205	110	40	1 896
鸸鹋	0～6 周	15 432	4 409	99	44	2 205
	7～36 周	8 818	3 307	44	22	2 205
	37～48 周	8 818	3 307	44	22	2 205
	49 周至性成熟	8 818	3 307	44	22	2 205
	产蛋前 3～4 周至产蛋结束	8 818	3 307	99	44	1 984

衣阿华州立大学(1997)。

当严重缺乏维生素 E 时，在鸵鸟和鸸鹋容易发生软脑症(Aye 等，1998)，这种症状表现步态不稳、不能站立、瘫痪，严重者死亡。在严重缺乏维生素 A、维生素 E 及硒时，鸵鸟发生全身水肿(类渗出性素质)和肌萎缩病(Philbey 等，1991)。在平胸鸟的雏鸟最为常见的疾病是腿部疾病，临床症状表现为弓形腿、弯曲腿、关节肿大、滑腱、腿弱、脚趾弯曲等，一旦患上这些病症，往往不得不淘汰，造成很大损失。虽然目前还不能完全断定病因，但一般认为是缺乏维生素 E、维生素 D 和硒所致。

弗吉尼亚州家禽科技协会(2002)对鸵鸟和鸸鹋给出了相同的维生素需要量推荐值(表 5-12)，与表 5-11 比较，胆碱的推荐值低，也没有突出育雏期和产蛋期维生素需要量的变化。

但是，由于目前还没有确定平胸鸟各生理阶段对各维生素需要量的确切值，所以，不能一概而论究竟表 5-11 和表 5-12 给出的推荐值哪一个更确切。建议在参考表 5-11 和表 5-12 推荐值的基础上，根据鸟的状态和饲养经验进行适当调整。

表 5-12　鸵鸟和鸸鹋的维生素需要量推荐值　　kg^{-1}

维生素	推荐值	维生素	推荐值
维生素 A	12 000 IU	烟酸	56 mg
维生素 D_3	3 900 IU	*D*-泛酸	21 mg
维生素 E	45 IU	维生素 B_6	8 mg
维生素 K	15 mg	维生素 B_1	4 mg
维生素 B_{12}	25 μg	胆碱	0.45 mg
叶酸	2.1 mg	生物素	0.15 mg
核黄素	11 mg		

弗吉尼亚州家禽科技协会(2002)。

第三节　平胸鸟的常用饲料及其营养价值

平胸鸟是草食性禽，对纤维质饲料具有强大的消化能力，在没有配合饲料的放牧条件下能够生存。但是，由于现在饲养平胸鸟的目的主要是获得较大的经济效益，所以，需要在缩短平胸鸟饲养周期的同时，使其产品满足经济性能的要求。因此，必须借助比较成熟的饲料配合技术调制适宜的饲料。

同家禽一样，平胸鸟的常用饲料原料包括籽实类、糠麸类、饼粕类、动物性饲料、矿物质饲料、草粉及青绿饲料。

常用的籽实类饲料原料有玉米、高粱、小麦、大麦。其特点是能量含量高、粗纤维含量低。大麦和小麦虽然含有一定量的黏多糖，但由于平胸鸟消化道内存在大量的微生物，所以，其在饲料中 50%以下的配合量不影响平胸鸟对饲料的消化和对营养物质的吸收。

糠麸类包括小麦麸、米糠，其特点是能量和蛋白质含量低、粗纤维含量高、常量元素含量高。

饼粕类包括大豆饼(粕)、花生饼(粕)、棉籽饼(粕)、菜籽饼(粕)、向日葵饼(粕)。这些饼(粕)的蛋白质、粗纤维、能量的含量因原料脱壳程度、加工工艺而异，但共同特点是蛋白质含量高。

大豆饼(粕)的氨基酸平衡度比其他饼(粕)类高，但含硫氨基酸较少，配合饲料时需要补充含硫氨基酸。花生饼(粕)的蛋氨酸和赖氨酸含量较低，在多湿条件下容易滋生曲霉和黄曲霉菌，产生毒性很强的毒素，影响繁殖性能、引起中毒。因此使用花生饼(粕)作饲料蛋白质源时，需要注意添加防霉剂，并且饲料的在库时间不宜过长，应该随用随配。棉籽和菜籽饼(粕)的粗纤维含量高、能量低，因分别含有游离棉酚和芥子碱，所以有一定的毒性。因此，使用棉籽和菜籽饼(粕)作蛋白质源时，应当考虑把含量控制在 15%以下，并且饲喂 6 月龄以上的平胸鸟。

动物性饲料包括鱼粉、肉骨粉和羽毛粉。共同特点是蛋白质含量高。鱼粉的氨基酸比较平衡，肉骨粉的氨基酸不平衡，蛋氨酸和赖氨酸的含量较低。羽毛粉的含硫氨基酸含量高，但氨基酸的利用率低，一般在配合饲料中的添加量不超过 2%，甚至不添加。

矿物质饲料包括钙源饲料(贝壳粉、蛋壳粉、石粉)、磷源饲料(磷酸氢钙、骨粉)和食盐。

草粉主要是人工栽培的豆科和禾本科牧草的加工产品。特点是维生素和粗纤维含量高、能量含量低。平胸鸟对纤维的消化能力强，例如鸵鸟可以从中性洗涤纤维中获得维持代谢能的 76%，所以，可以考虑在平胸鸟的特定生长阶段(如种鸟的休产期)使用草粉比例高的日粮。

青绿饲料包括青绿牧草、青嫩杂草、藤蔓、树叶和菜叶等。特点是水分、维生素、粗纤维含量高，蛋白质和能量含量低、适口性好。我国平胸鸟的养殖基本都在人工饲喂青绿饲料。值得注意的是平胸鸟的腺胃与肌胃的接口部狭窄，容易积食，所以，需要把青绿饲料的长度控制在 3 cm 以内。

衣阿华州立大学(1997)参考了 NRC(1994)和众多有关平胸鸟对饲料利用性的研究资料，公布了鸵鸟和鸸鹋部分常用饲料的养分含量(表 5-13)。从表 5-13 中不难发现，鸵鸟和鸸鹋对任何一种饲料的养分利用性都比鸡和火鸡(NRC,1994)高。

表 5-13 鸵鸟和鸸鹋常用饲料的养分含量 %

饲料	DM	ME /(MJ/kg)	CP	EE	CF	NDF	Ca	P	NPP	Met	Cys	Lys
苜蓿粉(CP17%)	92	19.3	17.5	2.5	24.1	45.0	1.44	0.22	0.22	0.24	0.19	0.73
大麦	89	31.4	11.0	1.8	5.5	19.0	0.03	0.36	0.17	0.18	0.24	0.40
血粉	93	33.4	88.9	1.0	0.6	0	0.41	0.30	0.30	1.09	1.03	7.88
干啤酒糟	92	19.2	25.3	6.2	15.5	46.0	0.29	0.52	—	0.57	0.39	0.90
菜籽粕	93	18.4	38.0	3.8	12.0	—	0.68	1.17	0.30	0.71	0.87	1.94
玉米	89	32.8	8.5	3.8	2.2	9.0	0.02	0.28	0.08	0.18	0.18	0.26
玉米淀粉渣	90	16.1	21.0	2.5	8.0	45.0	0.40	0.80	—	0.45	0.51	0.63
棉籽饼	90	22.1	41.4	0.5	13.6	26.0	0.15	0.97	0.22	0.51	0.62	1.76
鱼粉	92	26.0	60.0	9.4	0.7	0	5.11	2.88	2.88	1.63	0.57	4.51
肉骨粉	93	19.8	50.4	10.0	2.8	0	10.3	5.10	5.10	0.75	0.66	3.00
燕麦	89	27.9	11.4	4.2	10.8	32.0	0.06	0.27	0.05	0.18	0.22	0.50
燕麦麸	92	3.7	4.6	1.4	28.7	78.0	0.13	0.10	—	0.07	0.06	0.14
花生饼	92	20.3	50.7	1.2	10.0	14.0	0.20	0.63	0.13	0.54	0.64	1.54
花生壳	91	4.1	7.8	2.0	62.9	74.0	0.26	0.07	—	—	—	—
脱脂米糠	94	18.6	15.1	1.75	13.0	—	0.08	1.77	0.25	0.27	0.28	0.62
高粱	87	30.3	8.8	2.9	2.3	18.0	0.04	0.32	—	0.16	0.17	0.21
大豆粕(CP 44%)	89	30.2	44.0	0.8	7.0	—	0.29	0.65	0.27	0.62	0.66	2.69
大豆粕(CP 48%)	90	22.5	48.5	1.0	3.9	—	0.27	0.62	0.22	0.67	0.72	2.96
大豆皮	91	6.6	12.1	2.1	40.1	67.0	0.49	0.21	—	0.12	0.07	0.64
向日葵粕(CP 32%)	90	23.2	32.0	1.1	24.0	—	0.21	0.93	0.14	0.74	0.60	1.13
小麦	87	26.8	14.1	2.5	3.0	—	0.05	0.37	0.13	0.21	0.30	0.37
小麦麸	89	25.9	15.7	3.0	11.0	51.0	0.14	1.15	0.20	0.23	0.32	0.61
小麦次粉	88	18.4	15.0	3.0	7.5	37.0	0.12	0.85	0.30	0.21	0.32	0.69
啤酒酵母	93	18.4	44.4	1.0	2.7	—	0.12	1.40	—	0.70	0.50	3.23
石粉	92						38.0					
磷酸氢钙	92						16.0	21.0	21.0			
牡蛎壳粉	92						38.0	0.1	0.1			

DM:干物质;ME:代谢能;CP:粗蛋白质;EE:乙醚抽出物;CF:粗纤维;NDF:中性洗涤纤维;NPP:非植酸磷;Met:蛋氨酸;Cys:胱氨酸;Lys:赖氨酸。

衣阿华州立大学,1997。

参考文献

Aye P P, Morishita T Y, Grimes S, Skowronek A, Mohan R. Encephalomalacia associated with vitamin E deficiency in commercially raised emus. *Avian-Diseases*, 1998, 42 (3): 600-605.

Dawson T J, Herd R M. Digestion in the Emu: Low energy and nitrogen requirements of this large ratite bird. Comp Biochem Physiol, 1983, 75A: 41-45.

Iowa State University Extension (1997) Nutrition Guidelines for ostriches and emus. Iowa State University.

JuLian D. Ratite nutrition and feeding. Virginia State University, Virginia Poulytechnic institute and state University. 2002.

Mannion, P F, Kent P B, Barram, K M, Trappett P C, Blight G W. Production and nutrition of emus. *Proceedings Australian Poultry Science Symposium*, 1995:23-30.

McDonald M W. Ostrich nutrition-an international review. *Australasian PouLtry*, 1991,2 (5): 14-15.

Philbey A W, Button C, Gestier A W, Munro B E, Glastonbury J R W, Hindmarsh M, Love S C J. Anasarca and myopathy in ostrich chicks. *Australian Veterinary Journal*, 1991,68:(7)237-240.

Salih M E, Brand T S, Schalkwyk S J, Blood J R, Pfister B, Akbay R, Schalkwyk S J, Huchzermeyer F W. Number of celluLolytic bacteria in the gastro-intestinal tracts of ostriches fed diets with different fibre levels. Proceedings of the Second International Scientific Ratite Congress. *Oudtshoorn, South Africa*, 1998:43-45.

Queensland PouLtry Research and Development Center (2002) Nutrition for growing emus.

吴世林,沈应然.鸵鸟的品种.中国家禽,1996,8:40-42.

Angel C R. Age changes in the digestibility of nutrients in ostriches and nutrient profiles of the hen and chick. *Proceedings of the Association of Avian Veterinarians*, 1993:275-281.

Herd R M, Dawson T J. Fiber digestion in the emu, Dromaius novaehollandiae, a large bird with a simple gut and high rates of passage. Physiol Zool, 1984,57: 70-84.

Fowler M E. *Comparative Clinical Anatomy of Ratites*. J Zoo Wildl Med, 1991,22: 204-227.

Stewart J S. Studies on the hatching. Growth and energy metabolism of ostrich chicks (Struthio Camelus Var. Domesticus). *Ph. D. thesis, University of Stellenbosch, South Africa*. 1988.

Stewart J S: *A simple proventriculotomy technique for the ostrich*. *J Assoc Avian Vets*, 1991,5(3): 139-141.

Cilliers S C. Feedstuffs evaluation in Ostrich (Struthio Camelus). *Ph. D. thesis, University of Stellenbosch, South Africa*. 1995.

Flieg G M. Nutritional problems of young ratites. International Zoo Yearbook, 1973, 46: 133-145.

Frolka J. Aetiology of perosis in the emu (Dromiceius novaehollandiae). Erkrankungen der Zootiere. Verhandlungsbericht des XXIV. Internationalen Symposiums uber die Erkrankungen der Zootiere, 1982: 77-90.

唐澤豊.産業としてのダチョウの飼い方、ふやし方.財団法人富民協会,大阪日本,1997:24-31.

第六章 鸽子的营养与饲料利用特点

鸽子在动物界分类上属鸟纲,鸽形目,鸠鸽科,鸽属,是家鸽、岩鸽和原鸽的通称。通常说的鸽子指的是家鸽,一般又根据通信竞翔、观赏和食用等不同的目的将鸽子划分为信鸽、观赏鸽和肉鸽三大类。信鸽(赛鸽)主要是用于通信或竞翔,通常具备优良的飞翔、判断方位和归巢的能力;观赏鸽主要是供观赏用,一般具有特殊的羽色、形态;肉鸽主要是育成作肉用,具有生长迅速、增重快、肉质好、抗病力强和饲料利用率高等优点。本篇着重以肉鸽为主,分析探讨有关鸽子的营养与饲料问题,以供实际生产中参考借鉴。

第一节 鸽子的品种与生理特点

一、肉鸽品种

1. 王鸽(King)

原产美国,又叫美国王鸽,常见的有白王鸽、银王鸽、纯红绛王鸽等。目前在我国饲养较多、生产性能较好的是白王鸽,其体型大,生产性能优良,成年公鸽体重 750～900 g,母鸽体重 650～750 g。4 周龄乳鸽平均体重可达 620 g。全身羽毛纯白,头圆,前额突出,喙细,鼻瘤小,胸宽而圆,背大且粗,尾中长,微翘,年产卵 9～10 窝,可育成乳鸽 6～8 对。

2. 蒙丹鸽(Mondain)

又叫蒙腾鸽、地鸽,原产法国和意大利。体型较大,头微尖,不擅飞翔,常在地上行走,尾与地面基本平行。羽色多为白色,有的带有黑色杂斑。体重在 1 000 g 左右,4 周龄乳鸽平均体重可达 750 g 左右。年产卵 6～8 窝。

3. 大贺姆鸽(Homer)

又叫荷麦鸽、大坎麻鸽,原产比利时、英国。美国 1920 年育成的大贺姆鸽较佳。平头,嘴粗,鼻瘤小,胸圆腰壮,腿短,尾巴微翘,羽毛紧密,体躯结实,无脚毛,羽色较杂。乳鸽生长很快,食量较大。成年鸽体重可达 1 000 g,4 周龄乳鸽体重 600 g。缺点是产卵窝数少,每年 5～6 窝。纯贺姆鸽体重小于大贺姆鸽,800～900 g,年产乳鸽 7～8 对。

4. 卡奴鸽(Carneau)

又叫嘉尼鸽、赤鸽,原产法国和比利时,为中型肉用鸽,其前额突出,头颈较粗,眼睛小而深陷,体躯浑圆,结实雄壮,站立挺直,尾巴下垂接近地面,其羽色有红绛、纯白、黑色等,成年公鸽体重为652～709 g,母鸽595～709 g。4周龄乳鸽体重在500 g左右。繁殖力强,年产乳鸽10对以上,高产者可达12～14对。产蛋和孵育性能良好。其多产肥美的乳鸽,肉厚脂肪少,结缔组织丰富。喜集群,适应性差、抗病力差。就巢性强,受精孵化率高。

5. 仑替鸽(Runt)

又名鸾鸽、来航鸽,因体如鸡大,又有"鸡鸽"之称。原产西班牙和意大利,是一种最古老和体型最大的鸽,体重最大可达到1 800 g。一船成年鸽体重为1 200～1 500 g,4周龄乳鸽体重可达800 g。其胸圆而阔,尾长,不能高飞,性情温顺。繁殖力较强,年产卵8～10窝,但由于体型大,受精率、孵化率低,作为商品乳鸽生产效益不大,多用作经济杂交用的种鸽,供育成其他新品种用(陈益填,2000;陈益填和胡国琛,2001)。

6. 石岐鸽

产于我国广东省石岐镇,由王鸽、仑替、蒙丹等品种与本地鸽杂交育成。其体躯较长,平头光胫,鼻长喙尖,眼睛较圆。羽色较多,以白色为佳品。适应性强,耐粗饲。繁殖力强,年产乳鸽7～8对,但其蛋壳较薄,孵化时易破。成年公鸽体重750～800 g,母鸽650～700 g,4周龄乳鸽体重可达600 g。特点是乳鸽肉质鲜美,品质可与王鸽、卡奴鸽的乳鸽媲美。

7. 佛山鸽

产于我国广东省佛山市,与石岐鸽同名,是由仑替鸽与本地鸽杂交育成。多产,生长快,繁殖率高。平头,光胫,羽毛紧凑,目光锐利,脖子粗胖,与石歧鸽体型相似,但脚较石岐鸽的略短,尾巴下垂。羽毛颜色大多是蓝间红条白羽。成年鸽体重700～800 g,体型大的可达900 g,年产乳鸽6～7对,4周龄乳鸽体重500～600 g。

8. 杂交王鸽

杂交王鸽也称香港杂交王鸽、东南亚鸽,是由美国白王鸽、银王鸽或贺姆鸽等优良品种与本地肉鸽杂交培育而成。羽毛颜色较多,有白色、灰色、红色、黑色、银色、蓝色、古铜色和花雨点色等。适应性和抗病性强,生产周期短。体重适中,介于石歧鸽与美国白羽王鸽之间,成年公鸽体重650～850 g,母鸽体重550～700 g,乳鸽前期生长快,2周龄乳鸽体重可达400～450 g,4周龄乳鸽体重550～650 g。繁殖性能较好,年产乳鸽6～8对。由于遗传不稳定,在繁殖过程中须不断进行选育。

二、一般习性

(1)鸽是晚成鸟,与其他家禽不同,幼鸽刚出壳时,眼睛不能睁开,体表羽毛稀少,不能行走采食,需经亲鸽喂养,40 d左右才可独立生活。

(2)早期生长快。刚出壳的雏鸽体重只有20 g左右,经亲鸽哺育25 d,雏鸽可长到500 g以上,是出壳时体重的25倍。据称它是鸟类中早期增长速度最快的。

(3)白天活动,晚间归巢栖息。鸽子在白天活动十分活跃,频繁采食饮水。晚上则在棚巢内安静休息。但是经过训练的信鸽若在傍晚前未赶回栖息地,可在夜间飞行。

(4)合群性。鸽子在自然状况下一般群居生活,群飞,成群进行觅食、活动等。

(5)较强的适应性。鸽子在热带、亚热带、温带和寒带地区均有分布,能在±40℃的气候条件下生活，抗逆性强，对周围环境和生活条件有较强的适应性。

(6)嗜盐性。鸽子的祖先长期生活在海边，常饮海水，逐渐形成了嗜盐的习性。鸽子不能够缺食盐，特别是哺育乳鸽时，鸽子千方百计找盐吃，甚至可以把含有盐分的木屑和泥土沙都吃下去。据称每只成鸽每天需盐 0.2 g，盐分过多也会引起中毒。

(7)鸽的反应机敏，惧怕干扰。鸽子具有高度的警觉性，对外来的刺激反应十分敏感，奇怪的声响、特异的颜色、闪光、陌生的事物等都容易引起鸽群的骚动和不安。

(8)繁殖特性。与其他家禽不同的是，鸽子是一夫一妻制，感情专一，除非强制性分开或者是一方病死时，才可以另配，而且在孵化、哺育乳鸽时公母鸽同时参与，互相配合。

(9)记忆力强。鸽子有很强的记忆力，对固定的住所、饲料、环境条件、信号等很容易形成习惯，甚至产生牢固的条件反射。

(10)恋巢性。一般它们的出生地就是它们一生生活的地方，任何生疏的地方，对鸽子来说都是不理想的地方，都不安心逗留，时刻都想返回“故乡”，尤其是遇到危险和恐怖时，这种“恋家”欲望更强烈。若将鸽携至距“家”百里、千里之外放飞，它都会竭力以最快的速度返归，并且不愿在途中任何生疏的地方逗留或栖息。

(11)具有高度辨别方向和归巢的能力，以及高空飞翔的持久力。如经过培育训练的信鸽，能够从几百甚至几千公里的远处飞回鸽舍。

(12)公鸽有驭妻习性。鸽子筑巢后，公鸽便开始迫使母鸽在巢内产蛋，如母鸽离巢，公鸽会不顾一切地追逐，啄母鸽让其归巢，不达目标不罢休。这种驭妻行为的强弱与其多产性能有很大的相关性。

三、生理阶段划分

鸽子孵化期一般为 17～18 d，从出壳至 10 日龄的小鸽称初雏鸽，10～20 日龄的称雏鸽，20～30 日龄的称为乳鸽。有时将 30 日龄内的小鸽都称为乳鸽，乳鸽 2～3 月龄时称童鸽，此时鸽子由吃乳转向自己采食，营养主要从饲料中获得，因此对日粮的品质要求较高；3 月龄后的童鸽称青年鸽，此时鸽子消化机能发育完善，开始出现第二性征，活动能力变强，生长进入旺盛期。这时公母应该分开饲养，并且要限制饲喂。青年鸽 5～6 月龄达到性成熟，有效繁殖期 5 年。一般 5～6 月龄、主翼羽换到 6～8 根新羽时开始发情，寻求配偶。达到性成熟的鸽子开始称为成鸽。此时留作种用的鸽子称为种鸽，而作为商品肉用(专门生产乳鸽)的则称为生产鸽或产鸽。成鸽按照生产阶段又可分为生产哺育期和非生产期。一般鸽子的生产周期为 40 d 左右，年平均繁殖 7～11 对乳鸽。每年 8～9 月份换羽(当年新鸽不换羽)时，产蛋、孵化停止，此时便为非生产期。

第二节　鸽子的消化系统特点

一、消化系统的组成和功能

鸽子的消化系统可分为消化道和消化腺两部分，从口腔开始，经咽、食道、嗉囊、胃(腺胃和肌胃)、小肠、大肠(直肠、结肠、盲肠)一直到泄殖腔。消化腺包括唾液腺、肝脏、胰脏等。

口腔:口腔是消化道的起始部,口腔直通喉头,与咽腔之间无明显界限。口腔前端为喙,喙呈圆锥状,外表有坚硬的角质,其边缘光滑,适宜采食。口腔中没有牙齿,也没有唇和软腭。口腔顶壁中央有一纵行缝隙,是内鼻孔的开口。舌呈细长三角形,舌根固着于舌内骨上。有味蕾,在选择食物和引起食欲方面起作用。舌尖角质化,游离于口腔中。口腔内有唾液腺,分泌的黏液有润滑口腔黏膜和食物的作用,使之便于吞咽。

咽:咽是食物进入食道和空气进入气管的共同通道。呼吸时,空气通过鼻腔、咽,由喉门进入气管及肺;吞咽时,食物经口腔、咽、食道进入胃。

食道:食道是一条从咽到胃的细长而富有伸张力的管道,长度大约为 9 cm。进食的饲料借助食道腺分泌物的润滑而下移至嗉囊,无消化作用。

嗉囊:食道下部膨大的一段称为嗉囊,分为两个大的侧囊。囊壁薄,外膜紧贴胸肌前方和皮肤上。可贮存、润湿和软化吞下的食物。嗉囊位于躯干部前方、双翼之下,使鸽子饱食后,身体重心仍在两翼之下而适于飞翔。在哺育乳鸽期间,亲鸽的嗉囊受脑下垂体激素的作用,分泌出嗉囊液(也叫鸽乳)可哺育雏鸽。嗉囊内分布有一些微生物,其中主要是乳酸菌,可以对食物进行初步发酵,如将糖类发酵降解成乳酸和挥发性脂肪酸。

胃:由腺胃和肌胃两部分组成。腺胃呈纺锤形,壁薄,富有发达的腺体,开口于黏膜表面的一些乳头上,分泌盐酸和黏蛋白、蛋白酶等,可初步消化食物,吸收部分蛋白质。肌胃与腺胃相通,是椭圆形的凸面体,质地坚硬,位于腹腔的左侧,腺胃的下面,重量大约为 9 g。有两个开口,前口为贲门,与腺胃相通,后口为幽门,与十二指肠相通。肌胃内有厚的肌肉壁,内壁覆有由本身腺体分泌而形成的黄绿色角质膜,表面有许多皱裂。角质膜坚硬,对蛋白酶、稀酸、稀碱等有抗性,并具有磨损脱落和不断修补更新的特点。肌胃内一般有石砂,是鸽子觅食时啄入的,当肌胃进行周期性的收缩运动时,石砂便和食物混合,将食物磨碎,同时也提高了食物与胃液的接触表面积,使之更容易消化。

小肠:小肠包括十二指肠、空肠和回肠,平均长度为 95 cm。上与肌胃连接,下通至直肠。十二指肠内有胰腺,终端有胰管和胆管的开口。空肠有很多弯曲,壁较厚且富含血管。回肠是小肠的最后一部分,上接空肠,下连直肠。小肠内壁黏膜有许多小肠腺,能分泌麦芽糖酶、蔗糖酶等,这些酶对各种食物进行全面的消化。

大肠:包括直肠和两条盲肠。直肠很短,一般 3～5 cm。不能积存食物残渣,只能吸收水分和一部分盐类,形成粪便排入泄殖腔,因此鸽子总是排尿频繁,以减轻体重适应飞行。小肠和直肠交界处有 1 对中空的小突起是盲肠,长度为 0.5～0.6 cm,内有细菌和微生物,可分解食糜中的蛋白质和氨基酸,产生氨、胺类和有机酸,并能利用非蛋白氮物质合成菌体蛋白质,以及 B 族维生素和维生素 K 等。

泄殖腔:直肠末端膨大而形成泄殖腔,是消化、泌尿和生殖的共同通道(粪和尿在此混合后即排出体外)。泄殖腔内有两个由黏膜形成的不完全环形襞,把它分隔成前、中、后三室。前室为粪道,直接与直肠连接;中室为泄殖道,输尿管和生殖管开口于此;后室为肛门,并开口于体外。肛门的上下缘形成背、腹侧肛唇。括约肌与来自耻骨和坐骨的肛提肌控制泄殖腔的活动。泄殖腔能吸收少量水分。幼鸽泄殖腔的背壁有一盲囊突起叫法氏囊,它随着鸽子年龄的增长而缩小。法氏囊与鸽体的免疫能力有关。

鸽子的肝脏较大,平均重 25 g 左右,分两叶,右叶大,左叶小,质地脆弱。孵化后期由于吸收带有色素的卵黄脂质而呈黄色，出壳 15 d 后逐渐变成红褐色。鸽子没有胆囊，胆汁由肝脏直接分泌进入十二指肠。胆汁能乳化脂肪，激活胰脂酶，帮助小肠消化吸收脂肪。此外，它还具有合成、贮存和分解糖原，合成和贮存维生素、血浆中的蛋白质以及解毒等功能。

鸽子的胰脏很发达，是一个狭长实心的腺体，着生于"U"形弯曲的十二指肠中，呈灰白色，长度约 5 cm，重约 1.4 g，分背、腹、脾 3 个侧叶。其上皮分化形成外分泌和内分泌部。外分泌部所分泌的胰液中含有胰蛋白酶、胰脂酶和胰淀粉酶等，胰液通过导管输入十二指肠。这些酶对小肠营养物质的消化起着重要的作用。外分泌部即胰岛，分泌胰岛素和胰高血糖素，它们共同调节体内糖的分解、合成和血糖的升降。

二、鸽子的消化特点

鸽子没有牙齿和软腭，食物进入口腔后没有阻挡，整个囫囵吞下。与家禽相比，鸽子的嗉囊较大，能够积存大量的食物，并且在孵化、哺育后代时，公母鸽子的嗉囊都能够分泌鸽乳来哺喂乳鸽。鸟类中只有鸽子、火烈鸟、企鹅 3 种鸟具有嗉囊泌乳的特别功能；另外鸽子的饮水方式很独特，对家禽和其他鸟类来说，饮水时大多是将喙尖伸入水中，饮一小口，然后抬头仰脖，甩甩头让水流进食道；而鸽子饮水则几乎将喙连同整个头部一齐浸入水中，大口大口地吸吮，喙好像是一根吸管一样。

鸽子消化道的酸分泌能力很强，同鸡、鸭相比，肠道内 pH 较低。如嗉囊中 pH 为 4.3，分别比鸡、鸭的低 0.2 和 0.6；肌胃中的 pH 为 2.0，分别比鸡、鸭的低 0.6 和 0.3。其他如十二指肠、空肠、回肠中的 pH 均较低，有利于营养物质的消化吸收。近期有关鸽子肠道营养的研究指出，十二指肠是小肽吸收的主要部位，空肠是葡萄糖吸收的主要场所；吸收脂肪酸的部位主要集中在十二指肠和空肠，而回肠可能仅起到辅助的作用(Xie 等，2012；董信阳，2013；谢鹏，2013)。

鸽子出壳时小肠发育程度较低，表现为鸽小肠黏膜水解酶比活力的增加和绒毛的生长一直持续到 8～14 d，而鸡等家禽则在出壳后 72 h 内完成；鸽小肠黏膜及胰腺中碳水化合物类水解酶变化比蛋白质类水解酶显著，表明碳水化合物类水解酶是限制鸽早期小肠消化功能发育成熟的主要因素(董信阳，2013；邹晓庭等，2013)。Hullar 等(1999)曾报道，同鸡相比，鸽子对碳水化合物(无氮浸出物)的消化率较低(如对燕麦消化率 62.37%vs 83%；对豌豆消化率 63.45% vs 77.00%)，而对粗脂肪的消化率较高(如对燕麦消化率 75.58% vs 61.00%；对豌豆消化率 82.59% vs 80.00%)。

鸽子的肝脏能够迅速有效地代谢果糖，即使在大量葡萄糖存在的条件下也不受影响，这一点与哺乳动物不同。此外，鸽子对果糖的代谢和果糖转化为脂肪具有优先选择性，由果糖代谢产生的脂肪量远远超过其他碳水化合物代谢产生的量。因此，对于即将参加比赛的赛鸽或者是即将上市的肉鸽，在饲料中添加果糖可以使鸽体迅速积累脂肪。

三、鸽子的食性

不同品种的鸽子具有不同的食性，有些吃小虫、菜叶，有些吃浆果；而大多数的鸽子尤其是肉鸽品种，均喜食颗粒性的植物性蛋白质饲料，如豆类、谷物类等，其他还有荞籽、稻谷、菜籽、糙米、麻仁、各种野生草籽等。Killeen 等(1993)发现鸽子更偏爱吃豌豆和玉米。Biedermann 等(2012)采用小粒花生、爆裂玉米、冻干粉虫、面包屑、碎豌豆和葵花籽,来研究鸽子的食物选择,发现其中选择最多的是葵花籽,其次是玉米和小粒花生。

鸽子对食物的选择性造成其很容易挑食、偏食,一般不吃粉末状的饲料,但经过长期的训练和适应后,也能接受。野生的鸽子尤其是岩鸽,曾在海边生活,常饮海水,因此形成了嗜盐的习性。经过数千年的驯养,鸽子仍保留了这一习性,每只成鸽每天需要食盐约 0.2 g。但是盐分过多,也会引起中毒。

第三节　乳鸽的营养需要

由于鸽子是晚成鸟,乳鸽需要亲鸽哺乳,具有不同于童鸽、成鸽的营养生理需要,本篇特将童鸽和成鸽统称为成鸽,其营养与饲料专门在后面进行叙述。

一、乳鸽的消化

乳鸽是指孵出后 1～30 d 的小鸽,只有细稀的绒毛,翼下无羽毛。刚出壳的乳鸽躯体软弱,眼睛不能睁开,抬头艰难,双足站立不稳,消化系统发育不全,不能自行觅食、消化,只能靠亲鸽哺育才能存活。在乳鸽出壳后不久,亲鸽(公、母鸽)即帮助乳鸽将小喙伸入亲鸽喙中,以获取亲鸽嗉囊中分泌的鸽乳(pigeon milk)。鸽乳是产鸽嗉囊内产生的一种营养液体,公、母亲鸽均可分泌,亲鸽对乳鸽的哺喂一般要耗时 28～30 d(4 周龄时断乳)。一般乳鸽主要在孵出后 3～7 d 吃鸽乳,以后,随着日龄增大,逐渐转向外源性食物。由于鸽乳的营养价值较高,又含有许多消化酶,容易被鸽体吸收,因此乳鸽的生长发育很快,饲料转化率很高(可达到 2∶1)。如白羽王鸽的生长速度为:出壳体重 16～22 g,1 周龄 147 g,2 周龄 378 g,3 周龄 446 g,4 周龄 607 g,30 日龄 610 g。杂交王鸽的生长速度为:出壳平均体重约为 19 g,1 周龄 152 g,2 周龄 363 g,3 周龄 462 g,4 周龄 545 g;4 日龄时便睁开眼睛,10 日龄即可慢步行走。随着乳鸽日龄的加大,乳鸽体内消化系统及各项功能逐步完善,对营养的需求也逐步变化,到 30 日龄后便可以自由采食了。

鸽子孵化至第 8 天时,脑下垂体分泌催乳素,公、母亲鸽发达的双叶嗉囊在催乳素的刺激下,内表面层后部形成两层细胞,上层为营养层,下层为生发层。之后两层细胞开始增生、肥大,供血量也增加;至第 12 天时,肉眼可见嗉囊上皮表面细胞增大增厚,发生皱褶;此后,在激素的不断作用下,扁平上皮细胞不断增殖,逐步完善;至第 16 天时,在嗉囊中增殖的大量上皮细胞开始脱落,并融合了从细胞中形成的脂肪滴,形成微黄色的乳汁液分泌出来,可持续至乳鸽生后 2 周龄。

二、鸽乳

公、母亲鸽均可分泌鸽乳,而且分泌的鸽乳在质和量方面没有显著差异(Horseman 和 Buntin,1995)。开始 1～2 d 的鸽乳,呈全稠状态;3～5 d 时,虽呈全稠状态,已可见有细碎的饲料;第 6 天起鸽乳呈流质液体,并伴有半碎饲料,随着乳鸽日龄的增加,鸽乳中的饲料含量越来越多,且颗粒越来越大。

Shetty 等(1992)分析了 1 日龄乳鸽嗉囊中的鸽乳成分,包括水分 76%、蛋白质 13%、脂肪 9%、碳水化合物 0.9%、灰分 1%和非蛋白氮 0.1%。一般来讲,鸽乳的特点是高蛋白、高脂肪(分别占干物质的 54%和 31%),缺乏钙,钠、铁含量 2.6%左右,富含谷氨酸和天门冬氨酸。曾秋凤等(2003)分析了 0～3 和 4～6 日龄乳鸽的自然鸽乳分别含粗蛋白质 52.6%和 44.6%,粗脂肪分别为 38.16%和 32.97%,且前者无碳水化合物。0～3 日龄鸽乳中谷氨酸和天门冬氨酸的含量占总氨基酸的 37.8%。鸽乳中的氮成分中含有 94%的蛋白和 6%的非蛋白成分,大约 17%的总氮是以游离氨基酸的形式存在的。鸽乳蛋白中,大约 90%呈现酪蛋白形式,并结合少量的磷脂类,酪蛋白含量大约是牛奶中酪蛋白的一半。鸽乳中含有较高的免疫球蛋白含量,尤其是免疫球蛋白 A(IgA)含量较高,以及乳铁蛋白等,可增强雏鸽的免疫力。鸽乳中脂类可占 8.1%,其基本成分是甘油三酯(81.2%)、磷脂(12.2%)和卵磷脂(3.5%),还有少量的其他物质,如胆固醇、胆甾醇酰酯、游离脂肪酸、单酸甘油酯和二酸甘油酯等。磷脂酰胆碱、神经鞘磷脂和磷脂酰胆胺分别占鸽乳中磷脂的 52.8%、21.9%和 20.4%。此外,鸽乳中乳糖含量为 0.6%～1.0%(Shetty 等,1992)。维生素 A 和维生素 B_1、维生素 C 含量很少,而维生素 B_2 的含量则很高,相当于牛奶中的含量。

鸽乳中营养组分随着乳鸽日龄逐步改变,如刚孵化后基于干物质基础的脂肪含量为 33.8% ,而在孵化后第 19 天下降到了 16.5%(Desmeth 和 Vandeputte-Poma,1980)。另外,鸽乳的成分主要受亲鸽日粮组成的影响。Leash 等(1971)指出,生长乳鸽嗉囊内容物的蛋白质、脂肪水平一般都高于其亲鸽日粮中的蛋白质、脂肪水平。

乳鸽在初生的第 1 周内要比其他家禽(如肉鸡、鹌鹑和鸵鸟)表现更高的生长速度,有赖于鸽乳提供的较高的能量营养(Sales 和 Janssens, 2003)。而 Shetty 和 Hegde(1993)曾提出,乳鸽的高速生长是由于在鸽乳中发现了一种相对分子质量为 6 000 的多肽——鸽乳生长因子。但直至目前对其生物学特性和分子机构还不清楚。

鸽乳的合成和分泌受到体内催乳素的影响(Pukac 和 Horseman,1984)。嗉囊腺上皮组织的增生可能是由于催乳素、生长因子和胰岛素原协同作用的结果(Anderson 等,1987)。而近年来对于鸽子嗉囊大量基因表达的研究进一步拓宽了有关鸽乳分泌与调控的知识(Horseman 和 Buntin,1995)。Gillespie 等(2013)提出了一种基于上皮细胞角质化的机制,认为嗉囊上皮组织在角质化过程中角质细胞具有了积累细胞内中性脂的能力,最终导致了鸽乳的形成。

三、乳鸽的营养需要量

1. 能量

Yang 和 Vohra(1987)报道 1～7 日龄乳鸽饲粮代谢能水平为 3 675 kcal/kg,8～28 日龄乳鸽代谢能水平为 3 200 kcal/kg。吴锡谋等(1992)对美国王鸽的能量代谢做了研究,结果表明,1～5 日龄的乳鸽代谢率最低,6～10 日龄的代谢率最高,以后逐渐下降,至 26～30 日龄时接近成鸽的水平;每日代谢能消耗以 1～5 日龄为最低[17.971±11.147 kJ/(只·d)],16～20 日龄时为最高[268.490±57.129 kJ/(只·d)],不过仍低于成鸽的水平[285.426±71.835 kJ/(只·d)]。余有成(1997)研究认为 8～28 日龄乳鸽人工灌喂料中的适宜代谢能水平为 3 250 kcal/kg。

2. 粗蛋白质及能量蛋白比

有研究者采用数种蛋白质含量为46.1%～53.3%和代谢能为15 262～20 189 kJ/kg的配合开食料来测定0～7日龄乳鸽蛋白需要量和最适能量蛋白比，结果表明，最佳蛋白需要量为53.3%(干样基础)，最佳能量蛋白比(ME/CP)为288，此值远低于天然鸽乳的比值372。7～28日龄乳鸽，最佳蛋白含量为20%，ME/CP为669。关于乳鸽营养需要的研究以往都是以亲鸽的日粮构成为基础，而直接以乳鸽饲料中营养水平为基础的研究报道很少。Yang和Vohra(1987)报道人工饲喂乳鸽从出生到28日龄时，日粮粗蛋白质和代谢能需要量分别为53.3%和3 675 kcal/kg。而余有成(1997)认为8～28日龄乳鸽人工灌喂料中的粗蛋白质水平应为22%。

3. 脂肪

脂类在乳鸽营养中起着重要的作用。新孵出的乳鸽，体内残留的卵黄囊是主要的养分来源。研究表明在孵化的第11天鸽卵黄中含有27.1%的脂类，而在孵化出壳后仅含有12.0%脂类(Vanheel等，1981)。

乳鸽对脂肪水平和类型的需求一直有争议。Waldie(1991)试验表明，脂肪含量即使达到6%也无不良影响，且饲喂植物脂肪和动物脂肪间没有差异。Xie等(2013)在白王鸽亲鸽饲粮中分别添加3%的猪油、棕榈油、豆油和鱼油，28日龄后研究其对乳鸽生长性能、肠道绒毛形态、消化酶活性等的影响，结果表明鱼油添加组的乳鸽体增重最低，而空肠内容物的脂肪酶活性最高。豆油添加组的乳鸽十二指肠绒毛高度和表面积均高于其他3组。棕榈油添加组的乳鸽，其十二指肠黏膜中的碱性磷酸酶活性降低，而猪油添加组乳鸽的空肠黏膜碱性磷酸酶活性最高。豆油添加组的乳鸽十二指肠、空肠、回肠黏膜的亮氨酸氨基肽酶活性最高。该研究建议添加豆油有利于乳鸽的生长性能和绒毛形态发育。

4. 水分

乳鸽对水分的需求量很高，一方面是自身的生理需求，另一方面水分是促使乳鸽嗉囊中食物后排的必要因素。一般而言，0～4日龄日粮中含水应达80%～90%，4～7日龄为70%～80%，7～28日龄为60%～75%。Yang和Vohra(1987)的实验表明，刚出壳的乳鸽若仅喂给不加稀释的鸡蛋内容物或蛋黄，不到4日龄就全部丧生。而经50%水稀释后，乳鸽的生长良好。陈礼海(1997)研究认为，1～7日龄乳鸽人工灌喂料的含水量为75%～77%，7日龄后料水比例以1∶3为宜。

乳鸽的参考营养需要量还可参见表6-1、表6-2。

表6-1　幼鸽的营养需要量 %

名　称	初雏鸽	乳鸽	亲鸽
代谢能/(kJ/kg)	12 767	12 139	11 729
粗蛋白质	21	20	15～17
脂肪	3.5	3.0	2.5
粗纤维	3	4	5
钙	1.1	1.02	1.5
磷	0.65	0.65	0.70

摘自刘洪云.肉鸽快速饲养与疾病防治，2001。

表 6-2　幼鸽维生素和微量元素需求量　　t

成　分	幼　鸽		童　鸽		产　鸽	
	推荐量	需求量	推荐量	需求量	推荐量	需求量
维生素 A/百万 IU	1.2	1.5	11	1.5	9	1.5
维生素 D_3/百万 IU	3.5	0.2	3	0.2	3	0.2
维生素 E/IU	40	10	30	10	25	10
维生素 K/g	3	0.5	3	0.5	2.5	0.5
维生素 B_1/g	3	1.8	2.5	1.8	2	1.8
维生素 B_2/g	10	3.6	9	3.6	8	3
泛酸/g	12	10	10	10	10	10
胆酸/g	650	1 300	600	1 000	550	750
烟酸/g	60	35	55	30	50	25
维生素 B_6/g	4.5	3.5	4	3.5	3.5	30
生物素/g	0.125	0.15	0.115	0.15	0.1	0.12
叶酸/g	1.3	0.55	1.2	0.55	1.1	0.50
维生素 B_{12}/g	0.02	0.01	0.018	0.01	0.016	0.007
维生素 C/g	16	14	15	13	14	12
I/g		0.35		0.35		0.35
Fe/g		80		80		80
Mn/g		60		60		60
Se/g		0.15		40		0.15

摘自刘洪云，肉鸽快速饲养与疾病防治，2001。

5. 乳鸽早期营养研究

胚蛋注射(Inovo feeding)是一种孵化后期向胚蛋羊膜腔内补充外源营养物质的方法。以往有关胚蛋注射营养物质进行早期营养调控的研究主要集中在早成鸟类，如鸡、鸭和火鸡上。Dong 等(2013)选择可被小肠黏膜直接消化的二糖(蔗糖和麦芽糖)作为碳水化合物营养物质来源，给孵化了 14.5 d 的鸽蛋进行卵内注射，发现可以提高空肠绒毛表面积，提高空肠有关糖类酶的活性，认为胚蛋注射这种方式有助于促进胚胎以及乳鸽的小肠发育。

第四节　成鸽的营养需要

这里的成鸽包括童鸽、青年鸽和成鸽。

一、能量

鸽子对能量的需要可分为维持需要和生产需要两部分。维持需要包括基础代谢和非生产活动的需要。基础代谢的需要与鸽子的体重有密切关系,体重越大,单位重量需要的维持热能就越小。非生产活动需要的能量与鸽子的饲养方式、品种特征有关。在饲养方式方面,由于笼养鸽的活动量受到很大限制,非生产活动的能量需要就比放养鸽少;在品种方面,信鸽比肉鸽活跃得多,因此消耗非生产活动的能量也比肉鸽多。产蛋多的鸽,消耗于维持需要的能量大,每单位重量的饲料消耗比产蛋少的鸽多。环境温度与能量维持需要也有关系,一般鸽子在适温时所产生的热能最低,低温比适温时维持所需的能量要多。

生产需要与鸽子的生产性能高低有密切关系。生长期的鸽子,其体重中沉积脂肪的比例越大,需要能量就越多。肉鸽体内脂肪沉积随日龄增加而增加,因而每单位体重所需要的能量也增加。产蛋多或哺乳期的母鸽,所需要的能量也多。

一般的,童鸽日粮的代谢能为 12 122 kJ/kg,非育雏期生产鸽日粮的代谢能为 12 540 kJ/kg,而育雏期生产鸽日粮中的代谢能应高一些,为 12 958 kJ/kg。肉鸽日粮中能量不宜过高或过低;过高时,多余的能量被转化为脂肪积存在体内,造成鸽体过肥,繁殖性能下降;过低时,造成体内蛋白质、脂肪分解消耗,导致肉鸽消瘦,繁殖力降低,生长速度减慢。一只成年鸽每天大约摄取 669 kJ 的代谢能。Waldie 等(1991)指出对非育雏生产鸽,每对每天平均能量吸收为 982.3 kJ。

鸽子消化系统内没有消化纤维素的酶,仅靠肠道内一些有限的微生物作用,对纤维的消化能力很低。因此鸽子日粮中粗纤维含量不宜过高,最多不能超过 5%。不过,日粮中纤维太低时也会导致肠道蠕动不充分,造成消化不良。

脂肪是鸽体的组成成分之一,但鸽体内脂肪的形成主要是由碳水化合物转化而来的,而并不是直接食入脂肪形成的。鸽子对脂肪的需要很少,一般为 3%~5%,鸽饲料中脂肪含量最多不应超过 5%。有试验表明,在赛鸽日粮中加入 5%的玉米油,要比没有添加玉米油的对照组表现出良好的飞翔性能,尤其是在超过 100 km 的赛程中。而且日粮中补充 5%脂肪的鸽子要比没有补充的鸽子孵化准时,由此说明了在日粮中添加脂肪可以提高鸽子的生理生产性能。

余有成(1997)报道认为,肉用种鸽日粮中适宜的代谢能水平为 11 760 kJ/kg。沙文锋等(2001)认为种鸽饲料代谢能为 12.59 MJ/kg,粗蛋白质为 14%左右为宜。吴红等(2002)认为以代谢能 11.85 MJ/kg、粗蛋白质 16.16%的种鸽颗粒饲料饲喂效果最好,可促进乳鸽生长发育,缩短种鸽生产周期。

王修启等(2009)探讨了"2+4"模式(即 1 对种鸽哺育 4 只乳鸽)下种鸽的能量需要。采用粗蛋白质水平相同(16%),代谢能分别为 12.13、12.25 和 12.01 MJ/kg 的混合日粮,饲喂 21 d 后,发现各组乳鸽平均日增重、21 d 乳鸽平均体重、种鸽平均日采食量等生产性能指标差异不显著,认为代谢能 12.01 MJ/kg 的能量水平已基本满足种鸽的能量需要。

二、蛋白质

鸽子的必需氨基酸同家禽的一样,包括 11 种,分别为:蛋氨酸、赖氨酸、色氨酸、苯丙氨酸、苏氨酸、亮氨酸、异亮氨酸、甘氨酸、精氨酸、组氨酸和缬氨酸。影响鸽子蛋白质和氨基酸需要量的因素有品种、体型大小、环境温度、生理生产阶段以及日粮的能量浓度等。日粮中蛋白质和氨基酸不足时,鸽子生长缓慢,食欲减退,羽毛生长不良,性成熟晚,产蛋量少,蛋重减轻。蛋白质和氨基酸严重缺乏时,鸽子停止采食,体重下降,卵巢萎缩。日粮中蛋白质含量过高时也不会有良好的饲养效果,因为随日粮中蛋白质含量的提高,鸽子体内蛋白质沉积较多,此时鸽子排泄的尿酸盐也随之增多,造成肾脏机能受损,严重时在肾脏、输卵管等部位沉积大量的尿酸盐,引起鸽子痛风,甚至死亡。

关于鸽子蛋白质的需要量,不同的学者有过不同的报道。Goodman 和 Criminger(1969)发现相比于 14.7%粗蛋白质组,含 16.5%粗蛋白质的日粮提高了乳鸽 28 日龄的体重。Bottcher 等(1985)认为饲喂 14%的日粮粗蛋白质水平足以满足种鸽的乳鸽生产需要。Waldie 等(1991)报道采用 22%的粗蛋白质日粮添加或者不添加玉米,同 16%的粗蛋白质日粮不添加玉米相比,种鸽生产和乳鸽 4 周龄体重没有显著差异。Meleg 和 Horn(1999)采用 12%、14%、16%、18%和 20%的日粮粗蛋白质水平日粮进行对比研究发现,不同粗蛋白质水平并不影响种鸽的产蛋周期,年总产蛋量、蛋重,以及乳鸽的死亡率。日粮粗蛋白质水平提高,乳鸽断奶体重显著提高,当饲喂高蛋白日粮时年乳鸽生产量和种鸽的饲料采食量提高。

李绍忠(1989)建议生产种鸽饲粮的蛋白质含量达 13%~15%,可基本满足乳鸽生长发育的需要,但饲粮中蛋白质含量低于 11%时,乳鸽的生长发育便会受阻。余有成(1997)认为肉用种鸽日粮中粗蛋白质 12.5%即可满足乳鸽生长发育需要。吴红等(2000)报道断乳至 3 月龄的童鸽在代谢能为 11.8 MJ/kg 条件下比较适宜的粗蛋白质水平为 13.1%。但也有资料指出,鸽对饲料的消化率随着蛋白质含量的提高而有所降低,蛋白质含量在 12%~14%时,饲料的消化率最高。

王修启等(2009)探讨了"2+4"模式下种鸽的粗蛋白质营养需要。采用代谢能水平相同(12.0 MJ/kg),粗蛋白质水平分别为 16%、17%和 18%的混合日粮,饲喂 21 d 后表明,粗蛋白质水平为 16%的日粮已基本满足种鸽的营养需要。

不同日龄和不同用途肉鸽对粗蛋白质和代谢能的需要研究见表 6-3。

表 6-3 不同日龄和不同用途肉鸽对粗蛋白质和代谢能需要

品种	粗蛋白质/%	代谢能/(kJ/kg)	资料来源
肉用种鸽	12.0~18.0	11 400 ~12 500	李绍忠(1989)
美国王鸽种鸽	12.5	11 723	余有成等(1998)
童鸽	16.2	11 800	吴红等(2000)
青年鸽	12~14	—	余有成(1997)
非带仔种鸽	12~14	—	余有成(1997)
带仔种鸽	14~18	—	余有成(1997)
肉用种鸽	12.5	—	余有成(1997)
生产种鸽	13~15	—	李绍忠(1989)

由此看出,对于童鸽和青年鸽,蛋白质需要量为 13%~16%即可;对于非育雏期生产鸽,蛋白质水平为 12%~14%;对于育雏期的生产鸽,蛋白质水平为 15%~18%即可满足需要。

三、矿物质

在日粮中,钙、磷比例适当有助于鸽体钙、磷的正常利用,保持血液和其他体液的中性,一般情况下,钙、磷比例以(1.1~1.5)∶1 为宜。鸽子保健砂中钙、磷比例,一般童鸽和青年鸽为(1.2～1.5)∶1,产鸽为(2～3)∶1。吴红等(2003)研究表明,在ME为11.86 MJ/kg,CP为16.16%条件下,种鸽料中Ca含量为1.09%,P含量为0.75%,有利于乳鸽的生长发育。

钠和氯在鸽子的生理上起重要作用,维持酸碱平衡和细胞正常的渗透压,参与体内水分代谢,更新机体组织,并且能控制体液的浓度和酸碱度,刺激唾液分泌,有助于消化。一般以食盐方式提供。日常喂盐量为0.37%。喂盐不足时,鸽子的食欲减退,消化不良,生长缓慢,发生啄肛、食羽等现象;过多则会引起中毒、饮水增加、水肿、飞行无力等,平均每千克体重每天摄入量不能超过3 g。

有关肉鸽对矿物质的需要量的研究报道很少,从有限的资料来看,大多是经验值,或者是参考鸡的用量。其中,肉用种鸽日粮中钙水平为1.04%～1.9%,有效磷0.29%,青年鸽日粮中钙水平为1.0%～1.2%,总磷为0.6%～0.65%。鸽体每昼夜需要的微量元素为:硫酸铁0.6 mg,硫酸铜0.6 mg,硫酸锰1.8 mg,硫酸锌0.07 mg,碳酸锰0.05 mg,碘化钾0.02 mg(余有成,1997)。

四、维生素

鸽子所需的维生素大约有13种,即维生素A、维生素D、维生素E、维生素K、泛酸、烟酸、吡哆酸、胆碱、叶酸、生物素、维生素B_1、维生素B_2、维生素B_{12}。一般在笼养肉鸽中最易缺乏和适当补充的有维生素A、维生素D、维生素B_1、维生素B_2、维生素B_{12}、维生素K等。

维生素A与鸽子的生长、繁殖有密切关系,能增强上皮细胞的形成,维持上皮细胞和神经细胞的正常功能,保护视觉正常,增强机体抵抗力和促进生长。缺乏时,会造成鸽胚发育不良,幼鸽生长迟缓,出现干眼病、眼炎或失明,生长发育迟缓,体质衰弱,运动共济失调,羽毛蓬乱,公、母鸽繁殖机能下降等。也可用200 g鱼肝油拌饲料20～30 kg饲喂,在保健砂中添加畜禽用的AD粉。缺乏症明显时,可每天每只喂1～2滴鱼肝油。

维生素D,抗佝偻病维生素,在体内参与骨骼、蛋壳形成和钙磷代谢,能促进肠胃对钙磷的吸收。它的一个重要来源是鸽体皮下的7-脱氢胆固醇经紫外线照射后转变为维生素D_3。笼养的鸽子因无阳光的照射会缺乏维生素D,必须在日粮中补充。缺乏时,幼鸽表现为生长发育不良,羽毛蓬松,走路不稳,常卧不起,喙爪变弯变软,母鸽产软壳蛋,蛋重变轻。一般在保健砂中添加贝壳粉、骨粉等含钙磷多的矿物质,以及维生素A、维生素D粉来防治。出现症状时,可用鱼肝油1～2滴,加上半片钙片,每只每天1次可治疗缺乏病。

维生素E,抗不育维生素,是一种抗氧化剂、代谢调节剂,对消化道和鸽体组织中的维生素A有保护作用,与鸽子的生殖机能有关。一般青绿饲料以及各种谷类籽实、油料籽实的芽、胚中含量丰富。缺乏时会出现生殖机能障碍、公鸽睾丸退化变性、母鸽产的蛋孵化率低、胚胎常在4～7日龄死亡、幼鸽出现脑软化症、运动失调等现象,治疗时,可在鸽的饲料或保健砂中加维生素E粉。

维生素K,促凝血维生素,是鸽子维持正常凝血所必需的成分。缺乏时,容易出血且不易凝固,死前呈蹲坐姿势。出壳的雏鸽也易患出血病。各种青绿饲料均含有丰富的维生素K。

维生素B_1,即硫胺素,参与鸽体内的碳水化合物代谢,有开胃助消化的功能。缺乏时,幼鸽生长发育不良,食欲减退,消化不良,发生痉挛,严重时发生瘫痪,卧伏不起。一般糠麸、青饲料、胚芽、草粉、发酵饲料中含有丰富的维生素 B_1。

维生素 B_2，即核黄素，对鸽子体内氧化还原、调节细胞呼吸起重要作用。一般在谷物等的外皮、酵母、青绿饲料、草粉中含量较高，缺乏时，雏鸽表现为趾爪向内弯曲，两脚不能行走，生长缓慢，消瘦，贫血，成鸽皮肤干燥，种蛋孵化率低，胚胎死亡较多。平时在保健砂中要加入多维，4 月龄以内的雏鸽每千克保健砂中最少应含维生素 B_2 1.3 mg，青年鸽、成年鸽加 0.8 mg。轻度病鸽可口服维生素 B_2，每次 5 mg，每天 2 次，2～3 d 症状可消失。

维生素 B_{12}，即钴胺素，参与核酸合成、甲基合成、碳水化合物代谢、脂肪代谢以及维持血液中谷胱甘肽含量。缺乏时，可造成贫血，食欲减退，产蛋率、孵化率下降，一般在动物性蛋白质饲料中含量丰富。因鸽子无采食动物性蛋白类饲料的习性，生产中可在保健砂中添加饲用酵母和加大炭泥的配比来预防缺乏症的出现。

维生素 C，即抗坏血酸，正常情况下鸽子体内（尤其是肾脏）能产生大量维生素 C，不需要额外补充，但在应激状态如炎热、长途飞行等情况下，需专门补充。

对于不同体重肉鸽对维生素的需要量，可参见表 6-4。

表 6-4 不同体重肉鸽对维生素的需要量

维生素种类	500 g 的体重	750 g 的体重	1 000 g 的体重
维生素 A/IU	200	300	400
维生素 D_3/IU	45	67.5	90.0
维生素 E/g	1.0	1.5	2.0
维生素 C/g	0.7	1.05	1.4
维生素 B_1/g	0.1	0.15	0.2
维生素 B_2/g	1.2	1.8	2.4
维生素 B_6/g	0.12	0.18	0.24
尼克酰胺/g	1.2	1.8	2.4
维生素 B_{12}/g	0.24	0.36	0.48
生物素/mg	2.0	3.0	4.0
泛酸/g	0.36	0.48	0.72
叶酸/g	0.014	0.021	0.028

摘自王克振，肉鸽饲养，湖南科学技术出版社，1992.7。

五、水的营养需要

鸽子对水的需求量随年龄、环境、温湿度、品种、生理状况、日粮的形式及组成的不同而变化。一般除哺育期的雏鸽外，鸽子的饮水量每只每天为 30～70 mL；0～22℃饮水量变化不大，0℃以下饮水量减少，超过 22℃饮水量增加，35℃是 22℃时饮水量的 1.5 倍。夏季时水供给不足会引起鸽子中暑；繁殖种鸽比青年鸽、幼鸽的饮水量大，哺乳后期的需水量最大等。缺水比缺乏饲料的后果要严重得多，如鸽子表现为消化不良，体温上升，进食减少，生产力下降，严重的引起中毒，导致死亡。陈礼海（1997）对各种类型肉鸽饮水量的测定结果表明，育成期青年鸽平均每对饮水 110 mL/d，停产期种鸽每对饮水 206 mL/d，孵化期种鸽每对饮水 189 mL/d,育雏期种鸽每对饮水 429 mL/d,室内散养种鸽每对饮水为 260～263 mL/d。

据研究,鸽子运输前1～2 d,如果在饮水中加入适量的葡萄糖可以提高鸽子的忍耐力。另外,有研究报道,高蛋白日粮可能会导致鸽子口渴,因为大量的尿酸需要通过肾脏排出,因此运输前几天应该避免在鸽子日粮中添加大量高蛋白饲料如花生等。同时,日粮中蛋白含量高时,需要注意保证清洁饮水的充足供应。

第五节　乳鸽的饲料及哺喂

一、乳鸽的饲料

自然乳鸽 1～10 日龄内主要依靠亲鸽哺乳,8～10 日龄后,亲鸽泌乳基本停止,开始吐喂半消化的颗粒料和消化液来喂乳鸽。生产中为加快乳鸽的生长发育,满足乳鸽的营养需求,则需另外提供含较高蛋白和能量的饲料。配制的乳鸽饲料,一般称人工鸽乳或代乳料。对 0～7 日龄乳鸽的人工鸽乳,或者是乳鸽代乳料的研究,由于不能使乳中含有免疫球蛋白,至今仍是一个技术难题。以往国内外大多只是研究 8 日龄后的乳鸽料,而且基本仍处于小规模试验阶段。人工代乳料不仅要求养分全面、易消化,而且强调的是养分的均衡性,如代乳料中氨基酸的有效性、平衡性;蛋白质组成的适宜性;补充适当的糖类如葡萄糖等;0～4 日龄乳鸽能量蛋白比不超过 376;补充维生素 A 类等。

Yang 和 Vohra(1987)采用人工哺喂方法饲喂乳鸽,1～7 日龄乳鸽日粮组成为:分离大豆蛋白 61%,豆油 8.9%,葡萄糖 21.5%,磷酸氢钙 4%,碳酸钙 1.3%以及其他维生素、微量元素。代谢能和粗蛋白质水平分别为 15 362 kJ/kg 和 53.3%。7 日龄之后乳鸽的日粮组成为:玉米淀粉 58.37%,分离大豆蛋白 23.1%,纤维素 8.0%,豆油 3.0%,磷酸氢钙 3.0%,蛋氨酸 3%;碳酸钙 1.0%,以及其他维生素和微量元素。代谢能和粗蛋白质水平分别为 13 376 kJ/kg 和 20%。

谢青梅等(2001)采用 5 种不同营养配方的人工鸽乳饲喂刚出壳乳鸽,发现其中 1 组的试验效果最好,成活率达到 100%。该组鸽乳的能量和粗蛋白质分别为 15.38 MJ/kg 和 53.3%(以干样计)。

现用人工鸽乳的主要原料有绿豆、鱼粉、奶粉、酵母、油脂、食盐、碳酸钙和磷酸氢钙,另有维生素、微量元素和蛋氨酸等,其营养成分如表 6-5 所示。

表 6-5　常用人工鸽乳的营养成分　　%

日龄	粗蛋白质	粗脂肪	粗纤维	代谢能/(kcal/kg)	添加剂
1～4	38.23	14.97	3.70	3 009	2.5
5～10	31.16	14.35	4.17	3 016	2

目前国内外常用的人工代乳料类型有:

A. 奶粉—配合料型:40%～50%的脱脂奶粉加 55%～60%的肉仔鸡开食料,另辅以矿物质、维生素添加剂等，用5倍于饲料的温水调成浆状。

B. 蛋黄一奶粉一米粥型：用适量奶粉、蛋黄和米粥调成浆状。

C. 单细胞蛋白型：用单细胞蛋白加粟、豆和淀粉调成浆状。

D. 藕粉一炼乳型：用2份加水调好的藕粉加1份淡炼乳和1份水混合调制。

E. 婴儿奶糕型：即用婴儿奶糕调成糊状，加土霉素0.04%混合调制。

关于乳鸽代乳料的配制，依乳鸽日龄的不同而有所改变。代乳料要根据乳鸽的生理需要、日龄、食量、消化情况等来选择原料配制。乳鸽1～2日龄时，可用新鲜消毒牛奶，加入葡萄糖、维生素B水溶液及消化酶，配制成全稠状态的鸽乳；3～4日龄时，可用新鲜消毒牛奶，加入熟鸡蛋黄、葡萄糖及蛋白消化酶等，配制成稠状的鸽乳饲喂；5～6日龄时，可在稀粥中加入奶粉、葡萄糖、鸡蛋、米粉、多种维生素B水溶液及消化酶，制成半稠状的乳液饲喂；7～10日龄时，可在稀饭中加入米粉、葡萄糖、奶粉、面粉、豌豆粉及消化酶、酵母片，制成半稠状流质状料饲喂；15～20日龄时，可用玉米、高粱、小麦、豌豆、绿豆、蚕豆等磨碎后，加入奶粉及酵母片，配制成半流质的料饲喂；21～30日龄时，可用上述原料磨成较大颗粒的料，再用开水配制成浆状饲喂；30日龄后，可放玉米、高粱、豌豆等原料让鸽慢慢啄食，经1～3 d后，鸽子就会根据自己的需要采食饲料了。其他可参考的乳鸽代乳料配方有；

1号配方(1～5日龄)：肉雏鸡料24%、国产豆粕粉57%、奶粉10%、骨粉4%、食用油5%，外加发酵粉2%蛋清每100 g加1个，微量元素与维生素。

2号配方(6～10日龄)：肉雏鸡料43.5%、国产豆粕粉43.5%、奶粉5%、骨粉4%、食用油4%、发酵粉1.5%，蛋黄每100 g加1个，微量元素与维生素。

3号配方(11～26日龄)：肉雏鸡料62%、国产豆粕粉32%、骨粉3%、食用油3%，外加发酵粉1%，微量元素与维生素。

其他的乳鸽代乳料营养参数配方参见表6-6、表6-7。

表6-6　幼鸽快速生长营养标准配方

营养项目	初雏鸽(0～10 d)	雏鸽(10～20 d)	乳鸽(20～30 d)
热能/kJ	21 200	19 830	15 500
脂肪/g	2 508	25.0	<=30
蛋白质/g	125	180	100
碳水化合物/g	562		805
矿物质/g	25	40	24
钠/mg	1 700	2 200	锌40 mg
钾/mg	5 000	7 800	
氟/mg	3 200	5 100	
钙/mg	4 300	8 000	5 500
磷/mg	3 100	4 300	3 800
铁/mg	76	80	100
维生素A/IU	18 000	18 000	1 100
维生素D/IU	3 000	4 200	3 000(维生素D_3)

续表 6-6

营养项目	初雏鸽(0～10 d)	雏鸽(10～20 d)	乳鸽(20～30 d)
维生素 C/mg	510	900	40(维生素 E)
维生素 B_1/mg	4.6	7 000 μg	5
维生素 B_2/mg	7.6	12 000 μg	5
泛酸/mg	23	30	
烟酸/mg	51	60	
维生素 B_6/mg	3.8	60	

表 6-7 幼鸽饲料的日粮组成 %

原料	配方 1	配方 2	配方 3	配方 4	配方 5
小黄玉米	66.3	50	41	45	55
豆粕	25	18.7	12.8	12	10
大豆	5		2.5	4	5
小麦		6	10	6	4
稻谷(大米)		6	5	5	5
小米(粟)				4	
豌豆		14.5	15	8	10
绿豆			8	8	4.5
保健砂		1.30	1.50	1.80	1.50
酵母粉	0.05				
石粉	0.90	1	0.1	2.0	1.0
磷酸氢钙	1.40	1.0	2.0	2.0	2.0
98%*DL*-蛋氨酸	0.18	0.15	0.25	0.30	0.25
98%赖氨酸盐酸盐	0.12	0.10	0.10	0.15	0.10
食盐	0.40	0.25	0.25	0.25	0.25
预混料	0.65	1.0	1.50	1.80	1.50
代谢能/(kJ/kg)	12 139.4	50.48	50.65	11 511.5	11 930.1
粗蛋白质	20.20	17	16.8	16	17
钙	1.5	1.5	2.0	3	3.3
磷	0.70	0.75	0.70	0.75	0.5
粗纤维	3	4	5	5.5	5.5

注:配方 1 为 0～7 日龄的鸽子;配方 2 为 8～15 日龄的鸽子;配方 3 为 16～30 日龄的鸽子。

表 6-6、表 6-7 摘自刘洪云,肉鸽快速饲养与疾病防治,2001。

二、乳鸽的人工哺喂

传统的方法是乳鸽出生后即开始接受亲鸽的哺喂，一般需要 22～28 d，这样不仅消耗亲鸽的营养与体力，延长了亲鸽的繁殖周期，而且乳鸽的生长发育不平衡，影响了上市体重。因此，在目前的肉鸽养殖中，逐渐利用鸽蛋人工孵化及人工哺育乳鸽，即由孵化机孵化出仔鸽，用保姆鸽代哺，或用人工合成的鸽乳、代乳料进行哺喂。

1. 哺喂设备

目前生产中的乳鸽人工哺喂设备，大多是由其他的用具改装而来，如吸球式灌喂器是用吸球改装，气筒式灌喂器是用塑料消毒喷雾器改装，还可用漏斗或吊桶，接上胶管使用，也有的肉鸽场采用鸭子的填喂机改装而成，称为脚踏式填喂机。

2. 哺喂方法

刚出生的乳鸽，食量小，人工哺喂比较困难，最好由 2 个人操作，进行嗉囊灌注法，一人捉乳鸽，一人将灌喂器的胶管慢慢插入食道。动作要轻，防止损伤气管和食道。1～3 日龄的乳鸽可用 20 mL 的注射器，去针头，套上小孔的 4～5 cm 长胶管即可哺喂。每次喂量不要过多，3～4 次即可。

4～6 日龄的乳鸽可用小型吊桶式灌喂器哺喂，将配好的乳料倒入吊桶内，吊于乳鸽的上方，使乳料流向胶管。胶管插入食道后打开胶管上的夹子，乳料就自动流入鸽子的嗉囊。每天喂 3～4 次。

7 日龄后的乳鸽可用脚踏式填喂机、吸球式灌喂器、气筒式灌喂器等填喂。每天饲喂 3 次，每次不要喂得太饱，以免消化不良。

此外，随着乳鸽日龄的增加应该逐渐降低饲料中混水的比例，即第 1～3 天的料水比例为 1∶6.5；第 4～6 天的料水比例为 1∶5.5；第 7～9 天的料水比例为 1∶6.7。此后保持 1∶6.7的比例，则乳鸽的增重明显。此种方法对培育肉用乳鸽较为理想，又称为减水式填喂法。

第六节　成鸽的常用饲料与添加剂

一、常用饲料

1. 能量饲料

能量饲料主要包括玉米、高粱、稻谷、小麦、大麦、粟和黍等。它们的主要成分是碳水化合物。这类饲料的无氮化合物占干物质的 71.6％～80.3％，其中主要是淀粉，占 82％～90％，故其消化率很高。粗纤维含量低，一般在 6％以下。粗蛋白质含量一般在 10％左右，氨基酸组成不平衡；色氨酸、赖氨酸含量低，生物学价值低，一般为 50％～70％。此类籽实含脂肪少，一般占 2％～5％。无机盐中缺钙，低于 0.1％；而磷的含量高于钙，达 0.31％～0.45％；有相当一部分属于不易吸收的植酸盐。含有丰富的 B 族维生素和维生素 E，但缺乏维生素 A、维生素 D。

玉米，一般有黄玉米和白玉米之分，其营养价值大致相仿，都可用来喂鸽。一般含水分12%～14%，粗蛋白质 8.0%～8.7%，粗脂肪 4.3%，粗纤维 1.9%，无氮浸出物 71%，粗灰分 1.4%。玉米由于缺乏色氨酸、赖氨酸、胱氨酸和烟酸等营养成分，因此不能单独喂养种鸽和幼鸽，需适当配合豆类籽实饲喂。玉米在鸽子日粮中的比例为 25%～65%，冬季天冷时在肉鸽日粮中比例还应适量提高。

高粱，有很多种类，用于喂鸽的主要是籽用高粱，中国高粱就是其中一个品种。高粱含蛋白质稍高，淀粉丰富，但缺乏维生素 A、维生素 C、维生素 D，纤维和钙磷也较少，粗蛋白质8.7%～9.7%，粗脂肪 3%～3.3%，粗纤维 3%～5%，粗灰分 3%，因其粒小而圆，鸽喜食，但含有鞣酸，适口性差，量多了易便秘，一般日粮配比可占 10%～25%。

稻谷，含粗纤维多达 8.5%，适口性差，消化率低，含粗蛋白质 8.4%～9%，粗脂肪1.5%，粗纤维 8%～10%，在日粮中一般用量为 10%～20%。

小麦，品种非常多，其中以春播红皮硬粒小麦含粗蛋白质量最高。一般小麦含热能较高，氨基酸完善，B 族维生素含量多，适口性好，含代谢能 12.9 MJ/kg，粗蛋白质 12.1%，粗脂肪 1.7%，粗纤维 3%。在日粮中用量为 10%～30%，但小麦有轻泻作用，用量不能超过40%，否则会拉稀。

大麦，分为皮大麦和裸大麦两类。大麦产量高、生长期比小麦短，用其喂养的畜禽肉质优于喂玉米的畜禽肉质，加上价格一般比其他谷类作物更便宜，所以是我国养鸽的主要传统饲料。皮大麦含粗纤维多而适口性差，应脱壳后喂鸽，但脱壳后的大麦易在贮藏中受虫害，故不可久贮。大麦在鸽子日粮中可占 60%～70%。

粟和黍，曾是我国北方主要的粮食作物，现因其产量低已很少栽种。粟、黍含水分约10%，粗蛋白质 12%，粗脂肪 4%，粗纤维 8%，无氮浸出物 63%，粗灰分 3%。其适口性好、粒子小，具有兴奋作用，在日粮中加入 5%可获得满意的结果。

2. 蛋白质饲料

现有的鸽子饲粮中，很少采用动物性蛋白饲料，原因主要是：传统习惯中人们都使用几种原粮饲料按一定比例混合起来使用，而不是使用类似鸡的配合饲料；肉鸽使用含有动物性蛋白质饲料如鱼粉制成的配合颗粒料后，肉味会受影响，降低了肉品质，尤其是影响了乳鸽的品质和美誉。但是对于信鸽和观赏鸽，使用颗粒饲料可以充分满足其营养需求，同时也降低饲养中的浪费，因此可以大力推广。鸽子的植物性蛋白质饲料主要是指豆类籽实及其饼粕等，其中豆类应用较为普遍，如豌豆、绿豆、蚕豆、黄豆、赤豆等，它们的蛋白质含量一般为20%～40%，而且蛋白质的品质较好，如一般植物性蛋白质中最易缺乏的赖氨酸含量较高，占到 1.7%～3%。

豌豆，含代谢能 11.4 MJ/kg，粗蛋白质 22.6%，粗脂肪 1.5%，粗纤维 5.9%，胱氨酸含量较高，而且豌豆大小适中，呈圆形，价格在豆类中也较便宜，是喂鸽常用的一种豆类。豌豆分普通豌豆和野豌豆两种，普通豌豆籽粒大，一般供人食用，而野豌豆籽粒小，皮也厚，便于运输和贮藏，常作为鸽子饲料。但豌豆吃多了，鸽子的粪便会变得稀稠黏糊，因此一般日粮中使用不超过 20%。

绿豆，含粗蛋白质 23.1%，粗脂肪 1.1%，粗纤维 4.7%，籽粒大小适中，营养全面，有清热解毒作用，适口性也较好，适宜在夏季添配。但绿豆也是人类重要口粮和重要的工业原料，价格较贵，生产中一般较少使用。马雪云（2003）比较了美国白羽王鸽种鸽日粮中不同绿豆水平（分别为0、6%、10%、14%和18%）对乳鸽生产性能的影响，从产蛋及出雏数以及乳鸽35日龄体重来看，添加14%绿豆组均显著高于其他组，说明种鸽日粮中绿豆水平达到14%为最佳。

蚕豆，含代谢能10.79 MJ/kg，粗蛋白质24.9%，粗脂肪1.4%，粗纤维8.2%，无氮浸出物48.8%，无机盐3.4%。蚕豆颗粒较大，用时需粉碎成小颗粒后再喂。但蚕豆吸水后容易膨胀，吃多了容易胀胃，一般用量为10%以下。

大豆，一般按皮色可分为黄豆、黑豆和青豆。青豆含脂肪少而含无氮浸出物多，最适合喂鸽，但价格贵，货源也少。因此，还是黄豆和黑豆用得比较多。黄豆一般含粗蛋白质36.9%，粗脂肪17.2%，粗纤维4.5%，无氮浸出物26.5%，无机盐5.3%，缺乏维生素A、维生素C、维生素D，含蛋白和脂肪高，因为生大豆中含抗胰蛋白酶，因此，最好炒熟后再进行配制。日粮中用量比例建议5%～10%。

火麻仁，也称大麻子，含粗蛋白质21.51%，粗脂肪30.41%，粗纤维18.84%，无氮浸出物15.89%，无机盐4.6%。适口性好，可促进肉鸽精子活力和卵子形成，并有促进羽毛生长的作用，在日粮中的用量可以占到4%～8%。

花生，属于高能作物，价格高，其脂肪和蛋白质含量均很高，一般在鸽子日粮中当作蛋白质饲料少量使用。花生的适口性好，尤其是小粒花生鸽子特别爱吃，但多喂对鸽子的肉质不好（软脂肪多），日粮中含量一般为5%～15%即可。

向日葵籽，含粗纤维高，一般对于换羽期间的鸽子可以适量补充，以增加羽毛色泽，加速换羽。日粮中可添加2%～4%。

各种饼粕，如大豆饼（粕）、菜籽饼（粕）、花生饼（粕）等，近几年来在肉鸽的配合饲料中也开始使用。徐又新和汤福泉（1990）利用大豆饼、菜籽粕与杨树叶、刺槐叶搭配来制作肉鸽颗粒饲料，与饲喂原粮相比可提高乳鸽的体增重。

3. 矿物质饲料

用于补充矿物质不足的饲料称为矿物质饲料。常用于鸽子的有食盐、骨粉、磷酸氢钙、石灰石、贝壳粉、碳酸钙等，用于补充钠、氯、钙、磷等元素。

4. 维生素类饲料

用于补充饲料中的维生素不足，包括青菜类，如白菜、花椰菜叶、通心菜、胡萝卜等；树叶类，如青绿杨树叶、榆树叶等；干草粉如苜蓿粉等。苜蓿粉是含维生素和蛋白质含量很高的备受推崇的青绿饲料，在配合饲料中加入少许制成颗粒料或粉饵，可以代替禽用多维，有助于鸽子的繁殖性能。

二、常用添加剂

1. 花粉

由蜜蜂采集而来的花粉是所有开花植物产生的雄性生殖种子，具有极大的营养价值，含水分24%，平均粗蛋白质24%，淀粉2%，糖20%～30%（平均含果糖19%，葡萄糖10%），脂肪5%，灰分3%（包括大量的钙、磷、镁、锌和少量的钾、钠、硫、锰等），富含B族维生素（维生素B_{12}除外）、维生素C，缺乏维生素D和维生素K。由于花粉价格较高，而且含有大量的粗纤维，在鸽子的日粮中不宜很高。

2. 酵母

啤酒酵母是啤酒发酵过程中产生的副产品，味稍苦，不宜大量应用。现在生产中专门生产、使用的是饲用酵母，也叫营养酵母，没有生物学活性，可以大量应用。营养酵母是一种极好的B族维生素（维生素 B_{12} 除外）和矿物质来源，特别是含硒、铬、铁和钾较多，钙、磷含量丰富，而且比例较平衡。酵母还是一种很好的核酸来源，富含RNA，而脂肪、碳水化合物、钠、热能的含量都低。鸽子日粮中不应含有太大比例的酵母，因为酵母采食太多时，鸽子排出的尿酸水平也随着提高，尿酸盐大量沉积，有可能造成某些个体发生痛风症。

3. 大蒜

大蒜中含有大蒜素，是一种含硫的刺激性化合物，据说大蒜素相当于1%的青霉素的效果，能杀死20多种细菌。在鸽子日粮或饮水中适量添加大蒜，可以帮助鸽子杀灭肠道内的一些有害细菌和微生物，刺激鸽子食欲，提高采食量。

4. 蜂蜜

由蜜蜂采集花粉酿制而成的蜂蜜具有极高的营养价值，含有17%的水分，82.4%的碳水化合物，含有约38.55%的果糖（25%～44%），31%的葡萄糖（25%～37%），7%的麦芽糖，1.5%的蔗糖，以及少量的B族维生素和各种矿物质，可以帮助鸽子迅速积累、存贮脂肪，有益于肉鸽育肥和赛鸽恢复体力。

5. *L*-肉碱

肉碱存在于几乎所有的植物、动物和微生物细胞中，有*D*型和*L*型两种形式，但只有L-肉碱具有生物学活性，它是一种类似维生素的物质，在能量代谢和长链脂肪酸通过线粒体膜过程中起作用。在赛鸽日粮中添加*L*-肉碱，可以促进脂肪酸转化为能量，保持持续的能量供应，防止肌肉疲劳、痉挛，保护肌肉组织膜免遭降解。在种鸽日粮中添加*L*-肉碱，可以促进乳鸽迅速生长（提高25%），增加饲料利用率（提高14%），减少亲鸽体重损失。添加剂量，从配对前3周开始，一直到整个繁殖季节，每只鸽子每天补充100 mg *L*-肉碱。Janssens等（2000）在父母代种鸽日粮中添加*L*-肉碱（每对每天80 mg），发现乳鸽生长加快，孵化时种鸽的体重增加。经对鸽乳成分分析表明，这种生长性能的改进可能源于添加肉碱对鸽乳生产的有益影响，添加肉碱组的鸽乳中肉碱含量增加。

6. γ-氨基丁酸

γ-氨基丁酸（γ-aminobutyric acid, GABA）是一种主要的抑制性神经递质。其主要生理作用是抗焦虑、抗惊厥、降血压、镇痛和神经营养等。赵文静等（2010）在美国银灰王鸽母鸽中分别添加0、20、40、80 mg/kg的GABA，发现饲料中添加GABA对蛋鸽产蛋性能虽略有提高，但差异并不显著。黄辉龙等（2011）继续研究以上GABA添加对蛋鸽就巢相关激素、免疫和抗氧化性能的影响，发现添加40 mg/kg GABA组显著降低血清中催乳素水平（$P<0.05$），提高血清中IgA、IgG和补体C3水平（$P<0.05$），以及提高肝脏、心肌组织中超氧化物歧化酶和谷胱甘肽过氧化物酶活性（$P<0.05$）。

7. 奥氮平（olanzapine）

Zhang等（2011）在720日龄的美国王鸽种鸽基础饲粮中分别添加0、0.5、0.75和

1.25 mg/kg 的奥氮平，结果发现，饲喂 60 d 后，0.75 和 1.25 mg/kg 添加组的种鸽，其产蛋间隔分别下降了 37.46%和 29.83%。这个变化伴随着血浆促卵泡素和孕酮水平显著升高，而催乳素水平下降。

8. 其他

如多维、赖氨酸、蛋氨酸、食用红糖等，主要是为鸽子提供多种常量和微量元素，多在保健砂中提供。

三、饲料加工工艺

全价膨化饲料给鸽子提供了较为平衡的养分和能量，但膨化饲料制作过程中的淀粉凝胶化程度可能会影响鸽子对饲粮的吸收。El-Khalek 等(2011)对比了膨化饲料中不同淀粉凝胶化程度高(73.6%)和凝胶化程度低(53.1%)对鸽子肠道形态、小肠 pH 等的影响，结果表明凝胶化程度较低的膨化饲料导致近肠道端酸化，改变了鸽子肠道形态。因此，建议鸽子的膨化饲粮应包含低凝胶化的淀粉而不是高凝胶化的淀粉。

第七节 成鸽日粮配制

一、饲养标准

肉鸽在不同生长发育阶段，其营养需要不同，如何使配制日粮的营养物质符合或比较符合肉鸽的营养需要，使肉鸽能正常生长、生产，又不浪费多余的饲料，这就需要以饲料的营养成分和肉鸽的饲养标准为依据。关于肉鸽的饲养标准国内外还都没有权威性发布，NRC(1994)中没有关于鸽子的饲养标准，目前生产中常使用人们在实践中总结出的参考饲料标准(表 6-8、表 6-9)。

表 6-8 肉鸽的参考饲养标准(一) %

项 目	童鸽	非育雏期生产鸽	育雏期生产鸽
代谢能/(MJ/kg)	11.7	12.6	13.0
粗蛋白质	13～14	12～13	15～18
粗纤维	3.5	3.2	2.8～3.2
钙	1.0	1.02	1.02
磷	0.65	0.65	0.65

摘自陈益填，肉鸽、信鸽、观赏鸽。

表 6-9 肉鸽的参考饲养标准(二)

项 目	童鸽	非育雏期产鸽	育雏期产鸽
代谢能/(MJ/kg)	11.9	11.6	12.0
粗蛋白质/%	16	14	17
蛋白能量比/(g/MJ)	230	210	240

续表 6-9

项 目	童鸽	非育雏期产鸽	育雏期产鸽
钙/%	0.9	2	3
总磷/%	0.7	0.6	0.6
有效磷/%	0.6	0.4	0.4
食盐/%	0.3	0.35	0.35
蛋氨酸/%	0.28	0.27	0.3
赖氨酸/%	0.60	0.56	0.78
蛋氨酸+胱氨酸/%	0.55	0.50	0.57
色氨酸/%	0.6	0.13	0.15
维生素 A/IU	2 000	1 500	2 000
维生素 D_3/IU	250	200	400
维生素 E/IU	10	8	10
维生素 B_1/mg	1.3	1.2	1.5
维生素 B_2/mg	3.0	3.0	4.0
泛酸/mg	3.0	3.0	3.0
维生素 B_6/mg	3.0	3.0	3.0
生物素/mg	0.2	0.2	0.2
胆碱/mg	200	200	400
维生素 B_{12}/mg	3.0	3.0	3.0
亚麻酸/%	0.5	0.6	0.8
烟酸/mg	10	8	10
维生素 C/mg	4.0	2.0	6.0

摘自刘洪云,肉鸽快速饲养与疾病防治。

二、饲料配合

1. 采食量

鸽子的采食量因品种、品系、年龄、生理状况、生产水平、活动量、日粮品质和管理条件而异。一般来说,越是年幼,需要的营养越高,采食量越大(由于消化机能的缘故,应少喂勤添)。童鸽、青年鸽每天采食量为 35～40 g,哺乳期的产鸽因为负担最重,采食量最高。以年龄来说,5～8 周龄的断奶鸽食量相对最大;从季节来看,冬季鸽子的采食量要比夏季的高;舍饲的要比放养的鸽子采食量多;不喂保健砂的鸽子,采食量比喂保健砂的要多;采食全价日粮的鸽子,其采食量要比采食非全价日粮的少。同其他家禽一样,鸽子一般能根据日粮的能量浓度来调节采食量,以满足其能量需要的本能。当日粮能量水平低时,鸽子的采食会多些,能量水平高时,则采食少些。

一对肉用种鸽一年的采食量为 40～45 kg,每生产一对肉用仔鸽时种鸽需要消耗饲料

2.8 kg左右。

2. 饲料比例及配方

鸽子的饲料配方需按照不同品种、年龄、季节、生理阶段以及本地饲料来源进行具体配制。一般肉鸽日粮中能量饲料和蛋白饲料的用量比例为：童鸽（青年鸽）：能量饲料3～4种，占75%～80%，蛋白质饲料1～2种，占20%～25%；非育雏期生产鸽：能量饲料3～4种，占85%～90%，蛋白质饲料1种，占10%～15%；育雏期生产鸽：能量饲料3～4种，占70%～80%，蛋白质饲料1～2种，占20%～30%。

3. 饲料饲喂形式

由于鸽子喜食粒料，传统养鸽多以谷物原粮形式饲喂，如豌豆、绿豆、谷类籽实等。随着养鸽的规模化、集约化发展，为了解决多种原料采购困难、配合繁杂的问题，逐步开始利用全价颗粒饲料进行饲喂。蔡卿河（1992）报道使用颗粒饲料饲喂种鸽可以提高28日龄乳鸽的体重；吴红等（2002）使用颗粒料来代替原粮饲喂种鸽也提高了30日龄乳鸽的体重。

沙文锋等（2001）研制了种鸽平衡颗粒料，即种鸽的能量饲料仍以玉米等原粮为主，而把蛋白类饲料以及维生素、微量元素和其他添加剂等加工成颗粒料（这种料实际上也是一种混合料）。采用这种平衡颗粒料饲喂可使杂交王鸽的乳鸽体增重6.5%～8.7%，缩短种鸽生产周期2.8～4 d。

一般普通颗粒饲料是混料后用压碎机制成直径6 mm，长12 mm的柱形粒料，经烘干而成。单达聪等（2011）比较了3种全价饲料的颗粒料型对肉种鸽生产性能的影响，3种料型分别为：柱状颗粒（平模颗粒机制粒方法）、球形颗粒（膨化制粒加工方法）、原粮颗粒与柱状颗粒混合，结果表明采用球形颗粒饲料与其他两种相比，可提高21日龄乳鸽体重4.23%和2.50%，节省饲料6.45%和22.25%。

三、鸽子的保健砂及其配制

在集约化、工厂化生产条件下的肉鸽，如果不采用全价配合颗粒饲料的话，还需要为肉鸽配制保健砂。保健砂，就是在以往“盐土”的基础上增添了一些有利于鸽体营养保健的成分，如多维、红糖等。虽然保健砂原料的成本很低，但它对鸽子发挥生产潜力和提高经济效益的作用却很大，在肉鸽生产中起着至关重要的作用。

（一）配制保健砂所需原料

沙粒，一般用河滩、溪流中的清水沙粒，直径在3～5 mm，取回后进行筛选，用水冲洗后，在阳光下曝晒2～3 d，装后备用。沙粒的主要作用是帮助肌胃对饲料进行机械消化，在肌胃的压力下将颗粒料磨碎，便于肠道的消化和吸收。沙粒一般占保健砂的50%左右。

骨粉，动物骨骼经高温消毒后粉碎而成，含有钙、磷、铁、钠、镁、钾、硫、锌、铜、氯、氟等，主要作用是提供钙、磷、铁等，可防止肉鸽发育不良、软骨病，产软壳蛋、沙壳蛋、贫血，一般含量为5%～8%。

贝壳粉、蟹壳粉，提供钙、磷元素，由于来源广，价格便宜，可大量使用。

蚝壳片。用蚝壳经粉碎机碾制后即为蚝壳片，直径为0.5～0.8 cm。片状蚝不但鸽子喜欢吃，对鸽肌胃的消化功能还有帮助。蚝壳片所含营养成分为：钙38.1%、磷0.07%、镁0.3%、钾0.1%、铁0.29%、氯0.01%。

黄土，也称红土、黄泥，一般挖掘深层土壤，不含细菌、杂质，挖出后晒干使用。黄土中含有铁、锌、钴、铬、硒等微量元素，由于黄土到处可以找到，无须购买，因此，在生产中较多使用，一般用量占到20%～30%。

木炭，主要是利用其较强的吸附作用，吸附消化道内的有害气体，有害化学物质和细菌等，起到收敛止泻的作用，一般用量不宜大，且要经常变动，范围在1%～5%。

炉炭，用无污染的炉炭加入保健砂中可以为肉鸽提供一定量的钙、镁、钠、铁等微量元素，一般用量为3%～5%。

铁屑，主要用于补充铁质，合成血红蛋白，促进血液循环，用量为1%～2%，用量过大会导致中毒。

（二）保健砂的配制及使用

1. 测定保健砂的采食量

由于鸽子的品种、生产力、生长期不同，对保健砂的采食量也不同。中型产鸽在产蛋至孵化期，每日需采食保健砂3.5～4.1 g/对，至乳鸽出壳前3 d，产鸽的采食量明显增加，为4.0～4.8 g/对，乳鸽出壳后1周内，平均达到7.5 g/对，2周龄为9.6 g/对，3周龄为13.0 g/对，4周龄为13.2 g/对。产鸽带仔时最多每对采食量可达19.1 g/对，说明鸽子采食保健砂最多时期为带仔期。因为在这个时期，产鸽采食量大，需尽快将采食的饲料粉碎、消化，以分泌足够的鸽乳来喂给乳鸽，而且在哺喂后期鸽乳量减少时，可将部分保健砂在喂料时一并转给乳鸽，以保证乳鸽的营养需要和消化、吸收（陈益填等，2011）。另外，了解鸽子对保健砂的采食量，也有利于计算出其他添加剂的用量，例如，一般每只鸽每天需要维生素A 200 IU，以每只产鸽每天采食3 g保健砂计算，则在3 g保健砂里应该含的维生素A为200 IU，配1 kg保健砂时，就需供给维生素A的含量为6.7万IU。

2. 配制保健砂应注意的事项

首先要检查所用的各种配料纯净与否，有无杂质和霉变情况。然后将保健砂的主要配料如骨粉、贝壳粉、粗砂、红泥等混合，在原料混合时应由少到多，多次搅拌，尽量混合均匀。用量较少的或者是容易吸湿发潮的如红铁氧、生长素等，可先取少量混合，再混进全部的保健砂中，一次剂量不要太多，可先配3～4 d吃的量，或者是现配现用。保健砂中食盐的含量一般不要超过5%，砂占20%～40%，维生素、微量元素、氨基酸等按情况酌量添加。

3. 保健砂的使用

一般保健砂的配料原料多达20多种，如果配好后暂时不用，放置时间太长，容易氧化，有的甚至发生化学反应，致使营养成分变化或损失，影响了保健砂的应有功效。因此，正确掌握保健砂的使用方法是非常必要的。一般应做到现配现用，天天供给，而且最好是每天定时定量供给，如可在上午喂料后喂保健砂，也可在15:00～16:00专门供给。

（三）常用的保健砂配方

一般保健砂的配方应随着鸽子的状态、机体的需要和季节的变化而有所改变，才能满足生长实际的需要。美国农业部推荐的保健砂配方为：碎牡蛎壳45%、小石粒40%、骨粉5%、食盐4%和红土1%。国内常用的一些保健砂配方等也几乎大同小异，如普遍采用蚝壳片、骨粉、石膏、木炭、明矾、红铁氧、甘草、黄泥、中砂、生长素等做原料（表6-10）。

表 6-10 鸽保健砂的配方 %

配料	青年鸽	产鸽			
		春	夏	秋	冬
蚝壳片	35	37	38	36	37
中粒砂	40	35	35	32	33
磷酸氢钙	3	7	8	8	7
木炭粉	1	3	2	2	1
食盐	3	3	2.5	2.2	2
酵母粉	2	3	3	2.5	2.5
微量元素	1	1	1	1.5	1.5
红铁氧	0.5	0.5	0.5	0.5	0.5
红泥	10	5	5	10	10
大得快	0.5	0.5	0.4	0.5	0.5
啄羽灵	0.3	0.6	0.6	0.7	0.7
龙胆草粉	0.6	0.6	0.5	0.5	0.5
穿心莲粉	0.6	0.6	0.6	0.6	0.6
甘草粉	0.5	0.6	0.5	0.6	0.6
赖氨酸	0.5	0.6	0.6	0.6	0.6
蛋氨酸	0.3	0.4	0.4	0.4	0.4
禽康Ⅱ号	0.6	0.7	0.5	0.5	0.5
多维	0.3	0.5	0.5	0.5	0.5
维生素 E 粉	0.1	0.2	0.2	0.2	0.2
土霉素碱	0.2	0.2	0.2	0.2	0.2
红糖	—	—	—	—	1.5

摘自陈益填的“肉鸽保健砂的配方和供给方法”，中国家禽，2001。

参考文献

陈礼海．肉鸽饮水量初测．中国畜牧杂志，1988 (1)：45-46.

陈益填．肉鸽养殖新技术．北京:金盾出版社，2000.

陈益填，胡国琛．肉鸽、信鸽、观赏鸽．北京:金盾出版社，2001.

陈益填，林余秋，余智文，钟干环，陈根英，钟义鑫．肉鸽保健砂的配方及供给方法．中国家禽，2001,23(6)：30-31.

蔡卿河．颗粒饲料养肉用种鸽试验．中国家禽，1992 (2):43-44

董信阳．鸽早期小肠发育及碳水化合物对其调控的研究．浙江大学博士学位论文,2013.

黄辉龙，赵文静，邹晓庭，李慧，张敏，董信阳．γ-氨基丁酸对蛋鸽就巢习性、免疫和抗氧化性能的影响．中国兽医学报,2011,31(9):1327-1331.

李绍忠．种鸽日粮蛋白质水平对乳鸽生长的影响．中国畜牧杂志,1989，25(5)：54.

刘洪云．肉鸽快速饲养与疾病防治．北京：中国农业出版社，2001.

马雪云．不同绿豆水平对乳鸽生产性能的影响．饲料研究，2003(2)：40-41.

沙文锋，陈启康，顾拥建，吴红，梁志彬，陈华．肉用种鸽平衡颗粒料的研制与应用．江苏农业科学，2001(2)：63-64.

单达聪，潘裕华，肖良，吕文博，王四新．全价饲料料型与蛋白水平对肉种鸽生产性能的影响．饲料工业，2011,32(13)：62-65.

王修启，李世波，詹勋，束刚，刘松慧，饶崇行，许合金．肉鸽养殖“2+4”生产模式下种鸽的能量需要研究．粮食与饲料工业，2009(4)：45-46.

王修启，李世波，詹勋，束刚，饶崇行，刘松慧．肉鸽养殖“2+4”生产模式下种鸽的粗蛋白需要研究．饲料工业，2009，30(17)：59-60.

王克振．肉鸽饲养．湖南农业杂志社，1992.

吴红，陈启康，梁志彬，沙文锋，顾拥建，姜锦雄．童鸽饲粮蛋白最佳水平的研究．南京农专学报，2000，16(4)：50-52.

吴红，陈启康，周俊芳，沙文锋，顾拥建，梁志彬．肉用种鸽颗粒料的研究．南京农专学报，2002，18(4)：42-45.

吴锡谋，胡维弘，肖寿宝．美国王鸽能量代谢的研究．中国畜牧杂志，1992，28(3)：6-10.

谢鹏．长链脂肪酸对乳鸽肠道发育及营养物质代谢调控的机理研究．浙江大学博士学位论文，2013.

谢青梅，毕英佐，陈朝霞，黄罕芬．不同人工鸽乳对0～10日龄乳鸽的饲喂效果．中国畜牧杂志，2001,37(1)：24-26.

徐又新，汤福泉．以饼粕、叶粉为蛋白源的肉鸽颗粒饲料的研究．饲料研究，1990(4)：5-7.

余有成．中国肉鸽营养需要研究概况．饲料工业，1997(5)：25-26.

余有成，刘璐，康振宏，郭海俊．肉用种鸽日粮中ME、CP适宜水平研究．中国家禽，1998,20(9)：35-37.

曾秋凤，张彬，张在伟．自然鸽乳的常规营养分析．中国家禽，2013，35(21)：12-14.

邹晓庭，董信阳，谢鹏．乳鸽早期小肠发育及其营养调控研究．中国家禽，2013(14)：2-5.

赵文静，邹晓庭，张敏，李慧，董信阳．γ-氨基丁酸对蛋鸽产蛋性能和血清生化指标的影响．饲料工业，2010，31(12)：24-26.

Anderson TR, Mayer GL, Hebert N, Nicoll CS. Interactions among prolactin, epidermal growth factor and proinsuLin on the growth and morphology of the pigeon crop sac mucosal epithelium *in vivo*. Endocrinology, 1987, 120: 1258-1264.

Biedermann T, Garlick D, Blaisdell AP. Food choice in the laboratory pigeon. Behavior Processes, 2012, 91(1): 129-132.

Desmeth M, Vandeputte-Poma J. Lipid composition of pigeon cropmilk. I. Total lipids and lipid classes. Comparative Biochemistry and Physiology B., 1980(66): 129-133.

Dong XY, Wang YM, Song HH, Zou XT. Effects of inovo injection of carbohydrate solution on small intestine development in domestic pigeons (*Columba livia*). Journal of Animal Science, 2013, 91(8): 3742-3749.

El-Khalek EA, Kalmar ID, Pasmans F, Ducatelle R, Werquin G, Devloo R, Janssens GPJ. The effect of starch gelatinization degree on intestinal morphology, intestinal pH and bacteriology in pigeon. Journal of Animal Physiology and Animal Nutrition, 2011(95): 34-39.

Gillespie MJ, Crowley TM, Haring VR, Wilson SL, Harper JA, Payne JS, Green D, Monaghan P, Donald JA, Nicholas KR, Moore RJ. Transcriptome analysis of pigeon milk production-role of cornification and triglyceride synthesis genes. BMC Genomics, 2013, 13 (14): 169.

Goodman DB,Griminger P. Effect of dietary energy source on racing performance in the pigeon. Poultry Science, 1969(48): 2058-2063.

Horseman ND,Buntin JD. Regulation of pigeon cropmilk secretion and parental behaviors by prolactin. Annual Review of Nutrition,1995(15): 213-238.

Hullar I, Meleg I, Fekete S, Romvari R. Studies on the energy content of pigeon feeds I. Determination of digestibility and metabolizable energy content. Poultry Science, 1999,78(12):1757-1762.

Janssens GPJ, Hesta M, Debal V, Debraekeleer J, De Wilde ROM. L-carnitine supplementation in breeding pigeons: Impact on zootechnical performance and carnitine metabolism. Reproduction, Nutrition, Development,2000(40): 535-548.

Killeen PR, Cate H, Tran T. Scaling pigeons' choice of feeds: Bigger is better. Journal of the Experimental Analysis of Behavior,1993(60): 203-217.

Leash AM,Liebman J, Taylor A, Limbert R. An analysis of the crop contents of White Carneaux pigeons (*Columba livia*), day one through twenty-seven. Laboratory Animal Science,1971, 21(1): 86-90.

Meleg I, Horn P. Genetic and phenotypic correlations between growth and reproductive traits in meat-type pigeons. Archives of Fur Geflugelk, 1998, 62(2): 86-88.

Meleg I, Dubleez K, Vincze L, Horn P. Effect of dietary crude protein level on reproductive traits of commercial pigeons in different production terms. Acta Agraria Kaposvariensis, 1999, 3(2): 247-253.

Pukac LA, Horseman ND. Regulation of pigeon crop gene expression by prolactin. Endocrinology, 1984(144): 1718-1724.

Shetty S, Bharathi L,Shenoy KB, Hegde SN. Biochemical properties of pigeon milk and its effect on growth. Journal of Comparative Physiology B, 1992, 162 (7): 632-636.

Shetty S,Hegde SN. Pigeon milk: A new source of growth factor. Experimentia, 1993, 49(10): 925-928.

Vanheel B, Vandeputte-Poma J, Desmeth M. Resorption of yolk lipids by the pigeon embryo. Comparative Biochemistry and Physiology A, 1981(68): 641-646.

Waldie GA, Olomu JM, Cheng KM, Sim J. Effects of two feeding systems, two protein levels, and different dietary energy sources and levels on performance of squabbing pigeons. Poultry Science, 1991 (70): 1206-1212.

Xie P, Zhang AT, Wang C,Azzam MM, Zou XT. MolecuLar cloning, characterization, and expression analysis of fatty acid translocase (FAT/CD36) in the pigeon (*Columba livia* domestica). Poultry Science, 2012, 91(7): 1670-1679.

Xie P, Wang YM, Wang C, Yuan C, Zou XT. Effect of different fat sources in parental diets on growth performance, villus morphology, digestive enzymes and colorectal microbiota in pigeon squabs. Archives of Animal Nutrition, 2013, 67(2): 147-160.

Yang MC,Vohra P. Protein and metabolizable energy requirements of hand-fed squabs from hatching to 28 days of age. Poultry Science, 1987,66(12): 2017-2023.

Zhang M, Zou XT, Liu JG, Wang YM. Olanzapine administration shortened the laying interval in pigeon (*Columbalivia*). Journal of Animal Veterinary Advances, 2011, 10(12): 1603-1606.

第七章　应激生理与营养调节

第一节　应激的概念与应激反应

现代规模化与集约化家禽生产体系对生产效率和投资效益(投入/产出比)的追求决定了其对家禽机体生物学需求及福利问题的忽视。现代家禽育种选育体系中对生长速度、生产性能和饲料转化率的过度追求,也使现今家禽品种、品系对环境愈加敏感,如肉鸡PSE肉现象,环境因素诱发肉仔鸡猝死和腹水症等。集约化家禽生产中拥挤、断喙、高低温、转群与运输、免疫接种、有害气体(氨气等)与粉尘、噪声与惊吓等应激源存在于饲养全程中,应激在影响家禽生产性能的同时,造成家禽免疫抑制,导致家禽对疫病易感性增加。我国家禽生产由于标准化水平(设施水平和生产管理水平)较低,应激现象更为突出。因此,改善家禽饲养环境来降低应激水平,调控营养物质代谢来满足机体代谢需求,是家禽生产可持续发展的重要保证。

一、应激的概念

应激(stress)这一概念首先由加拿大学者Selye提出,Selye(1936)首先观察到生物个体对一系列有害刺激(包括温度、电离辐射、精神刺激、过度疲劳、中毒等)存在定型反应。这种定型反应并未因刺激源的不同而改变。Selye将这种反应称为“全身适应综合征”(general adaptation syndrome),后改称为应激,并将之划分为3个阶段:警戒阶段或动员阶段(alarm reaction)、抵抗或适应阶段(stage of resistance or adaptation)和衰竭阶段(stage of exhaustion),动物在应激过程产生适应或者不能适应而衰竭、死亡。在Selye的应激概念中应激反应被定义为机体在受到内外刺激时所产生的非特异性应答反应。

随着对应激现象的广泛研究,对应激生物学的认识逐渐深入,研究发现并非不同的应激均会引起完全相同的非特异性反应。目前广泛接受的应激定义为:当机体内环境稳态受到威胁或扰乱时,机体为维持产生新的稳态而针对应激源所产生的特异性和非特异性反应。动物在受到刺激时总是回应以特异性和非特异性的适应性反应。特异性的反应是指在特定条件下激发的与该刺激性质有关的特异的反应,如对温热环境做出的出汗、体表血管扩张、热性喘息等反应;而非特异性反应则是指机体以一种普遍性的方式进入应激状态,它与刺激源无关,例如下丘脑—垂体—肾上腺(HPA轴)激发、免疫器官萎缩等现象。Siegel(1995)指出这两种调节过程并不是相互独立的,它们可以同时发生,一者可以对另一者产生影响,并且它们都受机体遗传潜力的限制。

近年来，随着对应激生物学的认识，发现原有的应激理论对于慢性应激反应缺乏有效的解释。McEwen(1998)在前人研究的基础上提出“非稳态荷载(allostatic load)”的概念。环境刺激是否会成为不同动物个体的应激源，取决于两个方面，一是个体对环境的认知方式；二是机体的生理状态。动物机体的衡稳机制包括结构和功能上的变化，使动物个体能够在变化的环境条件下维持其生理与行为上的稳定。非稳态(allostate)是指机体偏离自身稳态的程度。而非稳态负荷则是指机体通过调整达到稳态所做出的反应。

尽管应激的定义尚在不断充实和完善中，但是应激反应的发动和维持均依赖于机体的神经与内分泌调节。应激可改变激素对动物新陈代谢、繁殖、生长发育和免疫功能的控制。动物对应激的适应其实质是一系列影响机体生长发育和健康的神经、内分泌(激素之间交互效应)的综合反应。

二、应激反应

应激反应的实质是生理平衡的破坏与恢复过程，应激反应涉及神经系统、内分泌系统及免疫系统的一系列的活动。应激反应是生理平衡的破坏与恢复过程，这一过程的实现主要是依赖于交感神经系统与下丘脑—垂体—肾上腺(HPA)反应轴的激活，并涉及一系列内分泌的调整。与哺乳动物所不同，禽类的肾上腺中皮质与髓质细胞之间并无明显界限，分泌肾上腺素与去甲肾上腺素的嗜铬细胞簇生于分别分泌醛固酮与皮质酮激素的两种皮质细胞中。这种特殊的组织学结构决定了 HPA 轴与自主神经系统(ANS)通过旁分泌作用而产生互作。

下丘脑通过释放促肾上腺皮质激素释放激素(CRH)控制垂体前叶分泌促肾上腺皮质激素(ACTH)，而 ACTH 的释放促进了肾上腺皮质分泌糖皮质激素(又称为应激激素)。糖皮质激素作为 HPA 轴中重要的末端调节因子，控制机体的动态平衡，引起机体对应激的应答反应。同时糖皮质激素能调控 HPA 轴的活性，“负反馈”作用于下丘脑、垂体，终止动物机体对应激的反应应答。

动物处于应激状态时，肾上腺髓质部大量分泌儿茶酚胺类激素，包括肾上腺素和去甲肾上腺素，儿茶酚胺类激素的分泌较为迅速，且其反应时间亦较为短暂，在生理条件的浓度下主要作用于肌肉和脂肪组织，在生化途径上通过使腺苷酸环化酶活化而增加靶组织细胞内 cAMP 的浓度，cAMP 激活蛋白激酶，后者则活化磷酸化酶，促进糖原的分解和脂肪组织的分解代谢，使血糖升高，血液中游离脂肪酸(FFA)升高，为“战斗或逃跑”做好能量准备。在生理上主要引起心率加快、血压升高，外周血管收缩等生理变化(图 7-1)。

肾上腺皮质部对应激的反应在时间上慢于髓质部，肾上腺皮质激素的分泌主要是通过下丘脑-垂体-肾上腺皮质部轴而将应激源的刺激经由 CRF(促肾上腺皮质激素释放因子)→ACTH(促肾上腺皮质激素)的逐级放大传至肾上腺皮质。肾上腺皮质激素作用的生化途径是通过合成出诱导酶而起作用。激素首先作用于细胞核，在核内将有关基因激活，转录出 mRNA，再产生诱导酶，从而调控代谢过程或生理功能。皮质酮的释放可促进糖异生活动，使血糖升高，促进体内蛋白质的降解，从而使非蛋白氮含量升高，尿酸排出增多。当应激时间较长时，皮质酮的大量分泌，会导致血液中的淋巴细胞和嗜酸性白细胞的减少，引起淋巴

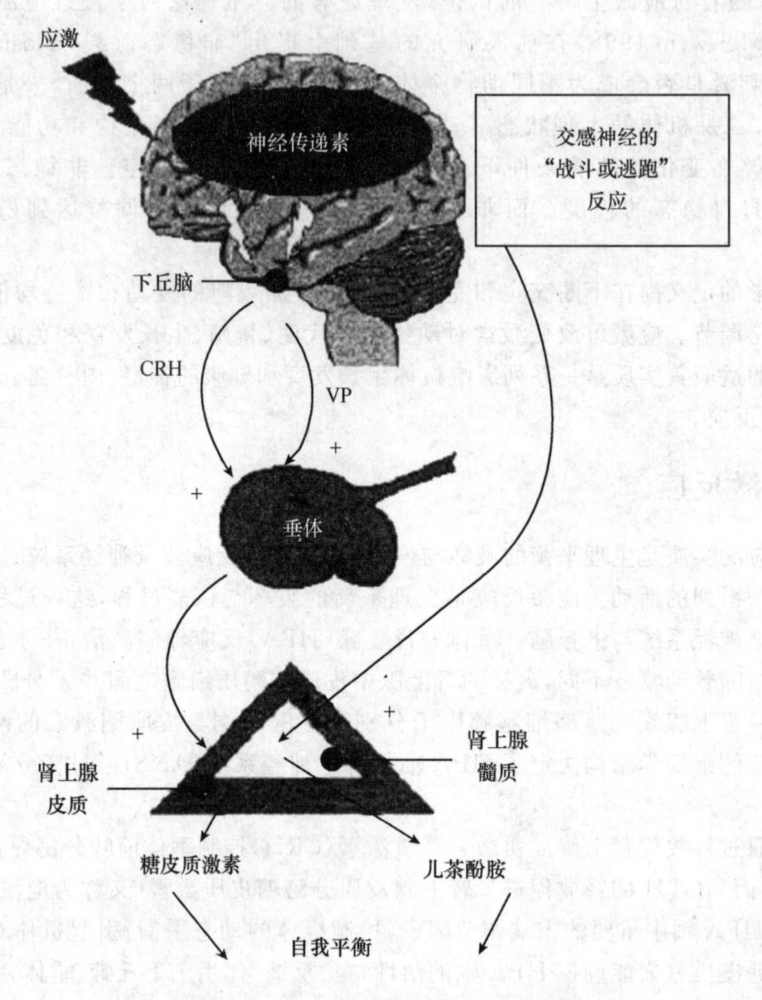

图 7-1　下丘脑—垂体—肾上腺反应轴模式图

器官的萎缩，抑制细胞免疫，降低对某些疾病的抵抗力。糖皮质激素(GC)的分泌主要受ACTH的调节，皮质酮的负反馈作用存在于HPA轴的各级水平上。应激对HPA轴和ANS的激发造成的后果是：食欲降低，合成代谢抑制，胃肠道活动抑制，繁殖性能下降，免疫功能抑制，痛觉反应抑制；导致呼吸与心血管系统紧张，心律、血压升高，并对全身血液进行重分配。

应激时GC大量释放导致甲状腺轴在各个水平上功能的改变，包括甲状腺素的合成与分泌、外周组织脱碘产生其活性形式三碘甲腺原氨酸(T_3)的过程以及细胞核T3受体的表达，甲状腺合成与分泌的抑制可使机体节省能源。应激改变生长激素(GH)的分泌，GH的升高可制约胰岛素的作用，从而使机体能将更多的能量用于生存。GC的调控作用与其在血液循环中的浓度、靶组织中GC受体数量有关，此外还受细胞内GC代谢状态的影响(图7-2)。

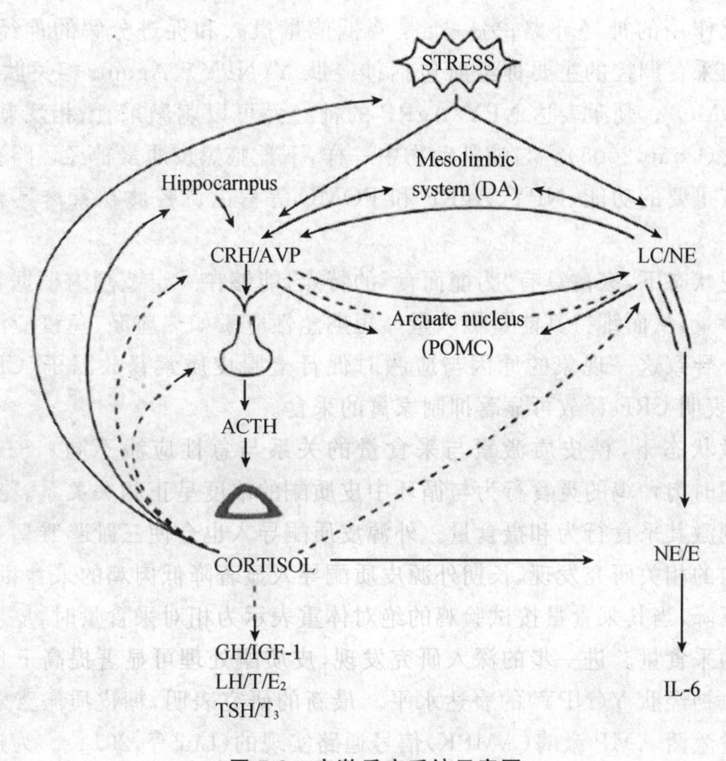

图 7-2　应激反应系统示意图

(引自 Tsigos 和 Chrousos，2002)

第二节　应激对机体营养代谢的作用

应激导致肉鸡生长速率降低，日增重下降，饲料转化效率降低；应激降低了胸肉产量和肉品质，同时促进了脂肪沉积。应激导致肉鸡生长发育受阻的原因与 HPA 轴激活和糖皮质激素释放增加有关。本实验室利用外源糖皮质激素导入模型研究发现，糖皮质激素对家禽生长发育的抑制与能量摄入、能量在体内的重分配有关。

一、对采食及食欲调控的影响

采食是家禽营养摄取过程的首要环节，家禽食欲的调控机制很复杂，包括来自外周系统和中枢系统的调控。外周系统通过传递饱感信号和营养物质信号至中枢神经系统，下丘脑通过对机体营养、能量及环境状态的感知，发出刺激或抑制食欲的信号，从而实现对采食的复杂调控。

(一)下丘脑食欲中枢与糖皮质激素的作用

采食量的控制涉及许多神经回路和中枢神经系统的参与。与采食量调节有关的中枢神经位点包括下丘脑、室旁核(PVN)、孤束核(NTS)等(Kuenzel，1999)。下丘脑含有多个与采食量调控和能量支出有关的肽能神经环路，按其功能这些神经环路可以分为两大类：一类是促进采食和同化作用的神经环路；另一类是降低能量摄入和促进分解的神经环路（Woods等，1998）。参与采食调控的主要神经肽包括神经肽Y（NPY）、Agouti相关肽（AgRP）和前阿黑皮质素（POMC）。刺激表达NPY/AgRP的神经元可以刺激采食，相反刺激POMC神经元则导致厌食（Cone，2005）。与哺乳动物中一样，下丘脑黑皮质素神经环路在家禽采食量控制方面也具有重要的功能，NPY、AgRP和POMC等食欲调控肽在家禽具有相似的采食调控作用。

在正常生理状态下，家禽具有"为能而食"的特点，能够在一定范围内根据日粮能量水平变化调整其采食量，从而维持其能量摄入量。短期急性应激如热应激、免疫应激等导致家禽采食量的降低。导致这一现象的原因与应激时促肾上腺皮质素释放因子（CRF）的释放有关，已有的研究表明CRF释放可显著抑制家禽的采食。

在长期应激状态下，糖皮质激素与采食量的关系与急性应激不同。Savory和Mann（1997）发现限饲时肉种鸡的觅食行为与循环中皮质酮的浓度呈正相关关系。皮质酮浓度的升高可以显著刺激其采食行为和摄食量。外源皮质酮导入也会使三趾鸥雏鸟乞食行为频率增加。近期国内的相关研究发现，长期外源皮质酮导入显著降低肉鸡的采食量，但是由于其生长速度明显下降，当其采食量按试验鸡的绝对体重表示为相对采食量时，皮质酮处理则显著提高试验鸡的采食量。进一步的深入研究发现，皮质酮处理可显著提高下丘脑组织中采食促进因子——神经肽Y（NPY）的表达水平。最新的研究表明，糖皮质激素对采食活动的促进作用是通过激活AMP激酶（AMPK）信号通路实现的（Liu等，2014）。为进一步开展应激家禽的营养代谢调控奠定了基础。

（二）热应激对采食的影响

高温应激对采食量的影响。高温下家禽的通常表现是采食量的下降，并由此导致营养物质摄入量的减少。蛋鸡适宜的生产温度一般为20℃左右，低于或高于这一温度则采食量开始增加或下降。Van Kampen（1984）报道产蛋鸡在环境温度＜20℃时采食量增加，而＞20℃时采食量下降。Davis等（1973）也有类似的报道：产蛋鸡在25～32℃范围内采食量的下降幅度小于其在32～36℃范围内采食量的下降幅度。蛋鸡采食量随环境温度升高的变化并未呈一线性变化，其下降的程度随着温度的升高而加重。采食量随气温变化的规律还受到不同品系的影响。

Marsden等（1987）综述给出了白来航鸡和褐壳蛋鸡品系的采食量反应曲线分别为：

白来航鸡：Y，ME/[KJ/（只·d）]$=1\,606-35.28T+1.647T^2-0.036\,2T^3$

褐壳蛋鸡：Y，ME/[KJ/（只·d）]$=3\,597-294.47T+13.589T^2-0.218\,3T^3$

对肉鸡的研究表明，肉鸡采食量对温度变化的反应与蛋鸡不同。Farrell和Swain（1977）指出在2～35℃范围内，随环境温度的升高，采食量呈线性的增加。Howlider和Rose（1987）报道在7.2～37.8℃及17.1～27.9℃范围内肉鸡采食量与温度间均呈直线关系。

高温下引起采食量下降的原因，存在有多种机制。环境温度升高，常使鸡体热平衡打破，进而抑制下丘脑的摄食中枢，导致采食量减少。与此同时，饮水中枢兴奋，饮水增加，多饮的水压迫消化道内部感受器，进一步抑制摄食中枢。在肉鸡和肉鸭方面的研究发现，高温引起胃肠道蠕动速度的下降，使饲料通过消化道的时间延长，胃肠道食糜排空速度减慢，采食量受到反馈性的抑制。热应激时，家禽呼吸频率加快，甚至出现热喘息，采食时间和采食量减少。热应激导致的采食量下降，也可能与大部分内分泌功能和抗氧化能力的变化有关。热应激对肉仔鸡各段消化道黏膜层的绒毛结构均有明显的病理性损伤，这可能严重影响鸡的消化吸收功能。家禽面临热应激时，体表、上呼吸道和腹部肌肉中的血液量增加以便于散热，而肝、肾、胃肠道和生殖道的血液量供应减少，这也限制了营养成分的吸收和利用。热应激时血清乳酸脱氢酶上升，这保证了机体重要器官氧的供应，但会导致 ATP 生成减少，以致生产性能下降。

二、对消化吸收的影响

（一）糖皮质激素

肠道形态结构与动物营养物质的吸收密切相关。消化道内营养物质吸收和转运的主要部位是小肠，小肠绒毛是小肠主要的吸收部位，绒毛高度和绒毛表面积是吸收功能的表观指标。绒毛高度/隐窝深度的比值综合反映肠道功能状况，比值下降表明动物肠道黏膜受损，消化吸收功能下降，同时动物可能会发生生长受阻及腹泻等现象。李勇等(2008)研究发现，对肉仔鸡长期注射糖皮质激素类药物，其空肠绒毛长度降低、吸收面积减少，同时绒毛长度/隐窝深度比值下降。Quaroni 等(1999)研究发现，肠黏膜细胞中存在糖皮质激素及其类似物的受体，并且糖皮质激素可影响黏膜细胞的发育。因此，糖皮质激素可通过对肉仔鸡肠道黏膜细胞的调控，进而改变肠道黏膜形态，影响肠道正常功能，导致营养物质吸收受到抑制(李勇等，2008)。

Litwac 等(1972)研究发现，糖皮质激素可影响肠道内众多消化酶的活性，缩短食糜通过肠道的时间，增加肉仔鸡的饮水量，改变肠道内的 pH 及渗透压，降低肠道的消化吸收能力。李家驹等(2009)研究发现，地塞米松(人工合成的糖皮质激素)可降低肉仔鸡空肠外翻肠囊对 Gly-Sar 的吸收，由于小肽营养与蛋白质营养的相关性，由此推测糖皮质激素可抑制小肽在肉仔鸡肠道内吸收，抑制蛋白质的吸收利用，进而阻碍肉仔鸡的生长。

小肠上皮细胞对营养物质的吸收能力，也是影响动物对营养物质吸收的重要因素。PeT-1 是动物小肠上皮细胞顶膜内的唯一的小肽转运蛋白。地塞米松可通过抑制小肽转运蛋白载体 PeT-1 mRNA 的表达，减少顶膜中转运蛋白的数量，影响肉仔鸡空肠上皮细胞对小肽的吸收，最终抑制小肽在空肠内的吸收。

此外，糖皮质激素可以影响肠道对其他营养素的吸收。李勇等(2007)对 21 日龄肉鸡注射地塞米松 7 d 发现，空肠 SGLT1 mRNA 的表达量显著降低，空肠 GLUT2 mRNA 的表达量显著降低，此结果表明糖皮质激素可能通过调节 SGLT1 和 CLUT2 转录水平的表达进而影响肉仔鸡空肠对葡萄糖的转运和吸收。

（二）热应激

高温降低饲料在消化道内的通行或排空速率，延长消化道内的滞留时间，这在一定程度上可提高饲料的消化率。但是 Yamazaki 和 Zhang(1982)报道高温下日粮的真消化能降低。Wallis 和 Balnave (1984)报道高温降低了肉鸡的氨基酸消化率，但是该现象仅出现在雌性肉鸡，对雄性肉鸡则无影响。Larbier 等(1993)观察到豆饼和菜籽饼的氨基酸真消化率因高温而降低。相反，在蛋鸡方面的研究表明急性热应激并未影响到氨基酸的消化率(Koelkebeck 等,1998)。

消化酶活性的变化可能是高温下消化机能变化的原因之一,但引起消化酶活性变化的原因尚不清楚,Osman 和 Tanios(1983)认为热应激时鸡消化酶活性是由于胰腺的调整作用。而 Larbier 等(1993)则推测是由于高温下内脏血流量减少而引起的。饮水量可能在消化道食糜中消化酶活的下降中起到一定作用,高温下可导致水/饲料摄入比的提高(Savory,1986)。水的摄入量显著增加,与之同时粪尿中水分的排出亦显著增加,其中主要是尿中和肠道游离水的排出增多(Belay,1993),这意味着高温下消化道内食糜被稀释。

除了消化酶的变化外,肠道的吸收功能亦发生了变化,Dibner 等(1992)报道,遭受热应激的肉鸡的肠道上皮细胞对于 DL-Met 的吸收下降。其中依赖能量的转运途经减少,不依赖能量的转运途经的摄入量增加。在进一步的研究中,Knight 等(1994) 发现高温下小肠上皮细胞对 *D*-Met 的影响远较 *L*-Met 的影响严重,这就使 *DL*-Met 的可利用性大大地降低。关于高温下机体对 *DL*-Met 消化和利用的变化情况还需要进一步的研究,Rostagno 和 Barbosa (1995) 在其研究中并未发现高温应激对之有任何负效应。在明确这种反应是否存在时,除应考虑到品系、营养及应激程度等可能造成的差异外,还应就其机理进一步研究。

Walfenson 等 (1987) 在对有关矿物元素的吸收的研究中发现 85 周龄的雄性公鸡在高温暴露处理下,机体对氮、磷及钾的吸收系数显著下降,而对钙和脂肪酸的吸收系数并无显著的变化。Smith 等(1995)在研究比较不同锰源对饲养于不同环境温度下肉鸡的有效性时,发现 MnO 的相对生物学效价(与 $MnSO_4$ 相比)并未因环境温度的升高而变化,但 Mn-蛋白络合物的相对生物学效价则在高温处理组中增加,从而加大了在以胫骨 Mn 沉积量为指标时的 $MnSO_4$ 与 Mn-蛋白络合物间的生物学利用率的差距,据推测这是由于高温下肠道对 Mn 的吸收增加所致,其机理可能在于热应激使得肠道在生理上或解剖结构上产生了有利于某种 Mn 源吸收的变化。

三、对能量代谢的影响

应激状态下,糖皮质激素激发的一系列应激反应与机体的能量动员与重分配密切相关。应激状态下,能量的贮存方式发生了改变,脂肪成为主要的能量储存方式。例如,Ain Baziz 等(1996)对肉仔鸡的研究发现,高温自由采食的肉仔鸡与常温采食量配对组相比,体脂沉积均显著增加。

(一)肝脏脂肪代谢

研究发现,糖皮质激素促进了肝脏对葡萄糖的利用,加强了脂肪酸从头合成和向肝外组织的分泌与转移(Cai 等,2009),糖皮质激素上调肝脏脂肪合成相关基因(ACC、FAS、ME)表达水平,提高脂肪酸合成酶和苹果酸酶活性,从而促进肝脏脂肪酸从头合成。糖皮质激素对肝脏脂肪合成的促进作用是通过协同胰岛素作用而实现的,通过 SREBP-1 信号通路参与了脂肪合成的调控。

产蛋家禽的卵黄前体物质主要为极低密度脂蛋白(VLDLy)和卵黄蛋白原(VTG)。VLDLy 包含 12%蛋白质和 88%脂类。其中的蛋白质主要由载脂蛋白 B(ApoB)和 apo-VLDL-Ⅱ组成,脂类则主要为甘油三酯、磷脂和胆固醇。Salvante 等(2003)研究发现,应激引起斑胸草雀血浆 VLDL 浓度升高，但是 VTG 却降低了，提示应激抑制卵黄前体产生可能是通过改变脂类代谢，使其由产生 VLDLy 转向产生一般性的 VLDL。糖皮质激素可导致蛋鸡肝脏内的甘油三酯浓度显著升高，血浆中的 VLDL 浓度则显著降低。其机制在于糖皮质激素显著降低了载脂蛋白 ApoB-100 和 ApoVLDL-Ⅱ的基因表达水平。

(二)脂肪组织

短期应激状态下，脂肪组织中脂肪动员加强，脂肪酸释放进入血液，脂肪酸利用加强。长期应激状态下，糖皮质激素对脂肪组织的脂肪酸从头合成能力无显著影响，糖皮质激素促进脂肪沉积的机制在于糖皮质激素促进了肝脏脂肪合成与释放，血液循环中高脂肪流量促进了脂肪组织对肝脏来源脂质的贮存。

(三)骨骼肌

骨骼肌是畜禽体内最重要的葡萄糖利用与贮存器官，骨骼肌对葡萄糖的利用受胰岛素调控。在应激状态下，糖皮质激素大量释放，抑制胰岛素刺激的骨骼肌葡萄糖摄取与利用，导致胰岛素耐受现象发生。此外，糖皮质激素抑制了一氧化氮(NO)对骨骼肌葡萄糖利用的促进作用，这一抑制作用是通过抑制 NO 合酶而实现的，与 NO 底物精氨酸浓度无关(Zhao 等，2009)。

脂肪酸与葡萄糖同样是骨骼肌的重要能源物质，在正常生理状态下骨骼肌纤维对能源物质的选择与其可利用量和生理需求量有关。骨骼肌对脂肪酸的摄取与利用受多种因素的影响。脂蛋白脂酶(LPL)参与了骨骼肌纤维对脂肪酸的摄取，脂肪酸转移蛋白(FATP1)、脂肪酸结合蛋白(H-FABP)和肉碱棕榈酰转移酶(CPT-1)参与了细胞内脂肪酸的转运和利用。在家禽方面的研究表明，糖皮质激素显著上调了肌纤维内脂肪酸转运相关基因如 *FATP1* 和 *H-FABP* 等表达水平，促进了骨骼肌对脂肪酸的摄取，导致脂肪酸摄取速率超过其氧化速率，最终导致脂肪在肌纤维内的异位沉积(Wang 等，2010)。

AMP 蛋白激酶(AMPK)作为细胞能量状态的感受器，当细胞能量水平降低时(AMP/ATP)被激活(Hardie 等，1998，2003)。AMPK 催化乙酰辅酶 A 羧化酶的磷酸化，从而降低细胞内丙二酰辅酶 A(M-CoA)浓度，解除后者对 CPT1 的抑制，从而促进脂肪酸的氧化供能。糖皮质激素抑制了骨骼肌 AMPK 的磷酸化，降低了 CPT-1 活性，从而影响了脂肪酸的氧化供能(Wang 等，2012)。

四、对蛋白质代谢的影响

已有的研究表明在长期热应激状态下蛋白质的合成与分解代谢均受到抑制，但是蛋白质合成受到的抑制程度大于分解代谢的降低程度，因此高温期间蛋白质沉积降低的主要原因在于蛋白质合成速率的下降(Temin 等，2000)。

胰岛素与 IGF-1 是促进家禽骨骼肌生长发育的重要调控因素，IGF-1 促进了骨骼肌细胞的增殖与分化。胰岛素通过促进机体蛋白质合成、抑制蛋白质分解，从而促进机体的蛋白质沉积。在正常的生理状态下，骨骼肌的生长发育也受到负向调控因子的调控，保证骨骼肌的正常发育，其中肌抑素(myostatin)或称为生长分化因子 8，是骨骼肌发育中重要的负向调节因子。肌抑素抑制骨骼肌发育的机制是一方面通过阻止细胞周期而抑制成肌细胞的增殖，另一方面通过抑制成肌细胞的分化而实现。

糖皮质激素对骨骼肌发育的影响与其抑制胰岛素及 IGF-1 的作用有关。应激状态下，糖皮质激素显著抑制了骨骼肌的蛋白质合成能力，与此同时蛋白质的分解代谢加强。应激状态下一方面骨骼肌的养分分配减少，另一方面组织分解动员的速率提高，两者共同导致了骨骼肌组织生长发育受阻。由于糖皮质激素处理对肌肉组织的氨基酸构成没有显著改变，表明肌肉组织的合成与分解不存在选择性。研究发现泛素-蛋白酶体途径和肌抑素途径均参与了应激诱导的骨骼肌蛋白质分解代谢（图 7-3）。

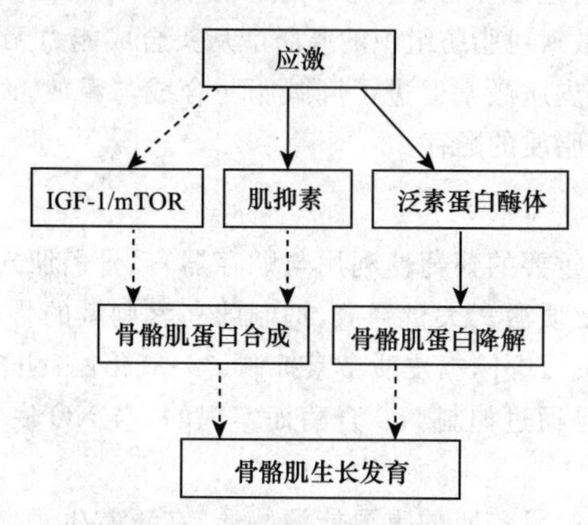

图 7-3　应激对骨骼肌蛋白质代谢影响
（虚线—负效应；实线—正效应）

雷帕霉素（rapamycin）作为一种大环内酯内抗生素，首先由于其抗真菌作用而为人们所认识，随后由于发现雷帕霉素还具有抑制哺乳动物细胞分化和造成免疫抑制等作用，而引起了对其靶分子（the target of rapamycin，TOR）的研究（Wullschleger 等，2006）。TOR 蛋白是丝氨酸-苏氨酸激酶（mTOR）。在 mTOR 的 C 末端有一个激酶结构域（kinase domain），mTOR 被认为是磷脂酰肌醇 3-激酶（PI3K）相关激酶蛋白质家族成员。mTOR 存在于两种复合体中：mTORC1 和 mTORC2，两者的区别在于对雷帕霉素的敏感性不同以及与 mTOR 激酶结合的特定调节蛋白的不同（Bhaskar 和 Hay，2007）。mTORC1 对细胞的营养水平敏感，可通过磷酸化核糖体 S6 激酶 1（S6K1）和转录抑制因子 4E-结合蛋白 1（4E-BP1）而调节蛋白质合成。在家禽上的研究表明家禽存在 TOR 信号途径，TOR/S6K1 在家禽骨骼肌中参与了胰岛素对细胞蛋白质合成的调控，并且受细胞内氨基酸水平的调控。并且 mTOR 信号途径具有与哺乳动物中相同的功能，参与了细胞生长发育的调控，并能够感受到细胞内利用营养物质的变化。应激对骨骼肌蛋白质合成代谢的影响是否通过 TOR 通路值得深入研究。

第三节　应激的营养调控

一、能量

能量是所有生命代谢的基础，家禽所有活动，如呼吸、心跳、血液循环、肌肉活动、神经活动、生长、生产产品和使役等，都需要能量。

(一)能量对应激家禽生长发育的影响

营养物质对应激家禽的生长发育、生产性能甚至存活率都有一定影响。在诸多的应激因子中，环境高温对于当今选育出的快速生长家禽的影响最为严重，且效应持续时间较长，给养禽业带来较大的损失。人们对热应激已高度重视，目前家禽热应激的生理机制及其营养学方面的研究成果较多，机理较为清楚。本节将以热应激为例，讨论能量对应激家禽生长发育的影响。

不同于大多数动物，家禽没有汗腺帮助其散热以保证体温恒定。因此，减少采食量成为家禽应对环境高温的主要应急策略。由于能量摄入减少以及自身必需营养物质的快速消耗，肉鸡会出现明显的生长迟缓；蛋鸡则首先减小禽蛋体积，随后产蛋数量降低并且蛋壳的质量下降；高温情况下，种禽则表现为孵化率降低和受精率的降低。

有报道表明，家禽长期饲喂高能日粮也许可以有效地抵抗急性热应激的影响：应激状态下真核细胞热应激蛋白 70(HSP70)表达量快速降低。Gabriel 等(2000)研究表明，长期饲喂高能日粮的家禽在急性热应激时，其肝脏 HSP70 的增加幅度要显著低于饲喂低能值日量的家禽，提示家禽长期饲喂高能日粮可以对急性热应激有一定的抵抗或缓解作用。然而，正处于长期热应激的家禽如果提高日粮能值则会加剧家禽自身的产热，反而加剧热应激反应(此部分将在下一节详细阐述)。最新的研究结果表明，富含精油的日粮可以起到一定的抗热应激作用(Akbarian 等，2014)。与饲喂普通日粮的热应激鸡相比，热应激家禽饲喂富含精油的日粮可以显著降低肝和肾中 *HSP70* 基因的表达量，并且增加过氧化氢酶的表达量和活性。提示富含精油的日粮可以通过提高抗氧化能力来减轻热应激带来的影响。另有研究表明，*D*-蛋氨酸的吸收也可以降低肉仔鸡对热应激的敏感性(Reddy，2000)。

此外，由于能量物质代谢的副作用是增加体温，在日平均最高气温(例如温度高于 36℃时)来临之前的 3 h 进行限饲，并通过调节光照时间以使家禽尽量在夜间和清晨多采食，可以缓解热应激对家禽生长发育以及生产性能的不良影响。

(二)应激对家禽能量需要的影响

应激状态下，家禽的能量需求有所改变。在慢性热应激的情况下家禽更倾向于利用体内脂肪作为能量来源，比利用食源性蛋白质和糖类会产生更少的体热。虽然采食量下降，但此时盲目改变营养物质的配比以期增加营养物质的浓度反而会适得其反，甚至会增加死亡率。研究表明日粮能量水平超过家禽对能量摄入的调节能力时，会造成所谓的“能量应激”(杜荣，1997)。但是根据热应激时能量需求的特点适当增加营养物质的消化率，并合理利用能量成分会有一定的裨益。

蛋白质和氨基酸：由于代谢蛋白质时所产生的热量在三大营养物质中最高，调整日粮中蛋白质含量尤为重要。因此，热应激时日粮中蛋白质含量应该比正常计算量低 0.5%。此时应提高消化率而不是营养物质的浓度，应当减少日粮中粗蛋白质的量以免蛋白质过剩。可以在日粮中适量添加合成氨基酸以补充必需氨基酸，如蛋氨酸和赖氨酸。

脂肪和糖类：与蛋白质和碳水化合物相比，代谢脂类物质可降低体增热。因此，可以用油脂取代日粮中部分其他营养物质来降低体温。另外，添加油脂有助于降低饲料在胃肠道中的流动速度，从而提高饲料利用率以使动物适应热应激状态(Reddy，2000)。油脂的添加量以 1%～3%为宜，以必需脂肪酸含量高的油脂为佳。

热应激时增加日粮能值是把双刃剑，它虽然可以部分促进生长速率，但同时也会促进产热，加剧热应激。热应激时日粮能值可以适当降低。此时家禽对热量的需求可以由环境温度提供。由于日粮的总能值降低，脂肪在总能值中所占的比例应当适当提高。此时，需要应用一些低能值的原料，例如：粗麦粉和豆粕。通常情况下，以 29℃为基准，室内温度每增加 2.5℃日粮中的能值应减少 22 kcal/kg。

二、蛋白质与氨基酸营养

(一)氨基酸对家禽应激的中枢调控作用

1. 赖氨酸

对家禽而言，大多数饲用谷物都缺乏 *L*-赖氨酸，因此，全价饲料需额外补充合成氨基酸。当日粮 *L*-赖氨酸供应过量时，家禽的采食量降低，日增重减少。在动物体内，*L*-赖氨酸的代谢主要发生于肝脏中，产物为酵母氨酸。当 *L*-赖氨酸穿过血脑屏障进入大脑后，它会转化为 *L*-哌啶酸，后者对采食量具有抑制作用。*L*-哌啶酸能够诱发肉鸡的睡眠行为，*L*-哌啶酸的这种催眠功能与 γ-氨基丁酸能神经传递有关(Takagi 等，2003)。但是需要指出的是，Kurauchi 等(2007)研究报道，在应激条件下，脑室注射 0.8 μmol 的 *L*-赖氨酸对肉鸡的一些惊恐、不安反应没有缓解作用。

2. *L*-精氨酸

以“分居”应激为模型，Suenaga 等(2008)研究了 *L*-精氨酸对新生肉仔鸡的中枢调控作用。这是一种研究动物焦虑的试验模型，当肉仔鸡生活在一个群体之中时，它们非常安逸；当它们被分开独自生活时，就会焦躁不安，自发性活动与尖叫声增多(Feltenstein 等，2003)。Suenaga 等(2008a)研究发现，在“分居”应激条件下，*L*-精氨酸能够显著减少肉鸡的自发性活动和尖叫声，增加睡眠时间。由此表明，*L*-精氨酸具有镇静和催眠功效。为了探讨其作用机制，Suenaga 等(2008a)向肉鸡脑室内同时注射 *L*-精氨酸和一氧化氮合酶(NOS)抑制剂 *N*-硝基-*L*-精氨酸甲酯(*L*-NAME)，结果发现，肉鸡的自发性活动、尖叫声和睡眠时间恢复至对照水平。这一结果说明，*L*-精氨酸的镇静与催眠功效可能与 NO 有关。

在哺乳动物内，*L*-精氨酸能够分解产生尿素、*L*-脯氨酸、*L*-谷氨酸、多胺、NO、肌酸或胍丁胺(Morris，2004)。在新生肉仔鸡上，肌酸通过激活 γ-氨基丁酸 A 受体，能够作用于中枢神经系统，缓解“分居”应激(Koga 等，2005)。此外，借助精氨酸酶，*L*-精氨酸能够生成 *L*-鸟氨酸。*L*-鸟氨酸可以调控多胺的合成，影响细胞的增殖与分化。因此，*L*-精氨酸的镇静与催眠功效也可能与肌酸、*L*-鸟氨酸或其他代谢中产物有关。肌酸含有胍基结构，这是活化 γ-氨基丁酸 A 受体所需的必要成分(Neu 等，2002)。尽管胍丁胺也含有胍基机构，但是，脑室注射胍丁胺并无镇静与催眠功效；相反，*L*-鸟氨酸不含胍基，脑室注射 *L*-鸟氨酸却有镇静与催眠功效(Suenaga 等，2008a)。再者，*L*-精氨酸对大脑 γ-氨基丁酸浓度没有影响(Suenaga 等，2008b)。这些结果说明，*L*-精氨酸对家禽应激的中枢调控作用与 γ-氨基丁酸系统无关。

3. 其他氨基酸

Asechi 等(2006)研究发现，在脑室注射 *L*-丝氨酸后 10 min 以内，“分居”肉鸡的不安行为减少，这种镇静与安眠功效可能受 GABA-A 受体调节。不过，*L*-丝氨酸对血液皮质酮浓度没有影响，由此提示，*L*-丝氨酸不能直接抑制应激肉鸡下丘脑—垂体—肾上腺（HPA）轴的糖皮质激素释放。此外，同 *L*-丝氨酸类似，脑室注射甘氨酸（Shigemi 等，2008）、*β*-丙氨酸（Tomonaga 等，2004）、*L*-丙氨酸（Kurauchi 等，2006）、*L*-半胱氨酸（Asechi 等，2006）和 *L*-色氨酸（Kuarauchi 等，2007）对"分居"应激都有缓解作用。可是，脑室注射 *L*-蛋氨酸没有任何效果（Asechi 等，2006）。

（二）热应激与蛋白质、氨基酸营养需要

蛋白质的产热量高于脂肪与碳水化合物，因此一般认为在高温下应降低日粮蛋白质水平以降低产热量。关于这一问题目前仍有争议，有观点认为提高日粮蛋白质水平能够弥补采食量下降导致的蛋白质与氨基酸摄入不足。高温下蛋白质合成的抑制不能为高蛋白日粮所恢复，高蛋白日粮对肉鸡的生产性能甚至有有害的影响（Cahaner 等，1995）。新近的研究发现高温下提高日粮蛋白质水平的有益效果取决于热应激前家禽的蛋白质需要量是否得到满足（Gonzalez-Esquerra 和 Leeson，2005）。

尽管蛋白质具有较高的热增耗，高温下降低日粮蛋白质水平也会加重高温的不利影响，低蛋白日粮导致饲料转化率和日增重下降（Alleman 和 Leclercq，1997）。与等能高蛋白日粮相比，饲喂低蛋白日粮的肉鸡倾向于增加采食量以满足其蛋白质需要，从而导致较高的产热量和脂肪沉积（Buyse 等，1992）。

目前家禽的理想蛋白模式是基于饲养在等热环境下，因此热应激家禽的理想蛋白模式尚不清楚。一般认为增加日粮中的必需氨基酸能够补偿采食量降低造成的摄入量不足，但是生长速度和生产性能的下降也减少了对必需氨基酸的需要量。现有的关于热应激家禽必需氨基酸最佳需要量的研究较少，并且还有不少矛盾之处。Corzo 等（2003）报道在夏季饲养的肉仔鸡在 42～56 日龄阶段赖氨酸的最佳需要量为 0.95%，高于饲养于正常环境中的肉鸡（0.85%）。但是肉鸡生长速率对日粮赖氨酸水平提高的反应为高温所降低（Rose 和 Uddin，1997）。相反，有研究表明高温下提高日粮赖氨酸水平或精/赖比不能改善增重和胸肌重量，不能减轻热环境对火鸡（Veldkamp 等，2000）或肉仔鸡（Mendes 等，1997）生长的抑制。

除氨基酸的绝对需要量以外，氨基酸之间的平衡也发生了改变。近年来的研究工作主要集中于赖氨酸和精氨酸的关系方面，不同的研究工作之间存在有一定的差异甚至是相反的结论。提高日粮的精/赖比可以改善肉鸡的饲料转化率和生长性能（Brake 等，1998）。相反，另一些研究则发现提高精/赖比对增重和胸肌产量无改善作用（Mendes 等，1997；Veldkamp 等，2000）。体外试验表明：在等摩尔浓度的赖氨酸存在时热应激肉鸡肠黏膜对精氨酸的摄取降低（Brake 等，1998），由此推测的结论是热应激状态下机体对精氨酸的摄取受到损害，影响了精氨酸与赖氨酸之间的平衡，因此需要在日粮中提高精/赖比以克服精氨酸吸收量的下降（Balnave 和 Brake，2002）。日粮中添加合成氨基酸的效果还会受到日粮电解质水平（如氯化钠、碳酸氢钠）的影响（Brake 等，1998；Hayat 等，1999），日粮中高水平的 NaCl（6 g/kg）可降低精氨酸和赖氨酸的消化率，并且对赖氨酸的影响程度大于精氨酸（Chen 等，2005）。

在高温下日粮中添加蛋氨酸羟基类似物 HMB[2-hydroxy-4-(methylthio)butanoicacid]形式的蛋氨酸的有益效应已为一些研究所证实。但是有研究表明，日粮中适宜的蛋氨酸添加形式受日粮精/赖比的影响（Balnave 等，1999）。在精氨酸缺乏的日粮中以 HMB 而非

DL-Met 形式添加蛋氨酸会造成生产性能产生一定的不利影响(Gonzalez-Esquerra 和 Leeson,2006)。尽管不同的研究结果还存在有差异,但是可以肯定的是热应激改变了家禽的氨基酸需要量,表现在氨基酸的消化、摄取、代谢和体内氨基酸代谢池方面的变化(Gonzalez-Esquerra 和 Leeson,2006)。

(三)免疫应激与氨基酸营养

免疫应激对营养代谢的调控主要是通过细胞因子介导的直接或间接作用,体现在蛋白质、脂肪、碳水化合物和骨骼代谢变化上。免疫应激之后,家禽补偿生长,氨基酸需要量增加。家禽生长不是恒定的,而是免疫应激之后快速生长和免疫应激过程中慢速生长的相互交替,整个过程大致分为 3 个阶段:①免疫应激潜伏期,这个阶段生长家禽实际氨基酸的需要量与 NRC 推荐量相同;②免疫应激期,这阶段由于微生物作用,免疫系统活动异常活跃,家禽采食量和生长速度降低,生长禽类实际氨基酸的需要量比 NRC 推荐氨基酸需要量低;③免疫应激后补偿期,这阶段动物成功地清除了感染的微生物,禽类机体补偿生长所需氨基酸的量比 NRC 推荐量高。因为免疫应激最有害的方面是降低采食量,所以对日粮浓度的控制应当谨慎,在维持必需营养素与能量比例恒定条件下增加日粮能量水平,改善免疫应激家禽对能量的摄入量(Klasing,2004)。

病原感染机体后,会加快蛋白质降解成氨基酸,并释放入血浆中(Hentges 等,1984;Tian 和 Baracos,1989)。骨骼肌降解产生的氨基酸在肝脏合成急性期蛋白参与宿主防御中起着重要的作用。由于先天性免疫应答反应引起的氨基酸代谢的改变势必影响动物生长对氨基酸的需求,降低饲料中用于生长的蛋氨酸和赖氨酸的转化率。并且研究发现 LPS 免疫应激降低了肉鸡总可消化赖氨酸需要量,而不影响总可消化精氨酸的需要量。然而在感染和非感染鸡上,赖氨酸和精氨酸用于蛋白沉积的效率相似(Webel 等,1998)。免疫应激状态下,物质代谢的变化取决于日粮营养状况。氨基酸缺乏日粮有改善免疫应激肉鸡生理和行为应答的趋势(Klasing 和 Barnes,1988;Webel 等,1998)。肉鸡饲喂缺乏赖氨酸、蛋氨酸、苏氨酸或精氨酸的日粮,免疫应激对采食量和生长的影响表现不明显。在蛋氨酸缺乏时,免疫应激肉鸡 IL-1α-1-AGP 的分泌量显著降低(Klasing 和 Barnes,1988; Takahashi 等,1997)。显然,氨基酸缺乏时,机体先天性免疫应答受阻。

在亚临床肠道梭菌感染状态下,Star 等(2010)研究了肉鸡对于苏氨酸的需要量。球虫和产气荚膜梭菌感染会损害肠道,增加黏液产量。黏液层是肠道屏障的非免疫性组分之一,它的完整性受苏氨酸影响,因为苏氨酸是黏蛋白的主要成分。在本试验中,当苏氨酸与赖氨酸之比(标准回肠可消化氨基酸)升高时,感染组肉鸡的采食量增加,日增重提高。由此提示,在应激条件下,肉鸡对于苏氨酸的需要量增加。

三、维生素营养

高温下家禽维生素的摄入量随采食量降低而减少,特别是与生产性能及免疫机能密切相关的维生素 A、维生素 E、维生素 C 等。因此,高温下添加上述维生素对热应激家禽的生产与健康具有一定的有益作用。由于热应激可诱发家禽体内的过氧化损伤,因此日粮中添加具有抗氧化效应的有关维生素对机体氧化还原平衡的维持具有重要的作用。

1. 维生素 A

日粮中添加维生素 A(8 000 IU/kg)能减轻热应激对蛋鸡产蛋性能的不利影响,有利于提高蛋鸡的免疫功能，能够保证在高温环境下进行免疫接种获得较高的抗体水平，并且维生素 A 能够降低高温导致的过氧化损伤水平，维持组织器官的正常功能(王兰芳等，2002；Lin 等，2002)。在肉鸡日粮中添加大剂量维生素 A 能够提高增重性能，改善饲料转化率和胴体性状(Kucuk 等，2003)。

2. 维生素 C

家禽体内可以合成抗坏血酸，在正常环境下不需要在日粮中额外添加。但是当家禽处于应激状态时，日粮中添加抗坏血酸能改善肉鸡的生产性能(Pardue 等，1984；Mckee 和 Hurrison，1995)，抗坏血酸改善肉鸡生产性能的原因与促肾上腺皮质激素释放减少(Sahin 等，2003)，血液中糖皮质激素浓度下降、应激水平降低(Mckee 和 Hurrison，1995；Mahmoud 等，2004)，循环中胰岛素、甲状腺素浓度(T3、T4)升高有关(Sahin 等，2002)。添加抗坏血酸可通过增加脂肪酸的氧化、降低葡萄糖的氧化供能(由蛋白质分解后经糖异生途径产生)，降低热应激肉鸡的呼吸熵(Mckee 等，1997)，从而有利于生产性能的维持。高温下肉鸡对抗坏血酸似乎具有特殊的食欲，对添加抗坏血酸的日粮采食量较高(Kutlu 等，1993)。添加抗坏血酸还可以提高胴体重量，增加蛋白质含量、降低脂肪含量，从而改善胴体品质(Kutlu，2001)。

在正常情况下日粮中添加适量的抗坏血酸有利于改善肉种鸡和强制换羽蛋鸡的产蛋性能和蛋壳质量，改善肉种鸡的受精率和孵化率(Peebles 和 Brake，1985；Zapata 和 Gernat，1995)。但是抗坏血酸对于热应激蛋鸡的影响似乎并不确定，在一些研究中观察到抗坏血酸对蛋重、免疫性能的有益作用(Puthpongsiriporn 等，2001；Lin 等，2003)，但仍有一些研究未能证实这些效应(Creel 等，2001)。抗坏血酸对于热应激蛋鸡的添加效应取决于饲养管理水平、饲喂时间、鸡群年龄、内外源抗坏血酸的平衡、糖皮质激素的合成与分泌以及应激程度等因素。此外，日粮添加水平也会影响其效应，高剂量的抗坏血酸(1 000 mg/kg)可能会起到相反的作用(Okan 等，1996)。

3. 维生素 E

日粮中添加维生素 E 有利于高温下蛋鸡的产蛋性能。维生素 E 的有益效应与采食量的提高有关，同时也与其对肝脏功能的维护有关。维生素 E 能刺激肝脏合成释放卵黄蛋白原，增加血液中卵黄蛋白原与极低密度脂蛋白的浓度。此外，维生素 E 能够保护肝细胞免于氧化损伤。日粮中维生素 E 最佳水平取决于其添加时间，短期内使用高水平维生素 E (250 mg/kg)有利于高温下的产蛋性能，长期添加低水平(65 IU/kg)的维生素 E 也能够提高长期热应激下蛋鸡的产蛋量和蛋重，并同时改善免疫机能。无论在热应激之前、热应激期间或热应激结束后，添加维生素 E 均可具有有益作用。

四、电解质平衡和饮水

热应激家禽血液的酸碱平衡为热喘息所破坏，造成呼吸性碱中毒，其后果是抑制肉仔鸡的生长，降低产蛋鸡的蛋壳质量。一些单价的矿物元素如 Na^+、K^+ 和 Cl^- 能够改善机体的电解质平衡，因此适当的日粮电解质水平有助于维持热应激家禽的电解质平衡。维持日粮电解质平衡的另一个有益作用在于电解质可以刺激家禽饮水量，从而保证维持蒸发散热所需要的水分。

日粮中添加1%NH_4Cl或0.5% $NaHCO_3$、或以KCl形式添加1.5%～2.0% K能够部分缓解热应激对肉仔鸡生长的抑制(Teeter等,1985;Smith和Teeter,1987)。电解质的添加效应与日粮的电解质平衡(DEB)有关,适当的DEB值(120～240 mEq/kg)对热应激肉鸡的生理调节具有有利的作用(Borges等,2003,2004)。热应激期间肉鸡的饲喂状态也会影响到电解质的添加效果,有研究表明高温下限饲可降低肉鸡血液pH,提高血液中CO_2分压(Hocking等,1994)。在饮水中添加电解质同样具有较好的效果,如添加0.2% NH_4Cl或0.15% KCl(Teeter和Smith,1986)、0.6% KCl(Ait-Boulahsen等,1995)、0.2% $NaHCO_3$(Hayat等,1999)均具有较好的作用。产蛋鸡日粮中添加碳酸氢钠对于蛋壳质量的改善取决于蛋壳形成期间的电解质平衡。在高温天气下,提供持续光照能够保证蛋鸡在蛋壳形成期间采食日粮,从而有助于维持电解质平衡,改善蛋壳质量(Balnave和Muheereza,1997)。

除维持机体的酸碱平衡外,饮水或饲料中添加电解质的另一作用机理在于刺激热应激家禽的饮水量。在饮水中添加电解质($NaHCO_3$、NH_4Cl等)可提高饮水量(Branton等,1986;Balnave和Oliva,1991),从而提高对热应激的耐受力,有利于生产性能的维持。同时饮水量的提高对肉仔鸡的胴体质量无不良影响(Whiting等,1991a,1991b;Smith,1994)。

在热环境下家禽对Na^+的需要量高于常温环境,0.25%Na^+和0.30% Cl^-并维持DEB在250 mEq/kg时可以刺激饮水量,满足维持热应激环境下肉鸡最佳生产性能的需要(Mushtaq等,2005);以$NaHCO_3$、Na_2SO_4和Na_2CO_3形式添加Na^+也有较好的效果(Ahmad等,2006)。

五、其他

日粮中以有机形式添加微量元素铬(120 ppb)能够提高热应激肉鸡的体重,改善饲料转化率和胴体品质(Sahin等,2002)。添加锌(4.5 mg/kg)可以提高肉鸡增重,改善饲料转化率和胴体品质,此外日粮中添加锌与维生素A在降低热应激对生产性能的不良影响方面似乎存在有协同效应(Kucuk等,2003)。

高温环境下益生菌对家禽具有一定的有利影响,日粮中添加乳酸杆菌培养物能够减轻热应激对采食量、体增重和饲料转化率的不利影响,并能够增强机体免疫功能(Zulkifli等,2000);热应激能够对肠道的正常菌群产生一些不良的影响,日粮中添加乳酸菌可以丰富家禽空肠和盲肠乳酸杆菌的多样性,恢复肠道微生物区系的平衡,维持热应激家禽肠道菌群的稳定(Lan等, 2004)。

参考文献

杜荣，顾宪红．环境温度和日粮能量水平对鸡血浆皮质酮水平的影响．畜牧兽医学报,1997,28：126-129.

李勇，蔡辉益,刘国华,董晓玲，张姝,常文环,郑爱娟,陈桂兰．实时荧光定量RT-PCR检测糖皮质激素对肉仔鸡空肠葡萄糖转运载体mRNA表达的影响．中国家禽,2007,18:10-13.

李勇,蔡辉益,刘国华,郑爱娟,常文环,张姝,董晓玲．地塞米松对肉仔鸡空肠二糖酶活性及黏膜形态的影响．畜牧兽医学报,2008,39(1):48-52.

王兰芳，林海，杨全明，朱立贤．日粮维生素A水平对免疫接种及热应激下蛋鸡脂质过氧化反应的影响．畜牧兽医学报,2002,33：443-447.

Ahmad T, Mushtaq T, Mahr-Un-Nisa, Sarwar M, Hooge DM, Mirza MA. Effect of different non-chloride sodium sources on the performance of heat-stressed broiler chickens. Br Poult Sci, 2006, 47: 249-256.

AinBaziz H, Geraert PA, Padilha JC, Guillaumin S. Chronic heat exposure enhances fat deposition and modifies muscle and fat partition in broiler carcasses. Poult Sci,1996, 75: 505-513.

Ait-BouLahsen A, Garlich JD, Edens FW. Potassium chloride improves the thermotolerance of chickens exposed to acute heat stress. Poult Sci,1995,74: 75-87.

Akbarian A, Michiels J, Golian A, Buyse J, Wang Y, De Smet S. Gene expression of heat shock protein 70 and antioxidant enzymes, oxidative status, and meat oxidative stability of cyclically heat-challenged finishing broilers fed Origanum compactum and Curcuma xanthorrhiza essential oils. Poult Sci, 2014,93: 1930-1941.

Alleman F,Leclercq B. Effect of dietary protein and environmental temperature on growth performance and water consumption of male broiler chickens. Br Poult Sci,1997, 38:607-610.

Asechi M, Tomonaga S, Tachibana T, Han L, Hayamizu K, Denbow DM, Furuse M. Intracerebroventricular injection of L-serine analogs and derivatives induces sedative and hypnotic effects under an acute stressfuL condition in neonatal chicks. Behav Brain Res, 2006, 170: 71-77.

Bhaskar PT, Hay N. The two TORCs and Akt. Dev Cell, 2007, 12: 487-502.

Balnavea D, and Barkea J. Re-evaluation of the classical dietary arginine:lysine interaction for modern pouLtry diets: A review. World's Poultry Science Journal, 2002, 58: 275-289.

Balnave D, Hayat J, Brake J. Dietary arginine: lysine ratio and methionine activity at elevated environmental temperatures. J Appl Poult Res,1999, 8: 1-9.

Balnave D, Muheereza SK. Improving eggshell quality at high temperatures with dietary sodium bicarbonate. Poult Sci,1997, 76: 588-593.

Balnave D, Oliva AG. The influence of sodium bicarbonate and sulfur amino acids on the performance of broilers at moderate and high temperatures. Aust J Agr Res,1991,42: 1385-1397.

Belay T,Bartels KE, Wiernusz CJ, Teeter RG. A detailed colostomy procedure and its application to quantify water and nitrogen balance and urine contribution to thermobalance in broilers exposed to thermoneutral and heat-distressed environments. Poult Sci,1993, 72: 106-115.

Borges SA, Fischer da Silva AV,Majorka A, Hooge DM, Cummings KR. Physiological responses of broiler chickens to heat stress and dietary electrolyte balance (sodium plus potassium minus chloride, milliequivalents per kilogram). Poult Sci, 2004, 83: 1551-1558.

Borges SA, Fischer da Silva AV,Ariki J, Hooge DM, Cummings KR. Dietary electrolyte balance for broiler chickens under moderately high ambient temperatures and relative humidities. Poult Sci, 2003, 82: 301-308.

Brake J,Balnave D, Dibner JJ. Optimum dietary arginine:lysine ratio for broiler chickens is altered during heat stress in association with changes in intestinal uptake and dietary sodium chloride. Br Poult Sci, 1998, 39: 639-647.

Cahaner A, Pinchasov Y, Nir I, Nitsan Z. Effects of dietary protein under high ambient temperature on body weight, breast meat yield, and abdominal fat deposition of broiler stocks differing in growth rate and fatness. Poult Sci, 1995, 74: 968-975.

Cai YL, Song ZG, Zhang XH, Wang XJ, Jiao HC, Lin H. Increased de novo lipogenesis in liver contributes to the augmented fat deposition in dexamethasone exposed broiler chickens (*Gallus gallus* domesticus). Comp Biochem Physiol C,2009, 150: 164-169.

Chen J, Li X, Balnave D, Brake J. The influence of dietary sodium chloride, arginine:Lysine ratio, and methionine source on apparent ileal digestibility of arginine and lysine in acutely heat-stressed broilers. Poult Sci, 2005, 84: 294-297.

Cone RD. Anatomy and reguLation of the central melanocortin system. Nat Neurosci, 2005, 8: 571-578.

Corzo A, Moran ET, Hoehler D. Lysine needs of summer-reared male broilers from six to eight weeks of age. Poult Sci, 2003, 82: 1602-1607.

Creel LH, Maurice DV, Lightsey SF, Grimes LW. Stability of dietary ascorbic acid and the effect of supplementation on reproductive performance of broiler breeder chickens. Br Poult Sci, 2001, 42: 96-101.

Dibner JJ, Atwell CA, Ivey FJ. Effect of heat stress on 2-hydroxy-4-(methylthio)butanoic acid and DL-methionine absorption measured *in vitro*. Poult Sci, 1992, 71: 1900-1910.

Feltenstein MW, Lambdin LC, Webb HE, Warnick JE, Khan SI, Khan IA, Acevedo EO, Sufka KJ. Corticosterone response in the chick separation-stress paradigm. Physiol Behav, 2003, 78: 489-493.

Gabriel J, Ferro M, Ferro J, Silva M, Givisiez P, Macari M. Influence of dietary energy level on hepatic 70 heat shock protein expression in broiler chickens submitted to acute heat stress. Revista Brasileira de Ciência Avícola, 2000, 2(3):259-266.

Gonzalez-Esquerra R, and Leeson S. Effects of acute versus chronic heat stress on broiler response to dietary protein. Poult Sci, 2005, 84: 1562-1569.

Gonzalez-Esquerra R, and Leeson S. Physiological and metabolic responses of broilers to heat stress - implications for protein and amino acid nutrition. World's Poultry Science Journal, 2006, 62: 282-295.

Hardie DG, Carling D, Carlson M. The AMP-activated/SNF1 protein kinase subfamily: Metabolic sensors of the eukaryotic cell? Annu Rev Biochem, 1998, 67: 821-855.

Hardie DG, Scott JW, Pan DA, Hudson ER. Management of celluLar energy by the AMP-activated protein kinase system. FEBS Lett, 2003, 546: 113-120.

Hayat J, Balnave D, Brake J. Sodium bicarbonate and potassium bicarbonate supplements for broilers can cause poor performance at high temperatures. Br Poult Sci, 1999, 40: 411-418.

Hocking PM, Maxwell MH, Mitchell MA. Haematology and blood composition at two ambient temperatures in genetically fat and lean adult broiler breeder females fed ad libitum or restricted throughout life. Br Poult Sci, 1994, 35: 799-807.

Howlider MAR, Rose SP. Temperature and the growth of broilers. World's Poultry Science Journal, 1987, 43: 228-237.

Klasing KC. Nutrition and the immune system. Brit Poult Sci, 2007, 48: 525-537.

Klasing KC, Barnes DM. Decreased amino acid requirements of growing chicks due to immunologic stress. J Nutr, 1988, 118: 1158-1164.

Knight CD, Wuelling CW, Atwell CA, Dibner JJ. Effect of intermittent periods of high environmental temperature on broiler performance responses to sources of methionine activity. Poult Sci, 1994, 73: 627-639.

Koelkebeck KW, Parsons CM, Wang X. Effect of acute heat stress on amino acid digestibility in laying hens. Poult Sci, 1998, 77: 1393-1396.

Koga Y, Takahashi H, Oikawa D, Tachibana T, Denbow DM, Furuse M. Brain creatine functions to attenuate acute stress responses through GABAnergic system in chicks. Neuroscience, 2005, 132: 65-71.

Kucuk O, Sahin N, Sahin K. Supplemental zinc and vitamin A can alleviate negative effects of heat stress in broiler chickens. Biol Trace Elem Res, 2003, 94: 225-235.

Kuenzel WJ, Beck MM, Teruyama R. Neural sites and pathways reguLating food intake in birds: A comparative analysis to mammalian systems. J Exp Zool, 1999, 283: 348-364.

Kurauchi I, Asechi M, Tachibana T, Han L, Hayamizu K, Denbow DM, Furuse M. Intracerebroventricular injection of L-alanine induces a sedative effect under an acute stressful condition in neonatal chicks. J Poul Sci, 2006, 43: 384-387.

Kurauchi I, Asechi M, Tachibana T, Han L, Hayamizu K, Denbow DM, Furuse M. Intracerebroventricular injection of tryptophan, but not lysine or methionine, induces sedative effect during an acute stressful condition in neonatal chicks. J Appl Anim Res, 2007, 31: 25-28.

Kutlu HR, Forbes JM. Self-selection of ascorbic acid in coloured foods by heat-stressed broiler chicks. Physiol Behav, 1993, 53: 103-110.

Kutlu HR. Influences of wet feeding and supplementation with ascorbic acid on performance and carcass composition of broiler chicks exposed to a high ambient temperature. Arch Tierernahr, 2001, 54: 127-139.

Lan PT, Sakamoto M, Benno Y. Effects of two probiotic Lactobacillus strains on jejunal and cecal microbiota of broiler chicken under acute heat stress condition as revealed by molecuLar analysis of 16S rRNA genes. Microbiol Immunol, 2004, 48: 917-929.

Larbier ZM, Chagneau AM, Geraert PA. Influence of ambient temperature on true digestibility of protein and amino acids of rapeseed and soybean meals in broilers. Poult Sci, 1993, 72: 289-295.

Lin H, Buyse J, Sheng Q, Xie Y and Song J. Effects of ascorbic acid supplementation on the immune function and laying performance of heat-stressed laying hens. J Food Agric Environ, 2003, 1: 103-107.

Lin H, Decuypere E, Buyse J. Oxidative stress induced by corticosterone administration in broiler chickens (*Gallus gallus* domesticus) 1. Chronic exposure. Comp Biochem Physiol, 2004, 139: B737-B744.

Lin H, Wang LF, Song JL, Xie YM, Yang QM. Effect of dietary supplemental levels of vitamin A on the egg production and immune responses of heat-stressed laying hens. Poult Sci, 2002, 81: 458-465.

Liu L, Song Z, Jiao H, Lin H. Glucocorticoids increase NPY gene expression via hypothalamic AMPK signaling in broiler chicks. Endocrinology, 2014, 155: 2190-2198.

Mahmoud KZ, Edens FW, Eisen EJ, Havenstein GB. Ascorbic acid decreases heat shock protein 70 and plasma corticosterone response in broilers (*Gallus gallus* domesticus) subjected to cyclic heat stress. Comp Biochem Physiol B, 2004, 137: 35-42.

McEwen BS. Stress, adaptation, and disease. Allostasis and allostatic load. Ann N Y Acad Sci, 1998, 840: 33-44.

McKee JS, Harrison PC. Effects of supplemental ascorbic acid on the performance of broiler chickens exposed to multiple concurrent stressors. Poult Sci, 1995, 74: 1772-1785.

McKee JS, Harrison PC, Riskowski GL. Effects of supplemental ascorbic acid on the energy conversion of broiler chicks during heat stress and feed withdrawal. Poult Sci, 1997, 76: 1278-1286.

Mendes AA, Watkins SE, England JA, Saleh EA, Waldroup AL, Waldroup PW. Influence of dietary lysine levels and arginine:Lysine ratios on performance of broilers exposed to heat or cold stress during the period of three to six weeks of age. PouLt Sci, 1997, 76: 472-481.

Morris SM Jr. Recent advances in arginine metabolism. Curr Opin Clin Nutr Metab Care, 2004, 7: 45-51.

Mushtaq T, Sarwar M, Nawaz H, Mirza MA, Ahmad T. Effect and interactions of dietary sodium and chloride on broiler starter performance (hatching to twenty-eight days of age) under subtropical summer conditions. Poult Sci, 2005, 84: 1716-1722.

Neu A, Neuhoff H, Trube G, Fehr S, Ullrich K, Roeper J, Isbrandt D. Activation of GABA(A) receptors by guanidinoacetate: A novel pathophysiological mechanism. Neurobiol Dis, 2002, 11: 298-307.

Puthpongsiriporn U, Scheideler SE, Sell JL, Beck MM. Effects of vitamin E and C supplementation on performance, *in vitro* lymphocyte proliferation, and antioxidant status of laying hens during heat stress. Poult Sci, 2001, 80: 1190-1200.

Quaroni A, Tian JQ, Göke M, Podolsky DK. Glucocorticoids have pleiotropic effects on small intestinal crypt cells. Am J Physiol, 1999, 277: G1027-G1040.

Reddy CV. Maintaining growth and production. Poultry International: Asia Pacific Edition, 2000, 31: 36-40.

Rose SP, Uddin MS. Effect of temperature on the response of broiler chickens to dietary lysine balance. British Poultry Science (United Kingdom), 1988, 39:36-37.

Rostagno HS, Barbosa WA. Biological efficacy and absorption of DL-methionine hydroxy analogue free acid compared to DL-methionine in chickens as affected by heat stress. Br Poult Sci, 1995, 36: 303-312.

Sahin K, Onderci M, Sahin N, Gursu MF, Kucuk O. Dietary vitamin C and folic acid supplementation ameliorates the detrimental effects of heat stress in Japanese quail. J Nutr, 2003, 133: 1882-1886.

Sahin K, Sahin N, Yaralioglu S. Effects of vitamin C and vitamin E on lipid peroxidation, blood serum metabolites, and mineral concentrations of laying hens reared at high ambient temperature. Biol Trace Elem Res, 2002, 85: 35-45.

Sahin K, Sahin N, Onderci M, Gursu F, Cikim G. Optimal dietary concentration of chromium for alleviating the effect of heat stress on growth, carcass qualities, and some serum metabolites of broiler chickens. Biol Trace Elem Res, 2002, 89: 53-64.

Salvante KG, Williams TD. Effects of corticosterone on the proportion of breeding females, reproductive output and yolk precursor levels. Gen Comp Endocrinol, 2003, 130: 205-214.

Savory CJ, Mann JS. Is there a role for corticosterone in expression of abnormal behaviour in restricted-fed fowls? Physiol Behav, 1997, 62: 7-13.

Shigemi K, Tsuneyoshi Y, Hamasu K, Han L, Hayamizu K, Denbow DM, Furuse M. l-Serine induces sedative and hypnotic effects acting at GABA(A) receptors in neonatal chicks. Eur J Pharmacol, 2008, 599: 86-90.

Siegel HS. Gordon memorial lecture. Stress, strains and resistance. Br Poult Sci, 1995, 36: 3-22.

Smith MO. Effects of electrolyte and lighting regimen on growth of heat-distressed broilers. Poult Sci, 1994, 73: 350-353.

Smith MO, Sherman IL, Miller LC, Robbins KR, Halley JT. Relative biological availability of manganese from manganese proteinate, manganese sulfate, and manganese monoxide in broilers reared at elevated temperatures. Poult Sci, 1995, 74: 702-707.

Suenaga R, Yamane H, Tomonaga S, Asechi M, Adachi N, Tsuneyoshi Y, Kurauchi I, Sato H, Denbow DM, Furuse M. Central L-arginine reduced stress responses are mediated by L-ornithine in neonatal chicks. Amino Acids, 2008b, 35: 107-113.

Suenaga R, Tomonaga S, Yamane H, Kurauchi I, Tsuneyoshi Y, Sato H, Denbow DM, Furuse M. Intracerebroventricular injection of L-arginine induces sedative and hypnotic effects under an acute stress in neonatal chicks. Amino Acids, 2008a, 35: 139-146.

Takagi T, Bungo T, Tachibana T, Saito ES, Saito S, Yamasaki I, Tomonaga S, Denbow DM, Furuse M. Intracerebroventricular administration of GABA-A and GABA-B receptor antagonists attenuate feeding and sleep-like behavior induced by L-pipecolic acid in the neonatal chick. J Neurosci Res, 2003, 73: 270-275.

Takahashi K, Ohta N, Akiba Y. Influences of dietary methionine and cysteine on metabolic responses to immunological stress by *Escherichia coli* lipopolysaccharide injection, and mitogenic response in broiler chickens. Br J Nutr, 1997, 78: 815-821.

Tian S, Baracos VE. Effect of *Escherichia coli* infection on growth and protein metabolism in broiler chicks (*Gallus* domesticus). Comp Biochem Physiol A, 1989, 94: 323-331.

Tomonaga S, Tachibana T, Takagi T, Saito ES, Zhang R, Denbow DM, Furuse M. Effect of central administration of carnosine and its constituents on behaviors in chicks. Brain Res Bull, 2004, 63: 75-82.

Tsigos C, Chrousos GP. Hypothalamic-pituitary-adrenal axis, neuroendocrine factors and stress. J Psychosomatic Res, 2002, 53: 865-871.

Veldkamp T, Ferket PR, Kwakkel RP, Nixey C, Noordhuizen JP. Interaction between ambient temperature and supplementation of synthetic amino acids on performance and carcass parameters in commercial male turkeys. Poult Sci, 2000, 79: 1472-1477.

Wang X, Lin H, Song Z, Jiao H. Dexamethasone facilitates lipid accumuLation and mild feed restriction improves fatty acids oxidation in skeletal muscle of broiler chicks (*Gallus gallus* domesticus). Comp Biochem Physiol C, 2010, 151: 447-454.

Wang X, Wei D, Song Z, Jiao H, Lin H. Effects of fatty acid treatments on the dexamethasone- induced intramuscular lipid accumulation in chickens. PLOS ONE, 2012, 7: e36663.

Webel DM, Johnson RW, Baker DH. Lipopolysaccharide-induced reductions in body weight gain and feed intake do not reduce the efficiency of arginine utilization for whole-body protein accretion in the chick. Poult Sci, 1998, 77: 1893-1898.

Whiting TS, Andrews LD, Adams MH, Stamps L. Effects of sodium bicarbonate and potassium chloride drinking water supplementation. 2. Meat and carcass characteristics of broilers grown under thermoneutral or cyclic heat-stress conditions. Poult Sci, 1991, 70: 60-66.

Whiting TS, Andrews LD, Stamps L. Effects of sodium bicarbonate and potassium chloride drinking water supplementation. 1. Performance and exterior carcass quality of broilers grown under thermoneutral or cyclic heat-stress conditions. Poult Sci, 1991, 70: 53-59.

WuLlschleger S, Loewith R, Hall MN. TOR signaling in growth and metabolism. Cell, 2006, 124: 471-484.

Woods KA, Buechi KA, Illig AM, Badura LL. Norepinephrine content in the paraventicular nucleus of the hypothalamus as a function of photoperiod and dopaminergic tone. Endocrine, 1998, 8(1): 79-83.

Yuan L, Lin H, Jiang KJ, Jiao HC, Song ZG. Corticosterone administration and high-energy feed results in enhanced fat accumulation and insulin resistance in broiler chickens. Bri Poult Sci, 2008, 49: 487-495.

Zapata LF, Gernat AG. The effect of four levels of ascorbic acid and two levels of calcium on eggshell quality of forced-molted White Leghorn hens. Poult Sci, 1995, 74: 1049-1052.

ZuLkifli I, AbduLllah N, Azrin NM, Ho YW. Growth performance and immune response of two commercial broiler strains fed diets containing Lactobacillus cultures and oxytetracycline under heat stress conditions. Br Poult Sci, 2000, 41: 593-597.

Zhao JP, Jiao HC, Song ZG, Lin H. Effects of L-arginine supplementation on glucose and nitric oxide (NO) levels and activity of NO synthase in corticosterone-challenged broiler chickens (*Gallus gallus*). Comp Biochem Physiol C, 2009, 150: 474-480.

第八章 家禽免疫营养调控

现代家禽饲养中，高度集约化的饲养方式所诱发的应激对家禽养殖构成较大威胁，是导致家禽养殖经济损失和动物福利破坏的重要原因。免疫应激反应过程导致机体产生的不同免疫状态会影响机体营养需求，表现在畜禽行为和代谢上发生改变。行为改变主要表现为食欲下降、精神不振和嗜睡；代谢改变主要是日粮营养物质由维持生长和骨骼肌沉积转向维持免疫反应，从而抑制生长。家禽的饲养周期短，高强度的新陈代谢致其机体抗病力下降，生产中对疫苗和抗生素的依赖度有所增加，然而过多的疫苗接种会降低家禽生产性能，加之抗生素不规范使用会导致家禽产品中药物残留等诸多食品安全问题也日益引起消费者注意。有关家禽养殖中减少疫苗应用、抗生素停用的呼声日益上涨。日粮各种营养物质除作为代谢底物外，在免疫应答的发生、发展、强度和类型上发挥特殊的生物学调节作用，对维持机体内环境稳态起到重要作用，因此通过日粮中营养素调节免疫系统的功能从而提高家禽自身保护能力显得尤为重要。

Philip(2003)提出通过营养素调节动物机体的免疫系统功能称为免疫营养(immunonutrition)，此概念可用于任何通过改变营养素的供给调节炎症或免疫反应的情况。基于上述背景，日粮中各种营养素除了在家禽机体中的基本功能之外，其在调控免疫、抗应激、抗氧化等方面的功能越来越受到人们的关注。动物营养学家越来越重视通过营养调控实现家禽的最适免疫状态，提高机体防御能力和减少疾病发生来提高养禽业的生产性能(杨小军，2006；贺喜，2007；Wang 等，2014；Liu 等，2015)。

随着家禽免疫营养研究的理论积累和技术支撑，阐明家禽不同免疫状态影响营养物质代谢需要和营养素调控家禽免疫功能的机制已经成为可能。只有明确机体在不同免疫水平下需要多少营养物质，具体什么时候需要，以及掌握营养素免疫调节的作用模式，才能针对家禽不同的生理状态、不同的饲养模式和不同的饲养目的，制定出相应最佳日粮配方使得家禽在高生产力的情况下也能达到最佳的免疫能力和疾病抵抗力，这正是家禽免疫营养学研究的目的性和必要性，也是我们接下来的工作，当然这需要付出很大的努力和心血，但是开展这项工作将对促进家禽健康生长有重要的价值。本章主要介绍不同免疫应激状态影响机体营养物质的代谢模式以及不同营养素与家禽免疫调控的关系。

第一节 免疫应激与营养代谢

免疫应激是指动物机体受到能诱发免疫反应的病原和非病原因素刺激时，所出现的一系列神经内分泌反应以及由此而引起的各种功能和代谢的改变。在没有免疫应答反应或反应强度很低的情况下，动物摄入的营养素用于一般的生命维持代谢和生长与生产的经济目的。免疫应答反应是动物自身的一种保护性机制，在免疫反应过程中免疫细胞的分化与增殖、免疫分子以及一些应激蛋白的生成都需要消耗营养，日粮营养物质由维持生长和骨骼肌沉积转向维持免疫反应，从而抑制生长；不同强度的免疫反应过程也就伴随着不同程度的营养代谢变化。在免疫应激反应过程中，体内的合成代谢激素分泌减少，而分解代谢激素分泌增加，细胞因子分泌的增加也改变动物行为，表现为动物嗜睡和厌食等，因此免疫应激状态下机体营养代谢与需要量也有所变化。

一、免疫应激对营养物质代谢及需要量的影响

(一)免疫应激对蛋白质代谢及需要量的影响

免疫应激期，动物体蛋白质周转速度提高，氮排出增加，外周蛋白质的分解加快，骨骼肌蛋白的沉积降低，但肝急性期蛋白(acute phase protein，APP) 的合成量增加。APP 具有免疫调节作用，加强免疫反应，能降低白细胞释放的有毒物质引起的损伤和帮助修复组织。当家禽处于免疫应激状态时，机体蛋白质合成率下降，降解率增加；但家禽处于免疫应激急性期时，在细胞因子的作用下，肝脏的血流量和肝中氨基酸转运载体的数量增加，肝脏吸收和转运氨基酸的能力增强，以满足肝急性期蛋白合成增加对氨基酸的需求。

有研究表明，免疫应激会增加肉仔鸡氨基酸的回肠末端内源损失量。但由于应激同时降低了干物质采食量，导致内源损失中的基础损失减少，且减少幅度超过因发生免疫应激而增加的幅度，最终结果是内源氨基酸损失下降(李建涛等，2005)。许多营养学者用脂多糖和环磷酰胺刺激分别构建家禽免疫亢进和免疫抑制模型，与无免疫接种、简化免疫接种和常规免疫接种一起模拟不同免疫应激状态进行了大量的研究，试验结果证明，不同的免疫应激状态均能降低鸡的采食量和体增重，上调肠道营养素转运蛋白的表达，如葡萄糖转运蛋白、钙结合蛋白和脂肪酸结合蛋白。用环磷酰胺刺激构建的免疫抑制状态下鸡的回肠粗蛋白质消化率显著降低(冯焱等，2012；Liu 等，2014)。不同免疫应激状态下，满足家禽最高生产性能的各种氨基酸需要量也不同。赖氨酸是体组织蛋白质中的主要成分，但与应激调控功能有关的蛋白质(如 APP)中赖氨酸的比例却相对较低；含硫氨基酸的含量则相反。所以，在促进家禽生长的因素中，应提高机体对赖氨酸和蛋氨酸的需要量。

当家禽处于免疫应激状态时，机体蛋白质合成率下降、降解率增加。这主要受 4 个因素的共同作用：①免疫应激造成采食量下降，因而供给蛋白质合成所需的氨基酸受限；②免疫急性期中，机体骨骼肌的氨基酸摄入机制受抑，骨骼肌中核糖核酸(RNA)的合成受抑；③APP 合成和其他免疫相关过程(如免疫球蛋白的合成)使机体对氨基酸的需要量增加；④骨骼肌氨基酸组成与 APP 氨基酸组成的不同，导致从骨骼肌释放的氨基酸超过 APP 合成的需要。

(二)免疫应激对能量代谢及需要量的影响

免疫应激抑制脂肪合成、促进脂肪和碳水化合物分解供能，以补偿采食量的不足。应激导致机体产生的促炎性分子 IL_1、IL_6 和 TNF_{α} 会介导脂肪的代谢变化，一方面降低脂肪组织中脂蛋白脂酶的活性，降低甘油三酯类的清除率；另一方面增加肝脏内脂肪酸合成和非必需脂肪酸的重新酯化，使 VLDL 增加；抑制脂肪组织中脂肪酸的从头合成以及刺激脂肪

的降解。

由于免疫应激降低了动物的采食量，因而提高日粮能量浓度可能会使其生产性能有所改善。但家禽为能而食的特点致使在能量满足的条件下，可能也会造成其他营养素的缺乏，从而影响家禽的正常生长。研究表明，不同能量来源在家禽生产上的效果差异很大，鱼油能通过影响 PLC 活性，下调 IP_3 等第二信使水平，抑制 COX_2 活性，降低炎性介质 PGE_2 合成，并在转录水平降低肉仔鸡脾脏 $NF_{\kappa B}$ 的表达来发挥缓解免疫应激的作用。日粮添加鱼油和玉米油与添加禽脂相比，能够显著降低肉仔鸡因感染柔嫩艾美耳球虫的死亡率（杨小军，2006）。

（三）免疫应激对碳水化合物代谢及需要量的影响

免疫应激中糖类的利用急剧增加，免疫伴随的体温升高会导致基础代谢率的增加，在 IL_1 和 TNF_α 的作用下，肝中糖异生和糖原分解过程加速，使葡萄糖生成增加。在肝外组织中葡萄糖的氧化和葡萄糖转化为乳酸的速率均提高以满足家禽基础代谢和特异性细胞增殖等免疫相关过程对能量的需要。

葡萄糖通过细胞呼吸作用（有氧氧化和糖酵解）为动物机体提供能量，而这些过程都可被免疫应激所影响，从而影响机体对葡萄糖的利用。并且在免疫应激状态下，机体脂肪利用率降低，以葡萄糖作为能量供应增加。鸡口腔唾液淀粉酶较低、淀粉的消化依靠胰淀粉酶。肠道淀粉酶活性反映了家禽利用淀粉的能力。试验结果显示，免疫应激会降低肉鸡淀粉酶活性，从而限制了对能量的利用，使生产性能下降（Liu 等，2014）。

（四）免疫应激对矿物质代谢的影响

免疫急性期家禽矿物元素的代谢也将发生变化。主要表现为：血清铜含量上升以及血清锌和铁含量降低。IL_1 可促进血浆铜蓝蛋白的合成，使血清中铜含量升高。肝和其他组织中金属硫蛋白（MT）浓度的升高，导致血清锌暂时储存于 MT 中。应激期血清铁浓度的下降，部分是由于粒细胞释放的脱铁乳酸铁蛋白从转铁蛋白上将铁脱去，进行识别后，再由肝细胞将铁插入乳酸铁蛋白络合物中。免疫反应也需要很多酶的参与和激活，一些矿物元素作为酶的活性中心，也间接参与免疫反应。在免疫应激条件下，家禽矿物元素的这种重新分配是机体防御机制的一种体现。

（五）免疫应激对维生素代谢的影响

免疫应激下的家禽机体内生成的细胞因子和自由基数量较多，体内抗氧化性维生素（如维生素 A、维生素 E、维生素 C）的添加，可削弱这些细胞因子和自由基的效应，从而减缓免疫应激。研究发现，在胚胎孵化期 11 d 注射叶酸能提高 1 日龄仔鸡脾脏指数、法氏囊指数以及血浆球蛋白含量，便易仔鸡更好地发挥机体免疫功能，从而间接提高动物生产性能（支丽慧等，2013）。李世召等（2013）试验研究表明种蛋中注射 3 mg 维生素 C 可提高孵化率、肉鸡初生重和平均日采食量；注射 15 mg 维生素 C 能在一定程度上提高肉鸡的抗氧化性能。

二、免疫应激对营养代谢调控的机制

（一）免疫应激对采食量及体温的影响

采食量和体温的变化是免疫调节营养代谢的外在表现，免疫应答抑制动物采食，使采食量降低。畜禽采食量下降是应激给动物带来的最直接的生产表现。试验表明，脂多糖注射后4和8 h，炎性细胞因子释放会改变肉鸡脑垂体体温调节中枢前列腺素的分泌，使体温升高（Liu等，2015）。给肉仔鸡注射LPS抗原性物质引起免疫应答后，肉仔鸡的采食量降低、体重减轻（冯焱等，2012）。应激引起采食量降低可能与体内糖皮质激素分泌过高导致机体神经肽Y分泌减少、胃肠黏膜屏障受损等有关。

（二）免疫应激对肠道形态以及微生物区系的影响

由于应激时家禽肠道黏膜细胞增殖显著降低，影响了绒毛的生长，绒毛高度降低，绒毛表面积减少，导致肠道吸收表面积下降，使其吸收能力相对减弱。肠道微生物在应激情况下通过释放某些生物活性物质或间接激活肠道免疫系统，影响杯状细胞生长和肠道黏膜完整性，有研究表明在机体免疫抑制和免疫亢进下，双歧杆菌属、乳杆菌属、肠杆菌科和肠球菌属4类细菌菌属在十二指肠各个时期变化都不显著；变化主要集中在空肠、回肠和盲肠，多是乳酸杆菌减少，而大肠杆菌增加；应激引起的激素变化又会影响黏液的分泌，减少附着肠腔上的微生物的组成，改变肠道菌群结构，出现菌群暂时紊乱现象，导致机体甲状腺激素分泌下降，从而抑制胃肠蠕动速率，延长食糜在肠道滞留时间（冯焱等，2012）。

（三）免疫应激对免疫细胞及细胞因子的影响

免疫应激的调节作用主要依靠免疫细胞的增殖分化和细胞因子的释放实现。在免疫应激过程中，免疫细胞（尤其单核/巨噬细胞）合成和分泌的炎性细胞因子（包括IL_1、IL_6和TNF_α）起着十分重要的作用。其中，IL_1主要由巨噬细胞和上皮细胞产生，具有活化血管内皮、组织损伤、发热、淋巴细胞活化和诱导急性期蛋白质合成等活性；IL_6主要由活化的T细胞和巨噬细胞产生，IL_6具有淋巴细胞活化和使机体发热的生物活性；TNF_α主要由巨噬细胞产生，其主要生物活性为直接杀伤肿瘤细胞，也可促进B细胞的增殖。

机体受到应激后，脾脏自然杀伤细胞和淋巴细胞对ConA刺激的增殖反应降低，这种应激引起的免疫抑制在一定时间可恢复，但再次应激刺激仍可表现出抑制作用，尤其是对NK细胞活性的抑制。冯焱等（2012）体外细胞培养试验中B淋巴细胞和T淋巴细胞增殖功能在脂多糖刺激下明显升高，LPS刺激使CD_4^+/CD_8^+ T淋巴细胞亚群比值增高，是病毒感染和免疫机能紊乱的重要特征，造成细胞免疫功能降低。环磷酰胺是一种烷化剂，它能通过与DNA双链交叉连接破坏DNA，从而破坏免疫活性细胞，抑制免疫功能，环磷酰胺免疫抑制处理显著降低了巨噬细胞培养上清液中（细胞外）和巨噬细胞内溶菌酶的含量。

细胞因子对三大营养物质代谢的调控作用主要表现为促进分解代谢和减少合成代谢，作为对营养物质获取和代谢的调节因子，它能选择性作用于细胞膜上不同的细胞因子受体来增加免疫系统对营养物质的获取。在许多组织，如脂肪组织、肝脏和骨骼肌细胞上，均有TNF_α的特异性受体。对动物的生长和代谢而言，细胞因子起着营养重分配剂作用。IL_1、TNF_α和IL_6均可使用于生长和骨骼肌蛋白质沉积的养分转而用于维持机体免疫应答的相关过程，主要包括免疫细胞的分化和增殖、抗体的合成及肝脏急性期蛋白质的合成等。

（四）免疫应激对内分泌活动的影响

免疫系统可能通过细胞因子调节内分泌进而影响代谢。在下丘脑垂体肾上腺轴（HPA）中，下丘脑的室旁核（PVN）是HPA轴激活的直接控制部位。在受到应激刺激时，PVN的小神经元分泌促肾上腺皮质激素释放激素（CRH）。CRH经垂体门脉血流到垂体，并刺激垂体分泌ACTH；后者经血液循环到达肾上腺，刺激肾上腺皮质合成和分泌糖皮质激素(GC),由肾上腺分泌的 GC,对机体应激反应和免疫调节具有重要的意义。Liu 等(2014)试验表明免疫应激使血清甲状腺激素有升高趋势,从而促进蛋白合成,但是它能促进细胞氧化速率和产热,会增加维持能量需要,从而使用于生产的能量缺乏。在应激状态下,GC 分泌增加,引起血糖升高、呼吸加速;机体分解代谢增加,合成代谢减少。GC 促进蛋白质和脂肪的降解、肝糖原分解和糖异生及应激蛋白合成。在内毒素及某些炎症介质直接刺激下,神经末梢可合成并快速释放降钙素基因相关肽参与调节活动。应激时,神经系统反应还可由自主神经支配内分泌器官来调节内分泌激素的分泌,从而影响全身。

总之,不同免疫状态下不同组织对营养水平需要的优先顺序也有差异,营养通过优先次序模式分配到不同的组织器官:神经系统>内脏系统>骨骼>肌肉组织>脂肪组织。代谢率高的组织相对于代谢率低的组织优先利用营养物质,例如,脑和中枢神经系统、心血管系统和肠道系统由于代谢比较活跃,所以对营养供给优先利用。其次是骨骼系统的维持和发育,然后是肌肉组织的产生,最后才是脂肪组织的沉积。未激活的免疫系统和淋巴组织对营养需求处于较低水平,但激活的免疫系统和淋巴组织对营养需求显著增加,这一变化导致用于生长和蛋白质沉积的部分或全部营养转为免疫应答。

第二节　氨基酸与免疫

氨基酸是构成家禽免疫系统的基本物质,与免疫系统的组织发生、器官发育有着极为密切的关系,机体物质代谢过程中具有免疫和防御机能的细胞因子和抗体等大多都是以由氨基酸合成的蛋白质为主体而构成的。近年来,越来越多的研究证实了体内某些氨基酸不仅仅作为蛋白质合成的底物,它们还能够通过自身及其代谢产物所具有的生物活性对动物机体内免疫产生调节作用,例如影响神经和内分泌,调控免疫细胞的基因表达和信号转导、抗氧化、抗应激等功能,表明某些氨基酸及其代谢产物在调节免疫相关代谢和生理过程中具有独特作用。本节主要介绍精氨酸、谷氨酰胺、苏氨酸和含硫氨基酸与免疫调控的关系。

一、精氨酸

家禽体内缺乏合成精氨酸前体物质所必需的甲酰磷酸酶(催化谷氨酰胺与谷氨酸合成瓜氨酸)和二氢吡咯-5-羧酸合成酶(催化脯氨酸与鸟氨酸转化成谷氨酸)等关键酶,不能合成精氨酸,只能由日粮提供,所以精氨酸是家禽的必需氨基酸。

(一)精氨酸的代谢

精氨酸的代谢途径有以下几种:①通过两种构型的精氨酸酶。Ⅰ型精氨酸酶(即肝脏精氨酸酶)是一种胞质酶,能将精氨酸分解成尿素和鸟氨酸,Ⅱ型精氨酸酶则位于线粒体,可将细胞内精氨酸转化为鸟氨酸和脯氨酸;②通过氧化途径,经一氧化氮合成酶 NOS 催化生成具有生物活性的 NO;③由甘氨酸转脒基酶降解为鸟氨酸和肌酐酸;④通过鸟氨酸循环分解成氨后,合成嘌呤,然后降解为尿酸排出。

(二)精氨酸对免疫的调节

谭建庄(2014)研究了日粮精氨酸的添加对不同疾病模型肉鸡免疫功能的影响,发现在

14 日龄给肉鸡强饲球虫疫苗，在球虫攻毒期间(14～21 d)，球虫攻毒显著降低了肉鸡的体增重、采食量和饲料效率，提高了空肠黏膜 IgA 浓度和肠道炎症因子的 mRNA 表达量，也显著降低了空肠 Mucin-2、IgA 和 IL-1RI 的 mRNA 表达量；但随着日粮精氨酸水平的升高，空肠绒毛高度、空肠隐窝深度、黏膜麦芽糖酶活力显著提高；日粮精氨酸的添加显著降低了球虫攻毒组肉鸡空肠黏膜 IgG 浓度和 TLR4 的 mRNA 表达量。试验结果指出在传染性法氏囊病引起的免疫抑制状态下肉鸡需要添加更多的精氨酸以维持其最佳生产性能和免疫功能；日粮精氨酸的添加提高了外周血 T 淋巴细胞比例，能够通过抑制 TLR4 通路以及降低脾脏 $CD14^+$ 淋巴细胞比例来缓解因 LPS 注射引起的全身性炎症反应。郭祎玮(2014)也指出在正常日粮中再添加相当于正常日粮 0.52%～0.60%的精氨酸，可以进一步提高肉鸡生长性能和免疫功能。

精氨酸对机体免疫机能的调节主要包括 NO 途径和精氨酸酶Ⅰ途径。精氨酸是家禽体内 NO 合成的唯一底物。NO 是一种具有重要生理功能的信号分子，是多种免疫细胞的调节因子，低浓度的 NO 可增加 T 细胞的有丝分裂，高浓度时具有抑制性，其对免疫系统的调节作用主要包括：①抑制抗体应答反应、抑制肥大细胞反应性；②促进 NK 细胞活性，激活外周血液中的单核细胞；③调节 T 细胞和巨噬细胞分泌细胞因子；④介导巨噬细胞的细胞凋亡；⑤Arg-NO 途径被认为是杀死细胞内微生物的主要机制，也是巨噬细胞对靶细胞毒性的主要机制；⑥减弱多型核粒细胞黏附。

精氨酸酶Ⅰ 途径调控免疫功能主要通过以下几个方面：①生成鸟氨酸，有利于细胞再生及伤口愈合和修复；②鸟氨酸是合成多胺类物质的前提，生成的多胺可以调控巨噬细胞功能；③调节精氨酸利用率，从而降低 NO 的生成和其他精氨酸介导的过程。

精氨酸酶和 iNOS 不仅竞争同一底物精氨酸，两种途径还通过不同机制相互抑制。iNOS 产生的羟基-*L*-精氨酸是精氨酸酶的抑制剂，而精氨酸酶途径产生的多胺对 NO 的生产有抑制作用，另外精氨酸酶Ⅰ的高表达可使细胞内精氨酸浓度降低，可激活 GCN_2 激酶，磷酸化激活转录抑制因子 $eIF_{2\alpha}$，从而使 iNOS 表达降低，NO 合成减少。两种免疫调控途径之间的竞争抑制关系使得研究精氨酸对免疫调控的作用更加复杂。精氨酸与维生素 E 能协同增加肉鸡细胞免疫和体液免疫机能，提高肉鸡抗病力。

二、谷氨酰胺

谷氨酰胺(Gln)通常被认为是非必需氨基酸，但对于调节应激状态下的细胞代谢和调节免疫细胞的功能是必需的。谷氨酰胺是肠黏膜上皮细胞和淋巴细胞的重要能量供体。谷氨酰胺也作为嘌呤、嘧啶的合成前体，对免疫细胞的增殖有着重要作用。

(一)谷氨酰胺的代谢

在动物肝脏中，谷氨酰胺可作为碳的骨架糖异生合成葡萄糖，也可合成其他氨基酸和蛋白质。多余的氮可生成尿素排出体外。同时，肝脏也是谷氨酰胺合成谷胱甘肽(GSH)的重要场所。在动物肾脏中，谷氨酰胺被用于提供氨基与质子共同形成氨离子，维持酸碱平衡；也可糖异生生成葡萄糖。对于小肠细胞和免疫细胞它则是比葡萄糖和脂肪酸更适合的供能物质，在这些细胞组织中往往表现出高利用性，此外，谷氨酰胺还是合成嘌呤、嘧啶的氮供体，而嘌呤、嘧啶是 DNA、RNA 的重要组成部分，因此谷氨酰胺对于细胞分裂或者分泌蛋白也有重要作用。

（二）谷氨酰胺对免疫的调节

谷氨酰胺对各类免疫细胞均有一定的调节功能。谷氨酰胺能促进 T 细胞的增殖，增加 IL_2的产生和 IL_2受体的表达，B 淋巴细胞分化成抗体合成细胞和分泌细胞也是依赖谷氨酰胺的，随着谷氨酰胺的溶度增加，分化增加，另外，谷氨酰胺有助于淋巴因子活化的杀伤细胞(LAK 细胞)杀死靶细胞，对于巨噬细胞来说，谷氨酰胺能激活其功能，加强其信号蛋白、自由基(如 NO)分泌，增强吞噬作用和胞饮作用。激活的巨噬细胞能快速分泌精氨酸酶，故而不能利用细胞间的精氨酸合成 NO，则需要在巨噬细胞内先通过谷氨酰胺合成精氨酸，再在 iNOS 作用下合成 NO。

肠道黏膜免疫是家禽免疫系统的重要部分。肠道的健康完整对谷氨酰胺有很大的依赖，主要表现在以下几个方面：①谷氨酸胺是肠道上皮细胞的一种主要的能量底物；②谷氨酰胺通过调控相关基因表达保护肠黏膜细胞；③通过促进还原型谷胱甘肽合成，达到抗氧化作用，维持肠黏膜细胞完整性，减少肠细胞凋亡；④谷氨酰胺可能通过激活 mTOR 信号通路来促进肠细胞蛋白质合成和肠细胞的生长，同时，谷氨酰胺有助于表皮生长因子促进小肠细胞增殖；⑤由浆细胞所分泌的分泌型免疫球蛋白(sIgA)的主要功能是防止细菌附着于黏膜细胞上，而谷氨酰胺对维持肠道淋巴组织和合成 sIgA 是必需的；⑥谷氨酰胺的重要中间代谢产物 α-酮戊二酸可通过促进 mTOR 及其下游靶标核糖体 S6 激酶Ⅰ和真核细胞翻译，起始因子 4E 结合蛋白Ⅰ的磷酸化来促进小肠上皮细胞蛋白质的合成。

谷氨酰胺能够提高动物机体抗氧化相关指标含量，抑制动物在冷应激状态下细胞内产生的有害自由基，因而有助于动物抗冷应激。饲粮中添加谷氨酰胺可以促进鸡肠道黏膜发育，提高小肠绒毛密度和宽度，增加肠细胞数量。此外，紧密连接蛋白是肠细胞紧密连接的主要功能性调节蛋白，它的定位对肠黏膜免疫功能发挥有重要影响，有研究表明缺乏谷氨酰胺时，紧密连接蛋白呈团块状分布于肠上皮细胞胞质内，不能定位在紧密连接处发挥功能；补充谷氨酰胺后，紧密连接蛋白逐渐向细胞膜上转移，定位于膜尖端的紧密连接处，形成完整的紧密连接，使肠黏膜形成保护屏障，阻止细菌移位穿过肠细胞，预防肠源性感染。

低浓度的谷氨酰胺能刺激 NO 的产生，而 NO 作为巨噬细胞的效应分子，能杀灭微生物和肿瘤细胞，从而增强肉仔鸡非特异性免疫功能。杨小军等(2011)在不同终浓度的谷氨酰胺细胞培养液中培养肠道淋巴细胞，然后用 LPS 刺激，结果显示谷氨酰胺浓度为 100 μg/mL 时，对肉仔鸡肠道淋巴细胞增殖活性的抑制效果最明显，并且提高了 IgA 合成量，有利于维持免疫系统的平衡状态，在浓度为 50 和 100 μg/mL 时，可显著提高肉仔鸡肠道淋巴细胞过氧化氢酶和超氧化物歧化酶的活性，利于维护肠道的抗氧化功能。

三、苏氨酸

苏氨酸(Thr)是家禽的一种必需氨基酸。在大多数植物性饲料，尤其是谷物类饲料中，苏氨酸是第二或第三限制性氨基酸，是维持家禽正常生长发育和免疫功能的必需氨基酸。苏氨酸的缺乏会抑制免疫球蛋白、T 淋巴细胞、B 淋巴细胞的产生，从而影响免疫功能。

（一）苏氨酸的代谢

苏氨酸在动物体内是唯一不经过脱氢酶作用和转氨基作用而进行代谢的。其代谢途径有 3 条(图 8-1)：①苏氨酸在苏氨酸缩醛酶下催化裂解成甘氨酸与乙醛，后者氧化成乙酰-CoA；②苏氨酸在丝氨酸-苏氨酸脱水酶转变为 α-酮丁酸；③经脱氢、脱羧形成氨基丙酮。

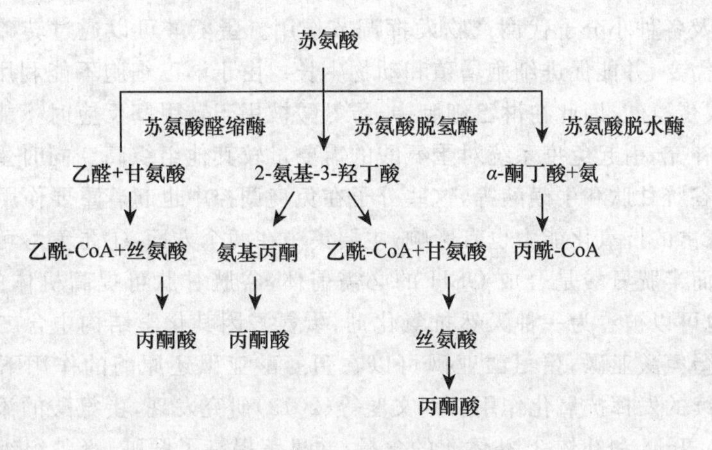

图 8-1　苏氨酸的代谢

(二)苏氨酸对免疫的调节

苏氨酸是家禽正常生长所必需的氨基酸，也是日粮中最易缺乏的限制性氨基酸之一，它在家禽免疫系统中发挥着重要作用。苏氨酸是 IgG 中含量最高的氨基酸，日粮添加苏氨酸能促进机体抗体和血浆 IgG 的生成，增加免疫器官重量，影响免疫球蛋白形式和活性，从而对家禽免疫机能产生重要影响。另外，小肠黏液蛋白(mucin)主要是由富含苏氨酸的肽合成，苏氨酸的羟基对形成黏液蛋白氨基酸骨架酯键是必需的。小肠黏液蛋白是黏液层的主要成分，它可以影响小肠微生物区系、营养利用和肠道免疫功能。

在种蛋卵黄囊中注射苏氨酸，能提高新生雏鸡免疫力，提高增重(Kadam 和 Bhattacharyya，2008)。赖翔等(2012)试验证明苏氨酸能显著提高免疫应激下猪十二指肠绒毛高度；补充苏氨酸对感染 PRV 的 IPEC-J2 细胞先天性免疫功能具有分子表达水平的调控作用，总体上能够抑制 $IL_{1\beta}$、TNF_{α}、$TGF_{\beta1}$ 基因表达，加强 IL_{6} 和 IL_{15} 基因表达，但影响具有时间效应(韩国权等，2012)。

四、含硫氨基酸

含硫氨基酸包含甲硫氨酸即蛋氨酸(Met)、半胱氨酸(Cys)。一般认为蛋氨酸是动物必需氨基酸，半胱氨酸是非必需氨基酸。含硫氨基酸的免疫调控作用是通过其代谢产物谷胱甘肽、牛磺酸(Tau)和同型半胱氨酸介导。

(一)含硫氨基酸的代谢

蛋氨酸在动物体内的代谢，主要是通过甲硫氨酸循环，通过作为甲基供体转甲基形成同型半胱氨酸，同型半胱氨酸可在 N^{5-} 甲基四氢叶酸转甲基酶的作用下获得甲基再转变甲硫氨酸。同型半胱氨酸在胱硫醚 β-合成酶、胱硫醚 γ-裂解酶的作用下，可转变为半胱氨酸。半胱氨酸代谢主要有 3 条途径：①氧化脱羧成牛磺酸；②氧化脱氢生成丙酮酸和硫酸；③合成谷胱甘肽。

(二)含硫氨基酸对免疫的调节

蛋氨酸对家禽免疫机能有重要影响，主要通过参与合成维持机体正常免疫机能的各种蛋白质、多肽以及各种小分子代谢产物发挥调节作用。蛋氨酸可以通过转硫途径合成半胱氨酸，满足家禽需要，并能促进细胞增殖和动物生长。由于淋巴细胞不能利用高半胱氨酸和胆碱前体物合成蛋氨酸，因此在淋巴细胞中，蛋氨酸被用于转甲基反应时不能重新合成蛋氨酸，必须由日粮补充，引起免疫系统对蛋氨酸的需要量较其他组织高。同时蛋氨酸甲基可以转给半胱氨酸、谷胱甘肽和牛磺酸等，这些分子在免疫调控中也起着重要作用。

蛋氨酸对家禽的抗氧化能力也有影响，主要集中在两个方面：①蛋氨酸可通过转硫途径合成半胱氨酸，而半胱氨酸是合成 GSH 的必需前体，谷胱甘肽可提高机体的抗氧化能力；②蛋氨酸本身也可以被看为一种天然抗氧化剂，蛋氨酸因其化学结构中含二硫键而可与活性氧作用，生成蛋氨酸亚砜，蛋氨酸亚砜可以在蛋氨酸亚砜还原酶的作用下重新生成蛋氨酸，因而可以持续的发挥抗氧化作用。刘文斐等(2013)研究发现，蛋氨酸的添加能提高肉种鸡血清 IgG、IgA、IgM 和补体 3、补体 4 的含量，并显著提高了肝脏、肾脏组织中谷胱甘肽过氧化物酶和超氧化物歧化酶的活性，降低了丙二醛的含量。

谷胱甘肽是一种强的抗氧化剂，具有强的免疫增强作用，可通过激活与细胞增殖相关的转录因子 AP_1 和阻止氧化剂激活 $NF_{\kappa B}$ 途径，使肿瘤坏死因子等促炎细胞因子分泌减少，从而达到抗炎症效果(Grimble，2006)。细胞内谷胱甘肽含量的升高可以增加辅助 T 淋巴(Th)细胞和毒性 T 细胞数量，谷胱甘肽能促进抗原递呈细胞产生 IL_{12}，并促进 Th 细胞向 Th_1 分化。细胞外 Cys 或细胞内谷胱甘肽的缺乏可减少 CD_4 细胞的数量，降低 IFN_{γ} 的产生，抑制丝裂原刺激引起的淋巴细胞增殖。

牛磺酸在淋巴细胞中是一种丰富的游离氨基酸和强力的抗氧化剂。单核细胞和嗜中性细胞通过牛磺酸与次氯酸反应生成具有强抗微生物能力的牛磺酸氯胺。这种长效抗氧化剂能够降低前炎症细胞因子(如 IL_1、IL_6 和 TNF_{α})和前列腺素 E_2(PGE_2)产生。

第三节 微量元素与免疫

微量元素对家禽机体正常的生命过程具有重要的作用，其作用方式是以机体细胞内酶系统的成分而影响动物机体的功能，其中有些为家禽机体所必需的营养物质，如金属酶、辅酶因子或作为内分泌激素的某一成分而发挥作用。必需矿物质元素在一定的剂量下，对家禽的体液免疫、细胞免疫、巨噬细胞、NK 细胞等都有明显的抑制作用，但同时其也可以在适量的情况下提高机体的免疫功能，起到抗感染、增强机体抵抗力等作用。本节主要阐述几种微量元素对家禽机体免疫功能的影响。

一、锌

(一)锌的基本功能

锌是在六大酶类中都存在的唯一一种金属元素，至少 300 种酶中含锌，承担着各种不同的生物功能，在动物的生长发育、免疫、物质代谢及繁殖等多方面起着重要作用，包括保证细胞正常的分离和分化、基因转录、维持生物膜、阻止自由基等，是保证组织、器官和系统正常功能最重要的元素之一。

（二）锌对免疫的调节

锌对家禽机体免疫功能的影响主要表现在两个方面：一是锌缺乏导致免疫器官（淋巴结、脾脏和胸腺）重量明显减轻，T 细胞功能下降，抗体产生能力降低；二是作用于机体其他组织的营养、生长和代谢，间接引起免疫功能下降。家禽缺锌则生长迟缓，胸腺、法氏囊和淋巴组织萎缩，容易感染疾病。

锌对免疫器官的影响：锌是胸腺内分泌生物活性必需的元素。家禽缺乏锌时可引起免疫器官如胸腺、脾、淋巴结和肠道淋巴组织功能不全，甚至淋巴组织萎缩，机体免疫力下降，但补锌后可以得到改善。如缺锌鸡的法氏囊淋巴小结皮质变薄，上皮通透性加大，免疫球蛋白渗出；淋巴细胞显著减少，对胸腺依赖性抗原的抗体合成减少。锌缺乏或过量影响免疫器官功能的机制可能与自由基代谢有关。因为锌是机体内重要的抗氧化剂，参与抗氧化酶 CuZn-SOD 的构成和诱导金属硫蛋白的合成。金属硫蛋白具有与 GSH 清除自由基相似的作用。锌缺乏或过量可导致肉鸡脾脏、肾脏、肝脏和胰脏的自由基清除酶（SOD、GSH-Px、CAT）的活性下降，抗氧化功能降低，脂质过氧化终末产物丙二醛（MDA）含量升高，影响自由基代谢。自由基清除障碍，自由基含量增多，将攻击细胞膜上的不饱和脂肪酸，引起自由基链式反应，导致脂质过氧化。脂质过氧化的产物作用于蛋白质和 DNA，使蛋白质变性，DNA 裂解，细胞结构和功能受损。

先天性免疫系统是机体抵抗外来病原侵袭的第一道防线，锌水平的改变干扰先天性免疫功能。锌缺乏时粒细胞的数量减少，影响中性粒细胞功能并降低中性粒细胞的趋化性。单核巨噬细胞功能的发挥也需要锌，缺锌使单核吞噬细胞的补体和 Fc 受体减少，巨噬细胞产生细胞因子（IL_1、IL_6、INF_γ、IL_{12}）的功能下降，也影响其吞噬功能。NK 细胞数量和活性依赖于血清锌水平，缺锌降低 NK 细胞活性和溶细胞性前体细胞的数量，NK 细胞需要锌以识别 MHC-Ⅰ分子，通过位于 NK 细胞上的 p58 杀伤细胞抑制受体以抑制其杀伤活，因此缺锌可能会导致非特异性的杀伤。补锌还能提高溶菌酶活性，增强机体的免疫能力。饲粮添加 570 或 760 mg/kg 包被的氧化锌显著提高了猪十二指肠、空肠和回肠的绒毛高度与隐窝深度的比值（申俊华等，2013）。

锌缺乏时可降低 T 细胞的功能。锌能增强肝脏的合成能力和细胞对病毒的敏感性并参与解毒，从而改善机体免疫力。因淋巴细胞中具有锌传递蛋白受体位点，机体缺锌时淋巴细胞如巨噬细胞、多核白细胞功能异常，吞噬功能降低。T 细胞功能受损，引起细胞介导免疫改变，使免疫力降低。同时还可能使有免疫力的细胞增殖减少，胸腺因子活性降低，DNA 合成减少，细胞表面受体发生变化，机体免疫机制削弱，抵抗力降低。动物易受细菌感染。研究结果表明，家禽缺锌时，细胞免疫系统受到影响：T 淋巴细胞增殖反应降低，总数减少，特别是辅助 T 细胞减少，T 细胞介导的细胞免疫功能下降。

锌可活化 B 淋巴细胞分泌免疫球蛋白。家禽缺锌后胸腺肽、胸腺素生成减少及活力下降，脾脏 B 淋巴细胞的增殖反应降低、B 淋巴细胞减少并出现一些不成熟的 B 淋巴细胞。B 淋巴细胞的活力降低抑制抗体生成能力，日粮中合理的添加锌可提高鸡的抗体水平（IgG、IgM、IgA 含量均升高），并增强后代在大肠杆菌免疫性试验中的存活率。

锌缺乏从延迟保护性 IgG 抗体的产生到降低 T 淋巴细胞的激活及其他情况会降低机

体对感染的抗性。锌缺乏导致小肠上皮生长缓慢，上皮细胞的屏障作用可能受到削弱，有利于肠道寄生虫的入侵和移植，从而降低了肠道对肠寄生虫防护性作用，也会引起肠道相关淋巴组织的萎缩。另外锌已被证明具有抵抗疾病、促进伤口愈合和维持肠上皮组织完整性等重要作用，锌可通过提高肠黏膜紧密连接相关蛋白 occludin 的 mRNA 水平和蛋白质表达而降低肠上皮细胞通透性的作用(Zhang 和 Guo，2009)。

胸腺素是一种由胸腺上皮细胞分泌的一种胸腺激素。胸腺素是一种含锌的激素，去除锌原子会使胸腺素失活。胸腺素可诱导胸腺中未成熟的 T 细胞分化，另外胸腺素还可调节外周成熟 T 细胞的功能。有报道表明胸腺素与 IL_2 结合可调节外周血单核细胞(PBMC)释放细胞因子并影响 CD_8^+ T 细胞的增殖。另外胸腺素还可诱导成熟 T 细胞上 IL_2 高亲和力受体的表达。

锌可诱导糖皮质激素(glucocorticoids，GC)慢性生成，从而改变免疫防御。GC 是胸腺细胞和前体 T 细胞程序性死亡典型的诱导剂，因此亚剂量锌导致 GC 缓慢提高引起骨髓和胸腺的前体 B 和 T 细胞程序性清除，从而导致淋巴球减少。锌可以抑制 DNA 内切酶的活性从而本身就可以调控程序性细胞死亡。锌也可与 GC 受体的配体结合区邻近的半胱氨酸结合，从而阻止类固醇在体内和体外与其受体的结合，因此在这种情况下，锌可以阻断凋亡信号本身的传导。

高锌也影响机体的免疫功能，崔恒敏等(2005)用高锌日粮饲喂雏鸡研究表明高锌使鸡的免疫器官的淋巴细胞减少，淋巴滤泡形成减少，其皮质变薄、髓质增宽并可见髓质部淋巴细胞减少，淋巴细胞发育和外周血淋巴细胞的分裂增殖受抑，外周血淋巴细胞的成熟率显著降低并引起其亚群 CD_4、CD_8 数量和组成的变化，导致机体细胞免疫和体液免疫功能的降低，雏鸡红细胞 C_3b 受体花环率下降和免疫复合物花环率升高，引起红细胞免疫黏附功能降低，从而导致雏鸡免疫功能受损。乳酸锌能促进空肠上皮细胞 IPEC-J_2 的增殖(韩国权等，2012)。

二、铜

(一)铜的基本功能

铜是动物体内必需的微量元素，是酶的辅助因子。铜是动物体内许多酶如细胞色素氧化酶、血浆铜蓝蛋白酶、赖氨酰氧化酶、过氧化物歧化酶、酪氨酸酶等的重要成分，并以酶的辅基形式广泛参与氧化磷酸化、自由基解毒、黑色素形成、儿茶酚胺代谢、结缔组织交联、铁和胺类氧化、尿酸代谢、血液凝固和毛发形成等过程。铜还是葡萄糖代谢、胆固醇代谢、骨骼矿化、免疫功能、红细胞生成和心脏功能等机能代谢所必需。铜的主要营养生理功能归纳为：参与造血过程，增强机体抗氧化能力；参与色素沉着和毛与羽毛的角化作用；参与能量代谢，促进骨与胶原形成；参与形成具有酶功能的含铜蛋白质等。

(二)铜对免疫的调节

铜在维持正常的免疫功能方面具有重要作用。铜缺乏引起淋巴免疫器官的病理损伤和体液免疫、细胞免疫以及非特异性免疫功能降低。缺铜动物免疫功能受损的同时死亡率和对传染性因子的易感性增高。

铜缺乏可影响免疫器官的发育、形态结构的维持和正常免疫功能的发挥，使胸腺和脾脏萎缩，胸腺重量减轻，淋巴组织器官内淋巴细胞数量减少。

缺铜会使脾脏T细胞减少，也可导致丝裂原诱导DNA合成受阻或障碍，从而使T细胞对丝裂原应答反应能力降低。IL_2是由激活的T淋巴细胞分泌的一种细胞因子，并在宿主抵抗病原侵害中具有非常重要的作用，也是T细胞增殖所必需的，临界铜缺乏使IL_2分泌减少。

铜参与免疫反应的机制，是因为它是构成血清免疫球蛋白的结构成分，并在IgM向IgG生成过程中起重要作用，机体缺铜会降低血液中IgG、IgM、IgA的含量，可导致抗体生成细胞反应降低，对各种微生物易感性提高，而且还产生不完整抗体，使体液免疫反应受到抑制。铜缺乏会引起吞噬细胞活性降低，损伤天然免疫防御系统，抗病能力减弱而易感性增高。

铜水平对免疫功能影响的研究中也有从抗氧化酶系的作用方面进行了机理探讨，正常情况下，体内产生的超氧阴离子自由基(O^-)、过氧化氢(H_2O_2)等强氧化剂被抗氧化酶系(超氧化物歧化酶、过氧化物酶和过氧化氢酶)及时清除。铜缺乏时，抗氧化酶系活性降低，O^-、H_2O_2积累，过量的O^-使NO(内皮细胞释放的肌肉松弛因子)氧化生成过氧亚硝酸盐直接攻击生物膜发生脂质过氧化，细胞膜结构和功能发生变化，流动性降低，导致细胞机能下降，免疫功能受损，过量的O^-还能使脱水酶铁硫中心铁释放生成Fe^{2+}攻击DNA链及由此导致DNA链进一步羟化，结构和功能丧失；过量的H_2O_2使Cu^{2+}形成Cu^+O、Cu^{2+}-OH，攻击酶邻近组氨酸残基，使许多酶失活，过量O^-、H_2O_2还可使还原型谷胱甘肽(GSH)氧化生成氧化型谷胱肽(GSSG)，进而反馈性地抑制谷胱甘肽过氧化物酶(GSH-Px)活性，使机体清除过氧化物机能减弱而发生脂质过氧化。机体铜缺乏时，组织内SOD、铜蓝蛋白、过氧化氢酶(CAT)及GSH-Px活性均降低，导致活性氧增多，从而加速代谢及免疫机制紊乱，其破坏作用主要是通过大量活性氧改变免疫活性细胞的表面结构来实现的。铜缺乏还可导致细胞色素氧化酶活性下降，影响细胞内ATP水平从而使细胞膜的通透性改变，钙调蛋白依赖的Ca^{2+}透性改变而在细胞内蓄积，因而一系列ATP依赖酶及细胞骨架分裂或裂解，进一步对淋巴细胞的损害作用加重，故铜在维持免疫细胞的完整性方面具有重要作用。

高铜会显著增高免疫器官淋巴细胞发生凋亡的频率，崔恒敏等(2007)试验表明饲粮铜含量超过300 mg/kg就可以诱导淋巴细胞凋亡；高铜也能不同程度抑制雏鸭胸腺的发育，使其出现病变，生长指数显著降低，影响细胞免疫功能的发挥；徐之勇等(2008)研究高铜对雏鸡法氏囊的影响结果显示，日粮铜含量在11～200 mg/kg能促进雏鸡法氏囊的发育，但高于300 mg/kg时就会不同程度地抑制法氏囊的发育，促使其凋亡，导致雏鸡的体液免疫功能受损。

三、硒

(一)硒的基本功能

硒的生化功能是多方面的，其中最重要的是硒具有抗氧化作用。硒是谷胱甘肽过氧化物酶(GSH-Px)和磷脂氢谷胱甘肽过氧化物酶(PHG-Px)的重要组成部分和活性中心。这两种酶可防止因自由基产生的脂质过氧化物堆积所造成的细胞及亚细胞的损伤，维护细胞膜结构完整与功能正常，故硒能抑制过氧化反应，清除有害自由基，分解过氧化物和修复分子损伤。硒可参与维持胰腺的完整性，保护心肌和肝脏的正常功能，对脂肪的乳化、吸收和维生素 E、维生素 A、维生素 D、维生素 K 的吸收及存留起着重要作用。硒还能颉颃和减弱机体内砷、汞、铬等微量元素的毒性，并参与辅酶 A 和辅酶 Q 合成，与糖类、脂类、蛋白质代谢都有密切的关系。

（二）硒对免疫的调节

硒能明显影响机体非特异性免疫功能。硒能提高机体巨噬细胞的吞噬功能，对于巨噬细胞的趋化、吞噬和杀灭过程都有不同程度的影响，硒还可增强巨噬细胞激活因子（macrophage activating factor，MAF）的反应性。硒对中性粒细胞的趋化、吞噬和杀灭均有不同程度的影响，硒缺乏会使淋巴细胞增殖减慢，并且通过降低吞噬细胞分泌白三烯 B 来削弱中性粒细胞趋化性。NK 细胞（natural killer cell，NKC）又叫自然杀伤细胞，是一种既非 T 细胞也非 B 细胞，既不需要预先抗原的刺激，也不需要抗体参与的杀伤性淋巴细胞。研究发现，硒—维生素 E 结合体能提高雏鸡的 NK 细胞活性，这种活性可能是通过增加淋巴细胞产生 IL_2 的能力来实现的。也有研究证明，日粮中添加适量的硒能持续显著地增强雏鸡 NK 细胞活力，完善雏鸡免疫功能。红细胞具有识别、黏附、杀伤抗原、清除免疫复合物的作用，而且参与免疫调控作用，是机体免疫系统的一个组成部分。红细胞中有丰富的 SOD，参与清除吞噬细胞产生的氧自由基，硒通过保护 SOD 酶的活性来增强机体的免疫功能。

硒对细胞免疫作用表现在增强淋巴细胞转化和迟发型 T 细胞依赖性变态反应。硒能增强机体特异性细胞免疫功能，促进淋巴细胞的增殖、分化，还能增强淋巴细胞吞噬和杀菌的活性。在禽类，缺硒可影响初级淋巴器官的发育，减少外周淋巴细胞的数量，改变淋巴细胞亚群 CD_4/CD_8 的平衡。有研究发现日粮中维生素 E 与硒水平可改变循环淋巴亚群比例，当硒和维生素 E 缺乏时，CD_4 增加。缺硒时，T、B 淋巴细胞增殖、分化及对有丝分裂原的刺激受抑制。补硒能促进 T 淋巴细胞分裂增殖，增强机体免疫功能。研究表明，雏鸡日粮水平达 5 mg/kg Se 时，外周血 CD_3^+ T 细胞、CD_3^+ CD_4^+ T 细胞和 CD_3^+ CD_8^+ T 细胞的百分比不同程度的降低，高硒组的 T 淋巴细胞增殖能力下降，血清 IL_2 含量降低，降低雏鸡的细胞免疫功能（彭西，2009）。也有研究表明低硒低锌或高硒高锌都可抑制肉鸡肠道 IgA 的形成，影响肠黏膜的免疫功能。

硒参与调节淋巴细胞亚群和淋巴因子的分泌，如 γ-干扰素。硒可增强 T 淋巴细胞的细胞毒作用，从而提高机体的细胞免疫功能。硒还能促进 T 细胞、B 细胞分泌细胞因子，并通过多种生物学效应调节机体免疫功能状态。另外，硒可能是 IL_2R 表达所需的元素，硒通过调节 IL_2R 表达来发挥作用。也有观点认为，硒主要通过淋巴细胞受到丝裂原或抗原刺激后 8～24 h 结合和调节特异的细胞浆蛋白及核苷酸而发挥作用。但也有相反观点认为，硒的免疫机制不是通过淋巴细胞对抗原（或丝裂原）刺激的反应生成免疫活性细胞，也不是通过调节 IL_2 的产量，而是通过其他未知的途径。总之，硒对细胞免疫的作用机制还需进一步研究。

硒能增强机体特异性体液免疫功能，刺激免疫球蛋白的形成，提高机体合成 IgM 抗体的能力，要想充分发挥机体免疫系统的功能，必须有一定水平的硒参与。低硒日粮使机体血清抗体浓度、免疫应答下降和抗病力显著降低。硒作为一种免疫增强剂，有利于增强机体的体液免疫功能。在畜禽疫苗免疫之前或疫苗免疫的同时应用适量硒制剂，可提高动物体原发性免疫反应。

四、铬

（一）铬的基本功能

铬的生理作用是组成葡萄糖耐受因子（GTF），参与对胰岛素的调节，并与其协同发挥生理功能，参与糖、脂类、蛋白质和核酸的代谢。

（二）铬对免疫的调节

补铬可提高动物抗应激的能力。各种应激均可促使肾上腺皮质激素释放，而糖皮质激素是一种能抑制淋巴细胞增殖，进而抑制生长和免疫系统功能的类固醇。同时，应激使体内锌、铜、锰、铁、铬等元素的额外损失加大，铬可通过降低糖皮质激素浓度，从而提高动物抗应激能力，以及避免锌、铜、锰、铁、铬等微量元素的额外损失。抗应激能力增强，免疫力也会随之增强。

一般认为，免疫球蛋白的生成受到一系列以微量元素为活性中心的酶的调节，最常见的是铜和锌。铬可能是另一个参与酶调节而增加免疫球蛋白合成的微量元素，或是影响铜和锌的代谢而间接参与免疫球蛋白的合成。摄入适量的铬可以防止皮质醇的免疫抑制反应，从而激发机体的免疫功能，促进动物生长。免疫调节是一个非常复杂的过程，对于补铬调节免疫能力的机理，尚有许多细节未研究清楚。研究表明，补铬可以促进动物免疫器官的发育，尤其是脾脏和腔上囊，还可以刺激细胞因子的分泌，促进细胞因子功能的发挥，而细胞因子既是机体免疫应答的效应因子，又是机体免疫系统内部以及免疫系统与其他系统细胞间进行信息传递的信号。此外，铬还能显著提高动物的 IgG、IgM 等抗体水平，增强动物免疫能力。韩爱云等（2010）发现，日粮补铬 800～1 200 $\mu g/kg$ 可显著降低热应激肉鸡血浆中的胰岛素水平，抑制淋巴细胞内钙离子和 IL_2 浓度的升高，提高淋巴细胞的转化率，从而缓解热应激对肉仔鸡细胞免疫功能造成的负面影响。

五、铁

铁为造血元素，是机体内许多酶的辅助因子，并有维持上皮屏障和铁结合酶非特异性结构等作用。铁和含铁蛋白生物学功能复杂，铁结合蛋白有抑菌效果，缺铁导致这些蛋白活性降低并使机体对微生物易感，严重影响到机体免疫力。缺铁时，淋巴细胞的亚群发生改变，干扰素活性及白介素数量降低。缺铁的鸡胸腺萎缩，脾脏和法氏囊重量显著降低，T 淋巴细胞数量减少。胸腺及脾脏的细胞内 ATP 堆积，抑制含铁的核糖核酸还原酶活性，使 DNA 合成减少，中性粒细胞的杀菌能力降低。缺铁引起的胸腺萎缩和细胞数减少，在补充铁后也很难恢复。缺铁可损伤淋巴细胞，抑制抗体产生，干扰溶菌酶活性，可导致机体的抗感染能力降低。研究结果还表明，铁与细胞因子关系密切。IL_1 和 TNF_α 能增加单核细胞和巨噬细胞对铁的摄入量，从而引起血铁过少症。铁也是免疫细胞增殖所必需的元素，但机体内铁过多有助于病原微生物的生长，增强其致病性。

六、碘

甲状腺组织之外的碘在免疫系统中起着重要作用，胸腺中高浓度的碘化物为碘在免疫系统中的作用提供了解剖学理论基础。机体的炎症反应部位能够表达脱碘酶3蛋白，局部炎症反应强烈诱导炎症细胞的脱碘酶3活性升高，提示局部 T_3 降解增强，以提供更多的碘化物。富含碘的提取物能够增强机体的抗氧化能力，提高动物免疫功能。有研究表明，碘缺乏时，蛋鸡外周血淋巴细胞增殖能力降低，并且在心脏、肝脏和甲状腺中，硒营养水平都能影响甲状腺激素代谢；硒碘营养对心脏组织中的甲状腺激素代谢存在互作效应（宋志刚，2005）。

七、锰

锰能刺激免疫器官的细胞增殖，提高具有吞噬、杀菌、抑癌作用的巨噬细胞的存活率。适量的锰可增强免疫力，为正常抗体产生的必要条件。缺锰日粮饲喂试验动物使抗体合成或分泌减少，添加锰后抗体生成有所增加。但锰缺乏或过多均可抑制抗体合成，缺锰也能引起家禽白细胞增殖，可使胸腺增生。高锰日粮（含量过高）对体液免疫和细胞免疫有不良影响，研究表明，毒性剂量的锰会削弱免疫功能、血浆锰水平和T细胞数量。

有关微量元素的工作，课题组主要观察了不同微量元素组合方式对蛋鸡和肉鸡免疫功能的影响。研究发现，考虑基础日粮铜、铁、锌、锰含量，按比例补充4种微量元素可以提高家禽生产性能及免疫力（Yang 等，2012）。

第四节　维生素与免疫

维生素是维持家禽良好营养状态和生产性能所必需的营养物质，是免疫反应中若干代谢功能的辅助因子，间接参与免疫细胞增殖分化和DNA、RNA以及抗体的合成。因而，缺乏维生素就会导致机体免疫力受损。脂溶性维生素多以直接参与黏膜上皮完整性的方式影响家禽机体免疫功能；水溶性维生素由于其存在形式（多以辅酶参与三大物质代谢）的特殊性，通过提高营养物质利用率而间接提高机体健康水平。

一、维生素A

（一）维生素A的基本功能

维生素A（Vit A）有3种衍生物，视黄醇、视黄醛、视黄酸。维生素A参与上皮组织和黏膜的形成和维护，保护上皮细胞的完整；促进黏多糖的合成，与骨骼的发育有关；视黄醛与视蛋白结合生成视紫红质，产生感觉，起视觉作用；还参与免疫功能和影响机体非抗原系统的免疫功能，如吞噬作用。此外，维生素A通过促进基因转录来调节机体的新陈代谢和胚胎发育，起类固醇激素作用，具有调节机体代谢的激素功能。

（二）维生素A对免疫的调节

维生素A是一种生长性维生素，它是上皮细胞的组成部分，因此对黏膜免疫有重要作用，能通过保持细胞膜的强度，使病原微生物不能穿透细胞，帮助机体抵抗传染，在维持机体免疫系统功能的正常性方面具有十分重要的作用。它可以保持呼吸道和胃肠道上皮细胞和腺细胞的正常分化，避免受感染。维生素 A 的缺乏会使消化道、呼吸道、生殖系统、泌尿系统、眼角膜及其周围软组织的上皮细胞组织都可能发生鳞状角质化，从而使气管、支气管中的黏膜减少，气管黏膜免疫功能下降，降低了气管对外来微生物的抵抗能力，从而增加疾病的发病几率；维生素 A 缺乏还能引起小肠内的有关酶和产生免疫球蛋白的细胞减少，大大增加消化道被感染的机会。

B 淋巴细胞的活化需要维生素 A 参与，维生素 A 及其代谢产物可促进 B 淋巴细胞发育，因此维生素 A 可直接作用于 B 细胞，增强机体可溶性或颗粒性抗原产生的体液免疫功能，还参与和促进抗体的合成，促进淋巴细胞转化，刺激白细胞介素和干扰素的分泌，诱导淋巴细胞增殖，促进吞噬细胞处理抗原和辅助性 T 细胞的成熟，增强机体的细胞免疫功能。维生素 A 对 B 细胞和 T 细胞的所有影响都以视黄酸核受体(retinoic acid receptors，RARs)为媒介而发挥作用，维生素 A 缺乏导致视黄酸和结合视黄酸的 DNA 结合蛋白在上周细胞蛋白、酶、载体和结构物质基因的表达发生改变，从而引起上皮组织细胞发生鳞状角质化的变化。

维生素 A 作为有效抗氧化和清除自由基的物质，对免疫细胞影响方式之一是通过影响红细胞的数量以及改变其功能进而影响免疫作用的发挥，维生素 A 缺乏导致血液中红细胞数量降低、贫血，影响脂质过氧化反应和抗氧化能力，但过量维生素 A 有可能使脂质过氧化作用加重，损伤红细胞膜的流动性，增加机体的氧化损伤，并且导致肠道碱性磷酸酶和视黄醇乙酰转移酶的活性下降，导致抗氧化功能下降，影响免疫效果，而且未被结合的视黄醇降解能够降低肠道皱襞高度，降低机体消化能力。随着日粮维生素 A 和维生素 E 的添加，肉鸡血清中的超氧化物歧化酶和谷胱甘肽过氧化物酶活性以及胸腺指数都明显升高，丙二醛的水平会逐渐下降(李彦等，2008)。庞建建(2010)研究表明日粮添加维生素 A 使蛋鸡和肉鸡的绵羊红细胞抗体滴度和新城疫抗体滴度明显升高，并且有剂量依赖效应，也提高了血清当中的白蛋白含量。

不同形式的维生素 A 对免疫功能的作用途径不同，视黄醇是通过 B 淋巴细胞介导增加免疫球蛋白的合成，视黄酸是通过 T 淋巴细胞介导或产生淋巴因子从而促进免疫球蛋白合成，胡萝卜素是通过增强脾细胞增殖反应和腹腔巨噬细胞产生细胞毒因子起到抑制肿瘤细胞转移和促进免疫功能的作用。

二、维生素 D

(一)维生素 D 的基本功能

维生素 D 属于固醇类衍生物，分麦角钙化醇(D_2)和胆钙化醇(D_3)两种活性形式，维生素 D_2 先体来自植物的麦角固醇，维生素 D_3 来自动物的 7-脱氢胆固醇，经紫外线转变成维生素 D_2、维生素 D_3，维生素 D 的主要功能是促进钙、磷的吸收，促进骨骼和牙齿的正常。此外，还参与多种细胞的生长和分化，具有免疫调节作用。

(二)维生素 D 对免疫的调节

维生素 D 是一种新的神经内分泌—免疫调节因子，1，25-$(OH)_2$ 维生素 D_3 是维生素 D_3 的活性形式，其生物效应是由 1，25-$(OH)_2$ 维生素 D_3 受体(维生素 DR)介导。VDR 属于核受体超家族，免疫系统的大多数细胞类型中都有 VDR 存在，单核细胞、激活的淋巴细胞等免疫细胞均有 VDR 的表达。因此，维生素 D_3 对细胞免疫具有重要的调节作用，主要表现为对单核/巨噬细胞、T 淋巴细胞、B 淋巴细胞，以及胸腺细胞增殖分化的影响和这些细胞功能的影响等。

在单核/巨噬细胞系统中，1，25-$(OH)_2$ 维生素 D_3 不仅可使正常外周血单核细胞向巨噬细胞分化，而且可以加强单核/巨噬细胞的免疫功能。促进单核/巨噬细胞或调节被激活的 T 细胞产生白细胞介素（IL_1、IL_2、IL_3、IL_6）和肿瘤坏死因子（TNF_α、TNF_γ）。另外，巨噬细胞本身还具有合成 1,25-$(OH)_2$ 维生素 D_3 的能力。维生素 D_3 能抑制原核细胞增殖而间接刺激单核细胞增殖，促使单核细胞向具有吞噬作用的巨噬细胞转化，然后将加工处理的病原体传递给辅助 T 淋巴细胞，增强 IFN_γ 合成，IFN_γ 又刺激巨噬细胞产生 1-α-羟化酶，生成 1,25-$(OH)_2$ 维生素 D_3。

1，25-$(OH)_2$ 维生素 D_3 还能抑制 CD_4 的表达，1，25-$(OH)_2$ 维生素 D_3 缺乏，外周血 T 淋巴细胞总数及 T 辅助细胞百分比明显下降，由于 T 辅助细胞减少而导致 CD_4/CD_8 比值下降。已知 T 辅助细胞主要功能是分泌细胞因子，诱导和增强 T、B 细胞及巨噬细胞的免疫应答，其数量的减少直接导致细胞免疫功能降低，亦使 B 细胞分化和成熟障碍，导致低免疫球蛋白血症。CD_4^+ Th 细胞激活后分化为功能不同的 Th_1 和 Th_2 效应细胞，Th_1 细胞分泌 IL_2、IFN_γ、TNF_β 等，介导细胞免疫应答、迟发型超敏反应和器官特异自身免疫性疾病，在宿主抗胞内病原体感染中起重要作用，Th_2 细胞产生 IL_4、IL_5、IL_6、IL_9、IL_{10}、IL_{13} 等细胞因子，介导体液免疫应答、过敏性和感染性疾病。1,25-$(OH)_2$ 维生素 D_3 抑制 IFN_γ、TNF_α 产生及促进 IL_4、IL_{10} 产生，并且对白细胞介素（IL）系统、干扰素（INF）、粒—巨噬细胞集落刺激因子（CM-CSF）、T 细胞生长因子的活性及其他细胞因子的生长均有抑制作用。试验表明，日粮维生素 D_3 的添加上调了十二指肠、法氏囊和盲肠中 IL_2 的表达量，也上调了鸡胸腺、回肠、盲肠和法氏囊中 IL_{18} 的相对表达量（李思明等，2014）。廖波（2011）研究表明，饲粮添加 2 200 IU/kg 的 25-OH-D_3 促进断奶仔猪肠道黏膜 T 细胞分化成熟，提高辅助 T 细胞介导的免疫反应、抑制细胞毒性 T 细胞参与的免疫应答，抑制 Thl 型辅助细胞参与的促炎症反应、促进 Th2 型辅助细胞参与的抗炎症反应，提高断奶仔猪抵抗肠道疾病的能力；880～2 200 IU/kg 的 25-OH-D_3 可明显提高遭受强应激仔猪的生产性能。

维生素 D_3 发挥作用的分子机制有两个：①与核受体（nuclear vitamin D receptor，nVDR）结合，作为配体依赖性转录因子发挥作用；②与细胞膜上的 VDR（membrane vitamin D receptor，mVDR）结合，通过靶细胞中的非基因组信号转导途径而发挥作用。

三、维生素 E

（一）维生素 E 的基本功能

维生素 E 是一种家禽必需的具有多种生理功能的脂溶性物质。维生素 E 可通过垂体前叶促进家禽分泌促性腺激素，调节性机能。维生素 E 能促进精子的生成与活动，增加尿中酮类固醇化合物的排泄；能增强卵巢机能，使卵泡增加黄体细胞。维生素 E 对肉质有显著改善作用。能够显著降低脂类过氧化反应，延长肉色的保存时间，减少滴水损失。维生素 E 的基本生物学作用是作为一种有效的脂溶性抗氧化剂，抑制细胞膜、亚细胞器和红细胞内多种不饱和脂肪的氧化。此外，维生素 E 还参与体内重要的细胞免疫和体液免疫反应的调节，通过促进和调理免疫细胞的功能来改善动物体的免疫力。

（二）维生素 E 对免疫的调节

维生素 E 是体内自由基的清除剂，有抗氧化和细胞保护作用。维生素 E 可以削弱吞噬细胞中超氧阴离子和过氧化氢的活性，延长细胞的生命；可以与膜磷脂中的多聚不饱和脂肪酸或膜蛋白产生的过氧化物自由基反应，产生稳定的脂质氢过氧化物，保护细胞膜免受脂质过氧化的危害，稳定机体具有高度活性的自由基，从而稳定细胞的结构和功能的完整性，防止细胞完整性受损。维生素 E 能抵抗花生四烯酸的过氧化作用，改变其代谢途径，这是免疫反应增加而免疫细胞和组织功能完整的一个重要的原因。维生素 E 缺乏时，嗜中性粒细胞膜中的脂质过氧化物增多，细胞在释放出过多的过氧化氢后，寿命减短，中性粒细胞的功能受损，淋巴细胞中有丝分裂反应减慢，血液中 T 辅助细胞数量减少，抑制性 T 细胞增多，免疫功能下降。

细胞免疫主要由 T 细胞介导。研究表明，维生素 E 能提高外周血 T 淋巴细胞数目，促进 T 淋巴细胞的成熟与分化，在免疫调节中起关键作用。维生素 E 可能通过 3 种途径促进 ConA 诱导的淋巴细胞增殖作用：①维生素 E 可以直接刺激对 ConA 反应特异的 T 细胞；②通过 ConA 激活淋巴细胞和提高巨噬细胞功能来增强淋巴细胞增殖反应；③维生素 E 直接作用于巨噬细胞，降低 PGE_2 产生。

维生素 E 可提高鸡的体液免疫，激活 B 淋巴细胞的抗原增殖，参与从 IgM 到 IgG 抗体合成的转化。维生素 E 缺乏将阻碍法氏囊发育，如果同时缺乏微量元素硒，则阻碍胸腺发育，导致上皮细胞逐渐退化和淋巴细胞耗竭为特征的法氏囊严重病变和胸腺轻度的组织病理学变化；维生素 E 缺乏时，还会使黏膜生长受损，黏膜和胸腺中淋巴细胞数目减少，而且还会影响 T 细胞的分化成熟。饲料中维生素 E 的添加显著提高了鹅的胸腺指数、法氏囊指数以及新城疫抗体滴度，也提高了外周血淋巴细胞的转化率（王宝维等，2013）。

维生素 E 在生物膜上的特殊定位使其可以非常高效地清除脂类过氧化物自由基。维生素 E 与生物膜高度疏水的烃基部分紧密结合，一方面，能够捕获自由基，终止链式反应；另一方面，能捕获和收集其他的脂溶性（如辅酶 Q）和水溶性（如维生素 C 和谷胱甘肽）还原物质。维生素 E 之所以能够发挥抗氧化活性，还因为维生素 E 自由基可以被生物体内的其他还原性分子物质还原为原始活性形式，这些还原性物质主要包括维生素 C、谷胱甘肽、NADPH 和辅酶 Q 等。

维生素 C 和维生素 E 分别作为机体内水溶性和脂溶性抗氧化剂，常协同产生抗氧化作用，共同保护脂肪、蛋白质和生物膜不被氧化破坏，从而维持细胞结构和功能完整性。但机理不完全相同，维生素 C 是水溶性维生素，是细胞外的抗氧化剂，在体液中发挥作用，其主要作用是净化和消除水相中的氧自由基和各种氧化产物，保护生物膜免遭脂质过氧化的破坏；而维生素 E 则在膜相中起作用，它是固定在膜上与不饱和脂肪酸竞争的自由基，提供电子从而降低脂质过氧化速度，保护膜的正常结构。当维生素 C、维生素 E 联用时，抗氧化作用增强，呈现协同效应。维生素 C 可以还原被氧化的维生素 E，恢复维生素 E 清除自由基的活性，生成的抗坏血酸盐自由基能被酶系统用 NADH 或 NADPH 通过歧化作用和还原作用清除掉，而维生素 E 的存在也能防止维生素 C 的氧化，保证在体内的生理功能，如维生素 E 能直接接受自由基的氧化，从而预防和消除 Fe^{2+} 和 Cu^{2+} 所引起的维生素

C的不良反应。这种协同作用可以提高其对细胞保护作用的效率,然而其剂量如何掌握至今尚未定论。

维生素E的作用机制至今尚不明确,但可以从以下几方面考虑。首先,维生素E通过清除自由基来抑制脂质过氧化反应。缺乏维生素E的膜脂质过氧化反应可引起膜流动性改变,从而影响淋巴细胞膜上受体分布,改变淋巴细胞对靶细胞或抗原的识别与结合。其次,维生素E可能作为免疫系统普遍的刺激剂,通过有选择性地影响某些调节细胞簇,从而提高免疫反应。另外,维生素E可固定于双层膜碳氢化合物部位,作为细胞膜脂质的一部分发挥抗氧化作用,并且通过提高辅助T细胞增殖来刺激B细胞反应。

四、维生素C

(一)维生素C的基本功能

生物学上有两个重要的维生素C简化形式:抗坏血酸和氧化形式,脱氢抗坏血酸形式。维生素C具有多方面的生理功能,参与许多复杂的生化过程。维生素C对维持正常的结缔组织和伤口愈合有重要的作用,可促进有机质骨胶原存在时的骨骼重塑。许多代谢反应需要维生素C作为辅助因子。维生素C的生物学用途还包括在甲状腺激素合成时的作用,氨基酸代谢和对铁离子吸收的协助作用。维生素C对免疫功能有重要影响,在增强抵抗力方面发挥重要作用。维生素C是细胞外液中最重要的抗氧化剂,通过降低过氧化自由基在水相中的过氧化,保护生物膜免受过氧化的破坏。另外,维生素C能阻止脱氧核糖核酸转化,可能对某些类型的癌症和其他疾病的治疗有临床价值。

(二)维生素C对免疫的调节

免疫效应细胞能够储存维生素C,尤其是吞噬细胞和T细胞。许多研究表明,维生素C对淋巴细胞的增殖和分化有明显的促进作用(Strohle等,2009),从而提高机体对外来或恶变细胞的识别和吞噬,提高免疫细胞的吞噬作用。维生素C具有抗氧化作用,保护淋巴细胞膜避免脂质过氧化,以维持免疫系统完整性。嗜中性粒细胞起作用时也需要维生素C,为维持胸腺网状细胞的功能所必需。缺乏时可妨碍嗜中性白细胞的趋化性和运动性。此外,维生素C还能增加干扰素的合成,限制肾上腺类固醇激素的过多生成,从而促进免疫。

研究表明,维生素C缺乏会抑制细胞免疫反应和杀伤力,使仔鸡胸腺、法氏囊严重萎缩,脾脏轻度萎缩,饲料中添加维生素C能促进淋巴细胞转移,减轻因血液中皮质酮水平升高对饥饿和笼养造成的应激,保持巨噬细胞/淋巴细胞数量的恒定,促进干扰素合成,提高接种新城疫疫苗抗体效价,提高鸡对传染性支气管炎、马立克氏病的抵抗力。另外,维生素C还抑制胃内N-亚硝基化合物形成增强机体对肿瘤监视并减少癌症发生;阻止致癌亚硝酸胺形成从而保护家禽。李世召等(2013)试验研究表明种蛋中注射3 mg维生素C可提高孵化率、肉鸡初生重和平均日采食量;注射15 mg维生素C能在一定程度上提高肉鸡的抗氧化性能。

维生素C在一定范围内对体液免疫有促进作用,但过量或不足都将起抑制作用。对不同的体液免疫,其最佳免疫功能的维生素C需要量不同,添加维生素C可提高机体抗体效价,增强免疫力,同时也会促进脾脏、胸腺、法氏囊等免疫器官的发育,从而通过体液免疫和细胞免疫两种途径增强机体抵抗力。近年来,人们发现添加某些成分对机体免疫功能的调节有剂量依赖性,表现为小剂量(或低浓度)促进机体免疫功能,大剂量(高浓度)抑制机体免疫功能。

维生素 C 对机体免疫的影响可能通过 4 条途径:第一,维生素 C 影响免疫细胞吞噬作用。嗜异细胞和巨噬细胞中均含有大量维生素 C,维生素 C 缺乏降低这些细胞吞噬能力。在吞噬过程中,细胞内维生素 C 含量进一步降低,补充维生素 C 可确保吞噬细胞继续移动和抗击疾病。在应激状态下,机体免疫机能降低,补充维生素 C 明显改善特异应激原导致的免疫应激作用。第二,维生素 C 作为一种抗氧化剂(自由基清除剂)发挥免疫调节作用。自由基破坏细胞膜,维生素 C 保护淋巴细胞膜避免发生脂质过氧化,维持免疫系统完整性。第三,维生素 C 限制肾上腺素类固醇过多生成从而促进免疫,因为类固醇抑制免疫反应。第四,维生素 C 增加机体干扰素合成提高机体免疫机能。

五、维生素 K

维生素 K,又叫凝血维生素和抗出血维生素。因为维生素 K 为谷氨酰残基的羟化作用所必需,而凝血系统中的凝血酶原含有羟基谷氨酸,因此维生素 K 与血凝有关。目前家禽养殖,食用大量抗生素和磺胺类药物后抑制家禽肠道微生物生长,减少了微生物对维生素 K 的合成,并且一些球虫病使家禽采食量下降,本身摄入的维生素 K 也减少,球虫破坏肠道组织导致维生素 K 吸收受阻,另外球虫疾病易使家禽肠道出血,需要正常的凝血机制来维持健康,因此维生素 K 通过间接作用可提高家禽对肠道球虫疾病的抵抗力。

六、叶酸

叶酸在机体内的主要辅酶形式是四氢叶酸,在一碳单位的转移中是必不可少的,通过一碳单位的转移而参与嘌呤、嘧啶和胆碱的合成,影响细胞的分裂增殖,所以叶酸对免疫器官和免疫细胞的增殖起重要作用。试验证明,叶酸的严重缺乏会迅速降低胸腺重量和胸腺细胞数量,总淋巴细胞数量以及抑制性 T 细胞比例和数量也降低,辅助性 T 细胞数量比例大受影响,脾脏 T 淋巴细胞比例略有降低并且功能发生变化,总淋巴细胞数量也有下降。叶酸中度缺乏,会改变脾淋巴细胞对 Y 细胞丝裂原的反应性。支丽慧等(2013)试验表明,孵化期 11 胚龄注射 45 μg 叶酸显著降低了 28 日龄肉仔鸡血液中 CD_8 比例,提高了 1 日龄血浆球蛋白含量,说明注射叶酸在一定程度上可影响 T 淋巴细胞亚群,从而对肉仔鸡的免疫力产生作用,最终影响肉仔鸡的生产性能。

七、核黄素

核黄素在体内以辅酶黄素腺嘌呤单核苷酸(FMN)和黄素腺嘌呤二核苷酸(FAD)形式参与氧化还原反应,经电子呼吸链可递氢产生能量 ATP。黄素酶为脂肪酸氧化所必需,核黄素缺乏会肝线粒体脂酰 CoA 脱氢酶活性降低。谷胱苷肽还原酶也是 FAD 依赖酶,核黄素缺乏会使其活性降低,还原性谷胱甘肽生成减少,抗氧化系统功能丧失,使生物膜中不饱和脂肪酸氧化,从而影响生物膜完整性,进而影响细胞功能。核黄素还参与维生素 C 的生物合成,因此在家禽免疫调控中具有重要作用。

第五节　脂肪酸与免疫

三酰甘油是组成动物日粮油脂最主要的一种形式，约占日粮油脂95%。每个三酰甘油分子由3个酯化为丙三醇（甘油）骨架结构的脂肪酸所组成，因此，脂肪酸是构成日粮油脂的主要组成部分。脂肪酸是由长烃链和羧基组成的羧酸，脂肪酸的性质由其链的长短和双键的多少决定。近年的研究表明，脂肪酸，特别是长链多不饱和脂肪酸（PUFAs）是调节众多细胞功能、炎症反应及免疫力所不可或缺的调控因子。多不饱和脂肪酸（PUFA）是一类含有2个或2个以上的双键，且碳原子数为16～22的直链脂肪酸。其中起作用的是*n*-3和*n*-6 PUFA。亚油酸（LA）和α-亚麻酸（α-LNA）分别是*n*-6和*n*-3系列脂肪酸的母体，是动物必需脂肪酸，它们在体内经过一系列碳链延长和脱饱和作用衍生成其他的多不饱和脂肪酸。

一、脂肪酸对体液免疫的影响

n-3PUFA可以调节体液免疫，日粮添加*n*-3PUFA可避免以下免疫功能受损的发生：①中性粒细胞杀菌功能受抑制；②调理吞噬作用受损，巨噬细胞功能改变；③血液循环系统IgG、IgA、IgM水平下降，T细胞丝裂原反应及淋巴因子介导的反应减弱以及抗原递呈能力受损等。这样可增加机体抗应激和抗感染能力。

研究证实，饲以高油脂日粮能减弱自然杀伤细胞活性和先天性免疫应答反应，其具体效应则取决于油脂水平及其来源。当减少油脂摄入量能显著增加自然杀伤细胞的活性。日粮添加鱼油和玉米油能显著降低肉仔鸡因感染柔嫩艾美耳球虫的死亡率，提高肉仔鸡肠腔柔嫩艾美耳球虫特异性sIgA抗体的含量（杨小军，2006）；PGE_2能诱导胸腺细胞分化为成熟T细胞，并抑制T细胞增殖、IL_2生成和NK细胞活性，鱼油在脂肪酸代谢途径上竞争性颉颃环氧合酶而抑制PGE_2炎性介质合成，在转录水平下调免疫应激肉仔鸡脾脏$NF_{\kappa B}^-$的表达，从而发挥缓解肉仔鸡免疫应激的作用，并且鱼油通过降低前炎性细胞因子IL_6和TNF_α的释放，抑制LPS刺激导致的血液淋巴细胞转化率增强和CD_4^+/CD_8^+ T淋巴细胞比值升高，也通过降低肉仔鸡肠道黏膜脑肠肽降钙素基因相关cGRP水平来提高CD_3^+、CD_4^+双阳性T细胞数量，促使T淋巴细胞向辅助型T淋巴细胞的转化，而玉米油在某些方面往往发挥与鱼油相反的功效，增加了cGRP相对表达，提高了肠黏膜cAMP的浓度和腺苷酸环化酶的生物学活性，使细胞毒性T淋巴细胞的比例提高，从而提高了肠道的先天性免疫。

动物试验表明，环磷酰胺通过与DNA双链交叉连接破坏DNA，破坏免疫活性细胞，对体液免疫、细胞免疫和非特异性免疫也有很强的免疫抑制作用，CLA的添加显著提高环磷酰胺免疫，抑制肉仔鸡巨噬细胞培养液中的溶菌酶含量，减缓环磷酰胺对巨噬细胞的损伤和免疫抑制作用，维持巨噬细胞NO和IL_1的正常分泌，使巨噬细胞发挥正常的免疫功能（贺喜，2007）。

王益兵（2011）成功构建了肉仔鸡肠道B淋巴细胞体外免疫应激模型，试验证明体外添加EPA与DHA比例为2∶1，浓度为20 μg/mL时，EPA与DHA通过抑制肉仔鸡肠道B淋巴细胞体外增殖，进而抑制IgA分泌和CD_5、CD_{79a}的表达，同时改变B淋巴细胞膜脂肪酸组成，进而降低细胞内 Ca^{2+} 浓度，抑制类二十烷酸 PGE_2 表达，下调磷酸肌醇信号通路中 PLC 和 IP_3 表达，改变第二信使信号通路 cAMP、cGMP 表达等作用途径共同实现最佳的免疫调节作用。

二、脂肪酸对细胞免疫的影响

特异性细胞免疫的主要效应细胞是 T 细胞。日粮中的脂肪成分和含量通过改变细胞膜脂质成分直接影响免疫细胞膜上受体和分子的表达，最终影响其免疫功能。尤其是日粮中 PUFA 的变化可直接影响细胞膜磷脂组成，并间接影响免疫细胞的功能。细胞膜中的 n-3 PUFA 和 n-6 PUFA 的比例是影响细胞免疫机能的关键。一般来说，当膜磷脂中 n-6 PUFA 的比例升高时，通过增加花生四烯酸合成，提高细胞内前列腺素浓度，可导致机体免疫细胞功能的抑制，即 IL_2 生成减少和抑制淋巴细胞对丝裂原的增殖反应，并使 T 细胞和 NK 细胞的功能低下。而 n-3 PUFA 具有改变补体和免疫细胞的功能，但过量的 n-3 PUFA 通过抑制抗原递呈细胞发挥抗原递呈作用而抑制细胞免疫。

脂多糖的刺激影响了脾细胞的脂肪酸组成，增加了脾细胞膜的流动性，环氧合酶能催化花生四烯酸转化成 PGE_2，扰乱了细胞内游离的 AA 的水平，从而影响了细胞的功能，鱼油减缓了经脂多糖刺激后鸡脾脏内 PLC 活性的增加和三磷酸肌醇 IP_3 含量的增加，也能降低环氧合酶的活性，在一定程度上维持细胞正常脂肪酸组成，但并没有通过改变细胞膜的流动性这条途径来调节其免疫功能。多不饱和脂肪酸可通过改变肠道微生物的细胞膜结构而影响其对肠道的黏附功能，从而改变了肠道微生物区系，对肠道黏膜免疫有一定的影响（Yang 等，2011；Wang 等，2011）

三、脂肪酸参与免疫调节的机制

（一）膜结构及组成的改变

免疫细胞的激活能增加膜磷脂的合成及其周转速度。因此，相关的必需脂肪酸在免疫应答过程（特别是在细胞增殖和噬菌作用）中将被用于合成新的膜结构，免疫器官组织细胞膜中脂酰链中的不饱和双键数和膜磷脂（如磷脂酰胆碱、磷脂酰肌醇、磷脂酰乙醇胺和磷脂酰丝氨酸）的组成可受机体摄入脂肪酸的影响，尤其是 PUFA 对维持细胞膜结构和功能有重要作用。日粮脂类能影响淋巴细胞释放脂肪酸的组成，从而影响细胞膜中的脂肪酸组成比例。生物膜脂质脂肪酸组成的变化会导致膜流动性、膜上酶和受体功能的改变，也会影响类二十烷酸物质和细胞因子的生成、细胞信号的转导等，导致免疫细胞功能的改变。n-3 PUFA 能取代磷脂 2 位上的花生四烯酸，随膳食中 n-6 PUFA/n-3 PUFA 比值的降低，外周血清、淋巴细胞及单核细胞膜上花生四烯酸减少而 EPA、DHA 组成比例升高，免疫细胞膜上抗原、抗体和受体表达数量下降，同时伴随淋巴细胞增殖、NK 细胞活性及细胞介导的免疫抑制的改变。但是多不饱和脂肪酸也会使膜磷脂不饱和程度增加，脂质过氧化作用增强，从而影响免疫细胞膜的结构，导致免疫功能受到抑制。

（二）细胞膜功能和信号转导通路的改变

免疫细胞信号转导就是免疫细胞感受外界环境因子和胞间通讯信号分子作用于细胞表面或胞内受体，跨膜转换形成胞内第二信使，继而经过其下游信号途径级联传递，诱导免疫效应分子基因表达，引起免疫细胞增殖、分化和发育以及发挥功能的过程。淋巴细胞的细胞膜是双层的类脂结构，EPA 与 DHA 的改变必将引起细胞膜结构的变化，从而影响其功能。免疫细胞膜表面的抗原、抗体数量及分布、淋巴因子和抗体分泌等免疫功能均依赖于细胞膜。

脂质筏（lipid raft，LR）富含糖脂、鞘磷脂和胆固醇，是细胞膜脂质双层内的功能性物质聚集的区域，如 T 细胞受体、B 细胞抗原受体等（Calder 等，2007）。LR 的改变会影响淋巴细胞的信号转导，脂肪酸通过改变 LR 脂质环境，使胞内相连的蛋白质发生变化，从而使这些跨膜受体介导的信号转导途径改变，影响下游靶基因的表达。并且有些跨膜受体蛋白介导的信号转导和基因表达也需要脂肪酸的酰化，例如 G 蛋白家族。

脂类的中间代谢产物或游离脂肪酸也可以直接作为信号分子，包括磷脂酰肌醇三磷酸、神经酰胺（CM）、二酯酰甘油（DAG）和 PGE_2。IP_3 可以激活蛋白激酶 B（PKB），PKB 可以抑制糖原合成激酶-3 活性和细胞凋亡反应。也有研究发现，CM 可以激活转录因子 $NF_{\kappa B}$，从而激活免疫细胞内细胞因子的转录。DAG 是细胞膜功能的重要调控分子，维持膜脂质双层结构、信号转导及膜结合酶活性，DAG 可以激活 PKC，继而激活丝裂原活化蛋白激酶；PKC 活化可使与 $NF_{\kappa B}$ 结合的 $I_{\kappa B}$ 磷酸化而脱落，活化的 $NF_{\kappa B}$ 进入细胞核，启动细胞因子和抗体的表达。试验研究表明，食用鱼油抑制鸡脾脏淋巴细胞 COX_2 的活性，降低炎性介质 PGE_2 的产生，下调 PLC 活性和信号分子 IP_3 的水平，减少 $NF_{\kappa B}$ 表达，缓解鸡的免疫应激（Yang 等，2006）。

（三）类二十烷酸合成的改变

类二十烷酸是介导炎症反应和免疫功能的关键物质，包括前列腺素类、白三烯 、血栓素、脂毒素、氢过氧化二十碳四烯酸和羟基二十碳四烯酸，它们主要是 LA 和 AA、LNA 和 EPA 通过环加氧酶（COX）和脂氧合酶（LOX）途径获得的氧化产物。

类二十烷酸（尤其是 PGE_2 和 4 种 LT）能调节炎症反应期和免疫应答期的强度和持续时间。PGE_2 还能抑制淋巴细胞增殖和 NK 细胞的活性，抑制 TNF_α、IL_1、IL_6、IL_2 和 IFN_γ 的生成。因此，PGE_2 具有免疫抑制和抗炎症作用。PGE_2 不影响 2 型 T 辅助细胞（Th_2）生成细胞因子 IL_4 和 IL_{10}，但能促进 B 淋巴细胞生成免疫球蛋白 E（IgE）。LTB_4 能增加血管通透性和局部血流量，是白细胞的一种化性剂，够促使溶酶体酶的释放，促进活性氧簇的生成，最终抑制淋巴细胞增殖和增强自然杀伤细胞的活性。同时，15-HETE 也能抑制淋巴细胞增殖，5-HETE 则起抑制作用。因此，花生四烯酸能促使生成一系列颉颃性调节因子，进而通过调节其生成时间和对靶细胞的敏感性使整体生理效应达到平衡。

n-3 PUFA 和 CLA 能抑制类二十烷酸的合成。*n*-3 PUFA 与 LA 竞争性利用一些酶类，从而影响 LA 向 AA 的转化，导致类二十烷酸生成量减少。有研究表明给蛋鸡饲喂鱼油会提高 PGE_2 的生成量，但 *n*-3 PUFA 降低了它上升的幅度（Guo 等，2004）；日粮中添加 CLA 可降低免疫应激肉仔鸡脾脏 COX_2 和 iNOS 的活性，减少 PGE_2 生成（Zhang 和 Guo，2006）。

（四）对基因表达的影响

PUFA 可通过调节转录因子活性来改变基因表达从而调节免疫功能，通过直接参与核受体途径来完成或者通过参与细胞膜、细胞质的信号转导途径来改变转录因子的激活状态。

$NF_{\kappa B}$是一类核转录因子，是能与免疫球蛋白基因的增强子序列特异结合的蛋白质因子，在免疫系统识别抗原、传递信息，以及细胞存活、分化和增殖等基因事件中发挥重要作用，研究表明日粮鱼油能影响 $NF_{\kappa B}^{-}$的活性，进而下调炎性介质的生成。PUFA 也能调节细胞因子、黏附分子、环氧化酶（COX）、一氧化氮合成酶和其他炎症性蛋白的基因表达（Yang 等，2011）。

PPAR 属于核受体家族，是调控基因转录和细胞功能的一个重要成分，主要包括 $PPAR_{\alpha}$、$PPAR_{\beta}$和 $PPAR_{\gamma}$3 个亚型，在调节细胞增殖和炎症反应均有重要作用。$PPAR_{\gamma}$主要在脂肪细胞及免疫系统如脾脏细胞、激活的 T 细胞及 B 细胞和单核细胞中表达。PPAR 被其配体结合激活后发生构型改变，然后配体-PPAR 复合体与其他转录因子形成异二聚体复合物，其再与 DNA 上的 PPAR 反应元件结合，从而启动各种基因的转录。$PPAR_{\gamma}$的很多天然配体就是多不饱和脂肪酸，例如亚油酸、油酸和花生四烯酸等。PPAR 也能结合各种多不饱和脂肪酸，其结合产物参与淋巴细胞的激活和巨噬细胞的分化，从而调节免疫功能。

（五）对免疫系统发育的影响

免疫器官的生长发育是免疫作用的基础，当禽发育成熟后其胸腺和法氏囊将萎缩，禽类的免疫应答更多依赖于脾脏周围淋巴结。有研究表明增加不饱和脂肪酸的日含量，明显加速肉鸡胸腺、脾和法氏囊的生长。

胃肠道是家禽体内最大的免疫组织，并是机体应激时的中心免疫器官之一。当肠黏膜屏障出现障碍时，将发生毒素、细菌移位，并产生一系列炎性应答反应。*n*-3 PUFA 与其他免疫增强物质如精氨酸、核苷酸、短链脂肪酸等组合，可增强肠道黏膜结构和功能，并有效地防止了可能发生的肠道细菌移位。

第六节　多糖与免疫

多糖（polysaccharide）是由多个（10 个以上到上万个）单糖分子或单糖衍生物缩合、失水、通过糖苷键连接而成的极性大分子化合物，广泛存在于动物细胞膜、植物和微生物细胞壁中，具有许多重要的生物活性，如参与细胞骨架的构成，也是多种内源性生物活性分子的组成成分。近年来，很多科学家在黄芪多糖、香菇多糖、枸杞多糖中进行了深入研究，普遍认为多糖一般都具有增强非特异性免疫的功能，主要表现在对巨噬细胞、T 细胞、B 细胞、NK 细胞和树状突细胞等都有明显的刺激作用，并且多糖的化学修饰（硫酸化、磷酸化、乙酰化和硒化等）也可以改变其结构和生物学活性。

一、多糖的免疫调节作用

（一）影响免疫器官的发育

家禽免疫器官主要由中枢免疫器官骨髓、胸腺、法氏囊和外周免疫器官脾脏、淋巴组织等组成，它们的发育状况直接影响机体免疫力的高低。胸腺为一级免疫器官，对 T 淋巴细胞的成熟至关重要，主要介导细胞免疫；脾脏为二级免疫器官，主要参与体液免疫，是抗体生成器官。多糖对动物免疫器官的发育具有很大影响作用（王筱霏，2014）。

（二）调节细胞因子分泌

细胞因子是免疫系统重要的信息分子，在免疫调节中充当着十分重要的角色。研究表明，多糖能在体内或体外通过提高细胞因子的分泌、提高细胞因子的基因表达、增强细胞因子的作用而发挥免疫调节功能。Wang 等（2014）在经 LPS 刺激的肉鸡中分别注射黄芪多糖和硫酸化的黄芪多糖（SAPS），结果表明，SAPS 试验组显著降低肉仔鸡空肠黏膜 TNF_{α} 的表达，注射高浓度的 APS 和 SAPS 都能够显著提高 ZO-2 和 occludin 的表达，注射低浓度的 SAPS 可显著降低 TLR_4 的表达，从而得到硫酸化的黄芪多糖比黄芪多糖的抗炎效果更明显的结论。黄芪多糖能有效缓解由环磷酰胺引起的 IFN_{γ} 和 IL_2 的下降，逆转免疫抑制。当归多糖能显著促进巨噬细胞、混合淋巴细胞的增殖反应，剂量依赖性地增加细胞上清液中 IL_2 和 IFN_{γ} 的浓度。灵芝多糖在转录水平上剂量依赖性诱发巨噬细胞 $IL_{1\alpha}$ 和 TNF_{α} mRNA 的表达，并增强培养上清中 $IL_{1\alpha}$ 和 TNF_{α} 的活性；灵芝多糖可增强人血细胞中 TNF_{α} 和 IL_6 的产生和 IFN_{γ} 产量，关于其作用机制认为是通过激活 $NF_{\kappa B}$ 信号通路来发挥免疫调节作用。另外，多糖还与细胞因子有协同作用。真菌多糖和 IFN_{γ} 合用能显著促进巨噬细胞的 NO、IL_1、IL_6 和 TNF_{α} 分泌，而单独使用效果不明显，表明葡聚糖和 IFN_{γ} 具有协同作用。

（三）影响抗体生成

由于多糖免疫调节作用的广谱性，不仅可作为佐剂使用，而且也可以用来构建疫苗。多糖可以促进抗体的产生或作为疫苗佐剂以促进抗体的产生，提高机体体液免疫水平。玉米花粉多糖能增强鸡新城疫疫苗的免疫应答，促进鸡新城疫抗体提前产生并维持较高滴度。从芦荟中提取的乙酰甘露糖，与马立克疫苗合用，比仅接种疫苗提前 3 d 产生免疫力。黄芪多糖可以显著增加肉鸡 ND 抗体滴度和淋巴细胞增殖，改变 CD_3、CD_4 和 CD_8 的 T 细胞比例，增强正常免疫程序下肉鸡的免疫效果。此外，多糖本身也可作为一种抗原，刺激机体产生相应的抗体，但作用较弱。植物多糖作为一种生物大分子物质具有免疫原性，能刺激动物体内产生多糖抗体，上调机体免疫功能。

（四）激活补体系统

补体是血液中一组具有酶原活性的蛋白质系列，是机体重要的免疫系统，有补充抗体作用的能力，能协同抗体杀死病原微生物或协助、配合吞噬细胞杀灭病原微生物。研究表明，许多生物活性多糖具有激活补体系统的作用。酵母聚糖通过与补体因子结合由旁路途径激活补体系统，促进吞噬细胞的吞噬活性，或通过补体系统形成的膜攻击单位完成细胞溶解作用。另有报道，多糖可明显升高血清补体 C_3、C_5 的含量，能激活补体的替代途径。脂多糖还会启动补体系统及活化 T 细胞，引起个体免疫系统的过度活化。

（五）调节免疫细胞活性与功能

1. B 和 T 淋巴细胞

多糖可通过影响 T 细胞亚群数量和比例、T 淋巴细胞和 B 淋巴细胞增殖、调节淋巴细胞活性和分泌功能等途径发挥免疫调节作用。试验表明，芦荟多糖能显著提高正常小鼠脾脏 T、B 淋巴细胞的增殖能力。当归多糖能显著促进脾淋巴细胞的增殖，促进巨噬细胞、混合淋巴细胞的增殖反应。枸杞多糖可通过增加 CD_4、CD_8 细胞的数量并提高 CD_4 和 CD_8 细胞数量的百分比来缓解机体的免疫抑制状态、增强机体的抗肿瘤免疫功能。β-葡聚糖可显著提高肉鸡和蛋鸡外周血淋巴细胞增殖活性。女贞子多糖、淫羊藿多糖、黄芪多糖是以增强 T 细胞功能为主的 T 细胞免疫佐剂，当归多糖则可激活 B 细胞使之分化成抗体生成细胞。

2.巨噬细胞

巨噬细胞是一类重要的免疫细胞，具有识别、吞噬和摧毁异己细胞、生物体和物质（如细菌、病毒、真菌）的作用，是主要的抗原递呈细胞，在特异性免疫应答的诱导和调节中起关键作用。巨噬细胞是抵抗细菌感染的关键因子，依靠对微生物保守结构的识别释放各种各样的细胞因子。免疫活性多糖能通过识别巨噬细胞表面受体，如 CD_{14}、C_3R、葡聚糖受体、Dectin-1 受体等，调节巨噬细胞活性，影响巨噬细胞 NO 和细胞因子的分泌。

已有研究证明，香菇多糖、黄芪多糖、枸杞多糖、当归多糖、淫羊藿多糖等能不同程度地对巨噬细胞吞噬功能及巨噬细胞活性起到增强作用。β-葡聚糖、黄芪多糖和香菇多糖均可显著提高雏鸡巨噬细胞的活性，促进溶菌酶的释放，增强巨噬细胞的吞噬功能。枸杞多糖可使巨噬细胞数量增加、体积增大、伪足增多、吞噬活力显著增强，细胞内 DNA、RNA 及糖原含量增加，酸性磷酸酶、酸性酯酶、酸性 ATP 酶及琥珀酸脱氢酶活性均显著增强。

多糖可同时调节促炎症和抗炎症细胞因子的表达，以维持机体处于免疫平衡状态（Liu 等，2015）。多糖可显著提高巨噬细胞促炎症因子 TNF_{α}、IL_6、IL_{12}、MCP 及抗炎症因子 IL_{10} 的生成量。一定剂量的猪苓多糖能协同卡介苗提高巨噬细胞 $IL_{1\beta}$ mRNA 的表达，参与免疫启动反应。

NO 是一种重要的信使分子，具有重要的生理作用。大量研究证实，多糖能增加巨噬细胞中 NO 含量，进而调节机体的免疫功能。β-葡聚糖、甘草多糖均能促进体外培养的巨噬细胞分泌 NO。香菇多糖能刺激腹腔巨噬细胞提高一氧化氮合酶（iNOS）活性和 NO 的生成。猪苓多糖可诱导巨噬细胞 iNOS 从头合成，促进巨噬细胞 NO 生成，呈剂量依赖关系，并与干扰素具有协同促进作用，这一促进作用能被 RNA 转录抑制剂放线菌素 D、蛋白质合成抑制剂放线菌酮和 iNOS 抑制剂 LNMA 所抑制。芦荟多糖能促进细胞内 *iNOS* 基因表达，以从头合成方式促进细胞 NO 合成和释放，所释放的 NO 可能参与芦荟多糖的免疫调节过程。一些多糖对巨噬细胞 NO 的生成具有双向调节作用，在低浓度范围可显著促进正常巨噬细胞 NO 的生成，而在高浓度范围可抑制 LPS 激活的巨噬细胞 NO 的生成。因此，多糖促进 NO 合成的机制可能是通过促进诱导型 NO 合成酶的基因表达，使其合成增加，进而促进 NO 的合成与分泌。多糖除对巨噬细胞的功能有调节作用之外，亦可诱导巨噬细胞的生成。

3.树状突细胞

树突状细胞（DC）是迄今所知的功能最强的抗原递呈细胞，是固有免疫和适应性免疫的桥梁和纽带，主要参与细胞免疫和 T 细胞依赖的体液免疫反应，在免疫反应中处于中心位置。多糖作为一种生物免疫应答调节剂，对 DC 功能的影响近年来有所报道，主要包括多糖对 DC 表面分子的表达、细胞因子的分泌、吞噬功能、抗肿瘤免疫、多糖受体以及信号转导途径等方面的调节作用。

黄芪多糖、枸杞多糖、虫草多糖、桑黄多糖等均能够分别促进 DC 表达表面分子 CD_{11}、

CD_{80}、CD_{86}、MHC-Ⅰ、MHC-Ⅱ，提高细胞因子 IL_{12} 分泌，进而增强 DC 与 T 细胞之间免疫信号的转导，诱导 DC 的成熟进而发挥免疫增强作用（王国栋等，2013）。

4. NK 细胞

NK 细胞是一类重要的免疫调节细胞，对 T 细胞、B 细胞、骨髓干细胞等均有调节作用，并通过释放细胞因子（IFN_{α}、IFN_{γ} 和 IL_2）对机体免疫功能进行调节。一些多糖可以提高 NK 细胞活性。苁蓉多糖能够显著提高 NK 细胞的活性，且与剂量存在正相关关系。

（六）影响肠道免疫

肠道是机体营养物质消化吸收的主要场所，也是机体抵御外界病原微生物的第一道防线。因此，良好的肠道黏膜形态结构及其功能的完整性对保持家禽健康及维持正常生产性能具有重要意义。肠上皮细胞、肠黏膜和肠道微生物是肠道重要组成成分。研究报道，多糖能从不同的角度影响肠道的黏膜免疫。ZO-1 和闭合蛋白是肠上皮紧密连接（tight junctions，TJs）的主要组成部分，紧密连接参与肠上皮阻止内外毒素和抗原侵入的屏障作用。两者位于细胞间紧密连接的细胞质膜表面，为内在膜蛋白和膜外纤维骨架提供联系，能影响细胞黏附和信号的转导，LPS 显著降低了 ZO-1 和闭合蛋白的 mRNA 表达，并且扰乱了两者的坐落位点，而 100 mg/mL 的 APS 能显著增加闭合蛋白的表达，从而改善肠道免疫。LPS 刺激能使肠上皮单次细胞完整性遭到破坏，而 APS 的添加能保护其完整性，并能上调紧密连接蛋白的相对表达水平（Wang 等，2014）。

二、多糖免疫调节的作用机制

多糖免疫调节作用机制的认识已达到分子、受体的水平，主要集中在多糖作用受体以及信息转导途径方面。目前较为公认的作用机制是：多糖通过与免疫细胞（巨噬细胞或淋巴细胞）表面多糖受体结合，影响淋巴细胞的信息传递过程，进而影响淋巴细胞基因表达和淋巴细胞功能，免疫细胞表面有其特定的微生物区系编码的模式识别受体 PRR，而多糖类的受体蛋白质是 PRR，多糖类与免疫细胞的表面多糖受体结合，激活了细胞的信号转导途径，促使 $IL_{1\beta}$、TNF_{α}、IFN_{γ}、NO 等细胞因子的分泌量增加，这些免疫活性分子作为细胞间相互作用的内源性信号，继发地诱导产生其他细胞因子，并对机体的免疫应答起到重要的调节作用。

（一）通过调节免疫细胞激活的受体途径

1. Toll 样受体 2/4（$TLR_{2/4}$）介导多糖对巨噬细胞的激活

TLR 是机体天然免疫系统的重要组成部分，TLR 富含多聚亮氨酸以识别多糖，此外还含有一个与 IL_1 受体相似的结构域，与细胞内的信号转导蛋白相互作用有关 TLR_2 和 TLR_4 被证实能识别多糖。$TLR_{2/4}$ 是巨噬细胞重要的膜受体，它通过转换胞外的刺激信号介导巨噬细胞激活。$TLR_{2/4}$ 与配体结合，导致 TLR 胞质区、接头蛋白 MyD_{88} 以及 IL_1 受体相关激酶（IRAK）三者形成复合物，随之激活肿瘤坏死因子相关因子 6（TRA_6），最后启动 MAPK 信号途径。MAPK 信号途径又与多种转录因子的激活有直接关系。研究发现，多种具有丝裂原活性的糖类如脂多糖、肽聚糖、酵母多糖等可与 Toll 样受体结合，激活 $NF_{\kappa B}$ 和 MAPK 信号转导途径，增强免疫功能。TLR_2 可与螺旋藻多糖结合，激活巨噬细胞分泌 IL_1 和 TNF_{α}；TLR_4 与 β-1,3-葡聚糖和脂多糖结合，启动 NF 通路，促进 IL_1、NO 和 TNF_{α} 等细胞因子分泌。

APS激活巨噬细胞需要 TLR_4的参与。脂多糖可通过与肠道上皮细胞上 TLR 结合而激活特异性细胞信号通路。酵母 β-葡聚糖可通过与巨噬细胞表面受体 TLR_2和 Dectin-1 结合来调节巨噬细胞免疫反应。红花多糖、刺五加多糖、盐角草多糖、担子菌多糖、灵芝多糖等在体外试验中均可通过 TLRs-$NF_{\kappa B}$信号通路调节 $NF_{\kappa B}$活性而发挥其生物学功能。

2. CR_3介导多糖对巨噬细胞的激活

补体受体 3(CR_3)受体存在于巨噬细胞、NK 细胞、B 细胞、细胞毒性 T 细胞和中性粒细胞，属于黏附分子整合家族中的成员，是 ic3b（灭活补体 3 的裂解片段 b)特异受体，是一种跨膜糖蛋白。巨噬细胞的 CR_3受体结构，有两个功能结构区域：一个与葡聚糖特异结合，称为凝集素结合位点；另一个与 ic3b 特异结合，称为 ic3b 结合位点。CR_3可识别如细胞间黏着分子 1、ic3b 和 β-葡聚糖等配位体。巨噬细胞表面 CR_3受体与葡聚糖结合后，可促进巨噬细胞对 ic3b 调控的靶细胞的吞噬作用如溶菌和杀伤肿瘤细胞等。作为补体受体，CR_3受体通过与 ic3b 结合可调控吞噬，在单核细胞和中性粒细胞穿过内皮细胞层迁移到炎症部位时起重要作用，CR_3受体还参与 PHA 诱导的中性粒细胞相互黏附以及趋化作用。

3. CD_{14}受体介导多糖对巨噬细胞的激活

CD_{14}是已知的 LPS 激活巨噬细胞的高亲力受体之一，可与 LPS 和 LBP 的复合物结合，并在 TLR_4的协同作用下激活 $NF_{\kappa B}$/Rel 信号转导途径，激活一系列酶促级联反应，诱导巨噬细胞释放细胞因子和许多酶如 IL_1、IL_6、IL_8、TNF_α及 NOS、NO 等，诱导巨噬细胞介导的免疫应答。在研究 LBP-CD_{14}通路时发现，LPS 可刺激巨噬细胞导致细胞内的多个蛋白质磷酸化。LPS 可通过 MAPK、$NF_{\kappa B}$和 C/EBP_δ途径激活巨噬细胞表达 IL_{10}。研究发现一些多糖如 LPS 可通过细胞膜表面受体(如 CD_{14}、TLR)，激活蛋白激酶(PKA)和蛋白激酶 C(PKC)，然后由其再对下游的 MAPK 信号转导途径进行调控。LPS 可通过 PKA 和 PKC 细胞信号途径，提高抑制性巨噬细胞内 cAMP 含量并激活 PKA。LPS 可通过诱导胞膜中磷脂酰胆碱特异性磷脂酶 C(PC-PLC)，水解磷脂酰胆碱(PC)生成甘油二酯(DAG)，DAG 可激活 PKC，活化的 PKC 在 Ca^{2+}的协助下可导致 $I_{\kappa B}$的磷酸化从而激活 $NF_{\kappa B}$。CD_{14}抗体和 CR_3抗体可显著降低桔梗多糖诱导的巨噬细胞 NO 的释放量，表明 CD_{14}、CR_3可结合桔梗多糖介导巨噬细胞的免疫应答。

4. 清道夫受体介导多糖对巨噬细胞的激活

清道夫受体(SR)可结合多种配体，在巨噬细胞清除病原体、宿主防御以及信号转导过程中发挥重要作用。SR、CR_3与配体结合后可激活 PLC，PLC 的酶解产物随之激活 PKC 和 PI_3K，导致激活 MAPK、ERK 及 $NF_{\kappa B}$，最终引发相关基因的转录，并引起许多中性蛋白酶的分泌，如溶细胞蛋白酶和血纤溶酶原激活因子等。

5. 甘露聚糖受体介导多糖对巨噬细胞的激活

甘露聚糖受体(MR)是 C 型凝集素样受体家族重要成员之一，在 Ca^{2+}的存在下与可识别微生物表面的甘露糖残基、海藻糖基团或 N-乙酰氨基葡萄糖残基的糖基化分子，通过甘露聚糖与甘露聚糖受体分子中的糖识别域间的较强结合引起受体蛋白的寡聚及交联，经一系列信号转导过程激活巨噬细胞增强其免疫功能。在肺泡巨噬细胞、腹腔巨噬细胞及血液中的单核巨噬细胞表面有大量甘露聚糖受体表达，表明它们在早期的免疫应答反应中发挥重要作用。甘露聚糖受体与多糖配体如甘露聚糖结合蛋白(MBL)结合后，可增强巨噬细胞的吞噬活性，产生活性氧，激活转录因子 $NF_{\kappa B}$，并诱导细胞因子的分泌。

6. Dectin-1 介导多糖对巨噬细胞的激活

Dectin-1 是免疫细胞表达的一种针对真菌病原体免疫应答的表面受体，也是一种 NK 细胞受体样 C 型凝集素，广泛存在于巨噬细胞、中性粒细胞、单核细胞和 T 细胞表面。Dectin-1 可识别包括酵母、植物、细菌来源的以 β-(1→3) 和 β-(1→6) 糖苷键连接的葡聚糖，介导巨噬细胞吞噬和免疫应答，激活巨噬细胞释放炎症介质。Dectin-1 还可与 TLR_2 协作形成信号复合物，转导巨噬细胞的刺激信号。Dectin-1 受体通过与细胞质内异亮氨酸受体激活分子(ITAM)结合，ITAM 序列可被 Src 家族激酶(SFK)磷酸化，磷酸化的 SFK 为脾脏酪氨酸激酶 SyK 提供激活位点，随后导致酪氨酸磷酸化，激活 $NF_{\kappa B}$ 信号通路，导致细胞激活。β-1,3/1,6-葡聚糖可通过与 Dectin-1 受体结合激活 Syk，导致细胞产生 ROS、细胞因子和趋化因子。

7. CD_{44} 受体介导多糖对巨噬细胞的激活

CD_{44} 是一种分布极为广泛的跨膜糖蛋白分子，是酸性黏多糖透明质酸(HA)膜表面受体。HA 与 CD_{44} 结合，使肝细胞生长因子的受体 c-met 蛋白激活，导致受体自身磷酸化，增强了 c-met 酪氨酸激酶的活性，使多种底物蛋白的酪氨酸磷酸化，激活 Src 激酶及细胞内 MAPK(ERK-1/2)信号通路，启动早期反应基因转录，诱使真核转录调节因子 c-myc 蛋白高表达，从而促进血管内皮细胞生长。在肿瘤的发生、浸润、转移中，CD_{44} 能下调肿瘤细胞表面 Fas 表达，逃避 CTL 和自然杀伤细胞的杀伤。

(二)通过影响细胞内信号分子表达调节免疫

细胞信号转导途径十分复杂，不同通路之间往往交互调控，如 PKC、MAPK 途径，PKC、PKG 与 Ca^{2+} 信号途径，NO 与 PKA、PKC、$NF_{\kappa B}$ 等途径均存在复杂的关联。因此，多糖能在不同水平不同环节同时调控多条信号转导通路。

1. 对细胞内钙离子的影响

Ca^{2+} 是细胞生理功能的重要物质基础，是一种重要的信使分子，在细胞内信息传递及诱发一系列细胞形态和功能中起重要作用，如调节淋巴细胞的分裂、促进 IL_2 的释放、介导巨噬细胞的吞噬作用等。研究表明多糖可引起淋巴细胞内 Ca^{2+} 浓度改变。酵母葡聚糖可通过结合葡聚糖受体而激活巨噬细胞表面的 Ca^{2+} 调控通道，引起 Ca^{2+} 内流，其机制与 PKC 有关。酵母多糖也可使 PKC 从细胞质转移到细胞膜，而用酪氨酸蛋白激酶抑制剂抑制蛋白质酪氨酸激酶(PTK)，阻止了酵母多糖引起的 Ca^{2+} 内流和 PKC 转移，表明 PKC 的转移依赖于 PTK 活性。

2. 对 NO 的影响

NO 是新发现的一种重要的信使分子，广泛存在于动物机体的组织细胞中，具有重要的生理作用。大量研究证实，多糖能影响淋巴细胞，尤其是改变巨噬细胞中 NO 含量，进而调节机体的免疫功能。β-葡聚糖对免疫细胞 NO 生成具有明显的促进作用，并与干扰素具有协同促进作用。香菇多糖也可以升高脾细胞内的 Ca^{2+}、cAMP、cGMP 浓度，促进脾淋巴细胞产生 NO，芦荟多糖活化巨噬细胞，能促进细胞内 *iNOS* 基因表达，以从头合成方式促进细胞 NO 合成和释放，所释放的 NO 参与芦荟多糖的免疫调节过程。*iNOS* 基因是受 $NF_{\kappa B}$ 调控的一种重要的炎性基因，研究表明多糖 APS、CPE、SPS 等都是通过激活 $NF_{\kappa B}$ 进而上调 iNOS 的转录活性，促进巨噬细胞释放 NO。

3. 对 cAMP 和 cGMP 的影响

cAMP 和 cGMP 是细胞重要的第二信使，同时也是淋巴细胞功能实现的重要信使，对机体免疫功能调节的实现具有重要作用。cAMP 主要参与免疫调控的负反馈机制，作用大多数是抑制性的；cGMP 主要参与正性活化机制，诱导免疫活性细胞的增殖、分泌和活化，作用多属促进性的。然而环核苷酸在淋巴细胞分化中超出了一般规律，cAMP 起促进作用，cGMP 反而起抑制作用，淋巴细胞转化与 cAMP 有密切关系。多糖能改变淋巴细胞内 cAMP 和 cGMP 的含量和相对比值，或通过 cAMP/cGMP 系统增加 PKC 活性，促进免疫细胞活化、增殖来发挥广泛的免疫调节效应。β-葡聚糖具有调节细胞内 cAMP 和 cGMP 水平的功能。蘑菇多糖可增强脾脏淋巴细胞增殖活性和 IL_2 产量，通过结合脾脏淋巴细胞表面受体而剂量依赖性影响细胞内信号分子（如 NO、cAMP/cGMP）的表达量。银耳多糖在一定剂量范围内可剂量依赖方式增加脾细胞内游离 Ca^{2+} 的浓度，并与 ConA 有协同作用。黄芪多糖能提高鸡脾脏淋巴细胞内 cAMP 浓度，降低 cGMP 浓度。

4. 对前列腺素分泌的影响

前列腺素（PGE_2）作为一种重要的类二十烷酸，是一种免疫反应的内源抑制因子，也是炎症反应关键的调节因子。它对体液免疫和细胞介导免疫反应均有影响。例如，PGE_2 可抑制 T 细胞的增殖，抑制 Th1 类型细胞因子如 IFN_γ、IL_2、TNF_α 的生成，促进 Th_2 类型免疫反应，对抗体合成有抑制作用。有报道多糖可影响淋巴细胞前列腺素 PGE_2 分泌。前列腺素调控免疫的分子机制可能与前列腺素调节细胞表面受体有关。IL_1、IL_2、干扰素能增强葡聚糖受体的功能，使其吞噬能力增强；而 PGE_2 的作用正好相反，PGE_2 通过降低细胞表面受体与多糖的结合能力来调节多糖的免疫效果。

（三）通过影响神经—内分泌—免疫调控网络调节免疫

多糖可通过调节神经—内分泌—免疫网络的平衡影响免疫。多糖通过调节下丘脑去甲肾上腺素含量及外周免疫器官神经递质水平，使脾脏去甲肾上腺素含量下降至正常值的 40%～50%，同时多糖还可影响血浆中皮质酮、生长激素水平或影响淋巴细胞前列腺素的分泌等环节相互协调而调节免疫功能。

参考文献

呙于明．动物免疫营养．北京：科学出版社，2011.

冯焱．免疫应激对肉鸡消化系统、免疫功能及肠道微生物区系的影响．西北农林科技大学博士学位论文，2012.

韩爱云．热应激对肉鸡淋巴细胞钙信号转导的影响及铬的调控作用．中国农业科学院博士学位论文，2010.

谭建庄．日粮精氨酸对不同疾病模型肉鸡免疫功能的调节作用与机理研究．中国农业大学博士学位论文，2014.

郭祎玮．精氨酸对肉仔鸡生长性能和免疫功能的影响及其机理研究．内蒙古农业大学博士学位论文，2014.

王筱霏．黄芪多糖及其硫酸化修饰产物体内外抗炎活性研究．西北农林科技大学博士学位论文,2014.

王益兵．EPA与DHA调控肉仔鸡肠道B淋巴细胞免疫功能的机理．西北农林科技大学博士学位论文,2011.

武晓红．亚麻油对肉仔鸡肉品质和脂肪代谢的影响及调控．西北农林科技大学博士学位论文,2012.

廖波．25-OH-D_3 对免疫应激断奶仔猪的生产性能、肠道免疫功能和机体免疫应答的影响．四川农业大学博士学位论文,2011.

李思明．维生素D3对丝毛鸡β-防御素诱导表达及生长免疫性能的影响．四川农业大学博士学位论文,2012.

宋志刚．硒碘营养及其互作对蛋鸡抗氧化机能的影响．中国农业大学博士学位论文,2005.

彭西．日粮高硒对雏鸡免疫功能影响的机理研究．四川农业大学博士学位论文,2009.

崔恒敏,徐之勇,彭西,等．高铜对雏鸡淋巴细胞凋亡影响的研究．畜牧兽医学报,2007,38:601-607.

申俊华,周安国,王之盛,等．包被氧化锌对断奶仔猪腹泻指数及肠道发育的影响．畜牧兽医学报,2013,44:894-900.

徐之勇,崔恒敏,彭西,等．日粮高铜对雏鸡法氏囊影响的研究．畜牧兽医学报．2008,39:658-664.

王宝维,周小乔,葛文华,等．饲粮维生素E水平对鹅免疫和抗氧化功能的影响．动物营养学报,2013,25:59-68.

Calder P C, Yaqoob P. Lipid rafts-composition, characterization and controversies. Journal of Nutrition, 2007,137: 548-553.

Cao L, Yang X, Li Z, et al. Reduced lesions in chickens with Clostridium perfringens-induced necrotic enteritis by *Lactobacillus fermentum* 1. 20291. Poultry Science, 2012,91: 3065.

Corzo A. Determination of the arginine, tryptophan, and glycine ideal-protein ratios in high yield broiler chicks. Journal of Applied Poultry Research,2012,21: 79-87.

Grimble R F. The effects of sulfur amino acid intake on immune function in humans. The Journal of Nutrition,2006,136: 1660-1665.

Kadam M M., Bhanja S K, Mandal A B, et al. Effect of in ovo threonine supplementation on early growth, immunological responses and digestive enzyme activities in broiler chickens. British Poultry Science, 2008,49: 736-741.

Liu L, Shen J, Zhao C, et al. Dietary Astragalus polysaccharide alleviated immunological stress in broilers exposed to lipopolysaccharide. International Journal of Biological Macromolecules, 2015, 72: 624-632.

Ospina-Rojas I C, Murakami A E, Oliveira C, et al. Supplemental glycine and threonine effects on performance, intestinal mucosa development, and nutrient utilization of growing broiler chickens. Poultry Science,2013,92: 2724-2731.

Ströhle A, Hahn A. Vitamin C and immune function. Medizinische Monatsschriftfur Pharmazeuten, 2008,32: 49-54.

Wang X, Li Y, Shen J, et al. Effect of Astragalus polysaccharide and its suLfated derivative on growth performance and immune condition of lipopolysaccharide-treated broilers. International Journal of Biological Macromolecules,2015,76: 188-194.

Yang X, Yao J, He X., et al. Dietary oils moduLate T-cell differentiation and IL-2 bioactivity of intestinal mucosal lymphocytes in chickens. Food and AgricuLtural Immunology,2011,22: 205-215.

Yang X., Sun X, Li C, et al. Effects of copper, iron, zinc, and manganese supplementation in a corn and soybean meal diet on the growth performance, meat quality, and immune responses of broiler chickens.

The Journal of Applied Poultry Research，2011，20：263-271.

Yang X，Zhong L，An X，et al. Effects of diets supplemented with zinc and manganese on performance and related parameters in laying hens. Animal Science Journal，2012，83：474-481.

Zhang B and Guo Y. Supplemental zinc reduced intestinal permeability by enhancingoccludin and zonula occludens protein-1（ZO-1）expression in weaning piglets. British Journal of Nutrition，2009，102：687-693.

第九章　饲料营养与禽产品品质

工业化社会以来，人们的膳食结构发生了较大变化。随着关于摄入较多的某些营养素对健康有益或有害的大量报道见于科技文献或大众媒体，消费者对食品安全和营养、膳食与健康格外关心。1986年，美国人营养检测评价委员会指出，与人健康有关的疾病与摄入的脂肪、饱和脂肪酸和胆固醇过多有关(Anonymous，1986)，该状况在许多国家都存在，在我国生活水平较高的地区也大致如此。因畜产品中通常含高水平的脂肪、饱和脂肪酸和胆固醇，一些学者或机构甚至建议人们减少对脂肪、胆固醇和钠的摄入，增加摄入纤维素、维生素和矿物质等，维持适当的蛋白质和钙的摄入(NRC，1988)。当今社会，人们对自己的饮食和健康十分关心，有人为了减肥甚至节食！我国居民的食物消费心态经历了巨大变化，饮食观已经从"吃饱"向"吃好、吃健康"转变，就是说从追求"温饱"到了"健康"的转变，有了"食疗"的需求。世界卫生组织的调查表明，导致疾病的诸多因素中，个人生活方式占60%，提出了健康的四大基石：合理膳食、适量运动、戒烟限酒、心理平衡。其中，合理膳食的核心是平衡饮食，营养平衡才是健康之本。

家禽业者应与临床营养学家相互沟通，在研究我国各类居民膳食结构、膳食缺乏营养素的基础上，主动生产能平衡人们膳食的健康禽产品，这对未来家禽业的可持续发展至关重要。中国居民膳食讲究"色、香、味"、关注健康。因此，禽产品(原料和制成品)品质的营养调控应考虑外观、香气和风味等，还要考虑其内在品质。本章主要讨论饲料营养因素对禽产品(主要是鸡蛋和鸡肉)外在品质、内在品质和风味的影响。

第一节　禽产品外在品质的营养调控

禽产品的外在品质主要包括：禽屠体的肤色自然有光泽、呈网络状且有规律排列的细密毛孔，切开后的皮下脂肪(填鸭)、肌内脂肪、肌纤维类型等；禽蛋的重量、壳品质(壳色、强度等)、蛋清的浓稠、蛋黄膜的韧性等，均系人们对禽产品的第一印象，显著影响人们的选购意向。

一、禽产品色泽及其调控

我国食品讲究"色香味俱佳"，以"色"居首，其实世界上很多国家和地区(特别是许多亚洲国家)的消费者，多数人偏爱金黄色或橙红色的蛋黄、金黄色皮肤的禽、较红的肉质，且往往以蛋黄的色泽判断蛋品的营养价值和新鲜程度，以禽类皮肤、脂肪的色泽判断其肉品的质量和风味。消费者根据经验将黄色的皮肤视为肉质和风味较好的标志，皮肤较黄的鸡比较受市场欢迎，也直接影响产品的售价。我国地方鸡种“三黄”（黄喙、黄脚、黄皮）鸡，历来以其鸡味浓香、肉质嫩滑、皮脆骨细著称，驰名港澳及东南亚，价格远高于白鸡，以至于我国黄羽肉鸡的年出栏量几乎与白羽肉鸡持平。随着人们对动物产品色泽的要求提高，营养学研究不仅要改善家禽生产性能，还要提高禽产品的色、香、味、营养等品质。

因此，在现代养禽业中，饲料公司为了迎合市场的需求，有时需要在饲料中使用玉米蛋白粉、合成着色剂等。天然类胡萝卜素主要存在于植物和微生物中，家禽本身不能合成，必须从饲料中摄取。家禽常用饲料原料（黄玉米、玉米蛋白粉、苜蓿粉、海产品等）中含有大量类胡萝卜素、虾青素，是良好的天然着色源。但因含色素原料分子中含有较多的易被氧化破坏的不饱和双键，故利用率较低；近年来，含色素原料价格不断升高，限制了其在饲料中的用量；从而影响禽产品着色，因此有时需要少量补充色素类添加剂。有报道认为，仅仅通过合成色素增加蛋黄着色，鸡蛋煮熟、翻炒后，蛋黄颜色变淡，而天然着色物质的着色效果更好。

（一）禽产品着色原理

不同品种肉鸡皮肤着色的性能不同，但沉积在肉鸡皮下脂肪中的黄色物质均是叶黄素（xanthophyll）。叶黄素是一类天然色素的总称，它们有一个共同的类胡萝卜素的基本结构：两个六元碳环由一个含十八碳原子的共轭双键的长链相连接。因其均含有氧原子，故又称含氧类胡萝卜素（oxy-carotenoids）。常见的叶黄素种类有玉米次黄质、黄体素、紫黄质、玉米黄质、新黄质、隐黄质等，其中只有那些具有含氧功能团如羟基、酮基和羧基的化合物才能使动物靶组织着色，其他化合物沉积较少，如黄体素（lutein）和玉米黄质（zeaxathin）具有着色效果，能沉积在肉鸡皮下脂肪及蛋黄中（Nelson 等，1989）。它们通常存在于玉米及其加工副产物（玉米蛋白粉、DDGS 等）、松针粉、苜蓿、万寿菊（表 9-1）、辣椒粉及青绿饲料中。苜蓿粉中含有多种黄色素，其中脂色素含量最高，形成黄色，玉米和玉米蛋白粉中主要是玉米黄质，形成橙黄色。

表 9-1 部分饲料原料中叶黄素和脂色素含量 mg/kg

饲料原料	叶黄素	脂色素
苜蓿草粉，17％粗蛋白质	220	143
苜蓿草粉，22％粗蛋白质	330	—
苜蓿蛋白精，40％粗蛋白质	800	—
水藻粉	2 000	—
玉米	17	0.12
玉米蛋白粉，60％粗蛋白质	290	120
万寿菊花瓣粉末	7 000	—

来源：NRC，1994。

多数动物（包括家禽）自身不能合成叶黄素，沉积的色素必须从体外摄取。饲料中叶黄素经过消化、吸收、转移和酯化，最终沉积在肉鸡的皮下脂肪、鸡肉，蛋鸡的蛋黄、蛋清等部位。

肉鸡血清中叶黄素呈游离态存在，皮下脂肪内则以棕油酸二酯的形式存在，表明饲料中酯化的叶黄素，经家禽消化道水解（皂化），会变成游离态的叶黄素，后者被吸收进入血液，血液中叶黄素又经酯化作用形成二酯态叶黄素储存于肉鸡皮下脂肪内。肉鸡从开始摄取叶黄素到皮肤上显出黄色需要10～15 d时间(Herrick等,1971);鸡蛋的脂质主要存在于蛋黄中,蛋黄形成需要约10 d时间,故从开始摄取叶黄素到鸡蛋中显出黄色需要10 d时间;蛋黄中色素的沉积,因白昼色素的吸收转运不同,因此蛋黄切面上会呈现白、黄间隔的环状。鸡消化道内不存在专门吸收叶黄素的功能细胞或位点(刘清等,1996),故鸡体对叶黄素的利用率较低。

(二)影响禽产品着色的因素

蛋黄与肉鸡皮肤中色素沉积的原理相同,理想的蛋黄颜色取决于日粮中叶黄素的质和量,适量的红色素可以提高叶黄素在蛋黄中的沉积。一般饲料中叶黄素含量越高,肉鸡皮下脂肪或者蛋黄中的叶黄素沉积越多,皮肤、脚胫和蛋黄的着色越黄。因此,影响饲料中叶黄素含量的所有因素均影响着色效果。

品种、动物健康状况、饲料效率、不饱和脂肪酸及抗生素等均影响禽产品着色。血液中脂蛋白有运输类胡萝卜素的功能,而有些物质,如钙对脂蛋白的亲和力大于类胡萝卜素,因而饲料含钙越高,着色剂的用量也宜相应提高。就蛋黄着色而言,钙每增加1个百分点,着色剂用量约增加1倍。此外,疾病、气温和光照等因素也会影响着色效果。

1.家禽品种

黄羽肉鸡通常把色素沉积能力作为选种目标之一,因此对黄色素的沉积能力较强。在同样饲养条件下,公鸡皮肤和脚胫沉积色素较多,可能是母鸡生产需要的叶黄素更多。雏鸡的体脂储备较少,对色素的沉积能力低,肉大鸡对色素的沉积效率较高;色素优先沉积顺序为:脚胫、皮肤、皮下脂肪;老母鸡饲料中钙含量较高、对饲料色素的吸收能力较低,蛋黄颜色也会受到影响。

2.健康状况

大肠杆菌、梭菌性肠炎及球虫病都是家禽生产中的常见疾病,它们损害鸡体对饲料养分的吸收利用,同时对肉鸡皮肤、蛋鸡蛋黄着色有直接的不利影响。据报道,肉鸡感染球虫后,血清中叶黄素含量会迅速降低,感染3 d后,叶黄素含量减少50%,感染7 d后,仅存30%(Hamilton,1992)。当球虫病与黄曲霉毒素同时存在时,肉鸡对叶黄素的利用率仅为23%。因此鸡群出现健康问题,尤其是发生了胃肠道疾病时,肉鸡的着色效果自然变差。配制饲料中需要添加蒙脱石等能吸附霉菌毒素的添加剂,增加保持动物健康。

3.饲养管理

高温季节易影响黄羽肉鸡着色。一方面,高温显著降低肉鸡采食量,从而降低叶黄素的摄入量;另外,夏季所用的饲料原料(玉米及蛋白粉等)均系陈品,最短也储存了10个月,叶黄素含量损失近半;此外,高温易引起叶黄素、油脂的氧化,致饲料中可利用叶黄素减少,最终影响肉鸡着色。因此,夏季配制肉鸡饲料时,在提高叶黄素添加量的同时,也应提高饲料的养分浓度,使肉鸡保持正常增重和肥度。再添加适量的抗氧化剂等,通过综合手段有效提高肉鸡叶黄素的摄入和沉积,使之达到理想的着色效果。

4.原料的产地及存放时间

玉米、玉米蛋白粉等饲料原料富含叶黄素,其含量随原料储存时间的延长而降低。新玉米和玉米蛋白粉的叶黄素含量分别为(18±6)和(157±81) mg/kg,室温条件下储存1年,其叶黄素含量会损失50%。亚洲玉米的叶黄素含量比美国高25%~30%,而美国玉米蛋白粉中叶黄素含量(250 mg/kg)比亚洲高60%。日粮中添加5%的苜蓿草粉,蛋黄色级可提高3级;胡萝卜含胡萝卜素492 mg/kg、叶黄素508 mg/kg,日粮中添加30%的鲜胡萝卜,可明显提高蛋黄色级。聚合草、黑麦草、苋菜、南瓜等中叶黄素含量也较高,散养蛋鸡所产鸡蛋的色泽鲜黄,主要原因除了产蛋率低,蛋黄中色素沉积时间较长外,蛋鸡每天采食树叶、野草等中的叶黄素是其主要来源。

5. 叶黄素的化学形态

肉鸡只吸收自由态的叶黄素,因此存在于饲料中的棕油酸二酯态叶黄素需被水解成游离态叶黄素后才可被利用。经水解皂化的叶黄素比非皂化态在肉鸡皮肤上的着色效果高出近1倍(Fletcher等,1986)。因此,在计算原料中叶黄素含量时,应考虑其生物利用率。目前市场上多数色素产品都是经过提炼和皂化处理的叶黄素制品,其叶黄素的生物利用率较高。日粮中β-胡萝卜素在蛋黄中的沉积不到1%,但是玉米中的玉米黄质沉积可达7%,合成产品的沉积率较高,如β-阿朴-8′-胡萝卜酸乙酯的沉积率可达34%。

6. 饲料中的脂肪含量

叶黄素沉积在皮下脂肪或者鸡蛋中才能呈现黄色,皮下脂肪的多少直接影响肉鸡皮肤的着色效果。随着饲料中油脂添加量的增加,肉鸡血清中叶黄素含量相应增加(Hamilton,1992)。而且不同种类脂肪酸对叶黄素在体内吸收有不同程度的影响,随着碳链的延长,叶黄素被吸收进入血清中的越少。因此,饲料中添加短链的脂肪酸能有效提高叶黄素在肉鸡皮肤上的着色效果;饲料中添加抗氧化剂,可以保护叶黄素不被氧化,从而能更有利于着色。

(三)我国允许使用的色素类添加剂

常在饲料中添加的着色剂(中华人民共和国农业部公告,第1126号公告)有β-胡萝卜素、辣椒红、β-阿朴-8′-胡萝卜素醛(表9-2)、β-阿朴-8′-胡萝卜素酸乙酯(表9-3)、β,β-胡萝卜素-4,4-二酮(斑蝥黄)(表9-4)、叶黄素(表9-5)、天然叶黄素(源自万寿菊)和虾青素。

表9-2　饲料添加剂β-阿朴-8′-胡萝卜素醛(粉剂)(NY/T 1462—2007)

项目	β-阿朴-8′-胡萝卜素醛(以$C_{30}H_{40}O$计)	干燥失重	砷(以As计)	重金属(以Pb计)	通过孔径为0.84 mm的分析筛,
指标	≥10%	≤8.0%	≤0.000 3%	≤0.001%	100%

表9-3　饲料添加剂10%β-阿朴-8′-胡萝卜素酸乙酯(粉剂)(GB/T 21516—2008)

项目	指标	项目	指标
β-阿朴-8′-胡萝卜素酸乙酯(以$C_{32}H_{44}O_2$计)	≥10%	干燥失重	≤8.0%
通过孔径为0.84 mm的分析筛	≤20%	砷(以As计)	≤0.000 3%
通过孔径为0.42 mm的分析筛	100%	重金属(以Pb计)	≤0.01%

表 9-4　饲料添加剂 10%β,β-胡萝卜-4,4-二酮(10%斑蝥黄)(GB/T 18970—2003)

项目	指标	项目	指标
含量(以 $C_{40}H_{52}O_2$ 计)	≥10%	干燥失重	≤8.0%
通过孔径为 0.84 mm(20 目)的分析筛	100%	重金属(以 Pb 计)	≤10 mg/kg

表 9-5　饲料添加剂叶黄素(GB/T 21517—2008)

项目	含量(以 $C_{40}H_{56}O_2$ 计),占标示量的百分比/%	砷(以 As 计)	重金属(以 Pb 计)	水分	粒度(0.84 mm 孔径标准筛)	pH
指标	≥90	≤3.0 mg/kg	≤10.0 mg/kg	≤8.0%(液体没有要求)	100%(液体没有要求)	5.0～8.0(固体无要求)

β-胡萝卜素(β-carotene):是由维生素 A 乙酸酯在碱性条件下水解为起步生产而成。相对分子质量 536.88,紫红色或红色结晶粉末。我国已制订两个关于 β-胡萝卜素饲料添加剂的标准(表 9-6 和表 9-7);10%虾青素(表 9-8)为紫红色至紫褐色的流动性微粒或粉末,无明显异味,易吸潮,对空气、热、光敏感。

表 9-6　饲料添加剂 1% β-胡萝卜素(GB/T 19370—2003)

项目	β-胡萝卜素(以 $C_{40}H_{56}$ 计)	干燥失重	灼烧残渣	砷(以 As 计)	重金属(以 Pb 计)	通过孔径为 0.84 mm 的分析筛
指标	≥1.0%	≤10.0%	≤8.0%	≤3.0 mg/kg	≤10.0 mg/kg	100%

表 9-7　饲料添加剂 β-胡萝卜素(YY 0038—1991)

项目	吸收度比值 A455/A483	吸收度比值 A455/A340	含量(以 $C_{40}H_{56}$ 计)	砷盐(以 As 计)	重金属(以 Pb 计)
指标	1.14～1.18	≥14.5	≥96.0%	≤0.000 3%	≤0.001%

表 9-8　饲料添加剂 10%虾青素(GB/T 23745—2009)

项目	虾青素含量	干燥失重	重金属(以 Pb 计)	总砷(以 As 计)	通过孔径为 0.425 mm 的分析筛	通过孔径为 0.84 mm 的分析筛
指标	≥10%	≤8.0%	≤10 mg/kg	≤3 mg/kg	≥85%	100%

加丽素黄:是一种含有胡萝卜素阿卜酯的高效着色剂,因家禽对阿卜酯有独特的生物利用率,且加丽素黄成本低廉,故成为蛋黄和肉鸡着色的选择之一。阿朴胡萝卜素醛和阿朴胡萝卜素乙酰酯(阿卜酯)是存在于水果、谷物、叶子中的天然着色剂。阿朴胡萝卜素醛主要用于食品的着色,已通过美国 FDA 测试。阿卜酯用于加丽素黄的生产,因为其在饲料中稳定性好,更容易被鸡吸收,一些国际机构中注册为饲料添加剂和食品添加剂,其用量视饲料组成及市场需要而定,饲料中如有黄玉米、苜蓿草等含叶黄素高的原料时,可另加 5 g 加丽素黄在蛋鸡饲料中;如饲料配方中无玉米、苜蓿草等原料时,每吨饲料可增至 25 g。

加丽素红:与加丽素黄类似,加丽素红是一种含有斑蝥素的高效着色剂,日粮中添加对蛋鸡的产蛋率和蛋重无不良影响,蛋黄的色度随加丽素红添加量的提高而提高,7 d 后达稳定状态,且不受产蛋率的影响。研究表明,基础日粮中添加 1～4 mg/kg 的斑蝥素,迪卡褐蛋鸡蛋黄颜色等级逐渐提高,其中 4 mg/kg 斑蝥素组鸡蛋黄平均颜色达 15 以上(罗氏比色扇单位)。通常加丽素红添加量为每吨饲料 1～4 g,可以与加丽素黄复合使用。

此外,还有些着色剂用于家禽生产,如茜草色素、露康定等。

茜草色素(canthaxanthin):为类胡萝卜素产品,利用范围广,如蛋黄和肉鸡皮肤着色,金丝雀、红鹤的羽毛着色,鲑鱼、鳟鱼、鲤鱼、金鱼等的皮肤着色;饲料中添加 0.5 mg/kg,蛋黄色泽可提高二级,蛋鸭饲料中使用 3～4 mg/kg,可以得到悦目的红心鸭蛋。

露康定(lucantin CX):为巴斯夫公司产品,含 10%的橘黄素,易与饲料混合均匀。用于蛋黄和肉鸡皮肤着色,使用 1 周后即可收到满意效果。其一般用量为 30～40 mg/kg。

(四)禽产品外观的营养调控

目前评价着色效果主要用罗氏蛋黄比色扇(RYCF)的色度标示,RYCF 值分为 1～15 级,颜色从浅黄、深黄、橘黄到橘红,数值越高颜色越深。有试验显示,饲料中叶黄素含量从 10 mg/kg 增加到 20 mg/kg 时,肉鸡着色 RYCF 值从 6 上升到 8.5;增加到 30 mg/kg 时,RYCF 值为 9.5;再增加叶黄素时,RYCF 值增加有限,甚至不再增加。因此当饲料中叶黄素添加至 30 mg/kg,达到饱和,RCF 值在 9～10,如果再想提高着色效果,必须添加部分红色叶黄素增色,使之达到金黄至橙红的效果(RYCF 值达到 10～12)。

因饲料原料中叶黄素含量变异较大,应根据检测结果确定饲料中色素的添加量。配合饲料中叶黄素指标的设置可根据当地对肉鸡黄度的要求进行,一般 25 mg/kg,夏季可调高至 30 mg/kg。饲料中玉米用量一般为 60%,蛋白粉 5%,两者提供叶黄素约 13.5 mg/kg,剩下 11.5 mg/kg 叶黄素需由商品着色剂来补足。在选择着色剂产品时,要注意其叶黄素的有效含量。

当前市场片面地追求肉鸡皮肤、脚胫的着色效果,使得饲料中添加叶黄素有越来越多的趋向,造成饲料成本的大幅增加。在崇尚"绿色食品"的今天,人工合成色素的大量添加,难免会使消费者心存疑虑。因此,人们在适当追求禽产品色泽的同时不应过分强调禽产品的颜色。

二、蛋壳品质的调控

蛋壳品质不仅影响商品鸡蛋的合格率,还影响种蛋孵化率,已经成为蛋鸡产业面临的重要问题之一。蛋壳对于鸡蛋具有重要作用,可以保护鸡蛋内部成分免受微生物、环境及外力的侵害;种蛋发育过程中抵御微生物入侵,在胚胎发育过程中通过气孔调控内外水分和气体交换,在卵黄钙耗竭时为胚胎发育补充钙素等。生产实践中破壳蛋、软蛋、畸形蛋等占了总产蛋量的 6%～10%,为蛋鸡养殖业带来巨大经济损失(Roland 等,1988)。随产蛋鸡日龄的增加,蛋壳质量逐渐变差,尤其在产蛋后期,蛋重增加,蛋壳变脆、薄,破壳蛋比前期增加了 20%,故迫切需要提高产蛋后期蛋壳质量。在禽蛋的生产和销售过程中,蛋壳的高破损率是禽蛋生产和加工的主要经济损失;此外,机械化的禽蛋清洗、分选和包装过程,也可引起蛋壳破损。据估计,全世界因蛋壳品质低劣所致的蛋损失为 6%～8%。

(一)蛋壳的结构

蛋壳由内到外依次为薄膜(蛋壳内膜和外膜)、乳头层、栅栏层(海绵层)和表皮层(蛋壳膜）。薄膜分内外两层，主要由峡部管状腺细胞分泌的 X 胶原纤维组成，内层无钙化，外薄膜与乳头层彼此嵌合在一起，乳头层为钙沉积的主要阶段。从成核开始，在乳突层的基础上逐渐形成垂直晶体，直到相邻彼此之间连接，组成栅栏层；表皮主要含有糖蛋白、多糖、类脂、色素、无机磷等，起到保护作用（Nys 等，2004）。蛋壳形成过程（顺序）为无壳蛋、内膜（角蛋白膜—蛋白纤维）、外膜（蛋壳形成的基础）、乳头层、海绵层（决定蛋壳厚度和硬度，$CaCO_3$）、外壳膜（有益于保护蛋壳的强度）。

鸡蛋的形成是一个连续的过程，需 24～25 h。鸡蛋进入输卵管峡部经 1～2 h 形成内、外壳膜；在管状蛋壳腺经 5 h 形成蛋壳乳突；进入蛋壳腺囊部（子宫部）经 15～16 h 钙化（$CaCO_3$沉积）形成蛋壳。从排卵开始，蛋壳形成的时间占排卵后鸡蛋形成时间的 80%，碳酸钙晶体和蛋壳基质蛋白相互作用，嵌合形成具有一定厚度和强度的蛋壳。从成核开始，晶体多向生长，但因彼此之间存在空间竞争，只有垂直生长到表层者才有空间生长，故晶体生长具有向异性，从而蛋壳外部存在一定的优势定向。子宫液内存在的蛋壳基质可抑制晶体生长，通过控制晶体的大小、形状、定向影响蛋壳的微观结构。根据子宫内蛋壳的钙化速度可将蛋壳形成分为 3 个阶段：起始（5 h）、线性沉积（12 h）和末期（1.5 h）（Nys 等，1999）。子宫液中存在蛋壳基质的可溶或固有受体，可将基质钙化到蛋壳中，在起始和线性阶段促进沉积，末期抑制沉积。

蛋壳就是碳酸钙晶体与基质成分之间相互作用而形成的一种具有一定厚度、强度的物质，基质成分在调控蛋壳晶体形态和动态学特性方面起积极作用。基质成分主要由蛋白质、多糖和蛋白聚糖组成，在蛋壳钙化过程中逐渐嵌合到晶体内，根据基质蛋白的特点可将其分为 3 种：白蛋白（卵白蛋白、溶菌酶、卵转铁蛋白）、普遍存在蛋白（骨桥蛋白、丛生蛋白）、特殊蛋壳基质蛋白（520 多种）。基质蛋白主要通过两种机制影响蛋壳形成：高度硫酸化的蛋白多糖通过相互之间的静电作用影响矿化；蛋白的磷酸化作用，如骨桥蛋白，其依赖磷酸化的形式强烈抑制碳酸钙的沉积。研究表明，蛋壳质量的变化与蛋壳基质蛋白的组成差异有关（Nys 等，2004）。

产蛋鸡吸收的钙主要用于形成蛋壳。衡量蛋壳质量的宏观指标有壳质、壳色、蛋形指数、蛋比重、蛋壳变形值、蛋壳厚度、蛋壳强度、蛋壳重及其比重、单位表面积壳重等。衡量蛋壳质量的敏感指标主要有蛋壳强度、蛋壳重、单位面积蛋壳重（Roland 等，1986）。蛋壳的超微结构对于衡量蛋壳质量指标具有重要价值。

（二）蛋壳品质的评定指标

（1）蛋壳厚度。一般 0.3～0.4 mm，厚度影响其蛋壳易破损程度。可用蛋壳厚度仪或游标卡尺测定，使用后者应注意采用控制蛋壳面积，且将鸡蛋打碎，揭去蛋壳内膜后测定，测定时一般选择鸡蛋的大头、小头和中间 3 个点，取其平均值，或简单测定蛋赤道线处厚度，这未考虑到蛋壳的均匀性。

（2）蛋壳变形值。蛋壳变形值用于度量蛋壳的弹性，壳越坚硬其变形值越小，软蛋的变形值大，因此，蛋壳的变形值不宜过大。采用变形仪测定，一般着力点在蛋横径处，使其负载 1 kg。正常蛋壳变形值在 15～16 μm，理想的蛋壳变形值应＜20 μm。

（3）鸡蛋比重。一般 1.040～1.090，比重＞1.087 的鸡蛋抵抗破碎能力较强。用盐水漂浮法测定，共分 9 级。1 L 水中加入食盐 68 g 为 0 级，每增加 4 g，级别相应加 1。4 级以上者表示蛋壳质地良好。也可采用二次称重法测定，分别在空气（P）中和蒸馏水（P_1）中称出蛋重，根据二者的差异计算蛋的比重 $y = P/(P-P_1)$。鸡蛋比重与蛋壳强度呈强的正相关(Grunder，1989)。

(4)蛋壳强度。蛋壳强度是指蛋壳抵抗破损能力，为蛋壳坚固性的指标，可用于评价蛋壳的晶状结构。用蛋壳强度测定仪测定，单位 kg/cm^2。蛋壳强度的变异范围(2.7～4.2 kg/cm^2)较大，一般以 3.5～4 kg/cm^2 较好。蛋壳强度＜2.66 kg/cm^2 的鸡蛋的破蛋、裂纹及其他蛋壳损伤率较高(Manbheb，1983)。

(5)蛋壳颜色。蛋壳颜色是输卵管内腺体分泌和色素连续沉积构成蛋壳棕色素。用白、浅褐、褐、深褐和青色等表示，用反射系数计测定。蛋壳颜色的色素物质是卟啉，来源于血红蛋白的分解产物(胆绿素)，因饲料中的色素不能直接沉积到蛋壳上，日粮因素主要通过间接作用影响蛋壳颜色，一般通过防病来维持蛋壳的遗传颜色。

(6)壳质。用来描述蛋壳是否光滑细致或者粗糙，一般通过眼观和手触来衡量。

(7)蛋形指数。指蛋的长径与短径之比，它表明蛋的主要形状，细长或呈圆形，因品种而异。大小主要取决于输卵管峡部的构造和输卵管壁的生理状态，蛋形指数过大或者过小均不宜，对鸡蛋的耐压强度具有影响。

(8)蛋壳百分率。蛋壳重占蛋重的百分比，适宜的蛋壳百分比在 11%～12%。

(9)单位面积蛋壳重。根据公式 4.76×蛋重$^{2/3}$计算蛋壳的面积(cm^2)，蛋壳重与蛋壳面积之比，即为单位面积蛋壳重，用于衡量蛋壳品质。

(三)影响蛋壳品质的因素

影响蛋壳品质的因素有营养性的和非营养性的，主要营养因素是钙、磷、钠、钾、氯、锰、维生素 D 和维生素 C 等营养素。

1. 钙磷与蛋壳品质

产蛋母鸡对钙的需要因产蛋率、鸡的年龄、钙源、采食量和环境气温的不同而异。钙是蛋壳的主要成分(占蛋壳重量的 38%～40%，2.2～2.4 g)。饲料缺钙会降低蛋壳的厚度和强度，所以产蛋鸡饲料中应含有充足的钙。贝壳粉和石粉是应用较多的钙质补充饲料，两种钙源对维持蛋壳品质效果基本相同，或者前者略优于后者。颗粒钙源在肌胃内的停留时间长，能均衡地为蛋壳形成剃光钙，特别是在夜间，所以生产实践中一般使用一定粒度和一定比例(一般 1/3)颗粒钙作为钙源。因蛋壳品质随鸡的周龄和采食量而变化，应相应调节日粮中钙水平，一般认为 40 周龄前产蛋鸡应摄入钙 3.3 g/d，其后应摄入 3.7 g/d，才能保证良好的蛋壳品质，有研究认为每日摄入 3.75～4.0 g 钙有助于形成最佳蛋壳(Gomez-Basanri，1997)。

蛋壳由碳酸钙和基质蛋白以一定的比例、结构堆积而成，其中 $CaCO_3$ 占 95%以上，基质 1%～3%。因而，蛋壳形成中的关键因子主要调节 $CaCO_3$ 的沉积和基质的形成。蛋壳形成的实质是钙化过程，故关于蛋壳形成的研究多集中于 Ca^{2+} 转运、吸收及沉积上，过程中相关因子主要有钙结合蛋白、碳酸酐酶、Ca^{2+} ATPase、Na^+/Ca^{2+} exchange system(NCXs)、上皮钙离子通道(TRPVs)等。

磷与钙的代谢关系相关，日粮磷不足(有效磷低于 0.3%)会降低产蛋量和蛋壳质量，但饲料磷含量过高(有效磷高于 0.4%)则影响蛋壳品质。所以，日粮钙与有效磷应保持适当比例，预产期为 5∶1，产蛋期(8～10)∶1。一般认为，磷决定蛋壳的弹性，钙决定蛋壳的脆性。

2. 维生素与蛋壳品质

维生素 D_3 在肝脏中转变为 25-羟胆钙化醇，再到肾脏中转变为 1，25-二羟胆钙化醇，后进入肠黏膜细胞，促进该细胞中钙结合蛋白合成的 mRNA 转录，提高肠黏膜与蛋壳腺中钙结合蛋白的合成，促进钙的吸收和在蛋壳中的沉积。蛋壳的强度和厚度常常会因日粮中维生素 D 的不足而下降。热应激条件下，维生素 C 可促进骨中矿物质的代谢，增加血浆钙浓度，因而，在一定程度上可改善蛋壳品质。在饲粮中钙水平较低时，该作用更明显。

3. 电解质平衡与蛋壳品质

蛋壳形成过程中，壳腺产生碳酸氢根离子($H_2CO_3 = H^+ + HCO_3^-$)，增加 H^+ 释放、子宫液和血液中的酸度，降低 pH，这种酸化现象不利于蛋壳形成，通过改变日粮的电解质平衡($Na^+ + K^+ - Cl^-$)，可以改善蛋壳的强度和厚度，该值一般以 200～250 mEq/kg 为宜。饮水中含适量 NaCl，可调控蛋壳腺内 CA 活性，从而改善蛋壳品质。炎热季节，鸡呼吸加快，从而排出多余的体热，增加二氧化碳呼出，减少血液中碳酸盐。从而使蛋壳的主要成分(碳酸钙)来源得不到保证，蛋壳质量下降，破损率增加。因此，在夏季蛋鸡日粮中添加适量(0.1%～0.5%)的碳酸氢钠，有助于改善蛋壳质量。

4. 其他营养成分与蛋壳品质

锌、锰、铜可通过影响碳酸钙的形成和调节晶体的结构来改变蛋壳品质(Mabe 等，2003)，这 3 种元素对蛋壳形成的作用既各有分工，又相互协调。铜和锰的缺乏会影响蛋壳膜和蛋壳的形成，日粮中适量水平的铜(10 mg/kg，武书庚，2001)和锰(70 mg/kg，肖俊峰，2014)可改善蛋壳厚度。锰在蛋白质—黏多糖的合成中起着重要作用，黏多糖是一种糖蛋白，与蛋壳钙化的启动有关；锰还可调控晶体的方向，促进晶体沿着 C 轴生长延伸，从而影响晶体的微观结构，调节蛋壳的机械性能(Nys 等，1999)。缺锰会引起蛋壳外形与结构的明显变化，产蛋量显著减少，蛋壳变薄易破碎。镁适宜的水平为 0.4%或稍高，日粮含镁 400 mg/kg 才能保证蛋壳强度。高镁(≥0.56%)会影响鸡的采食量、产蛋量，增加鸡蛋破损率。实际生产中，一般日粮均能满足镁的需要，因此应主要关注镁过量。日粮添加碘超过 65 mg/kg，可降低破蛋率，但大于 130 mg/kg 时会影响产蛋率。蛋氨酸、赖氨酸和氨基乙酸对蛋壳具有强化作用，可使蛋壳厚度均匀，蛋氨酸从 0.223%提高到 0.338%时，蛋壳质量显著改善(刘建树，1993)。

锌作为蛋壳形成过程中的主要酶(碳酸酐酶)的组成部分，可促进 H_2CO_3 水解，提高蛋壳腺内 HCO_3^- 的浓度，促进 $CaCO_3$ 的沉积；作为碱性磷酸酶(ALP)的组成部分，对蛋壳基质中某些磷酸化蛋白(骨桥蛋白、OC-116 等)可起到一定的调控作用，从而直接或间接地影响碳酸钙晶体的形成。研究表明，锌可提高血浆和蛋壳腺内 CA、ALP 的活性，提高蛋壳腺内 *CA* 基因的表达，通过调节蛋壳腺内 *ALP* 基因的表达而影响 *OPN* 及 *OC*-116 基因的表达，从而改善蛋壳品质(张亚男，2013)。

5. 饮水质量与蛋壳品质

蛋鸡饮用高矿物质含量(尤其是高氯化物)饮水时，会严重影响蛋壳品质(Wolfrd，1994)。饮水中矿物含量增加，会干扰鸡体体液的缓冲能力，降低子宫液中 HCO_3^- 的浓度，甚至导致酸中毒，从而干扰蛋壳的形成(Balnave 等，1989)。饮水中氟含量大于 5 mg/kg 会降低蛋壳品质(肖希龙等，1994)。

三、蛋重调控

禽蛋重受许多因素影响，其中包括遗传、品种，开产日龄、体重和体型、性成熟和季节，年龄、饲养方式、密度、温度、营养状况、疾病和药物，影响蛋重的营养因素主要有日粮亚油酸、能量和蛋白质及氨基酸水平。

（一）日粮脂肪及亚油酸

关于日粮脂肪对蛋重影响较多，但是研究结果不尽一致。研究表明，日粮添加脂肪（2%、4%）可显著降低蛋鸡采食量，增加饲料转化效率，但对蛋产量无显著影响（Horani 等，1997），植物脂肪（0～4%）未能改善持续高温环境下蛋鸡的生产性能（Usayran 等，2001）；在等能等氮的基础上日粮中添加动植物混合脂对蛋重无显著影响；脂肪（0～4.5%）对蛋鸡（35～44 周）的蛋重、产蛋量和鸡体重亦无显著作用。但也有研究表明，蛋鸡性成熟前或性成熟时饲喂高脂肪日粮可提高鸡的体重（Hoyle 和 Garich，1987）。日粮添加脂肪可提高蛋鸡（20～40 周）蛋重、鸡蛋大小及产蛋量，2%添加量时最大。增加日粮脂肪含量（0～4%）可显著提高蛋重、采食量及能量的摄入量（Grobas，2010）。研究结果的不同可能是由于基础日粮、品种或饲养环境的不同所致，一般认为蛋鸡营养优先用于维持自身的产蛋性能。

油酸作为家禽必需脂肪酸之一，对其在生产上的研究由来已久，但其对蛋重的影响虽尚无定论，但多数研究认为提高日粮中亚油酸含量可以增加蛋重。Jensen 等（1958）观察到黄玉米中含有可增加蛋重的因子。后来，人们认为玉米或玉米油中维持最大蛋重的这种因子为亚油酸（LA）。随着研究的深入，关于亚油酸影响蛋重的机理研究增多，亚油酸可影响蛋黄形成的质量和重量，从而影响蛋的大小。蛋重对红花油增加有反应，对橄榄油没有反应，表明红花油中的亚油酸是引起蛋重变化的原因（Mannion 等，1992）。一般认为提高日粮中亚油酸水平可以提高蛋重；降低亚油酸水平，蛋重降低。增加鸡采食的亚油酸含量，平均蛋重继而增加，但吸收油增加，亚油酸含量却未增加，则平均蛋重没有显著提高（Scragg，1987）。亚油酸缺乏时，脂质向卵巢的转运速度降低，脂蛋白不能迅速合成，造成成年母鸡的蛋重降低，只有约 40 g。日粮中添加玉米油影响蛋重的机理与年龄有关，产蛋后期主要通过增加蛋白含量来增加蛋重，前期对蛋白和蛋黄均有增加。此外，亚油酸还能通过升高血浆雌二醇水平来增加蛋重（Whitehead，1993），日粮中添加 5.5%玉米油，蛋重增加 1.26 g，主要系因蛋白重量的增加，蛋黄重和蛋壳重几乎未变。虽然添加玉米油引起的 22～32 周产蛋鸡蛋重的增加与蛋黄和蛋白的增加都有关，但 50～58 周蛋重的增加似乎仅是由蛋白重增加引起。对照组与添加玉米油组的血浆雌二醇水平相比，极显著降低，而大多数输卵管蛋白质的合成又受雌激素调节，表明日粮脂肪对蛋重的影响是通过雌激素调控的输卵管蛋白质的合成发挥作用。虽然蛋重的增加主要是蛋白增加，但添加鱼油时蛋黄和蛋重都减小，因此将日粮脂肪对血浆雌二醇和蛋重的影响归结于脂肪酸的影响。一般认为，日粮中亚油酸水平达到 1.5%时，可保证正常蛋重。但也有研究发现饲喂产蛋鸡（40～44 周）的日粮中添加共轭亚油酸（0～6%）会线性降低蛋鸡的采食量、产蛋量、蛋重及饲料转化率，且显著降低蛋鸡蛋黄重、蛋白重及蛋壳重（Shang 等，2004）。因此，亚油酸在蛋鸡蛋重调控中的应用因日粮、品种、环境等的不同而异，这与日粮中总亚油酸的含量及消化吸收率有关。

（二）能量

能量水平可影响母鸡的采食量，从而影响母鸡的产蛋大小。能量供应充足，有利于家禽体内蛋白质的合成，从而增加蛋重。提高母鸡能量摄入量，可增加开产时蛋重及整个产蛋期蛋重。能量供应不足，则蛋重减轻、产蛋率降低。日粮能量从 2 719 MJ/kg 增加到 2 959 MJ/kg 时，饲喂的蛋鸡（21～36 周）为获得持续的能量供应而逐渐降低采食量，但增加了早期蛋重，主要是蛋黄重增加（Wu 等，2005）。但能量的摄入具有一定限度，过高的能量对蛋重并无持续增加作用。Grobas 等（1999）对日粮不同能量（2 680、2 810 kcal/kg）、脂肪（0、4%）和亚油酸（1.15%、1.65%）对蛋鸡生产性能影响的研究表明，高能可显著降低采食量，改善饲料转化率，但对蛋重无影响，高剂量的亚油酸对蛋鸡的生产性能并无改善作用，而脂肪可显著提高蛋重，且低剂量亚油酸组的生产性能的改善作用是由于脂肪，并非亚油酸或能量的作用。可见，能量对蛋重的影响存在一定的限度。

（三）蛋白质和氨基酸

能量摄入量是影响产蛋量的最主要因素，而蛋白质摄入量则是决定蛋重的关键因素。蛋白质水平过低，不但影响蛋重而且影响产蛋率。鸡蛋干物质中约有 50%是蛋白质，故日粮蛋白质水平对蛋重和产蛋率均有重要影响。一般认为，饲料蛋白质水平每增减 1 个百分点，可使蛋重增减 1.2 g 左右。因此，可通过调整日粮蛋白质水平来改变蛋重的大小。产蛋初期，蛋重较低使得蛋的商品率和价格均降低，而产蛋后期蛋重过大，蛋壳品质变差，降低蛋的合格率，所以在产蛋前期应提高日粮蛋白质水平，产蛋后期适当降低蛋白质水平。在具体实施时，日粮蛋白质水平每次改变不应超过 1 个百分点，且要持续进行，这样才能达到预期效果。

在重视蛋白质水平的同时不应忽视日粮氨基酸的水平及其平衡。日粮中氨基酸不足时，会降低蛋重，因此在初产蛋鸡日粮中应提高氨基酸水平。当以生产每克鸡蛋来表示对氨基酸的需要量时，由于初产蛋鸡的蛋重较轻，对氨基酸的需要量也较低（Harms，1997）。一般认为，降低日粮粗蛋白质水平，添加诸如蛋氨酸、赖氨酸、色氨酸、苏氨酸、精氨酸等必需氨基酸时，可使产蛋鸡维持正常的生产性能，而具体需要量应根据日粮、品种、生产性能等进行调整。产蛋早期日粮蛋氨酸水平对蛋重具有显著影响（Keshavarz，1995），但其基础是日粮粗蛋白质水平必须充足。

日粮能量和蛋氨酸不仅应随产蛋重的增加而增加，还需要维持一定的比例。蛋氨酸/能量的比值降低时，产蛋率和蛋重均降低；蛋鸡采食蛋氨酸∶能量为 1∶1.25 时，利润最大，1∶1.15 时，产蛋率最高，但蛋重有所降低（Harms，1997）。降低氨基酸水平，当蛋鸡总含硫氨基酸摄入量低于 412 mg/（只·d）时，蛋重降低（Zimmerman，1997）。此外，日粮精氨酸水平过低时蛋重也降低。

随着理想蛋白质概念的提出，关于理想蛋白模式下蛋鸡蛋白质和氨基酸的研究日益增多。付胜勇（2012）对标准可消化氨基酸模式下日粮能量与蛋白质水平对产蛋鸡的影响的研究中发现，无论在高能低蛋白或低能低蛋白日粮中，蛋白质的降低均显著降低了蛋重和蛋清重，且发现日粮中 SID AA 模式外 Arg、Phe 和 Ile 浓度的下降与蛋重的下降显著相关。低蛋白（14%）日粮显著降低蛋鸡（24～44 周）蛋重，添加蛋氨酸后蛋重增加，且在添加量为 0.44%时达到对照组（16%CP、0.38% Met）水平（Bunchasak，2005）。

第二节　禽产品内在品质的营养调控

禽产品的内在品质是指禽蛋(肉)内部的品质,本节主要从脂质、维生素和微量元素三方面进行讨论。

一、脂质

(一)肉仔鸡胴体脂肪含量

肉用仔鸡体脂的沉积是肉鸡生产者颇为关心的重要问题,其原因主要有两个:①鸡肉中脂肪的数量、组成和稳定性是鸡肉作为人类食品首先考虑的重要问题;②肉鸡的腹脂过多逐渐引起人们的关注。美国每年因肉仔鸡体脂或胴体脂肪沉积所造成的损失达数亿美元(Bertram 等,1986)。我国由此造成的损失也十分惊人。鸡的脂肪沉积或直接源于日粮脂肪,或来自肝脏中的脂肪合成。体脂沉积包括脂肪细胞数目的增加和细胞容积的扩大。从细胞水平来看,快速生长肉仔鸡的脂肪细胞容积,4 周龄后迅速增加。

因低脂系肉鸡体脂含量低、饲料转化效率好、产肉率高,因而越来越受到消费者和生产者的欢迎。降低体脂的主要技术有:品种选育、免疫调控和饲料营养调控等。

1. 日粮营养水平

日粮组成直接影响脂肪组织的生长和沉积,其中主要的日粮营养因素包括能量浓度、蛋白质水平、蛋白能量比、脂肪含量及其品质等。

当肉鸡摄入的能量超过其维持和生长需要时,便使脂肪沉积。摄取能量低时,胴体脂肪沉积较少,蛋白质沉积较多;摄取能量高时,胴体脂肪沉积较多,蛋白质较少。可见,要减少体脂蓄积,需要控制能量的摄入。然而,降低能量摄入通常会引起体重减少。因此,有必要研究既能保持鸡体重的适度增加,又能控制体脂肪积累的能量供给方式。例如,上市前 10 d 能量摄入减少 9%,体重仅下降 7%,净肉率没有变化,而腹脂下降 50%,同时饲料转化率有所改善。

日粮蛋白质不足,即日粮能量蛋白比较低时,需要消耗更多的能量以维持相对较低的生长率;蛋白质或氨基酸略微偏低时,生长不一定受到影响,因为鸡体可以通过增加采食量来满足生长需要。上述两种情形均可致脂肪沉积增加。如果日粮能量水平增加,蛋白质水平下降,即能蛋比提高,则体脂沉积增加;相反,则体脂沉积减少。如果蛋白质、能量水平均提高,则体蛋白增加。与体蛋白蓄积相比,体脂肪蓄积量随饲料能蛋比的变化更大。

提高日粮粗蛋白质水平能控制体脂增加,这是由于分解进入体内的蛋白质需要消耗较多的能量。为了降低胴体肥度,日粮中氨基酸组成必须平衡。氨基酸组成不平衡时,肉仔鸡会采食过多的饲料和能量,造成脂肪沉积。

2. 饲料添加剂

人们已经开展了大量研究,以求采用化学药物定向控制动物体成分的生长,通常称这类物质为营养重分配剂(nutrient repartitioning agent)。这些物质被摄入动物体内后,参与机体内的新陈代谢过程,对摄入营养素的利用起重分配作用,使生理过程有利于蛋白质的合成,且抑制脂肪的生成,从而达到提高瘦肉率的目的。关于使用化学药物提高动物瘦肉率的研究,国外始于20世纪20年代,并于20世纪70年代初期研究了500多种这类化学药物,其中大约有20种已进入实用化研究阶段,主要是氨基醇类化合物和某些天然有机物。目前研究的化学物质主要是β-兴奋剂和生长激素类物质。虽然β-兴奋剂对改善动物生产性能和胴体组成有显著效果,但迄今为止除了美国批准自2000年5月开始可以在生长肥育猪后期(最后40 kg)使用莱可多巴胺盐酸盐(且不需要停药期)外,尚未批准其他β-兴奋剂如双氯醇胺和盐酸克伦特罗的使用。我国明令禁止在动物饲料中使用β-兴奋剂。

生长激素(GH)及其类似物是调节动物生长的最主要激素,可对机体大部分组织的糖、脂肪、蛋白质和核酸代谢起调节作用。GH对糖代谢和脂肪代谢具有胰岛素样和抗胰岛素样双重作用。前者发生较早且非常短暂,是药理效应;后者发生较迟,更接近生理效应。GH的胰岛素样效应主要是促进组织对血糖的摄取和利用,降低血糖浓度,促进葡萄糖进入脂肪组织,促进脂肪细胞中脂肪酸的酯化。GH的抗胰岛素样效应是降低脂肪组织对葡萄糖、果糖和丙酮酸的氧化能力,升高血糖,动员贮存脂肪转运至肝脏产生酮体,促进脂肪分解。GH对蛋白质和核酸代谢的主要作用是促进细胞分裂和RNA合成,促进氨基酸进入细胞,促进蛋白质合成,减少氨基酸分解。GH还可以使生长动物的体细胞数量增加、体积增大、刺激所有体组织特别是骨骼和肌肉的生长和发育(丁宏标,1994)。与β-兴奋剂的作用不同,GH主要是通过减少脂肪组织中脂肪合成进而减少脂肪沉积,在不影响乙酰辅酶A羧化酶活性的情况下抑制乙酰辅酶A羧化酶蛋白,部分抑制脂肪合成,并使皮下脂肪细胞变小。

GH及其类似物促进动物生长的效果良好,但要应用于生产实际还存在许多问题,譬如严格的种属特异性;需要频繁注射而不能口服,使用不方便;很难制备高效价生长抑素(SS)抗血清,而且机体对这种免疫球蛋白可能出现过敏反应;主动免疫所需的SS纯品很难获得,并需多次重复免疫等等(丁宏标,1994)。因此,有些学者试图寻找其他途径来消除SS的抑制作用,以求提高内源GH水平,促进动物生长。韩正康和林玲(1992)研究表明,半胱胺可抑制生长抑素水平,提高生长激素的基础分泌水平,促进肉仔鸡生长,提高饲料转化效率,减少体内脂肪含量,从而改善胴体品质。他们认为,用半胱胺促进肉鸡生长与用生长激素或生长激素释放因子相比,其优点是不存在种间特异性、投药方便、成本低。此外,间断性口服适量半胱胺还可以改善鸡的肌间胶原蛋白品质,增加肌肉嫩度。

(二)禽蛋中胆固醇含量

每枚鸡蛋含200~250 mg胆固醇,因而在许多消费者的心目中鸡蛋便意味着高胆固醇,这是造成鸡蛋消费量下降的重要原因之一。美国年人均鸡蛋消费量便从20世纪40年代的400枚降低为20世纪80年代末的260枚(Mast和Clouser,1988)。多年来,人们对影响蛋鸡胆固醇代谢和胆固醇在鸡蛋中沉积的因素进行了大量的研究(Naber,1991)。

蛋鸡采食高脂肪或高能日粮会使鸡蛋中胆固醇水平增加(Naber,1991)。高水平不饱和脂肪酸会刺激肝脏中胆固醇合成并使鸡蛋中沉积增多。此外,日粮中的谷甾醇和高纤维可轻微降低鸡蛋中胆固醇水平。在蛋鸡日粮中添加某些药物可能会显著降低鸡蛋中胆固醇水平,但同时可能带来一些副作用,如引起鸡蛋营养组成改变,药物在鸡蛋中的残留以及使用药物的成本问题。与鸡蛋胆固醇含量有关的日粮营养因素有:铜、铬、类黄酮、大蒜素、纤维类、*n*-3脂肪酸等。

1. 铜

铜能降低肉品中胆固醇含量。药理水平的硫酸铜能降低肉仔鸡血浆和肌肉中蛋黄胆固醇含量(Bakalli 等,1995;Pesti 等,1998),添加 125 mg/kg 的铜,蛋黄中胆固醇与对照组相比从 11.7 mg/g 下降至 8.6 mg/g,降低了 26%;添加 250 mg/kg 的铜,蛋黄胆固醇进一步降至 7.9 mg/g,但与添加 125 mg/kg 组差异不显著,血浆中胆固醇的变化与此相同;玉米—豆粕型日粮中分别添加 50、150 和 250 mg/kg 的铜($CuSO_4 \cdot 5H_2O$),蛋黄胆固醇含量呈线性下降(Ankarl 等,1998;齐广海等,2000)。

动物体内的巯基与二硫键比是维持体内胆固醇平衡的重要因素。谷胱甘肽(GSH)还原酶是细胞内主要的巯基供体,GSH 通过刺激 3-巯基-3-甲基-戊二酸单酰辅酶 A(HMG-CoA)的活性,调节胆固醇合成(Valsala 和 Kurup,1987)。日粮中添加药理水平的铜可降低 GSH 还原酶和 HMG-CoA 还原酶的活性从而减少胆固醇的合成(Kim 等,1992)。就相同添加剂量而言,柠檬酸铜的降胆固醇效果比硫酸铜更明显(武书庚,2001)。

2. 铬

关于铬对鸡蛋胆固醇含量的影响尚无一致结论。0.8 mg/kg 有机铬可显著降低蛋黄中胆固醇含量(降低 34%;Lien,1996);含 0.4 和 0.8 mg/kg 铬的日粮饲喂蛋鸡 30 d,显著降低了血浆和蛋黄中胆固醇含量,且有机铬效果优于无机铬。铬可能通过增强胰岛素活性,促进体内脂类物质沉积,减少循环中的脂类,实现降低胆固醇沉积的作用(林祥霖,1997)。

3. 类黄酮

调查表明,日常摄取大量大豆产品,可显著降低血清总胆固醇水平(Nagata 等,1998);有人将大豆产品预防动脉粥样硬化、冠心病的作用归因于其中类黄酮的降血胆固醇、抗氧化和保护动脉壁完整的作用(Lichtenstein,1998);大豆类黄酮可能通过提高 LDL-受体活性降低血浆胆固醇水平,进而防止动脉粥样硬化(Kirk 等,1998)。Tovar-Palacio(1998)报道,类黄酮提取物可通过影响与脂类代谢有关的基因表达降低血浆脂蛋白浓度。郑君杰(2000)研究表明,20 mg/kg 类黄酮物质(茶多酚和大豆黄酮)具有明显的降低鸡蛋胆固醇的作用。

4. 大蒜素

肉鸡饲喂高铜或添加大蒜素的日粮,可显著降低 7α-胆固醇羟化酶的活性(Konjufca 等,1997)。Paik 和 Blair(1996)指出,添加新鲜大蒜或大蒜的乙醚提取物饲喂日本鹌鹑,血清、蛋黄和肝中的胆固醇含量下降,血糖降低。Reddy 等(1991)报道白来航产蛋鸡日粮中添加 0.02%的大蒜油对血脂、血浆胆固醇和蛋黄胆固醇的含量没有明显影响。

5. 纤维类物质

β-环糊精是一种机体不能吸收的碳水化合物。Ferezou (1997)报道,β-环糊精可结合胆固醇和胆酸、减少胆固醇的吸收、增加胆固醇和胆酸的合成及从粪中的排泄、调节小肠微生物的活动、加速体内胆固醇转化。壳聚糖可能具有类似的作用,在制药中常用作沉淀剂来提纯药物。

(三)禽产品中 *n*-3 脂肪酸的富集

从 20 世纪 80 年代末开始,人们对 *n*-3 多不饱和脂肪酸(*n*-3 PUFA)的研究兴趣剧增,其原因在于摄入 *n*-3 PUFA 后会引起对人体有益的一系列代谢变化,降低血浆甘油三酯和胆固醇水平，改变类二十烷的生成量和组成（Kinsella 等，1990）。其具体表现是：抑制炎症、抗血栓、抑制动脉粥样硬化、抑制肿瘤生长（Sanders，1988）。此外，许多研究表明，*n*-3 PUFA 亦是人生长和发育的必需物质，对老年人特别有益（Simopoulos，1991）。

n-3 PUFA 在人体内不能从头合成，必须从食物中摄取。加拿大提出的人营养需要量指出，人食物中能量摄入量的 0.5%至少应以 *n*-3 PUFA 的形式供给（Health 等，1990）。如果每人每日能量需要量为 7.5 MJ，则对 *n*-3 PUFA 的需要量为 1 g，这相当于每天至少需食用 160 g 富含 *n*-3 PUFA 的海产品。但因海产品的季节性、价格及口味喜好等因素极大限制了人们从海产品中摄取 *n*-3 PUFA。可见，仅靠海产品显然无法满足人们对 *n*-3 PUFA 的需要量。

鱼油中富含对人体健康极为有益的长链 *n*-3 PUFA，如二十碳五烯酸（C20：5*n*3，EPA）和二十二碳六烯酸（C22：6*n*3，DHA），一些研究者便采用鱼油作为蛋鸡日粮中 *n*-3 PUFA 的来源来改变蛋黄脂肪酸组成（Hargis 等，1991；Van Elswyk，1993）。然而，采用鱼油作为 *n*-3 PUFA 来源存在许多缺陷，鱼油资源有限；鱼油本身即可作为药品或医疗保健品供人直接食用；添加鱼油的饲料必须现配现用；最严重的问题是，鱼油易于氧化，所以必须贮存在-20℃以下；日粮中添加鱼油的蛋黄中的脂质过氧化物含量较高，而摄入氧化脂质对动物和人体均有严重的不良生物学后果。因此，近年来人们倾向于使用植物性 *n*-3 PUFA 原料，如全脂亚麻、油菜籽、海洋藻类等，以此来强化家禽产品中的 *n*-3 PUFA（Caston 等，1990；Jiang 等，1992；齐广海，1996）。

1. 鸡蛋

早在 1934 年，人们就发现高水平的不饱和脂肪酸会影响蛋黄中脂肪酸的比例，而高水平的饱和脂肪酸对蛋黄脂肪酸组成影响较小（Crickshank，1934）。然而，早期的工作主要集中于油酸和亚油酸（Crickshank，1934；Sim 等，1973）。因摄入 *n*-3 PUFA 对健康有益，近期的研究多重视强化蛋黄中的 *n*-3 PUFA。研究表明，通过给蛋鸡饲喂来源于亚麻或卡努拉（Canola，加拿大生产的一种双低菜籽粕）的 α-亚麻酸（ALA）可以强化蛋黄中的 *n*-3 PUFA（Caston 和 Leeson，1990；Jiang 等，1991；Qi 和 Sim，1995），提高鸡蛋中 *n*-3 与 *n*-6 脂肪酸的比例。饲喂全脂亚麻对鸡蛋的内在品质（按比重和哈夫单位度量）没有影响。汪醌（2000）研究表明，日粮中添加鱼油和亚麻籽可显著改变蛋黄脂肪酸的组成，添加鱼油可使蛋黄中 DHA 和 EPA 提高，无论日粮组成如何，DHA 沉积量总明显多于 EPA；蛋黄中 ALA 随日粮添加亚麻籽呈线性提高，其沉积效率较 DHA 和 EPA 高。日粮 *n*-3 PUFA 明显对蛋黄中花生四烯酸的沉积有抑制作用，主要是由于 *n*-3 PUFA 竞争性抑制了花生四烯酸的合成，从而使花生四烯酸的总量减少，影响在蛋黄中的富集；蛋黄中亚油酸的沉积量主要受日粮亚油酸水平的影响；采食时间对各种脂肪酸影响不大，表明蛋黄能迅速反映日粮的组成。蛋鸡采食含亚麻酸水平高的日粮时，虽然蛋黄中沉积的主要是 ALA，但蛋黄的磷脂部分也会沉积相当数量的长链 *n*-3 PUFA 如 EPA、DPA 和 DHA，这表明蛋鸡通过自身的脱氢酶和延长酶体系可以将 ALA 转化为 EPA、DPA 和 DHA。饲喂亚麻籽作为 *n*-3 PUFA 来源可以使蛋黄脂质中沉积 7%～12%的 *n*-3 PUFA 其中不同 *n*-3 PUFA 的多少顺序为：ALA＞DHA＞DPA＞EPA。蛋黄中的 ALA 主要存在于甘油三酯中（Jiang 等，1991）。

n-3 PUFA 强化后的鸡蛋可以为消费者提供一种更为经济的 *n*-3 PUFA 食品（VanElswyk，1993）。在美国所做的一项消费调查表明，65%的消费者愿意购买富含 *n*-3

PUFA的鸡蛋,其中71%的人愿意支付更高的价钱(Marshall等,1994)。因此,*n*-3 PUFA鸡蛋可能具有广阔的待开发市场。

2. 鸡肉

肉鸡日粮中添加5%的亚麻油或鱼油可增加肉鸡体组织(Phetteplace和Watkins,1989)和鸡肉(Olomu和Baracus,1991)中*n*-3 PUFA的沉积量。饲喂亚麻油时,鸡肉中沉积的*n*-3 PUFA主要是ALA。这些研究表明,通过给肉鸡饲喂不同来源的脂肪酸也可以改变其体内的脂肪酸组成。

近年来,有一系列试验研究了用亚麻或卡努拉强化肉仔鸡和淘汰蛋鸡体内*n*-3 PUFA的可行性(Ajuyah等,1991a,1991b,1993a,1993b;齐广海,1995)。试验鸡胸肌和腿肌中脂肪酸组成与所饲喂日粮的脂肪酸组成有关,但对肉中不同脂质成分的影响不同。日粮中添加全脂亚麻籽或卡努拉籽会影响胴体脂肪沉积,并提高胴体中*n*-3 PUFA水平(Ajuyah等,1991a)。试验日粮对肝脏重量和胴体大小没有显著影响。此外,Ajuyah等(1991b)的研究表明,蛋鸡采食亚麻日粮时,腿肉中胆固醇水平显著降低。

(四)禽蛋中共轭亚油酸的富集

共轭亚油酸(conjugated linoleic acid,CLA)是亚油酸的一组几何异构体的总称。研究表明,CLA具有抗癌、降低血脂和抗动脉粥样硬化(Lee等,1994)、增强免疫反应(Miller等,1994)、增加脂肪硬度、调节脂类代谢(Park等,1997)、降低脂肪/肌肉比等作用。在猪日粮中添加CLA能提高瘦肉率,改善肉品质量。CLA产品的抗癌和预防心血管疾病的作用吸引了不少学者的注意。美国衣阿华州立大学Ahn研究团队研究了通过日粮调整来调控鸡蛋中CLA含量的可行性(Du等,1999;Ahn等,1999)。结果表明,蛋黄CLA含量随日粮CLA含量的提高而增加,当日粮添加量为2.5%和5.0%时,鸡蛋中CLA含量分别达到209和365 mg/枚。日粮中添加CLA(1%、2%和4%)后,可显著提高蛋黄中CLA两种主要异构体*c*9,*t*11-CLA和*t*10,*c*12-CLA的沉积量,且*c*9,*t*11-CLA的沉积量均显著高于*t*10,*c*12-CLA,沉积量在4%达到最高(齐晓龙,2013)。

(五)禽产品品质的稳定性调控

由于家禽产品富含脂类物质(蛋黄中1/3为脂类物质),其中的胆固醇和不饱和脂肪酸可能发生氧化,从而影响产品品质。脂类的过氧化作用是自由基对不饱和脂肪酸作用发生过氧化反应的过程,也是导致脂肪酸酸败和腐败的过程之一。

1. 氧化胆固醇的控制

胆固醇的氧化产物比胆固醇本身具有更强的致动脉粥样硬化作用,因而摄入后对人体的危害更大。新鲜鸡蛋中的胆固醇氧化产物较少,几乎可以忽略不计(Ahn等,1999),但是在贮存条件不当时或烹制过程中,蛋黄中的胆固醇有可能氧化形成氧化胆固醇。胆固醇的氧化产物在鸡蛋粉和其他含胆固醇的食物中均有发现(Tsai和Hudson,1985;Bosinger等,1993)。多数胆固醇氧化产物具有毒害细胞、致动脉粥样硬化、致突变、致癌或抑制酶活性作用。

鸡蛋特殊的黏结性、发泡性和营养丰富的特点,使鸡蛋在儿童、老年人食品方面具有广泛的应用前景。但是鸡蛋中胆固醇含量较高,在热加工过程中易于氧化,形成氧化胆固醇。尹靖东(2000)针对这一问题,研究了类黄酮对鸡蛋蛋黄胆固醇氧化产物形成的作用,发现日粮中添加茶多酚、大豆黄酮和铜可以有效抑制蛋黄加热时氧化胆固醇的形成。

2. 富含 *n*-3 脂肪酸家禽产品的稳定性

富含 *n*-3 PUFA 的鸡蛋有一种异味，即鱼腥味(Jiang 等，1992)。鱼腥味的产生可能因三甲胺、脂质氧化产物和亚麻味引起。在饲料中加入维生素 E 作为抗氧化剂稳定脂肪后可以显著减少饲料和鸡蛋中的异味、挥发性物质和丙二醛水平。在日粮中添加抗氧化剂可以减少异味且不会减少 *n*-3 PUFA 的沉积。蛋鸡采食含 1.5%鱼油日粮后，所产鸡蛋的贮存稳定性与采食未添加脂肪日粮的相当(Marshall 等，1994)；3%ALA 日粮可以改变蛋黄脂质的脂肪酸组成，且不影响全蛋贮存期间的内在品质(Ahn 等，1995)。齐广海(1995)指出，当全蛋脂质中 *n*-3 PUFA 达到 10%时，贮存时仍然相当稳定，但提高富含 *n*-3 PUFA 蛋黄粉中内在生育酚含量对防止其脂质氧化很有必要。

Ajuyah 等(1993a)发现日粮抗氧化剂会影响胸肌中磷脂酰乙醇胺部分的脂肪酸组成。鸡采食全脂亚麻日粮时，添加生育酚和/或鸡油菌黄质(Canthaxanthin)会提高 ALA、EPA、DPA 和 DHA 的水平，降低饱和脂肪酸水平，使 *n*-3 与 *n*-6 脂肪酸比例升高。添加抗氧化剂，特别是生育酚和鸡油菌黄质的混合物会降低富含 *n*-3 PUFA 鸡肉(特别是腿肉)中丙二醛和挥发性物质的水平。郑君杰(2000)研究了维生素 E 和茶多酚(TP)对蛋鸡采食 *n*-3 PUFA 日粮蛋黄脂质的影响。结果表明，日粮中添加亚麻籽，蛋黄 TBARS 提高，维生素 E 的抗氧化效果明显优于 TP，特别是在日粮中维生素 E 添加量为 200 g/t 后。这说明通过在日粮中添加天然抗氧化剂可以改善富含 *n*-3 PUFA 鸡肉的稳定性，这与 Ajuyah 等(1993b)和齐广海(1995)得出的结论一致。汪鲲(2000)研究表明，*n*-3 PUFA 日粮中添加鱼油和亚麻籽使蛋黄 TBARS 升高，但日粮中鱼油添加量低于 3%，亚麻籽低于 15%时影响不大，因此，生产富含 *n*-3 PUFA 鸡蛋时日粮鱼油和亚麻籽的添加量应不超过 3%和 15%；而添加维生素 E 可显著降低蛋黄的 TBARS，并可富集于鸡蛋中，其富集程度与日粮维生素 E 水平呈线性相关。

二、维生素

随着消费者对食品保健价值的逐步重视，人们对家禽产品中维生素含量的调控已超出一般的生产考虑，而着重于设计为人类保健消费服务并具有一致组成的高品质食品。日粮维生素水平对鸡蛋中维生素含量的影响最大，Naber(1993)报道发现维生素由日粮向鸡蛋中的转移效率(表 9-9)。要强化家禽产品中的维生素含量，不但要考虑维生素由日粮向产品中的转移效率，还要考虑成本。

表 9-9　维生素由蛋鸡日粮向鸡蛋中的转移效率

转移效率*	维生素
低(5%～10%)	维生素 K、维生素 B_1、叶酸
中等(15%～25%)	维生素 D_3、维生素 E
高(40%～50%)	核黄素、泛酸、生物素、维生素 B_{12}
非常高(60%～80%)	维生素 A

* 添加 1～2 倍的 NRC 需要量水平的维生素，蛋中的维生素含量达到平衡时的转移效率。

Naber，1993。

蛋黄中的脂溶性维生素容易受到日粮水平的影响(Jiang 等,1994;Qi 和 Sim,1995)。Jiang 等(1994)的研究表明,通过提高日粮中 α-生育酚、β-胡萝卜素和视黄醇水平可以强化它们在鸡蛋中的含量。随着日粮生育酚水平的提高,蛋黄中 α-生育酚浓度线性增加(Jiang 等,1994;Qi 和 Sim,1995)。日粮中 α-生育酚水平对其在鸡蛋中含量有明显影响(Jiang 等,1994)。Qi 和 Sim(1998)研究表明,不但 α-生育酚,而且 γ-和 δ-生育酚也可以通过日粮得到强化。

三、微量元素

关于微量元素对鸡蛋品质影响的研究较早,日本始于 1930 年,并于 20 世纪 70 年代首先研制成功了高碘蛋。研究表明,该蛋对高血压、高血脂、糖尿病、过敏性哮喘、鼻炎、骨质疏松症等都具有明显的食疗作用。我国从 20 世纪 80 年代初开始研制高碘蛋,到 20 世纪 90 年代初,已有 12 个城市开发了高碘蛋并投放市场(袁映创,1995),受到高碘蛋的启示,人们认识到利用鸡体具有的生物转化功能,能将人体不易吸收利用的一些微量元素通过它转化吸收,转化为生物态的微量元素浓缩到鸡蛋中,从而使本来就营养丰富的鸡蛋又增加了附加价值,拓展了鸡蛋的用途和市场。

考虑到禽类的健康、化学物质的稳定性以及碘在鸡蛋中的沉积率等,碘酸钙成为最理想的饲料碘源之一,生产高碘蛋的日粮中可添加 50～2 500 mg/kg 碘,添加 50～150 mg/kg 的碘即可使鸡蛋中碘含量达 300～800 μg/枚,比普通鸡蛋含量提高 10 倍以上。

据分析,鸡蛋蛋清中碘主要为无机碘,蛋黄中为有机碘,在蛋的形成过程中碘主要与含钙卵黄蛋白原复合物结合进入蛋黄中。维持产蛋鸡的正常生产性能日粮中碘的添加范围较广,主要是因为产蛋鸡的甲状腺对血液碘含量的变化有很强的适应能力,即使血液碘浓度升高或降低,甲状腺都能保持血液中稳定的甲状腺激素水平。高碘蛋除含有正常鸡蛋所具有的营养成分外,还富含碘化氨基酸和卵磷脂。

目前研制可供生产的微量元素强化鸡蛋主要有:①高碘鸡蛋:每枚含碘(300～2 000 μg/枚),比普通鸡蛋(3～30 μg/枚)高数十倍乃至数百倍;②高硒鸡蛋:蛋中含硒量(30～50 μg/枚),比普通鸡蛋(4～12 μg/枚)高 4～7 倍;③高锌鸡蛋:蛋中含锌量(1 500～2 000 μg/枚)比普通鸡蛋(400～800 μg/枚)高 1.5～2 倍;④高铁鸡蛋:蛋中含铁量(1 500～2 000 μg/枚)比普通鸡蛋(800～2 000 μg/枚)高 0.5～1 倍。

第三节　禽产品风味的形成机理与调控

肉品风味是肉品对人的视觉、嗅觉、味觉和触觉等器官的刺激,即人的综合感觉。肉品风味包括肉的色泽、多汁性、质地、嫩度、pH、气味和滋味等,而风味研究主要集中于气味(smell)和滋味(taste)两方面。很显然,气味是挥发性的风味物质刺激人鼻腔中的嗅觉感受器,以神经冲动的形式传入大脑而产生;而滋味物质是非挥发性的风味物质,包括水溶性和脂溶性两类,人能感受到的基本滋味包括酸、甜、苦、辣、咸。

早在 1865 年,德国 Liebig 肉类提取公司便首次开始对肉品风味的研究工作,但肉品风味化学成分的正规研究却始于20世纪50年代初，各种先进分析仪器和分析技术的出现后，但当时仅限于鉴定形成肉类风味的非挥发性和水溶性前体物质（Mottram，1991）。随着研究的深入，人们认识到肉品风味的形成比过去想象的要复杂。20世纪60年代和20世纪70年代，借助现代仪器和分离技术，开始鉴定肉中的挥发性化合物，但仍没有完全揭开肉品风味的秘密，不过已经认识到两点：①肉品风味由相当复杂的混合物形成；②在整个风味中起主要作用的“关键化合物”是糖类和蛋白质加热交互反应的产物（Narasimhan，1993）。

一、风味的化学成分

关于风味的研究，最初的工作主要致力于对肉类风味的非挥发性、水溶性前体物质的鉴定。从20世纪60年代中后期开始，人们更加关注肉品中挥发性香气成分的研究。Van den Ouweland 等（1964）把熟牛肉提取物和牛肉汤料中的蛋白质及其他大分子化合物除去，用离子交换树脂分离浓缩液，得到组分中有机酸组分的口味特性与原浓缩液接近，经分析有机酸包括5 -IMP、乳酸、琥珀酸、吡咯烷酮羧酸、正磷酸等。再加入含有氨基酸混合物的苦味成分，其肉味与原浓缩液几乎完全相同。随着气相色谱、质谱及气—质联用和红外光谱的应用，对气味物质的研究有了飞跃的进展。近30多年来，国际上对肉品中风味化合物进行了大量研究，现已鉴定的熟肉中挥发性化合物超过1 000种（Shahidi，1994），其中与肉品风味有关的可能有400多种，已证实的肉中香味物质有236种。这些物质可分为两类，一类是简单化合物如烃、醇、醛、酮、酸、酯等；另一类是含氧、硫、氮原子的杂环化合物如呋喃、噻吩及其衍生物等。一般认为含硫杂环羰基化合物是肉香的主要成分。

鲜味也是肉品风味的一部分。食物中鲜味的主要成分是谷氨酸钠（MSG）、肌苷酸（IMP）、鸟苷酸（GMP）、琥珀酸钠以及天冬氨酸钠和某些二肽（谷氨酰天冬氨酸、谷氨酰谷氨酸、谷氨酰丝氨酸）等（Dannert，1967）。黄梅南等（1996）研究表明，肉鸡的肌肉风味物质主要包括棕榈酸、十八醛、4-乙基-1-辛炔-3-醇、丁二酸二酯、反-2-辛烯醛、1-辛烯-3-醇、乙酸-2，2-二异氧基乙酯、十四烷、十五烷、十一醛、邻苯二甲酸二甲酯等。

二、风味的前体物

肉品的风味前体物质是肉中受热后能产生挥发性香味化合物的统称。1960年，Hornstein 和 Crowe 将牛肉的冰水提取物冻干后加热，马上产生了一种与烤牛肉相似的味道；将冻干物加水后再加热，则有煮牛肉香味。据此他们得出结论：风味前体物质是水溶性小分子物质，推测可能是氨基酸或碳水化合物。通过比较石岐黄鸡与AA肉鸡风味前体物含量、挥发性风味物含量及感官风味差异，发现脂肪酸是鸡肉香味形成的主要前体物，且肌肉脂肪和脂肪酸含量差异是造成两种鸡风味差异的主要原因（李建军，2003）。表9-10总结了肉类中的呈味物质。

表 9-10 肉类中的呈味物质

风味	物质
甜味	葡萄糖、果糖、核糖、甘氨酸、丙氨酸、丝氨酸、苏氨酸、赖氨酸、脯氨酸、羟脯氨酸
咸味	无机盐类、谷氨酸单钠盐(MSG)、天门冬氨酸
酸味	天门冬氨酸、谷氨酸、组氨酸、天冬酰胺、琥珀酸、乳酸、吡咯烷酮羧酸、磷酸
苦味	肌酸、肌酸酐、次黄嘌呤、鹅肌肽、啡肽、蛋氨酸、缬氨酸、亮氨酸、异亮氨酸、苯丙氨酸、丝氨酸、酪氨酸、组氨酸
鲜味	MSG、5′-肌苷酸、5′-鸟苷酸以及某些肽

来源:Macleod(1986)。

(一)脂类物质

牛肉、猪肉和羊肉都有基本的肉味(meaty),区分只能靠脂肪(Hornstein 和 Crowe,1960)。肉中脂肪分肌间脂肪和肌内脂肪,前者主要成分是甘油三酯,后者则是磷脂。肌间脂肪的多寡与肌肉的多汁性、大理石纹样等有关。肌内脂肪与肌肉中膜蛋白紧密结合,主要由磷脂组成,磷脂中因富含不饱和脂肪酸特别是多不饱和脂肪酸,故极易被氧化,其氧化产物直接影响挥发性风味成分的组成,进而改变肉品风味。Wong 等结合气—质联用与品尝评定等方法,发现 8～10 碳支链不饱和脂肪酸可产生羊肉特有的膻味,9～10 碳 1～4 磷基脂肪酸是羊肉酸甜味的主要成分。据报道,磷脂的降解可能是形成不同种类动物特异风味的原因,但未见深入研究。Mottram 等(1990)研究证实磷脂是肉品风味的前体物质,肌间脂肪仅对多汁性等口感有影响,在肉品风味形成中作用很小。

岳永生等(1997)认为,土杂鸡的气味香、味道好与亚麻酸和亚油酸含量高密切相关。亚麻酸在脂肪氧和酶的作用下产生醛,如反-2-乙烯醛、反-2＋二烯醛等,土杂鸡亚麻酸含量是快大型肉鸡的 11.78 倍;亚油酸氧化产生顺-4-癸烯酸、反-2 十一碳二烯酸、顺-4 癸三烯酸等香味物质。

(二)含氮化合物和糖类

Batzer 等(1962)及 Wasserman 和 Gray(1965)发现风味前体物包括:氨基酸、肌苷酸和多肽,如鹅肌肽和肌肽。Macy 等(1964)发现,生牛肉和生猪肉加热后,肉中的牛磺酸、丙氨酸、鹅肌肽和肌肽等大量减少,碳水化合物中只有核糖完全消失。这表明,氨基酸、多肽和碳水化合物是肉香的重要前体物质。Heath(1970)和 May(1974)研究发现只有加热相对分子质量低于 200 的化合物才产生牛肉香,这些化合物包括:半胱氨酸、丙氨酸、谷氨酸、色氨酸、寡肽、葡萄糖、葡糖胺、果糖和核糖等。加热时只有半胱氨酸和核糖完全消失,而且只要有半胱氨酸解离出来就有肉香,可见半胱氨酸和核糖可能是肉香的主成分。

(三)含硫化合物

在菠菜和炒肉等食品中含硫挥发性化合物是主要的风味物质(Grasser 和 Crosch,1988;Farmer 和 Amottram,1990;Block 等,1992)。含硫风味物质是肉在热处理过程中产生的。含硫氨基酸如赖氨酸和半胱氨酸等,是热处理过程中产生肉香的必需化合物。

有研究报道在煮、炖肉过程中,硫化氢不断产生,却无臭鸡蛋味(硫化氢本身味)。可能是因为所产生硫化氢与其酮化合物作用生成了含硫肉香成分,但有待进一步研究证实。加热时硫胺素能产生很多含硫降解产物,其中某些化合物具有肉香味。

三、风味化合物形成的途径

关于肉香的来源有两种不同观点(Chang,1993):一是瘦肉起源说,认为香味是瘦肉中水溶性香味前体物质在加热时产生的,脂肪不产生对肉香有特殊作用的含N、S的芳香类化合物;二是脂肪起源说,认为香味来自于脂肪并非是瘦肉。对于烹调猪肉过程中大部分分解的香味化合物的组成分析表明,挥发性或呈味组分主要由三类物质产生(Narasimhan,1993):①脂类物质——羰基化合物;②含氮化合物——氨和胺类;③含硫化合物——硫醇、有机硫化物和 H_2S。

(一)氨基酸

氨基酸和肽在125℃以上时会发生脱氨基、脱羧基作用形成醛、醇、烃、胺等。当把胺加热到300~400℃,就发生脱羰基作用,温度越高则产物越复杂。Merrit 和 Robertson(1967)列举了几种常见氨基酸的主要热解产物:亮氨酸和异亮氨酸热解产生3-甲基-丁醇和2-甲基丁醇;缬氨酸产生2-甲基丙烷,这些产物也是梅拉德反应产物。热解苯丙氨酸可产生苯、甲苯和2-甲苯,加热酪氨酸产生苯酚、苯甲酚和2-甲苯酚,精氨酸产生咪唑和各种含氮化合物。氨基酸除其本身呈味外,还可以直接经斯特雷克尔(Streecker)氨基酸反应产生挥发性醛类,如吡嗪,来自氨基酸、肽、蛋白质等含氮化合物(Shibamato,1980)。Schutte 和 Koenders(1972)报道肉汤中丙氨酸、蛋氨酸和半胱氨酸可与双酮(如丙酮醛)反应生成风味中间物——1-甲硫基乙巯。

(二)碳水化合物

糖类和羰基化合物可以降解产生呋喃等香味物质。食品处理过程中碳水化合物的降解很重要。100~130℃时糖失去结合水但不影响分子结构,150~180℃时糖分子脱去一分子水形成酐,190~220℃时脱去第2个水分子,戊糖形成糠醛,己糖形成羟甲基糠醛,进一步加热则这些化合物也能分解。Heyns 等(1996)报道葡萄糖加热到300℃时产生130多种化合物,已鉴定的50多种包括呋喃、醇、羧酸和芳香烃。有些化合物多于6个碳原子,Heyns 认为加热过程中发生了聚合反应。

(三)梅拉德反应

梅拉德反应(Maillard Reaction)系1912年法国化学家 Maillardyu 发现,也叫褐变反应。传统观点认为,梅拉德反应与烤肉、烤面包的焦糖香味及食品表面的棕色有关。其反应可分3步:①氨基酸、肽和蛋白质的胺基与还原糖的羰基缩合及 Amadorir 分子重排作用;②糖脱水、分裂及氨基酸降解;③3-羟基丁醛缩和聚合及环化作用。氨基酸和碳水化合物加热降解生成多种挥发性香味化合物(呋喃酮、呋喃醇等含氧杂环化合物)。在终产物类黑色素形成以前,氨基酸与糖反应生成的无数中间产物,如脂肪族醛和酮,吡嗪、吡咯、吡啶、噻唑、噻吩等,对于肉香味的形成也有重要作用。

(四)脂肪氧化作用

脂肪对肉香味的贡献有几种途径:其本身及其热解产物可能就是风味物质。脂肪酸和游离脂肪酸受热氧化可产生大量风味物质,当脂肪酸含有多个游离基时,60℃就会发生自动氧化，但大量降解发生在200～300℃，当加热到600℃时形成苦和辛辣化合物。热解产物包括内酯、醇、酮和低级脂肪酸。脂肪还可以与其他物质反应影响风味，如乙醛与H_2S反应生成香味化合物；脂肪还能溶解脂溶性物质，携带风味。

Mottram等研究了甘油三酯和磷脂对呈味的不同作用。加热去除生肉与鲜肉的甘油三酯后，比较发现香气特性和香味物质的种类和数量差异很小，但除去肉中磷脂加热则发现，一些特有肉香消失、香味物质种类和数量差异显著。在此基础上，利用半胱氨酸和核糖构成肉品风味模型，测定在添加与不添加磷脂，模型在加热后挥发性物质的属性与结构，结果发现加入磷脂后，挥发性物质中脂肪酸降解产物增加，这说明磷脂是通过与梅拉德反应产物相互作用，改变其挥发性产物的构成从而影响肉品风味的。Hanne等(1999)认为，鲜鱼的重要风味物质是通过脂质氧化途径形成的脂质衍生物。

（五）含硫化合物的热降解

硫胺素加热分解也形成香味物质，pH为3.5时硫胺素稳定，pH为6.7时可以生成呋喃、呋喃硫醇、甲基呋喃、噻吩、噻唑、H_2S以及脂肪族含硫化合物等。Ames(1992)研究发现噻吩包括2-甲基-2,2-二羟基-3(或4)噻吩硫醇和2-甲基-4,5-二羟基-3(或4)噻吩硫醇，有煮牛肉或烤牛肉的香味。

四、影响禽产品风味的营养因素

影响肉品风味的因素包括宰前因素和宰后因素。宰前因素顾名思义就是屠宰前影响风味的各种因子的总称，包括畜种、繁殖、年龄、性别、脂肪和饲料等。品种对风味的影响由基因决定。有研究表明，未阉割动物的生长快、饲料转化率高，增加瘦肉比例，在鸡上也如此。性别对鸡肉品风味的影响不大。日龄对肉品风味的影响在鸡上表现突出。皮下和肌间(大理石纹样)以及肌内脂肪组织，提供了肉品风味和口感。宰后因素包括屠宰过程中各种风味物质的变化(产生或分解)，以及在储藏、运输、加工等过程中，风味物质及肉品质的改变。

有些气味较浓的饲料，如葱、鱼粉等，其气味可直接影响动物产品的味道。有些饲料被食入后，在消化代谢过程中形成的一些产物也会使鸡蛋产生异味。在鸡饲粮中广泛应用的鱼粉、菜籽饼和胆碱常与鸡蛋产生腥臭味有关。

总之，国内外关于肉品风味的研究主要集中于模拟一些呈味反应来探讨风味反应的机理，而鲜有动物试验。要真正达到调控禽产品风味的目的，还需进行大量研究，如各种禽肉品风味的区别，哪些风味是所有肉品都有的，哪些风味是某一肉品所独有的，其前体物质是什么，前体物质是如何在动物体内外转化成香味物质的等。

五、鸡蛋腥味的形成机理与调控

蛋鸡的鱼腥味综合征系因基因突变导致鸡体无法正常代谢三甲胺(trimethylamine，TMA)，从而使得TMA逐渐累积并沉积于卵泡中，形成鱼腥味鸡蛋，该鸡蛋会散发一种难闻的类似鱼腥味的气味，严重影响了鸡蛋的风味和可接受性。当饲粮中添加菜籽油、菜籽饼粕、鱼粉或胆碱时极易诱发鱼腥味鸡蛋的产生。

鱼腥味综合征是一种代谢性疾病，是典型的遗传和营养互作的案例，受遗传、营养和机体生理状态等因素影响。其中，个体遗传背景即*FMO3*基因型和饲粮中前体物质是关系到蛋中 TMA 含量的 2 个决定性因素，也是目前的研究热点。此外，已发现多种因素均能诱导或抑制 FMO3 mRNA 表达，调节 FMO3 活性，从而影响 TMA 代谢。目前的研究多局限于毒物、药物代谢及生理因素等。

（一）T329S 突变位点及 *FMO3* 基因型

Honkatukia 等（2005）检测出鸡 *FMO3* 基因的 17 个多态位点（图 9-1），只有位于编码区第 984 个碱基位置的突变（由腺嘌呤突变成胸腺嘧啶）与蛋鸡鱼腥味综合征显著相关，该位点会导致 FMO3 第 329 个氨基酸由苏氨酸（T）突变为丝氨酸（S）；分析鸡 *FMO3* 基因 T329S 突变位点附近氨基酸序列发现，该突变包含于一个由 5 个氨基酸残基组成的短序列 FATGY 中。FATGY 在哺乳动物、植物和根际细菌等物种间高度保守。据推测 FATGY 可能在生成稳定中间体的过程中发挥作用（Atta-Asafo-Adjei 等，1993）。基于催化 N-羟基化反应的酶中 $D(X)_3$（L/F）ATGY（X）基序的发现，Stehr 等（1998）推测该基序可能是底物结合区域，区域中心的 FATGY 能够形成疏水区。该位点的突变可能会影响 FMO3 与底物的结合，导致其不能正常识别 TMAO，造成 TMA 在体内的大量沉积。据报道，T329S 位点的突变不会影响 FMO3 mRNA 的表达水平（Honkatukia 等，2005）。目前关于该突变位点对酶活影响的鲜有详细报道。

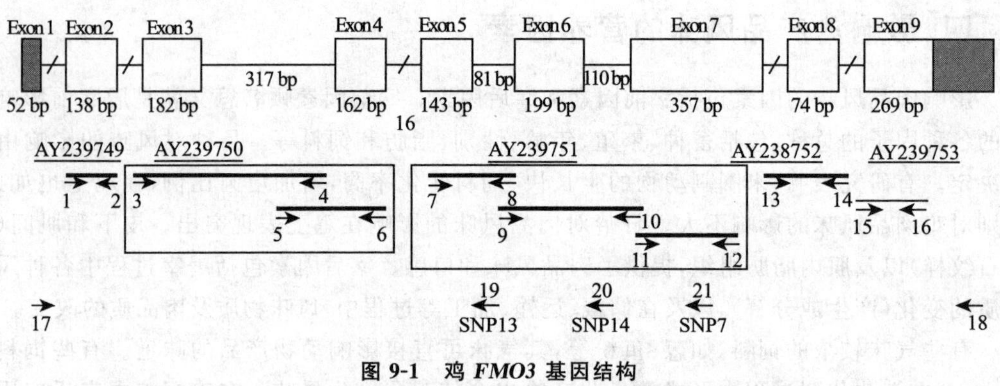

图 9-1　鸡 *FMO3* 基因结构
（Honkatukia 等，2005）

针对 T329S 位点的变化，可将个体分为 AA（野生型）、AT（杂合型）和 TT（突变型）3 种基因型。当饲粮中含有大量 TMA 前体物质时，就会诱发突变基因型蛋鸡鱼腥味综合征的表现，故突变基因型又称为易感基因型。因遗传背景、选育程度等因素不同，T329S 突变位点在各鸡种中的分布并不相同。测定表明，海兰褐（$n=598$）、罗曼褐（$n=100$）、伊莎褐（$n=93$）和白来航（$n=89$）蛋鸡群体中突变基因型频率分别为：20.0%、1.0%、14.0%和 0（Ward，2008；表 9-11）。对 *FMO3* 基因 T329S 突变位点在商品代海兰褐壳蛋鸡群体中的分布检测结果显示，AA、AT 和 TT 基因型频率分别为 3.4%、76.6%和 20.0%（$n=731$），该基因在海兰褐蛋鸡品系内极显著（$P<0.001$）的偏离了 Hardy-Weinberg 平衡（王晶等，2011）。对我国 11 个地方鸡种的 T329S 突变位点检测发现，所有品种均含有易感基因型，但所占比例均较低（王晓亮，2009）。

表 9-11 蛋鸡 *FMO3* 基因型频率统计 %

品系	检测数/只	基因型			数据来源
	N	AA	AT	TT	
伊莎褐	71	31.97	48.72	17.64	Honkatukia,2005
罗曼褐	67	38.44	47.12	14.44	
TETRA	70	37.21	42.78	15.21	
丝羽乌骨鸡	48	20.80	18.80	60.40	张龙超,2007
海兰褐母系	79	68.40	17.70	13.90	
海兰褐父系	39	82.10	5.10	12.80	
海兰褐	598	1.00	79.00	20.00	Ward,2008
罗曼褐	100	45.00	54.00	1.00	
伊莎褐	93	44.00	42.00	14.00	
白来航	89	1.00	0	0	
固始鸡	105	85.80	0.90	13.20	王晓亮,2009
溧阳鸡	144	75.50	17.40	7.60	
如皋鸡	119	84.00	7.60	8.40	
太湖鸡	108	65.70	13.90	20.40	
文昌鸡	151	88.10	4.60	7.30	
北京油鸡	116	73.30	12.10	14.60	
河北柴鸡	114	91.20	4.40	4.40	
淮南麻黄鸡	131	87.50	8.30	4.20	
海兰褐	731	3.42	76.61	19.97	王晶,2011

基因型间 TMA 的代谢差异与饲粮中前体物质的含量密切相关。饲粮中不添加或添加低剂量前体物质时,各基因型间蛋中 TMA 含量无显著差异;高剂量前体物质处理下,TT 基因型蛋鸡最为敏感,其次为 AT 和 AA 基因型。只有个别学者报道,无前体物质添加时,仍能检出鱼腥味鸡蛋(Zentek 等,2002)。此外,高剂量前体物质处理下,AT 基因型蛋鸡的代谢水平仍存有争议。研究表明,饲粮中添加 4 000 或 6 000 mg/kg 氯化胆碱,AT 基因型蛋鸡蛋中 TMA 含量显著或极显著高于 A/A 基因型(Kretzschmar 等,2007,2009)。而 Ward (2008)研究认为,添加 24%的双低菜籽粕时,只有 TT 基因型蛋鸡蛋中 TMA 含量明显升高,而 AT 基因型与 AA 基因型无显著差异。除此之外,鸡蛋中 TMA 含量并不稳定,每天变化差异较大,说明鱼腥味鸡蛋的产生具有间歇性,这种间歇性有可能与卵黄的形成有关(Ward,2008)。人的 TMA 代谢试验也得出类似结论(Mitchell 等,2001),其相关机制还不明确。

(二)饲粮因素

前体物质的添加水平及形式直接关系 TMA 产生。如以卵磷脂和神经磷脂形式摄入的胆碱不受肠道微生物作用;而以游离形式存在的胆碱,当摄入量超过肠道吸收能力时,可被肠道微生物代谢形成甲胺。另外,原料中的某些成分能够抑制 FMO3 酶活,当机体从胃肠道吸收的 TMA 量大于母鸡的代谢能力时,TMA 就有可能沉积于卵泡中,并引起鸡蛋的鱼腥味。

1. 氯化胆碱

氯化胆碱添加水平与鱼腥味蛋的产生密切相关。饲粮中氯化胆碱添加量低于 1 000 mg/kg 时,鸡蛋 TMA 含量随氯化胆碱剂量增加缓慢,当添加量达到 4 000 mg/kg 时,易感基因型蛋中 TMA 含量明显升高(Dänick 等,2006);但饲粮中氯化胆碱(含量 50%)不影响鸡蛋中 TMA 含量,甚至添加至 2 200 mg/kg 也不会引起鸡蛋鱼腥味症状的出现(Ward 等,2009)。因此,鸡蛋中 TMA 浓度与氯化胆碱添加水平有关,低剂量氯化胆碱对鸡蛋 TMA 浓度影响较小,不会引起鱼腥味蛋产生;高剂量添加时,鸡蛋中 TMA 浓度剧增,散发出鱼腥味,严重影响鸡蛋风味。如果将氯化胆碱添加量降到正常水平,易感型蛋鸡蛋中 TMA 含量 9 d 内即降到正常水平(Kretzschmar 等,2007)。实际生产中,常规添加水平的氯化胆碱不会引起鱼腥味鸡蛋的产生。

2. 菜籽饼(粕)

菜籽饼(粕)中含有硫代葡萄糖苷、单宁、芥子碱等多种抗营养因子,硫代葡萄糖苷能水解生成硫氰酸盐、异硫氰酸盐和噁唑烷硫酮等毒性物质。5-乙烯基噁唑烷硫酮和可溶性单宁是 FMOs 的强烈抑制剂。噁唑烷硫酮通过与 TMA 竞争 FMO3 酶活性中心从而降低 TMA 的代谢,单宁则以非竞争性机制影响 FMO3 酶活(Fenwick 等,1981)。体内试验表明,只有易感基因型蛋鸡蛋中 TMA 含量与双低菜籽粕添加量存在明显的线性关系,随着双低菜籽粕添加水平增加而升高,AA 和 AT 基因型鸡蛋中 TMA 含量并无上升趋势(Ward,2008)。Kretzschmar 等(2009)也得出相似结论,认为饲粮中芥子碱的含量是引起 TMA 含量升高的主要原因,而硫代葡萄糖苷的抑制作用并未体现。但是,日粮添加大量芥子碱或给予肠道外处理,未见对 TMA 氧化的强烈抑制作用,可能是因芥子碱进入体内后被迅速水解(Pearson 等,1980a)。

而菜籽饼(粕)中的芥子碱则可作为 TMA 的前体物质。普通菜籽饼(粕)中含 1.0%～1.5%的芥子碱,饲粮中仅添加 3%就能导致鸡蛋产生鱼腥味(Overfield 等,1975),而双低菜籽粕不产鱼腥味蛋的最大添加量为 4%～7%(Ward,2008)。一般采食含菜籽饼(粕)饲粮后 5 d 内,便可产生鱼腥味鸡蛋。从饲粮中去除菜籽饼(粕)后,蛋鸡不再产鱼腥味鸡蛋。易感型蛋鸡对菜籽饼(粕)比相同胆碱含量的氯化胆碱更为敏感(Ward,2008)。除含有 FMOs 抑制剂外,胆碱的存在形式也是重要因素之一。胆碱的吸收主要在小肠前段,当吸收达到饱和,且有足量的胆碱到达盲肠时,肠道菌才可能代谢产生 TMA。而芥子碱在肠道前段不被吸收,直到到达盲肠才释放出胆碱。因此,相同胆碱含量的菜籽饼(粕)比氯化胆碱更易诱发鱼腥味鸡蛋的产生。

3. 鱼粉

氧化三甲胺(TMAO)是广泛分布于海产动物组织中的含氮成分,多数海水鱼肉中含有 TMAO,在细菌腐败分解过程中被还原成 TMA。TMA/TMAO 通常作为评定鱼类腐败情况的一个重要质量控制参数。因种类不同,鱼体带有腐败特征的产物和数量也有明显差别,因此鱼粉中 TMAO 含量并不稳定。日粮添加 25～100 g/kg 的毛鳞鱼(Wakeling 等,1982;

Pearson 等,1983a)或含有等量的 TMAO(0.5 g/kg)(Fenwick 等,1981a;Pearson 等,1983b)时,同样能引起鱼腥味鸡蛋的产生。目前未见证据表明,鱼粉中的成分或 TMAO 对 FMOs 有抑制作用。研究一致认为,饲粮中添加鱼粉或鱼油能引起鱼腥味鸡蛋的产生,一方面与蛋鸡肝脏中 TMA 的代谢水平较低有关,另一方面或许是 TMA 的含量超过了肝脏的代谢水平(Pearson 等,1983)。因鱼粉等级和蛋鸡品种等因素的影响,各研究中鱼粉的添加剂量差异较大(25～200 g/kg)(Wakeling,1982)。关于诱发鱼腥味综合征的鱼粉最低添加量,目前还未见相关报道。

(三)盲肠微生物

TMA 主要产生于盲肠,鸡小肠和盲肠中都含 TMA,与是否产生鱼腥味鸡蛋没有关系(Wakeling,1982)。小肠中 TMA 含量较低(1～21 μg/g),且受饲粮组成的影响较小;盲肠中 TMA 含量为 4～55 μg/g,当饲粮含有菜籽饼(粕)或过量的胆碱时,TMA 含量会更高。切除盲肠后,蛋的鱼腥味就随之消失。游离胆碱在肠道细菌脱氨酶的作用下降解为 TMA 和乙二醇(图 9-2)。目前尚未见关于此酶的具体定义和动力学描述。

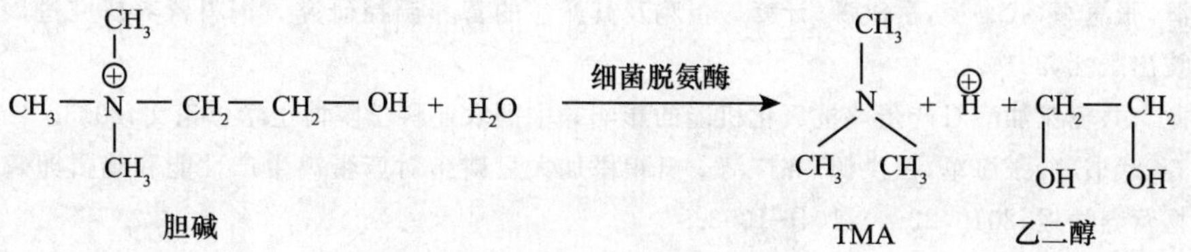

$$\underset{\text{胆碱}}{CH_3-\overset{\oplus}{N}(CH_3)_2-CH_2-CH_2-OH} + H_2O \xrightarrow{\text{细菌脱氨酶}} \underset{\text{TMA}}{N(CH_3)_3} + \overset{\oplus}{H} + \underset{\text{乙二醇}}{CH_2(OH)-CH_2(OH)}$$

图 9-2　胆碱水解生成三甲胺

(Butler 等,1984a)

服用甲硝哒唑、新霉素和阿莫西林等抗生素能缓解鱼腥味综合征患者的症状,系因抗生素对肠道微生物的抑制作用,间接减少了 TMA 的合成(Chalmers 等,2006)。但该作用是暂时的,若长期服用抗生素,TMA 含量有可能会恢复至原有水平。饲粮中添加新霉素、四环素等抗生素能减少鱼腥味鸡蛋的产生,同时根据抗生素的作用,推测肠道中的革兰氏阳性菌对 TMA 的产生有重要作用(Zentek 等,2002)。目前还不能确定肠道中产生 TMA 的主要菌种。

(四)小结

总之,营养与禽产品品质具有密切关系。目前,关于营养与禽产品品质的关系主要围绕着外在品质(色泽、蛋壳品质、蛋重等)、内在品质(脂质、维生素、微量元素等)及产品风味展开,虽取得较多的研究结果,但仍需深入研究。

在外在品质方面,产品色泽与多种营养因素及在体内的转化机理、不同营养源影响蛋壳品质的机制、日粮调控蛋重的机理及其他营养素、添加剂等对产品外在品质的影响尚待深入研究。

在内在品质方面,生产富集功能性成分同时降低有害成分、提高稳定性的营养健康禽产品,是家禽产业发展的新方向和增长点。研究禽产品内在品质形成的生理途径,功能性成分在禽产品的代谢沉积规律、营养水平及添加剂等对禽产品的调控机理,进一步提高禽产品的营养价值。

在产品风味方面，研究营养与风味生成的机理，利用遗传育种、饲料调配及加工等技术，调控产品风味，降低不宜风味的形成，提高禽产品的适口性与品质，以达到市场需求，实现禽产品美味、营养的功能将是营养调控禽产品的重点之一。

参考文献

陈秀丽，李连彬，岳洪源，宋丹，武书庚．裂殖壶菌粉对鸡蛋品质与蛋黄 n-3 PUFA 含量的影响．中国畜牧杂志，2014，50(23)：66-70.

陈秀丽，岳洪源，李连彬，宋丹，曹社会，武书庚．裂殖壶菌粉对蛋鸡生产性能、蛋品质、血清生化指标和蛋黄二十二碳六烯酸含量的影响．动物营养学报，2014，26(4)：701-709.

李建军．优质肉鸡风味形成机理研究．中国农业科学院博士学位论文，2003.

龙城，王晶，武书庚，张海军，岳洪源，齐广海．饲料因素对鸡蛋风味的影响及其改善措施．动物营养学报，2015，27(2)：352-358.

齐广海．生育酚在脂肪酸调控鸡体中的代谢及其对产品的作用．中国农业科学院博士学位论文．1995.

齐广海，张海军，武书庚，岳洪源，计峰．蛋鸡及其产品的营养调控研究．饲料营养研究进展．北京：中国农业科技出版社，2010.

齐小龙．共轭亚油酸对产蛋鸡抗氧化机能的影响．中国农业科学院博士学位论文，2013.

孙长春，武书庚，张海军，岳洪源，齐广海．日粮添加大豆磷脂对产蛋鸡生产性能和鸡蛋卵磷脂含量的影响．动物营养学报，2010，22(4)：1046-1053.

孙丽敏，张海军，武书庚，岳洪源，王晶，齐广海．吡咯喹啉醌二钠对蛋鸡生产性能和鸡蛋胆固醇含量的影响．动物营养学报，2014，26(9)：2565-2574.

王晶，武书庚，张海军，岳洪源，齐广海．海兰褐壳蛋鸡含黄素单氧化酶 4 基因型频率分布及其对蛋品质的影响．动物营养学报，2014，26(4)：630-636.

王晶，武书庚，许丽，齐广海．鱼腥味鸡蛋的研究进展．动物营养学报．2011.

王晶．FMO3 基因型和胆碱对鸡蛋三甲胺含量影响的研究．东北农业大学博士学位论文．2011.

王晓翠，武书庚，岳洪源，张海军，李杰，齐广海．卵黏蛋白：结构组成、理化性质、在浓蛋白液化中的作用及营养调控．动物营养学报，2015，27(2)：327-333.

王晓翠，武书庚，张海军，齐广海，李杰．游离棉酚对鸡蛋品质的影响及其脱除方法研究进展．动物营养学报，2014，26(3)：571-577.

武书庚，王晶，张海军，岳洪源，齐广海．蛋鸡机体内氧化与抗氧化平衡研究进展及调控．动物营养研究进展，2012.

肖俊峰，武书庚，张海军，岳洪源，齐广海．四种壳基质蛋白的研究进展．中国家禽，2012，34(9)：44-47

徐磊，张海军，武书庚，岳洪源，齐广海，孙琳琳．吡咯喹啉醌对蛋鸡生产性能、蛋品质及抗氧化功能的影响．动物营养学报，2011.

徐少辉，武书庚，张海军，齐广海．饲粮中添加 L-肉碱对产蛋鸡生产性能、蛋品质及脂质代谢的影响．动物营养学报.2011.

尹靖东．类黄酮对鸡蛋胆固醇及其氧化物形成的影响．中国农业科学院博士论文．2000.

张亚男，武书庚，张海军，岳洪源，齐广海．饲粮锌水平对蛋鸡生产性能和蛋壳品质的影响．动物营养学报，2013，25(5)：1093-1098.

张亚男，齐晓龙，武书庚，张海军，岳洪源，齐广海．硫酸锌和蛋氨酸锌对产蛋后期蛋鸡生产性能、蛋品质及抗氧化性能的影响．动物营养学报，2013，25(12)：2873-2882.

张亚男，武书庚，张海军，岳洪源，齐广海．蛋壳品质营养调控的研究进展．中国畜牧杂志，2012，48

(21):79-83.

张亚男,齐晓龙,武书庚,张海军,岳洪源,齐广海. 锰、锌在蛋壳品质调控中的应用. 饲料工业,家禽增刊,2013,1:60-63.

Ahn D U, Sunwoo H H, Wolfe F H, Sim J S. Effects of dietary α-linolenic acid and strains on the fatty acid composition, storage stability, and sensory of chicken eggs[J]. Poultry Sci, 1995,74:1540-1547.

Anonymous, 1986. Nutrition monitoring in the United States. A Progress Report from the Joint Nutrition Monitornig Evaluation Committee[M]. DHHS Publication No. (PgHS) 86-1255, U. S. Government Printing Office, Washington, D . C. , USA .

Bertram H L. DL-methionine: Its influence on the fat content of broiler carcasses[J]. Feed Int, 1986, 7(2):7-12.

Bartov L. Nutritional factors affecting quantity and quality of carcass fat in chickens[J]. Fed. Proc, 1979, 38:2627-2630.

Butteiwith S C, Kestin S, Griffin H D, Beattie J, Flint D J. Indentification of chicken *(Gallus domesticus)* adipocyte plasma membrane and differentiation specific proteins using SDS-PAGE and western blotting [J]. Comp Biochem Phyjsiol, 1992,101B:147-151.

Cherian G, Sim J S. Effect of feeding fuLl fat flax and canola seeds to laying hens on the fatty acid composition of eggs, embryos, and newly hatched chicks[J]. Poultry sci, 1991. 70:917-922.

Hagis P S, Van Elswyk M E, Hargis M. Dietary manipuLation of yolk lipid with menhaden oil[J]. Poultry Sci, 1991,70: 847-883.

Jiang Z,Ahn D U, Ladner L, Sim J S. Influences of feeding fuLl-fat flax and sunflower seeds on internal and sensory qualities of eggs[J]. Poultry Sci, 1992,71:378-382.

Killefer J, Hu C Y. Production of a novel monoclonal antibody to the porcine adipocyte plasma membrane[J]. Proc Soc Exp Biol Med, 1990(194):172-176.

KinSelta J E, Lokesh B, Stone R A. Dietary *n*-3 polyunsaturated fatty acids and amelioration of cardiovascular disease: Possible mechanisms[J]. Am J Clin Nutr, 1990,52: 1-28.

Mabe I, Rapp C, Bain M M, Nys Y. Supplementation of a corn-soybean meal diet with manganese, copper and zinc from organic and inorganic sources improves eggshell quality in aged laying hens[J]. Poult Sci, 2003, 82:1903-1913.

Marshal, A C,Kubena K S, Hinton K R, Hargis P S, Van Elswyk M E. *n*-3 Fatty acid enriched table eggs: A survey of consumer acceptability[J]. Poultry Sci, 1994,73:1334-1340.

Mast M G,Clouser C S. Processing options for improving the nutritional value of pouLtry meat and egg products[M]. In: Designing Foods: animal product options in the marketplace (Eds. National Research Council). Washington:National Acadeiiiy Press, D. C. USA , pp. 311-331. 1988.

National Research Council. 1988. Designing Foods: animal product options in the marketplace[M]. Washington: National Academy Press, D. C. USA. 1993.

Nys Y, Hincke M T, Arias J L, Garcia-Ruiz JM, Solomon S, et al. Avian eggshell mineralization[J]. Poul Avian Biolo Revs, 1999, 10:143-166.

Olomu J M, Baracos V E. Influence of dietary flaxseed oil on performance, muscle protein deposition, and fatty acid composition of broiler chicks[J]. Poultry Sci, 1991,70:1403-1411.

Phetlepldce H W, Watkins B A. Effects of various *n*-3 lipid sources on fatty acid composition in chicken tissues[J]. J Food Composition Analyses, 1989,2:104-117.

Qi, G H, Sim J S. Tocopherol enrichment in the n-3 fatty acid modified eggs[J]. Poultry Sci,1995, 74 (Suppl. 1): 166.

Qi, G H, Sim J S. Natural tocopherol enrichment and its effect in n-3 fatty acid modified chicken eggs [J]. J, Agric, Food Chem, 1998,46:1920-1926.

Richanlson R I. Vitamin E in Poultry meat[J]. Poultry Int, 1994,33 (11):28-29.

Qi X L, Wu Shugeng, Haijun Zhang, Hongyuan Yue, Shaohui Xu, Feng Ji & Guanghai Qi . Effects of dietary conjugated linoleic acids on lipid metabolism and antioxidant capacity in laying hens. Archives of Animal Nutrition, 2011,65(5):354-365.

Sim J S, Bragg D B, Hodgson G C. Fatty acid composition of egg yolk, adipose tissue and liver of laying hens[J]. Poultry Sci, 1973,52:51-57.

SimopouLos A P. Egg yolk as a source of long-chain polyunsaturated fatty acids in infant feeding [J]. Am J Clin Nutr 1990,55:411-414.

Van Elswyk M E. Designer foods: manipuLating the fatty acid composition of meat and eggs for the health conscious consumer[J]. Nutr Today, 1993,28(2):21-28.

Wang J. , H. Y. Yue, Z. Q. Xia, S. G. Wu, H. J. Zhang, F. Ji, L. Xu, and G. H. Qi. Effect of dietary choline supplementation under different flavin-containing monooxygenase 3 genotypes on trimethylamine metabolism in laying hens. Poultry Science,2012, 91(9): 2221-2228.

Wang J, Wu S G, Zhang H J, Yue H Y, Xu L, Ji F, Xu L, Qi G H. Trimethylamine deposition in the egg yolk from laying hens with different FMO3 genotypes. PoultryScienc,2013,92(3): 746-752.

Whitehead C C, Griffin H D. Development of divergent lines of lean and fat broilers using plasma very low density lipoprotein concentration as selection criterion: The first three generations [J]. Br Poultry Sci, 1984,25:573-582.

Xiao J F, Zhang Y N, Wu S G, Zhang H J, Yue H Y, Qi G H. Manganese supplementation enhances the synthesis of glycosaminoglycanin eggshell membrane: A strategy to improve eggshell quality in laying hens. Poultry Science,2014,93:380-388.

Yaffeee M, Schutz H, Stone J, Brokhari S, Zeidler G. Consumer perception and utilization of eggs and egg products[J]. Poultry Sci, 1991,70:188-192.

Yue H Y, Wang J, Qi X L, Ji F, Liu M F, Wu S G, Zhang H J, Qi G H. Effects of dietary oxidized oil on laying performance, lipid metabolism, and apolipoprotein gene expression in laying hens. Poultry Science,2011,90:1728-1736.

第十章　营养代谢疾病

第一节　概　　述

营养代谢疾病是营养紊乱和代谢紊乱疾病的总称。前者是因动物所需的某些营养物质的量供给不足或缺乏，或因某些营养物质过量而干扰了另一些营养物质的吸收和利用而引起的疾病。后者是因体内一个或多个代谢过程异常改变导致内环境紊乱引起的疾病。机体在代谢的过程中，各种营养物质之间的关系是互相影响、互相依存的。蛋白质是构成酶的基本成分，金属离子是许多酶的活性中心，维生素又是辅酶的主要构成成分，只有按动物需要，依一定比例供给，才能保证动物有最大生长速度和最佳的饲料报酬。

一、营养代谢疾病的分类

为了叙述方便，现在把营养代谢疾病分为：

(1)糖、脂肪、蛋白质代谢紊乱性疾病：例如禽痛风、禽脂肪肝综合征、鸡脂肪肝和肾综合征等。

(2)维生素营养紊乱性疾病：因饲料中维生素供给不足，或因含有某些维生素颉颃剂，造成代谢过程中因维生素摄入不足，体内必需的辅酶生成不足而致代谢失调。另外过量的维生素也会引起家禽中毒，代谢同样会紊乱失衡。

(3)矿物质营养紊乱性疾病：矿物质不仅是机体硬组织的构成成分，而且是某些维生素和酶的构成成分。

(4)原因未定的营养代谢疾病：有些病不像是传染病，也不像是中毒或寄生虫病，它们符合营养代谢病的某些特点，但病因不明确。如肉用仔鸡腹水症、啄癖等。

(5)营养性胚胎病及疑难杂症。

二、营养代谢疾病的发病原因

引起营养代谢疾病的原因主要有以下几方面。

(1)营养物质摄入不足。日粮含量不足，或日粮中缺乏某种营养物质。如锰缺乏症、维生素 A 缺乏、缺硒地区的硒缺乏症等，随着我国畜禽饲养方式改变，各种高产、高周转速率、高饲料报酬品种被引进和饲养，基因工程技术发展，将培育出生长更快的家禽，一旦在饲料供给、日粮配合中略有疏忽，就可造成某些营养物质摄入不足，产生疾病。

(2)营养物质消化、吸收不良,利用不充分。长期患某些慢性病、胃肠道、肝脏及胰腺等机能性障碍,年老体弱,机能减退,不仅影响营养物质的消化吸收,而且影响营养物质在动物体内的合成代谢。

(3)营养物质转化需求过多。近代畜牧业已把以生产人类食品为主要目标的动物,如乳牛、肉牛、羔羊、肉鸡、蛋鸡等生产纳入工业生产范畴(animal industry),它与工业生产一样,存在 3 个环节:原料供给(input)、加工转化(throughput)、产品投放(output)市场。为了追求高产出这一目标,育种学家培育出一代又一代高产优良品种,而这些品种对饲料配伍的要求、对环境控制要求也更加严格,在这样高产出、高转化速率、高报酬的条件下,若在饲料投入的量、各种营养成分的含量和比例、科学管理水平上稍有疏忽或失误,就很难使这 3 个环节以高效高速运转,就可引起营养代谢疾病。

(4)营养物质比例失调。因某些营养物质过量干扰了另一些营养物质的消化、吸收与利用,甚至造成中毒。

(5)饲养管理方式及饲养环境转变。新的饲养方式、饲养技术的推广应用过程中,家禽生产面临新的挑战。笼养鸡因不能从粪便中获得维生素 K,若不注意补充,易造成笼养鸡维生素 K 缺乏症;为控制家禽球虫病的发生,日粮中大量添加抗生素,影响肠道菌群合成维生素、氨基酸等,破坏了正常菌群的生长;饲料贮存不当,发生霉变等均会影响禽类生长,导致相应代谢病的发生。

由此可见,在现代畜牧业中,产生营养代谢疾病的最主要原因是:在追求高产前提下,营养供给与产出之间平衡失调;或因管理方面失误,造成机体内、外环境平衡失调,最终产生了代谢紊乱。

三、营养代谢疾病的特点

营养代谢性疾病种类繁多,发病机制复杂,但它们的发生、发展和临诊经过方面有一些共同特点:

(1)病的发生缓慢,病程一般较长:从病因作用到临床症状一般都需数周、数月,有的可能长期不出现临床症状而成为隐性型。

(2)发病率高,多为群发,经济损失严重:过去畜禽主要为散养、粗养、营养代谢疾病并不引起人们注意,随着畜牧生产高速发展和生产方式高度集约化,一些传染病逐步得到控制,营养代谢性疾病已成为重要的群发病,因其而遭受的损失愈发严重。

(3)生长速度快的家禽、处于产蛋高峰的成年家禽和幼禽以及舍饲时容易发生:如鸡的缺铁、缺硒均以幼龄阶段为多发,主要是由于此阶段抗病力相对较弱,同时正处于生长发育、代谢旺盛阶段,某些特殊营养物质的需求量相对增加,以致对某些特殊营养物质的缺乏尤为敏感。舍饲家禽因光照不足易发生维生素 D 缺乏,继而致使钙、磷代谢障碍而出现的佝偻病。

(4)多呈地方性流行:家禽营养的来源主要是从植物性饲料及部分从动物性饲料中所获得的,植物性饲料中微量元素的含量,与其所生长的土壤和水源中的含量有一定关系,因此微量元素缺乏症或过多症的发生,往往与某些特定地区的土壤和水源中含量特别少或特别多有密切关系。常称这类疾病为生物化学性疾病,或称为地方病。

(5)临床症状虽然表现多样化,然而病禽大多有衰竭、贫血、生长发育停止、消化障碍、生殖机能扰乱等临床表现。多种矿物质如钠、钙、钴、铜、锰、铁、硫等的缺乏，某些维生素特别是A族和B族的缺乏，某些蛋白质和氨基酸的缺乏，均可能引起家禽的异食癖；铁、铜、锰、钴等缺乏和铅、汞、砷、镉等过多，都会引起贫血；锌、碘、锰、硒、钙和磷等，维生素A、维生素D、维生素E、维生素C等的代谢状态都可影响生殖机能。

(6)无接触传染病史，一般体温变化不大：除个别情况及有继发或并发病的病例外，这类疾病体温多在正常范围或偏低，病禽之间不发生接触性传染，这是营养代谢性疾病与传染病的明显区别。

(7)通过饲料或土壤或水源检验和分析，一般可查明病因。

(8)缺乏症时补充某一营养物质或元素，过多症时减少某一物质的供给，能预防或治疗该病。

(9)具有特征性器官和系统病理变化，有的还有血液生化指标的改变：痛风发生尿酸血症，血中尿酸浓度由正常的8.97～17.94 mmol/L升至89.7 mmoI/L(l.5～3 mg/100 mL升至15 mg/100mL)以上，致使关节囊、关节软骨周围组织和内脏器官中尿酸盐沉积。鸡锰缺乏发生骨粗短症。维生素A缺乏发生眼部疾病，维生素B_2缺乏呈现足趾向内卷曲以跗关节着地等。

四、营养代谢病的诊断与亚临床监测

群发性营养代谢疾病，尤其是地方流行的疾病诊断是极复杂的，不仅需要兽医临床工作者努力，还要营养学、临床化学、临床病理学、生物化学、地学、土壤学、医学等方面的专家密切配合，共同努力，并按一定程序进行。

(1)首先要排除传染病、寄生虫病和中毒性疾病。由于许多营养代谢疾病呈群发和地方流行等特点，诊断时应利用一切现有手段排除病原微生物、寄生虫感染，亦测不出可疑毒物，抗菌药物，驱虫药物的治疗收效甚微，或仅对某些并发症有效。而使用针对性营养缺乏物质有良效时，可提示诊断。

(2)动物现状调查。在鸡群中长期存在生长迟缓、发育停滞、产蛋下降、蛋品质不好等症状，有不明原因的贫血、跛行、脱毛、啄癖等非典型病症状，越是高产的(肉鸡个体很大、蛋鸡产蛋特别多的)越易出现临床症状者，可提示诊断。

(3)饲料调查。许多营养代谢疾病是因饲料中缺乏某些营养成分。应根据家禽现症调查和初步治疗的体会，对可疑饲料中针对性营养成分如矿物质、维生素等的测定，并和动物营养标准进行比较。不仅要测当前饲料，可能的情况下要测病前所喂饲料，不仅测可疑物，还应测该物质的颉颃物，如测钼的同时测铜，测锌的同时测钙等。检查饲料是否有霉变或受到污染。

(4)环境调查。应检测家禽引用水源是否受到污染，散养家禽尤其应检测土壤、垫料中的某些营养成分、是否受到污染。

(5)实验室诊断。实验室不仅要测定动物饲料、饮水中可疑成分及颉颃剂，而且对病禽血、肉尸、脏器等，特别是目标组织中可疑成分含量和相关酶活性测定，均有助于疾病诊断。

(6)动物回归试验及治疗。人工复制出与自然发生的疾病相同，用补充可疑营养物质可获得满意的效果，是诊断疾病的决定性依据。选择来自非病区健康动物，用可疑饲料或饮水喂养，并接受病区同样的管理，经一定时间饲喂试验，受试验动物产生的临床症状、血清成分、剖检及组织学变化与自然发生的病例完全一样，补充针对性营养成分，病情迅速好转，从而为建立诊断提供了可靠证据。

有些动物试验，常需经过较长时间，受到许多意想不到因素的影响，甚至使试验归于失败。严格控制试验条件是保证试验结果可靠的关键步骤。

综上所述，营养代谢疾病的病因诊断是困难的，有时需较长时间。

五、营养代谢疾病的防治措施

防治群养动物营养代谢疾病的关键是要做到准确、均匀、经常和方便。经过周密的调查和诊断，给动物日粮和饮水中准确补充营养成分，使每只家禽都有足够的机会获得所补充的物质。在大规模饲养条件下，尤其要研究怎样补充目标营养物才更经济、更方便、可节省人力物力是关键。

第二节　糖、脂肪、蛋白质营养代谢紊乱性疾病

一、禽脂肪肝综合征

脂肪肝综合征是由于营养障碍、内分泌失调、脂肪代谢紊乱等原因引起的肝细胞中脂肪沉积增多的一种特殊类型肝脏疾病，主要是产蛋鸡的一种营养代谢病。发病特点是多出现在产蛋高或产蛋高峰期的笼养鸡群，产蛋量明显下降，多数的鸡体况良好，突然死亡，死亡鸡以腹腔及皮下大量脂肪蓄积，其肝脏异常脂肪变性，常伴有小血管出血，故又称为脂肪肝出血综合征(fatty liver hemorrhagic syndrome)，常散发于产蛋母鸡，尤其是笼养鸡群，公鸡极少发生。填鸭、填鹅因食入大量高能饲料而产生的“肥肝”(fatty liver)实际上也呈现脂肪肝综合征。

【病因】 病因尚不十分清楚，多数学者认为是由于脂肪的合成和分解代谢过程发生紊乱引起的。已确定的因素有以下几种：

(1)主要是摄入能量过多，长期饲喂能量过高饲料会导致脂肪量增加。试验表明，按等能原则饲喂玉米—大豆日粮的鸡比喂小麦—大豆日粮的鸡患脂肪肝综合征(FLS)的比率大得多。肝脏脂肪变性的程度，受不同谷物类型的影响，从碳水化合物获得能量比从脂肪中获得能量危害更大。

(2)其次是鸡的品系、笼养和环境温度高、密度过大等应激因素与本病发生有关。Thomson(2003)发现，脂肪肝出血综合征的敏感型白来航蛋鸡，其血浆内的卵磷脂含 C20:3n3 脂肪酸，而其在正常蛋鸡则为 C18:3n3 脂肪酸，表明血浆中磷脂组成形式的改变可能也是引起脂肪肝出血综合征的重要原因。高产蛋量品系鸡对脂肪肝综合征较为敏感，由于高产蛋量是与高雌激素活性相关的，而雌激素可刺激肝脏合成脂肪。笼养鸡活动空间缺少，再加上采食量过高，又吃不到粪便而缺乏 B 族维生素，就可诱发脂肪肝综合征。环境高温可使代谢强度过大，以至失去应有的平衡，所以 FLS 主要在温度高时发生。

(3)饲料中真菌毒素(黄曲霉毒素、红青霉毒素等)可引起脂肪肝综合征；油菜籽制品中

的芥子酸也可引起肝脏变性。

(4)郭小权等(2010)发现，给蛋鸡饲喂日粮代谢能与粗蛋白质分别为14.47 MJ/kg、12.55%的高能低蛋白日粮，可引起蛋鸡肝脂蓄积，肝脏脂肪变性。这是由于高能低蛋白日粮通过破坏肝脏中多种抗氧化酶如超氧化物歧化酶(SOD)、谷胱甘肽过氧化物酶(GSH-Px)、过氧化氢酶(CAT)的活性，引起肝脏中丙二醛(MDA)含量升高，造成机体抗氧化能力降低，大量的自由基堆积，刺激了脂肪肝出血综合征的发生。

(5)石诚(2013)发现，蛋鸡肝脂肪综合征除受日粮能量影响外，日粮钙的水平对肝细胞内粗脂肪含量的变化也有显著影响($P<0.05$)，过低的日粮钙水平，会引起机体脂肪堆积，增加脂肪肝综合征的发病率。

(6)蛋鸡在养殖过程中，抗生素的滥用也会导致脂肪肝综合征的发生，如四环素类药物，在抑制细菌蛋白合成的同时，也干扰了机体肝脏载脂蛋白的合成，影响了肝内脂肪的运输，造成大量脂肪堆积于肝内，形成脂肪肝。

【发病机制】 家禽肝脏是体内脂肪合成的最主要场所，合成后的脂肪以极低密度脂蛋白(VLDL)形式经血液被输送到脂肪组织贮藏，或运往卵巢。母禽在产蛋期，为了维持生产力(1个鸡蛋大约含6 g脂肪，其中大部分是由饲料中的碳水化合物转化而来)，肝脏合成脂肪能力增加，肝脂率也相应提高。如果饲料中蛋白质不足，使肝内缺少载脂蛋白和合成磷脂的原料，或饲料中缺乏合成脂蛋白的维生素E、生物素、胆碱、B族维生素和蛋氨酸等亲脂因子，使VLDL的合成和转运受阻，或当血浆VLDL含量增高时，肝脏无力完全将脂肪酸通过血液运送到其他组织或在肝脏氧化，同时，由于产蛋鸡摄入能量过多，作为在能量代谢中起关键作用的肝脏不得不最大限度地发挥作用，肝脏脂肪来源大大增加，大量脂肪酸在肝脏合成，而产生脂肪代谢平衡失调，大量的脂质自由基产物的堆积，引起细胞膜损伤，致使肝脏出血，结果导致脂肪肝综合征。在脂肪肝形成过程中，病禽血浆甘油三酯浓度升高。Ahmadi(2010)发现，30周龄蛋种鸡每天采食228.2 g日粮(能量、蛋白水平分别为11.5 MJ/kg、155 g/kg)30 d，可显著增加肝脏中丙二醛(MDA)、蛋白羰基(PC)、一氧化氮(NO)等氧化物的水平($P<0.05$)，且肝脏出血评分明显高于对照组。过量的采食，不仅增加机体的体重，降低蛋鸡的产蛋量，且造成肝脏中氧化产物的增多，引起肝脏细胞膜损伤，肝脏出血，大大增加了禽类发生脂肪肝综合征的风险。

【症状与病理变化】 发病和死亡的鸡都是母鸡，大多过度肥胖，发病率为50%左右，死亡率为发病率的6%以上。产蛋量明显下降，从高产蛋率的75%～85%突然下降到35%～55%。尤其体况良好的鸡更易发病，往往突然暴发，病鸡喜卧，腹大而软绵下垂，鸡冠肉髯褪色乃至苍白。严重的嗜眠、瘫痪，体温41.5～42.8℃，进而鸡冠、肉髯及脚变冷，可在数小时内死亡，一般从发病到死亡需1～2 d。当拥挤、驱赶、捕捉或抓提方法错误，引起强烈挣扎时，可突然死亡。

病鸡血液化验，血清胆固醇明显增高达到605～1 148 mg/100 mL或以上(正常为112～316 mg/100 mL)；血钙增高可达到28～74 mg/100 mL(正常为15～26 mg/100 mL)；血浆雌激素增高，平均含量为1,019 μg/mL(正常为305 μg/mL)；血清天门冬氨酸氨基转移酶(AST)活性明显高于正常水平(230 IU/L)；450日龄病鸡血液中肾上腺皮质固醇含量均比正常鸡高5.71～7.05 mg/100 mL。此外，病鸡肝脏的糖原和生物素含量很少，丙酮酸脱羧酶活性大大降低。

病死鸡的皮下、腹腔、肠系膜、心包外及心冠状沟周围堆积有大量的脂肪。肝脏肿大、边缘钝圆，呈黄色油腻状，表面有出血点和白色坏死灶，质脆易碎，用刀切时，在刀的表面上有脂肪滴附着。组织学检查为重度脂肪变性。有的鸡由于肝破裂而发生内出血，肝脏周围有大小不等的血凝块。有的鸡心肌变性呈黄白色，有时肾略变黄，脾、心、肠道有不同程度的小出血点。

【诊断】 根据病因、发病特点、临诊症状和血液化验指标特别是天门冬氨酸氨基转移酶(AST)的活性升高，以及病理变化特征即可诊断。但是，应注意与鸡脂肪肝和肾综合征的鉴别诊断。

【防治】 本病应以预防为主，一旦发生有该病的倾向，要及时找出影响鸡群产蛋率和脂肪代谢平衡失调的具体原因，并采取对应的防治办法。严重的病鸡淘汰，无治疗价值，主要是对病情轻的和可能发病的鸡群采取措施。

(1)调整日粮配方，以适应变化了环境下鸡群的需要。由于摄入能量过度是一个重要病因，因此可考虑实行限饲和/或降低饲料代谢能摄入量，如在饲料中增加一些富含亚油酸的脂肪而减少碳水化合物则可降低 FLS 的发病率。另外，保证日粮中蛋氨酸及胆碱等营养素的供给，适当添加维生素 E、维生素 B_{12} 等也能起到预防该病的作用。

(2)调整饲养管理，适当限制饲料的喂量，使体重适当，鸡群产蛋高峰前限量要小，高峰后限量应大。

(3)已发病鸡群，在每千克日粮中补加胆碱 22～110 mg，治疗 1 周有一定效果。

(4)彭佳丽等(2013)发现，在发生脂肪肝出血综合征的日粮中添加壳聚糖复方制剂 15 d，显著降低乳酸脱氢酶(LDH)的活性($P<0.05$)，提高脂蛋白酯酶(LPL)的活性，增强了肝脏的抗氧化能力，使肝对脂肪的分解代谢加强，对肝细胞损伤有一定的治疗作用。

(5)曹华斌等(2011)发现，高能低蛋白日粮中添加甜菜碱 1 000 mg/kg 可显著提高肝脏中 *apoA* I 和 *apoB*_(100)的 mRNA 表达($P<0.05$)，从而增强肝脏运出脂类物质的能力。

二、鸡脂肪肝和肾综合征

本病是青年肉用仔鸡发生一种以肝和肾肿胀、肝苍白、肾呈各种色变，表现嗜睡、麻痹和内脏出血、突然死亡为特征的营养代谢性疾病，称为脂肪肝和肾综合征。主要发生于肉用仔鸡，也可发生于后备肉用仔鸡。以 3～4 周龄发病率最高，但 11 日龄以前和 32 日龄以后的仔鸡不常暴发。肝和肾均呈现肿胀，肝苍白，肾呈各种变色，多死于突然嗜睡和麻痹。

【病因】 主要是营养代谢调节失衡，通过饲喂一种含低脂肪和低蛋白的粉碎小麦基础日粮，能够复制出本病，并有 25%的死亡率而证实。如若日粮中增加蛋白质或脂肪含量，则死亡率降低。其次，生物素缺乏也是重要的发病原因。因为生物素在糖原异生的代谢途径中是一种辅助因子。本病存在低糖血症，表明糖原异生作用降低。有些学者通过补充许多维生素的试验中，发现按每千克体重在基础日粮中补充生物素 0.05～0.10 mg，是防治本病的良好方法，也是目前唯一有效的防治方法。另外，某些应激因素，突然中断饲料供给，捕捉、噪声干扰，温度过高或过低，光照不足，整群转移和网上饲养等因素，可促使发病。

【发病机制】 有关本病的认识尚不一致，但大多数学者认为生物素缺乏对本病发生有重要意义。生物素是体内许多羧化酶(固定 CO_2)的辅酶，是天门冬氨酸、苏氨酸、丝氨酸脱氨酶的辅酶，例如在丙酮酸转变为草酰乙酸，乙酰 CoA 转变为丙二酸单酰 CoA，丙酰 CoA

转变为甲基丙二酸单酰 CoA 等反应中都需要生物素作为辅酶，因此，它对体内脂肪合成起着重要作用。已经发现，本病伴有低糖血症，血浆中丙酮酸和游离脂肪酸水平升高，肝脏中肝糖原水平降低，说明糖原异生作用下降。肝脏内需要生物素为辅酶的丙酮酸羧化酶，乙酰 CoA 羧化酶、ATP 枸橼酸裂解酶等脂肪、糖代谢中的限速酶，其活性均有降低，糖原异生作用也降低，导致肝、肾细胞脂肪蓄积。大量脂肪积聚，致使肝、肾细胞更易发生脂质过氧化作用，造成自由基(ROS)及丙二醛(MDA)增多。脂质发生过氧化反应，引起肝、肾细胞膜的结构和功能发生改变，造成细胞自溶、坏死，肝脏的代谢功能和肾脏的排泄功能严重障碍，引发脂肪肝和肾综合征。

生物素的缺乏，主要是饲料因素，这与蛋白质饲料如大豆粉、鱼粉中生物素可利用率较高(100%)，而小麦中生物素可利用率仅为 10%～20%有关，10 日龄以前的鸡不发病，与母源性生物素在雏鸡体内有一定贮存有关，30 日龄后发病少，与此期更换饲料的玉米、豆饼中可利用生物素含量较高有关。然而应激因素是怎样促使疾病发生的，其机理尚难以解释。

【症状与病理变化】

(1)病鸡突然嗜睡和麻痹。麻痹常由胸部向颈部蔓延，几小时内死亡，死亡率多在 6%之内，个别鸡群达 20%以上。有些病鸡出现与生物素缺乏相似的病征：生长缓慢，羽毛发育不良，喙周围发生皮炎，足趾干裂等。鸡群中其他鸡生长不受病鸡影响。

(2)病鸡有低糖血症、血浆丙酮酸水平升高，生物素含量低于 0.33 μg/g，丙酮酸羧化酶活性大幅下降，肝糖原水平降低和血浆游离脂肪酸水平升高等生化特征。

(3)死亡病鸡以肝、肾病理变化最为明显。肝脏苍白、肿胀，在肝小叶外面有出血点。肾脏肿胀，呈多样颜色。有的心脏呈苍白色，嗉囊、腺胃及十二指肠内含有黑色或棕色出血性有臭味的黏液。

【诊断】 根据鸡群发病的日龄、病史、症状及病理变化即可诊断。注意与鸡包涵体肝炎区别，此病为一种禽腺病毒病，其病鸡肝细胞可作直接培养，也能繁殖，可观察到具有特征性的嗜碱性包涵体，法氏囊缩小，黏膜变薄。另外，还注意与传染性法氏囊病鉴别，后者肾脏虽然也有严重损害，但有法氏囊肿大、出血和坏死，以及淋巴细胞变性和坏死等特征性的病理变化。

【防治】 针对病因，调整日粮成分比例，例如增加蛋白质或脂肪含量，降低小麦的比例，防止将小麦粉做成颗粒饲料。日粮中补充生物素、棕榈油可有效地防治本病。

三、家禽痛风

家禽痛风是一种蛋白质代谢障碍引起的高尿酸血症。其病理特征为血液尿酸水平增高，尿酸盐在关节囊、关节软骨、内脏、肾小管及输尿管中沉积，临诊表现为运动迟缓，腿、翅关节肿胀，厌食、衰弱和腹泻，因粪尿中尿酸盐增多，常引起肛门周围羽毛为白色尿酸盐黏附。本病主要见于鸡、火鸡、水禽，鸽偶尔见之。

禽痛风分为内脏型和关节型两种，前者是指尿酸盐沉积在内脏表面；后者是指尿酸盐沉积在关节囊和关节软骨及其周围。

【病因】 引起痛风的原因很多，但归纳起来分为两类：一是体内尿酸过多；二是尿酸排泄障碍。后者为尿酸盐沉着症中更重要的原因。

(1)引起尿酸生成过多的因素。饲料中蛋白比率过高，尤其是动物性饲料，由于大量饲喂富含核蛋白和嘌呤碱的蛋白质饲料，如动物内脏（肝、脑、肾、胸腺、胰腺）、肉屑、鱼粉、大豆、豌豆等。研究表明鱼粉超过8%、粗蛋白质超过28%时，则鸡的含氮物代谢终产物——尿酸产生过多，即生成速率大于排泄速率，则可产生痛风。当动物极度饥饿又得不到能量补充时，体蛋白大量分解产生尿酸的速度增加，结果产生痛风，如患白血病、蓝冠病的鸡易患痛风。

(2)引起尿酸排泄障碍的因素可分为传染性和非传染性因素两大类。① 在传染性因素中，家禽患肾型传染性支气管炎、传染性法氏囊病、禽腺病毒鸡包涵体肝炎和鸡产蛋下降综合征-76等传染病；患雏鸡白痢、球虫病、盲肠肝炎等寄生虫病能引起肾炎、肾损伤，尿酸盐排泄受阻，都可能继发或并发痛风。Bulbule等(2008)报道，除了传染性法氏囊病毒(IBV)及禽肾炎病毒(ANV)外，禽的星状病毒也可诱发家禽痛风。② 非传染性因素包括营养性和中毒性两种。患淋巴白血病、单核细胞增多症和长期消化紊乱等疾病过程中有痛风发生；日粮中长期缺乏维生素A引起肾小管、输尿管上皮代谢障碍，造成尿酸盐排泄受阻，病鸡呈现明显的痛风症状；食盐过多、饮水不足、尿量减少，尿液浓缩；饲料含钙过多、含磷不足，或钙磷比率失调引起的钙异位沉着，形成肾结石或积沙，使排尿不畅。郭小权(2005)发现，高钙日粮显著提高肾脏中黄嘌呤氧化酶(XOD)和*Bcl-2*基因的表达量($P<0.05$)，使得家禽肾脏受损，促进了肾小管细胞的凋亡。同时，体外试验发现，高钙处理显著降低肾小管上皮细胞的活性($P<0.01$)，且随着钙浓度及处理时间的增加，细胞活性降低越显著，同时细胞培养液中的NO水平显著升高，处理72 h后，NO的水平较对照组显著性最高，因此表明胞外高钙可直接破坏肾小管上皮细胞的功能，并且高水平的NO也可能通过破坏肾小管细胞的细胞膜结构及功能而参与破坏肾小管上皮细胞。中毒性因素中，如嗜肾性化学毒物、药物或霉菌毒素，可直接损伤肾脏；饲料中某些重金属如铬、镉、铊、汞、铅等蓄积在肾脏内引起肾损伤；草酸盐过多的饲料如菠菜、莴苣中草酸盐可以堵塞或损伤肾小管；饲料含钙或镁过高。

(3)其他因素。遗传因素、性成熟不一致、饲养在潮湿和阴暗的畜舍、密集的管理、运动不足、日粮中维生素缺乏和衰老等因素皆可成为促进本病发生的诱因。孵化时湿度太大，生活在卵内的雏鸡就可患内脏型痛风。某些品种鸡易发该病，特别是关节型痛风与高蛋白饲料和遗传因素有密切关系，如新汉普夏鸡就有关节痛风的遗传因子。

综上所述，家禽痛风发生的原因目前尚不完全清楚，以上分析及发病机制仅供参考，有必要深入地研究。

【发病机制】 鸟类肝脏不含精氨酸酶，不能通过鸟氨酸循环使精氨酸水解为鸟氨酸和尿素，所以蛋白质代谢终产物只能生成嘌呤，在黄嘌呤酶作用下形成很难溶于水的尿酸，易与钠或钙结合形成尿酸盐，并结合在肾小管、关节腔或内脏表面。健康禽类通过肾脏能把多余的尿酸排出，使血液中维持一定的尿酸水平(1.5～3.0 mg/100 mL)。因为富含核蛋白和嘌呤碱的蛋白质在机体内最终皆分解为尿酸，体内尿酸来源大大地增加，超过了排泄的限制，当机体内大量尿酸排泄不了，若同时伴有肾功能不全，势必造成高尿酸血症，此时血尿酸水平大增，可达10～16 mg/100 mL，由于尿酸在水中的溶解度甚小，当血浆尿酸超过6.4 mg/100 mL时，尿酸即以钠盐和钙盐形式在关节、软组织、软骨甚至肾脏等处沉积下来，也可形成尿路结石。当肾、输尿管等发生炎症、阻塞时，尿酸排泄受阻，尿酸盐就积蓄在血液中并沉着在胸膜腔、腹膜腔、肝、肾、脾、肠系膜和肠等脏器表面。沉积在关节腔内的尿酸盐结晶，可被吞噬细胞吞噬，并且尿酸钠通过氢键和溶酶体膜作用，从而破坏溶酶体。吞噬细胞中的一些水解酶类和蛋白因子可使局部生成较多的致炎物质，包括激肽、组胺等，进而引起痛风性关节炎。

【症状与病理变化】 本病多呈慢性经过，其临诊症状表现归纳如下。

(1)一般症状。病禽食欲减退，逐渐消瘦，冠苍白，不自主地排出白色黏液状稀粪，含有多量的尿酸盐。血液中尿酸水平持久地增高至 15 mg/100 mL 以上，注意不可单凭此为诊断依据。据有的学者研究，个别正常鸡的尿酸水平最高阶段可达 40 mg/100 mL，以后转入到正常范围，而正常变动范围的差异是很大的。成年母鸡产蛋量减少或停止。

(2)内脏型痛风。比较多见，但临诊上通常不易被发现。主要呈现身体不适、消化紊乱、腹泻，6～9 d 鸡群中症状完全展现，多为慢性经过。并呈现一般症状，而且血液中尿酸水平增高，此特征颇似家禽单核细胞增多症。因致病原因不同，原发症状也不完全相同。由传染性支气管炎病毒引起的有呼吸加快、咳嗽、打喷嚏等症状；维生素 A 缺乏所致者，伴有干眼、鼻孔易堵塞等症状；高钙低磷者，还可出现骨代谢障碍；有些病例还并发有关节型痛风。

内脏型痛风剖检的主要病理变化是在胸膜、腹膜、肺、心包、肝、脾、肾、肠及肠系膜向表面散布许多石灰样的白色尖屑状或絮状物质，此为尿酸钠结晶。肾肿大，色苍白，表面呈雪花样花纹，肾实质也可看到。输尿管增粗，内有尿酸盐结晶，因而又称“禽尿石症”。

(3)关节型痛风。多在趾前关节、趾关节发病，也可侵害腕前、腕及肘关节。关节肿胀，起初软而痛，界限多不明显，以后肿胀部逐渐变硬，微痛，形成不能移动或稍能移动的结节，结节有豌豆大小或蚕豆大小。病程稍久，结节软化或破裂，排出灰黄色干酪样物，局部形成出血性溃疡。病禽往往呈蹲坐或独肢站立姿势，行动迟缓，跛行，也有本病的一般全身症状。

关节型痛风主要病变在关节，剖检时切开肿胀关节，可流出浓厚、白色黏稠的液体，滑液囊有大量由尿酸、尿酸铵、尿酸钙形成的结晶，也形成痛风石。因尿酸盐结晶有刺激性，常引起关节面溃疡和关节囊坏死。

【诊断】 根据病因、病史、特征性症状和病理变化即可诊断。必要时采病禽血液检测尿酸的量，以及采取肿胀关节的内容物进行化学检查，呈紫尿酸阳性反应，显微镜观察到细针状和禾束状尿酸钠结晶或放射形尿酸钠结晶，即可进一步确诊。

【防治】 对本病治疗确实有效的方法不多，除珍贵禽类外，治疗意义不大，关键应以预防为主，Kumari 等(2007)报道，1 日龄肉鸡日粮中添加 1 g/kg 的姜黄，饲喂 42 d 后，其血清中尿酸的水平显著低于对照组($P<0.05$)；Sarmalina 等(2011)也发现，日粮中添加葡萄籽等可显著降低血清尿酸水平($P<0.05$)，低水平的尿酸，可有效预防禽类痛风的发生。除此之外，积极改善饲养管理，改善鸡群饲料供应和改进饲养管理，也可防止或降低本病的发病率。

控制鸡饲料中粗蛋白质含量在 20%左右，减少动物性下脚料的使用，禁止用动物腺体组织(胸腺、甲状腺)和淋巴组织进行饲喂。增加维生素 A 及维生素 B_{12} 的供给，可防止痛风发生。严格控制各生理阶段中钙、磷供给量及比例。

第三节 维生素营养代谢紊乱性疾病

维生素是生命组织的重要营养成分之一，它不仅作为许多酶的辅酶参与生命活动，而且可直接或间接影响动物生长、器官和组织的发育。维生素缺乏可以引起一系列缺乏症(vitamine deficiency),反之,维生素供给过多亦可引起中毒症(vitamine toxicosis)。

大多数动物、植物源性饲料中都含有丰富的维生素,有些维生素可由动物本身或寄生于消化道的细菌所合成,因而一般不易引起缺乏。但在饲料加工调制过程中,维生素本身及其前体被破坏,体内合成或消化、吸收、转运机能受阻,本身合成条件不具备,以及机体消耗或需要量增加时,可引起某些维生素缺乏症。

当动物处于某种维生素缺乏时,不适当地补充过多或长期饲以含某种维生素过多的食物则又可引起中毒。

兽医临床常见的维生素代谢紊乱包括两大类:

(1)脂溶性维生素,如维生素A、维生素D、维生素E、维生素K代谢失调。其特点是在脂肪环境中容易吸收,吸收之后主要贮存于脂肪组织,特别是类脂(定脂)中,因此贮存期长,短期缺乏不会引起缺乏症。若过量供给,则会引起蓄积性中毒和脂溶性维生素之间吸收互相影响。

(2)水溶性维生素。如维生素 B_1、维生素 B_2、维生素 B_{12}、维生素C、维生素 B_{11}、维生素 B_4 和维生素 B_7 代谢失调。其特点是贮存量少,必须不断供给,否则容易发生缺乏症。

一、维生素A营养紊乱性疾病

(一)维生素A缺乏症

维生素A又叫视黄醇(retinol),在动物体内,维生素A的代谢产物有视黄醇、视黄醛、视黄酸3种形式。维生素A缺乏症是指家禽体内维生素A或胡萝卜素缺乏或不足而引起的营养代谢病。临床上表现脑脊髓功能不全、晕厥、共济失调。表现夜盲,角膜干燥,干眼,机体免疫力低下和成年家禽繁殖机能下降,禽痛风发病率升高。有时甚至可出现幼雏先天性缺陷。

【病因】

(1)主要日粮中缺乏维生素A或维生素A原(胡萝卜素、玉米黄素):维生素A仅存在于动物源性饲料中,如鱼肝和鱼油是其丰富来源,维生素A原存在于植物饲料中,青绿植物、胡萝卜、黄玉米等含量丰富,而谷类及其副产品如麸皮、米糠、粕类、棉籽、亚麻籽中维生素A含量较少。禽类体内没有合成维生素A的能力,体内所有天然维生素A都来源于维生素A原。

(2)饲料调制加工不当。饲料经过长期贮存。烈日曝晒、高温处理等皆可使其中脂肪酸败变质,加速饲料中维生素A类物质的氧化分解过程,导致维生素A缺乏。

(3)日粮中蛋白质和脂肪不足。使禽机体处于蛋白质缺乏的状态,不能合成足够的视黄醛结合蛋白质去运送维生素A;脂肪不足会影响维生素A类物质在肠道内的溶解和吸收,因此,即使在维生素A足够的情况下,也可发生功能性的维生素A缺乏。

(4)需要量增加。根据美国NRC饲养标准,配合饲料中维生素A的含量:雏鸡和肉鸡1 500 IU/kg;产蛋鸡、种鸡和火鸡喂4 000 IU/kg;鹌鹑为5 000 IU/kg。由于当前生产的配合饲料不能满足鸡对维生素的需要,许多学者认为,鸡实际维生素A的需要量应高于NRC标准。另外,胃肠吸收障碍、发生腹泻或其他疾病,使维生素A消耗过多;肝脏使其不能利用及储藏维生素A,都会引起维生素A缺乏。

【发病机制】 维生素A缺乏主要影响家禽视色素(视紫蓝质)的正常代谢,骨骺的生长和上皮组织的维持。

(1)上皮组织角化。维生素A是维持上皮组织结构完整的重要营养成分。缺乏维生素A可引发上皮组织干燥,过度角化及脱屑,其中以眼、呼吸道、消化道、泌尿道及生殖道黏膜受影响最严重。临床上出现干眼,咳嗽,消化不良,尿石生成,禽痛风生成,母禽产蛋异常,公禽精子生成减少,受精率低。

(2)生长发育迟滞。维生素A缺乏时,蛋白质合成减少,矿物质利用受阻,肝糖原、磷脂、脂质合成减少,内分泌机能(甲状腺、肾上腺)紊乱,抗坏血酸、叶酸合成障碍,导致家禽发育受阻,生长性能下降。

(3)骨塑形和骨精细构造受影响。维生素A可维持成骨细胞与破骨细胞功能的平衡,保持骨塑形良好,骨精细构造完好。当维生素A缺乏时,成骨细胞活性增高,导致骨皮质内钙盐沉积过度,软骨内骨生成受阻或造型破坏,引起颅骨、椎骨、甚至长骨发育不匀称,骨腔狭小。

(4)神经机能紊乱。维生素A缺乏引起的颅骨、椎骨发育不良,临床上常可造成颅内压力增高,脑受挤压,甚至形成脑疝,小脑进入椎间大孔,脊索受挤而入椎间孔,引起中枢及外周机能障碍。如产生惊厥、平衡障碍、共济失调、视神经乳头水肿等。

(5)繁殖机能障碍。孙璐璐等(2011)指出,维生素A具有某些与类固醇激素相似的功能。维生素A代谢产物视黄酸与细胞内的受体结合,促进D1维生素A转录,调节机体的新陈代谢和胚胎发育。甲状腺素(T3)和视黄酸共同作用促进生长激素的分泌,促进组织分化和机体生长。维生素A缺乏可引起胚胎血液循环系统发生障碍,鸡胚生长发育受阻,雏鸡先天缺损,公禽精子生成减少,母禽卵巢、子宫上皮组织角化,受精率下降,禽产蛋量下降,胚胎血液循环系统发生障碍。

(6)免疫防御机能下降。维生素A缺乏时,上皮组织完整性破坏,导致上皮细胞萎缩角质化或黏液细胞停止分泌,同时使溶酶体增多,引起生物膜不稳定,导致皮肤和筋膜的完整性遭到破坏,抵抗微生物侵袭力下降,同时白细胞吞噬活性减弱,机体的非特异性免疫功能大为下降,抗体生成减少,免疫生物学反应降低,抵抗力下降,极易继发感染。

维生素A是维持机体正常免疫功能的重要营养物质,它参与机体免疫器官的生长发育,缺乏时将造成免疫器官的损伤。缺乏维生素A对鸡免疫器官的损害程度为:法氏囊＞胸腺＞脾脏＞盲肠＞扁桃体。鸡缺乏维生素A时,抗体反应减弱,淋巴器官的淋巴细胞衰竭,胸腺和法氏囊的重量减轻,骨髓中的骨髓样和淋巴样细胞分化也受到影响。

维生素A参与细胞免疫过程。维生素A缺乏时,IFN2-γ的分泌升高,IL-4和IL-5的分泌降低;降低Th2的产生和Th2介导的抗体反应,而加强Th1介导的抗体反应,影响Th1/Th2平衡;降低迟发型超敏反应,导致NK细胞功能下降,削弱巨噬细胞的消化和杀菌作用,使病原体在感染的局部容易繁殖,增强其致病性和炎症。

维生素A与体内各种抗体(IgG、IgM、IgA、IgE等)的水平密切相关。维生素A缺乏可以改变对T细胞依赖的抗原抗体反应,抑制IgA、IgG1和IgE的反应,抑制体液免疫。

(7)维生素A缺乏,降低古洛糖酸内酯氧化酶(合成维生素C的关键酶)活性。

【症状与病理变化】 幼禽和初生蛋的新母禽,常易发生维生素A缺乏症。肉鸡一般发生在6～7周龄。若1周龄的鸡发病,则与母鸡缺乏维生素A有关。成年鸡通常在2～5个月内出现症状。

(1)雏鸡主要表现精神委顿,衰弱,运动失调,羽毛松乱,生长缓慢,消瘦,喙和小腿部皮肤的黄色消退。流泪,眼睑内有干酪样物质,常将上下眼睑粘在一起,角膜混浊不透明,严重的角膜软化或穿孔,失明。口黏膜有白色小结节或覆盖一层白色豆腐渣样的薄膜,剥离后黏膜完整并无出血溃疡现象。有些病鸡受到外界刺激即可引起阵发性神经症状,头颈扭转,作圆圈式扭头并后退和惊叫,但此症状发作的间隙期尚能吃食。严重维生素A缺乏可使小鸡肾功能障碍,尿酸盐正常排泄受阻,血液中尿酸含量升高,肾和输尿管内有白色尿酸盐沉积,肾灰白并有纤细白线状的网,甚至输尿管极度扩大,心脏、肝、脾均有尿酸盐沉积。

(2)成年鸡发病呈慢性经过,主要表现为食欲不佳,羽毛松乱,消瘦,爪、喙色淡,冠白有皱褶,趾爪蜷缩,两肢无力,步态不稳,往往用尾支地。母鸡产蛋量和孵化率降低。公鸡性机能降低,精液品质退化。鸡群的呼吸道和消化道黏膜抵抗力降低,易感染传染病等多种疾病,使死亡率增高。有些病鸡也可出现从眼睑和鼻孔流出透明或混浊的黏稠性渗出物,与雏鸡相似症状。病变主要特点是:眼、口、咽、消化道、呼吸道和泌尿生殖器官等上皮的角质化,肾及睾丸上皮的退行性变化,有的中枢神经系统也见退行性变化。

(3)患病幼鸭的眼睛、呼吸道和消化道的变化与鸡的相似。并有运动无力,两脚瘫痪,可能是由于软骨内造骨的过程受到明显的抑制,骨骼的发育障碍所致,当补给足量的维生素A时,则关节软骨发育加速。

【诊断】 根据饲料、病史、临诊症状和病理变化特征进行综合分析,可作出初步诊断。为了进一步确切诊断,则要测定血浆和肝脏维生素A含量。另外,测定血液尿酸含量明显增高,以及用维生素A试验性治疗效果显著,皆可作为有力的诊断方法。

鉴别诊断应与低镁血症、脑灰质软化症散发性脑、脊髓炎等相区别。

【防治】 由于维生素A和胡萝卜素存在于油脂中易被氧化,因此饲料放置时间过长或预先将脂溶性维生素A掺入饲料中,尤其在大量不饱和脂肪酸的环境下更易被氧化,故在预防上要注意避免。

对于发病的家禽,首先要消除致病的病因,必须立即对病禽用维生素A治疗,由于维生素A不易从机体内迅速排出,注意防止长期过量使用引起中毒。

(二)维生素A过多症

当饲料中供给维生素A的含量是正常需要量的100倍以上,大剂量维生素A进入机体,影响钙磷的吸收和代谢,使血清钙、无机磷含量明显下降,胫骨矿化不全,结构模糊、骨密度降低。青年家禽生长阻滞。

治疗维生素A中毒主要是更换饲料、停止饲喂大剂量维生素A。

二、维生素D营养紊乱性疾病

(一)维生素D缺乏症

维生素D是家禽正常骨骼、喙和蛋壳形成中所必需的物质。因此,当日粮中维生素D供应不足、光照不足或消化吸收障碍等皆可致病,使家禽的钙、磷吸收和代谢障碍,发生以骨骼、喙和蛋壳形成受阻为特征的维生素D缺乏症。

【病因】

(1)家禽日粮中维生素D缺乏:其需要量视日粮中磷、钙的总量与比例,以及直接照射日光时间的长短来确定。按NRC标准:肉鸡日粮需维生素D_3 400 IU/kg;蛋鸡为200 IU/kg;种用蛋鸡为500 IU/kg;鸭生长期为220 IU/kg,种鸭500 IU/kg;鹅200 IU/kg;鹌鹑生长期480 IU/kg,种用时1 200 IU/kg;火鸡为900 IU/kg。1国际单位(1 IU)相当于0.025 μg结晶维生素D_3或10 μg结晶维生素D_3相当于400国际单位维生素D。在生产实践中要根据实际情况灵活掌握维生素D用量,否则,易造成缺乏症或过多症。幼禽每天能照射15~50 min日光就能健康成长和完全防止佝偻病,如果日粮中有效磷少则维生素D需要量就多,钙和有效磷的比例以2∶1为宜。

另外,饲料贮藏不当,会使维生素D被破坏。维生素D是脂溶性类固醇衍生物,溶于油及有机溶剂,能被氧迅速破坏,维生素D_3比维生素A和维生素E较稳定。

(2)日光照射不足:结晶维生素D种类很多,均系类固醇衍生物,其中以维生素D_2(麦角钙化醇)和维生素D_3(胆钙化醇)较为重要和实用。但维生素D_3和维生素D_2原在皮肤表面经日光或紫外线照射才分别转变为维生素D_3和维生素D_2。

(3)消化吸收功能障碍等因素影响脂溶性维生素D的吸收:凡患有消化吸收功能障碍时严重地影响维生素D的吸收。在小肠存在胆汁和脂肪时,维生素D方能较易被吸收。吸收量一般和摄入量及家禽需要量有关。饲粮中钙磷比例适宜,需要量减少;饲粮中磷不足或钙过量,则需摄入大量的维生素D才能平衡钙磷元素的代谢。

(4)患有肾、肝疾病:肠道内吸收后维生素D的85%出现在乳糜微粒中,经淋巴系统进入血液循环,并与内源性维生素D(体内合成的维生素D_3)以脂肪酸酯的形式贮存于脂肪组织和肌肉或运至肝脏进行转化。经过肝脏转变成为25-羟钙化醇(25-羟维生素D_3),再在肾脏皮质转变成1,25-二羟胆钙化醇(1,25-二羟维生素D_3),被血液送到靶器官(肠、骨),才能发挥其对钙磷代谢的调节作用。因此,肝、肾疾病时,维生素D_3羟化作用受到影响而易发病。近年来研究证明,如果肾脏中缺乏l-羟化酶系统、即使使用大量维生素D亦不能将其转变成具有高度生物活性的1,25-二羟胆钙化醇。

(5)饲料中维生素A和维生素D是颉颃的,当维生素A与胡萝卜素含量大时,可干扰维生素D的吸收,引起相对性缺乏。

【发病机制】

(1)维生素D缺乏使小肠对钙、磷吸收和运输能力下降。由于小肠内的钙不能以扩散的方式直接透过小肠上皮细胞膜进入细胞内,需要钙结合蛋白(Ca^{2+}-BP)和依赖于钙的ATP酶的两种因素的协助。l,25-二羟胆钙化醇的作用,是在小肠上皮细胞的细胞核内推动mRNA的转录,从而导致钙结合蛋白的形成。Ca^{2+}-BP有浓集钙的作用,促使钙从肠腔经由上皮细胞的刷状缘而进入细胞内。1,25-二羟胆钙化醇亦能提高一种依赖于钙的ATP酶的活性,在线粒体内酶系的作用下,通过氧化磷酸化提供能量,推动“钙泵”,使钙通过上皮细胞主动转运到细胞外液,从而促进钙的吸收。钙离子(阳离子)主动转运所形成的电化梯度同时导致磷酸根(阴离子)的被动扩散和吸收,从而间接地增加磷的吸收。因此,当维生素D缺乏时,小肠对钙、磷吸收和运输能力降低了,血清中钙减少。

(2)维生素D缺乏减弱了肾小管对钙磷的重吸收。因1,25-二羟胆钙化醇能直接促进肾小管对磷的重吸收,也能促进肾小管黏膜上合成Ca^{2+}-BP,从而提高血钙和血磷的浓度。

(3)维生素D的缺乏还能减弱骨骼的钙化。由于1,25-二羟胆钙化醇有促进骨盐溶解和骨骼的钙化作用。血浆钙磷浓度升高可促进成骨细胞的骨盐生成和骨骼的钙化。维生素D通过调节成骨细胞和破骨细胞的活动来调节血液和骨中钙磷平衡。王学英(2013)指出,维生素D缺乏,血钙水平下降,低血钙首先引起肌肉—神经兴奋性增高,导致肌肉抽搐和痉挛,进而引起甲状旁腺分泌增加,致使破骨细胞活动增强,使骨盐溶出。幼龄动物因成骨作用受阻,发生佝偻病;成年动物骨盐不断溶解,发生骨软病。

【症状与病理变化】

(1)雏鸡或雏火鸡通常在2～3周龄时出现明显的症状,除了生长迟缓、羽毛生长不良外,主要呈现以骨骼极度软弱为特征的佝偻病。喙与爪变柔软,行走极其吃力,躯体向两边摇摆。维生素D缺乏症病死的雏鸡,其最特征的病理变化是肋骨与脊椎连接处出现珠球状,肋骨向后弯曲。在胫骨或股骨的骨骺部可见钙化不良。劈开的骨头浸入硝酸银溶液内,在火焰上固定几分钟,则钙化区与非钙化的软骨区极易分别开来。

(2)产蛋母鸡往往在缺乏维生素D 2～3个月才开始出现症状。产薄壳蛋和软壳蛋的数量显著地增多,随后产蛋量明显减少,孵化率同时也明显下降。产蛋量和蛋壳的硬度下降一个时期之后,接着会有一个相对正常的时期,可能循环反复,形成几个周期。有的母鸡可能出现暂时性的不能走动,常在产一个无壳的蛋之后即能复原。病重母鸡表现出像"企鹅型蹲着"的特别姿势,以后鸡喙、爪和龙骨渐变软,胸骨常弯曲。胸骨与脊椎骨接合部向内凹陷,产生肋骨沿胸廓呈内向弧形的特征。

成年产蛋和种用的鸡或火鸡死于维生素D缺乏症时,其尸体剖检所见的特征性病变局限于骨骼和甲状旁腺。骨骼软而容易折断,在肋骨内侧面的硬软肋联接处出现明显的串珠状结节。腿骨组织切片呈现缺钙和骨样组织增生现象。胫骨用硝酸银染色,可显示出胫骨的骨骺有未钙化区。

【诊断】 本病根据长期舍饲,饲料中添加的维生素D量不足,并配合骨骼变形,肋骨与肋软骨交界处呈串珠状增大,即可作初步判断属维生素D缺乏症。

【防治】 首先要根据临诊症状、尸体剖检的病理变化,调查病史、分析日粮配方等综合因素,找出病因。若雏鸡和生长鸡预防性的给予维生素D,应根据维生素D缺乏的程度给相适宜的量,防止过大剂量加入饲料内引起中毒。

(二)维生素D过多症

过于大量添加维生素D可使大量钙从骨组织中转移出来沉积于动脉管壁、关节、肾小管、心脏以及其他软组织中,血钙浓度提高,生长停滞,长期血钙浓度升高可造成多发性外周钙化现象,特别是肾脏结石和骨质疏松。当肾脏严重损伤时,常死于血毒症。

三、维生素E营养紊乱性疾病

维生素E缺乏症

维生素E缺乏是体内生育酚缺乏或不足所引起的一种营养代谢病。维生素E缺乏能引起小鸡脑软化症、渗出性素质和肌肉萎缩症;火鸡跗关节肿大和肌肉萎缩;鸭肌肉萎缩症等多种疾病,但它的缺乏症往往和硒缺乏症有着密切的联系,此处仅以维生素E缺乏为主进行介绍。

【病因】

(1)供给不足:虽然畜禽对维生素E的需要与饲粮组成、饲料品质、不饱和脂肪酸或天然抗氧化剂的含量有关,正常饲养条件下的反刍家畜,从基础日粮中能获得足够量的维生素E,并由于饲料中的不饱和脂肪酸在瘤胃中受到加氢作用,故对维生素E的需要量较少。但是,采用高能饲粮肥育猪禽,却需要供给较多的维生素E,以防止脂肪代谢中形成过多的有毒产物,而重要的蛋白质饲料一般均贫乏维生素E,只是各种植物种子的胚乳中含有较丰富的维生素E。

(2)饲料贮存过长时间或维生素E的颉颃物质(饲料酵母曲、四氯化碳、硫酰胺制剂等)刺激脂肪过氧化,均使饲粮中维生素E损失:青饲料自然干燥时,维生素E损失量可达90%左右。籽实饲料在一般条件下保存6个月,维生素E损失30%～50%。维生素E是一组具有生物学活性的酚类化合物,其中以α-生育酚的活性最高,但化学性质不十分稳定,在饲料中可被矿物质和不饱和脂肪酸所氧化;与鱼肝油混合,由于鱼肝油的氧化,可使生育酚的活性丧失。

【发病机制】 维生素E又称生育酚,它不仅对正常的生殖是必需的物质,已不限于对抗不育症,并在家禽营养中起着一种多方面的作用。它是预防脑软化症的最有效的抗氧化剂;它与硒的作用相互联系,对预防渗出性素质和火鸡的肌病起着一种特殊的作用;它与硒及胱氨酸的作用相互联系,对预防营养性肌萎缩症起着另一种作用。目前,对其生理、病理作用和机制尚不十分清楚,人们已认识到维生素E具有抑制或减慢多价不饱和脂肪酸产生游离根及过氧化物的功能,从而防止含有多价不饱和脂肪酸的细胞膜脂质过氧化,特别是对含不饱和脂质丰富的膜,如细胞的线粒体、内质网和质膜。维生素E缺乏时可见发生急性肝坏死、肌肉萎缩、血管上皮细胞通透性增强、组织发生水肿、神经麻痹及贫血等症状。徐建平等(2006)指出,维生素E的抗氧化作用与机体免疫功能有关,当动物体缺乏维生素E时,细胞的完整性受损,无法维持细胞膜的流动性,使细胞膜和细胞器膜在免疫调节中不能发挥正常作用。

【症状与病理变化】

(1)成年鸡或火鸡在长时期饲喂低水平的维生素E饲料,并不出现外观的症状,只是母鸡或母火鸡所产的蛋孵化率显著降低,往往于孵化的第7天以前,胚胎的死亡率最高。蛋黄的中胚层肿大,胎盘内的血管受到压缩,出现血液瘀滞和出血。胚胎眼睛的晶体混浊和角膜出现斑点。若为成年雄性鸡或火鸡,则发生性欲不强,精液品质不良,睾丸变小和退化。有些病禽的肌胃、骨骼肌和心肌呈现明显的严重营养不良,肌肉苍白贫血,并有灰白色条纹。

(2)小鸡的脑软化症:是雏鸡维生素E缺乏症时发生的,出现最早的在7日龄,晚的迟至56日龄,通常在15～30日龄之间发病。呈现共济失调等神经扰乱特征症状。主要病变在脑,小脑柔软而肿胀,脑组织中的坏死区呈黄绿色混浊样。脑膜、小脑与大脑血管明显充血,水肿。水肿后就发生毛细血管出血,形成血栓,常导致不同程度的坏死。

(3)小鸡的渗出性素质:是雏鸡或育成鸡常因维生素E和硒同时缺乏而引起的一种伴有毛细血管壁通透性异常的皮下组织水肿。由于病鸡腹部皮下水肿积液,使两腿向外叉开,水肿处呈蓝绿色,穿刺可流出较黏稠的蓝绿色液体。此发病日龄比小鸡的脑软化较大些。死于渗出性素质的小鸡,可见贫血、腹部皮下水肿,透过皮肤即可看到蓝绿色黏性液体,剖开体腔,有心包积液、心脏扩张等病变。

(4)幼禽肌营养不良:是小鸡、小鸭和火鸡因维生素E缺乏又伴有含硫氨基酸缺乏而引起的肌肉营养障碍。小鸡约在4周龄时即出现肌营养不良,尤其是胸肌。病鸡胸部的肌肉纤维束的肌纤维呈淡颜色条纹,此特征容易辨认。病鸭亦发生类似变化,并且遍及全身的骨骼肌均发生此类似病变。

(5)火鸡跗关节肿大:是由于火鸡日粮中维生素E缺乏并含较多的易氧化的脂肪类或油类而引起的跗关节肿大和弓形腿。此特征性症状可在2～3周龄时出现。通常在6周龄时跗关节肿大现象即消失。但是严重病例和饲养在网上或水泥地面的雄性火鸡,当生长到14～16周龄时可再度出现跗关节肿大。

【诊断】 根据饲料分析、发病史、流行特点、临诊特征和病理变化可作出诊断。但是在火鸡跗关节肿大时,需注意与传染性滑膜炎和葡萄球菌性关节炎的鉴别。

【防治】 在临诊实践中,维生素E缺乏症与硒缺乏往往同时发生,脑软化、渗出性素质和肌营养不良常交织在一起,可以在用维生素E的同时也用硒制剂进行防治。维生素E仅对轻症的小鸡脑软化症和火鸡跗关节肿大病例有一定的治疗效果。

另外,最重要的是做好预防工作,日粮组成应保持全价营养。

四、维生素K缺乏症

本病是由于维生素K缺乏使血液中凝血酶原和凝血因子减少,以造成家禽血液凝固过程发生障碍,血凝时间延长或出血等病症为特征的疾病。

【病因】

(1)饲料中供给维生素K的量不足。家禽的肠道虽然能合成少量的维生素K,但远远不能满足它们的需要,尤其当生产性能提高其需要量也要增加,以及刚孵出来的雏鸡,凝血酶原比成年鸡低40%多,皆可能引起维生素K缺乏症。

(2)饲料中有颉颃物质。当混合饲料中含有与维生素K化学结构相似的双香豆素,通过酶的竞争性抑制,妨碍维生素K的利用。某些霉变饲料中的真菌毒素也能抑制维生素K的作用。

(3)抗生素等药物添加剂的影响。由于饲料中添加了抗生素、磺胺类或抗球虫药,抑制肠道微生物合成维生素K,可引起维生素K缺乏。

(4)肠道和肝脏等病影响维生素K的吸收。家禽患有球虫病、腹泻、肝脏疾病等,使肠壁吸收障碍,或胆汁缺乏使脂类消化吸收发生障碍,均可降低家禽对维生素K的绝对摄入量。

【发病机制】

(1)维生素K是机体内合成凝血酶原所必需的物质,它促使肝脏合成凝血酶原,还调节3种凝血因子的合成。当维生素K缺乏时,血中这几种凝血因子均减少,因而凝血实际时间延长,常发生皮下、肌肉及胃肠出血。

在草木樨中毒时,由于草木樨中含有一种无毒的香豆素。当草木樨被霉菌感染后分解为有毒的双香豆素,严重地阻碍肝脏中凝血酶原的生成,从而凝血机制发生障碍,导致血凝的延长,先是皮下或体腔出血,以后则发展到体内外的出血。这种发病机制与灭鼠灵(华法令)中毒相似,因此当草木樨和灭鼠灵中毒时,都可采用维生素K治疗。

(2)赖文清(2004)指出骨钙素是维生素K依赖性蛋白质,骨钙素在钙代谢中起重要作用,因为在骨、蛋壳腺和蛋壳中都发现有骨钙素。Zhang等(2003)研究报道,维生素K影响骨骼质量的机理是其能够促进血清中骨钙素的羧化，羧化的骨钙素与羟基磷灰石的结合能力增强，促进了骨骼的矿化，从而改善了骨骼质量。

【症状】 雏鸡饲料中维生素 K 缺乏，通常经 2～3 周出现症状，主要特征症状是让不同部位，如胸部、翅膀、腿部、腹膜，以及皮下和胃肠道都能看到出血的紫色斑点，病鸡的病情严重程度与出血的情况有关。出血持续时间长或大面积大出血，病鸡冠、皮肤干燥苍白，肠道出血严重的则发生腹泻，致使病鸡严重贫血，常蜷缩在一起发抖，不久死亡。

种鸡维生素 K 缺乏，使种蛋孵化过程中胚胎死亡率提高，孵化率降低。

【诊断】 主要依据病史调查、日粮分析、病鸡日龄、临诊上出血症状、凝血时间延长时的出血病变等综合分析，即可诊断。

【防治】 给雏鸡日添加维生素 K，并配给适量富含维生素 K 及其他维生素和矿物质的青绿饲料、鱼粉、肝脏等有预防作用。注意维生素 K 给予过量时能引起中毒。

五、B 族维生素营养紊乱性疾病

(一)维生素 B_1 缺乏症

维生素 B_1 是家禽碳水化合物代谢所必需的物质。由于维生素 B_1(硫胺素)缺乏而引起家禽碳水化合物代谢障碍及神经系统的病变为主要临诊特征的疾病称为维生素 B_1 缺乏症。

【病因】 大多数常用饲料中硫胺素均很丰富，但家禽仍有硫胺素缺乏症发生，其主要病因是由于饲粮中硫胺素遭受破坏所致。新鲜鱼、虾和软体动物内脏含有硫胺酶，能破坏硫胺素而造成硫胺素缺乏症。饲粮被蒸煮加热、碱化处理也能破坏硫胺素。另外，饲粮中含有硫胺素颉颃物质而使硫胺素缺乏，如饲粮中含有蕨类植物、球虫抑制剂氨丙啉、某些植物、真菌、细菌产生的颉颃物质，均可能使硫胺素缺乏致病。

【发病机制】

(1)硫胺素为机体许多细胞酶的辅酶，其活性形式为焦磷酸硫胺素，参与糖代谢过程中 α-酮酸(丙酮酸、α-酮戊二酸)的氧化脱羧反应。家禽体内如缺乏硫胺素则丙酮酸氧化分解不易进行，丙酮酸不能进入三羧酸循环中氧化，积聚于血液及组织中，能量供给不足，以致影响神经组织、心脏和肌肉的功能。神经组织所需能量主要靠糖氧化供给，魏世安(2012)指出，维生素 B_1 缺乏时脂质合成减少，髓鞘完整性被破坏，导致中枢神经和外围神经系统损害，因此神经组织受害最为严重。病禽表现心脏功能不足、运动失调、抽搐、肌力下降、强直痉挛、角弓反张、外周神经的麻痹等明显的神经症状。因而又把这种硫胺素缺乏症称为多发性神经炎。

(2)硫胺素还能抑制胆碱酯酶，减少乙酰胆碱的水解，加速和增强乙酰胆碱的合成过程。当硫胺素缺乏时，则胆碱酯酶的活性异常增高，乙酰胆碱被水解而不能发挥增强胃肠蠕动、腺体分泌及消化系统和骨骼肌的正常调节作用。所以，病禽患多发性神经炎时，常伴有消化不良、食欲不振、消瘦、骨骼肌收缩无力等症状。

【症状和病理变化】

(1)雏鸡对硫胺素缺乏十分敏感，饲喂缺乏硫胺素的饲粮后约经 10 d 即可出现神经炎症状。病鸡突然发病，头向背后极度弯曲呈角弓反张状，由于腿麻痹不能站立和行走，病鸡以跗关节和尾部着地，坐在地面或倒地侧卧，严重者死亡。病死雏的生殖器官呈现萎缩。

(2)成年鸡硫胺素缺乏约3周后才出现临诊症状。病初食欲减退,生长缓慢,羽毛松乱。腿软无力和步态不稳。鸡冠常呈蓝紫色。以后神经症状逐渐明显,开始是肌麻痹,接着向上发展,腿、翅膀和颈部的伸肌明显地出现麻痹。有些病鸡出现贫血和拉稀。体温下降至35.5℃,呼吸频率呈进行性减少,衰竭死亡。因硫胺素缺乏症致死雏鸡的皮肤呈广泛水肿,其水肿程度决定于肾上腺的肥大程度,肾上腺肥大,雌禽比雄禽更为明显,肾上腺皮质部肥大比髓质部更大一些。心脏轻度萎缩,右心可能扩大,心房比心室较易受害;肉眼可观察到胃和肠壁萎缩,而十二指肠的肠腺却变得扩张。

(3)病鸭常阵发性发作神经症状,头歪向一侧,或仰头转圈。随着病情发展,发作次数增多,并逐渐严重,全身抽搐或呈角弓反张而死亡。

【诊断】 主要根据家禽发病日龄、流行病学特点、饲料维生素 B_1 缺乏、临诊上多发性神经炎的特征症状和病理变化即可作出诊断。

在生产实际中,应用诊断性的治疗,即给予足够量的维生素 B_1,可见明显疗效。

测定病禽的血、尿、组成饲料中硫胺素的含量,可以确切诊断和监测本病。

【防治】 应用硫胺素给病禽肌肉或皮下注射,只要诊断正确,数小时后即可见到疗效;口服硫胺素,注意防止病禽厌食而未吃到拌在料内的药,没有达到治疗目的。

针对病因采取有力的措施是能够制止本病的发生。如水禽大量采食鱼肉而发病,可以减少采食新鲜鱼、虾和软体动物内脏的量,或先破坏它们所含的硫胺酶。

(二)维生素 B_2 缺乏症

维生素 B_2 是由核醇与二甲基异咯嗪结合构成的,由于异咯嗪是一种黄色色素,故又称之为核黄素(riboflavin)。核黄素缺乏症是以幼禽的趾爪向内蜷曲,双腿发生瘫痪为主要特征的营养缺乏病。

【病因】 各种青绿植物和动物蛋白富含核黄素,动物消化道中许多细菌、酵母菌、真菌等微生物都能合成核黄素,可是常用的禾谷类饲料中核黄素特别贫乏,所以,肠道比较缺乏微生物的家禽,又以禾谷类饲料为食,若不注意添加核黄素就易发生缺乏症;核黄素易被紫外线、碱及重金属破坏;饲喂高脂肪、低蛋白饲粮时核黄素需要量增加;种鸡比非种用蛋鸡的需要量需提高1倍;低温时供给量应增加;患有胃肠病的,影响核黄素转化和吸收,可能引起核黄素缺乏症。

【发病机制】 核黄素是组成体内12种以上酶体系统的活性部分,在体内的生物氧化过程中起着传递氢的作用。若核黄素缺乏则体内的生物氧化过程中酶体系受影响,使机体的整个新陈代谢作用降低。出现各种症状和病理变化。

【症状和病理变化】

(1)雏鸡饲喂缺乏核黄素日粮后,多在1～2周龄发生腹泻,食欲尚良好,但生长缓慢,消瘦衰弱。其特征性的症状是足趾向内蜷曲,不能行走,以跗关节着地,展开翅膀维持身体的平衡,两腿发生瘫痪,病雏因吃不到食物而饿死。腿部肌肉萎缩和松弛,皮肤干而粗糙。病死雏鸡胃肠道黏膜萎缩,肠壁薄,肠内充满泡沫状内容物。有些病例有胸腺充血和在成熟前期萎缩。

(2)育成鸡病至后期,腿分开而卧,瘫痪。病死成年鸡坐骨神经和臂神经显著肿大和变软,尤其是坐骨神经更为显著,其直径比正常大4～5倍。

(3)母鸡的产蛋量下降,蛋白稀薄,蛋的孵化率降低。母鸡日粮中核黄素的含量低,其所生的蛋和出壳雏鸡的核黄素含量也就低。核黄素是胚胎正常发育和孵化所必需的物质。孵化蛋内的核黄素用完，鸡胚就会死亡。死胚呈现皮肤结节状绒毛，颈部弯曲，躯体短小，关节变形、水肿，肾脏变性等变化。有时也能孵出雏，但多数带有先天性麻痹症状，体小、浮肿。病死的产蛋鸡皆有肝脏增大和脂肪量增多。

【诊断】 通过对发病经过、日粮分析、足趾向内蜷缩、双腿瘫痪等特征症状，以及病情况的综合分析，即可作出诊断。

【防治】 在雏禽日粮中核黄素不完全缺乏，或暂时短期缺乏又补足后即可。对此病早期预防是非常必要的。

（三）泛酸缺乏症

泛酸即维生素 B_3，又称遍多酸。泛酸遍布于一切植物性饲料中，在一般日粮中不易缺乏。加工时经热、酸、碱处理等很易破坏，长期饲喂玉米，可引起泛酸缺乏症。

【病因】

（1）泛酸供给量不足时，可引起缺乏症。养禽业中以玉米为主的日粮，需注意泛酸的供给，因为玉米含泛酸量很低，禽类又不能像反刍动物可在瘤胃中合成泛酸，较易引起泛酸缺乏。

（2）泛酸极易受到热、特别在酸性或碱性环境下被破坏，发生水解，影响家禽的利用率而造成泛酸缺乏。

【发病机制】 泛酸盐可通过扩散作用而从肠道被吸收，在家禽体组织中与 ATP 和半胱氨酸经一系列反应而合成辅酶 A 的分子。辅酶 A 是乙酰化作用的辅酶。泛酸是以乙酰辅酶 A 形式参加代谢，对糖类、脂肪和蛋白质代谢过程中的乙酰基转移皆有重要作用。它可与草酰乙酸相结合形成柠檬酸、然后进入三羧酸循环。来自糖类、脂肪或许多氨基酸的乙酸就能经过三羧酸循环的终末共同代谢途径，被进一步裂解。活性乙酸也能与胆碱结合形成乙酰胆碱，乙酰胆碱是副交感神经和交感神经的节前纤维、副交感神经的节后纤维末梢释放的介质，因而影响植物性神经的机能对于管理心肌、平滑肌和腺体（消化腺、汗腺和部分内分泌腺）的活动。活性乙酸又是胆固醇合成的前体，因此也是固醇激素的前体，泛酸缺乏时，肾上腺功能也就不足。

【症状与病理变化】

（1）小鸡泛酸缺乏时，特征性表现是羽毛生长阻滞和松乱。病鸡头部羽毛脱落，头部、趾间和脚底皮肤发炎，表层皮肤有脱落现象，并产生裂隙，以致行走困难，有时可见脚部皮肤增生角化，有的形成疣性赘生物。成鸡生长受阻，消瘦，眼睑常被黏液渗出物黏着，口角、泄殖腔周围有痂皮，口腔内有脓样物质。剖检时可见腺胃有灰白色渗出物，肝肿大，可呈暗的淡黄色。脾稍萎缩，肾稍肿。

（2）日粮中的泛酸含量对种蛋孵化力有明显的影响。当母鸡喂饲泛酸含量低的饲料时，所产的蛋在孵化期的最后 2～3 d 时，大多数的胚胎死亡，死亡率增高；鸡胚短小、皮下出血和严重水肿，肝脏有脂肪变性。种鸡的日粮缺乏泛酸时，产蛋量和受精蛋的孵化率都是属于正常范围，但孵出的小鸡体重不足和衰弱，并且在孵化后的最初 24 h，雏鸡的死亡率可达 50%。

【诊断】 根据病史及临床症状，结合饲料分析可对本病作出诊断。但在诊断中应与烟酸缺乏、生物素缺乏及维生素 B_2 缺乏相区别，维生素 B_2 缺乏也可引起皮炎，但维生素 B_2 缺乏有脚趾挛缩现象。

【防治】 对缺乏泛酸的母鸡所孵出的雏鸡，虽然极度衰弱，但立即腹腔注射 200 μg 泛酸，可以收到明显疗效，否则不易存活。

啤酒酵母中含泛酸最多，在饲料中添加一些酵母片，都有防治泛酸缺乏症的效果。但需注意，泛酸极不稳定，易受潮分解，因而在与饲料混合时，都用其钙盐。饲喂新鲜青绿饲料、肝粉、苜蓿粉或脱脂乳等富含泛酸的饲料也可预防此病发生。

（四）烟酸缺乏症

烟酸又称为尼克酸，它与烟酰胺（尼克酰胺）均系吡啶衍生物，也有人将其定为维生素 B_5 属于维生素 PP（又称抗癞皮病维生素），是动物体内营养代谢必需物质。本病是烟酸缺乏所引起的一种营养不良疾病，患病家禽以口炎、下痢、跗关节肿大等为主要特征症状。

【病因】

（1）家禽对烟酸的需要量未得到足够的供应。家禽以玉米为主的日粮中缺乏色氨酸，或者维生素 B_2 和维生素 B_6 缺乏均可能引起烟酸缺乏症。玉米含烟酸量很低，并且所含的烟酸大部分是结合形式，未经分解释放而不能被禽体所利用；玉米中的蛋白质又缺乏色氨酸，不能满足体内合成烟酸的需要。在禽体内色氨酸的合成需要由维生素 B_2 和维生素 B_6 的参与，所以，维生素 B_2 和维生素 B_6 缺乏时，也影响烟酸的合成。

（2）家禽肠道合成烟酸能力低，尤其在养禽业中长期使用抗生素，使胃肠道内微生物受到抑制，微生物合成烟酸量更少了。

（3）需要量增多。由于新品种生产性能高的家禽对其所需要的营养物质大大增加；或者是由于家禽患有热性病、寄生虫病、腹泻症或消化道、肝和胰脏等机能障碍。在病理状态下，营养消耗增多，或影响营养物质吸收，并且能影响其在动物体内的合成代谢，使动物体机能衰退。

【发病机制】 烟酸在机体内易转变为烟酰胺，两者均系吡啶衍生物，具有相同的活性。烟酰胺是两个重要酶的成分：一个是二磷酸吡啶核苷酸（OPN）；另一个是三磷酸吡啶核苷酸（TPN）。此两酶在氧化还原过程中起递氢作用，在糖、脂类、蛋白质的氧化分解以及细胞呼吸过程中起着重要作用。它们还在维持皮肤和消化腺分泌，提高中枢神经兴奋性，扩张末梢血管及降低血清胆固醇含量等方面起着作用。所以，烟酸缺乏时，导致此类酶合成不足，而引起生物氧化机能紊乱，造成糖、脂肪、蛋白质代谢障碍，进而发生相应病征。

【症状与病理变化】 雏鸡、青年鸡、鸭均以生长停滞、发育不全及羽毛稀少为该病的特有症状。皮肤发炎有化脓性结节，腿部关节肿大，骨短粗，腿骨弯曲，与滑腱症有些相似，不过其跟腱极少滑脱。雏鸡喙黏膜发炎，消化不良和下痢。火鸡、鸭、鹅的腿关节韧带和腱松弛。成年鸭的腿呈弓形弯曲，严重时能致残。产蛋鸡引起脱毛，有时能看到足和皮肤有鳞状皮炎。

严重病例的骨骼、肌肉及内分泌腺，可发生不同程度的病变，以及许多器官发生明显萎缩。皮肤角化过度而增厚，胃和小肠黏膜萎缩，盲肠和结肠黏膜上有豆腐渣样覆盖物，肠壁增厚而易碎。肝脏萎缩并有脂肪变性。

【诊断】 根据发病经过、日粮的分析、临诊特征性症状和病理变化综合分析后可作出诊断。

【防治】 针对发病原因采取相应的措施，调整日粮中玉米比例，或添加色氨酸、啤酒酵母、米糠、麸皮、豆类、鱼粉等富含烟酸的饲料。

(五)维生素 B_6 缺乏症

维生素 B_6 又名吡哆素,包括吡哆醇、吡哆醛、吡哆胺 3 种化合物。小鸡患维生素 B_6 缺乏症表现为食欲下降、生长不良、骨短粗病和神经症状为特征的疾病。

【病因】

(1)家禽对维生素 B_6 的需要量未得到足够的供应,引起大群发生中枢神经系统紊乱。

(2)饲料在碱性或中性溶液中,以及受光线、紫外线照射均能使维生素 B_6 破坏,因此也可以引起维生素 B_6 缺乏。

【发病机制】 维生素 B_6 对体内的蛋白质代谢有重要影响,转氨酶和某些氨基酸脱羧酶及半胱氨酸脱硫酶等的辅酶,参与氨基酸的转氨基反应,如谷氨酸脱去羧基生成的γ-氨基丁酸,与中枢神经系统的抑制过程有密切关系。当维生素 B_6 缺乏时,由于γ-氨基丁酸生成减少,中枢神经系统的兴奋性则异常增高,因而病鸡表现特征性神经症状。

磷酸吡哆醛或磷酸吡哆胺是转氨酶的辅酶,也是某些氨基酸脱羧酶及半胱氨酸脱硫酶等的辅酶。动物肥育时特别需要维生素 B_6,否则,影响肥育、增重等生产性能。

金海霞等(2007)指出维生素 B_6 是动物体内重要的营养素,机体中的 100 多种与转氨、脱硫及脱羧反应有关的酶,都需要维生素 B_6 的参与,主要是有活性的辅酶形式——5′-磷酸吡哆醛(pyridoxal 5-phosphate,PLP)参与氨基酸及几种含氮化合物的反应。与维生素 B_6 相关的免疫系统有 T 淋巴细胞介导的细胞免疫,B 淋巴细胞介导的体液免疫,单核吞噬细胞的吞噬、分解和抗原递呈功能,血细胞的直接杀伤靶细胞功能以及红细胞的免疫黏附、促进吞噬和清除免疫复合物的功能。

【症状与病理变化】

(1)小鸡食欲下降,生长不良,贫血及特征性的神经症状。病鸡双脚神经性的颤动,多表现为强烈痉挛抽搐而死亡。有些小鸡发生惊厥时,无目的地乱跑,翅膀扑击,倒向一侧或完全翻仰在地上,头和腿急剧摆动,这种较强烈的活动和挣扎导致病鸡衰竭而死。另有些病鸡无神经症状而发生严重的骨短粗病。

(2)成年病鸡食欲减退,产蛋量和孵化率明显下降,由于体内氨基酸代谢障碍,蛋白质的沉积率降低,生长缓慢;甘氨酸和琥珀酰辅酶 A 缩合成卟啉基的作用受阻,对铁的吸收利用降低而发生贫血。鸡皮下水肿,内脏器官肿大,脊髓和外周神经变性,有些呈现肝变性。

【防治】 根据病因而采取有针对性防治措施。饲喂量不足需增加供给量;有些禽类品种需要量大就应加大供给量,研究发现洛岛红与芦花杂交种雏鸡的需要量比白来航雏鸡需要量高得多。

(六)叶酸缺乏症

叶酸(维生素 B_{11})因其普遍存在于植物绿叶中而得名。家禽叶酸缺乏症是以生长不良,贫血,羽毛生长不良或色素缺乏,有的发生伸颈麻痹等特征症状的营养代谢疾病。

【病因】 家禽配合饲料中供给量不足,集约化或规模化鸡群又无青绿植物补充,家禽消化道内的微生物仅能合成一部分叶酸,有可能引起叶酸缺乏症。如若家禽长期服用抗生素或磺胺类药物抑制了肠道微生物时,或者是患有球虫病、消化吸收障碍病均可能引起叶酸缺乏症。

【发病机制】 叶酸是由蝶酸和谷氨酸结合而成，在体内肠壁、肝、骨髓等组织转变成具有生理活性的5,6,7,8-四氢叶酸。四氢叶酸是体内一碳基团代谢的辅酶，参与嘌呤、嘧啶及甲基的合成等代谢过程。四氢叶酸先与甲基结合成5-甲基四氢叶酸，然后再把甲基传递给尿嘧啶，使尿嘧啶转变为胸腺嘧啶；四氢叶酸获得甲基后，与维生素 B_{12} 共同促进同型半胱氨酸转变为蛋氨酸以及体内嘌呤和嘧啶的合成。另外，甘氨酸转变为丝氨酸等生化过程也都必须有一碳基团代谢的辅酶参与。由于嘌呤和嘧啶都是合成核酸的原料，因此，叶酸对核酸的合成有直接影响，并对蛋白质的合成和新细胞形成也有重要促进作用。家禽叶酸缺乏时，其正常核酸代谢和细胞繁殖所需的核蛋白形成皆受到影响，使病禽血细胞的发育成熟受到障碍，造成巨幼红细胞性贫血症和白细胞减少症，以致家禽有生长停滞、羽毛生长不良等明显的症状。

【症状与病理变化】

(1)雏鸡和雏火鸡叶酸缺乏病的特征是生长停滞，贫血，羽毛生长不良或色素缺乏。火鸡雏表现特征性伸颈麻痹。若不立即投给叶酸，在症状出现后 2 d 内便死亡。由于在骨髓红细胞形成中巨幼红细胞发育暂停，病雏有严重的巨幼红细胞性贫血症和白细胞减少症。有些还出现脚软弱症或骨短粗症。

(2)种用成年鸡和火鸡日粮中缺乏叶酸，使其产蛋量下降，蛋的孵化率也降低。死亡的鸡胚嘴变形和胫跗骨弯曲。病死家禽的剖检可见肝、脾、肾贫血，胃有小点状出血，肠黏膜有出血性炎症。

(3)家禽叶酸严重缺乏迅速降低胸腺重量和胸腺细胞数量，总淋巴细胞数量以及抑制性 T 细胞比例和数量也降低，辅助 T 细胞比例大受影响。

【防治】 家禽的饲料里应搭配一定量的黄豆饼、啤酒酵母、亚麻仁饼或肝粉，防止单一用玉米作饲料，以保证叶酸的供给可达到预防目的，但不能达到治疗目的。

治疗病禽最好肌肉注射纯的叶酸制剂，若配合应用维生素 B_{12}、维生素 C 进行治疗，可收到更好的疗效。

(七)维生素 B_{12} 缺乏症

维生素 B_{12} 是唯一含有金属元素钴的维生素，所以又称为钴维生素(钴胺素)。它是动物体内代谢的必需营养物质，缺乏后则引起营养代谢紊乱、贫血等病症。

【病因】 供给量不足可引起维生素 B_{12} 缺乏症外，在某些缺钴地区，植物中缺乏维生素 B_{12}，胃肠道微生物也因缺钴而不能合成维生素 B_{12}；患有胃肠炎，也能造成维生素 B_{12} 吸收不良。

影响家禽对维生素 B_{12} 需要的因素还有：品种、年龄、维生素 B_{12} 在消化道内合成的强度、吸收率以及同其他维生素间的相互关系等。

【发病机制】 维生素 B_{12} 是生物合成核酸和蛋白质的必需因素，它促进红细胞的发育和成熟。这与叶酸的作用是互相关联的。当体内维生素 B_{12} 缺乏时，引起脱氧核糖核酸合成异常，从而出现巨幼红细胞性贫血；动物离体和活体试验都证明，维生素 B_{12} 有促进蛋白质合成的能力。当动物缺乏维生素 B_{12} 时，血浆蛋白含量下降，肝脏中的脱氢酶、细胞色素氧化酶、转甲基酶、核糖核酸等酶的活性也减弱。维生素 B_{12} 又是胆碱合成中不可缺少的，而胆碱是磷脂构成成分，磷脂在肝脏参与脂蛋白的生成和脂肪的运输中起重要作用。维生素 B_{12} 还是甲基丙二酰辅酶 A 异构酶的辅酶，在糖和丙酸代谢中起重要作用，当其缺乏时，可引起一系列代谢紊乱，则使家禽发育缓慢，出现贫血、成鸡产蛋量下降等病状。

【症状和病理变化】

(1)病雏鸡生长缓慢，食欲降低，贫血。

(2)成年母鸡患维生素 B_{12} 缺乏症时，其鸡蛋内维生素 B_{12} 不足，于是蛋被孵化到第 16～18 天时就出现了胚胎死亡率的高峰。特征性的病变是鸡胚生长缓慢，鸡胚体型缩小，皮肤呈现弥漫性水肿，肌肉萎缩，心脏扩大并形态异常，甲状腺肿大，肝脏脂肪变性，卵黄囊、心脏和肺脏等胚胎内脏均有广泛出血。有的还呈现骨短粗病等病理变化。

【防治】

(1)在种鸡日粮中每吨加入 4 mg 维生素 B_{12}，可使其蛋能保持最高的孵化率，并使孵出的雏鸡体内贮备足够的维生素 B_{12}，以使出壳后数周内有预防维生素 B_{12} 缺乏的能力。

(2)对雏鸡、生长鸡群，在饲料中增补鱼粉、肉屑、肝粉和酵母等，因为植物性饲料中不含维生素 B_{12}，仅由微生物合成。动物性蛋白质饲料为禽猪维生素 B_{12} 的重要来源。鸡舍的垫草也含有较多量的维生素 B_{12}，喂给氯化钴，可增加合成维生素 B_{12} 原料。

(八)胆碱缺乏症

本病是由于胆碱的缺乏而引起脂肪代谢障碍，使大量脂肪在家禽肝内沉积所致的脂肪肝病或脂肪肝综合征。

【病因】 除供给量不足可引起胆碱缺乏症外由于维生素 B_{12}、叶酸、维生素 C 和蛋氨酸都可参与胆碱的合成，它们的缺乏也易影响胆碱的合成。

在家禽日粮中维生素 B_1 和胱氨酸增多时，能促进胆碱缺乏症的发生，因为它们可促进糖转变为脂肪，增加脂肪代谢障碍。此外，日粮中长期应用抗生素和磺胺类药物也能抑制胆碱在体内的合成，引起胆碱缺乏症的发生。

【发病机制】 胆碱是卵磷脂及乙酰胆碱等的组成成分。卵磷脂是合成脂蛋白所必需的物质，肝内脂肪是以脂蛋白的形式转运到肝外，若胆碱缺乏，肝脂蛋白的形成受影响，使肝内脂肪不能转运出肝外，积聚于肝细胞内，从而导致成脂肪肝、肝被破坏、肝功能减退等一系列临诊和病理变化。胆碱作为乙酰胆碱的成分则和神经冲动的传导有关，它存在于体内磷脂中的乙酰胆碱内。乙酰胆碱是副交感神经末梢受刺激产生的化学物质，并引起心脏迷走神经抑制等一些反应，病禽表现精神沉郁、食欲减退、生长发育受阻等一系列临诊症状。

【症状与病理变化】

(1)雏鸡和幼火鸡往往表现生长停滞，腿关节肿大，突出的症状是骨短粗症，跗关节变形。病鸡由行动不协调、关节灵活性差发展成关节变弓形，或关节软骨移位，跟腱从髁头滑脱不能支持体重。

(2)缺乏胆碱而不能站立的幼雏，其死亡率增高。成年鸡脂肪酸增高，母鸡明显高于公鸡。母鸡产蛋量下降，卵巢上的卵黄流产增高，蛋的孵化率降低。有些生长期的鸡易出现脂肪肝；有的成年鸡往往因肝破裂而发生急性内出血突然死亡。剖检病死的鸡时可见肝肿大，色泽变黄，表面有出血点，质脆。有的肝被膜破裂，甚至发生肝破裂，肝表面和体腔中有凝血块。肾脏及其他器官有脂肪浸润和变性。雏鸡和生长期的火鸡在缺乏胆碱时，肉眼即可看到胫骨和跗骨变形、跟腱滑脱等病理变化。

【防治】 本病以预防为主，只要针对病因采取有力措施是可以预防发病。若鸡群中已经发现有脂肪肝病变和行步不协调、关节肿大等症状，治疗方法可在日粮中加氯化胆碱。若病鸡已发生跟腱滑脱时，则治疗效果差。

(九)生物素缺乏症

生物素又叫维生素H(维生素B_7)，它是畜禽必不可少的营养物质。由于广泛地存在于豆类、肝脏、卵黄、玉米胚芽等动植物体中；动物的瘤胃及肠道内又能够合成，所以自然发病的甚少。主要发生于禽和猪，实验动物可人工致病。

【病因】 除供给不足原因外，家禽日粮中陈旧玉米、麦类过多也可能引起生物素缺乏症。由于玉米、麦类内含生物素量甚少，麦类所含的生物素又是不能被利用的。日粮中含有干蛋清或磺胺抗生素类添加剂，较长时间喂后也能产生生物素缺乏症，因为蛋清中含有抗生物素蛋白，能与生物素结合使其失去活性，并成为难以吸收的化合物，起颉颃剂的作用。磺胺类抗生素添加剂则可使肠道内合成生物素量大大减少。

【发病机制】 生物素分子是由尿素、噻酚和戊酸构成。它是生脂酶、羧化酶等多种酶的辅酶，参与脂肪、蛋白质和糖的代谢。生物素能与蛋白质结合成促生物素酶，有脱羧和固定二氯化碳的作用。生物素还可影响骨骼的发育、羽毛色素的形成，以及抗体的生成等。

【症状与病理变化】

(1)雏鸡和雏火鸡表现生长迟缓，食欲不振，羽毛干燥、变脆，趾爪、喙底和眼周围皮肤发炎，以及骨短粗等特征性症状与病变。

(2)成年鸡和火鸡缺乏症时，蛋的孵化率降低，胚胎发生先天性骨短粗症。鸡胚骨骼变形，包括胫骨短和后屈、跗跖骨很短、翅短、颅骨短、肩胛骨前端短和弯曲。

近些年报道，青年鸡脂肪肝和肾综合征可能与对生物素的需要量增高有关，在基础日粮中补充生物素有一定的预防作用。

【防治】根据病因采取针对性措施，或是每千克饲料添加150 mg生物素，往往可收到良好的效果。

六、维生素C缺乏症

除了人及灵长类和豚鼠以外，大多数动物可以自己合成维生素C，在兽医临床中，天然维生素C缺乏症是很少见的。家禽维生素C缺乏症，临床上表现皮肤、内脏出血，贫血，关节肿胀，抗病能力下降。

朱荣生等(2001)指出，维生素C与免疫系统之间存在明显的交互作用，维生素C可促进抗体生成和增强白细胞的吞噬能力，增强机体免疫功能，缺乏易导致应激能力下降和诱发各种疾病。实践表明，鸡群中如果发生了传染性法氏囊病、传染性支气管炎、球虫病、新城疫病及大肠杆菌病等，在饲料和饮水中添加维生素C能够缓解某些临床症状，降低继发感染的概率，从而降低发病率和死亡率，添加300～330 mg/kg日粮对鸡传染性支气管炎预防效果最佳。

【病因】 维生素C是白色结晶，易溶于水，微溶于乙醇和丙酮，0.5%的溶液为酸性(pH=3)。维生素C广泛存在于青绿植物中，禽类嗉囊一般能合成部分维生素C，较少发病。但维生素C有较好的抗热性，可提高产蛋量，增加蛋壳强度，增加公鸡精液生成，增强抵抗感染能力，因此鸡饲料仍应补充维生素C，尤其在应激和发病时。

【防治】 饲料中增加富含维生素C的青绿饲料。

兽医临床实践中，即使没有维生素 C 缺乏症，对某些溶血性疾病、消化道疾病、创伤性疾病，配合补充维生素 C，都能取得较好的临床效果。

第四节　常量元素营养代谢紊乱性疾病

动物体内的矿物质，根据其含量多少，可分为常量元素和微量元素两大类。常量元素是指动物体内含量较多的元素，常以克或占动物体灰分中的百分数表示。除 C、H、O、N 外，还有 Ca、P、Mg、K、Na、Cl、S 7 种。

一、饲料中钙磷缺乏及钙磷比例失调

(一)概述

家禽饲料中钙和磷缺乏，以及钙磷比例失调是骨营养不良的主要病因。不仅影响生长家禽骨骼的形成及成年母禽蛋壳的形成，并且影响家禽的血液凝固、酸碱平衡、神经和肌肉等正常功能，造成的经济损失是巨大的。

【病因】　日粮中钙或磷缺乏，或者由于维生素 D 不足，或饲料中钙、磷比例不当，影响钙磷的吸收和利用，可以导致骨骼异常，食欲和饲料利用率降低，异食癖，生长速度和产蛋量下降，并伴随特有的临诊症状和病理变化。

鸡对钙磷的需要量与鸡的品种、品系、生长速度、产蛋、钙与磷比例、维生素 D 含量、植酸磷比例、环境温度和饲料的能量密度等因素有关。蛋鸡由于产蛋的需要，要供给足够量的钙，并保持 5∶1 的钙磷比例。鸡对植酸磷的利用率很低，禾谷类籽实饲料中的磷 30%～70%为植酸盐的形式，植酸盐必须经过水解才能利用，所以必须注意饲料中磷的来源。环境温度高，钙的需要量应增加，以提高蛋壳硬度，防止破蛋或软皮蛋。日粮中的能量增加，鸡对钙的需要量也要增加，日粮中补充维生素 D，以维生素 D_3 较好。

【发病机制】　对钙磷代谢的调节主要是在 3 种激素调节下进行的，其决定性因素是血钙浓度。胆钙化醇作为一种激素，调节钙的肠吸收，以维持血钙和体内总钙的平衡；当血钙浓度下降时，可促进甲状旁腺分泌甲状旁腺素，其一方面抑制尿钙排泄，促进钙吸收；另一方面促进骨骼钙的重溶，增加血钙的浓度，保持血钙平衡；当血钙浓度升高时，流经甲状旁腺的高钙血，促使甲状腺旁细胞分泌降钙素，它有使血钙向牙齿和骨骼沉积的作用。在这 3 种激素的作用下，使钙的吸收、沉着、重溶和排泄过程在严格有序的过程中进行。钙磷代谢紊乱则会影响生长中家禽的骨骼代谢，引起骨营养不良和生长发育迟滞；产蛋母鸡产蛋量减少，产薄壳蛋。

【症状与病理变化】　家禽日粮中缺磷，最初的明显反应是血清无机磷浓度降低，可下降到 2～3 mg/100 mL；并且出现血清碱性磷酸酶活性明显升高，血清钙浓度的轻度上升。

临诊症状最早显示的是病禽喜欢蹲伏，不愿走动，食欲不振，异嗜，生长发育迟滞等病状。幼禽的喙与爪较易弯曲，肋骨末端呈串珠状小结节，跗关节肿大，蹲卧或跛行，有的拉稀。成年鸡发病主要在高产鸡的产蛋高峰期，初期产薄壳蛋，破损率高，产软皮蛋，产蛋量急剧下降，蛋的孵化率也显著降低。后期病鸡胸骨呈 S 状弯曲变形，肋骨失去硬度而变形，无

力行走，蹲伏卧地。

病禽的血清碱性磷酸酶活性明显升高，而血清钙、磷浓度的变化则因病因而异。若病因是磷或维生素 D 缺乏，则血磷浓度通常低干正常最低水平(3 mg/100 mL)，血钙浓度则在本病的后期才降低。X 射线检查，骨质密度降低。骨的组织学检查，能发现大量不含钙的骨样组织。

病禽尸体剖检主要病变在骨骼、关节。全身各部骨骼都有不同程度的肿胀、疏松。骨体容易折断，骨密质变薄，骨髓腔变大。肋骨变形，胸骨呈 S 状弯曲，骨质软。关节面软骨肿胀，有的有较大软骨缺损或纤维样物附着。

【诊断】 可根据发病家禽的饲料分析、病史、病禽临诊症状和病理变化作出诊断。如要达到早期诊断，或监测预防的目的，尚需配合血清碱性磷酸酶、钙、磷和血液中维生素 D 活性物质的测定，以及骨骼 X 光照片等综合指标进行判断。

【防治】 本病要以预防为主，首先要保证家禽日粮中钙、磷的供给量，其次要调整好钙、磷的比例。对舍饲笼养家禽，要得到足够的日光照射，或定期用紫外线灯照射(距离 1～1.5 m，照射时间 5～15 min)。一般日粮中以补充骨粉或鱼粉进行防治，疗效较好。若日粮中钙多磷少，则在补钙的同时要重点补磷，以磷酸氢钙、过磷酸钙等较为适宜。若日粮中磷多钙少，则主要补钙。

对病禽除补充适量钙磷饲料外，需加喂鱼肝油，或补充维生素 D。

(二)笼养鸡疲劳综合征

因钙磷比率严重失调，钙从体内丢失过多，引起笼养鸡无力站立或移动，长骨变薄、变脆，肋骨与肋软骨结合部位呈串珠状膨大，产生骨折现象，称为笼养鸡疲劳综合征，又称笼养鸡软腿病(cage soft leg)。本病主要发生于笼养产蛋母鸡，尤其是产蛋后期的母鸡，产蛋越高，发病率越高，在 1%～2%，不同品系之间笼养鸡发病率差异很大，即使在生产率高、饲料利用率好的幼母鸡，也常发生。

【病因】 本病的真正原因还不十分清楚，但与钙、磷比例失调，磷过低、钙供给不足有密切关系。当日粮中钙供应不足时，必然动用机体本身的钙、磷储备，通常情况下，蛋壳中钙有 30%～40%来自骨骼，但又能从饲料中及时得到补充，使骨骼处于动态平衡。若钙供应不足，或因传染病支气管炎引起肾炎、肾病综合征或脂肪代谢障碍时，干扰了维生素 D 的吸收和代谢，进而影响了钙的吸收和利用，诱发本病。

【症状和病理变化】 病鸡表现腿肌无力，站立困难，常伴有脱水和体重下降现象。体况越好、产蛋越多、生长越快的鸡，越易发生。患禽躺卧或蹲伏不起，接近食槽或饮水器很困难，由于骨骼薄、脆，肋骨、胸骨变形，有的在笼内就已发生骨折。有的在转换笼舍或捕捉时，发生多发性骨折，引起呼吸困难，胸椎骨折，引起脊椎变性，瘫痪。淘汰鸡于屠宰、拔毛加工过程中，多处骨折。肌肉中夹杂有小骨刺，或出血，使肌肉等级下降。

【防治】 由于病因尚不明确，预防措施可用以下方法：

母鸡，尤其是产蛋母鸡应供给 3.5%的钙，0.9%的磷，2%～3%的脂肪或植物油，及维生素 D_3 1 000 IU/kg 体重的日粮，以便使维生素 D、石粉和贝壳粉充分黏附于饲料表面，防止沉淀在饲槽底部，而未真正食用。

小母鸡舍饲、平养期间，应给予足够的钙、磷、维生素 D_3，使骨骼发育坚实，至 19～20 周龄，关入笼内饲养时，即开始用产蛋期饲料，日粮中磷供给比平养增加 0.2%。

鸡舍内温度应控制在20～27℃，尽量减少应激刺激，让母鸡有适当的活动空间，不要使鸡在笼内过度拥挤，每只鸡占有面积不少于380 cm^2，使其能较方便地接近饲槽和饮水器等措施，可防止疾病发生。

最近的研究发现，饲料中添加一定量的镓盐可通过降低血清抗酒石酸酸性磷酸酶活性、Ⅰ型胶原C端交联肽水平，同时降低血钙、血磷，进而增加骨钙、骨磷的沉积，以达到预防该病的发生。

（三）鸡骨化石病

曾称作后腿病或大理石骨病，以骨骼尤其是长骨和胸骨呈均匀或不规则的增厚，骨髓腔减小，骨膜完整性被破坏为特征。临床表现为懒动，行走艰难，鸡冠苍白，骨骼肌萎缩等。

【病因】 大多数认为由禽白血病、肉瘤病毒群的某些病毒引起。

【症状和病理变化】 最常侵害肢体的长骨，尤其胫骨、骨干或干骺端可见均匀或不规则增厚、肿大，骨干呈纺锤形，由于胫骨肿胀，表现出特征性"长靴样"外观。病鸡常发育不良，精神倦怠、懒动，全身无力，鸡冠苍白，虚弱，消瘦，有时腹泻，行走艰难。病程从几天到几个月。病变呈两侧对称，初期有的骨头上出现浅黄色病灶，骨膜增厚，骨骼呈海绵样，易被折断。后期骨质石化，异常坚硬，表面多孔，不平且不规则。

【诊断】 晚期骨骼病变具有明显的特征，增粗、坚硬、石化、骨疣等，不难诊断。需与佝偻病、骨质疏松症等区别。佝偻病主要产生骨变形，龙骨脊柱弯曲呈S形，肋骨与肋骨间增粗如串珠样。骨骼疏松主要在骨骺端显示多孔状，骨易折断。

【防治】 本病发病率低，一旦确诊，应立即淘汰。

二、镁营养紊乱性疾病

镁在身体中与钙磷是紧密联系的，也是骨骼形成所必需的。身体中约有2/3的镁存在于骨骼中，主要是以碳酸盐的形式存在，因而也是碳酸盐代谢和许多酶活化所必需的。镁作为焦磷酸酶、胆碱酯酶、ATP酶和肽酶等多种酶的活化剂，在糖和蛋白质代谢中起重要作用；镁离子是DNA聚合酶及RNA聚合酶的辅助因子，镁缺少时则影响核酸的合成。在蛋白质生物合成的各个步骤上几乎都需要镁离子的参与，保证神经肌肉器官的正常机能。低镁时神经肌肉兴奋性提高，高镁时抑制。蛋壳中约含0.4%的镁。

雏鸡日粮中缺镁，约1周就可见到病症，如生长缓慢，然后停止生长，震颤，昏睡。当呈现代谢紊乱时，伴同喘气而转入一种单纯惊厥的状态，最终进入昏迷，有时导致死亡。有研究表明，雏火鸡饲喂一种纯粹日粮（不是补充的混合饲料）时，须补充占日粮0.047 5%的镁，否则雏火鸡缺镁的症状与雏鸡相似。试验表明当食物中含有0.18%的镁，对雏火鸡没有毒性。成年禽缺镁时，也表现有肌肉震颤现象，此外，还表现为产蛋减少，蛋壳变薄，骨质疏松。

曾有研究，假如食物中含有相当量的而不是边缘量的钙和磷，镁就不会有多大害处。因为钙与镁有共同的吸收部位，钙太多，镁吸收减少。

在预防镁缺乏的过程中要注意两点：一是影响镁的吸收因素，饲料中钙增加可抑制镁的吸收，反之，镁亦可抑制钙的吸收，影响钙吸收的某些物质，如草酸、植酸等也可抑制镁的吸收。某些氨基酸可增加肠内镁的溶解性，促进镁的吸收，所以含高蛋白饲料可加强镁的吸收。另一点是过量镁可以产生有害作用，如降低采食量，腹泻，母鸡产蛋下降和蛋壳变薄，对外界刺激极度，易出现受惊现象。

邱榕生等(2003)研究表明，日粮中添加有机镁可提高家禽肝脏和心脏中过氧化氢酶的活性，增加肝脏中谷胱甘肽的合成量，从而减少肌肉和肝脏中丙二醛的产生量，因而镁对动物机体具有抗氧化作用。镁能抗脂质过氧化，减少细胞膜的过氧化作用，保护细胞膜的通透性和流动性。

三、低钾血症

低血钾症是因钾摄入不足，或从汗、粪尿中钾丢失太多，引起血清钾浓度下降，全身骨骼肌松弛，异嗜，生产能力下降的病理现象。

钾是代谢过程中所必需的元素，主要是在细胞内发挥作用。血液中血钾含量比血浆钾高25%，肌肉中钾含量是血浆中的20倍。钾参与酸碱平衡和维持渗透压平衡。钾是心脏活动、骨骼及所有软组织形成所必需元素，且与肌肉兴奋有关。缺钾会导致肌肉松软和心肌活动紊乱。在日粮中通常需要钾0.16%～0.2%，但因钾在饲料中有广泛的分布，所以一般不考虑供给钾的问题。

尽管在植物和动物器官中有钾的广泛存在，但在家禽，特别是火鸡对钾的需要量更高。钾与钠相反，主要存在于身体细胞中，而少存在于体液中。在雏鸡的软组织中含钾要比含钠多3倍，骨骼中的钠和钾成分大约相等。

钾缺乏症的主要影响是以末梢衰弱，肠管膨胀而肠音衰沉，心脏衰弱和呼吸肌无力，以及最终这些器官和全身所有肌肉都衰弱为特征。在严重应激期，动物活器官中可发生钾水平降低。

钾存在于细胞内，家禽缺钾会表现为全身肌肉无力，表现为两腿不能站立，心衰和呼吸衰弱，重症可搐搦发作后死亡。产蛋量减少，蛋壳变薄。

预防缺钾要注重在日粮中钾的添加。在热应激时，在家禽饲料中添加0.4%～1.0%的氯化钾，或在饮水中添加0.2%～0.4%，可保证钾的补充，并能合理的氯化钾应对鸡群的应激反应。

四、钠和氯营养紊乱性疾病

家禽因钠摄入不足或因排泄太多，造成血钠浓度下降。临床表现为异嗜、脱水、肌肉虚弱、精神抑郁等特征，但许多情况下，没有特征性表现。在血液和体液中可发现钠的氯化物、碳酸盐和磷酸盐。钠与血液中氢离子浓度的调节有密切关系。它与钾和钙一道在血液中维持固有平衡关系，是心脏所必需的。

采食钠缺乏的食物，不仅生长不良，且骨骼变软、角膜角化，性腺无活力，肾上腺肥大，细胞功能改变，食物利用率降低，血浆和体液减少。心输出下降，平均动脉压下降，血细胞容积增高，皮下组织弹性降低。肾上腺功能不足导致血液尿素升高，和一种休克状态。若这种休克状态不给予纠正，最终导致死亡。钠缺乏症明显降低蛋白质和能量的利用率，并干扰生殖机能。

雏鸡饲喂一种不加食盐的饲料，伴同食物利用率降低而呈生长停滞。产蛋母鸡食物中缺乏食盐，导致产蛋量减小和蛋变小，体重减轻和食蛋癖。

家禽缺钠时一般表现为食欲不振，饲料的消化利用率降低，常有异嗜，生长发育停滞，骨质变软，腿脚无力，眼角膜出现角质化，体重减轻，产蛋禽还表现产蛋减少、蛋变形、孵化率降低等现象。

有研究发现，雏鸡饲给含有 0.24%钠和 0.4%钾的纯日粮，则需 0.12%的氯。若每千克日粮中含 190 mg 氯化物，就会发生氯化物缺乏症，雏鸡呈现生长极缓慢，死亡率高，血液浓稠，脱水和血液氯化物减少，并呈现神经症状，当受惊吓时，腿向后伸长，同时向前跌倒，并瘫痪卧地几分钟，然后又十分正常，直至下一次受惊吓为止。

每千克基础日粮中加入 1 200 mg 的氯化物，获得最合适的生长率，并防止了缺乏症。

日粮中含有过量的食盐对家禽是有毒的，致死量为 4 g/kg，育成鸡对食盐毒性作用的敏感性要比成年鸡大。鸭子比鸡更敏感。食盐中毒的病征是不能站立，极度口渴，明显的肌肉衰弱及死前呈现惊厥性运动。剖检发现许多器官都有损害，胃肠道、肌肉、肝脏和肺脏有出血和充血。

五、硫营养紊乱性疾病

硫是机体内多种物质的构成成分，体内有 21.5%的氨基酸内含硫，所以许多蛋白质中含硫，另外，许多维生素内也含硫。

（一）硫缺乏症

饲料中缺乏无机硫、蛋氨酸、胱氨酸等含硫物质，使家禽因硫摄入不足产生羽毛生长不良，换羽延迟。青年鸡还表现为生长缓慢，成年鸡繁殖力下降，母鸡产蛋减少或停止。鸡的羽毛中含硫量随年龄而增多，成年鸡羽毛中含 2.2%～2.95%的硫，因此硫缺乏将可引起羽毛和骨骼发育不良。

防治本病是保证饲料中胱氨酸、蛋氨酸、硫酸盐之间的比例为 50∶41∶9。

家禽缺硫时主要表现为长期处于惊慌状态，多分散寻找安静的地方躲避，一旦集中往往就会出现相互啄食的恶癖，有时可将羽毛下的皮肤啄破，引起大量出血，一般对采食、消化影响不大。

（二）硫中毒

硫供给量太多或在烟雾笼罩下长期生活，或在酸雨严重的地区生活，也可引起家禽中毒。临床可引起失明、腹泻、昏迷、死亡。

鸡饲料中含 0.27%的有机硫化合物，将引起 40%的鸡生长缓慢、低血糖症及鸡的佝偻症和胃肠炎。

第五节　微量元素营养代谢紊乱性疾病

微量元素是指在体内含量甚少的那些元素，常以毫克或微克计，有的甚至以钠克计算。

动物体内微量元素大致可分为以下 3 类：

（1）必需微量元素是指那些存在于所有健康组织内，且从亲代到子代都存在的微量元素，这类元素含量恒定；如果从体内排除它，可产生生理结构异常；并伴有生物化学异常；动物获得这种元素后，可用防治和治疗异常的生理现象等 5 个条件。符合这 5 个条件的元素有 15 种，即铜、铁、锌、锰、硒、铬、钴、碘、钼、氟、锡、砷、硅、矾、镍，最后这 6 种为新必需微量元素。

(2)第二类元素存在于机体内，是有害元素，如镉、铅、汞、锑、铋、铍等，称为有毒元素，含量越多危害越大。

(3)第三类元素是介于上述两类之间的，虽不是必需，但也无太大毒性，故称为非必需微量元素，如铝、硼、银、金等。

微量元素在体内的生物学作用与含量之间有密切关系，即使必需微量元素亦如此。当它们在体内含量低至一定限度后，就可产生该元素缺乏症。随饲料补充后，生物学活性逐渐恢复，直至正常。当继续长期供给过量，则又产生该元素中毒症，甚至引起死亡。

一、硒缺乏症

硒是家禽必需的微量元素，它是体内某些酶、维生素以及某些组织成分不可缺少的元素，为家禽生长、生育和防止许多疾病所必需，缺乏时可引起家禽营养性肌营养不良、渗出性素质、胰腺变性，硒和维生素 E 对预防小鸡脑软化、火鸡肌胃变性有着相互补充的作用。

【病因】 主要是由于饲料中硒含量的不足。另外，饲料中含铜、锌、砷、汞、镉等颉颃元素过多，均能影响硒的吸收，促使发病。在生产实践中较为多见的是微量元素硒和维生素 E 的共同缺乏所引起的硒—维生素 E 缺乏症。

【流行病学】 硒缺乏病具有较明显的流行病学特征，主要表现为如下几点：

(1)有一定的地区性：发病地区一般属于低硒地区。

(2)呈一定的季节性：多集中于每年的冬、春两季，尤以 2～5 月多发。

(3)群体选择性：本病呈群体性发病，但无传染性。

【发病机制】 发病机制目前尚不十分清楚，不过多数学者认为硒和维生素 E 有抗氧化作用，可使组织免受体内过氧化物的损害而对细胞正常功能起保护作用，从而防止细胞、肌红蛋白、血红蛋白的氧化，保持运氧能力；硒参与微粒体混合功能氧化酶体系，起传递电子的作用，因此对很多重要活性物质的合成、灭活，以及外源性药物、毒物(包括致癌病)生物转化过程有密切关系；硒还参与辅酶 A 和辅酶 Q 的合成，同时也是一种与电子传递有关的细胞色素的成分，它们在机体代谢的三羧酸循环和电子传递中起着重要的作用；硒在体内还可促进蛋白质的合成；当硒协同维生素 E 作用，可保持动物正常生育。

硒缺乏通过干扰自由基的代谢，导致免疫器官发生氧化应激，从而造成 DNA 的氧化损伤，表明硒缺乏在氧化应激致鸡淋巴细胞 DNA 损伤中发挥重要作用(王巧红等，2009)。硒缺乏引起雏鸡肌肉、神经、免疫组织及肝脏 DNA 总甲基化水平降低，硒缺乏导致雏鸡组织中甲基转移酶 *DNMT1*、*DNMT3A*、*DNMT3B* 基因 mRNA 表达降低，去甲基化酶 *MBD2* 基因 mRNA 表达升高，DNA 甲基化水平的改变可能是硒缺乏引起疾病发生的因素之一(蒋智慧，2012)。

如果硒与维生素 E 缺乏时，机体的细胞膜受过氧化物的毒性损伤而破坏，细胞的完整性丧失，结果导致肌细胞(骨骼肌、心肌、空肠平滑肌)、肝细胞、胰腺和毛细血管细胞，以及神经细胞等发生变性、坏死(侯萍，2009)。因而在临诊上可见到家禽的肌营养不良、肌胃变性、胰腺萎缩、渗出性素质、脑软化等症状和病理变化。

【症状与病理变化】 本病在雏鸡、雏鸭、雏火鸡均可发生。临诊特征为渗出性素质、肌营养不良、胰腺变性和脑软化。

(1)渗出性素质常在2～3周龄的雏鸡始发病为多,到3～6周龄时发病率高达80%～90%。多呈急性,重症病雏可于3～4 d内死亡,病程最长的可达1～2个月。病雏主要症状是躯体低垂的胸、腹部皮下出现淡蓝绿色水肿样变化,有的腿根部和翼根部亦可发生水肿,严重的可扩展至全身,出现渗出性素质的病鸡精神高度沉郁,生长发育停止,冠髯苍白,伏卧不动,运动障碍,排稀便或水样便,最终衰竭死亡。剖检的病理变化,水肿部有淡黄绿色的胶冻样渗出物或淡黄绿色纤维蛋白凝结物。这可能是由于缺硒,引起肝脏、肌肉中编码氧化及损伤保护的硒蛋白基因表达量下调而引起的。

(2)有些病禽呈现明显的肌营养不良,一般以4周龄幼雏易发,其特征为全身软弱无力,贫血,胸肌和腿肌萎缩,站立不稳,甚至腿麻痹而卧地不起,翅松乱下垂,肛门周围污染,最后衰竭而死。剖检的病理变化,主要病变在骨骼肌、心肌、肝脏和胰脏,其次为肾和脑。病变部肌肉变性、色淡、似煮肉样,呈黄白色的点状、条状、片状不等;横断面有灰白色、淡黄色斑纹,质地变脆、变软、钙化。心肌扩张变薄,以左心室为明显,多在乳头肌内膜有出血点,在心内膜、心外膜下有黄白色或灰白色与肌纤维方向平行的条纹斑。

(3)肝脏肿大,硬而脆,表面粗糙,断面有槟榔样花纹,有的肝脏由深红色变成灰黄或土黄色。肾脏充血、肿胀,肾实质有出血点和灰色的斑状灶。胰脏变性,腺体萎缩,体积缩小有坚实感,色淡,多呈淡红或淡粉红色,严重的则腺泡坏死、纤维化,胰腺细胞凋亡(张利娜,2009)。

(4)有的病雏主要表现平衡失调、运动障碍和神经扰乱症。这是由于维生素E缺乏为主所导致的小脑软化。其次,病火鸡雏或鸡雏并发肌胃变性。

(5)法氏囊、胸腺发育受阻,影响家禽的免疫功能。这主要是由硒不足,引起细胞周期阻滞、细胞凋亡所致。

(6)硒缺乏使肠黏膜变厚、充血或轻度出血,通透性增大,黏液分泌及肥大细胞释放炎性介质。肥大细胞脱颗粒释放组胺,使血清中组胺浓度增加;5-羟色胺属单胺类,是一种中枢神经递质,其主要作用是扩张细动脉和增加细静脉的通透性,缺硒引起脑神经损伤,使5-羟色胺分泌受抑,含量降低,表明硒缺乏对肥大细胞释放组胺和5-羟色胺有一定影响,但其详细机制还有待于进一步研究(侯萍等,2008)。硒缺乏鸡免疫器官中肥大细胞数量显著增加并与变性细胞紧密相邻,肥大细胞胞浆内充盈大量呈现电子密度不同的均质状基质颗粒,同时可见肥大细胞颗粒内容物释放后的空隙或空泡,缺硒可引起肥大细胞脱颗粒并释放生物活性物质,对变性细胞周围组织的免疫机能可能起重要作用(李一凡等,2010)。硒缺乏引起肠黏膜免疫系统的损伤,肠黏膜肥大细胞(IMMC)数量的增多(侯萍,2009)。

【诊断】 根据地方缺硒病史、流行病学、饲料分析、特征性的临诊症状和病理变化,以及用硒制剂防治可得到良好效果等作出诊断。

在集约化养禽业中正研究快速监测机体内硒状态的指标,为早期诊断、预测预报,以及预防和治疗提供有力的科学依据。目前可用以下几项指标。

(1)机体组织和血液中硒与维生素E水平的测定。

(2)血液中谷胱甘肽过氧化物酶(GSH-Px)活性的测定。

(3)肌酸磷酸激酶(CPK)的测定。

【防治】 本病以预防为主，在雏禽日粮中添加亚硒酸钠和维生素 E。注意要把添加量算准，搅拌均匀，防止中毒。对小鸡脑软化的病例必须以维生素 E 为主进行防治；对渗出性素质、肌营养性不良等缺硒症则要以硒制剂为主进行防治，效果好又经济。有些缺硒地区曾经给玉米叶面喷洒亚硒酸钠，测定喷洒后的玉米和秸秆硒含量显著提高，并进行家禽饲喂试验取得了良好的预防效果。

二、铜营养紊乱性疾病

【病因】 铜缺乏症分为原发性和继发性两种。

(1)原发性缺铜是因饲料中铜含量太少，主要是土壤中含量低，因而植物中含量低。

(2)继发性缺铜是因饲料中干扰铜吸收和利用的物质如钼、硫等含量太多，即使饲料中含量正常，仍可造成铜缺乏。另外磷、氮、镍、锰、钙、铁、锌、硼和抗坏血酸都是铜的颉颃因子，这些元素不利于铜的吸收。

【发病机制】

(1)机体缺铜使血浆铜蓝蛋白不足，引起铁元素吸收和利用障碍，导致造血机能障碍而发生贫血。

(2)缺铜时组织细胞氧化机能下降，使黑色素沉着不足，故而出现被毛褪色、变细，动物生长发育受阻。

(3)缺铜使含铜的赖氨酸氧化酶和单胺氧化酶合成减少，结果使骨胶原的稳定性与强度降低而出现骨骼变形和关节畸形。

(4)铜是构成超氧化物歧化酶的辅基，缺铜则难以促进脑磷脂的合成。

(5)铜还是细胞色素氧化酶的辅基，缺铜则使细胞色素 C 氧化酶活性减弱，ATP 生成减少，磷脂合成发生障碍，病禽后肢麻痹，共济失调。心肌纤维变性，可突然死于心力衰竭。

【症状】 铜缺乏时，家禽表现为贫血和关节变形。被毛褪色、神经机能紊乱及繁殖力下降。产蛋明显下降，孵化率低，胚胎亦出血死亡。肝、脾、肾呈广泛性血铁黄素沉着。

【诊断】 根据病史和临床症状可作出初步诊断，如有怀疑，可采取饲料、组织和体液进行铜含量的测定。

【防治】 以预防为主，饲料中铜含量适宜。治疗时饲料中加硫酸铜 5～10 mg/kg。

三、铁营养紊乱性疾病

因饲料中缺乏铁，或因种种原因造成铁摄入不足或铁从体内丢失过多，引起家禽贫血、易疲劳、活力下降的现象，称为铁缺乏症。主要发生于雏鸡和产蛋率高的蛋鸡。

【病因】

(1)原发性铁缺乏症：饲料中铁不足；产蛋率高的鸡需铁量较高，但没有及时补充，会造成铁缺乏，引起贫血。

(2)继发性铁缺乏症：吸血性内外寄生虫，如虱子、球虫，造成慢性失血，铁从体内、体表丢失；饲料中铜含量过高也影响铁的吸收；用尿素或棉籽饼作为饲料中蛋白质的来源，因棉酚和铁作用，又未补充铁，都会造成铁缺乏。

【发病机制】

(1)当机体缺铁时,首先影响血红蛋白的合成。

(2)铁还与许多酶活性有关,如细胞色素氧化酶、过氧化氢酶,在三羧酸循环中,有一半以上的酶含铁,缺铁时肌红蛋白及多种酶的功能受到影响。

【症状和病理变化】 铁缺乏的共同症状是贫血。可视黏膜微黄或淡白、懒动、易疲劳,易受感染,易死亡。

(1)贫血:表现为低染性小细胞性贫血,伴有成红细胞性骨髓增生;肝、脾、肾中几乎没有血铁蛋白;血清铁蛋白低于正常。

(2)血脂浓度升高:缺铁的鸡其血清甘油三酯、脂质浓度高,血清和组织中脂蛋白酶活性下降。

(3)含铁酶活性下降:过氧化氢酶、细胞色素 C 活性下降。

【诊断】 根据临床症状,结合饲料中铁、血红蛋白、红细胞、血细胞压积及用铁治疗和预防的效果来作出诊断。另外,造成贫血的原因很多,如缺乏铜、钴、维生素 B_{12}、叶酸等,应注意鉴别诊断。

【预防】 通常情况下,鸡饲料中含丰富铁,故少见自然发生铁缺乏的病例,但如果用大量棉籽饼代替豆饼时,由于棉酚和铁作用,影响雏鸡对铁的吸收,这就需补铁。在治疗缺铁性贫血时,要配合补充叶酸、维生素 B_{12} 等。

四、锌营养紊乱性疾病

【病因】

(1)土壤和植物中锌含量不同,而且饲料原料中锌的生物学利用率不同。

(2)饲料中颉颃因素过多可影响锌的吸收、利用。

(3)家禽消化机能障碍,慢性拉稀可影响锌的摄入。

【发病机制】 锌是家禽营养所必需的微量元素,其生理作用广泛,概括如下:

(1)酶的组成部分:锌在体内 80 种以上的酶中存在,而且是 100 多种酶的激活剂。

(2)维持细胞膜完整性:锌与其他膜成分形成稳定结构,防止脂质过氧化。

(3)与某些激素活性有关:锌缺乏显著降低了血清锌、葡萄糖和瘦素水平,显著提高了下丘脑神经肽 Y 水平及其基因(黄金秀等,2008);表达锌缺乏时,胰岛素很少改变;缺锌时,第二性征发育障碍。

(4)生长发育与组织再生:锌参与 DNA、RNA 及蛋白质的合成,细胞的分裂过程。

(5)增强免疫功能:锌是与免疫有关的几种微量元素之一,缺锌可导致免疫功能下降,抗感染力低下。

(6)促进维生素 A 代谢:锌在体内促进视黄醇的合成和构型转化,参与肝中维生素 A 的动员,维持血浆维生素 A 浓度的恒定。另外,锌对肌肤健康十分重要。

【症状和病理变化】

(1)生长发育受阻:因锌是味觉素的构成成分,锌缺乏病禽味觉和食欲减退,消化不良导致营养低下[锌缺乏诱导的鸡生长抑制,既有锌缺乏的直接影响,也有采食量减少的作用,但主要是采食量减少所致(黄金秀等,2008)],表现采食减少,增重下降或停止。特别是生长快速的家禽。

(2)皮肤角化不全或角化过度:家禽皮肤出现皮屑或发生皮炎。

(3)骨骼发育异常:骨短粗症认为是动物缺锌的特征性变化。小鸡骨变短变粗,关节增大且僵硬翅发育受阻。

(4)繁殖机能障碍:锌与某些生殖因子的活性有关,直接影响精子的生成、成活发育及维生素 A 作用的发挥。缺锌可使母禽卵巢发育停滞,子宫上皮发育障碍。

(5)羽毛质量改变:家禽羽毛蓬乱无光,换羽缓慢。

(6)创伤愈合缓慢:缺锌时,皮肤黏蛋白、胶原和脱氧核糖核酸合成力下降,结果伤口愈合缓慢。

【诊断】 根据临床症状,结合饲料和血清中锌含量的测定,以及饲料中钙、锌比率的测定可作出诊断。补锌后 1~3 周,临床症状减轻。

本病应与螨病、湿疹、锰缺乏、维生素 A 缺乏、烟酸和泛酸缺乏等相区别。

【防治】 预防为主。治疗时在饲料中添加硫酸锌、螯合锌等,但要注意不要添加过量和长期使用,以防中毒。

五、锰缺乏症

锰是动物体必需的微量元素,家禽对这种元素的需要量是相当高的,对缺锰最为敏感,易发生缺锰,以骨短粗病为其主要特征。

【病因】 主要的病因是由于日粮内锰缺乏而引起。不同种、品种的家禽对锰的需要量也有较大的差异。其次,饲料中钙、磷、铁以及植酸盐含量过多,可影响机体对锰的吸收、利用。高磷酸钙的日粮会加重禽类锰的缺乏,由于锰被固体的矿物质吸附而造成可溶性锰减少所致。家禽患球虫病等胃肠道疾病时,也妨碍对锰的吸收利用。饲养的密集条件等也是本病发生的诱因。

【发病机制】

(1)锰是许多酶的激活剂,缺锰时这些酶活性下降,影响家禽的生长发育。如锰是骨质生成中合成硫酸软骨素有关的黏多糖聚合酶和半乳糖转移酶激活剂,从而使骨骼组织正常生长,因此缺锰时,可见鸡雏软骨发育不良,腿翅等骨均变短粗。

(2)锰离子与带负电荷 DNA 上磷酸基团结合产生电稳定作用,从而稳定了 DNA 的二级结构,这样锰通过加速 DNA 的合成,促进蛋白质的合成过程,因此缺锰时家禽生长缓慢。

(3)锰离子又是合成胆固醇的关键步骤二羟甲戊酸激酶的激活剂,性激素的合成原料是胆固醇,因此锰缺乏时影响性激素的合成,雄禽则出现性欲丧失,睾丸退化等;雌禽蛋的孵化率显著降低,以及胚胎营养不良的疾病等。

(4)饲料中锰缺乏能引起肉鸡胫骨发育的异常,并能通过影响 OPG/RANKL mRNA 的表达引起肉鸡胫骨骨骺端的骨质疏松。骨保护素(osteoprotegerin,OPG)是 RANKL (ligand of receptor activator of $NF_{\kappa B}$)的假性受体,成骨细胞及骨髓基质细胞则分泌表达 OPG 与 RANKL 竞争性结合,阻止 RANKL 与 RANK(receptor activator of $NF_{\kappa B}$)之间的结合。成骨细胞及骨髓基质细胞表达 RANKL,与破骨细胞前体细胞或破骨细胞表面上的 RANK 结合后,促进破骨细胞的分化和激活,并抑制破骨细胞的凋亡,锰缺乏引起 RANKL 与 OPG 的比值增加,引起破骨细胞活性增强,骨吸收过程强于骨形成过程,造成干骺端骨小梁变细,骨小梁连接性降低,即出现了骨质疏松的病理变化(刘然,2012)。锰缺乏导致软骨基质胶原纤维的降解，抑制胫骨生长板增殖区软骨细胞的增殖，促进肥大区软骨细胞的凋亡，而且锰缺乏引起的软骨细胞凋亡可能依赖于线粒体途径，锰缺乏引起生长板发育障碍的信号通路可能为 Ihh/PTHrP 途径。Indian hedgehog(Ihh)能诱导临近的软骨膜细胞发育为成骨细胞，最终发育为皮质骨；促进肥大区上端的增殖软骨细胞分裂增殖；促进静止区的软骨细胞分泌甲状旁腺激素相关多肽(parathyroid hormone-related peptide，PTHrP)，形成调控软骨细胞增殖和分化的反馈环路；PTHrP 在软骨内成骨中的作用主要是限制软骨细胞的分化和成熟(王健，2012)。

【症状与病理变化】 病幼禽的特征症状是生长停滞，骨短粗症。胫—跗关节增大，胫骨下端和跖骨上端弯曲扭转，使腓肠肌腱从跗关节的骨槽中滑出而呈现脱腿症状。病禽腿部变弯曲或扭曲，腿关节扁平而无法支持体重，将身体压在跗关节上。严重病例多因不能行动无法采食而饿死。

胫骨变短，胫骨直径相对于体重变粗，生长板变薄，胫骨近端的关节肿大。组织学观察：低锰组骨小梁变细、断裂，小梁间排列疏松、紊乱；超微结构观察发现：低锰组成骨细胞核膜，线粒体膜，线粒体脊高尔基体都有不同程度的损坏(刘然，2012)。

成年母鸡产的蛋孵化率显著下降，鸡胚大多数在快要出壳时死亡。胚胎躯体较小，骨骼发育不良，翅短，腿短而粗，头呈圆球样，喙短弯呈特征性的“鹦鹉嘴”，此鸡胚为短肢性营养不良症。

【诊断】 根据病史、临诊症状和病理变化可做出诊断。若要做出确切诊断，可对饲料、禽器官组织的锰含量进行测定。

【防治】 为防治雏鸡骨短粗症，可于饲料中添加一定量的有机锰、硫酸锰，或用高锰酸钾溶液作饮水，糠麸为含锰丰富的饲料，每千克米糠中含锰量可达 300 mg 左右，用此调整日粮也有良好的预防作用。

注意补锰时防止中毒，高浓度的锰可降低血红蛋白和红细胞压积以及肝脏铁离子的水平，导致贫血，影响雏鸡的生长发育。过量的锰对钙和磷的利用有不良影响。

六、钴缺乏症

钴缺乏症是由土壤和饲料中钴不足引起的一种以食欲减退、异嗜癖、贫血和进行性消瘦为特征的慢性病。土壤和饲料缺钴是本病的主要原因。

钴是家禽的必需微量元素之一。钴可加速体内贮存铁的动员，使之易进入骨髓；可抑制许多呼吸酶的活性，引起细胞缺氧，刺激红细胞生成素的合成，代偿性促进造血功能；是合成维生素 B_{12} 的必需成分，而维生素 B_{12} 是甲基丙二酰辅酶 A 异构酶的辅酶，在糖和丙酸代谢中起重要作用。若钴缺乏，就可引起能量代谢障碍、引起消瘦、虚弱和贫血。

七、碘缺乏症

家禽缺乏碘，引起甲状腺肿大，幼雏死亡，脱毛等。多因饲料中缺乏碘或因碘的颉颃成分引起。

【病因】

(1)原发性缺碘是因饲料含量不足：碘缺少地区，植物中碘含量较少，所以该地区植物做成的饲料中缺碘。

(2)继发缺碘是因饲料中含颉颃碘吸收和利用的物质,如硫氰酸盐、葡萄糖异硫氰酸盐和含氰糖甙在白菜、甘蓝、油菜、菜籽饼和花生粉等中含量较多。

【发病机制】 碘是家禽必需微量元素,体内70%~80%的碘集中在甲状腺,用于合成甲状腺素。甲状腺素可提高机体的基础代谢能力,参与体内100多种酶的生物学活动,促进中枢神经系统、骨髓、皮毛及生殖系统的正常机能,同时协同生长素促进机体的正常发育。甲状腺释放甲状腺素入血,在缺乏碘的情况下,甲状腺素合成减少时,皮肤中的一些黏多糖、硫酸软骨素和透明质酸的结合蛋白质大量积存,并积聚大量水分,从而引起黏液性水肿,结果皮肤肿胀粗糙。另外还表现生长停滞,繁殖机能减退,幼雏生命力下降、死亡。

【症状和病理变化】 缺碘时,鸡冠缩小,羽毛失去光泽,性欲下降。公鸡睾丸缩小,精子缺失。母鸡对缺碘似乎较能耐受,给予缺碘饲料在相当长时间内没有明显的产蛋减少和孵化率下降现象。病鸡剖检可见皮肤和皮下结缔组织水肿,甲状腺明显增生肿大。

【诊断】 根据病史、临诊症状和病理变化可做出诊断。若要做出确切诊断,可对饲料、禽甲状腺的碘含量进行测定。

【防治】 以预防补碘为主,但应严格控制用药剂量,以免中毒。

第六节　营养性胚胎病或其他综合征

一、家禽胚胎病

(一)概述

由于集约化养禽业的发展,家禽人工孵化的数量和质量对养禽业的发展有重大意义。统计资料表明,由于胚胎发育期间所表现的各种疾病、死胚或幼雏生长发育迟滞,给养禽造成的损失是巨大的。蛋源性传染病的存在,所孵出的幼雏,常常是禽场中重要的传染源。

家禽胚胎病是研究引起胚胎发育迟缓、胚胎疾病、胚胎死亡、胚胎突变和畸变、幼雏孱弱、生长迟缓发生的病因、病理、诊断和防治的科学。

在胚胎发育阶段,病原体的作用及病理过程对胚胎的发生有较大的影响,胚胎对很多细菌毒素的反应是非特异性的,任何病原刺激、病理变化都可使共发育停滞,并很难逆转。因而可出现各种缺陷,如器官发育不全、器官缺损、变位扭转、不对称等异常现象。这些异常现象通过"照蛋",通常能及时发现。病理剖检亦可进一步证实。化学、生物化学、免疫学、微生物学诊断虽已建立,但作为在生产中推广应用,尚待进一步完善。

(二)营养缺乏性胚胎病

家禽的营养缺乏性胚胎病(胚胎营养不良)是最常见的胚胎病。除了一部分因遗传因子缺陷所致营养不良外,大多是由于母禽营养不良所致。主要特征是肢体短小,骨骼发育受阻,胚胎发育不良。产生的原因有维生素不足或缺乏;矿物质或微量元素不足;蛋白质和必需氨基酸,特别是含硫氨基酸不足,某些营养成分过多干扰了另一些营养成分的利用。

【维生素缺乏引起的胚胎病】

(1)维生素 A 缺乏:蛋内胡萝卜素,维生素 A 含量不足,可导致鸡胚发生干眼病和胚胎死亡。循环系统的形成和分化时期,胚胎死亡数量约为 20%。剖检死胚发现鸡胚胎生长和羊膜发育受阻,卵黄囊中尿酸盐沉积,特别是孵化末期在尿囊中有大量的尿酸盐,在孵化末期发育不全的死亡胚胎,其羽毛、脚的皮肤和喙缺乏色素沉着。尤其鸭胚易引起痛风样病变。种鸭日粮中添加维生素 A、动物性饲料和青绿饲料,可预防维生素 A 缺乏症。

(2)维生素 D 缺乏:当母禽缺乏维生素 D_3,导致蛋内维生素 D 不足,不仅蛋壳较薄易破,新鲜蛋内的蛋黄可动性大,鸡胚维生素 D 不足,胚体皮肤出现大囊泡,黏液性水肿,皮下结缔组织呈弥漫性增生,多于孵化后第 8~10 天,即积极形成骨骼和利用蛋壳物质时期,胚胎死亡达到高峰。剖检死胚发现腿变曲,皮肤水肿增厚,肝脏脂肪变性。各种禽的胚中均可见到。疾病发生呈一定季节性,雨季发生较多。

(3)核黄素缺乏:胚胎多在孵化第 12~13 天至出雏时,发生死亡。孵化率仅为 60%~70%,尿囊生长不良,闭合迟缓,蛋白质利用不足,颈弯曲,皮肤增厚并有典型的发育不完全的结节状绒毛,躯体短小,皮肤水肿,贫血。轻度短肢,关节明显变形,胫部弯曲,因缺乏维生素 B_2,绒毛无法突破毛鞘;因而呈现卷曲状集结在一起。至孵化后期,胚体仅相当于 14~15 d 胚龄的正常胚体大小,即使出壳,雏鸡亦表现瘫痪,或先天麻痹症状。

(4)生物素缺乏:胚胎多于孵化第 15~16 天死亡,死胚躯体短小,腿短而弯曲,关节增大,头圆如球,喙短且弯如"鹦鹉嘴"。脊柱短缩弯曲。肾血管网和肾小球充血,输尿管上皮组织营养不良,原始肾退化加速。尿囊膜过早萎缩,导致较早啄壳和胚胎死亡。在蛋壳尖端蓄积大量没被利用的蛋白。

发生该病的原因与母鸡食用大量非全价蛋白性饲料有关,如腐肉、油渣、杂鱼,有些蛋白内含有抗生素因子,它与食物中的生物素紧密结合,成为不能被机体吸收的物质。成年母鸡可不表现临床症状,但其所产的蛋孵化率很低,而且出现鸡胚畸形。第 3 趾与第 4 趾之间发生较大的蹼状物,鹦鹉喙,胫骨严重弯曲,胚胎死亡率在孵化第 1 周最高,孵化最后 3 d 死亡率次之。

(5)维生素 B_{12} 缺乏:常引起肌肉萎缩,于孵化第 16~18 天出现死亡高峰,高达 40%~50%。特征病变是皮肤弥漫性水肿,肌肉萎缩,心脏扩大形态异常,剖检死胚可见部分或完全缺少骨骼肌,破坏了四肢的匀称性。尿囊膜、内脏器官和卵黄出血等。

(6)维生素 B_1 缺乏:产蛋鸡饲料中糠、麸供给不足,复合维生素 B 供给不足,可引起种禽维生素 B_1 缺乏,导致蛋中维生素 B_1 不足。母鸭放收时,因采食大量鱼虾、白蚬等,同时谷类饲料供给不足时,因新鲜鱼虾含有硫胺素酶,能破坏硫胺素,造成母鸭维生素 B_1 缺乏,主要表现为死胚。有些孵化期满,但无法啄破蛋壳而闷死,有些则延长孵化期,无法出壳,最终死亡。即使出壳,可陆续表现为维生素 B_1 缺乏症,故有些地区称此病为白蚬瘟。

(7)维生素 B_3 缺乏:又称泛酸,也是禽胚发育必需的物质之一,主要以游离状态储存在胚胎的肝脏中,到 15 胚龄转为辅酶 A。其缺乏是由于种禽日粮里维生素 B_3 含量不足引起。泛酸缺乏性胚胎病在孵化的第 14 天开始发生胚胎死亡,20 d 时死亡最多。因泛酸缺乏影响心血管系统的发育,病胚下喙短小,脑积水,皮下水肿、皮下出血,眼球混浊,腿弯曲,心肌苍白,肝脏脂肪变性、黄染。

(8)维生素 B_{11} 缺乏:又称叶酸,一般不会发生缺乏症,只有在特殊情况下才会缺乏,例如种蛋在入孵前贮存时间太长，导致胚胎中的叶酸大量破坏；种禽长期使用磺胺类药物，也会引起叶酸缺乏。叶酸缺乏的种蛋胚胎死亡增多。从孵化的第12天起，可观察到胚胎生长缓慢，并出现畸形，如无下喙、颈弯曲、脚趾发育不良，有时趾合并在一起，眼球缩小，胚胎内脏移位。死亡高峰在出壳前几天内，有的在啄破气室后死亡。

(9)维生素E缺乏：火鸡胚易发，孵化一开始胚胎发育就不良，于孵化的第7天死亡率最高。卵黄囊中胚层增生而发生瘀血和出血，并发生低血红蛋白性贫血，晚期出现骨髓和脾脏造血器官组织障碍，因而孵化后期的死亡率也增高。眼球晶状体混浊，玻璃体出血，角膜有出血斑，出壳雏失明，衰弱少动，骨骼及肌肉发育不良，成活率极低(申颖等，2007)。

【微量元素缺乏引起的胚胎病】

(1)铜缺乏：缺铜小鸡较易出现主动脉瘤、主动脉破裂和骨畸形，家禽缺铜一般无贫血。母鸡给予高度缺铜饲料(0.7～0.9 mg/kg)达20周，产蛋的母鸡呈现发育受阻，胚胎孵化72～96 h，分别见有胚胎出血和单胺氧化酶活性降低，并且早期死亡。

(2)锰缺乏：母鸡饲料中缺乏锰，蛋壳强度低，容易破碎，孵化率下降。死胚呈现软骨发育不良，腿翅缩短，为鹦鹉喙、球形头、肚大，75%的鸡胚。母鸡饲料缺锰时，所孵小鸡行走不稳，惊吓、激动时，神经功能异常，头上举或下钩或扭向背部。四肢短粗，胚体矮小，绒毛生长迟滞，与死胚的症状相同。

(3)硒和维生素E缺乏：母鸡缺硒，产蛋减少，孵化率降低，即使出壳后，也表现为先天性白肌病，不能站立，有胰腺坏死，并很快死亡。维生素E缺乏可加速鸡胚死亡，常在胚胎形成第7天出现死亡高峰。死胚表现胚盘分裂破坏，边缘窦中瘀血，卵黄囊出血，水晶体浑浊，肢体弯曲，皮下结缔组织积聚渗出液，腹腔积水等。鹌鹑缺硒，其蛋的孵化率降低，幼雏成活率下降。

(4)锌缺乏：母鸡缺锌，鸡蛋的孵化率下降。许多鸡胚死亡，或出壳不久死亡。鸡胚脊柱弯曲、缩短，肋骨发育不全。早期，鸡胚内脊柱显得模糊，四肢骨变短。有时还具有缺脚趾、缺腿、缺眼。能出壳小鸡十分虚弱，不能采食和饮水，呼吸急促和困难，幸存小鸡羽毛生长不良、易断。

(5)碘缺乏：母鸡用0.025 mg/kg碘的日粮饲喂，所产蛋孵化的雏鸡会出现先天性甲状腺肿。孵化至晚期，鸡胚死亡，孵化时间延长，胚胎变小，卵黄囊再吸收迟滞。

近些年来，由于种禽饲料添加了不适当的微量元素或维生素，还可干扰其他物质的吸收、利用。如添加过量的铜，干扰了锌的吸收、利用，以致鸡胚因缺锌引起骨骼发育障碍，给母鸡补充组氨酸或组织胺，可缓解骨发育异常，但对其他缺锌的症状无缓解作用；因添加过量维生素D，造成维生素D中毒；过量核蛋白或某些氨基酸过多，可造成鸡死亡和尿酸盐素质(痛风)。目前营养性胚胎病还处于初期，许多资料还有待充实。

(三)中毒性胚胎病

家禽与家畜一样，有限制有毒物质向卵内转移，减少有害物质对后代产生毒害的本能，但是长期慢性中毒时，免不了有毒物质对睾丸、精子、卵巢、卵细胞的毒害作用，有些可直接与DNA作用产生DNA序列的紊乱或基因片段的缺失，有些代谢的次生物质，也可在亲代体内或胚内与胚胎发育过程中，对受精卵和胚体作用，其结果可造成基因突变和畸变，以及免疫抑制作用，甚至胚胎死亡。

据有关资料认为，引起中毒性胚胎病的原因有：霉菌毒素及其代谢次生物；有机农药尤其是有机氯农药，棉酚及芥子毒、某些重金属慢性中毒。兽医用药不当时对胚胎有影响。

(1)霉菌毒素：有些真菌毒素可产生致畸作用。如黄曲霉毒素 B_1、棕曲霉素 A(ochratoxin)、柠檬色毒素(citrinin)和细胞松弛素(cytochalasin)。例如，用含 0.05 μg/mL 黄曲霉毒素 B_1 注入鸡胚气室，可抑制鸡胚分裂，并导致死亡。0.01 μg 棕色曲霉毒素 A 从气室注入，即可造成一半鸡胚死亡，部分鸡胚畸变，如四肢和颈部缩短，扭曲，小眼畸形，颅骨覆盖不全，内脏外露体形缩小。柠檬色霉素，可引起四肢发育不良，头颅发育不全，小腿骨变形、喙错位(crossed beaks)，偶尔可见头、颈左侧扭转。此外，红青霉毒素(rubratoxin)，T-2 毒素对鸡胚的发育都有不良影响。枯萎病马铃薯可致胚胎无脑，脊椎裂。然而，机体对其后代的保护是通过一定的屏障作用进行的，从亲代移到蛋内的真菌毒素的量是很少的。据测定，在鸡饲料中黄曲霉毒素含量与鸡蛋内含毒量之比为 2 200∶1(Pier,1980)。在生产上产生的损失是有限的。

(2)农药残留：DDT 及其代谢产物(如 DDD)可引起鸡、鸭及某些野生禽类卵壳变薄，不仅运输过程中易碎，而且影响蛋的孵化率及雏禽的发育。某些除草剂，如四氯二苯二氧化磷(TCDD)等，在鸡体内及蛋内残留，也可造成鸡胚发育缺陷或畸形。

(3)其他有毒物质：禽饲料中含棉酚时，鸡蛋中棉酚合量增加，贮存时蛋白变成淡红色，使种蛋的孵化率下降，卵黄颜色变淡。成年母鸡喂菜籽饼过多，可干扰机体内碘的吸收和利用。鸡胚缺碘可引起胚胎死亡。汞、镉在母鸡体内半衰期长，可干扰实质器官、性器官的发育，造成精子和卵细胞发育的畸形。包括胚胎发育成无眼、脑水肿、腹壁闭合不全等。乙胺嘧啶、苯丙胺、利眠宁、本巴比妥抗应激同时，其残留物可致畸。

(四)孵化条件控制不当引起的胚胎病

在孵化过程中，由于孵化温度调节、湿度控制、气体代谢、种蛋放置方法不正确，均可引起胚胎死亡或胚胎发育障碍。

(1)温度：胚胎发育的各个阶段应相对恒定，温度过高可分为一时性、长时间性、较高于或过高于孵化温度及低温等 5 种不同情况。短时间温度较高，易引起胚胎血管破裂而死亡。长时间较热，可加速胚胎发育、缩短胚胎发育期限，造成卵黄吸收不良，脐环不愈合和弱雏。早期温度较高，可发生无脑、无眼畸形。温度过高胚胎死亡率剧增。低温则可延长孵化期：尿囊不能完全闭合，腹部膨大，蛋壳内常有红色水肿液。有的幼雏不能啄壳，闷死于壳内。

(2)湿度：胚胎发育过程中在孵化箱内需要保持一定湿度。但如果湿度过大，妨碍蛋内水分蒸发，致使水分占据蛋内空隙，妨碍胚胎的生长和发育。出壳时嗉囊、胃和肠充满羊水，孵出的幼雏软弱，体表常为黏性液体所污染。空气湿度大，还可促进霉菌生长，造成胚胎感染。特别是曲霉菌病较多。

湿度过低，鸡蛋内水分蒸发过多、过快，不仅幼雏体重下降，而且蛋壳膜干涸，黏在幼稚的绒毛上，致使出雏困难，破壳时间延长，孵化的雏小，生活力下降。

(3)气体代谢：外源性缺氧或内源性二氧化碳、氯气排泄不畅均可导致氧气缺乏，引起胚胎窒息而死亡。蛋内胎位不正，足肢朝向蛋的钝端，头朝向蛋的锐端，幼雏啄壳亦在锐端。孵化箱内或孵坊内灰尘较大，或被污物或包裸物堵塞了蛋壳气孔，尤其是在孵化中期(俗称上滩)后，其危险性最大。

(4)翻蛋不当或翻蛋不及时：鸡蛋钝端朝下或倾斜度不够等都可引起胚胎死亡。

（五）传染性胚胎病

鸡胚受细菌、病毒或霉菌感染时，都可引起胚胎发育障碍。传染源大多来自母禽。现已报告的如白痢病、大肠杆菌病、鸡波氏杆菌、曲霉菌病、葡萄球菌感染、呼吸道霉形体、鸭病毒性肝炎、鸡新城疫、传染性支气管炎、鸡痘、衣原体病，传染性脑脊髓炎等30多种传染病，都可造成胚胎发育障碍甚至死亡。这类原因引起胚胎发育障碍或死亡，占第二位原因。详见《家禽传染病学》。

（六）遗传性胚胎病

由于鸡蛋贮存时间过长，或某些遗传缺陷，造成鸡胚畸形或死亡，亦占有一定比例。特别是在集约化家禽生产中、鸡的畸形与缺陷数量增加。最常见于孵化第19～20天，喙变短，上下喙不能咬合，眼球增大，脑疝，四肢变短，翅萎缩，跖骨加长，缺少羽毛，神经麻痹等。鸭、鹅还可出现脑疝—肌肉震颤。在孵化后期，幼雏生命早期，死亡率增加。

（七）胚胎疾病的预防方法

由于对胚胎疾病的病因学诊断，尚缺乏系统研究，仅凭病理学特征很难实现，现仅能提出一些原则性的防治措施。

(1)提高母禽合理营养水平和饲养管理水平是预防胚胎病的关键措施。

(2)做好种禽的防疫工作，加强入孵前的卫生、消毒措施。

(3)调节好孵箱温度控制器及相对湿度，加强孵化人员的技术培训，在照蛋中及时发现病胚，对可能存在的病因、病原的诊断，是预防胚胎病的重要环节。

(4)合理制定育种措施，培养良种体系，防止因遗传因素而产生的畸形和变异。

二、肉仔鸡腹水综合征

肉仔鸡腹水综合征是近些年来出现的几种重要疾病之一，发病率为5%～10%，在有些地区可达30%，主要临床特征是腹水增多，肝硬化或萎缩，心脏扩大，俗称鸡水肿病。本病主要侵害2～6周龄鸡，但5～20日龄发病亦不少见。

【病因】 集约化养鸡，鸡群密度大，在小气候条件下，氧稀薄、二氧化碳甚至一氧化碳、氨、灰尘浓度高，加之肉鸡因遗传因素生长速度快，机体甲状腺激素水平却在选育过程降低，不能获得充足的氧气供应(Hassanzadeh，2009)，甲状腺激素能够调节α、β肌球蛋白重链的表达，进而影响心脏的收缩功能，甲状腺功能减退导致心律、心输出量降低(Olkowski，2007)，心脏等各脏器功能跟不上生长速度，形成肺动脉高压和右心衰，结果造成腹水。但造成腹腔积液的原因是多方面的，在考虑到缺氧—心衰腹水机制的同时，不应忽视其他有害物质或营养缺乏在诱发本病中的作用。肉鸡PHS是营养、管理、环境、遗传等因素综合作用的结果。

【症状和病理变化】 病初，鸡精神沉郁，缩头闭目，羽毛蓬松，采食减少或不食，个别拉白色或土黄色稀粪，随后很快发展为“大肚子”病，腹部高度膨大，不能维持身体正常平衡，站立困难，以腹部着地呈企鹅状，行动困难，两翅上下拍动，腹部皮肤发紫，用手触诊波动明显。肉冠及可视黏膜发绀，重者出现症状后几天死亡，轻者可耐过3～5 d，一般药物治疗效果不佳。

剖检可见腹腔内有淡黄色或红色透明液体，150～200 mL，多的达400～1 000 mL，有的已浓缩呈胶冻样，肝脏变形，早期肝肿大，质地变脆，晚期变小，硬化，颜色变淡，肝包膜增厚，切面可见肝正常结构消失，心脏明显增大2～3倍，心肌松软，心外膜肥厚，心包液增多，心腔内有血凝块，肺水肿，有局灶性坏死，个别脾瘀血，水肿，有的糜烂。

【诊断】 根据临床症状，腹水、肝、脾肿大，后期萎缩及流行病学分析有缺氧条件等可作出初步诊断。但应与缺硒引起的渗出性素质（俗称鸡水肿病）、食盐中毒和呼吸道疾病等相区别，渗出性素质有皮下血红蛋白渗出现象，而呼吸道疾病可呈现严重咳嗽等特征。

【防治】 本病重在预防，降低早期料的饲料能量，改善饲养管理，增加小环境中换气次数，冬天注意保暖，减少密度。有研究发现，禽类在孵化前10 d施以高二氧化碳处理，可有效地降低出壳后腹水症的发生，另外实行间歇性的光照制度也可降低腹水症的发生率，在日粮中添加具有抗氧化功能的维生素如维生素C、维生素E等也有一定的效果。

通过遗传选育培育抗AS肉鸡新品系、限饲、营养调控剂（如抗氧化剂、ω-3脂肪酸、*L*-肉碱、辅酶*Q*、染料木黄酮、*L*-Arg、*N*,*N*-二甲基甘氨酸等）添加等措施均可以降低肉鸡AS的发生率（王永伟，2012b）。Akhlaghi（2012）等向种母鸡饮水中添加甲状腺素（1mg/L），发现母鸡甲状腺机能亢进能够降低其仔鸡低温诱导下的AS发病率。石永峰（2011）等报道酸化剂（如丁酸钠）可通过抵抗肉鸡胃肠道中的致病菌，有效降低肉鸡AS的发病率和死亡率。Zhang（2011）等也报道丁酸钠能够调节肉仔鸡的免疫反应，维持其生产性能。Rajani（2011）等发现抗氧化剂（石榴皮、天冬氨酸、合成抗氧化剂和维生素E）可通过清除活性氧物质来降低AS的发病率，同时能够延长肉产品的货架期。王永伟（2012）等报道日粮中添加*L*-肉碱能够降低肉鸡红细胞数量、红细胞压积和器官指数，增加肉鸡对AS的抗性；能够提高心脏和肝脏的抗氧化能力，并提高肝脏Na^+-K^+-ATPase活性，有利于改善肝脏的能量代谢。染料木黄酮通过eNOS-NO-cGMP信号通路，抑制肉鸡平滑肌细胞增殖及血管重构，减少肉鸡腹水症的发病率和死亡率（Yang，2010）。日粮中添加染料木黄酮能够缓解肺血管重塑，降低红细胞压积和右心室肥大，进而降低腹水症的敏感性（蔡虹等，2013）。

【机理】 肉鸡腹水症的发病机理是心血管和呼吸系统共同作用的结果，许多组织器官（包括心脏、肺脏和肝脏等）均参与了腹水症的发生发展过程（耿爱莲和呙于明，2006），发病机制为：诱发因素→心脏、肺脏功能不足→肺动脉阻力升高、右心功能代偿增强→肺动脉高压、肺循环障碍→肺水肿、心包积液→右心肥大、衰竭，体循环障碍→血液回流受阻→肝脏瘀血、通透性升高→腹腔积液增加→腹水。其中，肺动脉高压是肉鸡腹水征发生发展的中心环节（Julian，1993；董世山，2003；董世山等，2000；向瑞平，2002）。此外，肺动脉高压与自身免疫反应密切相关，发病样品检测发现巨噬细胞，树突细胞，T、B淋巴细胞，肥大细胞发生集聚，炎性细胞因子（TNF-α、IL-1、IL-6、IFN-γ等）表达增加（Wideman等，2013）。LPS能够激活肺内炎症反应，诱导血管充血、内皮细胞肿胀、单核细胞增多，激活血管内皮细胞和白细胞释放血管收缩因子（例如5-HT、TxA_2）（Wideman等，2004），导致血管阻力增加，参与肺动脉高压的形成。董世山（2003）研究发现钙信号系统在AS发病过程中可能具有重要作用，钙信号转导激活引起心肌细胞和肺动脉平滑肌细胞的癌基因*c-fos*和*c-myc*的转录表达，从癌基因表达水平表明钙信号通路可能与AS的发生发展密切相关。此外，HIF-1α参与了肉鸡腹水综合征的形成。HIF-1α能够调节基因、蛋白的表达，如VEGF、PDGFB、EPO、ET-1等（曾秋凤，2006；刘守振，2010；王苹苹等，2011），进而参与AS发生发展过程。

三、鸡猝死综合征

猝死综合征又称急死综合征(acute death syndrome)。临床上以生长快速、肌肉丰满,外观健康鸡突然死亡为特征。死前在地上翻转,两脚朝天。

本病多发生于3～4周龄肉用仔鸡,8周龄时可发生第二死亡高峰期,初产母鸡在产蛋率为20%～30%时,死亡率也很高,雄鸡死亡率明显高于雌鸡(80/20),一年四季均有发生,但以夏、秋发病较多,发病死亡率为0.5%～5%。有时病死率可达10%左右。经对病死鸡肝、脾培养细菌为阴性,用病料接种鸡胚未发现胚胎死亡。因而目前倾向于认为该病与营养代谢有关。

【病因】 目前尚未查明发生SDS的真正原因,但有些试验认为:

(1)与低蛋白、高能量造成脂肪在肝内沉着有关。

(2)与饲料中脂肪含量和类型有关,饲料中脂肪含量过高或用动物脂肪较多时发病率高。

(3)与心肺功能急性衰竭有关,遇到某些应激因素如喂料、惊扰、光照等因素影响,可导致发病并死亡。

(4)与矿物质、维生素含量有关,有研究证明鸡群中添加生物素、吡哆醇、硫胺素和维生素A、维生素D、维生素E可降低本病发病率,然而,低钾低镁血症,维生素D补充过量,也会增加机体发生心律失常的易感性,进而增加发生猝死症的风险。

(5)与饲料类型及加工、禽舍光照、鸡群密度等有关。

此外,最新研究证明,该病的发生与机体的心律不齐有关,即应激引起心律失常,使心肌细胞受损,破坏了希氏束浦肯野氏系统的正常功能,最终导致猝死症的发生。

【症状和病理变化】 大多数鸡生前看不出明显异常,常于喂食时发现其肉尸。有时,喂食时尚好,过一会儿即发现死鸡,任何惊扰可增加死鸡数,应激敏感型死亡更快。

病鸡突然发病,失去平衡,翅扇动,肌痉挛,从出现症状到死亡仅30～70 s。有的狂叫或尖叫,前跌或后仰,跌倒在地翻转,死后大多背部着地,两脚朝天,颈扭曲。病程稍长者,呈间歇性抽搐,间歇期内,闭目养神,侧卧伸腿,发作时拉稀粪,在地上翻转,数小时后死亡。大多为个体大、肌肉丰满的雄雏鸡。

剖检可见嗉囊、肌胃内充满食物,心脏扩大,尤其是右心房扩大。心房内有血凝块,心室紧缩,心包积液。肺暗红、肿大,气管内有泡沫状渗出物。成年鸡泄殖腔、卵巢、输卵管明显充血。肝肿大,质脆,色苍白。肾呈浅灰色或苍白。脾、甲状腺、胸肌、腿肌色苍白。死前血清总脂含量升高,血钾,无机磷浓度下降,碱贮减少,鸡肝中甘油三酯和心肌中花生四烯酸含量升高。

【诊断】 主要根据生长发育良好、突然死亡、背脊着地、两脚朝天等症状和剖检时心脏与肝病变,排除传染病与急性中毒可能性而做出诊断。

【防治】 因本病病因不明,尚无较好的防治措施。可采取增加饲料中蛋白质含量,并补给维生素A、维生素D,及维生素B_1、维生素B_2和维生素C,添加碳酸氢钾或高锰酸钾饮水,可明显降低死亡率。

四、肌胃疾病

(一)肌胃糜烂

禽肌胃糜烂是指肌胃内角质膜丧失保护作用，出现与哺乳动物和人的胃肠溃疡和出血相似的一种疾病。临床上以呕吐黑色嗉囊内容物、排褐色稀粪、消瘦为特征。剖检可见肌胃糜烂、溃疡，嗉囊腺胃和肌胃、肠道内含有褐色物质为特征，俗称黑嗉囊病。本病主要发生于1～5月龄的肉鸡，成年鸡、鹅亦可发生。

【病因与机理】 关于本病的病因曾有许多假说。如有认为胃酸过多，胆酸或氧化胆酸缺乏，饲料中组织胺过多可导致肌胃糜烂，也有认为凡饲以颗粒饲料的鸡均易患本病，因而认为是某些营养物质缺乏所致，是因饲料加工过程中损失了某些营养物质之故，也有认为是由腐败的脂肪酸引起的，甚至也有认为是与维生素 B_6、维生素 K 缺乏所致。近年来的研究发现，本病的发生也可能与禽腺病毒感染有关（Domanska-Blicharz 等，2011；Muroga 等，2006）。

【症状和病理变化】 病初精神不振，食欲减退，进而食欲废绝，羽毛蓬松，脚软无力，步态不稳，严重者卧地不起，典型的症状是呕吐出米饭汤样甚至黑褐色内容物。嗉囊外观淡褐色，有人称黑嗉子病。重者拉黑色软稀粪便。发病率高达20%，血液稀薄，呈淡红或粉红色，不易凝固。

剖检发现，除嗉囊内有褐色或黑色内容物外、腺胃扩张、黏膜脱落，胃壁血管扩张，血管周围充血、出血。部分鸡的肌胃畸形、质地软、腺胃与肌胃连接处稍下方有不同程度糜烂，溃疡，溃疡深处有出血斑，角质膜为暗绿色至黑色、皱壁厚，表面粗糙不易剥离。有的在肌胃与腺胃或十二指肠与肌胃间发生穿孔，腹腔内充满棕黑色液体，肠道内亦充满棕黑色液体，小肠充血、出血，甚至穿孔，十二指肠较重。脾苍白，肝肿大，肠内容物 pH 5.8，潜血阳性，肾肿大等。

【诊断】 剖检变化具有诊断意义。

【防治】 本病无特效治疗方法，多取对症治疗，如在饲料、饮水中加入0.2%～0.4%碳酸氢钠，早晚各一次。维生素 K、维生素 C，安络血止血、消炎防止并发和继发感染，维生素 B_6 亦有一定防治作用。

鱼粉是主要蛋白质饲料，应合理搭配，并了解是否已作了高温处理，对含毒鱼粉可先作酸水解后，再加以利用。另外，日粮中添加一定比例的不可溶性纤维、甲基盐霉素等对本病的预防也有一定功效。

(二)肌胃萎缩

用粉料饲喂，又缺乏足够的沙砾和谷粒，导致胃摩擦运动不足，随后产生萎缩，雏鸡从出现肌胃萎缩后20～30 d内死亡。表现恶病质，渴欲增加，剖检特征为嗉囊扩张、充满气体（大嗉囊病），胃的肌肉苍白萎缩。

预防本病必须在日粮中定期掺入完整的或打碎的谷粒、沙砾，雏鸡7～25 g，粒的大小2～6 mm；母鸡11～14 g，鹅19～28 g，火鸡32 g，粒的大小为9 mm。

(三)肌胃类角质炎

又称肌胃食饵性类角质炎，是幼禽常见病之一，与物质代谢紊乱有关。临床上表现全身虚弱，抑郁，肠道紊乱，羽毛蓬松，病情经过常为亚急性和慢性，发育不良，粪便呈暗色，常含有少量未消化的饲料，生后 7～10 d 死亡的雏鸡，类角质膜上由小到大的表层损伤及深层整个角质膜破坏，并有大量渗出性出血，但缺乏典型的炎症过程。

饲以全价育雏饲料，提高雏禽的生活力，采取综合性预防措施，有人建议喂给含有菌丝的粗制抗生素或干燥的嗜酸菌制剂，有预防作用。

五、腿病

腿病是养鸡生产过程中常见而又不易解决的一种病症，其致病因素比较复杂，而且这些因素之间存在着显著的交互作用，主要有营养、遗传、传染和环境、药物（田文霞等，2012）等几种因素。轻者生长受阻，影响增重，由于运动障碍，病鸡采食、饮水困难，以致生长不良，甚至衰竭死亡，造成严重的经济损失。下面从营养因素的角度对该病进行归纳。

【营养性腿病的病因及症状】

（1）脱腱症：病因复杂，饲料中缺乏锰、烟酸、胆碱、叶酸、生物素、尼克酸缺乏或不足都可引发本病。

病鸡骨骺生长板发育受阻，胫骨缩短弯曲，软骨营养不良，骨干骺端增粗，跗关节肿大，胫骨远端与跗骨近端向外弯曲，腓肠肌腱脱离变位，造成腿部向外弯曲或扭曲，腿脚畸形，病鸡不能站立，靠跗关节着地移动，最后因采食和饮水困难而死亡。

（2）胫骨发育不良：该病与体内离子平衡有关。饲料中补充大剂量磷、氯或硫时，体内阴离子水平提高，本病发病率也提高，而补充钙、钠、钾、镁时，饲料中阳离子水平提高，本病发病率则降低。Shim 等（2011）研究了低剂量氟（－0.46 mg/kg）对饲喂磷缺乏日粮仔鸡骨骼强度和腿病的影响，结果表明低水平氟具有增强骨骼强度的潜能。

胫骨发育不良是由胫骨近端和跗趾骨、股骨远端异常引起的。病鸡跗关节肿大，行走摇摆，重者不能站立行走。纵切病鸡跗关节，因未矿化和未血管化的软骨会从生长板延伸至骨干骺端，在切面上可见到白色透明的“软骨栓”，其形状大小随病情而定。

（3）腿扭曲：本病的病因尚未明了，有报道认为可能与饲料中氨基酸和鞣酸含量有关。

腿扭曲症包括内翻和外翻两种，内翻是跗关节向外弯曲，呈弓形腿，外翻是跗关节向内弯曲靠在一起。腿扭曲是由胫骨近端与跗骨远端弯曲所致，但病鸡长骨生长正常，骨骺生长板发育良好。

（4）佝偻病：本病是属于饲料中缺乏维生素 D，或钙、磷及其比例失调引起的。

病鸡表现两腿无力、步态不稳，跛行，常蹲下，重者侧卧或伏卧不起，两腿叉开呈八字形，有的关节肿大，骨骼变形，骨软易弯，骨骺生长板增宽，嘴喙变软如橡皮，龙骨变形呈 S 形，肋骨与脊柱结合处呈串珠状梭形肿大。

【诊断】 腿病的发生往往是由多种因素共同作用的结果，临诊应根据发病情况、症状表现和剖检变化，结合必要的实验室检查，以尽快找出病因，并做出针对性的处理。

（1）依据某些特征性症状和病变对某些腿病可进行初步的诊断。

（2）对有些腿病可进行治疗性诊断。

（3）日粮分析是对营养缺乏性腿病进行确诊的唯一途径，而细菌、病毒引起的腿病也需要借助实验室诊断的手段才能确诊。

【防治】

(1)加强饲养管理，搞好鸡舍环境卫生定期消毒防疫。一旦发生疾病，应及早诊断，隔离治疗，减少应激。

(2)使用全价配合饲料，保证每天的饲料中含足量鸡生长发育所需的多种维生素和微量元素。

(3)饲料贮存时应保持干燥、阴凉，严禁饲喂霉败变质的饲料。

(4)有些药物能影响机体抵抗力和对营养物质的吸收利用，如四环素、磺胺类药等，因此在长期使用这类药物时，应注意机体状况和补充相应营养物质。

(5)应了解营养物质之间的协同与颉颃作用，以便调配饲料和防治疾病。如维生素 E 和硒，维生素 D_3 和钙磷有协同作用，相反，蛋白质与维生素 B_6、钙与锰有颉颃作用。因此在配制饲料或防治疾病的过程中，注意饲料中养分的充足与平衡，以减少腿病的发生。

六、肉鸡低血糖—尖峰死亡综合征

肉鸡低血糖—尖峰死亡综合征(hypoglycemia-spiking mortality syndrome of broiler chickens，HSMS)是一种主要侵害肉仔鸡的疾病。10～18 日龄为发病高峰期，但也有报道称 42 日龄的商品代肉鸡也发生本病。临床表现为突然出现的高死亡率(＞0.5%)至少持续 3～5 d，同时伴有低血糖症(17 mg/dL)。病鸡头部震颤、运动失调、昏迷、失明、死亡。

【流行病学】

(1)发病批次集中、分布广泛。

(2)发育良好的公鸡发病率高：相同饲养条件下肉鸡公雏发病率约为母雏的 3 倍。

(3)发病日龄和死亡率：8 日龄开始发病，死亡高峰在 12～16 日龄，4%～8%的死亡率持续 2～3 d，之后死亡率逐渐下降。呈典型的尖峰死亡曲线。

(4)发病后期易继发其他疾病：21 日龄后继发 ND，出现 ND 的典型症状及病理变化。

【症状】　患鸡食欲减退。一般发病后 3～5 h 死亡，病程长的约在 26 h 内死亡。

(1)神经症状：发育良好的鸡突然发病，表现为严重的神经症状，出现共济失调(站立不稳、侧卧、走路姿势异常)、尖叫、头部震颤、瘫痪、昏迷。

(2)白色下痢：早期下痢明显，晚期常因排粪不畅使米汤样粪便滞留于泄殖腔。部分病鸡未出现明显的苍白色的下痢，但解剖时可见泄殖腔内潴留大量米汤样粪便。

(3)翼静脉采血测定血糖含量可见病鸡血糖极显著低于健康鸡。

【病理变化】　主要病理变化如下：

(1)消化系统出血和坏死：肝脏稍肿大，弥散有针尖大白色坏死点；胰腺萎缩苍白有散在坏死点；泄殖腔积有大量米汤状白色液体；十二指肠黏膜出血。

(2)免疫系统萎缩和坏死：法氏囊萎缩，法氏囊出血并存在散在坏死点；胸腺萎缩有出血点，肠道淋巴集结萎缩；脾脏萎缩。

(3)泌尿系统：肾脏肿大，呈花斑状，输尿管有尿酸盐沉积。

(4)血浆色泽改变：患病鸡血浆呈苍白色，而健康鸡血浆为金黄色。

【防治】　国外研究资料表明 HSMS 目前尚无特异性治疗方法，只是采取减少应激及加强糖原分解等辅助手段。研究发现，对发病鸡限制光照，以促进褪黑素的分泌，而增加的褪黑素有助于血糖的提高，进而使该病得以恢复（Hassanzadeh，2009）。限制光照，同时补充葡萄糖及多维的方法也有一定效果。发病鸡每日给光 16 h，夜间间断给光并采食饮水。饮水中添加 1%～2%的葡萄糖及多维。

七、应激综合征

应激是动物机体对一切胁迫性刺激表现出适应性反应的总称。其反应机理是：致应激因素刺激家禽的末梢感受器，传入神经中枢，由下丘脑作为应答反应的起点，下丘脑兴奋后引起脑垂体增加分泌促肾上腺皮质激素（ACTH），ACTH 通过血液到达肾上腺，引起肾上腺内分泌增加，即糖皮质类固醇、醛固酮、去甲肾上腺素、肾上腺素分泌量增加，这些激素进入血液到达各器官的靶细胞内，作用于细胞核的核糖核酸，从而调节酶和蛋白质的产量，形成体内复杂的防卫反应和损害变化。

【病因】 能引起家禽应激反应的因素很多，一般可分为 3 类：

（1）营养、温度、湿度、禽群密度、光照强度、空气成分、饮水等参数不符合标准，也包括昆虫和有害兽的侵扰。大多数应激是由这一类因素引起的。

（2）转群。切喙、接种疫苗、选种、称重运输、饲料改变、设备保养维修等生产管理因素造成的。

（3）传染病和寄生虫病等各类疫病发生后，尽管疫情得到控制，但所造成的应激反应仍很强烈。

【危害】 会造成免疫应答能力下降，因而造成对传染病的易感性。遭受应激的家禽受感染时发病较重，这又会加重应激，这样就形成恶性循环。

应激反应的最初特征是神经过敏，这个阶段家禽表现为烦躁不安，易惊群。随之而来的是心搏倍增，血压升高。这种心搏增加可造成微循环障碍，导致休克和死亡。

处于应激状态的家禽，饲料消耗少，生产率、产蛋率、存活率都下降。

【预防】 主要方法是改善家禽生产的环境条件和选育抗应激品系，选用适当的药物预防。

（1）改善环境条件：这是预防和减轻应激因子对家禽不良影响的重要手段。

（2）选育抗应激品系，加强饲养管理，减少、减轻动态应激因素对家禽的影响。

（3）加强防疫检疫，控制疾病的发生。

（4）应用药物，补充维生素、微量元素，用抗应激制剂（琥珀酸盐、延胡索酸等）和抗生素进行治疗。

八、几种原因不明的非传染性疾病

（一）绿腿病

绿腿病又称腓肠肌腱破裂（rupture of the gastrocnemius tendon）。本病已发现多年，主要发生在 4～9 月龄产蛋和育种鸡。雌雄都可发生，可能与遗传因素有关，在性成熟时发病率最高。近年来在接近上市的肉仔鸡中发病亦颇多，在做烤鸡用的鸡群中发病率可达 5%，目前对病原不太了解，有人认为是一种代谢病，但亦认为是病毒性关节炎的后果。

在跗关节上的腓肠肌腱可能完全或部分断裂。为单侧性，亦可为双侧性，其中有调查发现单侧性所占比例大于80%（Dinev，2008）。根据破裂的严重程度和病程，剖检时可伴有关节出血，结节样纤维肿胀，病变部位显示淡绿色，病鸡羽毛颜色由白色变为灰色或暗灰色，第二性征减退（Dinev，2008）。

（二）动脉破裂症

动脉破裂又称动脉血管瘤（dissecting aneurysm）。1951年第一次从加拿大报告，随后在美国报道该病（1955）。主要发生于生长中火鸡，特别是体重较大的雄性火鸡，造成一定经济损失。

【流行病学】 火鸡血压比其他禽高，加之脉管变性是该病发生的原因。在达22周龄时，火鸡血压达高水平状态，雄性火鸡经常有动脉硬化症。在8周龄时，就可发生动脉硬化症状。许多研究认为，高蛋白、高脂肪性食物与本病有关，有人用已烯雌酚包理时，发病率下降，因而认为雄性激素与本病发生有一定关系。

【症状和病理变化】 鸡群一般情况良好，生长快速。病鸡突然死亡，死前无任何先兆。雄性火鸡年龄在5～22周最常发生，10～14日龄发病率最高，一般多个别发生，但偶尔情况下，发病率可达20%。

剖检症状特殊，可与其他引起突然死亡的疾病区别。如巴氏杆菌病、丹毒病、大肠杆菌感染病等。本病腹腔主动脉最易受影响。主动脉破裂或心脏血管破裂，血液可从肺经喉头流入消化道。髂骨在坐骨处动脉可纵向撕裂，个别情况下，在心包中也有血液。由于大失血（内失血），因而皮肤和许多其他组织显示苍白。在动脉破裂前，动脉可产生特征性瘤状变性（与动脉硬化有关）。

【防治】 利血平有一定降低血压的作用，能有效地控制和防止疾病发生。但有证据表明，利血平能抑制体增重，减少饲料摄入，降低饲料报酬。把利血平按0.2%的有效活性成分的量，作为饲料添加剂，可有效控制该病的发生。

饲料中铜含量达120 mg/kg时，可控制该病发生。

（三）心肝综合征

火鸡心肝综合征又称水肿病（oedema disease），可影响各种年龄的火鸡。许多国家已有报道，如英国、美国、加拿大、以色列。但所报道的情况不完全一致，不论哪一种类型，其发病原因尚未肯定。

【流行病学】 病原尚未定，似乎不像是自然感染，有证明表明与管理因素有关，特别是因拥挤、过热或烟熏时的残烟，残留烟熏剂及不明原因的孵化应激因素，或农场本身原因。夏季发病较多。在孵化高峰季节，农场的管理处于很大压力情况下发生。

曾对饲料进行广泛的调查，如毒素、盐浓度，但未发现任何异常。

【症状和病理变化】 分为三型：第一和第二型，症状常见于生长快、个体较大的鸡，突然死亡，背朝地面。雄鸡更常受影响，最普遍的年龄组是4～20日龄，10日龄雏发病最多。在暴发后7～10 d死亡率最高，随后死亡率迅速降低，至14～20 d后，死亡现象逐渐停止。死亡率通常为1%～5%。第三型通常影响2～10周龄火鸡，在死前有一段时期的精神沉郁。

剖检发现，第一型最显著的剖检症状是腹部扩大，剖开腹腔后见有澄清或血样液体。肝脏形态具明显特征，肿胀、边缘弯曲而非扁平，颜色各异，质地较正常时硬，尤其是年龄较大的鸡更明显；胆囊扩张；心脏扩大，动脉和大静脉扩张，心肌呈半熟样，心包中可能有积液；肺色暗，充血；肾肿大，表面有细的尿酸盐沉着；各种体脂呈淡粉红色，肠道血管，尤其是十二指肠血管扩张，肌胃内充满饲料，可能有黏液性肠炎；胴体肌肉表现潮湿，水肿。第二型（4～6周龄）病理变化为心脏扩张，扁而圆，肝呈黄棕色，皱缩，有时有腹水。第三型也为心脏扩大，如圆心病一样；肝脏亦扩大，肝脏组织学变化与第一、第二型类似，但在肝细胞内有明显的胞浆内小泡。

【防治】 曾用各种化学药品、复合维生素、电解质治疗，疗效不肯定。通常加强管理，支持疗法，避免过热、过挤，可有一定预防效果。

（四）圆心病

圆心病又称桶心病，或蛋心病，或称中毒性心肌变性。最早在1934年发现于欧洲。

【流行病学】 所有研究者都认为本病为非传染性疾病。多数人认为该病是一种中毒性疾病，本病主要发生于6～12月龄鸡，特别是禽舍中鸡粪很厚，有品种易感性。在英国一些较大的产蛋试验场中，连续几年发生该病，偶尔亦可见于火鸡和鹅。

亦有人认为本病是因维生素D和维生素E缺乏，由锌盐中毒引起的多变态反应的结果。来航鸡幼鸡中发现较多，其他品种较少发生。

【症状和病理变化】 主要是6～12月龄鸡易发生。病程不长，病鸡突然衰弱，沉郁，丧失食欲，鸡冠暗红色，并向侧方垂下。羽毛蓬乱，嗜睡，移动困难，突然死亡。因为在短时间内连续发病，故易被怀疑为传染病或中毒。有些完全健康的产蛋鸡，突然发生体态紧张，继而倒下，翼肌和大腿肌收缩，几分钟内死亡。常在饲喂时，或饲喂后激发本病。在某些情况下发病率在2%～5%，但死亡率可达发病鸡的50%～75%。

最明显的、确定的症状是心脏扩大、扭曲、颜色变浅。心脏扩大呈桶形，心尖部很宽，尖顶部呈酒窝状。心肌呈半煮熟状，心包内含有大量的有色液体或胶性渗出物，具有诊断意义。心脏内充满不凝固或凝固不良的黑色血液，心肌灰色或暗玫瑰红色，有时心脏表面出现条纹状，血管过度充血。多数病例有肺水肿，肝脏明显充血，有时破裂，此时血液流注胸腹腔内。脾和肾充血，肠黏膜呈暗红色或变化不明显。卵黄滤泡不发达，公鸡睾丸体积缩小。

【诊断】 根据圆心及其他特征性病理剖检变化不难诊断，但应排除水肿病时发生的积水性心包炎。

【防治】 供给维生素D、维生素E及干草粉，可能有预防作用。

（五）出血性综合征

鸡出血性素质是侵害4～14月龄的鸡，偶尔可见了3～20周龄鸡。特征性表现是胴体显出各种大小不等的出血点或出血斑，许多器官和组织也有此症状。

【病因】 病因至今未定，但有人认为本病可能与长期大量给予抗生素或磺胺制剂、球虫净、硝基呋喃化合物、亚硝酸盐制剂等有关。也有认为由营养缺乏（维生素C、维生素K、维生素E或硒），真菌毒素中毒（黄曲霉、新月孢子菌），或某种细菌性毒素如链球菌、葡萄球菌、大肠杆菌毒素等引起。近年来也有认为可能是病毒。自然状况下鸡最易感，火鸡很少受影响，鸭、鹅不受影响。但亦有报告认为，用鸡、鹅、鸭进行试验性复制本病，也获得成功。

本病在20世纪50—60年代很多。美国、英国、丹麦、比利时、以色列、澳大利亚都先后报道了，但自那以后却很少发生。

【病理】 长期食用上述制剂及有毒饲料，引起血液中白细胞、红细胞和血小板数量减少，随后在禽体不同部位出现多数的点状出血。各种有毒物质作用的最后结果是：血管通透性增加，血管壁破坏，引起出血。毒素尤其是一些霉菌毒素，也破坏骨髓，引起造血障碍。血液有形成分减少，在皮肤、黏膜、内脏器官、肌肉及浆膜上出现许多瘀斑。这时，在较大程度上削弱了禽的抵抗力，抑制器官屏障作用和机体免疫反应。

【症状和病理变化】 病程常为急性，发病率为20%～60%，死亡率为7%～10%，但有时可高达20%～30%，甚至整个鸡群。病禽呈半睡状态，被毛蓬松，食欲减退，时有腹泻，消瘦，贫血，全身虚弱，并延续到发病末期。多数病例突然死亡，或在出现症状几小时后，经过7～14 d死亡。常伴发呼吸道损伤，跛行或不全麻痹，有些病例在眼前房出血。

剖检发现皮肤、肌肉、内脏等组织呈针尖状、小点状出血，尤其是胸肌、大腿肌肉和心肌出血。肝脏、肠道、脾脏也有出血。有时出血仅限于某一个器官。骨髓变白，造血功能下降，白细胞减少和贫血。

【诊断】 注意本病与传染性法氏囊炎、球虫病的区别，本病特征是泛在性出血。

【防治】 因病原不清，尚无特殊疗法。改善饲养管理，注意环境卫生，防止霉菌感染，合理添加些维生素和微量元素，注意用药的剂量和疗程等，对本病有一定的防治效果。曾有研究证明，对病鸡采用头孢氨苄，搭配补血的药物，同时补充维生素C，饮水，持续6周后，能降低该病的死亡率。

(六)蓝冠病

蓝冠病又称单核细胞增多症(avian monocytosis)，病因至今不明，以后备小母鸡易发，死亡率较低。

【症状和病理变化】 发病年龄为1月至2岁鸡。雌、雄均可发生，在后备母鸡刚开产或产蛋早期易发生。发病突然，产蛋量下降。无食欲，精神沉郁，发绀，鸡冠萎缩，眼深陷，脱水，拉稀水样粪便。肛门附近粘满土壤及尿酸盐。嗉囊扩张，内容物显酸败味。发病率很高，鸡群中多数可以发病。4～5 d内体况迅速下降，仅少数禽死亡，总的死亡率在2%～10%。疾病可在鸡群中持续1～2周，然后产蛋可渐渐恢复正常。单核白细胞相对量和绝对数均升高。

在疾病发生早期，体况较好的鸡可突然死亡。全身脱水，胴体充血，鸡冠青紫。嗉囊和肌胃扩张，并含有酸败饲料，草屑，或其他不消化的物质。卡他性肠炎，肾肿胀，有白色的尿酸盐沉着，卵泡破裂，体腔有游离的卵黄，肝脏充血，并有针尖样坏死点，胸肌呈小块的浅色和暗色，如鱼肉状。

【诊断】 单核白细胞增多是有力的诊断依据，但应排除某些传染性病原微生物的可能性

(七)异食癖

异食癖是由于代谢机能紊乱、味觉异常和饲养管理不当引起的一种非常复杂的多种疾病的综合征。

【病因】 目前一般将本病的病因分为以下几种：

(1)日粮中某些蛋白质和氨基酸的缺乏，往往是鸡和鸭啄肛癖发生的根源。鸡啄羽癖可能与含硫氨基酸缺乏有关。

(2)钠、铜、锰、钴、钙、铁、硫和锌等矿物质不足,都可能成为异嗜癖的病因,尤其钠盐不足使家禽喜啄带咸味的血迹。

(3)维生素A、维生素 B_2、维生素D、维生素E和泛酸缺乏,使体内许多与代谢关系密切的酶和辅酶的组成成分缺乏,可导致体内代谢机能紊乱而发生异嗜癖。

(4)饲养管理不良,如过度拥挤、闷热、饮食不足。射入育雏室的光线不适宜,有的雏鸡误啄因光照而显眼的脚上血管,迅速引起恶食癖;或产蛋窝位置不适当,光线照射过于光亮,下蛋时泄殖腔突出,好奇的鸡啄之,引来其他鸡也来啄食,造成流血,伤口小洞扩大,甚至腹部穿孔肠子被啄出。禽舍潮湿、蚊子多等因素,也都可致病。

(5)鸡群中有疥螨病、羽虱等外寄生虫病,以及皮肤外伤等也可能成为诱因。

【症状】

(1)啄羽癖:以鸡、鸭多发。幼鸡、中鸭在开始生长新羽毛或换小毛时易发生,产蛋鸡在高峰期和换羽期也可发生。先由个别鸡自食或互啄食羽毛,背后部羽毛稀疏残缺。然后很快传播开,影响鸡群的生长发育和产蛋量。鸭毛残缺,新生羽毛根粗硬,品质差而不利于屠宰加工。

(2)啄肛癖:多发于产蛋母鸡和母鸭,尤其是产蛋后期,由于腹部韧带和肛门括约肌松弛,产蛋后不能及时收回去而留露在外,造成互相啄肛。有的鸡、鸭于拉稀、脱肛、交配后而发生自啄或其他鸡、鸭啄之,群起攻之,甚至死亡。

(3)啄蛋癖:多见于鸡产蛋旺盛的春季。

(4)啄趾癖:大多是因为动物喜欢互相啄食脚趾,一旦出血,啄食得更严重。

【防治】 根据具体病因,采取相应的防治措施,可收到明显的效果。

(1)雏鸡去喙。

(2)将有啄癖的鸡和被啄伤的病鸡挑出,隔离。

(3)检查日粮配方是否达到了全价营养,找出缺乏的营养成分并及时补充。

(4)改善饲养管理并消除各种不良因素或应激原的刺激。

(八)禽湿羽症

禽尤其是鸭,胸、腹、腰、翅等部位羽毛湿乱、黏结,背部羽毛湿乱、脱落显著,眼周羽毛褪色,骨短粗,腿胫弯曲,关节肿大的现象称为湿羽症。

【症状】 鸭雏发病率较高,在某些养鸭户中该病发病率达70%以上,产蛋鸭发病率在10%左右。且产蛋率下降40%,采食减少,拉稀粪,相互啄毛。剖检腰背皮肤发炎、增厚,关节腔积液,色灰白、肝肿大,腺胃内可见有灰白色渗出物,十二指肠出血、充血,结肠、盲肠壁增厚,肠腔内容物为糊状。

【防治】 饲料中补充尼克酸、生物素及胆碱,减少饲料中玉米比例,增加麸皮、鱼粉(5%),补充适量青绿饲料,发病逐渐减少,已发病鸭也会逐渐康复。

参考文献

Effect of organic Mg and organic Se on the anti-oxidation capability of broilers' tissues[J],2003,34(6):542-547.

邱榕生,呙于明. 有机镁与有机硒对肉鸡机体组织抗氧化机能的影响. 畜牧兽医学报,2003,34(6):542-547.

孙璐璐，刘毅．维生素 A 的免疫学研究进展．畜牧兽医科技信息，2011(2):3-5.

王学英．维生素 D 营养紊乱性疾病介绍．中国畜牧业，2013(19):86-87.

徐建平，周显青．维生素 E 对机体免疫、生殖和发育功能影响的研究进展．中国比较医学杂志，2006(8):506-509.

赖文清．维生素 K. 国外畜牧学——猪与禽，2006,24(3):31-33.

Zhang C, Li D, Wang F, et al. Effects of dietary vitamin K levels on bone quality in broilers. Arch Tierernahr, 2003,57(3):197-206.

魏世安，邹杰．维生素 B_1 缺乏症的防治．兽医导刊，2012(S1).

金海霞，张明礁．维生素 B_6 和苏氨酸对动物免疫机能的影响．饲料工业，2007,28(8):52-54.

朱荣生，王宵燕，王学峰．维生素、微量元素的营养对鸡免疫功能影响的研究．畜禽业，2001(8):12-13.

Thomson AE, Gentry PA, Squires EJ. Comparison of the coagulation profile of fatty liver haemorrhagic syndrome-susceptible laying hens and normal laying hens. British Poultry Science, 2003, 44:626-633.

Ahmadi AS, Zaghari M, Shivazad M, Hassanpour H, Towhidi A. Increase of hepatic nitric oxide levels in a nutritional model of fatty liver in broiler breeder hens. African Journal of Biotechnology, 2010, 9: 5775-5778.

Yousefi M, Shivazad M, Sohrabi-Haghdoost I. Effect of dietary factors on induction of fatty liver-hemorrhagic syndrome and its diagnosis methods with use of serum and liver parameters in laying hens. International Journal of Poultry Science, 2005, 4:568-572.

BuLbuLe NR, Mandakhalikar KD, Kapgate SS, Deshmukh VV, Schat KA, Chawak MM. Role of chicken astrovirus as a causative agent of gout in commercial broilers in India. Avian Pathology, 2013, 42: 464-473.

Kumari P, Gupta MK, Ranjan R, Singh KK, Yadava R. Curcuma longa as feed additive in broiler birds and its patho-physiological effects. Indian Journal of Experimental Biology, 2007, 45:272-277.

Sarmalina S. Effect of grape (*Vitis vinifera* L.) seed on reducing serum uric acid level in gout-animals model. Majalah Kesehatan Pharmamedika, 2011,2:106-109.

Akhlaghi A, Zamiri M J, Shahneh A Z, et al. Maternal hyperthyroidism is associated with a decreased incidence of cold-induced ascites in broiler chickens. Poultry Science, 2012,91:1165-1172.

Dinev I. Clinical and morphological studies on spontaneous rupture of the gastrocnemius tendon in broiler breeders. British Poultry Science,2008,49:7-11.

Domanska-Blicharz K, Tomczyk G, Smietanka K, Kozaczynski W, Minta Z. MolecuLar characterization of fowl adenoviruses isolated from chickens with gizzard erosions. Poultry Science,2011,90:983-989.

Hassanzadeh M. New approach for the incidence of ascites syndrome in broiler chickens and management control the metabolic disorders. International Journal of Poultry Science,2009,8: 90-98.

JuLian R J. Ascites in poultry. Avian Pathology,1993,23:419-454.

Muroga N, Taharaguchi S, Ohta H, *et al*. Pathogenicity of fowl adenovirus isolated from gizzard erosions to immuno-suppressed chickens. Japanese Society of Veterinary Science,2006,68(3):289-291.

Olkowski A A. Pathophysiology of heart failure in broiler chickens: Structural, biochemical, and molecular characteristics. Poultry Science,2007, 86:1999-1005.

Rajani J, Karimi Torshizi M A, Rahimi SH. Control of ascites mortality and improved performance and meat shelf-life in broilers using feed adjuncts with presumed antioxidant activity. Animal Feed Science and Technology,2011,170:239-245.

Shim M Y, Parr C, Pesti G M. The effects of dietary fluoride on growth and bone mineralization in broiler chicks. Poultry Science,2011,90:1967-1974.

Wideman R F,Chapman M E,Wang W, Erf G F. Immune modulation of the pulmonary hypertensive response to bacterial lipopolysaccharide (endotoxin) in broilers. Poultry Science ,2004, 83:624-637.

Wideman R F, Rhoads D D,Erf G F, and Anthony N B. Pulmonary arterial hypertension (ascites syndrome) in broilers: A review. Poultry Science,2013,92:64-83.

Yang Ying,Yuan Jianmin,Guo Yuming,et al . Genistein activates endothelial nitric oxide synthase in broiler pulmonary arterial endothelial cells by an Akt-dependent mechanism. Experimental & Molecular Medicine,2010,42:768-776.

Zhang W H, Jiang Y, Zhu Q F,et al. Sodium butyrate maintains growth performance by regulating the immune in broiler chickens. British Poultry Science,2011,52:292-301.

蔡虹,高铭宇,杨鹰,等. 日粮中添加染料木黄酮对肉鸡肺血管重塑和腹水征敏感性的影响. 中国畜牧杂志,2013,21(49): 61-64.

曾秋凤. 肉鸡腹水综合征的营养调控及其机理研究. 四川农业大学博士学位论文,2006.

董世山. 细胞钙信号转导与肉鸡腹水综合征发生发展的关系. 中国农业大学博士学位论文,2003.

董世山,乔建,栗绍文,等. 肺动脉高压与肉鸡腹水综合征发生发展的关系. 畜牧兽医学报,2000,31:289-295.

耿爱莲,呙于明. 影响肉鸡腹水症发生的因素及日粮调控研究. 中国家禽,2006,6:48-50.

侯萍. 硒缺乏致鸡空肠及肠黏膜肥大细胞损伤的研究. 东北农业大学硕士学位论文,2009.

侯萍,王国卿,刘丽,李一凡. 硒缺乏对鸡血清组胺和5-羟色胺含量的影响. 中国家禽,2008,24:11-13.

黄金秀,罗绪刚 吕林 刘彬,徐宏波. 锌缺乏对初生肉仔鸡血清瘦素、下丘脑AMPK活性、神经肽Y及其mRNA水平的影响. 营养学报,2008,6:565-570.

蒋智慧. 硒缺乏对鸡组织DNA甲基化水平的影响. 东北农业大学硕士学位论文. 2012.

李一凡,王国卿,刘丽,王洪海. 硒缺乏鸡免疫器官中肥大细胞超微结构观察. 黑龙江畜牧兽医,2010,3:107-108.

刘然. 锰缺乏对肉仔鸡胫骨形态学及OPG/RANKL信号传导通路的影响. 山东农业大学,2012.

刘守振. 缺氧诱导因子-1α与肉鸡腹水综合征关系的初步研究. 南京农业大学,2010.

申颖, 侯志高,孙春庆. 影响禽类胚胎发育的维生素缺乏症及其防治. 中国禽业导刊,2007,40.

石永峰,张卓. 通过在饲料中添加酸化剂预防和抑制家禽腹水病. 国外畜牧学-猪与禽,2011,31:90-91.

田文霞,李家奎,王瑞,覃平,宁官保,乔建钢,李宏全,毕丁仁,潘思轶,郭定宗. 肉鸡胫骨软骨发育不良早期钙黏蛋白1(CDH1)差异表达研究. 畜牧兽医学报,2012:642-646.

王健 (2012). 锰缺乏对肉仔鸡胫骨生长板软骨细胞发育相关因子的影响,山东农业大学.

王苹苹,孔繁平,陈学群,杜继曾. 低氧细胞应激的HIF-1信号通路. 浙江大学学报(医学版),2011:559-566.

王巧红,吕朝辉,张利娜,徐世文. 氧化应激在硒缺乏致鸡淋巴细胞DNA损伤中的作用. 中国家禽,2009:14-17.

王永伟. 肉鸡腹水征的肝脏转录组学和蛋白质组学分析及L-肉碱的调节作用. 中国农业大学,2012a.

王永伟,呙于明,彭运智,等. 肉鸡腹水征的发病机理及其调控措施. 动物营养学报,2012b,24:2295-2302.

向瑞平. 肉鸡肺动脉高压综合征发病机理和防治的研究. 南京农业大学,2002.

张利娜. 硒缺乏致鸡胰腺损伤机理的研究. 东北农业大学,2009.

郭小权,胡国良,曹华斌,张彩英,李浩棠,王小莺. 高能低蛋白日粮致脂肪肝出血综合征鸡抗氧化能力和肝损伤的研究．中国兽医学报，2010，30：829-832.

石诚．不同水平日粮钙对诱发青年蛋鸡脂肪肝综合征的影响．南京农业大学硕士学位论文，2013.

彭佳丽，胡国良，王小莺，郭小权，曹华斌，胡小明．壳聚糖复方制剂对蛋鸡脂肪肝的治疗作用的试验．中国兽医杂志，2013，49(2)：34-36.

曹华斌，郭小权，胡国良，张彩英，曹洪峰，李浩棠，黄爱民．高能低蛋白日粮中添加甜菜碱对蛋鸡肝脏 *apoA* Ⅰ和 *apoB*100 基因 mRNA 表达的影响．中国畜牧兽医学会家畜内科学分会第七届代表大会暨学术研讨会论文集(上册)．2011.

郭小权．高钙日粮致鸡痛风的机理研究．南京农业大学博士学位论文，2005.

第十一章　营养与动物基因表达

分子营养是把现代生物学技术应用于动物营养学的研究领域，在分子水平上揭示营养物质在动物体内的代谢机理、功能和规律并用分子技术评价动物营养需要量和饲料营养价值的一门新兴交叉科学。

纵观动物营养学的研究历史，20 世纪 50 年代以前，人们多在表观水平上研究营养物质的作用，如对生长、饲料效率和发病的影响；20 世纪 50 年代以后，人们从表观深入到血液、组织和组织中酶等生物活性物质以及细胞形态、亚细胞超微结构，即深入到了细胞和亚细胞水平上研究营养物质的作用。近年来，人们已开始研究营养物质在动物体内分子水平的代谢机理，即研究营养物质对特异生物活性物质基因表达各环节的作用，因而比传统的动物营养学更科学、更深入、更准确，是动物营养学未来发展方向和研究前沿，对于更深入的阐明营养物质在动物体内的确切代谢机理、寻找评价动物营养状况更为灵敏的方法以及调节养分在体内的代谢路径等，都具有重要科学意义。

第一节　基因表达过程

基因表达是指储存遗传信息的基因经过一系列步骤表现出生物学功能的整个过程。动物的一切代谢活动包括生长和繁殖都是基因表达的结果。在过去的 50 年中，大量翔实的生物学试验揭示了细胞如何储存信息并构建复杂蛋白质。信息储存在细胞核内的 DNA 特殊序列即基因中，基因被转录为信使 RNA(mRNA)并以极高的忠实性翻译成蛋白质。典型的基因表达是基因经过转录、翻译，产生有生物活性蛋白质的过程。

一、转录

转录是以 DNA 为模板合成 RNA 的过程。转录由转录因子与位于转录起始部位上游的 DNA 启动子结合开始，这些因子诱导 RNA 聚合酶复合物与起始序列相结合，并使 DNA 以 5′—3′方向转录为 mRNA。在 RNA 聚合酶复合物的作用下，5′-核糖核苷三磷酸逐渐加入到延长的 RNA 分子中。转录在特定的 DNA 3′立刻终止序列结束，并产生 mRNA 前体分子。mRNA 前体通过剪切不编码部分，将编码部分连接在一起形成成熟的 mRNA。mRNA 前体不同的剪接方式产生不同的成熟 mRNA 并对应形成不同的蛋白质产物，一旦完成正确加工的过程，成熟的 mRNA 将转移出细胞核进入细胞质进行下一步翻译过程。

二、翻译

当成熟的 mRNA 转移至细胞质后，翻译的起始因子即与 mRNA 特定序列相结合并结合在启动翻译的核糖体复合物上来生产蛋白质。核糖体复合物沿 mRNA 5′-3′方向校验核苷酸直至遇到第一个 AUG 起始密码子。AUG 密码子对应甲硫氨酸残基，甲硫氨酸特定的转移 RNA(tRNA)与核糖体单位形成复合物并将第一个氨基酸连接在氨基酸末端，这标志着开放阅读框的开始。在核糖体单位以 5′—3′方向继续校验 mRNA 模板上密码子的同时，特定的 tRNA 来回穿梭将相应的氨基酸转运至核糖体复合物上。氨基酸转移酶催化氨基酸按一定的方向模式连接到延长的多肽链中，每个氨基酸的氨基都连接在延长的多肽链的羧基端。翻译的终止由 3 个终止密码子中的一个来介导。

三、翻译后蛋白质修饰

翻译后蛋白质修饰能够极大地影响蛋白质活性。依赖于蛋白质序列和产生它的细胞，蛋白质能够被糖基化、乙酰化、分解成小的片段或在半胱氨酸二硫键之间共价结合。除了对蛋白质功能的影响，一些修饰还是决定蛋白质半衰期的重要因素。如遍在蛋白是一种在真核细胞中发现的酶，在蛋白质更新的过程中扮演着关键的角色。它能够与胞质内蛋白质广泛地结合并将蛋白质标记为特定蛋白酶降解蛋白质，决定了被标记蛋白质的半衰期。

第二节　营养物质影响基因表达的方式及途径

一、营养物质影响基因表达的方式

营养物质对基因表达的影响是指动物摄入的营养物质经过一系列的转运及信号传递过程将信号传递到细胞质或细胞核，与其他要素一起调节染色质的活化、基因的转录、mRNA 的稳定性及其翻译的过程。营养物质影响基因表达的一般模式为：营养物质或其最终信号分子与特定的蛋白因子结合形成反式作用因子，与 DNA 或 mRNA 结合后调节基因的表达。研究表明，从 DNA 到 RNA 到蛋白质途径中的每一步，基因表达都受到调节。营养物质影响基因表达的方式包括：基因转录调节、mRNA 加工调节、mRNA 翻译调节和 mRNA 定位调节。

(一)基因转录调节

对于大多数基因而言，转录调节较翻译调节强，它是调节基因表达的主要位点。

基因的转录调节受顺式作用元件与反式作用因子的共同作用。顺式作用元件是指与结构基因表达调控有关，能够被基因调控蛋白特异性识别和结合的 DNA 序列，包括启动子、增强子、上游启动子元件、反应元件、加尾信号等。这些序列组成基因转录的调节区直接影响基因的表达。在转录调节过程中，除了需要调节区外，还需要反式作用因子的作用。反式作用因子是指可通过结合顺式作用元件而参与调节基因转录活性的蛋白质因子。这些因子是一些可扩散物质，如一些蛋白质分子或激素蛋白质的复合物。基因转录调节大多数是通过顺式作用元件和反式作用因子复杂的相互作用来实现的。基因的所有顺式作用元件,包括上游启动元件(UPE)和增强子都要和相应的反式作用因子结合,并通过蛋白质之间的作用才能实现它们对基因的调节。

营养物质对转录的调节是通过一组蛋白质发挥作用的。结构基因的上游和下游(甚至内部)存在着许多特异的调节成分即顺式作用元件,依靠一些特异蛋白因子即反式作用因子的结合与否调节基因是否转录。调节蛋白与基因调节成分特异性结合是基因表达调节的基本方式。动物细胞中含有各种序列特异的 DNA 调节蛋白,而营养物质可与这些调节蛋白以不同的方式结合,影响调节蛋白与基因调节成分特异性结合,从而影响 DNA 转录为 mRNA 的过程。依靠调节蛋白与营养物质之间不同的结合,转录可被抑制或被增强。虽然同一种动物其细胞含有同样的 DNA,但由于这些调节蛋白不同,细胞类型也明显不同。以糖异生作用酶为例,该基因在肝细胞中可被表达,而在肌细胞和脂肪细胞中不能表达。其原因是肝细胞中含有糖异生酶表达所必需的特异的 DNA 调节蛋白,而其他细胞缺乏这类蛋白。因而,它们就不具有糖异生作用的能力。

实际上,以特异性单一 DNA 结合蛋白作为基因表达的调节物只是这种调节作用的一种特殊形式,大多数基因是由许多调节元件和调节蛋白共同调节的。在一些基因的调节过程中是通过一组 DNA 结合蛋白互作来控制转录的激活或抑制,但并不是所有参与调节的 DNA 结合蛋白在所有情况下都具有相同的能力,可能其中一种作用较强而其他的作用较弱,较强的蛋白质可以协调其他较弱蛋白质的结合,这种协调作用对于单一路径中基因表达的协同是很重要的。如脂肪酸合成酶复合体的酶基因的表达一般是协同表达,即无论增强或降低,全部酶都是按同样的强度来合成,这就保证路径有效地发挥功能。

(二)mRNA 加工调节

编码蛋白质的基因转录产生 mRNA,这一基因产物在转录后要进行一系列的加工变化才能成为成熟的有生物学功能的 mRNA。这些加工包括在 mRNA 的 5′末端加“帽子”,在其 3′端加上 poly(A),进行 RNA 的剪接以及核苷酸的甲基化修饰等。由于 mRNA 的这些结构与它作为蛋白质合成模板的功能有密切关系,所以是基因表达的重要调节环节。

与 rRNA、tRNA 相同,编码蛋白质的基因转录时先生成前体(或称核不均一 RNA,hnRNA),然后再加工剪辑,去除内含子连接外显子成为成熟 mRNA。成熟 mRNA 是由 hnRNA 经剪接加工得到的。在剪接酶或 RNA 自身作用下,初级转录产物内含子与外显子边界序列之间的磷酸二酯键发生断裂,并形成连接两个外显子的化学键。有些基因,如肌红蛋白重链基因虽有 41 个外显子,却能精确地剪接成一个成熟的 mRNA,这种剪接方式称为组成型剪接(constitutive splicing)。一个基因的转录产物通过组成型剪接只能产生一种成熟的 mRNA,编码一个多肽。但是,有不少基因的初级转录产物可通过几种不同的剪接方式产生不同的 mRNA,并翻译成不同的蛋白质。另外一些核基因由于转录时选择了不同的启动子,或者在转录产物上选择不同的 poly(A)位点而使初级转录物具有不同的二级结构,因而影响剪接过程,最终产生不同的 mRNA 分子。同一基因的转录产物由于不同的剪接方式形成不同 mRNA 的过程称为选择性剪接。一旦 mRNA 完成正确的剪接和多腺苷酸化[poly(A)],就被转运至胞质中进行下一步的翻译过程。目前这种剪接及转运机制仍不甚明了,但可以肯定的是,营养物质可在此过程中进行调节,影响基因表达。

（三）mRNA 翻译调节

细胞质中存在的经过加工成熟的 mRNA 有 3 种去路：一是被激活并翻译成相应的蛋白质；二是被钝化以非翻译形式存在；三是被降解。其最终的去向受 mRNA 非翻译区（UTR）结构的影响。在真核生物中，mRNA 不但包含可翻译为蛋白质的编码序列，而且也包含非翻译序列，这些非翻译序列位于编码区 5′和 3′末端，分别叫 5′或 3′非翻译区。采用 DNA 重组技术及细胞转染技术，科学家发现许多 mRNA 在非翻译区存在调节元件，通过调节 mRNA 的多腺苷酸化、翻译、稳定性和定位来调节基因的表达。这种调节作用是通过 UTR 与特殊蛋白质的互作来实现的。5′UTR 相对较短，其主要功能是调节翻译（Kozak，1992）。相反，3′UTR 有几百甚至几千个碱基，可以发挥包括控制 mRNA 稳定性、翻译、多腺苷酸化和定位等多种功能。许多营养物质和激素都可通过与 5′或 3′UTR 调节蛋白互作来实现调节基因表达的目标。其中典型的例子有铁对转铁蛋白受体以及铁蛋白基因的调节、硒对含硒蛋白基因的调节以及葡萄糖对葡萄糖转运蛋白基因的调节等（图 11-1）。

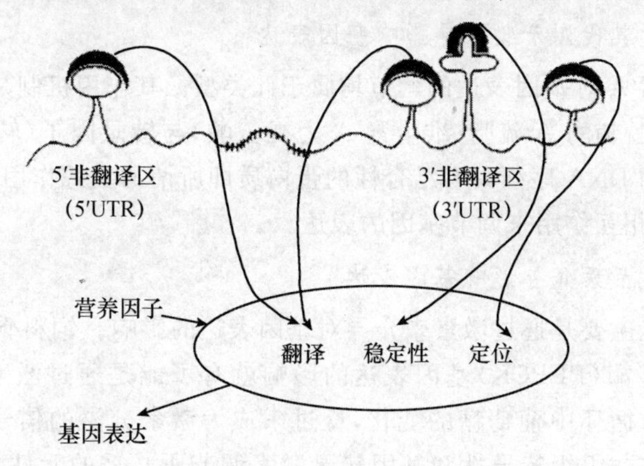

图 11-1　非翻译区控制信号及其与营养的作用

（四）mRNA 定位调节

mRNA 翻译可被调节，它们在细胞内翻译的部位也可以被调节。mRNA 的定位不但涉及细胞内许多定位信号，而且也与细胞内蛋白质合成装置的复杂空间组织结构有关。研究表明，3′UTR 在 mRNA 定位中起着相当重要的作用。目前，人们对动物中 mRNA 定位和翻译的关系仍不甚了解，但有一点可以肯定，即正确的定位是翻译正常进行的不可忽视的条件。同样，科学家也相信营养物质在其中可能发生作用。

（五）翻译后水平的调节

多肽链合成后通常需要经过加工与折叠才能成为有活性的蛋白质。蛋白质的折叠构象主要决定于它的氨基酸序列，而其最后具有生物活性的构象则是在加工或共价修饰过程中形成的。翻译后的加工过程包括：①除去起始的甲硫氨酸残基或随后的几个残基；②切除分泌蛋白或膜蛋白 N-末端信号序列；③形成分子内的二硫键，以固定折叠构象；④肽链断裂或切除部分肽段；⑤末端或内部某些氨基酸的修饰，如甲基化、乙酰化，磷酸化等；⑥加上糖基（糖蛋白）、脂类分子（脂蛋白）或配基（复杂蛋白）。这种后加工过程在基因表达的调节上起着重要的作用。虽然，目前还没有证据表明营养物质对蛋白质加工调节有一定作用，但科学家相信营养物质在此过程中扮演了一定的角色。

二、营养物质影响基因表达的途径

营养对基因表达的调节途径有 2 种:即直接作用和间接作用。

(一)营养物质直接进入细胞质或细胞核内影响基因表达

一些矿物元素、维生素和甾醇类激素以此种方式参与对基因表达的影响,如矿物元素铁、锌和维生素 D、胆固醇等均属于此类型。其作用机制通常认为是它们进入细胞后直接进入细胞核与核内相应受体结合,或首先与细胞质内相应受体结合,然后再进入细胞核内,并在染色体上某些非组蛋白协助下结合到染色质 DNA 或 DNA 转录产物 mRNA 的特定序列上,从而影响该基因转录和翻译过程。

(二)营养物质间接影响基因表达

1. 营养物质通过其代谢产物介导影响基因表达

脂肪酸和维生素 A 对基因表达的调节均属于此类型。其作用机制是通过营养物质的代谢产物(脂肪酸为脂酰辅酶 A 硫脂;维生素 A 为视黄酸)与转录因子(转录因子是指那些同真核启动子中特定的 DNA 序列具有结合性的蛋白质即所谓的反式作用因子,其主要功能是激活或抑制转录)的相互作用来调节基因的表达。

2. 营养物质通过激素介导影响基因表达

糖和氨基酸可能主要是通过激素来介导对基因表达的影响。饲料碳水化合物含量对磷酸烯醇式丙酮酸羧基酶(PEPCK)基因表达的影响就有可能是通过激素的变化而实现的。营养吸收的变化导致循环中葡萄糖的变化,反过来成为激素分泌的信号。*PEPCK* 基因启动子部位包含了大多数组织特异性和基因转录激素调节所必需的元件,激素通过与基因转录激素调节元件的相互作用影响基因的表达。

第三节 营养物质对基因表达的影响

动物机体的生理病理变化,如生长发育、新陈代谢、遗传变异、免疫与疾病等,就本质而言,都是动物基因表达调节发生改变的结果。许多生理现象的彻底阐明最终需要在基因水平上进行解释,所以动物营养学的各方面研究应与分子生物学技术相结合,从分子水平上来解释饲粮中各种营养物质对机体的作用机制、动物机体的生理病理变化等问题,这也是动物营养学今后发展的必然趋势之一。Towle 等(1995)的报道认为,畜禽饲粮中主要的营养物质以及某些维生素和矿物质等对许多基因的表达有着显著的影响,而这些基因中往往含有控制机体代谢途径关键酶的密码子,从而影响了机体的代谢过程。这种类型的调节主要是由于饲粮组成成分的改变而引发的,通过一系列复杂的过程最终导致靶器官中某些代谢酶活性改变。随着现代生物技术的发展以及近几年大量研究工作的开展,越来越多地与代谢相关的基因得到克隆,相应的启动子序列也已弄清,使得通过改变饲粮组分来调节体内基因的表达变得日益可行。如何通过改变饲粮组成来调节体内相关基因的表达,从而使动物体处于最佳生长状况已成为现代营养学研究的重点，特别是营养物质调节基因表达的途径及其机制的研究，这将为人们更有效地调节某些特定基因的表达提供理论依据。

一、能量对基因表达的影响

（一）能量对胰岛素样生长因子（IGF）基因表达的影响

胰岛素样生长因子（IGF）是在肝脏合成的一类结构上类似胰岛素原的单链多肽，包括IGF-Ⅰ和IGF-Ⅱ，主要存在于血液中，是机体生长重要的调节因子，可促进细胞对氨基酸和葡萄糖的摄取，增加蛋白质、脂肪和糖原合成，刺激DNA复制和细胞增殖分化。IGF-Ⅰ是生长激素（GH）促进动物出生后生长的最重要的介导物，GH对生长的控制必须通过IGF-Ⅰ及GH受体（GHR）的作用才能实现，IGF-Ⅰ的生物学功能是通过作为GH受体而实现的。*IGF-*Ⅰ基因表达除受GH的调节外，营养状况是其基因表达调节的另一个重要因素。

动物对饲粮能量消耗水平的减少称为能量限制（ER）。在限能大鼠中，往往伴随着生长激素水平的升高而不是下降但生长仍会受阻，而且外源注射GH也不能消除生长受阻，而在限能大鼠中生长激素重要的介导物IGF-Ⅰ和IGF-Ⅱ mRNA表达普遍下降，这可能是导致限能大鼠生长受阻的主要原因。关于能量调节IGFs的分子机制目前还不太清楚，但胰岛素促进肝脏产生IGF-Ⅰ，而胰高血糖素抑制IGF-Ⅰ产生，同时这两种激素都受营养水平影响，故营养状况可调节肝源性IGF-Ⅰ水平。禁食、营养不良以及饲喂限制性蛋白饲粮均会引起IGF-Ⅰ mRNA表达下降。

（二）能量对葡萄糖调节蛋白（GRP）基因表达的影响

葡萄糖调节蛋白是一族蛋白质的总称，它们对内质网中多亚基蛋白质的正确折叠、组装有重要的作用，其中含量最为丰富的为GRP78和GRP94。GRP78是在内质网管腔中发现的一种含量丰富，包含信号序列并能与ATP相结合的蛋白质。

限能能够使大鼠肝细胞GRP78 mRNA表达显著降低。其作用机制可能是由于限能降低了肝细胞内质网中错折叠蛋白的水平，而错折叠蛋白被认为是*GRP78*基因表达的基本诱导物，因而降低了GRP78 mRNA的水平。

综上所述，能量能够通过影响*IGF*和*GRP*等基因的表达影响动物的生长。限能通过降低*IGF*基因的表达使生长受阻；通过降低*GRP78*基因的表达影响蛋白质的正确组装。因而在畜禽生产中，供给足够的能量对维持畜禽的快速健康生长意义重大。另一方面，试验证明，限能还能够提高过氧化氢酶、超氧化物歧化酶-1和超氧化物歧化酶-2基因表达的水平，提高机体的抗氧化能力，可延缓与年龄相关的生理变化，降低由于免疫机能的衰老和氧化伤害对蛋白和DNA造成的不利，因而在医学上也得到了极大的关注。因此，在动物饲粮中提供适量的能量对动物生长和健康都具有重要的意义。

二、碳水化合物对基因表达的影响

碳水化合物可影响许多碳水化合物和脂类代谢中有关酶和激素基因的表达。根据调节基因不同及基因表达组织不同，碳水化合物可以在基因转录、mRNA加工以及mRNA稳定性等方面影响基因表达。

(一)碳水化合物对磷酸烯醇式丙酮酸羧基酶(PEPCK)基因表达的影响

磷酸烯醇式丙酮酸羧基酶(PEPCK)是动物肝和肾中糖原异生作用的关键酶,主要存在于肝、肾、皮质、脂肪组织、空肠和乳腺。它的合成速度与酶的 mRNA 表达密切相关,而 mRNA 的水平又受到基因转录和 mRNA 稳定性的控制。胰高血糖素(通过 CAMP 作用)、甲状腺激素、糖皮质激素和视黄酸可诱导 *PEPCK* 基因的转录,而胰岛素可抑制它的转录。PEPCK mRNA 的半衰期很短,只有 30 min,但 cAMP 可使它稳定。*PEPCK* 基因的即时调节取决于 CAMP 和胰岛素的相对水平,而它们又受到食入饲粮中糖类的影响。

碳水化合物对 *PEPCK* 基因表达的影响主要是通过与其启动子作用而实现的。Short 等(1992)通过对大鼠 *PEPCK* 基因的分析,表明该基因启动子位于−460～+73 片段处,它包含了大多数组织特异性和基因转录激素调节所必需的元件。*PEPCK* 基因转录调节是相当复杂的,它集中在启动子相当小的 500 bp 的片段上,这当中包含 3 个功能区,每一区由蛋白质结合位点群构成。区域Ⅰ包含了基本 *PEPCK* 基因转录所必需的元件和 CAMP 调节区,它可与 PEPCK 启动子交换瞬时转录信号;区域Ⅱ由一系列蛋白结合位点组成,它可以通过与结合在区域Ⅰ上的转录因子的相互作用来调节 *PEPCK* 基因的过量转录,其中命名为 P3(Ⅰ)的调节元件对 *PEPCK* 肝脏特异性表达具有重要的意义,并为 PEPCK 启动子和 CAMP 的充分作用所必需。甲状腺激素结合位点也在这一启动子区。区域Ⅲ含有一套复杂的调节元件,包括糖皮质激素、视黄酸对基因转录的正调节和胰岛素对基因转录的抑制作用。在上述调节元件中,最重要的是 CAMP 调节元件(CRE)(−87～−74)和 P3(Ⅰ)(−248～−230)。CAMP 对 *PEPCK* 基因的诱导和胰岛素对 *PEPCK* 基因的抑制作用就是通过这两个调节元件来进行调节的。

当进食含大量糖类的饲料时,葡萄糖的降解产物降低了细胞内 CAMP 的含量,而胰岛素水平急剧上升,从而抑制了 *PEPCK* 基因的转录、缩短了 *PEPCK* mRNA 的半衰期、抑制了 *PEPCK* 基因的表达,导致肝中 PEPCK 水平大幅度下降,而当禁食或饲喂高蛋白低糖饲料时,情况则恰好相反。

(二)碳水化合物对动物脂肪酸合成酶(FAS)基因表达的影响

脂肪酸合成酶(FAS)是脂肪酸合成的主要限制酶,存在于脂肪、肝脏及肺等组织中,在动物体内催化丙二酰辅酶 A 连续缩合成长链脂肪酸的反应。动物每天从食物中摄取能量,并在肝脏和脂肪组织中把多余的能量转变成脂肪储存起来。动物体脂沉积所需要的脂肪酸大多来自脂肪酸的从头合成(de novo fatty acid synthesis),即由脂肪酸合成酶催化乙酰辅酶 A 和丙二酸单酰辅酶 A 合成脂肪酸。因此,脂肪酸合成酶蛋白的多寡、活性的高低将直接控制着体内脂肪合成的强弱,从而影响整个机体脂肪的含量。目前已有证据表明,肝脏和脂肪组织中脂肪酸合成酶的活性及其基因表达受多种激素和饲粮营养成分的影响。饲粮碳水化合物和脂肪对脂肪酸合成酶基因的表达都有重要的影响。饲粮脂肪抑制 *FAS* 基因的表达,其作用机理可能是通过过氧化物酶体增殖子活化受体(PPAR)的作用;饲粮碳水化合物促进 *FAS* 基因表达,其作用机理可能是通过葡萄糖和胰岛素的作用。

长期以来,人们认为碳水化合物的消耗伴随着胰岛素的分泌,而碳水化合物对脂肪酸合成酶表达的影响至少有一部分是由胰岛素介导的。碳水化合物含量能显著影响脂肪酸合成酶基因的表达,但在活体研究中很难区分是由于葡萄糖的单纯作用,还是存在激素水平的协同作用。为区分活体中激素水平变化的协同作用，Foufelle(1995)通过体外细胞培养的方法研究葡萄糖和胰岛素等激素的作用效果。研究表明，加入葡萄糖和胰岛素的脂肪细胞培养组织中，FAS的mRNA表达相对于对照组提高28%；单独添加葡萄糖相对于对照组则提高了7%，而单独添加胰岛素则没有效果。类似的试验也在肝细胞中进行。添加胰岛素和葡萄糖能提高FAS mRNA的水平，但其含量必须在细胞培养32 h后才能检测到，48 h后达到高峰。葡萄糖的最佳诱导效果除了需要胰岛素外，还需要地塞米松和三碘甲状腺素的协同，但如果没有葡萄糖的存在，这些激素就没有作用。与脂肪细胞不同的是，在培养的肝细胞中单独添加葡萄糖没有提高FAS mRNA的作用，只有在肝细胞培养48 h后，当20 mmol葡萄糖和激素同时存在时，FAS的表达才显著增加。另外，脂肪组织有关研究表明，3-O-甲基葡萄糖(一种葡萄糖类似物，不能被己糖激酶磷酸化)转运入细胞后不能激发FAS基因的表达。这表明葡萄糖必须通过一定的代谢环节才能起到调节的作用。Foufelle(1992)认为，6-磷酸-2-脱氧葡萄糖在脂肪组织中有类似葡萄糖的作用，能激发*FAS*等基因的表达。这提示脂肪组织中6-磷酸-2-脱氧葡萄糖可能是信号源，而6-磷酸葡萄糖应该是诱导脂肪酸合成酶表达的天然信号。哺乳仔鼠肝细胞中葡萄糖的磷酸化非常慢，这是因为此阶段己糖激酶基因不表达，细胞中6-磷酸葡萄糖几乎检测不到，此时的葡萄糖不能诱导*FAS*等基因的表达。当向培养基中加入激素48 h后，己糖激酶被强烈的表达和合成，葡萄糖磷酸化能力显著加强，己糖激酶产生后，激素的作用就不再重要了。而在哺乳仔鼠的脂肪组织中，己糖激酶的活性本来就很高，葡萄糖磷酸化的能力也很强，这就解释了为什么葡萄糖在肝脏中诱导FAS mRNA产生所需的时间要比脂肪组织中长。Doiron等(1996)的试验也证明在成年大鼠肝细胞培养物中6-磷酸葡萄糖的水平与FAS mRNA的表达直接相关，这进一步证实了6-磷酸葡萄糖可能就是启动*FAS*等基因表达的直接诱导因子。

*FAS*基因在其转录起始部位的上游包含着多个控制部位，其中最令人感兴趣的是位于FAS启动子－65 bp的E-box。E-box是一个拥有共同CANNTG序列的DNA控制部位。DNA的这个部位能与上游激活因子1和2(USF1和USF2)以及固醇调节元件结合蛋白1(SREBP1)相结合。科学家认为，饲粮碳水化合物对*FAS*基因表达的影响依赖于USF1和USF2，这两种蛋白质可能在碳水化合物消耗后，发生异源二聚化并与E-box发生反应，促进了*FAS*基因的表达。碳水化合物之所以能够提高*FAS*基因的表达可能是由于碳水化合物的代谢产物6-磷酸葡萄糖加速了这种异源二聚化从而增加了*FAS*基因的表达(Austin，2001)。

关于碳水化合物是否是通过胰岛素的介导对*FAS*基因表达产生影响的结论不一。Foufelle(1995)报道，葡萄糖对*FAS*基因表达的影响可以通过与胰岛素的协同作用而得到显著提高，但单独添加胰岛素则没有效果。胰岛素在碳水化合物对*FAS*基因表达影响中起到的作用只是促进己糖激酶的表达从而促进葡萄糖的磷酸化作用。但也有不同的结论，Naima(1994)在转染*FAS*基因的3T3-L4脂肪细胞中鉴定*FAS*基因启动子区胰岛素应答元件(IRE)时发现，*FAS*基因的上调表达与胰岛素呈剂量依赖型关系。Yin等(1998)在3T3-F442A脂肪细胞中加10 ng/mL的胰岛素培养48 h，FAS mRNA的丰度增加7倍。科学家认为胰岛素可能是通过以下两种机理来介导*FAS*基因的表达。首先，胰岛素促进细胞对葡萄糖的吸收并促进葡萄糖代谢。6-磷酸葡萄糖与和脂肪酸合成酶控制部位相结合的蛋白质(USF1和USF2)发生反应，促进*FAS*基因的转录。第二种说法为胰岛素通过3-

磷酸激酶信号方式和通过与 *FAS* 基因启动子区 5′端的 IRE 结合，从而激活 *FAS* 基因的转录。

关于胰岛素是否能影响 *FAS* 基因表达以及如何对 *FAS* 基因表达影响的细节问题到现在为止还不甚了解，需要进一步的研究证实。但有一点可以肯定，碳水化合物自身或通过胰岛素的介导对 *FAS* 基因转录有着重要的影响。

三、脂肪酸对基因表达的影响

（一）脂肪酸对脂肪代谢有关酶基因表达的影响

1. 脂肪酸对脂肪合成酶系基因表达的影响

很早以前人们就知道饲粮脂肪抑制肝脏脂肪合成作用，除了脂肪对脂肪酸合成酶系的直接作用[如脂酰辅酶 A 是乙酰辅酶 A 羧化酶（ACC）的变构抑制剂]外，脂肪可以调节生脂酶的表达是抑制生脂作用的重要原因。一些试验已证明，*n*-6 和 *n*-3 多不饱和脂肪酸（PUFA）能抑制肝脏脂肪合成所需的多种酶。受 PUFA 抑制的生脂酶包括脂肪酸合成酶、乙酰辅酶 A 羧化酶、6-磷酸葡萄糖脱氢酶、硬脂酰辅酶 A 脱饱和酶、*L*-丙酮酸激酶（*L*-PK）和 S14 蛋白（参与脂肪代谢的一种蛋白质，主要存在于脂肪酸合成作用非常活跃的肝脏、脂肪组织和乳腺），其中研究最深入的为脂肪酸合成酶。

Clarke 等（1990）用饱和脂肪酸（软脂酸甘油酯）、单不饱和脂肪酸（3-油酸甘油酯 *n*-9）、双不饱和脂肪酸（红花油 *n*-6）和多不饱和脂肪酸（鱼油 *n*-3）喂大鼠，测定肝脏中脂肪酸合成酶基因的表达。结果表明，饲粮中多不饱和脂肪酸使肝脏中的脂肪酸合成酶 mRNA 表达降低了 75%～90%，鱼油比红花油更有效，而软脂酰甘油酯和 3-油酸甘油酯无影响。Clarke 由此推论，饲粮中多不饱和脂肪酸是肝脏脂肪酸和甘油三酯合成的强抑制剂，饱和与单不饱和脂肪酸很少或没有这种抑制作用，它们既不能抑制大鼠脂肪酸合成酶的表达，也不能降低其活性。鱼油中含有多不饱和脂肪酸（主要成分为二十碳五烯酸和二十二碳六烯酸），红花油为双不饱和脂肪酸，它们降低了脂肪酸合成酶活性的 80%～90%，其中主要是降低了 FAS mRNA 的表达。饲喂红花油大鼠肝脏中 FAS mRNA 的表达是饲喂鱼油量的 2 倍，而高碳水化合物饲粮中加鱼油，大鼠肝脏中 FAS mRNA 的表达量是加饱和脂肪酸和单不饱和脂肪酸的 13%和 15%。同时，Clarke 等（1990）的试验还证明了 *n*-3 亚油酸对 FAS mRNA 表达的抑制比 *n*-6 亚油酸有效。Clarke 等（1990）又进一步给大鼠绝食，喂高碳水化合物饲粮或喂混合脂肪酸（玉米油加牛脂）饲粮，测定了肝脏中脂肪酸合成酶 mRNA 的量。结果发现，大鼠喂高碳水化合物饲粮，肝脏中的 FAS mRNA 的量接近绝食时的 100 倍。虽然饲喂混合脂肪酸饲粮比绝食时的 FAS mRNA 表达量增加，但也只有饲喂高碳水化合物水平的 4%。

Clarke（1993）在总结饲粮中营养物质对脂肪酸合成酶基因表达影响中指出，饲粮中的碳水化合物促进了脂肪酸合成酶基因的转录，而饲粮中脂肪则起抑制作用。饲粮中脂肪酸对脂肪酸合成酶基因转录的抑制导致该酶转录减少，最后降低了脂肪的合成。脂肪酸控制基因转录的能力取决于脂肪酸的碳链长度、双键的位置和数量。饱和脂肪酸和 *n*-9 脂肪酸族不能抑制脂肪酸合成酶基因表达。*n*-6 和 *n*-3 不饱和脂肪酸是这些基因表达的强抑制剂。多不饱和脂肪酸使脂肪酸合成酶 mRNA 减少 70%～90%，这种减少是抑制脂肪酸合成酶基因转录的结果，其抑制效率不仅取决于 n-6 和 n-3 的量，也取决于多不饱和脂肪酸在饲粮中的需要量。因此，海生鱼油在抑制脂肪酸合成酶基因转录上比植物油更为有效。

2. 脂肪酸对脂肪酸氧化酶系基因表达的调节

饲粮脂肪在胰脂肪酶的作用下分解为脂肪酸和单酰甘油酯，然后被逐渐吸收。脂肪酸进入细胞后，首先被活化形成脂酰辅酶 A，然后进入线粒体内进行氧化的过程。其中，中、短碳链脂肪酸可以直接穿过线粒体膜进入线粒体内膜而长链脂肪酸（LCFA）被活化为脂酰辅酶 A 后通过肉碱脂酰转移酶（CPT）系统进入线粒体内进行氧化供能。CPT 系统主要由位于线粒体膜外侧的 CPTI、位于膜中间的肉碱—脂酰肉碱转移酶以及位于膜内侧的 CPTII 3 部分组成。在这个过程中 CPTI 是控制 LCFA 进入线粒体的主要位点，是脂肪酸 β-氧化的限速酶。进入线粒体后的脂肪酸氧化功能则受到 β-羟-β-甲基-戊二酸单酰辅酶 A（HMG-COA）合成酶的限制，因此这两种酶是影响脂肪酸利用的关键环节，而它们的基因表达又受到饲粮中脂肪酸的调节。

Chatelain 等（1996）采用 20 日龄大鼠胚胎干细胞进行体外研究表明，添加不同形式的脂肪酸对 CPTI mRNA 表达的影响不一致。中链脂肪酸（辛酸、癸酸）不能增加 CPTI mRNA 的含量，而长链脂肪酸能将 CPTI mRNA 的含量提高 2～4 倍。研究使用的长链脂肪酸中有饱和的（棕榈酸）、单不饱和脂肪酸（油酸）和多不饱和脂肪酸（亚油酸），其中亚油酸不仅能将 CPTI mRNA 含量提高 2 倍，而且还能将其半衰期延长 50%，这说明 LCFA 对 *CPTI* 基因表达的调节既有转录水平上的，也有转录后水平上的。

同样，*HMG-COA* 合成酶基因的表达也受到饲粮脂肪酸的影响。Thumelin 等（1993）的体外培养研究表明，大鼠胚胎细胞线粒体中 HMG-COA 合成酶 mRNA 的含量因加入脂肪酸的不同会产生不同的效果。中链脂肪酸不能改变线粒体中该基因 mRNA 的含量，而长链脂肪酸则能将其提高 2～4 倍。动物出生后，由于能吸收大量的脂肪，因此肝脏线粒体中 HMG-COA 合成酶基因的转录得到加强。

综上所述，饲粮中脂肪酸对 CPT 和 *HMG-COA* 基因表达影响主要是通过长链脂肪酸发挥作用的。饲粮长链脂肪酸对基因转录和转录后水平的调节使两种酶的基因表达水平上升，从而加速了脂肪酸的氧化。脂肪酸控制基因表达的能力取决于脂肪酸碳链的长度和双键的数量。

饲粮中脂肪酸对脂肪代谢有关酶基因表达影响的研究绝大多数以啮齿类动物为试验动物，以家畜为试验动物的研究较少。不同动物脂肪或脂肪酸在不同组织各异。禽类如鸡，肝脏是脂肪酸合成的主要场所；猪脂肪合成主要在脂肪组织；啮齿动物如兔和鼠等，脂肪酸合成在肝脏和脂肪组织，而不同组织的脂肪酸合成酶对饲粮成分的反应也具有特异性。以啮齿类动物为研究对象所做出的试验结果是否适合于所有动物仍需进一步研究证实。Ding 等（2003）用低脂肪玉米饲粮、高脂肪饱和脂肪酸饲粮和高脂肪不饱和脂肪酸饲粮饲喂 4 周龄青年猪 14 d，试验结果表明饲粮脂肪酸对脂肪组织、肝脏和骨骼肌中脂肪代谢有关酶的表达有很小的影响。这表明啮齿类动物与猪之间在脂肪酸调节脂肪代谢有关酶基因表达方面有很大的差异。其原因目前还不清楚，科学家认为可能与取样的时间有关。许多转录物对转录刺激剂的反应都有一个过渡期，此试验中只有一个时间点 14 d，或许是由于这个取样时间对在特定组织中表达的转录物来说不适合才导致了这样的结果。此试验结论有待于进一步的研究证实。

(二)脂肪酸对葡萄糖转运蛋白(GLUT)基因表达的影响

葡萄糖转运入动物细胞是动物生存所必需的。葡萄糖进入大多数细胞的主要方式是易化扩散方式,特定的完整膜蛋白沿着浓度梯度将葡萄糖被动转运至细胞内。葡萄糖只有在葡萄糖转运蛋白的作用下进入细胞膜后才能进行下一步代谢。已知动物体内存在多种由同源的不同基因编码的葡萄糖转运蛋白(从 GLUT1 到 GLUT5,GLUT7),编码这些蛋白质的基因表达程度决定了葡萄糖进入细胞的数量。

许多研究表明,饲粮脂肪酸能够影响 *GLUT* 基因表达,但这种影响经常具有组织特异性。Long 等(1996)的研究表明,脂肪酸特别是花生四烯酸(ADA)是脂肪细胞葡萄糖转运系统的生理调节物,ADA 可以抑制 *GLUT4* 基因的表达。将完全分化的 3T3-L1 脂肪细胞放入 ADA 中培养 48 h,GLUT4 mRNA 量下降了 90%,其原因是 *GLUT4* 基因的转录下降 50%,而且 GLUT4 mRNA 的稳定性也明显降低。Kahn(1994)研究也表明,增加饲粮脂肪(不是增加能量)能够对脂肪组织中 *GLUT4* 基因表达起负调节作用,但对骨骼肌没有这种作用。

(三)饲粮脂肪酸影响基因表达的机理

饲粮脂肪酸对基因表达有着很大的影响,然而关于脂肪酸影响基因表达的作用机理到现在还没有完全阐明。在这方面受到相当关注的是过氧化物酶体增殖子活化受体(PPAR)。

PPAR 是一类能被脂肪酸、脂肪酸代谢物以及外源过氧化物酶体增殖子(PP)激活的一类类固醇激素受体。同别的类固醇激素相似,PPAR 能够由配体激活并通过与相应基因上游的特定过氧化物酶体增殖子反应元件(PPPE)(所谓反应元件为顺式作用元件的一种,是指一些信息分子的受体被细胞外信息分子激活后,能与特异的 DNA 序列结合来调节基因的表达,由于此特异的 DNA 序列能介导基因对细胞外某种信号产生反应,因此称之为反应元件)反应来控制基因表达。PPAR 包含亚科 PPAR,分别为 PPARα、PPARβ 和 PPARγ,它们由不同的基因编码。*PPARγ* 基因包含 3 个启动子,通过应用不同的启动子和剪接方式可产生 3 种同工型的 γ1、γ2 和 γ3。不同 *PPAR* 基因的表达具有组织依赖性。PPARα 在肝脏、心肌细胞、肠细胞和肾小管近端细胞中表达;PPARβ 在所有组织中均能得到表达,而 PPARγ 主要在脂肪组织和免疫体系中表达。不同的组织分布说明 PPAR 亚科扮演着不同的生物学角色。其中,PPARα 主要在肝脏脂肪代谢中起作用,而 PPARγ 则在脂肪生成和免疫反应中扮演着重要的角色,而且有证据表明,PPAR 在细胞生长和分化方面也发挥着重要的作用。

在脂肪酸氧化利用过程中,脂酰辅酶 A 合成酶(ACO)是脂肪酸 *β*-氧化的起始酶;肉碱脂酰转移酶(CPⅡ)是线粒体内 *β*-氧化的限速酶;而 *β*-羟-*β*-甲基-戊二酸单酰辅酶 A(HMG-COA)合成酶则是肝脏中脂肪利用时酮体生成的主要限速酶。这 3 种酶基因的表达都受到饲粮脂肪酸的调节。其中 *CPII* 和 *ACO* 基因的表达受到 PPARα 的控制,而多不饱和脂肪酸(PUFA)是 PPARα 的潜在激活剂,PPARα 被 PUFA 激活后与基因上过氧化物酶体增殖子反应元件(PPRE)反应,从而增加了 *ACO* 和 *CP* Ⅱ 基因的转录,这也是 PUFA 能够增强 *ACO*、*CP* Ⅱ基因表达的原因。PUFA 对 HMG-COA 合成酶基因转录的调节也可能是由 PPARα 介导,在 PUFA 的激活下引起了基因转录率的增加(Orsolya 等,2003)。

脂肪酸氧化酶基因的调节一般是由 PPARα 介导的，而脂肪酸合成酶系基因的调节则主要是由 PPARγ 来介导的。许多脂肪酸都是 PPAR 的激活剂，激活剂意味着能够将 PPAR 转化成有活性的转录激活复合物。PPARγ 的转录激活复合物为一异源二聚体(PPAR—P×Rα)，由视黄醛衍生物×受体 α(P×Rα)与 PPAR 结合构成。PPARγ 就是在配体(脂肪酸等)的激活下形成 PPAR-P×Rα 复合物并与 DNA 上游的 PPRE 反应，而起到控制基因表达的作用。在控制脂肪酸合成酶(FAS)基因转录和脂肪细胞分化的过程中还存在着一个被命名为脂肪细胞定性分化依赖因子 1(ADD1)的转录因子。ADD1 能够为 PPARγ 提供脂肪酸和脂肪酸代谢物作为 PPARγ 的配体激活剂。饲粮 *n*-3 不饱和脂肪酸对啮齿类动物肝脏 FAS 转录的抑制作用就是通过减少 *ADD*1 基因的表达而实现的(Ding 等，2003)。ADD1 的减少使 PPARγ 活性受抑制不能形成激活复合物，

许多脂肪酸都是 PPAR 的激活剂，共轭亚油酸(CLA)就是其中的一种。CLA 是在反刍动物肉和奶中发现的一组几何位置上的亚油酸异构体。这些肉和奶具有抗癌、抗肥胖、抗动脉粥样化和抗糖尿病等品质。试验证明 CLA 对 PPARγ 存在着激活作用。Tsuboyama 等(2000)为 CLA 与 PPARγ 间的关系提供了证据。将 CLA 异构体混合物饲喂给予致糖尿病大鼠 14 d，诱导了脂肪组织中 PPARγ 响应基因 *aP2* 基因和解偶联蛋白 1(UCP1)基因在褐色脂肪组织以及解偶联蛋白 2(UCP2)基因在骨骼肌中的表达。另外，CLA 在转录试验中能够反式激活 PPARγ 反应元件。以上结论表明，CLA 能够激活 PPARγ。CLA 对 PPARγ 的激活作用影响了乳房、结肠、皮肤和胃中的抗癌作用，CLA 有益的生物学作用可能就是通过 PPAR 介导的。但这个假设需得到进一步研究的证实，这对以后癌症治疗手段的提高有着重要的意义。

四、蛋白质对基因表达的影响

(一)蛋白质对胰岛素样生长因子-Ⅰ(IGF-Ⅰ)基因表达的影响

生长激素(GH)是控制动物出生后生长的主要激素。GH 对生长的控制必须通过 GH 受体(GHR)及 IGF-Ⅰ的作用才能实现。研究证明，蛋白质对 *IGF* 和 *GHR* 基因的表达都有一定的影响，而且这种影响实质上是氨基酸对 *IGF* 和 *GHR* 基因表达的影响(Brameld，1996，1999)。Brameld(1996)研究了饲粮蛋白质水平对生长猪肝脏、骨骼肌和脂肪组织 *IGF*-Ⅰ和 *GHR* 基因 mRNA 表达的影响。结果发现，提高饲粮蛋白质水平只能提高脂肪组织中 IGF-Ⅰ和肝脏中 GHR 的表达，对脂肪组织和肌肉中 GHR 的表达有降低的效果，但对其他组织中 IGF-Ⅰ的表达没有影响，这说明蛋白质对 *IGF*-Ⅰ和 *GHR* 基因表达的影响具有组织特异性和基因种类特异性。Brameld(1999)又研究了饲粮氨基酸与激素相互作用对猪肝细胞中 IGF-Ⅰ和 GHR mRNA 表达的影响。结果表明，当除去饲粮氨基酸中的精氨酸(Arg)、脯氨酸(Pro)、苏氨酸(Thr)、色氨酸(Try)或缬氨酸(Val)中的任何一种时，都会抑制三碘甲腺原氨酸(T3)、地塞米松(DEX)和生长激素(GH)对 *IGF*-Ⅰ基因表达的刺激作用，使 IGF-Ⅰ表达减少，同时在一些情况下还减少了 GHR 的表达。目前关于蛋白质和氨基酸影响 *IGF*-Ⅰ和 *GHR* 基因表达的作用机理还不清楚。科学家认为，可能是由于饲粮蛋白质或氨基酸的限制影响了肝脏中一系列含量丰富的转录因子的数量和结合活性，其中包括肝细胞核因子(HNF)-1、-3 和-4、CCAAT/增殖子结合蛋白(C/EBP)α 和 β 以及泛转录因子

SP1 等，而这些转录因子已被证明能够激活 IGF-Ⅰ的转录，这也就解释了氨基酸是如何影响 *IGF-Ⅰ*基因转录的，但具体作用机理仍需进一步研究证实。众所周知，蛋白质是生命活动的物质基础，几乎在一切生命活动中都起着关键的作用。但饲粮蛋白质是如何影响动物生长的至今还是一个疑问，以后在饲粮蛋白质对 *IGF* 和 *GHR* 基因表达影响上的研究或许能够为这个问题提供一些答案。

(二)蛋白质对神经肽 Y(NPY)基因表达的影响

NPY 是一种含 36 个氨基酸残基的生物活性多肽，在体内具有收缩血管、影响激素分泌、调节生物节律及摄食行为等多种生物学功能，其中促进动物采食是 NPY 最主要的功能之一。研究表明，*NPY* 基因表达受营养因素的影响。White(1994)设计了一系列类型的饲粮进行有关研究，试验饲粮包括限饲(即限能 RE)、低碳水化合物(RC)、低脂肪(RF)和低蛋白(RP)。试验结果证明，在限能和低蛋白试验组，大鼠下丘脑 *NPY* 基因表达上升。限能组下丘脑 *NPY* 基因的 mRNA 表达与自由采食对照组相比提高了约 75%，同时发现低蛋白组也具有同等显著的效果，而低碳水化合物和低脂肪饲粮则无此功效。由此可以推断，限能组 NPY 上升的原因可能也是由于蛋白质缺少造成的。证据有两点：①在不同碳水化合物和脂肪组织中，只要蛋白质含量一致，其 *NPY* 基因表达量也一样；②在正常蛋白质含量而限制脂肪或碳水化合物的两组中，*NPY* 基因表达没有上升。有关低蛋白饲粮中 *NPY* 基因表达加强的机理目前还不清楚，仍需要进一步的研究。

(三)蛋白质对脂肪酸合成酶(FAS)基因表达的影响

FAS 是催化机体内脂肪酸合成途径中最后一步关键酶，其活性的高低将直接影响整个机体中脂肪的含量。目前关于蛋白质对 *FAS* 表达影响的报道不多，但结论统一，普遍认为增加饲粮中蛋白质含量会抑制动物 *FAS* 基因的表达。Mildner(1991)以猪为试验动物进行的研究发现，猪饲粮蛋白质含量的增加明显降低了脂肪组织中 FAS mRNA 的表达。如饲喂猪 24%粗蛋白质饲粮时，其脂肪组织中 FAS mRNA 的表达是饲喂 14%粗蛋白质饲粮的 50%，但对猪肝脏组织中 FAS mRNA 的表达没有影响。这说明饲粮蛋白质对 FAS mRNA 表达的影响具有组织特异性。到目前为止，关于粗蛋白质对 *FAS* 基因 mRNA 表达的组织特异性影响的作用机理尚不清楚。

通过以上的研究成果，有理由认为在猪和肉鸡饲粮中设计高蛋白含量可以抑制其体脂肪的合成，生产出高瘦肉率、低脂肪含量的鸡肉和猪肉。从安全性考虑，这种用营养物质影响基因表达从而生产出高瘦肉低脂肪含量的畜禽肉产品比使用药物实用可行。而另一方面，适量降低饲粮蛋白质含量可提高畜禽下丘脑 *NPY* 基因的表达，促进其分泌，从而促进动物采食，提高日增重，同时也增加了绝对蛋白质的摄入量。因此，在今后的研究中可以从分子营养的角度来研究蛋白质的适宜需要量，这也是未来蛋白质营养研究的方向。

五、矿物质元素对基因表达的影响

(一)矿物质元素参与基因表达的存在形式

早在 30 年前，人们就意识到微量矿物质元素可能对基因表达有影响，但时至今日人们才对其重要性予以特别的关注。根据矿物质元素参与基因表达方式不同，一般将其分为 3 种存在方式：第一，作为反式作用因子的结构物，以保证反式作用因子与顺式作用元件在发生互作时能保持一定特殊的构型，如锌指蛋白就属于这种类型。锌指在染色体中含量一般超过1%以上，这类蛋白质在体内具有许多不同细胞功能，它们可以作为与DNA结合的启动因子的构件来参与对基因表达的影响，但并不是所有具有锌指构件的蛋白质都直接参与基因的表达。第二，作为基因表达过程中所需金属酶中的金属是影响基因表达的金属元素存在的第2种形式。RNA聚合酶Ⅰ、Ⅱ、Ⅲ分别是核糖体、信使RNA和转运RNA合成中必需的含锌金属酶。游离的金属元素是其存在的第3种形式。这些金属可以为转录激活过程或mRNA的翻译调节提供信号，其中后者最好的例子就是铁对转铁蛋白受体和铁蛋白基因表达的影响。

（二）矿物质元素影响基因转录的方式

矿物质元素影响基因转录的方式有3种。首先，在应答性基因起始位置上游的启动子序列中存在着一个或几个金属反应元件(MRE)，它们是金属元素影响基因转录的重要位点。在金属硫因蛋白基因中，这些反应元件在位置上与其他调节元件如AP-1、AP-2和SP-1等相近，这种结构在协调和颉颃调节反应中具有重要作用。反式作用金属调节蛋白(转录因子)是矿物质元素调节转录的第2种方式。金属在蛋白质中存在可以改变调节蛋白的构型，而这种构型的改变对其与DNA直接结合或蛋白质—蛋白质互作，最终与DNA结合调节基因转录是必需的。第3种金属调节转录方式是诱导物金属调节，其中人们最关注的与营养有密切关联的是诱导物金属铜和锌。细胞内金属离子浓度受到吸收过程和转运系统严格控制，一般情况下处于一种动态平衡状态，而饲粮采食量或生理刺激物能明显改变细胞内金属池中金属元素的利用率，从而影响它与转录因子的结合，最终可改变基因的表达。

同样的金属离子也可在转录后发挥作用，其中涉及mRNA稳定性、翻译、定位等。近十几年来，科学家曾就镉、铜、锌对鱼急性期蛋白α酸性蛋白(α-AG)、C-反应性蛋白(CPP)；锌对脱脂蛋白A-1、醛缩酶、细胞色素C氧化酶、遍在蛋白、胰α淀粉酶、脂肪酸结合蛋白、细胞色素b；钴对促红细胞生成素；锰对心超氧化物歧化酶等基因表达影响进行了大量研究。下面仅以铜、铁、锰、锌、硒为例具体说明矿物质元素对基因表达的影响。

（三）矿物质元素对基因表达的影响

1. 铜对基因表达的影响

铜作为动物必需的一种微量元素可作为金属酶组成部分直接参与体内代谢、维持铁的正常代谢以及参与骨的形成等。研究表明，铜可以调节多种基因的表达，其生物学功能可能是通过其对基因表达的调节而实现的。

关于铜对基因表达的调节作用，在原核生物进行了较为深入的基础研究。通过对细菌、酵母和水藻基因表达的研究发现，铜离子对那些与之螯合用于储存、离子转运和催化功能蛋白质的基因表达有着显著的调节作用。通过这种作用，铜能够控制其自身在细胞中的代谢浓度。研究表明，酵母之能够耐受高铜是因为它们能够合成一种含半胱氨酸丰富的蛋白质—金属硫蛋白(MT)。在酵母中，MT是由*CUP1*基因编码合成的。*CUP1*基因表达的调节由ACE1发挥作用。ACE1是一个含半胱氨酸丰富的11 ku的蛋白质，它能够激活*CUP1*基因的转录。ACE1包含225个氨基酸，C-末端酸性氨基酸含量丰富，N-末端含有丰富的半胱氨酸残基，它能够以与金属硫蛋白相似的方式结合铜离子。只有当铜离子结合到ACE1上时，ACE1才在DNA的启动子部位与其结合，调节*CUP1*基因的表达。Blalock等(1988)

对大鼠的试验也证明 *MT* 基因的表达受饲粮铜和锌添加水平的影响，而且铜和锌对 *MT* 基因表达的调节具有组织特异性。小肠和肾中 MT mRNA 表达是铜和锌对 *MT* 基因表达调节的敏感指标。试验同时还发现当饲粮锌供应充足而铜缺乏时，大鼠小肠中 MT mRNA 表达最高，这可能是因为铜和锌对 *MT* 基因表达的调节存在细胞内竞争，当铜含量低时，锌能够充分与那些同金属硫蛋白启动子作用的因子相结合，从而相对铜含量高时，更能刺激基因的转录。

铜还能影响其他很多基因的表达。Zhou 等(1994)研究发现，高铜的促生长作用可能是由于其具有提高 GH 表达量的缘故。Luo(2001)报道，饲粮铜能提高猪垂体 *GH* 基因的表达，而且垂体中 GH mRNA 表达在作为反映 GH 状况方面比传统的血清或血浆 GH 水平更敏感。目前，关于饲粮铜对动物体内基因表达调节方面的研究还不够深入，有待于人们的进一步研究探索。

2. 铁对基因表达的影响

(1)铁对转铁蛋白基因表达的影响。转铁蛋白是血清中运输铁元素的蛋白质，它将铁从肝脏运送到网织红细胞中用于合成血红蛋白。当饲粮中缺铁导致血红蛋白合成量不足时，机体就需要更多的转铁蛋白来加快铁的运输。Mcknight 等(1980)在肉鸡的试验中发现，饲粮中缺铁将导致血清中转铁蛋白含量迅速增加，肝脏中转铁蛋白基因的 mRNA 含量增加到正常水平的 2.5 倍。因此可以认为，缺铁可引起转铁蛋白基因表达的增强，而且是通过增加转录水平而实现的。转铁蛋白受体 mRNA 的 3′UTR 上含有铁调节区(IRE)。缺铁时，铁调节蛋白(IRP)就与 IRE 结合，保护 mRNA 使其不被 RNA 裂解酶降解，从而提高转铁蛋白受体的水平。当有铁存在时，IRP 就脱离 mRNA 分子，失去保护的 mRNA 不稳定，其翻译率下降，从而导致转铁蛋白受体合成量减少，铁的吸收率下降(Theil，1994)。

(2)铁对铁蛋白基因表达的影响。铁是以铁蛋白的形式储存在肝脏中的。铁蛋白是一种由 20 个亚基组成，四周结合着大量铁离子的蛋白质。铁对铁蛋白基因表达的调节正好与转铁蛋白基因的相反，铁含量越高，铁蛋白基因表达就越强。Zahringer 等(1976)研究发现，这是由于当铁含量低时，铁蛋白的亚基与该基因的 mRNA 结合，使后者不能与核糖体结合，从而抑制了该基因的表达。当铁含量增加时，铁蛋白亚基与铁离子结合而使该基因的 mRNA 能游离出来与核糖体结合并开始大量表达铁蛋白。

3. 锰对基因表达的影响

锰是动物的必需微量元素之一，与其他必需微量元素一样，其在动物体内主要通过构成酶的必需组分和激活因子而参与一系列重要的生物化学反应，进而发挥营养代谢功能。锰超氧化物歧化酶(MnSOD)已被证明是动物体内最重要的含锰关键酶，该酶主要位于线粒体中，其功能是将细胞代谢产生的超氧自由基歧化成过氧化氢(H_2O_2)，H_2O_2再由谷胱甘肽过氧化物酶(GSH-Px)移去，从而在保护富含不饱和脂肪酸的线粒体等亚细胞器膜的结构完整性和维持其功能正常中起着重要的作用(罗绪刚，1989c)。

很多试验已证明，饲粮锰可以显著影响机体内组织，尤其是心肌线粒体 MnSOD 活性，酶活随着锰含量的升高而升高。饲粮锰对机体内 MnSOD 活性的影响是通过其对含锰关键酶 *MnSOD* 基因表达的调节而实现的，而在转录水平上的基因表达是该酶整个基因表达的第一步。Borrello(1992)报道，诱发小鼠缺锰可引起 MnSOD 转录水平的负调节。缺锰小鼠肝锰含量、MnSOD活性和mRNA表达均降低，可能是一种转录阻断。Li等(2008)在肉仔鸡上的试验证明，饲粮锰和静脉注射锰均能显著提高心肌MnSOD mRNA的水平，心肌细胞线粒体中MnSOD mRNA的水平随锰水平的提高而线性升高，这说明锰在转录水平上显著影响肉仔鸡心肌细胞线粒体中*MnSOD*基因的表达。试验研究已证明，心肌是肉仔鸡体内MnSOD活性反应的最敏感部位，心肌线粒体中MnSOD活性及其mRNA表达水平是评价肉仔鸡锰需要量及不同锰源生物学利用率的特异性敏感新指标(Li等，2004，2011a；Luo等，2007)。Lu等(2007)研究发现，锰可通过在转录水平增强肉仔鸡腿肌细胞线粒体中*MnSOD*基因表达而提高其活性，进而降低腿肉丙二醛含量，改善肉品质。饲粮锰缺乏会影响蛋鸡的繁殖性能和繁殖激素含量，其作用机制目前尚不明确。Xie等(2014)在蛋鸡上的研究表明，饲粮高剂量锰(240 mg Mn/kg)显著提高了卵泡刺激素和促性腺激素释放激素-Ⅰ的基因表达，且同有机锰比较，无机硫酸锰的添加使得促性腺激素释放激素-Ⅰ的基因表达提高了2倍。

关于MnSOD活性的调节机制，在原核生物中曾进行了较为深入的基础研究，表明大肠杆菌*MnSOD*基因编码的MnSOD受转录水平(Compan和Touati，1993)和翻译后水平(Privalle和Fridovich，1992)的调节，至少有6个总转录因子参与*E. coli MnSOD*基因的表达。在真核生物，卜友泉和罗绪刚等(2001)对肉仔鸡心肌细胞*MnSOD*基因进行了克隆及测序，获得了鸡MnSOD cDNA全序列。Gao等(2011)通过肉鸡心肌细胞体外原代培养模型证明，锰不仅在转录水平并且在翻译和翻译后水平调节MnSOD mRNA表达。Li等(2011b)在随后的研究中发现，饲粮锰可通过在转录水平改变转录因子Sp1(specificity protein1)和AP-2(activating protein-2)的DNA结合活性及在翻译水平增强MnSOD-BP(MnSOD mRNA-binding protein)的RNA结合活性来调节*MnSOD*基因的表达。鸡*MnSOD*基因的结构及调节序列及其与其他动物已知*MnSOD*基因结构及调节序列间的相关关系尚不清楚，仍需进一步的研究。

4. 锌对基因表达的调节

锌作为动物的一种必需微量元素，是体内200种以上酶的必需组分，具有增强机体免疫功能、促进细胞增殖分化、参与核酸蛋白代谢、维持细胞周期正常进行等生物学功能。上述作用以前曾被认为主要是由于含锌酶活性的改变，以及对细胞信号传导系统产生影响的结果，但近年来的研究表明，锌主要是通过对基因转录和表达的影响而产生一系列的生物学效应。Michelsen(1993)认为，锌可以通过以下两种方式影响基因的转录和表达：首先，锌离子是DNA、RNA聚合酶的一个重要组成成分，锌对于维持DNA、RNA聚合酶的活性具有相当的重要性；其次，一些转录因子的DNA结合结构域中包含着锌指超二级结构，锌可通过影响转录因子的转录活性而影响基因的表达。

众所周知，饲粮中锌缺乏可导致生长受阻，但其具体的作用机理仍是个谜，任何一种含锌酶的变化都不能为其作出合理的解释。近来的研究表明，其作用机制可能可从锌对某些基因表达的影响中找到一些依据。Mcnall(1995)报道，饲粮锌缺乏显著降低了*IGF*-Ⅰ和*GHR*基因的表达，而GH对生长的控制必须通过IGF-Ⅰ及GHR的作用才能实现，认为锌缺乏导致的生长滞缓与生长激素受体的信号传递有关。Meerarani(2003)研究表明，锌作为转录因子$PPAR_\gamma$ DNA结合域中锌指结构的功能组分，在$PPAR_\gamma$活化和对基因表达调节过程中扮演着关键的角色。$PPAR_\gamma$可抑制一些氧化激活因子如核因子($NF_{\kappa B}$)、蛋白激活剂

(AP-1)和信号传递与转录激活因子(STAT)的转录,这些因子由多不饱和脂肪酸激活而引起的细胞损伤,导致机体发生一系列的病理变化。

金属硫蛋白(MT)是一种含半胱氨酸丰富的低分子质量金属结合蛋白,包含几种异构体(如 MT-1、MT-2 等)。它可以结合多种金属元素,是元素转运、维持细胞中元素平衡、防止重金属中毒所必需的蛋白质。锌对 *MT* 基因的表达有显著的影响。McCormick 等(1981)用大鼠做的试验表明,高锌饲粮可提高肝多聚核糖体 mRNA 表达和增加 MT 合成速率。Cui(1998)对大鼠试验发现,缺锌可明显降低肝、肾和小肠 MT-1 mRNA 表达。Huang 等(2007,2009)在肉仔鸡上的试验证明,常用的玉米—豆粕型饲粮中添加锌能显著提高胰脏 MT mRNA 的表达,且胰脏 MT mRNA 表达水平随饲粮锌水平的提高而线性升高,说明锌在转录水平上显著影响肉仔鸡胰脏中 *MT* 基因 mRNA 的表达。Shen 等(2013)研究表明,肉仔鸡静脉注射锌增加了胰脏 MT mRNA 表达水平,且随锌注射浓度的增加而增加。锌对 *MT* 基因表达的调节过程可总结为:在细胞质内,锌与 MRE 结合转录因子(MTF,MRE-binding tRNA scription factor)结合后,转移至细胞核内。MTF 识别 *MT* 基因启动子的特异序列金属反应元件(MRE)并与其结合,启动基因转录。目前已有证据表明,MRE 的核心序列也存在于其他基因启动子上,并受饲粮锌的调节。由此可见,锌可以调节体内多种基因的表达,随着研究的深入和人们对锌作用分子机理的进一步了解,饲粮锌的作用将越来越引起人们的重视,锌的应用也会越来越广泛。

5. 硒对基因表达的影响

硒是动物必需的一种微量元素,它是许多代谢酶如谷胱甘肽过氧化物酶、碘化甲腺原氨酸-5′脱碘酶等含硒蛋白的组成成分,在其中硒以半胱氨酸硒的形式存在。研究表明,硒对基因表达的影响发生在 mRNA 翻译阶段。在这种情况下,UGA 密码子不是作为翻译的终止信号,而是作为半胱氨酸硒掺入的编码信号,这一过程需要特定的非翻译序列发生结构变化。试验已证明饲粮硒含量不同可以改变硒蛋白活力和数量,而最近研究表明,硒不仅可调节许多含硒蛋白如细胞质谷胱甘肽过氧化物酶(GPX3)、磷脂羟基过氧化物谷胱甘肽过氧化物酶(GPX4)和Ⅰ型碘化甲腺原氨酸 5′脱碘酶(IDI)酶活,还可以影响其 mRNA 的丰度,但作用程度明显不同,且不同组织或同一组织不同酶之间受影响的程度也有所不同(Bermano 等,1996)。目前已发现机体内有 4 种不同的硒依赖性谷胱甘肽过氧化物酶,分别为:细胞谷胱甘肽过氧化物酶(GPX1)、胃肠谷胱甘肽过氧化物酶(GPX2)、细胞质谷胱甘肽过氧化物酶(GPX3)以及磷脂羟基过氧化物谷胱甘肽过氧化物酶(GPX4)。Bermano(1996)的研究表明,在硒耗竭时,*GPX*4 基因的 mRNA 降解率不受影响,但 GPX3 mRNA 的降解率下降,因此缺硒时两种酶活性不同。造成这种情况的原因是由于不同硒蛋白 mRNA 的 3′UTR 结构不同,从而引起 mRNA 翻译程度及对硒缺乏的敏感性的不同。硒蛋白 3′UTR 结构是决定视黄酸翻译程度和对硒缺乏敏感性的关键因素。硒对 *GSH-Px* 基因表达的影响就是通过对 3′UTR 结构的影响而实现的(Bermano,1996)。快速生长的肉仔鸡对硒缺乏非常敏感,很容易因为饲粮硒缺乏而患上渗出性素质症。Huang 等(2011)研究表明,饲粮硒缺乏降低了肉仔鸡肝脏和肌肉中 7 种常见硒蛋白(Gpx1、Gpx4、Sepw1、Sepn1、Sepp1、Selo 和 Selk)的基因表达,饲粮添加硒可能是通过提高编码氧化或损伤保护性蛋白的硒蛋白的基因表达来保护肉鸡免于渗出性素质症。

硒是动物必需的微量元素已得到了很好的证明。饲粮中添加 0.3 mg/kg 硒已被广泛的接受并应用于生产实践中，但目前硒对环境的污染已引起了人们的高度重视，FDA 曾试图将硒的添加量降低到 0.1 mg/kg，减少硒的用量势在必行。目前硒 0.3 mg/kg 的适宜添加量是建立在硒沉积、硒平衡和 GPX1 活性基础上的，因为 GPX1 是当时唯一知道的谷胱甘肽过氧化物酶，而没考虑 GPX2、GPX3 以及 GPX4 的影响。Lei 等(1998)通过分子生物学手段重新研究了猪的硒最适添加量，试验发现猪饲粮中添加 0.2 mg/kg 的硒即能够使所有的硒依赖性谷胱甘肽过氧化物酶基因得到充分的表达，而且不会引起动物任何的缺硒症状，因此饲粮中添加 0.2 mg/kg 硒已足够。试验表明应用分子生物学手段研究营养与基因表达的关系更能准确地评价硒的营养需要量。

六、维生素对基因表达的影响

维生素不仅是生物代谢反应途径中许多酶的辅酶或辅助因子，而且还直接参与对许多基因表达的调节过程。

(一)维生素 A 对基因表达的影响

维生素 A(视黄醇，ROH)对基因表达的影响是通过其代谢产物视黄酸(RA)介导的。研究发现维生素 A 可影响很多基因的表达。Jump(1992)用脂肪细胞体外培养研究发现，视黄酸和地塞米松(糖皮质激素)对 *S14* 基因的表达均具有显著的促进作用，且两者具有协同作用，二者协同作用可提高 mRNA 表达达 200～360 倍，协同作用发生在转录水平上。视黄酸对脂肪酸合成酶和肌动蛋白基因表达没有影响，但可以使甘油磷酸脱氢酶 mRNA 表达降低 75%。这可能是视黄酸能够组织未成熟脂肪细胞分化为成熟脂肪细胞的原因。Nikawa(1998)报道，视黄酸还可促进肝脏、骨骼、肾脏和小肠碱性磷酸酶等基因的表达。

视黄醇对基因表达的影响是由视黄酸介导的。视黄醇自肝脏释放后与血浆视黄醇结合蛋白(RBP)结合，然后转运至需要的组织细胞中，再经细胞膜特异性视黄醇结合蛋白受体(RBP-R)作用进入细胞内，但有关转运机制尚不清楚。细胞内视黄醇与细胞液视黄醇结合蛋白Ⅰ(CRBP-Ⅰ)结合，在特异 NADPH-视黄醇脱氢酶的作用下氧化为视黄酸。视黄酸受体位于细胞核内，一般分为全反式视黄酸受体(RARs)和 9-顺式视黄酸受体(RXRs)两类，核受体必须二聚化后才能与细胞核 DNA 结合并影响基因的表达。视黄酸二聚体所结合的靶基因区域为视黄酸反应元件(RARE)。视黄酸二聚体与 RARE 结合后影响基因的表达。RARE 与激素反应元件(HRE)一样，位于靶基因的启动子区内，目前已发现大约有 50 种蛋白质基因上游启动子区内有 RARE(Clarke，1997)。

(二)维生素 D 对基因表达的影响

1，25-二羟维生素 D_3[1，25-$(OH)_2$维生素 D_3]是维生素 D_3在动物体内的活性形式，可以直接进入细胞核内，研究表明其可以调节许多基因的表达。Dwivedi(2000)分析了1，25-$(OH)_2$维生素 D_3对细胞色素 P450C24(CYP24)基因表达的影响。分析表明维生素 D 对靶基因的转录的影响由维生素 D 受体(VDR)介导。VDR 是配体依赖型核受体超家族成员，它要与伴侣(partner)9-顺式视黄酸受体(RXRs)一起结合到特定的维生素 D 反应元件(VDREs)上，VDREs 位于目标基因的启动子上。目前有证据表明，VDR-RXR 异种二聚体复合物未与配体结合时先结合到 VDRE 上，随着配体的结合而被活化，通过中间共激活复合体(itermediary coactivator complex)将 VDR-RXR 受体复合物与 RNA 聚合酶连在一起，从而使目标基因得以转录，此即为维生素 D 影响基因表达的作用机理(Dwivedi，2000)。

七、营养与表观遗传

表观遗传学是在 DNA 序列不发生改变的情况下，研究基因的表达产生可遗传变化的学科。表观遗传过程的分子基础是复杂的，主要包括染色质结构的改变(DNA 甲基化、组蛋白修饰和染色质重组)以及 microRNAs(miRNAs)调控。大量研究表明，营养对畜禽表观遗传具有重要的影响。近年来母体营养在胎儿发育阶段对 DNA 甲基化以及程序化的影响已引起极大的关注。胚胎发育过程中的 DNA 甲基化可能是母体营养导致子代某些基因表达发生改变的潜在的分子作用机制(Lillycrop 等，2005)。因为 DNA 甲基化模型大多建立在胚胎期，胚胎和胎儿的环境可能会改变 DNA 的甲基化，并引起某些基因表达的变化，这些变化可能会贯穿于生物体的整个生命过程中(Wu 等，2004)。近期研究表明，孕期大鼠蛋白限制改变了 *PPARα* 基因的甲基化，与对照组相比，蛋白限制组子代断奶后仔鼠 *PPARα* 基因甲基化降低 20.6%，而其 mRNA 表达是对照组的 10.5 倍(Lillycrop 等，2005)。Cong 等(2012)报道，怀孕及泌乳期种猪低蛋白饲粮改变了子代断奶仔猪肝脏羟甲基戊二酰辅酶 A 还原酶(HMGCR)的甲基化水平，进而改变了其 mRNA 表达。Jia 等(2012)研究发现，怀孕期种猪低蛋白饲粮改变了子代雄性新生仔猪肝脏葡萄糖-6-磷酸酶(G6PC)的甲基化，从而改变了肝脏 *G6PC* 基因的表达，但对雌性新生仔猪没有影响。矿物元素主要作为一碳循环过程中各种酶的辅因子或者重要组成成分而对甲基化过程产生影响(邱敏，2013)。适量(0.15 mg/kg)和超标(4 mg/kg)的硒与硒缺乏饲粮相比，显著降低了鼠肝脏总 DNA 甲基化水平(Zeng 等，2011)。怀孕前母体饲粮中锌缺乏影响卵母细胞染色质的甲基化水平从而影响了胚胎发育(Tian 和 Diaz，2013)。铜与 DNA 甲基化可能也存在一定联系(Linder，2012)。Li 等(2015)报道，锌通过抑制 A20 的 DNA 甲基化和提高组蛋白 H3K9 乙酰化而上调 A20 的转录，抑制 $NF_{\kappa B}$依赖的炎症因子表达，进而促进肠道的发育和黏膜免疫屏障功能。Sun 等(2014)研究表明，肉鸡脂肪代谢关键转录因子 *PPARγ* 基因的表达在脂类组织发育的过程中受到 DNA 甲基化的调节。以上研究报道充分说明母体营养会导致某些基因特异性的表观遗传变异(DNA 甲基化、组蛋白修饰以及 microRNA)，从而改变这些基因的表达。

哺乳动物可在整个胚胎发育阶段借助胎盘持续不断地从母体获取营养物质，为研究营养物质对胚胎发育的影响和表观遗传学机理提供了条件。而家禽的胚胎发育阶段与母体分离，这也是表观遗传学研究多集中在以小鼠、猪等为模型的哺乳动物上，而家禽上的研究则相对较少的原因之一。目前，种蛋注射已是一种渐趋成熟的技术，如借助该方式于种蛋孵化的特定阶段注射某种可影响表观基因组重编程的营养物质，能提供一条研究家禽营养表观遗传学机制的途径。家禽营养表观遗传学的研究刚处于起步阶段，需要进一步深入、系统地研究。

第四节　分子营养的前景及其在动物生产中的应用

动物从受精卵发育到死亡，其生长发育受到内、外因子的调节。其中重要的内部因子是遗传物质 DNA，它由 4 种碱基按照一定的排列顺序以 3′，5′-磷酸二酯键连接而成，并存在于动物的染色体中。染色体可分为许多特殊单位——基因，这些基因及其表达就决定了生命的特性：品种、性别、寿命长短、代谢功能、外部特征，以及对许多外部环境（包括营养）的反应。

虽然动物体细胞都含有同样的基因，但是并非全部基因在同一时间都能得到表达，实际上动物体全部基因在其一生中并非都有表达，而是根据外界环境变化其中少量基因得到表达，这显示动物体存在基因表达调节体系，这种体系决定了哪个基因将被转录和翻译成相应的基因产物。饲粮营养可以通过各种途径来调节基因的表达，从而影响动物机体的代谢过程，最终影响动物的生长。通过改变饲粮中营养成分来调节特定基因的表达已成为现代营养学的重要研究内容。营养调节基因表达是动物适应环境的重要机制，掌握这种机制不但对于彻底弄清动物的营养代谢过程、最大限度提高动物生产潜力和养分利用效率具有重要的营养学意义，而且对于认识生命的本质、协调生命活动、提高生命质量、维系生物界物种的平衡都具有重要的生物学意义。

目前，应用营养—基因互作关系可以解决以下问题：①降低乳脂率而不影响总产奶量；②降低产肉动物的体脂肪；③改善生长；④提高动物的脂肪合成等。然而到目前为止，我们对这种营养调节作用的分子机制尚不十分清楚，还需要从细胞内代谢物的特点、基因的调节蛋白等角度入手，把饲粮信号以及激素与基因表达的关系弄清，从而进一步扩展我们从分子水平上对动物代谢进行调节的领域和手段，以达到调节动物生产的最终目的。我们正处于加快揭示生物代谢调节的基本原理和生物技术应用于科学研究的潜力时代，利用分子生物学方法可以解决与营养相关的许多问题。现有的分子生物学方法，除了可用于估测细胞和组织中的 DNA 含量外，还可估测转移 RNA（tRNA）、核糖体 RNA（rRNA）和信使 RNA（mRNA）的变化。这些方法包括分离细胞 DNA、RNA 和多腺苷酸 RNA 的柱色谱和离心技术、无细胞体外翻译技术和各种核酸杂交技术。对 mRNA 进行功能测定和定量分析的方法就有数十种之多。含有可检测为特异蛋白编码的 mRNA 的互补 DNA（cDNA）片段的遗传生物工程也日益利用。通过 mRNA 的无细胞翻译和分离标记的翻译产物，可以监测蛋白质的表达随饲粮而发生的相应变化。当把这样测定的结果或细胞和组织培养试验的结果与直接杂交方法得到的结果进行比较时，就能测出 mRNA 的水平与蛋白质相平行的程度。如果蛋白质的合成速率与可翻译的特异 mRNA 分子的数目成比例关系，那么，特异 mRNA 的水平就可用作蛋白质合成潜力的相关测定指标，而且也可以更精确地描述基因表达。此外，当蛋白质本身难以分析时，这种方法是特别有用的。例如，蛋白质迅速代谢成不溶性的产物，或者很快降解或释放入细胞间的生理池（如血液），并从合成的原来位置清除掉。目前，这些技术已用于研究动物营养物质缺乏症及营养物质作用的分子机制。分子生物学技术应用于动物营养研究领域，具有很大的发展潜力，它不仅为动物营养学研究提供了一套全新的技术和方法（如利用 *MnSOD* 和 *MT* 基因 mRNA 的水平作为评价 Mn 和 Zn 生物学利用率的敏感性指标，以及利用 *GPX* 基因 mRNA 表达评价硒的营养需要量），而且可在分子水平上解决许多动物机体生理病理变化、营养物质代谢调节机制，以及其与机体的相互关系等问题。

在过去的 20 年中，分子生物学领域取得了长足的进步。1990 年启动的人类基因组计划是生命科学史上第一个大科学工程，开始了对生物全面、系统研究的探索，2003 年已完成了人和各种模式生物体基因组的测序，第一次揭示了人类的生命密码。人类基因组计划和随后发展的各种组学技术把生物学带入了系统科学的时代。基因组学、蛋白组学、代谢组学等组学平台进一步提升了后基因组时代营养学的生命科学研究能力。近年来，基因组学和生物信息学在生物技术领域的研究获得了巨大进展，为在营养学领域研究营养素与基因的交互作用打下了良好的基础。目前以基因组、转录组、蛋白质组和代谢组等为基础的营养基因组学（nutrigenomics）的进展，被认为是国际营养科学发展的未来。其主要目的在于揭示饲粮营养素是如何通过与基因组相互作用影响基因的转录表达和机体的代谢调控，从而改变了个体的表型和健康状况。目前国际上营养基因组学在营养科学领域的应用仍处于起步阶段，但是这方面的研究具有不可估量的重要前景。随着分子生物学的发展，将会有越来越多的分子生物学技术应用于营养学领域，一个富有成果的例子是日益增加的对基因扩增和组织结构的研究趋势，一些与营养有关的重要例子都与基因扩增有关，这将为我们以后更深入的研究营养学方面的问题提供先进的方法和手段。

综上所述，饲粮中的营养成分可以通过多种途径来调节动物基因的表达，从而影响动物机体的代谢过程，并最终影响动物的生长。因此，通过饲粮配合来调节基因转录、翻译等基因表达，可以有效地改善动物健康，提高和控制动物生长和生产，提供能满足人们需要的动物产品。随着分子生物学在营养学中的应用，基因表达的营养调节不仅会成为营养学中普遍关注的学术理论问题，而且也将成为生命科学中的一项实用技术。

参考文献

卜友泉，罗绪刚，李素芬，鲁成，李英文，邝霞，刘彬，李建凡，余顺祥．鸡含锰超氧化物歧化酶 cDNA 克隆与序列分析．中国生物化学与分子生物学报，2001，17：463-467.

Bermano G，Nicol F，Dyer J，Sunde RA，Beckett GJ，Arthur JR，Hesketh JE. Tissue specific regulation of selenoenzyme gene expression during selenium deficiency in rats. The Journal of Biochemistry，1995，311:425-430.

Blalock TL，Duun MA，Cousins RJ. Metallothione in gene expression in rats：tissue-specific regulation by dietary copper and zinc. The Journal of Nutrition，1988，118:222-228.

Brameld JM，Gilmour RS，Buttery PJ. Glucose and amino acids interact with hormones to control expression of insuLin-like growth factor-I and growth hormone receptor mRNA in cuLtured pig hepatocytes. The Journal of Nutrition，1999，129:1298-1306.

Clarke SD，Armstrong MK，Jump DB. Dietary polyunsaturated fats uniquely suppress rat liver fatty acid synthase and S14 mRNA content. The Journal of Nutrition，1990，120:225-231.

Compan I，Touati D . Interaction of six global transcription regulations in expression of manganese superoxide dismutase in *Escherichia coli* K-12. Journal of Bacteriology，1993，175:1687-1696.

Cong RH，Jia YM，Li RS，Ni YD，Yang XJ，Sun QW，Parvizi N，Zhao RQ. Maternal low-protein diet causes epigenetic dereguLation of HMGCR and CYP7α1 in the liver of weaning piglets. Journal of Nutritional Biochemistry，2012，23:1647-1654.

Ding ST，Lapillonne A，Heird WC，Mersmann HJ. Dietary fat has minimal effects on fatty acid metabolism transcript concentrations in pigs. Journal of Animal Science，2003，81:423-431.

Dwivedi PP，Omdahl JL，Kola I，Hume DA，May BK. ReguLation of rat cytochrome *P450C24* (CYP24) gene expression. Evidence for functional cooperation of Rasactivated Ets transcription factors with the vitamin D receptor in 1,25-dihydroxyvitamin D(3)-mediated induction. The Journal of Biological Chemistry，2000，275:47-55.

Gao TQ，Wang FN，Li SF，Luo XG，Zhang KY. Manganese regulates manganese-containing superoxide dismutase (MnSOD) expression in the primary broiler myocardial cells. Biological Trace Element Research，2011，144(1)：695-704.

Huang JQ，Li DL，Zhao H，Sun LH，Xia XJ，Wang KN，Luo XG，Lei XG. The selenium deficiency disease exudative diathesis in chicks is associated with down-regulation of seven commonselenoprotein genes in liver and muscle. The Journal of Nutrition，2011，141:1605-1610.

Huang YL，Lu L，Li SF，Luo XG，Liu B. Relative bioavailabilities of organic zinc sources with different chelation strengths for broilers fed a conventional corn-soybean meal diet. Journal of Animal Science，2009，87:2038-2046.

Huang YL，Lu L，Luo XG，Liu B. An optimal dietary zinc level for broiler chicks fed with a corn-soybean meal diet. Poultry Science，2007，86:2582-2589.

Jia YM，Cong RH，Li RS，Yang XJ，Sun QW，Parvizi N，Zhao RQ. Maternal low-protein diet induces gener-dependent changes in epigenetic regulation of the glucose-6-phosphatase gene in newborn piglet liver. Journal of Nutrition，2012，142:1659-1665.

Kahn BB. Dietary regulation of glucose transporter gene expression: tissue specific effects in adipose cells and muscle. The Journal of Nutrition，1994，124:1289s-1294s.

Lei XG，Dann HM，Ross DA，Cheng WH，Combs GF，Roneker KR. Dietary selenium supplementation is required to support full expression of three selenium-dependent glutathione peroxidases in various tissues of weanling pigs. The Journal of Nutrion，1998，128:130-135.

Li Changwu，Guo SS，Gao J，Guo YM，Du Z，Lv，Z，Zhang B. Maternal high-zinc diet attenuates intestinal inflamation by reducing DNA methylation and elevating H3K9 acetylation in the A20 promoter of offspring chicks. Journal of Nutritional Biochemistry，2015，26:173-183.

Li S，Luo X. Liu B，Crenshaw TD，Kuang X，Shao G，Yu S. Use of chemical characteristics to predict the relative bioavailability of supplemental organic manganese sources for broilers. Journal of Animal Science，2004，82(8):2352-2363.

Li SF，Luo XG，Lu L，Liu B，Kuang X，Shao GZ，Yu SX. Effect of intravenously injected manganese on the gene expression of manganese-containing superoxide dismutase in broilers. Poultry Science，2008，87(11):2259-2265.

Li S，Lin Y，Lu L，Xi L，Wang Z，Hao S，Zhang L，Li K，Luo X. An estimation of the manganese requirement for broilers from 1 to 21 days of age. Biological Trace Element Research，2011a，143:939-948.

Li SF，Lu L，Hao SF，Wang YP，Zhang LY，Liu SB，Liu B，Li K，Luo XG. Dietary manganese modulates expression of the manganese-containing superoxide dismutase gene in chickens. The Journal of Nutrition，2011b，141:189-194.

Lillycrop KA，Phillips ES，Jackson AA，Hanson，MA，Burdge GC. Dietary protein restriction of pregnant rats induces and folic acid supplementation prevents epigenetic modification of hepatic gene expression in the offspring. Journal of Nutrition，2005，135:1382-1386.

Linder MC. The relationship of copper to DNA damage and damage prevention in humans. Mutation Research，2012，733:83-91.

Lu L，Luo XG，Ji C，Liu B，Yu SX. Effect of manganese supplementation and source on carcass traits，meat quality，and lipid oxidation in broilers. Journal of Animal Science，2007，85:812-822.

Luo XG，Li SF，Lu L，Liu B，Kuang X，Shao GZ，Yu SX. Gene expression of manganese-containing superoxide dismutase as a biomarker of manganese bioavailability for manganese sources in broilers. Poultry Science，2007，86:888-894.

Shen SF，Wang RL，Lu L，Li SF，Liu SB，Xie JJ，Zhang LY，Wang ML，Luo XG. Effect of intravenously injected zinc on tissue zinc and metallothionein gene expression of broilers. British Poultry Science，

2013, 54(3):381-390.

Sun YN, Gao Y, Qiao SP, Wang SZ, Duan K, Wang YX, Li H, Wang N. Epigenetic DNA methylation in the promoters of peroxisome proliferator-activated receptor γ in chicken lines divergently selected for fatness. Journal of Animal Science, 2014, 91:48-53.

Tian X, Diaz FJ. Acute dietary zinc deficiency before conception compromises oocyte epigenetic programming and disrupts embryonic development. Developmental Biology, 2013, 376:51-61.

Wu G, Bazer FW, Cudd TA, Meininger CJ, Spencer TE. Maternal nutrition and fetal development. Journal of Nutrition, 2004, 134:2169-2172.

Xie JJ, Tian CH, Zhu YW, Zhang LY, Lu L, Luo XG. Effects of inorganic and organic manganese supplementation on GnRH-I and FSH expression and reproductive performance of broiler breeder hens. Poultry Science, 2014, 93:959-969.

Zeng H, Yan L, Cheng W H, Uthus EO. Dietary selenomethionine increases exon-specific DNA methylation of the *p*53 gene in rat liver and colon mucosa. Journal of Nutrition, 2011, 141:1464-1468.

第十二章 家禽营养需要与饲料营养价值评定方法

第一节 家禽营养需要研究方法

一、家禽营养需要的概念

(一)家禽营养需要的概念

家禽的营养需要是指家禽在一定的环境条件下,维持生命正常、健康生长和产蛋或达到一定生产成绩对能量和各种营养物质种类和数量的需求。营养需要是针对特定种类的禽在一定的生产条件下,完成特定的生理功能、达到特定的生产水平而确定的群体营养需要的平均值。禽类对能量和营养物质需要量应按照一定方式表示,并具有一定的含义。

1.需要量表示方法

(1)按每只家禽每天需要量表示。指每只家禽每天对能量和各种营养物质需要的绝对数量。表示单位因能量和各种营养物质种类而异,能量常用 MJ 或 kJ;蛋白质、氨基酸、常量元素等常用 g;微量元素、水溶性维生素常用 mg;脂溶性维生素常用国际单位(IU)表示。

用绝对数量来表示需要量便于养禽生产者估计饲料供给,是饲养标准表述营养定额所采用的表达方式,适用于对禽类进行限量饲喂的方式。

(2)按单位饲粮所含能量和营养物质浓度表示。此为相对浓度,常用百分含量(%)或每 1 kg 饲粮中的营养物质含量表示。该表示法又可分为按风干饲粮基础表示,或按全干饲粮基础表示,或按特定水分含量表示的风干饲粮基础浓度,NRC(1994)家禽营养需要按 90% 的干物质浓度给出营养指标定额。如能量单位为 MJ/kg 或 kJ/kg;蛋白质、氨基酸、常量元素常用 g/kg;微量元素和水溶性维生素常用 mg/kg;脂溶性维生素常用 IU/kg。蛋白质、氨基酸、矿物元素和维生素等也可用与能量的相对比例如 g/MJ、mg/MJ、IU/MJ 等来表示。

该表示方式对任食饲养方式的禽类和饲粮配合等较方便。但用相对浓度来表示营养需要是建立在禽类采食量已知或一定的前提 ,如果采食量变化,则营养物质需要的相对浓度发生变化。因此,任何影响禽类采食量的因素,如禽种类、体重、环境温度、能量浓度等均影响营养需要量。

2.营养需要的含义

根据确定营养需要量的方法和条件不同,营养需要量具有不同的含义:

(1)最低需要量。指家禽在最适宜的环境条件下,正常、健康生长或达到理想生产成绩对各种养分的最低需要量。

确定最低需要量的目的是为了使营养需要量具有更广泛的参考意义。因为在最适宜的环境条件下，饲养在不同地区或不同国家的同品种，或同种家禽对特定养分的需要量无明显差异，营养物质的定额按最低需要量表示，可保证在世界范围内可以相互借用和参考的可靠性和经济有效地饲养动物。但在应用时，一般需要适当提高，即增加保险系数。考虑保险系数时，重点把握两个方面：一是环境温度，在适宜环境温度以外的冷热逆境，对能量和养分需要均有影响；二是其他应激条件，如饲养密度、卫生条件、通风、饲料污染等，一般增加 5%～10%。保险系数随实际生产条件与确定最低需要量的条件差异大小及养分种类而变。

(2)适宜供给量。又称适宜推荐量，指家禽在特定的实际生产条件下，正常、健康生长或达到理想生产成绩对各种养分的需要量。该数值一般比最低需要量高 10%～50%，即已经考虑了保险系数，在应用时不必再考虑保险系数。确定适宜供给量的主要原因是实际生产环境条件一般难以达到制定最低营养需要所规定的条件。由于确定适宜供给量的条件与生产实际相似，因此，适宜供给量可直接用于指导家禽生产，但适用范围比较窄。

(二)家禽营养需要的剖分

从禽类的生理活动角度，可将禽类的营养需要剖分为维持需要和生产需要。生产需要又可进一步剖分为增重需要、羽毛生长需要和产蛋需要等。

1. 维持需要

维持是健康禽类体重不增不减，不进行生产，体内各种营养物质处于收支平衡的状态。维持需要即指禽类在维持状态下对能量和营养物质的需要。从生理上讲，处于维持状态的畜禽，体内的各项生理活动仍在进行，如体温调节、呼吸、血液循环、神经活动、体组织的更替等，体内的养分处于分解和合成速度相等的平衡状态，维持营养需要就是用来满足这个动态平衡的需要。

在家禽生产中，维持需要属于非生产需要，但又是维持生命必不可少的部分，在总的营养需要中占很大的比例，一般为50%。了解维持需要及其变异规律，可尽可能降低维持需要所占比例，以降低养禽生产成本，提高饲料利用率。

2. 增重需要

增重包括生长和肥育两个过程。生长指禽类整体体积和体重增加的过程，表现为骨骼、肌肉、内脏器官、生殖器官等的生长，其化学过程主要是蛋白质、钙、磷等的沉积。生长是从胚胎发育开始，到性成熟时结束。肥育指禽类体内脂肪的沉积，通常指禽类饲养的后期。实际上，生长和肥育不能截然分割，在禽体内，骨骼、肌肉和脂肪的生长虽有先后顺序，但却相互重叠。

3. 产蛋需要

产蛋是禽类的特有机能。在性成熟前，卵泡大小不等，生长缓慢。在接近性成熟时，母禽体内的卵子迅速发育，鸡的卵子在 9～10 d 内成熟。排卵前 7 d 卵子和卵黄的重量增加约 16 倍。在雌激素的作用下，大量蛋白质和脂肪等养分从产蛋禽的肝脏转移至卵巢，沉积于发育的卵泡中。卵泡成熟后破裂释放卵子，卵子被输卵管喇叭部纳入，送至输卵管膨大部，由膨大部腺体分泌的蛋清将卵黄包围。在膨大部，包围卵黄的稠蛋清，因旋转而形成系带，随后形成稀蛋清层，然后再在表面形成稠蛋清层和外稀蛋清层。卵子进入峡部后形成外蛋壳膜并吸收水分。当卵细胞通过输卵管峡部和子宫部的连接处时，蛋壳上乳头核附着在外膜上，在子宫部进行钙化时，少量的碳酸钙晶体成了连接位点，使乳头核又与外壳膜纤维相连。海绵层构成蛋壳的强度和厚度，也在子宫部完成，最后形成外表的晶体和胶护膜。

蛋禽的生产能力很强，1 只来航鸡年产蛋量约相当于自身体重的 10 倍，以干物质计约 4 倍于体重，营养物质的代谢强度相当大。产蛋需要大量的蛋白质、脂肪和钙等营养物质。营养不仅影响蛋的数量和重量，而且对蛋的成分影响也很大。

4. 羽毛生长需要

禽的羽毛主要由蛋白质组成，因此，羽毛生长也可用蛋白质沉积量来表示。在研究禽的蛋白质需要时，最好将羽毛蛋白质生长需要与体蛋白质生长需要分开，因为，羽毛蛋白质沉积量占总蛋白质需要的比例变化很大；而且，体蛋白和羽毛蛋白质的氨基酸组成有显著的区别。

(三)家禽营养需要的特点

1. 家禽体温高、呼吸快、基础代谢强，对营养物质的需要量大

特别是能量的需要量明显比哺乳动物更高。例如，绝食代谢条件下，猪每千克体重产热仅为 92 kJ，而产蛋鸡可高达 250 kJ，珍珠鸡可达到 290 kJ。

2. 家禽具有特殊生物学特性，影响特定营养物质的需要

(1)家禽消化道长度较短。如表 12-1 所示，与体长相比，在所有高等动物中，禽类的消化道长度最短，因此决定禽类的绝对采食量较小，如产蛋鸡的日采食量只有 120 g 左右。但由于食糜通过消化道的速度快，因此消化道通过的饲料量相对较大。与体重相比，禽类的相对采食量较大。一些野生禽，日采食量可以接近体重的重量，表明具有多摄入营养物质的基础，对生产肉、蛋是一个有利条件。

表 12-1　不同动物消化道长度与体长之比

动物	消化道长度与体长之比	动物	消化道长度与体长之比
鸡	8 : 1	猪	25 : 1
鸭	10 : 1	牛	30 : 1
鹅	11 : 1	马	15 : 1
鸽	7 : 1	兔	13 : 1

(2)禽类只能利用维生素 D_3，且被覆羽毛和封闭饲养，由皮下 7-脱氢胆固醇转化为维生素 D_3 的量很少，因而对维生素 D_3 的需要量较大。

(3)禽类消化道合成的维生素 K 有限，且禽类易患球虫病而影响维生素 K 的合成和吸收。因此，对饲粮维生素 K 的需要量较大。

(4)禽类需要的必需氨基酸种类多，除哺乳动物所需要的 10 个必需氨基酸外，幼禽还需要 Gly 和 Ser，对精氨酸的需要量也较高。

(5)由于羽毛生长，禽类对 Met 的需要明显比哺乳动物高，对 Si、Zn、Mn 等微量元素需要量也较高。

(6)由于形成蛋壳需要，产蛋禽对 Ca 的需要量很高，但不会产生 Ca、P 不平衡。

3. 家禽感觉器官对营养需要的影响

家禽的嗅觉差，味觉也不发达，但对颜色有选择性，触觉比较灵敏。所以在采食过程中，禽的视觉和触觉起着十分重要的作用，但作用大小因禽的种类不同而差异较大。鸡和鸽子最不喜欢酸味，味觉不很敏感，特别是对苦味不敏感，不适宜的味感物质也不明显影响营养物质摄入。鸡对甜味有感觉，喜欢蔗糖的甜味，不喜欢糖精的甜味。肉鸡和鸽子触觉很敏感。鸭基本能区别酸、咸、苦、甜，对颜色和香味不敏感，但对酸敏感，鸭日粮大量使用酸化剂不利于鸭发挥采食潜力。火鸡采食受颜色影响甚大，有色光或亮的强光集中到饲料上都有诱导采食的作用。有些禽如火鸡，可因饥饿引起消化生理功能变化，特别是引起肌胃松弛，使其失去采食和饮水的兴趣，以致 36 h 不采食。饲养这类禽，应特别注意对禽持续给料。

饲料物理特性明显影响采食。饲养实践表明，各种禽都最喜欢粒状饲料，最不喜欢粉状饲料。籽实饲料中，最喜欢小麦，其次是玉米、燕麦、大麦、黑麦等。农副产品饲料中，最喜欢麦麸，其次是大麦糠、黑麦糠、玉米加工副产品。全价配合饲料中，家禽最喜欢颗粒饲料，其次是破碎料，最后是粉料。

4. 禽蛋的营养物质沉积特性

与哺乳动物排卵明显不同，禽蛋需要沉积足够的供胚胎发育所需要的营养物质，因此禽蛋沉积对生命重要的营养物质的能力很强，除能量和蛋白质外，对维生素和某些微量元素等都能超量沉积，并能沉积一些健康保护因子，如 IgY 和具有生物活性的卵蛋白如卵黏蛋白等。因此，在评定幼禽和产蛋禽的营养需要时，在试验前往往需要一定时间的耗尽期。

5. 群体营养

生产上禽类的饲养规模一般很大，因此，禽类的营养需要一般以群体为对象进行评定，采食能力基本上反映了禽群体的采食能力。

二、家禽的营养需要研究方法

家禽的生理活动是多方面的，包括维持、生长、肥育、产蛋、羽毛生长等。任何家禽在任何时候都至少处于一种生理状态(即维持状态)，常常是同时处于两种(如维持和生长)或三种(如维持、生长和产蛋)生理状态。确定家禽营养需要的方法可分为综合法和析因法两类。

(一)综合法

综合法是根据“维持需要和生产需要”统一的原理，采用饲养试验、代谢试验及生物学方法等笼统确定某种家禽在特定生理阶段、生产水平下对某一养分的总需要量。其结果可用于指导生产，但综合法不能区分出维持需要和生产需要，难于总结变异规律。

(二)析因法

析因法就是根据“维持需要和生产需要”分开的原理，分别测定维持需要和生产需要，各项需要之和即为畜禽的营养总需要量。可概括为：

养分总需要量＝维持需要＋生产需要

详细剖析为：$R=aW^b+cX+dY+eZ+\cdots$

式中：R 为某养分的总需要量；W 为自然体重；b 为常数；W^b 为代谢体重；a 为常数，即每千克代谢体重的需要量；X、Y、Z 为不同产品中某养分的含量；c、d、e 分别为饲料养分转化为产品养分的利用率。

按此公式，可以推算任一体重、任一生理阶段、任一生产水平下家禽的养分需要量。关键是要掌握公式中的各项参数。

析因法的前提是能量或某种养分用于各项生理功能的效率不变或可测定。根据大量试验资料，对生长的能量和氨基酸需要而言，该假定成立；在产蛋量为 0.5～1.0 个/d 时，该假定成立；但对产蛋量低于 0.5 个/d 的产蛋鸡如老年母鸡，该假定不能成立。该假定对维生素和矿物元素而言是否成立，尚待探讨。

析因法比综合法更科学、合理，其结果一般低于综合法。析因法原则上适用于确定不同生理阶段家禽对各种养分的需要量，但在实际生产上，对特定生理阶段的家禽或特定养分因家禽的生产内容或饲料养分转化为产品的效率难准确测定，仍采用综合法确定。

在实际应用中，综合法和析因法可相互渗透，使确定的需要量更为准确。

三、确定家禽营养需要的步骤

（一）确定家禽种类和生产阶段、明确生产潜力

家禽种类不同，显然对养分的需要量不同；家禽的生产阶段不同，养分的需要量也不同。每一个家禽都有一定的生产潜力，即蛋白质沉积量和脂肪沉积量的上限。这个潜力是否实现取决于养分供给水平、成本等因素。应采用适宜的方法来描述养分摄入与产出之间的反应。

（二）确定家禽营养需要的判据

一定数量养分的饲喂效果可从各个方面表现，而每个方面的表现程度不一样。选用的判据不同，就会导致确定的需要量差异较大。因此，在确定家禽营养需要的时候，选择适宜的营养需要判据特别重要。常用的判据如下。

1. 产品重量

肉用家禽或育雏—育成期家禽常用体重或增重、产蛋家禽常以产蛋量为衡量适宜营养需要的判据。该判据方便适用，与生产实际结合紧密。但该指标是一个综合指标，只是量的指标，不能确切说明投入养分与产出养分之间的关系，且产品重量或体增重相等，并不等于所含的养分或体成分相同。

2. 体沉积养分和产品养分含量

这一指标比产品重量更准确，但其测定比较费时费力，试验成本昂贵。随着分析技术的进展，定量考察养分投入与产出的关系或确定养分的需要量越来越重要，该指标的应用将更广泛。

3. 生理生化参数

有很多生理生化参数可用来研究养分需要量，包括血液和组织器官的养分含量、酶活性、养分的活性成分的浓度、代谢产物的浓度等。

（三）合理安排试验，按析因法或综合法确定家禽的营养需要

用析因法或综合法来确定家禽的营养需要，都需要进行动物试验。如何设计和安排试验，以什么指标来确定试验效应，怎样才能获得更多的、可靠的信息等，是每一个研究者都必

须考虑的问题。Morris(1983)认为,试验的目的不仅仅是确定出特定禽类对某个养分的需要量,更在于获得在良好的营养和环境条件下,禽类生产性能对增加某个养分摄入量的反应情况。Fisher 和 Morris(1970)认为,理论上,一个理想的试验应符合:所研究养分的水平范围较宽、禽类对所研究养分应答反应不受饲粮中其他养分水平干扰、尽可能减少饲粮中养分的不平衡问题。

1. 待测养分的水平范围

大多数试验研究是根据 t-检验和多重比较来分析试验效应的。在这种情况下,为获得统计显著的结果,则比较强调增加重复数,减少处理数。研究剂量—反应时,为获得较好的试验结果,还应尽可能增加处理数,以增加待考察养分的水平范围(Gous,1986)。养分的水平范围应包括在实际条件中可能出现的各种水平,使家禽对养分的应答反应曲线包括明显的 3 个部分:①反应呈增加趋势。可用于测定实现特定目的的养分利用率;②应答反应呈曲线变化。报酬递减时对应的养分摄入量,可确定为较经济的适宜养分摄入量;③应答反应呈平台变化趋势。养分摄入量超过需要量时常出现这种应答反应曲线。

2. 排除其他养分的干扰

研究某个养分的适宜水平时,常常采用的试验设计为:在缺乏该养分的基础饲粮中,按不同浓度梯度添加待测养分,根据家禽生产性能的变化来确定适宜添加水平。在这样的试验中,如果待测养分添加水平较低时,家禽的生产性能相应增加,表明基础饲粮确实缺乏待测养分;但如果待测养分添加水平较高时,家禽生产性能增加程度较少,可能有两个原因:一是家禽生产性能的应答反应已达到最大,二是可能由于其他养分变成了第一限制因素,干扰了家禽对待测养分的应答反应。为排除其他养分的干扰作用,Fisher 和 Morris(1970)认为最可靠的试验设计为饲粮稀释技术。如研究氨基酸时,首先配制一个氨基酸平衡的高蛋白质饲粮,然后选用不含蛋白质、等能的饲粮或饲料按不同比例去稀释高蛋白质饲粮,以构成待测氨基酸含量呈一定梯度的饲粮,此方式可保证各饲粮的氨基酸模式相同,不存在氨基酸颉颃问题。采用饲粮稀释技术可保证,在待测养分超过需要量时,也能测定出家禽的应答反应(Gous,1986)。

3. 保证养分平衡

只有在养分之间不存在不平衡或颉颃时,才能测定出家禽对某个养分的应答反应。消除养分不平衡可能带来的干扰对研究氨基酸需要量时尤其重要。但在采用梯度试验来研究氨基酸时,饲粮氨基酸平衡情况随某个氨基酸的添加而变化,即可能出现的情况是,在该氨基酸水平较低时,氨基酸的平衡不好,通过适当添加该氨基酸,氨基酸的平衡得以改善,但过量添加时,氨基酸的平衡甚至变得更差。其后果为,相对于正常的反应曲线时,家禽对该氨基酸的应答反应曲线急剧上升,可能导致过高估计该氨基酸的利用效率。因此,饲粮配制必须采用适宜的技术。如采用饲粮稀释技术,可保证饲粮氨基酸浓度变化时,氨基酸的平衡情况不受影响。

4. 试验期

试验期长短可能影响试验结论,甚至得出错误结论。决定试验期长短的因素如下。

(1)体组织中沉积的待测养分的耗尽期。如果所研究的养分能够在体组织中沉积,则在开始测定应答反应之前,家禽应饲喂试验饲粮一段时间,以保证在试验开始之前耗尽体组织中沉积的待测养分,提高试验结果的准确性(Gous,1986)。在产蛋禽的营养需要研究中,耗尽体贮备的重要性比在快速生长的肉禽中更重要。不同养分所需要的耗尽期不同。如采食缺镁饲粮，产蛋鸡在产蛋21 d后才会停止；采食缺钙饲粮，产蛋鸡在3 d左右就可产生无壳蛋和软蛋壳；产蛋鸡采食缺铁饲粮2周后，血红蛋白的浓度下降，但产蛋率和体重在10周内都不会下降。

(2)养分利用率随时间而变化。随着产蛋期的延长和产蛋率下降，氨基酸的表观利用率下降，其原因在于老母鸡的产蛋间隔期延长。因此，如果将母鸡在产蛋期对氨基酸摄入量的反应进行平均计算，则氨基酸的利用率低于在产蛋高峰期测定的结果，从而使真氨基酸的推荐摄入量高于需要量。基于这种情况，研究产蛋鸡对氨基酸的应答反应最好在对氨基酸需要量最大的高峰期。

(3) 需要量随生长而变化。家禽对蛋白质的需要量随着年龄增加而变化，主要受家禽体成分，尤其是羽毛生长状况而变化，不仅影响需要的氨基酸种类，也影响氨基酸的利用效率。大多数研究用生长家禽进行试验时，试验期为14～21 d。由于家禽采食量在2周内变化很大，因此可能在试验开始时，一些饲粮处理的某些养分不足，而到试验后期则可满足，家禽在后期可得到补偿生长，若将家禽的生长应答反应描绘成图，则得到一条弯曲的曲线，试验期越长，则曲线弯曲程度越大(Gous,1986)。正是由于补偿生长的存在，家禽对养分的应答反应在不同阶段不同，需要量也不相同。因此，评定家禽的营养需要时，要考虑短期需要和长期需要，尤其是后期的营养需要受前期营养水平的影响(Emmans 和 Fisher,1986)。

5.测定家禽对可利用养分的应答反应

测定家禽对可利用养分的应答反应比测定对总养分含量的应答反应更准确。关键是要能够快速准确测定饲料养分的可利用率。

6.单因子和多因子试验

在确定营养需要时，研究一种或两种及更多养分的需要量分别采用单因子或多因子设计。多因子试验可考察养分之间的相互作用。考察因子愈多，试验设计的要求愈高，对结果的分析解释更复杂。

(四)合理分析饲养试验数据

解析试验数据之前，有必要先作一些重要的假设。首先，试验设计必须合理而且有足够的重复；其次，衡量投入和产出结果的指标必须合理；并明确在适当的营养环境条件下，已知生产类型的家禽对逐渐提高的某一种养分供给量的反应速率，临界成本和产出增加部分的价值。最后，依据一定的数学方法来计算养分的需要量。常用方法有下面几种。

1.折线模型法

该法根据剂量与所测指标间的数量对应关系，假定在一定范围内，反应呈线性，在达到阈值后，反应会骤然停止。可选择效应基本稳定的几个点，建立一条与横坐标平行的回归直线，即斜率为零的直线；然后将效应随剂量反应变化大的点，即斜率比较稳定的点建立一条回归直线；两条直线交点所对应的剂量即为需要量。

该法的缺点是试验点要求较多，选点数控制不好，难以达到目的。Morris(1992)认为单个动物的投入/产出完全符合折线模型，这是析因法计算养分需要量的假设。但若将动物群体的折线积分，得到一条曲线，表明对投入的反应强度逐渐减弱，达到最高点后，即使投入增加，产出也不再增加。因此，用折线模型来拟合一组试验数据时，往往会低估最合适的供给量。

2. 抛物线模型

设 x 为输出量，y 为输入量，可拟合模型 $y=a+bx+cx^2$，此为抛物线模型。通过选择待测养分在一定范围内的饲粮，可拟合出很好的抛物线模型，并能够计算出最佳输出变量值，常常被认为是最佳供给量。但因为该模型假设，动物的生产性能对养分的不足和过量供给的应答反应是对称的。因此，就会出现供给量大于最佳供给量时，产出预测值开始下降，这与许多实际情况不吻合；实际上，动物有较宽的耐受范围，养分的过量供给，不会导致生产性能下降。

3. Reading 模型

由 Curnow(1973)建立用于产蛋鸡产蛋量与养分摄入量之间的反应。

方程为：$r(x)=a(1-e^{\lambda x})$，此为个体反应的积分。

以单位产出/投入计算的边际效益为：$p(x)=a(1-e^{\lambda x})-x$

最佳投入为：$x_{opt}=\ln(a\lambda)/\lambda$

最佳产出为：$p(x_{opt})=a[1-1/(a\lambda)-1/(a\lambda)\ln(a\lambda)]$

Reading 模型可简单写为 $y=bW+cD$

式中：y 为养分需要量；W 为体重；D 为产蛋量。

Reading 模型拟合了产蛋鸡群体对养分摄入量的应答反应。其特点是曲线曲率依赖于试验动物的变异而与饲粮无关；公式中的系数具有生物学意义，分别为养分用于维持和生长的净效率。利用该模型，可以将用一组具有特定生产性能的动物所得的试验数据外推于估计另一组具有不同体重和生产能力的动物的反应模型；可把一系列试验所得数据汇总，以对反应系数作最好的估测；并可进行一个以上的试验以估测净效率，而且对反应系数进行确证(Morris，1992)。

Reading 模型的缺点是它假设单个动物的产量在平均值周围呈正态分布，而且需要估测平均体重。这在短期的试验中可以满足，但在长期的产蛋试验中，因存在体重变化，个体产量可能不呈正态分布。

尽管如此，Reading 模型是目前认为估计投入产出较好的模型，已用于研究产蛋鸡对赖氨酸、蛋氨酸、色氨酸，生长鸡对氨基酸摄入量的反应(Curnow，1986；Morris，1992)。

四、家禽能量需要的研究方法

(一)维持能量需要

维持能量需要指用于基础代谢(basal metabolism)、随意活动以及在适宜温度区外的体温调节的能量。能量是维持营养需要中最重要的。

维持能量需要的测定通常采用以下 3 种方法。

1. 用基础代谢估计

用基础代谢来估计维持能量需要，考虑了随意活动的能量消耗，但不包括在适宜温度区外的体温调节消耗的能量。因此，维持能量的估计值偏低，而且，基础代谢的测定条件远远偏离实际情况，随意活动量的估计不一定准确。

(1)基础代谢的测定。

①直接测热法:这种方法主要根据热力学第一定律(即能量守恒),直接利用测热器测定家禽在绝食代谢条件下扩散至周围环境中的热量,从而计算出家禽的代谢产热量,即绝食代谢产热。一般以 24 h 为单位时间表示产热量。

②间接测热法:是基于三大营养物质在体内完全氧化的共同特点和反应物、生成物与自由能之间的变化关系,应用热化学原理通过计算就可以知道动物在特定条件下的代谢产热量。反应物和生成物的量可以通过碳、氮平衡法或 RQ 测定法确定。

③根据体重计算:大量试验证明,绝食代谢的能量需要与家禽的体重相关。成年哺乳动物的基础代谢与体重的关系为:

$$BM=\alpha W^{0.75}$$

式中:$W^{0.75}$ 为代谢体重;α 为单位代谢体重每日消耗的净能,一般为 293 kJ/kg。

由于家禽的体温比哺乳动物高 3~5℃(体温为 40~42℃),因此,基础代谢一般比哺乳动物高。一些估测公式如下:

$$BM(\mathrm{kJ})=326\ W^{0.72} \qquad \text{(Calder 和 King,1974)}$$

$$BM(\mathrm{kJ})=406\ W^{0.60} \qquad \text{(Johnson 和 Farrel,1986)}$$

成年公鸡的基础代谢为:

$$BM(\mathrm{kJ})=335\ W^{0.75} \qquad \text{(Larbier 和 Leclercq,1994)}$$

(2)随意活动。随意活动是禽类在维持生命的过程中所必需进行的一些活动,如行走、觅食等。禽类的随意活动千变万化,消耗的能量难以测定。一般按基础代谢的一定比例来计算。如舍饲禽按基础代谢的 20%,放牧禽按 50%~100%,平养蛋鸡按 50%,笼养蛋鸡按 37%计算。

2. 比较屠宰实验法

该法选择体重、体况相近的动物,分成几组。一组在试验开始时屠宰,测定体内的能量含量;另几组在同样条件下,按不同能量水平饲喂一段时间后再屠宰,分析体内的能量含量。根据试验前后禽体内的能量含量,计算沉积的能量。通过作图或建立回归方程,分析能量沉积量与能量摄入量的关系,推算能量沉积量为零时的能量摄入量即为维持能量需要。该结果包括了用于随意活动及体温调节的能量。但有局限性,能量平衡未必体成分不变;而且试验过程比较麻烦。

3. 饲养试验回归法

该法与比较屠宰试验相似,只是不需要屠宰禽类,而将能量摄入量与增重或产蛋性能进行回归分析,推算出体重不增不减,或不进行产蛋时的能量摄入量为维持能量需要。该法与比较屠宰法相似,测定结果包括了用于随意活动及体温调节的能量。但有局限性,体重不变或未产蛋,未必体成分不变;而且,基于回归法的局限性,拟定回归的资料至少要求能覆盖从维持到不同生产水平的一定范围,以便使回归推算更准确。

(二)增重的能量需要

增重的能量需要包括生长和肥育的能量需要,也就是用于沉积体蛋白质和脂肪沉积的能量需要。

增重的能量需要可用综合法和析因法来测定。

1. 综合法

主要通过生长试验和比较屠宰实验来测定。一般采用不同能量水平的饲粮，以达到最大日增重、最佳饲料利用率和胴体品质时的能量水平作为需要量。测定结果为生长禽的总的能量需要，只有借助回归分析，才能进一步剖分出维持和增重的能量需要。

2. 析因法

析因法从剖析维持和增重的内容出发，研究在一定条件下蛋白质和脂肪的沉积规律和沉积单位重量的脂肪和蛋白质所需的能量，并在大量实验数据的基础上，建立回归公式以估计某种动物在一定体重和日增重情况下的脂肪和蛋白质日沉积量。再根据脂肪和蛋白质的沉积量推算出增重净能。增重的能量需要的计算公式为：

$$ME_g = NE_f/K_f + NE_p/K_p$$

式中：ME_g为增重所需代谢能；NE_f和NE_p分别为脂肪沉积和蛋白质沉积所需净能；K_f和K_p为ME转化为NE_f和NE_p的效率（系数）。

对生长家禽，代谢能用于增重的总效率一般为58%～85%，平均为65%。代谢能用于沉积蛋白质和脂肪的效率不同。不同作者研究认为代谢能用于沉积蛋白质的效率为40%～60%，最好取40%；来源于氨基酸、碳水化合物和脂肪的代谢能用于沉积体脂肪的效率分别为60%、75%和90%；一般以谷物籽实为主，未添加脂肪的饲粮的代谢能用于沉积体脂肪的效率为75%，若饲粮中添加脂肪，则饲粮代谢能用于沉积体脂肪的效率可提高到90%。

3. 回归估计

一些研究者通过研究建立了体重或体蛋白与增重的能量需要的回归方程，从而可直接用体重或体蛋白来推算增重的能量需要。常见方程如下：

肉鸡（SCA，Australia，1983）：

$$ME_g = 1.62 \times W^{0.653} \times [1 + 0.0125(21 - T)] + 3.13 \times \Delta W \times 4.184$$

式中：ME_g为增重的代谢能需要（kJ/d）；W为体重（g）；T为环境温度（℃）；ΔW为增重（g）。

Emmans（1986）建立以体蛋白和体脂肪来推算增重的代谢能需要。

$$ME_g = (0.39 \times P_m^{-0.27} \times P + 14.4 \times \Delta P + 13.4 \times \Delta L) \times 4.184$$

式中：P_m为体蛋白质含量；ΔP为蛋白质沉积量；ΔL为脂肪沉积量。

（三）产蛋的能量需要

根据析因原理，产蛋禽的能量需要分为维持、产蛋和体增重几部分。

1. 维持能量需要

根据代谢体重估计维持代谢能需要。

$$ME_m = K_1 W^{0.75}$$

式中：K_1为每千克代谢体重代谢能的需要（kJ/kg）；$W^{0.75}$为代谢体重（kg）。

NRC（1994）建议，蛋鸡的每千克代谢体重的维持代谢能需要平均为460 kJ（300～

550 kJ)。

维持能量需要也可以根据基础代谢估计。即：

$$维持代谢能需要(ME_m)=K_bW^{0.75}/K_m$$

式中：K_b为单位代谢体重的基础代谢能量需要，成年母鸡每千克代谢体重需要一般为345 kJ；K_m为维持代谢能转化为维持净能的效率，一般在0.8～0.82。

2. 产蛋的能量需要

根据蛋重、蛋的能量含量和产蛋率计算。

$$产蛋能量需要(ME_e)=K_2W_0E_0/K_e$$

式中：W_0为每枚蛋的总重量(kg)；E_0为蛋的能量含量(kJ/kg)；K_2为产蛋率；K_e为产蛋代谢能转化为净能的效率，代谢能用于蛋中沉积的能量总效率一般在0.58～0.86。

蛋重可进一步剖分为蛋黄、蛋白和蛋壳3部分，其能量需要见表12-2。

表12-2　产蛋鸡对能量的需要

生理功能	单位	能量需要/(MJ/U)[b]
维持	$P_m^{-0.27}\cdot P$ [a]	1.63
产蛋需要	生产1 kg蛋	10.0
蛋黄生产需要	生产1 kg蛋黄	25.0
蛋白生产需要	生产1 kg蛋白	3.6
蛋壳生产需要	生产1 kg蛋壳	1.2

注：a：$P_m^{-0.27}$指性成熟时的蛋白质质量；P指包括羽毛蛋白质在内的蛋白质质量。

b：能量需要为有效能$=ME-(4.67PCAT)-(3.8FOM)+(12DEE)$；式中，$PCAT$为可消化蛋白质(kg)；$FOM$为粪中有机物含量(kg)；$DEE$为可消化乙醚浸出物。

资料来源：Emmans和Fisher(1986)。

3. 卵巢的发育和体组织变化的能量需要

卵巢发育和体组织变化的代谢能需要：

$$(ME_o)=E_1W_c/K_4$$

式中：W_c为每天卵巢发育和体组织的变化量；E_1为体组织和卵巢组织的能量含量；K_4为代谢能转化成净能的效率，代谢能用于卵巢和体组织沉积的效率一般为0.58～0.86。

产蛋禽的能量需要可按下式计算：

$$ME=ME_m+ME_e\pm ME_o$$

当体组织增加时，ME_o用"＋"；当体组织和卵巢减少时，ME_o用"－"。

举例：按析因法计算体重1.8 kg，产蛋率80%的笼养蛋鸡的能量需要量：

维持需要＝基础代谢＋随意活动

基础代谢率：$345\times(1.8)^{0.75}=536$(kJ)

随意活动量：$536\times37\%=198$(kJ)

ME维持需要$(536+198)\div80\%=918$(kJ)

产蛋的能量需要：

设1枚蛋含能约355 kJ,则每天产蛋需 $NE=355\times80\%=284(kJ)$
设 ME 用于产蛋的效率0.80,则产蛋需要 $ME=284\div80\%=355(kJ)$

体增重的能量需要:小母鸡平均每天增重7 g,其中,含蛋白质18%、脂肪15%计,沉积在蛋白质中的能量为 $7\times0.18\times16.7=21(kJ)$；沉积脂肪的能量为 $7\times0.15\times19.05=20(kJ)$,合计为60 kJ ME。代谢能用于增重的效率约为0.72，所以日增重的代谢能需要约为83.33 kJ，即每增重1 g约需11.89 kJ ME。

产蛋鸡的能量总需要＝918 kJ＋355 kJ＋83.33 kJ＝1 356.33 kJ

4. 用回归法来计算产蛋禽的能量需要

NRC(1994)公布了白来航产蛋母鸡代谢能需要与温度、产蛋重和体重变化的回归方程：

$$ME=[W^{0.75}(173-1.95T)+5.5\Delta W+2.07EE]\times4.184$$

式中:ME 为代谢能需要[kJ/(d·只)];$W^{0.75}$ 为代谢体重(g);T 为温度(℃);ΔW 为体重变化(g/d);EE 为日产蛋重量(g)。按此方程计算,产蛋鸡的代谢能需要如表12-3所示。

表12-3　来航产蛋母鸡代谢能需要　　J/(d·只)*

体重/kg	产蛋率/%					
	0	50	60	70	80	90
1.0	543.9	803.3	857.7	1 133.9	958.2	1 012.5
1.5	740.6	1 000.0	1 050.2	1 104.6	1 154.8	1 125.5
2.0	912.1	1 171.5	1 221.7	1 276.1	1 326.3	1 380.7
2.5	1 083.7	1 343.1	1 393.3	1 447.7	1 497.9	1 552.3
3.0	1 234.3	1 497.9	1 548.1	1 602.5	1 652.7	1 707.1

注:* 以环境温度22℃、蛋重60 g,体重无变化计算。

资料来源:NRC(1994)。

五、家禽蛋白质营养需要的研究方法

(一)维持蛋白质需要

1. 维持蛋白质需要的有关概念

代谢粪氮(代谢氮,MF_N):指家禽粪便中来自消化道分泌液、消化道黏膜脱落细胞和消化道微生物的氮。

内源尿蛋(内源氮,EU_N):指禽类在维持生存过程中,必要的最低限度体蛋白质净分解代谢经尿中排出的氮。禽类处于维持状态时,体蛋白质代谢始终处于一种动态平衡状态。在此过程中,一部分分解代谢产生的氨基酸不能全部重新用于合成体蛋白质，而被氧化分解变成尿酸从尿中排出体外;尿氮中有部分氮来自肌肉中肌酸分解成的肌酸酐氮。这两部分氮称为内源氮。

体表氮损失：指在维持状态下，经皮肤表面损失的氮，包括禽类羽毛和皮肤生长和更新所需要的氮。

$$维持蛋白质需要=(内源尿氮+代谢粪氮+体表损失氮)\times 6.25$$

2. 维持蛋白质需要的测定方法

(1)根据基础代谢来计算。大量研究表明，内源尿氮与基础代谢有关。对鼠、猪等反复实验证明，平均每日每千焦耳绝食代谢的能量排泄内源尿氮约 0.5 mg，或每日每千克代谢体重($W^{0.75}$)排泄内源尿氮 150 mg。代谢粪氮和内源尿氮也存在稳定的比例关系，猪、鸡的代谢粪氮为内源尿氮的 40%。体表氮损失与代谢体重有关，ARC(1980)建议，体表氮损失按 0.018 g/$W^{0.75}$(kg)计算。

成年产蛋家禽维持蛋白质需要为：

$$维持蛋白质需要[g/(d\cdot 只)]=6.25\ kW^{0.75}/K_j$$

式中：k 为单位代谢体重内源氮(包括正常的羽毛损失)排泄量(g/kg)；$W^{0.75}$ 为代谢体重(kg)；K_j为饲料粗蛋白质转化为体蛋白质的效率。

成年鸡每千克代谢体重每日损失内源氮约 0.201 g。在产蛋前期(21～41 周龄)，鸡的体重以 1.5 kg 计，每天总的内源氮的排泄量约为 $0.201\times 1.5^{0.75}=0.273$(g)，则机体每天维持生命活动消耗的蛋白质为 $0.273\times 6.25=1.71$(g)。产蛋鸡将饲料蛋白质转化为体内蛋白质的效率约为 0.55，所以在此期间，维持的蛋白质需要为 3.1 g/d，在产蛋后期(42 周龄后)为 3.4 g/d。

(2)根据代谢试验计算。通过代谢试验分别测定出内源尿氮、代谢粪氮和体表损失氮，即可计算维持蛋白质需要。内源尿氮和代谢粪氮可采用多种方法测定。

①无氮饲粮法(NFD)：禽采食无氮饲粮一段时间后，粪和尿氮含量降低到最低恒定水平，这时的粪氮即为代谢粪氮，尿氮即为内源尿氮。收集代谢试验期间脱落的羽毛和皮屑可计算出体表损失氮。岳良泉(1996)报道无氮日粮法测得的内源氮和绝大多数内源氨基酸高于绝食法。沈涛(1996)用鸭做的试验也获得类似结果。

张宏福等(1992)和岳良泉等(1996)报道，无氮日粮纤维水平(ADF)在 0～10%的范围对内源氨基酸的排泄有影响，随纤维水平增高内源氨基酸排泄量增加，在 10%～15%影响不明显，基本上趋于恒定。因此，在配制无氮日粮时应注意饲粮的纤维水平。

②绝食法：在禽绝食一定时间后，收集一定时间内的全部排泄物，其含氮量既为内源尿氮和代谢粪氮。

③一次性注射[^{3}H] 亮氨酸法：姚军虎和王康宁(1998)根据代谢原理和同位素示踪的原理，证明了一次注射[^{3}H]亮氨酸的方法能够测定鸡内源氨基酸的排泄量，其结果比 NFD 法平均高 20%，用其校正的真消化率高 2 个百分点，除赖氨酸外，都在可接受的范围内。

④差量法：差量法由 Ammerman(1957)提出，用于测定磷真利用率。王国兴和王康宁(2000)证明了差量法可用于测定鸭饲料氨基酸的真消化率，可推算出进食含氮日粮时内源氨基酸的排泄量，其值与 NFD 法近似。进食 CP 为 10%～20%含氮日粮时，内源氨基酸的排泄量相对恒定，为研究进食含氮饲料或日粮对内源氨基酸提供了新的途径。

(3)根据平衡试验测定。通过氮平衡试验和比较屠宰试验，计算氮沉积为零时的氮排泄量即为内源尿氮和代谢粪氮的排泄量。

(4)根据饲养试验测定。此为较早评定维持蛋白质需要的方法。通过饲予动物适宜的能量和蛋白质,在动物处于不生产产品也不失重的稳衡状态时,饲予饲粮的蛋白质水平即反映了维持蛋白质需要。用此法评定维持蛋白质需要,必须选择试验前蛋白质营养状况良好的动物,否则可因体蛋白质耗尽,使评定的需要量偏高。

(二)增重的蛋白质需要

肉鸡和生长期蛋鸡蛋白质、氨基酸的需要可用综合法,也可用析因法估计。按析因法估计时,增重的蛋白质需要量根据蛋白质沉积量和饲料蛋白质利用率来计算。

$$体组织蛋白质沉积需要[(g/(d·只)]=G·C/K_p$$

式中:G为日增重[g/(d·只)];C为体组织中蛋白质含量(%),一般为18%;K_p为体组织蛋白质沉积效率。

(三)产蛋的蛋白质需要

根据蛋中的蛋白质含量和产蛋率确定,即:

$$产蛋的蛋白质需要[g/(d·只)]=W_e C_i K_m/K_n$$

式中:W_e为每枚蛋的重量(g);C_i为蛋中蛋白质含量(%);K_m为产蛋率;K_n为饲料蛋白质在蛋中的沉积效率。

1枚56 g重的鸡蛋含蛋白质6.5 g,饲粮蛋白质沉积为蛋中蛋白质的效率以0.5计,所以产1枚蛋的蛋白质需要为6.5/0.5=13.0(g)。以产蛋率70%计,每天产蛋的蛋白质需要13.04×70%=9.1[g/(d·只)]。

产蛋的蛋白质需要可进一步剖分为蛋黄、蛋白和蛋壳生产的蛋白质需要,其需要量如表12-4所示。

表12-4　产蛋鸡对蛋白质的需要

生理功能	单位/U	理想蛋白需要/(kg/U)
维持	$P_m^{-0.27}·P^a$	0.008
产蛋需要	生产1 kg蛋	0.15
蛋黄生产需要	生产1 kg蛋黄	0.21
蛋白生产需要	生产1 kg蛋白	0.13
蛋壳生产需要	生产1 kg蛋壳	0.04

注:a:$P_m^{-0.27}$指性成熟时的蛋白质重量;P指包括羽毛蛋白质在内的蛋白质质量。

资料来源:Emmans等(1986)。

不同产蛋量的产蛋鸡的蛋白质需要量计算如表12-5所示。

表12-5　产蛋鸡对能量和蛋白质的需要量计算

体重/kg	产蛋量/(g/d)	需要量			采食量/(g/d)
		能量[a]/(MJ/d)	蛋白质[b]/(g/d)	CP/ME[d]/(g/MJ)	
1.5[c]	30	0.849	7.2	11.4	87
1.5	60	1.149	11.7	13.7	118

续表 12-5

体重/kg	产蛋量/(g/d)	需要量			采食量/(g/d)
		能量[a]/(MJ/d)	蛋白质[b]/(g/d)	CP/ME[d]/(g/MJ)	
2.5	30	1.097	8.4	10.3	112
2.5	60	1.397	12.9	12.5	143

注:a:能量需要为有效能=$ME-(4.67PCAT)-(3.8FOM)+(12DEE)$;式中,$PCAT$ 为可消化蛋白质(kg);FOM 为粪中有机物含量(kg);DEE 为可消化乙醚浸出物;

b:理想蛋白质;

c:所有母鸡的体蛋白按 0.15 kg/kg 计;

d:饲粮 ME 11.5 MJ/kg,有效率按 85%计;理想蛋白质/粗蛋白质=0.61。

资料来源:Emmans 和 Fisher(1986)。

(四)禽类氨基酸需要的测定

1. 禽类氨基酸需要量的测定

可用析因法或综合法来测定。

(1)析因法。仍以维持、产蛋、体组织和羽毛生长为基础进行确定。

①维持的氨基酸需要。家禽在维持代谢条件下对氨基酸需要变化较大。不同组织器官即使蛋白质的氨基酸组成相同,但周转代谢不同,维持氨基酸需要自然也不同。满足动物维持需要的程度不同,氨基酸之间的组成比例也不同,生长动物变化更大。

维持的氨基酸需要量通常通过内源氨基酸的排泄量来计算。内源氨基酸的排泄量测定方法同内源尿氮和代谢粪氮的测定方法。成年禽维持必需氨基酸需要如表 12-6 所示。

表 12-6 成年禽 EAA 的维持需要 mg/$W^{0.75}$(kg)

赖氨酸	蛋氨酸	蛋氨酸+胱氨酸	色氨酸	苏氨酸	苯丙氨酸	苯丙氨酸+酪氨酸	亮氨酸	异亮氨酸	缬氨酸	精氨酸
100	22	58	10	82	12	57	81	73	82	81

资料来源:E. R. Φrskov,1988。

②增重的氨基酸需要。根据氨基酸沉积量和氨基酸利用率计算,如表 12-7 所示。

表 12-7 生长禽的蛋白质需要

生理功能	单位/U	氨基酸需要量/(kg/U)		
		aa_1	aa_2	aa_n
维持需要	$P_m^{-0.27}\cdot P^a$	aam_1^b	aam_2^b	aam_n^b
生长需要	沉积 1 kg 体蛋白质	$p^e baac_1^c$	$p baac_2$	$p baac_n$
羽毛需要	沉积 1 kg 羽毛蛋白质	$p faac_1^d$	$p faac_2$	$p faac_n$

注:a:$P_m^{-0.27}$ 指性成熟时的蛋白质重量;P 指包括羽毛在内的蛋白质量;

b:每单位维持对各氨基酸的需要;

c:baac 指体蛋白的氨基酸含量;

d:faac 指羽毛蛋白的氨基酸含量;

e:p 指饲粮氨基酸沉积效率的倒数。

资料来源:Emmans 等(1986)。

③产蛋的氨基酸需要。在蛋的形成过程中，蛋黄和蛋清中的卵清蛋白质分别在 10 h 和 4 h 内合成，合成所需的氨基酸可以直接从饲料中获得。卵糖蛋白质和膜蛋白质，在 1 h 内合成，所需的氨基酸必须由内源蛋白质降解提供。而内源蛋白质蛋氨酸含量只有类卵黏蛋白质含量的一半，每形成 1 g 类卵黏蛋白质，要分解 2 g 内源蛋白质。因此供给足够的氨基酸，保证家禽正常的体重和产蛋非常重要。

产蛋氨基酸需要根据蛋中氨基酸的含量和饲粮中氨基酸转化为蛋中氨基酸的效率计算。饲料氨基酸用于产蛋的效率一般为 0.55～0.88，受年龄、产蛋量、饲粮组成及饲粮中必需氨基酸的含量等因素的影响。实际生产中常用 0.85 为系数。如全蛋中赖氨酸的含量为 7.9 g/kg，则每产 1 kg 蛋饲粮中赖氨酸的需要量为 7.9÷0.85＝9.5(g)。蛋氨酸、赖氨酸需要量的计算示例如表 12-8 所示。

表 12-8　产蛋鸡蛋氨酸、赖氨酸需要量　mg/d

	蛋氨酸	赖氨酸
维持需要	31	128
组织沉积	14	58
羽毛沉积	2	6
蛋中沉积	229	483
合计	276	675
饲粮需要(产蛋率 100%)	360	800
利用率/%	76	84

资料来源：杨凤(2000)。

(2)综合法。利用饲养试验，根据产蛋率、产蛋量、孵化率甚至生化指标来确定氨基酸需要量。

(3)回归方程法。蛋氨酸常为第一限制性氨基酸，可根据产蛋量、体重和日增重建立回归方程来计算需要量。Combs 建立的计算公式为：

$$蛋氨酸需要量(mg/d)=5E+50W+6.2GW$$

式中：E 为产蛋量[g/(d·只)]；W 为体重(kg)；GW 为增重[g/(d·只)]。

1 只体重 1.5 kg 的蛋鸡，产蛋量 56 g/d，日增重 4 g，则蛋氨酸的需要量为 5×56 ＋50×1.5＋6.2×4＝380(mg/d)。

2. 家禽理想蛋白质的氨基酸模式(IAAP)研究

最初研究理想蛋白质时，多以总氨基酸为基础表示，如 SCA(1987)、NRC(1994)的肉鸡 IAAP 均以总氨基酸为基础；随着研究的深入，现在主要以可消化或可利用氨基酸为基础表示。

(1)理想蛋白质的氨基酸模式的研究方法。包括胴体氨基酸成分分析、单个氨基酸需要量总结法和氨基酸扣除法测定。

①胴体氨基酸分析。通过屠宰试验，分析胴体的氨基酸含量，从而计算各必需氨基酸相对于赖氨酸的比例。该方法注重代谢的结果，未考虑维持及氮沉积过程中不同氨基酸周转代谢的差异，且结果受日粮组成、饲养水平、饲粮养分平衡等影响，使得确定的 IAAP 不完全

符合生理需要的模式。

②单个氨基酸需要量总结法。将分别研究的氨基酸需要量与赖氨酸需要量比较得来。该方法简单易行，但不能很好地反映氨基酸之间的相互关系，且结果受日粮组成、饲养水平、饲粮养分平衡等影响。SCA(1987)、NRC(1994)的提出的肉鸡IAAP即按总结单个氨基酸需要量所得。

③氨基酸部分扣除的氮平衡法。由Wang和FuLler(1989)提出。该法的基本原理为：理想蛋白中的各种氨基酸(包括NE_{AA})具有等限制性，不可能通过添加或替代任何剂量的任何氨基酸使蛋白质的品质得到改善。因此，当动物采食非理想蛋白质，并用N沉积量来反映蛋白质利用率时，动物N沉积量取决于第一限制性氨基酸的摄入量，扣除多余的非限制性氨基酸对N沉积无影响。从基础日粮中轮流地、等比例地扣除某一氨基酸，用N平衡试验法测定N沉积量，在一定的氨基酸摄入量范围内，N沉积量与氨基酸摄入量呈正相关，根据此线性关系，建立N沉积量与氨基酸摄入量之间的线性回归方程，当氨基酸处于等限制性时，各氨基酸回归方程的斜率相等。按照斜率比法计算出各种氨基酸具有相同限制性时的氨基酸比例即为理想氨基酸平衡模式。

(2)维持、增重、羽毛生长和产蛋的理想蛋白质氨基酸模式。由于维持、增重、羽毛和禽蛋的蛋白质氨基酸组成差异很大，因此，应分别确定相应的氨基酸模式。肉鸡体蛋白、羽毛蛋白和维持需要蛋白的氨基酸组成如表12-9所示。

表12-9　肉鸡体蛋白、羽毛蛋白和维持需要蛋白的氨基酸组成

氨基酸	体蛋白[1]		羽毛蛋白[1]		维持需要[2]	
	/(g/16 g N)	比例	/(g/16 g N)	比例	/[mg/(kgBW·d)]	比例
赖氨酸	7.5	100	1.8	100	29	100
蛋氨酸	2.5	35	0.6	33	—	—
蛋氨酸+胱氨酸	3.6	48	7.6	420	113	390
苏氨酸	4.2	56	4.4	240	74	251
色氨酸	1.0	13	0.7	39	19	66
精氨酸	6.8	91	6.5	360	120	410
缬氨酸	4.4	59	6.0	330	61	210
异亮氨酸	4.0	53	4.0	220	72	25
亮氨酸	7.1	96	7.0	390	124	430

1. 引自：Fisher (1993)；2. 引自 Leveille 等(1960)。

(五)家禽体内蛋白质周转代谢的研究

营养素动态量变规律是客观反映动物利用营养物质过程数量变化特点的营养规律，是动物正常利用营养物质的基本规律。用这一规律来阐述传统营养学中的“维持”和“生产”概念，理论基础更可靠，定义更明确。蛋白质是家禽需要的重要营养物质，研究蛋白质的周转代谢及利用特点，对于了解家禽的蛋白质代谢规律、确定蛋白质的动态需要量、调控动物生产、合理利用饲料蛋白质资源具有重要意义。

目前探索蛋白源代谢过程的定量转化主要以20世纪40年代Schoenheimer提出的动

态平衡理论作指导，采用动力学原理，借助示踪方法进行研究。20世纪90年代以前，由于方法学和技术手段的限制，主要应用放射性同位素进行示踪研究，研究进展很慢。20世纪90年代以后，由于稳定性同位素技术的发展，研究进展明显加快，研究越来越深入。研究蛋白质周转代谢的主要实验技术和方法包括N平衡实验、比较屠宰技术、放射性同位素大剂量示踪法、^{15}N稳定性同位素二室三室模型分析技术等。现将放射性同位素大剂量示踪法、^{15}N稳定性同位素二室/三室模型分析技术的主要原理和方法介绍如下。

1. 蛋白质动态代谢的三库模型法

(1)原理。根据蛋白质动态代谢的三库模型计算蛋白质动态代谢及氨基酸利用效率参数。生物体内蛋白质动态代谢存在三种形式：游离氨基酸、由氨基酸合成的体蛋白以及氨基酸代谢产生的含氮废物。为此构建由蛋白质代谢库(Q_2)、氨基酸代谢库(Q_1)、分泌排泄库(Q_3)组成的三库模型，如图12-1所示。

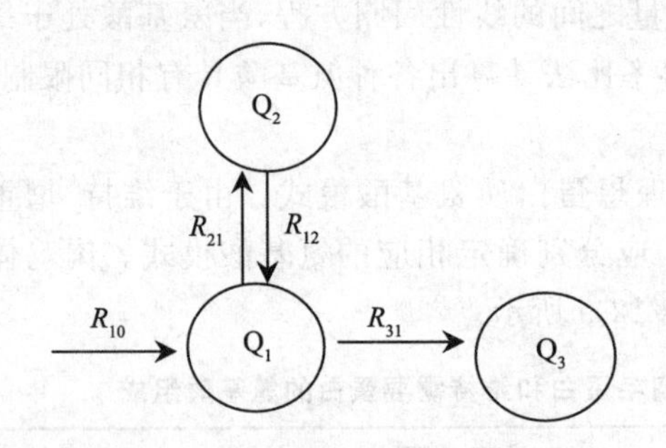

Q_1：氨基酸代谢库
Q_2：蛋白质代谢库
Q_3：分泌排泄库
R_{21}：蛋白质合成速率
R_{12}：蛋白质降解速率
R_{31}：尿氮排泄速率
R_{10}：消化氨基酸引进速率

图12-1 蛋白质动态代谢三库模型

由Q_1库的氨基酸为原料合成蛋白质的速率以R_{21}表示；体内蛋白质又在不断分解成氨基酸进入Q_1库，其速率以R_{12}表示；外源性氨基酸经胃肠道消化、吸收进入Q_1库的速率以R_{10}表示。氨基酸库内部分氨基酸被降解成为含氮废物排泄出体外的速率以R_{31}表示。

当机体处于相对稳定时，$R_{21}+R_{31}=R_{10}+R_{12}$。一次性投服^{15}N-Gly后，^{15}N在三库内的量分别以Y_1、Y_2、Y_3表示，假设^{15}N从蛋白质Q_2返流至Q_1可忽略不计时，根据房室代谢动力学原理，各库内^{15}N量的变化可用以下微分方程表示：

$$dY_1/dt = -K_{21}Y_1 - K_{31}Y_1 \tag{1}$$

$$dY_2/dt = K_{21}Y_1 \tag{2}$$

$$dY_3/dt = K_{31}Y_1 \tag{3}$$

(1)、(2)、(3)式分别代表氨基酸库(Q_1)、蛋白质库(Q_2)、分泌排泄库(Q_3)内^{15}N的变化规律，K代表各库间氨基酸转化的速率常数。

当$t=0$时，$Y_1>0$，$Y_2=Y_3=0$，对式(1)、(2)、(3)进行积分，得：

$$Y_1 = Y_1(0)e^{-(K_{21}+K_{31})t} \tag{4}$$

$$Y_2 = Y_1(0)\frac{K_{21}}{K_{21}+K_{31}}[1-e^{-(K_{21}+K_{31})t}] \tag{5}$$

$$Y_3 = Y_1(0)\frac{K_{31}}{K_{21}+K_{31}}[1-e^{-(K_{21}+K_{31})t}] \tag{6}$$

公式(4)、(5)、(6)分别反映了 Q_1、Q_2、Q_3 三库内 ^{15}N 动态变化的规律。

对于式(6)，当 Y 以 ^{15}N 累计排泄百分数表示，则有 $t=0$ 时，$Y_{10}(0)=100\%$。

尿中 ^{15}N 的累计排泄百分数与排泄时间的关系符合方程。

$$Y = A + Be^{-ct} \tag{7}$$

(Waterlow 等，1978；Krawielitzki 等，1996)。

将 24 h、36 h、48 h ^{15}N 累计排泄百分数代入式(7)可求得参数 A。式(7)恒等变形为 $Ln(A-Y)=Ln(-B)-Ct$(其中 $B<0, C<0$)之后用 SPSS 软件拟合方程求得参数 B、C，最后将拟合的方程还原为式(7)。还原后方程中的 C 即为式(6)中的 $K_{21}+K_{31}$ 项。猪口服 ^{15}N-Gly 后 36～48 h 尿中 ^{15}N 可达稳定排泄状态(Salter 等，1990；Tomas 等，1962；Krawielitzki 等，1996)。将 48 h 及其相应的 ^{15}N 的累计排泄百分常数代入式(6)可求得 K_{31}，从而进一步求得 K_{21}。结合试验实测得消化氨基酸引入速率(R_{10})($gN/kgW^{0.75}\cdot d$)、尿 N 排泄速率(R_{31})($gN/kgW^{0.75}\cdot d$)可求得动物相应的蛋白质动态代谢与氨基酸利用的参数：

氨基酸代谢库容量(Q_1，$gN/kgW^{0.75}$)$=R_{31}/K_{31}$

蛋白质合成速率(R_{21}，$gN/kgW^{0.75}\cdot d$)$=Q_1-K_{21}$

蛋白质降解速率(R_{12}，$gN/kgW^{0.75}\cdot d$)$=R_{21}+R_{31}-R_{10}$

蛋白质沉积速率(PA，$gN/kgW^{0.75}\cdot d$)$=R_{21}-R_{12}$

氨基酸代谢库 N 流量(FL，$gN/kgW^{0.75}\cdot d$)$=R_{21}+R_{31}$

蛋白质周转速率(TU，$gN/kgW^{0.75}\cdot d$)$=R_{21}+R_{12}$

内源尿氮排泄速率(EUN，$gN/kgW^{0.75}$)$=R_{31}-R_{12}/(R_{21}+R_{31})$

氨基酸重复利用速率(RU，$gN/kgW^{0.75}\cdot d$)$=R_{12}-EUN$

消化氨基酸氧化速率(DAO，$gN/kgW^{0.75}\cdot d$)$=R_{31}+EUN$

氨基酸重复利用率$=(RU/R_{12})\times 100\%$

氨基酸表观利用效率$=(PA/R_{10})\times 100\%$

氨基酸净利用效率$=(PA/DAS)\times 100\%$

氨基酸生物学利用效率$=(PA/R_{21})\times 100\%$

^{15}N-Gly 示踪的蛋白质代谢的三库模型最初由 Sprinson 和 Rittenberg 提出，后来 San Pietro 和 Rittenberg 对其进行了完善(Jeevanandam，1993)。Krawielitzki 等(1996)运用此模型成功地测定了生长猪的蛋白质动态代谢及氨基酸利用效率参数。

(2)主要测定方法。N 表观消化率、N 沉积量与 N 沉积率，参照北京农业大学主编(1979)的《家畜饲养实验指导》中的方法由 N 平衡试验测得。

尿中 ^{15}N 原子百分度(%)的测定及累计排泄百分数(%)的计算。

尿样从冰柜中取出后置于暗处待其温度与室温相近之后，摇匀，准确量取 10 mL 加入事先称有 0.2 g $CuSO_4$、2.5 g Na_2SO_4 的消化管之中，再加入 10 mL 浓硫酸，进行样品的消化，用凯氏定氮法测定尿中的总 N。每个样品蒸馏前用 15 mL 95%乙醇空蒸 1 次，以尽可能消除滞留在凯氏定氮仪上的微量的氨。当样品用 0.01 N 的盐酸标准注解滴定测 N 完毕之后，再加 10 mL 2 N 的硫酸于其中以保证很好地固定其中的氮，并置于 80℃干燥箱中浓缩至1～2 mL 后转移入干净的青霉素瓶中，密封之后置于－20℃冰箱保存，留待测定其中的^{15}N。

^{15}N的测定参照曹亚澄(1993,2001)的方法在 Finnigan MAT-251 型同位素质谱仪上测定。

^{15}N测定结果的计算:

对氮同位素示踪试验,当样品的^{15}N丰度小于5%时,通常选用质荷比为28和29的离子峰进行测量。质谱计测得的是不同质荷比离子束的离子流强度,以输出电压(V)表示。

对^{15}N示踪试验样品,离子流强度比(R)为:

$$R=\frac{\text{质荷比 28 的离子流强度(V)}}{\text{质荷比 29 的离子流强度(V)}} \tag{8}$$

设p表示^{14}N原子,q表示^{15}N原子。由于在次溴酸盐氧化生成氮气的反应过程中,就同位素组成而言,N_2分子的形成是随机结合的,则可以表示为:

$$(p+q)^2=p^2+2pq+q^2$$

式中,等式右边各项在质谱中分别对应于质量28($^{14}N^{14}N$)峰、质量29($^{14}N^{15}N$)峰和质量30($^{15}N^{15}N$)峰,因而式(8)也可写成:

$$R=\frac{p^2}{2pq}=\frac{p}{2q} \tag{9}$$

$$\text{已知}^{15}\text{N 原子}=\frac{^{15}\text{N 原子数}}{^{14}\text{N 原子数}+^{15}\text{N 原子数}}\times 100\% \tag{10}$$

$$\text{此式可改写成:}^{15}\text{N 原子}=\frac{q}{p+q}\times 100\% \tag{11}$$

将式(9)代入式(11),得:

$$^{15}\text{N 原子}=\frac{1}{2R+1}\times 100\% \tag{12}$$

此即为计算样品中^{15}N原子百分度的公式。

灌服^{15}N-Gly后各时间点上的^{15}N原子百分度扣除相应的本底值则为该时段内排泄^{15}N的原子百分超(atom excess %),乘以该时段内尿N的排泄量可求得该时段时^{15}N的排泄量,从而进一步求出各个时刻尿中^{15}N的累计排泄量,^{15}N的累计排泄量与引入^{15}N的总量的比值则为^{15}N累计排泄百分数(%)。

2. 大剂量一次性(large dose or flood dose)注射法

将大剂量(一般为体内该种游离氨基酸量的5~50倍)标记氨基酸一次性注入动物静脉内,使各组织间的示踪氨基酸的丰度(或比放射活性)很快达到基本均匀一致的状态,可克服恒速连续灌注方法中存在的血液和细胞内示踪氨基酸丰度不一致的问题。示踪氨基酸进入体内后,以一种恒定速率进入合成的蛋白质,该进入速率即为测定期间蛋白质的合成分率FSR(%/d)。

$$FSR=\frac{\text{蛋白质中示踪氨基酸的丰度(\%)}}{\text{游离氨基酸库中示踪氨基酸的平均丰度(\%)}}\times\frac{1\,440(\text{min})}{\text{测定时间}}\times 100\%$$

式中:分子为蛋白质库中示踪氨基酸丰度的净增加值,即期末值减去本底值。分母为相应期间示踪氨基酸在游离氨基酸库中以时间为权的加权平均丰度，因为示踪氨基酸只占体内该种氨基酸的一小部分，一般为3%～15%。测定时间自开始注射时算起，至采样时结束，1 440 min换算为1 d。用放射性同位素时，用比放射活性代替上式中的同位素的丰度进行计算。

该法最初由Henshaw(1971)提出，经McNurlan等(1979)、Garlic等(1980)完善后在测定组织器官以及整体蛋白质周转中被广泛应用。周安国等(1995)、刘永前等(1996)、漆良国和周安国(1996)应用此法，以^{3}H-Lys作示踪物，成功地研究了肉鸭的体蛋白周转代谢变化规律，首次揭示饲料蛋白质在体内转化过程中的量变规律，表明肉鸭体蛋白周转代谢速度比鸡快。鸭体蛋白周转代谢随蛋白质摄入量变化的动态平衡过程，体蛋白合成分率等于降解分率的动态平衡是动物处于维持状态的反应。

3. 蛋白质代谢双库模型分析法

随机分析法主要根据在一次单剂量给予示踪剂后，尿中累计排泄的同位素或者在持续恒速注入示踪剂时，稳态同位素排泄速率来计算总体蛋白质的更新。该类方法目前认为较实用的是^{15}N-氨基酸示踪的双库模型方法。

蛋白质代谢双库模型由Picou和Taylor-Roberts(1969)提出，该模型把体内氮的代谢过程分为均匀的两个库：一个是蛋白质代谢库(简称P库)；另一个是氨基酸代谢库(简称A库)。动物摄入蛋白质消化后形成的氨基酸进入A代谢库，其速率以I表示。体组织蛋白分解释放出的氨基酸进入A库的速率以C表示。A库的氨基酸参与蛋白质合成后进入P库，其蛋白质合成速率以S表示。A库中部分氨基酸被降解成废物从尿中排出，其排出体外的速率以E表示，其中包括尿氨、尿素和其他含氮物质的排出速率，分别以E_A、E_u和E_x表示。在稳定态情况下，A库的容量不变，单位时间内离开这个库的量$(S+E)$与单位时间进入这个库的量$(C+I)$相等。单位时间内进入这个库的量称为流量，以Q表示。则有$Q=S+E=C+I$。如果已知Q值，同时再测定I和E值，便可计算出蛋白质合成速率(S)和分解速率(C)。$S=Q-E$，$C=Q-I$。

采用连续给药的方法时(包括持续静脉内给药以及反复口服给药)，在持续给予一定时间的示踪剂后，在末端产物E中(指尿氨E_A、尿素E_u及尿总氮E_t中的任何一个)，同位素丰度达到“坪值”时，^{15}N排泄速率与^{15}N引入速率之比等于N的排泄速率与流量之比，即：$e/F=E/Q$，故有$Q=E\cdot F/e$。

式中：e为^{15}N在某一末端产物中的排泄量；F为给予示踪剂的量；E为某一末端产物的排泄量。

一次脉冲给予示踪剂时(包括静注或口服2种方法)，Q值计算公式为$Q=E\cdot d/e$，式中d为^{15}N的示踪剂量；e为达到“坪值”时在某一末端产物中累计排出的氮量。在这类实验中，主要根据一次给予示踪剂后某一末端产物中示踪原子的排泄情况来判断其是否到达“坪值”。

六、家禽矿物质需要的评定方法

家禽矿物元素的需要量可根据析因法和综合法原理采用平衡试验、比较屠宰试验和饲养试验等进行评定。

(一)平衡试验

平衡试验主要用来评定常量元素的营养需要。其试验方法和要求同氮碳平衡试验。平衡试验的结果不仅受饲料中该元素的含量的影响,更受禽类体内的代谢过程和饲料中其他元素的影响。而且矿物元素的内源分泌量很大,代谢损失量很小,重吸收率高,可反复在体内循环利用。因此,进行平衡试验时,应测定出内源性损失的量,需采用同位素示踪技术来测定。

(二)比较屠宰试验

通过饲喂禽类含不同水平的某种或几种元素饲粮,在一定时间后,屠宰分析胴体、蛋或器官中该元素的含量,以此为指标确定适宜的供给量。如研究钙、磷需要时,常以胫骨灰分或钙、磷含量为指标,灰分中钙、磷含量都随饲料钙、磷水平的提高以及钙、磷比例趋于适宜而明显增加。

(三)饲养试验

饲养试验最常用来评定常量和微量元素的营养需要。评定指标通常有:增重、饲料利用率、产蛋率、蛋重、蛋壳质量、健康和死亡率等(表12-10)。但由于禽的品种、饲粮、评定指标、采食量等多种因素的影响,用饲养试验评定的需要量差异很大。

有关常量元素和微量元素需要量的研究分别参阅 Simons(1986)和 Dewar(1986)。

表 12-10 诊断鸡和火鸡矿物元素缺乏的生理生化指标

元素	生理生化指标
Ca	母鸡血钙,肠结合蛋白
Cl	血液浓度和碱贮
Mg	血浆镁浓度
P	血清无机磷,肾结合蛋白
K	血浆钾浓度,代谢酸中毒(与钠相关)
Na	代谢酸中毒(与钾相关)
I	血浆甲状腺素及3-碘甲状腺素
Fe	血细胞比容,血红蛋白浓度,转铁蛋白饱和度,贫血
Mn	骨锰含量,过氧化物歧化酶,骨中软骨素
Zn	血浆和骨中锌含量,胸苷激酶,碱性磷酸酶,胶原酶
Se	血浆谷胱甘肽过氧化物酶
Cu	血浆铜蓝蛋白,主动脉、肝、腱及骨中赖氨酰氧化酶,红细胞过氧化物歧化酶

资料来源:NRC(1994)。

七、家禽维生素需要的评定方法

维生素的内源代谢与其他营养素不同,内源损失少,不便于用析因法评定维持需要。从动物生产角度出发,将维生素维持需要与生产需要分开没有能量蛋白质那样重要。维生素的需要主要通过饲养试验,对幼禽常以生长率、对成年产蛋禽则常用产蛋量和孵化率来确定。但由于不同维生素的生理功能各异，因此，评定各维生素需要量的指标各不相同。

维生素是一类特殊的营养物质，家禽对维生素的最低需要量是指预防维生素缺乏症的需要量。研究最低需要量常常需要采用纯合饲粮。在生产实际中，由于多种应激因素如疾病、密集化饲养等存在，使家禽维生素适宜供给量大大提高，因此，评定维生素需要选用不同的指标所得出的需要量相差很大。

第二节　家禽饲料营养价值评定方法

饲料营养价值是指饲料所含能量和营养物质满足家禽营养需要的程度。饲料营养价值评定就是采用科学的方法准确确定某种特定饲料中能量和营养物质含量、消化利用率、适口性、饲喂价值、对家禽产品品质的影响等。饲料营养价值评定是家禽营养研究的重要环节，是组织家禽生产、制订饲养计划、合理利用饲料和配制家禽饲粮的重要基础。

家禽饲料营养价值的评定主要通过化学分析、消化试验、代谢试验、平衡试验和饲养试验来评定。

一、化学分析法

化学分析是饲料营养价值评定的最基本方法。主要包括饲料总能量、营养物质和抗营养物质含量测定。其分析方法包括称量法、比色法、滴定法、原子吸收法、色谱法、荧光法、电泳、近红外光谱分析(near infrared reflectance spectroscopy，NIRS)等技术。

(一)饲料总能测定

饲料总能是指饲料中以化学能的形式贮存在三大养分的化学键中的能量。其测定基于养分在氧化过程中释放的热量来测定，并以热量单位来表示。可用弹式测热计测定。

一种饲料的总能取决于该饲料碳水化合物、脂肪和蛋白质含量。三大养分的能量取决于分子中C/H比和O、N含量。因为有机物的氧化主要是C和H同外来O的结合，所以，C、H含量愈高，O含量愈低，则能量愈高。C/H比愈小，氧化释放的能量愈多，因每克C氧化成CO_2释放的能量(33.81 kJ)比每克H氧化成H_2O释放的热量(144.3 kJ)低。脂肪平均含77% C、12% H、11% O；蛋白质平均含52% C、7% H、22% O；碳水化合物含44% C、6% H、50% O。脂肪含O最低，蛋白质其次，碳水化合物最高。因此，能值以碳水化合物最低，脂肪最高，约为碳水化合物2.25倍，蛋白质居中。同类化合物中不同养分产热量差异的原因同样可用元素组成解释。如淀粉产热量高于葡萄糖，主要是每克淀粉的含C量高于每克葡萄糖的含C量。

(二)营养物质分析

营养物质的测定可分为概略养分分析法和纯养分分析法。

1. 概略养分分析法

该方法创建于1860年，把饲料营养物质分为六大成分即粗蛋白、粗脂肪、粗纤维、无氮浸出物、粗灰分及水分。除水分外，其余五大养分都是一类营养物质的总称。

(1)水分。饲料水分含量决定饲料的物理特性如容积和适口性、化学特性如单位重量饲料的营养价值和加工贮藏。含水高的饲料，单位重量所含的营养物质量少，属大容积饲料，不易贮藏，但适口性较好；而水分含量低的饲料，其营养价值的高低取决于所含粗纤维的数量，粗纤维含量也低时，则饲料营养价值高；反之，则低。

(2)粗蛋白质(CP)。粗蛋白质是饲料中含氮物质的总称，包括真蛋白质和非蛋白质含氮物质(NPN)。饲料的蛋白质含量高，反映该饲料营养价值高，具有很好的开发前景。

(3)粗脂肪(EE)。粗脂肪是饲料中脂溶性物质的总称，包括三酰甘油(真脂肪)、游离脂肪酸、固醇、蜡质、色素及脂溶性维生素等。脂肪含量高的饲料，则能值高，具有较高营养价值和饲喂价值。

(4)粗纤维(CF)。代表饲料中难以消化利用的部分，主要是植物细胞壁的组成成分。其测定是在强制性条件即一定浓度的稀酸、稀碱溶液作用一定时间后测定的。理论上，粗纤维应包括饲料中的全部纤维素、半纤维素、木质素。但在实际测定中，一部分半纤维素溶解于酸溶液中，一部分木质素溶解于碱溶液中，使得家禽难利用的物质进入了无氮浸出物中，不能真实反映饲料中难以消化利用的部分。尽管如此，饲料粗纤维含量仍可比较粗略的反映饲料的营养价值。粗纤维含量高的饲料，具质地坚硬、容积大的特性，难以被家禽消化，营养价值低。

(5)粗灰分(ash)。粗灰分是饲料燃烧后的剩余物，为各种无机矿物元素的氧化产物。粗灰分含量的高低不足以反映饲料矿物元素的营养价值。但粗灰分含量高，则饲料的能值低。一般情况下，饲料的粗灰分含量不会很高。

(6)无氮浸出物(NFE)。无氮浸出物是饲料中的可溶性碳水化合物的总称，包括多糖、双糖、单糖等。一般说来，无氮浸出物含量高，则饲料容易消化、能值高，但由于无氮浸出物非测定所得，而是计算得来。因此，汇总了概略养分分析的误差，尤其是粗纤维分析的误差。

2. 纯养分分析法

纯养分是指饲料中不能再进一步剖分的具体的养分，如各种氨基酸、脂肪酸、脂肪酸、矿物元素和维生素、酸性洗涤木质素、纤维素、半纤维素、糖、淀粉等。纯养分分析可深入了解和较全面地反映饲料的营养特性，比较准确。缺点是分析方法复杂、耗时、成本昂贵。一般是根据需要决定测定的种类。

在饲料营养价值评定方法的发展进程中，研究者们一致致力于改进饲料养分测定方法，使养分分析更准确和快速。如 Van Soest 和 Wine(1967)提出的改进的纤维分析法，能够较真实地反映出饲料中难以消化的各组分的含量。近 30 多年来，随着近红外光谱分析技术的发展，一些国家和实验室将传统的化学分析技术和饲料的近红外光谱分析结合，建立饲料养分和近红外光谱的回归关系，从而根据饲料的近红外光谱即可借助计算机计算出待测饲料的营养物质含量。由于近红外光谱分析技术建立在化学分析基础上，因此，根据近红外光谱计算的养分含量能较好地反映饲料的营养价值，评定结果较准确，而且快速。

(三)抗营养物质分析

饲料中或多或少都存在于一些影响饲料养分消化利用和动物健康的物质，这些物质称为抗营养因子。如植物性饲料中的蛋白酶抑制因子、血凝素、致甲状腺肿物质、氰、植酸磷、浓缩单宁、黄曲霉毒素和生物碱等。对抗营养物质的分析就是要了解饲料中抗营养物质的种类、含量，从而决定饲料的利用方式和消除抗营养物质不利作用的方法。抗营养因子的分析方法一般很专一，有些需要借助精密仪器。

二、消化试验

消化试验是以测定饲料能量和养分的可消化性为目的的试验。饲料的可消化能量部分以消化能表示(DE)，其计算公式为：DE＝总能(GE)－粪能(FE)。

饲料养分的可消化性可以用养分的消化率即饲料中可消化养分占食入饲料养分的百分率来表示。因粪中所含各种养分除来自饲料外，有少量来自消化道分泌的消化液、肠道脱落细胞、肠道微生物等代谢性产物，养分消化率有表观消化率和真消化率之分。

养分消化率的测定可采用体内法和体外法。

(一)体内法

将待测饲料饲喂家禽，根据家禽食入和排泄的养分来计算养分消化率。由于家禽的消化道和尿道均开口于泄殖腔，粪尿在泄殖腔混合后排出。因此，做家禽的消化试验必须借助外科手术，将消化道和尿道的开口分开，才能收集到无尿污染的粪便，这在实际生产中难度较大，一般很少进行。研究发现，家禽大肠尤其是盲肠微生物可使未消化的饲料养分分解，以热量或气体散失，或转化成其他物质，从而使肛门收粪法测定的消化率高估了饲料养分的消化率。生产上常采用回肠末端取样法，即在家禽采食待测饲料一定时间后，将家禽屠宰，迅速分离小肠，收集小肠末端(回肠末端)的食糜，根据食入和食糜中的养分含量，计算养分的消化率。该法的优点在于可排除盲肠微生物的干扰，使养分消化率更能代表饲料养分的消化率。采用回肠末端取样法必须注意以下几个问题：

1. 饲喂方式

屠宰前的饲养方式影响消化道食糜的通过情况和代表性。试验前试验鸡绝食 24 h 测定的表观回肠氮消化率变异系数低于绝食 12 h 或连续采食方式的结果。

2. 屠宰方法

屠宰时，由于家禽的挣扎而引起肠道蠕动，影响消化道内食糜的通过状态，使回肠食糜量减少或缺乏代表性。因此，在选择方法时，应尽可能选择减少家禽挣扎的方法，二氧化碳窒息法可能引起家禽挣扎，可采用注射戊巴比妥加颈椎脱臼法屠宰。

3. 屠宰时间

根据家禽消化道的消化排空时间来确定适宜的屠宰时间。如对于肉鸡，可在饲喂后 4 h 屠宰取样，这时的平均表观回肠氮消化率的变异系数最小。

4. 取样部位

为避免来自盲肠食糜和尿的污染，应从距回盲瓣 1 cm 处向前取约 15 cm 的回肠食糜。

5. 取样方法

屠宰后，迅速分离选取的回肠段，用剪刀剪断，然后用手指轻轻挤压，以避免引起肠黏膜脱落，而影响测定结果。注意食糜不要被血液污染。也可以利用注射器用少量蒸馏水冲出食糜，但不能用生理盐水，否则可能增加样品中的铁离子浓度，而影响氨基酸分析结果。

6. 指示剂的选择

回肠食糜分析法必须使用指示剂。因此，要注意选择稳定、回收率高的指示剂。

(二)体外法

不需要进行动物消化试验,而采用体外酶解法、微生物法、回归估计法等推算养分消化率。体外酶解法是模拟家禽体内的消化过程进行,用一次酶法处理(用小肠酶处理)或二次酶法处理(先用胃蛋白酶处理,后用小肠酶处理),测定未消化的养分数量,从而推算养分消化率,所用小肠酶制剂可用健康鸡的小肠液经冷冻干燥制成。微生物试验法:是一种间接评定法,以微生物对饲料营养素的利用程度去衡量家禽对饲料营养素的利用程度。回归估计法是通过建立各种回归方程,根据饲料中的各种养分推算饲料中的可消化养分。

三、代谢试验

代谢试验是以测定饲料养分的可利用性为目的的试验。吸收进入体内的养分经代谢利用后,一部分或其代谢产物从尿中排出,因此代谢试验可在消化试验的基础上,增加尿液的收集,测定尿中排泄的养分和能量,即为代谢试验。

在家禽的饲料营养价值评定中,进行代谢试验比消化试验方便,应用更普遍。代谢试验法用于饲料能量营养价值评定,可测定饲料的代谢能(ME);用于评定蛋白质营养价值可测定蛋白质的总利用率和生物学价值;用于评定氨基酸和矿物元素的营养价值可测定氨基酸和矿物元素的利用率。

养分利用率=(食入养分-粪中养分-尿中养分)÷食入养分×100%

蛋白质的生物学价值(BV)=[食入氮-(粪氮+尿氮)]÷(食入氮-粪氮)

由于尿中养分有一部分来自体内沉积的养分动员代谢产生,因此,养分的利用率也有真利用率和表观利用率之分。

四、平衡试验

平衡试验是研究饲料养分在家禽体内沉积的数量和效率的试验。可分为物质平衡试验、能量平衡试验和比较屠宰试验。

1. 物质平衡试验

物质平衡试验指研究饲料营养物质摄入、排出和沉积的试验,主要指碳氮平衡试验,即根据摄入的碳和氮量、排出的碳和氮量、体内脂肪及蛋白质的含 C、N 量,计算碳、氮沉积量,从而推算蛋白质、脂肪的沉积量。

通过氮平衡试验,可以建立如下关系式:食入 N-粪 N-尿 N = 沉积 N(包括体外产品 N)。

当沉积氮大于零时,为 N 的正平衡,表示蛋白质沉积;沉积氮小于零,为 N 的负平衡,表示体内蛋白质分解动员;沉积氮等于零,为 N 的零平衡或零氮平衡,表示蛋白质收支平衡。

饲料碳来源于饲料三大有机物质,即蛋白质、脂肪和碳水化合物;体内沉积的碳(包括体外产品碳)主要以蛋白质、脂肪形式,而以碳水化合物形式沉积的量相对很少。碳的排出途径有:①粪及肠道气体。粪碳代表饲料中未被消化吸收的部分;肠道气体来自消化道微生物发酵产生,以 CH_4 和 CO_2 等形式从肠道排出。②尿。尿碳代表养分代谢后从尿中排出的部分,家禽主要以尿酸形式。③呼出气体。呼出气体主要指养分在体内彻底氧化分解产生的 CO_2,通过呼吸作用排出体外。碳平衡可表示为:

沉积 C(包括体外产品 C)＝饲料 C－粪 C－尿 C－呼出气体 C－消化道气体 C

已知每克脂肪含 C 76.7%；每克蛋白质含 C 52%、N 16%。根据 C、N 沉积量即可计算出沉积的蛋白质、脂肪数量。

2. 能量平衡试验

根据食入和排出的能量，计算能量的沉积数量即净能(NE)，是饲料中用于维持家禽生命和生产产品的能量。

$$\begin{aligned}\text{沉积能量}(NE) &= \text{食入能量}-\text{粪能}-\text{尿能}-\text{气体能}-\text{体增热}\\ &= GE-DE-UE-Eg-HI\end{aligned}$$

按照净能在体内的作用，NE 可以分为 NE_m 和 NE_p。NE_m 指饲料能量用于维持生命活动、适度随意运动和维持体温恒定部分，最终以热的形式散失掉。NE_p 指饲料能量用于沉积到产品中的部分，如增重净能和产蛋净能。因此，正常情况下，家禽的产热包括体增热和维持净能。在能量平衡试验研究中，家禽的产热量最难测定，根据产热量的测定方法不同，能量平衡试验常分为直接测热和间接测热法。

(1)直接测热法。直接测热法是将家禽置于一测热室中，直接测定机体产热。并结合消化试验和代谢试验测定食入饲料、粪、尿、脱落皮屑和羽毛等的热量，从而可计算出生产净能值。直接测热法原理很简单，但测热室(柜)的制作技术很复杂，造价也很昂贵。世界上采用直接测热法测定机体产热的并不多。

(2)间接测热法。间接测热法也称为呼吸测热法，系根据呼吸熵(RQ)来测定家禽体内来自脂肪和碳水化合物的产热。呼吸熵为吸入的 O_2 和排出的 CO_2 的比例$\left(RQ=\frac{CO_2}{O_2}\right)$，根据脂肪和碳水化合物氧化分解的反应式可计算出脂肪和碳水化合物彻底氧化分解的呼吸熵和产热量。

脂肪氧化：$C_{16}H_{32}O_2+23O_2=16CO_2+16H_2O$

$$RQ=\frac{16}{23}=0.7$$

产热 10.033 MJ。

碳水化合物(葡萄糖)氧化：$C_6H_{12}O_6+6O_2=6CO_2+6H_2O$

$$RQ=\frac{6}{6}=1$$

产热 2.816 MJ。

在家禽体内，碳水化合物和脂肪氧化的产热量与它们二者共同的 RQ 有一定的函数关系，所以，不管碳水化合物和脂肪各自氧化的比例如何，只要测得吸入 O_2 的消耗量和排出的 CO_2 的体积，就可求得 RQ。表 12-11 为一定 RQ 值时，消耗 1 L O_2 或生成 1 L 或 1 g CO_2 相对应的产热量。O_2 和 CO_2 量可通过呼吸测热室(柜)测定。来自蛋白质分解产生的热量可从尿氮含量推算。机体的总产热量等于蛋白质、碳水化合物和脂肪产热的总和。

表 12-11　不同的呼吸熵所对应的耗 O_2 和 CO_2 生成的产热量　　kJ/L

呼吸熵	耗 O_2 产热量	生成 CO_2 产热量
0.70	19.107	20.026
0.75	19.841	20.456
0.80	21.101	20.125
0.85	23.360	23.953
0.90	20.616	22.906
0.95	20.871	21.968
1.00	21.131	21.131

资料来源：Maynard 等(1979)。

(3)碳氮平衡试验。碳氮平衡试验也可用来研究体内能量的沉积量。在计算出蛋白质和脂肪的沉积量后，再根据每克脂肪和蛋白质的产热量，或每克碳的脂肪和每克氮的蛋白质的产热量即可计算能量沉积量。已知每克脂肪产热 39.7 kJ；每克蛋白质产热 23.8 kJ。

3. 比较屠宰试验

比较屠宰试验是在饲喂特定的饲料或饲粮前后屠宰家禽，分析测定家禽体内的能量和养分含量，从而获知该饲料或饲粮在家禽体内沉积的能量和养分数量，了解饲料或饲粮对胴体成分和品质的影响。比较屠宰实验既可用来研究物质平衡，也可以用来研究能量平衡。

在屠宰时，要求保留血液，可采用心脏或静脉注入麻醉药和凝血剂致死，迅速用液氮冷冻家禽，然后放入－20℃冰柜冷冻保存。测定前，将家禽从冰柜取出，迅速仔细拔下全部羽毛，用刀剖开腹腔，除去嗉囊和消化道内容物，将胴体冷冻一会儿，然后砍碎成块，用胴体粉碎机或绞磨机粉碎。因骨骼的粉碎较困难，一般需经过多次冷冻和粉碎过程，直至胴体被磨碎至一定的细度，反复混匀后，采样测定能量和养分含量。在粉碎时，一定要注意减少损失，要达到一定细度并混合均匀，否则，影响分析结果。羽毛很难直接磨碎，应用剪刀反复剪碎，然后再粉碎，混合均匀后采样分析。

五、饲养试验

饲养试验是将已知营养物质含量的饲粮或饲料饲喂家禽，经过一定时间后，通过观察和测定家禽的生产性能、外观体况、组织和血液生化指标、缺乏症状出现程度等来评定饲料的营养价值。常用的生产性能指标有增重、产蛋率、蛋重、产蛋量、采食量、每千克增重耗料等；家禽外观体况指标有精神状况、羽毛生长数量和覆盖情况、排便次数、粪便含水量和黏度等；组织和血液生化指标依研究的饲料或营养物质而定。通常测定的组织有肝、肾、心、骨骼肌、骨(胫骨)、羽发、全血、血浆、血清和红细胞。常用作标识的功能酶及相应的微量元素或维生素有：血浆谷胱甘肽过氧化物酶(GSH-Px)——硒；血清碱性磷酸酶——锌；血浆铜蓝蛋白氧化酶——铜；血浆黄嘌呤氧化酶——钼；血浆中以焦磷酸硫胺素为辅酶的酶——硫胺素；红细胞中含黄素二核苷酸(FAD)的谷胱甘肽还原酶——核黄素；红细胞或血浆中酪氨酸和天门冬氨酸转氨酶——维生素 B_6；血浆丙酮酸羧化酶——生物素等。

饲养试验是动物营养研究中应用最广泛、使用最多的评定饲料营养价值的方法。其优点在于：①可综合评定饲料的营养价值，反映了饲料被家禽采食、消化、吸收和代谢利用后的综合效果，可验证化学分析、消化试验、代谢试验和平衡试验评定的结果；②饲养试验的时间一般比消化试验、代谢试验长，可反映饲料的长期效应，尤其是对家禽的外观体况的影响；③试验条件接近生产实际，评定结果具有可靠性，易于推广应用。

饲养试验的缺点：①评定结果笼统，只知其然，不知其所以然，不能回答饲料的营养价值为什么高或低。②评定结果受很多因素的影响，如试验设计、环境条件、动物来源、个体差异、饲养方式、前期营养水平、管理水平等，结果变异大，较难真实反映饲料的营养价值。③试验周期长，成本较高。饲养试验最好结合化学分析、消化代谢试验、平衡试验等评定方法，才能全面、准确地评定饲料的营养价值。

进行饲养试验时，必须把握唯一差异原则。除考察因素外，其他条件完全一致，血缘、性别、体重、年龄、健康、环境温度（局部有效温度）、空气流速及清洁度、饮水、光照、声响等，特别注意饲粮中可能影响考察因子效果的养分。饲养试验的误差包括系统误差和随机误差。可通过合理的试验设计和饲粮配制、设置重复，根据家禽血缘、日龄、体重和产蛋率等进行随机分组，再随机分配到笼或禽舍等。

第三节　能量和养分生物学有效性的评定

一、能量有效性的评定

一个能量体系必须满足两个要求：一是方法简单、耗时短、成本低；二是测定的结果质量高，即数据准确、可靠，具有高度的可加性、重复性和广泛的适用性。目前，比较公认的能量体系为代谢能（ME）体系。可用表观代谢能（AME）、氮校正表观代谢能（AME_N）、真代谢能（TME）和氮校正真代谢能（TME_N）来表示。代谢能的测定有多种方法，包括传统的测定方法、快速测定方法、离体试验和回归预测法。

（一）代谢能的传统测定方法

代谢能测定的传统方法是采用常规的代谢试验，根据饲料摄入量和排泄物量来计算饲料代谢能。常用于测定饲料的表观代谢能。

1. 测定方法

试验期一般为 3～5 d。试验家禽以单只或一组（笼）为一个重复，一般每种饲料设 6 个重复。按常规饲养方式（一般为自由采食）饲喂待测饲料，经 2～3 d 适应和排空消化道中来自试验开始前的饲料的食糜，然后进入正试期，收集 2～3 d 的排泄物，同时准确记录饲料摄入量，分析测定饲料和排泄物的能量，计算饲料的 AME。

$$AME(\mathrm{kJ/kg})=[I\times GE-(FE+UE)]\div I$$

式中：I 为采食量（kg）；$(FE+UE)$ 为排泄物的能量。

对某些饲料如谷物籽实，可直接使用单一饲料，对 AME 值无显著影响；但建议添加少量的矿物元素和维生素。

很多饲料的养分不平衡、适口性差,无法单一饲喂,并且会引起试验动物代谢失调。测定这类饲料的代谢能时,至少需要使用两种饲粮:第一种饲粮为基础饲粮,第二种饲粮由一定比例的待测饲料替代基础饲粮配制而成;然后,通过两种饲粮的能值和待测饲料替代基础饲粮的比例来计算待测饲料的代谢能值,该方法称为套算法。两种饲粮的能值测定可同时用不同组的家禽测定,也可用同一组家禽分先后进行测定。计算公式为:

$$\text{待测饲料的能值} = DB + \frac{(DT - DB)}{f}$$

式中:DB 和 DT 分别为基础饲粮与新饲粮的能值;f 为新饲粮中待测饲料所占的比例。

套算法假定基础饲粮的养分消化率和能值在两种饲粮中保持不变,且饲料养分的消化率和能值具有可加性,而没有考虑养分之间的协同作用。但实际上,由于饲料养分具有协同作用,因此,基础饲粮的养分消化率和能值可能发生改变。套算法的优点在于可以测定含不同比例待测饲料的饲粮的 *AME* 值,判断基础饲粮对待测饲料 *AME* 值的影响,并建立回归方程进行校正。为保证测定结果的相对准确,饲粮配制时应注意:

(1)基础饲粮应营养平衡,并含有约 10%的待测饲料;

(2)待测饲料替代基础饲粮的比例不宜太少,一般以 20%～50%为宜;

(3)基础饲粮应一次备齐。

Anderson 等(1958)采用葡萄糖代替法。葡萄糖的标准能值为 15.27 kJ/g,基础饲粮含 50%的葡萄糖,在国外广泛用于测定代谢能。

2. 排泄物的收集方法

排泄物可采用全收集法或指示剂法。

(1)全收集法。在禽笼下用集粪盘或铺垫上塑料布来承载排泄物,准确收集全部排泄物。该法适合于单只家禽或以几只家禽为一组的试验。在收集排泄物时,应及时收集排泄物,一天中可收集多次,并将排泄物中的饲料、羽毛和皮屑仔细拣出,避免污染排泄物。饲料最好加工为颗粒料,以便拣出。

全收粪法的优点:对家禽的应激小,饲养方式与生产条件相同,尤其适合于幼小的生长家禽和产蛋家禽,并可结合饲养试验进行。

缺点:

①准确测定能量摄入量和排泄量是代谢能传统测定方法中最大的困难。家禽在采食时,饲料容易掉落入排泄物中,或在水槽中损失,一部分排泄物黏附在集粪盘或塑料布上,不能全部收集,因此,不仅能量摄入量不准确,而且能量的排泄量也不准确。

②工作量大、费力。为保证能量摄入量和排泄量准确,得花大力气来防止饲料损失、挑拣出排泄物中的皮屑和羽毛等,实际操作难度很大。

③测定速度慢,耗时。一般一次代谢试验,至少需要 5 d,评定一个饲料需 2～6 周才能完成。

④耗料大,需饲料样品约 10 kg,成本高。

⑤受影响因素多,*AME* 值变异大,数据质量低。

针对以上缺点,一些学者提出了改进的全收集法:以单只家禽为重复时,可在代谢试验开始前1周，于泄殖腔口外围处缝合一个中间挖孔的塑料瓶盖，在收集排泄物期间时，拧上塑料瓶(约60 mL)或塑料袋来收集排泄物。该方法的优点在于能够准确收集无污染的排泄物。但缺点是延长试验时间，且由于家禽的生长和啄食、排泄物太多，塑料瓶盖容易脱落。因此，在试验过程中，应及时将集粪袋或瓶中的排泄物及时转移到另一个容器中保存；注意观察，及时缝合脱落的塑料盖。

(2)指示剂法。是以惰性物质(稳定物质)为指示剂，假定指示剂通过家禽消化道时不被吸收，而完全从排泄物中排出，通过饲料与排泄物中能量与指示剂含量的变化即可计算出饲料的代谢能值。计算公式为：

饲料总能消化率=[100−(饲料中指示剂含量/粪中指示剂含量)×(粪中能量含量/饲料中能量含量)]×100%

饲料代谢能(kJ/kg)=饲料总能×饲料总能消化率

常用指示剂包括外源指示剂和内源指示剂。外源指示剂有Cr_2O_3、Fe_2O_3、、Ti_2O_3和$BaSO_4$等。内源指示剂有SiO_2、木质素、酸不溶灰分(AIA)等。常用指示剂为Cr_2O_3，一般添加量为0.3%～0.5%。

指示剂法的优点在于可减少全部收集排泄物的麻烦。利用指示剂可以不必全部收集粪样，只取没有被污染、有代表性的部分粪样即可，通过比较全收粪法和指示剂法测定鸡饲料的代谢能值，指示剂法具有较好的准确性和可靠性。

指示剂法的缺点在于指示剂的回收率一般均低于100%，影响代谢能测定的准确性。

在采用指示剂法时要注意：

①选择适宜的指示剂，要求指示剂的回收率越高越好，不能低于85%。多数研究者认为Cr_2O_3较理想，回收率可达98%。Shrivastava等(1962)开始用饲料和粪中不溶于酸的残留物(酸不溶灰分，AIA)作自然指示剂，成功地应用于绵羊的消化试验，回收率达到了99.8%；在肉鸡的代谢试验中进行比较证实，AIA法与全收粪法的结果一致，有时甚至优于Cr_2O_3法，有一定的实用性和准确性。AIA法的测定步骤可以按Vogtmann等(1975)，Van Keulen和Young(1977)介绍的程序进行。AIA法一般用2 mol/L盐酸法和4 mol/L盐酸法进行。

②含外源指示剂的饲料一定要混合均匀。

③内源指示剂的测定值受饲料中的杂质影响很大，因此，要求饲料原料杂质含量低。

3. 氮校正代谢能的测定

通过测定饲料和排泄物中的含氮量，计算氮沉积量，然后将排泄物的能量校正到零氮平衡后，测出的AME即为AME_N。家禽体内沉积的氮在代谢过程中从尿中排出，鸡尿液中的氮主要(60%～80%)以尿酸形式排出，每克尿氮的产热量为34.39 kJ(NRC，1994)。校正公式为：

$$AME_N = AME - RN_1 \times 34.39$$

式中：RN_1(total nitrogen retained)为家禽每摄入1 kg饲料每日沉积的氮量(g)，RN_1(g)=食入饲料氮(g)−粪尿氮(g)；可为正值、负值和零，计算时将正负符号代入。34.39为每克尿氮的产热量。

如用产蛋母鸡测得饲料的 AME 为 1.5 MJ/kg，摄入 1 kg 饲料可在体内沉积氮为 −0.2 g、蛋中沉积氮 0.8 g，因此，$RN=(-0.2\ g+0.8\ g)=0.6\ g$，则 $AME_N=AME-RN\times34.39=1\ 500\ kJ-0.6\times34.4\ kJ=1\ 479\ kJ/kg$。

4. TME 和 TME_N 测定

在测定 TME 和 TME_N 时，内源能排泄量用绝食家禽的排泄物测定。TME 的计算公式为：

$$TME(kJ/kg)=[GE-(FE+UE)_1-(FE+UE)_2]\div I$$

式中：$(FE+UE)_1$ 为采食时的排泄物能量；$(FE+UE)_2$ 为绝食时的排泄物能量。

测定 TME 时，假定绝食时的内源能排泄量在采食时不变。但实际上，采食时的内源能排泄量低于绝食时的内源能排泄量，特别是对于高蛋白饲料。因此，TME 值高估了饲料的代谢能值。

TME_N 的测定可在 TME 的基础上用氮沉积量来校正。其公式为：

$$TME_N=TME-RN_2\times34.39$$

$$RN_2(g)=\text{食入饲料氮}(g)-\text{粪尿氮}(g)+\text{内源粪尿氮}(g)$$

(二)代谢能的快速测定方法

1. TME 的快速测定

TME 的快速测定方法由 Sibbald(1976)提出，其基本假设为：在试验开始时，试验鸡的消化道处于排空状态，此时通过强饲一定数量的饲料，经一定时间后，消化道排空，再次处于排空状态，准确全部收集此期间的排泄物，可代表饲料中未被消化利用的部分；若不强饲饲料时，收集的排泄物可代表来自内源的部分。根据食入和排出的能量及内源能值，即可计算饲料的 TME 值。

TME 快速测定法的测定步骤：

(1)选用健康、成年公鸡为试验动物；

(2)试验鸡饥饿 24 h，以排空消化道；

(3)利用强饲器(插入鸡的嗉囊)强饲一定数量的待测饲料；

(4)立即准确收集 24 h 内的全部排泄物；

(5)测定内源排泄能：可用同一组鸡进行，即在收集完排泄物后，继续饥饿 24 h，并收集该时间内排出的全部排泄物，即代表内源排泄物，也可以用另一组鸡进行，饥饿 24 h，不强饲待测饲料，收集 24 h 内的全部排泄物，即为内源排泄物；

(6)根据食入和排出的能量、内源能排泄量计算饲料的 TME。

为了减少内源排泄能测定时，由于长时间饥饿导致的应激情况和补充能量，研究者在测定内源排泄能时，给内源排泄能组试验鸡补饲一定量一定浓度的葡萄糖溶液。补饲的葡萄糖浓度为 30%～60%。

TME 快速测定法的优点：

与代谢能的传统测定相比，TME 快速测定法具有以下优点(Sibbald,1992)：

(1)快速。代谢能的传统测定方法一般需要 5 d 以上。而 TME 法测定一种饲料只需 48 h的动物试验，时间大大缩短。

(2)操作简便。因 *TME* 法采用强饲方法，强饲容易操作，饲料摄入量准确，强饲量一致，不受饲料适口性的影响。

(3)排泄物收集准确。因试验鸡以单只为重复，因此，可用集粪袋或集粪盘准确全部的收集每只鸡的排泄物，保证测定结果的准确性。

(4)*TME* 测定值受试验鸡的影响不大。用成年公鸡测定的 *TME* 可用于其他类型的鸡。

(5)*TME* 测定值受饲粮组成影响不大，可测定单一饲料的代谢能值。有学者比较研究了 5 种饲料及由此配制的 10 种饲粮的 *TME*，实测值与计算值无显著差异，具有很强的可加性。因此，*TME* 快速测定法适用于测定单一饲料的 *TME*。

(6)测定结果可靠，重复性好，在不同试验中的测定结果比较一致。

(7)耗饲料少，6 次重复测定约需饲料 200 g，成本低。

TME 快速测定法的缺点：

(1)该方法采用强饲方法，对鸡应激大。研究表明，强饲需要一定的经验和技巧，熟练的技术人员可在 15～30 s 内强饲完 1 只鸡，几乎没有什么应激。但若操作不熟练，则对鸡有很大的应激。为减少应激，有人建议强饲浆状饲料，但强饲所需时间比强饲干饲料延长 8～12 min，反而增加应激。

(2)只强饲一种饲料，没有考虑各种饲料原料对能量利用的协同和颉颃作用。实际上，脂肪酸之间、蛋白质饲料之间存在协同作用。

(3)饥饿排空和收集排泄物的时间可能不足。Sibbald(1976)最初建议饥饿 24 h 和 24 h 收集期(即 24 h＋24 h 评定法)。随后的一些研究表明，24 h 不足以使消化道完全排空，24 h 也不足以收集完强饲的饲料排泄。因此，Sibbald(1986)建议采用 24 h＋48 h 的评定法。也有建议采用 24 h＋32 h 评定法(Farrell，1980)或 48 h＋48 h 评定法(Menab 和 Fisher，1984)。饥饿和排空时间取决于原存留饲料的性质、待测饲料的性质、强饲量等。Fisher 和 McNob(1992)研究表明，测定血粉的 *TME* 时，排空时间应延长到 72 h，其原因可能与血粉蛋白质含量很高、粉碎过细、味道和适口性不好有关；此外，对粗纤维含量高的非常规饲料如咖啡渣等，可能因突然饲喂而引起肠道郁积或便秘，影响排泄物的收集；此时，应将排空期延长至72 h。但排空期愈长，内源能相对于外源能的比例愈大。因此，在校正内源能时误差的相对重要性也愈大。

(4)饲料的强饲量较低，不能代表鸡在正常情况下的采食量。一般成年来航公鸡的最大强饲量为 30～40 g 颗粒饲料或 20～30 g 粉料(Sibbald，1992)，远低于正常采食量。强饲量越大时试验误差相对较小，但强饲量太大时，会发生食糜倒流出口腔。最大强饲量与鸡的类型、大小、饲料的形态和性质有关。Sibbald 和 Morse(1983)研究了豆饼、小麦、鱼粉、燕麦和麦麸 5 种饲料在不同强饲量下的 *AME*、AME_N、*TME* 和 TME_N，随采食量增加 *AME* 和 AME_N 增加、*TME* 下降、TME_N 比较稳定。TME_N 几乎不受采食量的影响，准确性和精确性最高。现在，一般以体重的 2%来进行强饲。

尽管 *TME* 快速测定法在方法学上仍存在一些不足，但通过适当改进后，能够保证测定结果的可靠，具有快速、成本低的特点，因此得到了世界上大多数国家的认可，在禽的饲料能值评定中广泛应用，不仅用在鸡上，也广泛用于鸭、鹅等禽类的研究，并进而发展到用于快速测定饲料氨基酸的利用率。家禽种类、品种不同，绝食排空的时间和排泄物的收集时间不同，鸡一般需要 32 h 排空，而鸭以 40 h 较适宜；根据饲料不同，绝食排空的时间可为 24、32、40 h 不等；排泄物的收集时间也应视饲料性质而不同。

2. *AME* 的快速测定法

AME 的快速测定法由 Farrell(1978)提出，其测定过程为，先训练试验公鸡在一定时间内采食完定量的饲料，然后饥饿 24 h 后让鸡自由采食饲料，使之在 1 h 内采食足够数量的饲料，收集 48 h 内的全部的排泄物，根据食入和排出的能量计算饲料的 *AME*。该方法是针对 *TME* 快速测定法采用强饲方法、采食量较低、对鸡应激大而提出的，其优点在于：

(1)快速。测定一种饲料的 *AME* 所需时间与 *TME* 快速测定法相当，一个饲料样品只需 60～72 h 就完成测定。

(2)采食量高。该法强调鸡在 1 h 内采食的待测饲粮不能少于 70 g。鸡经过训练后，采食量基本上能够达到在 24 h 内自由采食时的采食量，且将饲料制粒后，能够消除饲料种类对采食量的影响，因此，能够避免采食量低对 *AME* 值的不利影响。

(3)不需要对鸡进行强饲，可以减少应激。受训公鸡可连续用作第 2 个饲料的测定，可以不需要适应期来使鸡恢复体况。

(4)样品需要量少，只需约 400 g，成本低。

AME 快速测定法也存在以下缺点：

(1)试验鸡需要训练，需一定的时间。

(2)不适合测定单一饲料，必须采用套算法进行。

(3)维持满意的采食量较难。

3.“双指标中速测定法”(DSQ 法)

该方法由 DuPreez(1984)发明，可同时测出同一饲料的 *AME* 和 *TME* 值，所需时间比快速法长而比传统法短。DSQ 法也假定能量排泄量与采食量之间呈线性关系。测定的主要过程为：被测饲料与玉米基础料(用矿物质、维生素强化)混合(比例 29.7∶70.3)形成试验饲粮，再加入 Cr_2O_3。10 只成年公鸡单笼饲养，自由采食试验饲粮 2d，记录采食量，随后分成 3 组：第 1 组，选采食量最高的 4 只鸡继续自由采食 2 d；第 2、3 组由余下的 6 只鸡构成，采食量分别为自由采食量的 40％和 70％，饲喂 2 d。通过上述 4 d 适应期后进入正试期，时间 3 d，准确记录采食量并收粪。试验用特制食槽，可最大限度地降低饲料损失。在鸡泄殖腔周围皮肤上缝一塑料样品袋来收粪。将第 2 天收来的粪用来分析测定。被测饲料的 *TME* 用回归系数来计算，$TME=(1-b)GE$，b 为排泄能量与采食量的回归系数，*AME* 仍按传统法计算。

Du Preez(1984)首先检验了能量食入量与排出量的线性关系，用玉米基础饲粮和基础饲粮＋鱼粉的试验结果，线性关系极显著，相关系数分别达 0.979 7 和 0.979 9，说明 DSQ 法用于测定 *TME* 是有效的。随后，作者用 DSQ 法测定了 6 种饲料 11 个样品的 *TME* 和 *AME*。并分别与 Sibbald 法和 Farrell 法比较。*TME* 值二法结果非常一致，只有油饼和鱼粉的值差异较大，其原因可能与蛋白质含量有关。DSQ 法测出的 *TME* 值的变异系数大大低于 Sibbald 法。

DSQ 法最大优点是可同时测出 *TME* 和 *AME*，并具有以下优点：

(1)试禽需要时间来适应试验饲粮，适应程度影响养分特别是能量的利用率。DSQ 法采用了 4 d 适应期。

(2)饲粮不平衡要影响 *TME* 值,Sibbald 法中，试禽处于能量负平衡，同时也可能存在 N 负平衡。

(3)内源能排出量受很多因素影响。Sibbald 法用绝食鸡来估计内源能,使测出的 *TME* 变异很大，而 DSQ 法无须测内源能排出量，因而 *TME* 变异小。

(4)通常认为食物在消化道通过时间低于 12 h，但当绝食时，食物通过时间不可预见，24 h 收粪期对大多数饲料太短了。而 DSQ 法采用 4 d 适应期后连续 3 d 收粪期是最合适的。

(5)DSQ 法可用于测定氨基酸可利用率。

(三)离体法

此法是在体外模拟消化过程，测出可消化干物质(*DDM*)或可消化蛋白质(*DCP*)或体外消化能(*IVDE*)，这些指标与 *AME* 或 AME_N 具有高度相关性，因而可用来估计或预测家禽饲料有效能。

Furuya(1979)提出了二阶段体外消化技术，即胃蛋白酶/HCl 作为第一阶段，然后用猪小肠液消化作为第二阶段。Sakamoto 和 Asano(1980)证明，这种二阶段消化法测出的消化率与母鸡实测消化率相关性很好。Fisher 和 Scougall(1982)表明，体外消化法能很好地估计 AME_N (*IVDE* 与 AME_N 相关系数为 0.87)，但准确性不如化学预测法高(体外 *RSD* 达 1 kJ/g)。

Clunies(1984)用成年公鸡测定了 11 种饲料的 *IVDE* 和 AME_N，二者高度相关($AME_N = 1.038\ 0IVDE - 0.143, r = 0.93, RSD = 0.145$ kcal/g),把脂肪含量纳入回归方程时，方程的准确性更高[$AME_N = 0.916\ 9IVDE + 0.051\ 8$ 脂肪(%)$- 0.021\ 3, r = 0.98, RSD = 0.073$ cal/g]。与化学法比较，用 *IVDE* 预测 AME_N 的准确性更高。Clunies(1984)的具体做法：样品磨碎通过 0.40 mm 筛，取 0.5 样品于 50 mL 烧瓶中，加 10 mL 含 1 140 个单位胃蛋白酶的 0.075 NH_4Cl 溶液，于 37℃水浴中温浴 4h，再加入 2 mL 0.1 mol/L 的 Tris 缓冲液,用 0.1 mol/L NaOH 调整 pH 至 7.2，然后加 10 mL 猪小肠制备液，37℃水浴 4 h 取出于 5℃下 1 250 g 离心 10 min，弃上清液,蒸馏水洗涤沉淀再离心，沉淀于滤纸上在 60℃真空干燥、称重、测能、计算。

$$IVDE(\text{kcal/g}) = (\text{饲料}\ GE \times \text{饲料重} - \text{沉淀总重} \times \text{沉淀重}) / \text{饲料重}$$

Minekus 和 Marteau(1995)研制出模拟体内环境的动态计算机控制模型。通过电脑控制消化液进入相应的腔室,实现对消化过程的研究。为了克服传统酶法的缺点,赵峰等(2008)研制了单胃动物仿生消化系统(simulated digestion system,SDS),SDS 是在仿生模拟家禽内源消化液基础上开发的电脑程控仿生消化系统。郑卫宽等(2009)对仿生消化法评定 19 个棉粕样品的鸭代谢能值测精度进行研究,得出 19 个棉粕能值的变异系数在 5%以内,而排空强饲法仅有 6 个样品的 *TME* 值测试变异系数小于 5%,说明仿生消化法的精度高于排空强饲法。

(四)代谢能的预测

根据饲料的化学组成来建立代谢能的预测方程，可以减少动物试验，降低成本，缩短时间，对家禽饲料配方，饲料质量控制，特别是对供销人员迅速做出饲料供销决策具有重要意义。根据化学分析结果来预测饲料代谢能值的研究已有几十年的历史,国外学者已提出了一系列针对不同饲料建立的回归方程，见 NRC(1994)附表 1-1，但尚不能推荐最佳方程，一些方程未与实测值比较，某些化学分析值变异很大，比较复杂，不易采用(NRC，1994；陈代文，1997)。

Carre 等(1984)用 48 种饲粮建立的预测 AME_N 的几个回归公式(以下能量单位为 MJ/kg，成分含量单位为 g)。

1. CF 与其他成分结合

$AME_N=13.39-0.019Ash+0.023EE-0.0385CF$　　$RSD=0.30$　　$R^2=0.9297$

$AME_N=0.913GE-0.0077CP-0.0458CF$　　$RSD=0.29$　　$R^2=0.9227$

$AME_N=16.8-0.019CW-0.0226Ash+0.0916EE-0.0384CF$

$RSD=0.29$　　$R^2=0.9393$

2. ADF 与其他成分结合

$AME_N=13.54-0.0209Ash+0.215EE-0.0348ADF$　　$RSD=0.30$　　$R^2=0.9341$

$AME_N=0.844GE-0.0057CP-0.0393ADF$　　$RSD=0.31$　　$R^2=0.9271$

3. NDF 与其他成分结合

$AME_N=13.84-0.0202Ash+0.0221EE-0.0185NDF$　　$RSD=0.31$　　$R^2=0.9275$

$AME_N=0.975GE-0.009CF-0.0191NDF$　　$RSD=0.30$　　$R^2=0.9285$

4. CW 与其他成分结合

$AME_N=0.905GE-0.0216CW$　　$RSD=0.30$　　$R^2=0.9281$

$AME_N=14.52+0.0177Ash+0.0229EE-0.0206CW$　　$RSD=0.22$　　$R^2=0.9643$

$AME_N=1.32+0.89GE-0.0061CP-0.0234CW$　　$RSD=0.20$　　$R^2=0.9708$

$AME_N=0.965GE-0.0056CP-0.0226CW$　　$RSD=0.21$　　$R^2=0.9646$

$AME_N=0.914GE-0.0061CP-0.0013CW1.5$　　$RSD=0.21$　　$R^2=0.9696$

Zhang 等(1994)用公鸡与 94 种大麦，以 NDF 结合其他成分建立的预测 TME_N 的 2 个回归公式(能量单位 MJ，饲料成分含量用 g)：

$TME_N=16.1399-0.1433NDF$　　$RSD=0.180$　　$R^2=0.615$

$TME_N=12.0703+0.120EE+0.0002GE-0.1470NDF$

$RSD=0.174$　　$R^2=0.648$

Lodhi 等(1976)用雏公鸡与 8 种蛋白饲料建立预测饲料 ME 的回归公式(能量单位 MJ，饲料成分含量用 g)：

$$ME=370.29+24.47CP+65.77EE+44.07NFE-8.15CF \qquad R^2=0.73$$

从上面的预测公式可以看出以 CW 结合 GE、Ash 或 CP 预测效果最好。

二、蛋白质和氨基酸有效性的评定

评定家禽饲料蛋白质的营养价值的传统方法主要是测定饲料粗蛋白质、真蛋白质和氨基酸的含量、蛋白质的生物学价值。目前，主要通过评定饲料氨基酸的消化率和利用率来评定蛋白质和氨基酸的营养价值。

(一)氨基酸消化率的评定方法

氨基酸消化率是计算可消化氨基酸含量的主要参数。消化率的测定需进行消化试验，根据家禽食入和粪中排出的氨基酸数量进行计算。

1. 粪便分析法

粪便分析法是指从肛门收集粪便，来分析饲料中未被消化的氨基酸的方法。此法必须通过外科手术将粪尿开口分开，才能从肛门收集到无尿污染的粪便。在操作上难度较大，并且测定结果受大肠微生物干扰大，实际应用较少。

2. 回肠末端食糜分析法

此法可通过手术安装回肠瘘管或将家禽屠宰，收集回肠末端的食糜来代表饲料中未被消化的部分。由于避免了大肠微生物的干扰，所测定的氨基酸消化率比粪便收集法更准确。安装瘘管要求技术熟练，难度大，费工费时，安装后需要精心的饲养，成本较高。一般采用屠宰取样法。

(二)氨基酸利用率的评定

氨基酸利用率的测定方法有传统的代谢试验法和氨基酸真利用率的快速测定法。

1. 传统的代谢试验法

即通过收集排泄物，根据摄入和粪尿排出量来计算氨基酸的表观利用率。通过无氮饲粮或绝食法可测定内源排泄量，即可计算氨基酸真利用率。

代谢试验法不适合于测定单一的蛋白质饲料，而必须采用替代法测定。测定过程费时费力。

2. 氨基酸真利用率的快速测定法

该方法是目前采用的主要方法，借用了 Sibbald 提出的 *TME* 快速测定法原理，即通过饥饿、强饲、排空、内源校正等来测定，保持了 *TME* 法的优点，快速、准确、可测定单一饲料原料。在测定时，注意以下几个问题：

(1)待测饲料的处理。测定饲料氨基酸真利用率可直接强饲待测饲料，但各种饲料的蛋白质含量差异很大，对测定结果有一定影响。为保证测定结果代表正常的蛋白质摄入水平，因此，对粗蛋白质含量为 20%以上的饲料，可用淀粉等原料将粗蛋白质水平降到 16%～18%，有时还适当补充部分矿物元素、维生素和油脂。

(2)盲肠切除与否。盲肠是微生物生存和活动的主要场所。盲肠内的微生物一方面将食糜中未吸收的氨基酸和短肽进行一系列的降解，另一方面又可将来自尿液的尿酸和消化道产生的 NH_3 等合成微生物蛋白质，这种降解合成在氨基酸利用率测定中的影响是否显著说法不一。有的研究发现，氨基酸在盲肠中的降解速度高于合成速度，因而有可能减少内源性氨基酸排泄量并进而高估氨基酸真利用率，建议切除盲肠。也有人认为盲肠上皮绒毛的表面积比小肠小得多，盲肠对氨基酸的吸收只有在通过其颈部时才存在极有限的吸收。从实际效果看，鸡切不切除盲肠对大多数饲料氨基酸消化率的测定值无显著影响，相差最大的不过 5 个百分点。因盲肠切除与否对大多数饲料氨基酸的消化率无影响，尤其是消化性高、质量好的蛋白质受盲肠微生物的影响较小，而消化性低、质量差的蛋白质受盲肠微生物的影响较大。切除盲肠只是测定少数饲料(如肉骨粉等)的氨基酸利用率可能更准确。试验表明，易消化和不易消化饲料间，同一饲料不同氨基酸间，其氨基酸真消化率在去盲肠的正常鸡之间呈无规则的变化。盲肠微生物对食糜的作用是毋庸置疑的。

沈涛(1996)比较了去盲肠和未去盲肠对可利用氨基酸测定的影响，证明了切除盲肠与否对大多数饲料的氨基酸利用无明显影响，所比较的 8 种饲料中有 4 种饲料是去盲肠的测定值明显低于不去盲肠的测定值，但一般只相差 2～5 个百分点，详见表 12-12。目前，测定氨基酸真利用率也倾向于使用去盲肠鸡，特别是测定低消化率蛋白饲料时。由于正常鸡测定氨基酸利用率简便、快速，不用去盲肠手术和恢复期，所以不去盲肠禽在研究氨基酸真利用率时使用更广。

表 12-12 去盲肠鸭饲料氨基酸表观消化率 %

饲料	去盲肠	未去盲肠
玉米	100.24±4.43^{Aa}	106.40±2.37^{Aa}
豆饼	88.91±3.50^{Ab}	94.26±2.70^{Ab}
低棉酚棉籽饼	87.78±3.04^{Ab}	86.94±4.00^{Ac}
高棉酚棉籽饼	87.51±1.59^{Ab}	83.78±1.06^{Ac}
棉仁粕	67.4±8.0^{B}	72.4±8.0^{A}
肉粉	92.3±2.6^{a}	92.7±3.2^{a}
菜籽饼	71.6±8.0^{a}	72.1±8.7^{a}
菜籽粕	73.8±5.7^{a}	73.8±5.2^{a}

资料来源：沈涛(1996)。

考虑到后肠微生物的影响，有学者采用无菌技术来测定氨基酸的消化率。一般的方法是利用无菌鸡或在饲料中加抗生素来消除盲肠微生物的影响。但是有试验报道，无菌鸡和正常鸡对蛋白质利用无显著差异。添加抗生素鸡和正常鸡比较呈现无规律的变化，有的差异显著，有的无显著差异。所以无菌技术在氨基酸真利用率测定中的必要性有待进一步考证。

(3)内源氨基酸排泄量的测定方法。内源氨基酸的测定有无氮饲粮法(NFD)、绝食法、蛋白质梯度回归法、胍基化饲粮蛋白质法、酶解酪蛋白(EHC)/超滤法、同位素标记法等。最常用的方法是无氮饲粮法和绝食法。绝食法主要用于家禽。在采用无氮饲粮法时，除强饲被测饲料外，还配以适量的蔗糖或葡萄糖、矿物质、维生素等。岳良泉(1996)报道无氮日粮法测得的内源氮和绝大多数内源氨基酸高于绝食法。沈涛(1996)用鸭做的试验也获得类似结果。用无氮饲粮法时，要注意粗纤维水平和类型可能影响内源氨基酸排泄量(张宏福等，1992；岳良泉，1996)。

王国兴等(2000)探讨了用 Ammerman 提出的测定磷真利用率的差量法来测定内源氨基酸，结果表明用 Ammerman(1957)测定磷真利用率的原理可以测定鸭饲料氨基酸的真消化率(表 12-13)，并推算出进食含氮日粮时内源氨基酸的排泄量，其值与 NDF 法近似。进食 *CP* 为 10%～20%含氮日粮时，内源氨基酸的排泄量相对恒定。郭广涛等(2008)报道，在 15%～20%的日粮蛋白质水平范围，差量法测定的内源氨基酸排泄量较酶解酪蛋白法准确，酶解酪蛋白法可能高估了内源氨基酸排泄量。

表 12-13　差量法测定的 0～25%的 *CP* 水平范围的饲粮氨基酸真利用率

氨基酸	*CP*/%				
	0～5	5～10	10～15	15～20	20～25
Asp	0.918 4±0.023	0.908 3±0.068	0.883 3±0.034	0.936 5±0.035	0.900 8±0.023
Glu	0.946 2±0.014	0.966 4±0.013 4	0.929 6±0.023 1	0.968 0±0.005 2	0.936 1±0.035 2
Ser	0.948 1±0.038 9	0.901 5±0.042 5	0.880 2±0.062 1	0.861 0±0.055 2	0.963 0±0.029 7
His	0.896 4±0.016 9	0.918 8±0.003 5	0.923 0±0.029 0	0.883 9±0.037 6	0.959 5±0.009 7
Thr	0.896 5±0.067 3	0.889 4±0.025 3	0.872 7±0.035 9	0.891 8±0.032 5	0.899 5±0.064 9
Ala	0.896 1±0.063 0	0.914 0±0.034 7	0.850 3±0.041 2	0.862 4±0.049 7	0.924 0±0.052 5
Arg	0.639 0±0.035 0	0.645 9±0.113 0	0.965 8±0.008 8	0.927 2±0.070 5	0.943 9±0.042 5
Tyr	0.896 3±0.020 2	0.917 3±0.016 3	0.920 7±0.006 3	0.908 8±0.017 4	0.920 8±0.043 5
Val	0.914 1±0.026 4	0.830 8±0.176 0	0.876 9±0.086 8	0.886 5±0.011 8	0.978 0±0.023 9
Met	0.900 0±0.063 8	0.907 9±0.098 5	0.920 8±0.014 7	0.868 9±0.083 2	0.907 2±0.047 3
Phe	0.907 5±0.008 5	0.933 2±0.017 4	0.962 9±0.017 6	0.885 8±0.021 5	0.938 1±0.069 7
Ile	0.911 8±0.015 1	0.875 1±0.090 9	0.927 6±0.055 8	0.918 5±0.020 0	0.940 3±0.050 8
Leu	0.931 6±0.019 7	0.928 2±0.020 6	0.928 7±0.021 3	0.938 0±0.017 2	0.929 4±0.037 5
Lys	0.862 5±0.019 0	0.874 3±0.061 5	0.929 4±0.039 9	0.886 5±0.016 2	0.918 6±0.050 8
Pro	0.884 6±0.024 1	0.931 6±0.042 8	0.975 7±0.032 7	0.824 9±0.010 1	0.914 8±0.080 5
Total	0.900 1±0.022 2	0.892 5±0.072 2	0.918 1±0.066 6	0.931 9±0.021 7	0.967 0±0.011 5

资料来源：王国兴和王康宁(2000)。

(三)有效氨基酸的化学分析

目前，仅见测定有效赖氨酸和蛋氨酸的化学分析法。

1. 有效赖氨酸的测定

(1)二硝基氟苯(FDNB)法。为最常用的化学分析方法，由 Carpenter(1960)提出。其原理是基于美拉德或褐变反应(maillard or browningreaction)反应后还原糖与肽链中的 ε-NH_3结合形成果糖—赖氨酸、半乳糖—果糖—赖氨酸等复合物，使胰蛋白酶无法切开，从而不能被消化吸收，因此，有多少游离的 ε-NH_3 能够被定量测出，就能确定有多少仍可被利用的(有效的)赖氨酸。FDNB 与游离的 ε-NH_3结合，生成 ε-DNP-赖氨酸，此物再与氯甲酸甲酯络合成可溶于醚的衍生物，再用石油醚提取，然后分别比色测定标准液($E_{标}$)、A、B 对照管(E_A、E_B)的消光系数，最后计算：

$$C_{样}(\text{游离 } \varepsilon\text{-}NH_3\text{-赖氨酸})=\frac{E_{标}}{E_A-E_B}\times C_{标}(\text{标样游离 } \varepsilon\text{-}NH_3\text{-赖氨酸浓度})\times\frac{146.13}{366.5}$$

此法的优点是重复性好，可用于测定动物性原料加工过程中赖氨酸的热损害程度。该方法的缺点是耗时长；并且在测定植物蛋白时性能不是很好；水解 24 h，碳水化合物可破坏生成的ε-DNP-Lys。为此，Kakade 和 Lierner(1969)提出了改进的三硝基苯磺酸(TNBS)法，此法较简单，只水解 2 h，但碳水化合物干扰更严重，而且 TNBS 属危险化学试剂，不易购得。

(2)染料结合法(dye-binding methods)。染料有茚三酮、酸性橙-12(A0-12)、金橙Ⅱ、指示剂-Ⅰ。先用丙酸酐将ε-氨基掩蔽,再与染料结合(染料可与赖氨酸、组氨酸、精氨酸等碱性氨基酸结合),然后与直接用染料结合的样品的吸光度之差,即可算有效赖氨酸的量,即用丙酸酐掩蔽的量。

2. 有效蛋氨酸的测定

近年来报道了一种利用气—液色谱技术测定饲料中可利用蛋氨酸含量的快速化学方法,但这种方法必须与生物学测定相联系。

三、矿物质有效性的评定

(一)矿物元素化学分析

1. 元素含量分析

各种元素的总含量是评定饲料元素营养价值的最基本的数据。各种元素的测定方法各不相同,可根据需要决定测定的元素种类。

2. 植酸磷含量分析

植物性饲料中的磷主要以植酸形式存在,而家禽对植酸磷的利用依赖于消化道微生物的作用,利用率非常有限,测定植酸磷可评定该饲料磷的真实营养价值。

(二)矿物元素的消化率和利用率的测定

通过消化代谢试验可评定矿物元素的消化率和利用率。但由于消化道中内源的矿物元素量很大,且重吸收率高,矿物元素可在体内反复利用,因此,测定矿物元素的消化率和利用率时,必须用内源部分进行校正,测定净消化率和净利用率。

1. 净吸收率

测定矿物元素的内源排出量一般需用同位素示踪法,即在给饲动物含待测饲粮的同时,向动物血中注入该元素的同位素。待血中的同位素达到平衡后,测定血、尿、粪中的放射活性。通过下面的公式可计算出粪中内源排出量及元素的净吸收率。

$$\text{粪中内源量}=\frac{\text{粪中单位待测元素活性}}{\text{血或尿中单位待测元素活性}}\times 100\%$$

$$\text{元素净吸收率}=\frac{(\text{摄入量}-\text{粪中量}+\text{粪内源量})}{\text{元素摄入量}}\times 100\%$$

测真消化率内源扣除较麻烦,一般用同位素标记。Ammerman 等(1957)提出用差量法测磷的真吸收率(真消化率)。其原理是:

$$P(\text{真吸收率})=\frac{(TPI_2-TPI_1)-(TFP_2-TFP_1)}{TPI_2-TPI_1}$$

式中,TPI_1、TPI_2分别为前后两次摄入的磷;TFP_1、TFP_2分别为前后两次总的粪磷。

由上式可知,此法是假设在一定磷的摄入量范围内,内源磷的排泄量不变,前后两次摄入磷之差(TPI_2-TPI_1)减去前后两次粪磷之差(TFP_2-TFP_1)。扣除了内源磷的多摄入磷的净吸收量，再除以前后两次多摄入的磷量（TFP_2-TFP_1）即为多摄入的磷的真消化率，可代表整个摄入磷的真消化率。

此法的前提是前后两次喂给动物磷源的消化率是相同的，或磷源组成的模式相同，同时内源磷的排泄不受前后两次摄入磷差异的影响。

Hintzt 等(1973)和 Blaney 等(1981)用此法测得马粪中镁的最低内源排泄量为每天每千克体重 2.2 mg。Blaney(1982)用此法测得牛内源镁的排泄量为每天每千克体重 3.0 mg。

此法也可尝试用于氮和氨基酸内源排泄量的测定。

2. 利用率

动物单独饲养在特制的代谢笼中，以便准确地测定采食量、饮水量、尿和粪排出量。一般要经过预试和正试。在正试期定量某元素的摄入量（饲料、饮水）和排出量（蛋、尿、粪等途径）。由摄入量和排出量可确定某元素在动物体内是有沉积（正平衡）还是有耗竭（负平衡），可计算出净利用率。

$$净利用率=\frac{(摄入量-粪尿中量+粪尿内源量)}{元素摄入量}\times 100\%$$

有时，元素的净利用率通过测定两组动物的矿物质沉积量来计算。计算公式为：

$$净利用率=\frac{100(B_2-B_1)}{(I_2-I_1)}\times 100\%$$

式中：I_1、I_2 分别为第 1 和第 2 组待评定元素的摄入量；B_1、B_2 分别为第 1 和第 2 组待评定元素的沉积量（由摄入量减排泄量而得）。

矿物元素的净吸收率和利用率用于评定矿物元素的营养价值比较准确，但测定过程复杂、成本高、实际操作困难，因此，在生产上应用较少。

（三）相对利用率

相对利用率是以动物效应为标识，用待测元素的生物学效应与所选含同样元素的标准物的效应比较而得。计算公式为：

$$相对利用率=\frac{100M}{M_0}\times 100\%$$

不同的矿物元素选用的标准物质不同，如表 12-14 所示。

表 12-14　待测元素及相应参照标准化合物

待测元素	标准化合物	待测元素	标准化合物
Fe	$FeSO_4 \cdot 7H_2O$	Ca	$CaCO_3$
Mn	$MnSO_4 \cdot 5H_2O$	P	$CaHPO_4 \cdot 2H_2O$
Zn	ZnO, $ZnSO_4 \cdot 7H_2O$	Mg	MgO
Cu	$CuSO_4 \cdot 5H_2O$	S	Met
Co	$CoSO_4 \cdot 5H_2O$	Na，Cl	NaCl
		Se	$Na_2SeO_3 \cdot 5H_2O$

生物学效应也因元素种类、生理功能不同而定，如可选用骨、血液、红细胞、血小板、肝脏等组织中的含量、功能酶的活性、代谢的中、尾产物、缺乏症等指标。

在实际生产中，测定矿物质生物利用率的传统方法是胫骨灰分法。此法是在经过一定时期的饲养试验后，将雏鸡屠宰，取下胫部，然后剥皮，切去肌肉并剔清残肉，然后将其碾碎脱脂，干燥到恒重，最后灰化，测定。如果规模较大时，大批量的样品处理消耗时间太多。胫骨灰分法因其必须屠宰试验鸡，而且胫骨样品的处理需要一系列费工费时的操作步骤，随后出现了另一种方法——雏鸡趾骨灰分法，此法可用活的试验雏鸡也可用死的雏鸡，剪下中趾，干燥后灰化或直接灰化，然后测定。趾灰百分率曾用于钙、磷和维生素D利用率的研究中，在其他矿物元素研究，如锰等也有应用，因为锰在骨内的积聚量与日粮矿物质添加水平和利用率成比例。许多研究发现，胫骨灰分法和趾灰分测定值之间呈密切的相关，但与胫骨灰分法比较，趾灰法具有快速、廉价而又足够精确的优点，故趾灰法正愈来愈为人们所接受，与胫骨灰分法同时应用或取代胫骨灰分法。

利用生物学效应来评定矿物元素的营养价值，相对消化代谢试验要简便、不需要收集粪和尿、一些血液酶活或器官含量能够灵敏反映饲料中该元素的利用情况，评定结果较可靠和实用，但可能分析费用很高，并受体内相应元素储备的影响。

评定养分生物效价时，往往不仅设一个点进行试验，而设多个处理，此时，可按以下方法计算养分的生物学效价(杨凤，2001)。

1. 斜率比法

将标准(营养)物质和拟评定的物质分别各设几个水平，基础饲粮相同。测得各自的效应指标值，建立两条回归直线，即 $y_s=a+b_s x$ 和 $y_t=a+b_t x$，当 $y_s=y_t$时，$x_s/x_t=b_t/b_s$。b_t/b_s即为斜率比，表示测定物质相当于多少标准物质。显然这是一种相对生物学效价。

2. 平行线法

标准物质和被测物质各设数个水平，分别测得效应指标值。剂量 x 取对数得 y_s(标准物质效应值)$=a_s+b_s\lg x$ 和 y_t(被测物质效应值)$=a_t+b_t\lg x$。如果两条直线斜率相等，即$b_s=b_t=b$，且当 $y_s=y_t$时，则有 $\lg(x_s/x_t)=(a_t-a_s)/b$，$(a_t-a_s)/b$ 的反对数即为被测物质相当于标准物质量的相对生物效价。

3. 三点法

在标准物质的剂量—效应关系已很明确的情况下，不必像斜率比法或平行线法需设多个标准物质水平(点)，设两点即可，而被测物质只要一点。被测物质的相对生物效价即为相当于同等效应时所需标准物质的量。

4. 标准曲线法

标准曲线法是介于斜率比法或平行线法与三点法之间的一种方法。标准物质仍需设多个点，建立一条标准曲线(直线)；被测物质只需一点。被测物相当于标准物的相对生物效价的估计同三点法。

四、维生素营养价值的评定

维生素的营养价值的评定研究较少，一般以饲料中的含量和利用生物学效应测定维生素的相对生物学效价来评定。

第四节　家禽饲料及饲料添加剂有效性和耐受性评价

为规范饲料和饲料添加剂安全性评价和有效性试验工作，保证试验结果的科学性、客观性，根据《饲料和饲料添加剂管理条例》《新饲料和新饲料添加剂管理办法》和《进口饲料和饲料添加剂登记管理办法》有关规定，农业部委托全国饲料评审委员会制定了《饲料和饲料添加剂畜禽靶动物有效性评价试验指南(试行)》和《饲料和饲料添加剂畜禽靶动物耐受性评价试验指南(试行)》，于 2011 年 6 月 17 日印发参照执行。

一、家禽饲料及饲料添加剂有效性评价

(一)有效性评价的概念

有效性评价是指在有效成分分析的基础上，用家禽进行饲养试验、消化代谢试验或屠宰试验等或利用相应规程在体内、体外进行有效性评价并做了有效性评价的过程。

(二)有效性评价的范围和原则

有效性评价的范围：适用于家禽养殖的新饲料和饲料添加剂、进口饲料和饲料添加剂申报以及已经批准使用的饲料和饲料添加剂的再评价。

有效性评价的原则：①应根据我国的家禽养殖业生产实际开展有效性评价试验，以保证评价结果的科学性、客观性。②有效性评价试验应由具备一定专业知识和试验技能的专业人员在适宜的试验场所、使用适宜的设备设施、按照规范的操作程序进行，并且由试验机构指定的负责人负责。用于产品申报的，评价机构和人员的要求另行规定。③试验动物应健康并且具有相似的遗传背景；饲养环境不应对试验结果造成影响；受试物和试验日粮不得受到污染。④在符合有效性评价试验相关要求的前提下，有效性评价试验可与耐受性试验合并进行。⑤试验应证明受试物最低推荐用量的有效性，一般通过设定负对照和选择敏感靶指标进行。必要时设正对照。⑥当有效性评价试验的目的是证明受试物能为动物提供营养素时，应设置一个该营养素水平低于动物需求、但又不至于严重缺乏的对照日粮。⑦应采用梯度剂量设计，为推荐用量或用量范围的确定提供依据。有效性评价试验的梯度水平不得少于 3 个；但作为产品申报的，家禽试验梯度不得少于 5 个。⑧由于试验条件和受试物特性的限制，可以进行多个有效性评价试验以证明受试物的有效性。当试验次数超过 3 次时，建议采用荟萃分析法(meta-analysis)进行数据统计，但每次试验应采用相似的设计，以保证试验数据的可比性。

(三)有效性评价的试验方法

有效性评价试验一般分为长期有效性评价试验和短期有效性评价试验。消化率或氮、磷减排等指征明确的指标可通过短期有效性评价试验进行测定，生长性能、饲料转化效率、产蛋性能、胴体组成和繁殖性能等一般性指标必须通过长期有效性评价试验进行测定。

1.短期有效性评价试验

短期有效性评价试验包括生物有效性、生物等效性、消化和平衡试验。

生物有效性是指活性物质或代谢产物被吸收、转运到靶细胞或靶组织并表现出的典型功能或效应。生物有效性应通过可观察或可测量的生物、化学或功能性特异指标进行评价。

生物等效性试验用于评价可能在靶动物体内具有相同生物学作用的两种受试物。如果两种受试物所有相关效果均相同,则可认为具有生物等效性。

消化试验可用于评价受试物对动物体内某种营养素消化率(如表观消化率、真消化率、回肠消化率)的影响。

平衡试验还可获得营养素在靶动物体内沉积和排出数量等额外数据。

2.长期有效性评价试验

针对受试物适用的家禽种类,按照规定的试验期、试验重复数和动物数量的要求开展长期有效性评价试验。具体要求见表12-15。试验分组应遵循随机和局部控制的原则。表12-15中没有列出的家禽品种,长期有效性评价试验应参照生理和生产阶段相似物种的要求进行。长期有效性评价试验的必测指标包括:试验开始和结束体重、饲料采食量、死亡率和发病率。其他指标根据动物品种和受试物的特殊功效确定。如果需要测定产蛋性能,则应提供有关蛋品质的数据。在评价受试物对养殖产品质量的影响时,长期有效性评价试验也可用来采集相关样品。

表12-15　家禽饲料及饲料添加剂有效性评价的试验期和动物数量

类　别	试验阶段(体重或日龄)			最短试验期	最少试验重复和动物数量
	起始	结束日龄	结束体重/kg		
肉仔鸡	出壳	35 d	1.6～2.4	35 d	每个处理6个有效重复,每个重复15只,性别比例相同
蛋用雏鸡	出壳	16(20)周龄		112 d*	
产蛋鸡	16～21周龄	13(18)月龄		168 d	
肉鸭	出壳	35 d		35 d	
产蛋鸭	25周龄	50周龄		168 d	
育肥用火鸡	出壳	母:4(20)周龄 公:16(24)周龄	母:7～10 公:12～20	84 d	
种用火鸡	开始产蛋 (30周龄)	60周龄		6个月	
后备种用火鸡	出壳	30周龄	母:15 公:30	全程**	

注:* 仅当肉仔鸡的有效性评价试验数据无法提供时进行;

** 仅当育肥用火鸡的有效性评价试验数据无法提供时进行。

二、家禽饲料及饲料添加剂耐受性评价

(一)概念

耐受性评价:是指为评价饲料和饲料添加剂对家禽的适应性及安全性,在有毒有害成分分析基础上,用家禽进行毒理学试验或用家禽进行饲养试验和残留试验的过程。

(二)耐受性评价的范围和原则

耐受性评价的范围:适用于为新饲料原料和饲料添加剂、进口饲料原料和饲料添加剂报批以及已经批准使用的饲料原料和饲料添加剂再评价而进行的家禽耐受性评价试验。

耐受性评价的原则:①耐受性评价试验的目的是为饲料原料和饲料添加剂(受试物)对动物的短期毒性提供有限评价;当受试物使用剂量超出推荐用量时,也可用来确立受试物的安全范围。②应根据中国的养殖业生产实际开展靶动物耐受性评价试验,以保证评价结果的客观性。③耐受性评价试验应对受试物所适用的每一种动物分别进行评价。④耐受性评价试验应由具备一定专业知识和试验技能的专业人员在适宜的试验场所、使用适宜的设备设施、按照规范的操作程序进行,并且由试验机构指定的负责人负责。用于产品报批的,评价机构和人员的要求另行规定。⑤试验动物应健康并且具有相似的遗传背景;饲养环境不应对试验结果造成影响;受试物和试验日粮不得受到污染。⑥在符合耐受性评价试验相关要求的前提下,耐受性评价试验可与有效性评价试验合并进行。⑦耐受性评价试验应充分考虑实验动物毒理学研究的结果。

(三)耐受性试验的方法

1. 受试物

对于申请产品报批的受试物,应与拟上市(或拟进口)的产品完全一致。产品应由申报单位自行研制并在中试车间或生产线生产,同时提供产品质量标准和使用说明。试验机构应将受试物样品送国家或农业部认可的质检机构对其有效成分的含量进行实际测定。

2. 分组与剂量

试验分组:耐受性评价试验至少要包括3个组,即对照组、有效剂量组、多倍剂量组。

试验剂量:对照组通常不应含有受试物,但是,对于某些动物机体的必需营养素(如氨基酸、维生素、微量元素等)可以添加,但添加量应维持在最低必需水平。一般情况下,有效剂量组应该选用最高限量。如果没有最高限量,应选用最高推荐剂量。如果没有最高推荐量,应根据受试物的自身特性,选择最低推荐剂量的2～5倍作为有效剂量。多倍剂量组一般选用上述有效剂量的10倍。

如果受试物的耐受剂量低于有效剂量的10倍,耐受性评价试验应能通过尸检、组织病理学以及其他适宜的试验方法提出反映受试物毒性的特异性指标,并计算出受试物的安全系数。

试验重复数:各试验组和对照组的试验重复数(或动物数)必须满足数据统计分析的要求。一般情况下,每组重复数不能少于6个,每个重复的家禽数不能少于10只。性别比例应相同。

3.试验期限

肉仔鸡、蛋用雏鸡和育肥用火鸡的试验一般选用 1 日龄雏禽。肉仔鸡获得的耐受性评价试验数据可以外推至蛋用和种用雏鸡,肉用火鸡的数据也可外推至蛋用和种用火鸡。产蛋家禽的试验一般选择在前 1/3 产蛋期进行(表 12-16)。

表 12-16　家禽耐受性评价试验的试验期

类　别	试验阶段(体重或日龄)			最短试验期/d
	起始	结束日龄	结束体重/kg	
肉仔鸡	出壳	35 d	1.6～2.4	35 d
蛋用雏鸡	出壳	16(20)周龄		35 d*
产蛋鸡	16～21 周龄	13(18)月龄		56 d**
育肥用火鸡	出壳	母:14(20)周龄 公:16(24)周龄	母:7～10 公:12～20	42 d
种用火鸡	开始产蛋 (30 周龄)	60 周龄		56 d
后备种用火鸡	出壳	30 周龄	母:15 公:30	42 d***

注:* 仅当肉仔鸡的耐受性评价试验数据无法提供时进行;

** 最好在开产后的前 1/3 产蛋期进行;

*** 仅当育肥用火鸡的耐受性评价试验数据无法提供时进行。

4.观察与检测

(1)临床观察。试验期内应每天观察试验动物临床表现、采食和饮水情况、生长情况以及相关动物产品的产量和特性。也应详细观察和记录不良反应。对试验中出现的不明原因的死亡应进行尸检,如果可能,最好进行组织学分析。

(2)血液学检测。试验开始和试验结束(必要时增加试验中期)时每组随机抽检一定数量的动物,性别比例适当,分别采集血样进行血液常规、生化指标及其他与受试物相关的各种生理参数的检测。

血液常规指标主要包括白细胞计数(WBC)、红细胞计数(RBC)、血红蛋白(HGB)、红细胞压积(HCT)、血小板计数(PLT)等指标;生化指标主要指谷氨酸氨基转移酶(ALT)、天门冬氨酸基转移酶(AST)、碱性磷酸酶(ALP)、总蛋白(TPRO)、白蛋白(ALB)、尿素氮(UN)、肌酐(CRE)、血糖(GLU)、总胆红素(TBILI)等指标。

(3)组织病理学检查。尸体解剖学检查:试验结束时,各组屠宰一定数量的试验动物(性别比例适当),进行系统尸体解剖学检查,为进一步的组织学检查提供依据。

脏器系数测定:试验结束时,各组随机屠宰一定数量动物(性别比例适当),剖检取心、肝、脾、肺、肾等脏器称重,并计算各器官与体重的比值。

组织病理学检查:试验结束时,对多倍剂量组及尸检异常动物的主要器官进行系统的组织病理学检查,详细检查的器官和组织包括:心、肝、脾、肺、肾、胸腺、胰腺、胃、十二指肠、回肠、直肠、淋巴结、骨髓等组织。

(4)其他特异性观测指标。根据受试物的作用特点和用途,增加相应的特异性观测指标和敏感性功能指标。

第五节　组学技术

随着生命科学研究的深入,营养学的研究也开始进入系统研究时代。基因组学、蛋白质组学、代谢组学等组学技术开始运用到动物营养学的研究中,提升了后基因组时代营养学的生命科学研究能力。

一、基因组学

(一)概念

1986 年,美国科学家 Thomas Rodefick 提出了基因组学(functional genomics)的概念,从而使生命科学研究的重心从揭示生命的所有遗传信息,转移到了在分子整体水平对功能的研究上。

Della Penna 最早提出了营养基因组学(nutrigenomies)的概念。营养基因组学是高通量基因组技术在日粮营养素与基因组相互作用及其与健康关系研究中的应用,是研究营养素和食物化学物质在机体中的分子生物学过程以及产生的效应,对机体基因的转录、翻译表达以及代谢机制的影响。

(二)研究内容和方法

基因组学的研究内容包括以全基因组测序为目标的结构基因组学(structural genomics)和以基因功能鉴定为目标的功能基因组学(functional genomics)。营养基因组学的研究内容包括营养素作用的分子机制、机体对营养素的需要量、饲粮的制定以及食品安全等,它强调对个体的功能营养基因组学是利用结构基因组学提供的信息,系统地研究营养与基因功能的关系;通过个体基因组的构成分析,确认个体对常量、微量营养素的反应,进行安全、个性化的营养供给。目前应用于基因组学研究的方法主要有 DNA 芯片技术、生物标志物、mRNA 差异显示技术等。

(三)应用

营养素对基因表达的作用已成为当前营养供给研究领域中重要的研究内容,将基因组学应用于营养学领域,通过基因表达的变化可以研究能量限制、微量营养素缺乏、葡萄糖代谢等许多问题。可以检测营养素对整个细胞、组织或系统及作用通路上所有已知和未知分子的影响。通过高通量、大规模的监测使研究者能够真正全面地了解营养素的作用机制。Lanchard 应用 mRNA 差异显示技术比较了缺锌与常锌大鼠小肠基因表达的变化,结果发现,因缺锌所致的小肠中两种肽类激素、小肠脂肪酸结合蛋白、小肠碱性磷酸酶Ⅱ等的 mRNA 均发生显著变化,而且缺锌组动物小肠肽类激素 Uroguanylin mRNA 表达较正常锌组增高了 2.5 倍。

二、蛋白质组学

(一)概念

1994年,澳大利亚 Macquarie 大学的 Marc Wilkins 等首次提出蛋白质组(proteome)的概念,其定义为"一个基因组所表达的全部蛋白质",即"Proteome"是由"protein"和"genome"字母拼接而成。蛋白质组学是对一种组织或一个细胞在特定时间和特定环境条件下所有蛋白质的表达水平进行定性和定量的研究。

(二)研究内容和方法

蛋白质组学研究主要包括蛋白质细胞或组织表达谱、蛋白质翻译后的修饰、结构蛋白质组学、蛋白质在胞内分布与定位和相互作用蛋白质组学。蛋白质细胞或组织表达谱是对蛋白质组表达模式的研究,检测细胞、组织中的蛋白质,建立蛋白质定量表达图谱,或扫描表达序列图谱。蛋白质翻译后的修饰基团(如磷酸化、糖基化等)利用质谱技术能精确测量多肽或蛋白质相对分子质量。通过系统测定蛋白质的性质,主要包括序列、表达量、修饰状态、蛋白之间的相互作用、活性和结构等,以揭示基因的功能。

蛋白质组学研究的技术包括双向凝胶电泳、质谱技术、肽质量指纹谱蛋白质鉴定、蛋白芯片、能进行大规模数据处理的计算机系统和软件及生物信息学技术等。

(三)蛋白质组学的应用

蛋白质组学在动物营养研究中的应用主要在营养素对代谢路径的调控机制、评价营养状况的新生物学标志物的发现、营养代谢疾病机制的研究、肌肉发育与肉品质关系等方面。在肌肉发育与肉品质关系研究中,利用蛋白质组学技术对肌肉蛋白质组进行分析,揭示了参与决定肉质的各种生理机制过程中的蛋白质的结构和功能。Doherty 等(2004)报告,对蛋鸡胸肌蛋白质组所作的研究,揭示了生长期内几种蛋白质的相对表达水平均有极大变化。廖国周等(2013)利用双向电泳技术,建立了腾冲雪鸡肌肉蛋白质的双向电泳图谱,分析了腾冲雪鸡腿肌与胸肌中蛋白质表达差异,并利用基质辅助激光解析电离—串联飞行时间质谱(matrix assisted laser desorption ionization-time-of-flight mass spectrometry,MALDI—TOFFOF MS)对差异表达蛋白质进行了鉴定。在营养代谢中,Li 等(2007)的研究显示膳食中铜、铁、叶酸和锌缺乏,明显影响小肠和肝脏中与细胞氧化还原调控、蛋白质磷酸化、DNA 合成和营养物质转运等相关蛋白质的表达。

三、代谢组学

(一)概念

代谢组学的概念最早来源于 Devaux 等(1971)提出的代谢轮廓分析。随着基因组学的提出和迅速发展,Oliver(1997)提出了代谢组学(metabolomics)的概念;Nicholson 等(1999)提出了 metabonomics 的概念,形成了当前代谢组学的两大主流:metabolomics 和 metabonomics。通常认为,前者是通过考察生物体系受到刺激或干扰后代谢产物的变化或其随时间的变化,一般以细胞作研究对象来研究生物体系代谢途径的一种技术,多用于植物和微生物领域的研究;而后者是生物体对病理生理刺激或基因修饰产生的代谢物质的质和量的动态变化研究，更注重动物的体液和组织；由于研究的对象都是代谢物，所以都可称为代谢组学。

（二）研究内容和方法

代谢组学主要研究的是作为各种代谢途径的底物和产物的小分子代谢物（M_W<1 000），其样品是尿液、血液、唾液以及细胞和组织的提取液。营养代谢物组学主要研究与营养密切相关的糖代谢、脂质代谢、氨基酸代谢等，进而在分子水平上研究营养素对动物的生理机能的影响。主要技术手段是核磁共振（NMR）、质谱（MS）、色谱（液相和气相），其中以 NMR 为主。通过检测一系列样品的 NMR 谱图，再结合模式识别方法，可以判断生物体的病理生理状态，并有可能找到与之相关的生物标记物。

（三）代谢组学的应用

在动物营养领域，代谢组学的应用还处在起步阶段。在不同摄食或营养干预下，动物机体内这些小分子质量的代谢产物的变化是代谢组学在动物营养研究中的主要目标，这有助于加深对营养素对动物生理机能影响、营养代谢物与疾病及健康的关系、动物营养最适添加水平等方面认识。代谢组学是唯一适合探索营养与代谢复杂关系的研究方法。

代谢组学的应用主要体现在以下几个方面：①研究营养素对内环境的稳态调控作用，可以用于研究稳态控制以及营养缺乏和营养过剩对代谢平衡的干扰；②研究与营养素作用密切相关的内源性物质，如营养素对脂质体的代谢影响很大，Steven 等用定量脂质体代谢轮廓技术对脂质代谢轮廓进行了研究；③安全性评估。如评估转基因食品、饲料的安全性，氨基酸过量摄取的安全性评价等（Noguchi 等，2003）。Noguchi 等（2006）研究结果发现，氨基酸代谢谱可以有助于揭示特定生理状态最为全面的代谢关系。

营养代谢物组学较营养基因组学有很多优势：①一个细胞中的小分子代谢物的数量比基因和蛋白质的数量少很多，研究复杂性相对降低；②根据代谢控制论（metabolic control analysis，MCA）的观点，体内生化反应中酶浓度的微小变化最终都可使代谢物发生显著改变，这也使得对代谢物的研究比对基因和蛋白的研究更加容易；③代谢物组学试验比基因组学试验的时间平均少 2～3 倍。

参考文献

Curnow RN. A smooth population response curve based on an abrupt threshold and plateau model for individuals. Biometrics，1973，29：1-10.

Curnow RN. The statistical approach to nutrient requirements. (In)：Nutrient Requirements of Poultry and Nutritional Research，1986：79-89.

Doherty MK，Mclean L，Hayter JR. The proteome of chicken skeletal muscle：changes in soluble protein expression during growth in a layer strain. Proteomics，2004，7：2082-2093.

Emmans GC，Fisher C. Problems in nutritional theory. (In)：Fisher C，Boorman NK，British Poultry Science Symposium，1986，London (UK)：Butterworths，1986：9-39.

Fisher C，McNob JM. 家禽饲料代谢能的测定技术．陈继兰，呙于明，李微微译，家禽营养研究最新进展，1992：32-43.

Fisher C，Morris TR. The determination of the methionine requirement of laying Pullets by a diet dilution technique. British Poultry Science，1970，1：67-82.

Gous RM. Measurement of response in nutritional experiment. (In):Fisher C,Boorman KN,Nutrition Requirements of Poultry and Nutritional Research. 1986:41-58.

Larbier M,Leclercq B. Nutrition and Feeding of Poultry. Nottingham University Press,1994.

Li M,Xiao ZQ,Chen ZC. Proteomie analysis of the aging related proteins in human normal colon epithelial tissue. Journal Biochemical Mol Bio, 2007, 1: 72-81.

Maynard LA,Loosli JK,Hintz HF,Warner RG. Animal nutrition. 7th edition. New York: Me Graw-Hill Book Company, 1979.

Minekus M,Marteau P. Havenaar R. A multicompartmental dynamic computer-controlled model simulating the stomach and small intestine. ATLA Alternat Lab Animals, 1995, 23: 197-209.

Noguchi Y,Sakai R,Kmiura T. Metabolomics and its potential for assessment of adequacy and safety of amino acid intake. Journal of Nutrition, 2003, 6: 2097-2100.

Noguchi Y,Zhang QW,Sugmioto T. Network analysis of plasma and tissue amino acids and the generation of an amino index for potential diagnostic use. Americal Journal of Clinical Nutritin, 2006, 2:513-519.

NRC. Nutrient requirements of Poultrry. ninth revised edition. Washington, D. C.:National Academy Press,1994.

Sakamoto K,Asano A. Estimation of *in vivo* digestibility with the laying hen by an *in vitro* method using the intestinal fluid of the pig. British Journal of Nutrition, 1980, 43: 389-391.

Sibbald IR. A bioassay for true metabolizable energy in feedstuffs. Poultry Science, 1976: 55-303.

Sibbald IR. 家禽代谢能的评价.(In):陈继兰,呙于明,李微微译.家禽营养研究最新进展,1992:7-14.

Vogtmann H,Pfrter HP,Prabucki AL. A new method of determining metabolisability of energy and digestibility of fatty acids in broiler diets. British Journal of Poultry Science, 1975, 16: 531-534.

Zhang WJ,Campbell LD. An investigation of the feasibility of predicting nitrogen from chemical composition and physical characteristics. Journal of Animal Science, 1994: 355-360.

郭广涛,王康宁,李霞.差量法和酶解酪蛋白法测定鸭饲料氨基酸真消化率及内源排泄量的比较研究.动物营养学报, 2008, 1: 23-28.

廖国周,王桂瑛,程志斌,贾俊静,葛长荣.云南腾冲雪鸡肌肉蛋白质组学研究.肉类研究, 2013, 7: 1-5.

刘永前,周安国,杨凤.饲粮蛋白质水平对生长肉鸭整体蛋白质周围的影响.四川农业大学学报, 1996, 14: 154-160.

漆良国,周安国.正常营养条件下肉鸭生长前期整体蛋白质周转的研究.四川农业大学学报, 1996, 14: 161-166.

沈涛.鸭饲料氨基酸消化率的测定及去盲肠对氨基酸消化的影响.四川农业大学学报, 1996, 14: 144-153.

王国兴,王康宁.差量法测定鸭饲料氨基酸真消化率和内源氨基酸排泄量的影响.四川农业大学,2000.

姚军虎,王康宁.单胃动物消化道内源氨基酸排泄量测定方法学研究进展.国外畜牧科技, 1998, 4: 6-10.

岳良泉.鸡饲料氨基酸消化率测定及无氮日粮纤维水平对内源氨基酸排泄的影响.四川农业大学学报, 1996, 14: 62-74.

郑卫宽,赵峰,张宏福.日粮类型及肠液储存条件对鸭空肠液组成与特性的影响.动物营养学报, 2009, 5: 652-658.

周安国,漆良国,刘永前.生长肉鸭体蛋白周转的营养生理效应研究.畜牧兽医学报, 1995, 2: 97-103.

第十三章　非营养性饲料添加剂及其应用

第一节　酶制剂

酶作为饲料添加剂的研究始于华盛顿大学，FRE 等(1958)发现在饲料中加酶饲喂肉鸡可提高肉鸡生长速度。直到 20 世纪 70 年代后微生物成为工业生产酶的主要来源，且在 1975 年美国正式在大麦日粮中添加酶类并取得显著效果后才引起广泛的重视，继之出现了商品酶制剂。近年来，饲用酶通过微生物发酵法生产的技术已取得突破性进展：采用 DNA 重组技术，从细菌或真菌中分离出需要的高活性产酶基因，经克隆扩增后，转移到低成本、能大规模生产的微生物内，经过液体或固体发酵、提取包被、载体吸附、干燥、粉碎制成粗(浓)酶制剂、分装。这使酶制剂的活性和效价已能为当前的饲料工业和养殖业所接受。

一、酶制剂的作用机理

（一）摧毁植物细胞壁

饲料多以植物籽实类做原料，而植物种子的细胞由一层细胞壁包围着，其主要成分为非淀粉多糖(non-starch polysaccharides，NSP)，NSP 包括阿拉伯木聚糖、β-葡聚糖、纤维素和果胶等。它们是细胞内容物养分(如淀粉、蛋白质和油脂)和消化酶接触的机械屏障。谷粒虽经机械加工破坏部分细胞壁，但大部分未被触动。单胃动物不分泌能分解 NSP 的酶类，用外源性 NSP 酶摧毁植物细胞壁有利于释放被包埋的养分，提高饲料的利用率。

（二）消除饲料中的抗营养因子

小麦、大麦、燕麦和黑麦中的 NSP(主要是 β-葡聚糖和戊聚糖)大多数是可溶性的，当达到一定的高浓度时聚集并形成更大分子的复合物(Annison，1995)，能大幅度提高胃肠道食糜黏度，继之引起溶质的扩散速度下降，减慢营养物质从日粮中溶出速度及谷物的消化速度，有更多的养分到达后肠，同时，黏度增加引起肠道机械混合内容物的能力严重受阻(Dwards，1988)。从而改变肠细胞周转速率、微生物区系、球虫数量等，影响动物生产性能以及影响垫料的质量。用 β-葡聚糖酶和戊聚糖酶降解可溶性 NSP，能降低食糜的黏度，进而减少微生物的活动，使之充分发挥消化道功能并提高养分的消化率。

植酸又称肌醇六磷酸，植物性饲料中 2/3 的磷与肌醇结合成植酸并进一步与其他矿物质结合形成稳定的植酸盐复合物。由于单胃动物自身基本不能分泌分解植酸盐的植酸酶，故植酸盐中的磷基本上不能被单胃动物所利用。添加植酸酶可催化植酸磷的水解，使其中的磷以磷酸根的形式游离出来而被单胃动物所吸收利用。

蛋白酶抑制剂和植物性凝血素是广泛存在于豆科籽实中的抗营养因子，目前一般用热处理来消除上述抗营养因子。实验室结果表明，某些微生物蛋白酶能够降解耐受消化酶的蛋白酶抑制剂（Classen 等，1993；Meijer 等，1995）和植物凝血素，能避免因加热不足使这些抗营养因子含量仍较高或加热过度使蛋白质（氨基酸）损失较大的情况。

（三）补充内源酶的不足

幼龄动物的消化系统发育很不完善，消化酶分泌不足，难以分解大分子营养物质。断奶、疾病和应激状态下的畜禽，其消化道酶的分泌量明显降低。鸡的消化道较短，饲料在体内仅停留 2～4 h（Beldford 等，1996），对饲料的吸收量仅为摄入饲料的 40%～60%。可见，外源酶可视为动物自身内源酶的延伸。

研究表明，外源酶不会抑制内源酶的分泌，因为外源酶是由细菌或真菌发酵而得，在自身结构及对环境的要求上都和动物内源酶不同，所以不会产生“反馈性抑制”。又由于酶本身是一种蛋白质，因而肠道细菌对其无获得性抗体，不会出现成活问题和交叉感染。相反地，添加外源酶能刺激某些内源酶的分泌。Owsley 等（1986）推测，日粮添加分解淀粉和蛋白质的酶类，肠道中获得进一步分解或吸收的养分量就会增加，从而刺激机体消化系统的发育。

此外，生物体在发酵产酶过程中，微生物还分泌蛋白质、矿物元素、维生素和未知营养因子，这也是提高饲料营养价值和促进生长的一种因素。

二、酶制剂的种类及其作用特点

畜禽生产中现今使用的酶有 20 多种，主要为消化酶类，且多为水解酶。

（一）单一酶制剂

目前来看，最具有应用价值的单一酶制剂基本上分为 5 类：①非淀粉多糖类（NSP 酶），其中包括：纤维素酶、内切木聚糖酶（又称戊聚糖酶）、内切 β-葡聚糖酶、甘露聚糖酶、β-半乳糖苷酶、果胶酶等；②植酸酶；③淀粉酶，其中包括 α-淀粉酶、淀粉-1,6-葡萄糖苷酶、支链淀粉酶等；④蛋白酶；⑤脂肪酶。各种酶的作用见表 13-1。

表 13-1 各种酶制剂的应用范围

酶的种类	作用对象	应用范围
蛋白酶	蛋白质	补充内源酶不足，改进蛋白质消化
脂肪酶	脂肪	适用于幼龄动物
植酸酶	植物性饲料	提高磷等矿物元素的利用率，消除植酸盐的抗营养作用
果胶酶	果胶	降低黏稠度、改进营养物质的消化和吸收
β-葡聚糖酶	大麦、燕麦	同上
半纤维素酶	大麦、燕麦	同上
纤维素酶	植物饲料	纤维被降解使养分降解
淀粉酶	淀粉	补充内源淀粉酶不足，适用于幼龄动物

（二）复合酶制剂

复合酶制剂由一种或几种单一酶制剂为主体、加上其他单一酶制剂混合而成，或由一种或几种微生物发酵获得。酶的降解作用具有高度的选择性和专一性，不同酶降解的底物不同。复合酶制剂可以降解饲粮中多种需要降解的底物（多种抗营养因子和多种养分），可最大限度地提高饲粮的消化率。国内外饲料酶主要是复合酶制剂。

目前世界上生产的饲用复合酶制剂主要有以下几类：①以蛋白酶、淀粉酶为主的饲用复合酶。此类酶制剂主要用于补充动物内源酶不足；②以 β-葡聚糖酶为主的饲用复合酶。此类酶主要用于以大麦、燕麦为主的饲料，在北美、欧洲应用广泛；③以纤维素酶、果胶酶为主的饲用复合酶。这类酶主要由木霉、曲霉直接发酵而成；④以纤维素酶、蛋白酶、淀粉酶、葡聚糖酶、果胶酶为主的饲用复合酶，此类酶综合以上各酶系的共同作用，具有更强的助消化功能。

三、饲用复合酶制剂在家禽上的应用

酶制剂在家禽日粮中的应用首先是与改善大麦日粮对家禽的饲养效果相关联的。Jensen（1957）以高峰淀粉酶（Taradiatase）为主的粗酶制剂按 0.1％和 0.45％比例添加到大麦型的基础日粮中，结果雏鸡生长速度明显提高。之后，Ricres（1962）以较纯的 β-葡聚糖酶添加到大麦日粮中，试验表明，肉用雏鸡的生产性能均有提高。Cantor 等（1990）在肉鸡以大麦为基础的日粮中分别添 0.1％、0.2％的 β-葡聚糖酶，21 日龄时，体重各提高 23％和 26％。汪梦萍等在肉鸡日粮中添加包括胃蛋白酶、羧肽酶、α-淀粉酶、β-淀粉酶等 11 种酶，结果肉鸡增重提高 13.4％，饲料转化率提高 8％，饲料成本下降 4％。1～56 日龄肉鸡使用国产“溢多酶”，增重提高了 8.1％，全期饲料增重比下降 9％。韩正康（1997）等与加拿大国际发展及研究中心（IDRC）合作，研究了复合酶制剂对家禽生理代谢和机制的影响，结果表明酶制剂对改善机体代谢有良好作用。他们在大麦型日粮中添加 0.1％复合酶，肉仔鸡血液 GH、T_3、T_3/T_4及胰岛素水平均显著提高（$P<0.05$），而胰高血糖素水平显著降低（$P<0.05$），增重和组织器官重均显著提高（$P<0.05$）。

芬兰的 M. Nasi 在蛋鸡日粮中加入纤维素酶、β-葡聚糖酶和蛋白酶，试验表明，对产蛋前期的蛋白质利用和产蛋后期饲料转化率的改善具有促进作用。车永顺等（1993）在蛋鸡全价日粮中添加纤维素酶、胰蛋白酶和混合酶制剂，产蛋率提高了 7.84％，饲料消耗下降 5.91％。有文献资料报道蛋鸡日粮中添加酶制剂，发现血清的清蛋白含量显著增加，γ-球蛋白含量明显减小（$P<0.05$），而脾脏和法氏囊重与体重之比以及成熟淋巴细胞数均比对照组高。蛋鸡在产蛋高峰期基础代谢活动增加，对钙需要量大。一方面，添加复合酶制剂可以加强蛋鸡的基础代谢，提高机体的消化吸收率，尤其是钙的吸收利用率；另一方面，复合酶制剂可增强机体的免疫力，降低产蛋期死亡率，改善种蛋的受精率；同时对提高产蛋率，降低料蛋比，增加蛋重，降低破蛋率、脏蛋率，对产蛋率上升速度的加快、产蛋高峰波段的持续与延长以及减缓产蛋率等方面均有明显作用。

目前对鸭、鹅等水禽营养需要及消化生理等方面的研究报道较少，鸭的消化、生理特点和鸡基本相似。消化道较短，无明显嗉囊，小肠也较短，但一对盲肠具有较强的消化和吸收功能，可允许日粮存在粗纤维稍高的原料，因此，复合酶制剂中应提高戊聚糖及 β-葡聚糖酶活性,以水解饲料中植物纤维的细胞壁,便于消化胞内的营养物质,提高饲料的利用率,尤其当日粮中粗纤维含量较高时,效果更为明显。蒋宗勇等(1992)在大丰鸭前期日粮中添加0.1%以β-葡聚糖酶为主的复合酶0.1%,与对照组相比,增重和饲料利用率分别提高了9.68%和5.73%;在饲养后期,添加0.5%复合酶,与对照组相比,增重和饲料利用率分别提高5.81%和8.73%。裴相元(1989)在鹅的日粮中添加0.75%绿色木霉纤维素酶,日增重提高8.9%,饲料消耗降低5.1%~7.8%,粗蛋白质的消化率提高5.3%。韩正康等在以大麦(占4.5%)为基础的日粮中添加0.1%复合酶饲喂杂交鹅,可极显著地($P<0.01$)提高血清中的生长激素(GH)和类胰岛生长因子Ⅰ(IGF-Ⅰ)水平,从而促进鹅的生长。宋凯等(2005)试验发现,在小麦日粮中分别添加阿拉伯木聚糖和β-葡聚糖配伍可以显著提高肉仔鸡日增重和蛋白质利用率($P<0.05$),并降低其肠道食糜黏度,可提高肉仔鸡增重10%~20%,提高CP消化率30%。

四、影响饲用复合酶制剂使用效果的因素

酶制剂在饲料加工、贮存、运输以及饲养技术、饲喂方式、动物消化吸收等过程中,要受到高温、湿度、酸碱、氧化剂、有机化合物、重金属(或微量元素)挤压、磨损、紫外线、蛋白酶等物理、化学和生物因素的影响。

(一)温度

温度影响包括两个方面:一是当温度升高时,反应速度加快;二是随温度升高,酶蛋白分子中一些键断裂,改变了分子结构,使酶失活。所以应通过后处理技术提高饲用酶制剂的热稳定性。

(二)湿度

在一定湿度条件下,饲用复合酶和饲料中水分含量与水分活度的关系用水的吸附等温线表示,饲料水分含量越高,水分活度越大。在较高的湿度下,酶蛋白的变性会显著增加,如当样品水分含量降为10%,温度提高到60℃时,酶才开始失活,而水分含量为23%时,在常温下即出现明显的失活。对于许多酶制剂来说,在接近中性的pH和较低温度时,将水分活度降到0.3以下,能防止因酶蛋白变性和微生物生长引起的变化,从而保持更多的酶活,当酶蛋白通过一定的热稳定化措施后。在水分含量较高的环境中仍能保持较高的酶活,但部分损失仍然是存在的。

(三)酸碱性

消化道的pH通常是影响酶制剂活性的主要因素。不同动物的消化道pH不同,即使同一种动物,在消化道的不同部位pH也不同,一般来讲,胃中的pH为1.5~3.5,小肠为5.0~7.0,大肠为7.0左右。因此,要求饲用复合酶制剂对pH应有较宽的适应范围。酶的活性具有确定的最适pH,如其他蛋白质一样,酶具有许多可解离的基团,所以,pH的变化会引起催化活性的改变,影响到酶的活性。在一定的温度下,pH对酶活的影响还与酶在该环境中的作用时间有关。在动物体内,消化系统有一条适合于各种生化反应的pH谱线,在我们进行饲用复合酶多酶系统设计时,外源酶进行生物催化作用的pH范围是否与消化道内pH谱相适应,是否会引起酶的可逆或不可逆变性都是需要我们考虑的因素之一,比如胃蛋白酶在pH 6.0~7.0时很快会失活,而在pH 1.0~2.0时却十分稳定,一种酶未经后处理技术

处理不可能同时适应大范围的 pH 变化。与内源酶不同,外源酶的添加要么在饲喂过程中或在胃部里就全部发挥作用,要么就必须采用后处理保护技术,使其中某一类或一种酶耐受酸性环境,能到达所期望的作用点(比如在小肠末端或大肠里),以使外源酶能在消化道各部分发生作用。

(四)底物的浓度

酶活性随底物浓度的变化而变化,底物浓度在一定的变化范围内,酶的含量和作用结果呈线性关系,超过此范围则为非线性的。因此在生产实践中要选择适宜的酶制剂添加比例和数量。

(五)饲喂方式

饲喂方式分干、半湿、全湿饲喂 3 种。常见的方法是干喂。Hesselman(1981)曾将 β-葡聚糖酶加入饮水和饲料中饲喂,结果表明,尽管两种方法都有效,但加入饲料中比加入饮水中更有效。Inborr 等(1988)建议,采用专一酶制剂预先处理特殊原料的饲料,饲喂效果较佳。

此外,凡能引起酶制剂活力下降甚至丧失的物质称为酶的抑制剂,如汞、砷、磷的某些有机化合物等,金属、烷化烃,其他如紫外线、辐射等,有些抗生素可能对酶的活性有破坏作用(Vokic 等,1996),但机理尚不清楚。

第二节　益生菌

益生菌 (probiotics)是可以直接饲喂动物的有益活体微生物制剂,也叫活菌制剂或生菌剂。1965 年,益生菌首先被 Lilley 和 Stillwell 定义为:"一种微生物分泌刺激另一种微生物生长的物质。"1989 年 Fuller 明确提出:"益生菌是一种活的微生物饲料添加剂,通过改善肠道内微生物的平衡而发挥作用。"概念中限定活菌细胞作为益生菌的必要成分。

一、益生菌的种类及其特点

益生菌的分类因依据不同而有多种。根据制剂的用途及作用机制,分为微生物生长促进剂和微生态治疗剂;依活菌剂的组成,分为单一制剂和复合制剂;而目前较多使用的分类方法是依据微生物的菌种类型,分为乳酸菌制剂、芽孢杆菌制剂和酵母类等真菌制剂。

(一)乳酸菌制剂

此类制剂应用最早、最广泛,种类繁多。乳酸菌是能够分解糖类以产生乳酸为主要代谢产物的无芽孢的革兰氏阳性菌,厌氧或兼性厌氧生长,在 pH 3.0～4.5 的酸性条件下仍能够生存。包括乳杆菌属、链球菌属、明串珠菌属、片足球菌属。目前主要应用的有嗜酸乳杆菌、双歧乳杆菌和粪链球菌。它们的特点:①是多种动物消化道主要的共生菌,能形成正常菌群;②在微需氧或厌氧条件下产生乳酸;③有较强耐酸性;④不耐热,65～75℃下死亡;⑤产生一种特殊抗生素——酸菌素(acidoline),能有效抑制大肠杆菌、沙门氏菌的生长。

(二)芽孢杆菌制剂

芽孢杆菌属于需氧芽孢杆菌中的不致病菌,以内孢子的形式零星存在于动物肠道的微生物群落中。目前主要应用的有地衣杆菌、枯草杆菌、蜡样芽孢杆菌、东洋杆菌等,在使用时多制成该菌休眠状态的活菌制剂,或与乳酸菌混合使用。由于芽孢杆菌具有芽孢,其产品具有较多的优点:①耐酸、耐盐、耐高温(100℃)及耐挤压,具有稳定性;②具有分泌蛋白酶、脂肪酶、淀粉酶的能力。

(三)真菌及活酵母类制剂

作为此类制剂的真菌主要是丝状菌,在分类学上属真菌纲中的子囊菌纲。目前常用的制品有两种:米曲霉及酿酒酵母培养物,它们是包括真菌及其培养物的制剂,多用在反刍动物方面。其主要特点:①是需氧菌,喜生长在多糖偏酸环境中;②体内富含蛋白质和多种 B 族维生素;③不耐热,60～70℃,1 h 即死亡。

二、益生菌菌种的选择

菌种的筛选、组合是益生菌研制过程中的一个重要环节。国内外益生菌产品大多数没有做到特异有效性,而是同一种菌制剂畜禽混用。各国对于安全菌种的规定不尽相同。1989 年美国食品药物管理局(FDA)和饲料监控官员协会公布了 40 种安全有效的微生物菌种,其中包括:黑曲霉、米曲霉、凝固芽孢杆菌、粘连芽孢杆菌、地衣芽孢杆菌、短小芽孢杆菌、枯草芽孢杆菌、厌氧性拟杆菌、发酵乳杆菌、纤维二糖乳杆菌、弯曲乳杆菌、载耳布吕克氏乳杆菌、乳酸乳杆菌、乳酸片球菌、毛状拟杆菌、瘤胃拟杆菌、猪拟杆菌、青春双歧杆菌、动物双歧杆菌、婴儿双歧杆菌、长双歧杆菌、嗜酸肥杆菌、嗜热性双歧杆菌、短乳杆菌、保加利亚乳杆菌、干酪乳杆菌、啤酒片球菌、戊糖片球菌、费氏丙酸菌、谢曼氏丙酸杆菌、酿酒酵母、乳酸链球菌、二乙酰乳酸链球菌、粪链球菌、中(间)链球菌、乳链球菌、嗜热链球菌。

选用菌种的基本要求:①高安全性。生产应用前,首先必须经过严格的病理与毒理试验,证明无毒,无致畸,无致病,无耐药性、药残等副作用后方可使用;②必须是活的有益菌,在培养基及生物体内易增殖,加工处理后尚有高存活率;③对酸、碱、胆汁有耐受性,耐 100℃ 高温,可避免防霉剂、抗氧化剂和饲料加工过程以及动物肠道内胃酸、胆汁的影响;④在上皮细胞定殖能力好,生长速度快,不与病原微生物产生杂交种;⑤能产生乳酸或其他抗菌物质;⑥活菌数要求一般为每克饲料含 3×10^6 个。

三、益生菌的作用机理

在动物肠道内存在着百种及百兆个以上的细菌,构成肠内菌群。正常情况下,它们作为一个整体存在,彼此之间相互依存,相互制约,起着各种营养生理学的作用,同时还担负着抑制病菌繁殖,预防感染的任务。但当动物受到饲料变换、断乳、运输、疾病等应激作用时,会引起动物胃肠道内环境微生物菌群的变化。当应激超过其生理范围时,则引起消化道菌群失调,微生态平衡打破,进而表现出病理状态。益生菌进入畜禽肠道内后,在复杂的微生态环境中与近 400 种正常菌会合,显现出栖生、偏生、共生、竞争或吞噬等复杂关系,从而对宿主产生营养、免疫、刺激生长及生物颉颃等生物作用,来保持胃肠道微生态环境的平衡,提高动物生产性能,防病治病,以最终取得良好的经济效益。益生菌的饲喂作用机理总体有两个大的方面，即促生长和治疗。微生态促生长制剂(如芽孢杆菌、酵母菌)能直接提高饲料转化率，促进动物生长，同时间接防病治病。其作用机制理论基础是微生物营养论和“三流运转学说”，即产生多种消化酶；多种酶提高饲料转化率和促进肠内营养物质的消化、吸收；减少大肠杆菌数，维持肠道微生态平衡。

微生态治疗剂(如乳酸菌、粪链球菌)主要是直接防病治病，间接提高饲料转化率，促进生长发育。作用机制理论基础是微生态平衡论。从微生态学角度讲，畜禽疫病是由于体内菌群平衡失调所引起的，使用益生菌后体内厌氧菌逐渐增加，抑制致病性需氧菌生长，从而恢复了正常菌群原有的平衡状态，达到防病治病的目的。微生物优势种群最突出的如乳杆菌，包括保加利亚乳杆菌、干酪乳杆菌、嗜酸乳杆菌、植物乳杆菌；还有嗜热链球菌、粪链球菌及双歧杆菌等，通过微生物夺氧及有益菌在消化道内附着定植和对营养素的竞争，调节肠道内菌群趋于正常化，抑制致病菌和有毒菌的生长。微生物可产生有机酸，降低动物肠道 pH，杀死不耐酸的有害菌；产生溶菌酶、过氧化氢等物质，可杀害潜在的病原菌；产生的代谢产物可以抑制肠内胺和氨的产生；产生蛋白酶、淀粉酶、脂肪酶等消化酶，有利于物质的分解；合成 B 族维生素，氨基酸、未明促生长因子等营养物质；益生菌的细胞壁上存在着肽聚糖等刺激肠道的免疫细胞而增加局部免疫抗体，增强机体抗病力(蔡辉益等，1993)。

四、益生菌在家禽上的应用

大量研究报道了添加益生菌能提高肉仔鸡成活率，提高增重及饲料效率。薛恒平等(1994)比较了不同活菌制剂对肉仔鸡效果，发现饲喂噬菌蛭弧菌制剂、复合菌制剂、噬菌蛭弧菌和乳酸菌 K 株混合制剂，鸡白痢发病率比对照组分别降低了 10.6%、12.5%和 9.1%，成活率分别提高了 7.2%、8.4%和 6.9%。从增重情况来看，复合制剂组与混合制剂组增重效果极显著($P<0.01$)。肖振铎等 (1995)用抗生素作对照，发现产酸型活菌制剂可使肉鸡生长速度提高 5.35%，饲料消耗降低 5.34%。马西艺等(1996)把活菌制剂(含有乳酸杆菌 5 亿以上/g)和需氧芽孢杆菌(5 亿以上/g)以 0.14%的水平添加到 21 日龄肉鸡饲料中，提高肉鸡能量代谢率 4.7%，蛋白质沉积率 9.4%。孙建义等(1999)在祖代伊沙蛋鸡基础日粮中添加 0.15%的益生菌(含粪链球菌 8 亿/g)，产蛋率提高 8.38%，种蛋合格率提高 15.39%。

五、影响益生菌作用效果的因素

使用益生菌的关键是保证这些活的微生物被混入饲料前后能保持生物活性，而在从生产到使用的过程中，其功效的发挥要受到一系列来自动物、饲料及其加工、使用上的具体方法等各种因素的影响。

(一)动物种类

动物种类不同要求益生菌菌种组合也不同。适于单胃动物的微生态制剂所用菌株一般为乳酸菌、芽孢杆菌、酵母等，而适于反刍动物的却是真菌酵母等。

(二)动物生理状态

动物处于诸如出生、断奶、转群、外界环境变化等应激时期是活菌制剂发挥最佳作用效果的前提条件。

（三）饲料类型及成分

饲料中的微量元素、抗菌物质等对微生物有破坏作用。痢特灵、氯霉素对各种菌抑制最强，金霉素、红霉素、土霉素次之，其他一些抗生素对芽孢杆菌无明显的抑制作用，对乳酸菌、酵母菌则有微弱的抑制作用。这就要求对益生菌采取一些加工措施，如包被等办法，来提高它在加工过程中的存活能力。

（四）饲料加工过程

在制粒与膨化过程中，高温高压蒸气明显影响微生物活性，制粒过程可造成10%～30%孢子损失。肠杆菌可损失达90%以上，而乳杆菌经60℃或更高温度几乎全部杀灭，酵母经70℃的制粒过程活细胞损失99%以上。

（五）菌剂的菌株组成及其定殖能力

目前，大多数饲用益生菌是复合菌剂，其所含菌株有主次之分，而不同菌株在消化道内的协同作用的效果不同。同时菌株能否在消化道内迅速定殖而形成优势种群也是影响使用效果的因素之一。

（六）饲用方式与剂量

同一使用剂量，通过饮水的方式饲喂，由于减少了菌体受饲料中不良因素的破坏，效果较好。

（七）水分的影响

一般来说，微生物在干的状态下，存活状态较好。当水分升高，随时间延长，存活率降低。不同细菌对水的耐受力明显不同，孢子型细菌耐受性最好，肠球菌、粪链球菌次之，乳杆菌再次之。不同乳杆菌对水稳定性也有不同。植物乳杆菌较好，嗜酸乳杆菌较差，酵母对水耐受性较好。目前市场上很多商品制剂已使用脱水剂，以延长保存时间。

（八）温度和 pH

当贮存温度超过30℃时，制剂活性就会受到影响，微生物产品一般都要求冷藏，尤其是非孢子态微生物。除乳酸菌外，在 pH 低于 4～4.5 环境下，微生物极易死亡，最适环境为中性(pH 6～7)。因此不应将益生菌与酸化剂保存在一起，另一办法是将微生物产品在干燥前中性化。

（九）保存时间

随着时间的推移，活菌数量不断减少。减少速度因微生物种类不同而异。以芽孢杆菌最为稳定，其次是肠球菌群中的粪链球菌，再次是乳杆菌，稳定性最差的是双歧杆菌。

第三节　寡聚糖

寡聚糖(oligosaccharides)又称低聚糖或寡糖，是指 2～10 个单糖通过糖苷键连接形成直链或支链的一类糖。早在20世纪60年代就有报道指出，寡聚糖可作为免疫增强剂使用。日本率先将寡聚糖用于食品工业，其目的不是为了营养，而是为了保健作用。20世纪80年代中后期，随着微生态学理论的发展，人们对肠道有益菌的功能日趋重视，同时发现一些寡聚糖能选择性刺激肠道有益菌的生长繁殖而不能被大部分有害菌利用。20世纪90年代中后期，迫于来自人类健康和环境保护的压力，抗生素替代品的研究日益受到重视，寡聚糖由于具有无污染、无残留、功能奇异而成为人们所期望的焦点。国内一些企业采用酶工程手段，已开发、生产出一些寡聚糖类产品。可见，寡聚糖作为一种功能性饲料添加剂，扩展了传统上碳水化合物仅作为能源物质的功能，成为动物营养研究的新动向。

一、寡聚糖的种类及生产

由于组成寡聚糖的单糖分子种类、分子间结合位置及结合类型不同，其种类很多，在自然界达数千种以上。目前，在动物营养中所研究的寡聚糖主要是指不能被人和其他单胃动物自身分泌的酶分解，但能对机体微生物区系、免疫等功能产生影响的特殊糖类物质。主要产品有以下几种：

（一）甘露寡糖（mannan oligosaccharides，MOS）

MOS 是几个甘露糖分子或甘露糖与葡萄糖通过 α-1，2、α-1，3、α-1，6 糖苷键组成的寡聚糖，目前所使用的产品是通过发酵法从富含 MOS 的酵母细胞壁中提取的葡甘露聚糖蛋白复合物，约含 30%的葡萄糖和 30%的甘露糖。

（二）果寡糖（fructooligosaccharides，FOS）

FOS 是在蔗糖分子上以 β-1，2-糖苷键结合几个（$n \leqslant 8$）D-果糖所形成的寡聚糖，目前应用于饲料添加剂的主要产品是分别在蔗糖分子上连接 1 个 D-果糖、2 个 D-果糖、3 个 D-果糖形成的果寡三糖（GF-2）、果寡四糖（GF-3）、果寡五糖（GF-4），它们在自然界以较高浓度存在于大麦、小麦、黑麦、马铃薯、莴苣、香蕉、菊芋、洋葱等植物及酵母中（Bailey 等，1991；徐秀容等，1999）。天然存在的 FOS 是由微生物或植物中具有果糖转移活性的酶作用而产生的，目前可将微生物中 β-呋喃苷酶或果糖转移酶作用于蔗糖而制备获得果寡糖。

（三）α-寡葡萄糖（α-glucooligosaccharides，α-GOS）

α-GOS 也称异麦芽寡糖（isomalto oligosaccharides），其中至少含有一个通过 α-1，6-糖苷键结合的异麦芽糖，其他的葡萄糖分子可以通过 α-1，2、α-1，3、α-1，4-糖苷键组成寡聚糖。α-GOS 可由 α-转葡萄糖苷酶催化麦芽糖和麦芽糖糊精而生成。Amarakone 等（1984）发现在底物中葡萄糖浓度很高时，使用葡萄糖淀粉酶和支链淀粉酶催化淀粉水解时能催化 α-1，6-糖苷键的合成。因此 α-GOS 可以以多种含淀粉的粮食为原料，如玉米、碎米、山芋、木薯等以及各类淀粉为原料来生产。

（四）寡乳糖（galactooligosaccharides，GAS）

GAS 是由几个半乳糖通过 α-1，6-糖苷键结合在蔗糖的葡萄糖上而成的寡聚糖。可由乳糖合成或从富含植物中提取。

（五）寡木糖（xylooligosaccharides，XOS）

XOS 是几个 D-木糖或其他五碳糖或六碳糖与 D-木糖 4 位羟基生成的寡聚糖。通过木聚糖酶降解植物可获得 XOS，但内源性木聚糖酶的效价受到木聚糖中存在的阿拉伯糖侧链的影响。

（六）β-寡葡萄糖（β-glucoolicosaccharides，β-GOS）

β-GOS 是葡萄糖通过 β-1，6 或 β-1，4-糖苷键组成的寡糖。通过 β-葡萄糖苷酶催化浓葡萄糖溶液(70%),可聚合成β-GOS,但该产品质量低,难于在饲料中应用。

(七)低聚焦糖(sucrose thermal oligosaccharides caramel, STOC)

STOC是用加热法从蔗糖合成的蔗果三糖混合物,其中含有所有的天然的蔗果三糖和三种新的α果糖异构物。

(八)反式半乳寡糖(trans galacto oligosaccharides, TOS)

TOS由半乳糖-(半乳糖)n-半乳糖构成,$n=1\sim4$,通过β-1,6、β-1,4、β-1,3-糖苷键连接。TOS在常规饲料中很少被发现,可能在酸乳酪中存在(Toba等,1983)。Burvall等(1979)报道可以通过乳糖的反式半乳糖苷获得。

(九)大豆寡糖

大豆寡糖是包含在大豆中的寡聚糖的总称,其主要成分为蔗糖、棉籽糖和水苏糖,此外还有微量的阿拉伯糖。大豆寡糖分子主要由α-半乳糖苷组成。

二、寡聚糖的消化和代谢

哺乳动物对碳水化合物的消化主要局限于α-1,4-糖苷键,其产生的内源性消化碳水化合物的酶如唾液淀粉酶、胰淀粉酶对其他糖苷键的分解能力较弱或不能分解。除了由淀粉降解产生的麦芽糖或低聚糊精外,其他寡糖由于其结构中α-1,4-糖苷键的比例小,因此,在很大程度上不被哺乳动物消化,故称为非消化性寡糖(nondigestible oligoccharides, NDOs)。

离体或体内实验已表明,许多工业生产的寡聚糖如FOS、GAS等基本上能抵抗胃酸和消化酶的降解。Kaneko等(1992)用小肠液体外培养α-GOS,结果仅小部分降解。Tokonaga等(1989)用^{14}C标记的FOS饲喂无菌家鼠8 h后,无$^{14}CO_2$产生,而同样条件下的有菌家鼠则有大于50%的FOS被以$^{14}CO_2$的形式从粪便中释放出来。揭示家鼠消化道内微生物分解了FOS。因此寡聚糖基本上不被小肠吸收而直接进入小肠后部、盲肠、结肠和直肠。

单胃动物消化道后部寄生着大量微生物,既能产生切断多聚糖或低聚糖末端糖苷键的酶,也能产生水解聚合链中间各种糖苷键的酶,因此能消化寡糖,其消化过程是:NDO→单糖→乳酸和丙酮酸→挥发性脂肪酸(VFA)、二氧化碳和水。

此外,Oku等(1983)对鼠体内静脉注射^{14}C标记的FOS,此FOS不经任何分解而随尿迅速排出,说明FOS不能在机体组织中代谢。

三、寡聚糖的作用机理

(一)选择性促进有益菌的增殖

体外实验表明,大多数寡聚糖可作为肠道有益菌如双歧杆菌、乳酸杆菌的碳源,而梭状芽孢杆菌、真杆菌、肠杆菌或大肠杆菌等有害菌对其不能利用或代谢利用率很低。

(二)阻止病原菌定殖,促进其随粪便的排泄

研究表明,肠道病原菌必须首先与肠黏膜黏接才能在胃肠道定殖和繁殖而致病。这种黏接是通过细菌表面外源凝集素与上皮细胞特异性的糖分子相结合(Beachey,1981;Roberts, 1984;Firon等,1987;Nathan等,1993)。现已证实,大多数肠道病原菌具有对甘露糖

特异结合的外源凝集素。

Pusztai 等(1991)通过演示证明用特定的糖来结合细菌的外源凝集素或用特定的外源凝集素来结合肠黏膜上皮细胞表面糖脂或糖蛋白的糖残基,都可达到阻止细菌与肠黏膜结合,并把这一过程称为化学益生。体外实验还表明,粘连在上皮细胞上的大肠杆菌碰到 MOS 后可在 30 min 内脱落下来,但葡萄糖和半乳糖则对附着的细菌无用。

Oyofo 等(1989)进一步检测了其他几种糖(葡萄糖、乳糖、麦芽糖、蔗糖)对伤寒沙门氏菌在肉仔鸡盲肠定殖力的影响。

(三)影响免疫功能

寡聚糖也具有抗原特性,能够产生特异性的免疫应答。此外,含甘露糖的寡聚糖也可通过刺激肝脏分泌能与甘露糖结合的蛋白而影响免疫系统。这种蛋白质与细菌荚膜相黏结并触发一连串的补体(Janeway,1993)。Yoshida 等(1995)报道了甘露寡糖能显著提高鲇鱼的细胞活性。Cotter 等(1997)观察到日粮中添加甘露寡聚糖后,鸡肉垂对 PHA 的反应显著增强。

四、寡聚糖在家禽上的应用效果

(一)对生产性能的影响

Ammerman 等(1998,1999)报道,1 日龄肉鸡日粮中添加果寡聚糖与对照组和饲喂抗生素组相比,果寡糖组 47 日龄体重、胴体重和胸肉重增高,并认为寡果糖可作为促生长剂替代抗生素。1992 年,日本学者在饲料中添加 0.2%异麦芽寡聚糖对 5 个农场的 9 万羽肉鸡[试验组(T)4.5 万羽,对照组(C)4.5 万羽]进行了从出壳到上市的试验,发现可提高生产性能和胴体品质。Randy 等(1995)在火鸡日粮中添加了 MOS,对相同条件下 4 栋鸡舍的 15 000 羽火鸡进行实验,其中两栋舍的火鸡在饲料中添加 MOS,0~3 周 908 g/t,4~17 周 454 g/t;另两栋鸡舍不添加 MOS,并在 8~12 周添加维吉尼霉素(virginiamycin),发现其结果可带来很好的生产效益和经济效益。Choi 等(1994)、Pusztai 等(1995)、Orban 等(1997)试验证明,FOS、MOS、STOC 可显著提高肉鸡的体增重、饲料消耗、饲料转化率。吴天星(1997)证明,当寡果糖添加量达到 1%后,肉鸡腹泻增加,饲料报酬和日增重低于 0.50%组,因而认为日粮中 FOS 的添加水平应以 0.25%~0.50%为宜。关于寡聚糖在肉鸡日粮中的应用也有一些不一致的试验效果。Waldroup 等(1993)报道肉鸡对日粮中 FOS 的反应不一致,21 日龄时体增重有明显提高,饲料转化率也有所改善;而 49 日龄时体增重、饲料转化率、肉鸡死亡率均无明显改善。

(二)对健康状况的影响

大量研究表明,在肉鸡日粮中添加适量的寡糖,其盲肠内双歧杆菌和乳酸菌数增加,而变形杆菌、大肠杆菌和梭状芽孢杆菌数减少,从而建立了肠道的优势菌相。且添加寡糖使盲肠中氨、酚、甲酚浓度降低,乳酸、醋酸、丁酸浓度显著增加,盲肠 pH 降低。杨全明等(1999)在蛋鸡日粮中添加寡糖类饲料添加剂使 4 周龄雏鸡粪便中大肠杆菌数显著减少,沙门氏菌和贺氏菌消失,双歧杆菌数显著增加。Choi 等(1994)报道,被沙门氏菌感染的鸡饲喂 FOS 后,盲肠 pH 降低,回肠微小突起物长度增加,降低了盲肠黏膜上皮细胞坏死。高英(2002)将不同寡糖添加在肉仔鸡日粮中,以研究其对于营养物质利用率、免疫器官指数的影响,结果表明，基础日粮中添加大豆寡糖和果寡糖提高了能量的利用率，而甘露寡糖和异麦芽寡糖则显著降低了能量的表观利用率，添加寡糖对蛋白质的表观代谢率无显著影响。不论在育雏期还是在育成期，添加寡糖对肉仔鸡免疫器官指数都无显著影响，但是添加寡糖使法氏囊指数降低。

五、影响寡聚糖使用效果的因素

从以上研究报告可以看出，寡聚糖可提高动物生产性能和健康水平，但变异范围很大。其可能因素主要有：①寡聚糖添加量。肠道微生态的平衡在正常情况下具有一定的自我调节适应能力，添加量过低对动物无效果，过高可能引起动物腹泻，因此各种寡聚糖都有最适添加量问题。②动物年龄。动物年龄与饲喂寡聚糖的反应程度关系密切，通常幼龄动物效果较成年动物明显。③动物饲养环境。在饲养条件比较差的环境中，添加寡聚糖效果较明显；④日粮组成。动物饲粮中可能会含有一些天然寡聚糖，影响寡聚糖添加量的作用效果。⑤其他因素。应激、亚临床疾病或日粮营养不足等都可影响寡聚糖的效果。

第四节　中草药及其提取物

中草药兼有营养和药物两种属性，除一定量的营养物质外，还含有具有抗菌活性或其他生物学活性的成分。中草药作为饲料添加剂可起到改善机体代谢、促进生长发育、提高免疫功能及防治畜禽疾病等多方面的作用。中草药具有抗生素无法比拟的优点，其毒副作用小，不产生抗药性或抗药性极小。

一、中草药及其提取物的作用

(一)防病治病作用

由于中草药中含有生物活性的成分，大多数清热解毒类中草药具有抑菌或杀菌作用。大青叶、金银花、板蓝根、连翘、黄连、黄柏、黄藤、穿心莲、大蒜等，不仅具有抗病毒作用，而且具有广谱抗菌作用，对金黄色葡萄球菌、溶血性链球菌、肺炎双球菌、大肠杆菌等的生长具有抑制作用。

胡元亮等(1998)的体外抑菌试验表明，中草药泻痢康制剂(诃子、大黄、穿心莲、板蓝根、黄芪、山楂、茯苓等)对沙门氏菌的抑菌直径与土霉素相差无几(26 和 29 mm)，单味药的抑菌直径分别为诃子 27 mm、大黄 18 mm、板蓝根 14 mm、穿心莲 14 mm。王俊淇等(1999)报道，党参脂对金黄色葡萄球菌、大肠杆菌、钩端螺旋体、绿脓杆菌等有较强的抑制作用，抑菌斑直径分别为 13.9～14.7、19.5～21、11.8～12.5 和 17.6～18.0 mm；谷新利等(1993)进行了中药对致病性大肠埃希氏杆菌的体外抑菌试验，发现 O8 和 O141 对丹皮高度敏感，对黄芪、黄芩、连翘、诃子、五味子、地榆等中等程度敏感，对肉桂、藿香轻度敏感，对板蓝根、当归、甘草、木通、桂胶等具有耐药性；王晶钰等(1997)发现地榆、石榴皮对鸡白痢沙门氏杆菌有中等抑制作用，金银花、黄芩、黄连、诃子、苍术等对沙门氏杆菌有一定的抑制作用；夏薛梅

(1998)报道,地榆、黄连、瞿麦、黄柏、虎杖、千里光、铁苋菜、蒲公英、野菊花、火炭母、凤尾草、十大功劳等对大肠埃希氏杆菌有较强抑制作用,苍术、苦参、草珊瑚对其有一定的抑制作用。欧阳华等(1994)用中草药添加剂(黄连、黄芩、苍术、陈皮、茯苓、桉叶、青蒿、柏枝、大黄等)治疗肉鸡腹泻和球虫病,治愈率80%以上;郑明学等(1999)试验表明,中草药制剂(干姜、苍术、黄柏、白头翁等30味)对白痢有明显防治作用,预防保护率达96.7%,对沙门氏杆菌有明显抑制作用。王健等(1993)所配复合中草药(苦参、艾叶、白头翁、健曲、海椒粉)对人工感染雏鸡艾美耳球虫有一定的抑制作用;路淑宽等(1998)报道,中草药(Ⅰ:龙芽木、内蒙黄芪、萝卜缨等8味;Ⅱ:蝙蝠葛、黄柏、大青叶等8味)对产蛋鸡的传染性喉气管炎(ILT)有预防作用,对强毒攻击的保护率分别为92%和94%。

(二)中草药的抗应激作用

人参、西洋参、刺五加、黄芪等补气类中药,可提高动物对低压缺氧和常压缺氧以及中毒性缺氧的耐受力,防止脂质过氧化,保护细胞膜和亚细胞结构的完整性;黄芪、绞股蓝通过提高肾上腺皮质功能,增强抗疲劳作用;苍术、厚朴具有益气健脾、燥湿祛风、祛痰作用,可防止胃黏膜破坏和溃疡;甘草可使细胞核中核酸增多、组织中纤维成分和血小管增生,减轻炎症反应。

袁福汉等(1993)在高温季节在产蛋鸡饲料中添加藿香、金银花、板蓝根、苍术、龙胆等,使饲料报酬提高5.45%~13.2%,产蛋率提高9.37%~11.29%;易泽良(1994)报道,在最高气温38℃,舍内温度32℃情况下,添加0.5%~1.0%的抗应激中草药(藿香、香薷、黄连、黄芩、栀子、山楂、神曲、枣仁、远志、黄芪、益母草)使采食量、产蛋率分别提高9.23%和11.28%,饲料报酬也略有改善,其抗应激效果优于以氯丙嗪、氯化钾、乳酶生、杆菌肽锌及维生素C、维生素K_3、维生素B_2、维生素E组成的抗应激药物。人参五灵脂使鼠游泳耗竭时间延长52.3%,低温存活时间和缺氧耐受力提高72.7%和57.4%;半夏泻心汤可使溃疡指数下降40%,增加黏蛋白含量。此外,研究发现,五味子和女贞子作为饲料添加剂使用,具有抗蛋鸡热应激的作用(Ma等,2005)。

(三)免疫促进作用

中草药的成分非常复杂,其免疫有效成分主要有多糖类、皂甙类、生物碱、挥发性成分和有机酸;多糖是许多中草药的主要免疫活性物质,如黄芪多糖、党参多糖、红芪多糖、淫羊霍多糖、枸杞多糖、刺五加多糖、香菇多糖、茯苓多糖、云芝多糖、灵芝多糖、银耳多糖等;皂甙类化合物中研究较多的是人参皂甙和黄芪皂甙。中草药中含有的皂甙类和多糖类生物活性物质,可作为免疫增强剂,通过非特异途径提高机体对微生物或抗原的特异性反应,有利于加强机体的免疫系统,缓解由环境应激造成的免疫系统紊乱,有利于预防和治疗传染性疾病和其他条件性疾病。

多糖具有多方面的生物学活性,调节机体免疫,抗感染、治疗免疫缺陷和慢性病毒性肝炎、抗消化性溃疡等。它主要通过影响淋巴细胞和巨噬细胞DNA、RNA、蛋白质的合成,抗体的分泌,cAMP/cGMP含量以及补体和干扰素的诱生等发挥作用。糖萜素可调节动物神经内分泌免疫网络,提高动物机体免疫功能,调节cAMP/cGMP系统,抗氧化,促进蛋白合成和提高消化酶活性,并具一定的抗应激性。

黄芪除抗疲劳、耐缺氧、耐低温、保护肝脏、抗肿瘤外,还具有免疫增强作用,对动物免疫系统有广泛影响,包括体液免疫和细胞免疫调节作用,它能激活免疫器官的免疫功能,增强单核细胞的吞噬能力，促进T淋巴细胞、B淋巴细胞的功能，增强NK细胞活性，并诱导机体产生干扰素；黄芪可通过特异性和非特异性途径提高体液抗体、补体的产生，使IgM、IgE、IgG明显上升。黄芪皂甙可增加体内cAMP含量，黄芪煎剂促进淋巴细胞转化，提高E玫瑰花环形成率。黄芪对干扰素-NK细胞的作用，可能是其免疫功能的主要机制。红芪多糖显著提高中性粒细胞的活性，改变T细胞的抗病原应激性，红芪多糖能提高小鼠吞噬细胞吞噬指数和E花环形成率。人参皂甙、人参多糖能显著提高IgG、IgM、IgA含量。党参多糖对胸腺细胞E花环的形成有促进作用，对腹腔注射环磷酰胺、氢化可的松小鼠的E花环形成有增强和恢复作用。淫羊藿能促进抗体产生，显著提高肝脾KNA合成率，对机体的特异性和非特异性免疫均有促进作用。淫羊霍总黄酮使小鼠巨噬细胞吞噬率提高52%及99%，吞噬指数提高69%及191%。女贞子对白细胞减少有显著治疗作用，可使淋转率提高，促进淋巴细胞对植物凝集素的应答，增强细胞表面受体活性或促进细胞接收信号。当归中阿魏酸促进淋巴DNA和蛋白质的合成，当归多糖对机体免疫功能有促进作用，具抗肿瘤及活化补体细胞和吞噬细胞的作用。白芍总甙、枸杞多糖促进巨噬细胞的吞噬功能，提高机体的非特异性免疫力。何首乌提高体液免疫力，刺激淋巴细胞转化。女贞子、五味子作为鸡饲料添加剂使用时，具有抗氧化、提高免疫的功能(Ma等，2005，2006，2007，2009)

中草药促进动物免疫器官的发育，增强非特异性和细胞免疫功能。黄芪、蜂花粉能明显促进脾脏、腔上囊的发育；蛇床子浸提液、板蓝根多糖可对抗小鼠氢化可的松引起的免疫抑制，使脾脏重量减轻得到恢复；枸杞多糖使溶菌酶活性增强。金岭梅等(1999)以中草药添加剂使热应激猪血液中的血红蛋白、嗜酸性白细胞、血清免疫球蛋白(IgG)和淋巴细胞的转化率分别提高27.8%、41.4%、14.8%和24.1%。刘月琴等(1997)以黄芪、神曲、麦芽、山楂、陈皮等配成添加剂饲喂小尾寒羊，20 g/(只·d)，使增重提高22.94%，同时血液中红细胞、白细胞及淋巴细胞中T细胞所占比例分别提高9.51%、11.35%、11.92%；黄一帆等(1996)采用中草药使蛋雏鸡NDHI、γIg、ANAE 3项免疫学指标均得到提高。柳纪省等(1998)观察到黄芪、女贞子、淫羊霍、猪苓等对雏鸡NDHI抗体生成有显著促进作用，其中黄芪、女贞子、猪苓等3种作用较强。黄芪和猪苓促进了雏鸡腔上囊和脾的发育，相对重量增加。花象柏(1993)以4%黄芪连用6 d，促进NDI系免疫鸡的腔上囊发育，腔上囊和体重显著高于对照组。另外，黄芪多糖和香菇多糖可使雏鸡脏器Se-GSH-Px活性显著升高(曲琪环等，1997)。

二、中草药及其提取物对家禽生产性能的影响

中草药对蛋鸡和肉鸡生产性能的影响见表13-2、表13-3。

表13-2　中草药对蛋鸡生产性能的影响

中草药组成	用量/%	产蛋率/%	料蛋比/%	来源
党参	1	+18.17	−9.63	秦有武(1992)
泡桐花等	1～1.5	+8.45	−6.99	袁福汉(1993)
黄芪、淫羊霍、松针、梧桐叶等	2.0	+17.5		王凤和(1993)
松针粉	0.5	+12.9		周维纯(1994)
辣椒、石膏	1.5	+4.78～+8.01		袁福汉(1994)

续表 13-2

中草药组成	用量/%	产蛋率/%	料蛋比/%	来源
陈皮、黄芪、白芍、川芎、当归、补骨脂、益母草、麦芽、罗勒		+5.21		刘深廷(1995)
艾叶	0.5	+4.9		孙金堂(1995)
大蒜	1	+11.0		黄玉德(1996)
蛇床子、五味子、白术	1	+5.66		潘琦(1996)
薏苡仁、黄芪、菟丝子	1	+7.78		潘琦(1996)
淫羊藿、何首乌、麦饭石	1	+8.16		潘琦(1996)
五味子、益母草、白术、菟丝子、川芎、何首乌、韭菜籽、山楂、神曲		+5.35		杨利军(1997)
薏苡仁、黄芪、淫羊藿、熟地、枳壳、生芪、党参、麦芽、山楂		+5.62		杨利军(1997)
当归、黄芪、元参、蒲公英、大青叶、黄芩、益母草、连翘、木通、泽兰叶、知母、甘草	0.1	+4.99		李文学(1997)
蒲公英、野菊花、西瓜皮、黄芪、当归、益母草、枣仁、藿香、黄芩、麦芽、神曲	0.7	+7.9		刘卫东(1997)
松针	3～5	4～6		田允波(1997)
党参、黄芪、破故子、麦芽、甘草等	1.0	+12.68		杜健(1999)
党参、黄芪、破故子、麦芽、甘草等	0.8	+8.82		杜健(1999)

表 13-3 中草药对肉鸡生产性能的影响

中草药组成	用量/%	产蛋率/%	料蛋比/%	来源
苦参、艾叶、白头翁、健曲、海椒粉	3.0	+15.73	−10.2	王健(1993)
黄芪、远志、陈皮、山药、甘草	1.0	+13.01	−7.36	刘靖(1993)
黄芪、远志、陈皮、山药、甘草	2.0	+16.82	−8.23	刘靖(1993)
茯神、五味子、钩藤、黄芪、白术、香附、白芍、神曲、昆布	1.0	+13.24	−5.68	周自动(1994)
黄连、黄芩、苍术、陈皮、茯苓、桉叶、青蒿、柏枝、大黄	2.0	+16.83	−25.81	欧阳华(1994)
黄芪、当归、麦芽、六曲、陈皮、茯苓、雄黄		+8.4	−8.8	钟运炎(1994)
苦参、黄芪、苍术、小茴香	1.0	+26.81	−19.19	吴焕忠(1995)
黄芪	1.0	+5.34	−3.74	王玉山(1995)
黄芪	2.0	+12.34	−8.31	王玉山(1995)
黄芪	3.0	+14.43	−6.99	王玉山(1995)
复方党参散	0.5～2	+18.8～+28.3	−13.8～19.3	许会军(1997)

续表 13-3

中草药组成	用量/%	产蛋率/%	料蛋比%	来源
黄连、白头翁、陈皮等	0.2	+3.74	−3.36	陈金文(1997)
马尾莲、滑石、麦芽	0.5	+6.42	−5.37	陈金文(1997)
甘草、知母、麦芽	0.3	+5.35	−4.70	陈金文(1997)
葛根、乌梅、蒲公英	0.25	+3.92	−3.36	陈金文(1997)
大蒜素	0.06	+7.54	−5.16	贾卫斌(1997)
碘化大蒜素	0.06	+11.31	−10.34	贾卫斌(1997)

三、中草药及其提取物应用中存在的问题

(一)药理学、毒理学研究亟待加强

目前对有效成分的研究基本处于分离、提纯和结构鉴定阶段,对所得成分的药理作用研究甚少或不够深入完善。不同成分间的相互作用更无人涉及。

(二)处方不够科学

中草药添加剂是在传统中兽医理论基础上产生和发展起来的,组方时应针对不同动物的特性和各阶段的生理需要,按照"辨证施治,理法方药"的原则,并明确各组分间的"君臣佐使"关系。目前的中草药添加剂主要以中草药的营养成分、有效成分含量及其药理作用为依据,未考虑药物成分间的互作。中草药是一个非常庞杂的系统,其复杂的多种有效成分在溶液中可发生水解、聚合、解离、氧化等各种化学反应,而且其中分子质量大的单体组分,往往以配位络合物或分子络合物方式存在,使药效与单体差别很大,很难用某种或某几种有效成分来代替整个药方的效果;因此即使知道某几种成分的药理作用,也难以确保配方的科学性。有些貌似无药效的成分如羧酸、氨基酸、蛋白质等,可以通过配位络合物和分子络合物的形成、影响溶液 pH 等方式影响复方中的化学平衡及其他成分在溶液中的状态。

(三)质量不稳定

受季节、产地等因素的影响,中草药原料的有效成分含量差异很大,实践中各种中草药添加剂所注重的只是原料药的重量,未充分考虑原料间质量的差别,因此即使同一配方在不同试验中的效果会有很大差异。

(四)炮制方法不规范

各种不同的中草药因其所含有效成分的种类、性质、药理作用不相同,应采用不同的炮制方法,此所谓"烧炼炮炙,生熟有定"。炮制就是通过采用各种方法改变有效成分含量或化学结构、破坏共存酶、使有效成分与特定辅料发生作用,以实现有毒者制其毒、无毒者增其效的目的。中草药添加剂的生产基本是原料直接粉碎,谈不上炮制,很难保证中草药的安全性和有效成分作用的发挥。

(五)剂型不够合理

现用中草药饲料添加剂,无论是用于防治疾病,还是用于促进性能,均以散剂和煎剂为

主，用量偏大，一般 2%～4%，多者达 10%以上，给生产和运输带来很多不便，不适应规模化生产的要求。加之生产工艺简单粗糙、技术含量低等因素造成中草药添加剂的竞争力不强，市场占有份额太低。

（六）药物选择局限

中草药添加剂的原料集中在一些常用的品种，如党参、黄芪、当归、板蓝根、金银花等，从而造成中药材的资源紧张，价格较高，与人争药的现象日趋严重。因此，要想使中草药添加剂发展成一个产业，在饲料添加剂行业中立足，必须加大资金投入和研究力度，逐步解决作用机理、加工炮制、工艺改进及新资源的开发等方面的问题。

（七）畜禽产品中的残留与病菌抗药性问题

即使是纯天然的中草药原药及其制剂，如果使用不当，同样可以引起毒副不良反应。由于临床毒副反应等问题，一些国家已禁止使用或销售某些中药或其制品。如 1977 年，美国食品和药物管理局宣布停止使用由碎杏仁制成的维生素 B_{17}（laetrile）。1979 年，新加坡政府禁止进口和销售含有小檗碱（从黄连中分离出的一种生物碱 ）的制剂。1980 年，一种由传统中草药当归、川芎、丹参、五灵脂和红花制成的胶囊，在印度尼西亚禁止销售。1981 年，联邦德国卫生署禁止销售含有马兜铃酸的专利药品及马兜铃科植物制成的草药制剂和提取物。1992 年，德国联邦卫生署禁用所有欧茜草制剂，包括蒽醌及其衍生物。

一些以抑杀病原体为主要作用特点的中草药也可能存在病原抗药性问题。如在青蒿素类抗疟药的研究中，人们不仅在伯氏鼠疟和约氏鼠疟中选育出对青蒿素类抗疟药具有抗药性的鼠疟病原，而且在体外试验中也培育出了抗青蒿素的人恶性疟原虫，说明疟原虫完全有可能对青蒿素类抗疟药产生抗药性。

第五节　抗菌肽

抗菌肽（antibacterial peptides）也称为肽类抗生素（peptide antibiotics）或天然抗生素（natural antibiotics），是生物体产生的一类具有广谱抗菌活性的小分子多肽，抗菌肽在自然界分布极为广泛，广泛地存在于细菌、植物、脊椎和无脊椎动物中，是天然免疫的重要效应分子。由于抗菌肽为机体内产生的天然成分，具有广谱抗菌、抗病毒和免疫增强作用，待消除安全性疑问后有望成为新的饲用添加剂服务于畜牧养殖业。

1972 年，瑞典科学家 Boman 等（1972）首先在果蝇中发现抗菌肽及其免疫功能，随后首先从惜古比天蚕蛹诱导分离到并命名为 cecropin。迄今为止，已经有千余种抗菌肽被分离、鉴定（http：ww. bbcm. univ. treste. it～tossantimic. html）。已知，抗菌肽广泛地存在于哺乳动物、鸟类、两栖动物、昆虫、植物以及微生物中。所有抗菌肽的共同特点为：分子质量小（12～100 个氨基酸残基）、多聚阳离子型、两亲结构。抗菌肽主要由免疫系统的许多细胞产生，如多形核嗜中性白细胞（PMNs）、巨噬细胞、淋巴细胞和自然杀伤细胞（NK 细胞）等，主要储存在胞浆的嗜苯胺蓝体颗粒内（Lehre 等 1999）。一旦细胞激活并脱颗粒时，这些与颗粒有关的多肽便被释放到胞内包涵病原的囊泡中或者分泌到细胞外，通过非氧化杀伤机制起作用（Elsbach 等，1992）。此外，机体的上皮细胞也可以产生抗菌肽（Andreu 等，1999）。

根据结构的相似性，抗菌肽可分为两大群：线肽和环肽。线肽的特征为具有两亲性的 α 螺旋结构或是有着某些高比例残基的延伸螺旋；环肽具有环状或 β 折叠结构，有一个或多个二硫键。

关于抗菌肽的概念，文献中存在 3 种不同形式，在抗菌肽刚刚被发现时，由于具有明显的抗菌功能，因此将这类小分子多肽物质称为抗菌肽。随后又发现对其他微生物具有抑制作用，如霉菌、酵母、病毒、原虫等，因此，又称为抗微生物多肽（antimicrobial peptides），但是，随着研究的深入，发现这类多肽在有机体还具有抗其他多种微生物的功能，目前文献中较倾向采用肽类抗生素。但由于约定俗成及习惯性原因，目前国内还较广泛采用抗菌肽这个概念。

一、抗菌肽的概述

（一）抗菌肽的分类

抗菌肽在自然界分布广泛，来源不一，种类繁多，分类也多种多样。由于对昆虫抗菌肽的研究较早，因而较透彻，从结构特征上主要分为 5 大类：天蚕素类、防御素类、富含甘氨酸的抗菌肽、富含脯氨酸的抗菌肽以及溶菌酶（Lamberty 等，1996）。另外，通过对鱼、虾、贝类等水生动物的研究发现（Tincu 和 Taylor，2004），其抗菌肽分为 4 大类：杀菌肽类（cecropins）、防御素类（defensins）、蛙皮素（magainin）——富含脯氨酸的抗菌肽（proline-rich peptides）、蜂毒素——富含甘氨酸的抗菌肽（glysine-rich peptides）。这 4 种类型的抗菌肽共同的特点是：均为碱性多肽；N-端有多聚腺苷酸残基；C-端均酰胺化；第 2 位氨基酸多为色氨酸（Try）；具两亲性结构；分子质量为 4 ku 左右等。这些肽类物质被分为两类：一类是非核糖体合成的抗菌肽，如短杆菌肽、多黏菌素、杆菌肽和糖多肽等，主要是由细菌产生，并经结构修饰而获得；另一类是由核糖体合成的天然抗菌肽，是生物机体在抵御病原微生物的防御反应过程中所产生的一类抗微生物与一些恶性细胞的短肽（antimicrobial 和 malignant-cell-toxic peptides）。

（二）抗菌肽的作用及其作用机制

抗菌肽多数具有强碱性、热稳定性以及广谱抗菌等特点，某些抗菌肽对部分真菌、原虫、病毒和癌细胞等均具有强有力的杀伤作用。

1. 对细菌的杀伤作用

抗菌肽对革兰氏阳性及革兰氏阴性菌均有高效广谱抗菌作用，至少有 113 种不同的细菌均能被抗菌肽所杀灭。例如，人源乳铁蛋白 B（lactoferrin B）及其衍生物可以减轻小鼠泌尿道大肠杆菌引起的感染和炎症（Haversen 等，2000）。天蚕素 PI、Indolicidin 和乳酸链球菌素（nisin）有抗铜绿假单胞菌的活性（Giacometti 等，1999）。联合应用 ranalexin 和 buforin 对氨苄西林抗性的表皮葡萄球菌有较好的杀伤作用（Giacometti 等，2000）。用激光扫描共焦显微镜观察柞蚕抗菌肽的杀菌作用发现，大肠杆菌在抗菌肽作用 10 min 后，抗菌肽吸附于菌体周缘，菌体胞膜完好与对照组无明显差别；作用 20 min 后，菌体一端遭受损伤，出现缺口，抗菌肽从端部缺口渗入胞内，端部细胞内含物外泄；作用 30 min 后，菌细胞内含物大量外泄，外泄物仍包裹于菌细胞外，形成空囊，最后菌体变成空腔而死亡。柑橘黄龙病类细菌在抗菌肽作用 10 min 后，抗菌肽主要吸附于菌体周围，虽然菌体端部已形成凹陷，但胞膜尚未破裂；作用20 min后，胞膜破裂抗菌肽已进入细胞内，在细菌端部形成渗入空隙；作用30 min后，抗菌肽进入细胞质和核区，同时导致细胞膜膨胀；作用40 min后，抗菌肽充满整个细胞质内，细胞内容物开始外泄；作用60 min后大多数菌体遭到破坏，内容物大量外泄形成空囊，内容物外泄包裹于菌体周围。

2. 对真菌的杀伤作用

最先发现对真菌有杀伤作用的抗菌肽是从两栖动物蛙的皮肤中分离到的蛙皮素，它不仅作用于革兰氏阳性及革兰氏阴性菌，对真菌及原虫也有杀伤作用。防御素是一类从动物细胞中分离到的杀菌肽，主要存在于吞噬细胞中。具有很宽的抗菌谱，对真菌及部分真核细胞都有一定的杀伤作用。天蚕素及其类似物，如天蚕素-蜂毒素杂合肽对感染昆虫的真菌具有一定的杀伤作用。来源于人和灵长类动物唾液的组蛋白(histone)也有抗真菌的作用，它结合真菌细胞的胞膜受体后进入细胞内部并定位于线粒体，其作用机制可能是通过诱导活化细胞ATP的丢失导致细胞死亡。这一作用模式与吡咯类和多烯类药物不同，所以组蛋白可能对抗药真菌菌株的感染有效。目前，另有研究发现组蛋白可以阻止口腔白色念珠菌黏附到义齿上从而减轻齿龈炎的症状。另外，组蛋白是人唾液的正常成分，使用过程中可能不会有明显的副作用(Kavanagh 等，2002)。迄今为止，对抗菌肽的抗真菌机理研究的很少。有人认为，抗菌肽可使真菌形态发生改变，内部离子快速外流，或抑制线粒体合成能量。Fogliano 等(2002)从假单胞菌 B359 中分别纯化出脂缩肽类(LDPs)、syringomycin 丁香霉素 E(SRE) 和 管缩氨酸 25A(SP25A)细胞壁降解酶(CWDEs)。抗霉菌生物鉴定出 SRE 和 SP25A 与细胞壁降解酶的协同作用。LDPs 和 CWDEs 联合使用，可抗所有受试霉菌。假单胞菌 *P. syringae* 本身对此酶具有一定水平的依赖性，利用其渗透入微生物的细胞壁。SP25A 的抗霉菌活性在 CWDE 的作用下比较小的 SRE 显著增强，表明 SP25A 抗霉菌活性强。体外生物对照分析也显示其抗霉菌活性与细胞壁降解有关。Lee 等(2002)对一种源于幽门缠绕杆菌核糖体蛋白 L1 的 N 端序列的肽 HP(2-20)的抗霉菌活性和机理进行研究，HP(2-20)显示出对多种霉菌的强大抗霉菌活性，并且该活性被 Ca^{2+} 和 Mg^{2+} 所抑制。为了研究 HP(2-20)的抗霉菌机制用荧光活化流式细胞分析，碘化物染色确定 HP(2-20)处理的白色假丝酵母比未被处理的显示出较高的荧光强度，该结果与蜂毒肽处理相同。通过检测膜代谢的变化对霉菌膜的作用，进一步根据钾释放实验检测出此肽抗霉菌膜作用，结果显示 HP(2-20)可通过盐依赖方式形成微孔或直接与细胞膜的脂双层相互作用，破裂细胞膜结构发挥其抗霉菌活性。

3. 对寄生虫的杀伤作用

抗菌肽可以有效地杀灭引起人类及动物寄生虫病(如疟疾、利什曼病等)的寄生虫。目前发现一种合成的天蚕素-蜂毒素杂合肽对利什曼原鞭毛虫有杀伤作用。起作用的靶目标是细胞质膜，它可以快速降低 H^-POH^+ 的通透性，破坏膜电势，质膜形态也受到损坏。Shahabuddin(1998)研究发现昆虫抗菌肽对感染蚊子的疟原虫发育的不同时期有不同的作用，主要对疟原虫的卵囊期和子孢子期造成明显的损伤。dermaseptin 的一种衍生物能够杀灭在红细胞内寄生的恶性疟原虫。另外，在 dermaseptin 家族中，由 29 个氨基酸组成的肽段 DS201 对枯氏锥虫有抗性，这预示着 DS201 可能用来抵制经血液传播的枯氏锥虫的感染。

4. 对原虫的杀伤作用

抗菌肽作为在自然界普遍存在的必要保护工具，抵抗着各种病原，部分抗菌肽对锥虫、疟疾虫和线虫有杀伤活性。在大量的天然肽和合成肽的抗菌活性研究中，近年来对抗原生动物寄生虫的研究很少。Thomas 等(2003)对抗菌肽 NK-lysin 的活性进行研究，作为哺乳动物细胞因子中广谱的效应多肽，具有体外抗人类病原克鲁斯氏锥虫(*Trypanosoma cruzi*)的锥鞭毛体作用。而且，一种同样含阳离子核区的 NK 溶素合成肽 NK-2 作对照实验也具有抗该寄生虫活性。克鲁斯氏锥虫对这两种肽高度敏感，锥鞭毛体的移动就是其证据。抗菌肽迅速渗透过虫体的原生质膜，微小的浓度就导致细胞溶质酶在数分钟内释放出来。甚至发现 NK-lysin 和 NK-2 杀死锥虫，死亡虫体在人类胶质母细胞瘤细胞系 86HG39 中，但是只有 NK-2 未使宿主细胞明显受损。Efron 等(2002)通过溶解宿主细胞显示源于 K4S4(1-13)(P)的制皮菌素 S4 抗原虫活性，为提高鉴别抗原虫活性的选择性，合成并检测了新的派生物 P 和 aminoheptanoylated 肽(NC7-P)，二者显示了更高的抗原虫效率，同时溶血性下降。引人注目的是 NC7-P 而非 P 消散寄生虫原生质膜电位，并且在非溶血状态下，引起寄生虫内部钾离子缺失。共聚焦显微镜分析受损细胞的硫氧噻唑烷(抗病毒药)位于寄生虫有关的膜和红细胞内的微管泡结构，而正常细胞肽无一例外地位于原生质膜。总体来说资料证明抗菌肽能够在寄生虫的细胞内膜上机巧地处理特别的行为，支持某种机制，借此使 NC7-P 穿过宿主细胞原生质膜，并且破裂寄生虫膜。

5. 对病毒的杀伤作用

蜂毒素和天蚕素在亚毒性浓度下通过阻遏基因表达来抑制 HIV-1 病毒的增殖。蜂毒素-2 与合成肽 Modelin 1 和 Modelin 5 对疱疹病毒 HSV-1 和 HSV-2 有一定的抑制作用，此外，人源性的 A2 防御素 1～3 对 CD8T 细胞分泌的 CD8 抗病毒因子抗 HIV21 活性有贡献(Zhang 等，2002)。Sinha 等(2003)在体外实验中发现一种来源于兔的 A2 防御素(NP21)能够阻止单纯疱疹病毒(HSV)的入侵和在细胞内的传播。来源于猪中性粒细胞的 cathelicidin 有抗梅毒的活性。Sambri 等(2002)研究了 5 种不同来源的组织蛋白酶抑制素(cathelicidin)家族成员对苍白螺旋体的作用，结果显示，来源于猪白细胞的 protegrin21 和来源于绵羊的 SMAP229 有很强的抗苍白螺旋体的作用，而来源于人睾丸的 LL237，来源于小鼠的组织蛋白酶抑制素相关抗菌肽(CRAMP)和来源于牛的 BMAP228 几乎没有作用。另外研究表明，有些抗菌肽参与促进伤口愈合，诱导血管生成，对中性粒细胞、T 细胞等细胞的化学趋化作用，阻止吞噬细胞还原型辅酶(NADPH)氧化酶活性等多种生物学过程(Zanetti 等，2004)。研究表明，这些肽类主要通过对病毒被膜直接起作用，而非抑制病毒 DNA 的复制或基因表达来杀伤病毒。

6. 对癌细胞的杀伤作用

国内外已对抗菌肽杀伤肿瘤细胞的作用进行了广泛研究。研究发现，抗菌肽对正常动物细胞无杀伤作用，但是，对于癌细胞则有明显杀伤作用。抗菌肽对体外培养的癌细胞的作用主要是使癌细胞膜上形成孔洞，内容物外泄，线粒体出现空泡化，嵴脱落。核膜界限模糊不清，有的核膜破损，核染色体 DNA 断裂，并抑制染色体 DNA 的合成，细胞骨架也受到一定程度的损伤(王芳等，1998；贾红武等，1996)。通过对荷瘤小鼠的研究证明，抗菌肽能显著抑制 ECA 腹水瘤荷瘤小鼠腹水的积累；对 S180 肉瘤和 U14 宫颈癌的抑瘤率亦达 30%～50%(许玉澄等，1998)。这种选择性机理可能与细胞骨架有关。一些研究表明，抗菌肽对宫颈癌细胞、直肠癌细胞及肝癌细胞有明显杀伤作用。此外，抗菌肽还可以调动机体的免疫机能，从体液免疫方面来抵抗癌细胞的入侵。

7. 抗菌肽的作用机理

抗菌肽的抗菌作用机制与传统抗生素的有很大的不同：①产生机制不同：传统的抗生素主要是细菌的发酵产物，由酶促反应合成，而抗菌肽是由宿主基因编码在核糖体上合成的产物。②杀菌机制不同：传统的抗生素大多数是通过抑制细菌细胞壁或DNA的合成而发挥作用，而抗菌肽主要通过与带负电的微生物细胞膜直接作用，改变其通透性，造成膜的物理性损伤，导致细胞内容物外渗而死亡（Andreu 和 Rivas，1999）。③作用方式不同：传统的抗生素作用涉及和细菌胞膜上或胞内特异的受体结合，且受体类型有限，细菌容易通过变异而产生耐药性，抗菌肽的作用不涉及特定的受体，完全是阴阳离子的物理作用，它可以很快杀灭微生物而不产生抗性（Kelley，1996）。

尽管关于抗菌肽的作用机理已研究得较多，但仍未十分明了。目前，关于抗菌肽的作用机制主要有以下几种说法：①离子通道的形成；②抑制细胞呼吸；③抑制细胞外膜蛋白的形成；④抑制细胞壁的形成。其中，比较公认的作用机制为离子通道的形成模式。

这一学说认为，抗菌肽通过在细胞膜上形成离子通道造成细菌内容物大量外泄而致细胞死亡。因为在组成抗菌肽分子的氨基酸中，大多数为带正电荷的氨基酸。抗菌肽分子首先通过静电作用被吸引到膜表面，然后疏水尾部插入细胞膜中的疏水区域，通过改变膜构象，多个抗菌肽聚合在膜上形成离子通道，造成细胞内容物泄露致细胞死亡。Fink 等认为只有 C 端的疏水螺旋插入膜中，而 N 端的双亲螺旋只结合在膜表面。Juvvadi（1997）推测抗菌作用的第 1 步是抗菌肽的阳离子与膜上磷脂基团的阴离子之间相互作用，再与膜上碳氢化合物互作，然后疏水螺旋插入膜上，聚合形成孔道。Park（1997）发现蛙的 1 种抗菌肽 Buforin 具有完全不同的抗菌机理，它不裂解细胞膜，而是穿过膜后与 DNA 或 RNA 结合，快速导致细胞死亡。此外，人们还发现抗菌肽可通过抑制细胞呼吸、抑制细胞外膜蛋白的合成或抑制细胞壁的形成等机制来杀死细菌。

目前对抗菌肽抗真菌的机理研究较少，Cavallarin（1998）发现位于 Cecropins 衍生物 N 末端螺旋区域的 11 个氨基酸顺序与抗真菌活力有关；Lee 等（1989）则观察到真菌受抗菌肽作用后，细胞膜上有空洞形成，推测其与抑杀细菌的机理类同。研究表明，抗菌肽并不作用于高等动物细胞，这可能是由于高等动物细胞膜中的胆固醇阻碍抗菌肽的疏水面插入磷脂双分子层；也可能是由于微生物与高等动物细胞膜的膜外结构的区别：高等动物细胞膜外表面的唾液酸与膜的距离有 8 nm，它可能与抗菌肽的带正电区结合而阻止其接近细胞膜发挥杀伤作用。

二、禽抗菌肽

禽抗菌肽属 β-防御素类，因此被称为禽抗菌肽属 β-防御素（avian β-defensins，AvBDs），为禽先天性免疫的重要组成部分，在禽的防御系统中发挥重要作用。1994 年，Evans 等从鸡异嗜性白细胞中分离到 2 个鸡异嗜性多肽并命名为 CHP-1 和 CHP-2（Evans 等，1994）；随后，又发现 3 个火鸡异嗜性多肽：鸡 AvBD1、AvBD2 和 AvBD3（原名为 THP1、THP2 和 THP3）（Evans 等，1995）。至今，人们已在火鸡、鸵鸟、企鹅、鸡、鸭、鹅、鸽子及鹌鹑等禽类体内陆续分离到 40 余种禽 β-防御素（马得莹，2009）。大量研究表明，无论天然还是合成的禽β-防御素类，都具有抗细菌、真菌与病毒等病原微生物的作用。

（一）禽β-防御素的分子结构

禽β-防御素分子质量为4～6 ku，氨基酸残基数量为60～100个，富含精氨酸(Arg)、脯氨酸(Pro)和甘氨酸(Gly)，主要分子特征为含有位置保守的6个半胱氨酸残基组成的Cys1～Cys5、Cys2～Cys4、Cys3～Cys6 3对二硫键，是具有两亲结构的阳离子性多肽。同哺乳动物β-防御素一样，禽β-防御素的前原肽由信号肽、前片段、成熟肽组成。Xiao等研究发现，鸡β-防御素的基因大小只有86 kb，结构十分紧凑，位于鸡的第3号染色体的q3.5～q3.7上，编码防御素的成熟肽的长度不等，AvBD1、AvBD3～AvBD5、AvBD8、AvBD11～AvBD13的转录方向和AvBD14与AvBD2、AvBD6、AvBD7、AvBD9和AvBD10的转录方向恰好相反。与哺乳动物防御素2个外显子和1个内含子的组成不同，鸡β-防御素由4个外显子和3个内含子组成。第1个外显子编码5′非编码区；第2个外显子编码信号肽和部分前片段；第3个外显子编码其余前片段和部分成熟肽；其余的成熟肽和3′非编码区由第4个外显子编码。但鸡AvBD12是个例外，它只有2个外显子和1个内含子。

（二）禽防御素的组织分布及诱导性表达

作为机体天然免疫系统的重要组成部分，禽β-防御素广泛地分布于禽机体消化系统、呼吸道系统、免疫系统和泌尿生殖系统各个组织器官(马得莹，2009)。由于禽类易感染肠道疾病，除了鸡AvBD11，其余防御素基本上都可在消化道中发现。鸡AvBD3、AvBD5和AvBD13在舌中都有大量的表达，鸡AvBD9能够在食道和嗉囊中大量表达，而且AvBD9在成年鸡和幼年鸡嗉囊的表达具有差异性，体现了AvBD9对嗉囊组织防御微生物侵袭的重要性。此外，鹌鹑AvBD9还能够在肌胃和直肠中中量表达。研究发现，鸭AvBD2在嗉囊和肌胃中也能够中量表达(王瑞琴等，2009)。防御素在前消化道的大量分布，有助于阻止致病菌通过食物进入体内，提高机体的防御机能。鹅AvBD5、鸡AvBD9、鹌鹑AvBD10、鸭AvBD9、鸭AvBD2等防御素均可在肠道表达，尤其感染肠炎沙门氏菌后，鹅AvBD5表达量显著提高，说明防御素在机体先天性免疫中发挥着重要作用(王瑞琴等，2009；廖文艳等，2009；蔺利娟等，2011；Ma等，2011，2012a，2012b，2012c；M等，2013)。鸡AvBD3和AvBD9在气管表达量很高，同时在肺脏组织中还检测到鸡AvBD1和AvBD2中量表达。据报道，鹌鹑AvBD9在肺脏和气管中也能够大量表达。然而，截至目前，除了鸡AvBD3、AvBD13在肺泡膜中被检测到有表达外，暂时还没有发现其他的禽β-防御素。皮肤中含有多种禽β-防御素，如鸡AvBD3、AvBD9、AvBD11和AvBD14等，在机体防御中发挥着重要作用。在肝脏和胆囊中，鸡AvBD8、鸭和鸡AvBD9、鸡和鹌鹑AvBD10均发生较高表达。此外，禽防御素也广泛分布于禽泌尿殖道中，AvBD9和AvBD10在1～21日龄鸭肾脏中大量表达，鹌鹑AvBD10在卵巢中中量表达(Wang等，2010；蔺利娟等，2011)，AvBD1、AvBD2、AvBD4、AvBD6、AvBD7、AvBD10在鸡睾丸组织大量表达，鸡AvBD9在睾丸和输精管中有中量表达。

防御素在组织中的表达方式有两种，分别是固有型表达和诱导型表达。在病原体侵入、感染或炎症诱导剂存在情况下，防御素会发生诱导性表达。哺乳动物β-防御素可被外周血细胞、树突状细胞、角化细胞以及呼吸道、消化道、泌尿生殖道的上皮细胞诱导表达，也可被一些细胞因子如IL-1α、IL-1β、TNF-γ、TGF-1、胰岛素促生长因子1、细菌脂多糖(LPS)、细菌、酵母等正调控。人β-防御素(HBD)-1在上皮细胞中一般是固有表达，而HBD-2～4基因呈现诱导表达方式，正常皮肤中几乎没有*HBD*-2基因的转录，但在前炎症细胞因子IL-1β和TNF-α、LPS的作用下，HBD-2在皮肤和黏膜组织中的表达量显著增加。HBD-3可在IL-1β作用下发生诱导性表达。小牛感染隐孢子虫后其上皮β-防御素表达水平可增加5倍，类结核分枝杆菌诱导后奶牛小肠β-防御防御素的表达量提高。此外，研究表明，人和鼠的雄性生殖道内大部分β-防御素的表达是受雄激素调节的，即在性成熟期表达量增加。禽β-防御素基因的表达也具有可诱导性。在感染鸭肝炎病毒的雏鸭体内，鸭AvBD7在肝脏的表达量显著提高。Zhao等用副鸡嗜血菌感染3月龄的母鸡，发现鸡AvBD3在气管中能被诱导表达。Kieran等研究表明，感染肠炎沙门氏菌后，鸡肠道内AvBD3、AvBD10、AvBD12的表达量也明显提高。禽流感病毒H9N2感染后，雏鸡体内气管、腔上囊和肝组织中AvBD4的表达明显上调，这可能与机体对病原体的防御有着密切的关系。防御素基因在禽体内各组织中的广泛表达，显示了它们在机体免疫防御系统中的重要意义。

(三)禽β-防御素重组蛋白的表达

禽β-防御素天然产量低，合成或提取的费用较高，且过程复杂，因而利用基因工程技术生产防御素十分必要。随着内酶切的发现和基因工程技术的发展，人们发现用各种不同的载体在原核、真核系统中进行蛋白表达更为行之有效。酵母是目前研究的较多的真核表达系统。张辉华等研究发现，鸡AvBD3可在毕赤酵母中分泌表达，经检测，表达的蛋白质具有抗大肠杆菌、沙门氏菌、金黄色葡萄球菌等细菌的活性。与真核系统比较，原核表达具有操作简便、快捷、表达量大等优点。大肠杆菌原核表达载体的发展已经比较成熟，大多数目的基因在大肠杆菌中都能高效地表达，而且成本低，易于培养，所以大肠杆菌原核表达系统是合成外源蛋白的首选。为了保证防御素正常的抗微生物活性，一般采用原核系统融合表达的方法。目前，采用*GST*基因融合表达系统已经成功表达了鸡、鸭、鹅以及鹌鹑的重组防御素蛋白，表达的GST融合蛋白依然具有高效广谱的抗菌活性。这些重组蛋白均以不溶性的包涵体的形式存在，不会影响宿主菌的生长。对表达蛋白进行纯化时，将包涵体溶解复性，去除杂蛋白得到有抗菌活性的表达产物。此外，采用His标签的融合表达系统，也可获得具有抗菌活性的蛋白。

(四)禽β-防御素的生物学特性

由于禽异嗜性细胞中缺乏氧化机制，因此，禽β-防御素在禽类的先天性免疫中发挥重要作用。大量研究表明，无论天然还是合成的禽防御素都具有杀灭革兰氏阴性菌、革兰氏阳性菌以及真菌的作用。Evans研究发现，鸡AvBD1、鸡AvBD2、火鸡AvBD1和火鸡AvBD3在体外都能杀灭白色假丝酵母、沙门氏菌和空肠弯曲杆菌，但是对多杀性巴氏杆菌没有抑制作用。除了火鸡AvBD3，其他3种β-防御素还能杀灭禽博德特氏菌、大肠杆菌和鼠伤寒沙门氏菌。鸵鸟AvBD1、AvBD2、AvBD7能够强烈地抗金黄色葡萄球菌和大肠杆菌，而鸵鸟AvBD8对这些菌却没有抑制作用。研究发现，重组鸡AvBD5蛋白对大肠杆菌与致病性链球菌均具有抗菌活性；重组鸡AvBD10蛋白对大肠杆菌、多杀性巴氏杆菌、金黄色葡萄球菌、嗜酸乳杆菌、枯草芽孢杆菌有抗菌活性；重组鸭AvBD2蛋白对金黄色葡萄球菌和枯草芽孢杆菌的抗菌活性很强，对大肠杆菌和猪霍乱沙门氏菌的抗菌能力却很弱，并且其杀菌活性对温度和酸碱度呈现一定的稳定性；重组和合成鸭AvBD4蛋白对枯草芽孢杆菌、奇异变形杆菌和绿脓杆菌具有较高的抑菌活性；重组鹌鹑 AvBD10 蛋白对四联球菌、枯草芽孢杆菌、奇异变形杆菌、绿脓杆菌、多杀性巴氏杆菌、大肠杆菌、鸡白痢沙门氏菌等均有抗菌活性（Ma 等，2008，2011；王瑞琴等 2009；马得莹，2009；蔺利娟等，2011）。与其他禽类 β-防御素相比，人工合成的企鹅 AvBD103b 蛋白也具有广谱的抗菌活性，不仅能够抑制试验中革兰氏阳性菌和革兰氏阴性菌，还可抑制烟曲霉菌。此外，在低 pH 条件下仍具有抗菌活性，这对企鹅在孵蛋期胃内食物的保存以及抑制胃内有害菌的生长具有重要意义。

（五）禽 β-防御素的应用前景

因为抗生素添加剂的使用不仅严重破坏了动物肠道的有益菌群之间的平衡，还在动物体大量残留，严重损害了畜产品的品质和人类的健康。而 AvBDs 作为先天性免疫的防御因子，以及其独特的抗菌机理，越来越受到人们的青睐。即高等动物肠道内的抗菌肽不仅能抑制外源性病原菌，而对动物肠道存在的正常菌群和动物细胞无杀伤作用。虽然肠源抗菌肽有选择性杀伤病原菌的优点，但其在动物体内的表达分泌量却十分有限，这也恰恰是人们为了获得大量动物专一性抗菌肽而采用基因工程方法的原因，当大量的 AvBDs 重组蛋白生产之后，可将其作为食品和饲料添加剂以及畜禽类的药物，从而使人类和饲养动物对外源病原菌入侵具有更好的抵抗能力。另外，由于抗菌肽能够在高温、低 pH 的条件下仍具有活性，并且活性几乎不受到影响（廖文艳等，2009a，2009b），因此抗菌肽作为饲料添加剂，在制粒过程中，要保证在充分杀灭酵母菌体的同时，不会导致抗菌肽的失活，同时，由于抗菌肽的无残留，产品在应用后不会出现工程菌的扩散而导致环境污染问题。以工程菌工业化发酵生产抗菌肽的优点是：可大规模生产，生产周期短，生产成本低，且不受季节和气候变化等外在环境的影响（刘温发等，2001）。正因如此，大量生产能够耐受高温，广谱的抗菌活性的 AvBDs 重组蛋白已经引起各个行业的研究者们的广泛兴趣。

抗菌肽天然产量非常有限，分离提纯困难。天然提取成本昂贵；化学合成抗菌肽也存在成本高、大批量生产困难的缺点。从生物体内提取的抗菌肽，是已经经过剪切修饰过的多肽，一般具有活性，而它的活性与其空间结构密切相关。虽然通过蛋白质合成或通过蛋白质工程得到的抗菌肽在一级结构上与天然抗菌肽一致，但无法保证在空间结构上也是一致，这可能造成活性上存在差异，甚至完全没有活性。因此如何解决非天然途径得到的抗菌肽的活性问题也是一个亟待解决的问题。另外，作为一种治疗上的药物，临床上也仅限于局部治疗，而在临床上还有一些亟待解决的一些问题，如稳定性、药物剂量、应用方法等。不管怎样，随着对抗菌肽在理论和应用上的全面研究开发，抗菌肽最终必将作为一类新型药物而对人类及畜禽的健康产生深远的影响。

参考文献

高英．鞍山．大豆低聚糖及其在动物生产中的应用．饲料工业，2003，5：24-26.

廖文艳，马得莹，王瑞琴，韩宗玺，邵昙昊，李慧昕，刘胜旺．鸭 β-防御素 10 基因的克隆，遗传进化分析及其生物学特性的初步研究．畜牧兽医学报，2009a，40：1320-1326.

廖文艳，马得莹，刘胜旺，韩宗玺．鸭 β-防御素 9 基因的克隆、组织分布及其原核表达．中国农业科学，2009b，42：1406-1412.

蔺利娟，王瑞琴，韩宗玺，邵昱昊，刘胜旺，程宝晶，孙黎，李子瑞，马得莹．鹌鹑 β-防御素 10 基因的克隆与表达及其体内分布的检测．中国预防兽医学报，2011，33：552-556.

马得莹．抗菌肽:禽β-防御素的研究.哈尔滨:东北林业大学出版社,2009.

宋凯,单安山．家禽日粮中的黏性谷物．东北农业大学学报,2005,35:253-256.

王安,单安山．饲料添加剂.哈尔滨:黑龙江科学技术出版社,2001.

王瑞琴,廖文艳,马得莹,韩宗玺,刘胜旺．鸭β-防御素2基因的克隆、表达和表达产物的生物学特性分析．中国农业科学,2009,42:3685-3692.

Evans EW, Beach GG, Wunderlich J. Isolation of antimicrobial peptides from avian heterophils. J Leukoc Biol, 1994,56:661-665.

Evans E W, Beach K M, Moore M W. Antimicrobial activity of chicken and turkey heterophil peptides CHP1, CHP2, THP1, and THP3. Vet Microbiol,1995, 47:295-303.

Ma DY, Shan AS, Chen ZH, Du J, Song K, Li JP, Xu QY. Effect of *Ligustrum lucidum* and *Schisandra chinensis* on the egg production, antioxidant status and immunity of laying hens during heat stress. Arch Anim Nutrition, 2005, 59:439-447.

Ma DY, Li QD, Du J, Shan AS. Influence of *Mannan oligosaccharide*, *Ligustrum lucidum* and *schisandra chinensis* on parameters of antioxidative and immunological status of broilers. Arch Anim Nutrition, 2006, 60:467-476.

Ma DY, YQ, Liu SW, Li QD, Shan AS. Influence of *Ligustrum lucidum* and *Schisandra chinensis fruits* on antioxidative metabolism and immunological parameters of layer chicks. Asian-Aust J Anim, Sci, 2007,20:1438-1443.

Ma DY, Liu SW, Han ZX, Li YJ, Shan AS. Expression and characterization of recombinant gallinacin-9 and gallinacin-8 in *Escherichia coli*. Protein Expression and purification, 2008,58:284-291.

Ma DY, Shan AS, Li JP, Zhao Y, Guo XQ. Influence of an aqueous extract of *Ligustrum lucidum* and an ethanol extract of *Schisandra chinensis* on parameters of antioxidative metabolism and spleen lymphocyte proliferation of broilers. Archives of Animal Nutrition, 2009, 63:66-74.

Ma DY, Lin LJ, Zhang KX, Han ZX, Shao YH, Liu XL, Liu SW. Three novel Anas platyrhynchos avian β-defensins, upreguLated by duck hepatitis virus, with antibacterial and antiviral activities. MolecuLar Immunology, 2011, 49:84-96.

Ma DY, Zhou CY, Zhang MY, Zongxi Han, Yuhao Shao, Shengwang Liu. Functional analysis and induction of four novel goose (*Anser cygnoides*) avian β-defensins in response to salmonella enteritidis infection. Comp Immunol Microbiol Infect Dis, 2012a, 35:197-207.

Ma DY, Zhang KX, MY, Xin SN, Liu XL, Han ZX, Shao YH, Liu SW. Identification, expression and activity analyses of five novel duck beta-defensins. Plos One, 2012b, 7(10): e47743.

Ma DY, Lin LJ, Zhang KX, Han ZX, Yuhao Shao, Ruiqin Wang Shengwang Liu. Discovery and characterization of *Coturnix chinensis avian* β-defensin 10, with broad antibacterial activity. Journal of Peptide Science, 2012c, 18: 224-232.

Ma DY, Zhang MY, Zhang KX, Liu XL, Han ZX, Yuhao Shao, Liu SW. Identification of three novel avian beta-defensins from goose and their significance in the pathogenesis of *Salmonella*. MolecuLar Immunology, 2013, 56: 521-529.

Wang RQ, Ma DY, Lin LJ, Zhou CY, Han ZX, Shao YH, Liao WY, Liu SW. Identification and characterization of an avian β-defensin orthologue, avian β-defensin 9 from quails. Applied Microbiology and Biotechnology, 2010, 87:1395-1405.

附件 饲料和饲料添加剂畜禽靶动物有效性评价试验指南(试行)

1 适用范围

1.1 本指南规定了饲料原料和饲料添加剂畜禽靶动物有效性评价试验的基本原则、试验方案、试验方法和试验报告等要求。

1.2 本指南适用于为新饲料和饲料添加剂、进口饲料和饲料添加剂申报以及已经批准使用的饲料和饲料添加剂再评价而进行的畜禽靶动物体内有效性评价试验。

1.3 畜禽饲料产品的靶动物体内有效性评价试验可参照本指南的要求进行。

2 基本原则

2.1 应根据我国的养殖业生产实际开展靶动物有效性评价试验,以保证评价结果的科学性、客观性。

2.2 靶动物有效性评价试验应对受试物所适用的每一种靶动物分别进行评价,本指南4.2.2以及其他另有规定的特殊情况除外。

2.3 靶动物有效性评价试验应由具备一定专业知识和试验技能的专业人员在适宜的试验场所、使用适宜的设备设施、按照规范的操作程序进行,并且由试验机构指定的负责人负责。用于产品申报的,评价机构和人员的要求另行规定。

2.4 试验动物应健康并且具有相似的遗传背景;饲养环境不应对试验结果造成影响;受试物和试验日粮不得受到污染。

2.5 在符合靶动物有效性评价试验相关要求的前提下,靶动物有效性评价试验可与靶动物耐受性试验合并进行。

2.6 试验应证明受试物最低推荐用量的有效性,一般通过设定负对照和选择敏感靶指标进行。必要时设正对照。

2.7 当有效性评价试验的目的是证明受试物能为靶动物提供营养素时,应设置一个该营养素水平低于动物需求、但又不至严重缺乏的对照日粮。

2.8 应采用梯度剂量设计,为推荐用量或用量范围的确定提供依据。

有效性评价试验的梯度水平不得少于3个;但作为产品申报的,奶牛试验的梯度水平不得少于4个,其他动物不得少于5个。

2.9 由于试验条件和受试物特性的限制,可以进行多个有效性评价试验以证明受试物的有效性。当试验次数超过3次时,建议采用整合分析法(meta-analysis)进行数据统计,但每次试验应采用相似的设计，以保证试验数据的可比性。

3　试验方案

试验开始前，应根据受试物和靶动物的特点，对试验进行系统设计，形成试验方案。试验方案应包括试验目的、试验方法、仪器设备、详细的动物品种和类别、动物数量、饲养和饲喂条件等，并由试验负责人签字确认。具体要求如下：

3.1　试验动物：品种、年龄、性别、生理阶段和一般健康状况。

3.2　试验条件：动物来源和种群规模、饲养条件、饲喂方式；预饲期的条件要求。

3.3　试验分组：试验组和对照组数量、每组重复数和每个重复的动物数(必须满足统计学要求)、统计方法。

3.4　试验日粮：描述日粮的加工方法、日粮组成及相关的营养成分含量(实测值)和能量水平；注意根据受试物特点和使用方法配制日粮，使用的原料应符合我国法规和相关标准要求，各试验处理组试验因子以外的其他因素(如料型、粒度、加工工艺等)应一致。

3.5　受试物的测定：受试物及其有效成分的通用名称、生产厂家、规格、生产批号、有效成分含量的测试方法及测试结果、测试机构，受试物有效成分在试验日粮中的含量。

3.6　观测项目和时间：检测和观察项目名称、实施和持续的确切时间。

3.7　疾病治疗和预防措施：不应干扰受试物的作用模式并逐一记录。

3.8　突发状况处理：动物个体和各试验组发生的所有非预期的突发状况，都应记录其发生的时间和范围。

4　试验方法

4.1　受试物

4.1.1　对于申请产品审定或登记的受试物，应与拟上市(或拟进口)的产品完全一致。产品应由申报单位自行研制并在中试车间或生产线生产，同时提供产品质量标准和使用说明。

4.1.2　试验机构应将受试物样品送国家或农业部认可的质检机构对其有效成分的含量进行实际测定。

4.2　有效性评价试验的基本类型

受试物的靶动物有效性评价试验一般分为长期有效性评价试验和短期有效性评价试验。消化率或氮、磷减排等指征明确的指标可通过短期有效性评价试验进行测定，生长性能、饲料转化效率、产奶量、产蛋性能、胴体组成和繁殖性能等一般性指标必须通过长期有效性评价试验进行测定。

4.2.1　短期有效性评价试验

4.2.1.1　生物有效性、生物等效性、消化和平衡试验均属于短期有效性评价试验。必要时，也可进行其他短期有效性评价试验。短期有效性评价试验应遵循公认的方法进行。

4.2.1.2　生物有效性是指活性物质或代谢产物被吸收、转运到靶细胞或靶组织并表现出的典型功能或效应。生物有效性应通过可观察或可测量的生物、化学或功能性特异指标进行评价。

4.2.1.3　生物等效性试验用于评价可能在靶动物体内具有相同生物学作用的两种受

试物。如果两种受试物所有相关效果均相同,则可认为具有生物等效性。

4.2.1.4 消化试验可用于评价受试物对靶动物体内某种营养素消化率(如表观消化率、真消化率、回肠消化率)的影响。

4.2.1.5 平衡试验还可获得营养素在靶动物体内沉积和排出数量等额外数据。

4.2.2 长期有效性评价试验

4.2.2.1 应针对受试物适用的靶动物,按照规定的试验期、试验重复数和动物数量的要求开展长期有效性评价试验。具体要求见附录A。试验分组应遵循随机和局部控制的原则。

4.2.2.2 附录A中没有列出的其他动物品种,长期有效性评价试验应参照生理和生产阶段相似物种的要求进行。

4.2.2.3 如果受试物仅适用于动物的特定生长阶段并且短于附录A中规定的试验期,试验时间应根据具体情况进行调整,但不得少于28 d,而且应考察相关的特异性指标。

4.2.2.4 长期有效性评价试验的必测指标包括:试验开始和结束体重、饲料采食量、死亡率和发病率。

其他指标根据动物品种和受试物的特殊功效确定。如果需要测定产奶或产蛋性能,则应分别提供有关奶成分和蛋品质的数据。

4.2.2.5 在评价受试物对养殖产品质量的影响时,长期有效性评价试验也可用来采集相关样品。

4.3 观察与检测

4.3.1 应根据受试物的作用特点和用途,增加相应的特异性观测指标和敏感性功能指标。

4.3.2 应按照国家标准、国际认可方法或经确证的文献报道方法确定检测方法。如果采用文献报道方法或新建方法,应提供方法确证的数据资料,说明其合理性。

4.4 数据记录

4.4.1 在试验实施过程中,试验方案所涉及的内容均应逐一记录。数据记录应真实、准确、完整、规范、清晰,并妥善保管。

4.4.2 数据的有效位数以所用仪器的精度为准,采用国家法定计量单位和国家推荐使用的单位。

4.5 统计分析

4.5.1 以重复为单位,根据不同的试验设计采用相应的统计分析方法进行数据分析。

4.5.2 统计显著性差异水平至少应达到 $P<0.05$。

5 试验报告

5.1 试验报告应提供试验获取的所有数据,包括所有试验动物和试验重复。统计分析中未采用的数据或由于数据缺乏、数据丢失而无法评价的情况也应报告,并说明在各组别中的分布情况。

5.2 每个靶动物有效性评价试验必须单独形成最终报告。每个试验最终报告中应包含试验概述(见附录B)和报告正文。

5.3 试验报告正文至少应包括:

A. 试验名称；

B. 摘要；

C. 试验目的；

D. 受试物；

E. 试验时间和地点；

F. 试验材料和方法；

G. 结果与讨论；

H. 结论；

I. 原始数据及相关的图表和照片；统计分析中未采用的数据或由于数据缺乏、数据丢失而无法评价的情况应具体说明；

J. 参考文献；

K. 试验机构和操作人员，包括试验机构的名称，试验操作人员、试验负责人和报告签发人的签名，报告签发时间，加盖签发机构的单位公章或专门的分析测试章；委托检测的数据应提供检测机构出具的检测报告。

5.4　应对试验报告每页进行编码，格式为“第　页，共　页”，并加盖试验机构骑缝章，确保报告的完整性。

6　资料存档

最终报告、原始记录、图表和照片、试验方案、受试物样品及其检测报告等原始资料应存档备查，保存时间一般不得少于 5 年，作为产品申报的，保存时间至少为 10 年。

附录 A　试验期和动物数量

附表 1　猪

类　别	试验阶段*(体重或日龄)			最短试验期	最少试验重复和动物数量
	起始	结束日龄	结束体重/kg		
哺乳仔猪	出生	21～42	6～11	14 d	每个处理 6 个有效重复，每个重复 6 头，性别比例相同
断奶仔猪	21～42 日龄	120	35	28 d	
哺乳和断奶仔猪	出生	120	35	42 d	
生长育肥猪	≤35 kg	120 ～ 250（或根据当地习惯）	80～150（或根据当地习惯直到屠宰体重）	70 d	
繁殖母猪	初次受精			受精至断奶，至少两个繁殖周期	每个处理 20 个有效重复，每个重复 1 头
泌乳母猪				分娩前 2 周至断奶	

注：* 试验阶段：指试验用动物所处的生长阶段，最短试验期应处于所对应的试验阶段。

附表 2　家禽

类　别	试验阶段(体重或日龄)			最短试验期	最少试验重复和动物数量
	起始	结束日龄	结束体重/kg		
肉仔鸡	出壳	35 d	1.6～2.4	35 d	
蛋用雏鸡	出壳	16(20)周龄		112 d*	
产蛋鸡	16～21 周龄	13(18)月龄		168 d	
肉鸭	出壳	35 d		35 d	
产蛋鸭	25 周龄	50 周龄		168 d	
育肥用火鸡	出壳	母：4（20）周龄 公：16（24）周龄	母:7～10 公:12～20	84 d	每个处理 6 个有效重复,每个重复 15 只,性别比例相同
种用火鸡	开始产蛋(30 周龄)	60 周龄		6 个月	
后备种用火鸡	出壳	30 周龄	母:15 公:30	全程**	

注：* 仅当肉仔鸡的有效性评价试验数据无法提供时进行；

** 仅当育肥用火鸡的有效性评价试验数据无法提供时进行。

附表 3　牛(包括水牛)

类　别	试验阶段(体重或日龄)			最短试验期	最少试验重复和动物数量
	起始	结束日龄	结束体重/kg		
犊牛	出生或者 60～80 kg	4 月龄	145	56 d	
生产小牛肉的肉用犊牛	出生	6 月龄	180(250)或直到屠宰体重	84 d	
育肥牛	瘤胃发育完全(至少完全断奶)	10～36 月龄	350～700	126 d	每个处理 15 个有效重复,每个重复 1 头,性别比例相同
泌乳奶牛				84 d*	
繁殖母牛	初次受精			受精至断奶,至少两个繁殖周期**	

注：* 需报告整个泌乳期情况；

** 仅当需要测定繁殖指标时进行。

附表 4　绵羊

类　别	试验阶段(体重或日龄)			最短试验期	最少试验重复和动物数量
	起始	结束日龄	结束体重/kg		
育成羔羊	出生	3月龄	15～20	56 d	每个处理15个有效重复,每个重复1只,性别比例相同
育肥羔羊	出生	6月龄或以上	40或直到屠宰体重	56 d	
泌乳奶绵羊				49 d*	
繁殖绵羊	初次受精			受精至断奶,至少两个繁殖周期**	
育肥绵羊	6月龄			42 d	

注:* 需报告整个泌乳期情况;

** 仅当需要测定繁殖指标时进行。

附表 5　山羊

类　别	试验阶段(体重或日龄)			最短试验期	最少试验重复和动物数量
	起始	结束日龄	结束体重/kg		
育成羔羊	出生	3月龄	15～20	56 d	每个处理15个有效重复,每个重复1只,性别比例相同
育肥羔羊	出生	6月龄或以上	40或直到屠宰体重	56 d	
泌乳奶山羊				84 d*	
繁殖山羊	初次受精			受精至断奶,至少两个繁殖周期**	
育肥山羊	6月龄			42 d	

注:* 需报告整个泌乳期情况;

** 仅当需要测定繁殖指标时进行。

附表 6　家兔

类　别	试验阶段(体重或日龄)		最短试验期	最少试验重复和动物数量
	起始	结束日龄		
哺乳和断奶兔	出生后1周	8～11周	56 d	每个处理6个有效重复,每个重复4只,性别比例相同
育肥兔	断奶后		42 d	
繁殖母兔	从受精开始		受精至断奶,至少为两个繁殖周期*	
泌乳母兔	第一次受精		分娩前2周至断奶	

注:* 仅当需要测定繁殖指标时进行。

附录B 试验概述表

<table>
<tr><td colspan="3">试验编号：</td><td>第1页，共____页</td></tr>
<tr><td rowspan="7">受试物</td><td colspan="2">受试物通用名称：</td><td>有效成分：</td></tr>
<tr><td colspan="2">有效成分标示值：</td><td>有效成分实测值：</td></tr>
<tr><td colspan="2">产品类别：</td><td>外观性状：</td></tr>
<tr><td colspan="2">生产单位：</td><td>生产日期及批号：</td></tr>
<tr><td colspan="2">样品数量及包装规格：</td><td>保质期：</td></tr>
<tr><td colspan="2">收(抽)样日期：</td><td>送(抽)样人：</td></tr>
<tr><td colspan="2">抽样地点：(适用时)</td><td>抽样基数：(适用时)</td></tr>
<tr><td rowspan="6">试验动物</td><td colspan="3">试验动物品种：</td></tr>
<tr><td colspan="2">性别：</td><td>生理阶段：</td></tr>
<tr><td colspan="2">起始日龄：</td><td>起始体重：</td></tr>
<tr><td colspan="3">健康状况：</td></tr>
<tr><td colspan="2">动物来源和种群规模：</td><td>饲喂方式：</td></tr>
<tr><td colspan="3">饲养条件：</td></tr>
<tr><td rowspan="2">时间与场所</td><td colspan="2">试验起始时间：</td><td>试验持续时间：</td></tr>
<tr><td colspan="3">试验场所：</td></tr>
<tr><td rowspan="10">设计与分组</td><td colspan="3">分组设计方法：</td></tr>
<tr><td colspan="2">试验组数量(含对照组)：</td><td>每组重复数：</td></tr>
<tr><td colspan="2">每个重复动物数：</td><td>试验动物总数：</td></tr>
<tr><td></td><td>日粮中有效成分添加量</td><td>日粮中有效成分含量</td></tr>
<tr><td>试验组1</td><td></td><td></td></tr>
<tr><td>试验组2</td><td></td><td></td></tr>
<tr><td>试验组3</td><td></td><td></td></tr>
<tr><td>……</td><td></td><td></td></tr>
<tr><td rowspan="2">对照物质名称：(适用时)</td><td>对照物质在日粮中添加量</td><td>对照物质在日粮中含量</td></tr>
<tr><td></td><td></td></tr>
<tr><td rowspan="7">试验日粮</td><td colspan="3">日粮组成(营养素和能值)</td></tr>
<tr><td></td><td>计算值</td><td>实测值</td></tr>
<tr><td>成分1</td><td></td><td></td></tr>
<tr><td>成分2</td><td></td><td></td></tr>
<tr><td>成分3</td><td></td><td></td></tr>
<tr><td>……</td><td></td><td></td></tr>
<tr><td>日粮形态</td><td>粉料□ 颗粒□ 膨化□</td><td>其他□</td></tr>
</table>

续表

检测项目和实施时间		
治疗和预防措施(原因、时间、种类、持续时间等)		
数据统计分析方法		
突发状况的处理、不良后果发生的时间及发生范围		
结论		
原始记录保管		
备注		
试验人员：	项目负责人：	报告签发人及签发时间：